钻井液辞典

赵润琦　刘俊章◎编

U0255086

中国石化出版社

图书在版编目(CIP)数据

钻井液辞典／赵润琦，刘俊章编．—北京：中国
石化出版社，2021.6
ISBN 978-7-5114-6300-5

Ⅰ．①钻… Ⅱ．①赵… ②刘… Ⅲ．①钻井液-词典
Ⅳ．①TE254-61

中国版本图书馆 CIP 数据核字（2021）第 092884 号

中国石化出版社出版发行
地址:北京市东城区安定门外大街 58 号
邮编:100011 电话:(010)57512446
发行部电话:(010)57512575
http://www.sinopec-press.com
E-mail:press@ sinopec.com
北京科信印刷有限公司印刷
全国各地新华书店经销
*
850×1168 毫米 32 开本 18.75 印张 761 千字
2022 年 3 月第 1 版 2022 年 3 月第 1 次印刷
定价:188.00 元

编委会

前　　言

　　钻井液技术是一门为石油和天然气勘探开发服务的专业性极强的工程应用技术，它不仅为高效、优质和经济完成油气井的建井服务，还承担着防止油气层伤害、保护油气层产能的任务。经过一个多世纪的发展，钻井液技术已经发展成为涉及多个行业、多个学科的综合性技术，由于所涉及专业名词、术语较多，叫法不统一，导致在实际工作中查询困难。《钻井液辞典》就是为了普及钻井液技术方面的基本专业知识，解释专业名称、术语而编写的一本专业技术辞典，可供工程技术人员在工作中查阅。同时，本辞典还可用于对钻井液工程技术人员进行专业知识和技术培训。

　　本辞典共收集各类钻井液技术相关词条 4000 余个，涉及石油钻井、石油地质、钻井液技术、钻井液添加剂 (处理剂)、钻井液性能测试、专用仪器仪表、有机化学、无机化学、胶体化学、高分子化学等学科，覆盖面广，在此基础上，着重介绍了钻井液技术和术语的定义，同时在钻井液专用化工产品方面，重点阐述了相关产品的性能和应用方面的实际意义。

本辞典中所有词条均按词条汉语拼音顺序排列，且都在每个词条外加【】，以便读者查询。由于篇幅限制，本辞典涉及的相关参考文献在此不一一列出，请相关文献作者和提供者予以谅解。

谨向提供资料和帮助的同志们表示诚挚谢意。

由于笔者知识水平有限，认识存在局限性和经验不足，书中难免有疏漏之处，敬请广大读者批评指正，并提出宝贵意见和建议，以供再版时补充和完善。

目　　录

A

【埃米】 长度单位，符号为 Å，读音为"埃"，$1Å = 10^{-10} \text{m}$，即纳米的十分之一。它不是国际单位，是一个历史上习用的单位，不属于国际单位体系。在钻井液中常用于黏土的膨胀距离，是晶体学、原子物理、超显微结构等常用的长度单位。

【胺】 胺常被看作氨分子中的 H 被烃基取代的衍生物，其中的一个、二个或三个 H 被烃基取代而生成的化合物，分别称为伯胺（RNH_2）、仲胺（R_2NH）和季胺碱。根据烃基的不同，可分为脂肪胺和芳香胺。胺分子中若含有两个以上的氨基，可根据氨基的数目分别称为二元胺、三元胺等。胺的物理性质：脂肪族胺中甲胺、二甲胺、三甲胺和乙胺，常温下为气体，丙胺以上为液体，高级胺为固体。芳香族胺中一元胺为高沸点液体，二元胺和稠环芳胺为固体。碳原子数相同的脂肪族胺其沸点是伯胺最高、仲胺次之、叔胺最小。低相对分子质量的胺易溶于水。挥发性胺有难闻的气味，有毒。胺的化学性质：胺是弱碱，能与大多数酸作用生成盐。胺和卤代烃反应，氨基上的氢原子易被烃基取代。伯胺和仲胺能像氨一样与酰氯、酸酐、脂作用，生成相应的氮取代酰胺。在氢氧化钠或氢氧化钾存在下，苯磺酰氯可与伯胺、仲胺反应胺磺酰化；生成相应的磺酰胺。伯胺与亚硝酸作用可生成醇并定量放出氮气；仲胺与亚硝酸作用得到不溶于水的黄色油状液体 N-亚硝基胺；叔胺与亚硝酸作用只能生成不稳定的亚硝酸盐。胺的命名：按它所含的烃基来命名。氮原子上连有两个或三个相同的烃基时需表示出烃基的数目，若所连烃基不同则把简单地写在前面。对芳香族仲胺或叔胺则在基前冠以"N"字，以示这些基团连在氮上而不是芳环上；复杂的胺按系统命名法命名，把氨基作为取代基。例：$CH_3CH_2NH_2$、CH_3NHCH_3、$CH_3NHCH_2H_5$。

一些常见胺的物理常数

名　　称	相对密度（20℃/4℃）	沸点/℃	熔点/℃
一甲胺	0.6628^{20}	-6.3	-93.5
二甲胺	0.6804^0_4	7.4	-93
三甲胺	0.6356	2.9	-117.2
乙胺	0.6829	16.6	-81
二乙胺	0.7056	56.3	-48
三乙胺	0.7275	89.3	-114.7
正丙胺	0.7173	47.8	-83.0
正丁胺	0.7414	77.8	-49.1
环己胺	0.8191	134.5	-17.7
乙二胺	0.8995^{20}_{20}	116.5	8.5
苯甲胺	0.9813	185^{770}	
苯胺	1.02173	184	-6.3
N-甲苯胺	0.9891	196.25	-57
N,N-二甲苯胺	0.9557	194	2.45
二苯胺	1.160^{22}_{20}	302	54~55
三苯胺	0.7748^0_4	365	127
邻甲苯胺	0.9984	200.2	14.7
间甲苯胺	0.9889	203.3	-30.4
对甲苯胺	0.9619	200.5	44~45
邻硝基苯胺	1.4421^5	284	71.5

【胺甲基化聚丙烯酰胺】 阳离子型聚丙烯酰胺的一种。由非离子型聚丙烯酰胺溶液与甲醛水溶液和二甲胺通过 Mannich 反应而得。除保持聚丙烯酰胺原有性能外，还可显著提高黏度，在水中可解离，使高分子的一些链节带正电荷，能与纤维素较好地结合。

A

胺甲基化聚丙烯酰胺可在较大的 pH 值范围内使用。在钻井液中用作增稠剂、稳定剂、絮凝剂。

【胺盐型阳离子表面活性剂】　通过用酸中和具有疏水基的长链烷解出含有疏水基的阳离子，呈现表面活性。然而，只是通过简单中和、键合而成的胺盐，若加碱类中和，原来的胺就会游离出来。因此，胺盐类在酸性时是稳定的。主要用作原油的破乳剂和乳化剂。胺盐型阳离子表面活性剂的化学通式为：

$$[R_1-\overset{\displaystyle R_2}{\underset{\displaystyle R_3}{\overset{|}{\underset{|}{N}}}}-H]X$$

式中　R_1——烃基；
　　　R_2、R_3——H 或烃基；
　　　X——阴离子。

【氨】　氨或称"氨气"，氮氢化合物，分子式 NH_3，相对分子质量 17，熔点 $-77.7℃$，沸点 $-33.5℃$，密度 $0.771g/L$，无色气体，有强烈的刺激气味。极易溶于水，常温常压下 1 体积水可溶解 700 倍体积氨，水溶液又称氨水。降温加压可变成液体。

氨

【氨基】　以—NH_2 表示，许多有机化合物如伯胺（RNH_2）、酰胺（$RCONH_2$）等分子中含有该功能团。化合物分子中引入氨基后会增强其碱性。

【氨基改性壳聚糖】　代号为 SACMC。是一种抗温达 180℃ 的抑制型降滤失剂，利用壳聚糖无生物毒性、耐温性能好、抗菌活性的特点，通过羧基、氨基和接枝等方式改性而成。

氨基改性壳聚糖

【氨气】　分子式：NH_3，无色气体。有强烈的刺激气味。密度 $0.7710g/cm^3$。相对密度为 0.5971（空气密度 = $1.00g/cm^3$）。易被液化成无色的液体。在常温下加压即可使其液化（临界温度 132.4℃，临界压力 11.2MPa，即 112.2atm）。沸点 $-33.5℃$。也易被固化成雪状固体。熔点 $-77.75℃$。溶于水、乙醇和乙醚。在高温时会分解成氮气和氢气，有还原作用。有催化剂存在时可被氧化成一氧化氮。用于制液氮、氨水、硝酸、铵盐和胺类等。

【氨基酸型两性表面活性剂】　是在一个分子中具有胺盐型的阳离子部分和羧酸型的阴离子部分的两性表面活性剂。一般用作泡沫剂。

【铵】　化学式：NH_4^+，由氨分子与一个氢离子配位成铵离子，其性质和一价金属离子相近，其盐类易溶于水，铵盐呈白色晶体，与碱反应或受热释放出激性气味的氨气。

$$\left[\overset{\displaystyle H}{\underset{\displaystyle H}{H\overset{\cdot\cdot}{\underset{\times}{N}}H}}\right]^+$$

铵根离子电子式

【铵离子】　是氨与酸或水作用形成的离子，称为铵离子，化学式：NH_4^+。

【凹凸棒石】　又称坡缕石（Palygorskite）或坡缕缟石，是一种具链层状结构的含水富镁硅酸盐黏土矿物。

其结构属 2∶1 型黏土矿物。在每个 2∶1 单位结构层中，四面体晶片角顶隔一定距离方向颠倒，形成层链状。在四面体条带间形成与链平行的通道，通道横断面约 $3.7×6.3Å$。凹凸棒石黏土是指以凹凸棒石（attapulgite）为主要组分的一种黏土矿物。凹凸棒石是一种晶质水合镁铝硅酸盐矿物，具有独特的层链状结构特征，在其结构中存在晶格置换，帮晶体中含有不定量的 Na^+、Ca^{2+}、Fe^{3+}、Al^{3+}，晶体呈针状、纤维状或纤维集合状。凹凸棒石具有独特的分散、耐高温、抗盐碱等良好的胶体性质和较高的吸附脱色能力。并具有一定的可塑性及黏结力，其理想的化学分子式为：$Mg_5Si_8O_{20}(OH)_2(OH_2)_4·4H_2O$。具有介于链状结构和层状结构之间的中间结构。凹凸棒石呈土状、致密块状，产于沉积岩和风化壳中，颜色呈白色、灰白色、青灰色、灰绿色或弱丝绢光泽。土质细腻，有油脂滑感，质轻、性脆，断口呈贝壳状或参差状，吸水性强。湿时具黏性和可塑性，干燥后收缩小，不易显裂纹，水浸泡崩散。悬浮液遇电介质不絮凝沉淀。凹凸棒石形态呈毛发状或纤维状，通常为毛毯状或土状集合体。莫氏硬度 2~3，加热到 700~800℃，硬度>5。密度为 $2.05~2.32g/cm^3$。由于凹凸棒石独特的晶体结构，使之具有许多特殊的物化及工艺性能。主要物化性能和工艺性能有：阳离子可交换性、吸水性、吸附脱色性、大的比表面积（$9.6~36m^2/g$）以及胶质价和膨胀容。这些物化性能与蒙脱石相似。在钻井液中用作增黏剂、水基钻井液的配浆材料。它可以在盐水、海水中分散，形成稳定结构，其作用与水基钻井液中膨润土一样：①增加黏度和切力，提高井眼净化能力。②形成低渗透的滤饼，降低滤失量。③对于胶结不良的地层，可改善井眼的稳定性。④防止井漏、价格低。其优点为：①使用简单。②抗盐、耐高温。物理性质：①粉末状。②易分散。推荐用量：2%~6%。

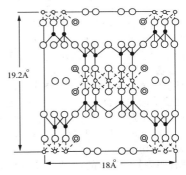

○ H_2O　　♨ OH　　○ mg/Al　　◎ OH　　○ ○　● Si

凹凸棒石

凹凸棒石质量指标

项　　目	指　　标	
	一级品	二级品
造浆率/(m³/t)	≥16.0	≥12.5
外观 水分含量/% 筛余量/%	自由流动粉末，不结块 ≤15.0 ≤8.0	

注：一级品等效 API 标准。

【**螯合剂**】　金属原子或离子与含有两个或连两个以上配位原子的配位体作用，生成具有环状结构的络合物，该络合物叫螯合物。能生成螯合物的这种配体物质叫螯合剂，也成为络合剂。两个或两个以上配位原子且同时与一个中心原子（或离子）形成螯合环。由于螯合剂的成环作用使螯合物比组成和结构相近的非螯合配位化合

A

物的稳定性高。螯合剂大多数是有机配体。目前，已发现的螯合剂最多的达十四齿。螯合剂中的配位原子以氧和氮最为常见，其次是硫，还有磷、砷等。用"螯"描述这类化合物，就是因为分子结构很像"蟹"的两个大"钳"夹住金属原子或离子。在钻水泥塞时，钻井液受到水泥石中钙的污染，常采用 SMT 进行处理，此时的作用是螯合作用。

【螯合物】 指中心离子与含有两个或两个以上配位原子的配位体，亦称"多啮配位体"或"螯合剂"，结合成具有一个或多个包括中心离子在内的环状结构的络合物。它可以是不带电荷的分子（称为"内络盐"），与金属元素的分离、提纯和分析、水的软化等有密切关系。

【螯合吸附】 吸附的一种方式，指处理剂分子中有可螯合的基团如

$$\begin{matrix} & O \\ & \parallel \\ -C-, & -NH_2, & & \leftarrow OH \cdots 等，能 \\ & \mid \\ & OH \end{matrix}$$

与黏土表面固有的 Al^{3+} 或外界引入的 Zn^{2+} 等正离子螯合而吸附。

【螯合效应】 同一金属离子与一种螯合剂形成的螯合物，比具有相同配位原子的单啮配体形成的络合物更稳定，这种特殊的稳定性是由于成环产生的，因此把这种由于螯合环的形成所产生的稳定性增高称之为螯合效应。螯合物的稳定性是以螯合物的稳定常数来衡量的，稳定常数越大，螯合物的稳定性就越高。

【螯合反应】 螯合反应就是生成螯合物的化学反应。螯合物是配合物的一种，在螯合物的结构中，一定有一个或多个多齿配体提供多对电子与中心体形成配位键。"螯"指螃蟹

的大钳，此名称比喻多齿配体像螃蟹一样用两只大钳紧紧夹住中心体。金属 EDTA 螯合物通常比一般配合物更稳定，其结构中经常具有的五元环或六元环结构更增强了稳定性。正因为这样，螯合物的稳定常数都非常高，许多螯合反应都是定量进行的，可以用来滴定。使用螯合物还可以掩蔽金属离子。可形成螯合物的配体叫螯合剂。如 EDTA。它能提供 2 个氮原子和 4 个羧基氧原子与金属配合，可以用 1 个分子把需要 6 配位的钙离子紧紧包裹起来，生成极稳定的产物。其化学结构表示为：

$(HOOCCH_2)_2NCH_2CH_2N(CH_2COOH)_2$，螯合物在工业中用来除去金属杂质，如水的软化、去除有毒的重金属离子等。

螯合反应

【奥氏黏度计】 毛细管黏度计的一种。常用奥氏（Ostwaid）黏度计测量钻井液滤液黏度、聚合物溶液黏度等。是一种普通的毛细管黏度计，其理论基础是泊肃叶（Poiseuille）定律：

$$\eta = \frac{\pi p r^4 t}{8Vl} = \frac{\pi r^4}{8l} \cdot \frac{p}{V/t} = K\frac{p}{Q}$$

式中 l——毛细管的长度；

r——毛细管的半径；

V——在时间 t 内流过毛细管的液体体积；

p——引起流动的压力差；

K——仪器常数，等于 $\pi r^4/(8l)$；

Q——流量，等于 V/t。

奥氏黏度计的构造见下图，U 型弯管一边有一个大球，另一边有一个小球，在小球的下面有一段较长的毛细管，在小球的上面有一窄口，小球上下有两个刻度 A、B。把一定容积的液体装入管内，吸到小球这边使液面高于 A，然后让液体自由下降，记录液面从 A 降到 B 的时间。一般实验时，用一种已知黏度的液体来比较，例如水或其他纯溶剂。应用泊肃叶定律，这时毛细管和半径是一定的，流出的体积也相同（都是由 A 到 B），它们的黏度之比为：

$$\eta / \eta_0 = p_t (p_0 t_0)$$

使液体流动的压力是 $\rho g h$，h 是两管内液面相差的高度，ρ 是液体密度，g 是重力加速度。实验时，放入液体的体积是相同的，所以 h 也相同。上式可写成：

$$\eta / \eta_0 = \rho t (\rho_0 t_0), \quad \eta = \eta_0 \rho / (\rho_0 t_0)$$

式中　η_0——已知；

ρ_0、ρ——已知黏度液体和待测黏度液体的密度；

t_0、t——一定体积的已知黏度液体和待测黏度液体通过毛细管所需要的时间。从上式就可以方便地算出待测液体的黏度 η。

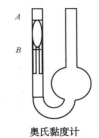

奥氏黏度计

B

【八面体】 在黏土矿物学中，指 Al^{3+}（或 Mg^{2+}）在中心四周有六个阴离子 O^{2-}（或 OH^-）构成的一个立体几何图形，正好是八个面，故称为"八面体"。因共为 Al^{3+} 或 O^{2-} 组成，故又称"Al-O 八面体"。

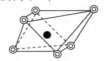

（a）单独的Al-O八面体

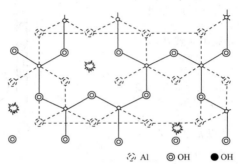

◌ Al   ◎ OH   ● OH

(b) Al-O八面体片状构造

Al-O八面体构造示意图

【八面体片】 八面体片存在于层状硅酸盐矿物的晶体结构中，是一个四面体片的活性氧（及 OH）与另一层 OH 最紧密堆积，或者上下相对的两个四面体片的活性氧（及 OH）错开并位移 $a_0/3$ 后最紧密堆积，形成八面体空隙，其中充填一定数量的阳离子所构成的，以字母 O 表示。由八面体沿一个平面互相连接而成，以 O 表示，见下图。在 Si-O 四面体晶片的每个六方网孔的范围内有 3 个八面体中心，根据晶体结构的电荷中和法则，它们只充填 2/3 的八面体孔隙，即 3 个八面体孔隙中，只充填了 2 个八面体孔隙，故称二八面体结构层。这样的八面体晶格具有 3 水铝石 $Al_2(OH)_6$ 的结构式。如果是二价的镁和铁等进入八面体中心时，可以将 3 个八面体孔隙全部充填，称为三八面体结构层，类似水镁石的结构形式，由此有二八面体和三八面体黏土矿物之分。

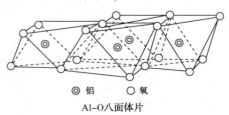

◎ 铝   ○ 氧

Al-O八面体片

【白石灰】 见"生石灰粉"。

【白垩石】 钻井液加重剂,主要由海洋物质形成的,其密度在 $2.68\sim2.75g/cm^3$ 之间,水基钻井液可加重最大密度为 $1.45g/cm^3$。

【白垩岩】 又名白土粉、白土子、白埴土、白善、白墡。是一种非晶质石灰岩、泥质石灰岩未固结前的样态,呈白色,主要成分为碳酸钙,多为红藻类化石所化成。在地质时间表中的"白垩纪",因英国白垩系地层构造为此年代的代表而得名。白垩岩具有两种相互独立的塑性力学机制,塑性孔隙坍塌和塑性剪切变形。白垩岩力学性质除受其矿物组成、结构以及饱和条件等因素的影响外,孔隙压力对其力学特征同样具有重要影响。

【白云石】 经机械加工成细小颗粒(与重晶石粉相当),钻井液加重剂。

【白油钻井液】 以白油为基油配制的钻井液,分为纯油基钻井液、油包水钻井液、水包油钻井液。该钻井液具有润滑性好、抑制性强、易于维护等特点。适用于低渗、易漏、水敏地层钻井。

【百分浓度】 ①质量百分浓度:用溶质质量占全部溶液质量的百分数表示的浓度。②体积百分浓度:用溶质体积占全部溶液体积的百分数表示的浓度。

【坂土】 又称膨润土,为水基钻井液主要配浆材料,具有较高的阳离子交换容量、吸水膨胀性和水化分散性,实际使用的坂土蒙脱石含量在80%以上。通常将坂土分为三类:①一般钻井坂土(用来配制钻井液的坂土造浆率应超过 $13m^3/t$)。②特制的造浆率很高的"增效坂土"。③特制的在油中可分散的"有机坂土"。

【坂土含量】 简称坂含,指每升钻井液中所含的有效坂土(优质坂土)含量;见"坂土含量测定"。

【坂土预水化】 为提高坂土在盐水中的造浆率或为钻井施工做准备,先将坂土在淡水中水化,然后将其混配至盐水或其他钻井液中。坂土预水化时可加入处理剂,如纯碱、铁铬盐和烧碱或聚合物,可以改善预水化坂土的降滤失特性。

【坂土含量测定】 测定每升钻井液中膨润土(蒙脱土)的含量。用亚甲基蓝通过实验测定。亚甲基蓝是一种阳离子染料,在溶液中解离成正、负离子,当黏土中的可交换性阳离子在溶液中解离时,与带负电荷的染色离子结合,生成蓝色水不溶物。此时亚甲基蓝褪色,只有当溶液中有阳离子的亚甲基蓝时才呈现绿蓝色,在某种程度上该值对应于钻井液的坂土含量。在用亚甲基蓝(0.01mol)滴定钻井液的过程中,不断用玻璃棒沾一滴液体到滤纸上,如果水圈刚呈蓝色,而 2min 后不褪色,说明亚甲基蓝的用量恰好与黏土阳离子交换容量相等,从已知浓度的亚甲基蓝的用量可算出钻井液中坂土的含量,即坂土含量(g/L)= $14.3\times$亚甲基蓝消耗量(g/L)。用此法也可测定页岩的阳离子交换容量(CEC),即 CEC(mmol/100g 页岩)= 0.01mol 亚甲基蓝毫升数/页岩克数。

【半透膜】 只能透过溶剂而不能透过溶质的膜,包括微滤膜、超滤膜反渗滤膜、透析膜等。可分离溶质的范围:微滤膜 $0.02\sim10\mu m$;超滤膜 $0.005\sim0.02\mu m$;反渗滤膜 $0.0005\sim0.08\mu m$;透析膜 $0.0005\sim0.2\mu m$。

【半透膜稳定井壁作用】 微米级可变形聚合物在力学封堵和化学沉淀的共同作用下形成选择性半透膜,降低了页岩的渗透率。

B

【半微量分析】 被测组分含量为 0.1%~1%。

【半致死浓度】 简称为"LC_{50}",使受试生物群体在指定时间内有 50% 死亡时的物质或毒性材料的浓度;是对钻井液排放物毒性的标准衡量指标。见"标准毒物实验"。

【半致死剂量】 简称为"LD_{50}",受试生物群体摄取或注射此种实验物质在指定时间内死亡率达 50% 时的剂量;是衡量钻井液材料或添加剂毒性的一种指标。

【包被作用】 利用聚合物长链分子结构的特性及含有强吸附能力的基团对页岩进行多点吸附,降低水化速度,此作用称之为"包被作用"。包被作用是 20 世纪 80 年代提出的概念,用来代替絮凝作用和选择性絮凝作用。用聚合物对钻屑的包被作用来解释其对钻屑水化分散的抑制作用,可以摆脱抑制性和配浆性的矛盾。由于包被作用的机理与絮凝机理不同,聚合物包被作用增强,其絮凝作用不一定增加,因此提高聚合物对钻屑水化分散的抑制性,不一定要以牺牲体系必要的性能为代价。也就是说,可以考虑在提高抑制性的同时,改善钻井液的其他性能。

【包装标准】 为保障物品在贮藏、运输和销售中的安全和科学管理的需要,以包装的有关事项为对象所制定的标准。有以下分类:

种 类	包装材质、规范	适用的产品
第 1 种	外层聚丙烯编织袋,内层聚乙烯薄膜袋	粉状、粒块产品,如重晶石粉、CMC 等
第 2 种	外层乳胶布,内层聚乙烯薄膜袋	同上,用于高寒地区、防老化
第 3 种	聚丙烯编织袋(一层)	粒状、块状产品
第 4 种	聚乙烯薄膜袋(一层)	粉状、胶状产品的内衬如胶状 PAM

续表

种 类	包装材质、规范	适用的产品
第 5 种	多层牛皮纸袋	水泥等
第 6 种	麻袋	食盐、纯碱等
第 7 种	用尼龙、帆布、高强度聚乙烯的集装袋	重晶石粉、土粉等,500~1000 千克/袋
第 8 种	镀锌铁皮、铁皮、铝质等密封圆桶	液体材料
第 9 种	密闭铁皮桶	KOH、NaOH 等腐蚀性固体
第 10 种	塑料桶	液体或胶体材料
第 11 种	铁皮桶	PAM 等胶体材料
第 12 种	玻璃瓶	液体试剂等
第 13 种	塑料瓶	液体试剂等
第 14 种	陶瓷瓮罐	液体化工产品
第 15 种	纸箱	一般化工产品、硬脂酸等
第 16 种	木箱	一般易碎品的外包装
第 17 种	柳条、竹编筐	一般易碎品的包外装
第 18 种	其他	按不同要求的特殊包装

【饱和度】 岩石孔隙中油、气、水的分布差异很大。饱和度用来表示油、气、水每相所占孔隙体积的百分数。

$$含油饱和度 = \frac{孔隙中油的体积}{孔隙总体积} \times 100\%$$

$$含气饱和度 = \frac{孔隙中气体的体积}{孔隙总体积} \times 100\%$$

$$含水饱和度 = \frac{孔隙中水的体积}{孔隙总体积} \times 100\%$$

【饱和盐水】 通常是指 NaCl 在水中溶解达到饱和状态的水溶液,常温下其密度约为 $1.20g/cm^3$,Cl^- 浓度约为 18ppm($1ppm = 10^{-6}$)。NaCl 溶于水达到饱和状态时,NaCl 的溶解量与水的温度有关。

【饱和水溶液】 在一定温度和压力下,溶剂所能溶解的溶质已达到最大时称"饱和水溶液"。

【饱和盐水钻井液体系】 用饱和盐水

配制或配制好钻井液后，再加盐达到饱和时的钻井液称为饱和盐水钻井液。氯化钠含量 30%~35%，Cl⁻高于 $18×10^4$ mg/L，这类钻井液的主要特点有：①具有良好的抑制性。②具有较好的抗无机盐污染能力。③对含水敏性黏土的页岩有抑制水化剥蚀作用，因而具有一定的防塌能力。④可抑制盐岩溶解，避免大肚子井眼。用该体系钻厚岩盐层时，最好加入盐抑制剂，防止井径扩大。氯离子浓度低于饱和时的钻井液通常被称为"欠饱和盐水钻井液"。

【保护液】　见"密闭液"。

【保护作用】　见"空间稳定作用"。

【保护油气层钻井液】　指在储层中钻进时使用的一类钻井液。当一口井钻达其目的层时，所设计的钻井液不仅应能满足钻井工程和地质要求，还应满足保护油气层的需要。比如，钻井液密度和流变参数应调整至合理范围，滤失量应尽可能低，所选用的处理剂与油气层相配伍，以及选用合适的暂堵剂等。

【爆破钻井法】　使用空心药球，利用在具有井底高压流体的井眼中起爆破裂时所产生的液压冲击，以破碎岩石。一台这样的钻机要产生与旋转式钻机（7.4~36.8kW，即 10~50hp）相当的输出功率，每小时就需要 50000~100000 个药球（50.8mm），这就使该法变得不实用。另外，在高达 70MPa 以上的井底液压下，药球爆破时所产生的猛烈冲击对破碎岩石变得无效，这预示着用该法来实现钻井是不切实际的。

【爆炸震击解卡法】　用导爆索制成的炸弹解除黏吸卡钻的方法，当井下炸弹在卡钻井段爆炸时使管柱产生振动，冲击波促使钻杆离开井壁或者脱离泥包。这种方法宜用在卡钻事故发生之后不太长的时间内，主要是卡钻的井段不长。或者在浸泡未见效之后，作为一种辅助手段。使用时应注意以下几个问题：①炸弹爆炸井段压力小于 150MPa，温度低于 250℃。②井下炸弹由导爆索组成，炸药量应以保证达到预期效果而又不损坏钻杆为原则。在温度很高的井中，应采用耐热导爆索。③起"振动"作用的炸弹长度必须大于卡钻井段长度 5~10m，但是总长度不超过 100m，炸弹用药量不应超过 5kg。如果卡钻井段超过 100m，那么"振动"就应分几段进行。④炸弹下井之前，先用测卡仪找出卡点位置，在装炸药和下炸弹过程中，井上其他工作均应停止，并锁住转盘和固定好井口滑轮，防止事故发生。⑤炸弹下到卡钻井段后，以最大允许的拉力上提钻柱或施加一定的扭矩后锁住转盘，然后进行爆炸并上下活动钻柱。

【爆炸、侧钻新井眼】　当采用多种方法解卡均无效时，或卡点很深，用倒扣方法处理很浪费时间，会使井眼情况严重恶化时，可将未卡部分钻具用炸药炸断起出，然后在留在井内的钻具顶上打水泥塞，再另侧钻一新井眼。

【爆炸倒扣套铣解卡法】　这是处理卡钻事故的一种倒扣方法。首先测出卡点的位置，然后用电缆将导爆索从钻具内孔送到卡点以上第一个接头丝扣处，在导爆索中部对准接头的同时，将钻具卡点以上的全部重量提起，并给钻具施加一定的倒扣力矩，点燃爆索爆炸时产生剧烈的冲击波及强大的震动力，足以使接头部分发生弹性变形，及时把扣倒开，这与钻杆接头卸不开时用大锤敲打钻杆母接头后就可卸开的原理是一样的。同时，由于导爆索爆炸产生大量的热，使钻杆接头处受热，熔化其中的丝扣油，并产生塑性变形，也有助于卸开丝扣。这种

B

方法具有安全、可靠、速度快、钻具一般不易破坏，不需要反扣钻具和打捞工具等优点，同时加快处理卡钻的速度，但要严格控制药量，并合理操作，倒扣后铣套、打捞。

【**贝壳粉**】　贝壳渣粉的简称，为贝类残壳经加工而成的带棱角的粒状物，主要成分为碳酸钙，是一种惰性堵漏材料，适用于油气层的堵漏，也可以用于一般孔隙性、渗透性地层的堵漏。

【**贝壳渣-聚丙烯酰胺堵液**】　是一种保护产层型堵液，胶状聚丙烯酰胺加量为钻井液体积的 1% ~ 1.5%，水泥（或其他多价金属化合物）加量为钻井液体积的 0.5% ~ 1%，贝壳渣（贝壳焙烧后除去烧好细粉的剩余物）加量为钻井液体积的 3% ~ 5%，其他粒度分布为：0.075 ~ 0.5mm 占 20%，0.5 ~ 5mm 占 20%，5 ~ 15mm 占 60%。配制时，先把聚丙烯酰胺和水泥加入钻井液中，用钻井液枪冲割或用搅拌机搅拌，混合均匀，使钻井液黏度上升到 60s 以上，然后加入贝壳渣，再混合均匀，注入漏层部位，随着钻井液的漏失达到堵漏效果。

【**背压**】　通常指运动流体在密闭容器中沿其路径（例如管路或风道路）流动时，由于受到障碍物或急转弯道的阻碍而被施加的与运动方向相反的压力。

【**苯基**】　苯分子中的一个氢原子被其他功能团取代后形成的基团（$C_6H_5—$），苯酚（C_6H_5OH）、苯胺（$C_6H_5NH_2$）等分子结构中都含有该基团。

【**苯酚**】　简称"酚"，俗称"石灰酸"。化学式：C_6H_5OH，可由煤焦油分离，或由苯经过磺酸钠碱溶法、氯苯水解法以及异丙苯经空气氧化、酸分解法合成。为无色晶体，有特殊气味，是合成磺化酚醛树脂的主要原材料。

【**苯甲基**】　亦称"苄基"。甲苯分子中的甲基少掉一个氢原子所成的基团（$C_6H_5CH_2—$）。

【**苯液染色法**】　黏土的一种鉴定方法。取少量土样，在 105℃ 的温度下烘干，滴上几滴苯液（苯和鱼肝油 1:1 的混合液），若黏土呈现蓝色，说明是微晶高岭土（蒙脱土）。

【**比面**】　指单位体积岩石内颗粒的总面积，或单位体积岩石内总孔隙的内表面积，单位为 cm^2/cm^3。颗粒越小，比面越大，对流体在油藏中流动影响很大，它可以决定岩石的许多性质，如岩石的渗透性及孔隙表面对流体的吸附等。

【**比热**】　指单位质量的某种物质升高或下降单位温度所吸收或放出的热量，比热越大，物体的吸热或散热能力越强，钻井液的比热表明在给定的排量下其冷却钻头的能力。

【**比色计**】　一种化学分析仪器。在进行比色分析时，使某种光线分别透过标准溶液和被测液，比较两者颜色强度的仪器。分目视比色计（利用视觉观测颜色的强度）和光电比色计两种。

【**比表面**】　是物质分散度的另一种量度，其数值等于全部分散相颗粒的总面积与质量（或总体积）之比。如果用 S 代表总面积，用 V 表示总体积，用 m 表示总质量，则比表面可表示为：
$$S_比 = S/V(m^{-1})$$
$$或 S_比 = S/m(m^2/g)$$

【**比表面积**】　简称"比表面"，其数值越大，表示分散相颗粒分散越细，分散度越高，比表面越大，相界面越大。见"比表面"。

【**比色分析**】　一种仪器的分析方法，使某种光线分别透过标准溶液和被测溶液，而比较两者颜色的强度，确定被测物质在溶液中含量和浓度的方法，包括目视比色法和光电比色法。

【比水马力】　单位井底面积上的水马力。可用下式表示：

$$N_b = \frac{N_t}{F}$$

式中　N_t——钻头喷嘴的水马力；

　　　F——井底面积；

　　　N_b——比水马力。

【比亲水性】　是黏土矿物单位水化表面（外部及内部边缘）亲水性质的指标，可以用下式求出：

$$比亲水性 = \frac{总的结合水量}{矿物的比表面积}$$

用 g/cm^2 表面积或结合水膜的厚度表示。

【吡啶盐型表面活性剂】　属阳离子型表面活性剂。化学通式为：

式中　R——烃基；

　　　X——阴离子。

【蓖麻油】　由蓖麻子中制取的非干性油，主要成分为蓖马油酸甘油酯，用作密闭取心液。

【蓖麻酸钠】　是一种阴离子型表面活性剂，在钻井液中用作润滑剂。

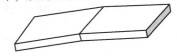

蓖麻酸钠

【蓖麻油基密闭液】　钻井取心时用的一种岩心保护液。利用密闭取心工具取心钻井时，为使岩心不受钻井液污染，岩心钻出时，立即放入盛有特制的保护液的岩心筒中，这种液体称密闭液。该密闭液的配方为蓖麻油：过氯乙烯树脂：膨润土 = 100：（10~13）：（15~20）。该密闭液适用于4000m 以内的井深。外观：过氯乙烯树脂完全溶解，液面光亮似镜面。抽丝长度大于 30cm，黏度应符合下表规定。

蓖麻油基密闭液黏度（SY 5437—1992）

取心井段/m	岩心气体渗透率/μm²	黏度/mPa·s
1000~2000	<1.0	1100~1500
	>1.0	1500~2000
2000~3000	<1.0	1800~2300
	>1.0	2000~2500
3000~4000	<1.0	2500~3000
	>1.0	3000~3500

【边界摩擦】　两接触面间有一层极薄的润滑膜，摩擦和磨损不取决于润滑剂的黏度，而是与两表面和润滑剂的特性有关，如润滑膜的厚度和强度、粗糙表面的互相作用及液体中固相颗粒间的相互作用。在有钻井液的情况下，钻铤在井眼中的运动等属于边界摩擦。

边界摩擦

【边-边联结】　如果黏土颗粒棱角边缘处水化差，水化膜薄，由于其电动电势不太大，两个黏土颗粒接近到一定距离时，就会以边-边的形式联结起来，形成所谓边-边联结。

边-边联结

【边-面联结】　如果黏土颗粒的电动电势更小，黏土层面和边缘的水化程度更差，水化膜更薄，则边缘局部带正电荷的位置上会和另外的黏土颗粒层面相联结，形成所谓边-面联结。

边—面联结

【边循环边加重压井法】 只有在下列情况下才使用这种方法压井：①未安装井控装置。②虽然安装了井控装置，但表层套管下得太少，不能关井，只能导流放喷。③虽然安装了井控装置，也有足够的套管深度，但由于检查不周或操作失误，控制失灵。在这种情况下，无法获得关井数据，不能计算各种压井数据，只能参考邻井资料和工作经验，制定压井方案，其目标是制止井喷，其他事项在压井后考虑。这种压井方法需具备以下条件：①储备井筒容积两倍以上的加重钻井液，其密度比邻井已知最高钻井液密度高出 0.3g/cm³ 以上。②储备足够的加重材料，能将井浆密度提高 0.3g/cm³ 以上。③准备压井设备，一般采用高压水泥车，在循环系统承压能力限度以内，尽力开足排量。

如果只是溢流，而未发展到井喷，可一边循环一边加重钻井液，一边撇油除气。钻井液加重速度依油气活跃程度而定，每一循环周，至少要提高密度 0.10～0.13g/cm³ 以上。如果已经发展为井喷，而又无法关井，在能导流的情况下，尽量导流放喷，同时准备压井设备和器材，立即组织压井，中间不能停顿，从井喷到压井的时间越短越好，在无阻敞喷的情况下，松软地层由于环空压力降低，很容易发生坍塌将钻具埋死。压井过程中，井底附近的地层压力也比初喷时的压力小得多，当加重钻井液经钻头

上返时，建立起液柱压力可控制喷势，待地层压力恢复到原来的压力值时，环空已经完全充满了加重钻井液，可以控制井喷。这种压井方法的根本缺点是：若加重钻井液密度低，则无法控制井喷；若加重钻井液密度高，则有可能发生井漏。加重钻井液上返的过程是加重钻井液与轻质钻井液及加重钻井液与溢流物的混合过程，因此不要企图在一个循环周内把井压稳，返出的钻井液要回收再用。在喷势减弱时，在一个循环周内把井压稳也是常有的，因为敞喷之后，井下的压力变化很大，难以预计。

【苄基】 见"苯甲基"。

【苄基三甲基氯化铵】 是一种低分子有机阳离子化合物，在钻井液中，通过中和页岩表面负电性起稳定页岩的作用。

$$[\langle\bigcirc\rangle\!-\!CH_2\!-\!\underset{\underset{CH_3}{|}}{\overset{\overset{CH_3}{|}}{N}}\!-\!CH_3]Cl$$

苄基三甲基氯化铵

【便携式滚子加热炉】 用途、原理、结构与滚子炉相同，其体积较小，重量低。

便携式滚子加热炉

【标志】 指在产品、包装等物品上所用图形、文字、颜色等表示其特殊或某些要求的记号。

【标准】 是为了在一定的范围内获得最佳秩序，经协商一致制定并由公认机构批准，共同使用的和重复使用的一种规范性文件。

【标准化】　在经济、技术及管理等社会实践中，对重复性事物和概念通过制定、发布和实施标准，达到统一，以获得最佳秩序和社会效益。

【标准值】　标准物质证书中给出的，由定值部门确定的，具有确定准确度的标准物质特性量值。

【标准物质】　用来标定仪器、验证测量方法或鉴定其他物质的具有一种或多种性能的材料或物质。

【标准体系】　一定范围内的标准按其内在联系形成的科学有机整体。

【标准钠土】　即"基准膨润土"。

【标准状态】　在研究流体性质时，为了便于对比、测量和计算流体（特别是气体）的某些物理性质参数，由特别选用的压力和温度所规定的基准状态。我国国家计量局规定，20℃和760mm汞柱为工业状态的标准温度和标准压力，称工业标准状态。标准状态下的体积称标准体积，通常用m^3表示。在物理学中则以0℃和760mm汞柱下的状态作为标准状态。

【标准溶液】　指具有准确已知浓度的试剂溶液，在滴定分析中常用滴定剂。在其他的分析方法中用标准溶液绘制工作曲线或作计算标准。

【标准物质证书】　证明标准物质的标准值及其准确度、说明准确复现标准值及准确度的必要程序的技术文件。

【标准毒物实验】　生物实验方法，即用十二烷基硫酸钠（试剂级）对糠虾进行互相校准。用同龄的生物体做实验，每种浓度用三个相同样品进行分级测试。其分级测试步骤是：①为了确立相应的处理级别，应当制备悬浮颗粒进行分级测试。分级测试可如下进行，每次用10个糠虾放于各浓度相差10倍（即10^6mg/L、10^5mg/L、10^4mg/L、10^3mg/L和10^2mg/L）的稀释液中24h测定最初的死亡率。根据获得的数据，大约50%的死亡率即可以确定并能选择出实际测试的正确稀释液以确定LC_{50}。理想情况是选择5倍的浓度，这样可以得出死亡率50%上下的两个数据点。②用海水介质把悬浮颗粒相稀释成一系列质量浓度的实验液，质量浓度以mg/L表示，纯悬浮颗粒相质量浓度为$100×10^4$mg/L，纯海水介质则为0mg/L，在最后的测试中，5倍浓度的实验液至少每种要重复三次实验。每个器皿中的最后液体体积为1L。

【标准钻井液分类】　是我国标准化委员会钻井液分会将钻井液划分的种类。共分为8种：①淡水钻井液：由淡水、黏土和一般降黏剂、降滤失剂配制而成。②钙处理钻井液。③不分散低固相聚合物钻井液。④盐水钻井液（包括海水及咸水钻井液）。⑤饱和盐水钻井液。⑥钾基钻井液。⑦油基钻井液。⑧气体（包括一般气体及气泡）钻井液。

【表面】　物质的两相之间密切接触的过渡区称为界面（interface），若其中一相为气体，这种界面通常称为表面（surface）。

【表皮带】　井眼周围由于固相颗粒侵入、结垢以及黏土膨胀或运移而造成堵塞或损坏连通的孔道系统，形成一渗透损害带，这个范围通常称"表皮带"。

【表面能】　在表面分子中多出的部分能量特称"表面能"。公式为：

$$Z_表 = \sigma S$$

式中　$Z_表$——表面能，J；

　　　　σ——一定温度和压力条件下增加单位表面积时，表面能的增加称为比表面能，J/m^2；

　　　　S——增加的表面面积，m^2。

B

【表压力】 见"压力表"。

【表面水化】 指由黏土晶体表面(膨胀性黏土表面包括外表面和内表面)吸水分子与交换性阳离子水化而引起。表面水化是多层的。第一层是水分子与黏土表面的六角形网格的氧原子形成氢键而保持在表面上。水分子也通过氢键结合为六角环,第二层也以类似情况与第一层以氢键连接,以后的水层照此继续。氢键的强度随离开表面的距离增加而降低,见下图。

表面水化水的结构带有晶体性质。比如,黏土表面上 $10×10^{-1}$ nm 以内的水的比容比自由水小 3%,其水的黏度也比自由水大。

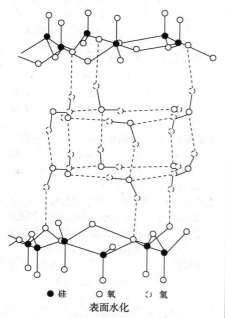

● 硅　○ 氧　○ 氢
表面水化

【表皮系数】 表示油井表皮效应的一个无量纲系数。定量描述损害程度的物理量 "S" 称为"表皮系数"。油井的表皮系数 S 可用完井半径 r_w 除以折算半径 r_c 的商的自然对照数表示,即

$S = \ln \dfrac{r_w}{r_c}$。当 $\dfrac{r_w}{r_c} = 1$ 时, S 值为零,井是完善的;当 $\dfrac{r_w}{r_c} < 1$ 时, S 为负值,井是超完善的;当 $\dfrac{r_w}{r_c} > 1$ 时, S 值为正值,井是不完善的。通常用压力恢复曲线求出表皮系数,并由表皮系数和压力恢复曲线的斜率计算表皮产生的附加流动阻力。

【表皮效应】 由于钻井和完井作业或采取增产措施使井壁附近地层渗透率发生变化从而引起附加流动阻力的现象。渗透率变异区称表皮(一般在井眼附近)。渗透率降低时,称正表皮效应,产生"正"的附加流动阻力;渗透率提高时,称负表皮效应,产生"负"的附加流动阻力。表皮效应的大小用表皮系数衡量。

【表观黏度】 也称为"视黏度""表观剪切黏度",在给定的仪器中,钻井液在固定剪切速率下的黏度。它是塑性黏度和屈服点的函数。表观黏度的大小通常等于 1/2 的 600r/min 时的读数(用直读黏度计测定)。对于牛顿液体,表观黏度在数值上等于塑性黏度。单位是 mPa·s。表观黏度受塑性黏度、动切力和速度梯度的影响。塑性流体的表观黏度由塑性黏度和结构黏度两部分组成。在钻井循环系统中,存在不同的剪切速率,其表观黏度也不同,现场可利用六速旋转黏度计测定。

旋转黏度计表盘读数换算成表观黏度的换算系数

转速/(r/min)	600	300	200	100	6	3
换算系数	0.5	1.0	1.5	3.0	50.0	100.0

表 ·15·

【表观密度】 又称体积密度或松密度。粉状、颗粒、片状及纤维状等物料的松装密度。测定时，将物料装入一定尺寸的漏斗状容器中，迅速抽开漏斗下口的挡料板，让试样流进一定尺寸的测量筒中，刮去上部多余物料，称量圆筒中试样，按下式求得的表观密度(D_a)

$$D_a = m/V$$

式中　m——测量圆筒中试样的质量；

　　　V——测量圆筒的体积。

也可将一定质量的物料(60g)按规定方法装入测量圆筒中，测量其装填体积，求得 D_a。D_a 为模塑料的包装、模具型腔和挤出螺杆的设计提供有用的参数。

【表面现象】 指发生在表面上的一切物理现象(如吸附、润湿等)和化学现象(如在固体表面上发生的化学反应)。

【表面化学】 研究在"不均相"物系中，存在于异相界面间的物理和化学现象的一门学科。例如在固-气、固-液、液-液和液-气等界面的吸附现象、接触作用等都包括在表面化学范围之内，主要包括表面能、表面张力、吸附、催化和电动现象等方面的研究。如色层分析、萃取、离子交换、接触催化、泡沫浮选等的原理和方法等均属表面化学研究范围。

【表面张力】 表面自动收缩的内作用力称为表面张力，用 f 表示，单位是牛顿(N)。表面张力存在于所有相界面的各部分，它的实质是表面能自发减小产生收缩表面积做功趋势的一种力的体现。

【表面黏度】 指气-液界面上由于不溶膜的存在而引起表面层黏度的变化，以 η_s 表示，它是不溶膜的表面黏度和水面黏度的差值。对单分子膜表面黏度的测定表明，其值在 $10^{-3} \sim 1$ 表面泊之间。表面泊的单位是克/秒(g/s)或千克/秒(kg/s)。对于界面上的可溶性膜也存在界面黏度。表面黏度也存在两种类型，即膨胀型和切变型。膜可有牛顿体和非牛顿体，也有黏弹效应。测定表面黏度用窄缝黏度计或扭摆黏度计。

【表面活性】 溶质能使溶剂表面张力降低的性质叫表面活性。

【表型测钙计】 见"测钙计"。

【表面活性剂】 一种趋向于聚集于物质表面的物质。它在加入很少量时即能大大降低溶剂的表面(界面)张力(一般以水为标准溶剂)和液-液界面张力，并具有一定特殊结构、亲水亲油特性和特殊吸附性能的物质。表面活性剂分子都是双亲化合物，分子具有不对称结构。其分子由易溶于水的亲水基和不溶于水而易溶于油的亲油基，即疏水基组成(如下图所示)。在钻井液中主要来调节乳化、团聚、分散、界面张力、发泡、除泡和润湿等作用。

表面活性剂结构示意图

B

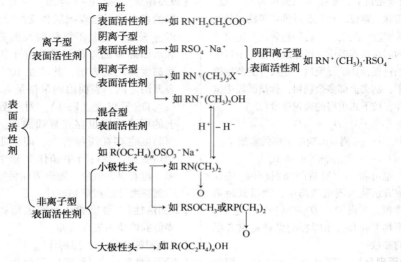

表面活性剂分类

在表面活性剂科学中广泛采用的是按照它的化学结构分类。首先是按亲水基的类型，即电性质分为离子型和非离子型。离子型又分为阳离子型、阴离子型和两性型。在离子型和非离子型之间又有混合型。

表面活性剂中疏水基、亲水基相对位置与性能、应用关系

结 构	性能应用	表面活性剂举例
短疏水基，有一个亲水基在链的末端	润湿剂、泡沫剂，无去污能力	1. 低分子脂肪酸盐类； 2. 低级脂肪醇的硫酸盐类； 3. 松香酸肥皂
长疏水基，有一个亲水基在链的末端	清洗剂、泡沫剂、润湿剂	1. 高分子脂肪酸盐类； 2. 环氧乙烷缩合物的磺化酯类

续表

结 构	性能应用	表面活性剂举例
长疏水基，有一个亲水基在链的中间	润湿剂、泡沫剂、清洗剂	1. 磺化蓖麻油酸酯； 2. 油酰硫酸盐类
长疏水基，有两个亲水基，一个在链的末端，另一个在链的中间	分散剂，去污能力	1. 磺化油酸酯和磺化蓖麻油酸酯类； 2. 醇的二硫酸盐类
长疏水基，有两个亲水基处于离链的两端若干距离处	分散剂，无去污能力和润湿能力	封闭了的蓖麻油二磺化酯
长疏水基，有三个亲水基，一个在链的末端，另两个在链的中段	分散剂，无去污能力和润湿能力	蓖麻油的二磺化酯

表 ·17·

B

非离子表面活性剂的 *HLB* 值
与其功能特点对应关系

HLB 值	功　能
3.5~6.0	油包水（W/O）型乳化剂
8~18	水包油（O/W）型乳化剂
1.5~3.0	消泡剂
7.0~9.0	润湿剂
13~15	洗涤剂
15~18	加溶剂

【表面自由能】　增加单位表面积液体时自由能的增值，也就是单位表面上的液体分子，比处于液体内部的同量分子的自由能的过剩值。

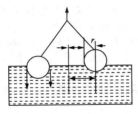

圈环受力示意图

实验步骤：①用热的铬酸混合溶液洗净铂环，再用蒸馏水冲洗干净。将铂环放在滤纸上沾干或用酒精灯火烧。铂环应十分平整，洗净后不能用手触摸。②仪器的校正。检查仪器水平位置后，将铂环挂在悬臂钩 *C* 上，转动 *A* 使标尺 *B* 示零位。松动 *D*，转动 *E*，使悬臂处于水平位置，然后扭紧 *D*。取 0.5g 砝码置铂环上，转动 *A* 使悬臂恢复水平位置，记下测定刻度读数。反复测定至各次读数相差不到一格为止，求取平均值（如果铂环不便置放砝码，可先放小片滤纸于铂环上，调整悬臂水平后再于其上放砝码）。由此可算得每转 1 格所需之力为 0.500×981/刻度读数（mN）。③测定未知液体表面

【表面张力计】　测定液体表面张力的一种仪器。液体表面的分子由于所受分子引力不平衡因而使液体表面具有表面张力，它的单位是 mN/m。将铂丝做成的圈环与液面接触后再慢慢向上提升，则因液体表面张力的作用而形成一个内径为 *R′*、外径 *R′*+2*r* 的环形液柱。这时，向上的总拉力 *F* 将与此环形液柱所受重力相等，也与内外两边的表面张力之和相等：

$$F = mg = 2\pi R'\sigma + 2\pi\sigma(R' + 2r)$$

因为 *R*＝*R′*+*r*，故上式可写成：

$$F = 4\pi R\sigma \quad 或 \quad \sigma = F/(4\pi R)$$

式中　*R*——铂环平均半径（见圈环受力示意图）。

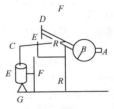

表面张力计示意图

张力时，先调好刻度零位及悬臂水平位置。将盛液样的结晶皿 *H* 位于铂环的台上，调整 *F* 及 *G* 直至液面刚好与铂环接触，然后同时转动 *A* 及 *G* 以保持悬臂的水平位置，直到铂环离开液面，记下此时的刻度读数。重复测定，直到每次读数相差不到一格。④用上述的公式计算表面张力。

【表面物理学】　研究固体和液体表面的微观结构、化学成分及表面上所发生的物理和化学过程。物的表面是物体内部和真空之间的过渡区域，是物体最外面的几层原子和覆盖其上的一些外来原子和分子，它的厚度一般只有几到几十。这一表层的性质与物体内部不同，可以发生成分偏析、结构的变化、形成吸附

B

层或表面化合物等。

【表观剪切黏度】 即"表观黏度"。

【表面水化作用】 指黏土矿物晶体表面靠氢键结合水分子和吸附的阳离子水化，最多可吸附四层水分子，使 C 轴层间距增加 10Å。

【表面水化膨胀】 又称晶格膨胀。是由黏土矿物表面(膨胀性矿物包括外表面和内表面)上的水分子吸附作用而引起的。引起表面水化的作用力是表面水化能，第一层是水分子与黏土矿物表面的六角网格的氧原子形成氢键而保持在层面上。因此，水分子也通过氢键形成六角环，下一层也以类似形式与第一层以氢键相接，以后的水层照此继续。氢键的强度随离开表面的距离增大而降低。

【表面张力系数】 把垂直作用在表面单位长度上的表面张力叫作表面张力系数。用 σ 表示，单位是 N/m。它与表面能符号相同，大小相等，只是单位不同。影响表面张力系数的因素主要是物质本性、接触相物质的本性、温度、纯度等。

【表面收缩现象】 自然界中各种液体都有表面积自动缩小的趋势。例如，在重力可以忽略的情况下，雨点呈球形，荷叶上的水珠也呈球形，这是因为在相同的体积下球形面积最小。

【表面活性剂分类】 表面活性剂的分类方法很多，根据疏水基结构进行分类，分直链、支链、芳香链、含氟长链等；根据亲水基进行分类，分为羧酸盐、硫酸盐、季铵盐、PEO 衍生物、内酯等；有些研究者根据其分子构成的离子性分成离子型、非离子型等，还有根据其水溶性、化学结构特征、原料来源等各种分类方法。但是，众多分类方法都有其局限性，很难将表面活性剂合适定位，并在概念内涵上不发

生重叠。

【表面过剩自由能】 指增加单位表面积液体时自由能的增值，也就是单位表面上的液体分子比处于液体内部的同量分子的自由能的过剩值。

【表面活性剂亲油基】 无论何种表面活性剂，其分子结构均由两部分构成。分子的一端为非极性亲油的疏水基，有时也称为亲油基；分子的另一端为极性亲水的亲水基，有时也称为疏油基或形象地称为亲水头。两类结构与性能截然相反的分子碎片或基团分别处于同一分子的两端并以化学键相连接，形成了一种不对称的、极性的结构，因而赋予了该类特殊分子既亲水、又亲油，但又不是整体亲水或亲油的特性。表面活性剂的这种特有结构通常称为"双亲结构"(amphiphilic structure)，表面活性剂分子因而也常被称作"双亲分子"。

【表面活性剂亲水基】 见"表面活性剂亲油基"。

【表面活性剂临界胶束浓度(CMC)】 表面活性剂分子缔合形成胶束的最低浓度。当其浓度高于 CMC 值时，表面活性剂的排列呈球状、棒状、束状、层状/板状等结构。增溶体系为热力学平衡体系；CMC 值越低、缔合数越大，增溶量(MAC)就越高；温度对增溶的影响体现在，温度影响胶束的形成，影响增溶质的溶解，影响表面活性剂的溶解度。Krafft 点，离子型表面活性剂的溶解度随温度增加而急剧增大，这一温度称为 Krafft 点，Krafft 点越高，其临界胶束浓度越小。浊点，对于聚氧乙烯型非离子表面活性剂，温度升高到一定程度时，溶解度急剧下降并析出，溶液出现混浊，这一现象称为起浊，此温度称为浊点。这是因为聚氧乙烯与水之间的氢键断裂，当

温度上升到一定温度时，聚氧乙烯可发生强烈脱水和收缩，使增溶空间减小，增溶能力下降。在聚氧乙烯链相同时，碳氢链越长，浊点越低；在碳氢链相同时，聚氧乙烯链越长，浊点越高。

【宾汉体】　见"宾汉塑性流体"。

【宾汉流体】　指剪切应力与剪切速率呈线性关系的一种数学描述。此种模式需要两个常量（塑性黏度和动切力），它是描述非牛顿流体的最简单的流变模型。在分析钻井液问题和作业中非常有用。

【宾汉方程】　见"宾汉模式"。

【宾汉模型】　见"宾汉模式"。

【宾汉流动】　一种流体流动行为。当流体受到的剪切应力 τ 小于某一临界值 τ_y 时，不发生流动，剪切速率 γ 为零，流体相当于胡克固体；当 τ 大于临界值 τ_y 时，流体产生类似牛顿流体的流动，即 τ 与 γ 之间为线性关系，这种流动称为宾汉流体流动，简称宾汉流动。产生这种流动行为的原因是这种流体首先需要一定应力破坏分子间的缔合以及某些有序结构，然后才开始产生流动。

【宾汉模式】　宾汉塑性流型的简称，研究流体的一种模式，常被用来描述塑性流体的流变性。当施加切应力小于屈服值时，流体不会流动，当超过屈服点以后，流速梯度与切应力成正比（剪切力与剪切速率之比是常数）。宾汉模式其形式为：

$$\tau = \tau_0 + \eta_{塑}\frac{du}{dn}$$

式中　τ——切应力；

　　　τ_0——动切力；

　　　$\eta_{塑}$——塑性黏度；

　　　$\dfrac{du}{dn}$——速度梯度。

符合宾汉模式的流变曲线是如下图所示的直线。符合宾汉模式的液体简称宾汉流体，它是简化了的塑性流体，即认为静切力 τ_s 等于动切力 τ_0，流变曲线为一条不通过原点的直线且交切应力 τ 轴于 τ_0。

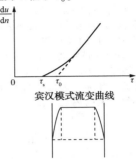

宾汉模式流变曲线

宾汉液体在圆管中流体内部的速度分布

【宾汉屈服值】　产生宾汉流动的临界剪切应力值，以 τ_y 表示。只有当 $\tau > \tau_y$ 时，流体才能产生流动。见"宾汉模式""宾汉流动"。

【宾汉黏度计】　又称宾汉绝对黏度计。一种毛细管型黏度计。通常的毛细管型黏度计，毛细管多采取垂直式；而宾汉黏度计中毛细管则采取水平式，且其直径和长度均能准确测量；贮液球的体积和主球的体积以及两球的形状相近，它们的重心也在同一水平高度，这种改进减小了静水压头偏差，测试数据较为准确。

【宾汉塑性流体】　又称宾汉体或理性体。符合宾汉流动行为的流体。属于这种流动行为的物质有钻井液、沥青等。参见"宾汉流动"。

【宾汉塑性流型】　见"宾汉模式"。

【宾汉绝对黏度计】　见"宾汉黏度计"。

【冰钙】　氯化钙的别称。见"氯化钙"。

【丙三醇】　见"甘油"。

【丙烯酸类聚合物】　是低固相聚合物钻井液的主要处理剂类型之一。制

B

备这类聚合物的主要原料有丙烯腈、丙烯酰胺、丙烯酸和丙烯磺酸等。根据所引入官能团、相对分子质量、水解度和所生成盐类的不同，可合成一系列钻井液处理剂。如降滤失剂水解聚丙烯腈及其盐类、PAC系列产品和丙烯酸盐 SK 系列产品。

【丙烯酰胺类共聚物-聚丙烯乙二醇钻井液体系】　该体系以丙烯酰胺-2-丙烯酰胺与 2-甲基丙烯磺酸共聚物和一种高相对分子质量、不溶于水的聚丙烯乙二醇为基础，并加入表面活性剂来提高乳化程度。聚丙烯乙二醇组分的体

积分数可以依据钻井需要从 1% 变至 5%；在淡水体系中，如需要可以使用稀释剂，如聚丙烯酸酯。在海水和较高密度（>1.67g/cm³）体系中，可以使用无铬木质素磺酸盐和磺化苯乙烯马来酸酐（SSMA）。该体系毒性小，在聚丙烯乙二醇体积分数为 5% 时，其 96h 的 LC_{50} 值为 510000mg/L。

【丙烯酰胺与丙烯酸-1，2-亚乙酯基三甲基氯化铵共聚物】　是一种钻井液用阳离子型聚合物，可通过中和页岩表面的负电性和在黏土片间通过桥接吸附起稳定页岩的作用。

$$+CH_2-CH+_m \quad +CH_2-CH+_p$$
$$| \qquad\qquad |$$
$$CONH_2 \qquad COO[CH_2]_2-\overset{\displaystyle CH_3}{\underset{\displaystyle CH_3}{\overset{|}{\underset{|}{N}}}}-CH_3 \quad Cl^-$$

丙烯酰胺与丙烯酸-1，2-亚乙酯基三甲基氯化铵共聚物

【玻璃纸】　在钻井液中是一种片状堵漏材料。

【玻璃电极】　玻璃和溶液接触时，界面上发生电位差，其数值同溶液的 pH 值有关。利用此种关系所制成的一种测定溶液氢离子浓度的电极"玻璃电极"。

【玻璃小球】　一种固体润滑剂。用不同成分的玻璃（钠玻璃、钙玻璃）制成，具有耐温、化学惰性等优点，抗压强度较低，易下沉，在各类钻井液中起润滑作用。

【波美度】　采用玻璃管式浮计中的一种特殊分度方式的波美计所给出的值称为波美度，符号为°Bé。用于间接地给出液体的密度。其最大优点之一是等间隔分度。始创于法国人波美（Baumé）。分为：①重波美度（Bh），把食盐含量的质量分数为 15% 的水溶液定为 15，而在纯水中时定为零，期间等分为 15 并延伸到 15 以上。

②轻波美度（Bl），浮在食盐含量的质量分数为 10% 的水溶液的示值定为零，而在纯水中示值定为 10，等分为 10 并延伸到 10 以上。以上均以 15℃时的温度为标准，与密度的数值关系分别为：

重波美度 $\rho = \dfrac{144.3}{144.3-Bh}$ g/cm³

轻波美度 $\rho = \dfrac{144.3}{144.3-Bl}$ g/cm³

【波动压力】　指在起下钻时，由于钻柱在井内上、下移动引起环空内钻井液产生流动，从而产生一个短暂的附加压力。下钻引起的波动压力使井内压力增加，称为激动压力；起钻引起的波动压力使井内压力减小，称为抽吸压力。波动压力由三部分组成：由破坏钻井液静切力引起的波动压力 $p_{波(切)}$，由钻井液黏滞力引起的波动压力 $p_{波(黏)}$ 和由惯性力引起的波动压力 $p_{波(惯)}$。总的波动压力 $p_{波(总)}=$

$p_{波(切)}+p_{波(黏)}+p_{波(惯)}$。影响 $p_{波(总)}$ 的因素包括下钻速度、环空尺寸、钻井液流变参数 τ、n 和 k 值，以及钻柱是否带有回压凡尔等，上述各项都可以进行理论计算。波动压力的大小与提升钻具的速度、环空尺寸和钻井液流变性有关，如果钻井液性能不好，且钻头泥包，起钻拔塞，这时抽吸压力就很大。抽吸压力是负值，它使钻井液的静液压力减小，如果抽吸压力过大，有可能造成液柱压力小于地层压力而引起地层流体入井，因此，起钻时必须限制起钻速度，控制钻井液流变性，而且在钻井液密度附加量 γ_e 中，已经考虑了补偿因抽吸压力造成液柱压力下降的损失，即 $\gamma_e = \gamma_{sb} + \gamma_{dp}$，式中：$\gamma_{sb}$ 为抽吸压力附加密度；γ_{dp} 为补偿起钻时环空液面下降（一般每起 3~5 柱灌一次钻井液）所造成的压力损失。

【薄片状堵漏剂】 薄片状堵漏剂有塑料碎片、赛璐珞粉、云母片和木片等。这些材料可能平铺在地层表面，从而堵塞裂缝。若其强度足以承受钻井液的压力，就能形成致密的滤饼。若强度不足，则被挤入裂缝，在这种情况下，其封堵作用则与纤维状材料相似。

$$\begin{array}{cc} \overline{}CH_2-CH\overline{}_m & \overline{}CH_2-CH\overline{}_n \\ | & | \\ CONH_2 & COONa \end{array}$$

【不分散】 其含义为：一是在不分散聚合物钻井液中所含的各种固相颗粒基本保持在较粗的力度范围之内，使之不再分散成更细的颗粒；二是所钻出的岩屑在其中受到包被保护，不易分散成细颗粒，因而便于地面清除。

【不确定度】 表示由于测量误差的存在而对被测量值不能肯定的程度。

【不完全层流】 随着时间的延续，塞

【补偿阳离子】 由于黏土带负电，所以在它表面上可以吸附各种阳离子，直到电中性为止。这些被吸附阳离子通常称为"补偿阳离子"。

【布朗运动】 微粒悬浮在液体或气体媒介中呈胶体分散态，做无规则连续运动。它是在西元 1827 年英国植物学家罗伯特·布朗利用一般的显微镜观察悬浮于水中由花粉所迸裂出的微粒时发现的。布朗运动是因为水中的水分子对微粒的碰撞产生的，所以能测量原子的大小，不规则的碰撞越明显，就是原子越大，因此根据布朗运动定义原子的直径为 $10^{-5} \sim 10^{-3}$ cm。

【部分水解聚丙烯酰胺】 简称 PHPA 或 PHP。是由聚丙烯酰胺水溶液加碱水解制得。其分子结构式为：

$$\overline{}CH_2-CH\overline{}_x \overline{}CH_2-CH\overline{}_y$$
$$\begin{array}{cc} | & | \\ CONH_2 & COONa \end{array}$$

盐水钻井液（含 NaCl 约从 15000mg/L 至近于饱和）有降黏作用。水解聚丙烯腈（钠盐）的抗钠盐能力较强，而抗钙能力较弱。

【部分水解磺化聚丙烯酰胺】 代号：SHPAM。在钻井液中用作降滤失剂。其结构式为：

$$\overline{}CH_2-CH\overline{}_p \overline{}CH_2-CH\overline{}_r$$
$$\begin{array}{cc} | & | \\ COONHCH_2OH & COONHCH_2SO_3Na \end{array}$$

流区的半径逐渐减小，层流区逐渐扩大，中间的塞流区（可称流核）各质点流动速度一样，而在层流区由管壁处的 0 增加到临近流核处，这种流动状态称为"不完全层流"。

【不规则聚沉】 在溶胶中加入少量电解质可以使溶胶聚沉，电解质浓度稍高，沉淀又重新分散成溶胶，并使胶粒的带电荷改变符号，电解质浓度再

B

升高，可以使新形成的溶胶再沉淀。这种现象以用高价离子或大离子为沉淀剂时最为常见，叫不规则聚沉。不规则聚沉是胶粒对异号高价离子强烈吸附的结果，少量电解质可以使胶体聚结。但吸附过多的异号高价离子使胶粒又重新带异号离子的电荷，溶胶重新稳定，再加入电解质，由于电解质离子的作用（如离子强度和扩散层厚度的变化），又使溶胶聚沉。

【不分散钻井液】 指不添加分散剂分散钻屑和黏土颗粒的钻井液体系。可以是开钻钻井液、天然钻井液及其他常用于浅井或表层钻井的轻度处理的体系。所谓"不分散"具有两个含义：一是该类体系中的黏土颗粒基本上不再分散成更细的颗粒；二是混入这种钻井液体系的钻屑不容易分散变细。

【不成盐氧化物】 指不能直接生成盐的氧化物。

【不规则间层黏土】 见"间层黏土矿物"。

【不可逆性能变化】 由于钻井液中黏土颗粒高温分散和处理剂高温降解、交联而引起的高温增稠、高温胶凝、高温固化、高温减稠，以及滤失量上升、滤饼增厚等均属于不可逆的性能变化。钻井液在高温条件下黏度、切力和动切力上升的现象称为高温增稠。一般来讲，高温增稠是高温分散所导致的结果，其程度与黏土性质和含量有密切的关系。当黏土含量继续增大到一定数值后，高温分散使钻井液中黏土颗粒的浓度达到一个临界值，此时在高温去水化作用下，相距很近的片状黏土颗粒会彼此连接起来，形成布满整个容积的连续网架结构，即形成凝胶。在发生高温胶凝的同时，如果在黏土颗粒相结合的部位生成了水化硅酸钙，则会进一步固结成形，这种现象称为高温固化。例

如，高 pH 值的石灰钻井液发生固化的最低温度为 130℃。当钻井液中黏土的土质较差而含量又较低时，会出现高温减稠的现象。此时，尽管仍有黏土高温分散等导致钻井液增稠的因素，但高温所引起的钻井液滤液黏度降低以及固相颗粒热运动加剧使颗粒间内摩擦作用减弱，有可能起主导作用，从而造成钻井液表观黏度降低，即出现了高温减稠。在高温下，某种钻井液的性能究竟会出现什么变化，主要取决于黏土类型、黏土含量、高价金属离子存在与否及其浓度、pH值、处理剂抗温能力，以及温度的高低与作用时间等。显然，如果黏土的水化分散能力强、含量高，很可能出现高温增稠；反之，则很可能出现高温减稠。

【不对称井底流畅】 由喷嘴的各种不对称布置方案以及不对称的钻头特殊结构所形成的井底流畅。

【不均相分散体系】 见"多相分散体系"。

【不分散钻井液体系】 是指以水、膨润土（钠土或钙土均可）及清水配成，或利用清水在易造浆地层钻进中自然形成，故也称为"天然钻井液"。基本不加处理剂或少加处理剂。通常用于表层或浅层钻进。

【不分散低固相钻井液】 一般由水（淡水或盐水）、膨润土、高聚物（选择性絮凝剂）组成。它既有接近淡水的高钻速，又有较好的携带、悬浮岩屑能力和防塌性能。这类钻井液的特点为剪切降黏能力强，钻头水眼黏度低、喷射力强，钻速高。这种钻井液组成简单，配制时用造浆率最高的优质膨润土，并充分预水化，加上膨润土增效剂、包被絮凝剂。使钻屑不分散或絮凝，在地面上清除。此类钻井液要求配备较好的固控设备。

【不分散聚合物钻井液体系】　包括两个含义：一是该体系中的固相颗粒基本上不再分散成较细颗粒；二是钻出的岩屑受到保护，不再分散。经过具有絮凝及包被作用的有机高分子化合物处理的水基钻井液。它具有较强的抑制分散的能力，故可保持固相颗粒在较粗的粒度范围及固相含量低，而有利于提高钻速。这种钻井液不加分散剂；一般应用于深度不超过 3500m 的井段，井温不超过 120℃。

【不分散聚合物加重钻井液】　在用重晶石加重的不分散聚合物钻井液中，聚合物的作用主要有三种：一是絮凝和包被钻屑；二是增效膨润土；三是包被重晶石，减少粒子间的摩擦。由于重晶石对聚合物的吸附，在处理加重钻井液时，聚合物的加量应高于非加重钻井液，加入重晶石时一般也相应加入适量聚合物。加入的量应通过实验来确定。下面举例介绍不分散聚合物加重钻井液的配制和维护措施：

（1）不分散聚合物加重钻井液的配制。①井浆的转化，一般要求待加重钻井液的钻屑含量不超过 4%（体积分数），劣膨比（劣质土与膨润土之比）接近于 1∶1，转化成一定密度的不分散加重钻井液的步骤如下：按每 1816kg 重晶石配 0.91kg 双功能聚合物或选择性聚合物的比例向井浆中加入重晶石，直到密度符合要求；再以 0.29kg/m³ 为单位，逐渐加入聚丙烯酸钠，调节动切力、静切力和滤失量，直到性能符合要求。②配制新浆，如果井浆的钻屑含量和劣膨比不符合要求，重新配制不分散加重钻井液的一般步骤为：在彻底清洗钻井液罐之后，按计算的初始体积加水。用纯碱或烧碱处理配浆水以除去其中的钙离子、镁离子；按每 227kg 膨润土配合加入 0.91kg 双功能聚合物的比例，加入膨润土和聚合物，直到膨润土加量达到要求；再按每 1816kg 重晶石配合加入 0.91kg 双功能聚合物或选择性聚合物的比例，加入重晶石和聚合物，直到达到所要求的密度。在加重过程中，须加入 0.29 ~ 0.57kg/m³ 聚丙烯酸钠，一般在钻井液密度达到要求后再补加聚丙烯酸钠，直至将钻井液性能调节到适宜的范围。

（2）不分散聚合物加重钻井液的维护，维护好不分散加重聚合物钻井液的技术关键是通过加强固控以尽可能地清除钻屑。要实现这一点：一是要选择合适的机械固控设备，并有效地使用；二是要重视化学处理，使用选择性絮凝剂，即能包被钻屑，抑制它们分散，以便机械装置在地面上能更容易地清除钻屑。维护不分散聚合物加重钻井液应遵循下述原则：①为了保持钻井液体积，应适当稀释钻井液以便于清除钻屑，可在钻进时适量加水。切忌加水过量，以免造成重晶石悬浮困难。②根据钻速快慢，按需要补加选择性絮凝剂。最好在钻井液槽中加入，调节加量使钻井液覆盖振动筛的 1/2 ~ 3/4。③尽量利用固控设备清除钻屑，将费时费力掏沉砂池的次数减至最少。④维持劣膨比在 3∶1 以下。

【不溶性暂堵型无膨润土钻井完井液】该种钻井完井液使用的暂堵剂是不溶性的单向压力暂堵剂。常用的不溶性暂堵剂有改性纤维素和各种粉碎为极细的改性果壳及木屑等的粉末。这种暂堵剂在压差作用下进入油气层，以其与油气层孔喉直径相匹配的颗粒暂时堵塞孔喉。当油气井投产时，在反排压差作用下，将单向压力暂堵剂从

B

孔喉中反排出来，而实现解堵，从而达到保护油气层的目的。这类暂堵型钻井液一般用于渗透率很高的孔隙油气藏和裂缝性油气藏，且要保证暂堵得较好，还常与磺化沥青、油溶性树脂等一起使用。这类钻井液的共同优点是不存在人为加入的黏土引起油气层损害问题，所以保护油气层的效果较好。缺点是要求把储层上部的造浆地层用套管封住，成本较高，在有些场合使用受到限制。该类体系适用于将套管下到油气层顶部，且油气层压力系统比较单一的低压油气层，以及稠油和古潜山裂缝性油气层。

C

【裁判分析】　即"仲裁分析"。

【参考值】　标准物质证书中给出的，由定值部门推荐供使用者参考的标准物质特性量值。

【残余油滤仪】　可快速、准确地用于确定水中少量油分的现场测试。该仪器(套件)能为下列现场问题提供数据：①沉砂罐或带或不带化学处理的撇油罐的有效性。②破乳剂在处理系统中的有效性。

【侧钻】　在已钻的井眼内，另钻新井眼的工艺过程。

【测量】　为确定被测对象的量值而进行的实验过程。

【测井】　指所钻井眼中使用的地球物理勘探方法的一种统称。根据所利用的岩石物理性质不同，又可分为各种电测井、各种放射性测井、磁测井、声波测井、热测井，还可测量井径、井斜的技术测井等。

【测钙计】　现场测定钙离子使用的仪器。有两种型号，适用于不同方解质的测量，以对未知样品石灰质含量予以确定，事实上两种型号之间的主要差别是在用43200(压力表型)进行测试时，操作者必须在现场对在正常时间间隔下的读数予以记录。43210型则将其结果记录在纸带上，以给操作者留时间去进行其他工作。在两种型号中，石灰质含量可在数秒下确定，而方解质在 15～20min 后确定。该类仪表担负起测定钻井液结垢形成的责任，配备它后可在化学处理间对此加以确定以控制结垢，如果结垢为碳酸钙组成，测钙计可迅速在高精度下予以确定。

【测井温法】　确定漏层位置的一种方法。该方法的原理是钻井液在井内受地层温度的影响而形成一定钻井液液柱温度梯度。若钻遇漏失层，井内具有一定温度的漏层上的井浆漏入漏层，而下部钻井液保持温度。当地面冷浆替入井内后，立即进行井温测量，其钻井液液柱的梯度曲线就会在漏失处出现异常。测温所用的仪器是由一个敏感元件组成，其电阻随温度的变化而变化。其步骤是：先测一次井温梯度曲线，之后再把地面循环系统的冷浆泵入井内，再测一次井温梯度，并将两次所测得的曲线进行对比，就可以找出两者温差井段，此处即为漏失位置。判别漏失层位置的一种理想测井温曲线如下图所示。

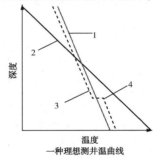

一种理想测井温曲线

1—钻井液循环温度；2—地层温度；
3—替入浆温度；4—漏层

【测量的重复性】　在实际相同的测量条件下(如用同一方法、同一计量器具，在同一实验室内，在很短时间间隔内)，对同一被测的量进行连续多次测量时，其测量结果的一致程度。

【测量的复现性】　表示在不同测量条件下(如用不同的方法、不同的计量器具，由不同的观测者，在不同的实验室内，在比单次测量持续时间长得多的时间间隔后)，在对同一被测的量进行测量时，其测量结果的一致程度。

C

【层流】　流动的一种方式。即流体的各流动单元都是沿平行于管（槽）壁的固定流线流动。液体随前端的流速差别而呈舌状或断面状。其速度在靠近管壁处为零，而愈向管子中心则递增至最大值。层流是牛顿液体的第一流动阶段，是宾汉塑性液体的第二流动阶段。

层流

【层间水】　指含在黏土矿物层间域内的水。

【层流–湍流转变】　流体流动时，流体各点的速度方向都沿着流动方向的是层流，不完全沿着流动方向而存在随机异向的是湍流，层流是流体流动的基本形态。如果流速加大，将发生层流–湍流转变，通常用惯性力和黏性力之比值，即雷诺数作为判别层流–湍流的标准。对管内的流动，层流–湍流转变时的雷诺数 N_R 为 2100，对旋转黏度计中的流动，层流–湍流转变的雷诺数 N_R 由于离心力的影响而远远大于 2100。

【层状黏土矿物及分类】　四面体片和八面体片对称性相似（都是六角对称的），六角环大小相等，它们可以共用顶角氧原子而连接起来，组成层状黏土矿物的晶层，晶层在 C 轴方向上的有序排列就构成层状黏土矿物。根据四面体片和八面体片的数量可把层状黏土矿物分为：

（1）1∶1 型：一片四面体片和一片八面体片通过共用顶角氧形成晶层，如高岭石。

（2）2∶1 型：两片四面体片和一片八面体片形成晶层，如叶蜡石、蒙脱石。

（3）2∶1∶1 型：2∶1 型晶层再结合一片水镁石片（三八面体）形成晶层，如绿泥石。

【柴油】　轻质石油产品的一类。天然石油和人造石油经分馏、裂化、焦化等方法制得的柴油机燃料。一般分重柴油和轻柴油两类。主要质量指标由十六烷值、黏度、凝固点等决定。在钻井液中，主要用来配制油基钻井液和油基解卡剂，有时用作消泡剂。

【柴油水泥浆】　是一种用烃基液体配制的无机胶凝堵剂，其配方是：水泥+30%～40%柴油+0.5%～1%甲醛+6%纯碱（均以水泥干重计）。为了增大水泥石强度，可加入 30%～50%（以柴油水泥浆重量计）的石英砂。

【柴油膨润土浆堵漏】　堵漏的一种方法。柴油是一种非水溶剂，膨润土易水分散，聚丙烯酰胺易溶于水，能与水化后的膨润土絮凝成胶状物，纯碱起助溶作用。这些物质按比例配合成胶体（悬浊体），将它注入漏层井段，利用该胶体中水溶物与漏失层段的水发生反应，生成软胶（半固态型）在漏层段起到堵漏的作用。现场配比见下表。根据需要，备好配制容器（铁池或铁罐），要求容器内清洁无污物，铁池的个数为所需要的两倍，便于倒换。并备足柴油、膨润土粉、纯碱、聚胺。正式配制时，要泵车（或水泥车）两台，一台用于配制（装混合漏斗），另一台用于帮助循环，避免沉淀。在柴油中加药物顺序依次为纯碱、聚胺、膨润土粉。施工方法：①下入不带钻头的钻具于漏层顶界。②注堵漏液前先注入 50～80m 一段隔离液（柴油即可）。③当注入相当于总量的五分之三时，泵压表上若有显示，可关上封井器憋压 3~4MPa，目的使堵漏液挤向漏层深处更多些，达到更好效果，然后继续注入完。④替出钻具内所有堵漏液于漏层段。与一般打稠钻井液封井一样，其不同是将钻具内堵漏液完全替出去。⑤起出部分钻具，一般起到距漏层顶界 150m 左右即可，接方钻杆循环 1~2 周。然后起钻完，让其静止 16h 左右后恢复钻进。

柴油膨润土浆堵漏配方

材料	柴油	膨润土	纯碱	聚胺
比例	100%	50%~70%	5%	5%

【柴油膨润土水泥浆】 是一种用烃基液体配制的无机胶凝剂。是将一定比例的膨润土、水泥和定量的柴油混合搅拌，使其形成一种比较稳定的悬浮液，由钻杆内注入漏层，并和管外同时注入的钻井液混合。油浆中的油被钻井液中所含的水逐步替换并游离出来。膨润土和水泥吸水后开始形成一些粒度不等的小球，这些小球在裂缝中架桥形成堵塞带。它的作用相当于水泥堵漏。由于小球直径较大且粒度分布较广，因而可以堵住较大的裂缝。堵塞带的小球进一步吸水使其体积不断膨胀，堵塞得更加结实。随着油进一步被置换，小球逐渐吸水变大，相互黏结最终形成膨润土水泥塞，经过一定时间后便会凝固，并有一定的强度。其作用又类似于打"水泥塞"，不过这种水泥塞可以很准确地堵塞漏层，因而成功率较高。

【柴油膨润土-屏蔽暂堵剂复合堵漏法】 当钻至低压、高渗砂岩水层发生井漏时，采用柴油膨润土浆或桥接材料堵漏浆堵漏均能取得较好效果。但地层承压能力不能满足固井施工的需要，导致固井施工时再次发生漏失。为提高此类漏失地层承压能力，采用柴油膨润土-屏蔽暂堵剂复合堵漏法。此法原理是根据与地层孔喉直径相匹配的固相颗粒在地层孔喉架桥屏蔽暂堵原理，在井壁形成致密的内滤饼（滤饼），降低其渗透率，从而提高地层的承压能力。

【产品质量】 产品适合规定的用途，能满足用户一定需要的特性。不同的产品具有不同的特性。

【产品定型】 对某种产品作为正式生产样品给予批准。

【产品标准】 为保证产品的适用性，对产品必须达到的某些或全部要求所制定的标准。

【产品协同效应】 描述的是同时应用两种或多种产品来达到一个特定的结果时所产生的效应。协同不是简单地将各种产品相互添加，而是这些效果综合作用的结果。

【常温】 指环境温度，钻井液实验温度一般在 27℃±3℃。

【常数】 常数具有多重含义，主要有：①规定的数量与数字。②一定的重复规律。③一定之数或通常之数。④一定的次序。⑤数学名词。固定不变的数值，如圆的周长和直径的比值（π）约为 3.14159 、铁的膨胀系数为 0.000012 等。常数是具有一定含义的名称，用于代替数字或字符串，其值从不改变。一个数学常数是指一个数值不变的常量，与之相反的是变量。跟大多数物理常数不一样的地方是，数学常数的定义是独立于所有物理测量的。数学常数通常是实数或复数域的元素。数学常数可以被称为是可定义的数字（通常都是可计算的）。其他可选的表示方法可以在数学常数（以连分数表示排列）中找到。常数

C

又称定数，是指一个数值不变的常量，与之相反的是变量。（常数多指大于零的数）。⑥物理名词。在物理学上，很多经测量得出的数值都被称为常数。例如万有引力系数和地表重力加速度等。但有研究表明，部分这类常数并不是恒定不变的，因此就被称作"不定常数"和"不恒定的常数"。

【常量分析】 被测含量大于 1.00% 的分析。

【常规分析】 即"例行分析"。

【常规聚合物钻井液】 通常使用阳离子型或非离子型聚合物作为处理剂的水基钻井液。

【长裸眼井钻井液技术】 长裸眼井钻井液技术难点：①由于裸眼段长，地层与钻井液接触面大，易使黏土矿物水化膨胀引起井壁不稳。②由于钻井液浸泡时间长，侵入地层的钻井液易引起地层伤害，不利于保护油气层。长裸眼井钻井对钻井液的要求：①具有适当的钻井液密度，以平衡地层压力，确保地层稳定。②具有良好的抑制防塌和封堵能力，保证井壁稳定。③具有低的滤失量和良好的造壁性能，减少对油气层的损害。④要求钻井液具有较好的抗盐、抗钙污染能力。

【超深井】 一般指井深超过 5000m 的井。

【超声乳化】 利用超声波产生的空化效应形成良好乳化体的一种乳化方法。

【超声波钻井】 用磁滞伸缩的铁芯，使发射体以 $10 \sim 20Hz$ 的高频振动产生超声波，依靠磨蚀和空化作用破碎岩石的钻井方法。空化作用的破碎机理是利用流体中产生的气泡（空穴）向岩石崩裂并产生局部高压，使岩石破碎。一台实验室的超声波钻具在石英岩中钻凿一个直径为 12.7mm 的孔，其速度为 9m/h。由于这种钻井方法要求具有高于旋转式钻机 50 ~ 100 倍的破碎能量，因而限制了它的快速发展和广泛应用。

【超微量分析】 被测含量小于 0.01% 的分析。

【超低界面张力】 物体相界面（如液 - 液、液 - 固、液 - 气）之间的张力值低于 $10^{-2} mN/m$ 数值时，称之为超低界面张力。

【超高密度钻井液】 API 和 IADC 钻井液分类方法，密度大于 $2.3g/cm^3$ 的称为超高密度钻井液。

【超低渗透钻井液封堵剂 YP-4】 堵漏剂的一种，该产品配伍性良好，可直接加入井浆中。可以有效地封堵砾石层渗透性漏失，在使用过程中能提高钻井液黏度、切力，且具有较高的抗温能力。

YP-4 理化性能

项 目	指 标
外观	黄色或棕褐色粉末
筛余量(孔径 0.28mm 标准筛)/%	≤10.0
水分/%	≤15.0

钻井液性能

项 目	指 标
基浆中压砂床进入深度/cm	全失
基浆+2%YP-4 中压砂床进入深度/cm	≤8.0
基浆+2%YP-4 150℃ 16h 老化后中压砂床进入深度/cm	≤10.0

【潮解】 某些易溶于水的物质，吸收空气中的水分而溶解的现象。由于这些物质吸收水分形成饱和溶液，而饱和溶液的蒸汽压小于空气中的水蒸汽分压力，则平衡向着潮解的方向进行，空气中的水分子向物质表面移动。有些无水晶体潮解后在表面形成饱和溶液变成水合物，如无水氯化钙潮解后变成 $CaCl_2 \cdot 6H_2O$；有些只在表面形成饱和

溶液，如氢氧化钠固体。易潮解的物质常用作干燥剂，以吸收液体或气体中的水分。

【陈化罐】　见"高压老化罐"。

【沉淀】　化学上指从溶液中析出固体物质的过程，也指在沉淀过程中析出的物质。沉淀的产生是由于化学反应而生成溶解度较小的物质，或由于溶液的溶解的浓度大于该溶质的溶解度所引起。在化学实验和生产实践中广泛应用沉淀方法进行物质的分离。在水处理中指悬浮物在水流中下沉的现象，这是由于悬浮物和水在密度上的差异形成的。

【沉砂罐】　即锥形罐。用来沉淀透过振动筛的固体颗粒，防止堵塞或损坏固控设备，罐底有斜坡通向排出口，能快速打开和关闭。

【沉积岩】　又名"水成岩"。一种由沉积在水盆地中或陆地上的物质形成的岩石。特征是有层理，大多含有动物植物化石，所以可断定其地质年代。按其成因和物质成分可分为碎屑岩、黏土岩、化学沉积岩和生物化学沉积岩。沉积岩在岩石圈中只占岩石总量的 5%，但在地表分布面积却达75%，因此，沉积岩是构成地壳表层的主要岩石。沉积岩中所含的矿产极为丰富，如煤、铁、石油、锰、铝、磷、石灰石、盐类。

【沉淀作用】　用无机盐处理剂可以使钻井液中的有害或过多的离子沉淀，例如钻井液中侵入过多的钙离子、镁离子时，可加纯碱或烧碱沉除。

$$Ca^{2+}+Na_2CO_3 \longrightarrow CaCO_3\downarrow +2Na^+$$
$$Ca^{2+}+NaOH =\!=\!= Ca(OH)_2\downarrow +2Na^+$$
$$Mg^{2+}+NaOH \longrightarrow Mg(OH)_2\downarrow +2Na^+$$

沉淀作用也可用来使某些由于侵污而失去作用的有机处理剂恢复其作用。例如煤碱液和水解聚丙烯腈，因钻井液中钙离子浓度过大变成难溶的腐殖酸钙和聚丙烯酸钙后，可加纯碱除去过多的钙离子，恢复这些处理剂的水溶性和作用。

【沉降电势】　电泳的反现象。即胶粒在介质中自由下沉时所产生的电势差，称为沉降电势。

【沉降电位】　由于胶粒的重力面在介质中下沉所产生的电位称为沉降电位。电泳、电渗、流动电位、沉降电位的产生统称为界面电动现象。电动现象的存在，说明了胶粒表面带有电荷，有的带正电荷，有的带负电荷。胶粒表面电荷的主要来源有：电离作用、晶格取代作用、离子吸附作用以及未饱和键等。

【沉降速度】　亦称"水力粗度"。指固体颗粒（如泥砂）在静止液体中等速沉降的速度。

【沉降平衡】　在粗分散体系（如泥砂的悬浮体）中的粒子由于重力的作用，最终要逐渐地全部沉淀下来。高度分散体系则不同，一方面粒子受到重力而下降，另一方面由于布朗运动又有促使浓度均一的趋势，当这两种效应的相反的力相等时，粒子的分布达到平衡，形成一定的浓度梯度。这种状态称为沉降平衡。

【沉砂卡钻】　岩屑在井底沉积造成的卡钻。沉砂卡钻的原因是由于钻井液悬浮性能不好，或处理钻井液时黏度切力大幅降低，致使钻井液中的岩屑甚至重晶石沉淀，埋住井底一段井眼。这时如正在钻进，则可能埋住一部分钻具，或者如下钻过猛，或遇阻强行压入，就有可能使钻头和一部分钻铤压入沉砂，造成卡钻。发生这种卡钻以后，一般钻头水眼都被堵死，不能开泵循环钻井液，但个别情况下有时可能用水泥车憋通。沉砂卡钻还

C

可能发生在上部地层快速钻进时。由于地层松软，钻进速度快，环空中存有大量岩屑，因使用的钻井液黏度、切力又较低，悬浮能力较差，致使井底积聚大量沉砂，接单根后如快速下放钻具，就可能使钻头、钻铤插入沉砂，发生卡钻。防止沉砂卡钻主要是使钻井液保持合适的流变性能和携带能力，合理设计水力参数，注意井筒和井底的清洁，合理操作。一旦发生沉砂卡钻，应设法憋通水眼，应提高钻井液的黏度和切力，进行小排量循环，轻微活动钻具，边循环、边活动钻具，逐渐加大排量，以期逐渐清除沉砂，争取缓解卡钻的严重程度，最后达到解卡的目的。如无减轻的趋势，或钻头水眼根本不通，应该憋通建立循环。切忌用大排量猛泵或猛提、硬压、强扭、乱转，使钻具卡得更死，甚至造成进一步的井漏、井塌。而且把钻头丝扣扭得过紧，造成倒扣困难，或在强行憋泵时把地层憋垮、憋漏。

【沉降离心机】　又称螺旋离心分离机，是利用离心原理进行固、液分离的装置。离心机外部是可旋转的锥形转筒，筒内有一个双导向螺旋输送器，用来向锥形筒两端分别输送液体和固体。输送器通过一个齿轮箱与锥形外筒连接，其转动方向与锥形外壳相同，速度稍慢，要处理的钻井液通过进液管进入液腔，再通过进液口进入分离室。在离心力的作用下，钻井液里的固相颗粒被甩至旋转的锥形筒内壁上，而沉降下来，大颗粒首先沉降，小颗粒最后沉降，不能沉降的细小颗粒随钻井液从上溢口流出。沉降下来的固相颗粒由螺旋输送器连续地推动向锥壳的小端移动，从底流口排出。沉降离心机在钻井液固相控制中有多种作用，可用于回收重晶石，控制钻井液的黏度。

【沉降稳定性】　也称"动力稳定性"，表示分散在水中的黏土在重力作用下是否容易下沉的性质。膨润土颗粒分散得越细，沉降稳定性越好。若颗粒下沉速度慢，则称它具有沉降稳定性。影响沉降稳定性的主要因素有：①重力影响。分散相的颗粒本身所受重力作用的大小是沉降稳定性的决定因素。可把颗粒近似看作球形，设其半径为 r、密度为 ρ，分散介质密度为 ρ_0，则分散相颗粒受重力作用所产生的沉降力为：

$$F_{沉} = 4/3\pi r^3(\rho-\rho_0)g$$

式中　π 和 g——常数。

由上式可见，分散相颗粒在胶态体系中所受的沉降力主要决定颗粒半径的大小（r），其次是分散相与分散介质的密度之差（$\rho-\rho_0$）。分散度越高，密度差越小，颗粒所受力越小，则颗粒越不易下沉，沉降稳定性越好。②布朗运动的影响。布朗运动是指胶体粒子在各个方向上进行的频繁而无序的运动，它是由于分散体系中分散介质分子和分散相粒子处于热运动状态，并且分散相粒子又受到周围介质不断地撞击而引起的。布朗运动是影响胶体物系沉降稳定性的主要因素，由于布朗运动的存在，胶粒不会停在某一固定位置上，使胶粒不因重力而下降。布朗运动越剧烈，沉降稳定性越好。③分散介质黏度的影响。胶粒受重力作用要下沉，其沉降速度可由下式求出：

$$\mu = \frac{2}{9}\frac{r^2(\rho-\rho_0)}{\eta}g$$

式中　μ——沉降速度；
　　　r——胶粒半径；
　　　η——分散介质的黏度；
　　ρ、ρ_0——胶粒和分散介质的密度；
　　　g——重力加速度。

C

由上式可知，在其他条件相同时，颗粒的沉降速度与介质的黏度成反比。因此，提高介质黏度也是提高沉降稳定性的重要手段。所以，钻井液要求有一定的黏度。

【沉淀滴定法】　是以沉淀反应为基础的滴定分析法。例如：

$$Ag^+ + Cl^- =\!=\!= AgCl\downarrow$$
$$Ag^+ + CNS^- =\!=\!= AgCNS\downarrow$$

【衬管完井法】　是将油层套管下至生产层顶部进行固井，然后再钻开生产层，在油层部位下入预先打好孔的衬管，通过衬管顶部的衬管悬挂器把衬管的重量悬挂在油层套管上，并密封套管和衬管之间的环形空间，于是油气只有经过衬管上的孔眼方能流入井内。当衬管发生故障和磨损时，可以把它起出修理和更换。

【成分】　构成化合物的元素或组成混合物的各种物质。一般只指物质的种类，不包括其重量组成。例如水的成分是氢和氧。

【成盐氧化物】　经过直接的化学反应能生成盐的氧化物。

【成膜磷酸酯】　由辛基苯羟乙基磷酸酯与辛基亚磷酸盐的混合物用水溶性丙烯酸树脂作成膜剂，配以杀菌剂、软化剂、表面活性剂、光稳定剂、pH 调节剂和水的混合物，即成为成膜磷酸酯缓蚀剂。

【迟到时间】　在钻井过程中，当钻头达到某一井深时，这时从井口返出的岩屑却不是该深度的岩屑，当井口返出该深度的岩屑时，此时钻头已进入一个新的深度。这就是说，岩屑从井底返至井口需要一定的时间，这个时间就叫迟到时间。它的大小取决于井深、钻井液的返回速度、密度和黏度以及岩屑的下沉速度。现场一般采用实测法。

【斥力】　见"黏土颗粒间斥力"。

【充气】　①指将不定量空气或者其他气体注入钻井液中，以降低静水压头的技术。②指将空气或气体混合和分散在钻井液中。如果不进行控制，对钻井液非常有害，如气侵。

【充气体系】　将气体注入钻井液内，从而降低流体的密度。

【充气钻井液】　又称充气钻井流体。在钻井液中注入空气形成的稳定分散体系。有的是以气体为分散相，液体为连续相，并加入稳定剂使之成为气、液混合而稳定的体系，用来进行钻井作业。它的作用范围是：①适应低压油气藏、低压易漏地层。②保护低压油气藏、低压易漏层的油气不受损害。③有效地降低液柱压力，实现平衡钻井。④有很好的流变性和携砂能力。⑤井径规则，机械钻速高。该体系的组成主要是清水、增黏剂、表面活性剂、降滤失剂、封堵剂和黏土稳定剂。密度范围为 $0.6\sim1.0g/cm^3$。

【冲击侵蚀】　是一种由运动的液体特别是含悬浮颗粒的液体所产生的侵蚀。它是在保护膜被冲坏后发生的，钻井过程中钻井液高速流动的侵蚀作用以及存在于钻井液中的腐蚀剂是造成这种损坏的原因。磨损与腐蚀的结合较快地消除表面保护膜，从而加速局部腐蚀。使用腐蚀抑制剂可以控制这种形式的腐蚀。

【冲击波法解卡】　冲击波法解卡的基础是把弹性冲击波从井口沿钻杆发送到卡钻段，为此，在转盘上安装了一台脉冲发生器，它由锚头和反应器组成。锚头通过大、小头刚性连接在钻柱上，而反应器则悬挂在滑车系统上。能量由能源经整流器和储能器到达锚头和脉冲式直流发电机反应器的绕线上，其冲击流产生机械力沿钻柱轴线可达 2100kN，冲击波以声速向下冲到卡钻点消除卡钻。卡钻层段越

C

长，钻柱解卡所需的冲击力越大。

【抽汲压力】　起钻作业中，由于钻具在井内的向上运动使井内的液压降低，所降低的压力叫抽汲压力。

【稠度】　黏性土由于含水量不同，可能分别处于流动状态、可塑状态、半固体状态和固体状态等不同物状态，黏土的这种由于不同含水量而表现不同状态的特性称为"稠度"。通俗地说，也就是黏土的稀稠程度。含水量的变化可引起土的稠度变化。

【稠流体】　见"牛顿流体"。

【稠度系数】　表示流体的可泵性和直观流动性，反映钻井液的稠、稀程度，可以认为它是钻井液的表观黏度。它既受钻井液内摩擦力的影响，又受结构力的影响。幂律模式中的"K"。它是流体黏度的量度，K值越大，黏度越高，因此K称为"稠度系数"。单位是$Pa \cdot s^n$。使用直读黏度计(Fan35旋转黏度计)测出的K值可用下式计算：

$$K = \frac{\tau}{\gamma^n} 0.5$$

式中　τ——剪切速率为γ时流体的剪切应力；

　　　γ——剪切速率；

　　　n——流性指数。

【稠度界限】　也称"界限含水量"，即区别不同稠度的含水量。黏性土的主要稠度和稠度界限见下表。

稠　度	特　征	稠度界限
流动状态 (流态)	具流体特性，可呈层状流动，以维持一定形状	流性界限
可塑状态 (塑态)	具塑体特性，可塑成任何形状	塑性界限
半固体状态 (半固态)	似固体，可保持一定形状，不能任意揉塑	
固体状态 (固态)	具固体特性，有一定形状	收缩界限

【初切力】　钻井液搅拌后直读黏度计静止10s或浮筒切力计静止1min所测出的静切应力，它表示钻井液开始形成凝胶的强度。用直读旋转黏度计测量是将钻井液注入浆杯，以600r/min的速度旋转1min，再静止10s，用3r/min的速度测出的最大读数值除以2为初切力。单位为Pa。用浮筒切力计测量是用搅拌器充分搅拌后，把钻井液注入浆杯，再静止1min，将浮筒轻轻地放入切力计，至浮筒不下沉为止，即为初切力，单位为mg/cm^2。

【除砂】　从钻井液中清除粒径大于$74\mu m$的砂砾。可用机械、化学沉淀等方法。

【除泥】　从非加重钻井液中清除粒径大于$15 \sim 20\mu m$的部分粉砂颗粒。可使用机械将钻井液中的超细颗粒及较大的颗粒除去。一般不用于加重钻井液中，因为它会清除大量加重材料。

【除钙剂】　能除去钻井液中钙离子的处理剂，即防止和克服硬石膏和石膏污染的产品。烧碱、碳酸钠、碳酸氢钠和某些复磷酸盐等都是比较好的除钙剂。

【除硫剂】　是一种能形成硫化物沉淀的化学剂。常用的有$ZnCO_3$、ZnO或Fe_3O_4(即铁海绵)。其一般加量，当硫化物含量为$0 \sim 100ppm$时，需$ZnCO_3$或ZnO $0.03\% \sim 0.15\%$，Fe_3O_4 $0.9\% \sim 1.5\%$。

【除氧剂】　属还原剂。常用的有亚硫酸钠，其初步处理量为每小时$1 \sim 4kg$。而维护处理时，此硫化残留物保持在$20 \sim 300mg/L$，亦可用有机物如肼(即$NH_2 \cdot NH_2$)及多酚类。

【除泡剂】　在钻井液中用于降低起泡作用的产品，常用于清除盐水和饱和盐水钻井液中的泡沫。

【除砂器】　是一种旋流固-液分离设

备，尺寸是 15.2cm(6in)或该尺寸以上，可分离钻井液中的颗粒直径一般为 40~100μm。在正常情况下，除砂器的底流呈伞形雾状，当沉降的固相颗粒超过底流口的排泄能力时，固相颗粒便以绳状排出底流口，这种底流称为绳流。在钻井液固相控制中，除砂器装在除泥器的前面。

【除泥器】　是一种旋流固-液分离设备，旋流器尺寸在 15.2cm(6in)以下，常用的为 10.2cm(4in)，可分离的固相颗粒的直径为 20~40μm。

【除气器】　装在除砂器之前，用于清除钻井液中的气体，以保证除砂器的分离效率。除气器按其抽吸气侵钻井液的主要作用原理可分为真空式除气器和大气式除气器。

【除尘器】　在空气或天然气钻井中，罐体安装在排屑管线尾部，水被注入罐中沉降钻井所产生的粉尘。

【除 CO_2 剂】　由于 CO_2 是酸性气，主要使钻井液及其他作业液 pH 值下降产生 $FeCO_3$ 而损害管材。故常加入氢氧化钠或氢氧化钙以除去酸性气，其加量以维护 pH 值不低于 9.5，最好达 10 以上。

【储层伤害】　指由于钻井液固相颗粒、钻井液液相和/或水泥滤液的侵入造成井产能损失的现象。也可以由 pH 改变和各种其他条件造成。原油中的沥青也可导致某些储层的伤害。

【处理剂】　指用于调整钻井液性能的化学药品总称。又称为"钻井液添加剂"。

【处理钻井液】　用钻井液添加剂(处理剂)调节钻井液性能的过程叫处理钻井液。

【处理陈旧钻井液】　钻井液经过长期使用后，黏土颗粒越分散越细，黏度、切力越来越高，化学处理剂含量较多、较杂，这种钻井液再用化学处理已无明显效果；如果钻井液停放时间太长(例如起钻后钻井液在井内静止时间较长或备用钻井液在储备罐里存放时间太长)，黏土颗粒也已分散得很细，处理剂降解失效。处理方法：先用少量水稀释，然后加过量的石灰，再用磺化单宁把钻井液处理到所要求的性能。加过量石灰的目的，一方面是把其中分散得很细的钠质土变为钙质土，使固相颗粒变粗、胶体颗粒变少；另一方面是利用钙离子与原来加入的处理剂反应使其失去作用。还可在加水稀释后加入一定的乙烯基共聚物(如 80A51、CPA、SD-17W、PAM 等)，使分散的黏土颗粒聚结并沉而除掉一部分，然后再加其他处理剂。此外，也可加入浓度为 1% 的重铬酸钠(或重铬酸钾)溶液，加量一般为 1%~3% 和适量的磺化单宁。

【处理剂的高温降解】　有机高分子化合物因高温而产生分子链断裂的现象称为高温降解。对于钻井液处理剂，高温降解包括高分子主链断裂和亲水基团与主链联结链的断裂两个方面。前者使处理剂相对分子质量降低，部分或全部失去高分子性质，从而导致大部或全部失效，后者降低处理剂亲水性或吸附能力，从而使处理剂抗盐、抗钙能力和效能降低，以致丧失其作用。任何高分子化合物都会发生高温降解，只是随其结构和环境条件不同，发生明显降解的温度不同而已。其中，影响高温降解的主要因素，首先是处理剂的分子结构，由处理剂分子的各种键在水溶液中高温热稳定所决定，比如醚键在水溶液中，容易被氧化，而高温和 pH 值将促进这种作用发生。所以，凡由醚键联结的高分子化合物在高温下都不稳定,容易降解,而这种降解多与氧化作用有关,故称热氧降解。显然,若能设法阻止或减弱这种作用(如加入抗氧剂),则可减小高温降解的趋势。又如酯键在碱性介质中易水解,而高温大大加速此反应,故其高温降解也严重了。其次是温度的高低及作用时间的长短。各种高分子在不同的条件下,发生明显降解的温度彼此不同,常用处理剂在其溶液中发生明显降解的温度来表示该处理剂的抗温能力。其三是溶液中的 pH 值及矿化条件对降解也有影响,一般而言,pH 值高,促进降解的发生。降解是一种逐渐进行的过程,所以它与受高温作用时间关系很大,必须认真考虑这一因素。降解还与其他一些因素如细菌、氧含量、搅拌剪切等有关。

【处理剂的抗温能力】 目前,国内外对此概念尚无统一而严格的定义,可能包含以下不同的含义:处理剂本身的热稳定性;处理剂所处理钻井液在使用温度的热稳定性;处理剂处理的钻井液在多高的温度下仍能保持良好性能;处理剂所处理的钻井液使用的井底最高温度等。显然它们是紧密相关但又不相同的概念。常用各种处理剂的抗温能力(即自身的热稳定性)见下表。必须说明:①由于高温降解与水溶液 pH 值、矿化条件、氧含量等因素有关,故它是相对的,有条件的。②由于高温降解与高温作用时间有关,表示抗温能力的数据必须指明受高温作用时间,本表为恒温 24h 的数据。③由于处理剂的抗温能力与由它处理钻井液的抗温能力是紧密相关而又完全不同的两个概念。因此,虽然常用钻井液的抗温能力来检验处理剂的抗温能力,但二者决不能等同。

下表只指处理剂本身的抗温能力。由于处理剂的热稳定性与其分子结构有关。因此,抗高温处理剂分子的主链、亲水基和吸附基与主链联结键应尽量采用"C—C""C—N""C—S"等键,而避免采用"—O—"键等。

各种常用处理剂的抗温能力

种　　类	降解温度/℃
腐殖酸及其衍生物	200~230
聚丙烯酰胺类	200~230 及以上
铁铬盐及其衍生物	130~180
纤维素及其衍生物	140~160
栲胶及其改性产品	180 以上
磺甲基酚醛树脂	200~220
淀粉及其衍生物	115~130

【处理剂的高温交联作用】 (1)高温交联:处理剂分子中存在着各种不饱和键和活性基团,在高温作用下,可促使分子之间发生各种反应,互相联结,从而增大相对分子质量,这种作用叫高温交联。可以把它看作与处理剂高温降解相反的作用。一般的有机高分子处理剂(特别是天然高分子)都能发生高温交联,而高温交联可能产生两个结果:①高分子交联过度,形成三维的空间网状结构,成为体型高聚物,则处理剂失去水溶性,整个体系成为冻胶,处理剂完全失效。②处理剂交联适当,增大相对分子质量,抵消了降解的破坏作用,从而保持以至增大处理剂的效能。另一方面,两种处理剂适当交联可使它们的亲水能力和吸附能力互为补充,其结果相当于处理剂进一步改性增效。(2)对钻井液性能的影响:显然,高温交联有好坏两个方面:①若交联过度,处理剂完全失效,钻井液完全破

坏，滤失量猛增，钻井液胶凝（土量低也不可避免），从钻井液中可以明显见到不溶于水的体型高聚物。②交联适当，则大大有利于钻井液性能，而且使钻井液在高温作用下，性能愈来愈好，其结果必然是现场使用效果优于室内实验，而且愈用愈好。室内实验中，受高温作用后其性能优于高温作用前。在一定范围内，井愈深，温度愈高，效果愈好。由于高温交联实际上可以抵消高温降解作用，所以可以用加入有机交联剂（如乙二醇、低分子的聚丙烯酸钠）来有效地防止处理剂的高温降解作用。但是，由于对高温交联及其影响因素至今研究很少，对于如何控制得当还没有一种较为成熟的方法，可是对于高温交联作用的认识和有关概念的建立至少给我们利用高温交联反应，以改善深井钻井液体系的可能，从而能把高温对深井钻井液性能的破坏转化为利用高温改善钻井液体系。

【触变性】　流体在剪切力的作用下网状结构被破坏，黏度降低，当外力失去时又恢复网状结构，黏度上升。这种随外力变化而引起结构变化的可逆过程，即搅拌后钻井液变稀（切力降低）、静置后钻井液变稠（切力升高）的这种特性称为触变性。测量触变性的方法是：将钻井液用直读黏度计充分（高速）搅拌后，测量静置 1min（或10s）的切力（简称初切）和静置 10min 的切力（简称终切），并用初切、终切的差值表示钻井液触变性的大小。钻井工艺要求钻井液应具有良好的触变性。

【触变作用】　当胶体处于静置状态时，颗粒与颗粒之间因范德华力而形成结构，这种结构在外力的机械作用下很容易遭到破坏，而使胶体恢复原来的流动性。

【触变性流体】　随剪切时间而变化的非牛顿流体，其视黏度在剪切速率增加到新的常数后随时间延长而减小的流体。

【触变水泥浆】　胶质水泥堵漏液的一种，其典型配方是 90 份 C_3A 含量不小于 5% 的 A 级水泥加 10 份石膏，再加 1～3 份氯化钙。此类堵液在泵送过程中流动性较好，而一旦停止泵送即开始胶凝。处理井漏时，这种触变性有着非常有利的作用。首先，漏层上方环空内的水泥浆形成凝胶后不致漏入漏层中；其次，在处理横向漏失带时，水泥浆有可能楔开并诱发纵向裂缝滞留在井眼附近。触变水泥浆处理浅层井段的漏失有较好的作用。

【传递水动力】　钻井液在钻头喷嘴处以极高的流速冲击井底，从而提高了钻井速度和破岩效率。高压喷射钻井正是利用这一原理，使钻井液所形成的高压射流对井底产生强大的冲击力，从而显著提高了钻速。使用涡轮钻具钻进时，钻井液由钻杆内以较高流速流经涡轮叶片，使涡轮旋转并带动钻头破碎岩石。

【传感器测漏法】　寻找漏层的一种方法，又称"压力换能器测漏法"。该法的原理是利用传感器来测出井内钻井液的流量，而判断漏层位置。传感器由一个空心金属筒构成。其顶口面积大于底口面积，以便限制钻井液流过圆筒。在筒的一侧开有一个镶有氯丁橡胶薄膜的窗孔，在膜片上有个电极可在两个固定电极中来回活动。当膜的两侧压差变化时，电路的电位亦随着变化，从而测出流动与静止状态。若该仪器位于漏失点以上时，在地面的读值是正常的。相反，当仪器在漏失点以下，由于液体不通过仪器而不发出信号。其步骤为把此仪器下入井内连续在不同的井段移动，并不断地显示出信号。直到其信号显示由全流量降至无流量时为止，此处即为漏失点。该法的优点是结构及操作简单，不为堵漏剂所堵塞，可适用于各种类型的钻井液，也可用来寻找套管的漏洞。

【串珠流】 又称"绳状排出"或"串珠状排出"，旋流器工作不正常时，底流以滴状或念珠状不均匀流出的现象。

【串珠状排出】 见"串珠流"。

【纯碱】 见"碳酸钠"。

【纯净物质】 由同种分子组成的物质。

【纯油相钻井液】 油基钻井液中水含量小于10%的油基钻井液称为纯油相钻井液。配制纯油相钻井液的油可用矿物油（如柴油、机油等）和合成油（如直链烷烃、直链烯烃、聚α-烯烃等）。配制纯油相钻井液的有机土是用季铵盐型（烷基三甲基氯化铵、烷基苄基二甲基氯化铵）表面活性剂处理膨润土制得的。季铵盐型表面活性剂在膨润土颗粒表面吸附，可将表面转变为亲油表面，从而使它易在油中分散。配制纯油相钻井液主要使用的处理剂为降滤失剂（如氧化沥青）和乳化剂（如硬脂酸钙）。纯油相钻井液具有耐温、防塌、防卡、防腐蚀、润滑性能好和保护油气层等特点，但缺点是成本高、污染环境和不安全。该钻井液适用于页岩层、岩盐层和石膏层的钻井，并特别适用于高温地层钻井和打开油气层。

【纯油类修井液】 是指使用采出的原油或提炼的油品作为修井液。此体系不含固相、增黏剂或乳化的水，该体系密度低、黏度低。由于黏度低，则在磨铣、钻水泥塞或砂污染时携带能力受到影响。

【醇】 脂肪族链或芳香族侧链的氢原子被羟基取代的化合物称为醇。作为官能团的有机化合物。按其羟基的数目，分为一元醇、二元醇、三元醇。此外，根据链节羟基的碳原子的种类分为伯醇、仲醇、叔醇。

$$RCH_2OH \qquad R_2CHOH \qquad R_3COH$$
　伯醇　　　　　仲醇　　　　　叔醇

低级的一元醇、二元醇、三元醇均为液体，高级的则为固体。在一元醇中，低级醇能溶于水，随着碳原子数的增加，逐级变为难溶，以至不溶。由于醇羟基的氢呈极弱的酸性，所以在非水溶剂中可与金属钠或氨基钠等强碱反应，生成醇盐。此外，OH的氧原子具有非共用电子对，能与强酸的质子加成，故呈碱性。因此，在醇的反应中，C—OH键的OH基消除，或OH基的H消除，均可引起断裂。即—OH或—H可被别的官能团取代，或发生消除反应而成双键。

【磁处理】 在钻井液循环系统的出口或进口加1~2个磁化器，使钻井液性能有所改变，并且有较好的稳定性。

【磁化器】 一种钻井液磁化处理设备。其主要作用是改善钻井液的流变性能及其稳定性。

【磁化处理】 见"磁处理"。

【磁铁矿粉】 别名为四氧化三铁。分子式为Fe_3O_4，相对分子质量为231.25，呈黑色而微带蓝色，有强磁性。晶形为八面体或菱形十二面体，常温密度4.9~5.9g/cm^3，硬度5.5~6.5，天然矿石制成磁铁矿粉后，随杂质不同呈灰色至黑色。细度为200目筛余量≤30%，325目筛余量为5%~15%。氧化铁含量≥85%。黏度效应为加硫酸钙后黏度≤125mPa·s。磁性≤0.02T。不溶于水、乙醇和乙醚，能溶于酸。使用时应消磁。其最大的缺点是硬度过高，易磨损钻具、阀门和泵配件以及钻头水眼。由于密度较大，故钻井液的密度可提高到 2.5g/cm³。

【磁性氧化铁】　见"磁铁矿粉"。

【磁化钻井液】　在任何一种钻井液体系中，被磁化器处理后的钻井液称为"磁化钻井液"。钻井液被磁化后，能明显改善流动性能，降低剪切应力和稠度，有利于提高泵功率。

【次氮基三乙酸盐】　代号为 NTA，是一种盐结晶抑制剂，为防止析盐结晶对钻井液性能的影响，可在钻井液中加入盐结晶抑制剂，见"NTA"。

$$MOOCH_2C-N{\begin{array}{c}CH_2COOM\\[4pt]CH_2COOM\end{array}}$$

次氮基三乙酸盐

【丛式井】　在一个井场或一个钻井平台上，有计划地钻出两口或两口以上的定向井，可含一口直井。

【粗分散体系】　这种钻井液是在细分散钻井液的基础上发展起来的。采用各种可溶性无机盐类，控制钻井液中的固相（主要指膨润土）不致过分分散，常称为适度絮凝的粗分散体系。受外界的敏感性低。常用的无机盐主要有食盐、钙盐和钾盐。包括盐水、饱和盐水、氯化钾、石灰、石膏及氯化钙钻井液等品种。

【醋酸】　见"乙酸"。

【醋酸钾】　性状：无色或白色结晶性粉末。有碱味，易潮解。相对密度：1.57g/cm³（固体），25℃（文献值）。易溶于水，溶于甲醇、乙醇、液氨。不溶于乙醚、丙酮。溶液对石蕊呈碱性，对酚酞不呈碱性。低毒，可燃。折射率：n_D^{20} 为 1.370。水溶解性：2694g/L（25℃）。储存时避免潮湿、加热、火源、自燃物体及强氧化剂。在钻井液中用作防塌剂。

醋酸钾

【醋酸伯胺盐】　分子式：RNH_3OOCCH_3（ R 为 $C_{12}H_{25} \sim C_{18}H_{37}$），是一种阳离子表面活性剂，能吸附于钢铁表面，有较好的防腐作用，可用于钻井泵和管线的防腐。

【醋酸钾钻井液】　用醋酸钾代替 KCl，主要是为了解决聚合物抗盐差的问题，当氯化物浓度增加时，一些常用的聚合物，如聚阴离子纤维素和聚丙烯酸钠等，控制滤失的能力下降；在盐水中，大多数聚合物的黏度也下降，而醋酸钾不含 Cl^-，提供的 K^+ 浓度高达 40%（重量比）；并且与所有的钻井液处理剂相配伍。因此，醋酸钾给钾基钻井液带来更大的灵活性，既提高了使用效率，又有利于保护环境。采用醋酸钾的钻井液，配方非常灵活。在分散或不分散保护体系中，醋酸钾均可作为主要或辅助的钾源。

【醋酸铵淋洗法】　黏土阳离子交换容量（ CEC ）与黏土的其他各种物理、化学性质都有密切关系，因此常常需要测定黏土的阳离子交换容量。测定黏土阳离子交换容量的方法有很多，经典的方法是醋酸淋洗法，其基本原理如下：

淋洗剂为醋酸铵 NH_4Ac，NH_4^+ 可交换黏土中的 Ca^{2+} 和 Mg^{2+} 等阳离子，其作用可用下图表示。

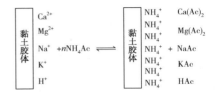

黏土阳离子交换示意图

淋洗完成后，将滤液蒸干并进行焙烧，此时各种醋酸盐均分解为无机化合物，醋酸铵及多余的醋酸即分解为水与挥发物 NH_3 及 CO_2。焙烧反应举例如下：

$$CH_3COONH_4 + 2O_2 \longrightarrow NH_3\uparrow + 2H_2O\uparrow + 2CO_2\uparrow$$
$$CO_3COOH + 2O_2 \longrightarrow 2CO_2\uparrow + 2H_2O\uparrow$$
$$Ca(CH_3COO)_2 + 4O_2 \longrightarrow CaCO_3 + 3CO_2\uparrow + 3H_2O\uparrow$$
$$2CH_3COOK + 4O_2 \longrightarrow K_2CO_3 + 3CO_2\uparrow + 3H_2O\uparrow$$
$$2Al(CH_3COO)_3 + 12O_2 \longrightarrow Al_2O_3 + 12CO_2\uparrow + 9H_2O\uparrow$$

可见，所得到的残余物为碱土金属与碱金属的碳酸盐及氧化物，俗称残渣。

残渣用盐酸处理后，即可测定 Ca^{2+}、Mg^{2+} 等含量。最方便的方法是用过量的标准酸溶解残渣，剩余的酸用标准碱液滴定，再求出 Ca^{2+}、Mg^{2+}、K^+、Na^+ 等的含量。

醋酸铵淋洗以后的黏土，用乙醇洗去过剩的醋酸铵，再向黏土中加浓 $NaOH$ 溶液，这时，黏土晶体上交换性 NH_4^+ 又被 Na^+ 交换出来，生成氢氧化铵。因而，经过直接蒸煮后，得到 NH_4OH，用标准酸吸收，再经过滴定，便可换算为每 $100g$ 土的交换性阳离子的毫摩尔数，即黏土的阳离子交换容量。

【醋酸乙烯酯-顺丁烯二酸酐】 代号为 VAMA，由醋酸乙烯酯与顺丁烯二酐进行共聚的产物。可用作非分散、低固相钻井液的选择性絮凝剂，其结构式为：

醋酸乙烯酯-顺丁烯二酸酐

在碱性钻井液中发生水解，反应产物为：

水解产物

羟基（—OH）为吸附基，可以通过氢键吸附在黏土颗粒上，羧钠基是水化基团。所谓选择性絮凝剂，只絮凝造浆性能低的黏土和钻屑，而不絮凝造浆性能好的黏土（如膨润土），因而具有选择性聚沉作用。这样的钻井液有利于优质快速钻进。VAMA 也可用作黏土增效剂。

醋酸乙烯酯-顺丁烯二酸酐质量指标

项　　　目	指　　　标
外观	棕黄色粉末
有效物/%	≥90
水分/%	≤7
水不溶物/%	≤1
pH 值	6~7
降黏率/%	≥70

【催化剂】 在化学反应里只改变化学反应的速度，而本身的质量在反应后不改变的物质，称为"催化剂"。

D

【达西】 渗透率的单位。定义为一个长为1cm，断面为$1cm^2$的孔隙试体，能使黏度为$1cm/s$时，这个试体的渗透率为1达西（D）。

【达西定律】 地下水在土体孔隙中渗透时，由于渗透阻力的作用，沿程必然伴随着能量的损失。为了揭示水在土体中的渗透规律，法国工程师达西（H. Darcy）经过大量的实验研究，1856年总结得出渗透能量损失与渗流速度之间的相互关系即达西定律。

达西实验的装置如下图所示。装置中的①是横截面积为A的直立圆筒，其上端开口，在圆筒侧壁装有两支相距为l的侧压管。筒底以上一定距离处装一滤板②，滤板上填放颗粒均匀的砂土。水由上端注入圆筒，多余的水从溢水管③溢出，使筒内的水位维持一个恒定值。渗透过砂层的水从短水管④流入量杯⑤中，并以此来计算渗流量Q。设Δt时间内流入量杯的水体体积为ΔV，则渗流量为$Q=\Delta V/\Delta t$。同时，读取断面1-1和断面2-2处的侧压管水头值h_1、h_2，Δh为两断面之间的水头损失。

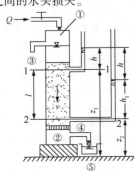

达西渗透实验装置图

达西分析了大量实验资料，发现土中渗透的渗流量Q与圆筒断面积A及水头损失Δh成正比，与断面间距l成反比，即

$$Q = kA\frac{\Delta h}{l} = kAi \text{ 或 } v = \frac{Q}{A} = ki$$

式中　i——水力梯度，也称水力坡降，$i=\Delta h/l$；

k——渗透系数，其值等于水力梯度为1时水的渗透速度，cm/s。

【打气筒滤失仪】 指用大打气筒充气的API中压滤失仪，是测定钻井液滤失量的一种专用仪器。其结构简单，操作方便，是现场常用仪器之一。

ZNS-2型滤失仪

【大分子】 见"高分子"。

【大气老化】 指钻井液的处理剂（主要指聚合物）在野外使用过程中，会受到大气因素的综合作用而变化，这种老化通常称为"大气老化"。其中，光氧老化是主要的，人们常称为"光氧老化"。聚合物在光的照射下，分子链是否会断裂，聚合物是否稳定，将与光的键能有关。

【大斜度井】 指最大井斜角在$60°\sim86°$的定向井。

【大分子学说】 1920年，H. Staudinger发表了文献《论聚合》，首先提出了大分子的概念。他认为聚合过程是由大量小分子结合起来的过程，含有某些官能团的有机化合物可通过官能团间的反应而聚合，并提出聚苯乙烯和天然橡胶的长链结构式是一些由共价键相连接的大分子,这些大分子的长度不完全相同,是许多同系物的混合物,彼此结构相似,性质差异很小,难于分离,其相对分子质量只能是一种平均值等。对这个大分子学说,曾经经过十多年的争鸣,大量的实验事实也证明了大分子的存在,才使大分子学说真正确立和欣欣向荣,到现在已发展成一门学科。

【大型堵漏法】 该法是在长裸眼井筒已经被压漏,漏失层位极不清楚时采用的。配制足以装满裸眼井筒的堵漏浆液,堵漏浆液采用加重钻井液中加入桥堵材料配制。把光钻杆下到裸眼井段的中、下部,把堵漏浆液注入裸眼井段,并基本覆盖整个裸眼。起钻至安全位置,这时钻具内还应留部分堵漏浆液,关井挤压。哪里漏失,堵漏液就会进入哪里。配制的堵漏液量一般为 $40 \sim 60 m^3$。

【大庆型油基密闭液】 用于密闭取心的一种油基岩心保护液。其配方是按过氯乙烯树脂 2kg、蓖麻油 3kg、重晶石粉 25kg 的比例配制。密度 $1.45 \sim 1.47 g/cm^3$;黏度 $0.5 \sim 0.6 Pa \cdot s$(温度 100℃ 时)。其配制工艺是将过氯乙烯树脂和蓖麻油倒入加温罐,搅拌并加热至 175℃,停止加热,继续搅拌。用玻璃棒插入罐内取样观察,若棒上无微小白色颗粒,说明树脂已全部溶解。继续搅拌至温度降到 140℃ 时,加入重晶石粉。搅拌至温度降到 100℃ 以下时便可取出装筒或储存(用时,再加热搅拌)。

密闭等级

等　　级	1kg 岩心样中的酚酞含量/mg
密闭	≤1
不密闭	>1

注意事项:①配制温度不能超过 180℃,否则密闭液将会变质或烧焦。②密闭液出罐前必须不停地搅拌。因为,停止搅拌会发生局部过热而变质和重晶石沉淀。③不得让水渗入密闭液。

【代号】 为了简便或保密而用来代替正式名称(如羧甲基纤维素的代号 CMC、表观黏度的代号 AV、聚氧乙烯(10)辛基苯酚醚的代号 OP-10 或 TX-10 等)的别名、编号或字母。

【代码】 表示特定事物(或概念)的一个或一组字符。

【带帽子压井法】 起下钻中途突然发生井喷,如果来不及或无法接方钻杆时,可以先抢装控制阀(也称带帽子),再注入一段高密度钻井液,待下钻后进行常规压井。

【带动切力的幂律模式】 又叫 Herschel-Bulkley 模式,其形式为:

$$\tau = \tau_0 + K \left(\frac{du}{dn} \right)^n$$

式中,各量的意义同宾汉模式和幂律模式。它是一个用三个参数带动切力的非牛顿液体流变性的模式方程。

【单位】 量度中作为计数单元所规定的标准量。

【单质】 由同一种化学元素所组成的均匀物质,如氧气、水银、石墨等。

【单键】 在化合物的分子中,两个原子共用同一对电子构成的键,常用一条短线来表示。如:乙烷分子中碳与氢(C—H)、碳与碳(C—C)间,都以单键相结合。

【单体】 在一定条件下,能起聚合反应或缩聚反应等而成高分子化合物分子中的结构单元的简单化合物。一般是不饱和的、环状的或含有两个或多个官能团的低分子化合物。也就是合成聚合物的起始原料。例如氯乙烯 CH_2—CHCl 单体能起聚合反应而成聚氯乙烯：

$$\left[\begin{array}{c} Cl \\ | \\ CH_2-CH \end{array}\right]_n$$

【单宁】　见"单宁酸"。

【单元层】　见"晶层"。

【单宁酸】　又名鞣酸、单宁，属弱有机酸类。它们存在于植物的根、茎、

单宁酸

皮、叶、果壳中。它们虽然结构上有所不同，但都含有多元酚酸作为结构单元。常用产品的单宁含量为85%，浅黄色或黄白色粉末，有涩味。单宁的种类较多，除五倍子含大量单宁外，其他如桑树、茶树的叶子和树皮中、青杠子的壳中也都含有单宁。单宁溶于水（约1:1），水溶液呈酸性，pH 值为 5~6.4。单宁在烧碱溶液中和烧碱作用生成单宁酸钠，简化符号为 NaT。单宁碱液在钻井液中主要起降黏作用，即降低稠化钻井液的黏度和切力，改善钻井液的流动性。单宁碱液也有一定的降滤失作用。若将单宁粉直接加入钻井液中，可以提高钻井液的黏度和切力。

质量指标

项　目	指　标	
	特级品	一级品
干燥失重/%	≤10.0	≤10.0
单宁含量/%	≥80	≥80
灼烧残渣/%	≤3.0	
水溶液实验	棕色透明	

【单斜晶系】　属低级晶族。特征对称元素是二重对称轴或对称面。晶胞类型为：轴长 $a \neq b \neq c$，轴角 $\alpha = \gamma = 90° \neq \beta$。例如石膏。

【单宁酸钠】　代号：NaT，由栲胶经精炼并与氢氧化钠反应制成的粉状物。为棕褐色粉末或细粒状。易溶于水，水溶液呈碱性。适用于水基钻井液，用作降黏、降切力、降滤失量。能够改善滤饼质量。

质量指标

项　目	指标（栲胶：氢氧化钠）		
	1:1	2:1	3:1
单宁含量/%	≤31.0	≤44.0	≤49.0
水分/%	≤12.0	≤12.0	≤12.0
干基含量/%	≤5.0	≤4.0	≤4.0
pH 值	10~11	9~10	8~9
外观	无明显焦化，无 3cm 以上结块		

【单宁碱液】　见"单宁酸"。

【单宁酸钾】　代号：KTN。是以 KOH 与栲胶反应而得的一种钻井液防塌降黏剂。

【单相体系】　见"相"。

【单一溶质溶液】　指用一种溶质配制的溶液，如烧碱水、CMC 溶液等。

$$配液浓度 = \frac{溶质质量(t)}{配液体积(m^3)}$$

【单井工程设计】　钻井工程部门根据地质设计进行的一口井工程设计，包

括地质目的、建井周期、井身质量、安全生产、资料要求、套管程序、钻头系列、钻井液性能、器材消耗、生产时间、设备管理、钻井总成本等。

D 【单向压力封闭剂】 是采用短棉绒纤维或将某些木质纤维经化学处理和机械加工而成的自由流动粉末，表面可被水润湿，但不溶于水。在钻井液中加入该剂(加量不低于3%)，在正压差作用下，能有效地封堵地层中孔喉和微裂缝及破碎煤层、砂岩层、砾石层等。在负压差作用下，能自动解堵的堵漏剂或堵漏材料。该堵漏剂仅适用于孔隙和微裂缝性地层的漏失，对于较严重的井漏，随漏失量严重程度的不同，必须配以相应的堵漏剂，才能收到应有的效果。

单向压力封闭剂中桥堵剂的加量

漏层分类	渗漏	小漏	中漏	大漏
单封加量/%	2~4	3~5	4~7	6~10
核桃壳加量/%		1~2	2~4	4~8

【单氧乙烯辛基苯酚醚】 是一种非离子型表面活性剂。代号：OP-1；分子式：$C_8H_{17}C_6H_4$—OCH_2CH_2OH；此活性剂亲油($HLB=3.5$)界面吸附膜较弱；在钻井液中用作消泡剂。

【单氧乙烯壬基苯酚醚】 是一种非离子型表面活性剂。代号：OP-2；分子式：$C_9H_{19}C_6H_4$—OCH_2CH_2OH；此活性剂亲油($HLB=3.3$)，界面吸附膜较弱，用作钻井液的消泡剂。

【单向压力封闭剂暂堵法】 用单向压力封闭剂堵漏的一种方法，是在压差作用下，用来改变砂岩渗透性和封堵微裂缝地层中的漏失，在油气井投产时，通过负压差堵漏，油气层渗透率得以恢复。单向压力封闭剂仅适用于孔隙和微裂缝性地层的漏失。

【单向压力封闭剂−桥接剂混配复合堵漏法】 单向压力封闭剂与桥接剂按适当比例混合后，具有流变性、悬浮性、膨胀性和充填裂缝单向封闭特性。在液柱的正向压力下，能絮凝聚集覆盖在漏失段的井壁表面，形成一个垫层，以阻止钻井液的流失，在负压下又能迅速解封，减少对油气层的损害。

该法以裂缝性小漏—中漏，以及渗透性小漏为主要堵漏对象。

现场施工要点：

(1)根据地质录井、工程等资料综合分析判断，找准漏层，并确定漏层特性。

(2)设计配制方案，推荐的配方如下表。

(3)调整携带液性能，以满足堵漏剂均匀悬浮，且流变性及稳定性好为前提。

(4)以光钻柱下至漏层上部为宜，注意防止发生憋泵，保持钻具畅通与活动。

FD-1与核桃壳配制比例

漏失类型	渗漏	小漏	中漏	大漏
漏速/(m³/h)	<3	<5	<30	≥30
FD-1/%	2~3	3~5	4~7	6~10
核桃壳/%		1~2	2~4	4~8

【单向压力封闭剂-高滤失堵漏剂混配复合堵漏法】　单向压力封闭剂是微裂缝、渗透性地层理想的防漏堵漏材料之一，主要在动态过程(即循环过程)中发挥作用。其使用条件是漏失通道的尺寸不能过大，否则纤维物质将随钻井液漏失而流走。

高滤失堵漏剂主要用于静态过程的堵漏，静止憋挤是其主要工艺特点。

将上述两种堵剂复合混配，其效果比较理想，其作用机理是：

(1)高滤失堵剂能在裂缝性漏失通道中快速滤失并形成具有一定尺寸的硬塞物，构成漏失通道上的喉道，即细孔，使单向压力封闭剂的垫状堵层得以顺利形成，从而增强了单向压力封闭剂对此类裂缝性地层的适应性。

(2)高滤失堵剂本身具有快速滤失聚结的特点，与单向压力封闭剂复配后，能加快纤维物质的絮凝聚结和封堵速度，使垫状堵层迅速形成并增强其机械强度，从而提高单向压力封闭剂的堵漏效果。

(3)两种堵剂复配后，对渗透性和一般微裂缝地层可起到防漏的作用，而对于尺寸较大、连通性较好的裂缝地层又可起堵塞作用，通过静止憋挤进行堵漏，从而实现复杂地层防漏堵漏施工的连续性操作。

工艺要点是：

(1)进入漏层前的安全井段，用处理剂 SMP、SMT、SPNH 等对钻井液进行预处理，使其性能满足以下要求：黏度(用野外标准漏斗黏度计测量)30~45s，滤失量<5mL，切力 0.2~2Pa，且土含量控制在相应的合理范围的下限。然后加高滤失堵剂并做污染小实验，在确定钻井液确实能抗污染时，才可进行现场施工。

(2)通过漏斗均匀加入单向压力封闭剂 1.5%~2.5%，高滤失堵剂 1%~1.5%，循环均匀后即可正常钻进。钻进过程中应注意补充堵漏剂，保持一定含量。

(3)钻遇裂缝性地层发生有进无出漏失时，迅速将钻具起到安全井段，静止观察 12~24h，其间不断灌钻井液，待钻井液灌满后立即小排量关井憋挤钻井液，造成一点漏失后(即压力下降为零)，静止 3~4h，再关井憋挤，反复 2~3 次直到能建立稳定的压力为止。

(4)必要时，可单独在罐内钻井液中加入堵漏剂，黏度过高时可加 SMT 碱液稀释，然后下钻至漏层位置，替入配制的堵漏液，起钻至技术套管内，再按上述措施进行憋挤，这样堵漏成功率会更高。

【淡盐水】　指含盐浓度低的水。

【淡水钻井液】　又称细分散钻井液，是早期使用的钻井液。系指由含 Ca^{2+} 量<120mg/L、含 NaCl 量<1%的淡水、黏土加一般的稀释剂(铁铬盐、单宁酸钠、栲胶碱液等)、降滤失剂(CMC、煤碱液、磺甲基酚醛树脂等)及加重剂配成。其特点是黏土在水中高度分散，并通过黏土的高度分散获得钻井液所需要的流变性和滤失量。当黏度、切力升高时，通过加稀释剂或水(当滤失量很小时)拆散黏土颗粒所形成的网架结构，使黏土颗粒边缘吸附有机稀释剂，增加水化膜厚度，达到降低黏度、切力、改变流变性的目的。当滤失量增大时，一般加入煤碱剂或 CMC，把分散细的黏土保护起来，有利于降低滤失量。此细分散钻井液性能不稳定，容易受可溶性盐类侵污。

【弹丸钻井】　弹丸钻粒钻井的简称。见"弹丸钻粒钻井"。

【弹丸钻粒钻井】　使用高速的钢粒撞击以破碎岩石的钻井方法。钢粒或钢球的直径大约为 31.8mm，它们先置于井底，借助于抽吸作用使其以 140 粒/秒的速度不断流过钻具，并以 23m/s 的速度使钻粒撞击岩石。钻粒磨损后，可在钻井液流中加入新的钻粒，不需要频繁地起下钻具更换钻头。一台实验室的钻粒钻具钻在大理岩中速度为 2.3m/h。这种破岩方法的输出功率较低，只能把大约 4% 的液压功率转换成钻粒的破岩能量，因而限制了它的作用。

【当量】 元素、化合物或离子的相对原子质量或相对分子质量除以化合价称为"当量"。

【当量浓度】 溶液浓度的一种表示方法。溶液的浓度用 1L 溶液中所含溶质的克当量数(物质的量)来表示的叫当量浓度，用符号 N 表示。如盐酸，放出一个氢离子，则当量浓度和摩尔浓度是一样的；如果是硫酸，一分子放出两个氢离子，则溶液的当量浓度等于摩尔浓度的 2 倍。在一般的氧化还原反应中，就要复杂一些了，例如高锰酸钾氧化草酸钠，2mol 高锰酸钾和 5mol 草酸钠刚好反应，则高锰酸钾的当量浓度 = 2.5 倍的摩尔浓度。当量浓度的定义是 1L 水溶液中溶解的溶质用氢的当量除摩尔质量，常用于表示酸溶液的质量。

【当量定律】 在滴定分析中，滴定剂和被测组分物质作用，达到等当点时，二者克当量或毫克当量数相等。

【当量循环密度】 代号：*ECD*。指钻井液在井眼环空中循环时，任一位置钻井液的有效重量。当量循环密度包括钻井液密度、环空中的钻屑和环空压降。钻井液静止时，作用在井底的压力只有静液柱压力，而当钻井液在井内循环时，井内将承受因钻井液流动而产生的一个

附加压力。这个附加压力换算成密度再加上使用的钻井液密度称为"当量循环密度"。

$$\gamma_{当} = \gamma + \frac{10 \times p_{循}}{H}$$

式中　γ——井内使用的钻井液密度，
　　　　　g/cm^3；
　　　$p_{循}$——钻井液循环时作用在井底的循环附加压力(可用环形空间压力损失)，g/cm^2；
　　　$\gamma_{当}$——当量循环密度，g/cm^3。

【挡板流量计】 又称桨叶式流量计，下图是安装于钻井液出口管线上的挡板流量计原理结构图，传感器主要由感受钻井液运动的挡板，用以把挡板角位移转换成水平位移的杠杆——连杆机构，用以把水平位移转换为电位器的角位移的齿条齿轮转动机构(如果使用拉杆电位器，可以省去)，以及把位移信号转换为电信号的电位器等组成。当钻井液自右向左流过挡板时，挡板受到钻井液动压力的作用，从而迫使挡板向左偏转，而由于打破了原来的平衡状态，挡板本身的重力和弹簧伸长的拉力要产生一个阻碍这种变化的力矩，当该力矩与钻井液动力的力矩达到平衡时，挡板就停留在新的平衡位置上。由于挡板向左偏斜带动电位器转过一定角度，因而可以改变电位中心头两侧的电阻值，达到输出电信号的目的。挡板流量计直接安装在架空槽(管线)上，使用比较方便。其输出信号即为电位器输出的电压信号，便于与事先由操作人员设定的报警电平加以比较以发出超限报警信号。如果输出信号自建立循环起长期不变，说明井下情况是正常的，其明显的增加或减少则说明井下有某种异常。

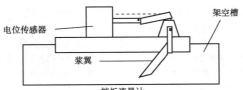

电位传感器

架空槽

浆翼

挡板流量计

【导电法】　一种鉴别乳状液的方法；其方法可按下图连接线路鉴别，鉴别时，可把乳状液放入一小烧杯中，如果将插在乳状液中的两个电极和电源相连，水包油型乳状液毫安计指针偏转显著，这是由于水相能导电，油相不导电，若毫安计指针不偏转或偏转很小，则为油包水型乳状液。

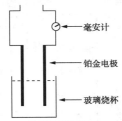

直流电源

毫安计

铂金电极

玻璃烧杯

导电法线路连接

【倒划眼】　见"划眼和倒划眼"。

【倒扣套铣解卡法】　遇到严重的卡钻时，用以上方法不能解除且不能循环时，现场常用倒扣、套铣的方法来取出井内全部或部分钻具。倒扣是使转盘倒转，将井内正扣钻杆倒出。每次能倒出的钻杆数量决定于井内被卡钻具丝扣松紧是否一致，通常希望从卡点处倒开。对卡点以下的钻具要下套铣筒将钻具外面的岩屑或落物碎屑等铣掉，然后再倒出钻具，这是一种比较复杂的处理办法，费时较长。其倒扣、套铣的步骤是将卡点以上钻具重量全部提起，使卡点附近钻具不受拉力和压力，然后倒转转盘，将钻杆丝扣倒

开，起出井外。如果倒出的钻具还不到卡点处，可用反扣钻杆下接反扣公锥，下到井内钻具处造扣，然后上提，使卡点处钻具不受力，再反转转盘倒扣，如此反复进行直到将卡点以上钻具全部倒出，再进行套铣。套铣时使用套铣筒，要选择铣鞋，铣筒的外径比井眼的小，其内径要比钻杆接头外径大，如套铣119mm的钻杆时可用165mm的套铣筒，套铣筒的长度一般为50m左右，也有更长的，接在钻杆下面下入井内，套住井内钻具后再进行套铣，套铣一个套铣筒的长度后起钻，再下入反扣钻杆及反扣公锥进行倒扣，如此反复进行，直到把井内全部钻具倒出。

【等级】　同一种产品或其他标准化对象按其质量水平的不同所划分的级别。例如膨润土分一级、二级、三级三个等级。

【等当点】　见"滴定终点"。

【等值静水压力】　指井眼内钻井液的全部重量。

静水压力 = 井深 × 钻井液密度 × 0.1

【等离子破岩钻井】　等离子破岩钻具与电弧破岩钻具相似，除了电弧是在流动于电极之间的一种气体中形成的以外，它产生高热转换等离子体，温度为7500～15000℃，速度为6000m/h以上，大约只有60%～80%等离子体有效，其余的功率损耗于电极的冷却水中，大约只有40%～60%的输出功率传给岩石，所以等离子破岩机的总效率约为30%～40%。等离子体的高温最终会使电极熔化和侵蚀。由于效

D

率低，熔化岩石需要高能量，除了剥落性好的岩石外，等离子破岩速度较低。

【**等电量互相交换**】 即由黏土颗粒表面上交换下来的阳离子与被黏土颗粒吸附的阳离子的电量是相等的。例如一个 Ca^{2+} 可以和两个 Na^+ 互相交换。

【**低压循环**】 见"地面循环"。

【**低密度固体**】 是指钻井液中密度低于 $2.60g/cm^3$ 的固相(包括钻屑和商业固相)。

【**低温压滤仪**】 见"低温滤失仪"。

【**低温滤失仪**】 又称低温压滤仪。测定钻井液的滤失量和造壁性的专用仪器。滤失仪由一只内径 76.2mm、高 64mm 的圆筒形钻井液容器组成。此容器的材料可抗强碱溶液，容器的装配可以使压力介质从顶部容易地加压和泄压。在容器底部的支架板上，可放入一张直径 9cm 的专用滤纸，过滤面积为 $45.6cm^2 \pm 0.6cm^2$。支架板下有一排水管，使滤液流入一量筒中。用垫片密封。全套仪器固定在一支架上。外部的压源可使用打气筒、轻便压力气钢瓶或微型压力气钢瓶。

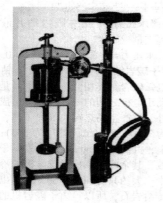

ZNS-5A 型滤失仪

【**低固相钻井液**】 指固相体积含量在 6%~10%范围内，其中膨润土体积含量在 3%或更低，钻屑与膨润土体积之比小于 2:1 的水基钻井液。这类钻井液由于固相含量低，因而可明显提高钻速。这类钻井液包括：①清水、矿化水和盐水；②低固相水包油型钻井液；③低固相聚合物钻井液、生物聚合物钻井液；④低固相不分散(絮凝钻井液)钻井液等。

【**低固相完井液**】 是一种低固相、低密度的钻井液，具有减少油层污染、抗温、低摩阻等特点。

低固相完井液

材料与处理剂	功　用	用量/(kg/m³)
膨润土	增黏	<60.0
聚合物	包被和页岩抑制	2.0~10.0
降滤失剂	降低滤失量	5.0~10.0
石棉纤维	增黏	适量
加重剂	提高密度	按设计要求

低固相完井液性能

项　目	性　能
密度/(g/cm³)	按设计要求
漏斗黏度/s	40~75
API 滤失量/mL	15~5
静切力/Pa	2~5/3~8
含砂量/%	<0.5
pH 值	8~10
塑性黏度/mPa·s	8~20
动切力/Pa	3~10

【**低聚物降黏剂**】 指相对分子质量较低的聚合物。不分散聚合物在钻井液

中起降黏、降滤失作用。

【低软化点沥青粉】　代号：LFT－70、LFT－110，它具有防塌、润滑、控制高温高压滤失量的性能。它能够在与油气层相适应的特定温度下高度分散并真正地软化，从而提供变形微粒作为填充粒子，快速有效地实现对油气层的暂堵封闭，阻止钻井液和固相的侵入，降低污染深度，有效地保护储层的原始状态。

【低胶质油基钻井液】　指沥青及其他胶质成分加量较少的油基钻井液。这类钻井液具有较高的滤失量，但可获得较快的钻速。

【低 pH 值淡水钻井液】　以水为液相，只含少量的盐，pH 值在 7.0~9.5 之间，其中包括开钻钻井液、有机胶质处理钻井液等。

【低活度水基钻井液】　低活度水基钻井液水相所引起的渗透回流来抵消水基钻井液滤液的水力流动，控制水分子侵入，对于低渗透性页岩效果较为明显，对稳定有裂缝或微裂缝的页岩也有一定效果。高浓度 $CaCl_2$ 可实现低成本降低水活度，但高浓度 Ca^{2+} 易导致常规处理剂聚集、沉淀或分子链卷曲，导致处理剂失效或效果大幅下降，需要特殊的钻井液处理剂，满足钻井液流变参数和滤失量控制。高浓度 HCOOK 可降低水活度，配伍处理剂较多，钻井液性能易于控制，但成本较高。

【低固相钻井液体系】　系指低密度固相总含量在 6%~10%（体积比）范围内的水基钻井液。其中，膨润土含量应控制在 3%（体积比）或更低的范围内，钻屑与黏土的比值应小于 2:1。它的一个主要优点是可以明显地提高钻速。

【低胶体水基钻井液】　这种钻井液称

之为 DURATHERM。活性黏土是造成钻井液高温增稠的根本原因，必须降低钻井液的膨润土含量，才能提高其热稳定性。用膨润土、PAC 增黏剂，用铬褐煤和磺化单宁降黏和降滤失量，用烧碱调碱度，石灰抗污染，重晶石粉为加重剂；使用好固控设备，可在 5000m 左右的深井中使用。

【低钾聚合物钻井液】　该体系以大分子聚合物 KPAM 和 PHP 等作为包被剂，以中等分子聚合物 HPAN 或 CMC 等作为降滤失和流型调节剂，并配合少量的小分子聚合物作为稀释剂，以 KCl 作为泥页岩抑制剂。它具有抑制地层黏土造浆、防塌等特点，但抗钙、抗镁污染能力较弱，以及黏土、固相容量限低等不足。该体系在配制时，膨润土必须充分水化，同时对基浆进行稀释，要严格控制基浆中的膨润土含量，然后加入聚合物胶液，最后加入 KCl。KCl 的加量一般为 3%~5%。

【低毒性油基钻井液】　此钻井液主要是用无荧光和低芳香烃矿物油代替柴油。90%白油+10%$CaCl_2$ 水溶液+4%有机土+5%主乳化剂+3%辅乳化剂+3%高温降滤失剂 1+5%降滤失剂+3.0%润湿剂+6%高温稳定剂+2.5%碱度调节剂+加重剂。

【低 pH 值微咸水钻井液】　包括 pH 值为 7~9.5 的海水和微咸水或硬水水基钻井液。水源来自海洋或海湾。

【低矿化度钾盐钻井液】　该体系主要由 FCSL、KOH、CMC、KCl、KHm 等处理剂组成，也可以由其他钻井液体系转化而成。它具有对地层黏土抑制性强、防塌效果好，抗盐、抗钙能力强，钻井液性能稳定性好等优越性。但存在膨润土容量限窄，配制和维护工艺要求严等不足。在配制或转

D

化钻井液时，必须首先使钻井液中膨润土充分水化并调整到适当含量，一般控制在 2% 左右，然后加入 FCLS、KOH 和 CMC 护胶，再按循环周均匀加入 KCl，最后用 FCLS、KOH、CMC 等处理剂调整好钻井液的黏度、切力、滤失量等性能，使之满足现场施工的需要。在钻井液维护处理时，也必须严格按工艺技术规定执行，否则就会因施工不当而造成性能的大幅变化。为了保证体系具有良好的抑制防塌性，KCl 含量不低于 3%。

【低 pH 值饱和盐水钻井液】 该类钻井液的液相用 NaCl 饱和，也可以用其他盐类。可由淡水或盐水配成。pH 值在 7~9.5 之间。

【低 pH 值石膏处理钻井液】 这类石膏处理或石膏基钻井液，系用烧石膏（工业用硫酸钙）处理钻井液。pH 值在 7~9.5 之间。

【低滤失量高矿化度钻井液】 根据泥页岩水化膨胀的特性，具有低滤失量高矿化度的钻井液可以减小泥页岩的水化膨胀压力，高黏度的滤液可以增大水在泥页岩中的流动阻力，以减少进入泥页岩中的水量。要有适当的黏度，因为黏度过高会使泵压升高、排量减小，黏度过低会使钻井液液流冲刷井壁。pH 值应保持在 8~9.5 之间，因为高 pH 值会促使泥页岩水化。要有适当的密度，用以抗衡地层的侧压力。要有适当的矿化度，使其与地层水的矿化度相平衡。增加矿化度常用的盐类有氯化钠、氯化钾、氯化钙、碳酸钙、硫酸钙、硫酸铵等，和其他处理剂配合可以组成不同类型的高矿化度低滤失钻井液，如铁铬盐-CMC 盐水钻井液、褐煤-石膏钻井液、褐煤-氯化钙钻井液等。

【低黏度羧甲基纤维素钠盐】 代号：LV-CMC，由棉花纤维与氯乙酸钠反应而成。为白色或微黄色纤维状粉末。具有吸湿性、无臭、无味、无毒、不易发酵、不溶于酸、醇等有机溶剂，易分散于水中成胶体溶液。有一定的抗盐能力和热稳定性。在钻井液中主要用作降滤失剂。

LV-CMC 质量指标

项　目	指　标	
	4% 盐水浆	饱和盐水浆
滤失量为 10mL 时，LV-CMC 加量/(g/L)	≤7.0	≤10.0
经 LV-CMC 处理后的表观黏度/mPa·s	≤4.0	≤6.0
含水量/%	≤10.0	
纯度/%	≥80	
代替度	≥0.80	
pH 值	7.0~9.0	
氯化钠含量/%	≤20	
外观	自由流动的粉末	

【低膨润土聚合物钻井完井液】 该钻井液的特点就是把其中的膨润土含量降低到一个适当范围，使膨润土对储层损害的影响尽量减小，而又不严重

影响钻井液的成本和性能。这种钻井液中的膨润土含量一般为 2% ~ 3%，通过加入抑制黏土膨胀的处理剂和其他添加剂达到保护油气层的作用。与改性钻井液相比，这种钻井液的优点是与油气层的配伍性更好，固相含量较低，抑制水化膨胀的能力强，保护油气层的效果更好、应用较广泛。缺点是成本较高，要求用套管将储层上部地层封隔才能取得好的效果。膨润土淡水钻井完井液配方详见下表。

膨润土淡水钻井完井液

材料与处理剂	功　　用	用量/(kg/m³)
膨润土	基浆	20.0~30.0
PHP	包被和页岩抑制	1.0~3.0
SMC	降黏、降滤失	18.0~22.0
水解铵盐	降黏、降滤失	10.0~20.0
FPK	降滤失	8.0~20.0
SMP	降滤失	20.0~30.0
碳酸钙	提高密度	按设计要求

盐水聚合物钻井完井液配方详见下表。

盐水聚合物钻井完井液

材料与处理剂	功　　用	用量/(kg/m³)
膨润土	基浆	20.0~30.0
KPAM（或80A51）	包被和页岩抑制	2.0~5.0
Ca-PAN	降黏、降滤失	4.0~6.0
水解铵盐	降黏、降滤失	4.0~6.0
K-HPAN	降滤失	20.0~30.0
SPNH	降滤失	10.0~50.0
盐水	提高密度	按设计要求

【低比例石灰乳-钻井液堵漏体系】 堵漏方法的一种，这种体系在高温条件下固化速度比较缓慢，但其流动性较差、

塑性较大，因而主要用于浅井段（井深 1500m 以内）低压水层的堵漏。常用配比是：石灰乳（密度为 $1.40g/cm^3$ 左右）与钻井液（密度为 $1.40g/cm^3$ 以上）的比例为（1~5）：10。

【滴定】 通过滴加标准溶液确定另外一溶液中所含某种物质的量的过程。通常是将已知溶液加入一定量的未知溶液中，直到反应完全，这项进行化学反应的操作称为滴定。

【滴定度】 容量分析中一种表示标准溶液浓度的方法。常用 1mL 溶液中所含该物质的克数表示，或以 1mL 溶液相当于被测定物质的克数表示。

【滴定管】 化学分析用的玻璃仪器。为一细长而内径均匀的玻璃管，管壁上有刻度，下端附有活塞或带有玻璃珠的橡皮管，前者称为"酸式滴定管"，可装除碱性溶液以外的任何溶液；后者称为"碱式滴定管"，不能装氧化性溶液。常量分析用的滴定管，最小刻度 0.01 ~ 0.05mL。此外，还有"自动滴定管"等。

【滴定液】 已知准确浓度的试剂溶液叫滴定液，一般称为"标准溶液"。

【滴定分析】 统称为容量分析，它是用滴定管将已知准确浓度的试剂溶液滴加到被测物质的溶液中，直到被测组分完全反应为止。由试剂溶液的浓度和体积，根据化学反应的当量关系来计算被测物质含量的方法。

【滴定终点】 在溶液分析中，用标准溶液和被测液进行滴定，当反应达到完全时，两者以相等当量化合，这一点称为"等当点"。但在实际操作中，滴定终止是借指示剂的变色或被测溶液某种特性（如颜色、电位等）的改变来确定，所观察到的终点称为"滴定终点"。

【滴定误差】 滴定终点与等当点之间

D

的差异，称为"滴定误差"。滴定误差的大小视指示剂的性能而定，因此指示剂的选择是减小滴定误差的重要因素。

【滴定曲线】　在容量分析中，用标准溶液对被测液进行滴定时，溶液某种特性(如 pH 值、氧化还原电位等)随标准溶液的加量而逐渐变化。将标准溶液的用量和相应的特性变化标绘出的曲线，即"滴定曲线"。

【狄塞尔】　钻井液堵漏剂的一种。为高滤失堵漏剂。用于水基钻井液堵漏，一般用于控制渗透性漏失。

【狄塞尔(DSR)堵漏】　狄塞尔堵漏剂是惰性材料和化学活性物质的混合物，是具有机械桥塞与化学胶结双重作用的堵漏剂。DSR 堵漏浆液进入漏层后，在井下压差作用下迅速滤失，浆液里的固相组分在漏失通道中聚集、变稠，形成堵塞滤饼，继而压实，填充漏失通道，达到堵漏的目的。基浆配方为：3%～4%抗盐土＋0.1%～0.2% Na_2CO_3＋0.1%～0.2% NaOH＋10%～20%DSR＋6%～10%蚌壳渣＋6%～10%核桃壳。主要工艺要点：施工前，起出原钻具，下入光钻杆，必要时可带一个刮刀钻头，下至漏失层顶部或井底，替入堵漏液，在堵漏液出钻具时视其具体情况采取开井或关井挤堵，替完起钻静止 24h。根据漏层情况，还可加入适量中细纤维等，使其滤失量达 100mL 以上，黏度达 80s 以上，在替入狄塞尔堵漏液的同时，也可加入一定量的促凝水泥，水泥稠化时间略长于替入堵漏液的施工时间，以提高堵漏成功率。堵漏材料的规格和数量应根据漏层性质灵活搭配。

【底流串稀】　又称"股流"。旋流器工作不正常时，底流呈稀液流直泻而下的现象。

【底流排量】　单位时间钻井液从旋流器锥体下端排出的流体量。

【底流密度】　钻井液从旋流器锥体下端排出的流体的密度。

【缔合胶体】　表面活性剂在溶液中的浓度高于某一数值(称为临界胶束浓度)后，许多个表面活性剂分子将缔合形成胶束，在胶束中还可以溶解一些特定性质的物质，形成微乳液或液晶等。像这种由表面活性剂分子通过缔合形成的胶体体系叫缔合胶体。缔合胶体在形成过程中由于使整个体系界面能降低而称为热力学稳定体系。

【地压】　地层压力的简称。见"地层压力"。

【地下水】　以各种形式存在于地壳岩石或土壤空隙(孔隙、裂隙、溶洞)中的水。按存在形式，可分为气态水、吸附水、薄膜水、毛细管水等。按埋藏条件，又可分为上层带水、潜水和承压水三个基本类型。每一种类型又根据地下水储存的形式再分为孔隙水、裂隙水和岩溶水(溶洞水)三类及一些过渡类型(如裂隙－岩溶水)。在井场所用的工业用水(配制钻井液的水)就是土壤空隙中的水。在钻井过程中所钻遇的水层或高压水层(淡水或盐水)就是裂隙水、溶洞水。

【地下井喷】　井下高压层的地层流体(油、气或水)，把井内某一薄弱层压破，地层流体由高压层大量流入被压破地层的现象。

【地面循环】　一般指钻井液不经过井眼，在地面循环系统内所进行循环(低压循环)。

【地质循环】　因地质原因而停止钻进，进行钻井液循环，以观察井下油气情况的过程。

【地面管汇】　钻井液从钻井泵中流出后，经过地面高压管线、立管、水龙带、水龙头和方钻杆。这部分合称地面管汇，不随井深变化。

【地温梯度】　见"地热梯度"。

【地热梯度】　亦称"地热增温率"或"地热梯度"。指恒温带以下每加深一定的深度，温度随之增加的度数。常以℃/100m 或℃/10m 表示。不同的地点或同一地点的不同深度处地热梯度值也不同。平均在 3℃/100m 左右。我国油田所钻井段地热梯度大多数在（2.8～3）℃/100m 之间。

【地温级度】　地温每增加1℃时地层所加深的米数。

【地层污染】　见"地层伤害"。

【地层流体】　指地层中储集的油、气和水。

【地层压力】　简称"地压"，又称"地层孔隙压力"。指作用在岩石孔隙内流体上的压力。在各种地质沉积中，正常地层压力等于从地表到地下该地层处的静液压力。其大小与沉积环境有关，取决于孔隙内流体的重量。

【地层伤害】　任何限制原油从井眼周围流出的现象称为"地层伤害"或"地层污染"。

【地质作用】　指促使地球物质成分、内部构造和表面形态等不断变化和发展的各种作用。地质作用不但改变着地壳，而且形成各种矿产。地质作用是由自然力引起的，这种力称为地质动力。按照引起地质作用的动力来源及其作用进行主要部位的不同，将地质作用分为外力地质作用和内力地质作用。

【地质动力】　见"地质作用"。

【地质录井】　钻井过程中收集地下地质资料的工作称为地质录井。地质录井又分为砂样录井（又称岩石录井）、岩心录井、钻时录井、钻井液录井、地球物理测井等。

【地静压力】　在某一深度的沉积物，必须承受其上沉积物的重力。承受覆盖载荷（固体和水）的总应力 S，即地静压力，表示为：

$$S = P_B Z$$

式中　P_B——沉积物浓度，常取相当于密度 2.3g/cm³ 的值；

Z——深度。

【地温增温率】　见"地热梯度"。

【地面管汇压耗】　指钻井液经过地面管线时的压力损失。

$$p_{sur} = C \times MW \times (Q/100)^{1.86} \times C_1$$

p_{sur}——地面管汇压耗，MPa；

C——地面管汇的摩阻系数；

MW——井内钻井液密度，g/cm³；

Q——排量，L/s；

C_1——与单位有关的系数，当采用法定法量单位时，$C_1 = 9.818$；当采用英制单位时，$C_1 = 1$。

地面管汇类型与 C 值

管汇类型	立管		水龙带		水龙头		方钻杆		C 值
	长度/m	内径/mm	长度/m	内径/mm	长度/m	内径/mm	长度/m	内径/mm	
1	12.2	76.2	13.7	50.8	1.2	50.8	12.2	57.2	1.0
2	12.2	88.9	16.8	63.5	1.5	57.2	12.2	82.6	0.36
3	13.7	101.6	16.8	76.2	1.5	57.2	12.2	82.6	0.22
4	13.7	101.6	16.8	76.2	1.8	76.2	12.2	101.6	0.15

D

【地层流体压力】 地层中的孔隙、裂缝或溶洞中含有油、气、水等流体，这些流体具有一定的压力，这个压力称为地层流体压力，简称流体压力。有的地层其流体具有很高的压力，有的地层其流体压力比较低。有的地层的孔隙是和地面水源连通的，它的地层流体压力即等于这一深度的静水柱压力，这个地层称为正常压力地层。这个静水柱可能是淡水，也可能是盐水，所以具有正常流体压力的地层其压力梯度为 $0.100 \sim 0.107 kg/(cm^2 \cdot m)$。有些地层其流体压力不处于这个范围，称为异常压力地层。异常压力地层又可分为异常高压地层和异常低压地层。

正常压力地层压力梯度：$0.100 \sim 0.107 kg/(cm^2 \cdot m)$；

异常高压地层压力梯度：$0.107 \sim 0.230 kg/(cm^2 \cdot m)$；

异常低压地层压力梯度：$< 0.100 kg/(cm^2 \cdot m)$。

【地层破裂压力】 井下一定的井段，承受液体压力的能力是有限的，当液体压力达到某一数值时会使地层破裂，这个液体压力称为"地层破裂压力"。地层破裂压力的确定是压力检测的一个重要部分，它对钻井、完井、油气井压裂增产都是一个极为重要的基础参数，对于钻井来说，它是井身结构设计、平衡钻井技术、防止井下复杂和事故、保护储层的重要依据。

【地层孔隙压力】 见"地层压力"。

【地面循环系统】 指钻井液在地面流经的各种设备(包括钻井液容器或钻井液固控设备)。

【地面循环设备】 凡钻井液在进口或出口流经设备的统称。

【地层水力压裂】 见"压裂"。

【地球物理测井】 由于不同的岩石其导电能力不同，自然电位不同，自然放射伽马射线的强度不同，受中子的作用力放出的伽马射线强度不同，以及同一尺寸钻头钻出的井眼直径也不同，所以沿井眼由上而下连续地测量地层的视电阻率、自然电位、自然伽马、中子伽马和井径，根据这些曲线，再加上其他录井资料综合分析，便能正确分辨地层，了解地层含油、气、水情况和地层的物理性质。

【地层测试器解卡法】 用降低液面法解除卡钻，可能会造成井喷、井塌等复杂情况，为了防止这些复杂情况的发生，多采用定位降压法，即降低卡点以下井段的液柱压力，而使卡点以上井段仍然保持原来的液柱压力，要想实现定位降压，就要使用地层测试器，具体施工步骤如下：①用测卡仪测出卡点，用爆松倒扣的方法从靠近卡点的上方把钻具倒开。②下入井径仪，测出双轴井径，在尽量靠近卡点的井径规则的部位选择封隔器的坐封位置。③下钻杆测试工具与鱼顶对扣。④确定一个安全的压差值，并依此值计算水垫的数量，再将清水注入钻杆内，以便提供所需的压差。⑤坐好封隔器，打开地层测试器，这时封隔器下面被卡钻柱的压力降低，可能解卡，解卡的标志是钻柱重量增加，封隔器下沉。使用此法，一定要注意以下几点：①封隔器的坐封位置最好选在技术套管内，以实现可靠坐封。②为了防止打开地层测试器时挤毁技术套管，施工前应对技术套管的抗挤强度进行校核，并计算出最大掏空深度。打开地层测试器时，要密切观察环形空间的液面情况，当液面下降到允许掏空深度以下时，要立即向井内灌钻井液。对于裸眼坐封的井段更要注意，不要因封隔器密封不好，使钻井液液面下降，造成井壁坍塌。③由于与地层测试器一起下入的钻柱未灌钻井液，因此，要精心设计钻柱内的掏空长度，防止由于钻杆螺纹密封不严，钻井液从管外窜入钻柱内把套管挤变形。④为保证安全，防止再发生事故，钻具组合应是：对扣接头＋筛管＋封隔器总成＋安全接头＋地层测试器＋震击器＋反循环阀＋钻铤＋钻杆。

【地面钻井液总体积】　反映循环系统状况的重要参数。钻井液总体积可分为井眼内钻井液体积和地面钻井液体积两部分。随着井眼的加深，井眼中的钻井液会逐渐地、缓慢地增加，加上钻井液的滤失和地面部分水分的蒸发，剩余的地面钻井液体积会缓慢地减少，这是正常条件下的正常现象。打开异常高压地层时，地层流体进入井眼，从而使地面钻井液的体积迅速增加；出现井漏时，地面钻井液体积将迅速减少。因此可以说，地面钻井液总体积的变化（增多或减少）反映了井眼与地层间的连通状况，反映了异常的钻井条件。地面钻井液总体积的计量，是将地面上所有盛钻井液的容器中钻井液体积累计之后求得的。为了及时发现总体积的变化，常常将总体积与一可调的恒定的体积相比，求得一个体积偏差，以便于钻井工作者观察总体积的变化。

【碘数】　油、脂肪或蜡吸附碘数量的数字指示，能够测量当前的不饱和度。一般情况下，碘数越高，油对橡胶的破坏性就越大。

【淀粉】　分子式：$(C_6H_{10}O_5)_n$。是一种多糖，存在于多种物质的种子和块根以及许多水果中。常见的为白色粉末，无甜味，不溶于冷水，与热水共热时，淀粉颗粒会膨胀破裂，其直链部分溶解在水里，支链部分则形成胶状而有黏性的淀粉糊。是人类和动物生存的必要养料。某些改性淀粉可用于钻井液降滤失剂中。

【淀粉指示剂】　即10g/L淀粉指示剂。将1g可溶性淀粉加入少量冷水，调成糊状，将沸水倾入，充分搅拌后继续煮沸5min，保持溶液最终体积为100mL。

【电炉】　泛指所有用电能作热源的炉子。在井场和化验室中广泛应用。

【电泳】　在外加电场作用下，带电的胶体粒子在分散介质中向与其本身电性相反的电极移动，这种现象被称为电泳。

【电渗】　在外加电场作用下，液体在固体的带电荷的表面做相对运动，固体可以是毛细管或多孔滤板，这种现象被称为电渗。

【电荷】　带正、负电的基本粒子，称为电荷，带正电的粒子叫正电荷（表示符号为"＋"），带负电的粒子叫负电荷（表示符号为"－"）。也是某些基本粒子（如电子和质子）的属性，同种电荷相互排斥，异种电荷相互吸引。在电磁学里，电荷是物质的一种物理性质。称带有电荷的物质为"带电物质"。两种带电物质之间会互相给对方施加作用力，也会感受到对方施加的作用力，所涉及的作用力遵守库仑定律。电荷分为两种："正电荷"与"负电荷"。带有正电荷的物质称为"带正电"；带有负电荷的物质称为"带负电"。假若两种物质都带有正电或都带有负电，则称这两种物质"同电性"，否则称这两种物质"异电性"。两种同电性物质会相互感受到对方施加的排斥力；两种异电性物质会相互感受到对方施加的吸引力。称带有电荷的粒子为"带电粒子"。电荷决定了带电粒子在电磁方面的物理行为。静止的带电粒子会产生电场，移动中的带电粒子会产生电磁场，带电粒子也会被电磁场所影响。一个带电粒子与电磁场之间的相互作用称为电磁力或电磁相互作用。

【电子】 是构成原子的基本粒子之一，质量极小，带单位负电荷，在原子中围绕原子核旋转。不同的原子拥有的电子数目不同，例如，每一个碳原子中含有 6 个电子，每一个氧原子中含有 8 个电子。能量高的离核较远，能量低的离核较近。通常把电子在离核远近不同的区域内运动称为电子的分层排布。电子是一种带有单位负电荷的亚原子粒子之一，通常标记为 e^-。电子属于轻子类，以重力、电磁力和弱核力与其他粒子相互作用。轻子是构成物质的最基本粒子之一，即其无法被分解为更小的粒子。电子与正电子会因碰撞而互相排斥，在这过程中，创生一对以上的光子。电子带负电，围绕原子核旋转，同一方向做光速运动的电子相互作用力为零。

【电盐】 见"氯化铵"。

【电解】 当电流通过电解质溶液时，有溶质或溶剂的组成部分从溶液中析出，这说明了电流通过溶液时，溶液内部发生了化学变化，这种分解作用称为电解。

【电离】 电解质溶于水或受热熔化时产生自由离子的过程。

【电泳仪】 测量电泳、电渗的一种仪器。广泛用于胶体化学的研究中。

【电热板】 是一种封闭电炉，在化验室中常用于样品的烘干或加热。

【电热器】 泛指以电能作为热源的加热器（包括电炉、电热板、电烘箱等）。

【电解质】 是指在水溶液中或熔融态下能导电的物质。电解质是以离子键或极性共价键结合的物质，根据其水溶液导电能力的强弱分为强电解质和弱电解质。酸、碱、盐等无机化合物都是电解质，其中强酸、强碱和典型的盐是强电解质，弱酸、弱碱和某些盐（如氯化汞）是弱电解质。有机化合物中的羧酸、酚和胺等都是弱电解质。电解质不一定能导电，而只有在溶于水或熔融状态下电离出自由移动的离子后才能导电。离子化合物在水溶液中或熔化状态下能导电；某些共价化合物也能在水溶液中导电，但也存在固体电解质，其导电性来源于晶格中离子的迁移。

【电动钻井】 采用电动钻具作为井底动力钻具。利用电力驱动井下电动钻具的旋转钻井方法。它的结构主要是电动机转子和定子，转子通过套齿式联轴节与主轴的上端相接，主轴的下端带有螺纹与钻头连接。为了防止钻井液侵入电动机，备有密封盘根。钻井液的流动是通过主轴和电动机转子里的中间通道实现的。为了保证从地面将电流输入电动钻具，须备有特殊结构的钻杆。这种电钻又可分为有杆电钻和无杆电钻。

【电动电位】 见"ζ 电位"。

【电动电势】 见"ζ 电位"。

【电离作用】 胶粒表面的某些基团在分散介质的作用下能够发生电离，这是胶粒带电的一个主要原因。因为一个胶体粒子表面可以电离出很多离子到介质中去，所以胶体离子本身就带有较多的与离子相反的电荷，分散介质带有与电离离子相同符号的电荷。例如，硅胶在溶液中发生电离：

$$H_2SiO_3 \Longrightarrow H^+ + HSiO_3^-$$

H^+ 进入溶液中，$HSiO_3^-$ 留在胶体颗粒的表面上，使胶体颗粒带有负电荷，分散介质带有正电荷。

【电动现象】　早在1803年，俄国科学家Peucc就发现水介质中的黏土颗粒在外电场作用下会向正极移动。1961年，Quinke发现，若用压力将液体挤过毛细管或粉末压成的多孔塞，则在毛细管或多孔塞的两端产生电位差。这种在外电场作用下使固-液两相发生相对运动和外力使固-液两相发生相对运动时而产生电场的现象统称为电动现象。电动现象包括电泳、电渗、流动电位、沉降电位（见各条）四种。

【电稳定性】　见"破乳电压"。

【电学性质】　胶体的电动现象包括电泳、电渗、流动电位与沉降电位的产生。胶体的电动现象与钻井液的稳定性有密切的关系。①电泳，在外加电场作用下，带电的胶体粒子在分散介质中向与其本身电性相反的电极移动，这种现象称为电泳。②电渗，在外加电场作用下，液体在固体的带电荷的表面做相对运动，固体可以是毛细管或多孔滤板，这种现象称为电渗。电泳、电渗这两者是同时发生的。有时可同时看到两种现象，但有时只能观察到其中之一。俄国物理学家早在1809年就观察到了水中黏土颗粒在直流电场作用下同时发生电泳、电渗现象。

【电导率】　表示物体传导电流的能力，它与电阻率是倒数关系。钻井液电解质浓度和温度可影响电导率的大小。

【电阻率】　表示各种物质电阻特性的物理量，电阻率与导体的长度、横截面积等因素无关，是导体材料本身的电学性质，由导体的材料决定，且与温度有关，单位是欧姆·米（$\Omega \cdot m$）。钻井液电阻率是指钻井液抗拒电流通

过的阻力。一般情况下，钻井液电阻率由高到低顺序为：油基钻井液、水基钻井液、盐水钻井液。为了更好地用电测地层特性，需要控制钻井液或其滤液的电阻率，可用电阻率仪进行检测。

【电导率仪】　测定电导率的一种仪器。电导率是用两个电极插在被测液中直接测出的。

【电阻率仪】　测定钻井液及滤饼电阻率的一种直读式电阻率计。根据钻井液或滤液电阻率的大小，控制或评价地层具有一定的作用。其测定步骤为：用经过搅拌过的钻井液或滤液充满干净的测电阻容器（样品中应没有空气或气体）；测量电阻率欧姆·米（直读）或欧姆（非直读），并标出读数的类别；记录样品的温度；记录钻井液电阻率，精确到$0.01\Omega \cdot m$；记录样品的温度，如果读数是Ω，则用下式转换为$\Omega \cdot m$。其操作步骤见"电阻率"。

$$电阻率（\Omega \cdot m）= R(\Omega) \times 容器常数（m^2/m）$$

【电湿度计】　在钻井液中常用湿度计测量油乳化钻井液上部封闭空间的相对湿度，并由此湿度得出乳化水的活度。其操作步骤为：①将探测器的探针插入瓶塞内，然后把探针插入装有无水氯化钙（或硅胶）的广口瓶中，塞紧瓶塞。等10~15min，使探针干燥。当相对湿度读数是14%或更低时就表示探针已干燥。②将$40cm^3$室温钻井液样品加入广口瓶中。③将带塞的探针插入广口瓶中，塞紧瓶塞，使探针处于高出液面12mm的空气中。样品温度保持在24~25℃。打开电湿度计，等30min，记录相对湿度百分数和湿度。注意：检测的油基钻井液应保证没有发生油水分离。油水分离

D

会导致错误的读数。每种新样品倒入广口瓶前应确保广口瓶和瓶塞干净，并且没有沾盐。钻井液活度（a_{wm}），在坐标纸上画出相对湿度百分数与钻井液活度的关系曲线（注意：标准溶液和钻井液样品的温度都应保持在24~25℃）。

【电阻探针】　是利用金属试件在腐蚀过程中截面积减小、电阻增大的基本原理制成的一种腐蚀测试仪。该仪器包括探针和测试仪两部分，其原理图如下所示。测量试件的电阻 R_x，与被测试的相同材料和相同形状的稳定补偿试片电阻 $R_补$，补偿温度的变化对试件电阻有影响。在测量时，不直接测定试件的实际电阻，而测定试件电阻与补偿试件电阻的比值

（$R_x/R_补$）。探针头用导线与测定仪表连接即可测定腐蚀速率。电阻探针一般安装在高压立管中。在均匀腐蚀情况下，腐蚀深度 Δh 按下式计算。对于带状试件：

$$\Delta h = \frac{1}{4}[a + b -$$

$$\sqrt{(a+b)^2 - 4ab(R_1 - R_0)/R_1}]$$

式中　Δh——腐蚀深度，mm；

a、b——被测试件原始宽度和厚度，mm；

R_0——实验前，试件的初始电阻比值；

R_1——实验后，试件的电阻比值。

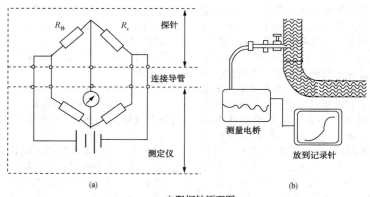

电阻探针原理图

对于钢丝试件：

$$\Delta h = r_0(\sqrt{R_0/R_1})$$

式中　r_0——试件原始半径，mm。

腐蚀速度：

$$C = \Delta h \times 8760/t$$

式中　C——腐蚀速度，mm/a；

t——实验时间，h；

6760——一年的小时数，h/a。

【电火花钻井】　利用高压电（50~

80kV）的水下电火花产生高压强脉冲，像炸药般从井底冲击破碎岩石的钻井方法。电火花是由电容器（0.1~1.0 µF）放电产生的，放电速度为2~5次/秒，火花的延续时间为10 µs左右，产生的瞬时输出功率超过70×10⁴kW，压力脉冲为 700~2000MPa。室内实验表明，用火花钻具钻大理石的速度为 0.6m/h，钻页岩的速度为

3m/h，但由于涉及需要高压电的问题，其实际应用可能受到限制。

【电加热钻井】 电加热破岩钻井的简称，见"电加热破岩钻井"。

【电加热破岩钻井】 用电加热剥落、破碎岩石的钻井方法。有三种电加热破岩的方法。第一种是电分解钻具，它是使用接地电极（500~1000V，60Hz）使电流通入岩石，并由电阻发热来加热岩石，室内实验在混凝土中钻凿直径58.8mm的孔，其速度可达11.3m/h。但它对钻凿导电率较低的岩石不太有效，而仅限于钻凿导电率高的岩石，如铁矿石或充满电解质和水的多孔岩石。第二种是高频电流钻具，用高压电及高频电流（10~20kV，5~30MHz），加热剥落岩石。但这种方法迄今只在大块岩石上做过破碎实验，其输出功率和破岩速度都较低。第三种是电感应钻具，用高频磁场（$400\pi \times 10^{-3}$ A/m，240Hz），加热作用由涡流损失和磁滞损失产生。这两者都随磁的密度和电流频率的增加而增加，此种钻具仅限于钻凿磁性岩石，而且，输出功率和凿岩速度都不高。

【电化学腐蚀】 指金属与电解质溶液接触，产生电化学作用而引起的破坏，其特点是整个腐蚀反应中有电流产生。在钻井液添加水、地层水、钻井液处理剂或被钻的某种地层（如盐岩、石膏等）浸入洗井液中，在筒内洗井液中产生类似电池的导电反应。

【电流探测仪】 是一种简单的、可以连续检测钻井液腐蚀性质的工具。使用此种工具，可以测量电流量，为腐蚀速度的定性计算提供数据。此探测仪由装于高压塞内的电极和微安培计组成。高压塞安装于立管中，使电极暴露在高速循环的钻井液中。仪表与电极末端连接，且记录电极上的腐蚀过程中产生的电流。在不同的现场条件下，用腐蚀仪测量值与探测仪读数做对比实验，已建立起仪器读数与腐蚀速度的关系，列入下表。

电流探测仪读数与腐蚀速度

读数/μA	速度/（mm/a）	解　　释
0~10	<1.61	低腐蚀
10~20	约 3.22	中等腐蚀
20~40	3.22~8.05	严重腐蚀
40~100	>8.05	急剧腐蚀

【电热恒温箱】 通过用电能加热，传感器控制温度的一种设备；在钻井液化验室中，常用它来对某种药品及处理剂样品进行烘干；也有时把钻井液装进老化罐，用电热恒温箱进行一定温度的养护，以达到实验的目的。

【电阻测漏法】 在裸眼井段，分段泵入不同矿化度的钻井液，矿化度相差6%左右或者分段泵入钻井液和原油，测一条钻井液电阻率曲线，然后再泵入或漏失部分钻井液后，再测一条钻井液电阻率曲线，两条曲线对比，即可找出漏层位置。若对漏层位置仍不十分清楚，可再泵入部分钻井液后，再测一条钻井液电阻率曲线，三条曲线对比已足够精确地确定漏层位置。

【电弧破岩钻井】 使用电弧（5000~15000℃）熔化岩石的方法。与电火花相比，电弧是连续的并产生无压脉冲，而电火花是不连续的，且由于持续时间短，根本不加热岩石。实验表明，电弧剥落岩石，需要比旋转式钻井法多10~50倍的能量，而熔化岩石时，则要多100~1000倍的能量，因此电弧破岩钻井的应用是有限的。

【电渗透解卡法】 电渗透解卡法的原

理是：电源阴极与钻杆连接，阳极与地层连接，当通直流电时，阳离子与吸附于其上的水分子开始在直流电场内向阴极方向（被卡钻具）移动，并在其周围形成水化膜，水化膜渗透到钻杆与滤饼接触区，并使钻具周围的流体压力平衡。此外，在被卡钻具周围会产生电化学过程，破坏滤饼的约束力，使之解卡。实验证明，电渗透解卡法与下列因素有关：①电流强度越大，越容易解卡。②钻具被卡部位温度越高，越容易解卡。③电流作用时间越长，越容易解卡。④压差 Δp 越大，越不容易解卡。

【电子束破岩钻井】 电子束破岩钻具使用高电压（$5 \sim 150 \mathrm{kV}$）使从阴极射向阳极的电子束加速，用偏压栅极和电磁透镜使电子束向岩石聚焦。电子束要求有大于 $0.013 \mathrm{Pa}$ 的真空，因此电子束凿岩需要有一个动压密封和精巧的泵抽系统。一台电子束破岩机的输出功率为 $10 \sim 20 \mathrm{kW}$，但熔化岩石需要高能量，因而其破岩速度较低。鉴于该装置复杂和可能达到的钻速低这两个因素，其实际应用的可能性较小。

【电解质量聚集值】 钻井液开始明显聚集时所加电解质的最低量浓度称为聚集值。一般以"毫摩尔/升（mmol/L）"为单位。电解质的聚集规律可概括为：①电解质的量浓度，钻井液中加入同种电解质的浓度越大，进入吸附层的反离子越多，ζ 电势越小，越易发生聚集。②电解质的离子价数，加入电解质的离子价数越高，与黏土表面定势离子的吸力越强，吸附层电势 $E_{吸}$ 越大，ζ 电势越小，越易发生聚集。③电解质的离子半径，在离子浓度相同、价数相同的条件下，其半径越大，对极性水分子的吸力越小，水化膜越薄，越易进入吸附层内，使 ζ 电势降低，水化膜斥力减小，颗粒易发生聚集。

【电稳定性测定仪】 又称"乳化钻井液稳定性测定仪"或"乳状液测试器"，测量油包水乳状液相对稳定性的一种专用仪器，是对油包水乳化钻井液稳定范围的测试。用其导电时的破乳电压表示。是用一对精确电极固定的电极片浸入样品中进行测量。使用直流电源（电池）提供交流电压，并以恒定电压增量作用于电极上。乳状液开始导电时的电压可用电极片之间电路接通和指示灯亮或其他装置来指示（注意：温度对电稳定性有影响，应在 $50 \mathrm{℃} \pm 2 \mathrm{℃}$ 下测定）。该仪器还可评价油基钻井液、油基解卡剂、水泥和裂隙水等。其测量步骤：把被测液样品放入容器中搅拌 30min；将样品温度调至 $50 \mathrm{℃} \pm 2 \mathrm{℃}$，并记录样品温度；把电极浸入样品中，使样品浸没电极，并保持电极不与容器壁和底接触；按下电源按钮，在整个实验过程中保持按下位置，测定时不要移动电极；顺时针转动刻度盘，从读数零开始提高电压，电压增加率约为 $100 \sim 200 \mathrm{V/s}$，继续提高电压直至指示灯亮为止；记录刻度盘读数，并回到零；用纸擦电极片之间以清洗电极；为了确定重现性，应重复一次实验。

电稳定性＝刻度盘读数×2（V）

计算中所获得的电稳定性允许最大偏差为 ±5%。例如，第一次测定乳状液电稳定性为 900V，重复实验应在 $855 \sim 945 \mathrm{V}$ 之间进行。

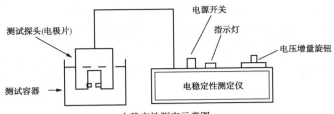

电稳定性测定示意图

【电热恒温水浴锅】 在一容器中装入一定量的水，通过电能加热，传感器 控制温度的一种设备；它用于某种材料的养护。

二孔恒温水浴锅

【电解质聚集作用】 当电解质加入钻井液后，电离出的阳离子进入吸附层，使 ζ 电势降低，当 ζ 电势降低到一定程度，其静电斥力和吸附溶剂化层的阻力减小到不足以阻止胶粒聚集时，钻井液就要发生明显聚集。聚集作用常以分散相颗粒的沉淀而告终。电解质聚集作用主要包括吸附作用、离子交换吸附作用、压缩双电层作用。

【电(化学腐)蚀监测计】 即"63642 型 电蚀监测计"。详见"63642 型电蚀监测计"。

【电解质对黏土双电层压缩作用】 胶体中的电解质浓度越高，电泳速度越慢，即 ζ 电位越小，这就是电解质对双电层的压缩作用。压缩程度与反离子浓度和价数有关：反离子价数越高，压缩越强；反离子浓度越大，压缩越强。当电解质的浓度增大到一定值时，ζ 电势为 0 (电泳速度为 0)，该状态称为等电点。

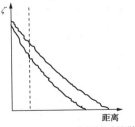

电解质对扩散双电层的压缩作用

对于因电离或吸附定势离子形成的双电层，随着电解质浓度增加，ζ 电位变小，双电层变薄，但其表面电势保持不变，这种双电层成为恒表面电势型双电层。

对于因晶格取代所形成的双电层，表面电荷多少取决于晶格取代的程度，与溶液中的电解质无关，随着电解质浓度增加，ζ 电位变小，双电层变薄，但其表面电荷保持不变，表面电势下降（导致 ζ 电位更快降低），故称其为恒表面电荷型双电层，该种双电层更易被压缩。

【电解质对黏土悬浮体聚结作用】 随着介质中电解质浓度增大，黏土表面的 ζ 电位和双电层厚度均降低，V_R 下降，斥能峰降低，稳定性变差，甚至产生沉淀。我们把溶胶开始明显聚沉时所需电解质的最低浓度称为聚结值（聚沉值），用 r_C 表示，而把溶胶开始明显聚沉时的 ζ 电位称为临界 ζ 电位。r_C 越小，电解质的聚结能力越强，或者说溶胶的聚结稳定性越差。聚结规律：对溶胶起聚结作用的是反离子，反离子价数越高，聚结能力越强；r_C 与反离子价数的 6 次方成反比，即 $r_{C_1}^+ : r_{C_2}^+ : r_{C_3}^+ = 1 : (1/2)^6 : (1/3)^6 = 100 : 1.6 : 0.13$（理论值）。同价反离子的聚结能力也有差异，水化越强，聚结能力越弱（感胶离子序）：

$$Li^+ < Na^+ < K^+ < Rb^+ < Cs^+ < H^+$$
$$Ba^{2+} > Sr^{2+} > Ca^{2+} > Mg^{2+}$$

【垫层】 使用有固相的钻井液时，由于滤失作用，在井底也要形成（滤饼），滤饼和岩屑混在一起，在井底形成一个覆盖层，即垫层。

【掉块卡钻】 通常认为井内掉入较大的物块，不能无阻地通过环形空间时就会在某段井径较规则或较小的环空卡住而造成卡钻。然而即使掉块较小，而在采用满眼钻具结构时也会卡钻具。这类卡钻称为"掉块卡钻"。掉块可引起井壁坍塌、岩石落入井内；由于钻头使用不当而掉牙轮，或者由于井口操作不慎而把其他物块

（工具等）掉入井内。在钻井时，若造成许多"台阶"，也是另一个坍塌掉块卡钻的原因。虽然这种原因引起掉块的概率较小，但造成卡钻的威力却很大，且不易落到井底被钻头所钻碎，同时它又不水化，较硬，不易在环空中被钻杆挤碎。避免冲刷就可以防止此种"台阶"的形成。在这种由于冲刷形成的大肚子井眼内，常常会堆积大量的岩屑；它也会落入井中造成卡钻。

【丁基萘磺酸钠】 一种阴离子型表面活性剂，代号为 BNS，在钻井液中用作起泡剂、乳化剂。

$$C_4H_9 \quad \text{—} \quad SO_3Na$$

丁基萘磺酸钠

【顶替钻井液】 在特殊作业的情况下，用原钻井液把特殊作业时所用的工作液顶替到所需部位或顶替出地面的过程。如将解卡液、堵漏液、固井水泥等顶替到卡点部位、漏失部位、封固段。解卡后或堵漏后将解卡液、堵漏液顶替出地面。

【顶部驱动钻井】 利用安装在水龙头部位的动力装置带动钻柱旋转的钻井方法。可在起下钻过程中随时恢复旋转和循环。

【定额】 对一定时间、一定条件下，生产或进行某工作消耗的人力、物力、财力所规定的限额。

【定值】 采用准确、可靠的测量方法，测量标准物质的特性量值并确定标准值及其准确度的程序。

【定义】 是用已知概念的综合描述，定义主要用语词表示。

【定向】 在定向钻井中，采用一定的工艺措施保证造斜工具的工具面在井下位于预定的方位上，此工艺过程称为定向。其可分为地面定向和井下定

向两种。

【定向井】　"定向钻井"的简称。见"定向钻井"。

【定向钻井】　沿着预先设计的井眼轴线钻达目的层的钻井法，称为"定向井(或称斜井)"。所谓定向井，就是一口井的设计目标点按照人为的需要，在一个既定的方向上与井口垂线偏离一定距离的井。当油田埋藏在高山、海洋、森林、湖泊、沼泽、城镇、农田的地下，井场设置以及搬家安装受到极大障碍时，往往就需要钻定向井。

【定势离子】　见"胶团结构"。

【定量滤纸】　俗称无灰滤纸。一种供化学实验室做定量分析用的滤纸。纸质高度纯洁，疏松多孔，有一定的过滤速度。纸的 pH 值应是中性(pH 值 6.95 ~ 7.05)。在过滤时，仍具有一定湿强度，并能耐稀酸等。灼烧后灰分量极低，使在分析时能准确地求得滤物的重量。根据灼烧后灰分量，可分为三种等级：甲级 < 0.01%；乙级 < 0.03%；丙级 < 0.06%。全部用精制棉纤维为原料，经短纤维游离状打浆，以盐酸浸渍纯化纤维，干燥后，再经氢氟酸和盐酸的混合酸处理，进一步降低灰分，然后冲洗并干燥而成。

【定性滤纸】　一种供化学实验室做定性分析的滤纸。含杂质量较少，疏松多孔，具有较快的过滤速度。纸的 pH 值接近中性，灼烧灰分应在 0.4% 以下，使在分析时能准确求得滤物的化学组成。全部用精制棉纤维为原料，经短纤维游离状打浆，并用盐酸浸渍纯化纤维。

【定量分析】　分析化学的一个分支。是测定物质中有关组分含量的实验方法。一般以百分率表示被测组分在试样中的含量，对于纯物质和超纯物质中杂质的分析，由于被测组分含量较低，常用 ppm 或 ppb 表示。根据分析方法性质的不同，可分为重量分析、容量分析和仪器分析三类。因分析式样用量和被测成分的不同，又可分为常量分析、半微量分析、微量分析、超微量分析和痕量分析等。定量分析可用以测定物质的组成和检验原料或成品的纯度。

【定性分析】　分析化学的一个分支。是鉴定组成物质的元素、离子或官能团的实验方法。定性分析主要利用溶液中的沉淀反应、颜色反应或发生特征气体的反应。这些方法统称为"湿法"。另外，在高温下进行焰色反应，或与硼砂等熔剂熔融，观察熔珠的颜色，这些方法统称为"干法"。根据取样多少的不同，可分为常量分析、半微量分析、微量分析和超微量分析等。对于来源不清的样品，更应先进行定性分析，然后进行定量分析。许多定性分析的反应，加以控制或改进，可作为定量分析的基础。

【定氮混合指示剂】　即甲基红-溴甲酚绿混合指示剂，将 0.5g 溴甲酚绿与 0.1g 甲基红溶解于 100mL 95%(体积分数)的乙醇中，用稀氢氧化钠或稀盐酸调至蓝紫色(pH = 4.5)。

【定液位筒式密度传感器】　在流动状态下测量钻井液密度的一种传感装置。该装置有一个独立的供液装置——挤压式液泵。它由橡胶软管和偏心滚轮组成。该泵没有阀和缸体，完全依靠偏心滚轮挤压软管而排出钻井液，靠橡胶软管自身的弹性吸入钻井液。这种泵可在恶劣环境下工作。

挤压式液泵

压敏元件

定液位筒式密度传感器

【洞穴】 是指在石灰岩或白云岩中天然形成的各种孔洞。在其他岩石地层中，很少发现此种洞穴。钻遇这种洞穴，钻井液会突发快速漏失，甚至失返；漏失前常出现放空或异常跳钻现象。

【洞穴性地层】 指有大量孔隙或孔洞的地层，通常是由地层水或已消失的地层水溶解、冲蚀的结果。

【动切力】 指钻井液在流动状态下结构力的度量。单位为 Pa。用范氏黏度计测量时，以 $300r/min$ 的读值减去"PV"值，再乘以"0.48"即得动切力（YP）值。影响动切力的因素是钻井液中的固相含量及分散度、黏土颗粒的电动势和水化程度、黏土颗粒吸附处理剂的情况及高分子聚合物的使用等。动切力是形成宾汉流体流动阻力的一个组成部分，它是钻井液中电化学作用力（或者叫吸力）的一种量度，是颗粒表面或接近表面的正、负电荷相互作用的结果，它的大小取决于：①钻井液中固相颗粒的表面性质。②固体颗粒的体积浓度。③固体颗粒的带电状况。

【动滤失】 在一定压差、一定流速梯度、钻井液在循环（流动）条件下，通过可渗透地层所产生的滤失，称为"动滤失"。动滤失与静滤失的不同点在于，钻井液沿着井壁流动时会冲掉滤失过程中形成的滤饼，当形成速度大于冲掉速度时才慢慢形成，当滤饼达到固定厚度时，滤失率才慢慢下降。

【动滤失仪】 测量钻井液动态滤失量的一种专用仪器。

【动滤失量】 钻井液在循环条件下的滤失量。指钻井液在一定压差和流速梯度下，通过可渗透性地层，钻井液中的液相失去多少的一个量，称为"动滤失量"。影响静滤失的因素对动滤失同样起作用，不同之处是动滤失量还有运动着的钻井液流的影响。

【动塑比】 钻井液动切力与塑性黏度的比值。其量纲为"$Pa/(mPa \cdot s)$"。

【动水压强】 见"水压力"。

【动态滤失仪】 见"动滤失仪"。

【动压持效应】 指钻头在旋转时对"垫层"进行重复破碎。这种效应是由于钻头的旋转引起的，其结果仍然是阻止岩屑迅速离开井底。

【动滑动摩擦力】 两接触物体之间存在相对滑动时，其接触面上产生阻碍对方滑动的阻力称为动滑动摩擦力。当两物体接触面间相对滑动时，沿接触面切线方向的约束力称为动滑动摩擦力，简称动摩擦力，记为 F_d。其大小与两物体间的正压力成正比。即 $F_d = f_d \cdot F_n$，其中 f_d 为动摩擦系数。它也与两物体的材料和表面粗糙程度等有关，同时它随着两物体间的相对滑动速度的增大而减小。当相对速度不大时，其仍可视为一常数。

【动态线性膨胀仪】 用于检测和评价泥页岩在不同钻井流体中水化膨胀特性的仪器。仪器简介：Ofite 动态线性膨胀仪是高效的测试液体与矿物样品（包括在动水流的模拟条件下）之间的相互作用的仪器。可观察到的膨胀特性被用于预计或者改进常见的意外问题。像钻进页岩时常遇见的。它对描述钻井液或是已有的钻井液而言是一种非常有用的工具。因为它描述了短时间（0~5min）及更长时间（大于350min）黏土/液体相互接触时的变化。钻头泥包、管线拖长、井塌和其他"黏性地层"相关的页岩问题，也可预先知道。这样工作者能选择适当的钻井液，从而获得一个稳定的井眼环境。Ofite 多线路动态直线膨胀仪具有多个同时测量 8 个岩心或者钻井液的接头。矿物（页岩、岩心样本、钻屑、未加工的坂土等）压片与它周围的钻井液充分接触。线性差动变换器（LVDT）测量岩心在垂直方向的膨胀率（精确到 0.1%）。这个信息随后被作为时间函数通过数据采集系统储存。液压压样机需要将压片放入转换台下面，然后开始实验。仪器的主要用途：①鉴定、评价处理剂及钻井液体系的防塌能力，评价处理剂水化膨胀能力：选用同一种岩心粉末或同一种土作为材料，按照压样机的压样方法进行压样。将压片装入仪器中，启动仪器进行测试，测定 18.3h 的样片变化量及变化量与时间的关系曲线并与蒸馏水浸泡的测试结果对比。膨胀曲线变化量小，且较快趋于平衡的处理剂溶液，可以认为具有较强的抑制能力。处理剂的浓度可以按下述实验优选的浓度选定，也可以按实验中的经验用量选定。优选处理剂的最佳浓度实验：按压样机的方法制备压片，配制不同浓度的处理剂溶液，按操作规程进行测试，测定 18.3h 的膨胀变化量及变化量与时间的关系曲线，并与蒸馏水浸泡的测试结果进行比较，确定既满足工程要求，又经济合理的用量。评价钻井液体系抑制水化膨胀能力：按上述方法制备压片，按实验要求配制无坂土相（及固相）的钻井液体系，用这种钻井液体系进行实验。依法进行测试和比较。膨胀量较

小，并较快趋于平衡的钻井液体系，可认为具有较好的防塌能力。②优选某易塌井段钻井液配方，做干压样芯实验：选取易塌井段的岩心，粉碎过筛，经处理后制成岩粉。称取 10g，倒入测筒，然后放入压样机上，加压成型，制成压片。用不同的钻井液配方溶液浸泡样芯。经测试比较，膨胀变化量最小，并最快趋于平衡的钻井液配方，可以认为是最有效的配方。水花样芯实验：将取自易塌井段的岩心，粉碎过筛，经处理后制成盐粉。按标准方法用人工海水，将定量的盐粉充分水化，装入岩心筒，在压制机上压制成型，再压入测筒，并进行测试比较。膨胀变化量最小，并最快趋于平衡的钻井液配方，可以认为对易塌井段有较好的抑制水化膨胀能力，是有效的防塌钻井液配方。③测试评价泥页岩的特性，评价泥页岩易塌层的水敏性程度：采用蒸馏水作为标准实验液体，取用自不同易塌地层的页岩样品制备样芯（制备方法同上）。然后，用蒸馏水浸泡样芯进行测试。根据测试结果，膨胀变化量大的试样，可以认为具有较强的水敏特性。对泥页岩进行分类研究：按上述方法制备泥页岩样芯，用蒸馏水（或某一种特定的标准实验溶液），分别对各种不同的样芯进行测试，根据测试结果的差异，可将泥页岩按水化膨胀性能、形变分类。

动态线性膨胀仪

D

【堵漏】　用堵漏材料对漏失井段进行
封堵的过程。

【堵漏仪】　用来试验、检验堵漏材料
的一种仪器。通过缝板或珠床对堵漏
液进行桥堵实验。

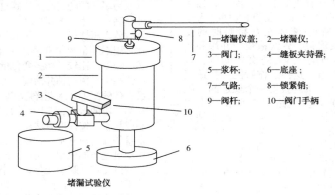

1—堵漏仪盖；　2—堵漏仪；
3—阀门；　4—缝板夹持器；
5—浆杯；　6—底座；
7—气路；　8—锁紧销；
9—阀杆；　10—阀门手柄

堵漏试验仪

【堵漏剂】　即"堵漏材料"。用来堵塞
漏层的物质称为堵漏剂。钻井过程中
如遇疏松的、胶结不好或渗透率高的
砂岩或砾石层、地层裂缝、断层或构
造力造成的破碎带及碳酸盐地层溶洞
等，则常引起钻井液漏失，遇此情况
根据漏失性质和层位，可加入锯末、
马粪、稻草、麦秸、皮、壳、石灰、
水泥或速凝物质及一些复合型堵漏剂
等，以制止井漏。总体来说，用来封
堵漏失地层，以恢复钻井液正常循环
的堵漏材料称为"堵漏剂"。

【堵漏液】　用堵漏材料和钻井液配制
成的一种悬浮液体。

【堵漏材料】　能阻止或减轻钻井液进
入（漏入）地层的材料称为"堵漏材
料"。几乎所有钻井液处理剂都能用
于阻止或减轻钻井液漏入地层。依据
其作用机理可将常用堵漏材料分为六
类，即桥接堵漏材料、高滤失堵漏材
料、暂堵材料、化学堵漏材料、无机
胶凝堵漏材料和软（硬）塞堵漏材料。

【堵孔作用】　指高分子有机降滤失剂
的颗粒尺寸在胶体范围内，加入高分
子有机处理剂就增加了钻井液中胶体
颗粒的含量，这些胶体颗粒堵塞滤饼
的微小孔道，降低滤失量的作用称为
有机高分子降滤失剂的堵孔作用。

【堵漏实验容器】　一种堵漏实验装置，
见下图。该装置能模拟地热井井下环
境，评价堵漏材料的性能。该装置包
括在温度204℃和压力6.9MPa条件
下工作的两个实验容器。其中，一个
高3.05m，直径20.3cm，模拟井眼
直径，并提供流速1.02m/s的环空液
流。另一个高0.91m，直径50.8cm，
可容纳岩石或土壤，构成一个模拟漏
失带。在实验过程中，钻井液和堵漏
材料能通过模拟不同宽度的裂缝而流
入漏层（岩石或土壤）。能统计出同
钻井液混合的堵漏材料数量及粒度变
化（从直径0.64cm到较细的砂粒）。
还可用计算机控制压力、温度和流
速，并收集所有的数据和资料。

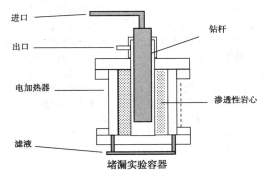

进口

钻杆

出口

电加热器

渗透性岩心

滤液

堵漏实验容器

【堵漏压井同步法】　当钻遇高压水层时发生井喷，关井或压井时引起上部地层井漏，漏失层位不清。对于这类下喷上漏的井，可用堵漏压井同步进行的方法来解决。堵漏方法的选择可根据漏层性质来选择，对于砂岩层漏失可采用单向压力封闭剂或桥堵剂堵漏，对于裂缝性漏失可采用高滤失堵漏浆加桥堵剂进行堵漏。先注入堵漏浆后跟注重压井液。对于喷漏同层的井，亦可以采用此法。

【杜南平衡理论】　当一个容器中有一个半透膜，膜的一边为胶体溶液，另一边为电解质溶液时，如果电解质的离子能够自由地透过此膜，而胶粒不能透过，则在达到平衡后，离子在膜的两边的分布将是不均匀的。整个体系称为杜南体系。膜两边称为两个"相"，含胶体的一边称为"内相"，仅含自由溶液的一边称为"外相"。在这种情况下，胶粒不能透过此膜的原因是由于孔径较小的半透膜对颗粒较大的胶粒的机械阻力。后来发现，形成杜南体系不一定需要一个半透膜的存在，只要能够设法使胶体相与自由溶液分开即可。当黏土表面吸附的阳离子浓度高于介质中浓度时，便产生渗透压，从而引起水分向黏土晶层间扩散，水的这种扩散程度受电介质的浓度差的控制，这就是渗透水化膨胀的机理。早在1931年，这一理论就应用于钻井液，使用溶解性盐以降低钻井液和坍塌页岩中液体之间的渗透压，后来进一步发展了饱和盐水钻井液、氯化钙钻井液等。

【短起下钻】　即短程起下钻。在钻进过程中，起出若干立柱钻杆，再将它们下入井内的作业。

【短程范德华力】　指两个相同分子之间的范德华力，大小与分子间距离的6次方成反比，随着分子间距离的增加其值迅速降低，影响只在很短的距离内表现出来，故称"短程范德华力"，以区别于粒子之间的范德华力——"长程范德华力"。

【断层】　是构造运动中广泛发育的构造形态。它大小不一、规模不等，小的不足1m，大到数百、上千千米。但都破坏了岩层的连续性和完整性。钻井过程中遇断层易发生井漏、井塌或者井涌。

【断键水】　当黏土颗粒分散和破坏时，为满足黏土颗粒边缘和棱角位置上未饱和离子的电荷，在其边缘和棱角上吸附的水。伊利石中吸附的水主要属于这种类型。黏土吸附断键水的容量随其颗粒变小而增加。驱散断键水需要的温度通常为100~200℃。

D

【煅石膏】　即"硫酸钙"。见"硫酸钙"。

【段塞式隔水堵漏法】　水层堵漏的一种方法，这种方法是针对一般堵漏浆液怕水的弱点从根本上解决"不怕水"的问题。化学凝胶堵剂是利用高分子材料和交联剂发生化学反应，形成具有一定的黏弹性、与岩石有较强黏附作用的凝胶体而达到封堵漏层的目的。由于化学凝胶不溶于水，所以采用化学凝胶－水泥浆段塞式复合堵漏，是处理水层漏失的有效手段。在复合体系中，化学凝胶具有防止水泥浆和钻井液混浆、避免地下水对水泥浆的稀释、预先堵漏失通道三个方面的作用。

【对照实验】　对照实验是指实验中以阐明一定因素对一个对象的影响和处理效应或意义时，除了对实验所要求研究因素或操作处理外，其他因素都保持一致，并把实验结果进行比较的实验。

【顿钻钻井】　利用地面设备使钻头做垂直方向运动，以冲击方式破碎岩石形成井眼的方法，用捞桶从井底打捞钻屑。

【顿钻卡钻】　由于顿钻后钻具弯曲造成的卡钻。

【多糖】　三个或三个以上的单糖分子脱水缩合而成的碳水化合物。分子式为$(C_6H_{10}O_5)_n$。常见的有淀粉和纤维素。

【多元醇】　含有二个或多个羟基的醇。如乙二醇、丙三醇（甘油）。在高分子材料中用作制备线型或体型聚酯、聚醚及其进一步的衍生物（如多元聚合醇、聚氨酯等）。

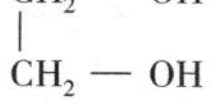

$$CH_2 — OH$$
$$|$$
$$CH_2 — OH$$

乙二醇

$$CH_2 — OH$$
$$|$$
$$CH — OH$$
$$|$$
$$CH_2 — OH$$

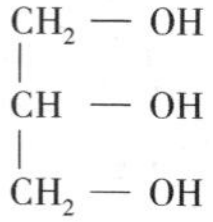

丙三醇（甘油）

【多元醇树脂】　属非离子型聚合物，代号：FGA，分子链上全部是碳原子，侧链大多数是羟基，相对分子质量为$5×10^4 ～ 10×10^4$。该处理剂基本上没有絮凝包被作用，主要靠吸附交联、黏结成膜起抑制作用，其抗温能力为$140 ～ 150℃$。见"多元醇树脂钻井液"。

【多磺钻井液】　该钻井液由含有多种带有磺甲基或磺酸基的处理剂配制而成，具有热稳定性强、处理周期长特点，多用于深井及超深井的钻井。

【多元氧化物】　见"氧化物"。

【多啮配位体】　见"螯合物"。

【多元硅钻井液】　以多元硅界面增强剂 LPS 为主的钻井液，该钻井液具有流变性好、抑制性强、油气层保护性好、能够提高水泥环－滤饼－地层的胶结能力等优点。该体系主要处理剂有 LPS、FA368、NPAN、JN－A 和 OSAM－K 等。

【多相分散体系】　也称"不均相分散系"。由多相组成的，即在分散相和分散介质之间存在物理界面的分散体系。例如钻井液中的黏土胶粒与水之间是有界面的，改变黏土-水界面的性质即可改变钻井液的性能。

【多醇表面活性剂】　此类表面活性剂主要是脂肪酸与多羟基醇生成的酯。一般常用的有甘油酯、聚甘油酯、糖脂等。这类活性剂典型的有：

失水山梨醇单月桂酸酯是油溶性的，加入环氧乙烷与未酯化的羟基缩合成聚氧乙烯失水山梨醇脂肪酸酯，即改性为水溶性。

脂肪酸甘油酯是油溶性的。用蔗糖制成脂肪酸酯，因蔗糖分子中极性的羟基较多，可溶于水，因此可作乳化剂使用。

$$CH_2OCOC_{17}H_{35}$$
$$|$$
$$HO — CH$$
$$|$$
$$CH_2OH$$

单硬脂酸甘油酯

$$C_{11}H_{23}COOCH_2 — CH — CH_2OCCH_2 — CH — CH_2OH$$
$$\qquad\qquad\qquad | \qquad\qquad\qquad\qquad |$$
$$\qquad\qquad\quad OH \qquad\qquad\qquad\quad OH$$

单月桂酸双甘油酯

$$C_{11}H_{23}COOC_{12}H_{21}O_{10}$$

蔗糖单月桂酸酯

$$C_{11}H_{23}COOC_6H_{11}O_4$$

失水山梨醇单月桂酸酯

【**多元醇树脂钻井液**】　是以多元醇树脂(代号：FGA)为主处理剂的一种防塌钻井液体系。FGA 是一种化学固壁剂，主要是靠吸附交联、黏结成膜作用来稳定井壁。其稳定井壁机理可归纳为：①分子上的羟基是强极性基团，在黏土矿物表面有较强的氢键吸附作用。②在碱性环境下产生强亲核性的烷氧负离子与黏土矿物表面的铝离子和硅离子有强的亲和力，相互吸引到足够小的距离时便键合起来，形成化学交联。③由于以上作用，FGA 在地层表面形成连续而致密的膜(该膜的渗透率较低)，对井壁起到固结作用。此外，FGA 水溶液在某些物质作用下可以形成胶凝，失去流动性，封固易塌地层的孔隙和微裂缝，封固井壁，阻止钻井液及其滤液进入地层。还可以通过提高钻井液液相黏度和吸附在黏土表面堵塞滤饼孔隙，降低钻井液滤失量与滤饼渗透率(低于 $1 \times 10^{-3}\ \mu m^2$)，从而起到稳定井壁的作用。

【**多单元滤失量测定仪**】　也称为"多单元滤失量测试组仪"。该仪器允许连续进行 1~6 个滤失实验，每个组件包括一整套带滤模标号的支架。配有气源软管、调压阀及安全阀等。该类仪器有三单元、四单元、六单元滤失仪等。

四单元滤失仪

【**惰性**】　指某些物质不易跟其他物质化合的性质，如惰性元素、惰性气体。

【**惰性固相**】　对各种化学处理剂基本不起化学反应的固相叫惰性固相(如加重材料及钻屑)。

【**惰性堵漏剂**】　即由惰性材料组配而成的混合堵漏材料，包括三大类：一是粒状(如贝壳粉、蛭石)；二是片状(如云母、塑料废片、花生壳)；三是各种植物纤维物(如棉籽壳、皮屑等)。从大小看，可分为粗、中、细三种，可根据漏失特性而采用不同形状、不同大小的惰性材料复配而成。

【**惰性降滤失剂**】　在钻井液体系中形成空间网架结构后起桥塞作用的堵孔粒子，封堵孔隙起到降滤失作用，特别在降初滤失时效果突出。由于其物

D

质在体系中只是一种惰性材料，起到降滤失作用，故称"惰性降滤失剂"。

【**惰性固体润滑剂**】 该类产品主要有塑料小球、石墨、炭黑、玻璃微珠及坚果圆粒等。塑料小球和玻璃小球这类固体润滑剂由于受固体尺寸的限制，在钻井过程中很容易被固控设备清除，而且在钻杆的挤压或拍打下，有破坏、变形的可能，因此在使用上受到了一定的限制。石墨粉作为润滑剂具有抗高温、无荧光、降摩阻效果明显、加量小、对钻井液性能无不良影响等特点。

【**惰性固体润滑机理**】 固体润滑剂能够在两接触面之间产生物理分离，其作用是在摩擦表面上形成一种隔离润滑薄膜，从而达到减小摩擦、防止磨损的目的。多数固体类润滑剂类似于细小滚珠，可以存在于钻柱与井壁之间，将面摩擦转化为点摩擦，故称为颗粒的支撑作用，从而可大幅降低扭矩和阻力。固体润滑剂在减少带有加硬层工具接头的磨损方面尤其有效，有利于下尾管、套管和旋转套管。固体类润滑剂的热稳定性、化学稳定性和防腐蚀能力等良好，适于在高温、转速较低的条件下使用，因其冷却钻具性能较差，不适合在高转速条件下使用。

【二叠系】 指二叠纪时期形成的地层。现国际上和国内均分为上、中、下三个统。2000年，国际地科联国际地层委员会划分为下统乌拉尔统、中统瓜德鲁普统和上统乐平统。德国的二叠系下部为红色砂岩，称为赤底统，包括奥图阶和萨克森阶，上部为镁质灰岩，称为镁灰岩统，包括提林根阶；俄罗斯的下二叠统包括萨克马尔阶、亚丁斯克阶和空谷阶，上二叠统包括卡赞阶和鞑靼阶。2001年，中国全国地层委员会将中国二叠系三分，下统包括紫松阶、隆林阶，中统包括栖霞阶、祥播阶、茅口阶、冷坞阶，上统包括吴家坪阶和长兴阶。中国二叠系有两种类型，一种是以海相为主，如华南、青藏和台湾；另一种是以陆相为主，如华北；其他如西北、内蒙古及东北北部，既有海相沉积，也有陆相沉积。在中国南部，二叠系以浅海相灰岩为主，底部常有煤系；中二叠世末至晚二叠世早期，在西南地区有大规模玄武岩喷发，称峨眉山玄武岩（东吴运动）；晚二叠世早期为海陆交替相含煤沉积（龙潭煤系），是中国南方的重要含煤地层；晚二叠世晚期又形成海相沉积。华北及东北南部，在若干盆地内形成了陆相含煤堆积，二叠纪末期，气候由温湿转为干燥，形成了红色砂岩（孙家沟）。东北北部的二叠系，以含有火山岩系及火山沉积岩为其特征，下二叠统为海相沉积，上二叠统为陆相沉积（开山屯组）。新疆的二叠系，陆相沉积较多，海相地层只零星出露。青藏地区，在早二叠世晚期与华南相似，发生大规模火山活动，形成千余米的玄武岩，晚二叠世早期，局部地区也沉积了与龙潭煤系类似的含煤地层；在台湾地区也发现了二叠纪海相灰岩沉积。沉积矿产有煤、铁、锰、铜、磷、石油、耐火材料、矾石、石膏等。钻井工程提示：①防憋跳钻，防煤层坍塌、扩径。②注意钻达风化壳的岩性及钻时，必要时停泵循环观察，防钻开古风化壳发生恶性井漏。③凡设计钻探下古界（或太古界）地层，钻入灰岩或片麻岩，必须下技术套管坐入灰岩或片麻岩1~2m，以防上部地层垮塌，可以用密度小于1.05g/cm³的钻井液钻开下部地层，减少油层污染，及时发现油层。钻遇该地层时，在钻井液方面应注意：①控制钻井液pH值应低于9。②钻井液应具有高温稳定性。依据井深、井温降低高温高压滤失量与滤饼渗透性。③应加入沥青类与磺化酚醛树脂类产品，封堵泥页岩层理、裂缝、降低HTHP滤失量，防止井塌；保持钻井液的流变性和润滑性，防止压差卡钻。④依据地层坍塌应力确定钻井液的密度，保持井壁力学稳定；选用封堵性强的封堵剂、降滤失剂封堵裂隙。⑤对于纯盐膏层井段，可采用适当钻井液密度的饱和盐水钻井液，防止盐溶解而引起井径扩大和因钻井液密度低引起盐岩层塑性变形而引起缩径，并使用盐抑制剂抑制盐重结晶。⑥防井漏，防坍塌、掉块卡钻，防井喷。设计钻探下古界（或太古界）地层，钻入灰岩或片麻岩，必须下技术套管坐入灰岩或片麻岩1~2m，以防上部地层垮塌，可以用密度小于1.05g/cm³的钻井液钻开下部地层，减少产层的污染，及时发现油气层。

【二氯化铁】 见"氯化亚铁"。

【二次分离】 指固相处理系统中，某种设备不是直接在循环的钻井液中进行处理的，而是将另外某种设备一次分离的底流物再进行分离处理。

E

【二次固控】　为避免有用固相(加重材料、膨润土)及液相被遗弃而造成浪费,将水力旋流器(除砂器或除泥器)的底流引入离心机或将常速离心机的溢流引入高速离心机进行再处理,称为二次固控。

【二甲基硅油】　也称为聚二甲基硅氧烷。是一种疏水类的有机硅物料。无色或浅黄色液体,无味,透明度高,具有耐热性、耐寒性、黏度随温度变化小。并具有较高的抗剪切能力,可在$-50\sim200℃$下长期使用。具有优良的物理特性,在钻井液中用作消泡和润滑。

【二步压井法】　即"司钻压井法"。

【二氧化碳污染】　钻井液被污染的一种。有许多地层中含有二氧化碳(CO_2),当其混入钻井液后会生成HCO_3^-和CO_3^{2-},即

$$CO_2+H_2O \Longleftrightarrow H^+ + HCO_3^- \Longleftrightarrow 2H^+ + CO_3^{2-}$$

钻井液的流变参数,特别是动切力受HCO_3^-和CO_3^{2-}的影响很大,尤其高温下的影响更为突出。一般随着HCO_3^-浓度增加,动切力呈上升趋势;而随着CO_3^{2-}浓度增加,动切力则先减后增。由于经这两种离子污染后钻井液性能很难用加入处理剂的方法加以调整,因此只能用化学方法将它们清除。通常加入适量$Ca(OH)_2$即可清除这两种离子,由于pH值升高,体系中的HCO_3^-先转变为CO_3^{2-}:

$$2HCO_3^- + Ca(OH)_2 \Longrightarrow 2CO_3^{2-} + 2H_2O + Ca^{2+}$$

然后CO_3^{2-}与$Ca(OH)_2$继续作用,通过生成$CaCO_3$沉淀而将CO_3^{2-}除去:

$$CO_3^{2-} + Ca(OH)_2 \Longrightarrow CaCO_3\downarrow + 2OH^-$$

【二氧化碳腐蚀】　二氧化碳可由地层产生,也可能由钻井液处理剂的分解而产生。二氧化碳与水反应形成一种弱酸叫碳酸,也会在钻具表面造成蚀疤。它的反应式如下:

$$CO_2+H_2O \longrightarrow H_2CO_3$$

如果钻井液中或水中溶有重碳酸盐,在较低的pH值下,碳酸氢根与氢离子结合也可生成碳酸。它的反应式如下:

$$HCO_3^- + H^+ \longrightarrow H_2CO_3$$

如果溶液的pH值较高,没有过多的氢离子参与碳酸氢根的反应,则不会生成碳酸,腐蚀性就会降低。

【二八面体结构层】　在$Si-O$四面体晶片的每个六方网孔的范围内有3个八面体中心,根据晶体结构的电荷中和法则,它们只充填2/3的八面体孔隙,即3个八面体孔隙中,只填充了2个八面体孔隙,故称为二八面体结构层。

【二氧乙烯壬基苯酚醚】　钻井液处理剂的一种;代号:NP-2;分子式:$C_9H_{19}C_6H_4O-(CH_2CH_2O)_2H$;属非离子型表面活性剂,亲油($HLB=5.7$)界面吸附膜较弱,用作钻井液消泡剂。

【二乙烯三胺五乙酸盐】　代号:DTPA,分子式:

$$CH_2COOM \qquad CH_2COOM$$
$$CH_2COOM-MOOCH_2C-[N-CH_2CH_2]_2N$$
$$CH_2COOM$$

二乙烯三胺五乙酸盐溶于钻井液后,即通过离子交换转变为相应的盐(如高密度材料为钙盐时即转变为钙盐),它可以选择性地吸附在刚析出的盐晶表面,使它发生畸变,不利于盐继续在其表面析出,起控制析盐的作用。

F

【发酵】 发酵有时也写作酸酵，其定义因使用场合的不同而不同，通常所说的发酵，多是指生物体对于有机物的某种分解过程。发酵是人类较早接触的一种生物化学反应，如淀粉分解过程，通过酶、细菌或其他微生物作用而发生了化学变化，通常指"酸化"。

【发泡剂】 又称泡沫剂。是指用来使水溶液产生气泡的处理剂。当使用气体钻井遇到水层时，可用泡沫剂将水带出。还可用于配制各种泡沫钻井液、微泡钻井液等。常用发泡剂有烷基磺酸钠、烷基苯磺酸钠等。

【发泡作用】 日常生活中常见的现象，大量气泡的密集体叫泡沫。钻井液受气体(天然气、二氧化碳、空气等)污染时，也会形成稳定的泡沫，是因为其中有活性剂或高分子稳定剂存在。在钻进低压油气层时，可采用泡沫钻井液，以降低钻井液的密度，保护油气层，遇到低压漏失层，需要降低钻井液密度，可采用充气钻井液。泡沫形成和稳定的原理是，如果在液体内吹一个气泡，于是就有了气-液界面，活性剂就吸附于界面上。当气泡在液体内部时，这种界面吸附层就会阻碍气泡与气泡的相碰和合并。由于上浮力作用而升出液面时，气泡有内、外两个气-液界面，气泡膜上就会形成活性剂的双吸附层，这种双吸附层对气泡起保护作用。泡沫稳定的原因有：①由于双吸附层的覆盖，气泡膜中的液体不易挥发，并且由于活性剂分子间的吸力，使双吸附层具有一定的强度。②活性剂分子中的极性基在水中水化，使液膜中水的黏度增大，流动性变差，从而保持液膜具有一定的厚度而不易破裂。③活性剂分子中的亲油链之间相互吸引，会提高吸附层的机械强度。④对于离子型活性剂，其亲水基在水中电离而产生静电斥力，阻碍液膜变薄破裂，从而增强泡沫的稳定性。当稳定的气泡积累增多时，就会形成浓集的泡沫，这种泡沫中的气泡剖面已经不是环形，而是互相被挤压成蜂窝状结构，分散相气体呈不规则的多边形存在，这些多边形的气泡之间均有液膜。

【翻转式配浆机】 一种实验室用小型辅助设备。常用型号是 PJ-10L。

PJ-10L 主要技术参数

名　　称	技术参数
额定电源	220V 50/60Hz
搅拌功率	0.6kW
转速	0~3000r/min(无级调速)
外形尺寸	360mm×270mm×595mm

【钒钛磁铁矿粉】 钻井液加重材料之一。它是将钒钛磁铁矿经湿法磁选，处理后用摆式磨(雷蒙磨)进行细度加工后制成的细粒材料，它具有较高的密度($4.50g/cm^3$ 以上)和硬度(莫氏 $5.5~6.0$ 级)；能大部分被酸溶解；不含钡盐；水溶性碱土金属含量小于100mg/L；对人体无毒害，对水质无污染，其所含的磁铁矿在碱性溶液中能与硫化氢部分反应；加工的细度是在对钻井液流变性能影响最小和对金属磨蚀最小的范围内。

钒钛磁铁矿粉质量指标

项　目		指　标
细度	200 目筛余×10^2	≤4.5
	325 目筛余×10^2	5~20
黏度效应/mPa·s	加硫酸钙前	≤125
	加硫酸钙后	≤125
水溶性碱金属(以钙计)/(mg/L)		≤200
水分×10^2		≤1.0
酸溶物×10^2		≥75
密度/(g/cm³)		≥4.5

【反离子】 见"胶团结构"。

【反应程度】 是指在给定的时间内参加反应的功能基数目与起始功能基数的比值。

【反滴定法】 此方法是以被测物质先与一定过量的已知浓度的试剂作用。反应完全后，再用另一标准溶液滴定剩余的试剂，此方法适用于反应进行较慢、需要加热才能反应完全的物质，或者直接法无法选择指示剂等类的反应。

【反乳化液】 见"油包水"。

【反乳化泥浆】 即"反乳化钻井液"。

【反循环压井法】 反循环法压井就是在关井的条件下，从压井管线向环空注入钻井液，迫使地层流体从钻柱内返出。排出溢流的时间大约为正循环法的1/5～1/3。反循环法压井必须具备如下条件：①钻柱在套管内，或裸眼井段很少。②要有完善的井口装置。③要有清洁的工作液。井下作业经常用这种方法，但对钻井来说，最好不用这种方法，这是因为：①岩屑可能堵塞钻头水眼，造成循环失灵。②整个循环系统的压耗都加在环形空间中，可能会超过井口允许压力，也可能会引起地层破裂而发生漏失。

【反应的灵敏度】 指一个分析反应检验某离子的灵敏程度。一般可用"检出限量"和"最低浓度"来表示。反应的灵敏度主要取决于离子的特性和试剂的性质。但也与溶液的酸度、反应物的浓度、溶液的温度、反应时间、干扰离子、实验者的主观因素及实验进行的方法等有关。

【反乳化钻井液】 即"油包水钻井液"。由油、水及一些处理剂组成。其中油为连续相，水为分散相。加水或油分别能提高或降低钻井液黏度。见"油包水乳化钻井液"。

【反循环压井、堵漏法】 遇到严重又喷又漏（上漏下喷），分完全漏失和非完全漏失两种不同的情况，桥浆堵漏是安全、经济、高效的方法。采用反循环压井、堵漏工艺，以堵漏浆为先导，使压井液、堵漏浆同步进行，在环空中建立起液柱压力，平衡地层压力，既提高了堵漏、压井的成功率，又可避免正循环时堵漏液被冲蚀、堵剂堵水眼和压井液流失于漏层的可能性，更重要的是可以避免正循环压井时，控制回压而使防喷器承压过高的现象。该法适用于严重下喷上漏且喷漏不同层的井，以及漏层位置不清的井。其处理要点是：①较为准确地掌握漏层和高压层的压力，平衡高压层所需的压井液密度以及漏失特点（包括漏速、漏量等）。②按要求准备足够量的桥浆和压井液。一般桥浆浓度为10%左右（体积重量比），其中颗粒状、纤维状和片状的桥堵材料配比是5∶3∶2。③桥浆的密度和压井液的密度相当。④以堵漏液为先导，建立液柱平衡地层压力，压井堵漏或堵漏压井同步连续施工，合理选择泵排量，尽可能地建立内外液柱以平衡地层压力。⑤反循环方式处理顺序：上喷下漏采取反循环"压井堵漏"方式；下喷上漏采取反循环"堵漏压井"方式。必要时，亦可在压井液中加入5%～10%的桥堵剂，效果较好。

【范宁方程】 由范宁推导出的一个公式。用于计算牛顿流体在圆管内紊流流动时的摩阻系数。

【范德华力】 又称范德华吸力、范德华引力。指颗粒之间的吸力。颗粒之间存在着在数量上足以和双电层斥力相抗衡的吸力，称为"范德华力"。分子之间的引力也称"范德华力"。

【范德华吸力】　即"范德华力"。

【范德华引力】　即"范德华力"。

【范氏黏度计】　测量常压条件下钻井液流变性的一类直读式旋转黏度计（一般是指范氏35A及范氏34型黏度计）。

【范德华半径】　在惰性元素的单原子分子的分子型晶体中，原子间距的一半就是"范德华半径"。在卤族等元素的双原子分子或多分子的分子型晶体中，不属于同一分子的两个近原子间距的一半就是"范德华半径"。

【范宁摩阻系数】　由范宁方程定义的摩阻系数，它是雷诺数和相对粗糙度的函数。

【范氏50C型流变仪】　记录式高温流变仪的一种，在高压同心圆筒釜内测试液体温度高达500℉（260℃）的旋转式黏度计。加热可编程或手动控制。在不同剪切速率下的表观黏度、与时间相关的特性以及受连续剪切和温度影响的变化情况可迅速准确地予以确定。范氏50C型流变仪用于一般的流变特性测量是较理想的，包括确定钻井液的高温稳定性。剪切应力输出、转子速度及水浴温度均在一数字式表上显示和/或连续记录。用标准弹簧的剪切应力可提供4000dyn/cm²（1dyn/cm² = 0.1Pa）的满量程，在5级可选择量程范围中可降至200dyn/cm²。剪切速率用标准转子和摆锤时为0~1022s⁻¹，亦可采用其他扭力弹簧或摆锤。在实验开始之前，可设置自动实验参数。一旦手揿电钮，转子即加速到预先设置的选择速度，上升达到此点后开始减速，在控制的速度下转子的转速回零。双笔纸带式记录仪，以实际方式操作或作为速度的函数程序方式操作。记录下剪切应力、剪切速率及样品温度。

【范氏5STDL型稠度计】　是一种高温、高压仪器，在其中实验液体受到套筒式剪切作用。最初用于钻井液、水泥浆及压裂液在井下条件下的流动特性测试。最高条件限制在压力20000psi和温度500℉（260℃）。实验液体在两个同心圆筒之间的环形空间受到剪切作用，外筒形成样品容器而运动的摆锤为内筒。由处于样品内腔两端的两个交替激励的电磁铁使钢制摆锤产生轴向运动。摆锤的运动与实验液体的黏度成正比。实验液体的稠度，或者说相对黏度，通过电动测定高温高压样品容器中摆锤的运动来获得。样品温度在实验段进行测量。

【范氏70HTHP型黏度计】　美国Baroid公司生产的一种直接指示型同心圆筒式黏度计，尤其适用于测试超高压力（20000psi）和温度（500℉）下液体的流变性。由于其结构相对紧凑，既可用于现场，亦可用于实验室。它由三个主要部件组成，即控制台、远程实验台及试釜。控制台包括所有控制及显示、供电、压力泵及储罐，过滤释放爆裂盘，以及可拆卸式实验釜准备台。远程实验台包括磁力式扭角传感器、磁驱动、试釜加热器，水冷却系统，温度传感器及冷却风扇。试釜由抗腐蚀金属制成，设计用于20000psi、500℉条件下操作。它符合美国石油学会（API）摆锤和转子几何尺寸的扭力组件。转子具有外部螺旋片，以激发循环作用。

【范氏90型动态滤失系统】　美国Baroid公司生产；用于进行滤饼生成和渗透率分析，以实现钻井液最优化。该仪器加温加压以便尽可能模拟井底条件。过滤介质是厚壁釜体，具有岩石般的特性，以模拟滤饼在地层上的形成。过滤介质的孔隙率和渗透率都可

F

改变。过滤从过滤岩心内部至外部径向发生。同时，在过滤岩心的内部形成滤饼，以便模拟井壁上滤饼的形成。有一块磨光的不锈钢剪切筒穿过过滤岩心的中轴。剪切圆筒旋转以产生同心圆筒型剪切。工作压力为2500psi；最高温度200℃。

【范氏 39B 型记录式流变仪】　这种 Couette 型同心圆筒流变仪适用于与剪切速率相关及与时间相关使用厘米－克－秒制（厘泊）或国际单位（帕·秒）的所有类型液体的流变特性。输出的剪切应力和剪切速率被记录在一直角坐标记录仪上。亦可选用其他记录方式。可用装在摆锤轴端的热电偶来测量样品的温度。该仪器的速度范围 $0 \sim 600 r/min$。可选择安装转子－速度及线性速度程序。标准剪切应力范围从 $0 \sim 4000 dyn/cm^2$，带 5 挡开关。

【范氏 88C 型电阻率测定计】　见"88C 型电阻率测定仪"。

【范氏 12BL 型滤失量测定仪】　属多单元滤失量测定仪，有 $4 \sim 6$ 个压力室，并且每一室可通过在每一测点的双向阀独立于其他室单独工作。当针形阀完全关闭时，它自动将模内卸压并完全与气源切断。

【范氏 50ML 型钻井液干馏器】　与"固相含量测定仪"相同。

【范氏 23D 型电稳定性测试仪】　与"电稳定性测试仪"相同。

【方位角】　井眼轴线的切线在水平面投影的方向与正北方向之间的夹角。一般按顺时针方向计算，用"φ"表示。用来表示井眼偏斜的方向。

【方铅矿粉】　别名为硫化铅。分子式为 PbS，相对分子质量为 239.3。呈浅灰色，有金属光泽，天然产品呈致密的粒状或块状，有的呈完整立方体。常温密度 $7.5 \sim 7.6 g/cm^3$，硬度 $2 \sim 3$，性脆、易碎。不溶于水和碱，而可溶于酸，用于钻井液的加重材料有利于酸化解堵。方铅矿粉的特性是密度大、硬度低。

【方法标准】　以实验、检查、分析、抽样、统计、计算、测定、作业等各种方法为对象制定的标准。

【方位变化率】　单位长度井段方位角的变化值，通常以相邻二点间方位角变化值与二点间井段长度的比值来表示。其单位为：°/10m，°/30m 及°/100m。

【防泡剂】　见"消泡剂"。

【防塌剂】　用来抑制页岩中所含黏土矿物的水化膨胀分散而引起井塌的处理剂。常用的有石膏、硅酸盐、石灰、各种钾盐、铵盐、各种沥青制品及高聚物的钾盐、铵盐、钙盐等。

【防老剂】　这里主要指能够防止钻井液处理剂老化变质的物质。如抑制光、热、氧、臭氧、重金属离子等，都是处理剂（药品）产品起破坏作用的物质。在生产中添加防老剂可以改善其加工性能，延长使用寿命。

【防腐作用】　使用化学方法或物理方法降低钻具腐蚀的过程。

【防泥包剂】　防止钻头和钻具泥包的处理剂。

【放射性示踪剂测漏法】　寻找漏层的一种方法。该法的原理是利用含与不含放射性示踪剂钻井液所测出的伽马射线曲线的变化而判断漏层。其步骤是先进行伽马射线测井，然后在钻井液中加入放射性示踪剂（例如钒钾铀矿石），并把此钻井液泵入井内挤入漏层，再下伽马射线测井仪测出曲线，对比前后两条曲线，放射性突降的井段就是漏失位置。该法可以比较准确地测出漏失点。

【非电解质】　在溶解或熔融状态下不能导电的物质，称为"非电解质"。

【非极性键】　同种原子间形成的共价键，共用电子对不偏向任何一个原子，成键的原子都不显电性，这种键称为"非极性键"。

【非自由射流】　射流运动和发展受到固体环境的限制，而不能自由运动和发展的射流。例如钻头水眼处喷出的射流。

【非牛顿流型】　是剪切应力与剪切速率之间的关系不符合牛顿内摩擦定律的流型的统称。又可分为塑性流型、拟塑性流型、膨胀流型（参见"塑性流型""拟塑性流型""膨胀流型"）。大多数钻井液为非牛顿流型。实际上只要剪切速率与剪切应力不成线性关系的流体，都是非牛顿流型。

【非牛顿流体】　不服从牛顿摩擦定律的流体。一般黏性较大，随着流动速度而变化。例如石灰乳钻井液和许多高分子溶液等。

【非必须固相】　见"有害固相"。

【非活性反离子】　见"胶团结构"。

【非膨胀性黏土】　见"膨胀性黏土"。

【非离子型活性剂】　是一类在水中不会电离而以整个分子起表面活性作用的活性剂。这类活性剂抗盐、抗钙、抗碱、抗酸、抗温性能强，又不易与常用的阴离子有机处理剂互相干扰。非离子表面活性剂的亲油基是由含有活泼氢的化合物如高碳醇、烷基酚、脂肪酸、脂肪胺等提供的，亲水基是由极性键如醚键、游离羟基、酯键组成的。其分类如下：

F

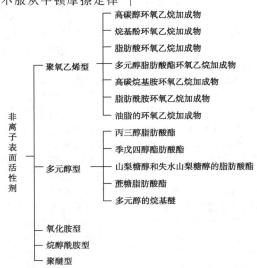

亲水亲油平衡值（HLB 值）是表示表面活性剂的亲水性和疏水性；HLB 值越大，亲水性越大；HLB 值越小，亲水性越小，亲油性越大。非离子表面活性剂的 HLB 值，一般采用下式计算。

在聚乙二醇型非离子表面活性剂时：

$$HLB = \frac{亲水基部分的相对分子质量}{表面活性剂的相对分子质量} \times \frac{100}{5} = （亲水基的重量\%）\times \frac{1}{5}$$

在多元醇型非离子表面活性剂时：

$$HLB = 20 \times \left(1 - \frac{S}{A}\right)$$

式中　S——多元醇的皂化值；

A——原料脂肪酸的酸值。

HLB 与表面活性剂的重要性能的关系。如下图所示。

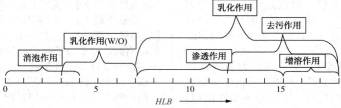

【非泥页岩抑制剂】　是指不直接对泥页岩起抑制作用的添加剂，如重晶石粉、石灰石粉等是利用提高液柱压力来防止泥页岩坍塌的。

【非抑制性钻井液】　是以降黏剂为主要处理剂配成的钻井液。由于降黏剂是通过拆散黏土粒子间结构起降低黏度和切力的作用，所以降黏剂又称为分散剂。以降黏剂为主要处理剂配成的水基钻井液又称为分散型钻井液。这种钻井液具有密度高（超过 $2g/cm^3$）、滤饼致密而坚韧、滤失量低、耐温高（超过 $200℃$）的特点。由于这种钻井液中亚微米粒子（直径小于 $1\mu m$ 的粒子）的含量高（超过固相质量的 70%），因此对钻井速度有不利的影响。为保证该种钻井液的性能，要求钻井液中膨润土含量控制在 10% 以内，并且随密度增加和温度升高而相应减少；同时要求钻井液中的盐含量小于 1%；pH 值大于 10，使降黏剂作用得以发挥。该类钻井液适用在一般地层打深井（深度超过 $4500m$ 的井）和高温井（温度在 $200℃$ 以上），但不适用于打开油层、岩盐层、石膏层和页岩层。

【非烃类有机化合物】　是指除了含有碳、氢元素外，还含有氧（O）、氮（N）、硫（S）、磷（P）等元素的有机物。①醇与酚。醇与酚是两类重要的非烃类有机物，其共同点是分子中都含有羟基（—OH）官能团。链烃或脂环烃上的氢被羟基取代所形成的有机化合物称为醇（如乙醇）；如果芳香烃上的氢被羟基取代则生成酚（如苯酚）。②醚。从结构上看，醇和酚可以认为是一个烃基取代分子中的一个 H 而生成的产物，如果水中的两个 H 全部被烃基取代，生成的有机物就是醚。在一般的醚类中，用得最多的是乙醚。③醛与酮。不同结构的醇氧化时，可以得到醛（R—CH＝O）与酮（R_1—CR_2＝O）。它们的共同特点是都含有羰基（—C＝O），差别在于醛的结构中有一个 H 和羰基相连，酮则没有。最简单的醛是甲醛（HCH—O），最简单的酮是丙酮[（CH_3）$_2$—C＝O]。④羧酸。分子中带有羧基（HOC＝O）的有机物称为羧酸。它在自然界中分布很广，常见的有甲酸、乙酸、丁酸、十八酸（硬脂酸）丙烯酸等。⑤磺酸。磺酸是烃分子中的氢被磺酸基（—SO_3H）取代的化合物。它是有机化合物中的强酸，在芳香烃的磺酸化反应中，磺酸是与硫酸相等的强酸。磺酸基与羧酸基有共同之处，即都有羟基，可以电离出氢离子而显酸性。

【非离子型纤维素醚类】　是指在其结

构单元上不含可离解基团的一类纤维素醚及其衍生物，烷基和羟烷基纤维素，即属非离子型纤维素醚，如甲基纤维素、乙基纤维素、羟乙基纤维素、羟丙基甲基纤维素等。

【非增效型选择性絮凝剂】　在钻井液的使用中，只絮凝钻屑和劣质土，不絮凝膨润土，对膨润土浆的黏度、屈服值影响不大的处理剂。PHP属此类高分子聚合物处理剂。

【非离子型聚合物钻井液】　该钻井液是一种以醚型聚合物为主要处理剂的水基钻井液。这种钻井液具有无毒、无污染、润滑性能好、防止钻头泥包和卡钻的能力强、对井壁有稳定作用、对油气层有保护作用等特点，特别适用于海上钻井和页岩层钻井。

【肥田逆乳化钻井液】　一种保护环境、可排放的钻井液。该钻井液不但具有普通逆乳化钻井液的性能，且可以排放到田野里作为土壤的增肥剂，用该钻井液钻井所产生的岩屑无须处理就可直接撒到田地里。

【沸石水】　存在于海泡石和坡缕缟石结构空洞内的水。沸石水在晶格中占有确定的配位位置，其含量有一个最高的上限值，随着外界的温度、湿度的变化，其含量会在一定范围内变化，但不引起晶格破坏。

【废弃钻井液焚烧法】　焚烧法是高温分解和深度氧化的综合过程，仅适用于废油基钻井液。利用焚烧法，可使可燃烧固体废物氧化分解，从而减小容积，去除毒性，回收能量及副产品。但费用高，很少使用。

【废弃钻井液回注法】　废弃钻井液中有些可以通过回注法来处理。有些钻井废弃物毒性较大又难以处理时，可采用这种方法来处理。回注方法有：①注入非渗透性地层，用废钻井液配成压裂液，然后下到非渗透性地层，加压到足以使地层压裂的压力，将要处理的废弃钻井液注入地层裂缝中，撤销压力时，周围地层中的裂缝自行关闭，从而防止地层中的废弃钻井液发生迁移。对于远离海岸的海上钻井来说是一种较好的方法。②注入地层或井眼环形空间，将废弃钻井液通过井眼注入安全地层或井眼的环形空间。但该方法对地层有严格的要求，深度必须要在600m以上。一般钻井液的处理可以采用该方法。

【废弃钻井液回填法】　废弃钻井液在储存坑内通过沉降分离，上部清液达到环保标准后直接排放。剩余部分经干燥后，并不一定要完全干燥，只要到一定程度即可，在储存坑内就地填埋。但必须保持顶部的土层厚度有1~1.5m，然后恢复地貌。这种方法不失为一种处理低毒和无毒废弃钻井液的好方法。但对毒性较大的废钻井液的处理是不行的。

【废弃钻井液固化法】　固化法是指通过物理-化学方法将固体废物固定或包容于惰性固化材料中的一种无害化处理过程。其主要是向废弃钻井液中加入固化剂，经凝胶、结胶等作用使其转化为像土壤一样的固体(假性土壤)，填埋在原处或用作建筑材料等。这种方法能较大程度地封住钻井废液中的金属离子和有机物，减少其对土壤的侵蚀，从而减少钻井液对环境的影响，同时又可使废弃钻井液坑池在钻井过程结束后即能还耕。固化法是一种比较可靠的治理钻井废液的方法。固化法所用的化学固化处理剂分为有机固化处理剂和无机固化处理剂。有机固化处理剂应用范围广，适合多种类型废物的处理且固化有机废物的效果好，但处理成本高、固化强度低、易降解。无机固化处理剂使用方便、固结体稳定性好、不降解，具有低水溶性和较低的渗透性且机械强度高，但固化处理剂使用量大，其适应范围较窄。常用的无机固化处理剂主要有水泥、高岭土与水泥的混合物、低级纤维石棉、水泥窑粉与水泥混合物和高炉矿渣等。

F【**废弃钻井液处理技术**】　为了减少对环境的污染，对石油钻井过程中井场留下的废弃钻井液、污水和岩屑进行无害化处理。概括起来主要有：回填法、垦殖法、固化法、注入安全地层或环形空间、MTC 固井技术、闭合回路系统、强化固液分离法、干燥焚烧和生物降解法等。

【**废弃油基钻井液处理**】　油基废钻井液是不允许直接排放的。由于在无氧条件下油类物质很难降解，所以一般不使用填埋法。对油基废钻井液，常常采用焚烧法和微生物法处理。微生物法是在充分与空气接触的条件下用微生物降解油类，并撒放于土壤。对含大量油类的废钻井液，如果焚烧后基本上不会带来大气污染，可将其焚烧，灰烬可以掩埋。另外，还可用溶剂洗涤、萃取的方法除油。

【**废弃钻井液热蒸馏法**】　热蒸馏法是一种比较成熟的、具有普遍适用性的能够大规模处理油基钻井液的方法，在世界上很多国家都得到应用，这种方法将废弃油基钻井液加入密闭减压系统中，然后对其加热，使油基钻井液和钻屑中的烃类成分挥发，对挥发的烃类进行冷凝回收，回收的油可以重新用作油基钻井液的基油，也可用作燃料或其他用途，固体残渣固化后可用于铺路、建筑等。废弃油基钻井液经热蒸馏处理后，基油没有被破坏，也没有生成有害副产物，固相残

渣中的石油烃含量小于 3000mg/kg。热蒸馏法是现阶段唯一能实现规模化、商业化处理废弃油基钻井液的方法，且其油的回收率高，但该方法也存在能耗高、不安全等问题。

【**废弃钻井液微生物法**】　微生物降解法是利用微生物将废弃钻井液中长链烃类物质或有机高分子降解成环境可接受的低分子或气体(如 CO_2)，影响微生物降解的主要因素主要包括温度、溶解氧、pH 值、氮及微生物活性等，但关键的因素是碳氢化合物的生物降解能力。微生物降解法对油类的去除率较高，工艺简单，无二次污染，该技术需要根据废钻井液性能，有针对性地进行实验选菌，以缩短处理周期，并提高这项技术的现场普适性。

【**废弃钻井液脱水法**】　该方法是利用化学絮凝剂絮凝、沉降和机械分离等强化措施，使废弃钻井液中的固-液两相得以分离。废弃钻井液中由于含有膨润土，膨润土本身具有很强的水化能力。又因为还加有大量的各种添加剂，使得废弃钻井液中的固体颗粒很难分离出来。采用加水稀释可以使大量的加重剂通过自然沉降法分离出来。但是还是很难破坏由水化能力很强的黏土颗粒和多种护胶剂组成的钻井液胶体体系。加入无机絮凝剂和有机絮凝剂后，能够破坏其表面结构中和表面的电荷，减小了颗粒之间的静电引力，促使固相颗粒聚结变大。从而达到固、液分离的目的。由于钻液和地层的特性不同，一种絮凝剂是不可能将各种钻井液的固、液进行分离的。对于不同的废弃钻井液应使用不同的絮凝剂。现在已经发现了很多无机和有机絮凝剂，用于不同的废弃物的絮凝处理，得到了较好的效果。使用该方法来给钻井废弃物脱水处

理，效果很好，但必须要了解废弃钻井液的特性，选用不同的絮凝剂。具体的处理方法一般分两步进行：首先加水稀释，通过自然沉降分离出大量的加重剂。然后再加入絮凝剂，破坏其表面结构，进行固、液分离。分离出的水可以回收使用，或控制含量，达到环保要求，就地排放。固体根据情况另做处理。

【废弃钻井液固化技术】 目前使用的由固化剂凝聚剂、助凝剂、胶结剂1和胶结剂2复配而成。凝聚剂用来中和废弃钻井液的碱性，使液相呈中性；并彻底破坏废弃钻井液的胶体体系，使废弃钻井液化学脱稳脱水；该剂与废弃钻井液中许多不同形成的有机阳离子基团交联，导致废弃钻井液中的残留有机物和固相颗粒形成稳定的絮凝体，从而有效地减少了液相中有机物的浓度，保证废弃钻井液固化后达到很好的 COD_{Cr} 去除率；此外，它还与废弃钻井液中重金属离子生成多合羟基金属离子的配合物，并沉淀于固化物晶格中，从而有效地减少了废弃钻井液中的重金属含量。助凝剂主要对废弃钻井液中的黏土颗粒和有机物起吸附絮凝作用，同时参与废弃钻井液固化体系整体晶格的形成。胶结剂1和胶结剂2将凝聚剂及助凝剂处理后的絮凝体进一步胶结包裹起来，使之形成一个具有很好抗水浸泡能力和一定强度的固化体。该固化剂其配方为3∶3∶2∶2，加量为8%～16%。用该固化剂处理废弃钻井液，固化3～5天即可得到干燥的固化体。废弃钻井液被固化后的浸出液无色无味，清澈透明，COD 值均小于300mg/L，含油量在2mg/L以下，pH值为7～8，达到国家排放标准。

【废弃钻井液直接排放法】 钻井废弃物有些是可以直接排放到环境中去的。但这只限于那些低毒或无毒、易生物降解的钻井液废弃物，如水基钻井液、矿物油基钻井液（回收了基液后剩余的废弃物）、合成基钻井液等。它不适合柴油基钻井液和那些含有害成分比较高或排放后会影响环境的钻井液。

【废弃钻井液分散处理法】 钻井废弃物中的一部分可以采用分散处理法来处理。钻井废弃物中有些采用直接排放法排放，其污染物的含量可能已超标，不能直接排放。采用分散法来处理，比如与泥土混合，降低了污染物的含量，从而达到环境要求的水平。钻井液废弃物一般是呈碱性的。集中堆放容易导致该区域的土壤碱化，采用分散的方法来处理有利于降低碱度。特别是分散到酸性土壤中，由于它中和了土壤中的酸性，还起到了改良土壤的作用。当然必须要在满足环保要求的前提下才能采用的。如果不能符合环保的要求就必须改用其他适合的方法。

【废弃钻井液循环使用法】 并不是所有的钻井液都应处理掉，有些废弃钻井液、废水、废材料等还可以循环使用。水是最有可能被循环使用的，例如从废弃钻井液中分离出来的废水可用于清洗钻头。清洗钻头后的废水可以收集后循环使用。生产水经处理后再注入井内以平衡井内压力，也可用于重油的处理。安装的设备要求能便利地使用可重复使用的废材料，例如循环系统的安装以便收集溶剂和其他能够收集的材料并在井场重复使用。许多废材料可以使用在其他的井场，有些暂时废弃的钻井液，如改变钻井液的密度、黏度等要处理的一部分钻井液，在适当的时候又可以在该井使

F

F

用或运到另一口适合的井再使用。

【废弃钻井液溶剂萃取法】 溶剂萃取法是以己烷、氯代烃或乙酸乙酯等低沸点有机溶剂作为萃取剂，将废弃油基钻井液中的油类溶解萃取出来，萃取液可经闪蒸蒸出溶剂从而得到回收油，而闪蒸出的有机溶剂则可以循环使用。萃取法简单易行，但溶剂挥发性大，存在安全风险，成本也较高。

【废弃钻井液化学破乳法】 化学破乳法是在废弃钻井液中加入破乳剂及絮凝剂等化学药剂，从而破坏体系稳定性，使其中的油聚并析出，回收利用。经过破乳、絮凝，废弃油基钻井液分为油、水、废渣三相，其中油可以回收作为基油或燃料，水经过处理后或排放或循环使用，废渣经过无害化处理后可用作建筑材料。

【废弃钻井液水泥固化法】 水泥固化处理方法是一种以水泥为基体材料，利用水泥的水合和水硬胶凝作用对废物进行固化处理的一种方法，其基本原理是在水泥的固化包容减小固体废物的表面积的同时，降低固体废物的可渗透性。固化过程中，由于水泥的高 pH 值作用，废弃钻井液中的重金属离子会生成难溶的氢氧化物，并固定到水泥基中去。水泥是一种无机胶结材料，普通的硅酸盐水泥熟料主要由硅酸二钙、硅酸三钙、铁铝酸四钙及铝酸二钙四种矿物质组成。水泥经过水化反应后，形成坚硬的水泥石块，可把砂、石等填料牢固地黏在一起。水泥固化处理有害固体废物是一种较为成熟的处理方法，其工艺、设备简单，操作方便，材料易得，固化产物强度高。水泥固化处理方法的缺点为固化后体积成倍增加，一般处理后固化体的体积要比处理前的废物体积增加 0.5 ~ 1 倍（既然是成倍增加，最后只是 0.5 ~ 1 倍，不太合适）。

【废弃钻井液石灰固化法】 石灰固化处理方法是用石灰作基础材料，以水泥窑灰、粉煤灰作添加剂，常用于处理含有硫酸盐或亚硫酸盐类钻井废液的一种方法。固化过程中，因水泥窑灰和粉煤灰中含有活性氧化铝和二氧化硅，故能同石灰在有水存在的条件下发生反应，生成对硫酸盐、亚硫酸盐等起凝结硬化作用的物质并最终形成具有一定强度的固化体。为了提高固化体的强度，抑制污染物的浸出，固化时一般还需要加入其他种类的固化剂。因石灰固化的两种主要固化剂为粉煤灰和水泥窑灰，二者均为工业废物，所以该方法即为废物再利用，以废治废。

【废弃钻井液沥青固化法】 沥青固化处理方法是将污泥废物同沥青混合，通过加热、蒸发过程实现固化。沥青固化处理后所产生的固化体，空隙小且致密度高，从而难以被水渗透。但是，由于沥青的导热性不好，沥青固化过程中加热蒸发的效率较低，另外如果污泥中所含水分较大，蒸发时会产生起泡和雾沫夹带现象，从而容易排出废气，发生污染。

【废弃钻井液自胶结固化法】 自胶结固化处理方法是一种利用废物本身的胶结特性来进行固化处理的方法。自胶结固化处理法主要用于处理含有大量硫酸钙或亚硫酸钙的废物。其原理是：亚硫酸钙半水化合物（$CaSO_3 \cdot 1/2H_2O$）经加热到脱水温度后，会转变为具有胶结作用的物质。经自胶结固化处理后形成的固化体可以直接进行填埋处理。

【废弃钻井液填埋冷冻法】 在比较寒冷的地方，废弃钻井液和钻屑可以注入冻土层，将这些废弃物永久地冷冻在冻土层中，不会发生迁移而造成环境污染。

【废弃钻井液闭合回路系统】　在环境敏感的地区，要求废物钻井液不外排或减少排放。在更严格的环境管理规章制度下产生的闭合回路系统，是为了防止废钻井液的外排，并循环使用。它避免把废钻井液运到指定地点集中处理，甚至可以不需要钻井液池，可减少废钻井液和处置成本费用。这种方法可用于陆上、内陆、海上油田，适应于水基和油基钻井液体系。闭合回路系统主要的组成单元为：絮凝单元、脱水单元、水控单元和固控单元。闭合回路系统具有良好的效果，因为：①充分发挥了固控系统的作用，改善了钻井液的质量，降低了成本。②优良的固、液分离脱水单元，提高了固控效率。③在絮凝剂的作用下，$5\mu m$左右的颗粒可通过离心分离，提高了钻井液净化率。④严格的水管理体系，减少了废物体积。

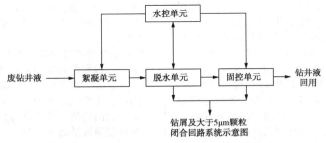

闭合回路系统示意图

【废弃钻井液对环境的影响】　钻井完成后，废弃钻井液露天堆放在存储池中，易造成废物的渗漏和溢出，引起地表水和地下水的污染，并危及周围农田和水生生物的生长。海上钻井完成后，废钻井液常常被排放到海中，可能影响海洋和港口资源。钻井过程对环境产生的影响中，废弃钻井液的污染问题比较突出，许多国家对废弃钻井液的处理做了严格规定，使得治理废弃钻井液成为非常重要的任务。①对土壤的影响。目前认为，废钻井液中对土壤和植物造成有害影响的主要成分是过量的盐和可交换性钠离子。因为它们可造成土壤板结，使植物难以从土壤中吸收水分，不利于植物生长。在废钻井液的有机组分中，油类和木质素磺酸盐对植物毒害最大，虽然它们比起盐类和可交换性钠离子的毒性要小一些，但柴油对环境的影响时间长，对植物有潜在危害。木质素磺酸盐的降解产物复杂，其中包括酚类和硫醇类等，对植物也具有潜在危害。废钻井液中的杀菌剂，因常含醛和胺，对鱼类、鸟类有毒害，对环境也有潜在毒性。由于土壤具有一定的自净能力，上述影响可得以减轻或消除。一些"天然"化合物，如纤维素、淀粉、醇类、油类易降解。但某些添加剂如丙烯酰胺、木质素磺酸盐、黄原胶和沥青等，却不易降解。重金属离子在土壤中，可与土壤进行复杂的物理、化学、生物作用，如吸附、离子交换、化学沉淀、与有机物络合和微生物降解等。重金属离子从储存池向地下渗滤迁移的速度十分缓慢，其向下渗入土壤的深度一般不超过50cm。但随着土壤中有机物的降解，重金属离子可重新污染环境，具有潜在危害性。②对植物的影

F

响。植物对重金属离子的吸收具有一定的选择性，镉、铜、铅、锌等离子可以部分被植物吸收，吸收程度直接与废钻井液和土壤混合物中的金属含量有关。钡、铬、汞离子都不能被植物吸收。废钻井液中的钙、镁离子有利于植物生长。虽然废钻井液中的磷酸盐及其他化学添加剂可作为土壤的养分，有机土分解后可转化为腐殖土，但研究者仍强烈反对将废钻井液作为肥料，因为其中的营养成分和植物可吸收程度都很低。③对地下饮用水的影响。废钻井液中的成分在土壤中的扩散速度以重金属离子为最慢，最快的是 Na^+ 和 Cl^-。大多数现场试验表明，在地下几十米深处，Cl^- 含量低于"第二饮用水标准"的水平。另外，重金属离子从储存池迁移到地下水的速度十分缓慢，而且它在钻井液中的质量分数很低；而在地下土壤和地下水中发现某些重金属离子的含量超过其背景值，但不是明显地从它们的源处迁移而来，同时也不存在超过规定极限的结果。说明它对饮用水没有危害。④对海洋生物的影响。钻井液中的黏土在海水中会凝结成小团块，而高密度的重晶石迅速沉降。由于海流和其他环境因素影响排放物与海水的混合和沉降过程，在钻井平台小范围内排放物的稀释速度很快，从排放点到海流下游 1000~2000m 处，钻井液质量分数已大为降低。因此，废钻井液对海洋生物不会引起严重的海水生物效应。但是，也应该看到，在海洋石油钻探过程中，向大海排放钻井液会产生如下影响：在钻井平台周围可能形成人工暗礁，对底栖动物产生掩埋作用；潮汐和海水湍流、涡动搅浑废钻井液，产生大量悬浮物，致使海水浑浊，影响生物的光合作用；使石油开发区的海水和表层沉积物中有害重金属元素含量增高，可能会危害海洋生物。钻井液中的油类是海上钻井造成污染的主要物质。国外一般不允许将废钻井液直接排入大海。过去，近海钻井过程中产生的钻屑通常直接向海洋排放以致形成一个钻屑堆。海底探测发现，使用油基钻井液钻井产生的钻屑上残余的油降解速率非常慢，岩屑堆下的动物、植物被窒息，而且还影响到岩屑堆周围海洋生物的生命，因为残余油在进行缓慢降解的过程中，耗尽了油周围水中的氧。

【废弃钻井液的成分和毒性】　废钻井液是一种复杂的多相分散体系，组成极其复杂，因此后续的治理工作比较困难。在废钻井液中存在的对环境危害最大的物质是高质量分数的盐溶液和可交换性钠离子；其次是油类、可溶性重金属离子（如 Hg^{2+}、Cr^{3+}、Cd^{2+}、Al^{3+}、Pb^{2+}、Zn^{2+} 和 Ba^{2+} 等）、有机污染物（如多环芳烃、酚类、卤代烃、有机硫化物、有机磷化物、醛类、胺类等）、高 pH 值的 $NaOH$、Na_2CO_3 溶液、高分子有机物特别是降解后的小分子有机物。重金属离子属于国家环保局划定的第一类污染物，能在环境或动物、植物体内蓄积，对人体健康产生长远的不良影响。例如，铬离子：常见有三价铬离子（Cr^{3+}）和六价（Cr^{6+}）铬离子，六价铬离子的毒性比三价铬离子高 100 倍，并且易为人体吸收并蓄积。汞离子（Hg^{2+}）：属于剧毒物质，有机汞毒性大于无机汞，它们均可在体内蓄积，引起全身中毒。镉离子（Cd^{2+}）：毒性很大，易积蓄于肾脏，引起泌尿系统功能变化。铅离子（Pb^{2+}）：可在动物或人体内蓄积，引起贫血症、神经机能失调和肾损伤。

【废弃钻井液固液分离技术】 对废弃钻井液进行固、液分离的关键技术，其一是选用能破坏钻井液中处理剂护胶作用，使其中固体颗粒发生絮凝的高效絮凝剂，如 XYF；其二是选用能有效地使用钻井液固、液分离离心机；其三是深埋。

【废弃钻井液的物理处理方法】 目前，废弃钻井液物理处理主要有以下几种方法。①回填法。即用从存储池挖出的土将废钻井液进行填埋。废钻井液储存池应该是结构坚实且不渗透的。衬垫材料可选用塑料软膜、沥青、混凝土及经化学处理的土壤-膨润土掺和物等。在填埋前，贮存坑内的钻井废液先沉降分离上部的水（必要时加入絮凝剂），达到规定指标后，就地排放；剩下的污泥，待其自然干燥到一定程度，即可在储存坑内就地填埋，顶部应保持 1~1.5m 厚的土层，再恢复地貌。回填法是最经济的处理方法，但可能造成潜在危害。对此，许多环保机构都作了严格的规定。②土地耕作法。此法是将脱水后的残余固相均匀地撒放到钻井现场（每 $100m^2$ 小于 4.5kg 氯化物），然后用耕作机械把它们混入土壤。这种方法较适合相对平坦的开阔地面，以便于机械化耕作。使用此法应控制废钻井液残渣中可溶性盐含量不能超过土壤安全负荷；不能在下雨天、地面坡度大于 5% 及地下水位太浅的地区耕作。土地耕作法比较适用于淡水钻井液，而用于油基钻井液也是比较安全的。研究表明，柴油基和矿物油基废钻井液在土壤中降解速度很快，一年内烃含量可降低 90%。但柴油可引起长期效应。③泵入井眼环形空间或安全地层。该法是一种安全且方便的处理方法，可以及时地就地处理废钻井液，而且不需要预处理便可直接泵入井眼环形空间或安全地层，不会给地面留下长期隐患。该法可适用于水基、油基钻井液，但需要注意，泵入地层深度应大于 600m，且远离油气区 2000m 以上，注入地层后不会有返流，否则需要用水泥密封。所以，该方法具有较大的局限性。④固液分离。目前使用的固液分离法主要是通过加入混凝剂破坏胶体稳定性，再用机械脱水装置将水脱离。混凝是水和废水处理的重要方法。混凝剂的品种目前有二三百种之多，按其化学成分可分为无机和有机两大类。无机类主要有铁盐、铝盐及其水解产物；有机类品种很多，主要有高分子化合物，可分为天然的和人工合成的两类。固液分离的工艺流程为：将混凝剂加入废钻井液→搅拌→静置→机械脱水→生成污水和浓缩污泥。机械脱水装置常用离心机、真空过滤机和压滤机。固液分离后得到的浓缩污泥比脱水前含水量降低，表面变干，体积缩小。可将其就地填埋或运送到别处集中处理，固液分离后得到的污水经处理后可重新用于钻井，也可在达标后就地排放。

【废弃钻井液的化学处理方法】 化学处理方法是向废水基钻井液（或其沉积物）中加入固化剂，使其转化成类似土壤的固体，原地填埋或用作建筑材料等。该方法能显著降低钻井废液中金属离子和有机质对土壤的侵蚀和土壤沥滤程度，从而减少对环境的影响和危害。化学处理方法所用的化学固化剂，分为有机系列和无机系列两大类。有机系列固化剂，具有应用范围广、适用于多种类型废物的处理，且有固化有机废物效果好的优点；但处理费用较高、废物中某些成分，可

F

能会引起有机固化剂降解，且该类固化剂在使用时，须配用乳化剂等缺点。无机固化剂的优点是：原料价廉易得，使用方便，处理费用低，固结、解毒效果好，稳定周期长（可达10年以上），原料无毒，抗生物降解，具有低水溶性及较低的水渗透性，固结物机械强度高，对高固相含量废物的处理效果好等。缺点是：常在特定条件下使用，适用范围窄，固化剂用量大，使处理后的体积增加。现将常用固化剂及其性能作一简介。①油井固井水泥，常用来处理固相含量<60%、含油量<19.8×10⁴mg/L、COD值<17.5×10⁴mg/L的废钻井液。用量为废浆重量的40%~50%，经7~14d固化后，萃取水pH值为9.5~10，检测不出石油类的含量，COD值35~595mg/L，能消除有机物对环境的有害影响，缺点是水泥耗量大，固化时间长。②油井固井水泥混合物，其配比为油井固井水泥：黏土＝50：45~49.5：0.5。常用来处理固相含量>16%、含油量2.8%、COD值<5.9×10⁴mg/L的废钻井液。用量为废浆重量的2.5%，经7~14d固化后，固化物抗压强度0.81~3.72MPa，固化物在水中养护7d后，萃取水pH值10.5，COD值20~257mg/L，测不出石油类的含量。该剂用量较小，对污染物固定能力强，固结质量好，工艺简单，成本也较低。③波特兰水泥混合物，其配比为波特兰水泥：填料珍珠岩＝100：50~100：1。常用来处理固相含量>16%、含油量2%、COD值<5.9×10⁴mg/L的废钻井液。用量为废浆重量的7%~20%，经7~14d固化后，固化物抗压强度0.1~2.24MPa，固化物在水中养护7d后，萃取水COD值

20~360mg/L，测不出石油类的含量。该剂能保证污染物完全固结。④水泥窑粉与水泥混合物其配比为水泥窑粉尘：水泥＝4~11：0.3~1.0。常用来处理盐水钻井液废渣，其用量为钻井液废渣：水泥窑粉尘：水泥＝（70~7524）：11：（0.3~1.0），经0.5~1d固化后，其机械强度高，废弃物可被完全固结，原料组成简单，处理费用也较低。⑤氯化镁饱和溶液与氧化镁的混合物，常用来处理固相含量<63%、原油含量<4.3%、COD值<1.55×10⁴mg/L的废钻井液，其用量为废液量的10%~30%，经2~7d固化后，固化物机械强度为1.5MPa，固化物在水中养护7d后，萃取水COD值206mg/L，测不出石油类的含量，该剂固化时间短，能完全固化污染组分。⑥低级（6~7级）纤维石棉，用来处理固相含量59%、COD值<6200mg/L的废钻井液。其用量为废液的10%~20%，经17d固化后，固化物机械强度为0.4~1.5MPa，固化物在水中养护7d后，萃取水pH值7.6~7.9，COD值为6090mg/L，测不出石油类的含量。该剂固化时间短，固化物强度高，缺点是纤维石棉有毒。⑦磷石膏，用来处理固相含量60%~73%、原油含量2%~45%、COD值5257~8384mg/L的废钻井液。其用量为废液量的20%~30%，经7d固化后，固化物强度为1.86~2.4MPa，固化物在水中养护7d后，萃取水pH值为7.1~7.4，COD值994~1258mg/L。该剂系工业废物固化剂，处理方法简单、经济，能改良土壤，固化物有足够的强度。⑧氨基甲酸乙酯聚合物，用来处理固相含量63%、原油含量8×10⁴mg/L、COD值1.55×10⁴mg/L的废钻井液，固化后，

固化物机械强度好，固化物在水中养护7d后，萃取水pH值为8.6～9.0，COD值为1220～2840mg/L，石油类20～30mg/L，该处理剂用量少，固化时间短，对污染物去除能力低于波特兰水泥，但能使有机物大量固结。

⑨双过磷酸钙与脲醛树脂的混合物，常用来处理固相含量大于10%、含油量4%～10%、COD值1.55mg/L的废钻井液，用量为5%～25%，经2～7d固化后，抗压强度0.43～0.60MPa，固化物在水中养护7d后，萃取水pH值5.3～5.7，COD值为1420～2080mg/L，测不出石油类的含量。经处理后的固化物可供掩埋，能富化土壤，并能有效地处理有机杂质及油类。

【废弃钻井液毒性的评价方法】　目前，使用较多的一种生物毒性评价实验方法是测量生物的96h半致死质量分数，此质量分数值被称为96hLC_{50}，就是把实验生物（如糠虾、硬壳蚌）经受96h毒物的毒害，死亡率为50%（半致死）时的质量分数值。由于用糠虾做实验评价时间长（2～3周）、精确度不高、误差大，而且实验样品来源有限，新近研究出一种快速生物实验方法——发光细菌实验法。其原理是测定与不同种类、不同质量分数的钻井液接触后，加在钻井液中的一种发光细菌的生物冷光的光强因细菌健康受损而发生的变化，以光强降低50%的毒性物（钻井液）的有效质量分数EC_{50}表示。这种实验制样需要1h，实验需要15min，测量光强方法简单。先将发光细菌储存在干冷状态下，实验时直接加入钻井液，不需要进行培养。虽然显微毒性实验具有以上优点，但它的实验结果与糠虾实验结果没有直接关系，特别是钻井液受污染后，更是如此。通过十几次对比实验，发现EC_{50}值比LC_{50}值小，其相关系数只有0.33～0.37。

【废弃钻井液坑内密封处理法】　又称安全土地填埋法。当钻井废液中含有有害成分时，为防止渗透而造成地下水和地表土壤的污染，常采用这种方法。即在普通填埋法的基础上改进，在储存坑池内设有衬里，再按普通填埋法操作。这种方法安全性好，是国外有害固体废物处理的常用方法。其基本操作方法是：①储存坑池选择。选择天然坑池或人造坑池，但是要避开地下储水层，避开居民区、风景区，避开动物、植物和古迹保护区，远离泛洪区。②衬里结构。先在储存池底部和周围铺垫一层有机土，压实作业基础垫土，然后在上面铺一层加厚塑料膜衬层，最后再盖上一层有机土，压实。③填充废弃钻井液和封场。将废弃钻井液充填在池内待其中的水分基本蒸发完后，再盖一层有机土顶层，填埋处理，最上部封上普通土壤，用于植被生长。④场地监测。场地监测是土地密封填埋场场地设计操作管理规划的一个重要部分，是确保场地正常运营及进行环境营养评价的重要手段。场地监测包括定期巡视、目测场地的侵蚀、渗漏、坍塌及其他有关迹象和取样分析。

【废弃钻井液脱稳干化场处理法】　在干旱地区，可将钻井废液先进行脱稳处理后，直接将其存于人造处理场，待水分蒸发或浸出液回收处理后，在自然条件下干化，使体积减小。化学脱稳处理的目的是破坏胶体稳定性，以利于水分渗出和挥发。存储池的结构，有条件的可造混凝土池或与密封填埋的储存池同样的结构。这样，待储存池内干化、废弃物堆放到一定程度后，可直接封土填埋。同直接密封

F

填埋相比, 这种方法最大的优点是处理量大, 废钻井液脱水迅速。脱稳干化与直接干化相比, 其废弃钻井液干化速度明显提高。该方法适用于集中打井或周围井井距近、环境污染控制要求不高的地区。

【废弃钻井液化学强化固-液分离法】
将废钻井液进行填埋、固化、土地耕作之前, 一般先要降低钻井液中的含水量, 使废弃物体积减小。由于配制钻井液的膨润土平均粒径为 0.2 ~ 3μm, 本身具有很强的水化能力, 又因钻井工程的需要, 钻井液中又加入了大量的各种处理剂, 致使废弃钻井液体系中, 具有表面活性的固体比普通钻井液要高很多, 稳定性也极高, 所以废钻井液脱稳的难度大。直接通过固-液分离机械(如离心机、压滤机等)进行脱水非常困难。只有对其先进行化学脱稳絮凝处理才能强化机械废液分离能力。使用这种技术可以使废钻井液体积减小 50% ~ 70%, 分离出的固相含水率一般低于 70%, 最好的可达 30%。另外, 在化学脱稳絮凝处理过程中, 如果加入合适的药剂, 还可以在固-液分离的同时把废钻井液中的有害成分转化为危害性小或者无害的物质, 或减小其淋滤浸概率。

【废弃钻井液运至指定地点集中处理法】
有些废弃钻井液在井场不能当场处理也不能直接排放, 就必须要运出井场到某指定地点集中处理。这主要是针对那些毒性比较大、依常规方法来处理会严重污染环境, 同时也没有较适合的其他方法。

【废弃钻井液超临界流体提取技术(SFE)】 超临界流体在临界点附近时, 物质的液相和气相融合, 使其既具有气相的扩散能力和黏性, 又具有液相的密度, 这些性质有利于废液中的可溶组分从固相溶解到超临界流体中。当超临界流体与废弃油基钻井液混合时, 钻井液中的油被萃取到溶剂中, 形成的混合物经过减压又重新分离, 溶剂和萃取出的油均可回收利用。超临界流体萃取具有效率高、回收油类能重复利用的优点。

【废弃钻井液注入安全地层或环形空间法】 注入地层法是通过井眼将废弃钻井液注入地层或保留在井眼环空中。注入层一般要求地层渗透性较差, 压力梯度较低, 且上、下盖层必须强度高、致密。为了防止地下水和油层被污染, 选择合适的安全地层极为关键。注入安全地层对地层条件的选择有严格的要求, 且并不能彻底消除废弃钻井液的环境危害, 对地下水和油层依然存在污染隐患, 同时浪费了大量宝贵的矿物油资源。

【分解】 分解反应的简称, 化学反应类型之一。由一种化合物产生两种或两种以上成分较简单的化合物或单质的反应。例如:

$$2KClO_3 \xrightarrow{\text{加热}} 3O_2 \uparrow + 2KCl$$

$$CaCO_3 \xrightarrow{\text{加热}} CaO + CO_2 \uparrow$$

【分散】 分在各处, 不集中。①分解、离散(减小颗粒尺寸)的过程, 如钻井液中加入分散剂(SMC、FCLS 等)黏度下降。②集合体分散在稀流体中。如在水中加入膨润土后, 通过离子交换, 膨润土颗粒膨胀, 黏度升高。

【分子】 物质中能够独立存在并保持该物质一切化学特性的最小微粒。单质的分子是由相同元素的原子所组成的, 化合物的分子则由不同元素的原子所组成。

【分子力】 又称"分子间力"。是分子与分子之间的相互作用力。当分子间的距离极小时(10^{-8}cm 左右), 分子力表现为斥力；当分子间距离较大时，则表现为引力，但随距离增大而很快减小。当分子间距离超过 $10^{-8} \sim 10^{-7}$cm 时，它们的相互作用实际上已可略去不计。分子力的本质十分复杂，与分子的电性结构密切相关，它的引力的作用在这里是微不足道的。分子力是物质分子能够聚集为固体或液体的主要因素。

【分子式】　表示单质或化合物一个分子中所含一种或各种元素的原子数目的式子。例如，氧分子的分子式为 O_2；二氧化碳分子的分子式为 CO_2。化合物的分子式不仅表示该化合物中元素的原子数比例，同时也代表该化合物一个分子的组成。

【分散度】　某一相分散程度的量度，常用分散相颗粒（或液滴）的平均直径或长度的倒数来表示，符号为 D。是指被分散粒子大小的程度，又称比表面积，即分散粒子的总表面积与其总体积的比。已知分散体系是指物质分散到另一种物质中所构成的体系。显然，就存在着被分散的物质所分成的细度问题。如下图所示，如设一物质的边长为 1cm，则其体积为 1cm^3，一边的面积为 1cm^2。总面积为 6cm^2。如拦腰切割，使一边的长为 1/2cm，此物质将变成 8 个小立方体，其每一侧面的面积为 $\frac{1}{2} \times \frac{1}{2} = \frac{1}{4}$cm^2；1 个立方体的总面积为 $6 \times \frac{1}{4} = \frac{3}{2}$cm^2，则 8 个立方的总面积为 $\frac{3}{2} \times 8 = 12$cm^2。如果继续分割下去，当边长等于 0.001mμm 时，将有 1×10^{30} 个正方体，而总面积将达到 6000m^2。

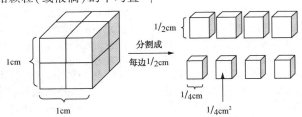

分割成
每边1/2cm
1cm
1cm
1/2cm
1/2cm
1/4cm
1/4cm^2

物质切割（分散）细度示意图

$$比表面积 = \frac{分散相粒子的总面积}{分散相粒子的总体积}$$
$$= \frac{6（边长）^2}{（边长）^3} = \frac{6}{边长}$$

从上图中可以看出，当某一物质在不断地碎化、分割、变细变小时，随着个数的增加，其表面积将成倍增大。由量变到质变，当颗粒变得很细时，同一种物质将表现出不同的物理化学性质。如铂金这种贵重金属，当颗粒细小至胶态范围时，如果分散在水中，就会带负电荷，铁会带正电荷。

【分散体】　指胶体或者细分散物质。

【分散相】　被分散的物质称为分散相，包围分散相的另一相，称为分散介质。例如，水基钻井液中黏土颗粒分散在水中，黏土为分散相，水为分散介质。

【分散法】　鉴别乳状液类型的一种方法，该法是把一滴乳状液滴在水中，若乳状液很容易散开，表示该乳状液的外相是水，则为水包油型乳状液；若不散开，表示乳状液外相是油，则为油包水型乳状液。

【分散剂】　是指能促使分散相分散的

F

化学处理剂。可改变钻井液中固体含量和黏度的关系，也可用于改变切力、提高钻井液的可泵性等。

【分界点】 见"分离中点"。

【分散性】 是指黏土颗粒的聚集体分散在体系（钻井完井液）中的性能。基本上分两个方面：一是黏土颗粒在体系中是否容易分散；二是分散后的体系是否稳定。

【分散相】 分散体系中的分散微粒（固体或液体）。这些微粒分散得很细，并完全被连续相所包围。

【分离中点】 又称分界点。钻井液通过旋流器进行分离处理时，钻井液中同一尺度的固相颗粒，特别是较细的颗粒，并不能全部从底流口排出，有一部分要随上旋流从溢流口溢出。在固相颗粒的尺寸范围内，总存在某一尺寸，这一尺寸的全部颗粒中有50%从底流口排出，其余的50%从溢流口溢出，这个尺寸叫旋流器的分离中点。分离中点可用来鉴定旋流器的固相分离效果。分离中点受旋流器尺寸、钻井液黏度、固相含量和输入压力等因素的影响。同一种类型的旋流器，其分离中点越低，则说明分离效果越好。

【分别分析】 直接采取试液利用特效反应，或者只需简单的分离或掩蔽，使选择反应变为特效反应来进行个别离子鉴定的方法称为"分别分析"。

【分解反应】 见"分解"。

【分析天平】 一般是指能够称量到万分之一克的天平。是定量分析中最主要而又最常用的分析仪器之一。

【分散体系】 是指一种或几种物质以微粒状态分散在另一种连续介质中形成的体系。分散体系中至少包含两种物质：其一是被分散成微粒状态的物质，称为分散相或分散质；其二是分散质所在的连续介质，称为分散介质。例如，黏土以微粒状态分散在水中形成黏土–水悬浮体，它是一种分散体系。又如，NaCl 溶于水中形成的盐水也是一种分散体系。微粒状态可以是离子、分子或大粒子。按分散相微粒的大小（或分散程度）不同，将其分成三类，见表1。表1中的微粒大小是指微粒的长、宽、高三维中任意一维的尺寸，对于球形粒子是指其直径。nm 叫纳米，$1nm = 10^{-9}$ m。按照表1中的分类，胶体体系可定义为：胶体大小的微粒（至少在一个方向上在 $1 \sim 100nm$ 之间）分散在另一种连续介质中所形成的分散体系。按分散相和分散介质的聚集状态分为9类，见表2，表2中第一类不属于胶体化学的研究范围。

表1 分散体系按微粒大小的分类

类 型	微粒大小	主要特征
粗分散体系 （悬浮体、乳状液）	>100nm （>10^{-7}m）	颗粒不能通过滤纸，不扩散，不渗析，显微镜下可见
胶体体系 （溶胶）	$1 \sim 100nm$	颗粒能通过滤纸，扩散很慢，不渗析，超显微镜下可见
分子与离子 分散体系（溶液）	<1nm	颗粒能通过滤纸，扩散很快，能渗析，显微镜和超显微镜下都看不见

表2　分散体系的类型

序　号	分散相	分散介质	名称及实例
1	气	气	混合气体,如空气
2	液	气	雾
3	固	气	烟尘
4	气	液	泡沫
5	液	液	乳状液,如牛奶
6	固	液	溶胶和悬浮体
7	气	固	面包、泡沫塑料
8	液	固	宝石、珍珠
9	固	固	合金、有色玻璃

【分散状态】　钻井液中的黏土颗粒有很强的电动电势,且黏土颗粒水化很好,水化膜厚,黏土颗粒间的静电斥力和水化膜弹性斥力使黏土颗粒不可能接近和互相连接,黏土呈高度分散状态。这时钻井液具有较高的黏度,结构性不强,切力不大。滤饼薄而致密,滤失量很小,稳定性好,长时间静止也不会析出自由水。

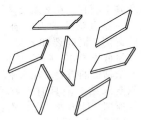

分散状态

【分散介质】　是由物质分散成微小的粒子(液滴或气泡)而分布在另一种物质中所组成的物系。被分散的物质,称为分散物质、分散相、分散内相或分散质。分散其他物质的物质,称分散介质、连续相、分散外相、分散剂或分散媒。

【分散作用】　淡水钻井液钙侵或水泥侵后,由于黏土水化减弱,颗粒之间互相黏结成网状结构,切力和黏度上升,在钻井液稠化的同时,滤失量也增大。此时,如加入烧碱水或纯碱,通过离子交换可增大黏土表面吸附的Na^+与Ca^{2+}之比,从而增强黏土颗粒的水化,黏土颗粒之间的网状结构被削弱或变得易拆散。这种分散作用的结果是,钻井液的流动性增大,滤失量降低。在用钙土或酸性土制钻井液时,加适量纯水除去过多的钙,可加速黏土的分散,或提高黏土的造浆率。参见"黏土颗粒的连接形式"。

【分子间力】　见"分子力"。

【分子胶体】　指高分子溶液。大分子在溶液中呈无规则线团状态存在。这些线团的尺寸绝大部分符合胶体颗粒的尺寸,但是它们同溶剂之间没有清晰的界面,在溶解分散过程中,由于熵的增加而使体系总自由能降低,因此整个体系是热力学稳定体系。

【分析化学】　应用化学和物理中的原理,测定无机物、有机物的组成,研究其测定方法及有关理论的一门学科。包括定性分析和定量分析。分析化学不仅对化学的研究和应用有重要作用,同物理、生物、地质、土壤等学科也有密切关系、广泛应用于工业、农业、国防和医药卫生等部门。

【分段循环】　现场在某些特殊情况下(例如高压油气层、盐水层、井塌、井漏、钻井液切力过高等),使井内钻井液从上至下分段进入循环的施工过程。

【分析试剂】　见"化学试剂"。

【分析纯试剂】　见"化学试剂"。

F

【分散型泥浆】 见"分散钻井液体系"。

【分光光度计】 分光仪器和光度计的一种组合，是利用待测样品与标准样品相比较的方法，在不同波长下定出物质反射或透射等光学特性的仪器。根据色散系统与接收系统的不同可分为：①可见分光光度计。②紫外分光光度计。③红外分光光度计等。物质的反射或吸收等性质与其结构密切相关，因此分光光度计在分子(特别是复杂分子)的结构研究和化学分析中应用很广。

【分子间范德华力】 指以下三种作用力：①两个永久偶极子之间的引力，称葛生(Keeson)力。②永久偶极子与诱导偶极子之间的引力，称德拜(Debye)力。③诱导偶极子之间的色散引力，称伦敦(London)力。

【分散钻井液体系】 指由水、膨润土及各种分散剂为主处理剂配成的水基钻井液体系。其主要特点是：①可容纳较多的固相，适合配制高密度钻井液，密度可达 $2.0g/cm^3$ 以上。②滤饼质量高，致密而坚韧，造壁性好，高温高压滤失量及初滤失量较低。③耐温能力较强，可达 200℃。④亚微米颗粒浓度达 70%以上，对钻速有影响。⑤分散性强、抑制性差，不适宜钻造浆地层。⑥保护油气层能力差，钻油气层时必须加以改造。⑦该体系不抗盐。⑧膨润土含量控制在10%左右，并随温度及密度进行调整，温度、密度越高，膨润土含量越低。⑨pH 值>10，处理剂才能发挥作用。⑩可用于异常压力地层的钻井，不适宜打开油气层、纯盐膏层及井塌严重的地层。

【分支井钻井液技术】 所谓分支井就是从一个主井眼中钻出两个或多个分支井眼的钻井，主井眼可以是直井，也可以是水平井。(1)分支井的主要技术难点。①应该用所有井眼中最薄弱地层计算井口最大允许压力。②如何判断井涌是发生在正钻分支井眼中还是在已钻分支井眼中。③长井段、小直径、大角度的分支井眼通过产层时，潜在的井涌既剧烈又危险。④在分支井眼中起钻时，抽汲压力要比常规井眼高，当钻柱在正钻分支井眼中而已钻分支井眼中发生井涌时，因为不能很快循环钻井液压井而使井控作业复杂化。⑤在使用预留窗口分支系统时，预留窗口往往是井控的最薄弱点。(2)分支井钻井液完井液技术。分支井施工中，第一分支钻进使用同地区普通水平井钻进用钻井液就能满足要求，完成钻井任务。在第二分支施工中，钻井液首先要满足锻铣套管段要求。开窗锻铣套管要求钻井液具有良好的悬浮携带能力，以保证铁屑及时携带出地面、停泵时能悬浮铁屑，以防其沉降堆积、相互缠绕，造成卡钻事故。锻铣套管可用正点胶聚合物钻井液，提高切力及动塑比，保证该段施工顺利。在造斜段及水平段钻进中，钻井液中要及时补充润滑剂、防塌剂，同时要加入降失水剂，使滤失量低于 5mL，确保钻井液性能满足安全钻进的需要。在水平段钻进时，除要求钻井液具有良好的润滑性、悬浮携带能力外，还要求钻井液具备良好的油气层保护能力。因为水平段主要是目的层——油气储层，所以这一段施工的钻井液必须提前加足油保材料，以防油气层受到污染。分支井完井时下入套铣筒，切断该分支尾管与技术套管重叠部分，并将重叠部分尾管及斜向器同时捞起。要求完井液具有良好的流变性及悬浮携带能力，能保证将铁屑、尾管头和技术套管环空中的水泥块携带出地面，停泵时能有效悬浮铁屑及水泥块，防止铁屑堆积堵塞井眼，造成事故。向钻井液中加入预水化坂土浆及正点胶，提高动切力，将完井液性能提到设计上限，确保施工顺利进行。

【酚】　①羟基直接跟苯环相连的芳香族环烃的羟基衍生物。②苯酚的简称。酚类多数是固体，如苯酚的熔点是43℃，略溶于冷水，能溶于热水。苯环上羟基增多，水溶性增大；反之，苯环上带的烃基增多，水溶性减小。酚类一般也很容易氧化，但是羟基直接和苯环相连，氧化结果也影响苯环，所以产物往往相当复杂。钻井液有机处理剂中很多是羟基化合物，在使用过程中，尤其是在井下高温条件下要考虑其氧化问题。

【酚酞】　一种有机弱酸，呈白色结晶，微溶于水，易溶于酒精，其酒精溶液（将 1g 酚酞溶解在 100mL 乙醇中）常用作酸碱指示剂（在酸液中无色，在碱液中呈红色）。医疗上用作缓泻药，作用可维持 2~3d，偶发皮炎等过敏性反应。

【酚醛树脂】　由酚类与醛类化合经缩聚反应而成的合成树脂的统称。通常是由苯酚和甲醛所合成，为黏稠液体或脆性固体，是酚醛类清漆、黏合剂和塑料的基本成分。酚醛树脂可用作渗透性地层的堵漏，若在预缩聚时保持甲醛过量，则这种堵漏材料注入地层后可继续缩聚不溶、不熔的酚醛树脂，将漏失地层堵住。也可用脲醛树脂封堵渗透性地层。

【风化】　结晶水合物在常温及比较干燥的空气中，失去一部分或全部结晶水而使晶体破坏的现象。这是结晶水合物在常温时的水蒸气压力大于空气中的水蒸气分压力的结果。例如 $Na_2CO_3 \cdot 10H_2O$ 晶体变成白色粉末 $Na_2CO_3 \cdot H_2O$。

【封隔液】　长期停留于套管和油管之间的环形空间的液体。它的功用是平衡套管内外、油管内外的压力，平衡封隔器上下的压力，以保证封隔器的长期密封，或者必要时通过水力液压使封隔器松开，以及保护套管内壁和油管外壁免于腐蚀等。因此，对其有：①在井内温度、压力下长期保持性能稳定，有充足的悬浮能力以防止固体下沉。②长期保持良好的泵入和置换性能。③具有防腐作用等性能要求。封隔液有无固相溶液（油、水、盐溶液）、水基钻井液、油包水乳化钻井液、油基钻井液等。

【封闭液】　即"封隔液"。

【封隔器测漏法】　在钻柱上带一个封隔器，下入裸眼井段循环，只需钻井液从封隔器以上循环，不许钻井液从封隔器以下循环。当封隔器处于漏层以上时可以正常循环，等封隔器处于漏层以下时则失去循环。若第一次坐封能恢复正常循环，则应向下找漏层；若第一次不能恢复正常循环，则应向上找漏层。使用封隔器测试条件是井眼稳定，不塌不卡，坐封井段井径规则。

【封闭式钻井液固控系统】　是将各有关机械固控设备组成一体，布置紧凑，以便安全、有效和经济地使用固控设备，不损失钻井液，排出的底流较干净，也有利于环境保护。在严格地区，还配有加热和保温装置。

【浮动吹气式差压密度仪】　钻井中监

F

测钻井液密度的仪器。通过数值显示和密度曲线，可及时了解井内钻井液密度的变化，以便随时掌握井下情况，有利于平衡压力钻井和保护油气层。

【氟表面活性剂】 以碳氟链为疏水基。制备方法有两种：一是电解脂肪酸氟化物，使氟取代脂肪酸碳氢链上的氢，形成碳氟链化合物；二是由含氟烯烃如四氟乙烯聚合而来。

【腐蚀】 是金属以自然的方式重新返回到它的原始状态(一般为一种氧化物)，或者说，腐蚀是冶金的逆过程。腐蚀是金属与其周围物质发生化学反应或电化学反应而造成的破坏作用。腐蚀是一门专门学科，简单作一介绍。物质的表面因发生物理或电化学反应受到破坏的现象。如铁的生锈是金属腐蚀的最普遍形式。防止腐蚀的主要方法有：①用各种保护层(涂油、漆、瓷釉、防锈漆或沥青等，复镀各种金属层如锌、铬、银、金等)。②制成特种钢或其他耐腐蚀的合金。③电化学防腐如阳极氧化法。④用缓蚀剂。钻井和完井过程中主要是电化学腐蚀。因为钻井液、完井液、修井液和侵入的盐水都包括电解质溶液，当钻具和钻井设备与电解质溶液接触时便会产生腐蚀。在完井液和修井液中，主要存在氧腐蚀、H_2S 腐蚀和 CO_2 腐蚀。

【腐殖酸】 又称胡敏酸，一种复杂的无定形高分子化合物的混合物。由植物残体在空气和水分存在的条件下，经过部分分解而形成。可从泥炭、褐煤、风化煤或某些土壤中提取。呈黑褐色，酸性。由黑腐酸、棕腐酸和黄腐酸组成。它不是单一的化合物，而是分子大小不同和结构不一的多种化合物的混合物。这些化合物含有氮、氢、氧、碳等元素，从官能团和结构上的分析证明，它们是含芳香环和烯键的多官能团链状高分子化合物，这些官能团有羧基、醇羟基、酚羟基、甲氧基、醌氧基、含氮基等。作为钻井液处理剂起主要作用的是羧基、酚羟基和甲氧基等。相对分子质量从 1400～4200，例如：

$C_{69}H_{93}O_{23}N_2$（相对分子质量：1477）

$$C_{204}H_{101}O_{16}N_8 \begin{cases} (COOH)_2 \\ -(OH)_{11} \\ -(COO)_{11}（内脂） \\ （相对分子质量：4200） \\ -(CO)_5 \end{cases}$$

腐殖酸可耐温 180～190℃。它不直接用于处理钻井液，而以钠盐的形式使用。由于它含有一系列活性官能团，可进行各种改性，进一步提高抗温和抗污染的能力。品种很多，有腐殖酸及其盐类(主要是钠盐和铵盐)、硝基腐殖酸及其盐类等。

【腐殖酸钾】 钻井液用页岩抑制剂的一种，代号为 KHm，化学式：

是由褐煤或风化煤用氢氧化钾提取而得。为黑褐色粉末，易溶于水。pH 值为 9~10。具有一定的页岩抑制作用，兼有降黏和降滤失作用，适用于淡水钻井液，抗温可达 180℃，一般加量为 1%~3%。

腐殖酸钾质量指标

项 目	指 标		
	一级品	二级品	三级品
水溶性腐殖酸（干基）含量/%	55.0±2	45±2	40.0±2
pH 值	9~10		
水分/%	≤12±2		
细度（通过40 目筛）/%	100		
钾含量（干基）/%	10±1		

【腐殖酸钠】 代号：NaHm 或 NaC，为无毒、无味、黑褐色粉末，易溶于水，水溶液呈碱性。主要用作淡水钻井液耐高温降滤失剂，并兼有降黏作用。抗盐较差。

腐殖酸钠质量指标

项 目	指 标		
	一级品	二级品	三级品
水溶性腐殖酸（干基）含量/%	55.0±2	45±2	40.0±2
pH 值	9~10	9~10	9~10
水分/%	≤12	≤12	≤12
细度（通过40 目筛）/%	100	100	100

【腐殖酸铁】 代号为 FeHm，为黑色略有光泽的固体，呈细颗粒状，无毒无味，易溶于水，水溶液呈碱性。主要用作淡水钻井液降滤失剂，兼有降黏

作用。耐高温可达 180~200℃。

腐殖酸铁质量指标

项 目	指 标
腐殖酸含量/%	≥ 55.0
有效铁/%	≥ 4.0
水分/%	≤ 15.0
水不溶物/%	≤ 10.0

【腐殖酸铬铁】 代号为 FeCrHm，为黑色、略有光泽、无臭无味的粉末状固体，易溶于水。主要用作淡水钻井液降滤失剂，兼有降黏作用，抗温 180~200℃。

腐殖酸铬铁质量指标

项 目	指 标
腐殖酸含量/%	≥55.0
有效铁/%	≥2.0
水分/%	≤15.0
水不溶物/%	≤10.0
有效铬/%	≤2.0

【腐蚀抑制剂】 即"缓蚀剂"。

【腐殖酸酰胺】 简称 7622，是小于 200 目的黑色粉末，是一种表面活性剂，用作油包水乳化钻井液的乳化剂。由于含有酰胺基，能提高乳化钻井液的抗温性。它是风化煤经碱溶、去渣、干燥，然后进行氨化而制得，反应的结果在腐殖酸分子中引进了酰胺基。

【腐殖酸铁钾】 为腐殖酸钾与铁的络合物。一般为黑褐色粉末，易溶于水，水溶液呈碱性，具有一定的页岩抑制作用，兼有降滤失作用，抗温可达 180℃。适用于淡水钻井液，一般加量 1%~3%。

腐殖酸铁钾质量指标

项　　目	指　　标	
	一级品	二级品
水溶性腐殖酸(干基)/%	50±2	40±2
钾含量/%	8±2	
铁含量/%	2±0.5	
粒度(过40目筛)/%	100	
水分/%	12±2	
pH 值	9~10	

F

【腐钾树脂钻井液】　以 KHM、K21、SMP 为主处理剂,并用 KHm、K21、SMP、SMC、CPAN 等进行维护处理的钻井液体系。适用于中深井。其特点是前期性能稳定,流动性好,后期性能稳定困难,切力大,流动性差,滤饼厚而疏松,摩阻大。

【腐钾聚合物钻井液】　在聚合物钻井液的基础上,加适量 KHm、CPAN 和 PHP 等转化而成的一种钻井液。这种钻井液性能稳定,滤饼薄而韧,但结构较强,后期流动性较差,适应于2500m 以下的井。

【辅助高聚物】　指在体系中形成空间网架结构的低相对分子质量(小分子)聚合物,相对分子质量多在 10 万左右。它能够降低体系的总滤失量。

【负电荷】　又称"阴电荷"。如电子所带的电。中性物体获得额外电子后即得负电荷。

【负硬度】　见"硬度"。

【负离子】　即"阴离子"。

【负表皮效应】　见"表皮效应"。

【附着力】　指保持不同分子间的聚集的力。

【附加压力当量钻井液密度】　地层压力 P_p 是由使用的钻井液产生的静液压力来平衡的,如果采用绝对平衡 $(P_p = P_m)$,钻井也是不完全的,因此必须考虑安全附加压力 P_e,即 $P_m = P_p + P_e$。把 P_e 改写成密度的形式 $\gamma_e = 0.10197P_e/H$,这就是附加压力的当量钻井液密度。1982 年我国原石油工业部钻井司颁布的钻井液条例草案中规定,油井钻井时附加密度 $\gamma_e = 0.05 \sim 0.10g/cm^3$,钻天然气井时规定 $\gamma_e = 0.07 \sim 0.15g/cm^3$。$\gamma_e$ 的大小直接影响到保护油气层和提高钻速,上述规定使我国钻井液密度的设计向近平衡压力钻井方向前进了一大步。

【复盐】　盐类分子中含有两种金属离子和酸根的盐。复盐电离时,可以电离出两种简单离子或在水溶液中分解成两种正盐。如 $Kal(SO_4)_2$ 就是一种复盐。

$$KAl(SO_4)_2 \Longrightarrow K^+ + Al^{3+} + 2SO_4^{2-}$$

【复分解反应】　盐与酸、盐与碱、盐与盐之间中和反应,都是两种化合物相互交换离子的过程,生成另外两种化合物,这种反应叫复分解反应。发生复分解反应必须具备一定的条件,即:①生成物中必须有难溶物出现。②生成物中必须有气体放出。③有难电离的物质生成(如水等)。

$$NaCl + AgN O_3 \Longrightarrow NaNO_3 + AgCl \downarrow$$
$$NaOH + HCl \Longrightarrow NaCl + H_2O$$
$$CaC O_3 + 2HCl \Longrightarrow CaCl_2 + H_2O + C_2O \uparrow$$

【复合堵漏剂】　这类堵漏剂不是单一的堵漏材料,是由多种堵漏材料复配混合后形成的堵漏剂。该类堵漏剂种类较多,其效果也较好。

【复合堵漏袋】　工具堵漏法的一种,是填堵大裂缝和溶洞的有效工具,可根据井下情况制成直径 50~200mm,长 300~500mm 的堵漏袋,其材料可用编织袋、尼龙布、劳动布等强度较好的材料,以防投入井内碰撞井壁而破裂导致失败。袋内可根据情况装入水泥、速凝剂、重晶石、黏土桥接剂等，简单易行。

投放方法：浅井可从井口直接投放；深井可用工具送入。在地下存在流动水的漏层，堵漏袋下部可装上"锚钩"，以防流水将其冲入井壁的裂缝和洞穴中，然后灌注水泥，以形成水泥塞。

【复合醇盐水钻井液】 该体系主要由三种不同浊点的聚合醇、抗盐降滤失剂、增黏剂、超细目碳酸钙、甲酸钾及甲酸钠组成。该体系具有优良的页岩抑制性，井眼规则，稳定性好；抗温可达160℃；具有较好的润滑性能和较高的膨润土容量限；保护油气层效果好；该体系使用的聚合物可生物降解，不会造成环境污染，对钻具腐蚀性小。该体系具有黏度低、动态瞬时滤失量高的特性，有利于提高机械钻速。

【复合硅酸盐钻井液】 是以硅酸钠和硅酸钾（或 KCl）为主要处理剂的钻井液体系。硅酸盐是通过与地层和钻井液中的钙、镁离子反应形成硅酸钙和硅酸镁沉积在裸露的地层和滤饼上，形成坚固的井壁，达到防塌、防卡的效果。复合硅酸盐对纯膨润土钻井液有降黏作用，与含有铵、钙等离子的处理剂如聚丙烯腈铵、PAC141 等不配伍；复合硅酸盐不适合用于淡水钻井液体系。复合硅酸盐钻井液体系是盐水体系，在此体系中，pH 值是影响其稳定性的主要因素。黏土含量、复合硅酸盐模数及加量等对复合硅酸盐钻井液的流变性和滤失有较大影响。复合硅酸盐体系黏度变大后，采用常规降黏剂作用不好，使用 NaOH 和 PTV 胶液能有效降黏。复合硅酸盐体系对油气产层的损害不大，适用于各种油气田的开发。该体系抗温、抗盐、抗钻屑污染能力强，具有良好的润滑性能。体系中加入表面活性剂、聚乙二醇等处理剂能有效提高复合硅酸盐钻井液体系的高温稳定性和保持 pH 值的稳定。复合硅酸盐体系抑制性强，复合硅酸盐的浓度达到3%时，其抑制效果更好。

【复合离子聚合物钻井液】 是一种防塌型钻井液，其作用机理是，在高分子链上引入多种官能团（如阳离子、阴离子和非离子），使聚合物与黏土表面相互作用方式由单一的氢键吸附变为氢键吸附与静电吸附的双重作用，增强了它在黏土上的吸附强度，加快了吸附速度，使其能在黏土水化膨胀之前，就牢固地吸附在黏土表面上，形成厚的吸附膜，防止页岩的水化分散。复合离子聚合物包括主体聚合物 FA367 和 XY27。

G

【改型层流】 在我国也称为平板层流、准层流、不完全层流和平缓层流，均属层流流态，是钻井液所特有的流态。所谓平板层流和平缓层流，是相对于牛顿流体的尖峰层流而言的。牛顿流体在管内的层流的速度分布如下图(a)所示，最高流速 U_{max} 与平均流速 $\bar{U}$ 的比值 $V_{max}/\bar{U}=2$，这种速度分布的层流称为尖峰层流。基本上符合宾汉流型的分散型钻井液在管内的层流速度分布如下图(b)所示，在流动的中心部分存在一个流核，流核内流速不变。故 U_{max} 与 $\bar{U}$ 的比值小于2，并趋近于1。这种存在流核的层流流态，就是平板层流。基本符合指数流型的不分散钻井液在管内的层流速度分布如下图(c)所示，它虽然没有流核存在，但速度分布比较平缓，U_{max} 与 $\bar{U}$ 的比值也小于2，并趋近于1。这种速度分布的层流称为平缓层流。平板层流和平缓层流在举升岩屑方面，比尖峰层流有显著的优越性。

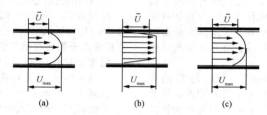

尖峰层流、平板层流和平缓层流图

【改性石棉】 代号：HN-1；最常用的是温石棉，其矿物名称是纤维蛇纹石；理论化学式是 $H_4Mg_3Si_2O_9$；它的结构属于层状硅酸盐，由硅氧层面和镁氧(氢)层面组成，与高岭石结构相似。它的硅氧层也以四面体形式通过共同点组成六角网状平面，面网的四个四面体剩余一个活性氧原子而形成阴离子根 $[Si_2O_5]^{2-}$。靠活性氧原子与镁原子相连，并且由—OH包和而形成镁氧(氢)层面 $[Mg_3(OH)_4]^{2+}$。微黄色或灰色粉粒状。用于低固相、无固相钻井液提高动切力值，达到提高钻井液携带钻屑能力的目的。

改性石棉质量指标

项 目		指 标
理化指标	密度/ (g/cm^3)	2.45 ± 0.05
	粒径/mm	<3.0
	水分/%	<3.0
钻井液性能		1. 动塑比值：在1.04的基浆中，加1%HN-1后可使动塑比值提高30%；2. 钻井液中加入HN-1后，钻井液的滤失量和塑性黏度不增加

【改性淀粉】 淀粉分子链中含有大量的醇羟基，通过化学改性，如预胶化淀粉、羧甲基淀粉、羟乙基淀粉、阳

离子淀粉等引入亲水性基团所产生的产品统称改性淀粉。改性淀粉是一种可分散于水中的非子离子型聚合物，在水基钻井液中，用于控制滤失量，且与含盐量无关。在饱和盐水处理钻井液中特别有效。可抗温150℃。改性淀粉是钻井液有效的稳定剂，它用于高矿化度的钻井液。能够有效地稳定钻井液，控制滤失量和流变性能。

【改性褐煤】　褐煤是煤的一种，其中含20%~80%的腐殖酸。腐殖酸难溶于淡水而易溶于碱水，生成腐殖酸盐（钠）。腐殖酸不是单一的化合物，而是分子大小不同和结构组成不一的多种化合物的混合物。这些化合物含有氮、氢、氧、碳等元素。从官能团和结构上看，它是含有芳香环和烯键的多官能团链状化合物，相对分子质量为1000~4000。这些官能团有羧基、醇羟基、酚羟基、甲氧基、醌氧基、含碳基等，腐殖酸分子最基本结构单元为：

褐煤的改性产品较多，主要用作钻井液的降黏、降滤失剂。

改性褐煤质量指标

项　目	指　标
外观	黑色粉末
细度（0.42mm筛孔筛余）/%	≤15
水分/%	≤10
水不溶物/%	≤5
pH值	7~8
降黏率/%	≥70

【改性沥青】　由沥青经化学改性而得的产品，其主要作用机理是，在钻遇页岩之前，加入该产品，若该产品的软化点与地层温度相匹配，在井筒内正压差作用下，会发生塑性流动，挤入页岩孔隙、裂缝和层面，封堵地层层理与裂隙，提高对裂缝的黏结力，在井壁处形成具有护壁作用的内、外滤饼。其中，外滤饼与地层之间有一层致密的保护膜，使外滤饼难以被冲刷掉，从而可阻止水进入地层，起到稳定井壁的作用。

【改性完井液】　是在原钻井液的基础上加以调整钻井液性能，使其基本上满足钻井、完井的性能要求。如原钻井液中一般盐度都很低，会导致产层中的黏土水化和微粒运移，所以要在原钻井液中提高阳离子浓度，以抑制黏土水化，或用更稳定的高价阳离子置换地层中黏土表面的可变换（易水化的）阳离子。在钻井液中加入可溶性的钙盐可置换地层的钠离子，以降低黏土的水化应力，减小其水化膜厚度。在钻井液中加入3%~10%的氯化钾也可明显减弱黏土的水化，钾离子固定在黏土内部产生一种紧密联结的黏土结构，就不易受水化的影响。由于改性钻井液应用方便，无须太多处理，成本较低，在井眼条件适宜时，仍被用来打开产层。但在使用之前，对地层分析，以及经济分析之外，对钻井液必须大量清除固相含量，尽量减少细颗粒浓度，降低滤失量，选用适宜的化学添加剂，以最大限度地减轻对产层的损害。

【改性膨润土】　又称"人工钠土"或"人工钠坂土"，以钙蒙脱石为主要成分的黏土经钠化处理制得的钻井液用土。

【改性磺化单宁】　代号：M-SMT；是以五倍子为原料，经水解、劲提、缩聚、磺化、络合等工艺研制而成，在钻井液中主要起降黏、抗温、抗盐作用。适用于淡水、盐水、饱和盐水钻井液。

改性磺化单宁质量指标

项　　目	指标
外观	棕褐色粉末
细度(0.42mm 筛孔通过量)/%	100
水分/%	≤10
水不溶物/%	≤2
pH 值(25℃，1%水溶液)	7~9
有效成分/%	≥80

G

【改性钻井液完井液】 改性钻井完井液是将打开油气层前使用的常规钻井液经过改性处理，使其成为具有一定保护油气层效果的钻井完井液。其技术要点是：①降低钻井液中黏土和无用固相的含量，尽量调节固相颗粒的级配，使其与油气层孔喉匹配。选用合适的暂堵剂类型和加量，无酸敏的地层可选用酸溶性暂堵剂，有酸敏的地层可选用油溶性暂堵剂，特殊情况可选用水溶性暂堵剂。加量以形成有效的暂堵泥饼为宜。②降低滤失量，防止水化膨胀，对低渗-特低渗储层还应加入适当的表面活性剂，降低钻井液的界面张力，从而减轻水敏和水锁损害。改善流变性和泥饼质量，调节 pH 值在 75~8.5 之间，以减少滤液侵入量和防止碱敏损害。通过调节钻井液配方，使钻井液对钻屑的回收率大于 90%，对岩心的渗透率恢复值大于 70%，才能用于钻开油气层。该种钻井完井液具有成本低、使用工艺简单、对井身结构和钻井设备及工艺无特殊要求、具有一定保护油气层效果和应用广泛等优点。缺点是保护油气层效果不如新配的钻井完井液好，有时由于上部钻井液性能太差，较难达到保护油气层改性要求。抑制性聚磺改性钻井完井液的配方见下表。

抑制性聚磺改性钻井完井液

材料与处理剂	功用	用量/(kg/m³)
膨润土	基浆	30.0~50.0
PAC141	包被和页岩抑制	1.0~3.0
KPAM	包被和页岩抑制	1.0~3.0
水解铵盐	降黏、降失水	10.0~20.0
CMC	降失水	3.0~5.0
SMP	降失水	10.0~20.0
SPNH	降失水	8.0~12.0
磺化沥青	页岩抑制	3.0~5.0
加重剂	提高密度	按设计要求

【改性无铬木质素降黏剂】 是由碱法造纸废液经磺甲基化后，再与栲胶、褐煤等经缩合、络合而得的一种无铬木质素改性产品，可溶于水，无毒。在水基钻井液中用作降黏剂，具有抗温、抗盐等特点。

改性无铬木质素降黏剂质量指标

项　　目	指标
外观	黑色粉末
水分/%	≤7
水不溶物/%	≤10
pH 值	7~9
降黏率/%	≥80

【钙】 周期表第 Ⅱ 族主族(碱土金属)元素。原子序数 20。稳定同位素：40、42、43、44、46、48。相对原子质量 40.078。银白色金属。质软。密度 1.55g/cm³。熔点 850℃。沸点 1480℃。化合价为 +2 价。化学性质非常活泼，易与卤素、硫、氮等化合。加热时能还原几乎所有的金属氧化物。溶于酸，能分解水而放出氢。自然界中钙以各种化合物的形态广泛分布，如石灰石、石膏等。钙的化合物是造成水硬度的原因。也是石灰、

石膏和石灰岩等的成分。

【钙土】 见"钙蒙脱石土"。

【钙侵】 又称钙污染。指钻遇石膏地层或钻水泥塞时，钙离子进入钻井液，使钻井液性能变差的现象。钻井液遭受钙侵后所表现出的现象也不完全相同，在实际应用过程中应灵活掌握和运用。主要表现为：①Ca^{2+}浓度显著增加。②黏度和切力上升，流动性变差，有时还会产生泡沫；当Ca^{2+}超过某个数值后，黏度、切力随Ca^{2+}浓度增大而突然下降。③滤失量显著增大，滤饼变虚、变厚、变脆。④钻石膏层时，pH值降低；钻水泥塞时，pH值升高。钙侵的处理，钻进石膏层、水泥塞产生钙侵时：①根据钻井实际情况，以一定比例的纯碱、烧碱、抗盐、抗钙降滤失剂复配成胶液，进行处理，调整黏度、切力，特别注意慎用分散剂。②补充抗盐、抗钙降滤失剂和防塌剂，复配成胶液，按循环周处理，控制滤失量，提高防塌能力。③钙侵污染严重时，可按比例使用硫酸钠进行处理，以避免纯碱加量过大，造成HCO_3^-和CO_3^{2-}的污染。④加入适量降滤失剂，保持钻井液胶体稳定性。⑤必要时，逐步转化为抗钙钻井液体系。⑥避免水泥污染最简单的方法是用清水钻水泥塞或用钻井液钻水泥塞时，把污染的那段钻井液放掉。

【钙污染】 即"钙侵"。

【钙指示剂】 ①羟基萘酚蓝或等效物。②称取钙指示剂[2-羟基-1-(2-羟基-4-磺基-1-萘基偶氮)-3-萘甲酸]0.5g与50g氯化钠共同研细，贮于棕色瓶中。③1∶50(钙试剂∶氯化钾或氯化钠)。

钙指示剂

【钙蒙脱石土】 简称"钙土"。黏土片带负电荷，并有与它联结在一起的阳离子云，如果这些阳离子主要是钙离子，此类黏土被称为"钙蒙脱石土"。

【钙处理钻井液】 指以石灰、石膏和氯化钙或其他钙的化合物来处理的水基分散性钻井液称为"钙处理钻井液"。也属于抑制性钻井液的一种，使钠基黏土交换为钙基黏土，从而使部分黏土去水化，水化膜厚度减薄，黏土颗粒变粗，钻井液滤失量增大。在加入钙盐的同时，加入分散剂(单宁或铁铬盐)、降滤失剂和保持适当的pH值，可使黏土颗粒保持适度絮凝而形成稳定的粗分散钻井液。该钻井液可延缓或抑制井壁和钻屑中黏土和页岩的水化分散作用，从而可获得稳定性较好的井眼，黏度、切力较易控制。这类钻井液从低的或高的pH值钻井液中加入适量的烧碱和分散剂，用于维持滤液碱度(k_f)，而石灰、石膏用于控制钻井液碱度(p_m)，如加入一定的淀粉或CMC以控制滤失量。该钻井液适用于石膏层中的钻井。

【钙醇钻井液】 是以氯化钙、聚合醇为主的钻井液，该钻井液的基本配方为：水、2%～4%膨润土、8%～12%氯化钙、1%～2%降滤失剂、1%～2%流型调节剂、1%～3%聚合醇。该钻井液具有无环境污染，易于维护，稳定周期长，抑制能力强等特点。通过调整该体系中的氯化钙的加量，来调整醇类处理剂的浊点，使其在不同温度下均可析出，并吸附在钻具和井壁上，形成对地层的封堵和提供优良的造壁性能，防止页岩地层的剥落、垮塌。钙离子浓度分别为 1000mg/L、1400mg/L 和 2100mg/L 时，聚合醇浊点温度分别为 85℃、73℃ 和 63℃。由于该体系的强抑制性，因此可保证钻井液低的固相含量和合适的粒度分布，从而可有效地控制钻井液的性能，以减少波动压力对井壁冲蚀而造成的井壁失稳。

【钙醇络合水基钻井完井液】 是由醇类处理剂、复合盐、流型调节剂和降滤失剂等组成的水基钻井完井液。该钻井液通过无机盐调整聚合醇的浊点，使聚合醇的胶体颗粒粒度分布发生变化，与黏土颗粒间的空隙相匹配，使聚合醇胶体颗粒紧密镶嵌在黏土颗粒之间，在黏土表面形成致密层，从而阻止水分进入，达到抑制页岩分散的作用。主要性能指标：①浊点 60~120℃ 范围内可调。②膨胀量 ≤2mm。③页岩回收率 ≥95%。④摩擦系数 $K_f \leq 0.03$。⑤API 滤失量 ≤5mL。主要特点：①通过调整无机盐加量，可使聚合醇的浊点在 60~120℃ 范围内可调，具有强的抑制防塌性。②根据需要，可用 $CaCl_2$ 或其他加重剂加重，性能均良好。③抗温达 150℃ 时，仍能保持良好的悬浮性及较低的滤失量。④体系具有良好的抗污染性能。⑤渗透率恢复值高，具有良好的保护油气层特性。⑥毒性低，有利于环境保护。

钙醇络合水基钻井液完井液配方

材料与处理剂	功用	用量/(kg/m³)
膨润土	基浆	20.0~30.0
聚合物	包被抑制	1.0~3.0
改性淀粉(或胺盐)	降失水	5.0~10.0
聚合醇	润滑抑制	20.0~30.0
抗盐抗钙降滤失剂	降滤失	5.0~15.0
$CaCl_2$	调节浊点	10.0~50.0

【干钻】 指钻井液不流过钻头的情况下钻进。干钻时钻头得不到冷却，其与岩石摩擦所产生的热量带不走，钻头很快受到伤害。引起干钻的原因是：钻井泵上水不好，排量很小，或钻柱被刺漏，使循环短路等。

【干底】 旋流器(包括除砂器、除泥器和微型旋流器)底流变干的现象。

【干摩擦】 又称为障碍摩擦，是一种无润滑摩擦，如空气钻井中钻具与岩石的摩擦，或井壁及不规则情况下，钻具直接与部分井壁岩石接触时的摩擦。

干摩擦

【干钻卡钻】 指钻头部位失去钻井液循环，钻头对岩石做功所产生的热量散发不出去，切削的岩屑携带不出来，积累的热量达到一定程度，足以使钢铁软化甚至熔化，钻头甚至钻铤下部在外力作用下产生变形，和岩屑熔合在一起，就造成了干钻卡钻。钻井液在钻头处的循环排量减少甚至断流原因：①钻具刺漏，开始时一部分钻井液经钻头循环，一部分钻井液经漏点返出，随着时间的延长，漏点越刺越大，绝大部分甚至全部钻井液经漏点上返，钻头处便没有钻井液可供循环。②高压管线与低压管线之间的阀门刺漏或未关死，大部分钻井液在地面循环，流入井内的甚少。③钻井泵上水不好，如循环容器液面太低，上水管堵塞钻井泵活塞、缸套凡尔刺漏，钻井液黏度太高，气泡太多，过滤器堵塞等，均可减小钻井泵的排量，在高压的条件下可能会造成井内断流。④有意识地停泵干钻，在钻井取心或打捞井底碎物时，习惯于有意识地干钻几分钟，力图把钻头或铣鞋用泥皮包死，以防在起钻过程中滑落，但掌握不好，很容易因干钻而造成卡钻。干钻卡钻处理程序图（仅供参考）如下：

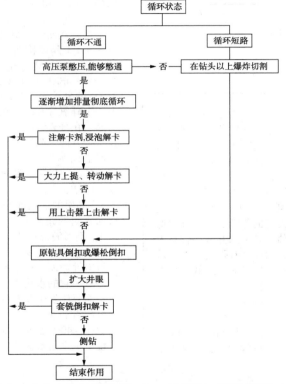

【干气钻井流体】 又称"空气钻井流体"，以空气或气体作为钻井流体。即"空气、雾、泡沫和气体体系"。

【甘油】 又称丙三醇、洋密；分子式为 $C_3H_5(OH)_3$。为无色、无臭、透明有甜味黏滞性的液体。有极大的吸湿性，溶于水、酒精。在水基钻井液中，会大大减轻页岩的膨胀和分散趋势。对流变性能无不良影响，对环境无污染。并能减轻黏土的水化作用。

质量指标

项　　目	指　　标	
	甲　　种	乙　　种
纯度/%	≥95	≥88
密度(d_4^{20})	≥1.2491	≥1.2306
气味	无不良气味	—
透明度	透明	透明

【甘蔗渣】 一种纤维状堵漏材料。

【甘油聚醚】 代号：XBS-300；DB-300；N-33025；由甘油和环氧丙烷共聚而成。为无色或微黄色黏稠状透明液体。难溶于水。主要用作各类水基钻井液的消泡剂。

质量指标

项　目	指　标
羟值(以 KOH 计)/(mg/g)	50±6
浊点/℃	17
酸值(以 KOH 计)/(mg/g)	0.2
水分/%	0.5

【甘油钻井液】 合成基钻井液的一种，属环保型钻井液。该钻井液能有效地抑制泥页岩的水化膨胀，稳定井壁，而且润滑性好，能有效地防止压差卡钻、提高机械钻速、保护储层、提高采收率、对环境无污染。该钻井液易于维护、损耗少。甘油(丙三醇)是一种对环境无害的化学品，具有超低要求的 LC_{50} 值。甘油钻井液中含有大量多羟基醇，因此具有强吸水性，从而抑制了水化物的形成，降低了页岩中黏土的吸水趋势。

【杆式顿钻】 利用钻杆连接钻头的顿钻钻井方法。

【高岭石】 矿物名，因最初在我国江西景德镇附近的高岭地方发现而得名，三斜晶系，晶体呈极微细的假六方棱片状，常成致密土块状集合体。也是黏土中的主要成分，主要黏土矿物之一。高岭石晶体由一个硅氧四面体片和一个铝氧八面体片组成。四面体片以尖顶朝着八面体片，二者由共用的氧原子和氢氧原子团联结在一起。因为它是由一个硅氧四面体片和一个铝氧八面体片组成，所以称高岭石为 1:1 晶体构造型黏土矿物。化学分子式为 $Al_4[Si_4O_{10}](OH)_8$ 或 $2Al_2O_3 \cdot 4SiO_2 \cdot 4H_2O$，其中 SiO_2 和 Al_2O_3 的分子比为 2:1。高岭石晶体由一个硅氧片和一个铝氧片联结而成的晶层在垂直方向上一层层重叠，而在水平方向上晶层连续伸展。每一个晶层上面为氧原子层而下面为氢氧层，各晶层以氧层和氢氧层间形成的氢键联结，联结力强，而且晶层间距(上一晶层的上层面至下一晶层的上层面之间的距离)为 7.2Å($1Å = 10^{-8}$ cm)。高岭石晶格中几乎没有晶格取代现象，它的电荷是平衡的，所以高岭石电性微弱。由于高岭石晶体的这些特点，它的水化很差，不易吸水膨胀，而只能发生晶层的解离。高岭石的分散度较低，小于 $2\mu m$ 的颗粒约在 10%~40% 之间。高岭石晶片在显微镜下呈六角形棱片状。

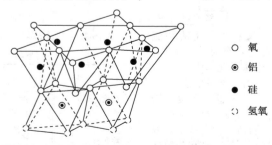

○ 氧
◉ 铝
● 硅
◌ 氢氧

高岭石的晶体结构

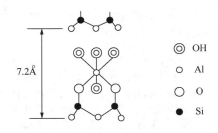

高岭石晶体构造特点

【**高分子**】　即"高分子化合物"。

【**高聚物**】　即"高分子化合物"。

【**高温胶凝**】　当黏土含量大到一定数值，高温分散造成钻井液中化作用下它们黏结形成布满整个容积的连续网架结构，这个过程称为"高温胶凝"。高温胶凝的内在因素是黏土的高温分散作用、高温聚集作用及钻井液中的黏土有足够的含量。

【**高温增稠**】　钻井液在高温条件下黏度、切力和动切力上升的现象称为高温增稠。它是高温分散的必然结果，与黏土的性质和数量有关。

【**高温减稠**】　钻井液中的黏土颗粒表面高温钝化的结构，使黏土颗粒间形成网架结构的能力和强度降低，钻井液的动切力、静切力减小，黏度降低的现象称为高温减稠。在劣土、低土量、高矿化度盐水钻井液中经常观察到这类现象。它不是由于钻井液组分变化而是高温引起的变化。在实际使用中，它表现为钻井液井口黏度、切力逐渐缓慢下降。而这种下降用常规的增稠剂也难以提高黏度。由于严重的高温减稠可导致加重钻井液重晶石沉淀，因此，在使用中也应充分注意。一般可采用表面活性剂或适当增加钻井液中黏土含量的办法解决。

【**高温分散**】　高温能促进钻井液中黏土粒子分散，使分散度增大。
黏土粒子浓度增大的现象称为黏土的"高温分散"。

【**高温钝化**】　高温表面钝化作用的简称。钻井液中黏土粒子经高温作用后，表面活性降低的现象称为"高温钝化"。产生高温钝化的机理可认为是黏土矿物表面或是表面和内部都与钻井液中的钙离子、氢氧根离子发生反应，产生水化硅酸钙，使黏土呈现较大的惰性，而高温则加速这个反应的进行。同时在温度高于 150℃ 时，反应会深入到黏土矿物晶体内部。高温钝化对钻井液性能的影响是高温减稠和高温固化。

【**高温降解**】　高温降解作用的简称。高温使处理剂长链断裂，或使亲水基与主链连接键断裂，两者结果都大幅降低处理剂效能，甚至使之失效，处理剂在高温下的断键反应叫"高温降解"。影响高温降解的主要因素有：①处理剂的分子结构，凡是处理剂分子有在溶液中易被氧化和水解的键都容易发生高温降解。②钻井液的 pH值、矿化度、细菌作用、光辐射以及剪切作用都会影响高温降解。③高温和作用时间。高温降解必然降低以致破坏处理剂的效能，其结果可降低以致破坏钻井液的热稳定性，具体是钻井液滤失量增大、滤饼增厚、pH 值下降。若稀释剂高温降解后失效，易出现高温增稠，甚至胶凝或固化，黏附剧烈上升；若增黏剂高温降解后失效，而黏土含量又不高时，易出现高温减稠，黏度下降。

【**高温交联**】　处理剂分子的结构中存在着各种不饱和键和活性基团，在高温作用下，钻井液中的这些处理剂分子之间发生反应，互相连接，使相对分子质量增大的现象，称为"高温交联"。影响处理剂高温交联的主要因素是温度、分子结构、浓度、pH 值、

G

钻井液的矿化度等。

【高锰酸根】 离子为 MnO_4^-。化合价为-1价，其酸性溶液中有强氧化性[常用氧化剂为酸性 $KMnO_4$（高锰酸钾）]，碱性溶液中也有一定氧化性，在溶液中呈紫红色。

【高温固化】 钻井液经高温后完全丧失流动性呈固态的现象称为高温固化。

【高温消耗】 指高温钻井液比浅井常规钻井液消耗多得多的处理剂。随着井深增加温度升高，钻井液处理剂耗量明显增加的总趋势是相同的。其原因有二：其一是为维持高温高压下所需的钻井液性能要比低温消耗更多的处理剂。其二是为弥补高温破坏作用所带来的损失而做的必要的补充。因此，温度愈高，使用时间愈长，处理剂耗量必然愈大，且增加了深井钻井液的技术难度。

不同温度时处理剂的耗量变化

温度变化范围/℃	处理剂耗量增加值/%
由 93 增至 121	50
由 121 增至 148.9	100
由 148.9 增至 176.7	100

【高炉矿渣】 是非金属产物，被人们称之为微硅。主要由硅酸盐和钙、镁及其他碱基铝酸盐等成分组成，在高炉中与铁一起熔化时产生，通过快速冷却使其转化成玻璃质颗粒状水硬物质，然后研磨成所要求的细度，一般要求矿渣中玻璃质矿物的质量含量不低于90%，细度在 $400 \sim 700m^2/kg$ 之间。高炉矿渣可以加入钻井液中，起堵漏作用。也可用于 MTC 固井。

【高黏 CMC】 即"高黏度羧甲基纤维素钠盐"。

【高剪切乳化】 利用机械产生高剪切作用力，将被乳化物分散成微小的颗粒或液滴，以形成均匀的乳状液体系。

【高剪切黏度】 简称"高剪黏度"，人们常称它为水眼黏度，代号为 η_∞。卡森模式的一个参数，η_∞ 表示钻井液体系中内摩擦作用的强度，常用近似表示钻井液在钻头喷嘴处紊流状态下的流动阻力。从流变曲线（见卡森模式）来看，η_∞ 在数值上等于剪切速率为无穷大时的有效黏度。流体流动时，η_∞ 值的大小是流体中固相颗粒之间、固相颗粒与液相之间以及液相内部的内摩擦作用强度的综合体现。因此，固相类型及含量、分散度和液相黏度等都将对 η_∞ 产生影响。降低 η_∞ 有利于降低高剪切速率下的压力降，提高钻头水马力，也有利于从钻头切削面上及时地排除钻屑，从而提高机械钻速。具有良好剪切稀释性能的低固相聚合物钻井液的 η_∞ 值一般较低，大约为 $2 \sim 6mPa \cdot s$；而密度较高的分散钻井液，其 η_∞ 值常超过 $15mPa \cdot s$。

$$\eta_\infty^{\frac{1}{2}} = 1.195(\Phi_{600}^{\frac{1}{2}} - \Phi_{100}^{\frac{1}{2}})$$

【高压老化罐】 简称"老化罐"或"陈化罐"。是钻井液及处理剂高温实验的一种专用高压容器，一般可容纳 500mL。可与滚子加热炉配套使用，使钻井液在动态状况下加热，模拟钻井液受高温、高压影响的过程，使钻井液实验更接近于实际情况。示意图如下。

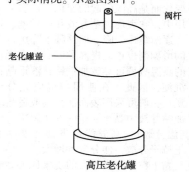

高压老化罐

【高密度固体】　指物质相对密度高于 2.86g/cm³ 的固体。重晶石就是一种高密度固体，其密度大于 4.2g/cm³。钻井液中的高密度固体用来维持特定的钻井液密度，以便使钻井液液柱产生足够的液压来抑制地层压力。

【高钙钻井液】　即"含钙较高的钻井液"。见"氯化钙钻井液"。

【高温降黏剂】　指在高温（>150℃）条件下，能降低黏度的处理剂。

【高速离心机】　一种能除去钻井液中 2~5μm 颗粒的离心机。其转速为 2500~3000r/min。

【高渗透地层】　指那些渗透性很高的胶结性较差和非胶结性地层。渗透率达到 14D 以上才能漏进钻井液。在浅部的砾层渗透率可超过 14D。一般很少发生漏失。此种漏层的特性是钻井液地面循环系统液面逐渐下降，如果继续钻进，可能造成恶化而引起全漏失。

【高温降黏作用】　温度升高，液相黏度降低，钻井液中各种粒子热运动加剧，流动阻力减小，黏度降低的这种现象称为"高温降黏作用"。

【高分子电解质】　是指高分子链上含有离子化基团，能溶于水或其他离子型溶剂的高分子化合物。如 Na-CMC 是含离子化基团—COONa 的高分子电解质。

【高分子化合物】　简称"高聚物"。是由许多简单的结构单元用共价键重复联结而成。构成高分子的基本结构单元称为链节，组成高分子化合物的一个分子链节的数目称为聚合度，能聚合成高分子化合物的低分子原料叫单体。高分子化合物的分类：①根据来源可将其分为天然高分子和合成高分子两大类。②按高分子主链的结构，可将其分为碳链高分子、杂链高分子、元素高分子、有机高分子和无机高分子四大类。③根据工艺性质分类，可分为塑料、橡胶和纤维三大类。④根据合成高分子化合物的反应类型，可分为加聚物和缩聚物两类。高分子化合物的命名主要有：天然高分子习惯上用俗名；合成高分子化合物常根据原料名称和制备方法命名，如加聚反应制得的高聚物大多数在原料名称前加"聚"字；如缩聚反应制得的高聚物则常在原料名称后加"树脂"二字；加聚物在未制成成品前也常用"树脂"称呼；此外聚合物还有商品名称。高分子化合物的特点有：①具有很大的相对分子质量，一般在 $10^3 \sim 10^7$。②具有多分散性。指高分子化合物的分子组成成分相同而相对分子质量和结构各异的特性。③高分子链的柔顺性。指高分子链节中碳-碳单键的内旋转性。④具有复杂的结构和形态。从几何观点来看，高分子化合物有直链型（线型）、支链型和体型三种。线型高分子化合物的分子链呈线状长链、常呈卷曲状态，主链上可连有取代基，在适当的溶剂中可以溶胀并能溶解，具有弹性和塑性。支链型高聚物可看成带有与主链结构基本相同的支链的线型分子，支链的长短和数量可以不同，甚至支链上还有支链，性能较线型差。体型高聚物是在线型或支链型分子间存在化学键，具有空间网状结构，几乎没有柔顺性，脆性大，没有弹性和塑性，不溶于任何溶剂。

【高改性沥青粉】　代号：K-AHM；主要成分是磺化沥青和腐殖酸钾的缩合物，在分子结构中含有—OH、—COOH、—COOK、SO₃H 等水化基团，能在颗粒表面形成多层吸附，其防塌作用是水溶性磺化沥青的电负性部分（离子）与正电的黏土边缘相结合，可阻止页岩颗粒的分散；在一定条件下，沥青球形颗粒和黏土颗粒间，起桥结作用，在井壁形成可压缩性滤饼，起到稳定易塌地层的作用。同时，K^+ 嵌入黏土晶格，使黏土层面形成了封闭结构，防止了黏土表面水化和分散，达到稳定地层的目的。

【高碳鳞片石墨】　见"石墨粉"。

【高密度钻井液】　API 和 IADC 钻井液分类方法，把密度介于 1.6～2.3g/cm³ 之间的称为高密度钻井液。

【高温分散作用】　钻井液中的黏土颗粒在高温作用下自动分散的现象称为高温分散作用。产生的原因主要有：①高温增强了水分子渗入黏土内部的能力。②高温促使已水化的 CO_3^{2-}、OH^-、Na^+ 等无机离子进入晶层间，增强了黏土负电荷或晶层表面可交换阳离子的数目。③高温使黏土颗粒表面的阳离子扩散能力增强，ζ 电位提高。④高温使黏土矿物的片状微粒运动加剧。影响高温分散作用因素主要是黏土的种类、温度、作用时间、pH 值及一些无机高价离子等。高温分散作用对钻井液性能的影响是：①高温增稠。②高温胶凝。

【高温降解作用】　见"高温降解"。

【高容量离心机】　该类离心机由于处理的钻井液量大而得名。进液量为 23～45m³/h，正常转速为 1900～2200r/min，分离点为 5～7μm，这种离心机用来清除 5～7μm 及以上的固体。

【高滤失堵漏剂】　由水泥、植物纤维、矿物纤维、硅藻土等复合而成。依次将各组分材料加入清水中混拌均匀后，注入井内，在压差作用下堵液迅速滤失形成具有一定强度的滤饼，封堵漏失通道。适用于大孔道、多孔隙和裂缝性漏失堵漏，但一般多用在漏层位置比较明确的情况下。通常为了提高完全漏失的堵漏效果，也可以依据漏失通道的特性，在高滤失堵漏堵液中再加入桥接堵漏剂。

【高造浆率黏土】　经黏土增效剂处理，造浆率可达 30m³/t 以上的膨润土。

【高温高压滤失量】　指 API 推荐的高温高压滤失仪及方法测得的钻井液滤失量。

【高温高压膨胀仪】　是一种测量液体对泥页岩抑制性及评价钻井液处理剂的专用仪器。

【高温解吸附作用】　高温条件下处理剂在黏土表面的吸附能力和吸附量因高温作用而大大降低，甚至完全失去的现象称为高温解吸附作用。由于处理剂在黏土表面的高温吸附，使黏土颗粒失去了处理剂的保护，可在高温下发生高温分散、钝化、胶凝等作用，钻井液丧失了热稳定性。

【高温去水化作用】　高温会降低黏土粒子表面和处理剂亲水基团的水化能力，减薄其水化膜厚度，这种作用称为"高温去水化作用"。高温去水化作用的结果大大降低了处理剂分子对黏土的保护，导致滤失量增大，并且会促使高温胶凝、高温固化的发生。高温去水化作用的强弱，除了温度因素外，主要取决于亲水基团的性质。此外，pH 值、矿化度等都直接影响去水化作用。

【高钙铁铬盐钻井液】　是以水泥为絮凝剂，以铁铬盐为分散剂，以 CMC 为降滤失剂的一种钻井液。这种钻井液抗钙、抗盐能力强，具有控制黏土膨胀性能、钻井液稳定性好、造壁能力强，能够控制钻井液的密度。适用于复杂多变的地层。

【高滤失堵液堵漏法】 该法与桥接堵漏的差别在堵液上，即采用滤失量很大的堵液，可在漏层中很快失水而堵漏。它可封堵渗漏、部分漏失及完全漏失的地层。其配方见下表。

高滤失浆液配方

分类	基浆配方					桥堵材料配比			
	抗盐黏土/（kg/m³）	纯碱/（kg/m³）	烧碱/（kg/m³）	石灰/（kg/m³）	硅藻土/（kg/m³）	粒状物（粗）/（kg/m³）	片状物（细）/（kg/m³）	纤维物（中、细）/（kg/m³）	纤维物（细）/（kg/m³）
渗漏	46～57	0.7	0.7	1.4	143	14	14	11.4	3
部分漏失	28.5～43			1.4	143	23	8.5	11.5	3
完全漏失	28.5～43			1.4	143	23	8.5	8.5	8.5

【高温表面钝化作用】 即"高温钝化"。

【高比例石灰乳堵漏】 堵漏体系的一种，这种体系在较高温度下（70～80℃），经过一定时间可产生固化现象，但固化后强度较低，能与盐酸强烈反应，酸溶性较高。该体系主要用于深井段的堵漏。常用配方是：石灰乳（密度1.40g/cm³左右）与钻井液（钻井液密度为1.40g/cm³以上）比例为1:1～2:1。

【高性能水基钻井液】 一类与油基钻井液性能近似的水基钻井液。用于钻进工艺复杂井和高成本井。高性能水基钻井液具有非水基钻井液的许多优良性能：①页岩稳定性。②黏土和钻屑抑制性。③提高了机械钻速。④减小了钻头泥包。⑤减小扭矩和摩阻。⑥高温稳定性。⑦抑制天然气水合物的生成。⑧减少储层伤害。同时，其还具有保护环境和配浆成本较低的优点。

【高pH值淡水钻井液】 该钻井液的液相为淡水，但用处理剂将pH值提高到9以上。这类钻井液包括大多数碱类-单宁酸盐处理的钻井液。

【高温高压密度测试仪】 在高温高压状态下测定钻井液密度的一种仪器，该仪器是一个210cm³的压热器。压热器的加热是靠一铝块加热器，并且用它控制温度，测量误差范围为2.8℃。用47cm³的螺旋压（榨）机来控制压力，其工作压力为137.9MPa（表压），压力变化范围控制在±0.69MPa。单位挤压体积为0.058cm³，一条体积为3cm³的管线螺旋压（榨）机接到压热器上，该仪器图解如下图所示。

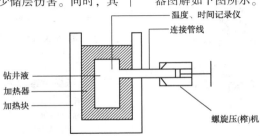

高温高压密度测试仪

G

【高炉矿渣-钻井液堵漏】 又称 MTC 堵漏；高炉矿渣是非金属产物，主要由硅酸盐和钙、镁及其他碱基铝酸盐等成分组成，由高炉矿渣和钻井液配制的堵漏液，其黏度高低可以用普通钻井液的降黏剂或增黏剂来调节，加木质素磺酸盐（FCSL）可延长凝固时间，提高活化剂浓度可缩短稠化时间，增加碱的浓度能改善早期的抗压强度。MTC 堵液可用钻井泵送到漏层位置并加压挤入漏层 6～8m³，静止 24～36h 堵漏。根据漏层性质还可灵活复配其他堵漏材料，获得更佳的堵漏效果。

【高温动态膨胀量测定仪】 膨胀实验仪的一种。用于检测岩心或膨润土在高温常压条件下其膨胀变化情况的一套精密测量装置，为测定岩心或膨润土的膨胀特性、优化钻井液、评定各种处理剂对岩心或膨润土的稳定性提供了方法。该测定仪采用精密机械指针式测量装置，示值准确、读数直观、使用方便，搅拌系统为液体提供充分的搅拌。

高温动态膨胀量测定仪

高温动态膨胀量测定仪技术参数

名　　称	技术参数
外形尺寸	26cm×20cm×38cm
质量	3kg
电源	AC220V（上下浮动 5%）；50Hz
功率	1kW
测量筒容量	24mL
测试量程	20mm
测试误差	0.01mm
工作温度	常温～93℃
工作压力	常压
搅拌速度	0～3000r/min
使用温度	常温～40℃

【高温降低钻井液的 pH 值】 钻井液经高温作用后 pH 值下降，其下降程度视钻井液体系不同而异。钻井液矿化度愈高，其下降程度愈大，经高温作用后的饱和盐水钻井液 pH 值一般下降到 7～8。这种 pH 值下降必然会恶化钻井液性能，影响钻井液的热稳定性，使用中，钻井液这种经高温后 pH 值下降的趋势，一般不能用补加烧碱的办法来解决，加碱愈多，pH 值下降愈厉害，钻井液性能愈不稳定。一般采用非离子表面活性剂或补充部分新配制的膨润土浆。

【高 pH 值石灰处理钻井液】 钻井液类型的一种。由石灰、烧碱、黏土和有机减稠剂组成。pH 值通常高于 11。

【高温高压黏附系数测定仪】 一种测定滤饼黏附系数的一种专用仪器，它能在温度 150℃，压差 3.5MPa 的条件下进行测定 K_f。常用的该类仪器以 GNF-1 高温高压黏附仪为代表。

GNF-1 型高温高压黏附仪

GNF-1 高温高压黏附仪技术参数

名　称	技术参数
外形尺寸	20cm×20cm×60cm
质量	32kg
电源	AC 220V(上下浮动5%)；50Hz
加热功率	500W
最高工作温度	170℃
最高工作压力	3.5MPa
黏附盘直径	φ50.7mm
过滤面积	22.6cm²
黏附盘加压方式	气动

【高温高压滤失量测定仪】 测定高温高压滤失量的仪器。能够在高温(一般在 150~260℃)、高压(压差 3.5MPa)条件下，测定钻井液的静态滤失量。常用的型号主要有 GGS71 和 GGS42 型。

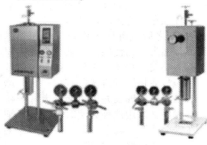

GGS71 型　　　　GGS42 型

高温高压滤失量测定仪技术参数

名　称	技术参数	
	GGS42	GGS71
外形尺寸	26cm×25cm×56cm	21cm×31cm×76cm
质量	26kg	40kg
电源	AC 220V(上下浮动5%)；50Hz	AC 220V(上下浮动5%)；50Hz
功率	400W	1.0kW
最高工作温度	150℃	260℃
最高工作压力	4.2MPa	7.1MPa
最高回压压力	0.7MPa	3.5MPa
有效滤失面积	22.6cm²	22.6cm²
浆杯容量	175mL	500mL

【高温高压动态滤失量测定仪】 能够模拟测定钻井液在动态(钻井或循环时)、高温、高压条件下的一种专用仪器。常用仪器为 HDF-1 型高温高压动态滤失仪，其技术参数如下表所示。

HDF-1 型高温高压动态滤失仪技术参数

名　称	技术参数
外形尺寸	46cm×25cm×78cm
质量	75kg
电源	AC 220V(上下浮动5%)；50Hz
功率	1.2kW
调速范围	0~800r/min
静态滤失最高工作温度	232℃
动态滤失最高工作温度	150℃
最高工作压力	7.1MPa
最高回压压力	3.5MPa
有效滤失面积	22.6cm²
浆杯容量	500mL

G

HDF-1型高温高压动态滤失仪

【高黏度羧甲基纤维素钠盐】 代号为HV-CMC，由脱脂棉和氯乙酸反应而成。为白色或微黄色纤维状粉末，具有吸湿性、无臭、无味、无毒、不易发酵、不溶于酸、醇等有机溶剂，易溶于水中成胶体溶液。有一定的抗盐能力和热稳定性。主要用于水基钻井液的增黏剂，有一定的降滤失作用，并有作乳化作用。

质量指标

项 目		指 标
造浆率/(m³/t)	蒸馏水	≥200
	盐水（NaCl 4%浓度）	≥150
	饱和盐水（NaCl）	≥160
外观		自由流动粉末不结块
含水量/%		≤10.0
纯度/%		≥95.0
取代度		≥0.8
pH值		6.5~8.5
氯化钠含量/%		≤5.0

【高抑制性低盐度聚合醇水基钻井液】 钻井液类型的一种；该钻井液强抑制性能是通过聚合醇与一定浓度的氯化钾复配实现的，聚合醇与无机盐复配形成复合物，增强聚合醇在膨润土颗粒上的吸附强度。该钻井液抑制性能的关键是处理剂能够与膨润土颗粒发生强吸附作用，进入膨润土颗粒层间，通过分子间的相互作用力产生良好的加固封闭作用，阻止钻井液滤液侵入，达到抑制泥页岩膨胀分散的目的。

【高滤失堵剂–桥接剂混配复合堵漏法】 这种堵漏法是将桥接材料按一定粒度、配比加到高滤失堵液中，混合均匀。其复配原则是，以硬果壳为主，粗、中、细搭配，并以粗颗粒硬果壳粒径与裂缝宽度对应为有效粒子，以产生卡喉效应，堵液中硬果壳类桥接剂的加入浓度是配制量的2%~4%。这种堵漏法可对付漏层清楚和不清楚的中、大漏失。堵漏工艺要点是：①清洗一个地面循环罐（一般为尾罐），要求罐上搅拌器及蝶阀状态良好。②取出泵循环系统的全部滤子及滤清器。③从混合漏斗加入堵漏剂。配制液为清水，配制总量一般为10~20m³，浓度为8%~13%。④桥接材料的浓度为2%~4%，以颗粒状为主。⑤根据需要可提高堵液的密度。⑥下光钻杆至漏层顶部，钻具出裸眼后，要活动钻具，防止卡钻。⑦边搅拌边送堵液，把堵液泵替至漏失井段。⑧如果是完全漏失，一般堵漏液进入漏层一定的量后，就会建立循环，这时将钻具上提100~200m，靠循环加压的方式增加滤饼的强度，一般1h之后就可恢复作业。⑨如果是部分漏失，为使堵液大部分进入漏层就需要关井挤压。挤压可用直接挤替和先替后挤两种方式。直接挤替，堵液泵出后立即关井，将堵液大部分挤进漏层，采用这种方法时，钻具必须在安全位置。漏层位置比较清楚时采用此方法较好。先替后挤，先把堵液完全泵出钻具，立即把钻具起至安全位置(一般为套管鞋内),然后关井将堵液完全挤进漏层。漏层位置不清楚时,采用此方法,理论上讲其覆盖井段较长,效果较好。挤替时,压力一般为 2~6MPa,不超过地层的破裂压力。挤替后,观察压力的变化,静止 1~2h,再循环观察漏失情况,不漏后恢复钻进。

【高油水比铁矿粉加重油包水乳化钻井液】 钻井液类型的一种;这种油基钻井液,其特点是将油浆的含水量从 15%~30% 降至 8%~10%,并选用氧化铁粉加重,以降低钻井液中固相的体积百分含量。其结果可使体系中乳化水滴的浓度、固相含量和悬浮颗粒数目大大减少,从而可明显降低体系的塑性黏度和喷嘴处高剪切速率下的流动阻力,使机械钻速得以提高。选用氧化铁粉加重比用重晶石加重时的塑性黏度降低 25%~40%。

【高滤失堵漏剂-桥接材料-水泥复合堵漏法】 堵漏方法的一种;高滤失堵漏剂和桥接材料与水泥配成的堵液,有较高的滤失量及聚结性,在压差作用下,受挤压后,能迅速释出水分,体积缩小,密度增加;桥堵材料在漏失层内由于液失,在漏失通道中较快地形成骨架,水泥在井温下固化将桥堵材料较牢地固定,形成有一定强度的隔墙,阻止钻井液漏失。此堵液的基浆用 4% 膨润土加 0.5% 纯碱、0.5% 烧碱、1% NaCl、重晶石配成,其性能为:密度 1.30g/cm³、黏度(马氏漏斗黏度计测量)40s、滤失量 60mL、初切力 0、终切力 15Pa、pH 值 12。堵液中加入 4% 高滤失堵漏剂(DSR)、1% 核桃壳、1% 蚌壳渣粉、4% 水泥配成堵漏浆液;其密度为 1.35g/cm³,如漏失严重,在堵液中 DSR 可增加至 10%、核桃壳增加至 8%、蚌壳渣

粉增加至 6%。采用此浆液封堵破裂压力低的砂岩、泥页岩,提高其承压能力。

【隔离液】 用于井下隔离两种不能相混的液体,它应和被隔离的一种液体相近似。如在注水泥固井作业中,为防止水泥浆与钻井液相互侵污配制的隔离液。是为了避免两者相混而使水泥浆质量变差或黏度增加;其次是清除环空钻井液及井壁滤饼,以保固井质量。隔离水基钻井液时,采用水基隔离液;隔离油基钻井液时,采用油基隔离液。隔离液的密度和黏度一般比替换的钻井液略大些。

【铬褐煤】 即“铬腐殖酸”。

【铬酸盐】 六价铬的化合物,例如重铬酸钠。铬盐可直接添加到钻井液中,木质素磺酸盐协助稳定流变性。在特定领域,铬酸盐经常与氧化钙结合作为阳极腐蚀抑制剂使用。

【铬酸钠】 分子式:$Na_2CrO_4 \cdot 10H_2O$;相对分子质量 342.16;为黄色针状单体,密度 1.48g/cm³,熔点 19.9℃,易潮解,水溶液呈碱性。无水铬酸钠常温密度约 2.72g/cm³。在钻井液中起氧化还原作用,解除钻井液老化,提高某些降滤失剂和降黏剂的热稳定性等。

【铬酸钾】 分子式:K_2CrO_4;相对分子质量 194.2,为黄色斜方晶体,常温密度 2.73g/cm³,熔点 968℃。不潮解,有氧化性,溶于水,水溶液呈碱性。在钻井液中起氧化作用。

【铬酸锌】 分子式:$ZnCrO_4$,为黄色粉末,有毒;在钻井完井液中加入 0.3~1kg/m³ 时,可作为腐蚀抑制剂。

【铬冻胶】 堵漏材料的一种;该堵漏材料是将 HPAM 溶于水中再加入重铬酸钠和亚硫酸钠配成。将配制的堵漏材料注入漏失地层后,堵漏材料中的亚硫酸钠将重铬酸钠中的铬(Cr^{6+})

还原为 Cr^{3+}，然后组成的多核羟桥络离子，将水中的 HPAM 交联成铬冻胶，将漏失地层堵住。该堵漏法对渗透性地层的漏失堵漏效果较好。

【铬腐殖酸】 代号：CrHm；由腐殖酸与重铬酸钠在 80℃ 以上反应制成。也可在钻达较深位置时，加重铬酸钠（钾）转化而得。腐殖酸与重铬酸钠的配比（重量），一般选用 3：1 或 4：1。若以褐煤为原料则可根据褐煤中腐殖酸含量进行换算。如褐煤中含有其他还原性杂质，则应另做实验确定配比。一般常用配方，褐煤：烧碱：重铬酸钠：水 = 15：3：0.5：100。制品的 pH 值一般调至 9～10。铬腐殖酸既有降滤失作用，与铁铬盐配合使用效果更好，可有效地降低钻井液的黏度和滤失量，抗污染及抗温性能都比较好，适用于淡水、海水和盐水型钻井液。

【铬酸钾溶液】 称取 10g 铬酸钾，溶解于 100mL 蒸馏水中，搅拌下滴加硝酸银溶液至出现红棕色沉淀，过滤后使用。

【铬酸钾指示剂】 100mL 蒸馏水中溶解 5g 铬酸钾。

【铬黑 T 指示剂】 即 2g/L 铬黑 T 指示剂。将 0.2g 铬黑 T 和 1g 盐酸羟胺溶于 96%（体积分数）的乙醇中至 100mL。

【铬钻井液】 深井钻井液的一种；主要组分为铁铬盐、铬腐殖酸、重铬酸盐、表面活性剂（多为聚氧乙烯苯酚醚类）。是国外最常采用的抗高温水基钻井液类型（Spensence/XP20）。可用于超深井。

【工程报废井】 由于钻井工程事故，无法钻达地质设计深度而报废的井。

【公斤】质量单位，kg（千克）是公斤英文缩写，1 千克 = 1 公斤。最初定义是质量单位 1 公斤等于 1 千克，但是公斤不是科学标准定义单位，而是人们在日常生活中使用的单位。

【功能团】 亦称"官能团"。是有机化合物分子结构中能反映出特殊性质的原子团。例如：胺类（—NH_2）和羧酸类（R—COOH）分子中的羧基（—COOH）都是功能团。前者显示碱性；后者显示酸性。常见的官能团及相应的类别如下：

常见的功能团

化合物的类别	官能团		实例化合物
	式　子	名　称	
烯烃	>C＝C<	双链	$CH_2＝CH_2$
烯烃	—C≡C—	叁链	CH≡CH
卤化物	—X（F、Cl、Br、I）	卤素	CH_3Cl
醇或酚	—OH	羟基	C_2H_3OH
醚	—C—O—C—	醚	$C_2H_5OC_2H_5$
醛或酮	>C＝O	羰基	HCHO、CH_3COCHa
羧酸	—COOH	羧基	CH_3COOH
磺酸	—SO_3H	磺酸基	$C_5H_5SO_3H$
硫酸	—OSO_3H	硫酸基	$C_6H_{17}OSO_3H$
胺	—NH_2	氨基	$C_6H_5NH_2$
酰胺	—$CONH_2$	酰胺基	$CH_2＝CHCONH_2$
硝基化合物	—NO_2	硝基	$C_6H_5NO_2$
腈	—CN	氰基	$CH_2＝CHCN$

【共聚物】 两种或者两种以上的单体经共聚反应所得的产物。

【共价键】 原子间通过共用电子对所形成的化学键，称为"共价键"。共价键具有饱和性和方向性。

【共轭氧化】 一种氧化还原反应可以诱导另一种氧化还原反应的进行，这种现象称为"共轭氧化"或"诱导反应"。

【共聚反应】　简称"共聚合"。一般情况下是两种或两种以上单体进行的聚合反应。

【共价化合物】　只含共价键的化合物叫共价化合物。部分氢化物、酸、非金属氧化物和大多数有机化合物，都属于共价化合物，共价化合物中可能含有金属元素，如三氯化铝，完全由非金属元素组成的化合物可能不是共价化合物，如铵盐。在共价化合物中，一般有独立的分子(有名副其实的分子式)。通常共价化合物的熔点、沸点较低，难溶于水，熔融状态下不导电，硬度较小。有些离子型化合物中也可能存在共价键结合。例如，NaOH 分子中既有离子键又有共价键。共价化合物不都是由分子构成的，比如二氧化硅、碳化硅，这些是由原子直接构成的共价化合物。以共价键结合的有限分子(即共价化合物分子)，且靠分子间范德华作用而凝聚成的晶体，是典型的分子晶体，如 CO_2 晶体、苯的晶体等。以共价键结合的无限分子形成的晶体属于共价型晶体或原子晶体，它是由处于阵点位置的原子通过共价键结合而成的晶体，如金刚石晶体、单晶硅和白硅石(SiO_2)晶体。

【共聚型聚丙烯酸钙】　代号：CPA-3，钻井液用聚合物处理剂的一种；是丙烯酸钠、丙烯酰胺、丙烯酸钙的三元共聚物。为白色流动粉末，易溶于水。主要用作水基钻井液的降滤失剂，兼有增黏、防塌及调节流变性能的作用。可用在淡水、海水及高盐地层钻井液中。

共聚型聚丙烯酸钙质量指标

项　目		指　标			
		密度/(g/cm^3)	表观黏度/$mPa \cdot s$	塑性黏度/$mPa \cdot s$	滤失量/mL
淡水	基浆(安丘土4%)	1.025	8~10	3~5	22~26
	+3%CPA-3	1.025	25~30	20~25	12~15
咸水	咸水基浆(15%)	1.10	4~6	2~4	52~58
	+1.5%CPA-3	1.10	14~16	13~15	≤10
理化性能	特性黏度	3.0~4.5			
	水分/%	7.0			
	水不溶物/%	5.0			
	细度(通过60目筛)/%	80			
	pH 值	7.0~8.0			

【狗腿】　井眼的井斜角或方位角的突然变化，这种变化现场称为"狗腿"。

【狗腿角】　某井段相邻两测点间井斜与方位的空间角度变化值，称为"狗腿角"，又称"全角变化率"。

【狗腿卡钻】　即"键槽卡钻"。

【固体】　有一定体积和形状的物质。在不太大的外力作用下，其体积和形状的改变很小。当外力撤去后能恢复原状的称"弹性体"，不能完全恢复的称"塑性体"。固体物质分子(或原子、离子)之间的相互作用较强，它们或者有规则地排列而成晶体，如金属、食盐等；或者混乱分布而成非晶体(无边形体)，如玻璃、石蜡、沥青等。晶体加热到熔点时熔解为液体，非晶体的熔解过程表现为随温度升高而流动性逐渐增加。因此，有时把非晶体看作过冷液体，而固体则专指晶体。

【固相】　钻井液中所有固体颗粒，即由地层来的岩屑或地面加入的配浆黏土和加重材料。

【固控】　钻井液固相控制的简称。

【固井】　是向井内下入套管管柱，在套管柱与井壁的环形空间注入水泥浆进行封固，以在套管外壁和井壁之间形成坚固的水泥环，防止井壁垮塌；同时在套管内形成一个从地面至井下由钢管制成的油气通道的过程。固井的目的主要是：①封隔油、气、水层，防止地层间流体相互窜流，保护生产层。②封隔严重漏失层或其他坍塌等复杂地层。③支撑套管和防止地下流体对套管的腐蚀。

【固溶胶】　以固体作为分散介质的分散体系。其分散质可以是气态、液态或固态。如有色玻璃、烟水晶。

【固化堵漏】　堵漏工艺的一种，即58%~65%泥浆+10%~16%甲醛+20%~30%TC-10型酚醛树脂(均以体积计)。

【固相堵塞】　在压差作用下，钻井液中的固相就会随液体渗入地层内，造成地层空隙堵塞，渗透率降低，而且固相含量越高，对地层渗透率的威胁就越大。在钻井液中加入过多的分散剂，会使细颗粒和超细颗粒不断增加，便易随着钻井液渗入地层可渗透孔隙内形成堵塞，加剧对油气层的损坏程度。

【固相污染】　又称"钻屑污染"，由于钻屑没能及时从钻井液中清除而使钻井液中固相含量增高；钻屑在体系中重复循环而使其粒子破碎分散而表面积剧增，从而使钻井液流变性变差的现象。

【固相控制】　指清除钻井液中多余固相，并保持一定数量的固相，使钻井液处于相对稳定状态，控制设备及技术措施的统称。固相含量是钻井液的重要性能参数之一，现代钻井液工艺特别重视对钻井液固相含量的控制，尽量将多余固相清除；对混入的岩屑、劣质黏土等随时清除出来。这对提高钻进速度，提高钻头寿命，减轻对钻具、设备的磨损，防止卡钻事故，防止对油气层的损害等都有很大的影响。固相控制的方法有化学的和机械的两大类。机械控制用固相控制设备如循环槽以及振动筛、旋流除砂(泥)器、离心分离机以及相应的动力泵、管汇和搅拌器等，有的现场还要求使用气-液分离器和除气器等设备。根据固相的颗粒粒度选择相应的固控设备。

【固相含量】　钻井液中总固相含量的简称。指钻井液中固相物质的总体积所占钻井液系统总体积的百分数。钻井液的固相含量对钻井液性能和钻进速度有明显的影响。其含量大小通过固相控制的办法加以控制。总固相含量包括能溶的与不能溶的，可用蒸馏法进行测定。不溶的悬浮固体又可分为低密度的和高密度的。可溶的固体有钠盐、钙盐、镁盐等。不溶的悬浮固体可产生滤饼。一般固相含量用体积百分数表示，有时也用质量百分数表示。

【固相总量】　即"固相含量"。

【固体润滑剂】　指加入钻井液中，能显著降低钻具对井壁摩擦力的固体物质（多数为惰性），如石墨粉、塑料小球、玻璃小球等。固体润滑剂能够在两接触面之间产生物理分离，其作用是在摩擦表面上形成一种隔离润滑薄膜，从而达到减小摩擦、防止磨损的目的。多数固体类润滑剂类似于细小滚珠，可以存在于钻柱与井壁之间，将滑动摩擦转化为滚动摩擦，从而可大幅降低扭矩和阻力。固体润滑剂在减少带有硬层工具接头的磨损方面尤其有效，还特别有利于下尾管、下套管和旋转套管。固体润滑剂的热稳定性、化学稳定性和防腐蚀能力等良好，适用于在高温但转速较低的条件下使用，缺点是冷却钻具的性能较差，不适合在高速条件下使用。

【固体解卡剂】　粉状解卡剂主要由氧化沥青、石灰粉、有机土、环烷酸、油酸、OP-7等组分在捏合机中混合均匀后制得。为黑灰色自由流动的固体粉末，具有润滑性好、滤失量低、滤饼薄、流变性、抗温性好的特点，能较长期存放不结块、不失效，解卡效率高，在井下高温高压下稳定性好，与柴油、水搅拌可配成各种密度的解卡液。用于深井、复杂井以及泡油未能解卡的压差卡钻时的解卡作业。

【固相控制设备】　指固-液分离设备。常用的机械分离设备有振动筛、旋流分离器和离心分离机三类。依据分离颗粒的大小区分，旋流分离器又可分为除砂器、除泥器和超级旋流器三种。离心分离机就其结构的不同，有沉降离心机和带眼的转筒离心机，后者多用于回收加重材料。

【固相颗粒分布】　钻井液中每种尺寸的固相颗粒的体积所占固相总体积的百分数。粒度分布的规律对钻井液性能有直接影响，是钻井液固相控制效果的一种检验标准。

【固相控制方法】　现场的固相控制方法应根据条件和需要进行固相控制，常用的固相控制方法有：①水稀释。②沉淀。③替换部分钻井液。④化学-机械分离。

【固相含量测定仪】　固-液相分析仪器。液相和固相含量测定仪的简称，国外称为油-水分离器。为测定钻井液中固相、液相的一种专用仪器；其工作原理是用一个定量的样品杯，通过加热，对钻井液进行蒸发，使固-液相分离，蒸汽经过冷凝器，用一个有百分刻度的量筒收集蒸馏出的液体。该液体占钻井液总体积的百分数即为其液相体积（%）。总体积减去液体含量即悬浮和溶解的固相体积（%）。一般固相含量测定仪的样品杯容积为20mL。

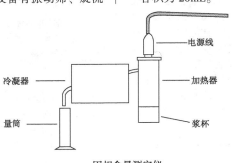

固相含量测定仪

【胍胶】 又称胍尔胶，代号为 GG，由植物种子提取的一种非离子型的聚合物，用于水基压裂液和钻井液增稠剂和减阻剂。交联的高黏度的胍胶可用于修井作业中可渗透区的暂时性封堵。

胍胶

【胍尔胶】 即"胍胶"。

【官能团】 即"功能团"。

【惯性效应】 钻柱在井眼中做加速度运动时环空中钻井液就相当于受到一个惯性力，从而引起压力波动。惯性效应等于流体密度乘以流体的加速度。**【灌浆】** 又称灌钻井液。指向井内或者管内注钻井液的过程。有两种情况需要灌浆：①起钻过程中，由于钻柱起出，使井内液面下降，按规定应向井内灌浆，否则由于液面下降，导致井内压力降低，造成井壁坍塌或井涌、井喷。②在下套管过程中，由于套管下部带有回压阀，钻井液不能自下进入套管内（自动灌浆式回压阀除外），使套管内成为空的，也应该按规定灌浆，否则管外液柱压力会将套管挤扁，或者将回压阀挤毁。灌浆的方法，通常是开动钻井泵，通过管线向井内或套管内灌入。

【灌浆罐】 指用来在起钻时向井筒环空内灌浆的计量罐。起钻时，由于钻柱的不断起出，环空中泥浆液面不断下降，如果不从井口灌浆，井眼与地层之间有可能失去压力平衡。为了及时监控地层流体的活动，在起钻灌浆时，还必须对钻柱的排空量进行计算，因此灌浆罐上必须有体积标记，以便能随时读出灌入井内灌浆的准确体积。

【贯眼完井法】 在钻穿油层之后，把带孔眼的套管下入油层部分。为了减少水泥浆对油层的影响，在油层顶部的套管柱外面装有水泥伞，并在套管内部装有反向的单流阀。注水泥时，水泥浆可经过套管上的水泥伞附近的侧孔返至油层以上的部位，水泥凝固后，再把倒装的单流阀钻掉，并下入油管完井。

【光氧老化】 见"大气老化"。

【广谱护壁剂】 代号 GSP，是一种高级混合烃，由植物提取物与有机亲水物进行交联结枝反应制取的多功能防塌降滤失剂，外观为黑褐色粉末，易溶于水。可在适度增黏的条件下，显著降低滤失量，能抑制井壁膨胀缩径，可降低扭矩，防止黏附卡钻，同时具有一定的抗污染能力。可直接加入钻井液中搅拌溶解。推荐加量为 $1\% \sim 3\%$。

GSP 性能指标

项 目	指 标	
外观	黑褐色自由流动粉末	
细度（通过 20 目标准筛，筛余量）/%	$\leqslant 4$	
水分/%	$\leqslant 10$	
	基浆	基浆+2%GSP 处理后
API 滤失量/（m/30min）	$14 \sim 16$	$\leqslant 10$
视黏度/mPa·s	12	$\leqslant 20$
HTHP 滤失量/（mL/30min）	$50 \sim 54$	$\leqslant 28$
pH 值	$8 \sim 9$	$10 \sim 11$

【广泛 pH 试纸】　亦称"pH 万用试纸"，用以测定溶液的 pH 值。由滤纸浸透几种酸碱指示剂的混合溶液制成。遇不同酸度的溶液显示出不同的颜色，使用较方便，但精确度较差。

【规程】　对工艺、操作、安装、鉴定、安全、管理等具体技术要求和实施程序所作的统一规定。它是标准的一种形式。

【规范】　对设计、施工、检查等技术事项所作的一系列统一规定。它是标准的一种形式。

【规格】　同一品种或同一形式的产品功能、质量或其他有关参数划分的类别。如羧甲基纤维素（CMC），根据它的造浆率分为高黏、中黏和低黏。

【规则间层黏土】　见"间层黏土矿物"。

【硅酸盐】　指硅、氧与金属组成的化合物的总称。在自然界中分布极广。是构成岩石、黏土、云母、石棉等的主要成分。种类繁多，大都是晶体，熔点较高，不溶于水。由于硅原子和氧原子间有坚牢的化学键，因此硅酸盐一般具有良好的化学稳定性。在钻井液中常用的硅酸盐有硅酸钠和硅酸钾。

【硅酸钠】　又名"水玻璃""泡化碱""偏硅酸钠"；化学式：Na_2SiO_3；由含不同比例的氧化钠和二氧化硅所组成。二氧化硅和氧化钠的物质的量比称作模数。模数大于 3 的为中性，小于 3 的是碱性。有液体、固体和粉状等多种产品。常见的为液体，为无色、青灰、微红或带浅灰色半透明黏稠物，物理性质随模数不同而异，也

可制成固体。密度在 $1.4 \sim 1.6 g/cm^3$ 之间，pH 值在 $11.5 \sim 12$ 之间，可进行水解反应生成胶态沉淀和起胶凝作用。它用于配制硅酸钠钻井液，在钻井液中可与地层、处理剂中的钙、镁形成硅酸钙和硅酸镁，沉淀在裸露的地层（特别含膏层）、滤饼上，形成坚固而稳定的井壁。也可用于钻不稳定的黏土地层。也可用它配制胶质水泥堵漏。它溶于水和碱性溶液而不溶于酸和醇。当 pH 值低于 9 时，整个溶液会形成不流动的冻胶，称胶凝作用，这是它的脱水、缩合的结果。利用这一特点，可将它混入钻井液中，泵入预定的井段进行胶凝堵漏。硅酸钠遇 Ca^{2+}、Mg^{2+}、Fe^{3+} 等两价或两价以上的金属离子可生成沉淀。反应式如下：

$$Ca^{2+} + Na_2SiO_3 \longrightarrow CaSiO_3 \downarrow + 2Na^+$$
$$Mg^{2+} + Na_2SiO_3 \longrightarrow MgSiO_3 \downarrow + 2Na^+$$
$$2Fe^{3+} + 3Na_2SiO_3 \longrightarrow Fe_2(SiO_3)_3 \downarrow + 6Na^+$$

用途：①用于配制硅酸盐钻井液，具有较强的抑制页岩渗透水化的能力，常与聚合物配合使用，可配制成具有强抑制性的硅酸盐聚合物钻井液。②可与石灰、黏土和烧碱等配成石灰乳液堵漏剂，进行凝胶堵漏。③不宜于钙处理钻井液中使用，但可在饱和盐水中使用。④使裂缝性地层的一些裂缝发生愈合或提高井壁的破裂压力，起到化学固壁的作用。优点：①使用方便。②价格低，对环境无影响。物理性质：①外观为白色片状。②易溶于水推荐用量为 $10 \sim 100 kg/m^3$。

硅酸钠质量指标

项　目	指　标					
	一类		二类		三类	
	1级	2级	1级	2级	1级	2级
铁(Fe)， 水不溶物/%	0.02 0.2	0.05 0.4	0.02 0.2	0.05 0.4	0.02 0.2	0.05 0.4
密度(20℃)，(Be′)	39.0~41.0		35.0~37.0		39.0~41.0	
氧化钠(Na₂O)/%	8.2		7.0		9.5	
二氧化硅(SiO₂)	26.0		24.6		22.1	
模数(M)	3.1~3.4		3.5~3.7		2.2~2.5	

G

【硅酸钾】　化学式为 K_2SiO_3；无色或微绿色块状或粒状固体。熔点976℃。溶于水，不溶于乙醇，有碱性反应。遇酸分解而析出二氧化硅。用于配制硅酸钾钻井液，硅酸钾钻井液具有较强的防塌抑制作用。

【硅藻土】　为一种白色或浅黄色粉状硅质岩石。由硅藻遗体组成，其硅藻的含量可达 70%~90%。硅藻土的主要矿物成分为蛋白石，常混有碳酸盐和黏土物质。质轻而软，易研成粉末；多孔状，孔隙度达90%左右。吸附能力较强，能吸收其自身重量的1.5~4.0倍水。是良好的吸附剂。常用于配制堵漏液。

【硅酸凝胶】　堵漏材料的一种，该堵漏材料是先将水玻璃（Na_2SiO_3）加到盐酸中配成硅酸溶液，硅酸溶液注入漏失层后经过一定时间即形成硅酸凝胶，将漏失地层堵住。该堵漏法对渗透性地层的堵漏有较好效果。

【硅铝腐殖酸钾】　代号为 HFT－202，由改性腐殖酸钾与硅接枝后络合而成，为黑色自由流动粉末，有一定的抗温能力，具有良好的抑制泥页岩水化分散能力，并兼有降黏和降滤失作用。该产品多用于硅钻井液，一般加量为 2%~3%。

硅铝腐殖酸钾质量指标

项　目	指　标
外观	黑色自由流动粉末
水分/%	≤14
筛余物(20目筛)/%	≤5
钾离子含量/%	≥10
pH 值	8~10
API 滤失量/mL	≤14
Φ_{100}降黏率/%	≥80

【硅铝钻井液】　硅铝钻井液结合了硅酸盐和铝酸盐钻井液各自井壁稳定优势，具有化学封固特性。通过硅铝酸凝胶在孔隙和微裂缝表面的封堵、硅酸盐和铝酸盐在地层中形成凝胶封堵、硅铝酸盐与岩石骨架的化学胶结三个方面的作用达到稳定井壁的目的，适用于层理、裂缝发育及弱胶结面等易破碎的泥页岩地层。

【硅酸钠钻井液】　水基钻井液类型的一种，又称硅酸盐钻井液；是以硅酸钠为主要处理剂配成的水基钻井液。由于硅酸盐中的硅酸根可与井壁表面和地层水中的钙、镁离子反应，产生硅酸钙、硅酸镁沉淀在井壁表面形成保护层，因此硅酸盐钻井液具有抗钙、镁侵和控制页岩膨胀、分散的能力。使用时要求钻井液的 pH 值在 11~12 范围内，因为 pH 值低于 11 时，硅酸根可转变为硅酸而使其功能失效。这种钻井液的液相黏度较高，在岩层表面结成一层坚固的滤饼，保护井壁，硅酸钠具有较高的离子浓度，可以控制黏土的水化分散，在钻井液中它能絮凝或聚沉部分黏土颗粒，使钻井液保持较低的黏度和切力，可以满足快速钻井的需要。硅酸钠钻井液是以硅酸钠絮凝黏土粒子控制适当的黏度、切力；用纯碱或少量 CMC 控制滤失量。硅酸钠钻井液本身是一种含钠的钻井液，所以钻井液静止以及温度升高以后容易变稠，但经过循环调整又可恢复原来的性能。该钻井液特别适用于石膏层和石膏与页岩混合层的钻井。硅酸盐不同，可分为无机硅酸盐、有机硅酸盐和硅酸盐聚合物钻井液三大类。

【硅酸盐钻井液】　见"硅酸钠钻井液"。

【硅表面活性剂】　以硅氧链为疏水基，主要是二甲硅烷的聚合物。它的特征是表面活性剂的亲水亲油特性赋予它易于吸附，定向于物质表面，而表现出能降低表面张力、渗透、润湿、乳化、分散、增溶、发泡、消泡、杀菌、润滑、拒水、抗静电、防腐等一系列性能。

【硅防塌钻井液】　主要有硅稳定剂（GWJ）、硅降黏剂（GXJ）有机硅腐殖酸钾（GKHm）等处理剂为基础配制的钻井液。是介于聚合物和分散性钻井液之间的一种钻井液类型。它具有防塌性强，润滑和防卡性好，容固空间大，抗钻屑污染能力强，抗温性好，其主处理剂降解温度为 300℃ 左右，并具有良好的触变性、悬浮携砂性，对环境、油层污染小。该钻井液适用于深井、大斜度井、大位移井等井的

施工，但抗盐、抗钙能力较弱。

【硅酸盐降黏作用】　对于硅酸盐钻井液来说，其黏度过大的主要原因是 pH 值偏低，原因有三：一是硅酸盐在通常加量下，钻井液 pH 值保持在 11 左右，而当钻井液中侵入 Ca^{2+}、Mg^{2+} 后，钻井液的流变性较差，pH 值小于 10.5，这时在硅酸盐钻井液中起抑制作用的硅酸根离子转变成原硅酸和硅酸盐沉淀，并且 Ca^{2+}、Mg^{2+} 会交换吸附黏土表面的 Na^+，使钠质黏土转变成钙质黏土，导致黏土颗粒 ZETA 电势变小，使得阻止黏土颗粒结合的斥力减小，聚结分散平衡向着有利于聚结的方向变化，钻井液中黏土颗粒变粗，网状结构增强，致使钻井液的黏度和切力增大，导致钻井液的流变性能变差。因此，硅酸盐钻井液的 pH 值较低时不能形成稳定的钻井液流体。二是在高温状态下，钻井液中的 Na^+、K^+ 等低价金属离子与膨润土颗粒中的 H^+ 发生离子交换，释放出的 H^+ 消耗钻井液中部分 OH^-，这会导致钻井液的 pH 值降低，钻井液形成凝胶，钻井液的黏度剧烈增大，即凝胶沉淀稠化。三是空气中的 CO_2 也会对钻井液黏度产生影响。硅酸酸性比碳酸弱，钻井液在搅拌、静置、循环时不可避免要与空气接触，硅酸盐与 CO_2 发生反应，降低了钻井液的 pH 值，将具有防塌作用的硅酸根离子转化成硅酸，使硅酸盐防塌效果降低，同时钻井液的黏度增加。因此，硅酸盐钻井液必须保持较高的 pH 值才能稳定流变性。

【硅酸盐聚合物钻井液】　硅酸盐聚合物钻井液在高温高压下具有很强的抑制页岩水化、防止井壁坍塌的能力，其井壁稳定机理有以下几个方面：①硅酸盐进入地层孔隙形成三维凝胶结

G

构和不溶沉淀物，快速在井壁处堵塞泥页岩孔隙和微裂缝，阻止滤液进入地层，同时减少了压力传递作用。②硅酸盐抑制泥页岩中黏土矿物的水化膨胀和分散，并且由于与聚合物的协同作用，使黏土产生脱水而收缩，使泥页岩的结构强度提高。③在较高温度下，硅酸盐与黏土接触一定时间后，黏土会与硅酸盐反应生成一种类似沸石的新矿物。根据所用硅酸盐的不同，可以分为无机、有机聚合物硅酸盐。

硅酸盐聚合物钻井液

材料与处理剂	功 用	用量/(kg/m³)
钠土浆	基浆	10.0~20.0
PAM、KPAM	包被抑制	2.0~3.0
硅酸盐	页岩抑制	40~80
PAC-SL	降滤失	3.0~8.0
SMP-1	降滤失	20.0~40.0
NH₄HPAN	降黏、降滤失	10.0~20.0
润滑剂	润滑	10.0~20.0
磺化沥青	防塌	5.0~20.0
KCl	抑制	50.0~100.0
加重剂	提高密度	按设计要求

【硅酸盐硼凝胶钻井液】 用三聚磷酸钠、煤碱剂与硅酸钠(体积比 7%~15%)复配成高效的降黏降滤失剂；用硼酸与硅酸钠制成液态硅酸盐硼凝胶，密度 1.12~1.13kg/L，漏斗黏度 50~70s，pH 值 10~11，加量为 0.5%~1.0%时有降黏作用。这两种复配剂可单独使用，也可同时使用，对于未胶结的易塌页岩或粉砂岩地层。用硅酸盐-硼凝胶钻井液钻灰岩层或盐岩层时，不降黏和降滤失，也具有良好的防塌效果。

【硅烷改性水合氢氧化镁】 代号：SMHM；

是一种增黏剂和降滤失剂，而且提黏又不提高动切力和静切力。具有抗高温的特点，可以与聚阴离子纤维素和木质素磺酸盐配伍，可用于配制无膨润土钻井液。

【滚子炉】 即"滚子加热炉"。

【滚子烘箱】 即"滚子加热炉"。

【滚子加热炉】 简称滚子炉，又称滚子烘箱。在滚动条件下，加热及老化钻井液试样的实验室辅助设备。常用的型号为 XGRL-4 滚子加热炉，其技术参数如下。

XGRL-4 滚子加热炉技术参数

项 目	技术参数
外形尺寸	68cm×80cm×74cm
质量	120kg
电源	AC 220V(上下浮动 5%)，50Hz
功率	2.1kW
使用温度范围	50~240℃
滚子转速	50r/min

高温滚子加热炉

【滚动勘探开发】 断块、构造复杂的油气田，具有多个层位含油气、多个油气藏叠合和连片，富集程度不均，油、气、水关系复杂等特点。这种复杂的油气聚集带，往往不能在短期内勘探清楚。为了提高经济效益，尽快得到产量，人们往往在得到了对油气聚集带的整体认识后，就及时开发已初步探明的部分高产层位或高产油气层。在进入开发阶段以后，再继续对整个油气聚集带加深勘探、扩边、连片，逐步将新的含油层位和新的油气藏分期投入开发。这种勘探与开发同时进行，滚动式前进的做法常称为"滚动勘探开发"。这种勘探开发方法与常规的对一个油气田先勘探清楚后再投入开发的做法相比，见效快，经济实惠。

【国家标准】 简称国标。国家对全国经济、技术发展有重大意义的产品、工程建设和各种计量单位所做的技术规定，作为从事生产、建设的一种共同依据。例如，国家对钻井液用重晶石粉所制订的标准；我国国家标准由主管部门提出草案，由国务院或其授权机关审批。它的代号是"GB"。

【国际标准】 国际上通过一定的机构，如国际标准化组织，（简称ISO），研究制订了一些技术标准，建议各国参考采用，一般称之为"国际标准"。

【国际公制】 简称公制，也称米制。一种计量制度，创始于法国，1875年十七个国家的代表在法国巴黎开会议定这种制度为国际通用的计量制度。长度的主单位是米（m），1米等于通过巴黎的子午线的四千万分之一。标准米尺用铂铱合金制成，断面为X形，在0℃时标准米尺上两端所刻的线之间的距离为1米。质量的主要单位是公斤（kg），标准公斤的砝码是用铂铱合金制成的圆柱体，这个砝码在纬度45°的海平面上的重量为1公斤。容量的主要单位是升，1升（L）等于1公斤的纯水在标准大气压下4℃（密度最大）时的体积。

【国际温标】 热力学温标是一种理想温标。用气体温度计来实现热力学温标，设备复杂，价格昂贵。为了实用方便，国际上经协商，决定建立国际实用温标。自1927年第七届国际计量大会建立国际温标（ITS-27）以来，为了更好地符合热力学温标，大约每隔20年进行一次重大修改。国际温标做重大修改的原因，主要是由于温标的基本内容（即所谓温标"三要素"）发生变化。1988年国际度量衡委员会推荐，第十八届国际计量大会及77届国际计量委员会作出决议，从1990年1月1日开始，各国开始采用1990年国际温标（ITS-90）。采用1990年我国是从1994年1月1日起全面实行国际新温标的。国际温标同时使用国际开尔文温度（T_{90}）和国际摄氏温度（t_{90}），它们的单位分别是"K"和"℃"。T_{90}与t_{90}的关系是：

$$t_{90} = T_{90} - 273.15$$

1990年国际温标，是以定义固定点温度指定值以及在这些固定点上分度过的标准仪器来实现热力学温标的，各固定点间的温度是依据内插公式使标准仪器的示值与国际温标的温度值相联系。各国根据国际实用温标的规定，相应地建立其自己国家的温度温标。

【国际单位制】 1960年第十一届国际计量大会通过的一种单位制。其国际代号为SI，我国简称"国际制"。以米、千克、秒、安培、开尔文、摩尔、埃德拉作为基本单位，其他单位均由这七个单位导出，各基本单位的定义如下：①米。长度单位，等于氪-86原子的2P10和5d5能级之间跃迁所对应的辐射在真空中的1650763.73的波长的长度。②千克（公斤）。质量单位，等于国际千克原器的质量。③秒。时间单位，是铯-133原子基态的两个超精细级之间跃迁所对应辐射的 9192631770 个周期的持续时间。④安培。电流单位。在圆截面可忽略的两根平行的无限长直导线中通以强度相同的恒定电流，若两导线相距 1 米且处于真空时，在每米长度上所受到的力为 2×10^{-7} 牛顿，则此恒定电流的强度为 1 安培。⑤开尔文。热力学温度单位，是水三相点热力学温度的 1/273.16。⑥摩尔。物质的量单位。若一系统中所包含的基本单元数与 0.012 千克碳-12 的原子数目相等，则该系统物质的量为 1 摩尔。在使用摩尔时，基本单元应予以指明，可以是原子、分子、离子、电子及其他粒子，或是这些离子的特定组合。⑦埃德拉。光强度单位，等于在 101325 帕斯卡（牛顿/平方米）压力下处于纯铂凝固温度时的绝对黑体的 1/600000 平方米表面沿垂直方向上的光强度。

【果壳粒】 由植物果壳制成，带棱角，颗粒状。为惰性植物堵漏材料。适用于裂缝性及孔隙地层的堵漏。可与云母、蛭石等混合使用。

【过筛】 即钻井液从井底将钻屑携带出井眼，通过机械（振动筛）处理过程。依据尺寸不同，有的通过筛网，有的被阻止，由此完成颗粒分级。

【过渡流】 当流体开始流动时，或者流速改变，流动截面变宽或变窄时，流体质点的运动状态就发生改变，从层流转变为紊流，这时的流动称之为"过渡流"。

【过渡流速】 在特定流道中，一定流体的流动即可能是紊流。速度较低时是层流；如果流动的速度增加，则将在某一点突然变成紊流，如果速度再次下降，则又将回到层流状态。因此，对于特定的流动体系，将存在一个相当清楚的过渡速度。在过渡速度范围内，液体的流动在层流和紊流之间变化。

【过饱和溶液】 在一定温度下溶液里的某种溶质超过这种溶质的饱和限度的溶液，叫这种溶质的过饱和溶液。

【过滤电动势】 由于钻井液液柱与地层之间存在压力差使流体（钻井液）发生过滤作用而产生的电动势。一般钻井液液柱压力略大于地层压力，钻井液向地层过滤，由于岩石颗粒的选择吸附性，使流体中的正离子或负离子过高，从而产生电位差。由于油井中钻井液和地层之间的压力差不大，因此过滤电动势很小，可忽略不计。

【过渡颗粒固相】 指粒径在 250 ~ 2000μm 的固相颗粒。

【过氯乙烯树脂】 又称"氯化聚氯乙烯"；由聚氯乙烯经氯化而得的高分子化合物。为白色或微带浅色之疏松细粒或粉末。不易燃烧、耐浓酸、浓碱液、矿物油等，用于配制专用密闭取心液。

质量标准

项 目	指 标	
	一级品	二级品
溶解时间（混合液 * 18~25℃）/min	≤60	≤120
黏度（涂-4 黏度计），20℃±1℃/s	14.0~20.0 20.1~28.0	14.0~20.0 20.1~28.0 28.1~40.0
透明度/mm	≥15	≥9
灰分/%	≥0.10	≥61.3
水分/%	≤0.50	≤61.5
热分解温度/℃	≥90	≥80
色度/号	≤150	≤300
氯含量/%	61.5~65.0	61.0~65.0

* 混合液为丙酮：甲苯：醋酸丁酯=35：30：35（质量比）。

H

【海水】 在滨海或海洋钻井时,利用海水配制和维护钻井液,使用海水钻井液钻井。海水的总矿化度一般在3.3%~3.7%(即33~37g/L)之间。在高纬度水域、雨量特别充足的地方以及有大量河水流入的海区内,表层海水的总矿化度一般小于3.3%;在某些半封闭的海区,表层海水的总矿化度有时可能降低到零;在中纬度地带,某些孤立的海区,例如在蒸发强烈的红海里,总矿化度可达4.0%以上。通常以3.5%作为世界海水总矿化度的平均值。渤海湾海区的总矿化度为3%左右。海水的滋味是咸、苦,咸是因氯化钠,苦是因镁盐。海水的主要成分见下表。化学分析资料指出:不论海水的总矿化度怎样变化,所含盐分的百分比几乎不变。

海水的主要成分

名　　称	氯化钠	氯化镁	硫酸镁	硫酸钙	氯化钾	其　他
百分比/%	78.32	9.44	6.40	3.94	1.69	0.21

当总矿化度为3.5%时海水中盐类离子含量

离　子	Cl^-	SO_4^{2-}	HCO_3^-	Br^-	Na^+	Mg^{2+}	Ca^{2+}	K^+
千克海水中所含的克数/(g/kg)	19.34	2.70	0.15	0.07	10.72	1.30	0.42	0.38

海水的pH值通常在7.5~8.4之间,表层海水的pH值一般在8.1~8.3之间,密度一般为1.03g/cm³。

【海泡石】 即"海泡石土"。

【海泡石土】 它是一种富含镁的纤维状针状黏土矿物,是富含镁的黏土矿物。化学代表式为$Si_2Mg_8O_{30}(OH)_4(OH_2)_4 8H_2O$。钻井液中常用的有HL-ZⅠ和HL-ZⅡ两种型号;该种土质经特殊加工才能发挥其应有效能,因为它是一种纤维状物,不能用一般膨润土的研磨设备来加工,否则把其纤维剪断后即失掉在盐水中的造浆能力。其结构类似于许多纤维条杂乱堆集成束。在其结构中很少有离子取代,故在颗粒表面电荷浓度很低,其比表面积亦低。因此,它的悬浮体所具有的流变特性主要取决于其长纤维条间的力学(机械)的干扰作用而不是由颗粒间的静电引力产生的。故各种电解质对它影响不大,能在盐水甚至饱和盐水中分散成较高的黏度和切力。它的主要用途有:①用来配制盐水钻井液尤其是海水及饱和盐水钻井液。②用作盐水钻井液(包括海水及饱和盐水钻井液)的增黏切处理剂。③用来提高盐水钻井液携带钻屑的能力。④用来改善盐水钻井液在环空中的流型。⑤海泡石不但可以抗较高的温度而用于地热井(260℃以上),而且可部分被酸溶解,故也是配制完井液及修井液的好材料,利于油井酸化增产。物理性质:①外观为粉末。②易分散。推用量为2%~6%。

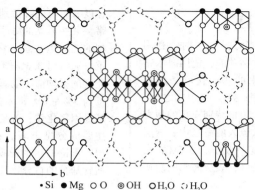

· Si　● Mg　○ O　◎ OH　◐ H₂O　○ H₂O

海泡石-结晶晶胞

海泡石土的质量指标

项　目	质量指标
外形	灰白黄褐色粒状混合物
密度/(g/cm³)	1.880~1.90
海泡石矿物含量/%	>70
含水量/%	<5.0
造浆率/(m³/t)	HL-ZⅡ型为>14 HL-ZⅠ型为>20

【海上钻井】 在海洋、湖泊上钻井称为"水上钻井"。由于水上钻井多在海上进行，所以，常称水上钻井为"海上钻井"。

【海水泥浆】 见"海水钻井液"。

【海水钻井液】 钻井液的一种。含盐量(NaCl)：3.3~3.7mg/L，由食盐、海水、稀释剂等成分组成。深井钻进时加入铬酸钠以提高钻井液的抗高温性能。这种钻井液能抑制黏土水化膨胀，有利于保持井壁稳定；多用于海洋钻井。

【海泡石抗盐土】 见"海泡石土"。

【海泡石钻井液】 具有较高的耐温特性，热稳定性好，其晶体结构在350℃高温下仍无变化。故常用来打地热井或超深井。其缺点是滤失量大，必须配合降滤失剂才能使用。

【含砂仪】 即"含砂量测定仪"。

【含砂量】 是指钻井液中不能通过200目筛子的不可溶的固体(一般指砂和钻屑)体积占总体积的百分数。钻井过程中钻井液含砂量要求小于0.5%，钻井液含砂量过高会造成：①使钻井液密度升高，降低钻井速度。②使滤饼含砂量升高，滤饼渗透率升高，造成滤失量增加。③滤饼变厚且松散，滤饼摩擦系数增加，造成压差卡钻。④钻头、钻具和机械设备会造成严重磨损，使钻井工作不能正常进行。⑤井壁滤饼厚，且松散，在电测时能造成遇阻、遇卡，资料不准确。⑥固井质量不好。为了实现优质、快速钻井，必须使用振动筛、除砂器、除泥器等固控设备进行固相控制，清除岩屑和砂子，才能有效地降低含砂量。

【含氧酸】 是含有氧元素的酸，具有酸根团，是酸的一类。是酸性氧化物溶于水形成酸。含氧酸又可以分为有机酸和无机含氧酸。

【含盐量】 将钻井液中的氯离子浓度乘以系数1.65而算出的氯化钠含量；

计量单位为 mg/L。有时也用体积 $f=1$ 分浓度表示。

【含油量】 钻井液中所含的油量；以体积百分数表示。

【含气量】 钻井液中所含的气体量；以体积百分数表示。

【含砂量计】 即"含砂量测定仪"。

【含盐黏土】 在盐水甚至饱和盐水中具有较高造浆性能的一类黏土矿物。它含铝镁硅酸盐，包括海泡石、凹凸棒石、坡缕缟石，其特点是具有纤维状晶体结构，有极大的内部表面，含有较多的吸附水和较好的热稳定性。它对钻井液的提黏能力不取决于配浆水（盐水或淡水），而取决于针状晶体结构被剪切的程度，这是因为它提黏是靠无数纤维互相纠缠形成的"干草堆"网架结构。因此，它是盐水钻井液的良好配浆材料和控制钻井液流变性的处理剂。

【含盐钻井液】 指含氯化钠，而基本不含 Ca^{2+} 的钻井液。可分为盐水钻井液、饱和盐水钻井液和海水钻井液。

【含砂量测定仪】 又称"含砂量计"，用以测定钻井液中含砂量的专用仪器，它包括一个 200 目筛网，直径 63.5mm，一个与筛网相配套的漏斗，一个玻璃测定管。测定管有注入钻井液体积的刻度标志，管的底部有 0～20% 的刻度，可直接读出含砂量体积百分数。测量时：①将钻井液样品注入玻璃管的刻度线处。加水到第二个刻度线，堵住管口，用手摇动。②把此混合物倒入清洁的湿筛子上，舍弃通过筛子的液体，再加水到玻璃管，摇动后再倒入筛子上，重复进行，直到洗涤水清洁为止。冲洗留在筛子上的砂子，除去任何残留的钻井液。③将漏斗上口倒置套在筛子的顶部，并把漏斗的尖口插入玻璃管口中，把它慢慢地颠倒过来，用一般细水流经过筛子冲入管中。使其沉淀后，从玻璃管的刻度上读出含砂量的体积百分数。

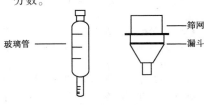

含砂量测定仪

【含铬钻井液体系】 主要成分为铁铬木质素磺酸盐、铬腐殖酸盐、重铬酸盐、表面活性剂，抗温能力高达 235℃，防塌效果好，抗盐、抗钙能力较强。

【含量和成分的表达】 混合相中某一物质的含量以及其中的某两物质之比共有 13 种物理量：①质量分数 $w_i = m_i/m$。②体积分数 $\phi = V_i/V_0$。③物质的量分数 $\chi_i = n_i/n$。④粒子数分数 $X_i = N_i/N$。⑤质量浓度 $\beta_i = m_i/V$。⑥体积浓度 $\sigma_i = V_i/V$。⑦物质的量浓度 $c_i = n_i/V$。⑧分子数浓度 $C_i = N_i/V$。⑨质量比 $\zeta_{ik} = m_i/m_k$。⑩体积比 $\varphi_{ik} = V_i/V_k$。⑪物质的量比 $r_{ik} = n_i/n_k$。⑫粒子数比 $R_{ik} = N_i/N_k$。⑬质量摩尔浓度 $b_i = n_i/m_k$。上式中：V_i 为物质 i 的体积；V 为混合相的体积（一般 $V_0 \neq V$）；m_i 为 i 的质量；m 为混合相的总质量；m_k（特别在第⑬种物理量中）指溶剂的质量；n 为物质的量；N 为粒子数。以上①～④与⑨～⑫均为无量纲量，用纯数或%、‰、ppm 等表达。其他 5 种的单位，见有关各条。其中，⑪的 r_{ik}，当 n_k 是指溶剂、n_i 指溶质时，称为摩尔比。χ_i 也称摩尔分数。X_i 的值等于 χ_i 的值。重量百分

H

数、摩尔百分数以及体积百分数这样的术语都不宜使用而应分别代之以质量分数 $\varphi_i = \cdots\%$。不应把质量浓度 β_i、体积浓度 σ_i 和分子数浓度 C_i 简称浓度，而只有物质的量浓度 c_i 可简称为浓度。

【含有各种堵塞剂钻井液】　　在钻井液中加入各种堵塞材料，减小或防止渗透作用和毛细管作用，以降低钻井液滤液向井壁岩石的渗透速度。堵塞剂的加量一般为 5% ~ 15%，在钻井过程中还要随时补充。①以氧化沥青为主要成分的疏水堵塞剂：氧化沥青 10% ~ 75%，表面活性剂(如烷基苯磺酸钠)1% ~ 4%，其余为柴油，也可以用原油。再加入适量的生石灰和水，以提高分散介质的温度，加快氧化沥青的溶解。②以波维亚梅为主要成分的疏水堵塞剂：波维亚梅 40% ~ 80%，氧化沥青 10% ~ 25%，表面活性剂 0.5% ~ 4%，其余为柴油。波维亚梅是环氧丙烯生产的废弃物，它是不饱和烃 $C_2 \sim C_4$ 的氧化物及其与丁二醇、二氯乙醚的氯衍生物的混合物。③淀粉堵塞剂：由稻米制成的淀粉，含稻壳 8% ~ 15%，不仅具有稳定作用，而且有很强的堵塞能力，能有效地降低泥页岩的吸水速度。加入氧化沥青时，堵塞效果会更好。

【含硫油气田的腐蚀与防腐】　　在油田，硫化氢和二氧化碳的腐蚀现象是相当严重的，但不可忽视。

　　1. 硫化氢腐蚀的特征

　　硫化氢腐蚀的特征主要是氢脆和硫化物应力腐蚀破裂。

　　氢脆是金属在硫化氢的作用下，由电化学反应过程产生的氢渗入金属内部，使材料变脆，但不一定引起破裂。如果脱离腐蚀介质，氢即可从金属内部逸出，金属的韧性会逐渐恢复，这一过程是可逆的。

　　硫化物应力腐蚀破裂是金属在硫化物和固定应力两者同时作用下产生的破裂，是一个不可逆过程。固定应力可以来自外载荷和内应力。但实际上氢脆和硫化物应力腐蚀破裂很难明确区分。

　　一般说来，电化学腐蚀造成材料的破坏时间要长一些。腐蚀过程中使金属表面形成蚀坑、斑点及大面积腐蚀，导致设备壁厚减薄、穿孔，甚至造成破裂。

　　氢脆和硫化物应力腐蚀破裂呈脆性破坏。特点是产生裂纹，且裂纹的纵深比宽度大几个数量级。裂纹有穿晶裂纹和晶间裂纹，破裂断口平整，无塑性变形。

　　硫化物应力腐蚀破裂主要是在受拉力时才产生，且主裂纹的方向一般总是和拉应力的方向垂直。压应力不会产生腐蚀破裂。

　　硫化物应力腐蚀破裂的破口多发生在导致应力集中的部位。

　　2. 影响腐蚀的因素

　　(1) 金属材料的种类，不同的金属材料有不同的腐蚀趋势。油田常用的金属材料是钢。

　　(2) 环境的影响。

　　① 电解质(即腐蚀介质)的导电性。电解质的腐蚀性随着电解液的导电性增加而增加。蒸馏水导电性较差，故腐蚀能力较弱。盐水的导电性强，腐蚀能力就强。

　　② 电解液的 pH 值。电解液的腐蚀性通常随着电解液 pH 值的降低而增加，是由于电解液的酸性增强。在高 pH 值下，钢的表面形成一层保护膜，从而防止或减轻腐蚀。

③溶解的气体的影响。溶解于水中的氧、二氧化碳、硫化氢将增加水的腐蚀性。实际上，溶解于水中的气体是影响油田腐蚀的主要因素。如果能够排除它们，使电解液保持中性和高 pH 值，将大大减少油田腐蚀。

（3）物理因素的影响。

①温度的影响。随着油气井温度的升高，氢脆和硫化物应力腐蚀破裂的敏感性降低，而电化学腐蚀加剧。

②构件承受应力的影响。随着应力的增大，硫化物应力腐蚀破裂的时间缩短。

3. 防腐措施

硫化氢防腐主要采用以下三方面的措施：

（1）选用防止硫化氢腐蚀破坏的金属材料。在硫化氢环境下使用的钻杆的屈服强度应在 7000kg/cm^2 以下，以防止氢脆。如高于这个强度，钻杆对氢脆的敏感性增加。强度越高，硫化物应力腐蚀破裂的时间越短。

（2）选用缓蚀剂减缓金属电化学腐蚀。借助于缓蚀剂分子在金属表面形成保护膜，隔绝硫化氢与钢材的接触，达到减缓和抑制钢材的化学腐蚀作用，延长管材的使用寿命。目前我国常用的缓蚀剂有粗吡啶、4-甲基吡啶釜残重蒸物。

（3）控制硫化氢的浓度和钻井液的 pH 值。硫化氢的浓度增加，金属的腐蚀加快是显而易见的，所以在钻井过程中控制硫化氢的浓度可以减缓硫化氢对钻具的腐蚀。

氢脆的趋势为随着钻井液 pH 值的降低而增加。如果钻井液的 pH 值保持在9以上，腐蚀破坏的程度可降低。

【行业标准】　由行业标准化主管机构或行业标准化组织批准、发布，在某一行业范围内统一的标准。如"水解聚丙烯腈钠盐"的行业标准（SY—5062）是由中华人民共和国原石油工业部发布的。

【毫克】　质量单位；克的千分之一。用 mg 表示。

【毫米】　长度单位；米的千分之一。用 mm 表示。

【毫升】　容量体积单位，升的千分之一。用 mL 表示。

【毫克/升】　表示浓度大小的一种计量方法。其定义为每升溶液（包括溶剂和溶质）中所含溶质的毫克数（质量）。用 mg/L 表示。

【毫帕·秒】　黏度的单位；帕·秒的千分之一。用 mPa·s 表示。

【毫微当量】　浓度单位。即每百万单位质量的溶液中所含溶质的毫克当量数。它等于 ppm 数除以当量。

【核桃壳】　堵漏材料。粉碎的核桃壳可用于堵漏。分为细、中、粗三级，可供选用配成段塞泵入漏失段，或配成高滤失量堵液挤入漏层，用量由实验确定。

【合格品】　符合内在和外观质量标准或合同要求的产品。按我国有关部门规定，不同工业部门的合格品，有不同的内容：例如理化指标、使用性能等。

【合格标志】　证明某一产品符合相应标准或规范的标准。

【合格认证】　经权威机构确认并取得合格证书或合格标志，证明某一产品符合相应标准或规范的活动。

【合格证书】　证明某一产品符合相应标准或规范的文件。

【合成树脂】　亦称"人造树脂"；是用天然原料经化学加工而成，主要有松香衍生物和纤维衍生物。广泛用于钻井液处理剂的生产。

H

【合成基钻井液】　该类钻井液是以合成的有机化合物作为连续相、盐水作为分散相，并含有乳化剂、降滤失剂、流型改进剂的一类钻井液。由于使用无毒并且能够生物降解的非水溶性有机物取代了油基钻井液中通常使用的柴油，因此这类钻井液既保持了油基钻井液的各种优良特性，同时又大大减轻了钻井液排放时对环境造成的不良影响，尤其适用于海上、森林、公园等的钻井。

【赫谢尔-巴尔克来三参数流变模式】　Herschel-Bulkely，简称赫-巴模式，又称为带有动切力（或屈服值）的幂律模式，或经修正的幂律模式。1977年该模式首次用于钻井液流变性的研究。其数学表达式为：

$$\tau = \tau_y + K\gamma^n$$

式中，τ_y 表示该模式的动切力；n 和 K 的定义与幂律模式相同。由于在幂律基础上增加了 τ_y，因而是一个三参数流变模式。该模式的主要目的是为了在较宽剪切速率范围内，能够比传统模式更为准确地描述钻井液的流变特性。τ_y 是钻井液的实际动切力，表示流体开始流动所需的最低剪切应力。它并不是一个外推值，因此与宾汉动切力 τ_0 的意义完全不同。τ_y 值的大小主要与聚合物处理剂的类型和浓度有关，此外固相含量对它也有一定影响。通常由旋转黏度计 3r/min 时测得的刻度盘读数 Φ_3，可以近似地确定 τ_y 值。再加上 600r/min 和 300r/min 的读数（Φ_{600} 和 Φ_{300}），便可由以下三个公式分别求得 τ_y、n 和 K：

$$\tau_y = 0.511\Phi_3$$
$$n = 3.322\lg[(\Phi_{600} - \Phi_{300})/(\Phi_{300} - \Phi_3)]$$
$$K = 0.511(\Phi_{300} - \Phi_3)/511^n$$

式中，τ_y 的单位为 Pa；K 的单位为 $Pa \cdot s^n$。

【褐煤】　呈棕褐色，煤化程度高于泥煤低于烟煤，相对密度 0.8~1.3，含腐殖酸 20%~80%。褐煤有多种，其中以土状疏松的褐煤含腐殖酸较多，腐殖酸难溶于水、易溶于碱。腐殖酸溶于烧碱液后生成棕褐色腐殖酸钠，是煤碱剂处理钻井液的主要有效成分，其次还有过剩的烧碱和树脂和沥青等杂质。腐殖酸钠既有降滤失作用又有稀释作用。作稀释剂用的煤碱液一般比用作降滤失的煤碱液配得稀一些。腐殖酸的热稳定性比单宁要高，抗温可达 180~190℃。煤碱液中的腐殖酸钠和树脂沥青中既含有亲水基团又含亲油基团，它们可在油水界面上吸附，故煤碱液在钻井液混油时有乳化作用。腐殖酸有较强的抗污染能力，抗钙能力可达 500~600ppm，抗 NaCl 可达 4%~5%，因此，煤碱剂可用于处理 Ca^{2+} 含量和盐含量在上述范围内及以下的钙处理钻井液和盐水钻井液。

【褐藻酸钠】　代号为 Na-Alg，在钻井液中用作增黏剂。

褐藻酸钠

【褐煤树脂】　钻井液处理剂的一种。代号为 SRC；属非黏性降滤失剂和流变性能控制剂。在高温、高矿化度钻井液中具有较好的效果，广泛应用于水基钻井液。在淡水、咸水、海水、盐水、石灰、石膏、木质素磺酸盐、聚合物、不分散等体系中均有良好的效果，其性能稳定，抗温可达 180℃。褐煤树脂结构式如下：

褐煤树脂

【黑色正电胶】 见"BPS"。

【黑色正电胶钻井液】 是以黑色正电胶（BPS）为主的一种特殊钻井液。BPS是一种带高正电的有机溶胶，其有效物含量为50%。它与MMH相比，带有更多的正电荷，具有油溶性特点（MMH是水溶性的），但能在水中分散，具有良好的抑制泥页岩水化膨胀能力，润滑性好，与各种处理剂配伍性好，抗盐、抗钙能力强，耐温在160℃以上。BPS加入膨润土钻井液中，其性能变化与MMH相同。表现为随着加量增加，黏度和切力升高至一个最高点，然后下降；最高点时的BPS加量与膨润土含量有关，随着膨润土含量增大而增大。钻井液的滤失量随BPS加量增大而增加。BPS最佳加量随膨润土含量增加而增大，膨润土含量为2.5%~5%时，BPS最佳加量为0.5%~2%。SJ-1、GK-97可用作BPS钻井液的降滤失剂，有机硅腐殖酸钾、GD-18或NPAN可用作降黏剂。该钻井液适用于大斜度井、定向井、水平井的钻井。

【红数】 为衡量各种高分子化合物对溶胶的稳定能力，研究者们提出了红数的概念。红数是指保护100mL 0.001%的刚果红溶胶在0.16mol KCl作用下10min内仍不变色所需高分子化合物的最少毫克数。

【红矾钠】 见"重铬酸钠"。

【后置液】 在注水泥浆后，泵入一种或几种特殊液体，将水泥浆与顶替用的钻井液隔开，这种液体称为后置液，也称之为后隔离液。

【后期裸眼完井】 是在钻穿产层以后，将生产套管下至产层顶部注水泥完井。其使用条件是：①油层物性基本一致，不含水，无气顶。②井壁坚固稳定，不坍塌。③一般用于地质分层掌握不够准确的探井。其主要技术要求有：①生产套管注水泥时，防止水泥浆损害套管鞋以下的产层，通常采取的措施是在产层井段垫入低滤失、高黏度的稠钻井液，防止水泥浆下沉或置换而进入产层。有条件时应在生产套管下部装注水泥接头和管外封隔器（或水泥伞），以注入和承托环形空间的水泥浆。②生产套管固井质量合格。③若产层是高压油气层，下套管和注水泥均需有可靠的防喷措施。④在正常情况下，不提倡使用后期裸眼完井。

【琥珀酸二异辛酯磺酸钠】 表面活性剂的一种，亲油性极强，在钻井液中用作润湿剂。

CH₃(CH₂)₃CHCH₂OOCCH₂CH₂CHCOOCH₂CH(CH₂)₃CH₃
　　　|　　　　　　　|　　　|
　　C₂H₅　　　　SO₃Na　　C₂H₅

【护胶剂】 见"空间稳定作用"。

【护胶作用】 处理剂通过氢键或静电吸附在黏土颗粒表面上,给黏土带来很多负电荷和/或厚的水化膜,使黏土粒子间不易相互黏结,提高了黏土粒子的聚集稳定性,并使钻井液中的自由水减少,便于形成薄而韧的滤饼,使滤失量降低。护胶作用也就是指降滤失剂的护胶作用。降滤失剂的作用,一方面能吸附在黏土表面形成吸附层,以阻止黏土颗粒絮凝变大;另一方面能把钻井液循环搅拌作用下所拆散的细颗粒通过吸附稳定下来,不再黏结成大颗粒。就能大大增加细颗粒的比例,从而使钻井液能形成薄而致密的滤饼,降低滤失量。这种作用称作降滤失剂的护胶作用。

【互换性】 某种产品与另一种产品,功能上能够彼此互相替换的性能。

【花生壳】 由花生经取仁后的废壳,粉碎加工而成的碎片状物。为惰性堵漏材料,适用于裂缝和多孔隙地层的堵漏。与其他堵漏材料混合使用堵漏效果较好。

【划眼】 见"划眼和倒划眼"。

【划眼和倒划眼】 在已钻成的井眼内,一边旋转钻具,一边下放钻具,同时开泵循环钻井液,称为划眼。划眼的作用在于修整井壁,清除附在井壁上的杂物,使井眼规则,畅通无阻。一般来说,在下钻遇阻的井段都要进行划眼,以利于下钻、下套管、测井、井壁取心等工作的进行。如果将钻具一边旋转一边上提,并开泵循环钻井液,则称为倒划眼。倒划眼多用于提钻遇卡的井段,特别是井眼有键槽卡钻现象时,用倒划眼可以逐渐破坏键槽,保持井眼畅通。

【化验】 用物理的或化学的方法检验物质的成分和性质。

【化学】 自然科学的一个部门,研究物质(单质及化合物)的组成、结构、性质及其变化规律的学科。按照研究物质的化学运动的对象和方法不同,化学通常分为无机化学、有机化学、分析化学、物理化学等基础学科。随着化学在各方面的广泛应用,又陆续形成了许多分支及边缘学科如生物化学、农业化学、石油化学、海洋化学、高分子化学、地质化学、地球化学及量子化学等。

【化工】 化学工业、化学工程、化学工艺学、化工单元操作等术语的简称。通常指化学工业或化学工程。

【化合】 化学反应类型之一。由两种或两种以上的元素或化合物,形成一个成分较复杂的化合物的反应。例如:

$$Fe^{2+}S^{2-}\longrightarrow FeS$$
铁　硫　　硫化亚铁

【化合水】 以$(OH)^-$、H^+或H_3O^+等形式存在于矿物或其他化合物中的水。如白云母$KAl_2[AlSi_3O_{10}](OH)_2$、高岭石$Al_4[Si_4O_{10}](OH)_8$等。化合水在晶格中占有一定位置,不能任意变换,因此要使其脱失,往往需相当高的温度,并伴随有因晶格变化或破坏所引起的吸热效应。化合水也称"结构水"或"结合水"。

【化合价】 也称为"原子价"。详见"原子价"。

【化合量】 一般指元素的当量。

【化合物】 由两种或两种以上的原子或离子组合而成的物质。每种化合物具有一定的特性,既不同于它所含的元素或离子,亦不同于其他化合物。一般来讲,它具有一定的或者固定在某一狭小变动范围内的组成。

【化学键】 在分子或晶体中,相邻的两个或多个原子之间强烈相互作用力,叫"化学键"。主要有离子键、共价键、金属键等类型。

【化学位】　亦称"化学势"。即偏微克分子自由能。物质传递的推动力。任何物质存在于两相中，物质必从化学位较大的一相化学位向较小的一相传递。当相达到平衡时，该物质在两相中的化学位必定相当。

【化学势】　见"化学位"。

【化学式】　用化学符号表示各种物质的化学组成的式子，包括分子式、实验式、示性式、结构式等。

【化学元素】　见"元素"。

【化学当量】　某元素（或化合物）跟1.008重量单位的氢或8重量单位的氧相化合（或是从化合物中置换出上述重量单位的氢或氧）时所需的重量单位的数值叫该元素（或化合物）的化学当量。例如银的化学当量为107.88，氢氧化钙的化学当量为37.05。

【化学反应】　物质发生变化后，生成新的物质的分子的变化，叫"化学变化"，又叫"化学反应"。

【化学合成】　简称合成。由简单的物质（元素或化合物）经化学反应制成较复杂的物质的方法。

【化学分析】　确定物质化学成分和组成的方法。可分为定性分析和定量分析，前者测定物质的成分，后者测定其组成。

【化学平衡】　在可逆反应中，当正向和逆向的反应速度相等时，两个相反的化学作用就达到了动态的平衡。化学平衡的状态完全取决于反应条件，如果条件改变就会引起平衡的移动。

【化学乳化】　即在乳状液中加入乳化剂（表面活性剂）使其自然分散成均匀的乳状液体系。

【化学性质】　见"物理性质"。

【化学实验】　利用化学的方法对产品的质量进行检验，一般用来鉴定产品的化学成分及其含量的多少，以及耐酸、耐碱、耐温等方面的性能。

【化学变化】　见"化学反应"。

【化学除砂】　在钻井液中加入絮凝剂（如聚丙烯酰胺），将细小的砂子絮凝、聚集、变大而沉淀。

【化学吸附】　吸附剂与吸附质之间存在化学键力（离子键、共价键、配价键），其特点是吸附力强，不易解吸，吸附速度较慢。钻井液中有些处理剂就是靠化学键力吸附在黏土上而起作用的。化学吸附方式有两种，一是在某些情况下，黏土晶体边缘带正电荷，阴离子基团可以靠静电力吸附在黏土的边缘上：

$$R{-}COO^- + \boxed{黏土胶体}$$

二是当介质中有中性电解质时，无机阳离子可以在黏土与阴离子型聚合物之间起"桥接"作用，使高聚物吸附在黏土表面上：

$$R{-}SO_3Ca^{2+} + \boxed{黏土胶体}$$

【化合反应】　由两种或两种以上的物质生成一种新物质的反应。例如：

$$2Na + Cl_2 = 2NaCl$$

【化学试剂】　通常称为试剂，是一大类具有各种标准纯度的纯化学物质，广泛用于科学研究、分析测试，并可作为功能性材料和原料。我国把试剂分为四大类：（1）通用试剂：是泛指符合标准纯度的有机试剂和无机试剂。常作为科学研究、分析测试、合成反应等。（2）分析试剂：专用于分析测试的试剂，又分两小类：（1）化学分析试剂：用于化学反应分析的测试物品。①基准试剂：是一种直接用来配制或标定容量分析中的标准溶液的纯化合物。②指示剂：用以指示滴定终点的试剂，分为pH指示剂、荧光指示剂等。（2）仪器分析试剂：专用于仪器分析的高纯化合物。①光谱试剂：光谱纯化合物，常以SP表示，用于光谱分析的试剂。②色谱纯试剂：专用于气相色谱仪分析和专用于液相色谱仪分析的试剂。③氘代试剂：专用于核子共振仪分析的试剂。(3)电子工业试剂：用于电子工业的专用化学试剂。(1)MOS试剂：微粒浓度符合 ASTM"0"级，是微电子专用试剂。(2)高纯试剂：又称超高纯试剂，如在 99.99%，称为 4N，99.999%称为 5N，一般用于科学研究和物理化学痕量分析、光纤通信、微电子、半导体、激光等。此外，还有光学纯试剂、光刻胶等特殊性能的精细化工产品。(4)生化试剂：即生物化学试剂，是由生物体提取或化学合成的生物体的基本化学物质，是试剂的一大门类。作为对生物体成分研究和分析鉴定的重要试剂。化学试剂还有一种分类方法，那就是按纯度来划分。现行的标准有：国家标准(GB)、部颁标准(HG)、企业标准。标准规定了产品的纯度有四类：①优级纯试剂或称一级品，简称 GR，主体含量高，杂质含量严格控制。用于科学研究和精密分析测定。②分析纯试剂或称二级品，简称 AR，纯度差于一级品，适用于一般研究工作和分析测试。③化学纯试剂或称三级品，简称 CP，纯度差于二级品，常用于一般研究工作和实验。④实验试剂，简称 LR，作为一般实验。此外，还有特定试剂，以 TD 表示，它是根据特殊性能要求决定的试剂，另外有高纯和超高纯试剂，以作特殊应用。

【化学工业】 生产化学产品的工业。一般分为无机化学工业(例如酸、碱、盐、稀有金属等)和有机化学工业(例如塑料、橡胶、化纤、表面活性剂等)。

【化学纯试剂】 见"化学试剂"。

【化学方程式】 用分子式来表示化学反应的式子，叫"化学方程式"。它表示哪些物质参加了反应，生成了哪些物质；表示反应物、生成物各物质之间原子、分子的个数和质量比等。写化学方程式的步骤是：①左边写反应物分子式，右边写生成物分子式。②根据质量守恒定律，配平化学方程式。③有的反应要表明反应条件和生成物的状态。

【化学结合水】 也称"晶格水""结晶水"；是黏土矿物结晶水的一部分，一般温度升高到 300℃ 以上时，结晶水受到破坏，便失去这部分水分。对于不同的黏土矿物，驱散结晶水所需要的温度也不同；高岭石需要 550~600℃；伊利石需要 500~650℃；蒙脱石需要 600~700℃。驱散结晶水时发生明显的吸热反应，黏土矿物的结晶构造也就随即被破坏。

【化学堵漏材料】 是指以聚合物和聚合物－无机胶凝物质为基础的堵漏处理剂，化学堵漏材料大致可分为三种类型：一是高分子化合物堵漏剂；二是无机胶凝物质和高分子化合物混合而成的堵漏剂；三是以钻井液(泥浆)为基础加入各种固化剂所形成的堵漏体系。

【化学腐蚀钻井】 使用一种高反应的化学药剂(如氟)破碎岩石的钻井方法。将这种钻具悬在钢丝绳上，放到钻孔内，打开其密度器使压缩空气将化学药剂吹向岩石，然后提起钻具至地面，重新装药，并按这种程序反复进行。国外在实验室内已对石灰岩、砂岩和花岗岩做了实验。由于药剂成本高，运输大量反应活泼的化学药剂也有困难，破岩程序不连续，时效低，其应用范围非常有限。

【化学固壁技术】 是指通过化学反应在井壁上形成化学封闭壳的钻井液，降低井壁岩层的渗透率，阻止钻井液

H

中液相侵入地层，从而提高围岩的强度，提高地层的破裂压力。化学法封固井壁的工艺主要分为随钻封固法和挤注段塞法。随钻封固法要求封固材料必须与钻井液相配伍，而工艺简单可行。

【化学分析试剂】 见"化学试剂"。

【化学敏感性储集层】 指的是该种储集层中含一些与外来液可起化学反应而产生化学沉淀的物质。例如油层水中含有 CO_2，它与进入油层的含钙滤液易形成 $CaCO_3$ 沉淀，又如储集层水中含有 Mg^{2+}，当碱性较高的滤液侵入时也会产生 $Mg(OH)_2$ 沉淀，从而堵塞油层通道，损害油层。针对这类储集层应选用可与地层水相匹配的钻井液体系，例如，当搞清油层水中含大量 Mg^{2+}，就不能选用高碱石灰处理的钻井液，如含有 CO_2 者不能选用钙处理钻井液。

【怀俄明土】 产于美国怀俄明州的一种黏土，其主要成分为蒙脱石。

【还原剂】 能还原其他物质而自身被氧化的物质，也就是在氧化还原反应中失去电子的物质，如氢、硫化氢、甲醛等。

【环境污染】 自然环境诸要素（如水、空气、土壤等），在受到人类生产、生活活动过程中产生的化学物质、病原体、噪声等污染而达到一定程度时，可危害人体健康，影响生物的正常生命活动，这种现象称为"环境污染"。钻井液能污染农田、水域等。

【环空】 指钻杆与井壁或者钻杆与套管内壁之间的空间。也叫环形空间。

【环空流态】 即层流变紊流的 Z 值；$Z = 808$ 是层流变紊流的界限。

$$Z = 1517.83 \frac{(DH - DP)nAV^2 - n\rho}{500^n 0.387K}$$

式中　Z——流态 Z 值（无因次）；
DH、DP——钻头直径、钻杆外径，cm；
AV——环空平均返速，m/s；
n——流型指数；
K——稠度系数，$Pa \cdot s^n$；
ρ——钻井液的密度，g/cm^3。

【环空封隔液】 井壁与套管之间的液体称为"环空封隔液"。用来防止产层液体对套管的腐蚀。

【环空岩屑浓度】 指环空中的岩屑所占的体积百分比。

【环空内钻井液平均流速】 指钻井液上返时平均上返度速度。

$$V_a = \frac{Q \times C_2}{(D_h^2 - D_p^2) \times 2.448}$$

式中　V_a——环空内钻井液的平均流速，m/s(ft/s)；
Q——排量，L/s(gal/min)；
D_h——井眼直径或套管内径，mm（或 in）；
D_p——钻具外径，mm（或 in）；
C_2——与单位有关的系数。采用法定计量单位时，$C_2 = 3117$；当采用英制单位时，$C_2 = 1$。

【环空内钻井液临界流速】 环空内钻井液流动形态转变时，液流的断面平均流速称为临界流速，把从层流转变为紊流时的叫上临界流速，而把紊流转变为层流时的叫下临界流速。

$$V_{ac} = \frac{1.08 \times PV + 1.08 \times [PV^2 + 9.26(D_h - D_p)^2 \times YP \times MW \times C_3]^{0.5}}{MW \times (D_h - D_p) \times C_4}$$

式中　V_{ac}——环空内钻井液的临界流速，m/s（或 ft/s）；
YP——钻井液的屈服值，Pa（或 lbs/100ft^2）；
PV——钻井液塑性黏度 $mPa \cdot s$（或 cps）；

MW——钻井液密度，g/cm^3（或 ppg）；

D_h——井眼直径或套管内径，mm（或 in）；

D_p——钻具外径，mm（或 in）；

C_3、C_4——与单位有关的系数。采用法定计量单位时，$C_3 = 0.006193$、$C_4 = 1.078$；采用英制单位时，$C_3 = 1$、$C_4 = 1$。

【环氧丙基三甲基氯化铵】 是一种低分子有机阳离子化合物，在钻井液中通过中和页岩表面负电性而起稳定页岩的作用。

$$[CH_2\!-\!CH\!-\!CH_2\!-\!\overset{\displaystyle CH_3}{\underset{\displaystyle CH_3}{N}}\!-\!CH_3]Cl$$

环氧丙基三甲基氯化铵

【环氧氯丙烷–二甲基缩聚物】 是一种阳离子型聚电解质，外观为微黄色至橘红色黏稠液体，不分层，无凝聚物，密度 $1.18 \sim 1.20g/cm^3$。在钻井液中用作页岩抑制剂。

【环氧氯丙烷–多乙烯多胺缩聚物】 是一种阳离子聚合物，为橘红色黏稠液体，可溶于水。在钻井液中用作防塌剂。

【缓聚剂】 见"缓聚合作用"。

【缓蚀剂】 能够减慢金属腐蚀速度的物质。种类较多，其主要作用在于能抑制引起金属的电化过程。在腐蚀介质中加入少量缓蚀剂即能获得良好效果。乳化及油基钻井液都具有的抑制腐蚀性能。

【缓冲液】 由一种或数种物质配成的，在加酸或加碱时其氢离子浓度均不改变的一种水溶液称缓冲溶液。

【缓冲溶液】 见"缓冲液"。

【缓聚合作用】 当单体中加入少量某些物质进行聚合时，并无诱导期，聚合速度和聚合度均有降低，但聚合反应并不完全被抑制，这种作用称为"缓聚合作用"。这类物质被称为"缓聚剂"。

【黄原胶】 见"黄胞胶"。

【黄胞胶】 又称黄原胶、黄原菌胶，代号为 XC。钻井液用生物聚合物处理剂的一种，它是一种微生物多糖胶，采用甘蓝黑腐病黄杆菌作用于碳水化合物而生成的高分子链状多糖聚合物，具有相当高的相对分子质量。其生产过程是以各种碳水化合物作培养基，培养黄原菌，这种菌类在生命过程中会产生一种胶质，用以保护自己，这种胶质叫黄原菌胶。待黄原菌产生出这种胶质后再用杀菌剂把菌类杀死，于是黄原菌胶便保存下来。经过干燥，磨成粉末就成为商品生物聚合物黄原菌胶。它是一种高分子化合物，含有很多羟基（—OH），易溶于水，常温下不发酵，大于 93℃ 时会缓慢降解，温度达 140℃ 左右时仍不完全失效。可以与其他处理剂一起使用，也可以单独使用。用黄原胶配出的钻井液可以在较宽的 pH 值范围内保持性能稳定。例如，在 20℃ 及 60℃ 的温度下，pH 值在 $3 \sim 10$ 范围内，其黏度值保持不变。黄原胶是用于淡水、海水和饱和盐水钻井液的高效增黏剂，并兼有降滤失作用，可以代替黏土。一般加量为 0.3% 左右（$2.8 \sim 5.7g/L$），却能产生较高的黏度。其主要特点是黏度高，悬浮性能好，具有良好的剪切稀释能力。在钻头喷嘴处的高流速下，具有较低的黏度，有利于提高钻速；而在环空的低剪切速率下，又具有较高的黏度，层流时，环空流速剖面较平，有利于携带岩屑。同时，还可以延长钻头寿命，降低泵的维修费用。黄原胶具有

极强的携带和悬浮钻屑的能力，与
酸、碱、盐、表面活性剂及防腐剂等
兼溶性良好。

黄胞胶分子结构

黄胞胶质量指标

指标名称		指　　标
黏度(0.5%)		3000
流型指标(n)		<0.5
水分/%		<12
灰分/%		<12
耐 pH 值		3~13
造浆率/(m^3/t)	淡水	≥200
	海水	≥220
	饱和盐水	≥250

【**黄河 2 号降黏剂**】　代号为 HSHY，属
　降黏剂，用于淡水、盐水及饱和盐水
　钻井液，抗钙、抗镁（螯合 Ca^{2+}、
　Mg^{2+} 的能力大于 2000mg/L）能力强，
　抗温可达 220℃，常用于完井固井压
　塞液和顶替液的配制。

【**磺酸**】　磺酸是烃基分子中的氢被磺
　酸基（—SO_3H）取代的化合物。它是
　有机化合物中的强酸，在芳香烃的
　磺酸化反应中，磺酸是与硫酸相等
　的强酸。

【**磺基**】　亦称为"磺酸基"。硫酸
　（HO—SO_2—OH）分子中被取代一个
　羟基（—OH）后残余的基团，以
　—SO_3H 或—SO_2OH 表示。磺基和羟

基的碳原子直接相连时形成磺酸
（RSO_3H），如苯磺酸（$C_6H_5SO_3H$）。
有机化合物分子中引入磺基后会增加
其酸性及水溶性，多数合成磺化剂，
有些基团磺基能被其他基团（—
OH、—CN 等）所置换，因此磺酸也
是有机合成的重要中间体，例如用苯
磺酸以制备苯酚（C_6H_5OH）等。

【**磺化**】　在有机化合物分子中引入磺
　（酸）基的反应称为"磺化"。

【**磺化剂**】　能够在有机化合物分子中
　引入磺基（—SO_3H）反应的溶剂。常
　用的磺化剂有浓硫酸、发烟硫酸等。
　有些有机化合物通过磺化后，尚可以
　进一步转变成羟基（—OH）或氨基
　（—NH_2）等化合物。

【**磺酸基**】　见"磺基"。

【**磺化反应**】　烃分子里的氢原子被磺
　酸基（SO_3H）取代而生成烃磺酸的反
　应，称为"磺化反应"。

【**磺化栲胶**】　见"磺甲基橡碗单宁酸钠"。

【**磺化褐煤**】　见"磺甲基褐煤"。

【**磺化丹宁**】　见"磺甲基五倍子单宁"。

【**磺化油脚**】　代号为 DS-848；为黄色油
　状半流动液体。用作水基钻井液润滑
　剂，并有乳化作用，可与其他处理剂配
　合使用。一般加量为 0.05%~0.1%。

DS-848 质量指标

项　　目	指　　标
有效物含量/%	>90.0
水分/%	<2.0
pH 值(1%水溶液)	7~8

【磺化钻井液】　是以 SMC、SMP、SMT 和 SMK 等处理剂的一种或多种为基础配制而成的体系。由于以上磺化处理剂均为分散剂，因此磺化钻井液是典型的分散钻井液体系。其主要特点是热稳定性好，在高温高压下可保持良好的流变性和较低的滤失量，抗盐侵能力强，滤饼致密且可压缩性好，并且具有良好的防塌、防卡性能。

【磺化聚合物】　磺化聚合物是一种合成聚合物降滤失剂，凝胶色谱测定平均相对分子质量为 20×10^4，其分子式是：

$$\left[\begin{array}{c} \text{OH} \quad\quad \text{OH} \\ | \quad\quad\quad | \\ \text{H} \enspace \text{R}' \enspace \text{H} \enspace \text{R}' \\ | \enspace | \enspace | \enspace | \\ -\text{C}-\text{C}-\text{C}-\text{C}- \\ | \enspace | \enspace | \enspace | \\ \text{H} \enspace \text{R} \enspace \text{H} \enspace \text{R} \\ | \quad\quad\quad | \\ \text{SO}_3\text{Na} \quad \text{OH} \end{array}\right]_n$$

此聚合物链在高浓度 Ca^{2+}、Mg^{2+} 钻井液中不会卷曲和收缩呈球状。聚合物 R、R′ 侧链要足够长，确保其抗钙能力。此剂特点是既降低钻井液滤失量又不影响流变性能。室内实验证实，磺化聚合物抗 NaCl 至饱和，抗钙 45000ppm，抗镁 100000ppm。该剂已在西德、欧洲、美国等钻油、气井中使用。例如，在美国木比耳海湾的一口定向井上，使用磺化聚合物与褐煤-苯酚树脂复合处理，钻井液抗温极限 260℃ 以上。

【磺化妥尔油】　代号为 ST。由妥尔油、磺酸盐组成；为黑褐色黏稠液体，无毒、不易燃。用作水基钻井液的防卡润滑剂，可降低滤饼摩阻系数。一般加量 0.2%~2%。

ST 质量指标

项　　目	指　　标
磺化物/%	≥25
pH 值	8.5~9.5
硫酸钠/%	≤0.5
泡沫度/(g/cm^3)	≤0.03

【磺化沥青钠盐】　代号为 SAS-I，为沥青的磺化制品，它是由一般沥青用发烟硫酸 H_2SO_4 或 SO_3 进行磺化而成的产品。沥青经过磺化，引入了水溶性的磺酸基团，使它由水不溶性变为水溶性。干制品为脆性薄片，呈暗褐色或黑色，软化点高于 260℃，密度约 0.98g/cm^3，它的水溶性的成分是带负离子基的大分子，当吸附在井壁页岩微缝上能阻止水渗入页岩，可减少剥蚀掉块。它的水溶性部分能提供适当大小的颗粒帮助造壁，改进滤饼质量。水不溶物覆盖在页岩表面，可抑制页岩分散。在钻井液中起抑制页岩分散降滤失作用。用磺化沥青处理的钻井液，滤饼变薄，可压缩性增大，故滤失量下降，同时增加滤饼的润滑性，降低钻具的阻力，可延长钻头使用寿命，有防卡和解卡作用在高温下能维持低切力、低滤失量。

SAS-I 质量指标

	项　　目	指　　标	
		基浆性能	处理后性能
钻井液性能	密度/(g/cm^3)	≤1.04	1.038~1.04
	滤失量/mL	19~22	10~12
	表观黏度/mPa·s	6~10	8~12
	塑性黏度/mPa·s	4~7	5~8
	动切力/Pa	0.3~0.5	0.7~1.0
	pH 值	9~11	9~11

项　　　目	指　标	
	基浆性能	处理后性能
密度（25℃时）/（g/cm³）	1.00	
软化点/℃	>80.0	
磺酸根（—SO₃⁻）含量/%	≥13.0	
硫酸钠（Na₂SO₄）/%	≤1.5	
水分/%	≤18	
pH 值	8~11	

续表

理化性能（左侧纵向标注）

密度表项中，磺酸根记为 $—SO_3^{3-}$ 含量/%，硫酸钠 Na_2SO_4/%。

813 稀释剂质量指标

项　　　目	指　　标
有效物含量/%	≥86.0
水分/%	≤11.0
不溶物/%	≤3.0
pH 值	5~6
无机盐总量/%	30~35
含硫量/%	≥6.0
二氧化硫/%	≤0.25

【磺化改性栲胶】　代号为 813 稀释剂；以橡碗为原料用氢氧化钠提取，经亚硫酸盐磺化、铬盐络合后的产物。为棕黑色粉末，溶于水，水溶液呈酸性。主要用作水基钻井液的降黏剂，兼有降滤失作用。其抗温能力较强。一般加量为 0.5%~2%。

【磺化酚醛树脂】　磺甲基酚醛树脂的简称。代号为 SMP、SP；是由苯酚、甲醛、焦亚硫酸钠等反应制得的一种化合物，其反应式如下：

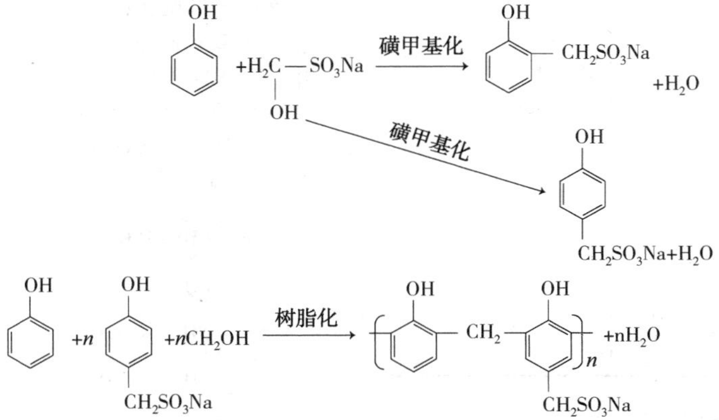

本品有水剂和粉剂两种产品，匀分为 1 型和 2 型。1 型用于矿化度≤$10×10^4$mg/L 的水基钻井液；2 型可抗盐至饱和。水剂为棕红色黏稠液体；粉剂为棕红色粉末，溶于水呈碱性。SMP 的分子结构具有以下特点：①分子主要以苯环、亚甲基桥和 C—S 链等组成。因此，其热稳定性较好。②相对分子质量较小，一般约在 $1×10^4$ 以内。其分子不是直链型，因此它不会引起钻井液严重增稠，高温下无副作用。③亲水基为磺甲基—$CH_2SO_3^-$，且其比例较高（SMP-1 的理论磺化度为 75%）。因此，亲水性强，抗盐析能力亦强，且可调整（取决于磺化度）。亲水能力受高温影响较小，抗钙能力强，较低的 pH 值不影响其亲水能力。

H

④分子中的吸附基为—OH，故 pH 较高对吸附不利，而且其吸附能力受高温影响较大。⑤酚羟基具有与高价阳离子络合的能力，因此它能与很多高价阳离子配合使用，提高其效能。SMP 是一种抗高温（200～220℃）降滤失剂，并具有多种功能，例如抗盐可达饱和，抗钙可达 2000ppm；在较宽的 pH 范围内均可使用（pH 值 8～11）；能改善滤饼质量（降低渗透性及增加压缩性及减低滤饼摩阻系数）。主要用于深井、超深井水基钻井液降滤失量剂，兼有一定的防塌能力。与磺化褐煤、铁铬盐复配使用效果最佳。一般加量 5% 左右（低温时为 3%）。

磺化酚醛树脂的质量标准

项　目	指　标
外观	自由流动不结块粉末颗粒
pH 值	9.0～10.5
水分/%	≤10.0
水不溶物/%	≤10.0
浊点盐度（Cl^-）/（g/L）	100～140
滤失量/（mL/30min）（150℃压差 3.5MPa）	≤25

【磺化单宁酸钾】 代号为 SKTN，是将单宁酸经磺化及其化学改性而成。产品为自由流动的褐色粉末，吸水性强，易溶于水。用作各类水基钻井液的降黏剂。它能有效地降低黏度和切力，改善流变性能。在钾基钻井液中其抑制页岩水化膨胀能力较强。并能起到降低滤失量，保护井壁，防止垮塌，提高电测一次成功率等作用。一般加量为 0.2%～1%。

【磺化褐煤钻井液】 一种深井水基钻井液体系。这种体系主要利用磺化褐煤（SMC）既是抗温降黏剂，又有抗温降滤失剂的特点，在通过室内实验确定其适宜加量之后，用膨润土直接配制或用井浆转化为抗高温深井钻井液。一般需加入适量的表面活性剂以进一步提高其热稳定性。该类体系可抗 180～220℃ 的高温，但抗盐、抗钙的能力较弱，仅适用于深井淡水钻井液。其典型配方为：4%～7%膨润土+3%～7%SMC+0.3%～1%表面活性剂（可从 AS、ABS、Span-80 和 OP-10 中进行筛选），并加入烧碱将 pH 值控制在 9～10 之间，必要时混入 5%～10%原油或柴油以增强其润滑性。

【磺化聚丙烯酰胺】 代号为 SPAM；聚丙烯酰胺的磺化衍生物。由聚丙烯酰胺与甲醛和亚硫酸氢钠在碱性水溶液中，在 50～80℃ 温度下反应数小时，由此所得的产物是带有侧基—CONHCH$_2$OH 和—CONHCH$_2$SO$_3$—Na 的聚合物-磺甲基聚丙烯胺，即

$$(CH_2CH)_x(CH_2CH)_y(CH_2CH)_z$$

$$\begin{array}{ccc} CO & CO & CO \\ | & | & | \\ NH_2 & NH & NH \\ & | & | \\ CH_2 & OH & CH_2 \\ & & | \\ & & SO_3Na \end{array}$$

通过聚丙烯酰胺的磺甲基化引进了磺甲基和羟基，提高了聚丙烯酰胺的使用效果。主要用作各类水基钻井液的增黏剂，兼有降滤失及耐温、抗盐、抗石膏和抑制黏土水化的能力。使用中一般稀释成 1% 浓度，加量为 1.5%～2%。

SPAM 质量指标

项　　目	指　　标
有效物含量/%	≥3.0
相对分子质量/10^4	300~600
磺化度/%	25~30

【磺化硝基腐殖酸】　可选用硝酸氧化腐殖酸质或硝化褐煤腐殖质，然后再用 $NaHSO_3$ 加以磺化而制得。配成碱剂后，可作降滤失剂和降黏剂。其抗盐、抗钙和抗温性能都比煤碱剂要好。

【磺化酚腐殖酸铬】　钻井液处理剂的一种，代号为 PSC；在褐煤中腐殖酸与磺甲基苯酚接枝，再经重铬酸钠氧化络合而成的具有多种官能团的聚合物固体粉末；在钻井液中，具有抗温、抗盐、降滤失、降黏等作用。

PSC 产品理化指标

项　　目	指　　标
外观	黑色粉末
有效成分/%	≥70
干基 Cr^{3+}/%	≥1.5
抗盐析能力/Cl^-(mg/L)	≥40000
细度	20 目筛通过

【磺化水解聚丙烯腈钠盐】　在水解聚丙烯腈钠盐的基础上，经过磺化改性而得。该产品为淡黄色粉末，易溶于水。分子链上含有—$CONH_2$、—COO^-、—SO_3^- 和—CN 等官能团。由于引入了磺化官能团，耐温抗盐和抗高价金属离子的能力更强。适用于淡水、咸水和饱和盐水钻井液。其一般加量为 0.5%~1.5%。

磺化水解聚丙烯腈钠盐质量指标

项　　目	指　　标
外观	淡黄色流动粉末
细度（2.14mm 筛孔标准筛通过量）/%	95
水分/%	≤7
残留碱量/%	≤2.5
纯度/%	≥85
pH 值	≤12

【磺化栲胶磺化酚醛树脂】　是一种抗温抗盐钻井液处理剂。为黑色粉末，易溶于水，水溶液呈弱碱性。该处理剂的主要组分有磺化酚醛树脂、栲胶、亚硫酸钠、甲醛、烧碱等。

磺化栲胶磺化酚醛树脂质量指标

项　　目	指　　标
外观	棕褐色流动粉末
水不溶物/%	≤13
水分/%	≤10
pH 值	8~10
热滚后常温中压滤失量/mL	≤20
热滚后高温高压滤失量/mL	≤30

【磺化褐煤磺化酚醛树脂】　是一种耐温抗盐钻井液处理剂。在水基钻井液中用作抗盐降滤失剂，并有一定的降黏和防塌作用。该处理剂的主要组分有磺化酚醛树脂（40%）、磺化褐煤（40%）、甲醛（10%）、腐殖酸钾（10%）。

H

磺化褐煤磺化酚醛树脂质量指标	
项　目	指　标
外观	黑褐色流动粉末
水不溶物/%	≤12
有效物含量/%	≥80
常温中压滤失量/mL	≤15
热滚后常温中压滤失量/mL	≤20
热滚后高温高压滤失量/mL	≤25

【磺乙基聚丙烯酰胺】 是一种丙烯酰胺和氨基乙磺酸(或其盐)反应,制得磺乙基聚丙酰胺。反应在120℃及高压条件下进行。起始反应物聚丙烯酰胺的相对分子质量为$(100\sim250)\times10^{4}$,反应产物分子中含有丙烯酰胺、丙烯酸和磺乙基丙烯酰胺链节。它是一种有效的钻井液增黏剂。

【磺基水杨酸钠指示剂】 将10g磺基水杨酸钠溶于100mL蒸馏水中。

【磺酸盐型表面活性剂】 通式为RSO_3M的阴离子型表面活性剂。式中,R为烃基,M为金属离子。

【磺甲基橡碗单宁酸钠】 简称磺化栲胶,代号为SMK;为棕褐色粉末或细颗粒。易溶于水,水溶液呈碱性。不含金属离子、无毒、无污染。适用于淡水钻井液作降黏剂,与其他处理剂复配使用可抗温180℃。

SMK质量指标			
项　目		指　标	
		50℃测定	经180℃、24h养护后
基浆	Φ_{100}的读数/mPa·s	130.0~140.0	90.0~100.0
	表观黏度/mPa·s	25.0~30.0	40.0~45.0
	动切力/Pa	12.0~17.0	25.0~30.0
	1min静切力/Pa	15.0~20.0	25.0~30.0
加入0.2%的SMK处理后	Φ_{100}的读数	≤20.0	≤70.0
	表观黏度/mPa·s	≤15.0	≤30.0
	动切力/Pa	5.0	10.0
	1min静切力/Pa	10.0	10.0
理化性能	外观	棕褐色粉末或细状颗粒	
	水分	≤10.0	
	干基水不溶物/%	≤4.0	

【磺甲基腐殖酸】 钻井液处理剂的一种。代号为SD-SMCS;分子式:$NO_3-R-COOK$、$FeSO_3$;具有抗温、抗盐、抗污染、防塌、降黏和降滤失等作用,用于中深井钻井液的处理或与聚合物配合使用,效果较好。

【磺甲基腐殖钠】 代号为Na-SMHm,化学式为:

抗温达200℃、耐盐达3×10^4mg/L^{-1},并耐钙、镁离子达500mg/L的钻井

液处理剂，产品为自由流动的褐色粉末，吸水性强，易溶于水。用作各类水基钻井液的降黏剂，它能有效地降低黏度和切力，改善流变性能。

【磺甲基五倍子单宁酸钠】 简称磺化单宁，代号为 SMT，其结构式为：

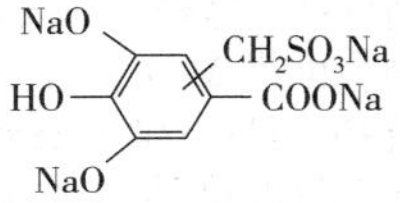

为磺甲基单宁酸钠与铬的络合物。为棕褐色粉末或细颗粒状，吸水性强，易溶于水，水溶液呈碱性。适用于各类水基钻井液中用作降黏剂，在盐水、饱和盐水钻井液中能保持一定的降黏能力。抗钙侵可达 2000ppm，抗温可达 $180\sim200℃$。也可用于深井固井水泥浆的缓凝剂和减稠剂。一般认为，单宁类降黏剂的作用机理是：单宁酸钠苯环上相邻的双酚羟基可通过配位键吸附在黏土颗粒断键边缘的 Al^{3+} 处，例如：

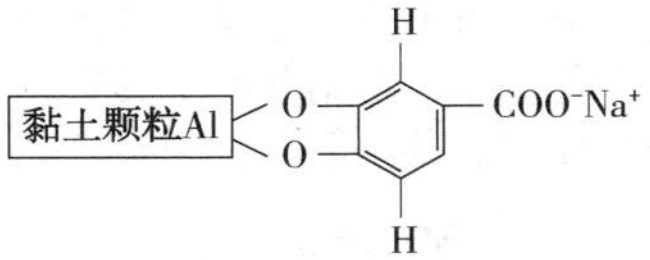

而剩余的 —ONa 和 —COONa 均为水

化基团，它们又能给黏土颗粒带来较多的负电荷和水化层，使黏土颗粒端面处的双电层斥力和水化膜厚度增加，从而拆散和削弱了黏土颗粒间通过端-面和端-端连接而形成的网架结构，使黏度和切力下降。

SMT 质量指标

项　　目	指　　标
干基可溶物/%	≥98
水分/%	≤12

【磺甲基双五倍子单宁酸钠】 作用同"磺甲基五倍子单宁酸钠"，其结构式如下：

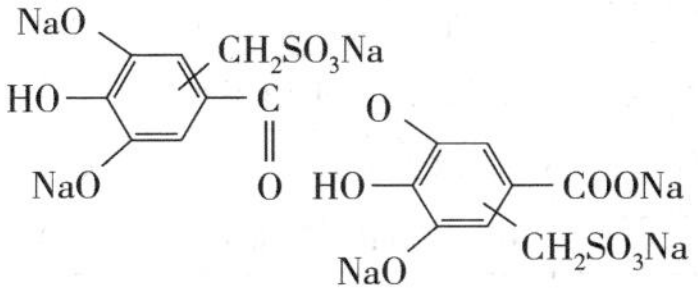

【磺化木质素磺甲基酚醛树脂】 代号为 SLSP，是由磺化木质素与磺甲基酚醛树脂在碱性介质中反应而成的一种高分子交联聚合物。亦即在磺甲基酚醛树脂的分子链上引入磺化木质素。其反应式如下：

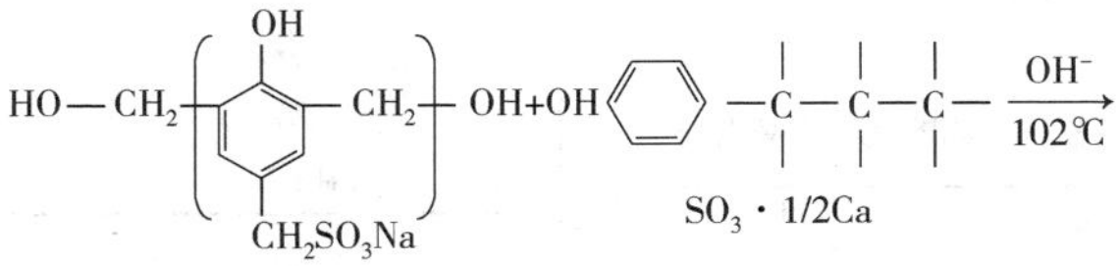

磺甲基酚醛树脂　　　　磺化木质素

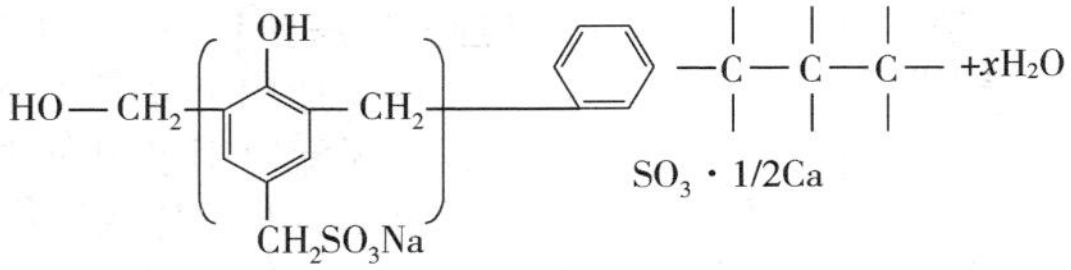

磺化木质素磺化酚醛树脂

SLSP 是一种抗盐、抗钙的耐温降滤失剂。在加量为 3%~5% 的情况下，钻井液可抗温 200℃，滤失量在 10mL 以内。在 185℃ 下抗 $CaCl_2$ 量可达 1%，抗盐达 10%。

SLSP 标准

项　目		指　标
特性黏度		>0.05
水不溶物/%		<11.0
水分含量/%		<10.0
盐析浓度(以 NaCl 计)/(g/L)		>130
pH 值		9.0~9.5
10%盐水基浆	表观黏度/mPa·s	4~8
	滤失量，mL	80~100
	HPHT/(mL/30min)	<100
10%盐水浆加入 5% SLSP	表观黏度/mPa·s	<15
	滤失量/mL	<14
	HPHT/(mL/30min)	<40
上浆经 150℃ 恒温 16h	表观黏度/mPa·s	<15
	滤失量/mL	<12
	HPHT/(mL/30min)	<35

【磺化苯氧乙酸–苯酚–甲醛树脂】　钻井液用处理剂的一种，为黑褐色粉末。易溶于水，水溶液呈弱碱性。属耐温抗盐降滤失剂，适用于各种水基钻井液。

磺化苯氧乙酸–苯酚–甲醛树脂质量指标

项　目	指　标	
	液体	粉剂
外观	棕红色液体	棕红色粉末
干基含量/%	≥35	≥90
浊点盐度(Cl⁻)/(g/L)	≥110	≥100
水分/%		≤7
水不溶物/%		≤10
表观黏度/mPa·s	≤25	≤25
高温高压滤失量/mL	≤25	≤25

【磺化褐煤–磺化酚醛树脂型盐水钻井液】　该体系由磺化褐煤(SMC)、磺化酚醛树脂(SMP-1)、重铬酸盐和表面活性剂组成。用磺化褐煤、磺化酚醛树脂控制流变性，用 SMP-1 及 SMC 的协同作用来控制造壁性。这种钻井液的优点是抗温能力强，可达 220℃ 以上；抗污染能力强，抗 Cl⁻ 可达 100000mg/L 以上，抗 Ca^{2+}、Mg^{2+} 能力可达 2000mg/L；适应能力强，无论何种钻井液体系加入 SMP-1、SMC 都能转化为该体系；流变性能好且稳定；造壁性能好，高温高压滤失量低，滤饼薄且致密，摩擦系数小，有利于防黏卡。

【磺化酚醛树脂–腐殖酸钾–水解聚丙烯腈】　是钻井液处理剂的一种复合型产品，代号为 SDX。为黑色粉末，易溶于水，水溶液呈弱碱性。该产品属阴离子型缩聚物，是由腐殖酸钾、酚醛树脂、水解聚丙烯腈经缩聚磺化而成的一种抗盐、抗高温的降滤失剂。它的分子链上含有丰富的极性吸附基和水化基团，在钻井液中具有较强的护胶作用，其一般加量 1%~3%。

SDX 质量指标

项　目	指　标
外观	黑色粉末
水分/%	≤18
水不溶物/%	≤12
pH 值	9~10.2

【恢复循环】　指使井眼中已经静止的钻井液开始运动。

【回压法压井】　回压法压井即挤注压井，适用于以下几种情况：①开始发生溢流时即采用向井内注入钻井液的办法，将气体或气侵钻井液压回地层。此法仅适用于空井发生溢流或井涌的初期，天然气进入井内不多，上升不高，而且套管较深，裸眼较少，产层具有一定的渗透性，只有在这种情况下，才能较容易地把气体压回地层。②如果有硫化氢逸出井口，即使浓度很低，也是非常危险的，如果无法对硫化氢的涌出在地面进行控制，应该用回压的方法把含硫化氢的气体压回地层。③钻柱被堵，无法进行循环，如果在堵点上面的钻杆内射孔，就会损失在静液压井中起重要作用的深度，甚至不可能射孔，就应将涌喷物挤压回井下。④钻柱脱扣或在浅井段被刺坏，使循环短路，只好采取回压的办法。回压法的施工步骤如下：①发现井涌，立即关井，求出井口压力，并计算需要挤入的钻井液量。②确定施工最高压力，其值应不大于井口工作压力、套管抗内压强度的80%和地层破裂压力强度三者之中的最小者。③挤钻井液既可用原浆也可提高钻井液密度，排量不宜过大，施工压力保持在允许压力以内。挤入预计钻井液量后，开井若不外溢，即告结束，否则，应再挤入钻井液。回压并不那么容易，能吐得出的地层不一定能吞得进，能吞得进的地层不一定能吐得出。无论井下情况如何，只要有足够的套管深度，在允许压力范围以内能够挤入钻井液，就可以用此法压井。只要能制止井口溢流，就创造了下钻的条件，然后争取下钻到底，循环调整钻井液，把井压稳。

【回声仪测漏法】　寻找漏层的一种方法。钻遇漏层后应尽快对刚裸露的原始状态的漏层进行测试，避免因漏液对漏失通道的污染和堵塞而影响测试准确度。回声仪可在不起钻的情况下测试，也可在关井及井内有压力的情况下测试，亦可追踪液面连续变化探测。回声仪操作简便迅速，2~3min便可测试一次，其主要功效有：①探测静液面井深，计算漏层压力，提供堵漏剂选择，制定堵漏工艺的依据。②进行漏层水利特性研究。可对漏层进行动液压测试。一种是将井筒灌满钻井液停泵，用回声仪跟踪测试液面下降位置与时间的关系，再测出静液面，计算漏层压力。另一种是先用小排量泵送钻井液，使液面升高一个位置至稳定，用回声仪测出液面位置并记下排量，再逐次加大排量，也能测出各次液面位置并记录排量，此法仍可测出静液面位置，计算地层压力。利用上述资料可以计算并绘制出 ΔP-Q 漏层指示曲线，计算漏层吸收能力系数，计算漏失严重程度，初步估量漏失通道的尺寸。该仪器安装要求仪器与井口至环形空间畅通，保证声波的传递。安装位置如下图。配一个 $\Phi101.6mm \times 63.5mm$ 平式油管扣法兰大小头，将仪器连接在井口四通闸门法兰上。接上仪器前，必须将四通管颈(图中 A 处)冲洗干净。其测试方法是钻具下到估计的液面以下后，装好回声仪子弹，关好封井器闸门、机房停机，消除背景噪声，调整仪器，发炮测试。待出现两次以上液面位置曲线便停止走纸，测试完毕。准确地解释回声仪所测曲线和精确计算是确定井内液面井深的关键。但测试时都要受到井口、裸眼井壁及管柱上黏糊钻井液的影响，使其曲线的形状与清晰情况都不如采油(气)井测试的好。如果井内存在一定压力的天然气，所测得的曲线质量一般都较好。若管路不通或未关封井器，所测曲线形状就异常，没有液面反射波，这种曲线不能用。对曲线的解释与计算按下述方法进行：①利用钻杆接头数计算井深。由于管柱曲线 B 所反映的钻杆接头波形一般只在曲线的中间段较清晰，因此可选择该段钻杆接头尖脉冲最清晰的曲线段作为标准段，用下式计算液面井深：

$$H = n \cdot L \cdot h / l \qquad (1)$$

式中　H——液面井深，m；

　　　n——标准段内钻杆接头数，个；

　　　L——曲线上液面反射段长度，mm；

　　　l——曲线上标准段长度，mm；

　　　h——钻杆单根平均长度，m。

　② 利用声波传递的时间计算液面位置。当钻杆接头波形不够清晰时，可用下式计算液面位置 H：

$$H = cL / (2l_1 \times c_1) \qquad (2)$$

式中　c——子弹爆炸在井中传递的声速，井内为空气时 $c=$

332m/s，井内为天然气时 $c=400$m/s；

　　　c_1——测试时的走纸速度，格/s；

　　　l_1——记录纸带上每一格的长度，mm/格。

　应用式(1)和式(2)计算的液面位置较深（一般大于500m），说明声波的传递受井温的影响较大，故应对计算的 H 进行校正：

$$H' = H \sqrt{T_H / T_1}$$

式中　H'——校正后的液面井深，m；

　　　T_1——标准段 l 中点处井深的热力学温度，K；

　　　T_H——计算的液面井深 H' 中点处的热力学温度，K。

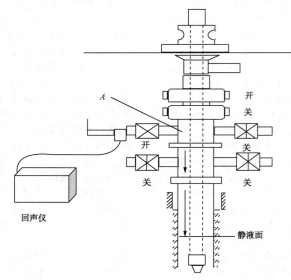

回声仪

开

关

开

关

关

关

A

静液面

回声仪安装、测试图

【回注－桥塞堵漏法】　在漏失井的邻井中，与漏失层相对应的层位注水，以提高漏失井欠压层的压力，使注水井关井后井口压力达 2MPa 时，再用桥塞堵漏法对正钻井的漏失进行堵漏。这样可以收到较好的堵漏效果，节省堵漏剂。使用该法有严格的条件：①邻井的欠压层必须与正钻井(调整井)欠压漏失层相连通，否则无堵漏效果。②只能对欠压漏失层注水，其他层位不能注水，否则会造成井喷。③必须控制注水，回注后，关井井口剩余压力不能过高或过低。过高，堵漏浆液会从井壁倒returned出来，造成堵漏失效；过低，则起不到回注效果。

【混合物】　由两种或两种以上物质，通过机械混合而成的物质。即由两种或两种以上不同的分子所组成的物质。

【混凝剂】　亦称净水剂；污水处理过程中用于澄清浑水的物质。常用的有硫酸铝、明矾、绿矾、三氯化铁以及某些高分子化合物等。加入水中后，起化学反应，经过搅拌形成絮状物，促使悬浮杂质的沉淀。

【混层黏土】　见"间层黏土"。

【混合漏斗】　在钻井现场，用于配浆、加重及处理钻井液的一种设备，是利用泥浆泵低压循环，使泥浆液流高速冲击而起作用的，由于这种设备像个漏斗，在现场被称为"混合漏斗"。

【混油泥浆】　见"混油钻井液"。

【混油钻井液】　又称"水包油型乳化钻井液"，在钻井液中混加 10% ~ 40% 油料，是水包油型(简称油/水型)乳状液钻井液；水基钻井液中加入一定的油(原油、柴油或机油)并配合必要的稳定剂(乳化剂)；这种钻井液具有性能稳定，润滑性好、滤失量低、泥饼薄而韧、流动性好，提高钻速，延长钻头使用寿命，减少扭矩和钻杆的黏附卡钻，对油层损害小。

【混合层黏土矿物】　见"间层黏土矿物"。

【混晶型黏土矿物】　见"间层黏土矿物"。

【混合金属层状氢氧化物】　(Mixed Metal Layered Hydroxide Compounds, 简称 MMH)由一种带正电的晶体胶粒所组成，常称为正电胶。目前，其产品有溶胶、浓胶和胶粉三种剂型。该类处理剂对黏土有较强的抑制作用，与膨润土和水所形成的复合体有独特的流变性能。见"BPS、MMH"。

【混合金属硅酸盐钻井液】　代号为 MMS，可与预水化膨润土形成复合物，具有与 HHM 钻井液相似的特殊流变性能，但其与膨润土之间相互作用的特殊性与 MMH 不同。MMS 膨润土浆的流变剖面更平，携岩能力更强，在低剪切速率下具有更高的黏度，从而降低了通过地层孔隙和裂缝的漏失量，因而可用它来钻进易漏失井段。MMS 钻井液的使用具有局限性，该钻井液不能与强阴离子处理剂配伍，不能容纳高浓度的盐。

【混合多元醇盐水钻井液】　聚丙三醇和聚乙二醇低相对分子质量聚合物(<10000a. w. u)可增加滤液黏度，吸附在黏土表面形成有序的单层或双层复合物时，会把水从黏土中排出，降低黏土的膨胀压。高相对分子质量聚合物(>10000a. w. u)会从泥页岩表面解吸，失去包被和堵塞作用，不适于作井壁稳定剂。糖类是一种对环境无污染的小相对分子质量增稠剂，当其浓度适当时，可增加钻井液滤液黏度，降低泥页岩中水的流动速度。它还可以降低钻井液的活度，使之与泥页岩中水的活度相平衡，以减小渗透压力。但是糖类易发生生物降解，在现场使用起来比较困难，而甲基糖甙类对生物细菌不敏感，可防止这类问题的发生。以上这些处理剂，可以单独使用，也可以混合使用，混合使用更能有效地稳定泥页岩。因为混合使用时，可产生协同效应，提高了泥页岩与钻井液之间的膜效率，降低了渗透压，甚至还可以使泥页岩脱水，因而能稳定泥页岩。

【混层黏土矿物(Mixed Layer Clay)】

也称间层黏土矿物(Intersteraified Clay Minerals)，大多数黏土矿物都是层状结构的铝硅酸盐矿物，晶体结构十分相似。在一定条件下(如成岩作用)，很容易由一种形式的结构单元过渡为另一种形式的结构单元，形成一类由两种或两种以上不同结构层，沿 C 轴方向相间成层叠积组合成的晶体结构，具这类结构的矿物称为"间层黏土矿物"，或统称"混层黏土矿物"。

【活性】 ①又称活力，对于生物反应，是表示酶、细胞等的促进反应的能力，或表示它们的有效浓度。②在热力学上，活性也称为度，见"活度"。③催化剂的活性，可参见"催化剂"。

【活力】 即"活性"。

【活度】 是用来定义钻井液或页岩中的水的化学位的量度单位，研究表明：所有含黏土的岩石将吸附水且变化剧烈，页岩包括伊利石及其他的以前认为对水吸附是惰性的岩石，如果所包含的水与钻井液中的水的化学位有差异，都可能造成吸水。当岩石和钻井液的化学位平衡(或相等)时，吸附到页岩面上的水为零。这种状态实质上就消除了由于页岩的水敏性而导致的剥落问题。使用 $CaCl_2$ 配制成的盐水可获 0.4～1.0 活度值，淡水的活度值是 1.0，使用 NaCl 可获得最小的活度值为 0.75，如果钻遇地层只要某些层位其活度值小于 0.75，

就必须使用 $CaCl_2$ 才能达到活度控制的目的，但两种不同的盐溶液其活度没有累加性，即把饱和的 NaCl 和饱和的 $CaCl_2$ 溶液混合不会获得低于 0.4 的活度，它们相混后会出现 NaCl 的结晶沉淀。页岩水活度可使用电极湿度计来测定。如果某一井中存在多层不同活度的页岩时，加入足够的盐量来平衡活度最低的那种页岩即可，但水将会从其他页岩中转移到钻井液中，被钻穿的页岩的这种"收缩"是一个非常慢的过程，一般影响不大，但若这个过程过快时，井眼亦会出现剥落掉块的迹象。

【活性氧】 见"四面体片"。

【活化能】 活化分子具有的最低能量与分子的平均能量之差，叫活化能。

【活化重晶石粉】 又称活性重晶石粉，钻井液加重剂的一种，代号 PA。加入钻井液后，活化重晶石粉由于具有不同粒径级别，小颗粒填充大颗粒间隙，减小了原重晶石粉粒径级别相近而形成的体积，也有利于快速形成滤饼，降低滤失量。稀释剂有机硅醇，加入钻井液后，能够有效降低钻井液的黏度和切力，改善加重钻井液的流动性，有抑制减稠效应，可使塑性黏度降低 50%～67%。具有良好的动力稳定性，使老化的钻井液上下密度差降低 67%～83%。抗温达 180～200℃，具有较强的抗盐、抗钙能力。钻井液密度可加重至 2.4～2.7g/cm³。

钻井液用活化重晶石技术要求

特　　性		特性指标		
		特级	一级	二级
密度/(g/cm³)		≥4.3	4.20～4.30	4.05～4.20
水溶性碱土金属含量(以钙计)/(mg/kg)		≤250	≤250	≤250
筛余量%	75μm 标准筛筛余量	≤3.0	≤3.0	≤3.0

续表

特　性		特性指标		
		特级	一级	二级
黏度效应/ mPs·s	加硫酸钙前	≤110	≤110	≤110
	加硫酸钙后	≤110	≤110	≤110
悬浮性	清液析出体积/ （mL/10min）	≤15.0	≤15.0	≤15.0

【活性水】　加有表面活性剂的淡水或盐水作业流体。

【活性炭】　多孔而表面积很大的炭。由木材、硬果壳或兽骨等纤维干馏并用过热蒸汽在高温（800~900℃）下处理而得。主要用于吸附气体、液体的脱色和回收溶剂等。在钻井液滤液分析中常用作脱色剂。

【活化分子】　凡能够进行有效碰撞的分子叫活化分子。

【活性固相】　是指与钻井液起化学反应的黏土。常用的黏土有膨润土、凹凸棒土等。所钻地层中也含有活性固相，如蒙脱石遇水膨胀，它们进入钻井液保持悬浮状态，这些固相能够接受化学处理。

【活度控制】　活度控制的意义就在于，通过调节油基钻井液水相中无机盐的浓度，使其产生的渗透压大于或等于页岩吸附压，从而防止钻井液中的水向岩层运移。通常用于活度控制的无机盐为 $CaCl_2$ 和 $NaCl$。其浓度与溶液中水的活度的关系可用对应的浓度与活度关系图表示。只要确定出所钻页岩地层中水的活度，便可由图中查出钻井液水相应保持的盐浓度。

【活性膨润土】　即"有机土"。

【活性赤铁矿粉】　是通过对普通赤铁矿粉颗粒表面进行化学改性而成的一种亲水更强的赤铁矿粉，用于水基钻井液体系。用这种活性赤铁矿粉加重的钻井液可获得更好的流动性、流变参数、热稳定性和重力稳定性。活性赤铁矿粉用于特高密度的钻井液加重，最高密度可达 $3.10g/cm^3$。

【火碱】　见"氢氧化钠"。

【火钻】　火焰钻井的简称。详见"火焰钻井"。

【火焰钻井】　用氧气和柴油一起燃烧，产生一种温度为 2400℃，喷速为 1829m/s（6000ft）的火焰来破碎岩石的钻井方法。虽然这种钻具需要用相当大的能量来破碎岩石，但用它钻铁燧石仍然可以达到 12.2m/h（40ft/h）的速度，比旋转式钻井机要快得多。与矿山开采破岩中所使用的旋转式钻机（7~11kW）相比，火钻具有大约 1500kW 的输出功率。还有一种强力火钻，是用硝酸代替氧气作为氧化剂，使化学反应加快，输出功率增大，钻孔速度增加。现场实验证明，强力火钻的输出功率比普通火钻大 5 倍，凿岩速度快 3 倍以上。但由于硝酸成本高，其消耗速度为 2300kg/h，因而强力火钻在经济上不能作为工业方法使用。

【火焰光度分析法】　属于光谱分析的范畴，可以看作应用直接读数的发射光谱分析方法。它是用火焰来激发被测物质，使其发生该物质所特有的光谱，并以光电系统来测量发射光谱的辐射强度，这样的分析方法称为"火焰光度分析法"。

J

【机油】　是一种机械润滑油，它含有固体润滑剂和表面活性剂，在金属表面吸附能力强、成膜性好，极压润滑膜厚，耐温达 350℃。在钻井液中它具有润滑性、防卡效果好，渗透能力强等特点。常用于定向井、大斜度井、水平井及复杂井完井电测时的封闭液。

【机械除砂】　是指利用固控设备(振动筛、除砂器、除泥器、离心机等)降低固相含量。

【机械乳化】　又称机械强制乳化、混合乳化，利用机械将乳化物分散成微小颗粒或液滴的一种乳化方法。常用的机械设备有液流(泥浆)枪、搅拌机、钻井泵等。

【机械强制乳化】　见"机械乳化"。

【机械震击解卡法】　如果钻柱上带有随钻震击器，应立即启动上击器上击或启动下击器下击，以求解卡，这比单纯的上提、下压的力量要集中，见效也快得多。如果未带随钻震击器，可先测卡点位置，用爆松倒扣法从卡点以上把钻具倒开，然后选择适当的震击器(如上击器、下击器、加速器等)下钻对扣，钻具组合应是：对扣接头+安全接头+震击器+70~100m 钻铤+钻杆。对扣后循环钻井液，调整钻井液性能，然后震击。如震击不能解卡，可考虑注解卡液浸泡，边浸泡边震击，其效果会更好。

【基浆】　为考察某种钻井液处理剂性能专门配制的，具有规定性能的钻井液试样。

【基油】　指配制油基钻井液的基础油。基油是油基钻井液的分散介质，早期的全油基钻井液常用的基油为柴油，生物毒性高，随着海洋钻井对环境保护的要求越来越严格，目前普遍使用低毒的矿物油和气制油。为了安全起见，闪点和燃点一般要求在 82℃和 93℃以上，苯胺点在 60℃以上。

【基团】　原子官能团的通称。由两个或多个原子组成的具有电荷或不带电荷的化学单元。如氨基、硫酸根、氢氧根、羟基等。

【基面】　见"晶面"。

【基准试剂】　见"化学试剂"。

【基岩应力】　见"有效上覆岩层压力"。

【基准物质】　在化学分析中，能用来直接配制或标定标准溶液的物质，称为基准物质。基准物质应有足够的纯度和较好的稳定性。

【基准膨润土】　又称"标准钠土"。用于评价降黏剂等处理剂性能而专门制备的，符合《钻井液用膨润土》(SY 5060)中的一级膨润土。

【激动压力】　即"波动压力"。

【激光破岩钻井】　使用一种单一频率的光束熔化和气化岩石的钻井方法，这种光束是通过"泵抽"一种晶体或气体，并用电磁能激励原子使之达到高能状态而产生的。然后把一种适当频率的信号通过这些被激励了的原子，使大量的原子降到低能状态，于是放出相同频率的光子。目前最大的激光束，其平均总的输出功率不超过几马力，效率低于 1%。因此，这种破岩方法受到能量的限制，其应用的可能性较小。

【激光颗粒度分析仪】　是一种测量粉末粒度的专用仪器，并在钻井液中广泛得到应用。

【极性键】　在化合物分子中，不同种原子形成共价键，由于不同原子的电负性不同，共用电子对偏向电负性大的原子，电负性大的原子就带部分正电荷，这样的键称为"极性键"。

【极性分子】　如果分子由两个不同原子组成，两个原子间的键是极性键。这样，正电荷、负电荷在分子中的分布便不均匀。在这个分子中，可以找到相当于正电荷中心和负电荷中心相隔一定距离的两个极，这种分子叫极性分子。

【极压润滑剂】　在钻井液中，能在极高压力条件下给轴承、钻具表面产生润滑作用的添加剂的统称。

【极限静切力】　钻井液中各种黏土颗粒由于形状的不规则，表面带电性和亲水性不匀，在静止时易形成网状结构。破坏钻井液单位体积上的网状结构所需要的最小静切应力，叫钻井液的"极限静切力"。

【极限高剪切黏度】　也叫水眼黏度，简称为高剪黏度，用 η_∞ 表示。表示钻井液体系中内摩擦作用的强度，常用来近似表示钻井液在钻头喷嘴处紊流状态下的流动阻力。在数值上等于剪切速率为无穷大时的有效黏度。极限高剪切黏度的大小是流体中固相颗粒之间、固相颗粒与液相颗粒之间，以及液相内部的内摩擦作用强度的综合体现。固相颗粒类型、含量、分散度和液相黏度等产生的影响，类似于宾汉模式中的塑性黏度，比塑性黏度小。其降低有利于降低高剪切速率下的压力降，提高钻头水马力；有利于从钻头切削面上及时地排除岩屑，提高机械钻速。

$$\eta_\infty^{1/2} = 2.414 \left(R_{600}^{1/2} - R_{300}^{1/2} \right)^2$$

式中　η_∞——极限高剪切黏度，mPa·s；
　　　R_{600}——旋转黏度计 600r/min 时的度数；
　　　R_{300}——旋转黏度计 300r/min 时的度数。

【季铵盐】　即"四级铵盐"。

【季铵盐型表面活性剂】　属阳离子型表面活性剂。化学通式为：

$$[R_1—\overset{\overset{R_2}{|}}{N}—R_4]X$$
$$\underset{R_3}{|}$$

式中　R_1，R_2，R_3，R_4——烃基；
　　　X——阴离子。

【技师】　我国技术工人的技术职称之一。根据 1979 年 12 月国务院批准的《工程技术干部职称暂行规定》，在技术上有丰富的实践经验和某些特长，能解决某些关键问题并在工作上有比较显著成绩的工人，可定为技师。从事钻井液技术工作的技师称"钻井液技师"。

【技术员】　我国工程技术工人的技术职称之一。根据 1979 年 12 月国务院批准的《工程技术干部职称暂行规定》，中等专业学校毕业，见习一年期满，成绩良好，或具有同等学力和同等技术水平的，经过考核或评审后确定。从事钻井液工作的技术员称"钻井液技术员"。

【加重剂】　又称"加重材料"。在钻井液中加一些密度较高的惰性物质，增加钻井液密度，而不破坏钻井液的正常性能，这类物质总称为加重剂。当地层孔隙压力很高时，普通钻井液的液柱压力不能平衡地层孔隙压力，容易引起井塌、井喷等事故。钻井液中最常用的加重剂是重晶石（硫酸钡），纯品为白色粉末，含不同杂质时有不同的颜色。纯品密度为 4.5g/cm³，商业品约 4.2g/cm³。另外，还有石灰石粉（CaCO₃），密度为 2.2~2.9g/cm³，它易酸溶，具有保护油气层的特点。硫化铅（PbS），密度为 7.5~7.6g/cm³。磁铁矿（Fe₃O₄），密度为 5.0~5.2g/cm³。钛铁矿，密度为 4.5g/cm³ 以上。加重剂不限于固体和液体，某些可溶性盐类也可用作加重剂。

钻井液的加重材料

材　　料	主要成分	相对密度	硬度（莫氏硬度）
方铅矿	PbS	7.4~7.7	2.5~2.7
黄铁矿粉	Fe₂O₃	4.9~5.3	5.5~6.1
磁铁矿	Fe₃O₄	5.0~5.2	5.5~6.5
氧化铁（制造的）	Fe₂O₃	4.7	
钛铁矿	FeO·TiO₂	4.5~5.1	5~6
重晶石粉	BaSO₄	4.2~4.5	2.5~3.5
陨铁	FeCO₃	3.7~3.9	3.5~4.0
天青石	SrSO₄	3.7~3.9	3~3.5
白云岩	CaCO₃，MgCO₃	2.8~2.9	3.5~4.0
方解石	CaCO₃	2.6~2.8	3

【加重材料】　即"加重剂"。

【加重泥浆】　即"加重钻井液"。

【加溶作用】　非极性碳氢化合物或油、苯等不能溶解于水，却能溶解于浓肥皂溶液，或者说溶解于浓度大于

CMC 且已经生成大量胶束的表面活性剂溶液，这种现象叫加溶作用。加溶作用的特点是：①加溶作用是个自发过程，被加溶物的化学势在加溶后降低，使整个体系更趋稳定。②加溶作用是一个可逆的平衡过程。加溶时一种物质在肥皂溶液中的饱和溶液可从两方面得到，从过饱和溶液或从物质的逐渐溶解而达到饱和，所得的结果完全相同。③加溶作用与真正的溶解作用也不同。真正溶解过程会使溶液的依数性（如熔点降低、渗透压等）有很大改变，但碳氢化合物加溶后，对溶液的依数性影响较小，这说明加溶过程中溶质并未拆开成分子或离子，而是整团溶解在皂溶液中。

【加重钻井液】　含有专门加入的商业固体，以维持其所要求的最低钻井液（泥浆）密度，这样的钻井液称为加重钻井液。最常用的加重材料有青石粉、重晶石粉、钛铁矿石粉等。

【加压密度计】　又称压力液体密度计，是测量水泥浆密度的一种专用密度计。其结构图如下：

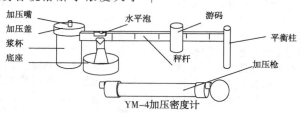

YM-4加压密度计

【贾敏效应】　由于侵入液呈液滴状而在孔喉处产生压力降的现象。如果液体中存在比毛细管内径大的气泡或不溶性液滴。并且此类气泡或液滴对毛细管润湿不好，则它们就会对液体流过毛细管产生阻力作用，称为贾敏效应。

【钾盐】　氯化钾的俗称。见"氯化钾"。

【钾离子作用】　在蒙脱石、伊利石等

三层型黏土矿物的氧原子层中形成的正六角环尺寸为 2.8Å（埃），而钾离子的直径为 2.66Å，又因为钾离子比其他可交换阳离子有更强的吸附能力，所以它极易把黏土表面的其他阳离子（Na⁺、Ca²⁺等）置换下来而吸附在黏土表面上。因为钾离子直径为 2.66Å，正好嵌入黏土表面的氧六角

环中，在一定条件下就使黏土变成了钾土。

【钾石灰泥浆】　即"钾石灰钻井液"。

【钾盐钻井液】　是以聚合物钾盐或聚合物铵盐和氯化钾为主要处理剂配成的水基钻井液。该体系具有抑制页岩膨胀、分散，控制地层造浆，防止地层坍塌和减少钻井液中黏土亚微米粒子含量的特点。为了保证该体系的性能，要求钻井液的 pH 值控制在 8～9 的范围，钻井液滤液中的 K^+ 含量大于 1.8g/L。钾盐钻井液主要用于页岩地层的钻井。

【钾石灰钻井液】　由石灰、氢氧化钾（氯化钾）、反絮凝剂或降滤失剂等组成。这种钻井液能有效地抑制黏土的水化膨胀和分散，提高井壁稳定性，适用于疏松地层钻井。

【钾盐聚磺钻井液】　钾盐聚磺钻井液是在聚磺钻井液的基础上加入 KCl 转化而成。由于 KCl 的加入，K^+ 进入地层层间并进入相邻氧层的孔穴中，使晶层间距压缩，从而使水分子难以进入层间而起到抑制水化膨胀的作用。因此它对于含蒙脱石黏土矿物的地层具有抑制性强、防塌效果好的特点。适用于水敏性易坍塌地层。与硬脆微裂缝页岩配合加入沥青类处理剂能取得较好防塌效果。适用于深井（3000m 以下）、异常高压地层使用，可配制高密度钻井液。

【钾基钻井液体系】　属于抑制性钻井液，由于这类钻井液中的钾离子可嵌入黏土硅氧四面体片对面的六角环中，不容易被其他离子交换，也不容易引起层间脱水和毁坏，从而阻止了黏土的水化膨胀。这类钻井液以各种高聚物的钾、铵、钙盐及氯化钾（包括醋酸钾或磷酸钾）为主力处理剂配制而成的防塌水基钻井液，滤液中

K^+ 含量不低于 1800mg/L。它具有很强的抑制能力，对水敏性页岩具有较好的防塌效果，主要用于不稳定的水敏性泥页岩地层钻井。

【钾盐对泥页岩作用】　钾盐在钻井液中的作用主要是提供钾离子，钾盐对泥页岩的作用可归纳为：①钾离子吸附能力强，但水化差，吸附在黏土表面后嵌入黏土晶格，因而它比其他吸附阳离子更为靠近黏土负电荷中心，降低了黏土的负电位，削弱了黏土吸附阳离子和水化的能力，而 K^+ 本身又是水化很差的离子，它会使黏土脱水并不再吸水，可以有力地抑制黏土水化。②钾离子嵌入黏土晶格，增强了晶层间的联结力，使黏土不易膨胀和分散。③钾离子嵌入黏土晶格，使黏土层面形成封闭结构，防止黏土表面水化。钾盐钻井液中的 K^+ 置换蒙脱石表面的 Na^+、Ca^{2+}，变成不易水化和分散的稳定的钾蒙脱石，大大降低了蒙脱石的水化膨胀能力。对于伊利石，K^+ 置换了其他的吸附阳离子，使伊利石表面的吸附阳离子完全变成了 K^+，而钻井液中也存在着浓度很高的 K^+，使伊利石表面的离子交换作用大大减弱，从而削弱了伊利石的吸水分解效应。所以，钾盐钻井液对于增强伊利石型和伊利石含量高的页岩稳定性效果最为明显；对于蒙脱石页岩，钾盐钻井液只能在一定程度上抑制黏土的水化、分散膨胀。

【钾盐聚合物钻井液】　是以 KOH 提供钾离子，以一定量的钾离子浓度配合一定量的聚合物，达到抑制泥岩水化、膨胀及坍塌的目的，抑制地层造浆；配合其他聚合物（如 80A－51、PAC 系列）作为流型调节剂，控制钻井液黏度、切力及流变性能，以水解铵盐、CMC 作为降滤失剂的抑制性

钻井液体系，以有机硅腐殖酸钾（或以 PA-10 作为防塌剂，以白油润滑剂（或聚合醇）作为润滑剂，具有适应范围广、维护处理简单、成本低等特点。

钾基聚合物钻井液

材料与处理剂	功　用	用量/(kg/m³)
PHP	包被和页岩抑制	1.0~3.0
80A-51	包被和页岩抑制	1.0~3.0
KOH	维持 pH	10.0~15.0
水解铵盐	降滤失	10.0~20.0
CMC	降滤失	3.0~5.0
有机硅腐殖酸钾（或 PA-1）	页岩抑制剂	10.0~20.0
白油润滑剂（或聚合醇）	润滑	10.0~20.0
油层保护剂	油层保护	按设计要求
加重剂	提高密度	按设计要求

钾基聚合物钻井液性能

项　目	性　能
密度/(g/cm³)	按设计要求
漏斗黏度/s	30~45
API 滤失/mL	10~5
静切力/Pa	2~5/3
含砂量/%	<0.5
pH 值	淡水 9~11；咸水 11~13
塑性黏度/mPa·s	8~25
动切力/Pa	3~6

【钾基石灰防塌钻井液】　该体系是一种分散型钻井液，是利用 K^+ 和 Ca^{2+} 联合作用来防止地层泥页岩水化膨胀、分散、坍塌，主要由石灰、KOH、FCLS 和 CMC 等处理剂组成。该体系防塌能力强，具有良好的流变稳定性，滤饼质量好，有利于防卡，抗钙污染能力强。但抗温性较弱。

【钾（抑制性）钻井液】　该体系是以聚合物的钾、铵盐及氢氧化钾为主处理剂配制而成的防塌钻井液。它主要是应用在含有水敏性黏土矿物的易坍塌地层。体系特点是。①对水敏性泥岩、页岩具有较好的防塌效果。②抑制泥页岩造浆能力比较强。③对储层中的黏土矿物具有稳定作用。④分散型钾基钻井液有较高的固相容限度。

【钾盐仿油基聚磺混油钻井液】　钾盐仿油基聚磺混油钻井液可用于陆相地层下部井段，和普通聚磺钻井液相比，加进了抑制黏土分散的 K^+，抑制黏土和页岩的水化膨胀作用，提高井壁稳定性；最重要的是该体系中加入了 MEG，该钻井液的性能具有油基钻井液的效能。该钻井液稳定性好，能有效地抑制泥页岩水化，控制井壁垮塌，同时具有良好的润滑性能。

【甲醛】　又名"福尔马林"；化学式：HCHO。为白色有刺激液体，长期贮存时，有白色沉淀或变为白色糊状的多聚甲醛，但不影响质量。还原性强，不能与氧化剂接触。对人体皮肤及黏膜有强烈刺激和腐蚀作用，应避免吸入蒸汽，贮于通风干燥、温度 15~32℃ 的库房，防晒和雨淋。在钻井液中作杀菌剂。

甲醛质量指标

项　目	指　标	
	一级品	二级品
甲醛含量/(g/100g)	37±0.5	37±0.5
游离酸（以甲酸计）/(g/100g)	0.04	0.10
铁/(g/100g)	0.0005	0.005
灼烧残渣/(g/100g)	0.005	0.01
甲醇/(g/100g)	12.0	12.0

【甲基】　可看作甲烷（CH_4）分子中少一

个氢原子而成的一价烃基(CH₃)。

【甲基橙】 一种橙色的有机化合物。其水溶液(将 0.1g 甲基橙溶于 100mL 蒸馏水中)常用作酸碱指示剂,在酸液中呈红色,在碱液中呈黄色。

【甲酸钾】 分子式为 HCOOK。属于有机盐,极易溶于水,在空气中吸潮。由于杂质等因素,常表现为红至浅绿等颜色,并不影响其使用。为水基钻井液的加重剂,由于其水溶液较同浓度的其他盐溶液有更强的抑制性,所以它又是无黏土相甲酸盐钻井液的主要抑制剂,一般加量视地层压力需要而定。见"甲酸盐钻井液"。

【甲基糖甙】 见"葡糖甙""甲基葡萄糖甙""甲基葡萄糖甙钻井液"。

【甲基纤维素】 代号为 MC,用作水增黏剂。

甲基纤维素

【甲酸盐钻井液】 甲酸(HCOOH)与 NaOH 或 KOH 在高温高压条件下进行反应,可生成甲酸钠、甲酸钾等羧酸盐类。这些甲酸盐配制成的钻井液称为甲酸盐钻井液。该钻井液具有密度调整范围宽,页岩抑制性强,腐蚀性低,易于环境保护,对产层无损害,可回收利用等优点。该体系适用于水平井钻井、分支井钻井、高温钻井、探井钻井、易塌地区钻井和软管钻井等,详见"羧酸盐钻井液""甲酸铯钻井液""甲酸钾钻井液""甲酸钠钻井液"。

甲酸盐钻井液

材料与处理剂	功　用	用量/(kg/m³)
甲酸盐	提高密度、抑制	
聚合物	包被和页岩抑制	1.0~3.0
XC	流型调节	2.0~3.0
PAC	降滤失	5.0~8.0
CMC	降滤失	3.0~5.0
SMP	高温降滤失	20.0~40.0
NaOH	维持 pH	3.0~5.0

各种甲酸盐溶液的性能

甲酸盐	质量百分数/%	密度/(g/cm³)	黏度/mPa·s	pH 值
NaCOOH	45	1.338	7.1	9.4
KCOOH	76	1.598	10.9	10.6
CsCOOH	83	2.37	2.8	9.0

【甲酸铯钻井液】 甲酸盐钻井完井液的一种,甲酸铯水溶液的最大密度可达 2.3g/cm³,一般不需要加入固体加重剂,但成本较高,为降低成本也可加入部分固体加重材料,用碳酸钙可使钻井液密度达 1.70cm³;用四氧化锰可使钻井液加重至 2.0cm³;用赤铁矿可使钻井液密度达 2.3cm³。该钻井液的流变性能可通过加入聚合物来控制,一般用 XC(加量为 1.43~2.14kg/m³),不需要膨润土。滤失量通常采用低相对分子质量 PAC 和超低相对分子质量 PAC 混合物来控制,也可使用淀粉类产品。为获得薄而有效的滤饼,可加入 28.5~57.06kg/m³ 碳酸钙。该钻井液易于生物降解,不会对环境造成污染,此外,当甲酸盐钻井液密度超过 1.04cm³ 时,可有效地抑制细菌生长。对储层损害程度低,可防止固相对油气层的损害,此外,由于甲酸盐溶液与两价氧离子不形成沉淀,因而当其与底层水接触时不会形成任何损害油气层的沉淀物。

可有效地稳定泥页岩，浓的甲酸盐溶液可使近井筒地带发生脱水和孔隙压力降低，增加地层强度和近井筒有效应力，从而提高了泥页岩的稳定性。腐蚀性较低，甲酸盐不是卤化物，其溶液 pH 值易于调节，因而不会引起金属腐蚀，此外，它与橡胶不发生反应。甲酸盐水溶液凝固点与结晶度较低。甲酸盐水溶液黏度低，摩阻压力损失小，因而可用于小井眼和易漏失地层钻井。能提高聚合物的热稳定性，XC 在淡水中的临界温度为 123℃，加入甲酸盐可大大提高其临界温度，XC 在甲酸铯水溶液中的临界温度为 160℃，在甲酸钠水溶液中的临界温度为 174℃，在甲酸钾水溶液中的临界温度超过 200℃。甲酸盐钻井液易于处理、运输、回收和再利用。见"甲酸盐钻井液"。

【甲酸钾钻井液】　属甲酸盐钻井完井液的一种，甲酸钾溶液的最大密度为 $1.59g/cm^3$。该钻井液的作用与特点同"甲酸铯钻井液"。

【甲酸钠钻井液】　是一种甲酸盐聚合物钻井液，该钻井液通过加入甲酸钠来调节密度，甲酸钠溶液的密度达 $1.33g/cm^3$。该钻井液的作用与特点同"甲酸铯钻井液"。

【甲基红指示剂】　将 0.1g 甲基红用 90%（体积分数）酒精溶解至 100mL。

【甲基葡萄糖苷】　即"甲基葡萄糖甙"。

【甲基葡萄糖甙】　又称"甲基葡萄糖苷"，代号为 MEG，是葡萄糖的衍生物，由玉米淀粉制得，无毒性，且易生物降解。MEG 分子含 4 个羟基和 1 个甲基的两排环状结构。在甲基葡萄糖甙钻井液中具有强的抑制性与封堵作用。MEG 分子通过其水羟基可以吸附在井壁和岩屑上形成半透膜，半透膜的完善程度和 MEG 加量成正比。此外，该钻井液能较快形成低渗透率的坚硬滤饼，其不溶颗粒可以起到桥堵作用。因而该钻井液具有稳定井壁作用和良好的润滑作用。甲基葡萄糖甙能有效地保护油气层。使用 MEG 的钻井液，表面张力低，对油气层损害低，其渗透率恢复值可达 88%。MEG 钻井液配方简单，性能稳定。MEG 分子中存在甲基，因而钻井液热稳定性好。详见"甲基葡萄糖甙钻井液"。

α-甲基葡萄糖甙　　β-甲基葡萄糖甙

甲基葡萄糖甙结构式示意图

【甲基硅油钻井液】　使用甲基硅油配浆，主要特点是能有效抑制黏土水化，护壁性能好，维护处理简单，井径扩大率小，抗温性突出。由于甲基硅油能在固体或液体表面上迅速展开，形成分子一定厚度的薄膜，把页岩的裸露表面包被起来，有效地防止黏土水化、膨胀和分散，因而抑制性很好，对复杂易塌地层效果显著。

【甲基羧甲基纤维素】　代号为 MCMC，把 Na-CMC 结构单元中的部分羟基碱化，通过甲基化反应变成甲氧基而成。其结构单元可表示为：$C_6H_7O_2$（OH）$_{3-d-\beta}$（OCH_2COONa）$_d$（OCH_3）$_\beta$，式中 β 可以叫甲基化度。甲基化剂可用一氯甲烷、甲烷或硫酸二甲酯(后者极毒，须注意)。用作钻井液的降滤失剂，这种降滤失剂可用于处理高矿化度钻井液，在含30%NaCl的钻井液和含6%CaCl$_2$的钻井液中仍能起稳定作用。一般加量为1%~2%。也有减稠作用。

【甲酸盐类水基钻井液】　采用甲酸盐(甲酸钠、甲酸钾和甲酸艳)作为密度调节剂的钻井液体系，密度最高达2.3g/cm^3。该体系主要由甲酸盐、AMPS聚合物增黏剂和降失水剂组成，配方组成较为简单，油层保护性能好；抑制水化能力强，防塌效果好；循环流动摩阻压耗低，有利于提高喷射钻井速度；甲酸盐可生物降解，环保性能好；腐蚀性小等优点。且甲酸盐能提高与之配伍使用的聚合物抗温性，钻井完井液体系易于回收再利用。

【甲基葡萄糖甙钻井液】　简称MEG钻井液体系，该体系无环境污染，其性能可与油基钻井液相比拟。MEG是葡萄糖的衍生物，无毒性且易于生物降解，糖虾半致死质量分数96h LC_{50}值大于500000mg/L。该体系配方简单、配制和维护容易，并有较强的页岩抑制性能、优异的润滑性能、良好的储层保护特性和体系稳定性。使用甲基葡萄糖甙钻井液不眼规则，机械钻速高。见"甲基葡萄糖甙"。①页岩抑制性，甲基葡萄糖甙可以吸附在泥页岩表面，形成一层半透膜，因此可以通过调节甲基葡萄糖甙钻井液的水活度来控制钻井液和地层内水的运移，使页岩中的水渗透进入钻井液，从而达到抑制页岩的水化膨胀，维持地层的稳定作用。此时，甲基葡萄糖甙的用量至少在35%，理想用量为45%~60%。而且无机盐对其有协同作用，实验表明：7%的NaCl和25%

的甲基葡萄糖甙即可将水的活度降至0.84~0.86，可使活度为0.90~0.92的页岩保持稳定。②高温稳定性，甲基葡萄糖甙钻井液在167℃时的滤失量为22.4mL，若在体系中加入石灰和褐煤，则API滤失量降至10mL，167℃仅为9.2mL。可见，甲基葡萄糖甙具有良好的高温稳定性。另外，还具有良好的抗污染能力。③润滑性，由于甲基葡萄糖甙钻井液能够充分抑制泥页岩的水化膨胀，因此可以利用机械法充分除掉钻屑，固相含量大大降低，因此其润滑系数仅为0.06，而油基钻井液的润滑系数一般在0.10左右，水基钻井液则大于0.12。由此可见，甲基葡萄糖甙钻井液具有良好的润滑性。④保护油气层，由于甲基葡萄糖甙钻井液固相含量低、表面张力低和甲基葡萄糖甙良好的调水活度能力，对油气层损害低，其渗透率恢复值高达88.7%。⑤其他优点，环境保护性能好、可直接用海水配浆，加重(可加重至2.5g/cm^3)稳定性好等特点。可由淡水、盐水(NaCl、KCl、CaCl$_2$等)或海水作水相，以甲基葡萄糖甙为主处理剂，再辅以适量的降滤失剂(如改性淀粉、聚阴离子纤维素等)及流型调节剂等组成。

甲基葡萄糖甙钻井液

材料与处理剂	功用	用量/(kg/m^3)
膨润土	基浆	20.0~30.0
甲基葡萄糖甙(MEG)	页岩抑制	300.0~400.0
XC	流型调节	2.0~3.0
水解铵盐	降黏、降滤失	10.0~20.0
DFD-140	降滤失	10.0~20.0
KPAM	页岩抑制	0.5~1.0
NaOH	维持pH	3.0~5.0
加重剂	提高密度	按设计要求

J

【甲基硅酸铝/硅油钻井液】 苏联在西伯利亚广泛使用甲基硅酸铝（AMCP）和甲基、乙基硅油作抑制剂。它们具有耐温（200℃以上）、降滤失和防塌等效果。甲基硅酸铝加量为0.75%时可使滤失量由18mL降到14mL（95℃）。硅油加量1%时，150℃温度下的滤失量由20℃的4mL只增加到6mL，乙基硅油加量为1.5%时可使滤失量由12mL降到6mL。

【甲基–木质素磺酸钠缩合物】 也叫"缩合纸浆废液"；系用亚硫酸纸浆废液、甲醛和硫酸（密度1.48g/cm³）制成。三者的体积比约为100：8：5，反应温度90～95℃即得，原料中的硫酸主要作为缩合催化剂。用于淡水和海水钻井液，能抗一般石膏和氯化钙侵污。抗温随条件不同，可达150～200℃，此剂还有一定的降黏作用和减摩阻作用，缺点是加量大时易起泡。

【假塑性流型和膨胀流型】 大多数钻井液属于塑性流型，某些钻井液属于假塑性流型，用淀粉类处理剂配制的钻井液有时呈膨胀流型。

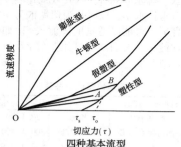

四种基本流型

从上图的流变曲线可以看出，假塑性流型和膨胀流型的流变曲线都是通过原点，即施加很小的力就发生流动。但不同的是假塑性流体随剪切速率增加而变稀，而膨胀流体随剪切速率增大而变稠，两种流型可用下列指

数方程描述：

$$\tau = k\left(\frac{\mathrm{d}u}{\mathrm{d}x}\right)^n$$

式中，n 表示假塑性流体在一定流速范围内的非牛顿性程度，故称流性指数。$n<1$ 时为假塑性流体；$n>1$ 时为膨胀型流体。K 与流体在 $1\mathrm{s}^{-1}$ 流速梯度下的黏度有关，K 值越大，黏度越高，因此 K 称为稠度系数。与动塑比所要求的值相对应，一般要求 n 值在 0.4～0.7 之间。

【架桥剂】 见"桥接堵漏材料"。

【尖峰层流】 见"改型层流"。

【检验】 对于各种原料、产品，用仪器、仪表或其他方法（物理的和化学的）检查其产品是否符合规定的过程。

【检出限量】 指某一方法所能检出某一离子的最少量，常以符号 m 表示，其单位为 μg。检出限量越低，表示该方法的灵敏度越高。

【减稠剂】 见"降黏剂""减稠作用"。

【减稠作用】 钻井液稠化主要原因是钻井液中固体颗粒过多，黏土颗粒形成网状结构。而减稠剂的主要作用在于优先吸附于黏土颗粒边缘水化弱的地方，用亲水基的水化增加这些地方的水化层，从而削弱或拆散了黏土颗粒之间的网状结构，放出自由水，同时也减小了黏土颗粒之间对流动的摩擦阻力，从而降低钻井液的切力和黏度。减稠剂吸附于钻屑表面，如能抑制钻屑水化膨胀和分散，减少钻井液中固体颗粒数目，也有利于降低黏度，提高流动性。

【碱】 通常指味苦的、溶液能使特定指示剂变色的物质（如使紫色石蕊变蓝，使酚酞变红等），其水溶液的pH值大于7。在水溶液中电离出的阴离子全部是氢氧根离子（今理论认为，电离时能吸收质子的物质为碱性，阴

离子全为 OH^- 的为碱类，统称碱），与酸反应形成盐和水。金属或类似金属基团与氢氧根组成的化合物。它在水溶液中能电离产生 OH^-。金属的氧化和水反应生成碱。可提高钻井液及溶液的 pH 值。例如，烧碱、消石灰等。碱在电离时，除生成氢氧根离子外，还生成金属离子。由于氢氧根离子带一个负电荷，在碱里，某些金属离子所带正电荷的数目，就是与它结合的氢氧根离子的数目。碱的通性是：

① 碱能使石蕊试纸显蓝色，酚酞变红色。

② 能与多数非金属氧化物起反应，生成盐和水。

$$2NaOH+CO_2 \Longrightarrow Na_2CO_3+H_2O \downarrow$$

③ 能与某些盐起反应，生成新的盐和新的碱。

$$FeCl_3+3NaOH \Longrightarrow 3NaCl+Fe(OH)_3 \downarrow$$

④ 能与酸起反应，生成盐和水。

$$NaOH+HCl \Longrightarrow NaCl+H_2O$$

④ 溶于水的氢氧化物经燃烧或加热可以得到金属氧化物和水。

$$Ca(OH)_2 \xrightarrow{\triangle} CaO+H_2O$$

$$Zn(OH)_2 \xrightarrow{\triangle} ZnO+H_2O$$

⑤ 有些氢氧化物既能和酸及酸性氧化物反应，又能与碱性氧化物反应，这种氢氧化物称为两性氢氧化物。如比较典型的有 $Zn(OH)_2$ 和 $Al(OH)_3$。

$$Zn(OH)_2+2HCl \Longrightarrow ZnCl_2+2H_2O$$

$$Zn(OH)_2+2NaOH \Longrightarrow Na_2ZnO_2+2H_2O$$

$$Al(OH)_3+3HCl \Longrightarrow AlCl_3+3H_2O$$

$$Al(OH)_3+NaOH \Longrightarrow NaAlO_2+2H_2O$$

酸碱度（pH）的表示法是，溶液的酸碱性常用一种简单的方法表示，即 pH 值，pH 值是溶液中氢离子质量浓度的负对数，其范围在 0~14 之间，pH>7 表示溶液显碱性，值越大，碱性越强；pH<7 表示溶液显酸性，值越小，表示溶液的酸性越强；pH=7 表示溶液是中性，即溶液中氢离子的质量浓度与氢氧根离子的质量浓度相等。

【碱灰】　碳酸钠的别称。见"碳酸钠"。

【碱度】　指 CO_3^{2-}、HCO_3^- 和 OH^- 的含量，用反应时所用的最大当量数来表示。在分析中，碱度是表示水中 CO_3^{2-}、HCO_3^- 和 OH^- 的含量。有时也表示水中的硼酸盐、硅酸盐和磷酸盐的含量。用酸的标准溶液来滴定。钻井液的碱度为了建立统一标准，API 选用酚酞和甲基橙两种指示剂来评价钻井液及其滤液碱性的强弱。酚酞的变色点为 pH=8.3。在进行滴定的过程中，当 pH 值降至该值时，酚酞即由红色变为无色。因此，能够使 pH 值降至 8.3 所需的酸量被称作酚酞碱度（Phenolphthalen Alka-linity）。钻井液及其滤液的酚酞碱度分别用符号 P_m 和 P_f 表示。甲基橙的变色点为 pH=4.3。当 pH 值降至该值时，甲基橙由黄色转变为橙红色。能使 pH 值降至 4.3 所需的酸量，则被称作甲基橙碱度（Methyl Orange Alkalnity）。钻井液及其滤液的甲基橙碱度分别用符号 M_m 和 M_f 表示。按 API 推荐的实验方法，要求对 P_m、P_f 和 M_f 分别进行测定。并规定以上三种碱度的值，均以滴定 1mL 样品（钻井液或其滤液）所需 0.02N（0.04M）H_2SO_4 的毫升数来表示。

【碱敏】　是指高 pH 值的流体进入储层后造成储层中黏土矿物和硅质胶结的结构破坏以及与某些阳离子生成沉淀

引起储层渗透率下降的现象。碱敏实验的目的是要了解储层岩石在不同 pH 值盐水作用下，渗透率的变化过程和改变程度，找出使储层岩石渗透率明显下降的临界 pH 值，为各种工作液 pH 值的确定提供依据。

【碱淀粉】　改性淀粉的一种，在钻井液中具有抗盐降滤失作用。其化学式如下：

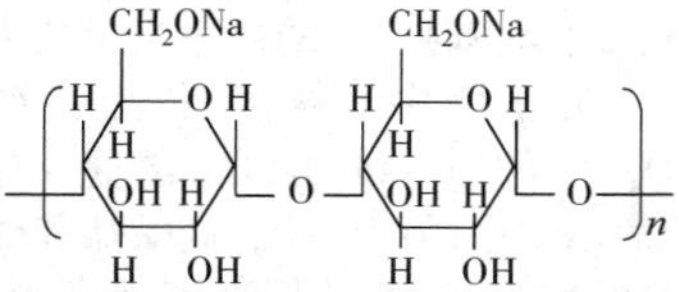

【碱式盐】　分子中除含有金属离子和酸根外，还含有氢氧根离子。例如碱式氯化镁 $Mg(OH)Cl$ 和碱式碳酸铜 $Cu_2(OH)_2CO_3$ 等都是碱式盐。

【碱性碳酸锌】　又称碳酸锌，分子式为 $Zn(OH)_2 \cdot 2ZnCO_3 \cdot H_2O$(此物分子式是一种不定式，主要根据生产方法而定。$ZnO$ 与 CO_2 比例与溶液的温度有关，一般比例大于 3 即为碱式者)。相对分子质量为 342.19。白色细微无定形粉末，无毒、无臭。常温密度 $4.42g/cm^3$。150℃ 开始分解，300℃ 即释出 CO_2 而成氧化锌。在 250～500℃，按不同时间加热冷却至室温时，可发生荧光现象。不溶于水，能溶于氨水、碱水及酸中。其重要反应是，它在 30% H_2O_2 作用下即释出 CO_2 而形成过氧化物。碱性碳酸锌在钻井液中主要用作除硫剂，当钻井液钻进天然气层时，气中常含 H_2S，或采用磺化处理剂遇井深高温时而分解出硫化物，都可造成对钻具的严重腐蚀。故在钻井液中加入碱性碳酸锌即可除掉 H_2S。其化学反应式如下：

$$3Zn(OH)_2 \cdot ZnCO_3 + 4H_2S \longrightarrow$$
$$4ZnS + CO_2 + 7H_2O$$

碱性碳酸锌质量指标

项　目	指　标
外观	工业品为白色粉末
Zn 含量(以干基中的 Zn 计)/%	≥57.0
灼烧残渣/%	70～74
水分/%	≤2.5
重金属(Pb 计)/%	≤0.05
细度(200 目筛筛余物)/%	≤6.0

【碱式碳酸铜】　其化学式为 $Cu_2(OH)_2CO_3$，为绿色粉末，不溶于水，有毒，在钻井液中可作为硫化物的脱氧剂，但要有限度地使用。

【碱性羧甲基纤维素钠盐】　由棉花纤维素与氯乙酸反应而成。为白色或微黄色纤维状粉末，具有吸湿性，不溶于酸、醇和有机溶剂，易分散于水中形成胶状液。主要用作水基钻井液的降滤失剂。

碱性羧甲基纤维素钠盐质量指标

项　目	指　标
外观	白色或微黄色粉末
2%水溶液黏度/mPa·s	10～100
替代度(D.S)	≥0.6
氯化物/%	≤20
水分/%	≤10
有效物/%	≤50
pH 值	8～12

【碱度、pH 控制添加剂】　用于控制钻井液碱度处理剂，其中包括石灰、烧碱、碳酸钠等。

【剪率】　"剪切速率"的简称。见"流速梯度"。

【剪切率】　"剪切速度"的简称。见"流速梯度"。

【剪应力】　"剪切应力"的简称。见"剪切应力"。

【剪切稀化】　即"剪切降黏(作用)"。

【剪切降解】　聚合物受剪切力作用发生分子链断裂，改变或丧失其原有功能的现象。

【剪切速率】　见"流速梯度"。

【剪切应力】　简称"剪应力"，单位面积上的剪切力，称为"剪切应力"。

【剪切降黏】　黏度随着剪切速率的增加而降低的现象。

【剪切强度仪】　见"自动剪切强度仪"。

【剪切稠化液】　是一种含有膨润土的油包水乳状液堵漏液，它具有较低的黏度，在钻杆内低剪切速率时，是可泵送的液体，通过钻头水眼时，在高剪切速率下，便稠化成一种不可逆转的高强度稠膏，用来封堵漏层。

剪切稠化液的配方

成　　分	含量/%
油(轻质矿物油)	16.5
油溶性表面活性剂	5.5
水	47.7
聚丙烯酰胺	1.0
膨润土	29.3

【剪切降黏常数】　卡森模式的一个参数，又称剪切降黏指数，代号为 Im。该参数可用下式求得：

$$Im = \left[\left(1 + 1000 \frac{\tau_c}{\eta_\infty} \right)^{1/2} \right]^2$$

该值为无因次量，用于表示钻井液剪切降黏性的相对强弱。实际上它是转速为 1r/min 时的有效黏度 η_1 与 η_∞ 的比值。Im 越大，则剪切降黏性越强。分散钻井液的 Im 一般小于

200，不分散聚合物钻井液和适度絮凝的抑制性钻井液的 Im 值常在 300～600 之间，高者可达 800 以上。但 Im 值过大，会使泵压升高，造成开泵困难。

【剪切降黏特性】　是指非牛顿流体的表观黏度随剪切速率的增加而降低的特性。在组成表观黏度的三个参数中，虽然塑性黏度和动切力是钻井液本身的性质，不随速度梯度变化，但表观黏度要随速度梯度的增大而降低。表观黏度随速度梯度的增大而降低的特性，称为剪切降黏特性。显然塑性黏度越低，动切力越大，动塑比就越大，剪切降黏能力越强。一般求钻井液具体较强的剪切降黏特性。

【剪切降黏(作用)】　又称剪切稀化，是指非牛顿流体的表观黏度随剪切速率增加而下降的现象。

【剪切降黏性流体】　大部分钻井液是剪切降黏性液体，即层流流动时，在高剪切速率下，这些流体比在低剪切速率下为稀。

【剪切敏感性堵漏剂】　代号为 SSPF，一种可以快速封堵严重漏失地层的堵漏剂，它是由油相中的交联剂和溶于水相中的高浓度多糖聚合物组成的反相乳液。堵漏液中的交联剂和多糖聚合物在高剪切速率下混合产生交联，形成类似于塑性固体的凝胶堵塞物而封堵漏失地层。

【简单乳化】　是指利用过热的蒸汽产生空化效应形成均匀的乳化体的一种乳化方法。

【简化处理】　简化的钻井液处理与固相有关的方法有三种：①添加固相或它们的当量物。②清除固相。③用化学方法处理固相。

【键槽卡钻】　在钻井工程中，钻压是由钻铤的重量传送给的，而钻杆一般处于受拉力的状态下。从钻铤以上，

钻杆上所受到的拉力愈向上愈增加，直到转盘为止。假使井眼打斜了，在井斜较大的井段井壁，就会受到处于张力状态下的钻具不断地磨碰。由于钻井是连续很长时间的，起下钻时钻具也会贴在井斜段连续摩擦，虽然每次只把井壁岩石磨掉一点，但时间一长就会磨成槽子，像键槽一样。由于被磨掉井段的大小一般与上部钻杆大小一样。因为大的钻铤在钻具的下部，故槽都是被钻杆磨成的。若井眼在此井段已形成键槽，那么由于起钻时，钻具是被拉直的，就会进入键槽内（如钻铤或扶正器），被拉死不能上下活动，造成"键槽卡钻"。当使用满眼钻具钻进时，其中的扶正器特别容易在键槽处卡住。若发现井内已形成键槽，在起钻时，当大钻具到键槽井段时，要小心操作，慢慢起钻，遇到阻卡，不能硬提硬压，以免提死或卡死。在钻井液中加入部分润滑剂，降低摩阻系数，减慢钻具在井壁的磨损速度，也是防止形成键槽的有效办法之一。键槽卡钻处理程序图如下（仅供参考）所示：

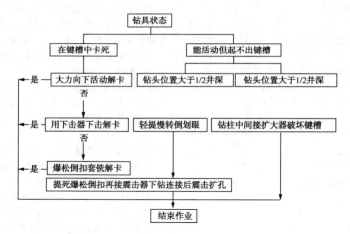

【间接水化】　指黏土的间接水化，黏土表面通过吸附易水化的阳离子而带来表面的水化，称"间接水化"。

【间层黏土矿物】　间层黏土又叫混层黏土矿物、混合层黏土矿物、混晶型黏土矿物。它是由两种或两种以上的黏土结构单位层相间堆叠而形成的黏土矿物。伊利石-蒙脱石、绿泥石-蛭石间层矿物就是两种最普通的间层黏土。混层黏土与黏土混合物的不同之处是后者可用物理方法予以分离，而前者不能。间层黏土可以分为规则间层黏土和不规则间层黏土。规则间层黏土，其不同的单位层沿 C 轴方向规则地交替相间，周期性重复，因而单胞厚度等于各组成层的厚度之和。不规则间层黏土中的不同单位层沿 C 轴方向杂乱堆叠，不具周期性。

【间接挤替堵漏法】　堵漏时，将光钻杆下至漏层底部，并把堵漏液替到漏失井段，起钻至堵漏液上方，关井小排量反复挤压。

【浆液】　固体颗粒在一种或多种液体中的混合或悬浮体。

【降黏剂】　又名减稠剂、分散剂，能够防止和拆散钻井液中黏土颗粒形成的网架结构而降低钻井液黏度和切力的物质。主要用来改善钻井液的流动特性，例如黏度(包括视黏度、塑性黏度等)及切力(包括静切力及动切力)，以增加可泵性，减小阻力等。如果钻井液黏度、切力过高，则会引起钻井液流变性变坏，泵压升高，钻速下降。钻井液中加入降黏剂，它优先吸附在黏土颗粒带电量少的棱角处，提高ζ电位，增加水化膜厚度，阻止黏土颗粒以边-边、边-面连接，防止网状结构形成，起降黏作用。降黏剂也吸附于钻屑表面，抑制钻屑水化膨胀和分散，有利于降低黏度和切力，改善钻井液流动性。钻井液广泛使用的降黏剂有丹宁、各种磷酸盐(包括有机与无机磷酸盐)及褐煤制品、木质素磺酸盐等。

【降滤失剂】　指能降低钻井液滤失量的物质。钻井液滤失量过大会引起井壁不稳定，堵塞油层等一系列危害。滤失量的大小主要决定于滤饼的质量。而滤饼的质量则由钻井液中黏土颗粒的大小分布状况来决定。降滤失剂可通过下列方面改善滤饼质量以实现降滤失作用：①吸附在黏土颗粒表面，增加黏土颗粒的水化膜厚度，形成可压缩性的滤饼。②长链高分子的护胶作用。③本身堵塞滤饼的小孔或交错贯穿在井壁上，形成薄而韧的滤饼。此外，提高钻井液滤液黏度也可降低滤失量。钻井液中常用的降滤失剂有 CMC、CMS、聚丙烯酸钠、水解聚丙烯腈、SMC、SMP 等。

【降滤失作用】　滤失的大小，主要决定于滤饼的质量，后者又主要决定于钻井液中黏土颗粒有适当的大小分布，而保证颗粒有适当的大小分布，靠钻井液中黏土颗粒的稳定性。利用有机处理剂可以获得：①在黏土颗粒表面形成吸附溶剂化层。②高分子化合物的保护作用。从而使钻井液中的黏土颗粒能保持适当的多分散性，足以形成致密而薄的滤饼，使钻井液的滤失降低。

【胶核】　见"胶团结构"。

【胶团】　见"胶团结构"。

【胶粒】　见"胶团结构"。

【胶凝】　当把适量的电解质加入某些较浓的溶胶或悬浮体中时，不发生聚沉，而是使整个体系丧失流动性，变成豆腐块状的凝胶。溶胶转变成凝胶的过程，称为胶凝，而其逆过程称为胶溶。

【胶体】　胶体的概念是英国化学家 Graham 最早提出来的。他为了研究溶液中溶质分子的扩散性质，做了这样的实验：将一块羊皮纸缚在一个玻璃筒下端，筒内装着要研究的水溶液，并把筒浸于水中，经过一段时间后，测定水中溶液的浓度，求得了溶质透过羊皮纸的扩散速度。通过实验，他发现有些物质如无机盐、白糖等，扩散快，能透过羊皮纸，另一类物质如明胶、单宁、蛋白质、氢氧化铝等，扩散速度缓慢，而且极难甚至不能透过羊皮纸。当溶剂蒸发时，前一类物质易成晶体析出，后一类物质则不成晶体，而成黏稠的胶状物质。Graham 把前者称为凝晶质(Crystalloid)，后者叫胶体(Colloid)，并认为晶体的溶液是真溶液，胶体物质的溶液称为溶胶(Sol)。胶体又称胶状分散体，是一种较均匀混合物，在胶体中含有两种不同状态的物质，一种分散相，另一种连续相。分散质的一部分由微小的粒子或液滴所组成，分散质粒子直径在 1~100nm 之间的分散系是胶体；胶体是一种分散质粒子直径介于粗分散体系和溶液之间的一类分散体系，这是一种高度分散的多相不均匀体系。胶体不一定都是胶状物，也不一定是液体。如氢氧化铁胶体、云、雾等。按照分散剂状态不同

分为：①气溶胶。以气体作为分散剂的分散体系。其分散质可以是液态或固态（如烟、雾等）。②液溶胶。以液体作为分散剂的分散体系。其分散质可以是气态、液态或固态（如 $Fe(OH)_3$ 胶体）。③固溶胶。以固体作为分散剂的分散体系。其分散质可以是气态、液态或固态（如有色玻璃、烟水晶）。

非均相分散体系按照聚集状态的分类

分散介质	分散相	名　称	实　例
液	固 液 气	溶胶、悬浊液、软膏 乳状液 泡沫	金溶胶、碘化银溶胶、牙膏 牛奶、人造黄油、油水乳状液 肥皂泡沫、奶酪
气	固 液	气溶胶	烟、尘 雾
固	固 液 气	固态悬状液 固态乳状液 固态泡沫	用金着色的红玻璃、照片胶片 珍珠、黑磷（P、Hg） 泡沫塑料

【胶体体系】 又称胶体分散体系。按 IUPAC 关于胶体分散系统的定义，认为分散质可以是一种或多种物质，可以是由许多原子或分子（通常是 10^3 ~ 10^9 个）组成的粒子，也可以是一个大分子，只要它们至少有一维空间的尺寸（即线尺寸）在 1~100nm（即 10^{-9} ~ $10^{-7}m$）范围并分散于分散介质之中，即构成胶体分散系统。按此定义，胶体分散系统应包括：溶胶、缔合胶体也即胶体电解质及大分子溶液。溶胶，一般是许多原子或分子聚集成的粒子大小的三维空间尺寸均在 1~100nm 之间，分散于另一相分散介质之中，且粒子与分散介质间存在相的界面的分散系统，其主要特征是高度分散的、多相的热力学不稳定系统，也叫憎液胶体。缔合胶体，通常是由结构中含有非极性的碳氢化合物部分

和较小的极性基团（通常能电离）的电解质分子（如离子型表面活性剂分子）缔合而成，通常称为胶束，胶束可以是球状、层状及棒状等，其三维空间尺寸也在 1~100nm 之间，而溶于分散介质之中，形成高度分散的、均相的热力学稳定系统。大分子溶液，是一维空间尺寸（线尺寸）达到 1~1000nm 的大分子（蛋白质分子、高聚物分子等），溶于分散介质之中，成为高度分散的、均相的、热力学稳定系统；此外，在性质上它与溶胶又有某些相似之处（如扩散慢、大分子不通过半透膜），所以把它称为亲液胶体，也作为胶体分散系研究的对象。钻井液中的一些高聚物也称为有机胶体。

【胶束】 表面活性剂在溶液中浓度超过临界值后其离子或分子缔合所成的

微粒。通常在水溶液中形成疏水基团互相靠在一起的胶束，在胶束表面只有亲水基团向外，可能有球、柱、片等形状。故"表面活性剂"又称"缔合胶体"，其中的离子型"表面活性剂"又称"胶体电解质"。表面活性剂在溶液中开始联成胶束的最低浓度叫"临界胶束浓度"，通常以 CMC 表示，在临界胶束浓度前后，溶液的许多物理性质（如电导率、渗透压、光学性质、去污能力、表面张力等）都发生显著变化，故在使用时必须超过 CMC 值才能充分发挥表面活性剂的性能。

【胶乳】 也称"乳胶"。指高分子化合物的微粒分散于水中所形成的胶体溶液。

【胶溶】 见"胶凝"。

【胶粒】 胶体溶液中，表面上吸附有离子的分散相离子。

【胶乳堵剂】 是通过胶乳聚合而制备的多组分体系（合成橡胶产品），密度 $0.96 \sim 0.974 \text{g/cm}^3$，基本组分为水 $52\% \sim 56\%$、橡胶 $34\% \sim 37\%$、蛋白质 $2\% \sim 2.7\%$、树脂 3.4%、糖分 $1.5\% \sim 4.2\%$ 和灰分 $0.2\% \sim 0.7\%$。橡胶在胶乳中是负电荷悬浮粒子，颗粒尺寸在 $0.1 \sim 6 \mu \text{m}$ 范围内。橡胶颗粒表面有表面活性剂（蛋白质、脂肪酸等）吸附层，可促进凝聚和保证胶乳的稳定性。

用胶乳堵漏是基于它与二价或三价金属盐混合会凝聚，形成致密的塑性橡胶塞而封堵孔隙、裂缝和洞穴。为增大橡胶塞强度，施工时可在胶乳中添加最多达 15% 的木质素。橡胶塞强度足以防止钻井液沿地层流散，但却承受不了钻进中井内产生的激动压力。因此，把胶乳挤入漏层后需要注水泥。

此外，胶乳堵剂还可加入桥堵材料以提高凝固稳定性，加膨润土以提高堵漏浆液的初期抗冲蚀能力。

【胶团结构】 胶体颗粒的内部是由许多分散相分子或原子构成的聚集体，为不溶性质点，称为胶核。由于胶核吸附分散度高、表面积大、易于选择某类离子（称为定势离子）。胶核吸附的定势离子，又可以通过静电引力吸引溶液中带相反电荷的离子（称为反离子）。于是在胶核周围形成双电层。反离子的一部分由于定势离子对其静电引力很强，被牢固地吸附在定势离子周围，称为非活性反离子，它与定势离子组成吸附层。由胶核与吸附层构成的结构部分称为胶粒。反离子的另一部分，由于距定势离子较远，所受静电引力较小，不能跟胶粒一起运动，称为活性反离子构成扩散层。由胶粒与反离子扩散层组成的结构部分称为胶团。溶胶离子大小在 $1 \text{nm} \sim 1 \mu \text{m}$ 之间，所以每个溶胶离子是有许多分子或原子聚集而成的。例如，用稀 $AgNO_3$ 溶液与 KI 溶液制备 AgI 溶液时，首先形成不溶于水的 AgI 粒子，它是胶团的核心。AgI 也有晶体结构，它的比表面很大，所以如果 $AgNO_3$ 过量，按法扬斯（Fajans）法则，AgI 易从溶液中选择吸附 Ag^+ 而构成胶核，被吸附的 Ag^+ 称为定势离子。留在溶液中的 NC_3^-，因受胶核的吸引围绕于其周围，称为反离子。但反离子本身有热运动，结果只有部分 NC_3^- 靠近胶核，并与被吸附的 Ag^+ 一起组成吸附层，而另一部分 NC_3^- 则扩散到较远的介质中去，形成扩散层。胶核与吸附层 NC_3^- 组成胶粒。由于胶粒与扩散层中的反离子 NC_3^- 组成胶团。胶团分散于液体介质中，便是溶胶。AgI 的胶团结构可表示如下：

$$\{[(AgI)_m \cdot nAg^+ \cdot (n-x)NC_3]^{x+} \cdot xNC_3^-\}$$

胶核
胶粒
胶团

若 KI 过量，则 I⁻ 优先被吸附，此时

其胶团结构为：

$$\{[(AgI)_m \cdot nI^- \cdot (n-x)K^+]^{x-} \cdot xK^+\}$$

从胶团结构式可以看出，构成胶粒的核心物质，决定电位离子（定势离子）和反离子。

关于黏土胶团，以某种纯的钠蒙脱石为例，其胶团结构可表示为：

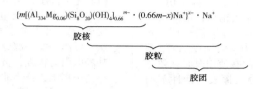

$$\{m[(Al_{3.34}Mg_{0.06})(Si_8O_{20})(OH)_4]_{0.66}^{m-} \cdot (0.66m-x)Na^+\}^{x-} \cdot Na^+$$

胶核
胶粒
胶团

J

总之，组成胶核的分子或原子一般为几百至几千个，反离子的电荷数等于定势离子的电荷数，所以胶团是电中性。在布朗运动中，胶粒运动，而扩散层的反离子则由于与定势离子的静电引力减弱，不跟随胶粒一起运动。因此，胶粒在介质中运动时显示出电性。

【胶体化学】 物理化学的一个分科。是研究胶体的生成和破坏，以及它们的物理性质的科学，它的研究对象是胶体，有三个分支：

胶体化学 $\left\{\begin{array}{l}\text{胶体（溶胶、悬浮体、乳状液）物理化学}\\\text{高分子物理化学}\\\text{表面物理化学}\end{array}\right.$

【胶体粒子】 即"胶体颗粒"。

【胶质水泥】 加有少量或适量黏土作为填充剂，或为了降低水泥浆密度的水泥。

【胶体颗粒】 又叫"胶体粒子"，按 API 规定，钻井液中小于 $2\mu m$ 的那些固相颗粒称为胶体颗粒。

【胶体质点】 至少在一个线度上，其大小在 $1nm \sim 1\mu m$ 之间的质点。

【胶凝强度】 见"切力"。

【胶凝作用】 形成凝胶的变化叫"胶凝

作用"。例如水玻璃可以配成 pH 值在 5～8.5 之间的各种混合物，这种混合物的胶凝时间（从调好到胶凝所需的时间）可随 pH 值不同而有很大的差别，以供选用。此外，水玻璃和石灰、水玻璃和硫酸铝也可以形成凝胶。凝胶难流动，可用于堵漏。

【胶体状态】 物质在分散介质中分散成线形大小为 $10^{-7} \sim 10^{-5}cm$ 的状态。

【胶体分类】 按照分散剂状态不同分为：①气溶胶。以气体作为分散介质的分散体系，其分散质可以是气态、液态或固态，如烟扩散在空气中。②液溶胶。以液体作为分散介质的分散体系，其分散质可以是气态、液态或固态，如 $Fe(OH)_3$ 胶体。③固溶胶。以固体作为分散介质的分散体系，其分散质可以是气态、液态或固态，如有色玻璃、烟水晶。

按分散质的不同可分为：①粒子胶体。如烟、云、雾是气溶胶，烟水晶、有色玻璃、水晶是固溶胶，蛋白溶液、淀粉溶液是液溶胶。②分子胶体。淀粉胶体、蛋白质胶体是分子胶体，土壤是粒子胶体。

【胶体溶液】 见"溶胶"。

【胶结作用】 沉积物的碎屑被胶结物

质胶结成坚硬岩石的作用，胶结物质的成分可以和碎屑物一样，也可以和碎屑物成分不同。

【胶体矿物】 胶体是一种物质的微粒（粒径 10~1000Å）分散于另一种物质之中所形成的不均匀的细分散系。前者称为分散相（或分散质），后者称为分散媒（或分散介质）。无论是固体、液体或气体，既可作分散相，也可作分散媒。在胶体分散体系中，当分散媒远多于分散相时，称为胶溶体，而当分散相远多于分散媒时，称为胶凝体。地面上的水常含有大于 10Å 的微粒，因此不是真溶液，而是胶体溶液（即水胶溶体）。固态的胶体矿物基本上只有水胶凝体和结晶胶溶体两类。水胶凝体是由水胶溶体凝结而成，其分散媒是水，分散相是固态的微粒，如蛋白石（$SiO_2 \cdot nH_2O$）、褐铁矿（$Fe_2O_3 \cdot nH_2O$）和许多黏土矿物；结晶胶溶体的分散媒为固态晶质，分散相为气体、液体或固体，如乳石英（含气体分散相）、红色方解石（含 Fe_2O_3 分散相）等。可见，结晶胶体实际就是含有作为机械混入物包裹体的晶体。因此，在矿物学中通常所说的胶体矿物，实际上就是指水胶凝体矿物。胶体矿物中微粒的排列和分布是不规则和不均匀的，外形上不能自发地形成规则的几何多面体。一般多呈钟乳状、葡萄状、皮壳状等形态；在光学性质上具非晶质体特点，故通常将胶体矿物看作非晶质矿物。但它的微粒本身可以是结晶的，因粒径太细，是一种超显微的晶质（如黏土矿物）。

【胶体电解质】 见"胶束"。

【胶状分散体】 又称胶体，是一种均匀混合物，在胶体中含有两种不同状态的物质，一种分散，另一种连续。分散的一部分是由微小的粒子或液滴所组成，分散质粒子直径在 1~100nm 之间的分散系；胶体是一种分散质粒子直径介于粗分散体系和溶液之间的一类分散体系，这是一种高度分散的多相不均匀体系。

【胶体稳定性】 所谓胶体稳定性有两种不同的概念，即动力（沉降）稳定性和聚结稳定性。

【胶团化作用】 见"临界胶束浓度"。

【胶束形成特性】 当表面活性剂在相内部的浓度增大到某个值时（此浓度随不同活性剂而不同），活性剂分子就会自相结合形成一种同类剂吸在一起的聚结体，叫"胶束"。每个胶束含有几个到几百个活性分子。例如在水中，会形成烃链基在内部而极性基向着水的胶束。在油中，会形成极性基在内部而烃基向外的浓度，叫"临界胶束浓度（一般用分子/升表示）"。在这个浓度前后，活性剂浓液的各种性质（如表面张力、电导度、界面张力、黏度等）随浓度增加而变化。例如活性剂降低表面张力的效力在临界胶束浓度处突然降的很低，即再增加活性剂浓度，表面张力不再降低。

【胶体率的测定】 将 100mL 钻井液倾入量筒中，用玻璃片盖上，静止 24h 后，观察量筒上部澄清液的体积。如其澄清液的体积为 5mL，则该钻井液的胶体率为 95%。一般钻井液的胶体率应大于 95%。

【胶体吸附作用】 胶体质点的比表面积极大，因而具有很大的表面能。为了降低表面能，吸附其他物质就是其中一种途径；同时，多数胶体的分散相质点都是晶质的，因此它们的表面电性不饱和，我们称这个微粒叫胶核。胶核有选择地吸附存在于介质中的异性离子，在胶核外面形成一个吸附层，构成带一定电荷的胶粒，为了平衡吸附层的电荷，带电的胶粒还要吸附介质中的其他异性离子，这种离子在介质中有一定的自由移动能力，因而形成一个扩散层。胶核和吸附层合起来称为胶粒。胶核、吸附层和扩散层合起来称为胶团或胶体粒子。许多硅酸盐矿物的胶体粒子中，由于 Si^{4+} 被 Al^{3+} 代替以及 Al^{3+}、Fe^{3+} 被 Fe^{2+}、Mg^{2+} 代替，也可使胶核产生负电荷，从而吸附其他阳离子构成胶粒。根据胶粒所带正、负电荷的不同，可将胶体分为正胶体和负胶体。地壳中常见的正胶体有：Zr、Ti、Th、Ce、Cd、Cr、Al、Fe^{3+} 的氢氧化物；负胶体有 As、Sb、Cd、Cu、Pb 的硫化物、H_2SiO_3 及 Mn^{4+}、U^{6+}、V^{5+}、Sn^{4+}、Mo^{5+}、W^{5+} 的氢氧化物和 S、Ag、Au、Pb 等的自然元素，以及高岭石等黏土质点和腐殖质等；有时氢氧化物也带负电荷。在自然界中，负胶体比正胶体分布更广泛。胶体的选择性吸附，是指胶粒在不同溶液中仅能吸附某些与胶粒电荷相反的离子，而对其他物质吸附很少或完全不吸附。负胶体吸附介质中的阳离子，如 MnO_2 负胶体可以吸附 Cu^+、Pb^{2+}、Zn^{2+}、Co^{2+}、Ni^{2+}、K^+、Li^+ 等 40 余种阳离子；正胶体吸附介质中的阴离子，如 $Fe(OH)_3$ 正胶体能吸附 V、P、As、Cr 等元素的络阴离子。胶体的选择性吸附常常对某些有用元素的富集具有重要意义。如上述的 MnO_2 胶体吸附 Ni^{2+}、Co^{2+} 等，当它们富集到一定程度时，便有了工业价值。胶体中吸附的离子，在一定的溶液中可以析出，或与溶液发生离子交换，例如蒙脱石吸附的 Ca^{2+}、Mg^{2+} 常为溶液中的 Ni^{2+} 所交换。可见，吸附作用是引起胶体矿物化学成分复杂化的主要原因。

【胶体光学性质】 当一束可见光照射胶体分散液时，由于分散颗粒大小不同，会产生不同的光学现象。可见，光的波长范围为 $0.4 \sim 0.8 \mu m$。如果分散相的粒子直径大于入射波长，则光线以一定角度由粒子表面反射出来；若粒子直径小于入射光波长，则光线可绕过粒子；若粒子大小和入射光波长接近时，则光线除有一部分反射或透射外，其的光线则被进行布朗运动的粒子向各个方向散射。由于不同大小颗粒对光的选择吸收，散射光的波长也不相同。因此，我们利用这个原则可简单地通过乳液的外观来估计分散粒子的粒径大小，如下表所示。

乳胶外观与分散相粒径的关系

粒径/μm	外　观	乳液分级
>1	乳白色（全反射）	粗乳状液
0.1~1	微紫色-蓝白色（部分散射）	细乳状液
0.01~0.1	半透明-灰白色（部分透射）	微乳状液
<0.01	透明（全透射）	分子溶液和胶团溶液

【胶体动力学性质】 胶体的动力学特点是分散相微粒径小于 $1 \mu m$ 时，在介质中具有类似于分子运动的现象，称为布朗运动。它与分散相的物质种类无关，而与分散相的粒径、分散介质的黏度以及温度有关。布朗运动是由于介质液体分子从四周碰撞分散相微粒而产生的，它是液体分子运动所产生的从属现象，是液体分子运动的结果。它使得胶体溶液也具有扩散行为，不过扩散的速度比真溶液要慢。

【胶体矿物形成】　自然界中，胶体矿物除少数形成于热液作用及火山作用外，绝大部分形成于表生作用中。表生作用中胶体矿物的形成，大体经历了两个阶段。①形成胶体溶液，露出地表的矿物集合体，在物理风化作用中，由于机械破碎或磨蚀而形成胶粒大小的质点，当它们分散于水中即成为胶体溶液（水胶溶液）。或因化学风化作用，使原生矿物分解成离子或分子状态，然后进一步饱和聚集而成。胶体溶液是形成胶体矿物的物质基础。②胶体溶液的凝聚，胶体溶液在迁移过程中或汇聚于水盆底后，或因与带有相反电荷的质点发生电性中和而沉淀，或因水分蒸发而凝聚，从而形成各种胶体矿物。滨海地带形成的赤铁矿、硬锰矿、胶磷矿、燧石等，岩石风化壳中的铝土矿、褐铁矿、孔雀石、硅孔雀石及氧化带潜水面以下形成的辉铜矿等都是胶体作用的产物，有时还形成大规模的矿床。已经形成的胶体矿物，随着时间的推移或热力学因素的改变，进一步发生脱水作用，颗粒逐渐增大而成为隐晶质，最终可转变成显晶质矿物。由胶体晶化而形成的晶质矿物称为变胶体矿物，如蛋白石（$SiO_2 \cdot nH_2O$）变为石髓、石英（SiO_2）等。这种转化过程，称为胶体的老化或陈化。

【胶体分散液稳定性】　胶体是一种物质以极细的颗粒分散在另一种物质中所形成的体系，其比表面积极大，体系的热力学性质是自由能增高，也就是说，他在热力学上是一个准稳定体系，它的稳定性是相对的、有条件的、不可逆的。对于高分子分散液来说，它的稳定主要靠电荷排斥作用和空间隔离作用来实现。

【胶体电荷排斥作用】　这种稳定作用通常出现在以离子型表面活性剂作乳化剂的场合。以肥皂作乳化剂为例，肥皂溶解在水中立即离解成两种离子，羧酸根离子（$RCOO^-$）和钠离子（Na^+），带负电荷的肥皂羧酸根离子由于分散相粒子的吸附作用，被吸附在颗粒的周围呈单分子膜，亲水的羧基负离子朝外，形成一个胶体粒子表面带负电荷的内层。此时，水中的反离子（钠正离子）同时受到两种力的影响，一种是受胶体粒子表面负离子的吸引力，另一种是钠离子本身所具有的扩散作用力。反离子在这两种力的影响下，就不可能全部集中在靠近粒子表面的周围，而是还有少部分扩散在介质中，呈越接近粒子表面离子浓度越浓，渐远渐稀的分布状态。如下图所示。另外，胶体粒子在运动时，也并不是在与介质直接接触的表面上分开，由于肥皂的羧基负离子的亲水性，被吸附在表面上的离子是水化离子，因此，粒子表面有一层水分子固定着，它们随粒子的移动而一起移动。这样，反离子扩散在介质中，介质又分不动的（吸附层）和可动的（扩散层）两部分。可见，介质中的反离子也被分为两部分。这就是胶体粒子的双电层结构。如上所述，由于这种不相等的离子分布，就产生了吸附层对扩散层的电位，该电位只是在粒子和介质两相相对移动时才会出现，叫ζ（Zeta）电位。显然，ζ电位愈高，粒子间的斥力将愈大，胶体就愈稳定。反之，如果粒子一旦彼此靠拢到相当接近的程度，就会在范德华力的作用下相互碰撞而凝聚，最终发生沉降、结块，而且是不可恢复的。

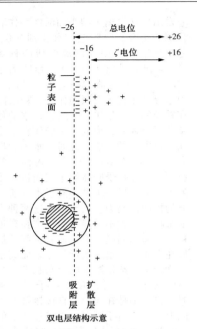

双电层结构示意

【胶体空间位隔作用】　　这种稳定作用通常出现在以非离子型表面活性剂或用水溶性高分子聚合物作保护胶体的场合。当使用非离子型表面活性剂作乳化剂或水溶性高分子聚合物作保护胶体时，乳化剂或保护胶的亲水端在水中形成水化膜，后者与乳化剂或保护胶体形成一体吸附在胶体颗粒的表面。只要有这层水化膜存在，粒子与粒子就被隔离开来，阻止了粒子碰撞时可能的结合，而使胶体得以稳定（如下图所示）。需要说明的是，胶体分散液的稳定性并不能简单地用"是"或"否"来做一个质的判断，而是一个包括时间因素在内的量的程度问题。所以，稳定性的尺度应是凝聚和沉降的速度。为了获得比较稳定的乳液，下列因素应予注意：①乳化剂用量不足是导致乳液不稳定的重要因素之一。②pH 值酸碱度对乳液稳定性影响很大。因为酸度能降低 ζ 电位，破坏水化层，促使乳胶凝聚。故乳液常调整至 pH 值偏碱性。③适量的电解质有利于乳液的稳定，但加入大量电解质时，会立即发生凝聚和沉降。④温度太高或太低都容易降低水化程度，促使 ζ 电位变小，容易发生凝聚。此外，温度低于 0℃，发生冰冻，则乳胶因水的膨胀将受到极大的伤害而破乳；温度升高，还会加剧布朗运动，导致胶粒碰撞的机会增多，促进凝聚。⑤浓度分散相浓度太高，使粒子十分拥挤，增加了碰撞机会；相互距离太近，容易进入范德华引力范围。这些都是诱导凝聚的因素。⑥机械剪切力会迫使乳化剂从胶体颗粒界面迁移，造成乳液的不稳定。

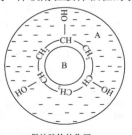

(a)保护胶体的作用

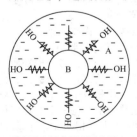

(b)非离子型表面活性剂的作用

水化膜位隔作用示意

A—水化膜；B—分散相粒子

【交联】　线型结构分子因本身含多种官能团或与有多种官能团的物质作用或受高能辐射的作用而形成具有交联键的体型结构分子的过程。如乙阶(段)酚醛树脂受热发生交联而变成丙阶(段)酚醛树脂，聚乙烯醇可用有机二元酸交联，乙烯–丙烯共聚物可用氢过氧化异丙苯交联，高能辐射使聚乙烯交联。

【交联度】　表示交联程度的物理量称交联度。

【交换性阳离子】　在溶液中部分或全部被外界离子交换下来的那部分补偿阳离子。

【接触角】　液体在固体表面上展开，接触角可作为润湿程度的度量。液滴落在固体表面上，若铺展在如图固–液–气三相交点处作气液界面的切线，切线与固–液界面的夹角 θ 就称为接触角。若固体亲液，则液体的 $\theta<90°$；如固体憎液，则 $\theta>90°$。有人将前一种情况称为液体润湿固体，将后者称为不润湿。

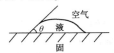

【接枝共聚物】　由两种或多种单体经接枝共聚而成的产物。兼有主链和支链的性能。

【结晶】　物质从液态(溶液或溶溶体)或气态形成晶体的过程。一般情况下，结晶进行得慢些，得到的晶体就大些，晶形就完整些。结晶过程也常用以提纯固体物质。

【结晶水】　又称化学结合水。以中性水分子形式参加到晶体结构中的一定的水在晶格中占有一定的位置；水分子的数量与矿物的其他成分之间常成

单比例。如：石膏($CaSO_4 \cdot 2H_2O$)、苏打($Na_2CO_3 \cdot 10H_2O$)分别表示含有2分子、10分子的结晶水。不同的含水化合物都有特定的脱水温度，绝大部分伴有显著的吸热效应。

【结构式】　化学式的一种，能进一步表明化合物分子中直接相连原子的价键及排列次序，因此在一定程度上可以反映分子的结构和性质。每一化合物的结构式，是通过化学和物理方法确定的。

【结构黏度】　指钻井液内部存在空间网架结构，这种网架结构同样会对钻井液流动产生阻力，由空间网架结构形成的这部分流动阻力叫结构黏度。

【结晶水化物】所有水化物中水分子与溶质分子结合很牢固，当溶质从溶液中结晶析出时，水分子也参加在结晶组织中，这种生成的晶体称为结晶化合物。

【结晶紫染色法】　鉴定黏土的一种方法。所取黏土样首先经盐酸酸化后，再用结晶紫溶液(0.1g 的结晶紫溶于25mL 的硝基苯中配成)染色，如果呈现绿色后又转为绿青黄色或棕黄色，就是蒙脱土；若呈现黑绿色，就是水云母类；若因吸收结晶紫溶液而呈现紫色，就是高岭土类。

【解卡】　解除各种卡钻事故的简称。

【解堵剂】　能解除近井地带堵塞的化学剂。

【解絮剂】　即"解絮凝剂"。

【解卡剂】　能解除钻柱黏卡的处理剂，主要用来浸泡钻具在井内被滤饼黏附的井段，以降低其摩阻系数，增加润滑性，而解除黏附卡钻。常用的有各种油类、含有快速渗透剂的油包水乳化液、酸类等。

【解卡仪】　解卡液分析仪的简称。见

"解卡液分析仪"。

【解离作用】 化合物或元素分裂成两种或多种单个分子、原子或离子的过程。

【解胶作用】 用碳酸钠、磷酸钠之类的电解质使黏土(膨润土、高岭土)分散性提高的作用。

【解絮凝剂】 简称"解絮剂",能拆散胶体凝胶结构的处理剂。

【解卡浸泡液】 指黏附卡钻发生后,用于浸泡卡点进行解卡的液体。油基液体可用作解卡浸泡液,油浸润钻杆的周围,减小摩擦系数,消除压差而解卡。酸也可用作解卡浸泡液,通过破坏滤饼而解卡。现场常使用的解卡液是由柴油、乳化剂、渗透剂、有机土、石灰、水等配成的。

【解卡液分析仪】 用于检测分析解卡液的一种专用仪器。见"JK 型解卡液分析仪"。

【解絮(凝)作用】 即絮凝作用的反过程。

【界面张力】 破坏两种互不溶混液体之间界面所需要的力。乳状液的两相界面张力愈低时,乳状液就愈稳定。当界面张力为 0 时,乳状液就立即可以形成。

【界面活性剂】 见"表面活性剂"。

【界面吸附特性】 表面活性剂由于其分子结构的两亲特点,易浓集在气液界面、油水界面和液固界面。活性剂分子这种在相界面上的浓度大大高于任何一相内部的现象,叫活性剂在界面上的吸附。活性剂的这种吸附特性是活性剂的降低表面张力作用、起泡作用、乳化作用、润湿作用、分散作用和絮凝作用等的必要基础。

【金数】 为衡量各种高分子化合物对溶胶的稳定能力,研究人员提出了金数的概念。金数是指为保护 10mL 0.0006% 的金溶胶在加入 1mL 10% NaCl 溶液后在 18h 内不聚沉(聚沉时金溶胶由红变蓝)所需高分子化合物的最少毫克数。

【金属】 具有光泽、延展性、容易导电、传热等性质的物质,除汞外,在常温下都是固体。

【近平衡钻进】 是指无论在钻井中或起下钻时,由钻井液所产生的对地层的压力,要尽量接近地层的孔隙压力。具体地说就是,尽可能降低钻井液度的附加值,做到安全、快速钻井。

【近平衡压力钻井】 是指作用于井底的液柱压力略大于地层孔隙压力情况下的钻井。

【浸湿】 指固体浸入液体的过程。

【浸泡解卡】 把浸泡液注入卡钻部位进行浸泡达到解卡目的。分油浴、酸浴、碱浴和解卡液浴解卡。

【浸泡油量】 又称泡油量和解卡液配制量,是指在压差卡钻段所需解卡液的配制量。浸泡油量的计算公式如下:

$$V_o = K_{hD} \times 0.785(d_b^2 - d_p^2) H_1 + 0.785 d_{pi}^2 H_2$$

式中　V_o ——浸泡油量,m^3;

　K_{hD} ——井径附加系数,取 1.2~1.5;

　d_b ——钻头直径,m;

　d_p ——钻杆外径,m;

　d_{bi} ——钻杆内径,m;

　H_1 ——环空泡油高度,m;

　H_2 ——钻杆内油柱高度,m。

【浸泡解卡剂】 浸泡解卡剂是解除黏吸卡钻的最常用、最重要的办法,解卡剂种类很多,广义上讲,包括原油、柴油、煤油、油类复配物、盐酸、土酸、清水、盐水、碱水等,它们的密度是自然密度,难以调整。狭义上讲,是指用专门物料配成的用于解除黏吸卡钻的特殊溶液,有油基的,也有水基的,它们的密度可以根据需要随意调整。如何选用解卡剂,要视各个地区的具体情况而定,低压井可以随意选用,高压井只能选用高密度解卡剂。江汉地区使用盐酸的效果好，柴达木地区使用饱和盐水的效果好，就大多数地区而言，还是选用油基解卡剂为好。

【晶格】 表示晶体内部构造规律性的几何图形。

【晶胞】 黏土矿物中能代表晶体性质的最小物质组合。又名"单位晶胞"或"单胞"。

【晶层】 由于单元晶格的大小相同，四面体片很容易沿 C 轴叠合成统一的结构层，即单元层，简称"晶层"。

【晶面】 又名"基面"。为晶层的两侧面。

【晶体】 指黏土的晶体，多数情况下是由若干晶层在 C 轴方向上按一定距离反复重选而成；有时亦指单独存在的晶层。又名"黏土片"。

【晶格水】 见"化学结合水"。

【晶格取代】 又名"异质同晶取代"。黏土是由铝氧八面体和硅氧四面体的晶格组成。晶格中的 Al^{3+} 有一部分被 Mg^{2+} 或 Ca^{2+} 取代或 Si^{4+} 被 Fe^{3+}、Al^{3+} 取代，而使黏土晶格带负电荷。也就是黏土矿物里部分八面体片中有小部分 Al^{3+} 被 Mg^{2+} 取代。此外，四面体中也可能有很少的 Si^{4+} 被 Al^{3+} 置换。

【晶间腐蚀】 是一种产生于金属内部晶粒边界上的局部腐蚀。在金属或合金制造中，由于不适当的热处理或在高温下暴露，可能在晶粒边界上发生物质的或金属结构的不均匀，而晶粒边界处相当于晶粒本身为阳极，故常被侵蚀。由于边界的腐蚀作用，使金属晶格很容易破裂。焊接处（钻杆接头）的损害是晶间侵蚀的一种形式。

【晶体边侧】 见"端面"。

【晶格间距】 见"底面间距"。

【晶格膨胀】 见"表面水化膨胀"。

【晶格取代作用】 晶格取代是黏土颗粒带电的一种特殊情况，在其他溶液中是很少见的。黏土矿物的铝氧八面体和硅氧四面体中，当 Al^{3+}（或 Si^{4+}）被一部分低价的 Mg^{2+} 和 Ca^{2+} 所取代时，会使黏土晶格带负电，这是黏土颗粒带有负电荷的主要原因。

【井】 以勘探开发石油和天然气为目的，在地层中钻出的具有一定深度的圆柱形孔眼。

【井口】 指井的开口端。

【井底】 指井的底端。

【井控】 即井内溢流、井涌的控制。就是采取一定的方法，控制地层孔隙压力，基本上保持井内压力平衡，保证钻井的顺利进行。人们根据井涌的规模和采取的控制方法之不同，把井控作业分为三级，即初级井控、二级井控和三级井控。初级井控（一级井控）：依靠适当的钻井液密度来控制地层孔隙压力，使得没有地层流体侵入井内，井涌量为零，自然也无溢流产生。二级井控：依靠井内正在使用中的钻井液密度不能控制地层孔隙压力，井内压力失衡，地层流体侵入井内，出现井涌，井口出现溢流，这时需要依靠地面设备和适当的井控技术排除受侵钻井液，消除井涌，恢复井内压力平衡，使之重新达到初级井控状态。三级井控：二级井控失败，井涌量大，失去控制，发生井喷（地面或地下），这时使用适当的技术与设备重新恢复对井的控制，达到初级井控状态。

井侵：当某井深处地层孔隙压力大于该处井内压力时，地层孔隙中的流体将侵入井内，通常称为井侵。溢流：当井侵发生后，井口返出的钻井液的量比泵入的多，停泵后井口钻井液自动外溢，这种现象称为溢流。井涌：溢流进一步发展，钻井液涌出井口的现象称为井涌。井喷：地层流体无控制地涌入井筒，喷出地面的现象称为井喷。井喷流体自地层经井筒喷出地面叫地上井喷，从井喷地层流入其他低压层叫地下井喷。井喷失控：井喷发生后，无法用常规方法控制井口而出现敞喷的现象称为井喷失控。总之，井侵、溢流、井涌、井喷、井喷失控反映了地层压力与井内压力失去平衡后井下和井口所出现的各种现象及事故发展变化的不同程度。

【井深】　指从转盘补心面至井底的深度，又可定义为，井眼轴线上任一点至转盘补心面的长度，称为该点的井深，也称该点的测量井深。

【井壁】　指井眼的圆柱形表面。

【井塌】　也称井眼不稳定，主要指所钻井眼中的某些地层不稳定，塌落井内，给钻井工程造成危害。在不稳定的岩层中最常见、影响最严重的是页岩。造成井塌的岩层主要有两种类型：一是与压力有关的坍塌，另一种是对钻井液敏感者，后者又分为钻井液敏感引起化学反应的页岩和由于钻井液物理性质引起的坍塌。

【井漏】　是一种在钻井过程中钻井液、水泥浆或其他工作液漏失到地层中的现象，即在钻井、固井、测试或修井等各种井下作业过程中，各种工作液（包括钻井液、水泥浆、完井液及其他液体等）在压差的作用下，流进地层（渗滤过滤液不计在内）的一种井下复杂情况，是钻井工程中最常见的技术难题之一。井漏的通道基本形态可以归纳为五类，即裂缝型、孔隙型、洞穴型、孔隙裂缝型、洞穴裂缝型等，如下图所示。

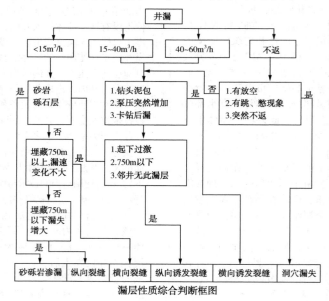

漏层性质综合判断框图

【井涌】　溢流的进一步发展，钻井液涌出井口的现象。

【井喷】　井涌的进一步发展，在钻井或完井过程中，地层流体（油、气、水）无控制地从井筒喷出地面的现象。

由于油层深度、地层压力的大小和地层流体的类型不同，喷出的特点和高度也不一样。井喷是一种恶性钻井事故，常带来地层能量的严重破坏，有时发生火灾。因此，在钻井过程中必须预防井喷事故的出现。井喷失控的直接原因，大体有 14 个方面：①起钻抽吸，造成诱喷。②起钻不灌钻井液或没有灌满。③不能及时、准确地发现溢流。④发现溢流后处理措施不当。如发现溢流后不及时关井，继续循环观察，致使气侵段钻井液或气柱迅速上移，想关井为时已晚。⑤井口不安装防喷器。⑥井控设备的安装及试压不符合《石油与天然气钻井井控技术规定》的要求。⑦井身结构设计不合理，表层套管下的深度不够，技术套管下的深度又靠后，当钻到下部地层遇有异常高压而关井时，在表层套管处憋漏，钻井液窜至井场地表，无法实施有效关井。还有的井应该在打开油气层前实施先期完井，可设计上往往是后期完井，给井控工作带来了麻烦。⑧对浅气层的危害性缺乏足够的认识，认为浅气层井浅，最多几百米深，地层压力低。而实际上，井越浅，平衡地层压力的钻井液液柱压力也越小，一旦失去平衡，浅层的油气上窜速度很快，短时间内就能到达井口。而且浅气层发生井涌、井喷，如没下技术套管的井，即使关井，也很容易在上部浅层或表层套管鞋处憋漏。⑨地质设计未能提供准确的地层孔隙压力资料，造成使用的钻井液密度低于地层孔隙压力。⑩空井时间过长，无人观察井口。此种情况一般是起完钻后修理设备或等待采取技术措施，由于长时间空井不能循环钻井液，造成气体有足够的时间向上滑脱运移。当运移到井口被发现时已来不及下钻，此种情况下关闸板防喷器不起作用，关环形防喷器要么没有安装，要么胶芯失效，往往造成井喷失控。⑪钻遇漏失层段发生井漏未能及时处理或处理措施不当。发生井漏以后，钻井液液柱压力降低，当液柱压力低于地层孔隙压力时就会发生井侵、井涌甚至井喷。⑫相邻注水井不停注或未减压。⑬钻井液中混油过量或混油不均匀，造成液柱压力低于地层孔隙压力。这种情况多发生在深井、探井、复杂井，出于减小摩阻、改善钻井液性能、稳定井壁、钻井工艺的需要，往往要在钻井液中混入一定比例的原油。如果在混油过程中，加量过猛导致不均匀，或是总量过多，都会造成井筒压力失去平衡。当卡钻发生后，由于需要泡原油、柴油、解卡剂解卡，从而破坏了井筒内的压力平衡。此时如果不注意二次井控，常常会造成井涌、井喷，酿成更严重的事故。⑭思想麻痹，违章操作。要从严格管理和加强技术培训两个方面入手，做好基础工作。

【井别】　指井的类别，按一定的依据划分的井的种类。按钻井的目的可以分为探井和开发井；按完钻后的井深可以分为浅井、中深井、深井和超深井；按井眼轴线形状可以分为直井和定向井。

【井径】　指所钻井眼的直径。

【井类别】　按一定依据划分的井的种类。按钻井的目的可分为探井和开发井等；按完钻后的井深可分为浅井（<1200m）、中深井（1200~3000m）、深井（3000~5000m）和超深井（>5000m）；按井眼轴线形状可分为直井和定向井。

【井斜角】　井眼轴线上某一点切线（钻

进方向)在水平面上的投影线,与真北方向线之间的夹角(沿顺时针方向)。

【井径扩大】　井眼因井壁岩石坍塌等而使井径变大。

【井眼轴线】　指井眼的中心线。

【井塌卡钻】　即垮塌卡钻,是指在钻井过程中突然发生井塌而造成的卡钻。此种卡钻大多是由于以下原因所造成的:①突然钻至破碎性地层,钻井液无法抑制坍塌。②井壁已经发生坍塌,为处理井塌,在划眼过程中又出现坍塌,塌块将钻具卡死。③钻井过程中发生井漏,液柱压力下降,突然引起上部地层坍塌造成卡钻。④钻井过程中发生井喷,井筒中压力下降,引起上部地层坍塌。⑤由于上提钻具速度过快,造成强烈的抽吸,或由于开泵过猛、钻具对井壁的撞击等原因,突发井塌而造成卡钻。处理井塌卡钻时,如钻头水眼未被堵死,可采用小排量开泵,建立循环,并同时缓慢活动钻具,逐渐增大排量,逐渐带出坍塌物而解卡;如仍无法解卡,或钻头水眼已被堵死,则只有采取倒扣套铣的方法解卡。防止井塌卡钻的根本方法是搞清地层特性,采取有效措施保持井壁稳定,操作要平稳,防止突发性井塌的发生。

【井底流场】　是钻井液在井底范围内流动的场所。井底范围是指钻头下到井底时整个钻头所处的井眼空间。钻井液的流动状况,可以用流场内各点的速度(包括速度大小和方向)分布和压力分布来描述。井底流场又可分为对称流场和不对称流场。如果钻头上各喷嘴结构和安装角完全相同,喷嘴间距也完全相等,并将流场分成与喷嘴数量相等的几个扇形块,各块的流场也是相同的,则称为对称流场,否则,是不对称流场。井底流场的性质对清洗井底、提高钻速有很大的影响。

【井身结构】　包括井中套管的层数及各层套管的直径、下入深度和管外的水泥返深,以及相应各井段钻进所用钻头直径。井身结构是钻井施工设计的基础。

【井壁贴膜】　又称井壁镶衬。即利用树脂的光固化反应性能在井壁上生成井筒衬即井壁贴膜,是一种集稳定井壁、防漏堵漏、提高地层承压与保护储层为一体化的新技术。通过一种不断旋转、含有导光管、带有孔眼的工具将光敏感性树脂材料输送到井下,喷射出来的树脂材料可清除井壁上的虚滤饼,同时利用树脂的光固化反应迅速固化形成一层类似壁纸的"贴膜",称之为可遥控的井筒衬技术,根据实际需要可调整树脂在井壁上的聚合情况,且通过实时的图像传输可以看到井壁上形成的"贴膜",该贴膜具有较好的弹性,承压能力强,可达到稳定井壁、提高承压能力和保护储层的目的。

【井眼加固】　通过增大井壁强度并有效提高地层抗破裂能力的方法,用来加固渗透性地层和非渗透性地层,以达到加大井眼稳定窗口,并以较高钻井液密度钻进时不会发生漏失的目的。为了达到井眼加固的目的,需要通过像楔子一样来挤压井眼周围岩石而形成小裂缝,钻井液中的合适固相封堵材料迅速进入裂缝并在裂缝开口附近形成桥塞,桥塞渗透率必须足够低,以便阻隔液柱压力的传递,产生能够封堵裂缝、阻止裂缝进一步扩大、防止压力传递到裂缝末端、提高井眼周向应力的"应力笼"效应,以达到防漏堵漏的效果。

【井喷失控】　发生井喷后，无法用常规方法控制井口而出现敞喷的现象。

【井斜变化率】　单位长度井段井斜角变化值。通常以相邻两测点间的井斜角变化值与两测点间井段长度的比值来表示。增斜变化时称增斜率；降斜变化时称降斜率。其单位为：°/10m、°/30m 及°/100m。

【井眼工作液】　是指井眼用的特殊液体。如完井液、修井液、封隔液、环空封隔液、压井液、砾石充填液、射孔液等。

【井眼内容积】　指井眼内的钻井液量。见"井眼钻井液容量"。

【井壁稳定性】　是指井壁保持其原始状态的能力。若井壁能保持其原始状态，称为井壁稳定；若井壁不能保持其原始状态，则称为井壁不稳定。

【井温测漏法】　在有可能下入井温仪器时，应先测一条正常的地温梯度线，然后再泵入一定量的钻井液，并立即进行第二次井温测量，由于新泵入的钻井液温度低于地层温度，在漏失层位会形成局部降温带，对比两次测井温的曲线，发现有异常段即为漏失段，两次井温测量不必起出仪器，应连续进行作业。

【井下动力钻井】　将驱动钻头的动力装置装在井下钻具上的钻井方法。驱动方式有两种：第一种是电力驱动方式；第二种是水力驱动方式。工具有涡轮钻具和螺杆钻具两种。井下动力钻井的优点是：①由于钻具不转动，减轻了钻具摩擦，从而可延长钻具使用寿命，减少钻具事故。②配合使用弯接头等造斜工具，适用于钻定向井。③减少了对套管的磨损。④适用于套管内开窗侧钻、裸眼处理事故侧钻、套管内修井等作用，且速度快。⑤配合使用金刚石钻头钻深井，特别是使用人造聚晶金刚石钻头，由于转数高，钻头使用时间长，钻速快，可提高钻深井的速度，降低钻井成本。

【井眼净化能力】　即钻井液的携岩能力。在钻井过程中，钻头破碎的钻屑不断地进入环空，通过钻井液的上返来携带岩屑。要使钻屑进入环空的速度与携带岩屑的速度最终达到平衡，岩屑输送比 LC 应大于 0.5，岩屑输送比就是井眼净化能力。

岩屑下沉速度：$V_s = \dfrac{0.071d(2.5-P)^{0.667}}{P^{0.333}\mu^{0.333}}$

携带能力：$L_c = \dfrac{AV - V_s}{AV}$

【井底循环压力】　循环时井底的压力。它等于静液柱压力、泵送流体到地面所需的环空压耗以及井口所保持的回压之和。

【井壁附加阻力】　实际油井、气井工作压差与同产量理想完善井工作压差之差，称为井壁附加阻力。

【井底动力钻井】　利用井底动力钻具带动钻头的旋转钻井方法。

【井底清水强钻法】　用于上喷下漏的一种强钻进方法，当钻至高压油气层之后又钻遇钻井液有进无出的裂缝性严重漏失层，各种堵漏措施均无效时，可以采用井筒上部原井浆钻进，井底用清水强钻过漏层，然后下套管封隔来应对上喷下严重漏失的井段。

【井眼钻井液容量】　指井眼无钻具时的总容量。井眼实际上是个不规则的圆柱体，可近似按规则圆柱体进行计算，计算公式有两种。

　1. 理论公式

$$V = \frac{\pi}{4}D^2H$$

式中　V——井眼容积，m^3；
　　　D——井眼直径，m；
　　　H——井深，m；

π——圆周率，3.14。

若井眼较规则，钻头直径即为井眼直径。若井眼很不规则，全井可分成若干段以平均直径进行计算。公式如下：

$$V = \pi/4\,(D_1^2 H_1 + D_2^2 H_2 + D_3^2 H_3 + \cdots + D_n^2 H_n)$$

2. 经验公式

$$V = \frac{D^2 H}{2000}$$

式中　V——井眼容积，m^3；
　　　H——井深，m；
　　　D——井眼直径（通常用钻头直径，单位是 in，计算时可把钻头直径的零数化为整数，如 9¾in 取 10in，11¾in 取 12in 等）；
　　　2000——换算系数。

在计算井内实际钻井液量时，当钻具在井内，则应减去钻具的体积，各种钻铤钻杆的直径和壁厚不同，每100m 长度所占的体积也不同。

不同井径内钻井液容量表

钻头直径/ mm	钻井液容量/ （L/m）	钻头直径/ mm	钻井液容量/ （L/m）
97	7.39	215	36.31
118	10.94	244	46.76
142	15.84	269	56.83
152	18.15	295	68.35
161	20.34	311	75.96
165	21.38	346	94.03
190	28.35		

【井口憋压解卡法】　减小压差，除了采用降低井内钻井液液柱压力的方法以外，还可以通过提高卡钻井段地层孔隙压力的方法来实现。为此，用井口憋压的方法来解除压差卡钻的可能性。井口憋压时，钻井液渗入地层的速度加快，造成井壁岩石孔隙压力升高。憋压一段时间后，放掉井口压力，此时井壁岩石孔内的液体压力大于井内钻井液液柱压力，会有一个负压作用在滤饼上，有将被卡钻具推离井壁的趋势，有利于解卡。例如，卡钻井段的地层压力为 20MPa，液柱压力为 30MPa，压差是 10MPa。在井口憋压 20MPa 后，经过一段时间，地层压力可能达 40MPa。但在放压时，钻井液液柱上的附加压力可以马上消失，而地层压力释放较慢，由 40MPa 下降到 30MPa，大概需要 1h，就形成一个地层压力大于液柱压力的时间段，在这个时间段，大力活动钻具，有可能解卡。但这样做是有条件的：①最好是下过技术套管的井，而且有完整的井口装置。②憋压时，要慢慢升压，不能把地层憋漏。③憋压时间的长短，应能使井壁流体压力充分升高。地层较疏松，憋压时间可以短一些；地层较致密，憋压时间应该长一些。④井口憋压越高，对解卡越有利。⑤裸眼井段不能太长，渗透层不能太多，否则，所憋压力被其他低压层所吸收，则憋压时间很长，甚至憋不起压力来。

【井内钻井液喷空时的压井】　气井井喷后，若处理不当，可能使井内钻井液喷空。在这种情况下，由于井内没有钻井液液柱压力，仅靠井口允许最大压力很难平衡产层压力，而且产层压力也不清楚，给施工造成许多困难。钻井液喷完后，只能用关井平稳后的井口压力加气柱压力来计算地层压力。如果无条件关井，只能用邻井压力资料进行推算，然后依据地层压力来确定压井钻井液密度。如果井内有钻具而又不能完全关井，可控制一定的井口回压，将压井钻井液替入井中，随着液柱的增高，到达某一井深时，井口回压与液柱压力之和足以平衡地层压力，如下图所示。

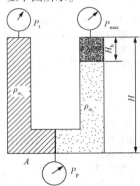

井内液体喷空时的压井

【井眼循环模拟系统（DF-610）】　美国劳雷公司生产，其主要用途是模拟井眼条件下，研究长距离或长时间循环实验中流体的特性。它可以模拟钻井液对渗透性或非渗透性地层的影响；高温、高压条件下滤饼的动滤失特性；模拟注水泥过程；在滤失及地层伤害分析中，研究钻井液与页岩的作用。其工作参数是：温度为 70～350°F；压力为 50～750psi（1psi＝6.895×10³Pa）；压差 0～500psi；回压 0～200psi；流速 0～300ft/min。该系统配有数据采集系统，可人工和计算机对过程进行控制、安全设置及报警。

【镜铁矿粉】　分子式：$FeCO_3 \cdot Fe_2O_3$；是由镜铁矿石经机械加工成为细度适宜的粉末。为暗灰色，部分呈鳞片状结构。密度大，耐研磨，不溶于水，部分能和盐酸发生反应。吸潮后易结块，应存放在干燥通风的库房，防潮

湿和雨淋。密度 $4.70g/cm^3$。用作各种钻井液的加重剂。

镜铁矿粉质量指标

项　目		指　标
密度/（g/cm³）		≥4.7
细度/%	200 目筛筛余	≤3.0
	325 目筛筛余	≥5.0
黏度效应/mPa·s	加硫酸钙前	≤125
	加硫酸钙后	≤125
水溶性碱土金属（以钙计）/（mg/L）		≤250
磁性/T		<0.02（相当 200 高斯）

【净化】　用物理或化学的方法，除去钻井液中的有害部分。如钻屑、气泡及各种有害离子（粒子）等。

【净吸力】　处在相界面上的分子由于受范氏引力的合力不为零，产生了垂直于相界面，指某一相内外的一种内向吸力称为净吸力，其大小等于相界面两侧相内外分子对界面层分子的吸引力之差。净吸力的作用，使界面层分子具有了自发向相内部迁移的倾向。即表面面积有自发减小的趋势。

【净化设施】　指所有的净化设备。

【净化系统】　净化设备的统称。见"净化设备"。

【净化设备】　是指清除钻井液的有害固相（钻屑）及气相（气泡）的机械设备（除砂器、除泥器、除气器、离心机、振动筛、沉沙罐等）。

【净化井底】　在喷射钻井中利用强大的射流将破碎的岩屑冲离井底，使之进入循环空间的过程。

【静滤失】　"静态滤失"的简称。钻井液循环时，通过可渗透性地层失去的液相（滤液）。

【静滤饼】　静态滤饼的简称。见"静态滤饼"。

【静切力】　简称"切力"，单位为 Pa。是胶体颗粒所形成的结构强度，即使钻井液从静止状态到开始流动状态所

需的剪切应力。其大小决定于钻井液中黏土含量的分散度、黏土颗粒的 ζ 电位及吸附水化膜的性质和厚度。钻井中要求钻井液切力要适当，不能太高，以防引起泵压升高，憋漏地层，除砂困难，密度上升快，除气困难，引起井喷；静切力太小，则悬浮岩屑效果差。静切力包括初切力和终切力。

【静切应力】 是钻井液中黏土颗粒之间形成连续空间网架结构的反应，其大小是这种结构强弱的反应。连续空间网架结构又叫"凝胶结构"，因此又把静切应力称为"胶凝强度"。

【静态滤失】 简称"静滤失"，又称"静态滤失。"见"静滤失"。

【静态滤饼】 钻井液静止时，在可渗透性地层产生的一层由固相颗粒和处理剂组成的一层薄膜，这层薄膜称为静态滤饼。

【静切力计】 测量钻井液静切力性能的一种专用仪器。其结构在一金属量筒中间有一刻度标尺和一金属浮筒。现场称为"切力计、野外切力计或浮筒切力计"。

刻度标尺 ——

浆杯 ——   —— 浮筒

浮筒切力计

【静滤失量】 "静态滤失量"的简称。见"静态滤失量"。

【静水压强】 见"水压力"。

【静电吸附】 吸附的一种方式，在处理剂(指抗高温处理剂)分子中引入高价金属离子，与带负电荷的黏土表面能产生牢固的、不易受温度影响的静电吸附。

【静液柱压力】 井内钻井液液柱将产生一个压力，这个由井筒内静液柱的重力而形成的压力。静液柱压力等于在井内某一井深作用在单位面积上的垂直的静液柱的重量，可以使用下式表示：

$$P_h = 0.00981\rho H$$

式中 P_h——静液柱压力，MPa；
　　　ρ——液体密度，g/cm³；
　　　H——深度，m。

静液柱压力随井深(H)的增加而升高，深度每增加一个单位井内压力的变化称为压力梯度。

【静止堵漏法】 又称"静止候堵漏法"。此法是在发生井漏时，首先停止钻井液循环。把钻头提到安全井段，让井眼内的钻井液静止数小时后再下到井底，操作时应使该地层承受最小压力。施工要点：①发生井漏时应立即停止钻进和钻井液循环，把钻具起至安全位置后静止一段时间。静止时间要合适，太短容易失败，太长又容易发生井下复杂情况。一般静止候堵为8~24h。②如果起至技术套管内静止，静止时间内可以不灌钻井液。如果在裸眼中静止，应定时、定量灌钻井液，保持液面在套管内，防止裸眼井段地层坍塌。③在发生部分漏失的情况下，循环堵漏无效时，最好在起钻前替入堵漏液覆盖于漏失井段，然后起钻，增强静止堵漏效果。④再次下钻时，控制下钻速度，尽量避开在漏失井段开泵循环。如必须在此井段开泵循环，应采用小泵量、低泵压开泵循环观察，不发生漏失即可恢复钻进，然后再逐渐提高排量。⑤恢复钻进后，钻井液密度和黏切不宜立即做大幅度调整，要逐步进行，控制加重速度，防止再次发生井漏。

【静压持效应】 钻井液液柱静液柱压力和环空流动压力之和大于井底岩石的孔隙压力，井底的岩石受两者压差的作用被压在井底紧贴在破碎坑内称为"静压持效应"。

【静态滤失量】　钻井液处于静止状态时，在可渗透性地层失去液相多少的一个量。实际上，常用的滤失量即静滤失量，是在规定压差下使用滤失仪测出的 30min 时的滤失量。其大小主要决定于滤饼的渗透性，渗透性越大，滤失越大。改变滤饼渗透性，主要是控制钻井液中胶体颗粒的大小及合理的颗粒分布。另外，液相黏度、压差、渗滤时间及稳定也对静态滤失的大小起很重要的作用。在水基钻井液中，又称"静态失水量"。

【静态滤失仪】　测量钻井液在静止状态下滤失量的一种仪器，包括"高温高压静态滤失仪"。

【静滑动摩擦力】　一个物体在另一个物体表面上有相对运动趋势所受到的另一个物体对它的阻碍作用。两个相互接触的物体，当其接触表面之间有相对滑动的趋势，但尚保持相对静止时，彼此作用着阻碍相对滑动的阻力，这种阻力称为静滑动摩擦力，简称静摩擦力，一般用 f 表示。

【静置消泡时间测定法】　测定消泡剂消泡能力的一种方法。该测定方法是在 250mL 的具塞量筒内盛入待测试的泡沫液十二烷基苯磺酸钠 50mL（该泡沫液含十二烷基苯磺酸钠 10g/L 和硫酸钠 2g/L），沿轴线方向振荡量筒，使泡沫液发泡，其泡沫液体积增加到 250mL（约需振荡 30 次）。垂直静置量筒，从泡沫面中部上方注入0.5mL 消泡剂，并从第一滴消泡剂与泡沫接触时启动秒表计时，直到被测液的体积恢复至发泡前原体积且表面无泡沫时停止。所记录的时间即为静置消泡时间，据此来判断消泡剂的消泡速度及消泡的彻底程度。

【酒精】　即"乙醇"。

【酒精-氯化铵法】　测定钻井液中膨润土含量的一种方法。酒精-氯化铵溶液中的铵离子可与膨润土表面的阳离子发生离子交换反应，形成铵质土。用定氮蒸馏法测定膨润土吸附的铵离子，可求出膨润土的阳离子交换容量，以计算钻井液内膨润土含量。其测量步骤是：①用不带针头的注射器量取 1mL 钻井液，放入三角瓶中，加 10mL 蒸馏水，15mL 3%（质量分数）的 H_2O_2 和 0.5mL 约 2.5mol/L 的 H_2SO_4，缓慢煮沸 10min（不要蒸干）。②将上述钻井液样品用蒸馏水吸（洗）入离心管中，并放入离心机中离心 5min，转速 3000r/min，离心后除去清液。③沿离心管壁加入交换液（即 0.5mol/L 氯化铵-75%酒精溶液。将 26.8g 氯化铵溶于 140mL 蒸馏水中，加入 95%酒精 790mL，搅匀，用1 : 1 氨水调节 pH 值为 8.3，用蒸馏水稀释至 1L），充分搅拌 10min，用交换液将搅拌棒上的钻井液洗至离心管中，并离心后除去清液。④沿管壁加入蒸馏水，不搅动土样，离心5min，离心后除去清液。⑤用不含铵离子的 95%（体积分数）工业酒精加入离心管中，充分搅拌，洗去过剩的铵离子。离心后除去清液。⑥用 20~25mL 蒸馏水把钻井液土样洗到定氮仪蒸馏水中，用漏斗沿管壁慢慢加入200g/L 氢氧化钠溶液 2.5mL。⑦把缓冲管接在定氮仪冷凝管的下端，并将缓冲管的下端浸在盛有 25mL 20g/L硼酸溶液（内加一滴定氮指示剂）的三角瓶液面下，使之吸收完全。⑧开始蒸馏，用变压器调节蒸气速度，使其一致，大约蒸馏 5min 即可，取下三角瓶。⑨用标准盐酸滴定，三角瓶内溶液由蓝色变为微红色即达到终点。记下所消耗的盐酸体积（V_1）。⑩用蒸馏水做蒸馏空白实验，处理方法与钻井液样品相同，记录所消耗的盐酸体积（V_2）。

膨润土的质量浓度 =
$$10C_{HCl}(V_1 - V_2)/(MV)$$

J

式中　C_{HCl}——盐酸标准溶液浓度，mol/L；

　　　V_1——钻井液样品所消耗的盐酸溶液的体积，mL；

　　　V_2——空白实验所消耗的盐酸溶液的体积，mL；

　　　V——所取钻井液样品的体积，mL；

　　　M——配浆干黏土的阳离子交换容量，单位为mmol 一价离子/kg 土。通常取 $M=700$mmol 一价离子/kg 土计算。

【局部阻力】　液流的局部边界急剧变化，从而引起液流的显著变形，并伴随漩涡形成，它所产生的额外阻力称为"局部阻力"。克服局部阻力所引起的水头损失称为"局部水头损失"。

【锯末】　堵漏材料，广泛用于各种钻井液配成浆液或段塞处理井漏。

【聚醚】　非离子型表面活性剂的一类。由丙二醇与环氧乙烷缩合而成。在钻井液中用作乳化剂、分散剂等。

【聚合】　化学单体结合成高分子化合物而不产生副产品，如乙烯结合成聚乙烯。

【聚沉】　是溶胶不稳定性的主要表现。溶胶粒子吸附离子带电而稳定。但若加入的电解质过多，反而会使粒子聚结程度太强而析出。通常利用外加电解质使憎液溶胶的颗粒聚结长大以致沉淀的过程叫聚沉。

【聚集】　是指高分子聚合物加入钻井液中将钻屑聚集在一起，通过固液分离设备将其分离。

【聚胺】　非离子表面活性剂，淡黄色黏稠液体。由于分子链中引入了氨基官能团，使它具有独特的分子结构，能很好地镶嵌在黏土层间，并使黏土层紧密结合在一起，从而降低了黏土吸收水分的趋势。通过提高钻井液的抑制性，改变了黏土和低密度固相的水化分散状态，对黏土和低密度固相进行了"钝化"，减弱了这些固相的架桥作用，使这些固相对无机离子不敏感。同时，小分子的有机胺处理剂由于其吸附能力较强，吸附在黏土等低密度固相颗粒上，使部分高分子处理剂解吸附，降低了钻井液的黏度和切力，使其具有极强的抑制黏土水化分散的能力，能够明显改善钻井液的流变性，提高钻井液的稳定性。适用于水基钻井液，加量较低。

【聚集态】　见"聚集状态"。

【聚集体】　将两种或多种单个颗粒保持在一体的物质团块。

【聚结值】　使溶胶开始明显聚结所加电解质的最低浓度，称"聚结值"。一般用"毫克分子/升"为单位。

【聚合度】　衡量聚合物分子大小的指标。以重复单元数为基准，即聚合物大分子链上所含重复单元数目的平均值，以 n 表示；以结构单元数为基准，即聚合物大分子链上所含单个结构单元数目。由于高聚物大多是不同相对分子质量的同系物的混合物，所以高聚物的聚合度是指其平均聚合度。聚合物是由一组不同聚合度和不同结构形态的同系物的混合物所组成的，聚合度统一计平均值。聚合度指聚合物分子链中连续出现的重复单元（或称链节）的次数。例如，聚氯乙烯中结构单元是—CH_2—$CHCl$—。测定方法较多，聚合物平均相对分子质量为平均聚合度与聚合单元相对分子质量的乘积。测定聚合物相对分子质量的方法很多，例如化学方法：端基分析法；热力学方法：沸点升高法；冰点降低法、蒸汽压下降法、渗透压法；光学方法：光散射法；动力学方法：黏度法；超速离心沉淀及扩散法；其他方法：电子显微镜及凝胶渗透色谱法。测定数均相对分子质量的方法有冰点下降法、沸点升高法、蒸汽压下降法、渗透压法以及端基分析法等。重均相对分子质量的测定方法有光散射法、超速离心沉降速度法以及凝胶色谱法等。黏均相对分子质量通常用黏度法测得。各种方法都有各自优缺点和适用的相对分子质量范围，各种方法得到的相对分子质量的统计平均值也不相同。

【聚合醇】　又称聚醚多元醇，简称多元醇，是一类非离子型表面活性剂。其结构通式为：$(HOCH_2CH_2OH)_n$，主要产品有聚乙烯乙二醇、聚丙烯乙二醇、乙二醇/丙二醇共聚物、聚甘油等。它具有配伍性好、润滑、抑制能力强、荧光、毒性低等特点，见"HMW－JLX"、"聚合物钻井液"和"聚醚多元醇"。

【聚合铝】　代号为 AOP－1。由铝盐制成，为黑褐色粉末。具有封固井壁作用的强抑制性防塌剂。通过调整聚合铝的分子结构控制聚合铝从溶解状态转化成不溶状态时的酸碱度，使产品既具有溶解状态时的强抑制性，又具有结晶状态时的封堵微裂缝、固结井壁的作用。聚合铝在 pH 值大于 8.5 的钻井液中以离子状态存在，具有很强的抑制性能，可有效抑制钻屑、黏土的水化膨胀。随滤液进入地层的聚合铝，随着环境 pH 值的降低在地层孔隙和微裂缝中形成不溶性的氢氧化铝，在温度和压力的作用下转变成结晶形态，起到封固井壁的作用，可减少滤液的侵入、降低孔隙压力的升高速度，保持井壁稳定。水基钻井液中具有良好的抑制石膏溶解性能，加量一般为 0.5%～1.0%。

【聚合物】　一种单体形成的聚合物，称为"均聚物"。单体最少有两个或两个以上的官能团，这样能够耦合其他的单体。乙烯基化合物的双键 C ═C 也可形成聚合物（同类分子首尾相互连接而形成的一种新的化合物。它与原物质有相同的元素比例，有较高的相对分子质量，但却有不同的特性）。单体的数目 n，可以是 2 个，也可以是数百万个。如果聚合物所含单体不超过 10 个，常称为齐聚体，当所含单体为数百万时则称为高聚物。n 称为聚合物的聚合度。相对分子质量相当于单体的数目并能控制聚合物的物理化学性能。

如果聚合物的单体相同，称为均聚物；如果单体不同，则称为共聚物。其表示形式如下：

均聚物：—O—O—O—O—O—O—O—O—

共聚物：—O—O—X—O—X—X—O—O—

嵌段共聚物：—X—X—O—O—O—O—X—X—

上述聚合物均为线型聚合物，因为巨型分子是单体组成的长链。

接枝共聚物，除有主链外还有许多侧链，在此侧链是由其他单体组成的：

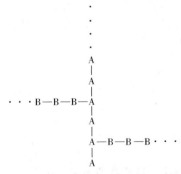

从钻井液工艺使用的聚合物看，几乎都是可溶于水的聚合物。溶于水的聚合物能形成一种真溶液，在水中可以进行分散并膨胀，进而达到一种水化胶体状态。

聚合物的分类如下图所示：

```
                          结构
                           │
              ┌────────────┴────────────┐
            化学的                     物理的
              │                          │
   ┌──────────┼──────────┬──────────────┐
纤维素聚合物  聚乙醚   非离子聚合物      聚合电解液
                          │                │
                        酒精        ┌──────┴──────┐
                          │       单体的        复合的
                        —OH         │             │
                          │      阴离子的      阴离子的
                        酰胺         │             │
                          │      阳离子的      阳离子的
                       C=O                        │
                    O  │                      两性的(负+正)
                       NH₂
                          │
                        乙醚
```

J

聚合物可能是天然形成的或经过化学改性的，也可能是人工合成的。天然聚合物其结构不会发生较大变化，如果由一种或多种单体通过化学变化可生成一种新的聚合物。

【聚电解质】 "聚合物电解质"的简称，在其重复单元中含有离子型组分的天然的(如黄胞胶)或合成的(如聚丙烯酸盐)聚合物。

【聚结状态】 即"聚集状态"。

【聚集状态】 简称"聚集态"；又称聚结状态。黏土的电动电势很小时，黏土颗粒的水化也很差，这时黏土颗粒将以面—面相结合而形成层层重叠的大颗粒，这种状态下的钻井液黏度、切力很低，滤饼松散，滤失量大，钻井液的稳定性很差，严重时黏土颗粒聚集变得很大，很快沉淀，出现聚沉现象。黏土在钻井液中的状态对钻井液性能的影响很大，从维护钻井液的稳定性来看，黏土颗粒的分散状态较好，但其抗污染等能力较差；絮凝状虽形成结构，但若适度絮凝，就是一种较好的钻井液类型。

聚集状态

【聚合反应】 由一种或几种单体聚合生成高分子化合物的反应称为聚合反应。聚合反应又可分为加聚反应和缩聚反应两种。

【聚集作用】 即某一聚集体的形成过程。在钻井液中，聚集作用是黏土片面对面的堆积，因而黏度和切力降低。参见"黏土颗粒的连接方式"。

【聚磷酸盐】 用于两个或多个三价磷原子以氧原子连接在一起的磷酸盐，如四磷酸钠。

$$
\begin{array}{ccccccc}
 & NaO & & NaO & & NaO & & NaO \\
 & | & & | & & | & & | \\
NaO-&P&-O-&P&-O-&P&-O-&P&-ONa \\
 & | & & | & & | & & | \\
 & O & & O & & O & & O
\end{array}
$$

聚磷酸盐可以是结晶的或玻璃状的。

玻璃状的聚磷酸盐是不同长度的聚磷酸钠的不定型混合物，其化学式用 Na_2O/P_2P_5 的比来表达。结晶磷酸盐的通用表达式为 $(Na_1H)_{n+2}P_nO_{3n+1}$。聚磷酸钠是把无氧的正磷酸盐加热到特定温度，除去水分生成的，或者把适当比例的各种无水成分熔合在一起生成的，在 150~620℃ 生成的为结晶聚磷酸盐。玻璃状的聚磷酸盐是在更高温度下熔合并迅速冷却而成的，将产品破碎，从而生产出一种粗糙的粉末。聚磷酸钠对于淡水里的黏土是极有效的反絮凝剂，并且是钻井液的首要降黏剂之一。它们在盐水钻井液中（氯化物浓度 10000ppm）无效。由于玻璃状的聚磷酸盐与钙、镁离子形成可溶性的络合物而软化硬水。这个反应叫多价螯合作用，用于分散膨润土以降低滤失量。聚磷酸盐到正磷酸盐的转换可以引起钻井液的稠化，随着温度接近水的沸点，转换更加迅速。这种转换限制了聚磷酸盐在浅井钻井中的使用。在页岩钻井中聚磷酸盐的使用减少的主要原因是它们具有促进页岩钻屑分裂与分散的倾向，从而增加钻井液的固相含量。

【聚乙烯胺】　可用作钻井液、完井液的增黏剂和油井水泥降滤失剂。这种产品是通过乳液聚合制备的，从而克服了水溶液聚合时黏度很高的问题。水相中 N－乙烯胺单体的浓度为 10%~90%；乳化剂采用 $HLB=4~9$ 的表面活性剂；水相和油相的比例为 1:2~2:1 使用偶氮型自由基引发聚合反应。最终的乳液反应产物，当固相含量为 15% 时，黏度只有 2~10mPa·s（使用 Brookfield 黏度计，60r/min，20℃）。

【聚集胶体】　指黏土颗粒发生面－面联结时称为聚集（或聚结）。由聚集所形成的胶体称聚集胶体。

【聚阴离子】　其重复单元中含有阴离子基团的聚合物。如聚丙烯酸（PAA）、聚阴离子纤维素（PAC）、聚阴离子木素（PAL）等，是钻井液常用处理剂。

【聚阳离子】　其重复单元中含有阳离子基团的聚合物。如环氧氯丙烷二甲胺共聚物（DMA—CO—EPI）、聚二甲基二烯丙基氯化铵（PDMDAAC）、聚胺甲基丙烯酰胺（俗称阳离子聚丙烯酰胺）等。

【聚乙二醇】　其分子式为 HO—$(CH_2CH_2O)_n$—H，其中 n 为分子中链节—CH_2CHO—的聚合度。聚乙二醇的性质随聚合度的不同而不同，性状可由无色、无臭的黏稠状液体到蜡状固体，一般能溶于水。用作降滤失剂的聚乙二醇其聚合度要求在 200~5000 之间。聚乙二醇是环氧乙烷的加聚产物，例如在 120℃、0.3MPa 压力下，用 NaOH 作催化剂，将环氧乙烷通入 NaOH 水溶液中，可加聚生成聚乙二醇。其聚合度较高，一般可以为 200~7500（平均相对分子质量 9000~300000）。在钻井液中用作降滤失剂，在降滤失的同时，黏度不会有显著的上升。用其处理的钻井液还有较强的抗盐和抗钙性能。

$$+CH_2—CH_2—O\ +_n$$

聚乙二醇

【聚丙二醇】　是一种非离子醚型聚合物，加入钻井液中，在地面温度下是水溶的，但当温度升高至一定数值

（即循环至一定的地层深度）时，由于氢键的削弱而使醚型聚合物饱和析出。析出的醚型聚合物可黏附在页岩表面，封堵页岩的孔隙，减小页岩与水的接触而起稳定页岩的作用，在析出时也起到一定的润滑作用。

$$+CH_2-CH-O+_n$$
$$\overset{|}{CH_3}$$

聚丙二醇

【**聚 α-烯烃**】　用于配制水包油型钻井液和合成基钻井液。

$$+CH_2-CH+_n$$
$$\overset{|}{R}$$
$$R: C_6\sim C_{26}$$

聚α-烯烃

【**聚结稳定性**】　是指分散相颗粒是否容易自动黏结变大（即自动降低分散度）的性质。若分散相颗粒容易合并变大，其聚集稳定性就差，沉降稳定性也不好。因此，聚集稳定性对钻井液具有决定性的意义。

【**聚集稳定性**】　见"聚结稳定性"。

【**聚磺钻井液**】　指聚合物带有磺酸基、磺甲基处理剂的钻井液。这种钻井液具有高温稳定性及抗钙污染能力强等特点。适用于深井及超深井。在三磺钻井液体系的基础上，加上水解聚丙烯酰胺和水解聚丙烯酸钙或丙烯酸的衍生物，使其成为两聚两磺或多聚多磺的钻井液，统称为聚磺钻井液。其主要特点是，高温高压滤失量低，性能稳定，流变参数适宜，结构力弱，静切力小，防卡效果好，抗温能力强，具有良好的热稳定性等。

聚合物磺化高温钻井液

材料与处理剂	功　用	用量/（kg/m³）
聚合物	包被和页岩抑制	3.0~5.0
SMP 树脂	高温降失水	20.0~40.0
NaOH	维持 pH	适量
水解铵盐	降失水	10.0~20.0
CMC	降失水	3.0~5.0
重铬酸钠（钾）	抗氧化剂	1.0~2.0
加重剂	提高密度	按设计要求

聚合物磺化钻井液性能

项　目	性　能
密度/（g/cm³）	按设计要求
漏斗黏度/s	35~65
API 滤失量/mL	7~3
HTHP 滤失量/mL	<15
静切力/Pa	3~7/5~10
含砂量/%	<0.5
pH 值	8~10
塑性黏度/mPa·s	12~30
动切力/Pa	5~15
K_f	<0.15

【**聚丙烯酸钾**】　代　号：KPAM 或 HZN101（Ⅱ），相对分子质量 300×10^4 以上，水解度 27%~33%。主要用丙烯酰胺引发共聚而成。用作淡水及盐水钻井液的防塌剂，并兼有一定降滤失量作用，有增黏作用。见"HZN-101（Ⅱ）"。

聚丙烯酸钾质量指标

项　目	指　标
外观	白色或淡黄色 自由流动粉末
筛余量/%	≤10.0
水分/%	≤10.0
纯度/%	≥75.0
水解度/%	27.0~35.0
钾含量/%	11.0~15.0
特性黏度/（dL/g）	≥6.0
岩心线性膨胀降低率/%	≥40.0

【聚丙烯酸钙】　代号为 CPA；是丙烯酰胺、丙烯酸、丙烯酸钠等的共聚物，为白色粉末，易溶于水，水溶液呈碱性。主要用于水基钻井液降滤失剂，兼有增黏及改善钻井液流变性能的作用。可用于淡水、海水、饱和盐水钻井液。

CPA 技术指标

项　目		指　标	
		咸水基浆	加 1%CPA
性能指标	密度/(g/cm³)	1.10	1.10
	滤失量/mL	52~58	≤10
	塑性黏度/mPa·s	2~4	10~20
	动切力/Pa	1~2	6~8
	表观黏度/mPa·s	3~6	15~25
理化指标	含水量/%	≤7.0	
	细度(通过80目筛)/%	100	
	pH 值	10~12	
	总钙量/%	20~20.5	
	氯根/%	≤1.5	
	相对分子质量	≥70	

【聚丙烯酸钠】　代号为 PAAS、SPA；分子结构式为：

$$\left[\!\!\begin{array}{c} CH_2-CH \\ | \\ CONa \end{array}\!\!\right]_n$$

因聚合时控制条件不同，产品的相对分子质量、性质和用途也不同。相对分子质量在数百万的为白色粉末，无味。遇水膨胀，易溶于氢氧化钠水溶液，高相对分子质量起絮凝和增黏作用。

聚丙烯酸钠质量指标

项　目	指　标
外观	白色或浅蓝色粉末
水分/%	≤10
水不溶物/%	≤2
聚合度	50~150
降黏率/%	≥70

【聚丙烯酰胺】　代号为 PAM；通常是丙烯酰胺单体头尾键结构的聚合物。其结构式为：

$$\left[\!\!\begin{array}{c} CH_2-CH \\ | \\ CONH_2 \end{array}\!\!\right]$$

有胶体、粉末两种，胶状为无色、透明、弹性胶体；粉剂为白色粉状或鳞片固体。无味，无腐蚀性，能溶于水而不溶于有机溶剂。相对分子质量为 $(200~600)\times10^4$，粉剂为 $(300~900)\times10^4$。主要用于聚合物不分散低固相水基钻井液的絮凝剂，并兼有改善钻井液流变性能、减摩阻等功能。

PAM 质量指标

项　目	指　标	
	胶体	粉末
分子量/10⁴	200~600	300~900
有效物含量/%	≥8.0	≥90.0
游离单体含量/%	≤1.0	≤1.0
水溶性	全溶	全溶

【聚胺缓冲剂】　多乙烯胺与钼酸盐与钨酸盐的反应产物，可作缓蚀剂，适用于中性水介质中，多胺与氧化钼的分子比为 1:1，反应条件为酸性介质。**【聚酰胺小球】** 俗称尼龙小球，

J

是一种固体润滑剂，具有耐温、抗压和化学惰性等优点，适于作各类钻井液的润滑剂。

【聚醚多元醇】 是指由环氧乙烷和环氧丙烷聚合而成的一大类非离子型高分子表面活性剂，俗称聚醇。按相对分子质量、起始剂以及环氧乙烷与环氧丙烷的比例的不同，聚醚多元醇分为许多不同的类型。多元醇在钻井液中具有很强的抑制性，能够有效地抑制泥页岩的水化膨胀和分散，起到维持井眼稳定的作用。同时，多元醇钻井液具有良好的润滑性，可防止和消除阻碍钻头泥包和压差卡钻等复杂问题，从而节约大量成本。另外，多元醇毒性极小，对环境影响极小，还可直接生物降解，对地层也不造成损害。当然，它还兼有高温稳定性、一定的调流型作用等优点。

聚醚多元醇产品种类繁多，性能差异较大，而其在钻井液中应用的时间较短，对其作用机理的研究还不是很深入。这也是目前聚醚多元醇类处理剂新品种层出不穷，而性能上差别较大的原因。

常用的多元醇类型一般包括简单醇（乙二醇、丙二醇和甘油）和聚合醇［聚乙二醇、聚丙二醇、聚丙三醇、乙二醇/丙二醇共聚物（EO/PO 共聚物）以及聚乙烯醇等］。

聚多元醇（除聚乙烯醇外）一般是由环氧化物（环氧乙烷和/或环氧丙烷）在碱性催化剂（NaOH 或 KOH）作用下，用水、醇（如乙醇、乙二醇、丙二醇等）或胺等作起始剂，进行阴离子聚合制得，均经过链引发、链增长和链终止三个反应阶段。

下面以 EO/PO 共聚物的合成（以丙二醇为起始剂，以 KOH 为催化剂）为例，给出多元醇的反应机理。

（1）链引发阶段。

$$CH_3-\overset{\overset{\displaystyle OH}{|}}{CH}-CH_2OH+2HO^- \longrightarrow CH_3-\overset{\overset{\displaystyle O^-}{|}}{CH}-CH_2O^-+2H_2O$$

$$2CH_3-\overset{\overset{\displaystyle O^-}{|}}{CH}-CH_2O^-+CH_3-\overset{\displaystyle O}{\overset{\displaystyle /\backslash}{CH-CH_2}} \longrightarrow$$

$$^-OCH_2-\overset{\overset{\displaystyle CH_3}{|}}{CH}-O-\overset{\overset{\displaystyle CH_3}{|}}{CH}-CH_2-O-\overset{\overset{\displaystyle CH_3}{|}}{CH}-CH_2O^-$$

（2）链增长阶段。

① 聚氧丙烯醚链的增长。

$$^-OCH_2-\overset{\overset{\displaystyle CH_3}{|}}{CH}-O-\overset{\overset{\displaystyle CH_3}{|}}{CH}-CH_2-O-\overset{\overset{\displaystyle CH_3}{|}}{CH}-CH_2O^-+(m-2)CH_3-\overset{\displaystyle O}{\overset{\displaystyle /\backslash}{CH-CH_2}} \longrightarrow$$

$$-O\overset{\overset{\displaystyle CH_3}{|}}{(CH}-CH_2O)_{m-1}\overset{\overset{\displaystyle CH_3}{|}}{CH}-CH_2O^-$$

② 聚氧乙烯醚链的增长。

$$^-O\left(CH-CH_2O\right)_{m-1}\underset{|}{\overset{CH_3}{C}}H-CH_2O^-+2n CH_2\overset{O}{-}CH_2\rightarrow$$

$$^-O\left(CH_2-CH_2O\right)_n\left(\underset{|}{\overset{CH_3}{C}}H-CH_2O\right)_m\left(CH_2-CH_2O\right)_n^-$$

（3）链终止阶段。

$$^-O\left(CH_2-CH_2O\right)_n\left(\underset{|}{\overset{CH_3}{C}}H-CH_2O\right)_m\left(CH_2-CH_2O\right)_n^-+2H_2O\rightarrow$$

$$HO\left(CH_2-CH_2O\right)_n\left(\underset{|}{\overset{CH_3}{C}}H-CH_2O\right)_m\left(CH_2-CH_2O\right)_nH+2HO^-$$

一般的合成工艺流程为：在洁净、干燥的高压反应釜中加入一定量的起始剂和催化剂，用氮气置换数次，在搅拌下加热至120℃（或更高），抽真空脱除水分，然后向釜内加入 EO 和/或 PO，反应结束后，降温，用氮气清扫反应系统，出料分析。

一般情况下，可以通过调整单体加量、起始剂和催化剂用量来制得不同相对分子质量的产品。起始剂用量越多，催化剂用量越多，制得产品的相对分子质量则越小。除聚乙烯醇外，常用多元醇相对分子质量为 500～5000。见"HMW-JLX"。

【聚合腐殖酸】 腐殖酸钾与树脂等的聚合物。是黑色粉粒状，易溶于水。主要用作各类水基钻井液降滤失剂。具有一定抗盐、抗钙和防塌能力，可抗温200℃。一般加量 2%～5%。

聚合腐殖酸质量指标

项 目	指 标
外观	黑色粉粒状
比容/（mL/g）	≤2.5
水分/%	≤13.0
水不溶物/%	≤15.0
总铬含量/%	≤1.0
滤失量/mL	≤15.0
热稳定后滤失量/mL	≤15.0
HTHP 滤失量/mL	≤30.0

【聚磺腐殖酸】 代号为 PFC，是一种抗高温、抗盐分散剂，抗温可达220℃，抗盐到饱和。它相对分子质量低，由羧基比例高的磺腐殖酸聚合而成。在低温下对盐水钻井液有降黏作用，高温下对黏土有促进分散作用，与 SMP 复配可以较好地调整低温下的黏度和高温下的黏度及高温高压滤失量。

【聚乙烯磺酸钠】 代号为 SPES，在钻井液中用作降黏剂；在水泥浆中用作减阻剂。

$$+CH_2—CH+_n$$
$$|$$
$$SO_3Na$$

聚乙烯磺酸钠

【聚丙烯磺酸钠】　代号为 XB - 40、SPPS；在分散或不分散钻井液中用作降黏剂，且有一定的抗污染能力。

$$+CH_2—CH+_n$$
$$|$$
$$CH_2SO_3Na$$

聚丙烯磺酸钠

J

【聚合物电解质】　见"聚电解质"。

【聚合醇钻井液】　聚合醇是低碳醇与环氧烷的低聚物，是一类非离子表面活性剂，常温下为黏稠状乳白色液体，溶于水，其水溶性受温度影响较大，当温度升到一定程度时，聚合醇从水中析出，这时的温度称为聚合醇的浊点温度，当温度低于浊点时，聚合醇又恢复其水溶性。聚合醇钻井液主要是利用它的浊点特性。在钻井过程中，随着井深的变化，井下温度也随之变化，由于温度的变化，使聚合醇钻井液发生了下述作用：其一，低于浊点温度时，呈水溶性，其表面活性剂使它吸附在钻具和固体颗粒表面，形成憎水膜，阻止泥页岩水化分散，稳定井壁，改善润滑性，降低钻具扭矩和摩阻，防止钻头泥包，稳定钻井液性能并能有效控制压力传递。其二，当高于其浊点温度时，聚合醇从钻井液中析出，而黏附在钻具和井壁上，形成类似油相的分子膜，从而使钻井液的润滑性增强；同时由于滤饼的形成，封堵岩石孔隙，阻止水分渗入地层，实现稳定井壁的作用。当钻井液返至地面时，因温度降低，聚合醇又恢复其水溶性，避免被振动筛滤出。聚合醇与氧化沥青处理剂复合

用于防塌，它们的作用方式是，低于聚合醇浊点温度时，聚合醇可使氧化沥青充分分散在钻井液中；当高于聚合醇浊点温度时，聚合醇从钻井液中析出，此时，失去了对氧化沥青的乳化分散作用，氧化沥青与聚合醇同时从钻井液中析出，吸附在井壁上，起到封堵、填充微裂缝的作用，起到了防塌的作用。与钾离子的协同作用，增强对黏土的水化抑制能力。

聚合醇钻井液

材料与处理剂	功　用	用量/（kg/m³）
膨润土	基浆	30.0~50.0
PHP	包被和页岩抑制	1.0~3.0
聚合醇	润滑、抑制	10.0~20.0
水解铵盐	降黏、降滤失	10.0~20.0
SMP	降滤失	15.0~25.0
有机硅腐殖酸钾	页岩抑制剂	10.0~20.0
NaOH	维持 pH 值	3.0~5.0
加重剂	提高密度	按设计要求

【聚合物钻井液】　指以聚合物为主要处理剂配成的水基钻井液体系。由于聚合物的桥接作用，使钻井液中的黏土颗粒保持在较粗的状态，同时由于聚合物的吸附作用，使钻屑的表面受到吸附层的保护而不分散成更细的颗粒，因此用聚合物钻井液钻井，可以有更高的钻井速度。聚合物具有絮凝劣土、调节黏度、切力，降低滤失量、稳定地层等特性。聚合物主要有：部分水解聚丙烯酰胺及其衍生物、乙酸乙烯酯与马来酸酐的共聚物等。聚合物钻井液中由于用水溶性聚合物作处理剂，因而具有剪切降黏特性好、携砂能力较强、稳定井眼、减

少油气层损害、抗高温等特点。根据所用的聚合物，这种钻井液体系又可分为：阴离子型聚合物钻井液、阳离子型聚合物钻井液、两性离子聚合物钻井液、非离子型聚合物钻井液。

【聚硅氧烷消泡剂】 通常由聚二甲硅氧烷和二氧化硅两种主要组成物质适当配合而成，以聚二甲基硅氧烷为基材的消泡剂是消泡体系中一类理想的消泡剂，因为其不溶于水，较难乳化，聚二甲基硅氧烷比碳链烃表面性能低，因此比通常在纺织业中应用的表面活性剂表面张力更低。单纯的聚二甲基硅氧烷抑泡性能差而迟缓，消泡作用需要二氧化硅粒子来加强，二氧化硅粒子被硅油带到泡沫的空气-水界面上并进入气泡液膜，由于其疏水性，与表面活性剂发泡液滴的接触角大于90°，从而迫使发泡液体从固体疏水粒子表面排开，引起泡沫局部迅速排液而导致破裂，这样，由于协同作用，两种组成物质产生了良好的消泡效果。聚硅氧烷消泡剂由于有优良的消泡效能及其他优点，已获得广泛应用。

【聚半乳甘露多糖】 其成分为叔胺基烷基-羟烷基醚；可用作压裂液、钻井液和修井液的增黏剂。叔胺基醚的取代度为0.001~0.20，羟基醚的取代度为0.05~1.6。

【聚苄乙烯磺酸钠】 代号为SPBS，在钻井液中用作降黏剂。

$$+CH_2 — CH +_n$$
$$\overset{|}{CH_2}$$
（苯环）
$$SO_3Na$$

聚苄乙烯磺酸钠

【聚苯乙烯磺酸钠】 代号为SPSS，在钻井液中用作降黏剂，在水泥浆中用作减阻剂。

$$+CH_2 — CH +_n$$
（苯环）
$$SO_3Na$$

聚苯乙烯磺酸钠

【聚阴离子木质素】 代号为PAL，是一种，相对分子质量$50×10^4$以上，177℃保持稳定，能有效降低钻井液高温高压滤失量，且对流变性无不良影响。此外，它还有较强的抗盐、抗钙能力，不污染环境。

【聚阴离子纤维素】 代号为PAC，国外商品名称为Drispac，是一种效果较好的CMC类产品。加量一般为0.15%~0.6%，可抗钙2000ppm，抗盐260000ppm。该产品主要是为了提高在海水中的作用。

PAC质量指标

项　　目		指　　标	
		API滤失量/mL	动切力/Pa
HV-PAC	基浆	225±20	0.5~1
	浓度(5.8g/L)	≤20	≥2
	浓度(8.6g/L)	≤15	≥9
	浓度(11.5g/L)	≤10	≥19
LV-PAC	基浆	240±20	1~2
	浓度(5.8g/L)	≤25	≤0.5
	浓度(5.8g/L)	≤15	≤1
	浓度(5.8g/L)	≤10	≤1.5

【聚氧乙烯蓖麻油】 是一种非离子型活性剂，代号为EL-40；其结构式为：

$$CH_3 \leftarrow CH_2 \xrightarrow{}_5 CH - CH_2 - CH \qquad = CH(CH_2 \xrightarrow{}_7 COOCH_2$$
$$O \leftarrow CH_2 CH_2 O \xrightarrow{}_{n_1} H$$

$$CH_3 \leftarrow CH_2 \xrightarrow{}_5 CH - CH_2 - CH \qquad = CH(CH_2 \xrightarrow{}_7 COOCH$$
$$O \leftarrow CH_2 CH_2 O \xrightarrow{}_{n_2} H$$

$$CH_3 \leftarrow CH_2 \xrightarrow{}_5 CH - CH_2 - CH \qquad = CH(CH_2 \xrightarrow{}_7 COOCH_2$$
$$O \leftarrow CH_2 CH_2 O \xrightarrow{}_{n_3} H$$

$$n_1 + n_2 + n_3 = 40$$

钻井液表面活性剂，改进钻井液结构力学性质，具有防黏卡和防乳化等性能。

【聚合物泥浆体系】 是一种经过具有絮凝和包被作用的长链高聚物处理，以增加黏度、降低滤失量及稳定地层的水基钻井液。高聚物包括膨润土增黏剂、生物聚合物和交联聚合物，它们具有较高的相对分子质量，在低浓度下就具有一定的黏度及良好的剪切降黏特性，因而可用来絮凝劣质土、增加黏度、降低滤失量及稳定地层。

【聚醚氨基烷基糖苷】 代号为 NAPG。外观为红褐色黏稠液体，可与乙醇、甲醇、丙酮等有机溶剂或水任意比例互溶。由于 NAPG 为糖类衍生物，可自然降解，无生物毒性。由烷基糖苷、阳离子醚化剂与有机胺等反应制得，在 NAPG 的分子链中烷基糖苷的多个亲水的羟基可以与黏土颗粒表面吸附，和氨基一起提供抑制功能。钻井液中加量越大，抑制性和润滑性越强。适于强水敏性泥页岩、含泥岩、砂泥岩互层等易坍塌地层及页岩气水平井的钻井施工。在各种类型的水基钻井液中主要用作钻井液抑制剂，兼有一定润滑性和增黏作用，NAPG 相对抑制率达 99.31%，7% NAPG 润滑系数 < 0.1，NAPG 产品 EC_{50} 值为 528800 ppm，抗温可达 160℃。与常规水基钻井液体系配伍性良好，可与阴离子处理剂以任意比例复配。现场使用时，可直接加入井浆，作为抑制剂单独使用，也可配成聚醚氨基烷基糖苷钻井液体系使用。作为抑制剂使用时，推荐加量为 0.25%~2%，作为主剂形成聚醚氨基烷基糖苷钻井液使用时，推荐加量为 2%~15%。

【聚 α-烯烃类润滑剂】 聚 α-烯烃是由 α-烯烃在催化条件下聚合得到的长链烷烃。用作润滑剂的聚 α-烯烃碳链长度在 9~16 之间。与合成酯和天然酯相比，聚 α-烯烃除具有高闪点、高燃点、低倾点及对环境友好优点外，还具有优良的热稳定性、氧化稳定性和水解稳定性。

【聚合物乳化钻井液】 是在某种水基钻井液的基础上，采用混油(柴油、原油、白油等)并加入表面活性剂及减阻材料(石墨粉、塑料小球等)，使其具有润滑、防卡兼有防塌特点的水基钻井液。

聚合物乳化钻井液

材料与处理剂	功 用	用量/(kg/m³)
聚合物	包被和页岩抑制	1.0~3.0
NaOH	维持 pH	10.0~20.0
水解铵盐	降滤失	10.0~20.0
CMC	降滤失	3.0~5.0
柴油或原油	液相	100~150
表面活性剂 (SN-1)	乳化	1~5
KCl	页岩抑制	根据地层需要
加重剂	提高密度	按设计要求

聚合物乳化钻井液性能

项　目	性　能
密度/(g/cm³)	按设计要求
漏斗黏度/s	30~55
API 滤失/mL	7~5
静切力/Pa	3~7/5
含砂量/%	<0.5
pH 值	淡水 9~10；咸水 10~11
塑性黏度/mPa·s	10~20
动切力/Pa	5~10
K_f	<0.1

【聚胺抑制性钻井液】　氨基抑制性钻井液具有较好的井壁稳定效果。氨基抑制剂通过分子间作用力和氢键这两种作用力吸附在黏土表面。在水中部分解离形成铵正离子，铵正离子与带负电的黏土矿物表面通过离子键的形成而吸附在黏土矿物表面。其分子在物理吸附和化学吸附的共同作用下，紧紧吸附在黏土表面，分子结构中的疏水基团覆盖在黏土表面，阻隔水分子和黏土矿物接触，抑制黏土的表面水化。

【聚合物盐水修井液】　该体系是以聚合物作增黏剂和降滤失剂的水溶液或电解质溶液。该体系需要一些细粒的悬浮物质，使它具有控制滤失的性能。这种悬浮物由不同等级和大小的碳酸钙颗粒组成。其密度可由 1.0g/cm³ 配到 1.4g/cm³。它能控制任何盐水的滤失量和黏度，也可与缓蚀剂和杀菌剂配合使用。在不受剪切作用的情况下，可以长时间保持稳定。此体系是一种具有剪切降黏特性的流体，因此，高排量时压力降最小。它能控制中等到严重的渗漏。该体系温度在 120℃ 以上则不稳定。

【聚合物防塌钻井液】　指具有抑制性较强的聚合物钻井液。

【聚氧乙烯烷基醇醚】　其分子式为：R—O$\{$CH$_2$CH$_2$O$\}_n$H 表面活性剂的一种，用作水包油钻井液的乳化剂。

【聚合物浓度测定仪】　指 ZJN-90 钻井液中聚合物质量浓度测定仪。该仪器主要由测定仪、气敏电极及定时恒温搅拌器组成，见下图。其主要测定指标是：① 测定范围为 100 ~ 10000mg/L，0 ~ ±1999.9mV。② 分辨率为 1mg/L，0.1mV。③ 结果表示 4½为发光数码管直接显示聚合物质量浓度值，BCD 数据输出，可外接计算机(如 PC-1500 机及 MCS-51 系列单片机等) 和打印机进行数据分析处理，并可记录绘图。其测定方法是用注射器准确吸取钻井液 5mL(如果是滤液或溶液取 10mL)，置于 100mL 的三角瓶中，加 200g/L NaOH 溶液 20mL 和蒸馏水 20mL，加塞。另取吸收液 25mL，置于 100mL 的烧杯中，两者用冷凝管相连，摇均。将三角瓶放在加热盘上微沸 40min，取下三角瓶，将氨气电极插入烧杯溶液中，然后向溶液中加入 20mL 调节剂，使溶液 pH 值大于 11。磁力搅拌，同时按下选择键，电源指示灯亮，其结果可直接从 LED 显示器上读出，也可通过选择键从显示器上读出电位值，按此电位值在工作曲线上查出聚合物质量浓度。通过测定数个不同质量浓度的聚合物标准溶液，并以质量浓度为纵坐标，以及电位为横坐标，就可以在半对数坐标纸上描点绘制成工作曲线。

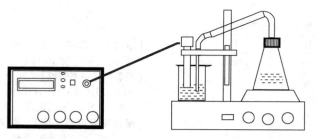

测定仪　　　　　定时恒温搅拌器

【聚氧乙烯脂肪醇醚】 代号为 FAE；是一种亲水性钻井液乳化剂。

【聚氧乙烯(8)苯酚醚】 代号为 P-8；分子式：$C_6H_6O(CH_2CH_2O)_8H$，为非离子型活性剂；用于打开油层，可以提高日产量，用作钻井液的表面活性剂。

【聚氧乙烯烷基醇醚-3】 代号为 MOA-3，是一种非离子型表面活性剂，可用作乳化剂、润滑剂。

$$R—O\overbrace{CH_2CH_2O}H$$
$$R：C_{10}\sim C_{14}，n：3$$
聚氧乙烯烷基醇醚-3

【聚氧乙烯烷基醇醚-8】 代号为 JFC，属非离子型表面活性剂，在钻井液中具有起泡、乳化、缓蚀、解卡、润滑等作用。

$$R—O\overbrace{CH_2CH_2O}_nH$$
$$R：C_8\sim C_{10}，n：8$$
聚氧乙烯烷基醇醚-8

【聚氧乙烯硬脂酸酯-10】 代号为 SE-10，非离子型表面活性剂，在钻井液中起润滑、乳化等作用。

【聚合物-MMH钻井液】 是指用不同的聚合物作包被增稠剂、降滤失剂和降黏剂，并加入胶凝剂（MMH）配制的钻井液。使用的聚合物可以是阴离子型、两性离子型或阳离子型，然而大多数情况下是使用阴离子型和两性离子型聚合物。这两种类型聚合物可以单独使用，也可以配合使用。该钻井液广泛应用于存在黏土和页岩问题的 3000m 井深左右的井进行快速钻进时。

【聚合物-铵盐钻井液】 由 PHP、NH_4-HPAN、OSMA-K、MHP、SMP、QS-2 等组成的钻井液。该体系工艺简单，性能易于控制，适用于淡水和咸水。具有良好的流变特性和携带、悬浮岩屑的能力，并且对泥页岩的水化膨胀抑制能力强。井径规则，机械钻速高，成本低，保护油气层，对环境污染小。该体系的作用机理是：①PHP 作絮凝包被剂控制地层造浆。②NH_4-HPAN 通过酰胺基吸附在黏土颗粒表面上，而其羧钠基—COONa 使黏土表面形成吸附水化膜，提高了黏土颗粒的聚集稳定性，吸附的溶剂化、水化膜的高弹性和高黏性，具有堵孔作用，使滤饼更加致密，达到降低滤失量的目的。同时，羧钠基的水化基团可拆散黏土网架结构，降低体系的黏度与切力。③OSMA-K 能使黏土表面一层含有羟基的钾基硅化合物

$$((CH_3—\overset{\overset{\displaystyle CH_3}{|}}{Si}—OH))$$
$$|$$
$$ONa$$

缩聚成大分子，阻止水分子进入黏土层间；同样，有机硅的阻水包被作用也可阻止黏土水化分散。腐殖酸钾提供涂覆物质形成致密滤饼，以堵塞微

裂缝。④OSMA－K中K[+]与NH₄－HPAN的NH_4^+可嵌入黏土的六角环空穴中，增强其连接力，水分子不易进入晶层间，抑制黏土的水化分散膨胀。⑤QS-2适当匹配(要求有效含量大于95%，配比合理)可改善滤饼质量，并能形成液体套管堵塞孔隙，阻止水分子渗入地层，有利于保护油气层，便于酸化等增产措施。

【聚氧乙烯(30)苯酚醚】 代号为P-30，分子式：$C_6H_5O(CH_2CH_2O)_{30}H$，为非离子活性剂；在气液和油水界面上的活性不高，起泡和乳化性能很差，但在黏土表面的吸附活性较强，对钻井液有较强的降黏和钝化作用，还能提高钻井液的稳定性和抗温性。在钻井液中的用量约为0.3%~0.5%。

【聚氧乙烯(6)硬脂酸酯】 钻井液用润滑剂的一种，该活性剂有较长的烃链，由于该润滑剂分子的亲水基与金属或黏土的表面相亲，亲油基向外定向排列，于是在金属或黏土表面上形成一层坚固的化学膜。这种化学膜使接触面之间的摩擦发生在亲油基之间，从而降低了摩擦力，提高了润滑性。

$$C_{17}H_{35}-C\overset{O}{\underset{}{\parallel}}-O-(CH_2CH_2O)H$$

聚氧乙烯(6)硬脂酸酯

【聚氧乙烯烷基醇醚-10】 是一种非离子型表面活性剂，它具有起泡、乳化、破乳、缓蚀、润滑、解卡等作用。

$$R-O(CH_2CH_2O)_nH$$
R：$C_{12}\sim C_{18}$，n：8~12
聚氧乙烯烷基醇醚-10

【聚氧乙烯烷基醇醚-15】 代号为OS-15，平平加的一种，属非离子型表面活性剂，它具有起泡、乳化、破乳、缓蚀、润滑、解卡等作用。

$$R-O(CH_2CH_2O)_nH$$
R：$C_{12}\sim C_{18}$，n：14~16
聚氧乙烯烷基醇醚-15

【聚氧乙烯烷基醇醚-20】 其代号有两种，分别为：O-20、SA-20，非离子型表面活性剂，属平平加系列，它具有起泡、乳化、破乳、缓蚀、润滑、解卡等作用。

$$R-O(CH_2CH_2O)_nH$$
O-20 R：C_{12}，n：20
SA-20 R：$C_{12}\sim C_{18}$，n：20
聚氧乙烯烷基醇醚-20

【聚氧乙烯烷基醇醚-22】 代号为A-20，非离子型表面活性剂，属平平加系列，它具有起泡、乳化、破乳、缓蚀、润滑、解卡等作用。

$$R-O(CH_2CH_2O)_nH$$
R：$C_{16}\sim C_{18}$，n：20~24
聚氧乙烯烷基醇醚-22

【聚氧乙烯烷基醇醚-28】 是一种非离子型表面活性剂，它具有乳化、破乳、润滑、解卡等作用。

$$R-O(CH_2CH_2O)_nH$$
R：$C_{12}\sim C_{18}$，n：25~30
聚氧乙烯烷基醇醚-28

【聚合物、FCLS钻井液】 是以聚合物、FCLS为主要处理剂的一种体系。具有良好的剪切降黏特性，低的水眼黏度，并对地层泥页岩有一定的抑制分散能力。配合喷射钻井能大幅度地提高钻井速度。

聚合物、FCLS钻井液

材料与处理剂	功 用	用量/(kg/m³)
聚合物	包被和页岩抑制	2.0~3.0
FCLS	控制黏度	5.0~15.0
NaOH	维持pH	1.0~2.0
CMC	降滤失	3.0~5.0
SMP	高温降滤失	20.0~40.0
白油润滑剂	润滑	10.0~20.0
油层保护剂	油层保护	按设计要求
加重剂	提高密度	按设计要求

聚合物、FCLS 钻井液性能

项　目	性　能
密度/(g/cm³)	按设计要求
漏斗黏度/s	30~45
API 滤失/mL	10~5
静切力/Pa	2~5/3
含砂量/%	<0.5
pH 值	淡水 9~11；咸水 11~13
塑性黏度/mPa·s	8~25
动切力/Pa	3~6

J

【**聚氧乙烯高碳羧酸酯-20**】 其代号为 HFE-20，属非离子表面活性剂，在钻井液中起乳化、润滑等作用。

$$R-C\overset{O}{\underset{O}{\Big\langle}}\!+\!CH_2CH_2O\!+_n\!H$$

聚氧乙烯高碳羧酸酯-20

【**聚合物胶液降压解卡法**】 聚合物胶液解除黏吸卡钻，是以低密度胶液来改变钻井液液柱压力和地层压力之间的压差值，降低滤饼的黏附力。同时胶液渗透到钻具与滤饼之间，靠聚合物特有的润滑能力，使钻具与滤饼间的摩擦系数大幅减小，在外力作用下（上提、下压或转动），钻具可以快速地从所黏附的井壁上脱离，达到解卡的目的。胶液配制的数量根据井径、井深、卡点来计算，并有一定的附加量。推荐材料用量范围见下表。

配制 100m³ 聚合物胶液材料用量范围表

材料名称	FH-2	PAC 141	HMP 21	HPC -2	Na₂CO₃
加量/t	0.3~ 1.0	0.2~ 0.6	0.2~ 2.0	0.2~ 0.8	0.1~ 0.3

其中，PAC141 可用 KPAM 代替，

HMP21 可用 NPAN 代替。其使用条件是：①若井壁未发生掉块等复杂情况，推荐用加量下限；若井壁不稳定，推荐用加量上限。②必须做好防喷工作。③钻具上必须带回压阀。④一旦解卡，应立即注入钻井液恢复正常循环。⑤胶液密度 1.03~1.05g/cm³，马氏漏斗黏度 30~45s，中压滤失量小于 15mL，pH 值 7.5~8.5。⑥若聚合物胶液循环一周后，仍未解卡，应换用原来的钻井液进行循环，以防发生其他问题。

【**聚氨酯泡沫膨体堵漏液**】 是一种膨胀型堵漏液，聚氨酯泡沫膨体（PAT）颗粒堵漏剂的特点是吸水后自身体积可迅速膨胀。在显微镜下观察，PAT 为网状连通结构，网格由直径 0.1~0.2mm 的网丝构成，孔眼直径为 0.4~0.5mm，具有良好的弹性和强度。由于它在孔隙中的堆集，形成一个渗透性层段，同时它的网格可以捕集各种微粒来充填其间，形成致密的滤饼而起堵漏作用。

【**聚 1，3-亚丙基氯化吡啶**】 是一种阳离子型聚合物，在钻井液中主要通过中和页岩表面的负电性和在黏土片间通过桥接吸附起稳定页岩的作用。

$$+CH_2-CH_2-CH_2-N\underset{Cl^-}{\overset{}{\bigcirc}}+_n$$

聚 1,3-亚丙基氯化吡啶

【**聚氧乙烯辛基苯酚醚-2**】 代号为 OP-2，非离子型表面活性剂，在钻井液中用作乳化剂、润滑剂。

$$R\!-\!\!\bigcirc\!\!-\!O[CH_2CH_2O]_nH$$

R:C₈, n:2

聚氧乙烯辛基苯酚醚-2

【**聚氧乙烯辛基苯酚醚-4**】 代号为 OP-4，非离子型表面活性剂，在钻井液中用

作乳化剂、润滑剂。

$$R \text{—} \bigcirc \text{—} O[CH_2CH_2O]_nH$$

$$R:C_8, n:4$$

聚氧乙烯辛基苯酚醚-4

【聚氧乙烯烷基苯酚醚-7】　代号为OP-7,非离子型表面活性剂,在钻井液中用作乳化剂、润滑剂、缓蚀剂、破乳剂。

$$R \text{—} \bigcirc \text{—} O[CH_2CH_2O]_nH$$

$$R:C_8 \sim C_{12}, n:6 \sim 8$$

聚氧乙烯烷基苯酚醚-7

【聚氧乙烯辛基苯酚醚-10】　代号为OP-10、TX-10;分子式为 $C_8H_{17}C_6H_4O-(CH_2CH_2O)_{10}H$,是一种非离子型活性剂,此活性剂亲水($HLB=13.5$);在钻井液中曾用于防卡和改进钻井液结构力学性质,也可作为乳化剂,有较强的起泡性。

【聚氧乙烯烷基甲苯酚醚-45】　是一种非离子型表面活性剂,在钻井液中用作润滑剂。

$$R \text{—} \bigcirc \text{—} O[CH_2CH_2O]_nH$$
$$CH_3$$

$$R:C_8 \sim C_{12}, n:40 \sim 50$$

聚氧乙烯烷基甲苯酚醚-45

【聚氧乙烯聚氧丙烯二醇醚】　代号为2071或4400(进口产品),分子式为 $HO—(CH_2CH_2O)_{55.6}—(CHCH_2O)_{35}—(CH_2CH_2O)_{55.6}H$,是一种非离子型高分子表面活性剂;此活性剂亲水($HLB=14.20$),可用于控制钻井液的黏度和切力,配合Na-CMC使用,有助于降低滤失量,也有润湿作用,能降低滤饼摩擦系数;特点是起泡性弱。还可作水包油乳化剂和油包水乳状液的破乳剂;用作钻井液的表面活性剂,并可用于原油的破乳。

【聚二烯丙基二甲基氯化铵】　是一种钻井液用阳离子型聚合物,可通过中和页岩表面的负电性和在黏土片间通过桥接吸附起稳定页岩的作用。

$$+ CH_2 \text{—} CH \underset{\displaystyle \begin{array}{c} | \\ CH_2 \end{array}}{} \quad \begin{array}{c} CH_2 \\ | \\ CH \\ | \\ CH_2 \end{array} +_m$$

聚二烯丙基二甲基氯化铵

【聚二甲基二丙烯基氯化铵】　代号为ZCO-1　为高相对分子质量(50000~1500000)阳离子聚合物,用于抑制泥页岩的水化膨胀。

【聚氧乙烯(30)壬基苯酚醚】　代号为NP-3;是一种非离子活性剂;分子式为 $C_9H_{19}C_6H_4O-(CH_2CH_2O)_{30}H$;此活性剂亲水($HLB=17.1$),曾用作钻井液混油乳化剂,乳化稳定作用相当强,同时可改善钻井液的切力和黏度,有利于提高钻速,防止钻卡和提高钻井液热稳定性;用作钻井液的混油乳化和防黏卡剂。

【聚合物-磺酸盐-MMH钻井液】　与聚合物-MMH钻井液近似,但它加入了各种磺酸盐从而有更强的抑制性、更高的抗化学污染和抗温能力(180~200℃),该钻井液可以有效地用于钻6000m或更深的深井、定向井和水平井中。

聚合物-磺酸盐-MMH钻井液配方

材料和处理剂	功　用	用量/(kg/m^3)	备　注
K-PAM	包被增稠剂	6~10	供选择
PAC-141		6~10	
FA-367		6~10	

续表

材料和处理剂	功用	用量/(kg/m³)	备注
NH₄–HPAN	降黏剂、降滤失剂	3~8	
PAC	降滤失剂	3~6	供选择
CMC		3~7	
SPNH	高温降滤失剂	5~15	用于>3500m
SMP		5~15	
SMT	高温降黏剂	5~15	
XY–27	降黏剂	3~8	
MMH	胶凝剂	3~6	
烧碱	调节pH值	3~5	调节pH=9~10.5
RH–3	润滑剂	15~20	
FT–1	井壁稳定	10~20	

【聚1，2-亚乙基二甲基氯化铵】 是一种阳离子型聚合物，在钻井液中通过中和页岩表面的负电性和在黏土片间通过桥接吸附起稳定页岩的作用。

$$+CH_2-CH_2-\overset{\overset{CH_3}{|}}{\underset{\underset{CH_3}{|}}{N^+}}\underset{Cl}{}+_n$$

聚1,2-亚乙基二甲基氯化铵

$$HO(CH_2CH_2O)_pCH-CHO(CH_2CH_2O)_dH$$
$$H_2C\quad CHCH-CH_2OOCC_{17}H_{33}$$
$$O\quad O(CH_2CH_2O)_rH\quad (p+d+r=20)$$

是一种非离子型活性剂；此活性剂亲水（$HLB=15$），聚氧乙烯部分可吸附于黏土颗粒表面，而亲油的憎水基可与油形成润滑性油膜。用于混油钻井液，可提高其稳定性，保持适当的黏度；用作钻井液的表面活性剂。

【聚对苯乙烯基三甲基氯化铵】 是一种钻井液用阳离子型聚合物，可通过中和页岩表面的负电性和在黏土片间通过桥接吸附起稳定页岩的作用。

【聚氧乙烯烷基苯酚醚(OP系列)】 在钻井液中常用的型号有OP-4、OP-7、OP-10、OP-15等，主要成分为聚氧乙烯烷基苯酚醚，为黄色油状液体至橙色半流动液体或蜡状固体的非离子型表面活性剂。其化学通式为：

$$-\underset{}{\bigcirc}-O+CH_2CH_2O+_nH$$

该系列产品具有耐酸、碱、钙、镁等。可耐温200℃。可用作钻井液的高温乳化剂。

质量指标

项目	指标			
	OP-4	OP-7	OP-10	OP-15
浊点/℃			65~70	85~90
pH值	5~7	5~7	5~7	5~7
水数	5~7mL	25~27mL		
色泽	黄色油状	黄色油状	黄至橙色	黄至橙色
HLB值	8	11.7	13.3	15

【聚氧乙烯(20)山梨醇酐单油酸酯】 代号为吐温-80、TW-80；其结构式为：

$$+CH_2-CH+_n$$
$$-\underset{}{\bigcirc}-$$
$$CH_2-\overset{\overset{CH_3}{|}}{\underset{\underset{CH_3}{|}}{N^+}}-CH_3\quad Cl^-$$

聚对苯乙烯基三甲基氯化铵

【聚丙烯酰胺水泥稠浆堵漏法】 用来封堵灰岩孔穴性完全漏失的一种方法。适用于漏速为30~90m³/h的溶洞型漏层，一次注入6~14m³后均能堵住。

聚丙烯酰胺水泥稠浆组分与性能

组　　分						性　　能			
纯碱/g	水泥/g	水/g	聚丙烯酰胺/g	膨润土/g	氯化钙/g	稠度/mm	初始塑性强度/kPa	凝结时间/h~min	
								初凝	终凝
0.04	100	50	0.15		3.5	33	3.0	2~55	4~40
0.04	100	50	0.15		3.5	36	4.0	2~40	4~40
0.04	100	45	0.15		4.0	34	3.5	2~10	3~30
0.04	100	50	0.15	2	4.0	35	4.3	2~40	4~50
0.04	100	55	0.15	2	4.0	33	3.4	4~30	6~30
0.04	100	45	0.15	4	5.0	35	5.3	2~10	3~20

注：稠度以 mm 计，用维卡仪测定。

聚丙烯酰胺水泥稠浆适用范围和注入量

$\Delta P = 0.1MPa$ 条件下的吸附能力系数/[m³/(h · m²)]	漏层岩石状况和钻进特点	聚丙烯酰胺水泥稠浆	
		耗量/m³	塑性强度/kPa
0.04~0.4	孔洞状岩石，机械钻速增加	6~8	1.5
0.4~1.2	孔洞性岩石，钻具放空 0.5m	8~10	1.5~2.0
1.2~3.0	洞穴性岩石，钻具放空 0.5~1m	10~14	2.0~3.0
3.0~4.8	缝洞性岩石，钻具放空 1~3m	14~15	3.0~4.4
≥4.8	缝洞性岩石，钻具放空 ≥3m	15~16	4.4~5.3

J

【聚氧乙烯型非离子表面活性剂】　在 20 世纪 30 年代，德国原 IG 公司发表了油酸乙二醇及多种乙二醇型的表面活性剂。之后，该公司在 10 年后开发了烷基苯酚环氧乙烷加成物（1）的 lgepel 系列产品，即使到现在，仍属于性能最好的表面活性剂之一。

$$R \text{—} \underset{}{\boxed{}} \text{—} O \text{（} CH_2CH_2O \text{）}_n H$$

(1)

此后，美国 Atlas Powder 公司开发了用滤失山梨糖醇脂肪酯的环氧乙烷加成物制成 Tween 型表面活性剂。1954 年，美国 Wyandott 公司开发了用聚丙二醇的环氧乙烷加成物（2），制成 Pluronic 型表面活性剂，Pluronic 型表面活性剂的相对分子质量超过 10000，称为高分子型表面活性剂。

$$HO \text{（} CH_2CH_2O \text{）}_l \text{（} CH_2 \overset{\underset{CH_3}{|}}{CH} \text{—} O \text{）}_m \text{（} CH_2CH_2O \text{）}_n H$$

(2)

聚氧乙烯型表面活性剂可根据疏水基的种类分类。疏水基主要是：高碳醇、烷基苯酚、脂肪酸、多元醇脂肪酸酯、烷基胺、脂肪酰胺、油脂和聚丙二醇等。

聚氧乙烯型非离子表面活性剂易溶

于水，主要是由于相当于亲水基的聚乙二醇链中的羟基和聚氧乙烯中的氧原子通过氢键与水分子水合所致。

将聚氧乙烯型非离子表面活性剂水溶液加热，达到一定温度以上时，则水溶液变成白色浑浊状。此现象是由于热的作用使聚氧乙烯链与水分子之间形成的氢键被切断，致使混浊的温度称为浊点，这是聚氧乙烯型非离子表面活性剂所特有的性质。浊点随环氧乙烷加成摩尔数的增加而上升，它可作为这些类表面活性剂的亲水性指标使用。

聚氧乙烯型非离子表面活性剂的制法是，将高碳醇等具有活性氢的化合物，在酸或碱催化剂存在下，温度为50~200℃，用环氧乙烷加成聚合。用作酸性催化剂的是无机酸和三氟化硼（BF_3）之类的路易斯酸等，用作碱催化剂的是烧碱和甲醇钠（CH_3ONa）之类的碱金属醇化物。一般是在烧碱的存在下，将环氧乙烷加压压入反应器，逐次地进行加成反应而制得。适用酸性催化剂时，特点是相对分子质量分布窄。

调节环氧乙烷加成摩尔数，可以制得任意 *HLB* 值的聚氧乙烯型非离子表面活性剂产品。此外，如上所述，还可与离子型表面活性剂并用。因此，它的应用范围极广，在钻井液中可用作乳化剂、分散剂、消泡剂、渗透剂、增溶剂等。

【聚苯乙烯与二乙烯苯共聚物小球】

是一种固体润滑剂，具有耐温、抗压和化学惰性等优点，适于作各类钻井液的润滑剂。

【聚氧乙烯聚氧丙烯丙二醇醚-2020】

是一种高分子表面活性剂，在钻井液中它具有消泡、润滑、页岩抑制等作用。

$$CH_3 - CH - O + C_3H_6O \frac{}{17} + C_2H_4O \frac{}{15} H$$
$$\quad\quad CH_2 - O + C_3H_6O \frac{}{17} + C_2H_4O \frac{}{15} H$$

聚氧乙烯聚氧烯丙二醇醚-2020

【聚氧乙烯聚氧丙烯丙二醇醚-2040】

是一种高分子表面活性剂，在钻井液中它具有润滑、页岩抑制、防乳化等作用。

$$CH_3 - CH - O + C_3H_6O \frac{}{17} + C_2H_4O \frac{}{15} H$$
$$\quad\quad CH_2 - O + C_3H_6O \frac{}{17} + C_2H_4O \frac{}{15} H$$

聚氧乙烯聚氧丙烯丙二醇醚-2040

【聚氧乙烯聚氧丙烯丙二醇醚-2060】

是一种高分子表面活性剂，在钻井液中它具有防破乳、润滑、页岩抑制等作用。

$$CH_3 - CH - O + C_3H_6O \frac{}{17} + C_2H_4O \frac{}{34} H$$
$$\quad\quad CH_2 - O + C_3H_6O \frac{}{17} + C_2H_4O \frac{}{34} H$$

聚氧乙烯聚氧丙烯丙二醇醚-2060

【聚氧乙烯聚氧丙烯丙二醇醚-2065】

是一种高分子表面活性剂，在钻井液中它具有破乳、润滑、页岩抑制等作用。

$$CH_3 - CH - O + C_3H_6O \frac{}{17} + C_2H_4O \frac{}{42} H$$
$$\quad\quad CH_2 - O + C_3H_6O \frac{}{17} + C_2H_4O \frac{}{42} H$$

聚氧乙烯聚氧丙烯丙二醇醚-2065

【聚氧乙烯聚氧丙烯丙二醇醚-2070】

是一种高分子表面活性剂，在钻井液中它具有润滑、页岩抑制等作用。

$$CH_3 - CH - O + C_3H_6O \frac{}{17} + C_2H_4O \frac{}{53} H$$
$$\quad\quad CH_2 - O + C_3H_6O \frac{}{17} + C_2H_4O \frac{}{53} H$$

聚氧乙烯聚氧丙烯丙二醇醚-2070

【聚 2-羟基-1, 3-亚丙基二甲基氯化铵】

是一种钻井液用阳离子型聚合物，可通过中和页岩表面的负电性和在黏土片间通过桥接吸附起稳定页岩的作用。

$$+CH_2 - \overset{OH}{\underset{|}{CH}} - CH_2 - \overset{CH_3}{\underset{|}{\underset{CH_3Cl}{N^+}}}\frac{}{n}$$

聚2-羟基1,3-亚丙基二甲基氯化铵

【聚氧丙烯聚氧乙烯聚氧丙烯甘油醚】　代号为 GP；是一种高分子表面活性剂，在钻井液中用作起泡剂、破乳剂、润滑剂。

$$H_2C-O[C_3H_6O]_m[C_2H_4O]_n[C_3H_6O]_pH$$
$$HC-O[C_3H_6O]_m[C_2H_4O]_n[C_3H_6O]_pH$$
$$H_2C-O[C_3H_6O]_m[C_2H_4O]_n[C_3H_6O]_pH$$

聚氧丙烯聚氧乙烯聚氧丙烯甘油醚

【绝对值】　一个实数，在不计它的正、负号时的值，叫作这个数的绝对值。

【绝对湿度】　每立方厘米所含水蒸气的质量叫作空气的绝对湿度。

【绝对温度】　以 $-273.15℃$ 为起点计算的温度。在压力不变时，自 $0℃$ 以下，温度每降低 $1℃$，气体的体积约减少 $0℃$ 时的 $1/273$。通常在摄氏温度计的读数上加 273.15 就是绝对温度数。用 K 来表示，如 $0℃$ 等于 273.15K，$100℃$ 等于 375.15K。

【绝对单位】　厘米·克·秒制和米·千克·秒制中长度、质量和时间的单位以及由这些单位导出的一切单位统称为绝对单位。例如达因、牛顿为力的绝对单位，尔格、焦耳为功和能量的绝对单位。

【绝对孔隙度】　是指岩石孔隙体积的全部数量，而与液体能否通过该孔隙无关。

【均相】　整个分散体系完全均匀或具有同一的性质，或者是其各点均具有相同的性质或成分的物质或流体。

【均匀侵蚀】　指整个金属表面都均等受到侵蚀，其结果是全部金属变薄。它常常发生在钻杆表面上，如均匀生锈。

【均匀气侵】　见"气侵"。

【均相体系】　见"相"。

【均相分散体系】　是由一相所组成的单相体系，如在溶液里分子与离子和分散介质之间就不存在物理界面。

K

【卡森流体】　见"卡森模式"。

【卡森模式】　研究流体的模式,卡森(Casson)模式是在1955年由卡森首先提出的,最初主要应用于油漆、颜料和塑料等工业中。1959年,美国的劳增(Lauzon)和里德(Reid)首次将卡森模式用于钻井液流变性的研究中。研究和应用结果表明,卡森模式不但在低剪切区和中剪切区有较好的精确度,还可以利用低、中剪切区的测定结果预测高剪切速率下的流变特性。

常被用来描述有动切力的非牛顿流体的流变性,其形式为:

$$\eta_{视}^{1/2} = \eta_{卡}^{1/2} + \tau_{c}^{1/2} \left(\frac{du}{dn}\right)^{-\frac{1}{2}}$$

$$= \eta_{卡}^{1/2} + C \left(\frac{du}{dn}\right)^{-\frac{1}{2}}$$

式中　$\eta_{视}$——视黏度;

$\eta_{卡}$——卡森黏度;

τ_{c}——卡森动切力;

$\dfrac{du}{dn}$——流速梯度;

C——卡森C值, $C = \tau_{c}^{1/2}$。

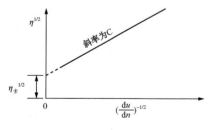

卡森模式流变曲线

卡森模式也是一种二参数的模式,用卡森黏度 $\eta_{卡}$ 和卡森动切力 τ_{c} 或卡森 C 值来描述该液体的流变性。流变性符合卡森模式的液体简称卡森流体。

将上式各项乘以 $\left(\dfrac{du}{dn}\right)^{1/2}$,则得卡森液体的切应力

$$\tau_{c}^{1/2} = \eta_{卡}^{1/2} \left(\frac{du}{dn}\right)^{\frac{1}{2}} + C$$

$$\tau = \left[\eta_{卡}^{1/2} \left(\frac{du}{dn}\right)^{\frac{1}{2}} + C\right]^{2}$$

式中　τ——切应力。

卡森流体的流变曲线也可以表示为下图中的(a)和(b)。

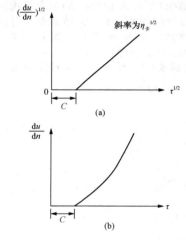

不同形式的卡森模式流变曲线

【卡森动切力】　卡森模式的一个参数,代号为 τ_{c}。表示钻井液内可供拆散的网架结构强度。从流变曲线(见"卡森模式")上可看出, τ_{c} 是流体开始流动时的极限动切力,其大小可反映钻井液携带与悬浮钻屑的能力。

$$\tau_{c}^{1/2} = 0.493\left[(6\Phi_{100})^{1/2} - \Phi_{600}^{1/2}\right]$$

【开钻】　指下入导管或各层套管后第

一只钻头开始钻进的统称，并依次称为第一次开钻，第二次开钻……

【开采比】　实际平均渗透率与平均未损害渗透率的比值。

【开发井】　该类井是用来开发油田的，其特点是地层已掌握清楚，已有成熟的打穿油层上部地层的经验，而主要要求在保护油层及钻井速度上。如上部采用聚合物不分散钻井液（或其他体系），到油层即换用适应的完井液（或改造钻井液），以达到最好地保护产能的目的。

【开孔面积】　或开孔面积百分率。指开孔面积与筛网总面积的比值。

【开钻泥浆】　即"开钻钻井液"。

【开钻钻井液】　指第一次开钻时所使用的钻井液。一般使用清水或水化膨润土浆，加少量的化学处理剂或无化学处理剂。

【抗泡剂】　见"消泡剂"。

【抗盐土】　"抗盐膨润土"的简称。主要有凹凸棒石、海泡石及坡缕缟石，是含铝和镁的水硅酸盐，其晶体构造为纤维状或棒状。这类黏土矿物的特点是抗盐且耐温，能在盐水和饱和盐水中分散并形成较高的黏度和切力，要求造浆率达到 $12 \sim 16 m^3/t$，常用来钻岩盐层。

【栲胶】　是由红柳根、橡碗、落叶松树皮等加工制成，其中含单宁 $20\% \sim 60\%$。一般为棕黑色块状。与烧碱配成的栲胶碱液，在钻井液中主要起降黏作用和降滤失作用，用以降低切力、黏度和滤失量。

橡碗栲胶质量指标

项　目	指　标				
	冷　溶			热　溶	
	特级	一级	二级	一级	二级
单宁含量/%	68	67	65	71	68
非单宁含量/%	30	30	32	26	29
不溶物/%	2.0	2.5	3.5	3.5	4.0
水分/%	12	12	12	12	12
淀粉含量/%	2.0	3.0	5.0	6.0	8.0
pH 值	3.5~4.2	3.5~4.2	3.5~4.2	3.5~3.8	3.5
总颜色	14	28	34		

【栲胶碱液】　栲胶与烧碱配成碱液，在钻井液中主要起降黏作用，其中起降黏作用的主要成分仍是丹宁酸钠，栲胶中含糖类较多，在温度较高时易发酵，引起钻井液发泡和性能变坏，所以栲胶碱液一般只用于浅井、中深井。与烧碱的常用配比为 2：1、3：1。浓度常取 1/5 和 1/10。

【颗粒运移】　是指油气产层砂粒间原有颗粒的胶结物被钻井液中的滤液所溶解，随着侵入液体与沉淀微粒、钻井液固相微粒一起在孔道内运移，在孔径收缩部位（喉道）或流速变化处，会发生淤塞形成桥塞。

【颗粒性材料】　指堵漏用的颗粒状材料。将植物性材料（如核桃壳、花生壳、玉米芯等）和矿物性材料（如黏土、硅藻土、珍珠岩等）粉碎至一定

K

粒度后就可用作堵漏材料。当将这些堵漏材料注入漏失地层时，若堵漏材料的颗粒直径大于裂缝窄部宽度的 1/3 或溶洞进出口直径的 1/3，就可通过颗粒的桥接产生滞留，形成滤饼，将漏失地层堵住。

【颗粒雷诺数】　判断颗粒（一般指岩屑）是层流滑落还是紊流滑落的雷诺数。

【颗粒滑落速度】　颗粒（一般指钻屑）在钻井液中下沉的速度。

【颗粒状堵漏剂】　颗粒状堵漏剂主要指坚果壳（即核桃壳）和具有较高强度的碳酸盐岩石颗粒。这类材料大多是通过挤入孔隙而起到堵漏作用的。堵漏剂种类繁多。与其他类型处理剂不同的是，大多数堵漏剂不是专门生产的规范产品，而是根据就地取材的原则选用的。堵漏剂的堵漏能力一般取决于它的种类、尺寸和加量。不同堵漏剂的堵漏能力不一样，一般来讲，地层缝隙越大、漏速越大时，堵漏剂的加量亦应越大。纤维状和薄片状堵漏剂的加量一般不应超过 5%。为了提高堵塞能力，往往将各种类型和尺寸的堵漏剂混合加入，但各种材料的比例要掌握适当。

【颗粒自由滑落末速】　颗粒（一般指钻屑）在环空中运动一段时间以后，所受的阻力加速度与颗粒在流体中的重力加速度相等，这时作用于颗粒上的外力达到平衡，从而使颗粒以等速下沉，我们把颗粒等速滑落的速度叫颗粒自由滑落末速。

【颗粒碳酸钙（或油溶性树脂）/聚合物钻井液】　该钻井液使用粒度分布广泛的纯碳酸钙颗粒（或油溶性树脂）桥堵储层的孔径喉道，加入聚合物增黏剂和降滤失剂（XC、改性淀粉或 PAC），满足钻井液的低滤失性能和

所需的流变性能，用钾盐来提高钻井液的抑制性能并改善滤饼的分散性，用各种可溶性盐作加重剂。完井后，使用氧化剂分解聚合物（也可采用在地层温度下可自动降解的聚合物），采用泡酸来溶解滤饼中的碳酸钙，恢复地层的渗透率。常用的氧化剂有次氯酸锂、次氯酸钠、过硫酸铵、过氧化氢等。

【苛性钠】　氢氧化钠的别称。见"氢氧化钠"。

【苛性钾】　氢氧化钾的别称。见"氢氧化钾"。

【可塑性】　又称"塑性"。固体受外力作用变形后，能完全或部分保持其形变的性质。是黏土、树脂等具有的一种性能。

【可泵性】　又称"塑性"。固体受外力作用变形后，能完全或部分保持其形变的性质。是黏土、树脂等具有的一种性能。钻井液中的稠度系数（K 值）也称为可泵性。

【可逆反应】　在一定条件下，同时可向两个相反方向进行的反应。例如

$$N_2 + 3H_2 \rightleftharpoons 2NH_3$$

可逆反应中，从左向右进行的反应，称为正反应；从右向左进行的反应，称为逆反应。可逆反应有一个特点，即当反应在密闭容器中进行时，任何一向的反应都不能进行到底。

【可变负电荷】　这种负电荷的数量随介质的 pH 值而改变，产生可变负电荷的原因比较复杂，可能有以下几种情况：在黏土晶体边、面上与铝连接的 OH^- 中的 H 在碱性条件下解离；黏土晶体的边、面上吸附了 OH^-、SiO_3^{2-} 等无机阴离子或有机阴离子聚电解质。黏土永久负电荷与可变负电荷的比例与黏土矿物的种类有关，蒙脱石的永久负电荷最高，约占负电荷

总和的 95%，伊利石约占 60%，高岭石只占 25%。

【可逆乳化钻井液】　具有传统油基钻井液的抑制性、润滑性和抗温性，并有一定的环保特性。可逆的逆乳化钻井液所使用的处理剂主要为乳化剂、润湿剂、增黏剂及防滤失剂，除用特殊的表面活性剂外，其他的处理剂为常用的油基钻井液添加剂，这些添加剂主要用来控制滤失、流变性和油润性，25%$CaCl_2$ 盐水用于产生稳定页岩所需的透压力。油水比变化取决于钻井液的密度和基液的黏度。

【可溶性碳酸盐污染】　钻遇含二氧化碳（CO_2）地层时，CO_2 将与钻井液中的碱性物质反应而生成 HCO_3^- 或 CO_3^{2-}；有机物的分解、细菌的活动、不纯的重晶石，也能给钻井液带来 HCO_3^- 或 CO_3^{2-}；纯碱、小苏打等处理剂过量，也能使钻井液受碳酸盐污染。HCO_3^- 污染使切力和动切力升高，但 pH 值降低；CO_3^{2-} 使切力、动切力及 pH 值升高。

【可循环泡沫钻井完井液】　是一种可重复循环利用的钻井液流体。该体系密度可在 $0.65\sim1.00g/cm^3$ 范围内调整，抗温性好，可循环使用，有利于保护油气产层。适用于直井、大斜度井、水平井、欠平衡压力钻井、侧钻水平井、探井等不同的井型。

可循环泡沫钻井完井液的配方

材料与处理剂	功　用	用量/（kg/m^3）
膨润土	基浆	20.0～30.0
Na_2CO_3	调节 pH 值	1.0～3.0
发泡剂	发泡	6.0～10.0
稳泡剂	稳泡	5.0～8.0
CMC	降滤失	3.0～5.0
XC	流型调节	1.0～2.0

【克】　公制重量或质量单位，一克等于一公斤的千分之一。

【克分子】　又称克分子量、克式量。过去常用的一个术语。其含义为：用质量单位克表示的而在数值上等于其相对分子质量的物质，例如氧的相对分子质量是 31.9988，则 1 克分子的氧等于 31.9988；水的相对分子质量是 18.01534，则 18.01534 克水为 1 克分子水的质量。由于克分子这个术语有时作为量的名称，有时又作为单位，有时表达为质量，有时又表达为摩尔质量或物质的量，其含义是含混不清的。现在，这个术语及其对应的英文，均已不再使用。如表示量，则用量的名称，根据其含义用质量、摩尔质量或物质的量代替；如表示单位，则按其不同含义，用克、克/摩尔或摩尔代替。

【克当量】　过去用于表示化学反应物质质量的术语。其含义为：用克表示的而在数值上和它的当量相同的一定重量的物质。例如，钙的当量是 20.04，它的克当量为 20.04 克；硫酸的当量是 49.04，它的克当量为 49.04 克。与克分子类似，它现已为物质的量，被"摩尔质量"、"摩尔"或"克每摩尔"所代替。例如（1/2）H_2SO_4 其质量为 49.04 克。在采用现行的上述量以及其单位时，应指明其基本单元是当量粒子。上例中，（1/2）H_2SO_4 就是一种当量粒子。参见"克分子"。

【克原子】　过去用来表示化学反应中某种原子质量的一种单位。其含义为：用克表示的而在数值上和它的相对原子质量相同的一定质量的元素。例如，氢的相对原子质量等于 1.00797，则氢的克原子等于 1.00797 克；氧的相对原子质量等于

15.9994，则氧的克原子等于 15.9994 克。与克分子类似，它应代之以"物质的量"、"摩尔质量"或"摩尔"和"克每摩尔"。根据阿伏伽德罗常量，1 摩尔的任何原子，其中包含约 6.023×10^{23} 个原子，这些原子的总质量，等于它的摩尔质量乘以 1 摩尔。

【克式量】　见"克分子"。

【克分子量】　见"克分子"。

【克式量浓度】　过去所用的术语。在过去，克式量浓度与过去的体积克分子浓度是两个不同的概念。从数值上看，二者是相同的，但对于离子化合物的溶液应用克式量浓度而不用体积克分子浓度。现在已用物质的量浓度代替体积克分子浓度，由于我们给出这个量时，必须指明基本单元，这个单元可以是分子，也可以是离子。因此，它不致造成混淆而且也可以用物质的量浓度来代替克式量浓度。

【克分子浓度】　过去用于表示溶液浓度的一个术语。溶质数量以克分子数标记的浓度。近来，往往把它又误称为"摩尔浓度"，同时，又错误地把过去用于克分子浓度的符号 M 作为摩尔浓度的符号（M 是摩尔质量的符号）。见"物质的量浓度"。

【空白值】　是在不加试样的情况下，按样品分析的操作条件和规程进行分析，所得结果为空白值。空白值可校正试剂、器皿、蒸馏水等带进杂质所造成的系统误差。在计算时，从样品分析结果中扣除空白值，使分析结果更加准确。

【空白实验】　不加试样（试剂或试液）的实验称为"空白实验"。

【空气钻井】　是通过地面空气压缩机组将空气变成压力为 1.2～2.0MPa 的压缩气体，排气量为 100～130m³/min 的高压空气，经输气管汇注入钻井平台上的立压管线内，以高压空气替代普通钻井液，把钻井过程中产生的岩屑携带到地面同时对钻头进行冷却降温，然后经过专用排砂管线排入废砂坑的一种钻井模式。空气钻井技术特点主要是：①可以实现完全欠平衡钻进。标准状况下，空气的密度为 1.29g/L，根据满足正常钻进所需要的注气量计算，当井深超过 3000m 时，环空气体密度不高于 150g/L，远低于地层水的密度（纯水密度为 1000g/L），可以轻易实现负压钻进。②以空气作为循环介质时，彻底消除了井底压持效应，极大地解放了机械钻速，因此空气钻进具有较高的机械钻速，一般是常规钻井液钻进方式的 3～8 倍。③利用空气钻井技术可以比较容易地穿过非正常地层。非正常地层是指天然裂缝、溶洞和盐类物质的夹层，例如硬石膏层，而且由于空气钻进无液相存在，因此不会涉及井壁的水化失稳问题。④空气钻井工艺所使用的设备比较简单，除主要设备压缩机系统外，只需在井口加装一个旋转防喷器即可。此外，钻井队应将常规钻杆换为斜坡钻杆，以避免旋转防喷器胶芯过度磨损。⑤空气钻井安全性较高，在正常的配套与监控手段下，一般不会发生有害气体污染和天然气的爆燃现象。当井内气体溢出较多时可及时转换作业方式，以避免井口失控。空气钻井主要适应的地层是不出水的坚硬地层、严重漏失地层、严重缺水地区、地层压力低且分布规律清楚的地层。

【空井时压井】　空井是指井内无钻具或只有少量钻具，但在发生井涌时能借助井控装置实现关井。这种情况大多是由于起钻抽吸、未灌钻井液或电测时间太长，钻井液长期静止而被油气侵所致。空井压井较正常情况下的压井困难得多，因为它不能用关井立管压力准确求出地层压力，不能进行井底循环有效排出溢流，不能较快地形成井内液柱压力以平衡地层压力。空井情况下发生溢流或井涌，如不及时关井或关井后处理不当，容易将井内钻井液喷尽，使压井工作更加困难。空压井有两种方法：即体积法压井和回压法压井。

【空间稳定作用】 在憎液溶胶中加入一定量的高分子化合物或缔合胶体，能显著地提高溶胶对电解质的稳定性，这种现象称之为空间稳定作用。过去称为保护作用。这种高分子化合物称为稳定剂或护胶剂。

【空间稳定效应】 高分子化合物对溶胶不仅能对抗电解质的聚沉，在其他性能上也有很显著的变化。例如，溶胶可以在长时间内保持粒子大小不变的抗老化能力，在很宽的温度范围内保持恒定不聚沉的抗温性。这时，溶胶已失去某些原有的憎液溶胶特性，如溶胶沉淀后能自动再分散，又形成溶胶而无需对体系做功。

【空心玻璃微珠】 又叫空心玻璃球，是一种钻井液用固体润滑剂。该产品降摩阻明显，对钻井液性能无大的影响；粒径小（0.9～0.2mm），能通过150目筛，可参与循环；耐温（500℃）能力强，可适用于超深井及异常高温地区的钻井；密度（2.3～2.5g/cm³）低，使用范围广；破碎率低，抗研磨能力强，适用于深井、大斜度井及水平井。

空心玻璃微珠质量指标

项 目	指 标
外观	自由流动微珠
密度/（g/cm³）	2.30～2.50
耐温性/℃	≥500
细度（粒径0.9～0.2mm）	≥97.0
圆球率/%	≥95.0
破碎力/N	≥120

【空气泡沫钻井】 是指在注入压缩空气的同时注入一定量的泡沫液，使之形成蜂窝状泡沫。泡沫液的主要成分是发泡剂、稳泡剂及井壁稳定剂，在高压空气的冲击下形成均匀的泡沫，从而具有良好的举水和携岩效果。空气泡沫钻井平均机械钻速比常规钻井液钻井高4～8倍。适用于气体钻井钻遇地层水（出水量高于10m³/h）后无法正常钻进、大尺寸井眼使用空气钻携岩困难的情况。

【空气（天然气）钻井】 用空气（天然气）作为钻井流体，在一些特定岩层中进行的钻井。

【空气、雾、泡沫和气体体系】 美国石油学会（API）和钻井承包协会（IADC）所用钻井液体系的一种。按钻井承包协会规定，该体系共包括四个基本品种：①干燥空气钻井。用它钻井时，将空气注入井内，其流速必须达到能将钻屑清除所需的环空返速。②雾钻井。它是一种将发泡剂注入空气流中而生成的混合体。并用它来携带、清除钻屑。③稳定泡沫。它是一种使用化学清洁剂、聚合物和泡沫发生器而形成的稳定泡沫。在快速流动的气流中携带、清除钻屑。④气化流体。它是把空气注入钻井液中，以减小静液柱压力，并从井眼中携带、清除钻屑。

【孔隙度】 表示地层岩石孔隙数量的多少，一般以体积百分数来表示。绝对孔隙度指的是岩石中孔隙体积的全部数量，而与液体能否通过该孔隙无关，有效孔隙度是指能通过液体的连通的孔隙体积的多少。

【孔隙比】 指土或岩石中，孔隙体积与固体颗粒体积之比，表示土或岩石的松密情况。孔隙比愈大，说明孔隙占的体积愈大，土或岩石愈松。

【孔隙水】 存在于土或岩石孔隙中的地下水。多分布在疏松未胶结或有孔隙的岩石中。

K 【孔隙压力】 孔隙中存在的液柱压力称为地层压力或孔隙压力。它随深度和钻井液密度的增加而增加。表示为：

$$\rho_x = \rho_f Z$$

式中 ρ_f——孔隙液体的密度；

Z——深度。

【孔径吸附】 又称嵌入式吸附，处理剂(指抗高温处理剂)分子中含有与黏土晶格表面氧原子层网格空穴直径大小相当的离子基团，如—NH_2就能嵌入空穴之内形成牢固的孔径吸附。

【控制絮凝作用】 是指将钻井液中的黏土颗粒控制于中间絮凝状态，即黏土既不高度分散成个别的晶体，又不高度絮凝成块，而是絮凝成由少数晶体黏结成的较粗颗粒。因此，控制絮凝实际上是有机高分子物的稀释和保护作用与电解质的絮凝作用互相配合适当的结果。石灰钻井液、石膏钻井液、氯化钙钻井液和盐水钻井液等，其中无机絮凝剂石灰、石膏、氯化钙和氯化钠等都是在有机稀释剂配合下共同起控制絮凝作用。它们的作用，一方面在于

通过吸附桥接作用和降低黏土颗粒表面的水化，使黏土晶体絮凝成较粗的颗粒，减小钻井液中的颗粒浓度或增大颗粒之间的间隔。因此，提高了单位体积钻井液的容土量(即同样黏度的钻井液所能容纳的黏土量)。另一方面在于能抑制井壁泥岩和钻屑的水化、膨胀和分散，即能稳定井壁，阻止剥蚀掉块和坍塌，又能抑制造浆或黏土侵，提高了钻井液的抗侵污性能。无机处理剂的控制絮凝作用，也可以用于适当提高钻井液的黏度和切力，增大钻井液的悬浮和携带性能，保证井底净化。

【控制钻井液 pH 值作用】 每种钻井液体系均有其合理的 pH 值范围；然而在钻进过程中，钻井液 pH 值会因发生盐侵、盐水侵、水泥侵和井壁吸附等各种原因而发生变化，其中 pH 值趋于下降的情况更为常见。因此，为了使钻井液性能保持稳定，应随时对 pH 值进行调节。

【夸脱】 英美制容量单位，1 夸脱等于946mL。见附录"计量单位表"。

【垮塌卡钻】 又称井塌卡钻、坍塌卡钻，指在吸水膨胀易剥落的泥页岩地层，胶结不好的砾岩破碎地层及盐膏层钻进时，由于钻井液的防塌能力差、地层浸泡时间长或钻井液密度低、起钻没有灌好钻井液、井漏、抽吸等原因，致使井内液柱压力不能平衡地层垮塌应力，造成井壁失稳垮塌卡钻。在钻井事故中其性质最为恶劣，因为处理这种事故的工序最复杂，耗费时间最长，风险性最大，甚至有全井或部分井眼报废的可能，所以在钻井过程中应尽力避免这种事故的发生。

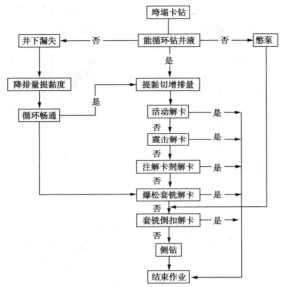

垮塌卡钻事故处理

【快 T】 "快速渗透剂 T"的简称。

【快渗剂 T】 "快速渗透剂 T"的简称。

【快速渗透剂 T】 是一种快速渗透剂。主要成分为琥珀酸酯磺酸钠，属阴离子型活性剂。淡黄色至棕色液体，易溶于水，渗透力强，能显著地降低表面张力。耐酸，但不耐碱。解卡剂的主要成分之一。其渗透率为标准品100%±5%时为合格。用途：①作为钻井液解卡剂中的渗透剂。②在钻井液中润滑、起泡能力强。优点：①抗温性好。②抗破乳能力强。物理性质：①外观为白色或淡黄色粉状。②易分散于水。推荐用量：10~50kg/m³。

快 T 技术要求

项 目	指 标
渗透力(35℃)/s	≤120.0
毛细效应/(cm/s)	9.0~10.0
扩散能力/s	5.0
沉降情况/s	5.0

【快速凝固堵漏法】 水层处理井漏的一种方法，即注入井内的堵漏浆液能在还未被地下水破坏的很短时间内初凝或固结。这种方法要求主体材料(甲液)和固化剂(乙液)在井口或井内漏层位置混合，并根据需要控制其凝固时间。为了实现主体材料与固化剂的有效混合，一般现场采用三种灌注工艺：一是采用井下注液法，将特制的灌注器下至漏层位置，通过液压将甲液、乙液同时挤出，使其在井下混合。或甲液通过泵注入井内，乙液通过灌注器挤入井内与甲液混合。在挤出浆液的同时，上提灌注器至安全井段。这种堵漏工艺，一般能做到浆液在短时间内凝固而免遭地下水的破坏。二是双管注液法，将钻杆下至漏层部位，甲液从环空注入，乙液从钻杆内注入，使甲液、乙液在井下混合。灌注时应先开甲液泵，后开乙液

K

泵，其开泵时差应与甲液、乙液到达漏层部位的时差相当。灌注完毕后，先停乙液泵，后停甲液泵，替完浆液后应立即将钻具起至安全井段，进行憋压。三是井口混合注液法，将两条输液管线连接在井口同时注入两种液体，使其在井口混合后受压力的作用往下推。这种方法比较安全，但由于从井口到漏层位置的距离较长，需要控制较长的反应时间，如果浆液过早凝固，则有可能导致施工事故及实心钻杆；如果浆液到达漏层位置尚不凝固，浆液就有可能遭到地下水的破坏。因此，应通过试验把反应时间控制在与浆液从井口顶替到漏层部位所需的时间近似相等，才能起到封堵漏层的作用。

【矿渣】 即高炉矿渣，是炼钢过程中产生的废渣，主要组成为 CaO、SiO 和 Al_2O_3。用于 MTC 固井（见钻井液转化水泥浆）。矿渣与水泥的组成相近，它与水泥不同的是必须在 pH 值超过 12 的条件下使用，因为在此碱性条件下，矿渣的主要组分首先溶解、水化然后析出形成网络结构，使体系固化。

一种有代表性矿渣组成

组　分	$w_{组成} \times 10^2$	组　分	$w_{组成} \times 10^2$
CaO	37.62	MgO	10.95
SiO_2	34.39	Fe_2O_3	3.72
Al_2O_3	11.43		

【矿渣钻井液】 又称多功能钻井液；是一种含有一定浓度的磨细矿渣（它是一种具有活性的材料）的钻井、完井液。矿渣在钻井过程中是一种惰性材料，不发生水化反应，但在激活剂的作用下可以发生水化反应并固化。因此，使用矿渣钻井液打开油气层或

水层，在压差作用下发生滤失，形成具有较高矿渣浓度的滤饼，如固井时使用矿渣 MTC 技术，在激活剂的扩散和渗透作用下井壁上的滤饼固化，可以有效地改善地层与水泥环的胶结性能。另一方面矿渣 MTC 与矿渣钻井液相容性好，故钻井液顶替效率高，即使顶替不充分，未被顶替的矿渣钻井液因其中含有一定浓度的矿渣，在激活剂的作用下也能慢慢固化，从而实现了 100% 的顶替效率。矿渣钻井液尽管静切力较大，但流型好，携岩能力强，滤失量可通过加入降滤失剂来达到要求，滤饼光滑，对机械钻速没有不良影响，显著提高了固井质量。该钻井液还可以用于钻进易漏失地层，易被转为堵漏浆液进行堵漏。

【矿化度】 水中各种元素离子、分子和化合物的总含量（一般指钙离子、镁离子的总含量），常用单位为 mg/L。

【葵花籽油防卡剂】 为暗棕色流动液体，无毒。在钻井液中用作防卡剂，具有良好的抗摩阻性和降黏附性，可有效改善钻井液的润滑性。其一般加量为 0.5%~2%。

葵花籽油防卡剂质量指标

项　目	指　标
外观	棕色流动液体
密度/(g/cm³)	0.93~0.95
pH 值	7~8
滤饼黏滞系数下降率/%	30~60

【扩散】 由于微粒（分子、原子等）的热运动而产生的物质迁移现象。可由一种或多种物质在气相、液相或固相的同一相内或不同相间进行。主要由于浓度差或温度差所引起，而以前者

较为常见。一般从浓度较高的区域向较低的区域扩散(严格讲，在不同相间，微粒应从吉布斯自由能较大的地方向较小的地方扩散)，直到相内各部分的浓度达到均匀或两相间的浓度达到平衡为止。

【扩眼】　将原来直径较小的井眼扩大。扩眼时需要用领眼钻头钻进。钻井中有时需要先钻出小井眼，然后再扩大井眼。例如，用槽式变向器造斜、扭方位，必须先用小钻头钻，起出变向器后再扩眼；由于受工具仪器的限制，需要钻小眼取心或测井，再扩眼到正常尺寸；用大钻头一次钻出大井眼钻速较慢，可先用小钻头钻，再扩眼，这样可加快钻速；钻进过程中，修改套管程序需要下较大套管，也需要扩眼等。

【扩散作用】　由于水化作用，黏土逐渐分裂成薄片，如果用机械搅拌，可使黏土进一步分裂为极细的微粒，搅拌时间越长，分散的颗粒越小，扩散作用越强。

【扩散双电层】　黏土颗粒表面扩散双电层的简称，当黏土层吸附某种阳离子时产生的膨胀斥力大于其对阴离子的静电引力时，离子就扩散到溶液中一定的范围，水分子就由于浓度差而渗透进入其间成为"束缚水"。于是就形成黏土颗粒的双电层。黏土带电的规律有：①钻井液中的黏土颗粒是带电的，棱角边缘处有的位置带负电，有的位置带正电。②黏土矿物不同，黏土电性强弱也不同，蒙脱石电性最强，伊利石次之，高岭石电性最弱。③黏土颗粒是薄片状，在层面上负电性强，而在棱角边缘处(有的位置带正电，有的位置带负电)电性微弱。黏土颗粒电性不仅与黏土本身性质有关，还受周围溶液中离子的影响。在黏土水溶液中，因黏土层面带负电，它就吸附溶液中的阳离子(因与黏土电性相反，又称反离子)。这些反离子一方面受黏土层面负电荷的静电引力，另一方面这些反离子本身又互相排斥，此外还因其本身的热运动，这些吸附的阳离子在黏土颗粒周围一定距离内呈扩散的形式存在。离黏土表面越近，黏土的引力越强，反离子的密度越高，随着离黏土表面距离增加，反离子密度逐渐降低。这些反离子其中一部分以单离子层紧紧吸附在黏土颗粒表面，称为吸附层；其余的吸附正离子呈扩散状态分布，离黏土表面越远，离子浓度越低，这些离子组成扩散层。因为反离子平衡了黏土颗粒的总电荷，所以反离子电荷等于吸附层电量和扩散层电量的总和，可以表示为：

$$E = E_{反}$$
$$E_{反} = E_{吸} + E_{扩}$$
$$E = E_{吸} + E_{扩}$$

式中　E——黏土总电荷；

$E_{反}$——吸附的反离子总电荷；

$E_{吸}$——吸附层电荷；

$E_{扩}$——扩散层电荷。

在黏土粒子处于静电场或剧烈运动的情况下，吸附层的反离子因与黏土颗粒吸引力较强，它和黏土颗粒一起运动；而扩散层反离子因吸引力弱，就可能脱离黏土颗粒。扩散层和吸附层的交界面称为滑动面。这样，黏土颗粒就因在运动中丢掉了扩散层的反离子而显示出一定的电势，这个电势就称为黏土颗粒的电动电势，用 ζ 表示。可以看出 $\zeta = E - E_{吸}$。一般来说，黏土颗粒的总电势是不变化的，所以电动电势 ζ 的大小取决于吸附层电量 $E_{吸}$ 的大小，$E_{吸}$ 愈大，电动电势 ζ 就愈小。黏土颗粒扩散双电层和电动电势受黏土水溶液中电解质的影响，溶液中提供的阳离子浓度的类型变化时，都会使扩散双电层和电动电势发生变化，其变化规律是：①溶液中阳离子浓度越高，则产生挤压双电层效应，进入吸附层的阳离子数增多，$E_{吸}$增加，则使电动电势 ζ 下降。这种现象称为黏土扩散双电层受挤压。②溶液中高价阳离子的浓度越高，进入吸附层的高价离子数目也增加，则使吸附层电势 $E_{吸}$ 增加，电动电势 ζ 降低，双电层厚度减少。③溶液中阳离子浓度越高，离子水化程度降低，水化阳离子体积变小，吸附层内容纳的离子数目增多，$E_{吸}$ 增加，电动电势 ζ 下降。在钻井液中加入电解质可改变黏土的带电状态。

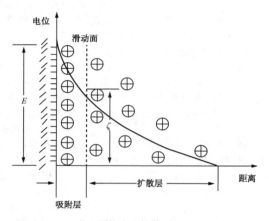

黏土颗粒表面扩散双电层

【扩散-吸附电动势】 岩石中细颗粒矿物，如黏土、粉砂等的晶格中有多余的负电荷，因而在溶液中它们的表面吸附较多的正离子，达到电荷平衡。当两种不同浓度溶液中离子扩散时，这部分正离子中大部分也参与扩散，而且正离子扩散多于负离子扩散，在达到动态平衡时形成的电动势称为扩散-吸附电动势。扩散-吸附电动势是井内自然电场的主要组成部分。例如，在泥岩与钻井液和砂层的接触处形成的电动势，就是典型的扩散-吸附电动势。

L

【老化罐】 亦称"陈化罐"；也称"高温高压老化罐""高压老化罐"。见"高压老化罐"。

【雷诺数】 即"雷诺系数"。

【雷诺系数】 简称雷诺数，又称雷诺准数，用 Re 或 Nre 表示，是用来比较流体流动状态的一个无因次准数，来源于流体力学，最先由英国人雷诺（O. Reynolds）提出。雷诺数为流体惯性力和黏滞力之比。在几何形状相似的流动系统中，只要雷诺数相同，流体就相似。当在柱状导管中流动时，其与管子的直径、流速、密度、黏度的关系式如下：

$$Re = \frac{管径 \times 流速 \times 密度}{黏度}$$

此数值在流体动力学的计算中是主要的，即将决定流体的流型（是层流还是紊流）。此数值的变化范围是 $2000 \sim 3000$，等于 2000 时的流动是层流，高于 3000 时的流动是紊流。

【雷公蒿叶粉】 见"钻井粉"。

【雷森科澄清仪】 测定钻井液含砂量的一种专用仪器。此法是将 450mL 水注入雷森科澄清仪内，然后注入 50mL 钻井液，上塞，充分摇动至混合均匀；将仪器垂直放置 1min 后，读出玻璃管内沉淀砂子的体积，再乘以 2，即得该钻井液含砂量的百分数。

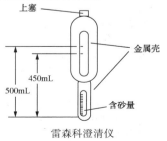

雷森科澄清仪

【累托石】 是一种具有特殊结构、较为罕见的层状硅酸盐黏土矿物。1891 年，由 E. W. Rector 首次发现并命名。1981 年，国际矿物学会新矿物和矿物命名委员会最终将其定义为"累托石是二八面体云母和二八面体蒙皂石组成的 1：1 规则间层矿物"。它与高岭石有许多相似之处。累托石结构单元层中有两个 2：1 层（$T_M - O_M - T_M - I_M + T_s - O_s - T_s - I_s$）。云母单元的 2：1 层的层间阳离子 I_M 可以是 Na、K、Ca；而蒙脱石层单元的 2：1 层间是可交换的水化阳离子 Ca、Na、Mg、Al 等（Is）。两类层中的八面体晶片大部分被 Al 占据，只占据三分之二的八面体，即二八面体亚类。累托石的晶体化学通式为 $K_x(H_2O)\{Al_2[Al_xSi_{4-x}O_{10}](OH)_2\}$。因累托石的晶体结构中含有膨胀性的蒙脱石晶层，晶体结构式可分为云母层和蒙脱石层两部分。累托石粒度细，一般 $<5\mu m$。累托石多为细鳞片状，也可见到板条状、纤维针状晶体。累托石呈灰白、灰绿、黄褐色，密度 $2.8g/cm^3$，硬度 <1，塑性指数 37。累托石可分为钠累托石、钾累托石和钙累托石三种。

【类质同象】 是指黏土矿物晶体格架中一部分阳离子被另一部分所置换后，矿物的结晶结构类型保持不变，只是晶格常数，化学成分和物化性质有所改变的现象。

【冷却和润滑钻柱】 钻井液的功用之一。在钻井过程中钻头一直在高温下旋转并破碎岩层，产生很多热量，同时钻具也不断地与井壁摩擦而产生热量。正是通过钻井液不断的循环作用，将这些热量及时吸收，然后带到地面释放到大气中，从而起到冷却钻头、钻具，延长其使用寿命的作用。由于钻井液的存在，使钻头和钻具均在液体中旋转，在很大程度上降低了摩擦阻力，起到了很好的润滑作用。

【离解】 离解又称解离，在化学中，指化合物分裂而形成离子或原子团的过程。有两种含义，一是指双原子气体加热分离成其组成原子，二是指化合物在水中分离成带正、负电荷的离子。这两种化学反应都标为离解。对于第二种情况，离解与电离为同义词。可在气态、液态、固态或溶液中进行。分子分离或热分解成两个或两个以上部分（原子、分子、离子、基团）的过程。例如，某些离子型化合物受热熔融时，原先的晶格被破坏，形成自由移动的阴、阳离子，如氯化钠、硝酸钾；离子型化合物溶于水时，阴离子、阳离子各自水合，减弱了原先阴离子、阳离子间的引力，形成水合阴离子和阳离子，发生离解过程，如硫酸铜水溶液；某些共价型化合物在水中离解为水合阴离子和阳离子，如氯化氢溶于水形成 H^+ 和 Cl^- 等，都是离解作用。

离解作用有两种情况：

① 电解质的电离作用。第一种是电解质溶于水，在水溶液中电离为阴离子和阳离子，如氯化钠溶于水，生成 Na^+ 和 Cl^-。

醋酸（CH_3COOH）溶于水，离子键断裂即形成醋酸根离子（CH_3COO^-）。而其中的氢原子则变为一个氢离子（实际上是一个质子），并与水结合形成 H_3O^+。这一反应离子方程式可以描述如下：

$$CH_3COOH+H_2O \rightarrow H_3O^+ + CH_3COO^-$$

但通常来说，为了简便，可以不写出氢离子与水的反应，因此以上反应可简记为：

$$CH_3COOH \rightarrow H^+ + CH_3COO^-$$

水由于其特殊的性质（可电解为 H^+ 与 OH^-），可在发生离子反应后使溶液显酸性或碱性。如氨水（$NH_3 \cdot H_2O$），实际上可以理解为水给了氨气一个质子，即

$$NH_3 + H_2O \rightarrow NH_4^+ + OH^-$$

第二种是某些离子化合物受热熔融后，原先的晶格被破坏，形成能自由移动的阴离子和阳离子，使熔融体能够导电。某些离子化合物（如 NaCl）受热熔融，原来的晶格被破坏，离解为阴离子（Cl^-）和阳离子（Na^+）。

② 某些特定的分解作用。例如，双原子气体分子（如 Cl_2）在加热后离解成其组成原子（Cl）。

可逆的分解反应也是离解反应。例如，五氯化磷分解为三氯化磷和氯气的反应：

$$PCl_5 \rightleftharpoons PCl_3 + Cl_2$$

【离子】 在化学变化中，原子或原子团得失电子后形成的带电微粒称为离子。带电状态的原子或原子团。由原子（或分子）失去或得到电子而形成。带阳电荷的离子称作"阳离子（或正离子）"。如钠离子（Na^+）、钙离子（Ca^{2+}）、铝离子（Ai^{3+}）等。带阴电荷的离子称作"阴离子（或负离子）"。如氯离子（Cl^-）、硫酸根（SO_4^{2-}）等。离子存在于化合物（离子化合物）和溶液（电解质溶液）之中，它的性质与原子或分子完全不同。

【离心机】 一种固-液相分离设备，能够分离 $2 \sim 7\mu m$ 的细小颗粒。钻井液用离心机是利用离心沉降原理对钻井悬浮液进行分离，悬浮液由进料管螺旋推料器中出液孔进入转鼓，在离心力的作用下固相颗粒被推向转鼓内壁，通过螺旋推料器上的叶片推至转鼓小端排渣口排出，液相则通过转鼓大端的溢流孔溢出。如此不断循环，以达到连续分离的目的。钻井液用离

心机属于卧式螺旋离心机范畴，全称卧式螺旋沉降型钻井液离心机。在非加重钻井液中用于清除部分比胶粒大的固相。离心机用高速的机械旋转来获得分离。

【离子键】 又被称为盐键，是化学键的一种，通过两个或多个原子或化学基团失去或获得电子而成为离子后形成。带相反电荷的原子或基团之间存在静电吸引力，两个带相反电荷的原子或基团靠近时，周围水分子被释放于自由水中，带负电和带正电的原子或基团之间产生静电吸引力以形成离子键。

【离子交换】 溶液和离子交换剂间交换离子的过程。溶液和离子交换剂接触时，其中某些离子即被吸着而从溶液中分离出，与之交换的离子则进入溶液。

【离子水化】 黏土中的阳离子可与钻井液中的阳离子进行交换，这种可交换的阳离子表面形成水化膜而引起离子水化。离子交换能力与可交换阳离子（Al^{3+}、Fe^{3+} 与 Si^{4+} 交换，Mg^{2+}、Fe^{2+} 与 Al^{3+} 交换）的含量与其所处位置以及可发生交换补偿离子的类型有关。伊利石中含有的补偿阳离子为蒙脱石的 $3 \sim 6$ 倍，且靠得比较近，与晶格中心的负电荷有较大的吸引力，使之难以发生交换。而交换能力大的钠蒙脱石才能同时发生表面水化和离子水化。滤液中的 OH^- 会促使黏土表面层中的 H^+ 解离，也可靠 H^+ 直接吸附于黏土表面，使黏土表面负电荷增多，水化能力增强，膨胀压力增大，所以高 pH 值不利于防塌。而碳酸根和硫酸根的水化作用就相对较弱。在 OH^- 浓度相同时，一价的 K^+、NH_4^+ 水化能力比 Na^+ 低，故具有较好的抑制水化膨胀作用，因此控制钻井液的 pH 值，尽量降低钻井液中的 OH^- 和 Na^+ 的含量对防止泥页岩的水化分散具有一定的作用。表面水化压力 P_s 为上覆岩层压力 P_o 与孔隙压力 P_p 之差，即

$$P_s = P_o - P_p$$

若上覆岩层平均密度取 $2.31g/cm^3$，地层水的密度取 $1.05g/cm^3$，井深 3000m 时泥页岩的水化压力，$P_s = 0.01 \times 3000 \times (2.31 - 1.05) = 37.8MPa$。

【离子化合物】 由阳离子和阴离子构成的化合物，叫作离子化合物。活泼金属（如钠、钾、钙、镁等）与活泼非金属（如氟、氯、氧、硫等）相互化合时，活泼金属失去电子形成带正电荷的阳离子（如 Na^+、K^+、Ca^{2+}、Mg^{2+} 等），活泼非金属得到电子形成带负电荷的阴离子（如 F^-、Cl^-、O^{2-}、S^{2-} 等），阳离子和阴离子靠静电作用形成了离子化合物。例如，氯化钠即是由带正电的钠离子（Na^+）和带负电的氯离子（Cl^-）构成的离子化合物。在离子化合物里阳离子所带的正电荷总数等于阴离子所带的负电荷总数，整个化合物呈电中性。

【离子交换剂】 能与溶液中的阳（或阴）离子进行交换的物质。如含有交换功能团的有机高聚物——离子交换树脂。包括含酸性基团（如磺酸基）的阳离子交换树脂和含碱性基团（如氨基）的阴离子交换树脂。实验室内常用以制取去离子水，工业上常用于软化硬水、海水淡化等。

【离子选择电极】 一种以电位法来直接测量，溶液某一种特殊离子活度指示电极。最早 pH 值玻璃电极就是离子选择电极的一种。其结构除传统的玻璃膜外主要还有硅盐（固态）膜电极、液体离子交换膜电极、中性分子截体膜电极和器皿电极等。这种电极

对其他技术测定比较麻烦的离子和物质(如 Na^+、K^+、F^-、NO^-、ClO_4^- 及 NH_3 等)具有特别效验。可用于测定钻井液滤液中的多种离子。

【离子交换吸附】 一种离子被吸附的同时,从吸附剂表面顶替出等当量的带相同电荷的另一种离子的过程。其特点是同性离子互相交换、等电量相互交换以及离子交换吸附速度等。离子交换吸附的强弱规律:一是在质量浓度相差不大时,离子价数越高交换吸附能力越强;二是质量浓度相近、价数相同的各种离子,离子半径大的离子交换吸附能力强;三是它们在黏土的吸附特别强(K^+和H^+例外);四是质量浓度大的离子交换吸附质量浓度小的离子。

【离子交换作用】 黏土表面吸附的离子不是固定不变的,而是可以和加入钻井液中的处理剂离子进行交换的,这种作用被称为"离子交换作用"。如,当钻井液中 Na^+ 和 Ca^{2+} 浓度因加入处理剂而发生改变时,可以在黏土表面按下式发生往右或往左的离子交换:

$$\begin{matrix} Na^+ \\ Na^+ \end{matrix} \boxed{黏土} + Ca^{2+} \underset{Na_2CO_3处理}{\overset{钙侵}{\rightleftharpoons}} \boxed{黏土} \begin{matrix} \\ \end{matrix} Ca^{2+} + 2Na^+$$

钻井液中能电离的无机处理剂,通过黏土表面离子交换而起作用是它们的重要作用之一,由于黏土表面所吸附的离子的种类和比例不同,黏土的亲水性和颗粒大小都会发生变化。如膨润土上吸附的 Na^+ 与 Ca^{2+} 之比小于 0.25 时,膨润土就表现出钙膨润土的性质(如亲水性较差、颗粒较粗等)。当膨润土吸附的 Na^+ 与 Ca^{2+} 之比约等于 1 或大于 1 时,膨润土就显示出钠土的性质(如亲水性较强、颗粒较细等)。当膨润土上吸附的 Na^+ 与 Ca^{2+} 之比在 0.25~1 之间时,它所显示的性质就相当于两种膨润土的某种混合物的性质。

离子吸附能力与离子半径的关系

离子吸附能力顺序	Li^+	Na^+	K^+	NH_4^+	Mg^{2+}	Ca^{2+}
离子半径/Å	0.78	0.93	1.33	1.43	0.78	1.06
离子水化半径/Å	10.03	7.90	5.32	5.37	13.3	10.0

注:由左到右离子吸附能力增强。

【离子选择吸附】 当吸附剂处在多种离子的混合溶液中,有选择地较多地吸附某种或某类离子时,对其他离子吸附较少或不吸附,称为离子选择吸附。离子选择吸附的主要规律有两条:一是固体吸附剂选择吸附溶液中与其晶格中的同名离子或类质同象离子;二是固体吸附剂可选择吸附与吸附剂晶格中的离子形成难溶化合物的离子。

【离子吸附作用】 溶胶离子能从溶液中选择吸附某种离子,而使胶粒表面带有一定的电荷。因为胶体物系具有很大的相界面和界面能,所以胶粒能从溶液中选择吸附某种离子以降低界面能而使胶体表面选择吸附大量的 Ag^+,使胶粒带正电荷;若 KI 溶液过量,则 AgI 颗粒表面就选择吸附大量的 I⁻，使胶粒带负电荷。

【离子表面活性剂】 可以形成胶束的一类物质，其分子总是同时含有亲水基团和亲油基团，且其亲水基团为离子型基团。可细分为阴离子型(乳化剂分子中的亲水基团为阴离子，如脂肪酸皂等)和阳离子型(乳化剂分子中的亲水基团为阳离子，如季铵盐等)和两性表面活性剂(分子上同时具有正、负电荷的表面活性剂，随介质的 pH 值可成阳离子型或阴离子型。

【厘米】 为一个长度计量单位，等于一米的百分之一。长度单位，英文符号即缩写为 cm，1 厘米 = 1/100 米。1cm(厘米) = 10mm(毫米) = 0.1dm(分米) = 0.01m(米)。国际单位制选择了彼此独立的七个量作为基本量，第一个就是长度。它的基本单位名称是米，符号为 m，而厘米不是国际单位。

【理论】 是指人们关于事物知识的理解和论述。

【理论化学】 理论化学是运用纯理论计算而非实验方法研究化学反应的本质问题，理论化学的研究领域主要为量子化学、统计力学、化学热力学、非平衡态热力学、分子反应动力学。

【理化检验】 质量检验方式之一。借助物理、化学的方法，使用某种测量工具或仪器设备，对产品进行化学性质、物理性质检验的统称。

【砾石充填液】 是一种用来输送、投放、携带砾石至井下预定位置的作业液，以封闭松散的砂层。要求它能够保护油层渗透率且对套管有一定的防腐蚀作用。

【砾石充填完井法】 对油层部位筛管，在筛管和井壁之间充填一定尺寸的砾石，最后封隔筛管以上的环形空间，使之起防砂和保护生产层的作用。充填砾石的方法可分为井内直接充填和地面预制充填两种。这类完井法主要用于地层结构疏松、出砂严重、厚度大且不含水的单一油层，可消除注水泥和射孔作业对油层的损害。一般用于稠油的开采。

【粒度】 表示粒状(固体)物质的粗细度。

【粒径】 当量球体的直径。即以微米来表示的颗粒直径。

【粒径分布】 不同尺寸或不同尺寸范围的颗粒所占的分数或百分数。

【粒度测定仪】 测定液体粒度分布及沉降的一种仪器；是采用自动沉降法原理，测定粒度沉降的全过程及粒度分布状况。

【沥青】 又称柏油。一种固态或黏稠状的黑色混合物，有天然的和炼制的两种。它的混合物以及改性的沥青物质(即氧化、化学改性等)已广泛地用于钻井液、洗井液中。例如，用作油基钻井液的主要组分。水基钻井液中用作堵漏材料、润滑、减阻、乳化、井壁稳定、降低滤失量等。也是油基解卡剂的主要成分之一。

【沥青类防塌作用】 沥青类物质含有不溶于水的沥青颗粒，并且有一定的软化点，随着温度的增强变得有力、有韧性，能发生塑性流动，在一定压差作用下被挤入页岩微裂缝和孔隙中，与滤饼一起有效地封堵地层，降低了滤失量和钻井液总的侵入量，阻止页岩沿微裂缝及层面滑动和破碎，起到降滤失作用，从而稳定井壁。

【沥青类润滑作用】 沥青类产品被分类为防塌剂。主要是封堵页岩微裂缝和毛细孔，当可渗地层被封堵后，滤失率变为一个常数，这个常数非常小，甚至为零，所以滤饼不再增厚，钻具与滤饼的接触面积就小，摩阻就小。沥青既起到了封堵作用，又改善了滤饼质量。

【例行分析】　是指一般化学实验室配合生产的日常分析，也称常规分析。为控制生产正常进行需要迅速报出分析结果，这种例行分析也被称为快速分析或中控分析。

【联顶节】　下套管时接在最后一根套管上用来调节套管柱顶面位置，并与水泥头连接的短套管。

【连续相】　①完全包围分散相的液相。②钻井液的液相水、油及合成油。分散相（不是连续的）可能是液体或固体。水基钻井液中能完全包围胶体（黏土）、油珠等分散相的液相称为"连续相"。

【连续灌注堵漏法】　处理水层漏失的一种方法，与压井堵漏同步进行，先注入一定量堵剂压住水层，然后大排量连续不断地注入桥浆、重晶石、水泥等堵漏浆液。注入时最好采用关井挤注或在漏层顶部下封隔器进行挤注，可以保持一定的灌注压力，将流动的地下水推向井壁外围深处，使其不能返回井眼附近冲蚀堵剂以便堵漏浆液凝固，形成牢固的堵漏隔墙。这种方法处理水层漏失效果明显，但堵漏材料消耗量大。

【链节】　链节指组成聚合物的每一基本重复结构单元。链节的数目称为"链节数"，以 n 表示。

【链节数】　见"链节"。

【链状结构】　这里指黏土矿物的链状结构，链状结构与层状结构不同。在结构上的重复单元是角闪石硅氧四面体双链，双链中的 Si、O 四面体六角环按上下相反的方向对列，并沿一维方向延伸；在对列双链中间夹一个八面体片（也是仅沿一维方向发育），组成链状结构的重复单元。

【链状化合物】　这类化合物中碳的骨干是成一或长或短的链条，因油脂里含有这种长链的开链化合物，所以这类化合物又叫脂肪族化合物。

【两性化合物】　简称两性。遇强酸呈碱性，遇强碱呈酸性的化合物。兼有碱性和酸性。无机化合物中有两性氧化物（如氧化锌）和两性氢氧化物（如氢氧化铝）等。有机化合物中也有两性化合物，如氨基酸等。

【两性氧化物】　遇强酸呈碱性，遇强碱呈酸性的氧化物。既能与酸作用，又能与碱作用，都生成盐和水。例如氧化锌 ZnO 能与盐酸作用生成氯化锌（$ZnCl_2$）和水，又能与氢氧化钠作用生成辛酸钠（Na_2ZnO_2）和水。两性元素的氧化物和变价金属的中间价态的氧化物通常是两性氧化物。例如氧化锌、氧化铝、氧化铬等。与它们的对应氢氧化物是两性氢氧化物。

【两相滴定法】　用标准碱（或酸）溶液滴定有机相－水相萃取体系中的弱酸（或弱碱），滴定过程中测定水相的 pH 值。在滴定过程中，既存在酸碱平衡，也存在弱酸（或弱碱）及配位化合物在两相中的分配平衡。用两相滴定法可以测定弱酸在水相中的电离常数及其在有机相和水间的分配平衡常数，螯合萃取体系的平衡常数。

【两种溶质溶液】　指用两种溶质配成的溶液，如 FCLS 碱液、褐煤碱液等。

$$配液浓度 = \frac{两种溶质质量(t)}{溶液体积(m^3)}$$

【两周循环压井法】 此法是将压井工作分两步进行，第一步即第一个循环周内用原浆循环，排除井内受污染的钻井液。第二步即第二个循环周内用加重钻井液循环压井。压井的具体步骤是：(1)计算好压井需要的各种数据，按要求备足重钻井液。(2)第一循环周，将被污染的钻井液排出，具体步骤和操作方法如下：①缓慢开泵并打开节流阀，然后缓慢提高排量，并调节节流阀，使套压始终保持关井时套压不变。②当排量达到选定的压井排量时，以不变的排量循环，调节节流阀，使立管压力保持初始循环时的立管总压力在整个循环周内不变，直至将受污染的钻井液全部排出。注意，调节节流阀时，因压力传递有一个迟滞现象，从节流阀到立管压力表有一个过程，不可调节过度，导致井底压力不稳。如果实在掌握不准，宁可使立管压力稍高一些，也不能让地层流体继续侵入。③环空受污染的钻井液排出后，应停泵，关节流阀，此时关井套管压力应等于关井立管压力。(3)第二循环周应将重钻井液泵入井中，使井底压力等于地层压力，把井压稳。其具体步骤和操作方法如下：①缓慢开泵并打开节流阀，在控制套压不变的情况下，逐渐提高排量至选定的压井排量。②当排量达到选定的压井排量时，开始向井内泵入重钻井液，并保持排量不变。在重钻井液从井口到达钻头的这段时间内，要调节节流阀，使套压始终保持关井时套压不变。立管压力由初始循环立管总压力 p_{ti} 降到加重钻井液到达钻头时的循环立管总压力 p_{tf}，如下图所示。③继续循环，加重钻井液从环空上返，此时，调节节流阀，保持立管总压力 p_{tf} 不变，直到加重钻井液返

出地面，停泵，关节流阀，检查立管压力和套管压力，如果两者均为零，说明压井成功。压井时，立管压力和套管压力的变化规律如下图所示：①立管压力的变化规律。在第一循环周 $0\sim t_1$ 时间内，立管压力保持不变，即 $p_{ti}=p_d+p_{ti}$，在第二循环周内，当加重钻井液由井口到达钻头时 $t_2\sim t_3$ 这段时间内，由于钻柱内的加重钻井液不断增多，液柱压力逐渐增大，关井立管压力 p_d 则逐渐下降，当加重钻井液到达钻头时，加重钻井液液柱压力与地层压力平衡，则关井立管压力 p_d 等于零，循环立管总压力则由 p_{ti} 降为 p_{tf}。加重钻井液从环空上返直到地面即 $t_3\sim t_4$ 这段时间内，立管压力 p_{tf} 不变。②套管压力的变化规律。套管压力的变化比较复杂，在压井过程中，环形空间的井底压力等于套管压力、钻井液液柱压力和溢流液柱(或气柱)压力之和。当环形空间钻井液柱高度和溢流柱高度发生变化时，必然引起套管压力的变化。溢流的种类不同，引起的套管压力变化也不同。当溢流为油水时，在第一循环周内，溢流由井底向井口上返的过程即 $0\sim t_1$ 这段时间内，由于溢流体积不发生变化，钻井液体积也不发生变化，套管压力则保持关井时套管压力不变。当溢流从井口返出时，即在 $t_1\sim t_2$ 这段时间内，环空的钻井液柱压力逐渐增大，套管压力逐渐减小。溢流排完后，停泵，关井，此时，关井套管压力应等于关井立管压力。在第二循环周内，加重钻井液由井口到达钻头的过程即 $t_2\sim t_3$ 这段时间内，环空内的钻井液柱压力没有发生变化，套管压力保持关井时套管压力不变。重钻井液在上返过程即 $t_3\sim t_4$ 这段时间内，随着加重钻井液返高的增

加，钻井液柱压力逐渐增大，套管压力则逐渐下降，加重钻井液到达井口时，套管压力降为零。若溢流为天然气，在第一循环周开始时的 $0 \sim t_1$ 这段时间内，天然气在环形空间上返，其上部受到的钻井液柱压力逐渐减少，天然气体积就会不断膨胀，因而使环空液柱压力更加减少，套管压力则逐渐增大。当天然气顶端到达井口时，套管压力达到最大值。在天然气从井口排出的 $t_1 \sim t_2$ 这段时间内，环空的钻井液柱高度增加，套管压力下降。当天然气排完后，停泵、关井，关井套压应等于关井立压。在第二个循环周内，因为天然气已经排除，套压的变化与溢流为油、水时的变化相同。值得注意的是：在第一个循环周

内，当天然气顶上返至接近井口时，其体积迅速膨胀，套管压力迅速升高，这是正常现象，在这个重要时刻，如果套管压力仍在允许压力以内，不要开大节流阀降压，仍应控制立管压力不变，否则会造成井底压力减小，使地层流体再次侵入井内，导致压井失败。

【两性氢氧化物】 遇强酸呈碱性，遇强碱呈酸性的氢氧化物。即在溶液中既能电离成 OH^-、又能电离成氢 H^+ 的氢氧化物。例如氢氧化锌：$2H^+ + ZnO_2^{2-} \rightleftharpoons Zn(OH)_2 \rightleftharpoons Zn^{2+} + 2OH^-$。两性氢氧化物一般是两性元素的氢氧化物（如氢氧化锌、氢氧化铝等）和变价金属的中间态的氢氧化物（如氢氧化铬等）。

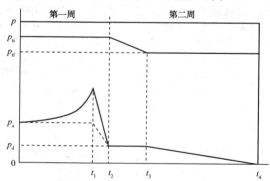

两周循环压井法立管压力与套管压力变化曲线

【两性聚电解质】 聚合物分子的重复单元中同时含有阴、阳两种离子基团的物质。如丙烯酰胺基丙基二甲氨基羟丙基三甲基氯化铵/二甲胺乙基丙烯酸酯/丙烯酸的共聚物。

【两性离子聚合物】 指分子链中同时含有阴离子基团和阳离子基团的聚合物，同时含有一定量的非离子基团。此聚合物溶于水电离后，既含带正电的离子，又含带负电的离子，这种聚

合物为两性离子聚合物。

【两性表面活性剂】 两性表面活性剂是在同一分子中既含有阴离子亲水基又含有阳离子亲水基的表面活性剂。最大特征在于它既能给出质子又能接受质子。阳离子性和非离子性亲水基中的任何两个亲水基的化合物。但是，通常主要是指兼有阴离子性和阳离子性亲水基的表面活性剂。从原理来说，有许多种两性表面活性剂。但

一般实用化的两性表面活性剂，大多数是在阳离子部分具有胺盐或季铵盐的亲水基，在阴离子部分具有羧酸盐、磺酸盐和磷酸盐型的亲水基；特别是在同一分子中具有氨基和羧基的氨基酸型两性表面活性剂。

【两性离子聚磺钻井液】 该钻井液主要由 FA367、XY27、聚磺沥青类、聚磺酚醛树脂类及聚丙烯酸盐类等组成。主要用来钻裂缝发育的易塌地层，适用于高密度钻井和深井。

【两性离子聚合物钻井液】 是以两性离子聚合物为主要处理剂配成的水基钻井液。由于两性离子聚合物中的阳离子基团可起阳离子型聚合物稳定页岩的作用，而阴离子基团则可通过它的水化作用提高钻井液的稳定性，加上这种聚合物与其他处理剂的配伍性好，从而使该体系称为一种性能优异的钻井液。这种钻井液主要由包被剂、降黏剂和降滤失剂等组成（其中以两性离子聚合物为主）。此钻井液的优点：抑制性较强，密度低、水眼黏度低及高温下性能稳定。常用的两性离子聚合物有 PMHA-2、FA-367、XY-27 等。

【两性离子型磺化酚醛树脂】 钻井液处理剂的一种，是在磺化酚醛树脂的基础上引入阳离子基团而制得。由于分子中引入了阳离子基团，增加了防塌作用，改善了降低高温高压滤失量的能力。该处理剂适用于各种水基钻井液。其一般加量为 1.5%~3%。见"APR"和"PSP"。

两性离子型磺化酚醛树脂质量指标

项　目	液　体	粉　剂
外观	棕红色液体	棕红色粉末
干基含量/%	≥35	≥90
水分/%		≤7

续表

项　目	液　体	粉　剂
水不溶物/%		≤12
API 中压滤失量/mL	≤15	≤15
高温高压滤失量/mL	≤25	≤25
相对抑制率/%	≥60	≥60

【量】 为确定被测对象的量值而进行的实验过程。①现象、物体或物质的特性，其大小可用一个数和一个参照对象表示。②确定、计测东西的多少、长短、高低、深浅、远近等的器具。③用计测器具或其他作为标准的东西确定、计测。④估计，揣测。

【量值】 量是指可测量的量，它是现象、物体或物质可定性区别和定量确定的属性。一般由一个数乘以测量单位所表示的特定量的大小，即数值和计量单位的乘积。

【量筒】 是用来量取液体的一种玻璃仪器。量筒是量度液体体积的仪器。规格以所能量度的最大容量（mL）表示，常用的有 10mL、25mL、50mL、100mL、250mL、500mL、1000mL 等。外壁刻度都是以 mL 为单位，10mL 量筒每小格表示 0.2mL，而 50mL 量筒每小格表示 1mL。可见，量筒越大，管径越粗，其精确度越小，由视线的偏差所造成的读数误差也越大。所以，实验中应根据所取溶液的体积，尽量选用能一次量取的最小规格的量筒。分次量取也能引起误差。如量取 70mL 液体，应选用 100mL 量筒。在钻井现场钻井液化验、试验中广泛得到应用。

【量杯】 一种实验器材，多用玻璃制造而成，用来量取各种液体的标准量杯。量杯属量出式（符号 Ex）量器，它用于量度从量器中排出液体的体积。排出液体的体积为该液体在量器内时从刻

L

度值读取的体积数。量杯是一个细长的玻璃筒，由于筒身细长，比同体积的量器液面小，其容量精确度比量杯相对准确，筒底部有一宽边底座，能保持在倾斜30°的情况下不倒，筒的上口制有倾出嘴，便于倾出液体。

【量的真值】 与给定的特定量的定义一致的量值。①真值只有通过完善的测量才有可能获得。②真值按其本性是不能确定的。③与给定的特定量定义一致的值可以有许多个。

【辽油–I解卡剂】 油基解卡剂的一种。主要由柴油、沥青、有机土、石灰、表面活性剂及水配成。是一种油包水型浆液。主要用作在使用各种水基钻井液钻井时发生的压差卡钻的解卡液。

【裂缝】 是指岩石的断裂，即岩石中因失去岩石内聚力而发生的各种破裂或断裂面，但岩石通常是那些两个未表现出相对移动的断裂面。其成因归纳为：①形成褶皱和断层的构造作用。②通过岩层弱面形成的反差作用。③页岩和泥质砂岩由于失水引起的体积收缩。④火成岩在温度变化时的收缩。

【裂缝性漏失】 由裂缝性地层引起钻井液的漏失称为裂缝性漏失。引起钻井液漏失的裂缝包括灰岩和砂岩地层中天然存在的裂缝（天然裂缝）和钻井液压力将灰岩和砂岩地层压开所形成的裂缝（人工裂缝）。这类漏失的特点是漏失的速度较快（在 $10 \sim 100 m^3/h$ 范围），表现为钻井液地面容器的液面下降。

【磷酸三钠】 学名：正磷酸钠；分子式：$Na_3PO_4 \cdot 12H_2O$；相对分子质量为 380.14；密度为 $1.62 g/cm^3$；熔点为 73.4℃。在100℃时失去结晶水，在热水中易溶解，水溶液呈强碱性。对皮肤有一定的侵蚀作用。在钻井液中主要用作除钙剂、分散剂，也可用作软水剂。

磷酸三钠的行业标准（HG1–322–66）

指标名称	指 标	
	一级品	二级品
磷酸三钠含量/%	98	95
硫酸盐含量(以 SO_4^{2-} 计)/%	0.5	0.8
氯化物含量(以 Cl^-计)/%	0.3	0.5
水不溶物含量/%	0.1	0.1

【磷酸钠玻璃】 即"六偏磷酸钠"。

【磷酸二氢铵】 其化学式为：$(NH_4)_2HPO_4$、DAP，为白色的结晶体，与 $5 \sim 20 kg/m^3$ 的 PAC 应用为黏土抑制剂。

【磷酸二氢铵钻井液】 见"DAP 聚合物钻井液"。

【磷酸盐(处理)钻井液】 一般用膨润土改善和用磷酸盐(酸性焦磷酸钠或四复磷酸钠)处理的天然钻井液，称为"磷酸盐处理钻井液"。这类钻井液以磷酸盐为主要减稠剂。用少量丹宁酸 – 烧碱和/或褐煤来控制 pH 值(8.5 ~ 9.5)，偶尔用 CMC 控制滤失量。这种钻井液抗盐类、水泥或硬石膏的污染能力有限。通常限于中等深度钻井和钻井液密度低于 $1.20 g/cm^3$ 的钻井。

【磷酸酯咪唑啉衍生物】 缓蚀剂。主要由油酸、二亚乙基三胺在 $150 \sim 190$℃回流条件下脱水，得到的棕色黏稠产物再分别与环氧乙烷、五氧化二磷、脂肪醇反应制得。为棕色黏稠液体，由于其分子中含有膦酸基和羟基，使得它兼有缓蚀和阻垢作用，其缓蚀率达 70%，阻垢率达 80% ~ 100%。一般采用连续投加的方法加料，加量为 $25 \sim 40 mg/L$，间歇时加量要高，一般为 $80 \sim 100 mg/L$。

【磷酸酯盐型表面活性剂】 属阴离子型表面活性剂。阴离子表面活性剂是含磷表面活性剂的一类。其中，包括烷基聚氧乙烯醚磷酸酯盐及烷基磷酸酯盐。它们的结构如下：R 为 C_8~C_{18} 的烷基，M 为 K、Na、二乙醇胺、三乙醇胺，n 一般为 3~5。具有良好的抗静电、乳化、缓蚀和分散等性能。式中，R、R_1、R_2 为烃基，M 为金属离子，分子中有酯和盐的结构。

$$R-O \begin{array}{c} O \\ \backslash \\ P \\ / \quad \backslash \\ MO \qquad OM \end{array}$$

磷酸酯盐型表面活性剂化学通式 1

$$R_1-O \begin{array}{c} O \\ \backslash \\ P \\ / \quad \backslash \\ R_2-O \qquad OM \end{array}$$

磷酸酯盐型表面活性剂化学通式 2

【临界】　现代词，临界是指由某一种状态或物理量转变为另一种状态或物理量的最低转化条件；或者指由一种状态或物理量转变为另一种物理量。

【临界速度】　这里指流体层流型和紊流型过渡点的速度。此速度出现在雷诺数为 2000~3000 的过渡范围内。

【临界温度】　是指使物质由气态变为液态的最高温度。每种物质都有一个特定的温度，在这个温度以上，无论怎样增大压强，气态物质都不会液化，这个温度就是临界温度。临界温度在中文中的表述，液体能维持液相的最高温度叫临界温度。

【临界雷诺数】　当流体在管道中、板面上或具有一定形状的物体表面上流过时，流体的一部或全部会随条件的变化而由层流转变为紊流，此时，摩擦系数、阻力系数等会发生显著变化。转变点处的雷诺数即为临界雷诺数。

【临界 ZETA 电位】　胶粒开始明显聚沉的 ZETA 电位，我们称之为"临界 ZETA 电位"。这个电位很小，约为 25~30mV。与此对应，使溶胶开始所需电解质的最低浓度称为聚结值（聚沉值）。聚沉值越小，聚结能力越强。聚结能力也可用聚结的倒数（聚沉率）来表示。

由 DLVO 理论可以导出聚结值 r_c 的理论公式：

$$r_c = \frac{D^3 (KT)^5}{A^2 e^2 Z^6}$$

式中　A——范氏引力常数；
　　　e——电荷值；
　　　Z——反离子价数；
　　　D——介质的介电常数；
　　　C——与电解质阴离子对称性有关的常数。

上式表明，聚结值与反离子的价数的 6 次方成反比。

【临界胶束浓度】　表面活性剂分子在溶剂中缔合形成胶束的最低浓度即为临界胶束浓度。表面活性剂的表面活性源于其分子的两亲结构，亲水基团使分子有进入水中的趋势，而憎水基团则竭力阻止其在水中溶解而从水的内部向外迁移，有逃逸水相的倾向。这两种倾向平衡的结果使表面活性剂在水表富集，亲水基伸向水中，憎水基伸向空气，其结果是水表面好像被一层非极性的碳氢链所覆盖，从而导致水的表面张力下降。一般用克分子/升表示。活性剂的临界胶束浓度反映活性剂分子之间在溶胶中相互吸力的大小，临界胶束浓度低的活性剂，分子间相互吸力大，临界胶束浓度高的活性剂，分子间相互吸力小。由于泡沫中的气泡和乳状液的液滴经常受压变形，作起泡剂和乳化剂用的活性剂必须能在界面上形成坚而韧的吸附膜，才能稳定泡沫和乳液。

【临界回返速度】 钻井液在环空流动时，由层流变成紊流的最小回返流速。若把钻井液看作塑性流体，可用下式计算临界回返速度：

$$V_{临界} = \frac{10\,\tau_0 + 10\sqrt{\eta_s^2 + 2.52\times10^{-4}\rho\tau_0(D-d)^2}}{\rho(D-d)}$$

式中　$V_{临界}$——临界回返速度，m/s；
　　　η_s——塑性黏度，mPa·s；
　　　τ_0——动切力，dyn/cm^2；
　　　ρ——钻井液的密度，g/cm^3；
　　　D——井径，cm；
　　　d——钻杆或钻铤的外径，cm。

【菱铁矿粉】 钻井液中用作加重剂，可将钻井液的密度加重到 2.28g/cm^3。分子式为 $FeCO_3$，密度为 3.7～3.9g/cm^3。其矿物通常含有少量氧化铁、白云岩、方解石和石英。菱铁矿易溶于热盐酸和甲酸。

【流态】 流体在管内流动的形态。管内的流态可按照无因次准数-雷诺数的大小划分为层流、湍流及其间的过渡区三个区域。流态不同时，产生阻力的原因和影响阻力大小的因素也不同。故计算摩阻首先必须判别流态。

【流型】 表示出流体质点运动的轨迹及速度分布。这种运动状态由流体的类型（牛顿流型、塑性流型、假塑性流型和膨胀流型）、性质（如黏度）、体系的几何形状和流速等来决定。所以，在给定的液体性质和条件下，流型可以分为塞流、层流（也称牛顿流、线流、平板流或黏性流）和紊流。

【流体】 是与固体相对应的一种物体形态，是液体和气体的总称。在一定形状时，具有连续流动性的物质。如气体和液体。这些物质用在各种压力传输系统时（水压机除外），可产生持续增长的变形，而且其任何瞬间的变形速率与该瞬间的应力大小无关。

钻井流体一般是牛顿液体和塑性液体，少数是假塑性液体，很少有溶胀液体。

【流量】 是指单位时间内流经封闭管道或明渠有效截面的流体量。当流量以体积表示时称为体积流量；当流体以质量表示时称为质量流量。单位时间内流过某一段管道的流体的体积，称为该横截面的体积流量。简称为流量，用 Q 来表示。钻探现场一般指钻井泵的排出口的液体流量，简称排量。通常以 L/s 为单位。

【流度】 黏度的倒数，在剪切力下流体不断变形的速度，即易流动性。

【流动度】 黏度的倒数；以剪切应力使其变形的速度来测量。也即流动的难易程度。

【流动性】 见"流变性"。

【流变仪】 指测定流体流变性的专用仪器。钻井液流变性能测定专用仪器主要包括直读黏度计、286 流变仪等。

【流变性】 是指物质在外力作用下的变形和流动性质，是钻井液流变特性的简称，指钻井液流动和变形的特性（主要是指流动性）。如钻井液的塑性黏度、动切应力、表观黏度、切力或触变性等。在钻井过程中，钻井液的流变性能是非常重要的，它与以下钻井问题密切相关：①清洗井底和携带岩屑。②悬浮岩屑和加重剂。③稳定井壁。④钻井液返至地面后岩屑的清除和固相控制。⑤发挥钻头水力功率，提高钻井速度。⑥防喷和压井、钻井液气侵和脱气、抽吸井喷、加重。现场用漏斗黏度计（标准漏斗黏度计或马氏漏斗黏度计）测量的黏度是钻井液的视黏度（或称表观黏度、有效黏度）。不能代表钻井液的真实流动性质和进行钻井工程计算。所以，用直读黏度计（旋转黏度计）

测量塑性黏度、屈服值以及静切力。为了了解钻井液的这些性能，必须了解钻井液的流变特性。

【流变学】 研究的是在外力作用下，物体的变形和流动的学科，研究对象主要是流体，还有软固体或者在某些条件下固体可以流动而不是弹性形变，它适用于具有复杂结构的物质。

【流变特性】 即"流变性"。

【流体压力】 指地层内流体的压力。见"地层流体压力"。

【流体力学】 研究流体(包括液体和气体)在运动和平衡时的状态和规律的学科。在钻井液中，主要研究流体速度、压强、密度等的变化规律，以及流体的黏滞性等。

【流体流动】 流体流动过程中的动态特征由流体类型(牛顿流体、塑性流体、假塑性流体和膨胀流体)、流体性质(如黏度、密度、系统几何形状、流速)决定。在给定条件和流体性质时，流体流可被描述为塞流、层流(又称为牛顿流、流线型流、紊流、平行流或黏性流)或惯性流。

【流变模型】 又称流变模式，描述流体的速度梯度与切应力之间关系的模式。钻井液常用的流变模型主要有宾汉模式、幂函模式和卡森模式。

【流速梯度】 流体在垂直于流速方向上的单位距离内的流速增量。流速梯度大表示流体中各层流速的变化大，反之则小。流速梯度又称"剪切速率"，简称"速梯"。它们在各流速区的剪切速率是：

①环空流速区一般小于$500s^{-1}$，可用幂律模式或修正幂律模式来测定n值和K值。

公式：$\Phi_\gamma = K \cdot \gamma^n$

流型指数：$n_a = 0.5 \lg \dfrac{\Phi_{300}}{\Phi_3}$

稠度系数：$K_a = \dfrac{\Phi_{300}}{5.11^{n_a}}$

②钻具内流速区的剪切速率一般为$100 \sim 500s^{-1}$，可选用宾汉模式确定塑性黏度。在钻具内主要计算紊流摩阻。

宾汉模式：

$$\Phi_\gamma = YP + PY\gamma$$

$$PY = \Phi_{600} - \Phi_{300}$$

$$YP = \Phi_{300} - PV$$

$$FV = PV + 0.112\frac{YP(D_H - D_p)}{V_a}$$

③钻头水眼处剪切速率一般为$10000 \sim 100000s^{-1}$，卡森模式十分接近实际流变曲线，可以用卡森模式来计算水眼黏度。

$$\eta_\infty^{1/2} = 1.195(\Phi \cdot 19^{1/2} - \Phi_{300}^{1/2})$$

式中 η——视黏度，$mPa \cdot s$。
γ——剪切速率，s^{-1}。

④地面循环系统(罐)内剪切速率在$1 \sim 5s^{-1}$。

⑤钻铤内剪切速率在$700 \sim 3000s^{-1}$。

【流动特征】 在一定温度、压力下，流体在过渡条件下，对流动条件的改变有明显的时间响应，即受流动时间、流动历史的影响；在层流状态，其特征可以由实验流动曲线或流变曲线描述。描述这些曲线的流动方程的系数称为流体所有的流变参数。

【流动电位】 也叫流动电势，是一种电动现象。当电解质溶液在一个带电荷的绝缘表面流动时，表面的双电层的自由带电荷粒子将沿着溶液流动方向运动。这些带电荷粒子的运动导致下游积累电荷，在上、下游之间产生电位差，即流动电位。例如，加压于液体使其流过毛细管或多孔滤板产生

L

的电位就是流动电位。

【流动电流】 带电荷粒子的运动产生的电流叫流动电流。流动电流的一个重要应用是测量 ZETA 电势。

【流变参数】 能描述流体流变性的参数。钻井液中主要指幂律模式的流性指数(n)、稠度系数(k);宾汉模式的塑性流体的塑性黏度(PV)、动切应力(YP)以及表观黏度(AV);卡森模式的水眼黏度(η_∞)、水眼动切力(τ_c)、剪切稀释常数(Im);马氏漏斗黏度等。

【流变曲线】 在研究流体的流变性时,所绘制的流速梯度与剪切应力之间的关系曲线。

【流性指数】 即 n 值;是钻井液结构力的一种表示,也是钻井液触变性或剪切降黏性能强弱的表示。由幂律方程可知,当 $n=1$ 时,变为牛顿流体。n 值越大,剪切降黏能力越弱,液体的非牛顿性质越弱;反之,则剪切降黏能力越强。对塑性流体,一般 n 值小于 1。n 是无因次量。降低 n 值有利于携带岩屑,清洗井底。一般是加聚合物、无机盐类,或把预水化的膨润土加入含盐系统等。

环空流性指数(n_a):

$$n_a = 0.5 \lg \frac{\Phi_{300}}{\Phi_3}$$

钻杆内(下行)流性指数:

$$n_p = 3.322 \lg \frac{\Phi_{600}}{\Phi_{300}}$$

【流动方式】 单相流动可能是层流也可能是紊流,在某一特定场合下,搞清究竟是哪一种流动是很重要的。见"层流"和"紊流"。

【流体摩擦】 是指两接触面间流体的黏滞性引起的摩擦。可以认为,钻进过程中的摩擦是混合摩擦,即部分接触面为边界摩擦,另一部分为流体摩擦。在高负荷边界面上,塑性表面的边界摩擦更为突出。在钻井作用中,摩擦系数是两个滑动或静止表面间的相互作用以及润滑剂所起作用的综合体现。钻井作业中的摩擦现象较为复杂,摩阻力的大小不仅与钻井液的润滑性能有关,其影响因素还涉及钻柱、套管、地层、井壁滤饼表面的粗糙度;接触表面的塑性;接触表面所承受的负荷;流体黏度与润滑性;流体内固相颗粒的含量和大小;井壁表面滤饼润滑性;井斜角;钻柱重量;静态与动态滤失效应等。在众多影响因素中,钻井液的润滑性能是主要的可调节因素。

流体摩擦

【流态指示数】 即"环空流态"Z 值。

【流速敏感性】 是指储层内流体流动速度增大时引起储层中微粒运移,喉道堵塞,造成渗透率下降的现象。速敏实验的目的是了解储层渗透率变化与储层流体流速的关系。如果储层有速敏现象则求出开始发生速敏的临界流速,并根据实验结果评价由速敏引起的渗透率损害程度以及速敏性的大小,以指导今后开发过程中选择合理的注采速度,同时也为其他流动实验选取合适的流速。

【流变仪恒温加热器】 范氏六速旋转黏度计的一种辅助套件,为了测定在高温下的黏度,提供恒温杯加热器以配合旋转黏度计使用。如果需要,温度可调节和控制温度在 93℃(200℉)下。

六速旋转黏度计加温装置

【硫铵】　见"硫酸"。

【硫酸】　别名：磺镪水、硫镪水、硫铵、矾油、绿矾油。分子式：H_2SO_4，相对

分子质量 98.08；为无色透明油状液体，20℃时密度为 1.834g/cm³，熔点为 10.49℃，沸点为 338℃，不易挥发。发烟硫酸为无色或棕色的油状稠厚的液体，暴露在空气中能放出 SO_3，故有强烈的刺激臭味。硫酸能与金属、金属氧化物、碱、盐等起反应，具有强氧化性。常用于钻井液处理剂生产时的磺化剂，如 SMP、SMC、SMT、SAS 等生产时均用浓硫酸进行磺化。

硫酸的国家标准（GB 534—1965）

指标名称	稀硫酸		浓硫酸		发烟硫酸
	铅室法	塔式法	浓缩法	接触法	
硫酸含量(H_2SO_4)/%	≥65.0	≥75.0	≥92.5	≥75.0	
游离硫酸酐(SO_3)含量/%					≥20.0
氮的氧化物(以 N_2O_3 计)含量/%	≤0.01	≤0.03			
灼烧残渣含量/%			≤0.1	≤0.1	
铁(Fe)含量/%					≤0.03

【硫酸钠】　别名：芒硝、皮硝、朴硝、元明粉；分子式：$Na_2SO_4 \cdot 10H_2O$；相对分子质量为 322.20；为无色、无臭针状（单斜）晶体或白色颗粒，味咸带苦，常温密度约 1.46g/cm³，熔点 32.4℃。在空气中表面易风化失去结晶水变成无水硫酸钠的白色粉末。芒硝在 100℃焙烧失去结晶水全部变成白色无水硫酸钠粉末，有吸潮性，常温密度约 2.7g/cm³，熔点 885℃，能溶于水。加入钻井液中能

沉淀钙离子及地层堵漏作用。硫酸钠的重要反应有：

无水芒硝的水合结晶作用（每千克可吸水 1270mL）：

$$Na_2SO_4 + 10H_2O \rightarrow Na_2SO_4 \cdot 10H_2O$$

沉淀钙离子作用（可利用地层水中 Ca^{2+} 生成石膏封堵漏层）：

$$Ca^{2+} + Na_2SO_4 \rightarrow CaSO_4 \downarrow + 2Na^+$$

絮凝作用（去水化）可提高钻井液的黏度和切力，而滤失量变化不大。

硫酸钠的规格

指标名称	特级	一级	二级	三级	四级
硫酸钠/%	≥99	≥98	≥95	≥92	≥87
硫酸镁+硫酸钙/%	≤0.02	≤1.2	≤2.3	≤2.5	≤3.5
氯化钠/%	≤0.05	≤0.7	≤1.5	≤1.8	≤2
水不溶物/%	≤0.02	≤0.1	≤0.7	≤1	≤3
铁/%	≤0.002	≤0.005	≤0.03		
pH 值	6~8	6~8			

【硫酸铁】 分子式：$Fe_2(SO_4)_3 \cdot 9H_2O$ 或 Fe_2SO_4；相对分子质量（以无水计）为 399.9；为白色或浅黄色粉末，密度 $2.94 \sim 3.10g/cm^3$，在空气中潮解变为棕色液体；在钻井液中，可生成 $Fe(OH)_3$ 的溶胶，降低滤失量，增加滤饼强度和润滑作用。

【硫酸钙】 别名为石膏、烧石膏、熟石膏、煅石膏；其分子式：$CaSO_4 \cdot 2H_2O$；二水物相对分子质量为 172.2；石膏或生石膏（$CaSO_4 \cdot 2H_2O$）呈白色（有杂质时可为淡黄色、粉红色或灰色），属单斜晶体，常成板状、纤维状或细粒块状，有玻璃光泽，性脆，常温密度 $2.31 \sim 2.32g/cm^3$。生石膏加热到150℃，脱水变成烧石膏（$CaSO_4 \cdot 1/2H_2O$），也叫熟石膏或煅石膏，为白色粉末，常温密度约 $2.6 \sim 2.7g/cm^3$，与水混合后有可塑性，但很快即硬化。可用于钻井液的絮凝剂。硫酸钙的重要反应有：

用纯碱降低钙离子浓度的沉淀反应（处理石膏侵）：

$$CaSO_4 + Na_2CO_3 \rightarrow CaCO_3 \downarrow + Na_2SO_4$$

用碳酸钡同时降低 Ca^{2+} 和 SO_4^{2-} 的浓度：

$$CaSO_4 + BaCO_3 \rightarrow CaCO_3 \downarrow + BaSO_4$$

【硫酸锌】 分子式为 $ZnSO_4 \cdot H_2O$，为白色粉末，在加量为 $0.3 \sim 1kg/m^3$ 时，与重铬酸钠一起使用，可作为腐蚀抑制剂。

硫酸锌的规格

指标名称	指标	
	一级	二级
硫酸锌（$ZnSO_4 \cdot 7H_2O$）含量/%	≥99	≥98
游离酸（H_2SO_4）含量/%	≤0.05	≤0.1

续表

指标名称	指标	
	一级	二级
水不溶物含量/%	≤0.02	≤0.05
氯化物含量/%	≤0.05	≤0.2
铁（Fe）含量/%	≤0.005	≤0.01
重金属（Pd）含量/%	≤0.01	≤0.05
锰（Mn）含量/%	≤0.01	

【硫酸铵】 别名：硫铵；分子式为 $(NH_4)_2SO_4$；相对分子质量为 132.15（按 1977 年国际原子量）。密度为 $1.769g/cm^3$；工业品为白色或带黄色的小晶粒。溶于水，在空气中吸收水分而结块。主要用作钻进盐层、膏层及泥页岩时的盐度调整剂，黏土膨胀抑制剂、石膏溶度抑制。

硫酸铵的国家标准（GB 535—1979）

指标名称	指标		
	一级	二级	三级
氮（干基计）含量/%	≥21	≥20.8	≥20.6
水分含量/%	≤0.1	≤1	≤2
游离酸（H_2SO_4）含量/%	≤0.05	≤0.2	≤0.3
粒度（60 目筛余量）/%	≥75		

【硫酸钡】 即"重晶石粉"。

【硫镪水】 即"硫酸"。

【硫酸根】 也可称为硫酸根离子，化学式为 SO_4^{2-}。SO_4^{2-} 中，S 原子采用 sp3 杂化，离子呈正四面体结构，硫原子位于正四面体体心，4 个氧原子位于正四面体四个顶点。S—O 键键长为 149pm，在很大程度上有双键性质。4 个氧原子与硫原子之间的键完全一样。存在于硫酸水溶液、硫酸盐、硫酸氢盐等的固体及水溶液中。

【硫酸亚铁】　分子式：$FeSO_4 \cdot 7H_2O$，相对分子质量为 278.03；为透明淡蓝色的柱状、晶体或颗粒，密度 $1.899g/cm^3$，能溶于水。在钻井液中可形成溶胶作用，降低滤失量，增加滤饼的强度和润滑作用。

【硫化氢污染】　硫化氢是一种无色、高毒性、酸性的可燃性气体。硫化氢污染钻井液时使 pH 值降低，钻井液发生絮凝。空气中含 H_2S 达 1×10^{-4}（100ppm）以上时，很快使人丧失嗅觉；达 7×10^{-4} 以上时，几分钟即使人丧失知觉。同时，H_2S 对钻具和套管有极强的腐蚀作用。总的腐蚀过程可用下式表示：

$$Fe + xH_2S = FeS_x + xH_2 \uparrow$$

关于腐蚀机理，目前普遍认为是由于氢脆的发生。H_2S 在水溶液中分两步电离，即 pH＝8~11 时：

$$H_2S \rightleftharpoons H^+ + HS^-$$

当 pH＞12 时，则发生：

$$HS^- \rightleftharpoons H^+ + S^{2-}$$
$$HS^- + OH^- \rightleftharpoons S^{2-} + H_2O$$
$$HS^- + OH^- \rightleftharpoons S^{2-} + H_2O$$

由于 H_2S、HS^-、S^{2-} 以及 FeS_x 等的存在，电离出的 H^+ 会迅速地吸附在金属表面，并渗入金属晶格内，转变为原子氢。当金属内有复杂物、晶格错位现象或其他缺陷时，原子氢便在这些易损部位聚结，结合成 H_2。由于该过程在瞬间完成，氢的体积骤然增加，于是在金属内部产生很大应力，致使强度高或硬度大的钢材突然产生晶格变形，进而变脆产生微裂缝，通常将这一过程称为氢脆。在拉应力和钢材残余应力的作用下，钢材上因氢脆而引起的微裂缝很容易迅速扩大，最终使钢材发生脆断破坏。因此，一旦发生钻井液受到 H_2S 污染，应立即进行处理，将其清除。目前，一般采取的清除方法是加入适量烧碱，使钻井液的 pH 值保持在 10 以上。当 pH 值为 7 时，H_2S 与 NaOH 之间的反应如下：

$$H_2S + NaOH = NaHS + H_2O$$

当 pH＝9.5 时，反应为：

$$NaHS + NaOH = Na_2S + H_2O$$

此法的优点是处理简便，但一旦钻井液的 pH 值降低，生成的硫化物又会重新转变为硫化氢。因此，为了使清除更为彻底，应在适当提高 pH 值之后，再加入适量的碱式碳酸锌 $[Zn_2(OH)_2CO_3]$ 等硫化氢清除剂，其反应式为：

$$[Zn_2(OH)_2CO_3] + 2H_2S =$$
$$2ZnS \downarrow + 3H_2O + CO_2 \uparrow$$

【硫化氢监测仪】　监测硫化氢气体的仪器。分为台式和便携式。在含硫地区钻井时，用来及时监测井场大气中硫化氢含量的仪器，一旦超过安全量，仪器立即报警。

【硫化氢安全保护】　硫化氢安全保护是一种职业安全和健康管理工作，应当以条例和法律条款的形式固定下来，并严格执行，才能保证科学生产、安全生产和文明生产。所谓对硫化氢可接受的浓度，是指在这个浓度以下不会中毒致病。对硫化氢可接受的浓度（在没有呼吸设备的条件下）：①可接受的最大浓度为 50ppm，在这种浓度下，一天的累计暴露时间不准超过 10min。②20ppm 连续暴露时间不准超过 4h。③10ppm 连续暴露时间不准超过 8h。在硫化氢环境下钻井时，井场要具备一定的安全要求：①对井眼内的硫化氢气体要加以控制，使井场上硫化氢气体的浓度不超过 10ppm。②井场上要恰当地布置足够的监测器，检测要迅速、准确、可靠。③井场布置要合理，符合安全保护的要求。例如，紧急情况下安全退路；设备的安排位置；备有硫化氢储存池、燃烧池等。④井场要安装有效的报警系统；井场全体工作人员都能够准确得到报警信号；风向指示器、危机信号标志对全体人员要一目了然。⑤井场要配备安全可靠、合乎规格的呼吸设备，并定期检查。⑥需要排除与驱散 H_2S 的工作地点(钻台上面和下面，钻井液净化装置附近和二层台上井架工工作所在处)均装有风扇。⑦所用的防喷器组，以及管线和阀门都应是抗 H_2S 的。对硫化氢环境下工作的人员要有一定的要求：①工作前必须进行医疗检查，健康条件不合格者应被禁止在硫化氢环境里工作。②工作期间定期进行健康检查。③必须了解硫化氢的特性及其对人体的危害。④必须熟悉硫化氢的检测装置和报警装置。⑤必须熟练地掌握呼吸设备的使用。⑥必须掌握对硫化氢毒害者的援救方法。⑦要对工作人员进行专门的安全保护训练。紧急情况下的安全保护措施：①需要坚守岗位的人员立即佩戴呼吸设备，其余人员迅速撤离危险区，撤离时往上风口方向，到安全区前尽量不要呼吸。②对中毒较重的人员要迅速转移到新鲜空气里，给予必要的医疗救助或进行人工呼吸，保持病人温暖。

【硫酸钾钻井液】　一种无固相水基钻井液，采样硫酸钾作加重剂和抑制剂，与聚合物类处理剂配伍性较好。该钻井液防塌效果较好。

【硫化物含量测定仪】　一种测定钻井液中的可溶性硫化物含量的专用仪器。可溶性硫化物包括硫化氢(H_2S)、硫离子(S^{2-})以及氢硫根离子(HS^-)。常用的型号为 QTH。在 Garrett 气体分离器中酸化钻井液滤液，使所有的硫化物转变为 H_2S，而被通过样品并发泡的载气所带出。Garrett 气体分离器把气体从液体中分离出来。气流通过一个与硫化氢(H_2S)作用而沿其长度可变黑的 Dräger 管。变黑的长度正比于钻井液滤液中的硫化物总量。用于低浓度范围的 Dräger 管从白色变为棕黑色；用于高浓度范围的 Dräger 管从 μ-蓝色变为烟黑色。通常，钻井液中的污染物不会引起这种颜色变化。

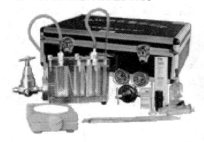

硫化物含量测定仪

硫化物含量测定仪(QTH)

名　称	技术参数
气体分离体 1 号室高度	90mm，直径 38mm
气体分离体 2 号室高度	90mm，直径 30mm
气体分离体 3 号室高度	90mm，直径 30mm
气体分离体通道直径	2mm

用于低浓度范围的 Dräger H_2S 分析管　标有 H_2S 100%/a；
用于高浓度范围的 Dräger H_2S 分析管　标有 H_2S 0.2%/a

【硫化氢对人体危害】　硫化氢是一种毒性高、刺激性极强的气体。自由硫化氢在血液里可降低携带氧气的能力，因而压抑神经系统，足够高浓度的硫化氢可引起脑神经阻塞，立即造成昏迷和死亡。硫化氢在人体内可很快地氧化成硫化盐，所以从对硫化氢的严重暴露中恢复之后无永久性的后遗症发生。对硫化氢的严重暴露可产生神志不清、干咳、作呕、头痛和失眠等症状，这些症状大约持续 3 天。低浓度硫化氢的主要作用是对眼睛和呼吸道的刺激，结膜疼痛、流泪、畏光等症状可能持续好几天。呼吸道症状包括咳嗽、呼吸道疼痛、鼻腔疼和喉疼。对硫化氢的重复暴露不会产生积累毒害。诸如眼睛、呼吸道刺激、脉搏降低、疲倦、消化失调之类的症状可能发生，但离开硫化氢环境之后短期内便可消除。对硫化氢的重复暴露也不会引起对这种气体敏感性的增加或降低。硫化氢对嗅觉神经的麻痹作用是它的重要特性，这种麻痹作用可使人丧失对硫化氢气体的安全敏感性。对不同浓度的硫化氢的主观嗅觉反应如下：0.02ppm，没味道；0.13ppm，最小的知觉味道；0.77ppm，轻微但马上可感觉到的味道；27.0ppm，强烈不舒服之味道，但不是不能忍受。对不同浓度的硫化氢生理反应如下：50~100ppm，1h 的暴露之后有轻微的结膜炎和呼吸道刺激。100ppm，2~15min 的暴露之后，失去味道的敏感性，咳嗽和眼睛刺激。15~30min 的暴露之后，除上述症状外还发生呼吸异常、眼睛疼痛、昏昏欲睡等症状。1h 暴露之后，随之而有喉刺激。几小时暴露之后，上述症状加剧，再过 48h 可能发生死亡。200~300ppm，1h 暴露之后有明显的结膜炎和呼吸道刺激。500~700ppm，30min 到 1h 的暴露，将失去知觉和有死亡的可能性。700~1000ppm，比较快地失去知觉，停止呼吸而死亡。1000~2000ppm，立即失去知觉，停止呼吸而死亡。在这种浓度下，即使把中毒者立即转移到新鲜空气里也可能死

亡。硫化氢，特别是高浓度的硫化氢如此危害人体安全，这对含硫油气田的勘探和开发极为不利，因而必须采用各种有效措施，保证工作人员的人身安全，使工作正常进行。

【硫化氢浓度测定装置】　　用于现场测定硫化氢浓度的一种装置。在钻井过程中，有可能出现过量的硫化氢气体，对于人体和钻具有一定的危害。Bariod 公司采用该种硫化氢传感器测硫化氢浓度，其原理如下图所示。绕在卷轴上的浸渍的醋酸铅的纸带连续地均速通过一个小孔，并在此处暴露于携带气样的气流中。如果气流中含有硫化氢气体，则将会和醋酸铅发生化学反应生成黑色的硫化铅沉淀，引起纸带发黑。硫化氢浓度越高，生成的硫化铅越多，纸带也越黑。一个光源照射在纸带上，由纸带反射的光由光敏元件检测，纸带越黑，反射光线越弱。因此，通过检测反射光的强弱，可以间接测出硫化氢浓度的大小。

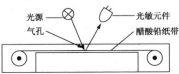

硫化氢浓度测定装置原理图

【硫酸酯盐型表面活性剂】　　表面活性剂的一类。主要呈现为半透明黏稠液体，白色针状、白色粉状等形态。阴离子表面活性剂在水中解离后，生成憎水性阴离子。如脂肪醇硫酸钠在水分子的包围下，即解离为 $ROSO_2{-}O^-$ 和 Na^+ 两部分，带负电荷的 $ROSO_2{-}O^-$，具有表面活性。阴离子表面活性剂分为羧酸盐、硫酸酯盐、磺酸盐和磷酸酯盐四大类，具有较好的去污、发泡、分散、乳化、润湿等特性。式

中，R 为烃基，M 为金属离子，分子中有酯和盐的结构。

$$R-O-\overset{\overset{\displaystyle O}{\|}}{\underset{\underset{\displaystyle O}{\|}}{S}}-OM$$

硫酸酯盐型表面活性剂通式

【硫代磷酸酯咪唑啉衍生物】 缓蚀剂。主要由油酸、二亚乙基三胺在 150 ~ 190℃回流条件下脱水，得到的棕色黏稠产物再分别与环氧乙烷、五硫化二磷反应制得。为棕色黏稠液体，由于其分子中含有 P、S 原子，使得它兼有缓蚀和阻垢作用，其缓蚀率高达 80%，阻垢率达 80% ~ 100%。一般采用连续投加的方法加料，加量为 25 ~ 40mg/L，间歇时加量要高，一般为 80 ~ 100mg/L。

【六偏磷酸钠】 别名：磷酸钠玻璃，分子式为 $(NaPO_3)_6$；相对分子质量为 611.9，为无色玻璃状固体，呈片状或块状或粉末，常温密度约 $2.5g/cm^3$，熔点约 610℃，有较强的吸湿性，潮解后会逐渐变为正磷酸钠。不溶于有机溶剂，溶于水，但低温下溶解很慢，在 30 ~ 40℃的水温中溶解得快。水溶性呈弱酸性（pH = 6.0 ~ 6.8），它用作非加重水基钻井液的分散剂，通过形成螯合磷酸盐的方式除去 Ca^{2+}、Mg^{2+}。因此，它能有效地防止 Ca^{2+} 和 Mg^{2+} 所引起的钻井液絮凝，在钻井液处理上对抗水泥侵和石膏侵很有效。但它不适用于高温、高盐和高钙条件。

六偏磷酸钠的国家标准（GB 1624—1979）

指标名称	指　　标		
	一级	二级	三级
总磷酸盐（以 P_2O_5 计）/%	≥21	≥66	≥65.5
非活性磷酸盐（以 P_2O_5 计）/%	≤0.1	≤8	≤10

续表

指标名称	指　　标		
	一级	二级	三级
铁（Fe）/%	≤0.05	≤0.1	≤0.2
水不溶物/%	≤75	≤0.1	≤0.15
pH 值	5.8 ~ 6.5	5.5 ~ 7	5.5 ~ 7

【六速旋转黏度计】 见"旋转黏度计"。

【龙胶粉】 即"羧甲基槐豆粉"。

【漏斗黏度】 表示钻井液表观黏度的一种方法。现场用特制的漏斗黏度计衡量钻井液相对黏度的一种计量。分马氏漏斗黏度和标准漏斗黏度两种。它是用漏斗黏度计测得的流出一定体积钻井液所经历的时间（s）。其数值与钻井液的塑性黏度、屈服值、仪器的尺寸和形状等因素有关。它可以作为一定条件下某一表观黏度的量度，但由于钻井液在黏度计小管中的流速梯度不能控制，因此它不能反映固定的剪切速率下钻井液的表观黏度。现场常用的漏斗黏度计为标准漏斗黏度计（野外漏斗黏度计）和马氏漏斗黏度计。广泛应用的为马氏漏斗黏度计。

【漏斗黏度计】 分马氏漏斗黏度计和野外漏斗黏度计（标准漏斗黏度计）两种。测量钻井液视黏度（表观黏度）的一种专用仪器。它在现场应用极广。其使用方法是将一定体积的钻井液倾入漏斗中，测量出 500 ~ 946mL 钻井液所需要的时间，即为漏斗黏度，单位为"秒（s）"。标准漏斗黏度计是装入 700mL 流体，流出 500mL，清水为 15s；马氏漏斗黏度计是装入 1500mL 流体，流出 946mL（1 夸脱），清水为 26s。

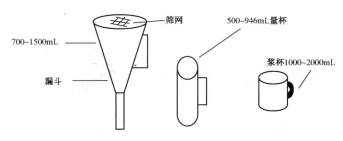

700~1500mL

筛网

500~946mL量杯

浆杯1000~2000mL

漏斗

漏斗黏度计

【录井】 钻井过程中，记录和收集井下资料，了解井下地层及井的技术情况称录井。如对烃类或非烃气体的分析(通常称为气测录井)，对钻井参数(钻时、钻压、转速等)、钻井液参数(温度、密度、黏度、导电率、排量等)的记录以及岩屑分析(显微镜观察、页岩密度、荧光分析等)等。录井资料不仅对寻找油、气层有重要价值，而且可为快速、优质钻井提供必要的数据。

【罗伯逊-斯蒂夫模式】 研究流体流动的一种模式，简称"罗-斯模式"其形式为：

$$\tau = A \left(\frac{\mathrm{d}u}{\mathrm{d}n} + C \right)^{B}$$

式中　τ——切应力；

　　　A——稠度系数；

　　　$\dfrac{\mathrm{d}u}{\mathrm{d}n}$——速度梯度；

　　　C——速度梯度的校正值；

　　　B——流性指数。

　　罗伯逊-斯蒂夫模式是一个三参数描述带动切力的非牛顿流体流变性的模式方程。该模式对各种钻井液的流变性适用性强、准确性高。

【螺杆钻井】 采用螺杆钻具作为井底动力钻具。利用水力驱动容积式螺杆马达的旋转钻井方法。

【螺旋离心分离机】 见"沉降离心机"。

【螺旋流量计测漏法】 螺旋流量计为一带螺旋叶片的井底流量计，叶片上部有一圆盘和记录装置(照相装置)，下部有一导向器。将流量计下到预计漏层附近，然后定点向上或向下进行测量，每次测量时，从井口灌入钻井液，如仪器处于漏层以下，钻井液静止不动，叶片不转；如仪器处于漏层以上，下行的钻井液冲动叶片，使之转动一定角度，上部的圆盘也随之转动，转动的情况由照相装置记录下来，这样就可以确定漏层位置。

【裸眼井】 即没有下套管的井。

【裸眼完井法】 可分为先期裸眼完井法和后期裸眼完井法。后期裸眼完井法是在钻穿生产层之后将油层套管下到油气层顶部。而先期裸眼完井法是先下油层套管，然后再钻开生产层。

【落鱼】 因事故留在井内的钻具。

【落物卡钻】 由于操作失误、检查不严，致使井口工具等掉入井内或因套管鞋处的水泥石脱落、井壁落入(如砾石、岩块等)及井内落物(如牙轮、刮刀片、电测仪器等)而造成的卡钻称为落物卡钻。落物卡钻处理程序图(仅供参考)如下：

L

落物卡钻处理程序图

【落物事故】　在钻进和起下钻过程中，由于使用的钻头或工具质量不好、检查不严、操作失误等，造成物件落井，称之为落物事故。

【络盐】　含有络离子的盐叫"络盐"。

【络合】　见"络合作用"。

【络溶】　见"络合作用"。

【络合物】　见"络合作用"。

【络离子】　见"络合作用"。

【络合剂】　能和简单正离子形成络合物的物质称为"络合剂"。

【络合作用】　由分子与分子结合成的，在溶液中只能部分电离或基本上不电离的复杂化合物，叫络合物；其中离子与其他分子或离子结合成的复杂离子，叫络离子。形成络合物或络离子的过程，叫络合。例如，在钻井液中加入足量的六偏磷酸钠，可以与钻井

液中的 Ca^{2+} 进行络合：

$$Ca^{2+}+(NaPO_3)_6 \rightarrow$$
$$[CaNa_2(PO_3)_6]+2Na^+$$

式中，$Na_2[CaNa_2(PO_3)_6]$ 是水溶性络合物，它在水中电离出 Na^+ 和络离子 $[CaNa_2(PO_3)_6]^{2-}$，而很难进一步电离出 Ca^{2+}，故 Ca^{2+} 浓度因络合作用而大大降低。如果六偏磷酸钠的加量不足（即在当量上少于 Ca^{2+}）就会形成难溶的六偏磷酸钙沉淀。上述形成水溶性络离子的反应，也可用来溶解石灰、石膏和石灰石等。用这个方法，还可能溶解滤饼中和井壁上的石灰、石膏、石灰石和白云石等。这类溶解作用，常叫络溶。利用络离子和络合作用还可以提高用煤碱液或木质素磺酸盐等作处理剂的钻井液的抗温性能和解除钻井液的老化问题，例如

加少量重铬酸钠或铬酸钠，可以提高钻井液抗温性能和消除老化，其中主要作用是氧化和络合，络合能增大热分解产物的相对分子质量，抑制腐殖酸盐和木质素磺酸盐的热分解（由于参加络合的是铬离子，所以也可称为铬酸盐）。

【络合掩蔽法】　在试样中加入某种络合剂，使其和干扰离子形成稳定的络合物而不影响被测离子的滴定，这种方法称为"络合掩蔽法"。

【络合滴定法】　以络合反应为基础的滴定分析法。

【络合锌除硫剂】　将等摩尔数的锌盐（或铅盐、铜盐）与氨川三乙酸络合剂混合，调 pH 至 8~9，用乙醇将络合物沉淀出，即得固态除硫剂。在钻井液中与硫的反应速度快，在 pH 为 5~12 时均有效。

【铝络合物钻井液】　一种含泥页岩抑制剂的钻井液。该抑制剂不含 Cl^-，其作用机理是在泥页岩的孔隙和微裂缝内形成不溶于水的铝络合物，加固和稳定井壁，抑制岩屑分散。钻井液性能易于控制。产品本身是一种无毒无害的铝化学品，不含氯，解决了钻屑排放的难题，降低了排放成本，能够运用于环境保护要求较高的地区。该产品还具有配伍性好、抗污染能力强、流变性能容易控制、维护处理方便和有效地防止钻头泥包等。

【铝化学稳定井壁作用】　通过生成氢氧化铝沉淀，最终与地层矿物的基质结合成一体。铝的沉淀物能显著增强井壁稳定性，提高敏感性页岩的物理强度，并形成了物理的屏蔽带，阻止钻井液滤液进一步侵入页岩。

【滤纸】　用精制漂白的木浆或棉浆制成的不经过施胶的纸。根据用途可分为分析滤纸、层析滤纸和工业滤纸。分析滤纸又可分为定性滤纸和定量滤纸。前者仅适用于过滤沉淀或滤去溶液中的悬浮物；后者由特殊处理过的纤维制成，含杂质极少，灼烧沉淀时，灰烬遗留可忽略不计，以便准确求得滤物的组成。工业滤纸如滤油纸，用于过滤变压器油、滤酒等，系用纯纤维制成。

【滤液】　钻井液滤液的简称，由含有固体颗粒的悬浮液经过压滤而得的澄清液体。

【滤饼】　指在渗透过程中沉积在孔隙（可渗地层）介质（井壁）上的悬浮固体。

【滤失】　在井内压差的作用下，钻井液中的自由水向可渗透地层孔隙渗透的过程（现象）。根据滤失现象分类如下：

$$滤失\begin{cases}动滤失\begin{cases}瞬时滤失\\滤饼形成后的动滤失\end{cases}\\静滤失\begin{cases}瞬时滤失（静滤失实验中）\\滤饼形成厚的静滤失\end{cases}\end{cases}$$

【滤失量】　在水基钻井液中又称失水量。①钻井液在压差作用下，向可渗透的地层（如砂岩、页岩等）渗透的现象叫滤失，其滤失的多少称滤失量。根据滤失的性质，又分为瞬时滤失、静滤失和动滤失。②室内指钻井液自开始滤失到 30min 时，透过渗滤介质（如滤纸）的滤液量。③累计滤失量的简称。

【滤失性】　钻井液与渗透介质（过滤介质，如可渗地层、实验用滤纸等）接触时出现的滤失特性。

【滤失仪】　见"滤失量测定仪"。

【滤饼结构】　指测量滤饼韧性、光滑度、坚实性等表现出的物理性质。

【滤饼厚度】　滤失过程中形成的滤饼的厚度。①指一种通过测定钻井液流过多孔介质后沉积物的多少来测定滤饼沉积厚度的方法，根据标准 API，滤失实验常采用滤纸作介质。滤饼厚度通常以 in 或 mm 为单位。②滤饼是钻井液通过渗透性地层沉积于井壁的一个参数。

【滤饼强度】 见"滤饼质量"。

【滤饼质量】 又称滤饼强度，是指滤饼的好坏程度。如厚度、致密程度、韧性、粗糙、光滑度、坚实性等。

【滤液分析】 是指测定钻井液滤液中重要化学成分的含量。主要分析项目有 Cl^-、碱度、总硬度等。

【滤液碱度】 滤液分析的一种常用方法，可以掌握碱度的来源。主要包括 P_f、M_f。其测定步骤如下：①量取 1mL 或更多一些钻井液滤液放入滴定容器中。加入两滴或多滴酚酞指示剂，如果指示剂呈粉红色，则从滴定管逐滴加 0.01mol/L 硫酸标准溶液，同时搅拌，直到粉红色刚好消失。如果样品有颜色，这时指示剂的颜色变化会受到干扰，可用 pH 值测定仪测量，pH 值降到 8.3 时即为终点。②记录钻井液滤液的酚酞碱度 P_f，即每毫升滤液所需的 0.01mol/L 硫酸的毫升数。③用已滴定至 P_f 终点的试样，加两三滴甲基橙指示剂，再从滴定管中逐滴加入标准硫酸，同时搅动，直到指示剂颜色由黄色变为粉红色。终点也可用 pH 值测定仪确定，当样液 pH 值降至 4.3 时为终点。④记录钻井液滤液的甲基橙碱度 M_f，即每毫升钻井液滤液达到甲基橙滴定终点所需的 0.01mol/L 硫酸的总毫升数。用 P_f、M_f 的计算，OH^-、CO_3^{2-}、HCO_3^- 离子质量浓度可用下表进行估算。

OH^-、CO_3^{2-}、HCO_3^- 质量浓度估算值　　　　　mg/L

计算结果	OH^-	CO_3^{2-}	HCO_3^-
$P_f=0$	0	0	$1220M_f$
$2P_f<M_f$	0	$1200P_f$	$1220(M_f-2P_f)$
$2P_f=M_f$	0	$1200P_f$	0
$2P_f>M_f$	$340(2P_f-M_f)$	$1200(M_f-P_f)$	0
$P_f=M_f$	$340M_f$	0	0

【滤饼针入度】 在低压和高压、静态和动态滤失实验条件下确定滤饼的特性和厚度。

【滤饼致密度】 根据 API 推荐使用方法，可以描述为硬的、软的、黏稠的、有弹性的、坚固的等。

【滤饼黏附卡钻】 也称为滤饼吸附卡钻和压差卡钻，在钻井过程中，钻柱总有某些部位与井壁接触，当液柱压力大于地层压力时，便对钻柱产生横向推动，使其紧贴井壁。钻柱静止时间越长，与滤饼接触面积越大，摩阻力也同时增大，以致使钻柱失去了活动的自由而发生的卡钻称为滤饼黏附卡钻或压差卡钻。该类卡钻的现象是钻具不能上提下放或转动，但开泵正常且泵压稳定；钻具的伸长随卡钻时间的延长而减少（卡点上移）。造成滤饼黏附卡钻的原因是，滤饼黏附系数大、钻井液密度高、钻具与井壁接触面积大和接触时间长等。

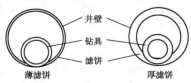

滤饼厚度对黏附卡钻的影响

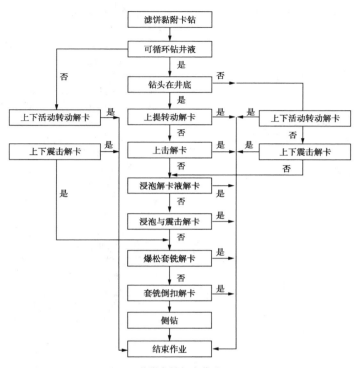

黏附卡钻解卡作业

【滤饼黏滞系数】　反映滤饼摩擦力大小的一个指标。使一物体(例如钻具)沿井壁滤饼(可渗地层)表面移动时所需的力和该物体所加于滤饼表面的压力之比，称为滤饼黏滞系数。在钻井过程中使用的钻井液类型或体系不同，所形成的滤饼黏滞性质也不同。滤饼黏滞性过大，其摩擦系数就大，阻力也增大，此时钻具接触滤饼时，很容易因阻力大而被卡住，发生压差卡钻。钻井要求滤饼黏滞系数愈小愈好。钻井现场常用加高分子有机物及表面活性剂或混油来降低或改善滤饼的黏滞系数。

【滤失量测定仪】　又称压滤器，简称"滤失仪"或"失水仪"，为测量钻井液滤失性的装置。其型号较多，常见的有油压滤失仪(压差 0.1MPa)、API滤失仪(压差 3.5MPa)、API 高温高压滤失仪(温度 120 ~ 260℃，压差 3.5MPa)、API 高温高压动滤失仪(温度 120~260℃，压差 3.5MPa)等。

【滤饼质量测定仪】　测定滤饼质量的一种专用仪器。其主要功能有：①能自动找出真假滤饼界面，精确测出滤饼的真实厚度，尤其是高温高压滤饼。②能自动绘制出滤饼厚度与强度的关系曲线。③能自动显示出滤饼任一厚度位置的强度大小。④由曲线上可分析出滤饼的压实程度(包括可压缩的厚度、引起压缩的临界压力、最终压实压力等)。⑤由曲线上可分析出滤饼的致密程度(包括致密层的厚度、致密层的均匀程度、致密层的强度等)。⑥由曲线上可分析出滤饼的最终强度大小。该仪器主要有测量系统、动力系统和自动记录系统组成,其结构图如下所示。

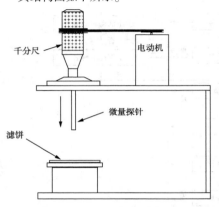

DL-2 型滤饼质量测定仪

【滤饼强度冲刷仪】 测定滤饼抗冲刷强度的一种专用仪器。该仪器由主体部分和控制部分组成。主体部分包括水池、滤饼安放台、水流循环系统等;控制部分包括自控阀、自动计时系统等。做实验时,先将仪器安装好,固定水流冲击滤饼的作用距离(即冲刷距),将滤饼小心地放在滤饼托盘上,注意不要使滤饼折皱、破裂,开启水龙头开关,保证出水口处的水位恒定,然后按控制器的计时按钮,启动电磁阀,则水流沿着管嘴垂直下落冲击滤饼。由于水池的水位不变,因而流经管嘴处的水流速度恒定。随着水流对滤饼的冲击作用,滤饼逐渐变薄直至破裂,记下冲破滤饼约 5mm 左右凹坑所需的时间,用单位厚度滤饼所需的冲破时间来评价滤饼的质量,若冲刷时间越长,则滤饼强度越高。

【滤饼强度实验仪】 测定钻井液滤饼强度的一种专用仪器,如下图所示。该仪器是在电机带动下,滤饼连同滤饼托盘一起转动,使插入滤饼一定深度 δ 的测头通过测杆带动刻度盘转动一定角度。设滤饼相对于测头转动 α 角度时,刻度盘相对于刻度盘指针旋转一定角度 φ。测头相对于滤饼(非刮下部分)转过单位角度所需的能量记为 e,则可得如下近似公式:

$$\varphi = 0.140e + C\alpha$$

对于滤饼某一厚度的刮层而言,C 为常数,由此可知,若测得一系列 φ 与 α 数据,两者应成直线关系。其中,直线在 φ 轴上的截距为 $0.140e$,从而可求出 e 值。其实验方法是,将充分搅拌均匀的钻井液于常温在 API 滤失测定仪上测其 30min 内的滤失量,记下滤失数据,小心取下滤饼。将完好的滤饼置于滤饼托盘中央,旋转刮头刮去滤饼上的浮浆,测取滤饼厚度;调节调高螺杆使刮头插入滤饼一定厚度;开启电机,α 每转过 30° 读取一个 φ 数据,刮完一层(厚 δ)后,将刮头上的滤饼擦掉,再刮第二层,直至刮完最后一层。将每组 φ-α 数据在直角坐标纸上作图得一直线,根据直线在 φ 轴上的截距和上述公式计算出各层的 e 值。显然,e 值越大,滤饼的强度越高。

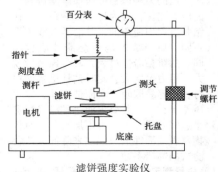

滤饼强度实验仪

【滤饼黏滞系数测定仪】 测定滤饼黏

滞系数及解卡液解卡能力的一种专用仪器，它使用简单、操作方便。其操作步骤是：测定滤饼黏滞系数时，①调整仪器底部的水平调整螺丝，动平板处于水平状态，接通电源，按动清零按钮，使数码管中的数字为零。②将钻井液的滤饼(中压滤失仪压滤)放在动平板中央，再将方滑块轻轻地顺放在滤饼的中央。③按启动按钮，动平板开始慢慢倾斜，观察方滑块是否滑动，开始滑动时应立即按停止按钮，并读出数码管中的数字，该数字为一角度值，这一角度值的正切值为该滤饼的黏滞系数。测定解卡液

的解卡能力时，①将动平板反面向上，使之处于水平状态，其方法同上。②将钻井液的滤饼放在动平板的凹槽中，再将圆滑块轻轻地顺放在滤饼的中央，静止 30min，开始测定其滑动角度，并记录该数值 H_1。③再调整动平板处于水平状态。将配制好的解卡液倒入凹槽中，其液面能淹没圆柱滑块的一半，浸泡 30min 后，再按启动按钮，动平板开始慢慢倾斜，观察方滑块是否滑动，开始滑动时应立即按停止按钮，并读出数码管中的数字 H_2。④该解卡液的解卡能力 $=(H_1-H_2)/H_1×100\%$。

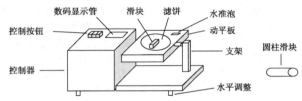

控制按钮　数码显示管　滑块　滤饼　水准泡　动平板　支架　圆柱滑块　控制器　水平调整

滤饼黏滞系数测定仪

【滤液酚酞碱度(P_f)】　每毫升钻井液滤液被滴定到酚酞终点时，所用 0.01mol/L 硫酸标准溶液的毫升数。

【滤饼厚度自动测量仪】　评价钻井液滤饼质量的一种专用仪器，能够自动测量钻井液滤饼厚度、韧度。该仪器的特点是智能化自动测量，用来测定钻井液滤失后其滤饼的各项参数。包括滤饼的总厚度、虚厚、真厚、压缩比、韧性、强度。

滤饼厚度自动测量仪

【滤液甲基橙碱度(M_f)】　每毫升钻井液被滴定到甲基橙终点时，所用 0.01mol/L 硫酸标准溶液的毫升数。

【绿矾】　即"硫酸亚铁"。

【绿矾油】　即"硫酸"。

【绿泥石】　黏土矿物的一种，为层状结构硅酸盐矿物，为 Mg 和 Fe 的矿物种。其晶层结构属于 2∶1∶1 型。如叶蜡石似的三层型晶层与一层水镁石交替组成的，如下图所示。硅氧四面体中的部分硅被铝取代产生负电荷，但其净电荷数是很低的，水镁石层有些 Mg^{2+} 被 Al^{3+} 取代，因而带正电荷，这些正电荷与上述负电荷相平衡，其一般的化学式可表示为：$|2[(Si, Al)_4(Mg, Fe)_3 O_{10}(OH)_2]|·[(Mg, Al)_6(OH)_{12}]$，绿泥石的结构单位层由一层 2∶1 型

云母层和一层水镁石组成，绿泥石常与蒙脱石、蛭石等黏土矿物共存，形成间层矿物。通常绿泥石无层间水，而某种降解的绿泥石中一部分水镁层被除去了，因此有某种程度的层间水和晶格膨胀。绿泥石在古生代沉积物中含量丰富。

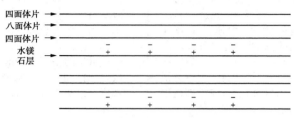

绿泥石晶体构造示意图

【绿蒙混层】 是蒙脱石向绿泥石转化中的产物，呈薄片状包于颗粒表面或充填于颗粒间，既有绿泥石的针叶状结构，也有蒙脱石的网格状结构。成分中也有绿泥石特征，含有较多的铁和镁，有一定的酸敏性和水敏性。

【绿色钻井液】 指保护环境、可排放的绿色钻井液，如合成基钻井液。

【氯乙酸】 别名：一氯醋酸、氯醋酸。分子式为 $CH_2ClCOOH$；相对分子质量为 94.5。密度 $1.58g/cm^3$（20℃），熔点 61~63℃，沸点 189℃，为白色至淡棕色结晶体。易溶于水、苯、酒精及乙醚，水溶液呈酸性。潮解性极强，对皮肤有强烈腐蚀性。是有机合成的重要原料。

氯乙酸的规格

项　　目	指　　标	
	一级品	二级品
氯乙酸含量/%	≥96.5	≥95
二氯乙酸含量/%	≤0.5	≤1

【氯化镁】 分子式为 $MgCl_2 \cdot 6H_2O$；为白色结晶体，钻遇光卤石时，用它可避免侵蚀。

【氯化锌】 分子式为 $ZnCl_2$，相对分子质量为 136.315，密度为 $2.907g/cm^3$。为白色颗粒状粉末，在无固相钻井液中可用作加重剂。

【氯化钠】 被人们称为"食盐"。分子式为 NaCl，相对分子质量为 55.45。为白色立方晶体或细小的结晶粉，密度 $2.17g/cm^3$，熔点 801℃，味咸、中性，纯品不潮解。在钻井液中可抑制井壁泥页岩的水化膨胀或坍塌，可防止岩盐井段溶解成大肚子，并可用于提高钻井液的切力和黏度。在饱和盐水中加入过量的氯化钠并有一定的堵漏作用。NaCl 的重要反应及作用如下：

分析钻井液中 Cl^- 时标度 $AgNO_3$ 标准液的反应：

$$NaCl + AgNO_3 \rightarrow AgCl \downarrow + NaNO_3$$

去水化或盐析作用：盐水钻井液可抑制井壁泥岩水化膨胀或坍塌。有时加氯化钠可用于提高钻井液的黏度和切力。

抑制溶解作用：饱和盐水钻井液可防止盐岩井段溶解成大肚子。

氯化钠在饱和盐水钻井液中，还可用来提高密度、配制堵漏和完井液。由于它易溶于水，以后可除去，还有保护油气层作用。

不同温度下 NaCl 在水中的溶解度

温度/℃	0	10	20	30	40	50	60	70	80	90	100
溶解度 （g/100mL 水)	35.7	35.8	36.0	36.3	36.6	37.0	37.3	37.8	38.4	39.0	39.8

工业氯化钠的规格

项　目	指标
氯化钠(NaCl)含量/%	≥98
硫酸盐/%	≤0.1
钙、镁/%	≤0.1
氧化物/%	≤0.1
水不溶物/%	≤0.1
铁/%	≤0.1

【氯化铵】 化学式为 NH_4Cl，其天然产物称"硇砂"。无色晶体，易溶于水。加热易离解为氨和氯化氢。是分析化验中常用的化学试剂。

氯化铵的规格

指标名称	指标
颜色	白色结晶
含量/%	≥99.5
氯化钠含量/%	≤0.2
碳酸盐及重碳酸盐(NH_4HCO_3 计)/%	≤0.02
硫化氢组重金属(Pb)含量/%	≤0.0005
砷含量/%	无
水分含量/%	≤1
水不溶物含量/%	≤0.02
游离酸含量/%	合格
铁/%	≤0.003

【氯化钙】 又名冰钙，分子式为 $CaCl_2$(相对分子质量 111.0）及 $CaCl_2 \cdot 6H_2O$(相对分子质量 219.1）。六水氯化钙($CaCl_2 \cdot 6H_2O$)是无色斜方晶体，常温密度约 $1.68g/cm^3$；味苦，易潮解，溶于水；在 260℃ 以上变成无水氯化钙。无水氯化钙原是白色立方晶体，常温密度约 $2.15g/cm^3$，熔点 772℃。在钻井液中用作絮凝剂及钙处理钻井液。也是一些含钙处理剂的主要成分之一。$CaCl_2$ 的重要反应有：

遇 Na_2CO_3 生成 $CaCO_3$ 沉淀：
$$CaCl_2 + Na_2CO_3 \rightarrow CaCO_3 \downarrow + NaCl$$
pH 值高时与 OH^- 生成 $Ca(OH)_2$ 沉淀(氯化钙钻井液 pH 值不宜过高)：
$$CaCl_2 + NaOH \longrightarrow Ca(OH)_2 \downarrow + 2NaCl$$
将亲水的脂肪酸钠皂变成亲油的钙皂：
$$2C_{17}H_{33}COONa + CaCl_2 \rightarrow$$
$$(C_{17}H_{33}COO)_2Ca + NaCl$$
使高分子羧酸钠盐变成不溶性钙盐的沉淀反应。

氯化钙的规格

指标名称	指　标
氯化钙($CaCl_2$)含量/%	≥96
铁(Fe)/%	≤0.004
水不溶物/%	≤0.5
水分/%	≤3
镁及碱金属/%	≤1

【氯化铁】 即"三氯化铁"。

【氯化钾】 分子式为 KCl，相对分子质量 74.55。纯品为白色立方晶体，常呈长柱状，易溶于水。吸潮易结块，常温密度约 $1.98g/cm^3$。熔点 776℃，在空气中稳定。是一种无机盐类抑制剂，具有较强的抑制泥页岩渗透水化能力。与高聚物组成抑制性较好的钻井液。如聚合物 KCl 钻井液。KCl 的重要反应有：氯化钾是氯化钾-聚合物钻井液中 K^+ 的主要来源(一部分也可由氢氧化钾提供)，K^+ 在这种钻井液中有下列重要作用：①同样条件下，钾离子的水化比钠离子和钙离子都弱，故钠土和钙土经过离子交换成钾土后，土的水化膨胀和分散都会降低。②由于钾离子的大小正好能嵌入黏土表面硅氧四面体的氧六角环中，可以引起某些黏土矿片状晶体的面-面相吸，而不易发生层间水化。这种作用对蒙脱石类黏土最明显，故对于含蒙脱石多的黏土层，钾离子提高井壁稳定性的作用最明显。

不同温度下 KCl 在水中的溶解度

温度/℃	0	20	40	60	70	80	90	100	130	180
溶解度/（g/100mL 水）	27.6	34.0	40.0	45.5	48.3	51.1	54.0	56.7	60	77.9

氯化钾质量指标

指标名称	指标		
	一等	二等	三等
氯化钾/%	90	85	80
氯化钠/%	4		6
镁离子/%	0.4		
硫酸根/%	1.5		3

【氯化铅】　分子式为 PbS，相对分子质量 239.3；为铅灰色，有金属光泽，天然产品成致密的粒状或块状，常温密度 $7.5 \sim 7.6 g/cm^3$，硬度 $2 \sim 3$，性脆易碎，不溶于水和碱，溶于酸。细粉可用作钻井液的加重剂（在油井酸化时可溶解）。

【氯醋酸】　即"氯乙酸"。

【氯离子】　氯离子（Cl^-）是广泛存在于自然界的氯的-1 价离子，无色。在化学反应中，氯原子得到电子，从而使参加反应的氯原子带上电荷。带电荷的氯原子叫氯离子。氯离子-氯，原子序数 17，相对原子质量为 35.4527，元素名来源于希腊文，原意是"黄绿色"。1774 年，瑞典化学家舍勒通过盐酸与二氧化锰的反应制得氯，但他错误地认为是氯的含氧酸，还定名为"氧盐酸"。1810 年，英国化学家戴维证明氧盐酸是一种新的元素，并定名。氯在地壳中的含量为 0.031%，自然界的氯大多以氯离子形式存在于化合物中，氯的最大来源是海水。天然氯有两种稳定同位素：氯 35 和氯 37。氯原子的最外层电子数未达到 8 个，容易得 1 个电子形成氯离子。通常来说是由一些含氯物质电离后得来的。也就是这些物质融化或者溶于水后可以得到氯离子。在钻遇盐岩层或盐水层过程中，NaCl 等无机盐进入钻井液后会在不同程度上对钻井液造成污染，破坏其钻井液性能。因此，需要用硝酸银滴定法对钻井液滤液中的 Cl^- 质量浓度进行检测。

【氯化亚铁】　别名：二氯化铁；分子式为 $FeCl_2$ 或 $FeCl_2 \cdot 4H_2O$，相对分子质量 126.8（无水物），无水物为灰绿色晶体或六角形小晶片，普通制品呈浅白色，密度 $2.98g/cm^3$，熔点 674℃，易潮解；四水物为透明浅蓝色晶体，密度 $1.93g/cm^3$；在钻井液中起溶胶作用。

【氯化钙钻井液】　是由氯化钙为主要成分的一种钻井液，属于钙处理钻井液。含钙量 Ca^{2+} 1000 ~ 3500mg/L，降黏剂以煤碱剂或铁铬盐为主；CMC 为降滤失剂，这种钻井液的特点是：①黏度低、切力小、易于沉砂，有利于维持较低的密度，提高钻速，保护油层。②滤失量小，滤饼薄，滤液矿化度较高，防塌效果好。③滤饼黏滞性小，减少了黏附卡钻。④流动性好，含砂量小，有利于提高机械钻速。

【氯化钠标准溶液】 旧称 0.1N 硫化钠标准溶液。称取 2.9220g 预先磨细并于 500~600℃下灼烧至质量恒定的基准氯化钠，置于烧杯中，加少量水溶解，然后移入 500mL 容量瓶中，加水至刻度，摇匀。

【氯化十二烷基吡啶】 其分子式：$[C_{12}H_{23}-N\bigcirc]^+Cl^-$。代号 DPC，又名十二烷基氯化吡啶；是一种阳离子活性剂；能以其阳离子交换吸附黏土和砂岩表面，引起黏土和砂岩表面亲油化，用它处理钠坂土，可使钠坂土吸水量约从 70% 降到 65%。用于打开油层提高渗透率。

【氯化石蜡基密闭液】 钻井取心时用的一种岩心保护液，适用于 3000m 深度以内的井深。其配方是氯化石蜡：过氯乙烯树脂：膨润土 = 100：（8~11）：（15~25）。该密闭液的黏度应符合下表规定。

氯化石蜡基密闭液黏度（SY 5437—1992）

取心井段/m	岩心气体渗透率/um²	黏度/mPa·s
1000~2000	<1.0	1200~1400
	>1.0	1400~1800
2000~3000	<1.0	1500~2000
	>1.0	2000~2500

【氯化钾分散型钻井液】 是一种具有中等 pH 值的钻井液，与 KCl 不分散钻井液相比，使用分散性降黏剂以提高固体容量限，即可加重到更高的密度，而又具有良好的流变性能。一般使用 FCLS 作为降黏剂以改善高固相含量下的流变特性及滤饼质量。其加量为 2.86~11.4kg/m³。

【氯化钾聚合物钻井液】 以聚合物及氯化钾为主的一种防塌钻井液。通过调节 KCl 和聚合物的量，达到抑制不同类型的泥页岩水化膨胀及坍塌的目的。具有适应范围广泛、防塌、抗盐、抗污染等特性。推荐使用范围：①水型不限。②水敏性较强、易坍塌的泥页岩井段。③含盐、膏层井段。④裸眼井段较长的深井。

聚合物、氯化钾钻井液

材料与处理剂	功用	用量/(kg/m³)
PHP、KPAM	包被和页岩抑制	5.0~20.0
80A-51	包被和页岩抑制	5.0~20.0
KCl	页岩抑制	50.0~150.0
水解铵盐 CMC	降滤失 降滤失	10.0~20.0 3.0~5.0
SMP、SPNH	高温降滤失	5.0~20.0
KOH	维持 pH 值	10.0~15.0
白油润滑剂	润滑	10.0~20.0
NaCl	盐抑制	盐水及饱和盐水钻井液使用
加重剂	提高密度	按设计要求

聚合物、氯化钾钻井液性能

项 目	性 能
密度/(g/cm³)	按设计要求
漏斗黏度/s	30~55
API 滤失量/mL	15~5
静切力/Pa	2~5/3
含砂量/%	<0.5
pH 值	8~10
塑性黏度/mPa·s	8~20
动切力/Pa	3~10

【氯化钠清洁盐水钻井液】 是一种不含黏土的无固相清洁盐水体系，该体系的最大密度为 1.18g/cm³ 左右。常用的添加剂为羟乙基纤维素（HEC）和 XC 生物聚合物等。配制时应注意充分搅拌，使聚合物均匀地完全溶解，使用 NaOH 或石灰控制 pH 值。若遇到地层中的 H_2S，需提高 pH 值至 11 左右。

【氯化钾清洁盐水钻井液】　是一种不含黏土的无固相清洁盐水体系。由于 K^+ 对黏土晶格的固定作用，KCl 盐水液被认为是应对水敏性地层最为理想的无固相清洁盐水体系。KCl 盐水基液的密度范围为 $1.00 \sim 1.17g/cm^3$。常用的添加剂为羟乙基纤维素（HEC）和 XC 生物聚合物等。

KCl 溶液质量分数与其密度的关系

KCl 质量分数/%	溶液密度/（g/cm³）
1	1.005
2	1.011
3	1.018
4	1.024
6	1.037
8	1.050
10	1.063
15	1.099
20	1.133
25	1.167

【氯化钙-聚合醇钻井液】　即"钙醇钻井液"。

【氯化钙清洁盐水钻井液】　是一种不含黏土的无固相清洁盐水体系。$CaCl_2$ 盐水基液的最大密度可达 $1.39g/cm^3$。为了降低成本，$CaCl_2$ 也可与 NaCl 配合使用，所组成的混合盐水的密度范围为 $1.20 \sim 1.32g/cm^3$。$CaCl_2$ 是极易吸水的化合物。使用的 $CaCl_2$ 产品主要有两种，其纯度分别为 $94\% \sim 97\%$（粒状）和 $77\% \sim 80\%$（片状）。前一种含水约 5%，后一种含水约 20%。常用的添加剂为羟乙基纤维素（HEC）和 XC 生物聚合物等。

【氯化双十六烷基二甲基铵】　分子式为 $[(C_{16}H_{33})N(CH_3)_2]^+Cl^-$；是一种阳离子活性剂，能和黏土表面的阳离子进行交换，吸附于黏土颗粒表面后，使黏土表面亲油化（憎水化），能使处理过的亲油坂土可分散于油中，曾用于控制油基钻井液和油包水乳状液的切力、黏度和滤失性。

【氯化钾硅酸盐聚合物钻井液】　是一种强抑制水基钻井液，抑制、防塌能力优于 KCl 聚合物钻井液。抑制泥岩、泥页岩分散能力强，一般在 3500m 深度以上井中使用。该钻井液稳定井壁的作用机理主要是：①硅酸钠在水中可以形成不同大小的颗粒，这些颗粒通过吸附、扩散等途径结合到井壁上，封堵地层孔喉与裂缝，进而减缓滤液向井壁内壁的深入量。②KCl/硅酸钠钻井液在一定条件下会快速产生胶凝作用，封堵井壁上的孔隙，阻止泥页岩的水化膨胀。③进入地层中的硅酸根与岩石表面或水中的钙离子、镁离子起作用，生成硅酸钙和硅酸镁沉淀并覆盖在岩石表面，起封堵作用。④在较高温度下，硅酸盐与黏土矿物之间会发生一定的化学作用，使得黏土粒子表面被硅酸钠包裹，水分子无法与黏土产生作用，进而达到稳定黏土的目的。

【氯化钙-溴化钙混合盐水钻井液】　是一种不含黏土的无固相清洁盐水体系。由于 $CaCl_2-CaBr_2$ 混合盐水本身具有较高的黏度（漏斗黏度可达 $30 \sim 100s/qt$），因此只需加入少量的聚合物。HEC 和生物聚合物的一般加量范围为 $0.29 \sim 0.72g/L$。该体系的适宜 pH 值范围为 $7.5 \sim 8.5$。当混合液密度接近 $1.80g/cm^3$ 时，应注意防止结晶的析出。配制 $CaCl_2-CaBr_2$ 混合液时，一般用密度为 $1.70g/cm^3$ 的 $CaBr_2$ 溶液作为基液。如果所需密度在 $1.70g/cm^3$ 以下，就用密度为 $1.38g/cm^3$ 的 $CaCl_2$ 溶液加入上述基液进行调整；如果需将密度增至 $1.70g/cm^3$ 以上，则需要加入适量的固体 $CaCl_2$，然后充分搅拌直至 $CaCl_2$ 完全溶解。

【氯化钙-水玻璃与珍珠岩水泥堵漏】 氯化钙与水玻璃(硅酸钠)相遇,会产生硅酸钙结晶沉淀,桥堵地层表面或裂缝开口,形成骨架,而珍珠岩水泥浆充填其间,形成坚实的堵塞物,两者组合可用于处理严重漏失地层。通常将浓缩硅酸钠与淡水按4∶6的比例混合,再与10%的氯化钙盐水配合使用,前者与后者的体积比应为1∶1.5。施工时,氯化钙盐水、液体硅酸钠与珍珠岩水泥浆依次注入,但它们之间应用隔离液隔开,避免它们在钻柱中相遇。当氯化钙盐水、液体硅酸钠和珍珠岩水泥浆的一半进入漏层后,要降低排量,同时观察环空动态,若有钻井液返出,应关井再挤压一部分水泥浆进去。若不见液面,应停停打打,打打停停,继续这一过程,直至把所有水泥浆挤完为止。但总的施工时间必须控制在水泥浆稠化时间内,同时要不断地活动钻柱,以防卡钻。所用珍珠岩应是经热处理过的膨胀珍珠岩,用以补偿水泥凝固时的体积凝缩。

【氯化十二烷基铵(十二烷基胺盐酸盐)】 是一种阳离子型表面活性剂,其分子式为$[C_{12}H_{25}-NH_3]Cl$ 或 $C_{12}H_{25}-NH_2 \cdot HCl$;可用作杀菌剂、黏土稳定剂。

【氯化十八烷基铵(十八烷基胺盐酸盐)】 阳离子型表面活性剂的一种,其分子式为$[C_{18}H_{37}-NH_3]Cl$ 或 $C_{18}H_{37}-NH_2 \cdot HCl$;可用作杀菌剂、黏土稳定剂。

【氯化钙-溴化钙-溴化锌清洁盐水体系】 是一种无固相清洁盐水体系,其密度可达 $2.30g/cm^3$,专门用于超深井和异常高压井。配制时应注意溶质组分之间的相互影响(如密度、互溶性、结晶点和腐蚀性等)。对于该体系增加 $CaBr_2$ 和 $ZnBr_2$ 的质量分数可以提高密度,降低结晶点,然而成本也相应增加;而增加 $CaCl_2$ 的质量分数,则会降低密度,使结晶点上升,配制成本却相应降低。使用该体系钻开油气层可避免因颗粒堵塞造成的油气层损害;可在一定程度上增强钻井液对黏土矿物水化作用的抑制性,减轻水敏性的损害。由于无固相存在,机械钻速可显著提高。该体系还可用作射孔液和压井液。

【氯化十八烷基吡啶(十八烷基氯化吡啶)】 代号为OPC,阳离子型表面活性剂的一种,在钻井液中用作黏土稳定剂、页岩抑制剂和絮凝剂。

$$[C_{18}H_{37}-N\bigcirc]Cl$$

氯化十八烷基吡啶

【氯化十二烷基三甲基铵(十二烷基三甲基氯化铵)】 是一种阳离子型表面活性剂,代号为DTC。用作杀菌剂、黏土稳定剂、润湿剂、破乳剂、絮凝剂、页岩抑制剂。

$$C_{12}H_{25}-\overset{\overset{CH_3}{|}}{\underset{\underset{CH_3}{|}}{N}}-CH_2]Cl$$

氯化十二烷基三甲基铵

【氯化十二烷基苄基二甲基铵(十二烷基苄基二甲基氯化铵)】 是一种阳离子型表面活性剂,代号为DDBC。用作杀菌剂、缓蚀剂、黏土稳定剂、润湿剂、破乳剂、絮凝剂、页岩抑制剂。

$$C_{12}H_{25}-\overset{\overset{CH_3}{|}}{\underset{\underset{CH_3}{|}}{N}}-CH_2]Cl\bigcirc]Cl$$

氯化十二烷基苄基二甲基铵

M

【马氏漏斗黏度】 指用马氏漏斗黏度计测出的钻井液黏度。测量步骤为：①把漏斗置于垂直位置，用手指堵住管口，通过筛网把刚采集的钻井液样品倒入漏斗，直到液面达到筛网底部。②立即从管口移开手指，同时按下秒表，测量钻井液流入量杯 946mL 所需的时间。③记录该测定时间即为马氏漏斗黏度。

【马氏漏斗黏度计】 现场用来测定钻井液黏度的专用仪器。该仪器顶部直径为 152mm、长 305mm，底部有一个长 50.8mm、内径为 4.7mm 的光滑圆管，圆管与漏斗连接处应光滑均匀。一孔径为 1.6mm 的金属丝筛网盖住漏斗的一半，并固定在漏斗顶部以下 19mm 处。漏斗容量 1500mL，量杯容量为 946mL。校正时用 21℃ ± 3℃ 的纯水注满漏斗至筛网底部，流满量杯(946mL)所用的时间应为 26s ± 0.5s。

马氏漏斗黏度计

【漫流】 射流冲击井底后，钻井液从冲击中心向四周以很高的速度做横向流动的行为。它是平行于井底并对井底覆盖得很好的液流层，在冲击中心漫流流速为零，故冲击中心又称"死点"或叫"滞流点"，到冲击边缘漫流流速增至最大值。漫流对井底的岩屑产生一种牵引力，促使其离开井底，因此对井底有净化作用。漫流的流速与射流的动量(即排量和喷速的乘积)的平方根成正比。

【盲堵】 堵漏方法的一种，是在漏层位置不能确定时采用的堵漏方法。人们常用随钻堵漏剂在漏层压差作用下快速建立堵漏隔墙，在长裸眼段钻进能自行找漏层进行封堵。

【芒硝】 硫酸钠的俗称，见"硫酸钠"。

【毛管水】 见"毛细管水"。

【毛细管】 见"毛细现象"。

【毛细水】 即"毛细管水"。

【毛细管作用】 泥页岩中有许多层面和纹理，在构造力的作用下又形成了许多微细裂纹，这些连接薄弱的地方容易吸水，是良好的毛细管通道。毛细管压力与孔隙半径成反比、与表面张力成正比。蒙脱石、高岭石、水云母的毛细管力分别是 0.29MPa、0.33MPa 和 0.42MPa。从毛细管作用来看，原来并不怎么水化膨胀的泥页岩，也可因毛细管水的大量浸入发生物理崩解，尤其是颗粒很细的多孔体更容易因此而崩塌。有的泥页岩很少含微晶高岭石，与水作用后膨胀程度较小，膨胀压力也不是很大，然而井塌还是比较严重的，这是因为毛细管水进入泥页岩像润滑剂那样削弱岩石颗粒之间和泥页岩层面之间的联结力，在侧压力作用下，岩石向井内运移，这种坍塌往往塌块较大。

【毛细现象】 含有细小微缝隙的物体与液体接触时，在浸润情况下液体沿缝隙上升或深入，在不浸润情况下液体沿缝隙下降的现象。它是分子间作用力的结果。缝隙愈细，液体上升愈高或渗入愈深。内径小到足以引起显著毛细现象的管子称"毛细管"。

【毛细管水】　简称"毛管水""毛细水"。由毛细管引力的作用保持在土壤或岩石毛细管空隙中的水。

【毛细管阻力】　一般把内径小于 1mm 的管称为毛细管，把缝间距小于 1mm 的缝隙称为毛细缝。液体在材质不同的毛细管中，由于润湿作用的不同，往往形成凹形或凸形的弯曲液面，液体在毛细缝中也有类似现象。由曲界面收缩压的作用所产生的一系列现象，称为毛细现象。在钻进过程中，钻井液的作用之一是形成滤饼，巩固井壁及保护油气层。钻井液的滤失性就是滤液通过滤饼毛细孔渗透到地层内的特性。而油层的多孔结构，就是纵横交错的毛细管，它是毛细管现象发生的理想空间，因此在油层中毛细管现象是非常突出的。

1. 毛细管上升现象与毛细管下降现象

如果把玻璃毛细管插入水中，液体在毛细管中的液面高于管外液面，该现象称为毛细管上升现象。如果把它插入水银中，则毛细管中液面低于管外液面。该现象称为毛细管下降现象。毛细管上升与下降虽然是相对立的现象，但它们在一定条件下是可以相互转化的，其转化的条件就是液体对固体表面的润湿现象。毛细管上升高度 h 的计算公式为：

$$h = 2\sigma\cos\theta / [(\rho_1 - \rho_2)gR]$$

式中　ρ_1、ρ_2——水和油的密度；
　　　　σ——油水界面张力；
　　　　g——重力加速度；
　　　　R——毛细管半径。

该公式表明：

① 毛细管上升的高度与毛细管半径成反比。

② 当 θ 的数值按 $0 \sim 90° \sim 180°$ 变化时，h 的值将相应地由正值变为零再变为负值。这就是说，随着 θ 的增加，毛细管上升现象将向它的反面——毛细管下降现象转化。可见，液体在毛细管中上升还是下降，取决于接触角，即取决于液体对固体表面的润湿程度，因此该式也可用于毛细管下降现象。

③ 两相密度差越小，界面张力越大，则毛细管上升的高度越大。

毛细管上升与毛细管下降现象与钻井液的应用有密切关系。例如，在用水基钻井液钻井过程中，毛细管上升作用促进水渗入亲水的黏土毛细孔中，有利于黏土的分散；在钻穿泥岩地层时，毛细管上升作用促使渗过滤饼的水继续向泥岩内渗透，引起泥岩水化膨胀，造成井眼缩径或井塌等复杂情况。

2. 毛细管的气阻、液阻现象

如果液体中存在比毛细管内径大的气泡或与毛细管不润湿的液滴(例如水中存在气泡或油滴)，它们就会对液体流过毛细管产生阻碍作用，这种阻力效应称为毛细管气阻或液阻效应(或称为贾敏效应)，如下图所示。

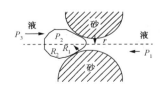

毛细管的气阻或液阻效应

一个球形气泡或液珠要通过岩石颗

粒所形成的毛细孔，就必须改变形状，从球形改变成非球形，必然要增大气泡或液滴与周围另一液滴之间的界面面积，这就是要对抗表面能做功，换言之，气泡或液滴后面的压强 P_3 应大于前面的压强 P_1。气泡或液珠在通过时，由曲界面两侧压力差公式：

$$P_2 - P_1 = 2\sigma / R_1$$

$$P_2 - P_3 = 2\sigma / R_2$$

$$P_3 - P_1 = 2\sigma (1/R_1 - 1/R_2)$$

当 $R_1 = r/\cos\theta$ 时，因 r 为最小半径，所以 $P_3 - P_1$ 最大，即孔内外至少具有这个压差，气泡或液珠才能流过毛细管，否则液体就会被堵塞。这就是气泡或液珠通过毛细孔时，对液体或气体产生的气阻或液阻效应。值得注意的是，气阻或液阻效应是可以叠加的，所以在液流中，当一连串的气泡或液珠出现在一连串的毛细孔中时，流动所需的总压力差就很大。在混油钻井液中存在很多油滴，这些油滴在滤饼的毛细孔中能阻止水的滤失，这就是钻井液混油后降低滤失量的主要原因之一。

3. 水锁效应

毛细孔中存在对毛细孔润湿性好的水，而阻止油流入井中的效应，称为水锁效应。原理如下图所示。

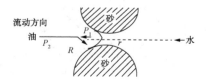

水锁效应示意图

由于水对毛细孔壁润湿性能好，油水界面在毛细孔内形成曲界面，产生曲界面收缩压力 P_s，其方向与油流动的方向相反，从而产生阻油流入油井的阻力。此阻力的大小 $P_s = 2\sigma/R_i$，当 $R_i = r$ 时（r 为毛细孔的最小半径），P_s 为最大值。因此，为使油层中油流入井中，油层压力至少要比井中压力大 $2\sigma/r$，否则油就不能流入井中，原油采收率就要降低。

【毛细缝吸力】 固体间的毛细缝中存在能润湿固体的液体时产生的吸力称为毛细缝吸力。产生毛细缝吸力的条件主要有三点：一是存在固体间的毛细缝；二是毛细缝中存在能润湿固体的液体；三是毛细缝中有气-液界面（弯曲界面）存在。

【毛细管黏度计】 测量钻井液在高剪切速率（$10 \sim 100000\text{s}^{-1}$）区流变性的专用仪器。

【毛发湿度表(计)】 测定空气相对湿度的仪器。感应部分是一根或一束脱脂毛发。湿度增减时，毛发伸缩，用机械传动使指针在刻度盘上指出相对湿度大小。

【毛细管吸收时间(CST)】 又称"CST值"。该仪器见"CST仪"。用来测定各种试液与岩粉配成的浆液渗过特制滤纸一定距离所需要的时间。页岩分散实验的步骤是：①定量称取 7.5g 过 100 目筛的页岩试样，倒入不锈钢杯中，加入蒸馏水至 50mL。②将装有试样的杯置于瓦棱混合器（7 速瓦棱搅拌器）上，在 3 挡速度下搅拌 20s。③用不带针头的注射器（5mL）取出 3mL 浆液并压入 CST 圆柱试浆容器中（使用 1.59mm 厚的特制滤纸或四层定性滤纸）。④测定并记录 CST 值。⑤将剩余的浆液继续在 3 挡速度下，分别搅拌 60s 和 120s 并测定其 CST 值（即各重复上述第 3 步和第 4 步）。⑥用 20s、60s、120s 作为 X 值，对应的 CST 值作为 Y 值，并代入线性回归。⑦计算 $Y = mX + b$ 中的斜率 m，截距 b 值及相关系数 R，并做 $CST-T$ 曲线图。T 为搅拌时间。回归方程 $Y = mX + b$ 中，Y 即 CST 值，m 即直线的斜率，CST 值随剪切时间的变化而变化，可用来表征水化分散的速度。b 是 CST 轴上的截距，是由 $CST-T$ 曲线外延而得到的。一般认为，b 越大，瞬时破裂下来的胶体颗粒越多；m 越大，水化分散的速度越快，反之亦然。

【酶聚合物降解颗粒碳酸钙（或油溶性树脂）/聚合物钻井液】　用酶聚合物（酶与聚合物接枝共聚所形成的聚合物）来降解颗粒碳酸钙（或油溶性树脂）/聚合物钻井液暂堵带。与酸化和氧化作用不同，酶体系对除目标聚合物之外的其他物质均不起活化作用，因而管柱的腐蚀及金属碎屑对油气层的损害得以避免；此外，酶还对环境起到保护作用。当酶聚合物有效地降解暂堵带中的聚合物之后，原来被聚合物胶结在一起的碳酸钙颗粒等也将被除去，随地层中油层流入井眼中，使地层渗透率得以恢复。酶降解聚合物所需的关井时间取决于酶聚合物溶液的浓度和井底温度，一般为 $12 \sim 24h$。

【煤碱剂】　代号为 NaC，是由褐煤粉加适量烧碱和水配制成的，其有效成分为腐殖酸钠。褐煤含有大量的腐殖酸（$20\% \sim 80\%$），腐殖酸难溶于水，易溶于碱水（生成腐殖酸钠）。现场常用配方为：褐煤∶烧碱∶水 = 15∶（1~3）∶（50~200）。腐殖酸不是单一的化合物，而是由几个分子大小不同、结构组成不一致的羟基芳香羧酸族组成的混合物。用不同溶剂可将其分成三个组分：黄腐酸、棕腐酸和黑腐酸。从元素分析得知，腐殖酸的化学组成一般为：C 为 $55\% \sim 65\%$，H 为 $5.5\% \sim 6.5\%$，O 为 $25\% \sim 35\%$，N 为 $3\% \sim 4\%$；另含少量 S 和 P。腐殖酸的相对分子质量，测定结果相差很大，一般认为：黄腐酸为 $300 \sim 400$，棕腐酸为 $2 \times 10^3 \sim 2 \times 10^4$，黑腐酸 $10^4 \sim 10^6$。由于腐殖酸分子中含有较多可与黏土吸附的官能团，特别是邻位双酚羟基，又含有水化作用较强的羧钠等基团，使腐殖酸钠既有降滤失的作用，还兼有降黏作用。煤碱剂在钻井液混油时还有乳化分散作用。由于腐殖酸分子的基本骨架是碳链和碳环结构，因此它的热稳定性相当突出，它在 230℃ 的高温下仍能有效控制淡水钻井液的滤失量。煤碱剂遇大量钙侵时会生成微溶性的腐殖酸钙沉淀而失效，此时应配合纯碱除钙。但在用大量煤碱剂处理的钻井液中加入适量的 Ca^{2+}，能生成部分胶状腐殖酸钙沉淀，使滤饼变得薄而韧、滤失量降低，同时对钻井液中的 Ca^{2+} 浓度还有一定的缓冲作用，即当 Ca^{2+} 被黏土吸附时；平衡，$2Na^+ Hm^+ + Ca^{2+} = Ca（Hm）_2 \downarrow + 2Na^+$ 左移，使 Ca^{2+} 浓度不降低。因此，褐煤-氯化钙钻井液、褐煤-石膏钻井液有抑制黏土水化膨胀，防止泥页岩井壁坍塌的作用。煤碱剂降失水的作用，为含有多种官能团的阴离子型大分子腐殖酸钠，吸附在颗粒表面上形成吸附水化层，同时提高黏土颗粒表面的电动电位，因而增大黏土颗粒聚结的机械阻力和静电斥力，提高了黏土的聚结稳定性，使多级分散的钻井液中易于保持和增加细黏土的含量，以便形成致密的滤饼，特别是黏土水化膜的高黏度和弹性带来的堵孔作用，使滤

M

饼更加致密，从而降低了钻井液的滤失量。

【蒙脱石】　又称"微晶高岭石"，黏土矿物的一种。蒙脱石族黏土矿物晶体最简单的就是叶蜡石，它是由上下两个硅氧四面体片中间夹一层铝氧八面体片组成，硅氧四面体的尖顶朝向铝氧八面体，铝氧八面体片和上下两层硅氧四面体片通过共用氧原子和氢氧联结形成紧密的晶层，所以称为 2∶1 型晶体结构。叶蜡石的晶体结构呈现电中性，它的化学分子式可以写为 $Al_4Si_8 \cdot O_{20} \cdot (OH)_4$ 或 $2Al_2O_3 \cdot 8SiO_2 \cdot 2H_2O$，所以叶蜡石晶体中 SiO_2 与 Al_2O_3 的分子比为 4∶1。从蒙脱石的晶格中可以看出，它与叶蜡石的晶体结构基本相似，但在铝氧八面体中，有部分 Al^{3+} 被 Mg^{2+} 或 Fe^{2+} 取代，四面体中的 Si^{4+} 也有少量被 Al^{3+} 取代，这样就使蒙脱石的晶格显负电性，这种现象称为晶格取代现象。蒙脱石为使其晶格达到电稳定，就在晶层表面吸附了周围环境中的正离子，如 Na^+、Mg^{2+}、Ca^{2+} 等。自然界中存在的钠蒙脱石和钙蒙脱石就是指吸附了 Na^+ 或 Ca^{2+} 的蒙脱石，一般把蒙脱石表面的 Na^+/Ca^{2+} 比值高于 70/30 的称钠蒙脱石，低于这个数值的叫钙蒙脱石。蒙脱石的化学分子式可以写为 $(Al_2Mg_3)[Si_4O_{10}][OH]_2 \cdot nH_2O$ 或 $(Ai_{3.34}Mg_{0.66})Si_8 \cdot (OH)_4$。蒙脱石晶层上下皆为氧原子层，各晶层间以分子间力联结，联结力强。由于晶层间联结力弱，所以蒙脱石晶层表面和吸附在它表面的正离子发生水化，吸附水层使晶层间的间隙增大，体积因晶体膨胀而增加。干燥的蒙脱石晶格间距仅 9.6Å，吸水后最大可达 21.4Å。所以，蒙脱石是极易水化、分散、膨胀的黏土矿物。

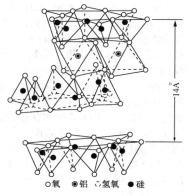

蒙脱石晶体结构

○氧　◎铝　○氢氧　●硅

【咪唑啉季铵盐】　主要由油酸和二亚乙基三胺（或三亚乙基四胺、四亚乙基五胺）在 150～190℃ 回流条件下脱水，得到的棕色黏稠产物再与氯乙酸钠反应制得。为乳白色黏稠液体，缓蚀效果较好，在高浓度时还有一定的杀菌、抑菌作用。一般采用连续投加方法，加量为 25～40mg/L，间歇时投加量要高，一般为 80～100mg/L。

【醚】　醚的结构通式为 R—O—R(R′)、Ar—O—R 或 Ar—O—Ar(Ar′)（R＝烃基，Ar＝芳烃基）。醚是醇或酚的羟基中的氢被烃基取代的产物。其通式为 R—O—R′，R 和 R′ 可以相同，也可以不同。相同者称为简单醚或者叫对称醚；不同者称为混合醚。如果 R、R′ 分别是一个有机基团两端的碳原子则称为环醚，如环氧乙烷等。多数醚在常温下为无色液体，有香味，沸点低，比水轻，性质稳定。

【醚化度】　见"取代度"。

【米】　米的长度被定义为"光在真空中于 1/299792458s 内行进的距离"。米也称为公尺，代号 m。公制长度单位，1 米分为 10 分米、100 厘米、1000 毫米。米又称"公尺"，千米又

称"公里"，分米又称"公寸"，厘米又称"公分"，毫米又称"公厘"，飞 | 米又称"费密(fermi)"。

米的各级单位

单位名称	符　号	数　值	单位名称	符　号	数　值
分米	dm	10^{-1}m	十米	dam	10^{1}m
厘米	cm	10^{-2}m	百米	hm	10^{2}m
毫米	mm	10^{-3}m	千米	km	10^{3}m
微米	μm	10^{-6}m	兆米	Mm	10^{6}m
纳米	nm	10^{-9}m	吉米	Gm	10^{9}m
皮米	pm	10^{-12}m	太米	Tm	10^{12}m
飞米	fm	10^{-15}m	拍米	Pm	10^{15}m

【米制】　是在 18 世纪末由法国创立的一种测量单位制，它以经过巴黎的地球子午线的四千万分之一作为长度单位，定名为"米突"（米）。以米的十分之一长度为立方作为容量单位，定名为"立特"（升）。以一立方分米的纯水在 4℃时的重量（质量）作为重量单位，定名为"千克"（公斤）。这种制度是十进位制，完全以"米"为基础，因此得名为"米制"。

【密度】　密度是物质的一种特性，物理上把某种物质单位体积的质量称为这种物质的密度。用水举例，水的密度在 4℃ 时为 10^{3} 千克/立方米或 1 克/立方厘米（$1.0×10^{3}$ kg/m³）。物理意义是：每立方米的水的质量是 1000kg，密度通常用"ρ"表示。常用单位有 g/cm³、kg/m³ 等。例如，水的密度在 4℃ 时为 1g/cm³。钻井液的密度在钻井中很重要，它对于保证钻井的安全、优质起着决定性的作用，所以必须密切注意和严格控制钻井液密度的变化。钻井液在钻井中的作用可概括为以下几个方面：①平衡油、气、水层压力。钻进过程中钻井液密度应稍高于油、气、水层压力系数，

防止高压油、气、水流侵入井内造成井喷。钻井液密度也不应过高，尤其是钻低压、低渗透率地层更是如此，以免钻井液污染油、气、水层，损害油、气层生产能力，甚至破坏油、气层。钻遇高压水层或高压盐水层钻井液密度必须保证能压住水层，以防井喷和污染钻井液。②平衡岩石侧压力，保持井壁稳定，防止井塌，当盐岩层埋藏较深，其地层温度超高 100℃时，它变成一个可流动的塑性体，为克服盐岩层和其他塑性地层的流动，应使钻井液液柱压力接近上部地层覆盖压力。③钻井液密度对钻井速度有很大影响，清水钻井钻速最高，随着钻井液密度增加和固相含量的升高，钻井速度下降。为了提高钻井速度，应在井下情况允许的条件下，尽可能使用低密度、低固相含量钻井液。使用平衡钻井新技术可以大幅提高钻井速度。④钻井液密度主要是由钻井液中的固相（黏土和加重材料）含量及性质决定的，一些可溶性盐类侵入钻井液也会影响钻井液密度。固相含量的变化和可溶性盐类的侵入不仅使钻井液密度发生变化，而

且必然使钻井液其他性能——黏度、切力、滤失量、pH 值等也发生变化。所以，钻井液密度的变化也是分析、判断钻井液其他性能变化的重要依据。

密度单位换算

lb/gal	lb/ft^3	g/cm^3	kg/m^3	lb/gal	lb/ft^3	g/cm^3	kg/m^3
6.5	48.6	0.78	780	15.5	115.9	1.86	1860
7.0	52.4	0.84	840	16.0	119.7	1.92	1920
7.5	56.1	0.90	900	16.5	123.4	1.98	1980
8.0	59.8	0.96	960	17.0	127.2	2.04	2040
8.3	62.3	1.00	1000	17.5	130.9	2.10	2100
8.5	63.6	1.02	1020	18.0	134.6	2.16	2160
9.0	67.3	1.08	1080	18.5	138.4	2.22	2220
9.5	71.1	1.14	1140	19.0	142.1	2.28	2280
10.0	74.8	1.20	1200	19.5	145.9	2.34	2340
10.5	78.5	1.26	1260	20.0	149.6	2.40	2400
11.0	82.5	1.32	1320	20.5	153.3	2.46	2460
11.5	86.0	1.38	1380	21.0	157.1	2.52	2520
12.0	89.8	1.44	1440	21.5	160.8	2.58	2580
12.5	93.5	1.50	1500	22.0	164.6	2.64	2640
13.0	97.2	1.56	1560	22.5	168.3	2.70	2700
13.5	101.0	1.62	1620	23.0	172.1	2.76	2760
14.0	104.7	1.68	1680	23.5	175.8	2.82	2820
14.5	108.5	1.74	1740	24.0	179.5	2.88	2880
15.0	112.5	1.80	1800				

【**密度秤**】 测定钻井液密度的一种专用仪器。其结构比较简单，测量精度为 0.01，在现场得到广泛应用。

【**密度瓶**】 测定液体相对密度的一种玻璃仪器，在某一温度下，将待测液体装入已知容积的密度瓶中，至液面刻度处，称出瓶中液体的质量，即可由计算而求得其密度。

【**密度计**】 又称钻井液密度秤。用以测量钻井液密度的一种专用仪器，秤杆一端的液杯重量被秤杆另一端的载荷平衡，游码可以沿刻度自由移动，秤杆上安有一水准泡，还可以使用扩大测量量程的附件。测量时：①底座放置水平。②用待测的钻井液灌满清洁而干燥的液杯（容积为 140mL），放上杯盖，并转动盖严，保证使多余的钻井液从小孔流出，排出杯中的空气或气体。③擦干杯外浆液。④放秤杆于底座刀口上，沿刻度杆移动游码，使水准泡居中。⑤读出游码内侧对准的秤杆上的刻度，即钻井液的密度，单位为 g/cm³。常用于测量钻井液密度的密度计有Ⅰ型和Ⅱ型，即量程为 0.90 ~ 2.0g/cm³ 和 1.0 ~ 2.5g/cm³。

1. 密度计 1.0 的校正方法

将密度计杯注满洁净的淡水，盖好杯盖，并擦干外部的清水，然后将刀口放在支架的刀垫上，移动游码，对准刻度线 1.00g/cm³ 处，检查秤杆是否平衡（水准泡居中）。如不平衡，将尾端平衡柱中加上或减去一些铅粒，直至水平为准。

2. 密度计 2.0 的校正方法

用天平称取铁砂 280g，倾入液杯捣平，盖好杯盖，将刀口放在支架的刀垫上，移动游码，对准刻度线 2.00g/cm³ 处，检查秤杆是否平衡（水准泡居中）。如不平衡，用小螺丝刀（旋具）将游码底端的小螺钉打开，加上或减去一些铅粒，直至水平为准。

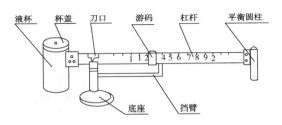

钻井液密度计

【密闭液】　又称密闭取心保护液。利用密闭取心工具取心钻井时，为使岩心不受钻井液污染，岩心钻出时，立即进入盛有特制的保护液的岩心筒中，这种液体称密闭液。现场用的密闭液，如蓖麻油基密闭液、氯化石蜡基密闭液、水基纤钙密闭液、水基胺菁密闭液等，在一定温度下搅拌配成。优点是可使岩心不受钻井液污染，代替油基钻井液取心，保持油层原始状态，以求出油层的原始含水、含油饱和度，进而对产层进行正确估计。

【密闭液取心】　一种取得油层原始资料的特殊取心工艺，在取心钻进时，通过施加一定的钻压剪断销钉，使得密闭液流出。随着岩心的不断形成，密闭液均匀地附在岩心表面，防止了钻井液的侵入和岩心中油水的外溢。

【密度传感器】　指基于阿基米德原理的钻井液密度传感器。根据阿基米德原理，浸在液体中的物体受到液体的浮力作用，此外，还受到自身重力的作用。视合力 F 的方向不同，可以采用不同的力传递机构。下图给出了两种不同的传感器原理结构。图(a)是当合力向上时采用的结构，图(b)是合力向下时采用的结构。这两种形式都可以把球体自重力与浮力的差值绝对值成正比地转化为对力测量元件的作用力。图(a)所示机构全部要淹没在钻井液中，因而要求很好地密封，而图(b)所示机构只有球体淹没在钻井液之内，力测量元件处于空中，因而没有密封或抗钻井液腐蚀之类的问题，从而易于实现。

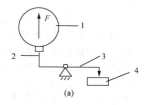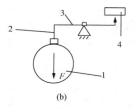

两种基于阿基米德原理的钻井液密度传感器
1—传感金属球；2—悬线；3—杠杆；4—力测量元件

【幂律流体】　见"幂律模式"。

【幂律模式】　又称幂函模式。研究流体流动的一种模式，流体流动时的切应力与速度梯度之间呈指数关系。幂律模式描述的流变曲线是一条抛物线，所以在中剪切区和低剪切区都有良好的精度；常被用来描述拟塑性流体和膨胀性流体的流变性，其形式为：

$$\tau = K\left(\frac{du}{dn}\right)^n$$

式中　τ——切应力；
　　　K——稠度系数；
　　　n——流性指数；
　　　$\frac{du}{dn}$——速度梯度。

对于拟塑性流体来说，$n<1$；对于膨胀性流体来说，$n>1$。当 $n=1$ 时，上式即为牛顿流体的内摩擦定律；n 与 1 的差值越大，表明该拟塑性流体或膨胀性流体的流变性偏离牛顿液体越远。符合幂律模式的液体简称为幂律流体。n 和 K 是用幂律模式描述拟塑性流体的两个流变参数。K 值反映了液体的稠度，它是液体直观流动性的表现。钻井液中固相浓度越高，分散程度越细（颗粒尺寸越小），K 值越高。为了降低 K 值，常用机械除砂和化学絮凝的办法，也可以使用稀释的办法。在满足井眼净化的条件下，适当地降低 K 值，有利于提高钻速。n 值反映了钻井液的非牛顿性程度。n 值越接近 1，液体越接近牛顿流体；n 值越小，剪切减稠性能越显著。

【棉籽壳】　堵漏材料。棉花籽榨油后的残渣，俗称棉籽油枯。富含纤维，有弹性。属惰性材料堵漏剂。适用于裂缝、多空隙地层堵漏。与果壳粒、云母混合使用效果更佳。

【棉籽壳丸堵漏剂】　堵漏剂的一种。是由棉籽壳、棉籽粉、膨润土以及棉绒和表面活性剂等制成的丸（球）。钻遇漏层，将此剂加入钻井液，挤入漏层经一段时间后开始吸收大量的水，引起膨胀和分裂，封堵漏层。其组分（重量比）为棉籽粉 50%、棉籽壳 31%、棉绒 1%、膨润土 18% 和 0.1%的表面活性剂。

【棉籽油防卡润滑剂】　是一种棕红色油状液体，用作钻井液防卡润滑剂，无毒，与其他处理剂配伍性好。

棉籽油防卡润滑剂质量指标

项　目	指　标
外观	深棕红色液体
密度/(g/cm^3)	0.92~0.95
pH 值	6.5~8
闪点/℃	≥100
凝点/℃	≤5
滤饼黏滞系数下降率/%	30~80

【面-面联结】　钻井液中黏土颗粒的一种联结方式。如果黏土颗粒的电动电

势 ZETA＝0，这时，黏土颗粒的水化程度也很差，水化膜很薄，水化膜的弹性斥力也很小，黏土颗粒间引力占优势，黏土颗粒将以面-面相联结。

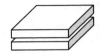

面-面联结

【敏化作用】　在溶胶中加入的高分子的量小于为起保护作用所必需的最低数量时，是不但对溶胶无保护作用，而且会使溶胶对电解质更为敏感，电解质对该溶胶的聚沉值减小，这种现象称为敏化作用。

【摩尔】　简称摩，旧称克分子、克原子，是国际单位制 7 个基本单位之一，符号为 mol。1mol 任何物质（微观物质，如分子、原子等）含有阿伏伽德罗常量（约 6.02×10^{23}）个微粒。使用摩尔时基本微粒应予以指明，可以是原子、分子、离子及其他粒子，或这些粒子的特定组合体。约 6.02×10^{23} 个就是 1mol，就好比人们常说的一打就是指 12 个，"摩尔"和"打"一样只是一种特殊的单位量。0.012kg（12 克）C_{12}（碳 12）所包含的原子个数就是 1mol。

【摩擦力】　当物体与另一物体沿接触面的切线方向运动或有相对运动的趋势时，在两物体的接触面之间有阻碍它们相对运动的作用力，这种力叫摩擦力。接触面之间的这种现象或特性叫"摩擦"。

【摩尔数】　就是 1mol 物质中所含基本单元的个数等于阿伏伽德罗常数。科学实验表明，在 $0.012kg C_{12}$ 中所含有的碳原子数为 6.0221415×10^{23}。使用摩尔时，应指明基本单元，可以是分子、原子、离子、电子或其他基本单元，也可以

是基本单元的特定组合体。

【摩尔浓度】　以 1L 溶液中所含溶质的摩尔数表示的浓度。以单位体积里所含溶质的物质的量（摩尔数）来表示溶液组成的物理量，称为该溶质的摩尔浓度，又称该溶质的物质的量浓度。符号为 C，单位为 mol/L。计算式为：$C = n/V$。

【摩擦系数】　是指两表面间的摩擦力和作用在其一表面上的垂直力之比值。它和表面的粗糙度有关，而和接触面积的大小无关。依运动的性质，它可分为动摩擦系数和静摩擦系数。滑动摩擦力是两物体相互接触发生相对滑动而产生的。

【摩尔质量】　单位物质的量和物质所具有的质量称摩尔质量，用符号 M 表示。当物质的量以 mol 为单位时，摩尔质量的单位为 g/mol，在数值上等于该物质的原子质量或分子质量。对于某一化合物来说，它的摩尔质量是固定不变的。而物质的质量则随着物质的量不同而发生变化。

【摩阻降低剂】　即润滑剂。使钻柱转动时的扭矩或流体阻力降低的添加剂。

【摩擦系数测定仪】　滤饼摩擦系数测定仪的简称，又称滤饼黏附系数测定仪，是测定滤饼黏附系数的一种专用仪器。在国内得到了广泛应用，其常用型号是 NF-1 黏附系数测定仪。

NF-1 滤饼黏附系数测定仪

【磨蚀】 由于钻井液中的钻屑没有得到及时清除，对机械设备造成磨损的现象。例如钻头早期磨损、拉杆、缸套和凡尔座的严重磨损。如遇这种情况可用水稀释，用化学处理剂和机械设备降低和维持较低含砂量。

【磨削钻井】 用一台单级涡轮带动一个金刚砂或碳化钨的切削轮旋转以破碎岩石的钻井方法。转速为 5000～10000r/min，施于切削轮上的荷载为 4.45～13.34kN，钻杆的转速为 30～75r/min。由于单级涡轮输出效率低（大约 10%～20%），从而限制了这种钻具的应用。现场试验中，其钻井速度为 1.5～4.6m/h。对于相当直径的井眼而言，它比普通旋转式钻机的钻速快一半左右。

M

【目数】 物理学定义为物料的粒度或粗细度，一般定义是指筛网在 1in(25.4mm) 线段内的孔数即定义为目数。

【目视比色法】 用眼睛观察、比较溶液颜色深浅而确定物质含量的方法称为"目视比色法"。该方法是将标准溶液和被测溶液在同样条件下发色。当溶液厚度、色深度相等时，则两者的浓度相等。由标准溶液的浓度即可知被测溶液的浓度。

【木质素】 亦称"木素"或"木质"，一种高分子的芳香族聚合物。大量存在于植物木质化组织的细胞壁内。工业上主要由木浆废液中分离而得，为黄褐色无定型粉末。石油工业常用于钻井液处理剂的制造。

【木质素磺酸】 又称磺化木质素。木浆造纸的副产物。一种线型高分子化合物。黄褐色固体，有良好的扩散性。通常由亚硫酸盐木浆废液，经加工浓缩后，用石灰、氯化钙、碱式醋酸铅等沉淀剂分离制得木质素磺酸盐粗制品。再根据需要经过加酸溶解、过滤除钙、加碱转化为钠盐，最后蒸发干燥而成精制品。木质素磺酸钠是一种阴离子型表面活性剂，是固体在水介质中的出色分散剂。在钻井液中用作分散剂。

【木质素磺酸铬镁盐】 是以亚硫酸纸浆废液为原料，用硫酸镁作置换剂引入 Mg^{2+}，用重铬酸钾作氧化剂引入 Cr^{2+}，得到的一种络合物。与铁铬盐相类似，具有抗盐、抗钙和抗高温的能力，是一种良好的抗高温稳定剂。

【木质素磺酸盐接枝共聚物】 聚丙烯酸自由基（链）在木质素磺酸钙上接枝的共聚物。在石灰钻井液或钾石灰钻井液中作降黏剂使用。高温下能防止黏土与氢氧根反应，提高了石灰钻井液的抗温极限。

N

【纳米】　是"nanometer"译名即为毫微米，是长度的度量单位，国际单位制符号为 nm。1 纳米 $= 10^{-9}$ 米，长度单位如同厘米、分米和米一样，是长度的度量单位。相当于 4 倍原子大小。国际通用名称为 nanometer，简写 nm。

【纳米复合材料】　是指分散相尺寸有一维小于 100nm 的复合材料。当纳米材料为分散相、有机聚合物为连续相时，就是聚合物基纳米复合材料。无机/聚合物纳米复合材料因综合了无机、有机和纳米材料的优异性能，能满足钻井液成膜技术的要求。水基钻井液成膜技术就是希望将泥页岩自身的非理想半透膜改造为理想的或接近理想的半透膜，即水基成膜钻井液与井壁泥页岩接触后在其表面形成一种具有调节、控制井眼流体与井壁地层流体系统间传质、传能作用的膜。利用膜两侧两相溶液之间的活度差，控制水流方向和驱动力大小，达到阻止或者减小水流入地层的作用，有效地防止地层水化膨胀，封堵地层层理裂隙，稳定了井壁。

【纳米复合乳液成膜剂】　水基钻井液用成膜剂，代号为 NCJ-1。以 2-丙烯酰胺基-2-甲基丙磺酸（AMPS）、丙烯酰胺（AM）、丙烯酸（AA）和苯乙烯（St）为有机结构单体，以改性纳米 SiO_2 为无机结构单体，利用超声波细乳化原理和水溶性自由基的方法合成。用于泥页岩地层的稳定。

【钠羧甲基淀粉】　代号为 Na-CMS，由淀粉改性而成，在钻井液中用作抗盐降滤失剂。其结构式如下：

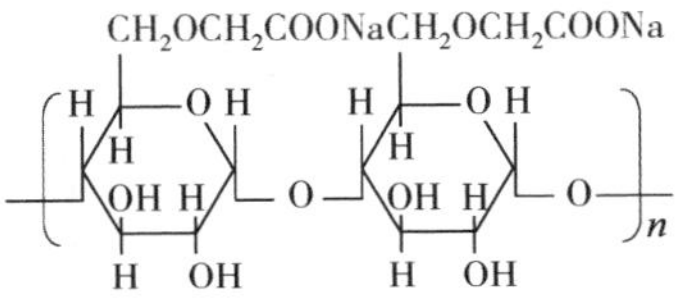

【钠甲基胍尔胶】　代号为 Na—CMGG，在钻井液中用作增黏剂。

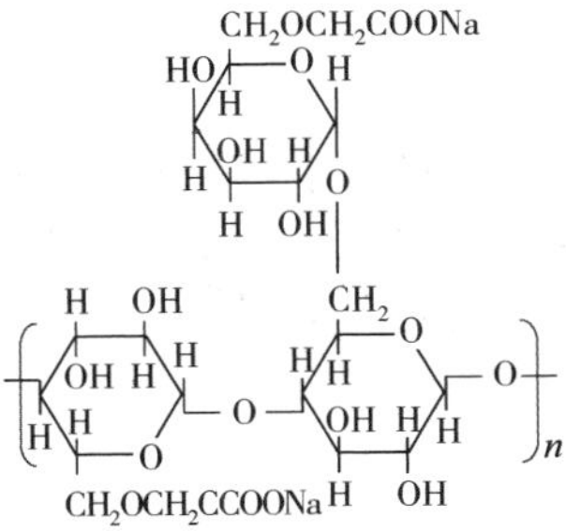

钠甲基胍尔胶

【钠羧甲基羟乙基纤维素】　代号为 Na—CMHEC，在钻井液中具有增黏、降滤失作用；在水泥浆中用作降滤失剂、缓凝剂。

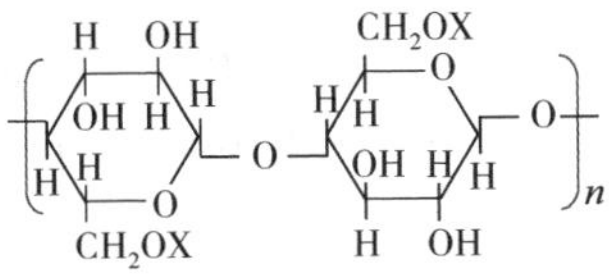

X:CH_2COONa 或 CH_2CH_2OH

钠羧甲基羟乙基纤维素

【钠纤维素硫酸酯】　代号为 NaCS，是纤维素硫酸酯的钠盐，它的结构和结构单位可分别表示如下：

作为钻井液的降滤失剂，一般可用 1%水溶液的黏度代表。1%水溶液的黏度不小于 5mPa·s（反映聚合度），酯化度不小于 0.5（即每两个结构单位至少有一个—OSO_3Na）的产品。

结构单位：
$[C_6H_7(OH)_{3-x}(OSO_3Na)d]_x$

式中，n为聚合度，x为酯化度。

【钠羧甲基纤维素】　代号为 Na-CMC，由纤维素（棉花纤维、木屑纤维、木浆板等）经过碱化变成碱纤维素后，再与一氯乙酸反应制成。羧甲基纤维素中的羧基被 NaOH 中和后即生成钠羧甲基纤维素。钠羧甲基纤维素的结构可表示如下：

或$[C_6H_7O_2(OH)_{3-d}(OCH_2COONa)d]_n$

在 Na-CMC 的链节中，羟基和醚氧主要是与黏土颗粒表面吸附的官能团，羧钠基主要是引起溶解和水化的官能团。聚合度 n 是决定其水溶液黏度的主要因素。在同样条件下（浓度、温度、电解质等），聚合度越高，黏度越大。由于测定聚合度比较麻烦，一般工业上根据其溶液的黏度大小，把 Na-CMC 分成高及超高黏度、中黏度和低及超低黏度三种类型，其实质就是聚合度高低的不同。高及超高拟定型的可用作低固相钻井液的悬浮剂和封堵剂以及增稠剂。低及超低黏度型的可用作加重钻井液的滤失量降低剂（以免黏度过大）。中黏度型适用于一般钻井液，既降低滤失量同时又提高黏度。CMC 在钻井液中电离生成长链的多价阴离子，其分子链上的羟基和醚氧基为吸附基团，而羧钠基为水化基团。羟基和醚氧基通过与黏土颗粒表面上的氧形成氢键或黏土颗粒断键边缘上的 Al^{3+} 之间形成配位键使 CMC 能吸附在黏土上；而多个羧钠基通过水化使黏土颗粒表面水化膜变厚，黏土颗粒表面 ZETA 电位的绝对值升高，负电量增加，从而阻止黏土颗粒之间因碰撞而聚结成大颗粒(护胶作用)，并且多个黏土颗粒会同时吸附在 CMC 的一条分子链上，形成布满整个体系的混合网状结构，从而提高了黏土颗粒的聚结稳定性，有利于保持钻井液中细颗粒的含量，形成致密的滤饼，降低滤失量。此外，具有高黏度和弹性的吸附水化层对滤饼的堵孔作用和 CMC 溶液的高黏度也在一定程度上起降滤失的作用。

【钠羧甲基羟丙基纤维素】　代号为 Na-CMHPC，在钻井液中用作增黏剂、降滤失剂。在水泥浆中用作降滤失剂、缓凝剂。

Y:CH_2COONa或CH_2 — CH_2OH
　　　　　　　　　 |
　　　　　　　　 CH_3

钠羧甲基羟丙基纤维素

【内聚力】　又叫黏聚力，是在同种物质内部相邻各部分之间的相互吸引力，这种相互吸引力是同种物质分子之间存在分子力的表现。只有在各分子十分接近时(小于 10^{-6} cm)才显示出来。内聚力能使物质聚集成液体或

固体。特别是在与固体接触的液体附着层中，由于内聚力与附着力相对大小的不同，致使液体浸润固体或不浸润固体。

【内滤饼】　钻井液中的固相在地层孔隙中沉积形成的滤饼称为内滤饼。一般侵入地层深度为 2~3cm。

【泥】　钻井液中粒径在 2~74μm 之间的固相颗粒。

【泥浆】　一种由黏土、水和添加剂按一定比例配制而成的多相分散体系，人们常称为泥浆，国际上统称为钻井液或者钻井流体。

【泥饼】　也称为"滤饼""泥皮"；由于钻井液液柱与地层间的压差作用，在滤失的同时，黏土颗粒等固相在井壁周围形成一层堆积物，此堆积物叫泥饼。泥饼的好坏(质量描述)用渗透性即致密程度、强度、摩擦性(光滑性)及厚度来表示。

【泥侵】　钻屑在上升过程中，受钻井液的侵蚀和机械研磨，钻屑得到了进一步降级，使钻屑变得更细(2~73μm)。当更多的细钻屑进入钻井液中，容固空间减小，造成黏度和切力升高的现象称为泥侵或者钻屑侵。

【泥包】　钻头泥包的简称，重复破碎时，一部分岩屑与井底滤饼(钻井液在井底滤失后形成的)掺混，黏附在钻头上，充填在牙轮钻头的牙齿或钻头的刀翼之间，黏附、充填越来越多，将钻头包住，使钻头不能吃入岩石和破碎岩石的现象，称钻头泥包。发生的原因主要是，钻井液排量太小，不足以清洁牙轮或 PDC 刀翼；

喷嘴形成的射流不够强大，不能有效地清洗井底；钻进泥岩地层，岩屑的黏性太大等。发生钻头泥包时，即应起钻检查钻具和换钻头或者清洁钻头。下钻时，高渗地层形成的滤饼厚（缩径），当钻头强行通过缩径段时，厚滤饼也会对钻头及扶正器造成泥包。钻土壤地层时，大量的黏土和细钻屑侵入钻井液，造成容固空间减小，黏度和切力剧增，新钻的钻屑（粘泥地层）得不到分散，也会造成钻头泥包。

【泥浆罐】　用来储备钻井液的容器，一般用钢板制成圆柱形或立方形。泥浆罐上装有搅拌机和泥浆枪，经常搅拌罐内的钻井液，防止其沉淀，以备使用。

【泥浆枪】　它的作用同搅拌器。泥浆枪由枪体和喷嘴组成，喷嘴由耐磨合金制成。泥浆枪有高压和低压两种类型，高压泥浆枪由活塞泵提供高压流体。低压泥浆枪由离心泵提供流体。靠流体射流起到搅拌的作用。泥浆枪分自动（自动旋转）和人工两种。

【泥浆池】　调配钻井液的池子。用来供给钻井泵所需的钻井液，可在钻井泵后面挖土坑筑成。随着钻井液管理水平的提高和净化系统的改善，目前的泥浆池是用钢板制成的箱式地面循环系统。

【泥浆槽】　是连接井口振动筛，振动筛与地面循环系统各罐之间的槽子，形成钻井液在地面循环处理的通路。泥浆槽一般是用铁板制成的槽子。

【泥饼质量】　也称为"滤饼质量"；评价钻井液造壁性能好坏的指标，主要指滤饼的渗透性即致密程度（包括强度）、韧性、摩擦性（光滑性）及厚度。其测量方法是：①致密程度：将滤饼放入水（柴油或煤油）中，在一定的时间内，观察滤饼是否松散或分散，如果已松散或者分散，证明致密程度不好，反之致密程度高。②韧性：将滤饼放在一物体的 90° 角上，向下折，观察是否断裂，如果断裂，证明韧性差，反之韧性强。③摩擦性：现场常用的方法是将滤饼放在一物体平面上，用一手指进行运动触摸，凭感觉而定。④厚度：将滤饼放在一物体平面上，用毫米尺进行测量。

【泥包卡钻】　即钻头泥包卡钻，钻进时钻井液黏度高，地层软，进尺快，钻井泵排量和泵压均小，不能及时清除井底的钻屑，钻井液与钻屑掺混在一起，紧紧地包着钻头，水眼可能被堵死，牙轮转动不灵活，有憋跳钻现象，钻速慢，泵压升高，起钻有拔活塞和阻卡现象，当起到缩径部位，即无法通过而被卡死。这种卡钻不宜强提，宜多下放或活动钻头，并大排量循环，降低钻井液黏度，甚或注原油或酸解卡。处理泥包卡钻程序图（仅供参考）如下：

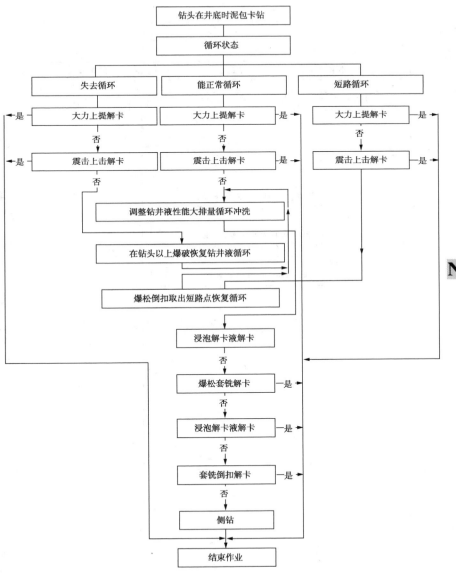

处理泥包卡钻程序图

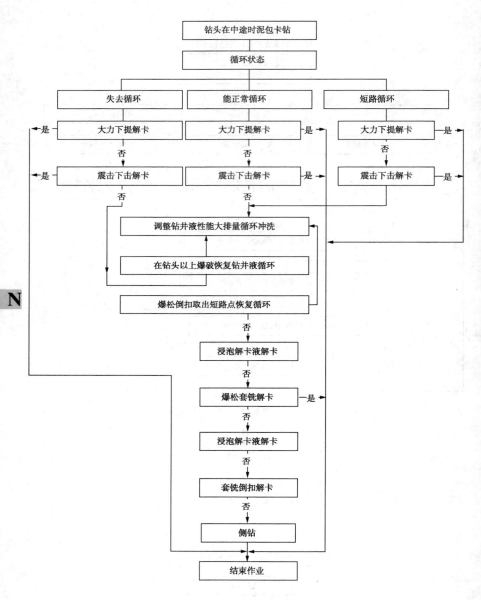

N

处理泥包卡钻程序图(续)

【泥浆流变性】　见"流变性"。

【泥浆搅拌器】　是装在地面循环(系统)罐上面,用来搅拌钻井液和悬浮在钻井液中的固相物质,使钻井液密度保持均匀的辅助设备。若在地面罐里加入化学处理剂,搅拌器(机)也可用来搅拌钻井液,使化学处理剂和钻井液均匀混合。搅拌器由叶轮、变速箱和电动机组成,电动机带动变速箱使连接在变速箱下部叶轮轴带动叶轮旋转,起搅拌作用。

【泥饼电阻率】　钻井时,由于钻井液液柱压力大于或者略大于地层压力,此压力差驱使钻井液中的滤液向储集层渗透。在不断渗透的过程中,钻井液中的固体颗粒逐渐在井壁上沉淀下来形成滤饼,该层介质的电阻率称滤饼电阻率。

【泥浆电阻率】　在钻井过程中,采用的钻井液是黏稠多相体系,这种介质的电阻率称为钻井液电阻率或者泥浆电阻率。它在测井解释中是很重要的参数,因为钻井液电阻率的改变会引起自然电位视电阻率曲线形状的显著变化。因此,在实际工作中对钻井液电阻率的大小应该有严格要求。一般情况下,钻井液电阻率应以该地区油田水电阻率的5倍为宜。

【泥浆处理剂】　又称钻井液处理剂。用来改变钻井液的物理、化学性质和胶体状态的物质(无机的和有机的),用以使钻井液具有钻井工艺所需要的性能。常用的钻井液处理剂有碱度和pH值控制剂,如烧碱、杀菌剂(阳离子活性剂)、除钙剂、腐蚀抑制剂、消泡剂、乳化剂、降滤失剂、絮凝剂、起泡剂、堵漏剂、润滑剂、页岩抑制剂、降黏剂和分散剂、增效剂、加重剂等。

【泥饼与造壁性】　又称滤饼与造壁性。钻井液通过渗透性地层滤失的同时,随着液相进入地层,钻井液中的固相颗粒(黏土、钻屑、加重材料等)便附在井壁上,在压差和钻杆拍打作用下形成造壁性,滤饼的厚度及致密程度与滤失量的大小、固相成分及黏土的电性等有关,一般来说,滤饼越厚,越疏松,滤失量越大。滤饼过厚,会引起泥包钻头;井径缩小,起下钻时压力激动增加;易发生滤饼卡钻事故;不利于下套管,影响固井时水泥与井壁的胶结;不利于处理钻井故障等。钻井要求滤饼薄而致密。

【泥饼摩擦系数】　也称为"滤饼黏附系数";滤饼表面有一定的黏滞性,当一物体在其表面产生相对运动时,将受到一定的摩擦阻力。滤饼摩擦系数较大,在钻具靠近井壁时,产生的摩擦阻力较大,容易造成黏附卡钻或起下钻遇阻、遇卡等现象。另外,对钻具磨损比较严重,产生钻具早期疲劳。因此,滤饼摩擦系数越小,对钻井越有利。加入润滑剂可降低滤饼摩擦系数。

【泥浆密度传感器】　又称"钻井液密度传感器"。具有测量钻井液密度功能的传感器。它是反映平衡钻进条件的重要参数之一。及时、准确地测量钻井液密度,是维持近平衡条件所必需的。根据密度的测量原理,密度传感器有三种结构:①压差式密度传感器是根据钻井液内部压强分布与密度成比例的原理而设计的。在地面循环罐(槽)内插入两根长度不同的取样管,管子上端接恒流气源,在两根管子的下端即冒出气泡,由于管子插入泥浆的深度差是固定的,故起泡的压力之差与密度成比例。②浮子式密度传感器是利用阿基米德定理工作的用一个带有浮子的杠杆系统,沉入地面循环罐液面以下,浮子在流体浮力作用下重量减轻,杠杆的另一端感受该力量的变化,可以换算出密度的数值。③定液位筒式密度传感器是利用一个特制的挤压式泵,将泥浆泵入具有一定高度的液位筒,在筒的底部装有感受压强的敏感元件,从而将压强转换成与密度成正比的电信号。

【泥浆液面传感器】　具有测量地面循环系统泥浆罐(或槽)中液面变化功能的传感器。一个容器中钻井液液面的变化反映该容器中钻井液体积的变化。所有钻井液容器体积变化的代数和,反映出地层中流体与井眼中液体的连通和流动情况。这是钻井压力控制的重要情况,及时掌握情况,采取恰当的技术措施,是确保安全施工的必要条件。因此,测量各个钻井液容器中的钻井液液面具有重要意义。根据测量原理,液面传感器可分为浮杆式和浮漂式两种。浮杆式液面传感器利用浮球浮在液面上,带动一个被称为浮杆的支臂,液面的变化引起浮杆的角度变化,然后再转换为与液面变化成比例的电信号。浮漂式液面传感器利用浮漂浮在液面上,直接带动多圈电位器旋转,从而取得与液面变化成比例的电信号。

【泥浆流动传感器】　具有测量架空(槽)管线中钻井液流动状况功能的传感器。钻井过程中,如果不改变钻井泵的工作状况,钻井液的流动状况将是恒定的。此时,如钻井液流动状况发生变化(增大),则是地层流体流入井眼中(即井涌)的象征。进一步证实井涌的存在,可采取停泵检查钻井液流动的方法。如果停泵后,钻井液继续由井内返出,则说明井涌存在。故借助钻井液流动,可发现和证实井涌。因此,钻井液流动与钻井液液面传感器,加上一系列的量限和报警装置,可以组成钻井液监测系统。流动传感器利用一个可以在架空管线中转动的翼状挡板,当有钻井液流动时,

钻井液的冲力使挡板转动一个相应的角度,从而把电信号传送给司钻仪表盘,或集中检测装置,以便监视钻井液流动。如果在钻井泵不停止工作的情况下,钻井液流量减小或者断流,说明发生了井漏。

【泥浆温度传感器】　又称"井口温度传感器"。具有测量井口钻井液温度变化功能的传感装置。钻井液排量一定时钻井液温度随井深的变化,反映着地温梯度的变化。地温梯度是预测地层压力的重要方法之一。异常压力井段的地温梯度高于正常压力井段的地温梯度。因此,测量钻井液温度,及时发现地温梯度的突然变化,对施工安全具有重要意义。钻井液温度传感器,一般用铂热电阻作为温度敏感元件。将铂丝绕于云母骨架上,置于不锈钢的护管中,放入钻井液返出口处。钻井液温度的变化变成铂热电阻值的变化,然后通过一定的电路将它放大,最后输出一个与温度变化成正比的电信号。

【泥浆电导传感器】　又称"钻井液电导传感器"。具有测量钻井液电导功能的传感器。钻井液电导说明了钻井液的矿化度。每打开一个新的地层,就要发生钻井液与地层水之间的离子扩散,从而引起钻井液矿化度的变化。钻进过程中,随井深记录钻井液电导的变化,可以换算出地层水的电阻率和岩石的电阻值,从而掌握本地区页岩电阻率随井深变化的曲线。这对于预测地层压力是非常重要的原始资料。钻井液电导传感器是一个用橡胶密封的圆环,圆环内有一个初级线圈和一个次级线圈。初级线圈通过一定频率和一定幅度的交流电,圆环放入泥浆中,根据泥浆的电导值,使次级线圈产生一定的感生电势。根据感生电势的幅度,便可以计算出钻井液的

电导值。

【泥浆罐液面指示器】 又称"罐液面指示器"。指示地面循环系统(循环罐)内钻井液液面升降变化的仪器。在现代化的先进罐式循环系统中，每个地面循环罐内都装有液面指示器，在钻台和仪表房则显示地面循环系统总容积的变化量，这是监视溢流或井漏的重要仪表，当液面升降超过预定值时即发出警报。液面指示器的一次元件多为浮子式液面仪，通过气压或电信号输送信息到二次仪表上显示和打印。

【泥浆固相粒度分布】 钻井液中每种尺寸的固相颗粒的体积所占固相总体积的百分数。粒度分布的规律对钻井液性能有直接影响，是钻井液固相控制效果的一种检验标准。

【泥浆系统物质平衡】 钻井液系统的物质包括固相和液相两部分。在钻进过程中，这些物质总是增增减减，处于动态变化之中，增减的变化反映在地面循环系统液面的升降上。钻井液滤失会导致地面循环系统液面下降，其下降速率与地层的渗透性有关；清除岩屑会使地面循环系统液面下降，下降的速度比钻进的速度还大，因为清除的砂子要带走吸附的水分；由于钻柱进入井内，地面循环系统液面也轻微增加。另外，温度、化学处理剂的溶解等因素对地面循环系统液面也有轻微影响，但加深井眼并不改变地面循环系统的液面，因为钻出多大体积的井眼就增加多大体积的岩屑，同时要用多大体积的钻井液填充钻出的井眼；上述变化对钻井液性能有很大影响，因此在钻井液管理工作中使钻井液系统的物质总量处于动平衡状态，即地面循环系统液面保持恒定，是保持钻井液性能稳定的重要方面之一。

【拟塑性流型】 属非牛顿型的一种，特点是加很小的剪切应力就能产生流动，没有或较小静切力，而且黏度随剪切应力的增大而降低。流变曲线通过原点并凸向剪切应力轴。服从指数定律(也称幂律方程)，$\tau = Ky^n$，$n<1$(n 为流性指数，K 为稠度系数)。n 值愈小，偏离牛顿流型愈远，K 值愈大，黏度愈高。高分子化合物、乳状液及某些钻井液属于这种流型。形成拟塑性流型的原因是流体内没有或很弱的连续空间网架结构，故极小的切应力就能引起流动。而且，网状结构拆散之后不易恢复，故黏度随切应力增加而降低。

【逆反应】 见"可逆反应"。

【逆乳化油基钻井液】 是中等或高含水的油基钻井液，水是逆乳化油基钻井液的内相，并且可以含有盐类如钙或钠的氯化物，其含水一般在 $10\% \sim 60\%$。加入乳化剂，不但可以增强乳化稳定性，使水作为内相，还可以防止水渗出进而聚结成大的水滴。改良的褐煤衍生物或沥青可用作滤失控制剂，有机土可用来提高体系的黏度。逆乳化油基钻井液的乳化性能通常很好，是一种低滤失量的油基钻井液。

【黏土】 配制钻井液的主要材料，亦有增加黏切、降低滤失量和封堵地层毛细孔和微裂缝的作用。常用的有膨润土、抗盐土(海泡石、凹凸棒石等)及有机土等。黏土颗粒通常很细，大约在 $1 \sim 5\mu m$，大多数小于$2\mu m$，国际上常取 $4\mu m$，为界限。黏土大多数是结晶质，并具有层状结构，表现出片状或板状形态，少数为链层状、纤维状和棒状形态。还有部分是非晶质无定形或胶体矿物。其主要成分是氢氧化铁、氢氧化铝，还有不定量的化学元素，主要是铝(Al)、硅(Si)、氧(O)、氢(H)，另外还有少量的镁(Mg)、铁(Fe)、钠(Na)、

N

钾（K）等。黏土矿物的种类繁多，成分复杂多变，性质独特，根据各种黏土中矿物含量的不同，大致分为三类：①高岭石黏土。主要由高岭石矿物组成，其含量可达90%以上。其次含有多水高岭石、水云母等黏土矿物，颜色多为白色、浅灰色、浅蓝色等。化学成分为 $2Al_2O_3 \cdot 4SiO_2 \cdot 4H_2O$。②微晶高岭石黏土。也称膨润土、蒙脱土、胶岭土、坂土。主要由微晶高岭石黏土组成，颜色多为粉红色、白色、淡蓝色、浅灰色等，微晶高岭石黏土的造浆性能好。化学成分为 $2Al_3O \cdot 8SiO_2 \cdot (x+2) H_2O$。③伊利石黏土，主要由水云母组成，颜色以蓝色、灰色、红色为主，化学组成为 $K_{>1}Al_2[(Si \cdot Ai)_4O_{10}](OH)_{2n}H_2O$。

【黏土岩】　是一种主要由粒径<0.0039mm的细颗粒物质组成的并含有大量黏土矿物的沉积岩。疏松未固结者称为黏土，固结成岩者称为泥岩和页岩。大多数黏土岩是母岩风化产物中的细碎屑物质呈悬浮状态被搬运到沉积场所，以机械方式沉积而成的。部分黏土岩是铝硅酸盐矿物分解的产物在原地堆积而成或在水盆地中通过胶体凝聚作用形成的，成分较纯，常常具有一定的工业价值。黏土岩中常见的构造为水平层理构造、层面构造和沿水平层理裂开的页理构造。黏土矿物是黏土岩中最主要的矿物成分。黏土矿物很细小，它们的结晶大小一般不超过 $1～2\mu m$。黏土矿物种类繁多，黏土岩中分布最广的是高岭石、水云母、蒙脱石、绿泥石、凹凸棒石等。黏土岩的化学成分取决于它的矿物成分和黏土矿物中吸附离子的成分。其主要化学组分是 SiO_2、Al_2O_3 及铁的氧化物等。黏土岩的颜色取决于黏土矿物的成分、杂质矿物的成分、有机质及所含色素的颜色。单一成分的高

岭石黏土、水云母黏土等，常呈白色、浅灰色、浅黄色等；某些黏土岩中含细分散状的铁的氧化物和氢氧化物，则呈红色、紫色、棕色、黄色或玫瑰色等；含锰的氧化物时，则呈褐色或黑色；含分散状有机质和硫化铁时呈灰色或黑色；若黏土岩中含有较多的海绿石、绿泥石、孔雀石、蓝铜矿时，则呈绿色或蓝色。按构造不同可将黏土岩划分为页岩和泥岩两种，页状层理发育的称页岩，不发育的为泥岩。在钻遇该地层时，会污染钻井液，见"黏土侵"。

【黏土类】　黏土的本质是黏土矿物。黏土矿物是细分散的含水的层状硅酸盐和含水的非晶质硅酸盐矿物的总称。黏土矿物是整个黏土类土或岩石的性质，它是最活跃的组分。晶质含水的层状硅酸盐矿物：高岭石、蒙脱石、伊利石、绿泥石等；含水的非晶质硅酸盐矿物：水铝英石、硅胶铁石等。

【黏土侵】　又称"黏土污染"，是指在钻井过程中，地层中的黏土进入钻井液，使钻井液性能变坏的现象。黏土侵常发生在钻遇泥页岩地层，黏土岩钻屑和井壁坍塌的黏土分散到钻井液中，结果使钻井液的黏度、切力剧增，固相含量升高，流变性变坏，从而钻速大大下降。使用不分散低固相钻井液和抑制性钻井液等，能减轻或防止黏土侵。①黏土侵产生的原因。在容易造浆地层快速钻进时，由于钻井液抑制能力差、固控设备使用效果低、处理不及时、特殊工艺井黏土颗粒反复研磨分散过细等原因，导致钻井液中黏土含量超过容量限，引起钻井液性能恶化。②黏土侵现象。钻井液发生黏土侵时，表现为密度增加，黏度、切力急剧上升；钻井液越来越稠，甚至失去流动性，严重时引起缩

径，起钻拔活塞，MBT 值很高。③黏土侵预防与处理。首先应该预防黏土侵复杂情况的发生。参考地质和工程设计的相关数据，充分了解所钻地层的岩性特点和钻井施工工艺，搞好钻井液设计，选用质量优良、性能好的高、中、低分子聚合物处理剂，胶液配制比例合适，使钻井液的包被抑制性非常强。其次要使用好固控设备，振动筛筛网要尽可能细；除砂器、除泥器、离心机要全负荷运转，并且要观察工作压力是否正常，定时测量进、出口密度，保证清除固相效果良好。最后要及时处理维护。如果一旦发生黏土侵，可采取以下措施进行处理：①首先要分析产生黏土侵的原因，有的放矢地进行处理。处理剂质量差，则更换处理剂；固控设备运转效果差，则需要停钻修理，必要时可以更换设备。②如果条件允许，可以放掉部分井浆，补充一定量新浆；如果条件不允许，则可以采取在地面循环罐集中处理，逐步顶替置换的方式进行处理。③如果确实需要使用降黏剂处理，降黏剂品种选用要慎重，所用的降黏剂应该是非分散型的。

【黏土成因】　黏土矿物的形成方式有三种：①与风化作用有关。风化原岩的种类和介质条件如水、气候、地貌、植被和时间等因素决定了矿物种类和保存与否。②热液和温泉水作用于围岩，可以形成黏土矿物的蚀变富集带。③由沉积作用、成岩作用生成黏土矿物。

【黏土性质】　晶体结构与晶体化学特点决定了它们的如下一些性质：①离子交换性。具有吸附某些阳离子和阴离子并保持于交换状态的特性。一般交换性阳离子是 Ca^{2+}、Mg^{2+}、H^+、K^+、NH_4^+、Na^+，常见的交换性阴离子是 SO_4^{2-}、Cl^-、PO_4^{3-}、NO_3^-。高岭石的阳离子交换容量最低，5～15mg 当量/100g；蒙脱石、蛭石的阳离子交换容量最高，100～150mg 当量/100g。产生阳离子交换性的原因是破键和晶格内类质同象置换引起的不饱和电荷需要通过吸附阳离子而取得平衡。阴离子交换则是晶格外露羟基离子的交代作用。②黏土－水系统特点。黏土矿物中的水以吸附水、层间水和结构水的形式存在。结构水只有在高温下结构破坏时才失去，但是吸附水、层间水以及海泡石结构孔洞中的沸石水都是低温水，经低温（100～150℃）加热后就可脱出，同时像蒙皂石族矿物滤失后还可以复水，这是一个重要的特点。黏土矿物与水的作用所产生的膨胀性、分散和凝聚性、黏性、触变性和可塑性等特点在工业上得到广泛应用。③黏土矿物与有机质的反应特点。有些黏土矿物与有机质反应形成有机复合体，改善了它的性能，扩大了应用范围，还可作为分析鉴定矿物的依据。如蒙脱石中可交换的钙或钠被有机离子取代后形成有机复合体，使层间距离增大，从原有亲水疏油转变为亲油疏水，利用这种复合体可以制备润滑脂、油漆防沉剂和石油化工产品的添加剂。其他如蛭石、高岭石、埃洛石等也能与有机质形成复合体。此外，黏土矿物晶格内离子置换和层间水变化常影响光学性质。蒙皂石族矿物中的铁、镁离子置换八面体中的铝，或者层间水分子的失去，都使折光率与双折射率增大。

【黏土吸附】　又称"黏土吸附作用"。表面浓集处理剂中的某些分子（或离子）的现象，称为黏土吸附。吸附达到饱和，即使再增加浓度也不再吸附时的吸附量，称为最大吸附量（吸附平衡）。因此，吸附现象在钻井液中经常发生。一是通过吸附在黏土颗粒表面上而改变钻井液性能，使侵入物损坏钻井液性能。例如，温度升高，吸附量下降，溶质分子运动加快，溶解度越高，使分子间的拉力越大，越易停留在表面上。吸附是动态的，平衡不是静止的而是活动的。其二是通过吸附改变黏土颗粒表面的性质而起作用，从而改变钻井液性能。从黏土颗粒上分为大颗粒和小颗粒。钻井液中黏土吸附的吸附性能根据吸附的原因不同，可分为物理吸附、化学吸附和离子交换吸附三种。

【黏土溶胶】　是指黏土的颗粒大小范围在 $2\mu m$ 以下的黏土–水分散体系，它是一种憎液溶胶。黏土分散在水中的颗粒大小，受下列因素制约：黏土的种类、晶格取代程度、补偿阳离子的类型等。

【黏土矿物】　是细分散的含水的层状硅酸盐和含水的非晶质硅酸盐矿物的总称。晶质含水层状硅酸盐矿物如高岭石、蒙脱石、伊利石、绿泥石等；含水非晶质硅酸盐矿物如水铝石英、氢氧化铁、氢氧化铝等。

三种主要黏土矿物的化学成分

矿物名称	化学成分	SiO_2/Al_2O_3
高岭石	$Al_4[Si_4O_{10}][OH]_8$ 或 $2AlO_3 \cdot 4SiO_2 \cdot 4H_2O$	$2:1$
蒙脱石	$(Al_2, Mg_3)[Si_4O_{10}][OH]_2 \cdot nH_2O$	$4:1$
伊利石	$K_{<1}Al_2[(Si, Al)_4O_{10}][OH]_2 \cdot nH_2O$	$4:1$

黏土矿物的分类如下：

硅酸盐				
层状硅酸盐			链状硅酸盐	
高岭土	云母	氯化物	层状	坡缕缟石
高岭土矿物	滑石	叶绿泥石	富硅高岭石	(凹凸棒石)
蛇纹岩	叶蜡石	斜绿泥石	薄云母	海泡石
鲕绿泥石	白云母	铁斜绿泥石	伊利石K	
镁绿泥石	黑云母	鲕绿泥石		
铁蛇纹石	海绿石	同质多象变体形状		
克铁蛇纹石	伊利石			
迪开石	蒙脱石			
正长石	贝得石			
埃洛石	蛭石			
	绿脱石			
	锂皂石			
	皂石			

【黏土电性】　黏土颗粒在水中通常带有负电荷。黏土的电荷是使黏土具有一系列电化学性质的基本原因，同时对黏土的各种性质都发生影响。例如，黏土吸附阳离子的多少决定于其所带负电荷的数量。此外，钻井液中的无机、有机处理剂的作用，钻井液胶体的分散、絮凝等性质，也都受到黏土电荷的影响。黏土晶体因环境的不同或环境的变化，可能带有不同的电

性(电荷)，黏土晶体的电荷可分为黏土永久负电荷、黏土可变负电荷、黏土正电荷三种，分别见各词条。

【黏土密度】　指黏土矿物的相对密度。高岭石的密度为 $2.60 \sim 2.68 \text{g/cm}^3$，伊利石为 $2.7 \sim 3.1 \text{g/cm}^3$，蒙脱石为 $2.2 \sim 2.7 \text{g/cm}^3$。

【黏土 X 衍射】　黏土矿物都有自身特征的 X 衍射图谱，根据图谱的特征可以鉴定黏土矿物的种类。

【黏土造浆率】　指每吨黏土可配出黏度为 15mPa·s(CP) 的钻井液数量，用 m^3/t 表示，之所以选择 15mPa·s 造浆率的规定值，是因为各类黏土的黏度曲线临界部分出现在 15mPa·s，黏度达到 15mPa·s 之前，大量加入黏土，黏度增加很少。黏度超过 15mPa·s，加入少量的黏土，对黏度就会产生显著影响。1t 优质膨润土可配出黏度为 15mPa·s 的钻井液 16m^3，1t 低造浆黏土仅可配出 1.6m^3 的钻井液，相差近 10 倍。用优质膨润土配浆，密度为 $1.03 \sim 1.04 \text{g/cm}^3$，黏度即为 $10 \sim 15 \text{mPa·s}$，而用低造浆黏土配浆，密度必须达到 $1.32 \sim 1.34 \text{g/cm}^3$ 时，黏度才能达到相同的数字。黏土的造浆能力与黏土的水化作用有关，水化作用强的，造浆性能好。影响黏土水化作用的主要因素有：①不同交换性阳离子对黏土水化的影响。由于各种不同的阳离子其水化能力不同，故黏土颗粒吸附不同的阳离子，就有不同的水化膜厚度。例如，钠蒙脱石的水化作用较强，钙蒙脱石的水化作用较弱。这主要是因为 Na^+ 与 Ca^{2+} 的半径相近(Na^+ 的半径为 0.98Å，Ca^{2+} 的半径为 1.06Å)，两者的水化作用也相差不多，而 Ca^{2+} 所带电荷数比 Na^+ 多一倍，所以，在黏土表面带电相近时，Na^+ 的数目比 Ca^{2+} 的数目多一倍，故钠蒙脱石的水化膜较厚。钙蒙脱石水化时的晶胞距离最大为 17Å，而钠蒙脱石水化时的晶胞距离可达 $17 \sim 40\text{Å}$(如下图所示)。

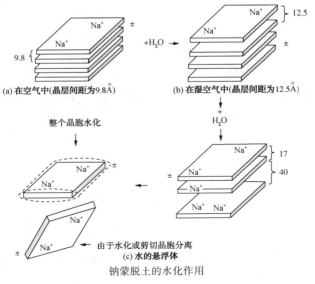

(a) 在空气中(晶层间距为9.8Å)　　(b) 在湿空气中(晶层间距为12.5Å)

整个晶胞水化

由于水化或剪切晶胞分离

(c) 水的悬浮体

钠蒙脱土的水化作用

(a) 在空气中　　　　　　(b) 在湿空气中或水的悬浮体
　　　　　　　　　　　　　　(由于水化，晶层间距大17Å)

钙蒙脱石的水化作用

②黏土矿物本性对水化的影响。不同的黏土矿物，因其晶体构造不同，水化作用也有很大差异。蒙脱石在其片状晶体构造中，两层都是氧层，土层与土层之间由较弱的分子间力联结，水和其他极性分子较易沿硅氧层面进入结构中，使相邻的片状体分开，层间距离增加（晶格的其他方向不变），从而引起黏土体积膨胀。蒙脱石在完全脱水时，其晶格间距为9.6Å，而吸水后晶格层间距可增至21.4Å。这种作用可使钠蒙脱石的体积比原干燥时的体积增加8~10倍。

【黏土水化膜】　　黏土遇水后，由于黏土通常带负电，因而能够吸附各种正电离子。又由于水分子是极性分子，水分子的正极一端吸附在黏土表面负离子的周围；水分子的负极一端吸附在黏土表面正离子的周围，形成了一层水分子吸附层，称之为水化膜。黏土颗粒周围吸附水分子之后，水分子又不断进入黏土结构层间，黏土颗粒的体积便开始膨胀变大，这种作用就是黏土的水化作用。黏土的水化作用分为两个阶段，第一阶段是被黏土吸附的交换性阳离子的水化，第二阶段是黏土矿物晶体层间的水化。水化作用是可逆的，即除去水后，黏土又恢复原体积。在水化作用中，吸附在黏土颗粒表面的水称为吸附水（或叫束缚水），这种水失去自由运动的能力，同黏土颗粒一起运动。

【黏土正电荷】　　当黏土介质的 pH 值低于9时，黏土晶体端面上带正电荷。兹逊（P. A. Thiessen）用电子显微镜观察到高岭石边角上吸附了负电性的金溶胶，由此证明了黏土端面上带正电荷。多数人认为，黏土端面上带正电荷的原因是由于裸露在边缘上的铝氧八面体在酸性条件下从介质中解离出 OH^-，如式所示：$>Al\text{-}O\text{-}H \xrightarrow{H^+} >Al^+ + OH^-$

黏土的正电荷与负电荷的代数和即为黏土晶体的净电荷数。由于黏土的负电荷一般多于正电荷，因此，黏土一般都带负电荷。

【黏土增效剂】　　简称"增效剂"，任何一类物质，通常是高分子有机化合物，当黏土增效剂加入含有黏土的钻井液之中，能增加该流体的黏度，这类物质即称为黏土增效剂。在配制黏土浆时，为了提高黏土浆的造浆率，常用 HV-CMC、高分子聚合物来提高黏土浆的造浆率，HV-CMC、高分子聚合物和 HV-CMC 就是黏土增效剂。

【黏土溶解性】　　一般来说，酸可以从黏土矿物上溶去碱金属、碱土金属、铁和铝离子。碱则可以使 SiO_2 溶解。某些黏土矿物在通电过程中会引起分解。

【黏土的电荷】　黏土通常带有电荷，具有电化学性质，同时对黏土的各种性质都发生影响。例如，黏土吸附阳离子的多少决定其所带电荷的数量。Ca^{2+} 的电荷比 Na^+ 的电荷多 1 倍，水化时晶格距离钙膨润土最大为 1.7nm，钠土最大为 4nm，因此钠土水化膜较厚、水化作用较强，钙土水化作用较弱。此外，钻井液中的无机、有机处理剂的作用以及钻井液胶体的分散、絮凝等性质，也都受黏土电荷的影响。黏土的负电荷与正电荷的代数和即为黏土的净电荷数，由于黏土的负电荷一般都多于正电荷，因此，黏土一般带负电荷。

【黏土表面水化】　由黏土晶体表面（膨胀性黏土表面包括内表面和外表面）吸附水分子与交换性阳离子水化而引起的，也称为晶格膨胀。引起表面水化作用的力是水化表面能，水分子是依靠氢键一层一层与黏土结合的。黏土表面的吸附水与自由水的性质不同，其结构带有晶体性质，在黏土表面 10×10^{-8}cm 以内，水的比容比自由水小 3%，黏度比自由水大。交换性阳离子以两种方式影响黏土的表面水化：第一，许多阳离子本身是水化的，即它们本身有水分子的外壳。第二，它们与水分子竞争，键接到黏土颗粒表面，并且倾向于破坏水的结构，但 Na^+ 和 Li^+ 例外，它们与黏土键接很松弛，倾向于向外扩散。由于黏土表面水分子与黏土间形成的氢较弱，阳离子与水分子间靠静电引力结合在一起，结构较牢固，因此交换性阳离子的水化是引起黏土表面水化的主要原因。黏土的阳离子交换能力（Cation Exchange Capacity，简写为 CEC）是表示黏土活性的一个参数，CEC 值越高，黏土在一定浓度下的造浆能力越强。各种黏土矿物的 CEC 值见下表。

各种黏土矿物的 CEC 值

黏土矿物	CEC 值/（meq/100g 黏土）
蒙脱土	70~130
蛭石	100~200
伊利石	10~40
高岭石	3~5
绿泥石	10~40
凹凸棒石，海泡石	10~35
钠蒙脱土（中国，夏子街）	82.30
钙蒙脱土（中国，高阳）	103.70
钙蒙脱土（中国，潍坊）	74.03
钙蒙脱土（中国，渠县）	100.00

【黏土渗透水化】　由于晶层之间的阳离子浓度大于溶液内部的浓度，因此，当黏土颗粒表面吸附的阳离子浓度高于介质中阳离子的浓度时，就产生一个渗透压，使水发生浓差扩散，形成扩散双电层。这种扩散程度受电解质的浓度差影响。渗透水化引起的体积增加比表面水化大得多。例如，在表面水化范围内，每克干黏土大约可吸收 0.5g 水，体积增大 1 倍。但是，在渗透水化的范围内，每克干黏土大约可吸收 10g 水，体积增大 20~25 倍。

【黏土颗粒聚结】　胶体颗粒由于其尺寸特别小而能长时间地悬浮在溶液中。只有它们聚集成较大的尺寸时，才会有一定的沉降速率。它们在纯水里是不能聚集的，这是因为双电层有高的扩散性，添加电解质，使双电层受压，当添加的电解质足够时颗粒彼此接近，使颗粒聚集，这种现象叫聚沉，而发生这种现象的电解质临界浓度叫聚沉值。黏土的聚沉值可以用向悬浮液中添加电解质来测定。由稳定的悬浮液变为清液的过程是容易观察到的。在絮凝以前，可先沉积出较粗的颗粒，但液体仍是浑浊的。在絮凝发生时，眼睛可以看到已形成足够大的颗粒块，以及透明的清液层。带有水化膜的颗粒松散地聚结在絮凝物里(见下图)，从而可形成大量的沉积物。

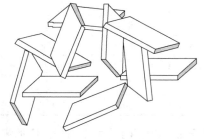

絮凝黏土片晶的示意图

聚沉值取决于黏土矿物的外形、取代的离子及添加的电解质种类。阳离子价越高(黏土的取代离子价或添加的电解质离子价)，聚沉值就越低。因此，钠蒙脱石在 NaCl 中的絮凝值大约在 15mg 当量/L，而钙蒙脱石在 $CaCl_2$ 中的絮凝值大约在 0.2mg 当量/L。当添加的电解质的离子价与黏土取代的离子价不同时，情况就比较复杂，因为在离子交换发生时，多价阳离子聚沉值总是很低的。例如，在钠蒙脱石 $CaCl_2$ 中的絮凝值大约是 1.5mg 当量/L。单价电解质的聚结能力有微小差别，聚结能力如下：$Cs^+ > Rb^+ > NH_4^+ > K^+ > Na^+ > Li^+$ 这就是 Hoffmeister 序列。如果黏土在悬浮液里的浓度足够高，聚结就会形成一种连续的胶凝结构而不仅是单个的絮片。在水基钻井液里凝胶是受可溶性盐作用的结果。当可溶性盐有中等浓度时往往造成絮凝。凝胶形成较慢，这是因为水分子在布朗运动中不停地撞击颗粒并总是使颗粒朝向最小自由能方向(最小自由能方向可以获得，如一个颗粒的正棱向是一个颗粒的负电荷运动方向)。形成凝胶最大强度的时间长短取决于体系的絮凝值及黏土和盐的浓度。在极低的电解质与黏土浓度下，要看到胶凝现象可能需要几天时间，而在高浓度盐里，胶凝几乎可以立即发生。添加某种复杂的阴离子钠盐的办法，特别是铁铬木质素磺酸盐，可以防止或反絮凝。分散剂的阴离子主要吸附在晶层的端面上不使晶格间距增加，部分分散剂也可能吸附在层面上。其作用机理主要是化学吸附，因为分散剂与原子暴露在晶体边上的那些金属，如铝、镁及铁等形成不溶性盐类或螯合物。

【黏土分散度】　当黏土矿物化学组成相同时，其阳离子交换容量随分散度(或比表面)的增加而变大，特别是高岭石，其阳离子交换主要是由于裸露的氢氧根中氢的解离产生电荷所引起的，因而颗粒愈小，露在外面的氢氧根愈多，交换容量显著增加，见下表。蒙脱石的阳离子交换主要是由于晶格取代所产生的电荷，由于裸露的氢氧根中氢的解离所产生的负电荷所占比例很小，因而受分散度的影响较小。

颗粒大小/μm	40~20	10~5	4~2	1~0.5	0.5~0.25	0.25~0.1	0.1~0.05
CEC/mm·(100g 土)$^{-1}$	2.4	2.6	3.6	3.8	3.9	5.4	9.5

高岭土的阳离子交换容量与颗粒大小的关系

【黏土矿物本性】　黏土矿物的化学组成和晶体构造不同，阳离子交换容量会有很大差异，因为引起黏土阳离子交换的因素是晶格取代和氢氧根中的氢的解离所产生的负电荷，其中晶格取代愈多的黏土矿物，其阳离子交换容量也愈大。

【黏土矿物水分】　即化学结合水、自由水和吸附水。

【黏土化学吸附】　是靠吸附剂与吸附质之间的化学键力产生的。钻井液中有些处理剂就是靠化学键力吸附在黏土上而起作用的。黏土的化学吸附方式有两种：一是在某些情况下，黏土晶体边缘带正电荷，阴离子基团可以靠静电引力吸附在黏土的边面上：

R-COO$^-$+黏土胶土

二是当介质中有中性电解质时，无机阳离子可以在黏土与阴离子型聚合物之间起"桥接"作用，使高聚物吸附在黏土表面上：

R-SO$_3$ Ca^{2-}+黏土胶土

【黏土物理吸附】　是靠吸附剂与吸附质分子之间的引力相互作用而产生的吸附，吸附是可逆的，吸附速度与脱附速度在一定条件下（温度、浓度等）呈动态平衡。吸附是多层的，但没有规律，一般温度升高，吸附下降。物理吸附现象，是由于表面分子具有表面能而引起的。黏土在钻井液中分散度很高，比表面可以达到几十至几百万平方米/克，吸附的现象就很明显。在配制钻井液时，为了改善钻井液性能，常加入各种处理剂，在黏土表面上产生物理吸附作用，达到降低钻井液滤失量和黏度，以及改善

钻井液的润湿性等目的。

【黏土吸附作用】　即"黏土吸附"。

【黏土水化作用】　黏土吸水体积膨胀的作用，即表面水化。分为表面水化作用、渗透水化作用和毛细管作用。黏土水化作用是影响水基钻井液性能的重要因素，如黏度、切力、滤失量的大小等，在很大程度上取决于黏土的水化作用。钻井液遇到石膏侵后，性能变坏，从本质上看，就是因为钙离子与黏土表面吸附的钠离子进行交换后，使黏土的水化膜变薄，黏土的负电性减少，从而使黏土颗粒聚集，破坏了稳定性。为了颗粒不聚集，保证其稳定性，加入纯碱使部分钙离子沉淀，颗粒变粗，水化膜变厚，钻井液性能就会稳定。

【黏土电学性质】　黏土矿物表面带有负电荷，因此具有一定的电学性质。

【黏土光学性质】　黏土矿物具有一定的折光率。使用适当的有机溶剂浸泡以后，浸液的折光率发生改变。可据此对黏土矿物进行鉴定。天然的和经过某些化学方法处理或热处理的黏土矿物吸附某些有机物后能产生色变，这种方法也可以用来鉴定黏土矿物。例如，将土样用盐酸酸化后用结晶紫溶液染色，呈绿色后又变为黄色或棕黄色的是蒙脱石；呈墨绿色的是伊利石；呈紫色的是高岭石。

【黏土分散与聚结】　黏土在水中的分散状态，可以分成三种状态，即分散状态、絮凝状态和聚沉状态，如下图所示。这三种状态的形成和相互转化都是由于外界条件的改变（即水溶液中电解质的多少）而造成的。

分散、絮凝、聚沉三种状态示意图

【黏土永久负电荷】 由于黏土在自然界形成时发生晶格取代作用所产生的。例如，黏土的硅氧四面体中四价的硅被三价的铝取代，或者铝氧八面体中三价的铝被二价的镁、铁等取代，黏土就产生了过剩的负电荷。这种负电荷的数量取决于晶格取代作用的多少，而不受 pH 值的影响。因此，这种电荷被称为黏土的永久负电荷。不同的黏土矿物晶格取代情况是不同的。蒙脱石的永久负电荷主要来源于铝氧八面体中的一部分铝离子被镁、铁等二价离子所取代，仅有少数部分永久负电荷是由于硅氧四面体中的硅被铝取代所造成的，一般不超过 15%。蒙脱石每个晶胞有 0.25～0.6 个永久负电荷。伊利石和蒙脱石不同，它的永久负电荷主要来源于硅氧四面体晶片中的硅被铝取代，大约有 1/6 硅被铝取代，每个晶胞中约有 0.6～1 个永久负电荷。高岭石的晶格取代很微弱，由此而产生的永久负电荷少到难以用化学分析法来证明。伊利石的永久负电荷最多，高岭石的永久负电荷最少，蒙脱石居中。黏土的永久负电荷大部分分布在黏土晶层的层面上。

【黏土可变负电荷】 黏土所带电荷的数量随介质的 pH 值改变而改变，这种电荷叫可变负电荷。产生可变负电荷的原因有：在黏土晶体端面上与铝连接的 OH 基中的 H 在碱性或中性条件下解离；黏土晶体的端面上吸附了 OH^-、SiO_3^{2-} 等无机阴离子或吸附了有机阴离子聚电解质等。

【黏土颗粒间斥力】 由黏土颗粒电动电势 ZETA 电位造成的黏土层面上的静电斥力和黏土颗粒表面水化膜的弹性斥力。黏土颗粒的分散与聚集主要是由受力状况不同而产生的。如果黏土颗粒间的排斥力占优势，则黏土颗粒分散；若吸力占优势，则黏土颗粒聚集。

【黏土颗粒间引力】 黏土层面上的分子间引力和棱角、边缘处异性电荷的静电引力。通常，黏土颗粒层面上由于电动电势 ZETA 电位的存在，以斥力为主，而在棱角、边缘处，因水化较差，显示出由异性电荷造成的引力。黏土颗粒因层面间相互排斥，而棱角、边缘处相互吸引而形成空间网架结构。

【黏土水化膨胀作用】 各种黏土都会吸水膨胀，只是不同的黏土矿物水化膨胀的程度不同而已。黏土水化膨胀受三种力制约，即表面水化力、渗透水化力和毛细管作用。见"黏土水化作用"、"渗透水化作用"和"毛细管作用"。

【黏土矿物静电引力】 ①阳离子键合。一般黏土矿物的表面带有负电荷，通过吸附有机阳离子以中和其电性，这些阳离子是可以交换的。反应如下式：

$$RNH_3^+ + M^+-黏土 \rightleftharpoons$$
$$RNH_3^+-黏土 + M^+$$

RNH_3^+ 是有机阳离子，伯胺、仲胺、叔胺对黏土的亲和力依次增加。有机阳离子吸附在黏土颗粒带负电的表面上，取代了原来存在于黏土表面的无机阳离子，这种反应是定量进行的。氨基牢牢地吸附在黏土表面上，碳氢链也吸附在黏土表面上。交换吸附完成后，黏土复合体表面基本为碳氢链所覆盖，发生润湿反转，黏土由亲水变为亲油，黏土悬浮体被破坏，复合体沉淀；继续加入季铵盐，黏土重新胶溶，其电位变为正的，钻井液体系由负电转变为正电钻井液体系，这时黏土的亲油性降低。有机阳离子的吸附通常不受黏土阳离子交换容量的限制，有机阳离子可以在黏土表面成层吸附，交换吸附后，还可以发生物理吸附。②阴离子键合。黏土颗粒表面一般是排斥阴离子的，但黏土颗粒边缘断键处可能带正电，因此能够吸附有机阴离子。钻井液中有很多阴离子型处理剂，就是通过阴离子键合作用与黏土颗粒结合，从而改善钻井液的性能。

【黏土离子交换吸附】　在黏土形成过程中，黏土晶体产生电荷(负电荷)。由于电中性的原理，即有等当量的反号离子(阳离子)吸附在黏土表面上，吸附的阳离子可以和溶液中的阳离子发生交换作用，这种交换作用称为黏土离子交换吸附。最常见的交换性阳离子为钠、钙、镁离子等。如硬水软化就是利用了这一性质，加一些化学处理剂(有机、无机)与水中的钙、镁离子交换，吸附以后放出钠离子，使硬度下降，这时钙、镁离子沉淀。

钻井液中的黏土颗粒吸附的离子与溶液中的离子之间所进行的当量交换作用，即为黏土的离子交换吸附。交换的原因有两条：一是离子的晶格取代作用；二是黏土矿物裸露在外面的 OH^- 中 H^+ 的解离，使黏土颗粒带负电。离子交换吸附的特点是，黏土矿物通常是带负电的，但是在一定条件下，也可带正电荷。还有不少的固体表面上本身吸附一层离子，当外加离子进入溶液时，固体离子本身与溶液离子能进行交换。一般，天然的黏土都是自然的离子交换吸附，由于本身有硅氧四面体和铝氧八面体结构，使剩余的价键(一般都有负电)也能吸附阳离子，它们与外界离子也有相互交换作用。离子交换吸附的特点有三条：一是同号离子相互交换(阳离子与阳离子)。二是等电量或等当量相互交换(如一个钙离子与两个钠离子)。三是离子交换吸附的反应是可逆的，吸附和脱附速度受离子浓度的影响。如钻井液中的黏土吸附了钠离子，当遇到钙侵时，钙与黏土表面吸附的钠进行等当量交换，使性能变坏，这时加入纯碱，即增加溶液中的钠离子浓度，同时钙离子与纯碱生成碳酸钙沉淀，减少了钙的浓度，钠又把黏土表面吸附的钙离子交换下来，使钻井液性能得到改善。

$$黏土胶土_{N+}^{N+} + Ca^{2+} \rightleftharpoons$$
$$黏土胶土 Ca^{2+} + 2Na^+$$
$$钙土 Ca^{2+} + 2Na^+ \rightarrow 钠土_{Na+}^{Na+} + Ca^{2+}$$
$$钙土 Ca^{2+} + 2Na_2CO_3 \rightarrow$$
$$钠土_{Na+}^{Na+} + CaCO_3 \downarrow$$
$$钙土 Ca^{2+} + 2NaOH \rightarrow$$
$$钠土_{Na+}^{Na+} + Ca(OH)_2 \downarrow$$

以上说明黏土分散得越细，比表面也越大，消耗处理剂也越多，阳离子

N

交换容量也就越大。吸附量的大小，比表面越大吸附的就越多，比表面越小吸附的就越少。黏土离子交换吸附的强弱规律是：①离子价数对吸附强弱的影响。一般在溶液中浓度相差不大时，离子价数越高，与黏土表面的吸附能力越强，即离子交换到黏土表面上去的能力越强。②离子半径对吸附强弱的影响。当相同价数的不同离子在溶液中浓度相近时，离子半径小，水化半径大，离子中心离黏土表面远，吸附弱；反之，离子半径大，水化半径小，离子中心离黏土表面近，吸附强。③离子浓度对吸附强弱的影响。离子浓度受每一相中不同离子相对浓度的制约。例如，用膨润土配浆时，加入纯碱就可以转变为钠土，就是利用提高溶液中钠离子的浓度，并与黏土上吸附的高价离子钙、镁等发生离子交换的结果。黏土的阳离子交换容量（或吸附容量）、pH 值对阳离子交换容量增加的影响是，铝氧八面体中的羟基在强酸环境中易电离，黏土的表面可带正电荷；在碱性环境中，H^+ 易电离，使黏土表面负电荷增加。另外，溶液中 OH^- 增多，它靠氢键吸附于黏土表面，使黏土的负电荷增多，从而增加了黏土的阳离子交换容量。

【黏土水化膨胀机理】　黏土的水化膨胀可分为两个阶段：第一个阶段是表面水化（干的黏土颗粒表面吸附两层水分子）；第二个阶段是渗透水化，黏土表面吸附两层水分子后存在自由水，补偿阳离子进入自由水中形成双电层，发生渗透膨胀。①表面水化能引起的膨胀——颗粒间的短程相互作用。此阶段，黏土晶层表面吸附两层水分子，晶层之间共有 4 层水分子。黏土的吸水等温线和 C—间距的对比

研究表明：当 $P/P_0 = 0.9$ 时，表面吸附满两层水分子；当 $P/P_0 > 0.9$ 时，黏土中已有自由水存在。表面水化所吸附的水与一般的水不同。由于其与黏土表面吸附力很强，具有固态水的性质，故又把它称为强结合水、结晶水、固态水，它具有一定黏弹性和高抗剪切强度，密度约为 $1.3 g/cm^3$。表面水化的动力主要是表面水化能，即表面吸附水分子所放出的能量，包括直接吸附水分子和补偿阳离子吸附水分子所放出的能量。黏土颗粒外表面总是已经表面水化的。当 $E_{水化} > E_{层间联结}$ 时，水分子进入晶层间，能在晶层间进行表面水化；当 $E_{水化} < E_{层间联结}$ 时，水分子不进入晶层之间，不能在晶层间进行表面水化，仅在颗粒外表面进行。表面水化引起的膨胀体积约为 75% ~ 100%，膨胀压力在几十到 4000atm。膨胀压力是指保持黏土遇水不膨胀所需的外压。挤出黏土表面最后两层水分子所需压力在 2000 ~ 4000atm 之间；苏联测得，第一层水分子产生的膨胀压力约为 4850atm。② 渗透水化引起的膨胀——颗粒间的长程相互作用。当黏土晶层表面吸满两层水分子后，体系中存在自由水，黏土表面吸附的补偿阳离子离开黏土表面进入水中形成扩散双电层。由于双电层的排斥作用使黏土体积进一步膨胀。由于它的作用距离较远，故又称为颗粒间的长程相互作用。渗透水化吸附的水与黏土表面的结合力较弱，故把这部分水称为弱结合水、渗透水。渗透水化引起的体积膨胀很大，可使黏土体积增大 8 ~ 20 倍，但渗透水化引起的膨胀压力较小，一般在几十到 0.1atm 范围内。因此，地层中的黏土一般是未渗透水化的，当钻开地层形成井眼时，泥页

岩与钻井液中的水接触有发生渗透水化的趋势。③影响黏土水化膨胀的因素。矿物本性对黏土的水化膨胀强弱起决定性的影响。蒙脱石晶层间联结力仅有范德华力（弱），不足以抗衡黏土的水化能，因此能在蒙脱石晶层及颗粒外表面进行水化作用，蒙脱石吸水膨胀性强。对伊利石而言，水化作用不能在晶层间进行，只能在颗粒外表面进行，吸水膨胀性弱，其原因是伊利石晶层之间联结很紧。晶层之间存在 K^+ 嵌力；此外，伊利石的晶格取代强，晶层表面电荷密度大，且负电荷中心更靠近 K^+，晶层之间静电引力很强。高岭石晶层之间的联结力是氢键和范德华引力，其联结力足以抗衡表面水化能，水化仅在高岭石颗粒外表面进行，其吸水膨胀性差。补偿阳离子的类型对黏土的水化作用也有重要的影响。补偿阳离子的水化能越大，黏土水化膨胀性越强。例如，Na^+ 水化能为 97kcal/mol，K^+ 水化能为 77kcal/mol，因此钠蒙脱石的水化膨胀性强于钾蒙脱石。黏土表扩散双电层厚度不同，黏土的水化膨胀性相差很大。扩散双电层越厚，水化膨胀性越强。例如，Na^+ 水化能 97kcal/mol；Ca^{2+} 水化能 377kcal/mol，钠蒙脱石 C—间距可达 40Å；而钙蒙脱石 C—间距最大为 17Å，钠蒙脱石的水化膨胀性强于钙蒙脱石。介质 pH 值及含盐量对黏土的水化膨胀有明显影响。介质 pH 值越高，黏土表面的 ζ（ZETA）电位越大，黏土的水化膨胀性增强；介质含盐量越大，或盐的阳离子价数越大，由于盐对黏土表面双电层的压缩作用，使 ZETA 电位降低，从而导致黏土的水化作用减弱。

【黏土-水界面双电层】 在胶体悬浮体

中的颗粒表面都带有电荷，它吸引电荷相等的反符号离子，总体上就形成带有静电的双层。一些反符号离子并不是牢牢地吸附在黏土表面上，而有扩散的倾向，这样在颗粒的周围就形成一个扩散的离子层。颗粒表面电荷除了吸引相反符号的电荷外，还与相同符号的电荷相斥。这样正负电荷的最终分布的结果就是双电层，如下图所示。黏土表层电荷是负的，可交换等量的阳离子。

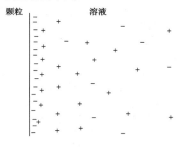

分散双电层模型

扩散双电层的电荷在黏土表面有最大值，随着扩散的距离增大，电荷变成零，其电位如下图所示。

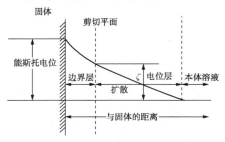

描述 ζ（ZETA）电位的示意图

紧挨颗粒表面的是一层阳离子层，称为吸附溶剂化层。吸附溶剂化层随黏土颗粒的运动而运动，扩散的离子能独立运动。因此，在电泳仪里，黏土颗粒、吸附层及扩散离子向阴极移动。从滑动面到分散相溶液的电位称为电动电位（ZETA 电位），这是一个控制颗粒表面特性的主要物理量。同时，当水流过静止的颗粒时，像水流过页岩的孔隙情况那样，清除了活动的离子，这样就产生了一个流动电位。当溶液是纯水时，ZETA 电位最大且活动层分散最厉害。当把电解质添加到黏土悬浮体中时，会压缩扩散双电层，从而降低 ζ 电位。随着添加阳离子价的增加，ZETA 电位降低得更快，特别是低价的离子被高价的离子取代时更是如此。单价、双价、三价的阳离子，其电位比大约是 1 : 10 : 500。某些长链的 ZETA 电位能降低阳离子的吸附。颗粒表面与均匀液相之间的电位差称为热力学（ZETA）电位。在黏土悬浮体内，这个电位与溶液内的电解质无关，而只与固相层面的总电荷有关。大多数离子吸附在晶层基础表面上，它们也同样吸附在晶体的端面上，并在此处产生双电层。晶体在端部被断开。因此，除了物理（静电）吸附以外，还有抵消原子价的化学反应，即 Chemisorption 反应，这类化学反应只发生在适当的化学条件下。端面上的电荷要比层面的电荷少，而且在很大程度上取决于 pH 值的大小，有可能是负的或正的。例如，高岭石用 HCl 处理，它就带正电荷；用 NaOH 处理，它就带负电荷。此特性的原因是在端面上的铝原子与 HCl 反应生成 $AlCl_3$，它能分离成 $Al^{3+} + 3Cl^-$ 的强电解质；而与 NaOH 反应时就生成不溶性的 $Al(OH)_3$。高岭石离子几乎完全吸附在端面上，因此颗粒上的电荷取决于端面上的电荷。

【黏土矿物受热后性质】 黏土矿物中的水分，按其存在状态可分为结晶水、吸附水和自由水三种类型。结晶水：黏土结晶构造中的水。一般温度升高到 300℃ 以上时，这部分水才能被释放出来。吸附水：在分子间力和静电引力作用下，具有极性的水分子定向排列在黏土颗粒表面，在黏土颗粒周围形成一层水化膜。这部分水随着黏土颗粒一起运动，所以也称束缚水。加热到 200℃ 左右基本上能够去除。自由水：存在于黏土的孔隙或通道中，不受黏土的束缚，在重力作用下可以在黏土颗粒间自由运动。将黏土风干或稍微加热即可除去。高岭石在 400~600℃ 时失去结晶水，结构被破坏；伊利石在 100~200℃ 失去吸附水，550~650℃ 失去结晶水，850~950℃ 继续失去结晶水，晶格被破坏；蒙脱石在 100~300℃ 失去吸附水，在 550~750℃ 失去结晶水，900~1000℃ 晶格被破坏。

【黏土阳离子交换容量】 是指在分散介质的 pH 值为 7 的条件下，黏土所能交换下来的阳离子总量，以每 100g 土所吸附的毫克当量数来表示，符号为 CEC（Cation Exchange Capacity）。包括交换性氢和交换性盐基（金属阳离子）。影响黏土阳离子交换容量大小的主要因素是黏土矿物的本性，其次是黏土的分散程度，因此，在黏土的颗粒直径相同时，常常用它作为鉴别黏土矿物的指标之一。蒙脱石、伊利石、高岭石的阳离子交换容量分别为 70~130mmol/100g 土、20~40mmol/100g 土、3~15mmol/100g 土。蒙脱石、伊利石两种矿物的阳离子交换现象 80% 以上发生在层面上。高岭石的阳离子交换容量仅为 3~15mmol/100g 土，而且大部分发生在晶体的端面上。各种黏土矿物的阳离子交换容量见下表。

各种黏土矿物的阳离子交换容量

矿物名称	CEC/[mmol/(100g 黏土)]
蒙脱石	70~130
蛭石	100~200
伊利石	20~40
高岭石	3~15
绿泥石	10~40
凹凸棒石，海泡石	10~35
钠膨润土	83
钙膨润土	74~105

【黏土颗粒表面吸附层】 简称吸附层，见"扩散双电层"。

【黏土颗粒的联结方式】 黏土颗粒在水溶液中的连接方式不同，对黏土–水悬浮体的流变性影响就不同。一般有三种方式：面–面联结、边–边联结、边–面联结，这些连接方式可以同时发生，也可以某一种方式为主。聚集作用是黏土颗粒面–面联结，形成较厚的"层"或"束"，减少了颗粒的数目，使黏度降低。分散作用是聚集作用的逆过程，可以形成较多的颗粒数目和较高的黏度。黏土通常是在水化前聚集，水化时发生分散作用，分散的程度取决于水化电解质的种类和含量、时间、温度、黏土的交换性阳离子种类和黏土的浓度。絮凝作用是黏土间边–边联结和边–面联结，因此形成网状结构，引起黏土增加。无论是减小颗粒间的斥力，还是减薄吸附水化膜，如果加入 2 价阳离子或升温，都会促进絮凝作用。向钻井液中加入某些化学处理剂，可以吸附在黏土边–面上，使黏土颗粒不再形成边–边联结或边–面联结，这就是絮凝作用，这些化学处理剂就是降黏剂即减稠剂。

【黏土颗粒表面双电层】 片状的黏土颗粒表面可分为晶层平表面(用 F 表示)和端表面(用 E 表示)。黏土颗粒晶层平面的双电层与黏土种类有关。蒙脱石和伊利石平表面电荷主要来源于晶格取代，负电荷集中于晶层平面，电荷的多少由晶格取代的程度决定，因此晶层平表面是负电型的恒表面电荷型双电层。高岭石由于没有晶格取代，平表面的电荷来源于表面的 OH 的电离和吸附定势离子，其平表面带负的恒表面电势型双电层。黏土颗粒端面的双电层与平表面明显不同。端表面的产生是四面体片和八面体片断裂而形成的，因此端表面裸露着 Al—O 和 Si—O 结构。故可以由氧化硅和氧化铝的性质推断端表面的双电层。由胶体化学可知，氧化硅溶胶和氧化铝溶胶有如下特点：①氧化硅和氧化铝胶粒表面的双电层由带吸附定势离子产生，是恒表面电势型双电层。②氧化铝胶粒：在酸性条件下带正电，在碱性条件下带负电。③氧化硅胶粒：一般带负电，但可吸附少量 Al^{3+} 而带正电；黏土悬浮体中有少量溶解 Al^{3+}，且裸露 Al—O 结构的机会较多，故黏土颗粒端表面是恒表面电势型双电层，其电性取决于介质 pH 值，酸性或中性带正电，碱性带负电。钻井液一般是碱性环境，端表面带负电；平表面的双电层占绝对优势。

【黏土的沉降与沉降平衡】 钻井液中的黏土粒子，在重力场的作用下会沉降。由于粒子沉降，下部的粒子浓度增加，上部浓度低，破坏了体系的均匀性。这样又引起了扩散作用，即下部较浓的粒子向上运动，使体系浓度趋于均匀。因此，沉降作用与扩散作用是矛盾的两个方面。若胶体粒子为球形，半径为 r，密度为 ρ，分散介

质的密度为 ρ_o，则下沉的重力 F_1 为：

$$F_1 = 4/3\pi r^3(\rho - \rho_o)g$$

式中　g——重力加速度；

　　　r——粒子半径。

若粒子以速度 v 下沉，按斯托克斯定律，粒子下沉时所受的阻力 F_2 为：

$$F_2 = 6\pi\eta rv$$

式中　η——介质黏度。

当 $F_1 = F_2$ 时，粒子均匀下沉，则：

$$v = (2r^2/9\eta)(\rho - \rho_o)g$$

这就是球形质点在介质中的沉降速度公式。

【黏土表面高温解吸作用】　温度升高，处理剂在黏土表面的吸附平衡向解吸方向移动，则吸附量降低。而且，此种变化是可逆性的。处理剂这种高温下的解吸作用必然大大影响高温下的性能和热稳定性。高温下由于处理剂大量解吸，使黏土大量或全部失去处理剂的保护，而使黏土的高温分散、聚结、钝化等作用无阻碍地发生，从而严重地影响钻井液热稳定性。

【黏土粒子高温聚结作用】　高温加剧水分子的热运动，从而降低了水分子在黏土表面或离子极性基团周围定向的趋势，即减弱了它们的水化能力，减薄了它们的外层水化膜。高温降低水化粒子及水化基团的水化能力，减薄其水化膜的作用称为高温去水作用。同时，温度升高，一般可促进处理剂在黏土表面的解吸附，这种作用可称为处理剂在黏土表面的高温解吸。高温也引起黏土胶粒碰撞频率增加。以上三种因素的综合结果使黏土粒子的聚结稳定性下降，从而产生程度不同的聚结现象。根据经典胶体化学理论，高温的这种作用一般只引起体系聚结稳定性的局部降低。虽然对钻井液性能有严重影响，但一般还未达到使体系凝结或絮凝的程度（高矿

化度盐水体系有可能例外），只达到所谓隐匿凝结（或隐匿絮凝）阶段，我们特称这种现象为钻井液中黏土粒子的高温聚结作用。影响此种作用的因素有：黏土表面的水化能力，温度高低，钻井液中的电解质浓度和种类，处理剂和用量，以及黏土粒子的分散度和浓度等。

【黏土矿物分类及主要特点】　黏土矿物按结构不同，可分为高岭石、蒙脱石、伊利石、绿泥石、海泡石族和混合晶层黏土矿物。①高岭石。表面呈电中性，层间结构紧密，性能较稳定，不易分散。为非膨胀型黏土矿物。水化能力差，造浆性能不好，一般不作配浆土使用。②蒙脱石。为层间结构，表面带负电，膨胀型黏土矿物。根据交换性阳离子的不同，可分为钠蒙脱石、钙蒙脱石、镁蒙脱石和铵蒙脱石（简称为钠土、钙土、镁土和铵土）等。③伊利石。也称水云母，是最丰富的黏土矿物，存在于所有的沉积年代中，在古生代沉积物中占优势。表面带负电，非膨胀型黏土矿物。水化作用仅限于黏土矿物表面。④绿泥石。通常绿泥石无层间水，而某些降解的绿泥石中有某种层间水和晶格膨胀，在古生代沉积物中含量丰富。⑤海泡石族。俗称抗盐黏土。包括海泡石、凹凸棒石、坡缕缟石（又名山软木）。纤维状结构，具有较大的内表面，水分子可以进入内部孔道，在淡水和盐水中均易水化膨胀，热稳定性好。⑥混合晶层黏土矿物。混合晶层黏土矿物比单一黏土矿物更易分散、易膨胀，特别是其中有一种成分有膨胀性时，更是如此。

【黏土矿物水化膨胀性质】　不同的黏土矿物具有不同的膨胀性。根据黏土在水化条件下的膨胀性，可将它们大

致分为膨胀型黏土和非膨胀型黏土。高岭石在水化时，只有少许膨胀或不膨胀，属于非膨胀型黏土；钠蒙脱石则相反，在水中的膨胀体积多达干土体积的许多倍，钙蒙脱石和镁蒙脱石具有中等的膨胀性，属于膨胀型黏土。伊利石较为复杂，有些不具有膨胀性，有些则具有膨胀性。

【黏土粒子高温分散作用】　黏土粒子在高温作用下自动分散的现象称为黏土粒子的高温分散作用。水基膨润土悬浮体经高温后，膨润土粒子分散度增加，比表面增大，粒子浓度增大。表观黏度和切力（静切力、动切力）亦随着变大。同时，实验还发现黏土粒子的高温分散能力与其水化分散能力相对应，即钠膨润土>钙膨润土>高岭土>海泡石。而任何黏土在油中的悬浮体都未见到高温分散现象。因此，可以认为，钻井液中黏土的高温分散本质上仍然是水化分散，高温只不过激化了这种作用而已。

【黏土硅氧四面体及四面体片】　四面体：由一个硅原子和4个氧原子组成，硅位于正四面体中心（见下图）。由多个硅氧四面体在 a、b 两方向上有序排列组成四面体片。四面体片有如下特点：①共有3个层面：两层氧原子和一层硅原子，上、下两层氧原子均形成六角环（空心）；②在 a、b 两方向上无限延续。

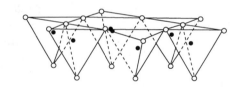

○O　●Si

硅氧四面体

【黏土铝氧八面体和八面体片】　由一个铝和六个氧或氢氧原子团组成，铝位于正八面体中心，氧或氢氧原子团位于六个顶角（见下图）。由多个铝氧八面体在 a、b 两方向上有序排列组成八面体片。八面体片特点：①在 a、b 二维方向上无限延伸；②共有3个层面，铝原子层位于中间；上、下两个层面组成六角形（实心）。

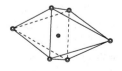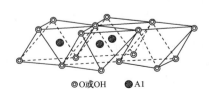

◎O或OH　▨Al

铝氧八面体

【黏土矿物与有机化合物间反应】　黏土矿物能够吸附某些有机化合物和高分子化合物。有机化合物与黏土矿物的结合方式很多，但归纳起来不外乎静电引力和范德华力两种。(1)静电引力。①阳离子键合，一般黏土矿物的表面带有负电荷，通过吸附有机阳离子以中和其电性，这些阳离子是可以交换的。反应如下式：

$$RNH_3^+M^+-黏土 \Longleftrightarrow RNH_3^--黏土+M^+$$

RNH_3^+是有机阳离子，伯胺、仲胺、叔胺对黏土的亲和力依次增加。有机阳离子吸附在黏土颗粒带负电的表面上，取代了原来存在于黏土表面的无机阳离子，这种反应是定量进行的。氨基牢牢地吸附在黏土表面上，碳氢链也附在黏土表面上。交换吸附完成后，黏土复合体表面基本为碳氢链所覆盖，发生润湿反转，黏土由亲水变为亲油，黏土悬浮体被破坏，复合体沉淀；继续加入季铵盐，黏土重新胶溶，其电位变为正的，钻井液体系由负电转变为正电钻井液体系，这时黏土的亲油性降低。有机阳离子的吸附通常不受黏土阳离子交换容量的限制，有机阳离子可以在黏土表面成层吸附，交换吸附后，还可以发生物理吸附。②阴离子键合。黏土颗粒表面一般是排斥阴离子的，但黏土颗粒边缘断键处可能带正电，因此能够吸附有机阴离子。钻井液中有很多阴离子型处理剂，就是通过阴离子键合作用与黏土颗粒结合，从而改善钻井液的性能。(2)范德华力是分子间的作用力。

【黏土颗粒分子间引力(范德华力)】
颗粒(黏土-水溶胶或其他胶体)间存在着数量上足以和双电层斥力相抗衡的吸力，这就是范德华力。在作用力的范围内，颗粒之间的吸力比单个分子之间的吸力强得多，并且颗粒越大，相互间的距离越近，吸力越大。所以，当黏土颗粒相互靠近到吸力范围内，且吸力大于斥力，则黏土颗粒就会发生聚集(或絮凝)。

【黏土表面直接吸引水分子而水化】
黏土与分散介质水之间存在着界面，根据能量最低原则，钻井液中的黏土颗粒必然要吸附水分子和其他有机处理剂分子于自己的表面，以最大限度地降低体系的表面能。黏土颗粒表面通常带负电，而水分子又是极性分子，因此水分子可以受黏土表面静电引力的作用，定向排列在黏土颗粒表面。此外，黏土晶层里有氧和氢氧根，均可以与水分子形成氢键而吸引水分子。

【黏土表面间接吸引水分子而水化】
为保持电中性，黏土颗粒表面吸附若干阳离子，这些阳离子的水化，间接地给黏土颗粒带来了水化膜。

【黏度】　液体或半流体流动的难易程度。①流体剪切力与剪切速率的比值，如果剪切力的单位是达因每平方厘米，剪切速率的单位是每秒，那么它们的比值就是黏度，单位是泊。黏度可视为流体流动时的内部阻力。黏度是由流体分子间的相互作用引起的。它是黏附力和内聚力相结合对悬浮粒子和液体环境作用的一种度量，越难流动的物质黏度越大。②流体、液体或天然钻井液的一种性质，粗略定义为流动的阻力。

【黏度计】　用于测量钻井液黏度的仪器仪表，常用的有：①野外标准黏度计；②马氏漏斗黏度计。以上两种黏度计是常规测量黏度的简单仪器；③直读式黏度计(又称旋转黏度计)。用于测量表观黏度、塑性黏度、屈服值和静切力。野外标准黏度计是在常温（20℃±3℃）下，盛入钻井液700mL，测定流出500mL所需的时间（清水时应以15s±0.5s为标准）。马氏漏斗黏度计是在常温（20℃±3℃）下，盛入钻井液1500mL，测定流出946mL所需的时间（清水时应以26s±0.5s为标准）。直读式黏度计借助于马达或手柄驱动。钻井液装在内、外筒的环形空间内。外筒以等速在钻井液中旋转，内筒则产生扭矩，扭力弹簧限制内筒运动，连接内筒的刻度盘就显示出内筒的位移角。调整好仪器常数，以便在外筒转数为300r/min、600r/min时测得表观黏度、塑性黏度、屈服值。其计算方法如下：塑性黏度=600r/min时刻度盘的读数-300r/min时的读数，单位为mPa·s；表观黏度（AV）为根据井内剪切速率的不同，AV=600r/min时刻度盘的读数×0.5、AV=300r/min时刻度盘的读数、AV=200r/min时刻度盘的读数×1.5、AV=100r/min时刻度盘的读数×3、AV=6r/min时刻度盘的读数×50、AV=3r/min时刻度盘的读数×100，单位为mPa·s；屈服值=300r/min时的读数-塑性黏度，单位为Pa。

【黏附卡钻】　又称"压差卡钻"，见"滤饼黏附卡钻或压差卡钻"。

【黏性盐水】　修井液的一种，可以认为是由盐水和增黏剂组成的。所用的增黏剂一般是膨润土、抗盐土和细石棉。为了提高和控制滤失量，可加入CMC、聚阴离子纤维素、胍胶和淀粉。把增黏剂和降滤失剂配合使用会形成黏度和滤失量可控制的低固相修井液，可用特殊的盐类和加重剂配成所需的密度。

【黏度重力计】　通常称直读黏度计。

【脲醛树脂堵漏剂】　此剂主要包含两种组分——脲醛树脂和硬化剂。漏层温度60～80℃时，用草酸溶液作硬化剂。随草酸加量增加，堵剂凝固时间缩短。漏层温度超过80℃时，可采用NH_4Cl溶液作硬化剂。封堵非碳酸盐层时，亦可选用盐酸、硫酸作硬化剂。为了提高堵剂的黏度，盐酸溶液可用钻井液配制，然后与树脂混合，可使其凝块强度高、耐水性好。

【脲醛树脂石英砂堵剂】　属树脂类堵漏剂，它是在脲醛树脂中加入石英砂，使堵剂密度达2.0g/cm³，提高堵塞效果，石英砂加量最好达到树脂体积的20%～25%。此外，亦可加入颗粒尺寸为1～5mm的有孔黏土来提高堵剂性能。

【脲醛树脂防收缩堵剂】　属树脂类堵漏剂，这类堵剂能防止凝固时收缩。主要是在堵剂中加入橡胶、氧化硼、草酸。其配方是：脲醛树脂100份，石英砂60～80份，二甲基硅氧烷橡胶4～7份，氧化硼4～6份，草酸5～10份。

【脲醛树脂高强度堵剂】　是一种树脂类稳定性较好的堵漏剂，这类堵剂抗压强度高，凝固体不发生裂纹。它的配方是：脲醛树脂60%～80%，聚丙烯酰胺0.1%～0.5%，氯化铁0.5%～0.7%，水。上述组分混合后，先形成足够黏滞的浆液，然后急剧胶化，变成不流动的凝胶态稠浆，一定时间后，形成固体堵塞体，其抗压能力极高而无裂纹。

【脲醛树脂酚醛树脂堵剂】　属高强度树脂类堵漏剂。其配方是：脲醛树脂44.8%～66.6%，酚丙酮生产馏渣改性的酚醛树脂22%～39.2%，正磷酸为基础的酸性硬化剂10%～11.2%，表面活性剂0.15%～3.9%，铝粉0.05%～1.3%。

【脲醛树脂聚丙烯酰胺堵剂】 属树脂类堵漏剂，主要用来封堵含水渗透层。其配方是：脲醛树脂 0.1% ~ 99%，聚丙烯酰胺 0.003%~3%，水。

【脲素改性磺甲基酚醛树脂】 代号为 SPU，是由苯酚、脲(尿)素、亚硫酸钠以及甲醛按一定的克分子比，在一定的反应温度下和一定的反应时间内的缩聚产物。产品为红棕色胶体，固体含量约 40%。其分子结构式为：

SPU 是一种抗盐、耐温的降滤失剂。其抗温能力可达 200℃。在钻井液中加入 4%经 200℃、12h 老化后滤失量均在 10mL 以内。耐盐可达饱和。抗钙污染能力较强。

【凝胶】 是指分散相粒子相互联结(形成空间网架结构)，分散介质充填于网架结构的空隙中形成的体系。如豆腐、钻井液。凝胶具有如下特点：分散相和分散介质均处于连续状态；体系具有一定屈服强度，具有半固体的性质。形成凝胶的条件是分散相颗粒浓度足够大，所需浓度与颗粒形状有关。对球形粒子，颗粒浓度为 5.6%(体积)时就能够形成凝胶；颗粒形状不规则，所需浓度越小。对黏土悬浮体，由于其形状极不规则，形成凝胶所需黏土浓度为 1% ~ 2%(体积)。因此，钻井液具有凝胶的某些特性，如具有屈服值和静切力。影响黏土凝胶强度的因素：①单位体积中双 T 链环的数目(与黏土含量及其分散度有关)。黏土含量越多或者及其分散度越高，黏土凝胶强度越大。②单个链环的强度。它取决于边–面联结和边–边联结的强度，吸力胜过斥力越多，联结越强；黏土悬浮体中电解质浓度越高，吸力胜过斥力越多。

【凝结】 描述各种污染导致钻井液中等到严重絮凝。

【凝聚】 ①通过化学反应由液态变为黏稠的凝化状态。②表面分子吸引力形成乳状液中粒子的结合。

【凝晶质】 见"胶体"。

【凝聚性】 是指黏土颗粒(片状)在一定条件(主要指电解质)下，在水中发生联结的性质。随着电解质(如氯化钠、氯化钙)浓度的增加，黏土矿物颗粒表面的扩散双电层被压缩，边、面上的电性减小。当电解质超过一定浓度时，就会引起黏土矿物颗粒发生联结。联结发生后，黏土矿物的联结体若能相互联结，遍布水的空间，则产生空间结构；若该联结体不能互相联结，则发生下沉。黏土矿物颗粒有三种联结方式，即边–边联结、边–面联结和面–面联结。

地层因素可通过黏土矿物的凝聚性影响钻井液性能，处理剂又可通过黏土矿物的凝聚性调整钻井液的性能。如地层中的 Ca^{2+} 侵入钻井液(称为钙侵)可引起黏土矿物小片边–边联结、边–面联结，产生空间结构，导致黏度增加。进一步钙侵，又可引起黏土矿物颗粒的面–面联结，导致黏度降低。降黏剂（又称分散剂）的加入，可通过它的吸附，提高黏土矿物表面的负电性，并增加水化层的厚度而引起黏土矿物小片的重新分散，恢复钻井液的使用性能。

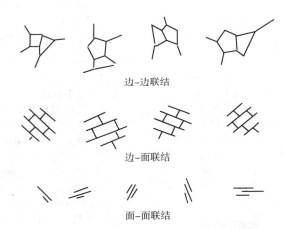

边–边联结

边–面联结

面–面联结

【凝胶堵漏】　在化学凝胶里复配不同形状、不同尺寸的惰性颗粒及一些长度为毫米级的纤维材料，将它们加入钻井液中后，主要作用在漏失的空隙中通过架桥、联结、支撑、滞留等作用形成骨架，封堵孔隙，进而提高抗压强度，增强堵漏效果。由于凝胶中含有多种膨胀颗粒，具有较强的可变形性，能适用不同类型的漏层。

【牛筋条】　见"钻井粉"。

【牛顿流体】　应力与剪切速率成正比的流体称为牛顿流体。

【牛顿流型】　流动时剪切应力和剪切速率（也叫切变率）之间的关系符合牛顿内摩擦定律的流型的统称，如水、柴油等大多数纯液体、低黏度油类及低分子化合物溶液等。牛顿流型可用流变方程 $\tau = \mu\gamma$ 表示（τ 为剪切应力，γ 为剪切速率，μ 为黏度）。其特点是：①流变曲线为通过原点的直线。②加很小的力就能发生流动，且速度梯度与切应力成正比。③黏度不随切应力或速度梯度变化，是个常量。此黏度叫绝对黏度。

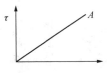

牛顿流型

【牛顿内摩擦定律】　液体流动时，液层间产生的内摩擦力 F 的大小与液体的性质及温度有关，并与速度梯度 dv/dx 和两液层接触面积 S 成正比，而与接触面上的压力无关。即

$$F = \pm\eta S \frac{dv}{dx}$$

式中，η 是与液体的性质和温度有关的比例系数，称黏滞系数或动力黏度，简称黏度。正负号为使 F 永远为正值。

令 $\tau = F/S$，即作用在液体层单位面积上的剪切力，称剪切应力：

$$\tau = \frac{F}{S} = \pm\eta\,\frac{\mathrm{d}v}{\mathrm{d}x}$$

在 SI 单位制中，τ 的单位是 Pa，$\gamma = \mathrm{d}v/\mathrm{d}x$ 的单位是 $1/s$，η 的单位是 Pa·s。η 是量度液体黏滞性大小的物理量，其意义是产生单位剪切速率时需要的剪切应力。

【扭簧测力计】　是一种校准旋转黏度计扭力弹簧刚度和示值误差的辅助小型设备。旋转黏度计测量精度与仪器的扭簧、测力组件等有直接关系。日常保养、管理不善，腐蚀性气体的侵蚀等均可引起扭簧、测力组件的损坏。为了保证仪器处于正常工作状态，使用者应该对仪器进行校正。常用的型号为 NLJ-A 型扭簧测力计。

NLJ 型扭簧测力计

NLJ 型扭簧测力计参数

名　称	技术参数
外形尺寸/cm	14×18×28
质量/kg	1.8
测量范围	弹簧刚度标准值范围内连续测定（砝码从 1g 到 70g）

【浓度】　仅指物质的量浓度。浓度一词用于某个物理量时，其含义为：该物理量除以其体积。例如质量浓度、体积浓度、物质的量浓度、分子数浓度等。过去常不很确切地使用"百分浓度"。在这一术语中，未明确地表达出是以上哪一种浓度，而只明确了用%作为单位。过去也常习惯地把含量和成分与浓度的概念混为一谈，而通称浓度，这是很不确切的。参见"含量和成分的表达"。

O

【偶合反应】　是指芳伯胺的重氮盐与酚或芳胺等作用生成偶氮化合物的反应过程。芳伯胺的重氮盐与酚或芳胺等作用生成偶氮化合物的反应过程。一般可用以下通式表示：

$$Ar-N-X-+H-Ar' \longrightarrow$$
$$Ar-N=N-Ar'+HX$$

式中，Ar 为芳基；X- 为酸根；H-Ar' 为酚或芳胺。

【耦合作用】　是指一个放能反应推动一个同时发生的吸能反应，这两个反应之间有一个共同的中间产物的一对反应。

O

P

【帕】　计量单位"帕斯卡"的简称，见"帕斯卡"。

【帕斯卡】　简称帕。符号为 Pa，是国际单位制（简称 SI）中规定的压力（或压强）单位。压强：单位面积上所受的压力，叫压强。

1 帕斯卡（Pa）= 1 牛顿/平方米（$1N/m^2$）

$1MPa$（兆帕）= $1000kPa$（千帕）= $1000000Pa$（帕）

一个大气压 = 101.325 千帕 = $760mm$ 汞柱

【排量】　钻井液循环系统的钻井液流量，以每分钟排出若干升计算，它与所钻井眼直径及所要求的上返速度有关，即井径越大，所需排量越大。要求钻井液有一定的上返速度，能够把钻屑可靠地携带到地面，一般上返速度在 $0.4 \sim 1.25m/min$ 左右。单位通常为升/秒（L/s）。排量的大小对钻速影响很大。选择排量既要考虑携带钻屑的需要，又要考虑形成射流清洗井底的要求。

【排屑量】　指钻井液液流在一定时间内，冲离井底的钻屑量。

【排屑能力】　指液流将钻屑冲离井底破碎坑并运移到钻头以上环形空间的能力。它可表示在该喷嘴组合水力条件下，井底净化效果的好坏。

【泡敌】　由丙三醇与环氧丙烷、环氧乙烷共聚而成。其结构式为 $C_3H_5(OH)_3(C_3H_6)(C_2H_4O)$。为无色或微黄色透明黏稠液体，难溶于水，溶于苯、乙醇。主要用作各类水基钻井液的消泡剂。

质量指标

项　目	指　标
羟值（以 KOH 计）/（mg/g）	$42 \sim 46$
酸值（以 KOH 计）/（mg/g）	$\leqslant 0.2$
水分/%	$\leqslant 0.5$

【泡沫】　气泡和泡沫与钻井液关系密切，对钻井液的性质有直接影响。有利的方面是：在钻低压油气层时，可以采用泡沫钻井液或泡沫流体，以降低钻井液的密度，起到保护油气层的作用；钻遇易漏失地层时，可采用充气钻井液。不利的方面是：钻井液遇气侵时，钻井液密度迅速下降，钻井液液柱压力降到一定程度时会引起井喷，此时必须消除气泡。泡沫的定义：泡沫是气体分散于液体中而形成的分散体系，气体是分散相，液体是分散介质。影响泡沫稳定性的因素：①表面张力。泡沫生成时，伴随着液体比表面增加，体系的能力也相应增加；泡沫破灭时，体系的能量也相应下降，因此，往往以液体的表面张力作为影响泡沫形成及其稳定性的一个因素。②表面黏度。决定泡沫稳定性的关键因素在于液膜的强度，而液膜的强度主要取决于表面吸附膜的坚固性，在实验中以表面黏度为其量度。表面黏度大的溶液生成的泡沫寿命较长。如果水基钻井液中的液相黏度高，泡沫液膜的强度相对也高，泡沫的稳定性就越强，也给消泡带来了难度。③溶液黏度。表面黏度大，则泡沫液膜往往不易被破坏，这里有双重作用：一是增加液膜表面强度；二是液膜的两个表面膜临近的液体不易排出（因表面黏度大，表面临近液体也不易流动）。由此可见，若液体本身的黏度较大，则液膜中的液体不易排出，液膜厚度变小的速度较慢，因而延缓了液膜破裂的时间，增加了泡沫的稳定性。④表面电荷的影响。如果泡沫液膜带有相同性质的电荷，液膜的两个表面将相互排斥，液膜不至于变薄或破裂。泡沫的生成在钻井液中可能带来不少麻烦，因此消除泡沫是

非常重要的。钻井液中的泡沫来源主要是地层和钻井液中处理剂降解。钻井液中常用的消泡剂为辛醇-2，2-乙基己醇-1-甘油聚醚。

【泡沫剂】　使钻井液和其他流体产生泡沫的处理剂，见"发泡剂"。

【泡沫钻井】　用泡沫作为钻井流体进行的钻井。适合于低渗、低压油气层。

【泡沫流体】　指气体介质分散到液体中，并配以发泡剂、稳泡剂或黏土及降滤失剂等形成的分散体系。

【泡油解卡】　即"油浴解卡法"。

【泡沫作用】　气体被包围在液体或固体中而形成的泡，称为气泡。许多气泡聚集在一起，以薄膜隔开而呈紧密联结的状态，称为泡沫。泡沫是气体分散在液体中的分散体系。气体是分散相（不是连续相）；液体是分散介质（连续相）。泡沫是由气泡形成的聚集体，在气泡相交处，液体有自动流动的趋势，称为泡沫的自动排液过程，在排液过程中，液膜变薄，最后导致液膜破裂，使泡沫破坏。纯的液体不能形成稳定的泡沫，只有加入起泡剂才能形成稳定的泡沫。起泡剂是指气泡性好的物质。表面活性剂大多是良好的起泡剂，其中最好的是磺酸型及硫酸酯盐型阴离子表面活性剂。而非离子型及阳离子型表面活性剂起泡力一般较小。表面活性剂的泡沫性能包括起泡力和泡沫稳定性两个方面。起泡力是指泡沫形成的难易程度和生成泡沫量的多少；泡沫稳定性是指生成泡沫的持久性，也就是泡沫存在的寿命长短。在表面活性剂配方中加入增加泡沫稳定性的物质，可使泡沫稳定性增加，这类物质称为稳泡剂。常用的有脂肪酸烷醇酰胺类、氧化叔胺类等。决定起泡能力和泡沫稳定性的因素，首先是起泡剂和稳泡剂的种类，此外还与介质、使用浓度、使用温度、水的硬度、pH 值和添加剂的种类有关。

【泡沫钻井液】　①指以水作连续相，气体作分散相，起泡剂作稳定剂的钻井液。通常把空气或天然气以高速搅拌或鼓泡方法带入液相中进行分散，形成泡沫，并以泡沫剂（既能起泡又能稳泡的物质）稳定后所形成的一种乳状液。主要用于钻井液密度小于 $1.0g/cm^3$ 的低压油气层、不含水层或用于驱油的一种采油工艺。使用时需要特殊的设备。常用发泡剂有 ABS、AS、脂肪醇硫酸钠等，稳泡剂为 CMC、HEC 和生物聚合物等。由于稳定泡沫密度及由此产生的液柱静压力极低，而且耐温、耐盐、抗污染，因而适用于钻坚硬地层和低压油气层，但不适用于高压以及产水量大于 $10m^3/h$ 的地层，同时发泡剂成本较高，作业时要求严格，而且返出井口后不能再使用，这些都限制了泡沫钻井液的应用和发展。②在水基钻井液中加入起泡剂并通入气体，就可配成泡沫钻井液。由于它以水为分散介质，所以属于水基钻井液。配制泡沫钻井液的气体可用氮气和二氧化碳气，起泡剂可用水溶性表面活性剂，如烷基磺酸钠、烷基苯磺酸钠、烷基硫酸酯钠盐、聚氧乙烯烷基醇醚、聚氧乙烯烷基醇醚硫酸酯钠盐等。泡沫钻井液中的膨润土含量由井深和地层压力决定。该钻井液具有摩阻低、携岩能力强、对低压油气层有保护作用等特点。为了保证这种钻井液的性能，要求钻井液在环空中的上返速度大于 0.5m/s。该体系主要用于低压易漏地层的钻井。

【泡沫修井液】　是一种稳定的充气乳状液。这种泡沫的抗破乳强度较高，

P

不能再循环。泡沫液作为低压修井液时的优点是：①对地层的静液压力低，所以侵入地层的固相较少。②由于静液压力低，在动态情况下可以把油井内的砂子循环出地面，这和在正常操作条件下用油泵抽油时相似。③不含无机颗粒。由于循环后泡沫被排除，侵入修井液中的其他固相颗粒返出地面后不再参与循环。④当油或盐水侵入时，通过分析返出的泡沫很容易加以鉴别。其缺点是：①因为静液压力低，会造成胶结松散地层坍塌。②仅限于在地层压力不能使地层流体由井下流到地面的情况下使用。③当发现大量的油或水侵入时，为了保持泡沫的稳定，必须同时大排量注入天然气（或空气）、液体和泡沫稳定剂。④约在 1000m 深度以下，修井液中的泡沫几乎被压缩成液态，失去泡沫的特点。

【泡沫稳定性】 见"泡沫作用"。

【泡沫表面张力】 泡沫生成时，伴随着液体比表面增加，体系的能力也相应增加；泡沫破灭时，体系的能量也相应下降。因此，往往以液体的表面张力作为影响泡沫形成及其稳定性的一个因素。

【泡沫表面黏度】 决定泡沫稳定性的关键因素在于液膜的强度，而液膜的强度主要取决于表面吸附膜的坚固性，在实验中以表面黏度为其量度。表面黏度大的溶液生成的泡沫寿命较长。如果水基钻井液中的液相黏度高，泡沫液膜的强度相对也高，泡沫的稳定性就越强，也给消泡带来了难度。

【泡沫溶液黏度】 表面黏度大，则泡沫液膜往往不易被破坏，这里有双重作用：一是增加液膜表面强度；二是与液膜的两个表面膜临近的液体不易排出（因表面黏度大，表面临近液体也

不易流动）。若液体本身的黏度较大，则液膜中的液体不易排出，液膜厚度变小的速度较慢，因而延缓了液膜破裂的时间，增加了泡沫的稳定性。

【泡沫表面电荷】 如果泡沫液膜带有相同性质的电荷，液膜的两个表面将相互排斥，液膜不至于变薄或破裂。泡沫的生成在钻井液中可能带来不少麻烦，因此消除泡沫是非常重要的。钻井液中的泡沫来源主要是地层和钻井液中处理剂降解。钻井液中常用的消泡剂为辛醇-2，2-乙基己醇-1-甘油聚醚。

【泡沫黏度测定法】 测定泡沫流体黏度的一种方法。由于泡沫的体积小，黏度随时间而变化，不能用马氏漏斗或旋转黏度计测量，常用毛细管黏度计或不同类型的模拟实验装置测量。下图是苏联测定泡沫黏度的实验装置，泡沫的黏度，由塑料小球达到平衡时弹簧秤的拉力表示，由此反映泡沫液膜破坏的能力和泡沫骨架的支撑能力。

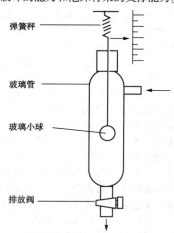

弹簧秤

玻璃管

玻璃小球

排放阀

【泡沫强度测定法】 测定泡沫流体强度的一种方法。这里介绍日本测定泡沫强度的装置，该装置见下图。由直径 50mm、15g 的塑料圆盘和支架构

成。以圆盘在泡沫中沉降 10cm 所用的时间表示泡沫强度，反映泡沫悬浮或携带岩屑的能力。可以认为它是泡沫黏性、溶液黏性和颗粒吸附能力等的综合性能。

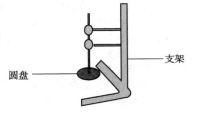

【泡沫润滑性测定法】　测定泡沫流体润滑性的一种方法。这里指的是苏联测定泡沫润滑性的装置，见下图。该装置可使产生的泡沫不断喷在两个互相压紧、相向运动的摩擦盘接触面上，通过测定摩擦系数的变化，来衡量泡沫的润滑性能。摩擦盘置于密闭容器里，以保证液膜韧性极好的泡沫(而非泡沫破裂后生成的泡沫剂溶液)作为润滑介质，这与钻井的实际情况基本上是一致的。

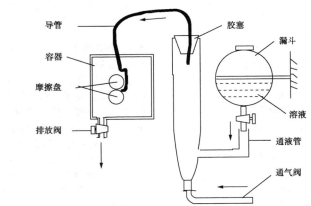

【泡沫的自动排液过程】　见"泡沫作用"。

【配伍性】　又称相溶性，是指多种钻井液处理剂混合使用时，互不影响的作用，并能起到更好的效果。①配制钻井完井液有良好的配伍性，即能够较好地溶解于水(淡水、盐水、海水与饱和盐水)和油类中。②能与组成钻井完井液的其他处理剂有较好的相溶性，即处理剂之间不发生化学反应而生成沉淀物或胶状物，失去原有的性能和作用。③不影响产层中流体性能，以及矿化度分析和离子活度测定。

【配浆水】　水是配制各种钻井液都不可缺少的基本组分。在水基钻井液中，水是分散介质，大多数处理剂均通过溶解于水而发挥作用；在泡沫钻井液中水也是作为连续相，空气在起泡剂和稳泡剂的作用下分散在水中；在油包水乳化钻井液中，水是分散相，往往水中又含有一定量的无机盐，如氯化钠和氯化钙等。在雾流体中，作为分散相，成小颗粒状分散于气中。钻井液性能与配浆水的性质密切相关。多数情况下，为节约成本，都是就地取材，但是地区不同，水质相差很大，水中的各种杂质、无机盐类、细菌、气体等对钻井液的性能有很大影响。例如，无机盐会导致膨润土的造浆率降低，以及钻井液的滤失量增大；细菌会导致淀粉类处理剂发酵，聚合物处理剂容易降解，细菌的大量繁殖还会对油气层造成损害；气体的存在则会加剧钻具的腐蚀等。因此，配制钻井液时，必须预先了解配浆水的水质，不合格的水须经过适当处理后才能使用。自然界的水可分类为：①按来源分地面水和地下水。②按其酸碱性分酸性水、中性水和碱性水。③按所含无机盐的类别分 NaCl 型、$CaCl_2$ 型、$MgCl_2$ 型、Na_2SO_4 型和 $NaHCO_3$ 型等。在钻井液工艺中，根据水中可溶性无机盐含量的多少，一般将配浆水分为三类：一是含盐量较少（总盐度低于 10000mg/L）的淡水，钻井液称为淡水钻井液；二是含盐量较多的盐水，与之对应钻井液称为盐水钻井液；三是盐量达饱和的饱和盐水，与之对应钻井液称为饱和盐水钻井液。此外，常将含 Ca^{2+}、Mg^{2+} 较多的水称为硬水。

【配浆油】 原油、柴油和低毒矿物油也是配制钻井液时常用的原材料。在油基钻井液中，常选用柴油和矿物油作为连续相。在水基钻井液中，也常混入一定量的原油或柴油，以提高其润滑性能，并起降低滤失量的作用。在使用过程中，应注意油品的黏度不宜过高，否则钻井液的流变性不易调控。此外，还应考虑油晶的价格和对环境可能造成的影响。对于探井，应考虑其荧光度对油气显示的影响。在选用原油时，应考虑其凝固点以及石蜡、沥青质含量等，以免对油气层造成不良的影响。

【喷射钻井】 是利用从钻头喷嘴喷出的强大钻井液射流，充分清洗井底，为钻头不断破碎岩石，避免对岩屑的重复切削创造良好的条件，达到提高钻头进尺，提高钻速，降低成本的目的。为了得到强大的射流，就要充分发挥地面钻井泵的功率和压力，根据井身结构、钻具结构、钻井液性能及井深，优选钻井液排量，优选喷嘴直径。为了充分发挥射流的作用，还要设法改善井底流场。喷射钻井优于普通钻井之处，在于能保证破碎下来的岩屑立即被冲离井底，即能保证井底清洁。喷射钻井以钻头对岩石的机械破碎为主，以射流对岩石的水力破碎为辅。

【喷漏并存压井】 在一个裸眼井段内，在一定的压力范围内，可能有喷层和漏层同时存在，压力稍小则喷，压力稍大则漏，根据又喷又漏产生的不同原因，其表现形式可分为上喷下漏、下喷上漏、同层又喷又漏。(1)上喷下漏的处理：这是在高压层下钻遇低压层时发生钻井液漏失，井内液柱压力降低，导致高压层发生溢流或井喷。遇到这种情况：①立即停止循环，间歇定时定量反灌钻井液，以降低漏速，尽可能维持一定液面来保证井内液柱压力略大于高压层的地层压力。反灌钻井液密度应稍低于原钻井液密度。②从钻杆内打入低密度的堵漏钻井液，当堵漏钻井液发生作用后，能建立起循环来，井喷也就不会发生了。③如因没有钻井液，不能维持一定量的液面，而发生了井喷，可立刻关井，从钻杆内挤入堵漏液，当堵漏液发生作用后，井口压力会上升，此时可按正常程序压井。(2)下喷上漏的处理：当钻遇高压地层发生溢流后，提高钻井液密度压井，而将高压层以上的地层压漏，钻井液失返。在这种情况下，虽然可能发生井下井喷，但可以起钻，应采取如下办法：①若大致了解漏层位置，可起钻至漏层以上，注入堵漏液堵漏。②若喷层、漏层相距甚远，可注入超重钻井液于喷层以上漏层以下井段，平衡地层压力，先止喷，然后起钻至漏层位置，再堵漏。③可以考虑在喷层以上注水泥塞或重晶石塞，将喷层、漏层隔开，先堵漏，再治喷，但这样做危险性很大，溢流将水泥浆顶至钻头以上，很可能造成卡钻。④实在无办法时，可考虑下套管固井。因为上部地层井漏，只要定时定量灌钻井液，就不怕井喷，可以起出钻具，下入套管，先打超重钻井液于喷层、漏层之间压井，然后注水泥固井。最好在喷层、漏层之间的套管串上带上管外封隔器，在固井碰压的同时胀开管外封隔器，保证喷层以上的封固质量。注重晶石塞的方法是：用水、重晶石和稀释剂配成重晶石浆，并用氢氧化钠调整 pH 值至 $8 \sim 10$，其黏度和切力要尽可能地降低，通过钻杆泵至高压

层附近，由于重晶石浆密度大、失水量大，能迅速失水而形成重晶石塞。注重晶石浆时要防止重晶石浆与钻井液混合，因与钻井液混合后，黏度、切力变大，重晶石不容易沉淀，所以最好把钻井液与重晶石浆用胶塞隔开。重晶石浆到位后(此时管内重晶石浆面应高于环空重晶石浆面)，立即上提钻具到重晶石浆面以上，因为重晶石沉落快，容易造成桥堵或卡钻。裸眼打重晶石塞的方法如下图所示。(3)同层又喷又漏的处理：同层又喷又漏多发生在裂缝、孔洞发育的地层，这种地层对井底压力的变化十分敏感，井底压力稍大则漏，稍小则喷。处理的方法是：①间歇定时反灌一定数量的钻井液，维持低压头下的漏失，起钻，然后下光钻杆堵漏。②遇到大溶洞，无法堵漏时，可用清水边漏边钻，或用泡沫钻井液维持平衡钻进，钻达一定深度后，下套管固井，漏层以下下筛管，漏层以上用管外封隔器封堵，使水泥浆从封隔器以上上返。

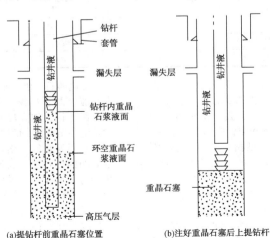

(a)提钻杆前重晶石塞位置　　(b)注好重晶石塞后上提钻杆

裸眼内注重晶石塞

【喷射钻井工作方式】　　在喷射钻井的水力程序设计中，以钻头或射流某个水力参数为目标参数来选择流量及其他水力参数。

【膨润土】　俗称"坂土、斑土、斑脱岩"，主要矿物成分为蒙脱石薄片状造浆黏土，化学代表式为：

$$(Si_{8-y}Al_y) \cdot (Al_{4-x}Mg_x)O_{20} \cdot (OH)_4 \cdot nH_2O$$

"膨润土"在石油钻井上常用坂土这一译名。是配制钻井液的重要原料。主要以蒙脱石黏土为主，因其所吸附的阳离子的不同而分为钠土和钙土两种。由于钠土水化能力较弱，造浆率较高，适合钻井液使用。但钠土一般较少，多为钙土。使用时常把钙土改造成人造钠土(一般采用纯碱，有时也用烧碱进行改造)，才能满足钻井液用土的需要。膨润土的主要用途有：①用作配浆材料，用水可配成各种原浆，再经过必要的化学处理成为符合钻井要求的基浆，即可用于钻井。②用来降低钻井液的滤失量，钠土可以在淡水中水化而分散成较细的胶粒，形成渗透性较低的滤饼，从而降低滤失量。③用来提高钻井液的黏切，由于在淡水中分散的黏土片带负电荷，其端边带有正电荷，故可以互相形成"卡片"状结构，产生一定的结构强度，可使钻井液黏切上升。④用作堵漏剂的组分，用黏土、柴油及乳化剂可配制柴油-膨润土堵漏剂。特别适用于封堵含水漏层，效果较好。膨润土质量好坏不但影响所配钻井液的性能，而且与所配钻井液接受化学处理剂的能力有很大关系。故使用不合格的膨润土不但用量大，而且处理剂消耗大，极不经济。

膨润土质量指标

项　　目	指　　标		
	一级	二级	三级
造浆率/(m³/t)	≥16	≥16	≥12
滤失量/mL	≤15	≤17	≤22
动切力/Pa	<1.5×PV 值		
湿度/%	≤10	≤10	≤15
湿筛分析200目筛余/%	≤4	≤4	≤4

【膨胀性】　指黏土矿物吸水后体积增大的特性。黏土矿物的膨胀性有很大不同。根据晶体结构，黏土矿物可分为膨胀型黏土矿物和非膨胀型黏土矿物。蒙脱石属于膨胀型黏土矿物，它的膨胀性是由于它大量的可交换阳离子所产生的。当它与水接触时，水可进入晶层内部，使可交换阳离子解离，在晶层表面建立了扩散双电层，从而产生负电性。晶层间负电性互相排斥，引起层间距加大，使蒙脱石表现出膨胀性。高岭石、伊利石、绿泥石等属于非膨胀型黏土矿物，它们膨胀性差有各自的原因，如高岭石是因为它只有少量的晶格取代，而层间存在氢键；伊利石是因为它的晶格取代主要发生在硅氧四面体片中，而且晶层间交换离子为钾离子，同样可使晶层联结紧密；绿泥石是因为它的晶层存在氢键，并以水镁石代替可交换阳离子平衡因晶格取代所产生的不平衡电价等。

【膨胀流型】　又称膨胀性流体，属非牛顿流型中的一种。随剪切速率而变化的非牛顿流体，其视黏度随剪切速率增加而增加的流体静置时，能逐渐恢复原来流动较好的状态。特点是没有静切力，黏度随切力增大而增高，静止时又恢复原状。和拟塑性流体相反，流变曲线凹向切力轴（见下图）。形成膨胀流体的原因是静止时离子是分散的，切应力增大时，粒子重新排列，有些粒子被搅在一起形成网架结构，搅动愈烈，架子搭得愈多，流动阻力也就愈大。因此，黏度随切力增大而增高。

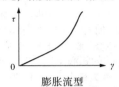

膨胀流型

【**膨胀性流体**】　见"膨胀流型"。

【**膨润土含量**】　即"坂土含量"。

【**膨胀性黏土**】　当干黏土与水接触时，黏土体积会比原来的大，如果体积增加显著，则称之为膨胀性黏土，反之称为非膨胀性黏土。如蒙脱石与水或水蒸气接触时，水分子可侵入黏土晶格的层间，引起黏土体积增大的现象。

【**膨胀量测定仪**】　一种实验室的实验仪器。膨胀量测定仪是用于检测岩心或膨润土在常压条件下其膨胀变化情况的一套精密测量装置，为测定岩心或膨润土的膨胀特性、优化钻井液、评定各种外加剂对岩心或膨润土的稳定性提供了方法。

膨胀量测定仪

膨胀量测定仪 NP-03 技术参数

名　称	技术参数
外形尺寸/cm	26×98×48
质量/kg	35
电源	AC220V±5%；50Hz
测量筒容量/mL	24
测试量程/mm	20
测试误差/mm	0.01
工作温度/℃	10~93
工作压力	常压
搅拌速度/(r/min)	0~3000
使用温度/℃	24~40

【**膨润土浆配制**】　膨润土浆的配制要点是要在选定黏土的基础上，加入适量的纯碱和其他处理剂，以提高黏土的造浆率。纯碱的加入量依黏土中钙的含量而异，可通过小型实验获得，一般不超过钻井液体积的1%（钙质膨润土除外，例如用四川渠县钙质膨润土配浆，所需纯碱量高达5%~7%）。加入纯碱的目的是除去黏土中的钙离子，把钙质土转化为钠质土，使黏土粒子水化作用增强，黏土分散更细。

$$Ca(土)+Na_2CO_3 \rightarrow$$
$$Na(土)+CaCO_3 \downarrow$$

因此，原浆加纯碱一般呈现黏度增大，滤失量降低；如果随着纯碱加入，滤失量反而增大，这说明纯碱过量了。有的黏土只加纯碱还不行，还需要加点烧碱，其作用是把黏土中的氢质土转化为钠质土。

膨润土浆的配制程序：①确定选用何种膨润土。②根据钻井液要求和膨润土类型，利用下面的公式计算所需的膨润土量、水量及所需纯碱量。③将水放入容器中，搅拌条件下先加入计算量的纯碱，然后再缓慢加入计算量的膨润土，搅拌彻底后，老化24h即可。

配制一定数量的钻井液所需的黏土及水量为：

所需黏土量：

$$W = \frac{\rho_\pm V_浆 (\rho_浆 - 1)}{\rho_\pm}$$

所需水量：

$$V = V_浆 \rho_浆 - W$$

式中　$\rho_\pm$、$\rho_浆$——黏土和钻井液密度，g/cm^3；

　　　$V_浆$——要配制的钻井液量，m^3。

常规膨润土浆的配方见下表。

常规膨润土浆的配方

材料与处理剂	功　用	用量/(kg/m³)
膨润土	造浆	25.0~50.0
烧碱	控制 pH 值	0.7~1.5
CMC(选用)	提黏、降滤失	1.0~3.0
纯碱	促进膨润土水化和控制 Ca^{2+} 含量<150mg/L	2.0~3.0

常规膨润土浆的性能见下表。

常规膨润土浆的性能

项　目	性　能
漏斗黏度/s	30~50
API 滤失量/mL	不控制
静切力/Pa	5~15/10~30
pH 值	8~10
塑性黏度/mPa·s	8~12
动切力/Pa	3~10

【**膨润土增效剂**】　即"黏土增效剂"。

【**膨润土的鉴定方法**】　①实验室鉴定方法。在 100g 蒸馏水加入 6g 膨润土，用高速搅拌机搅拌 15min，在不加任何处理剂的情况下，测其性能要达到如下标准。

膨润土鉴定指标

项　目	指　标
塑性黏度/mPa·s	15
表观黏度/mPa·s	18
静切力(10s/10min)/Pa	0~15
滤失量(1MPa，30min)/mL	15
密度/(g/cm³)	2.7

② 现场鉴定方法。如现场无检测设备，可在水中加入约 0.5% 的纯碱(Na_2CO_3) 后，将 5.0% 膨润土配制成密度为 $1.05g/cm^3$ 的膨润土浆，钻井液黏度大于 30s，滤失量小于 10mL 即可。

【**破乳电压**】　又称电稳定性、击穿电压。油包水乳化钻井液通入电流，当乳化钻井液开始破坏时的电压叫破乳电压。由于油包水乳化钻井液外相是油，若电压低时则不导电，当电压较高时引起破乳而导电。所以，破乳电压愈高，乳状液愈稳定。

【**皮屑**】　为皮革制品的废料经加工而成的碎片纤维状物，遇水膨胀。无杂质、泥砂等。属惰性堵漏材料，适用于裂缝、孔隙性地层的堵漏，与其他惰性材料复配使用效果较好。

【**疲劳极限**】　见"疲劳腐蚀"。

【**疲劳腐蚀**】　是一种周期性高应力造成的金属疲劳损坏。它是腐蚀与疲劳的结合作用的结果，也是钻杆损坏的主要原因。钻杆的损坏大多数是由此而引起的。在钻井作业中，钻杆受到弯曲应力是不可避免的。而在任何定向斜井中，当钻柱旋转时就会引起周期应力，而这些应力受钻井液腐蚀性大小影响较大。疲劳破裂常常从钻杆的表面开始出现。金属所受到重复应力达到某一值时，就容易发生此破裂。此力称为"疲劳极限"。它表示金属受到周期性应力而不造成疲劳损坏的最大限度。金属损坏时所承受的应力周期数，随着腐蚀环境的严重性和应力大小的增加而缩短。提高钢的强度并不会改变抵抗疲劳腐蚀的能力，反而会缩短损坏周期。环境、张力强度及钢表面状况对疲劳极限有相当的影响。

【偏硅酸钠】　即"硅酸钠"。

【偏摩尔体积】　就是一定量溶质溶在一摩尔（1mol）溶液中所引起的体积变化，它是溶液浓度函数。但要注意偏摩尔体积未必一定为正，也就是说有些物质溶于水后反而会导致体积下降。偏摩尔体积是在等温、等压下，往无限大的体系中加入 1mol 其他组分，体系体积的变化量；或往有限的体系中加入微量的其他组分而引起该体系体积的变化。

【片碱】　氢氧化钠（NaOH），为白色半透明片状固体，片碱是基本化工原料，广泛用于化学工业、石油钻探和水处理等。在钻井液中的用途比较广泛。

【屏蔽暂堵剂】　即"屏蔽堵漏剂"。

【屏蔽堵漏剂】　又称屏蔽暂堵剂，属复合型堵漏剂。该类堵漏剂能在漏失层周围形成一个屏蔽暂堵环（约 2～3cm）。屏蔽堵漏剂必须具备以下条件：①应具有较好的充填、桥堵或封堵作用。②堵漏材料应对漏层有一定的抑制作用，且能形成较为致密的内滤饼。③将该类堵漏剂混入钻井液后，对钻井液的性能影响要小。

【屏蔽暂堵钻井完井液】　屏蔽暂堵钻井完井液实际上是在暂堵型钻井液和改性钻井液基础之上，发展起来的保护油气层的钻井完井液，其核心是通过向钻井液中加入粒径与油气层孔喉大小和分布相匹配的刚性及可变形固相粒子，对普通钻井液进行改性，使改性钻井液中的固相粒子可以很快地在一定正压差作用下，在井壁附近形成可被射孔弹穿透的、非常致密的滤饼，从而阻止钻井液中的固相和滤液继续侵入储层深部造成损害。这种致密滤饼可以在投产前通过射孔解除，从而使这种改性的钻井液具有保护油气层的效果。钻井中，钻井液固相含量高和钻井液液柱压力大于储层孔隙压力幅度大对油气层损害严重的不利因素，转化成了使钻井液形成致密滤饼，达到保护油气层目的所必需的条件。实施屏蔽暂堵钻井完井液方案的技术要点是：收集或测定或估算待钻储层的孔喉大小及其分布资料；钻开油气层前，向钻井液中加入 2%～3% 的粒径大小为储层孔喉直径 1/2～2/3 的刚性架桥粒子（超细碳酸钙、单向压力封闭剂等），1.5%～2% 粒径为孔喉直径 1/4 的填充粒子，1%～2% 的可变形粒子（如油溶性树脂、磺化沥青、氧化沥青、石蜡等）对钻井液进行改性。调节钻井液的密度，使钻井液的液柱压力与储层孔隙压力之差为 3MPa 左右，再钻开油气层，以利于形成有效的屏蔽暂堵滤饼。投产前，采用可以穿透屏蔽带的射孔弹打开油气层，解除屏蔽暂堵滤饼的堵塞。其优点是成本低、适用于多压力层系储层、工艺简单、保护储层效果好。其配方就是在无固相清洁盐水和水包油钻井液以外的水基钻井液中加入屏蔽暂堵剂即可。加入屏蔽暂堵剂后，钻井液的黏度有所提高，但影响不严重；滤失量一般降低，有利于保护油气层。屏蔽暂堵型钻井完井液配方见下表。

屏蔽暂堵型钻井完井液

材料与处理剂	功　用	用量/(kg/m³)
普通水基钻井液	基液	1000
超细碳酸钙、单向压力封闭剂	刚性架桥粒子	20.0~30.0
膨润土	填充粒子	15.0~20.0
油溶性树脂、磺化沥青、氧化沥青、石蜡	变形粒子	10.0~20.0

【评价土】　用于降滤失剂性能评价而专门制备的,以高岭土为主要成分的黏土。

【平平加】　又名匀染剂 O,润滑剂 JFC,主要成分为聚氧乙烯脂肪醇醚。为非离子型表面活性剂。它的化学通式为 $R-O-[CH_2CH_2O]_nH$ (R 为 $C_{10}\sim C_{20}$ 的烃类,$n=2\sim 3$),用作钻井液乳化剂、润滑剂。

平平加质量指标

项　目	指　标
外观	白色或淡黄色膏状物
pH 值(1%水溶液)	6~8
浊点(1%活性物在 10%的氯化钙中)/℃	85
扩散力/%	90~110

【平板层流】　见"改型层流"。
【平缓层流】　见"改型层流"。
【平均分子量】　化学式各原子相对原子质量的总和。

1. 计算 H_2O 的相对分子质量

因为 H_2O 中有两个 H 原子和一个 O 原子。

所以应计算两个 H 原子的相对原子质量和一个氧原子的相对原子质量之和。

H_2O 的相对分子质量 $=2\times 1+16\times 1=18$。

(相对分子质量的单位为 1,一般不写出。)

2. 计算 $2H_2O$ 的相对分子质量

$2H_2O$ 的相对分子质量 $=2\times (2\times 1+16\times 1)=36$。

【平衡压力钻井】　是指作用于井底的液柱压力等于地层孔隙压力情况下进行的钻井。

【平板度判别准数】　能同时反应动塑比、环空间隙和环空返速对平板度影响的表达式(综合影响)即平板度判别准数。

【平衡活度钻井液】　指钻井液中水的化学位(活度)与所钻页岩地层内水的化学位相等。所有含黏土的岩石都能从钻井液中吸附水而发生剧烈变化,如膨胀剥落等。页岩吸附水是由于钻井液和页岩之间化学位不同,当页岩的化学位等于钻井液的化学位时,水就不能从一方传到另一方。油包水乳化钻井液的水相中的含盐量,可根据所钻地层水的含盐量,加入各种无机盐类进行调节,以达到平衡。

【平衡式水力旋流器】　指通过钻井液在圆锥体内旋转的气旋力,在底端可以调节圆锥体内形成空气柱体的直径的水力旋流器。

【平氏毛细管黏度计】　用来测定水溶液及高分子水溶液动力黏度的一种毛细管黏度计。其测定方法是:①用蒸馏水将试样稀释成 40%(质量分数)的水溶液(试样以干基计),加热至 50℃±0.5℃,用密度计测密度。②将清洁、干燥的平氏毛细管黏度计倒置,把主管 1 插入试样中,用手堵管口 2,在连接 E 管的乳胶管一端用吸耳球将试样吸入管 1 至刻线 b,迅速倒转黏度计,擦净管 1,注意吸入试样时不产生断流和气泡。③将已装试样的黏度计垂直固定在 50℃±0.5℃的恒温水槽中,使 C 球低于水

P

面，恒温 10min，温度计应接近毛细管 D 的中点。④用吸耳球将试样吸至 C 球，使液面在刻线 a 以上 10～12mm，注意抽液时不应产生气泡。⑤测定时，先使试样自由流下，当液面下降至刻线 a 时开始启动秒表，液面降至 b 时停止秒表，记下时间 t，以秒计。在温度 t℃ 时，试样的动力黏度 η_t 按下式计算：

$$\eta_t = K \cdot D_t \cdot t$$

式中　K——黏度计常数，mm^2/s^2；

　　　D_t——试样在 t℃ 时的密度，g/cm^3；

　　　t——试样的平均流动时间，s；

　　　η_t——试样在 t℃ 时的动力黏度值，$mPa \cdot s$。

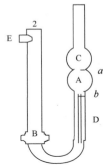

平氏毛细管黏度计

【葡糖甙】　又称甲基糖甙或配糖物，简称甙，是由糖通过其还原性基团与其他含有羟基的物质如醇类、酚类、甾醇类等缩合而成的化合物，广泛分布于植物的根、茎、叶、花和果实中，大多数是带色晶体，能溶于水，水解时生成糖和其他物质。葡糖甙产品常由谷物淀粉制成。在一定高温、高压并有催化剂存在的条件下，谷物淀粉退化成单糖甙并从甲基醇中接取甲基。甲基的存在使甲基糖甙具有以下特性：温度稳定性，低的黏度，在一定浓度下可抵抗细菌（即不发酵）。质量分数为 62.5% 的甲基糖甙溶液在高于 -30℃ 的温度下保持为液体；质量分数为 70% 的甲基糖甙溶液在 177℃ 的高温下仍很稳定；在 40% 甲基糖甙溶液中微生物不能生长，甚至细菌、微菌和酵母也不能生长。在钻井液中的作用见"甲基葡萄糖甙"或"甲基葡萄糖甙钻井液"。

α-糖甙

β-糖甙

甲基糖甙分子结构示意图

【普通聚合物钻井液】　所谓普通聚合物钻井液是指不符合不分散低固相钻井液标准的聚合物钻井液。在某些地区，由于种种原因而缺乏优质配浆土，因而就比较难以配制出符合要求的低固相钻井液。也有一些井，由于地层原因使钻井液的固相含量偏高，或者由于各种污染（如黏土、岩盐及其他高价阳离子的侵入等）造成钻井液的塑性黏度和动切力偏高，这时也难以维持低固相状态。在这种情况下，经常使用强分散性降黏剂，如铁铬木质素磺酸盐（FCLS）或丹宁酸钠等来降低钻井液的黏切，以满足钻井工程的需要。

P

但对体系的不分散性有一定影响。当缺少膨润土时，为尽量维持钻井液的不分散性，也可采用相对分子质量较高的 PHPA 和相对分子质量较低的 PHPA 混合处理的方法，利用它们的协同作用保持钻井液的低密度和低滤失量。混合液的一般配制方法为：将相对分子质量较高的 PHPA(相对分子质量大于 100 万，水解度 30%左右)配成 1%的溶液；再将相对分子质量较低的 PHPA(相对分子质量 5 万~7 万，水解度 30%左右)配成 10%的溶液；将七份相对分子质量较高的 PHPA 溶液和三份相对分子质量较低的 PHPA 溶液混合即成。其中，相对分子质量较高的 PHPA 溶液主要起絮凝钻屑的作用，以维持低固相；而相对分子质量较低的 PHPA 溶液主要稳定质量较好的黏土颗粒，以提供钻井液必需的性能。

P

Q

【起泡剂】 简称泡沫剂。主要是用来使水溶液产生气泡的添加剂。大多为阴离子型表面活性剂。如各种烷基或烷芳基磺酸钠，磺化脂肪酸及烷基硫酸醋类等。非离子型及阳离子型表面活性剂较少应用在空气钻井、泡沫钻井或气化钻井下，泡沫剂是重要的添加剂。

【起泡作用】 有很多处理剂（如木质素磺酸钙、十二烷基磺酸钠等表面活性剂）能在泡沫液膜的内外两个液、气界面上形成强而韧的吸附层，提高液膜强度，从而使气泡不容易破坏。泡沫钻井液可用于钻低压地层，也可用于空气钻井时从井底清除液体。泡沫是大量气泡的密集体，是气体分散于液体中的分散体系。形成稳定泡沫须加入稳定剂（或起泡剂），多数起泡剂是表面活性物质，它可以降低气-液表面张力，从而降低气泡的聚并趋势；在气泡周围形成具有一定机械强度的吸附保护膜。

【起钻遇卡】 见"遇阻和遇卡"。

【气侵】 是指钻入油气层后油层的溶解气或气层的气体侵入钻井液。气体入井有三种方式：第一种是随钻碎的岩屑入井；第二种是由于密度差，气体通过滤饼向井内渗透扩散入井；第三种是由于钻井液液柱压力梯度小于气层压力梯度时，气体大量涌入井内，如果处理不当，可能造成井喷。气侵的特点跟油侵和水侵大不相同，其危害性最大，这是由于气体具有可压缩性所致。侵入井内的气体以两种形式存在：一种是均匀的微小气泡分布在钻井液中，叫匀气侵。当其返到上部时，由于液柱压力下降，气体逐渐膨胀，返出钻井液的密度明显下降。另一种方式则是由于起钻抽吸或长期停泵停钻，井底的气体聚积成气柱，当恢复循环时，气柱在上升过程中体积大大膨胀，造成环空液柱压力大幅下降，如果发现不及时或措施不当，极易酿成井喷。

【气测】 即"气测井"。

【气测井】 简称"气测"。检查钻井液中烃类气体或非烃类气体含量的一种方法。钻井过程中，当钻开油层后，烃类或（和）非烃类气体进入钻井液，呈游离状态或吸附、溶解状态。当钻井液循环至地面，从钻井液槽中用脱气器脱出这些气体，自动连续分析或取样分析烃类气体总含量和各组分含量以及非烃类气体含量。根据组分分析（即色谱分析）的峰值法和面积法划分油、气、水层，并为油藏类型提供一定的依据。气测井是一种直接找油法，对于探井是很重要的。

【气泡力】 见"泡沫作用"。

【气溶胶】 以气体作为分散介质的分散体系。其分散质可以是气态、液态或固态。如烟扩散在空气中。

【气制油】 气制油（GTL）是以天然气为原料，经催化聚合（费托法合成）反应制成的大分子烷烃类物质。提高控制反应条件，可以控制产物的分子组成分布和形态。合成法生产的气制油与蒸馏法所得的矿物油相比，其组分和性能具有更好的稳定性。钻井液用的气制油按组分和性能不同，可分为 GTL Saraline 185V、GTL Saraline 147、GTL Saraline 98V、GTL Saraline 200 等型号。其中，GTL Saraline 185V 广泛用于钻井液基础油。

【气体体系】 由空气或天然气、氮气、二氧化碳气及防腐剂、干燥剂等组成的钻井流体体系。

Q

【气体上窜】　井底侵入一段气柱之后，如果长期关井，井内仍然是不稳定的。气体的压力很高，但其密度低，由于密度差所致，气体会缓缓上窜到井口贮积起来。由于井是关闭的，气体上升而不能膨胀，保持着井底的原始压力，随着气柱不断上升，井口压力迅速上升，作用于井底的压力也迅速增大。显然，当气体到达井口时，井口装置的承压就等于地层压力，这时作用于井底的压力就等于地层压力加上井筒中钻井液液柱的压力，其数值几乎是原井底压力的两倍。事实上，当气柱还没有到达井口时，地层中的薄弱部分早已被压裂了，也就是说一场地下井喷早已发生。气体上窜的速度与钻井液密度和黏度有关，实验表明，气体在清水中的上窜速度约为 $270 \sim 360 \mathrm{m/h}$。

【气化流体】　即"气体钻井流体（包括一般气体和泡沫）"。

【气制油钻井液】　油基钻井液的一种。由于气制油黏度低、无多环芳烃、生物降解能力强、热稳定性好，与常规油基钻井液相比，以气制油为基础油的气制油钻井液黏度低、当量循环密度低，有利于防止井漏、井喷、井塌等井下复杂情况的发生，提高钻井速度，且低毒性。

【气动靶式流量计】　能连续测量并记录钻井液出口流量的一种装置。测量部分是一个固定在下杠杆的圆板（靶）。转换部分主要由杠杆、喷嘴挡板装置、气动放大器、调零弹簧、反馈波纹管、阻尼器等组成。靶式流量变送器的工作原理是：首先把流量转换为对靶的作用力，然后通过气动变送器转换为气压信号。气动变送器是基于力矩平衡原理而工作的。这种流量变送器适合于连续检测高黏度且带有悬浮颗粒介质的流体，且具有防爆性能，因此适合于在井场使用。

【气举负压解卡法】　在地层条件许可，井身结构及防喷设备安全可靠的基础上，可以从套管内倒开钻具，用高压空气将井内部分钻井液替出，以降低整个井筒的液柱压力，达到解卡的目的。在斜井和水平井中尤应考虑。在斜井和水平井中钻具在井下的受力分析如下图所示。

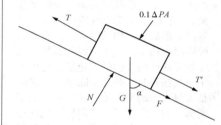

钻具在井下受力分析示意图

由上图可以得出如下平衡方程式

$$T = T' + F + G\cos\alpha \qquad (1)$$
$$N = 0.1\Delta PA + G\sin\alpha \qquad (2)$$
$$F = NK_m \qquad (3)$$
$$P = 0.01\rho_m H - p_1 \qquad (4)$$

由式（1）、式（2）、式（3）可得出

$$F = [0.1(0.01\rho_m H - p_1)A + G\sin\alpha]K_m \qquad (5)$$

式中　T、T'——钻具所受的拉力，kN；

　　　F——井壁滤饼作用于钻具上的黏附力，kN；

　　　A——钻具与井壁之间的接触面积，cm^2；

　　　K_m——滤饼摩阻系数；

　　　ΔP——卡点处钻井液液柱压力与地层压力之差，MPa；

　　　G——被卡段的钻具重量，kN；

α——卡点处的井斜
角，(°)；

ρ_m——井眼内钻井液密度，
g/cm³；

H——卡点处的垂直深
度，m；

P_1——卡点处的地层压
力，MPa。

由式(1)可知，压差黏附卡钻的直接原因为井眼内钻井液液柱压力大于地层压力，迫使钻具紧贴下井壁，导致上提拉力大大超过了钻具或钻机的最小安全负荷。

由式(5)可知，影响黏附力 F 大小的因素有七项，但是对于给定的井眼条件，P_1、α、G 和 A 是一定的，所以对 F 有影响的只有 ρ_m、H 和 K_m，因此，尽可能地降低该三项值，是处理黏吸卡钻的有效手段。K_m 总是大于零的，一般在 0.08～0.20 之间。H 也很难有变化，最后就只能依靠降低钻井液液柱压力。

【气体钻井流体体系】　由气体或气体与液体组成的一类流体。气体型钻井流体主要适用于钻低压油气层、易漏失地层以及某些稠油油层。其特点是密度低，钻速快，可有效保护油气层，并能有效防止井漏等复杂情况的发生。通常又将气体型钻井流体分为以下4种类型：①空气或天然气钻井流体，即钻井中使用干燥的空气或天然气作为循环流体。②雾状钻井流体，即少量液体分散在空气介质中所形成的雾状流体。它是空气钻井流体与泡沫钻井流体之间的一种过渡形式。③泡沫钻井流体，钻井中使用的泡沫是一种将气体介质(一般为空气)分散在液体中，并添加适量发泡剂和稳定剂而形成的分散体系。④充气钻井液，有时为了降低钻井液密度，将气体(一般为空气)均匀分散在钻井液中，便形成充气钻井液。显然，混入的气体越多，钻井液密度越低。

【气体钻井流体(包括一般气体和泡沫)】　主要指以水为连续相(或外相)，以气体为分散相(内相)的泡沫钻井液。该体系的主要特点有：①环空返速及洗井和携带钻屑能力是油和水的10倍。②液柱压力极低。③对各种无机盐类有较好的适应性，污染轻、性能变化小。④能安全地应对废水、天然气及地层水。⑤岩屑清晰，利于分析。⑥能较好地保护产层，减轻损害。⑦体系的密度可调节到 0.06～0.09g/cm³。⑧可作各类油气储集层的完井液，不能用于高压层及水层。

【卡钻】　钻柱(钻具)在井内失去了活动的自由，即不能转动又不能上下活动，也是钻井过程中常见的事故。卡钻可以由各种原因造成，如吸附卡钻、坍塌卡钻、砂桥卡钻、缩径卡钻、键槽卡钻、泥包卡钻、干卡钻、落物卡钻、水泥固结卡钻等。卡钻产生的原因不同，处理的方法也各异。所以，当卡钻事故发生后，首先要弄清卡钻的性质。卡钻总是发生在钻进、起钻、下钻三个不同的过程中。为了叙述方便，把各个工序中发生的各类卡钻事故的判断方法以简明的表格形式列举出来，如表1～表3所示。它可以帮助现场工作人员较准确地判明卡钻的性质，同时也可以借助计算机软件进行辅助判断。

Q

表1　钻进时发生卡钻事故的诊断

判据		运行状态	卡钻类型						
			黏附	坍塌	砂桥	缩径	泥包	干钻	落物
卡钻前各种显示	钻进中显示	跳钻							A_1
		憋钻			A_1	A_1	A_1		A_2
		扭矩增大		B	B	A_2	A_2	A_2	A_2
	钻进上下活动时显示	上提有阻，短距离内阻力消失		B	B	A_2	A_2	A_2	A_2
		上提一直有阻，阻力忽大忽小		A	A		A		
		上提一直有阻，阻力越来越大						A	A
		下方有较大阻力			B	B			
		下放有较小阻力					B		
卡钻前各种显示	泵压显示	泵压正常	B				B		B
		泵压逐渐上升		A_1	A_1	A	A_1	A_1	
		泵压逐渐下降						A_2	A_2
		泵压波动忽大忽小		A_2	A_2				
	返出量显示	进出口流量平衡	B			B	B	B	B
		井口返出量减少		A_1	A_1				
		井口不返钻井液		A_2	A_2				
	钻速变化	机械钻速急剧下降						A	A
		机械钻速缓慢下降				A			
	钻屑显示	返出量增多且有大量坍塌物		B	B			B	B
		钻屑返出量减少	A						
	钻具运行状态	钻具静止时间较长，遇卡							
		钻具在上下活动中遇卡		A	A				A_1
		钻具转动中遇卡				A	B	A	A_2
卡钻后各种显示	初始卡点	在钻头附近				A	A	A	A
		在钻铤和钻杆上	A	A	A				
	泵压显示	泵压正常	A			A			A
		泵压上升		A	A				
		泵压下降						A	A
	循环状况	可以正常循环	B			B	B		B
		可以小排量循环		A_1	A_1			A_1	
		井口不返失去循环		A_2	A_2			A_2	

注：1. A项为充分条件，据此可为卡钻事故定性。

2. B项为必要条件，可以帮助判断。

3. 下标1、2表示两项可同时存在，也可能只有一项存在。

表2 起钻时发生卡钻事故的诊断

判据		运行状态	卡钻类型						
			黏附	坍塌	砂桥	缩径	泥包	干钻	落物
卡钻前各种显示	钻具运行显示	钻柱静止时间较长	A						
		钻柱上行突然遇卡				A	A		A
		钻柱在一定阻力下可以上行	A_1	A_1				A	
		上起遇阻而下放不遇阻				A	A		A
卡钻前各种显示	钻具运行显示	上起遇阻下放也遇阻	A_2	A_2				B	
		循环活动正常，停泵就有阻力	A_2	A_2					
		无阻力时转动正常				B	B	B	
		无阻力时转动不正常		B	B				A
	井口显示	钻柱上行环空液面不下降		B	B			B_1	
		钻井液随钻柱上行返出井口						B_2	
		钻柱内孔反喷钻井液			A				
卡钻后各种显示	初始卡点	在钻头附近				A		A	A
		在钻铤顶部					A		
		在钻铤或钻杆部位	A	A	A				
	循环时泵压显示	泵压正常				A	A		A
		泵压下降						B	
		泵压上升	A_1	A_1				B	
		憋泵	A_2	A_2					
	井口显示	钻井液进出口流量平衡	A			A	A	B	A
		井口返出液量减少	A_1	A_1					
		井口不返出钻井液	A_2	A_2					

注：1. A项为充分条件，据此可以判定卡钻类型。
2. B项为必要条件，可以帮助判断。
3. 下标1、2表示两项可同时存在，也可能只有一项存在。

表3 下钻时发生卡钻事故的诊断

判据		运行状态	卡钻类型				
			黏附	坍塌	砂桥	缩径	落物
卡钻前各种显示	钻柱运行显示	钻柱静止时间较长	A				
		下行突然遇阻				A	
		下行不遇阻上行遇阻					A
		下行遇阻上行也遇阻			A_1	A_1	

续表

判据		运行状态	卡钻类型				
			黏附	坍塌	砂桥	缩径	落物
卡钻前各种显示	钻柱运行显示	下行遇阻，阻力越来越大		A_2	A_2		
		下行遇阻，阻力点相对固定				B	
		下行遇阻，阻力点不固定		B	B		
		循环时可下行，停泵有阻力		A_2	A_2		
卡钻前各种显示	钻柱运行显示	无阻力时转动正常				B	
		无阻力时转动不正常		B	B		A
	井口显示	下钻时井口不返钻井液		A_1	A		
		钻柱内孔反喷钻井液		A_2	B		
卡钻后各种显示	井口显示	在钻头附近				A	A
		在钻铤或钻杆上	A	A	A		
	泵压变化	泵压正常	B			B	B
		泵压上升		A	A		
	井口返出情况	钻井液进出口流量平衡	A				A
		钻井液出口流量减少		A_1	A_1		
		井口不反钻井液		A_2	A_2		

注：1. A 项为充分条件，据此可为卡钻事故定性。

2. B 项为必要条件，可以帮助判断。

3. 下标 1、2 表示其中一项存在即可作为主要判据，也可能有其中两项同时存在的情况。

在一种卡钻事故发生之后，往往又会诱发另一种卡钻。如在缩径卡钻、键槽卡钻、落物卡钻发生之后，由于钻柱失去了自由活动的能力，又会发生黏附卡钻。黏附卡钻发生之后，由于处理不当，又会诱发坍塌卡钻。所以，在一种卡钻发生之后，要采取适当的措施防止另一种卡钻的发生，以免形成复合式卡钻，否则处理起来就增加了难度。

【卡点】 指在井内的卡钻位置。其卡点计算为：

1. 同一尺寸钻具卡点深度的计算

$$L = \frac{E A_p \Delta L}{10^3 F}$$

式中 L——卡点以上钻杆长度，m；

ΔL——钻具多次提升的平均伸长量，cm；

E——钢材弹性模量，$E = 2.06 \times 10^5$，MPa；

F——钻具连续提升时超过钻具原悬重的平均静拉力，kN；

A_p——钻杆管体截面积，cm²。

2. 复合钻具卡点深度的计算

① 通过大于钻具原悬重的拉力 F，量出钻具总伸长 ΔL。为了使 ΔL 更加准确，可多拉几次，用平均法计算出 ΔL。

② 计算在该拉力下，每段钻具的绝对伸长(假设有三种钻具)：

$$\Delta L_1 = \frac{10^3 F L_1}{E A_{p1}}$$

$$\Delta L_2 = \frac{10^3 F L_2}{E A_{p2}}$$

$$\Delta L_3 = \frac{10^3 F L_3}{E A_{p3}}$$

③ 分析 ΔL 与 $\Delta L_1 + \Delta L_2 + \Delta L_3$ 值的关系，确定卡点的大致位置：

a. 若 $\Delta L \geqslant \Delta L_1 + \Delta L_2 + \Delta L_3$，说明卡点在钻头上；

b. 若 $\Delta L_1 + \Delta L_2 \leqslant \Delta L < \Delta L_1 + \Delta L_2 + \Delta L_3$，说明卡点在第三段上；

c. 若 $\Delta L_1 \leqslant \Delta L < \Delta L_1 + \Delta L_2$，说明卡点在第二段上；

d. 若 $\Delta L \leqslant \Delta L_1$，说明卡点在第一段上。

④ 以 $\Delta L_1 + \Delta L_2 \leqslant \Delta L < \Delta L_1 + \Delta L_2 + \Delta L_3$ 为例，计算卡点位置：

a. 计算 ΔL_3，$\Delta L_3 = \Delta L - (\Delta L_1 + \Delta L_2)$；

b. 计算 L_3，$L_3 = \dfrac{E A_{p3} \Delta L}{10^3 F}$。

该值即为第三段钻具未卡部分的长度。

c. 计算卡点位置：

$$L = L_1 + L_2 + L_3$$

式中　　　L——卡点位置，m；
　　　　　F——上提拉力，kN；
　　　　　E——钢材弹性模量，$E = 2.06 \times 10^5$，MPa；
L_1、L_2、L_3——自上而下三种钻具的各自长度，m；
　　　　ΔL——钻具总伸长，cm；
ΔL_1、ΔL_2、ΔL_3——自上而下三种钻具的各自伸长，cm；
A_{p1}、A_{p2}、A_{p3}——自上而下三种钻具的横截面积，cm²；
　　　　L_3——第三段钻具没卡部

分的长度，m。

【欠平衡压力钻井】　是指作用于井底的液柱压力略低于地层孔隙压力情况下的钻井。

【欠饱和盐水钻井液】　见"饱和盐水钻井液体系"。

【欠平衡压力钻井液】　钻井过程中，当井筒内液柱压力与油气层压力差值小于零时为欠平衡压力钻井。(1)技术关键：控制井筒内液柱压力与油气层压力差值是实现近平衡、欠平衡压力钻井的关键技术。这需要准确预测和监测地层压力，确定合理的钻井液密度，掌握不同压力系数地层的钻井技术及井控技术。(2)对钻井液的要求：①钻井液要具有适当的密度，既要使井壁稳定，又要使井下达到欠平衡条件。②钻井液体系必须具有良好的抗盐、抗钙污染、抗原油侵等能力，避免由于地层流体的侵入，使钻井液性能急剧变化，导致地层不稳定。③钻井液体系必须具有良好的流变性能和岩屑携带能力，以净化井眼。(3)欠平衡压力钻井液技术。欠平衡压力钻井，要根据地层岩石的岩性和地层压力系数的不同及地层的实际情况，选择不同密度的常规水基钻井液或油基钻井液。多压力地层的井可使用多套钻井液体系，使井筒内液柱压力与油气层压力差值控制在 1.5~3.5MPa。

① 当储层压力系数为大于 0.9 且小于 1.05 的地层，可选用抗污染的低密度水基钻井液、充气钻井液、油基钻井液、泡沫和空气等流体。a. 加入密度减轻剂来降低钻井完井液的密度：空心玻璃球是美国能源部开发的一种产品，密度只有 0.38g/cm³，抗压强度在 2.8~3.0MPa；加量50%时，可将钻井液密度由 1.055g/cm³

减轻至 $0.719g/cm^3$。我们对一种密度减轻剂进行了实验：当其加量为 40% 时，可使水基钻井完井液密度由 $1.05g/cm^3$ 降至 $0.95g/cm^3$，使无固相钻井完井液的密度从 $1.02g/cm^3$ 降至 $0.90g/cm^3$（25%加量）。b. 可循环泡沫钻井完井液体系：可循环泡沫钻井完井液体系具有固相含量少、滤失量低、泡沫稳定好、泡沫强度高、携砂性能良好、可循环性使用、不影响泵上水等特点，并且投资小、效益高、工艺简单等特点。室内配方：4%膨润土+0.3%~0.5%MMH+3%~5%降滤失剂+1%~3%防塌剂+0.3%~0.5%降黏剂+0.1%~0.3% PAM+0.8%发泡剂+1.5%稳泡剂。目前，利用现场现有的条件，配制的泡沫钻井液密度在 $0.6\sim0.9g/cm^3$，抗盐可达饱和；并且泡沫钻井液在消泡后，不影响充气再起泡，气泡也很容易被消除。②储层压力系数在 $1.05\sim1.15$ 之间的地层，可选用抗污染性能好的轻质水基钻井液体系和水包油钻井液体系。可选用正电胶聚合物钻井完井液体系、BPS 黑色正电胶钻井完井液体系等、阳离子聚合物体系和无黏土相、无固相钻井液体系等。③储层压力系数在 1.15 以上的地层，可根据地层情况，选用与地层特性、抗污染能力好的普通水基钻井液体系。

【嵌入式吸附】 见"孔径吸附"。

【羟基】 羟基（—OH），常见的极性基团。羟基主要有醇羟基、酚羟基等，是醇（ROH）、酚（ArOH）等分子中的官能团；当羟基与苯环相连形成苯酚时，可使苯环致活，显弱酸性。

【羟乙基淀粉】 代号为 HES，由淀粉改性而成，在钻井液中用作抗盐降滤失剂。其结构式如下：

$$CH_2OCH_2CH_2OHCH_2OCH_2CH_2OH$$

【羟丙基淀粉】 代号为 HPS，是一种非离子型的淀粉醚，羟丙基取代度在 0.1 以上，溶于冷水，水溶液呈半透明黏稠液体。它对高价金属盐不敏感，抗盐、抗钙污染能力强。在钻井液中与 CMC 作用相同。在酸中有较好的溶解性，可用于饱和盐水中与酸溶性桥塞剂 QS 配制无黏土相酸溶性完井液。在阳离子型或两性复合离子型聚合物钻井液体系中，可以有效地控制钻井液的滤失量（其一般加量为 0.5%~2%）。在固井、修井作业中可用来配制前置隔离液和修井液等。

HPS 质量指标

项　目	指　标
外观	淡黄色粉末
细度（0.42mm 标准筛通过量）/%	100
取代度	≥0.15
水分/%	≤10
纯度/%	≥80
pH 值	8~10
滤失量/mL	≤10

【羟乙基纤维素】 代号为 HEC，是由纤维素经过羟乙基化而成的产品。其化学反应式如下所示：
纤维素经羟乙基化后成了水溶性的药剂。虽然 HEC 属于非离子型，但由于羟乙基的存在增加了氢键力，从而增加了水溶性。环氧乙烷加入纤维素形成 HEC，其反应程度或羟乙基化程度称为代替度，其最高的数字为 3，即每一个单元分子中的三个 OH^-

全部作用。代替度达到 0.9~1 时，HEC 的水溶性最好。可以用作增黏剂，但在水中却没有切力。其增稠的程度与时间、温度及盐度有关。加少量的 NaOH 可以促进其尽快形成黏度。HEC 主要用在完井液及修井液中作为增黏剂及降滤失剂，其抗温能力为 107~121℃。HEC 水溶液属于假塑性流体。

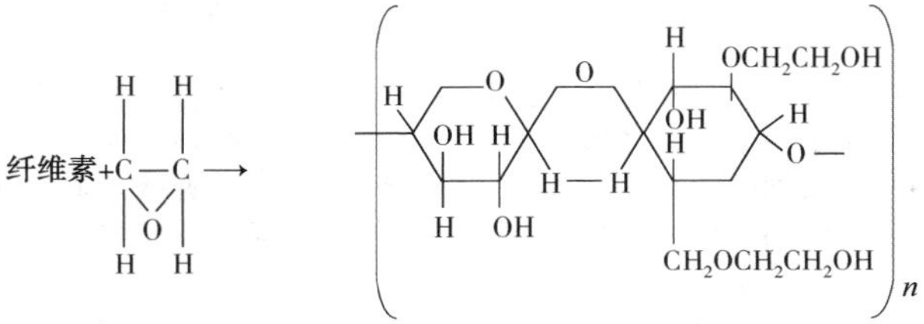

纤维素 + 环氧乙烷 → 羟乙基纤维素

HEC 质量指标

项　目		指　标		
		C-1000	C-700	C-500
黏度(2%水溶液，20℃)/mPa·s	Emilar 黏度计	>1000	700~1000	500~700
	NDJ-1 黏度计	>6000	3000~6000	<3000
克分子取代度/(M.S)		1.2~1.8	1.2~1.8	1.2~1.8
含水量/%		7.0	7.0	7.0
水不溶物/%		2.0	2.0	2.0
灰分/%		3.0	3.0	3.0
pH 值		6~7	6~7	6~7
外观		白色或淡黄色纤维状粉末		

【羟乙基田菁粉】 代号 TJG，钻井液用增黏剂。是一种适应于淡水、盐水和饱和盐水钻井液的高效增黏剂，并兼有降滤失作用。抗温 120℃。用途：①水基钻井液的高效增黏剂。②改善钻井液的清洗能力。③配制低固相钻井液。优点：①在较低加量下效果明显。②作用效果快。物理性质：粉末状，易分散溶解。推荐用量：0.2%~1.0%。

TJG 技术要求

项　目	指　标
粒度(120 目)/%	≥99.5
黏度/mPa·s	≥50.0
水不溶物/%	≤4.5
水分/%	≤8.0

【羟丙基胍尔胶】 代号为 HPG。平均聚合度 900~1200，相对分子质量 25 万，取代度 0.36~0.6。在 25℃ 时，

1%水溶液黏度大于等于 220mPa·s。加入交联剂硼砂，形成凝胶体，用于堵漏和强力携砂。

【强力火钻】　见"火焰钻井"。

【强制乳化】　用于描述油基钻井液中通过化学和剪切作用将水乳化成小液滴进入油相来防止乳状液破坏或分层。

【强行下钻压井】　在起下钻中途发生井涌，应立即在钻具上接回压阀，强行下钻。如井涌未加剧，可一直下钻到井底，控制一定的回压，排出溢流物，并适当调整钻井液，循环稳定后再起钻。在下钻的过程中，如井涌加剧，在条件许可时，可利用防喷器在关井的情况下强行下钻。最好利用多效能防喷器，在钻杆接头通过防喷器时，要控制好防喷器的关闭压力，使密封胶皮有一个轻微的"呼吸"动作，钻杆接头要非常缓慢地通过防喷器芯子，通过钻杆本体时，防喷器芯子不能发生泄漏。也可以同时交替使用多效能防喷器和管子闸板防喷器强行下钻，当钻杆接头通过多效能防喷器时，打开多效能防喷器，关闭管子闸板防喷器；当钻杆本体通过防喷器时，打开管子闸板防喷器，关闭多效能防喷器。也可以利用两组管子闸板防喷器强行下钻，两组防喷器之间要有足够的距离，当钻杆接头通过上防喷器时，关闭下防喷器，打开上防喷器；当钻杆接头通过上防喷器以后，关闭上防喷器，打开下防喷器。请注意：只有在有备用的防喷器时，才能利用这种方法强行下钻。在强行下钻时要做到：①每下一钻杆立柱，要控制节流阀放出等体积的钻井液量。②当钻具下入钻井液中时，在放出等体积的钻井液量后，套压不会上升。当钻具下入地层流体中时，由于溢流液柱高度的增加，环空液柱压力下降，在放出等体积的钻井液量后，套压要增高。因此，要适当地控制套压，使其高于原来的套压，否则，井底压力将小于地层压力，导致地层流体的再度侵入。③当钻具重量不足以克服井内流体的上鼎力时，钻具不易下入井内，必要时要采取加压的办法把钻具压入。④在强行下钻过程中，如天然气向上运移，放出的钻井液体积应增加因天然气上升膨胀而增加的体积。强行下钻到底后，根据实际情况，决定压井方法。

【强黏接酸溶性堵漏剂】　由酸溶性化学物质材料、膨润土、石灰粉、碳酸钙、水泥及纤维材料等复配而成。主要用于钻井堵漏，优点是明显提高堵塞与漏层间的黏接力及抗剪切力，特别适合于漏层不清及同裸眼多个漏层的复杂井治理。

【强行钻进下套管封隔漏层】　浅部地层存在长段天然水平裂缝及溶洞，钻井过程中发生有进无出的严重井漏，可采用清水或廉价的轻质钻井液强行钻进，等完全钻过漏层后，再下套管封隔。

【桥堵】　指地下岩屑或其他材料进入井眼，形成阻碍管柱下入井眼的障碍。

【桥接剂】　是一种暂时性桥接堵塞材料。主要用于暂时性地堵塞油层，防止盐水大量进入油层，造成对油层的损害。桥接剂有水溶性、酸溶性和油溶性两种。

【桥浆堵漏】　在钻井液中加入桥塞剂的堵漏方法，桥塞剂由纤维状、颗粒状、片状堵漏材料组成，主要是先在漏失地层"架桥"，再充填和嵌入裂缝，最后膨胀封堵裂缝。

【桥联作用】　高分子化合物将固体粒

子聚集在一起而产生沉淀，高分子化合物在粒子间起着一种架桥的作用，所以称它为桥联作用。所得沉淀体积庞大、疏散的物质称为絮凝物。

【桥接堵漏材料】 亦称惰性材料，选择大小不同的刚性颗粒，可以在不同尺寸的裂缝孔道中起到架桥和支撑作用。最佳粒度范围为裂缝宽度的$1/7 \sim 1/2$，直径大于裂缝宽度的颗粒进不了裂缝，直径小于1/7裂缝宽度不易在裂缝中形成架桥骨架。柔性颗粒易于架桥和填充，又易变形，因而使用的粒度范围可大一些，最大粒度可以大于裂缝宽度。一般能满足以下4点要求的材料均可用作桥接堵漏材料：①与携带液（钻井液）无明显的化学作用，对钻井液性能无破坏性影响，具有一定的抗温能力。②起"架桥"作用的硬果壳类材料必须具有一定的强度，棱角分明，且在水中和碱液中浸泡一段时间，强度无明显降低。③材料便于加工和管理，不易腐烂变质。④来源广，价格便宜，便于大批量采购。桥接堵漏材料按其形状可分为三大类，即颗粒状材料、纤维状材料和片状材料。常用的颗粒状材料有核桃壳、橡胶粒、焦炭粒、碎塑料粒、硅藻土、珍珠岩、生贝壳、熟贝壳、生石灰、石灰石、沥青等，它们在堵漏过程中卡住漏失通道"喉道"，起"架桥"作用，因此又被称为"架桥剂"。纤维状材料来源于植物、动物、矿物，以及一系列合成纤维，如锯末、各种树木粉末、棉纤维、皮革粉、亚麻纤维、花生壳、玉米心、纸纤维、甘蔗渣、棉籽壳、石棉粉、废棕绳等，在堵漏液中起悬浮作用，形成的堵塞中纵横交错，相互拉扯，因此又被称为"悬浮拉筋剂"。常用的片状材料有云母片、稻壳、赛璐珞、玻璃纸、鱼鳞等，它们在堵漏过程中主要起填塞作用，因此又被称作"填塞剂"。

【桥接材料堵漏法】 是利用不同形状、尺寸的惰性材料，以不同配方混合于钻井液中直接注入漏层的一种堵漏方法。采用桥接堵漏时，应根据不同的漏层性质，选择堵漏材料的级配和浓度，否则，在漏失通道中形不成架桥，或是井壁处封门，造成堵漏失败。桥接堵漏用于孔隙和裂缝造成的部分漏失和失返漏失。一般是在钻遇漏层时，在钻井液中加入颗粒、纤维和片状的材料或三者混合物。①颗粒状材料：粗粒坂土、碎塑料、硬质果壳、核桃壳、轮胎碎块、沥青、木材、玉米、大豆等。②纤维状材料：原棉、甘蔗渣、亚麻皮、木材纤维、树皮纤维、纺织纤维、矿物纤维、皮革、玻璃纤维等。③片状的材料：云母、碎塑料片、玻璃纸、棉籽皮等。④三者混合物配比比例的合理选择对于提高堵漏成功率至关重要，通常搭配比例是粒状：片状：纤维状 = 6：3：2。使用桥接堵漏材料的级配加量与漏失层性质的关系见下表。

桥接堵漏材料的级配加量与漏失层性质的关系

漏失程度	颗粒（粗）/（kg/m³）	片状（细）/（kg/m³）	纤维（中）/（kg/m³）	纤维（细）/（kg/m³）
渗漏	14	15	11	3
部分漏失	23	9（大块）	12	4
完全漏失	26（6~7）mm	9（大块）	9	9（粗）

Q

【桥堵材料实验仪】 即"堵漏仪"。

【桥联与包被作用】 聚合物在钻井液中颗粒上的吸附是其发挥作用的前提。当一个高分子同时吸附在几个颗粒上,而一个颗粒又可同时吸附几个高分子时,就会形成网络结构,聚合物的这种作用称为桥联作用。当高分子链吸附在一个颗粒上,并将其覆盖包裹时,称为包被作用。桥联和包被是聚合物在钻井液中的两种不同的吸附状态。实际体系中,这两种吸附状态不可能严格分开,一般会同时存在,只是以其中一种状态为主而已。吸附状态不同,产生的作用也不同,如桥联作用易导致絮凝和增黏等,而包被作用对抑制钻屑分散有利。

【桥接间歇关挤堵漏】 钻井过程中经常遇到大段破碎性地层或高、低压力系数交错层段,在这种层段钻进中经常发生井漏,由于漏层多或井段长,采用桥浆间歇关挤堵漏效果较好,桥浆间歇关挤堵漏是将桥浆注入漏失层井段后,关防喷器(封井器),通过控制井口压力,小排量反复多次关挤,逐步提高漏层的承压能力,让形成的桥接堵塞物更加紧密,从而提高桥浆堵漏成功率和封堵效果。

【桥接钻井液-水钻井液段塞式复合堵漏法】 这种堵漏法是以钻井液先行,紧跟注水钻井液的段塞复合方式,主要用以处理漏层位置清楚的中、大裂缝性漏失,其作用机理是:桥接钻井液首先进入漏失通道,在漏失通道中建桥,形成初级桥塞垫层,一则可阻止后水钻井液随漏失通道流走,二则其自身也具有封堵漏层的作用。水钻井液进入漏层后,在压差作用下挤入和充填初级桥塞垫层的微小孔道,凝固后,可增强漏层堵塞物的承压能力。

【切力】 又称胶凝强度、静切应力(静切力),即胶体形成胶凝的能力;或塑性流体从静止状态开始运动时所需的最低剪切应力;其胶体化学实质是胶凝强度。其物理意义是钻井液静止时,破坏钻井液内单位面积上网架结构所需要的剪切力,单位为Pa。切力的大小取决于钻井液中网架结构的多少和强弱以及静止时间。

【切力计】 又称野外切力计或浮筒切力计,是用于测量钻井液静切力或剪切强度的专用仪器。由浆杯和浮筒组成,切力计杯中间有一横断面为"T"形的刻度标尺,按切力分为200mg/cm^{2}刻度。浮筒长88.9mm,内径35.6mm,壁厚0.2mm,质量为5g。浮筒套住刻度标尺放在切力计杯底部时,其浮筒上部的边缘恰好对准刻度标尺零线。测量时,将钻井液样品注入洁净干燥的浆杯中的刻度线处,测定初切力时迅速地将浮筒套沿着标度尺至钻井液样品的液面上,令其垂直自由下沉,如浮筒倾斜时用手指扶正,用秒表从浮筒放开的瞬间开始计时,浮筒下沉1min后,将浮筒顶端在标尺上所指示的数记录下来,此数为初切力(或1min切力)。使钻井液样品静止10min后,按测量初切力的方法测定出终切力(或10min切力)。目前,多数用直读黏度计测量。

【切力悬浮作用】 见"悬浮作用"。

【亲水】 指物质亲水或者能够被水润湿的性质。

【亲液】 对悬浮介质有亲和力,如水中的膨润土。

【亲水物】 能够被水润湿的物质,通

常以胶体状态或乳状液的形式存在，它们能够吸附水，或者说水能吸附在上面。

【亲油性】　物质吸油或者能够被油润湿的性质。

【亲油物质】　能够被油润湿，对油有吸引力或油能吸附在上面的物质，通常以胶体或乳状液的形式存在。

【亲液胶体】　不易从溶液中沉淀出来的胶体，沉淀后加入溶剂，胶体又分散开来。

【亲液溶胶】　分散相和分散介质之间具有较强亲和力的胶体物系，一般是高分子化合物溶液。

【亲水黏土】　是指遇水能够膨胀的黏土，多指膨润土、抗盐土。

【亲水固体】　能被水(水基钻井液的滤液)润湿的固体(岩石、钻屑等)称为亲水固体。

【亲油固体】　能被油(油基钻井液的滤液、乳状液等)润湿的固体(岩石、钻屑等)称为亲油固体。

【亲油胶体】　习惯上将有机土、氧化沥青以及亲油的褐煤粉、二氧化锰等分散在油包水乳化钻井液油相中的固体处理剂统称为亲油胶体，其主要作用是用作增黏剂和降滤失剂。其中，使用最普遍的是有机土，其次是氧化沥青。有了这两种处理剂，使油基钻井液的性能可以像水基钻井液那样很方便地随时进行必要的调整。

【亲液性固体】　能被液体润湿的固体称为亲液性固体。

【亲水亲油平衡值】　活性剂的亲水亲油平衡值(HLB 值)，是活性剂分子的亲水性和亲油性的相对强度的数值标度，也是活性剂的重要性能参数之一。按照这种标度，HLB 值等于7，表示活性剂的亲水性和亲油性近似相

等。HLB 值大于 7 的活性剂，它的亲水性比亲油性强，属亲水活性剂，活性剂的 HLB 值大于 7 越多，亲水性越强。HLB 值小于 7 的活性剂，亲油性比亲水性强，属亲油活性剂。活性的 HLB 值小于 7 时，越小亲油性越强。大多数活性剂的 HLB 值在 1~20 之间。活性剂的 HLB 值和活性剂的乳化性能关系密切，在选择乳化剂上是重要参数之一(应考虑活性剂分子间相互吸引力的大小等)。例如，水包油型乳化剂的 HLB 值一般应为 8~18；油包水型乳化剂的 HLB 值，一般为 3~6。HLB 值也可以用来判断活性剂的其他性能。例如，作以水为介质中的消泡剂的活性剂，其 HLB 值应小于 8，最好为 1.5~3，洗涤剂的 HLB 值以 13~15 较好等。钻井液中所用的活性剂，与其他工作使用的活性剂既有共性，也有个性。例如，在气液界面和油水界面起作用的起泡剂、消泡剂、乳化剂、破乳剂等，一般是有共性的，对活性剂的要求相差不大。而絮凝剂、分散剂、润滑剂、防黏卡剂、减阻剂等则有其特殊性，因为这些情况都涉及黏土、岩石、钻杆等固体与钻井液的界面。例如，黏土表面憎水化，需用阳离子活性剂；白云石等碳酸岩表面憎水化，需用阴离子活性剂。活性剂的亲水亲油平衡值(HLB 值)的测定见"HLB 值"。

【氢氧根】　氢氧根(化学式为 OH^-)是一种化合价为 -1 价的阴离子，能和氢离子(H^+)结合成水分子，遇铵根离子(NH_4^+)即生成氨气(NH_3)和水。氢氧根离子与元素周期表中第一主族的金属阳离子结合呈碱性，与镁离子、铝离子、铁离子、铜离子结合会生成沉淀。许多含有氢氧根一词的无

机物质不是氢氧根离子的离子化合物，而是含有羟基的共价化合物。根据阿仑尼乌斯提出的酸碱离子理论作出的定义，在水中电离出的阴离子仅为氢氧根的物质即为碱（如氢氧化钠）。一个氢氧根由氢、氧各一个原子构成，金属元素的氢氧化物显碱性，非金属元素的氢氧化物显酸性（除 NH_4^+ 与 OH^- 的结合，显碱性）。其中，氢和氧之间以共价键连接，整体带一单位的负电荷。

【氢氧化物】 指元素与氢氧原子团（—OH）形成的化合物。可用通式 $M(OH)_n$ 表示。通常是指金属氢氧化物，一般金属元素（包括铵）的氢氧化物呈碱性，如氢氧化钠（NaOH）、氢氧化钾（KOH）以及氢氧化钙 $[Ca(OH)_2]$ 等；非金属元素的氢氧化物呈酸性，如硝酸（$HO \cdot NO_2$）以及硫酸（$HO \cdot SO_2 \cdot OH$）等。也有一些氢氧化物呈两性氢氧化物，见"两性氢氧化物"。

【氢氧化钠】 别名为烧碱、火碱、苛性钠。分子式为 NaOH，相对分子质量为 40.00。纯品为无色透明晶体，工业品为乳白色固体或颗粒，常温密度 $2.0 \sim 2.2g/cm^3$，熔点 318℃。易吸湿，从空气中吸收 CO_2 变成 Na_2CO_3。强碱，浓溶液对皮肤有强腐蚀性。氢氧化钠易溶于水，也溶于乙醇和丙三醇，难溶于醚及烃类。其水溶液俗称碱液。用作钻井液 pH 值的调节剂。其重要反应有：

① 于水中完全电离，可提供高浓度 Na^+ 和 OH^-：

$$NaOH(固) \rightarrow Na^+ + OH^-$$

② 遇二价阳离子可形成低溶解度的氢氧化物，控制正离子浓度：

$$Ca^{2+} + 2OH = Ca(OH)_2 \downarrow$$

$$Mg^{2+} + 2OH = Mg(OH)_2 \downarrow$$

③ 变难溶有机酸（R-COOH）为易溶于水的盐（如配制单宁碱液、煤碱液和栲胶碱液等）：

$$R-COOH + NaOH \rightarrow R-COONa + H_2O$$

④ 变纤维素为碱纤维素。

⑤ 分散和活化黏土，增强其他处理。

不同温度下 NaOH 在水中的溶解度

温度/℃	-20	0	10	20	30	40	50	60	80	100	110
溶解度/（g/100mL 水）	19.05	42.1	51.5	109.1	118.8	128.8	145.1	174.0	313.7	347.0	365.0

质量指标

项 目	指 标
氢氧化钠含量/%	≥95.0
碳酸钠含量/%	≤2.5
氯化钠含量/%	≤3.3
二氯化铁含量/%	≤0.02
色泽	主体白色，许可带浅色光头

【氢氧化钙】 石灰钻井液的主要原材料，生石灰（CaO）加水而得（放热反应），$CaO + H_2O \rightarrow Ca(OH)_2$。别名为熟石灰、消石灰。分子式为 $Ca(OH)_2$，相对分子质量为 74.10。白色粉末，常温密度为 $2.08 \sim 2.24g/cm^3$。吸潮性强，在空气中能逐渐吸收 CO_2 变为碳酸

钙。碱性强，对皮肤有腐蚀性。氢氧化钙在水中溶解度小，常与水配成浑浊的悬浮体，叫石灰乳。浓度饱和而澄清的水溶液叫石灰水。其重要反应如下：

① 制 Ca^{2+} 和 OH^- 的浓度：

$$Ca(OH)_2(固) \Longrightarrow Ca^{2+} + 2OH^-$$

② 遇纯碱生成 $CaCO_3$ 沉淀（除去 Ca^{2+}）：

$$Ca(OH)_2 Na_2CO_3 \rightarrow CaCO_3 \downarrow + 2NaOH$$

③ 变熟石灰为氯化钙的反应（提供钙离子浓度）：

$$Ca(OH)_2 2HCl \rightarrow CaCl_2 + H_2O$$

CaO 和 Ca(OH)₂在水中的溶解度

温度/℃	0	20	40	60	80	99	120
CaO/(g/100mL 水)	0.140	0.125	0.107	0.088	0.071	0.060	0.031
Ca(OH)₂/(g/100mL 水)	0.185	0.165	0.141	0.116	0.094	0.079	0.041

【氢氧化钾】 别名苛性钾。分子式为 KOH，相对分子质量为 56.10。为白色半透明晶体，有片状、块状、条状和粒状。常温密度在 2.044g/cm³ 左右，熔点 360℃，极易吸收潮气和 CO_2 而结成硬块及变质。强碱性，浓溶液对皮肤有强腐蚀性。易溶于水，呈强碱性，腐蚀性强，也溶于乙醇和丙三醇，难溶于醚及烃类。易从空气中吸收 CO_2 及水分而生成 K_2CO_3。在钻井液中主要用作 pH 值的调节剂，其抑制泥页岩膨胀的能力较强。KOH 的主要反应有：

① 溶于水中完全电离，可提供高浓度的 K 和 OH^-：$KOH(固) \rightarrow K^+ + OH^-$

② 遇二价阳离子可形成低溶解度的氢氧化物，控制溶液中阳离子浓度：

$$Ca^{2+} + 2OH = Ca(OH)_2 \downarrow$$
$$Mg^{2+} + 2OH = Mg(OH)_2 \downarrow$$

③ 变难溶有机酸（R-COOH）为易溶于水的盐（如配制单宁碱液、煤碱液和栲胶碱液等）：

$$R-COOH + KOH \rightarrow R-COOK + H_2O$$

④ 变纤维素为碱纤维素。

质量指标

项　　目	指　　标	
	一级品	二级品
氢氧化钾（KOH）含量/%	94	92
碳酸钾（K₂CO₃）含量/%	2.5	3
氯化物（Cl⁻）含量/%	1	1.5
硫酸盐（SO₄²⁻）含量/%	0.5	0.5
铁（Fe³⁺）含量/%	0.05	0.05

【氢氧化镁】 分子式为 $Mg(OH)_2$，白色粉末，可用作聚合物的稳定剂。

Q

【氢氧化铝镁正电胶】 见"MMH"。

【氢氧化钾褐煤钻井液】 KOH 褐煤钻井液的特点是通过使用 KOH，不但可提供 K^+ 及调节 pH 值，而且使褐煤中不溶于水的腐殖酸形成钾盐，便于溶解而起到应有的作用。其次，它的抗温能力更强，这是由于使用了耐温的腐殖酸盐，它亦属于分散型钻井液。为了应对伊利石硬脆性页岩，可采用国内研制的深井水基页岩稳定剂 K-AHM。它是磺化沥青与腐殖酸钾的缩合物，能有效地抑制页岩膨胀，阻止页岩剥落掉块，并能降低高温高压滤失量。还具有润滑性能，能抗 200℃高温，适用于深井钻井液，对阻止伊利石硬脆性页岩坍塌有特殊功效。经在胜利、辽河、吉林及华北等油田 80 口井上使用，效果良好。

【青石粉】 见"石灰石粉"。

【清洁器】 在旋流器下配制特细目振动筛，则称清洁器，是旋流器与细网振动筛的组合体，主要用于处理加重钻井液，回收重晶石。在处理过程中，旋流器的底流物落到下面的细筛网上。经细筛网处理后，较粗的颗粒被除掉，较细的颗粒以及液体则通过细筛网进入钻井液系统。其筛网目数一般用 150～200 目，粗至 80 目，细至 325 目。处理量即为除泥器的底流量，约为循环排量的 10%～20%。也可将特细目振动筛置于除砂器之下。

【清扫液】 将井下钻屑带到地面的一种高携带砂能力流体。

【清水钻井】 利用清水作为钻井液，在非水敏性的岩性坚固、稳定的岩层等特定条件下进行的钻井。

【清洁盐水】 经过滤处理，不含大于 0.002mm 粒径悬浮粒子的盐水溶液。

【清洗井底】 在钻井过程中，需要射流把钻头钻下来的岩屑冲离井底，使之进入环形空间，不致重复破碎，保证钻头与新露出的井底直接接触，提高钻头对井底岩石的破碎效率。射流把岩屑冲离井底的过程称为清洗井底。

【清水解卡法】 使用饱和盐水体系钻井时，所钻地层有大段盐岩地层，由于井温高，钻井液浸泡时间长，使盐岩地层蠕变发生蠕动，造成缩径产生的卡钻，可直接用清水注入盐岩层，利用溶解盐岩的方法来解除卡钻，此解卡法称为清水解卡法。

【氰乙基化羧甲基纤维素】 一种羧甲基纤维素的改性产品，该产品在高温、高矿化度钻井液中用作降滤失剂。

氰乙基化羧甲基纤维素质量指标

项　　目	指　　标
外观	微红色粉末
氰羟乙基取代度	≥0.6
水分/%	≤10
2%水溶液表观黏度（20℃）/mPa·s	≤650

【球状凝胶】 代号为 MPA，一种随钻封堵材料，由丙烯酸、丙烯酰胺及 2-丙烯酰胺基-2-甲基丙磺酸等单体采用反相乳液聚合工艺制得。外观为白色或淡黄色乳液，不须经过处理直接应用；抗温达 150℃，与钻井液配伍性良好，对钻井液性能影响小；粒径范围在 0.01～30μm，可通过 200 目振动筛，作用有效期长。球状凝胶是具有纳微米级粒径的可变形凝胶，可有效封堵微米级的微孔微裂缝，并参与滤饼形成，提高滤饼致密性，降低滤饼渗透率，与颗粒、片状、纤维材料复合封堵效果更好。适用于各种类型的水基及油基钻井液，用于封堵微孔微裂缝，减少渗漏，加量一般为 1%～3%。

【球状地下胶凝堵漏剂】 代号为 CACP。用于封堵大裂缝、洞穴、溶洞等储层漏失的堵漏剂，其由聚合物、交联剂与桥塞材料组成，该堵漏剂在地下经过一定时间后，凝固成一种类似橡胶弹性体和海绵状态的物体，对漏失层段封堵较为密实。凝固时间可以根据地层的施工时间及井底温度，通过加入缓凝剂或促凝剂来调节和控制，一般在几小时内即可以见效。

【屈服值】 又称动切力，对钻井液来说本质上反映了钻井液中黏土颗粒吸力的大小。是塑性流体重要的特征参数之一。影响屈服值的因素有黏土矿物的种类和浓度、无机电解质、稀释剂等。膨润土加入钻井液后，随浓度的增加，会显著地提高屈服值；$NaCl$、$CaSO_4$、水泥等无机电解质加入钻井液，会增加屈服值。降黏剂的作用主要是降低屈服值，而不是降低塑性黏度。

【取心】 利用机械设备和取心工具钻取地层中岩石的作业。

【取代度】 指淀粉、纤维素的每个D-葡萄糖单元上的活性羟基被取代物质的量。

【取心钻井】 用机械方法将所钻地层成柱状岩样从井底取出的钻井。

【全油基钻井液】 用油作为外相，含水量不应超过7%，用沥青或有机类材料控制滤失和黏度。如果水对全油基钻井液造成污染，钻井液中的固相就会变成水润湿，钻井液的稳定性就会受到影响。

【全油气制油钻井液】 以气制油为基液的油包水乳化钻井液。具有良好的润滑性能、抑制性能、井壁稳定性和抗温性。该钻井液不含水，乳化剂用量少，无须考虑钻井液水相活度与地层水活度的平衡问题。适用于易塌地层、盐膏层，特别是水活度差异较大的地层，同时由于钻井液具有低密度和较好的低温流变性，也适用于能量衰竭的低压地层和海洋深水钻井。

【醛基】 羰基中的一个共价键跟氢原子相连而组成的一价原子团，叫作醛基，醛基结构简式是—CHO，醛基是亲水基团，因此有醛基的有机物（如乙醛等）有一定的水溶性。

Q

R

【燃点】　即不需点燃而自动燃烧的温度。

【绕障井】　为避开地下存在的某种不允许通过或难以穿过的障碍，沿一定井眼轨道钻达目的层的定向井。

【热降解】　聚合物受热发生分子链断裂，改变或丧失其原有功能的现象。

【热天平】　测量物质的质量（或重量）随温度变化的一种热分析仪器，用以测定物质的脱水、分解、升华等在某一种特定温度下所发生的变化。适用于化验室质量检验。

【热力钻井】　用氧气枪或喷射燃烧器产生的高温熔化和破碎岩石的钻井方法。

【热稳定性】　是指处理剂在钻井液中的抗温能力，抗高温处理剂的热稳定性决定于其分子的结构，例如 CMC 高分子链节间靠醚键（—C—）连接，而 PAM 主链的链节间靠碳—碳键（C—C）相连。由于 C—C 键比醚键要牢固得多，不易高温下裂解，故 PAM 的抗温能力比 CMC 好。

【热电阻测漏法】　寻找井漏位置的一种方法。该法的原理是利用对温度变化非常敏感的预先标定好的热敏电阻丝来测量钻井液的电阻变化。其步骤是先把热电阻仪下入井内，在预计的漏失点记录其电阻值，然后把新浆泵入井内。这时若电阻值发生变化，漏层则在仪器以上。相反，若电阻不变，则漏层在仪器以下。此种仪器对任何类型的钻井液都可适用，但为测出准确的漏层位置却需要配制大量的新浆。

【热固性酚醛树脂】　在钻井液中作堵漏材料。

【人工补壁】　利用水泥对钻井过程中

热固性酚醛树脂

出现的"大肚子"进行封固的工艺。在所钻井内坍塌层已形成"大肚子"的井眼，往往不易根除，会影响钻井速度和出现复杂事故。补壁后，提高了机械钻速，保证了井下安全，甚至有些井补壁后采用清水钻进。

【人工裂缝】　见"裂缝性漏失"。

【人工钠土】　代号为 NV，又称"人工钠坂土""改性膨润土"。是利用阻流挤压钠化工艺，使钙土充分钠化，有较高的钠交换率。

【人工海水】　为了检测钻井液处理剂的性能所配制的一种含有类似海水组成的多种盐的水溶液。其组成见下表。

人工海水的组成

成　分	含　量	
	1，%（重量）	2，g/L
NaCl		24.53
MgCl₂		
Na₂SO₄		4.09
KCl	2.4	0.695
CaCl₂	0.52	1.16
KI	0.4	
MgCl₂ · 6H₂O	0.056	11.11
KBr	0.1	0.101
NaHCO₃	0.005	0.201
H₃BO		0.027
SrCl₂ · 6H₂O		0.042
NaF		0.003
合计	3.481	41.959

【人造树脂】　见"合成树脂"。

【人工钠膨润土】　即"人工钠土"。

【溶解】　一物质(溶质)分散于另一物质(溶剂)中，其过程称为溶解。

【溶质】　是溶液中被溶剂溶解的物质。溶质可以是固体(如溶于水中的糖和盐等)、液体(如溶于水中的酒精等)或气体(如溶于水中的氯化氢气体等)。其实，在溶液中，溶质和溶剂只是一组相对的概念。一般来说，相对较多的那种物质称为溶剂，而相对较少的物质称为溶质，水被默认为溶剂。

【溶剂】　亦称"溶媒"。溶液中溶解溶质的物质。物质溶解于溶剂中即得该物质的溶液。水是应用最广的溶剂。

【溶胀】　高分子物质吸收液体而体积增大的现象。

【溶洞】　石灰岩地区地下水沿岩层层面或裂隙溶蚀并经塌陷而成的岩石空洞。多发育在潜水面附近。洞内常见有钟乳石和石笋。各溶洞逐渐扩大并相互通连，形成时宽时窄的地下廊道，其中常有地下河道通过。如果地壳间断上升，溶洞也可以成层分布。在钻井施工过程中，如钻遇溶洞，可发生溶洞性漏失。

【溶胶】　亦称"胶体溶液"；一种或几种物质以直径为 $10^{-9} \sim 10^{-7}$ m 的颗粒粒径分散在另一种互不相溶的分散介质中所形成的比较均匀、稳定的多相分散体系，称为溶胶。溶胶的特征是分散度高、表面积大、界面性质突出。

【溶媒】　即"溶剂"。

【溶液】　亦称"溶体"。由两种或两种以上不同物质所组成的均匀物系，在这物系中的任何部分都具有相同的性质。分为固态溶液和液态溶液。根据溶液中溶质含量的多少分为浓溶液和稀溶液。又根据溶质在溶液中的含量等于和小于该温度和压力下的溶解，可分为饱和溶液和不饱和溶液。

【溶体】　即"溶液"。

【溶度积】　在微溶性电解质的饱和溶液中，当溶剂和温度不变时，其离子浓度的乘积为一常数。这一数值意味着电解质在溶剂中的溶解能力，故称为"溶度积"。

【溶解度】　在一定温度下，某固态物质在 100g 溶剂中达到饱和状态时所溶解的质量，叫作这种物质在这种溶剂中的溶解度。如果没有指明溶剂，通常所说的溶解度就是物质在水里的溶解度。溶解性是指一种物质能够被溶解的程度。发生溶解的物质叫溶质，溶解他物的液体叫溶剂，或称分散剂，生成的混合物叫溶液。固体物质的溶解度是指在一定的温度下，某物质在 100g 溶剂(通常为水)里达到饱和状态时所溶解的克数。气体的溶解度通常是指该气体(其压强为 1 个标准大气压)在一定温度时溶解在 1 体积水里的体积数。

【溶洞性漏失】　由溶洞性地层引起钻井液的漏失称为溶洞性漏失。这类漏失一般只出现在灰岩地层。该漏失的特点是漏失速度快(大于 $100 \text{m}^3 / \text{h}$)，钻井液有进无出。

【绒囊】　微观结构形似绒毛球的材料称为绒囊。绒囊是由聚合物和表面活性剂自然形成的可变形材料，粒径 $15 \sim 150 \mu m$，以 $60 \mu m$ 居多；壁厚 $3 \sim 10 \mu m$。

R

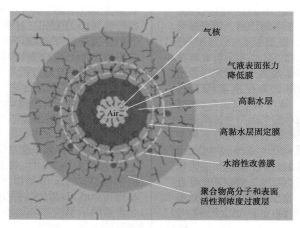

气核

气液表面张力
降低膜

高黏水层

高黏水层固定膜

水溶性改善膜

聚合物高分子和表面
活性剂浓度过渡层

绒囊微观结构模型

按照绒囊的微观结构，从内向外，结构依次如下。①"一核"。被包裹的气体位于整个球形绒囊的中心，就像是绒囊的"核"，称为"气核"。②"三膜"第一膜。气核外侧表面活性剂，主要用于降低气液界面张力，称为"表面张力降低膜"。③"二层"第一层。紧靠表面张力降低膜外侧表面活性剂亲水端的水化作用以及亲水端间的缔合作用，使水溶液黏度远远高于连续相，称为"高黏水层"。④"三膜"第二膜。高黏水层外表面，与表面张力降低膜相对应，在极性作用下吸附表面活性剂，形成维持高黏水层高黏度的表面活性剂膜，称为"高黏水层固定膜"。⑤"三膜"第三膜。紧密吸附于高黏水层固定膜外侧的表面活性剂，在极性的作用下成膜。由于此膜亲水基存在，使得绒囊具有良好水珠溶性，称此膜为"水溶性改善膜"。⑥"二层"第二层。在水溶性改善膜外侧，由聚合物和表面活性剂组成，浓度从膜外侧向连续相逐渐降低，没有固定厚度的松散层，称为"聚合物和表面活性剂的浓度过渡

层"，简称"过渡层"。气核、表面张力降低膜、高黏水层固定膜依靠氢键与高黏水层连接，作用力强，相对稳定。因而，气核、表面张力降低膜、高黏水层和高黏水层固定膜通常以一体形式出现，称为"气囊"，是能量聚集体。气囊在周围环境变化时不易被破坏，与绒囊的封堵特性有关。高压低温下有所压缩，低压高温下膨胀，封堵性能加强。聚合物和表面活性剂依靠敏化作用和分子间作用力形成水溶性改善膜和过渡层。与氢键相比，分子间作用力相对较弱，扩散作用即可使水溶性改善膜和过渡层的厚度发生改变，导致膜层间界限模糊，所以合称水溶性改善膜与过渡层为松散吸附的动态扩散区，简称"松散区"，是流变性控制体。绒囊扩散区在周围环境变化时变化，与流动特性有关。静止，绒毛存在，切力很大。流动，毛失去，黏度很低。

【绒囊工作液】　可根据井下条件改变性能和形状全面封堵地层漏失通道。高温和低压下膨胀提高封堵能力、地层承压能力。把分散着绒囊的流体叫

绒囊工作液。绒囊工作液中，聚合物大分子形成绒毛，表面活性剂形成囊核，所有处理剂溶解于水，标准绒囊工作液没有固相，是由流体、气体组成的气液两相流。

【绒囊封堵机理】　绒囊的特殊"一核、二层、三膜"的结构，使得其具有高效封堵漏失地层的能力，按照不同的孔隙尺寸大小，绒囊的封堵机理各不相同。当遇到大洞、大缝时，囊泡随着高温和低压，堆积成水平放置的锥状体，分解了液柱压力。当作用在前端的绒囊分得的压力和地层压力相等时，流体不再向地层流动。而且，由于低剪切速率下高黏度，使流体稳定下来，称之为分压封堵模式（如下图所示）。

绒囊在向和自己相当大小的漏失地层通道移动中，有两种情况发生：一是单个囊泡往低压区移动时，阻力增加，流动阻力提高；二是连续进入漏失通道造成绒囊膨胀充填。流动速度下降，绒毛吸附，低剪切下高黏度，消耗液柱压力，实现防漏堵漏。称之为耗压封堵模式（如下图所示）。

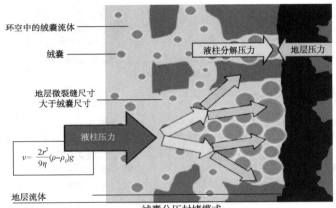

绒囊分压封堵模式

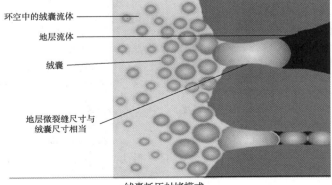

绒囊耗压封堵模式

　　绒囊工作流向微孔微缝时，凝胶强度由于低剪切速率降低而升高。绒囊首先吸附在低压入口处。在低压吸引下静止后，表面活性剂和大分子聚合物聚集在一起构成过渡层，即长绒毛。进一步增大了凝胶强度，强化膜强度。与低渗透膜不同，它包含绒囊。称之为撑压封堵模式(如下图所示)。

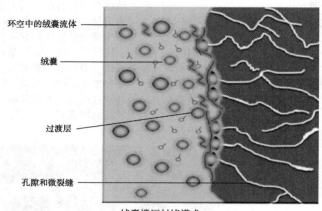

　　环空中的绒囊流体

　　绒囊

　　过渡层

　　孔隙和微裂缝

绒囊撑压封堵模式

【**鞣酸**】　亦称"单宁酸"。五倍子的主要成分，见"单宁酸"。

【**柔性堵漏液**】　是一种特殊堵漏液，是由橡胶粒、改性石棉和皮屑等配制的，其中胶粒起架桥作用，改性石棉和皮屑起充填和固化作用，因橡胶粒密度在 $1.17 \sim 1.27 g/cm^3$ 之间，能够均匀地分布在堵液中，并能吸附钻井液中的黏土等物质形成一层吸附膜，具有一定的黏结作用。胶粒有弹性，容易进入较小的裂缝，且胶粒呈不规则的多面体，能与缝壁产生较大的摩擦力，该堵漏液应对裂缝性漏失效果较好。使用时，应根据裂缝宽度选择胶粒粒度，大于裂口宽度的胶粒应占 40%~50%，大于 1/2 裂缝宽度的胶粒占 10%~20%，小于 1/2 裂缝宽度的胶粒占 30%~40% 是比较合适的，它所形成的堵塞物不仅有一定的强度，还比较致密。

【**蠕变**】　所谓蠕变，是指材料在恒力应力状态下，变形随时间而逐渐增大

的一种特性。通常，岩石的弹性变形也会引起缩径，但弹性变形的时间较短，且变形量小。盐岩在深部高温高压作用下，由于具有蠕变特性，即使井壁上的应力仍处于弹性范围，也会导致井眼随时间逐渐缩小。盐岩蠕变一般分为三个阶段：①初始蠕变(又称过渡蠕变)。此阶段在应变时间曲线上，表现为岩石初始蠕变速度较高，随后速率变缓，其原因是应变硬化速度大于材料中晶粒的位错运动速率。②次级蠕变(又称稳态蠕变)。此阶段硬化速度和位错速度达到平衡。对于盐岩层，井眼的收缩是最重要的蠕变阶段。③第三阶段蠕变(又称稳定蠕变)。当应力足够大时，会在晶粒界面及矿物颗粒界面上发生滑动，这一变形的结果使蠕变曲线向较大的一侧反弯，进入不稳定状态，最后使晶界松散、脱落，导致材料的破裂。

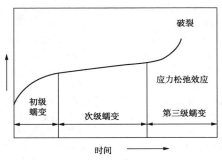

岩石的广义蠕变曲线

【乳液】 见"乳状液"。

【乳化剂】 即"乳状液"的稳定剂。能促使两种互不相溶的液体，使一种以微粒(液滴或液晶)分散于另一种中形成的体系称为乳状液。形成乳状液时，由于两液体的体积增大，所以这种体系在热力学上是不稳定的，为使乳状液稳定，需要加入第三种组分——乳化剂，以降低体系的界面能。乳化剂主要是表面活性剂，主要功能是在分散相微滴的表面上形成薄膜或双电层，阻止这些微滴相互聚结。如果从表面活性剂溶剂起始，加入增溶物(如表面活性剂水溶液中加入的油性物质)，则成为增溶体系，如果所形成的胶束与水的界面张力虽然较小，但是达不到超低(即$>10^{-5}$ N/m)，随着增溶物的加入，即成为乳状液。常用的乳化剂有肥皂、磺化油、聚氧乙烯脂肪醇醚、吐温和甘油等。

【乳状液】 简称"乳液"，亦称"乳浊液"。由两种互不相溶的液体所组成的分散物系，一种液体(分散相)分散在另一种液体(分散介质)中。加入"乳化剂"，可得到稳定的乳状液。习惯上将构成乳状液的有机液体称作"油(O)"。如苯分散在水(W)中称作水包油乳状液(O/W)；反之，称作油包水乳状液(W/O)。乳状液较不稳定，容易发生相分离现象，加入乳化剂，可提高其稳定性。乳化剂主要是表面活性剂，其主要功能是，由于表面张力下降，以及吸附性、取向性、成膜性、胶束形成能力、双电层的离子斥力等因素，使不混溶的液体易生成乳液，而且赋予乳液以稳定作用。影响乳状液稳定的因素有：①内相的分散程度。②界面膜的强度。③外相的黏度。④相对体积比。⑤两相的密度。

【乳化作用】 水基钻井液混油和油基钻井液混水，都是制造乳状液，而造成的乳状液必须有乳化剂才能稳定。有机乳化剂的作用机理在于，能在油滴或水滴表面(即在油水界面上)形成足以阻止液滴互相接触而合并的溶剂化吸附层。一种液体呈细小液滴分散在另一互不相溶的液体中所得的分散体系，称为乳状液。乳状液分两类：一类是油分散在水中的，简称水包油(油/水)型乳状液，不连续的内相是油，连续的外相是水，如牛奶、混油钻井液等；另一类是水分散在油中的，称为油包水(水/油)型乳状液，如原油、逆乳化钻井液等。只用油和水不能制得稳定的乳状液。因为液滴分散后

R

界面积随之增大，表面能相应增大。而表面能要自发趋向减小，当液滴彼此接触时就会聚并，从而降低表面能，故此乳状液分层是自发过程。要制得比较稳定的乳状液，必须加入第三种组分——稳定剂，以降低油-水界面张力和增强对液滴的保护作用。乳状液的稳定剂特称乳化剂。有许多乳化剂都是表面活性剂，但也有一些高分子物质（明胶、蛋白质、Na-CMC、煤碱剂、木质素磺酸钙等），它们的表面活性小，但能形成坚固的保护膜，亦能稳定乳状液。表面活性剂的乳化作用：加入具有表面活性的乳化剂后，表面活性分子吸附在两相界面上进行定向排列，极性基朝水，非极性基朝油。这样，一方面油-水界面张力降低，降低了液滴自动聚并的趋势，另一方面，液滴表面形成的吸附溶剂化层若有足够的机械强度，这种保护膜就能阻止液滴的聚并。对于水包油型乳状液，若用离子型乳化剂（如油酸钠）时，油滴表面因吸附而带电，形成双电层，有电动电位存在，此时电荷亦起稳定作用。但对浓乳状液，电的稳定作用就很次要，具有足够强的机械强度的吸附溶剂化保护膜，是稳定的主要因素。乳化剂不仅起稳定作用，还能决定乳状液的类型。实验表明：亲水性乳化剂稳定油/水型乳状液，亲油性乳化剂稳定水/油型乳状液。

【乳化沥青】　是沥青经机械作用分裂为细微颗粒，分散在含有表面活性剂物质（乳化剂-稳定剂）的水介质中。由于乳化剂吸附在沥青颗粒的表面上定向排列的作用，而降低水与沥青界面间的界面张力，使沥青颗粒能均匀地分散于水中，不致聚析。同时，又由于稳定剂的稳定作用，使沥青颗粒在水中形成均匀而稳定的分散体系。呈棕黑色膏状物，均匀分散，无漂浮固状物或结团。在水基钻井液中用作页岩抑制剂，推荐加量一般为 $2\% \sim 5\%$。

【乳化石蜡】　一种流变性能稳定，有较好润滑性能，防塌性能良好，油层保护性能优良，广泛应用于水基钻井液的无荧光防塌润滑剂，与其他处理剂配伍具有包裹作用。特别适用于水敏性、硬脆性地层防塌和定向井、水平井润滑防卡。

乳化石蜡性能指标

项　目	指　标
外观	白色液体
水溶性	和水互溶
胶体稳定性	不分层
表观黏度变化量/mPa·s	±5
黏附系数降低率/%	≥50.0

【乳化钻井液】　由两种不混溶的液体（如油和水）用物理方法混合而成。一种液体经机械作用在另一种液体中分散为细滴。最常见的有："水包油"和"油包水"。

【乳状液分层】　即乳状液稳定性差。由于乳状液分散相中微粒的沉淀或上升，可观测到颜色明暗不同的层，这种分离的沉淀或上升主要取决于连续相和分散相的相对密度。

【乳化反转】　在油包水乳状液中，当连续相和分散相分离而且固相开始沉降时的乳状液被定义为乳化反转。

【乳液类润滑剂】　乳液类润滑剂是一种被广泛使用的润滑剂，可直接加入钻井液中提高其润滑性能。根据钻井液类型和所钻地层岩性特点，加量在 $0.1\% \sim 1\%$ 即可达到润滑减阻的目的。

按照化学键的不同，制备乳液润滑剂的矿物基油可分为环烷基、芳香基及直链型三种。乳液润滑剂由基础油、乳化剂、水和添加剂组成，有时也加入少量的防锈剂、分散剂或稳定剂。基础油的性质在乳液类润滑剂中起到关键作用，主要体现在基液的物理、化学性质及乳液膜性质。润滑膜的厚度与乳化剂类型及乳液滴粒径大小有关。通常，乳液滴的粒径越大，所形成的膜厚度也越大，但随着液滴粒径的增大，有时也会导致膜厚度降低。石蜡乳液润滑剂具有良好的润滑效果，这与润滑膜形成效率和膜的厚度有关。根据钻井液类型的不同其加量略有差异。

【乳状液鉴别法】 指鉴别乳状液属性的方法。常用鉴别乳状液属性的方法有：①染色法，如在乳状液中加入油溶性染料，乳状液呈红色，则为 O/W 型；如仅液珠带色，则为 W/O 型。②稀释法，O/W 型乳状液能与水混溶；W/O 型乳状液能与油混溶。③电导法，O/W 型乳状液较 W/O 型乳状液电导度大数倍，通过后者的电路，氖灯不能发光。④滤纸润湿法，此法适于重油和水的乳状液（除在滤纸上能铺展的油、苯、环己烷、甲苯所形成的乳状液）。方法是将乳状液滴于滤纸上，若液体能快速展开，在中心留下一小滴油，则为 O/W 型；若不能展开，则为 W/O 型。⑤光折射法，利用水和油对光的折射率的不同来鉴别。令光从左侧射入乳状液，乳状液离子起透镜作用，若乳状液为 O/W 型，粒子起集光作用，用显微镜仅能观察到粒子左侧轮廓；若乳状液为 W/O 型，则只能看到粒子右侧轮廓。

【乳状液测试器】 即"电稳定性测定仪"。

【乳状液界面电荷】 大部分稳定的乳状液滴都带有电荷。一般表面活性剂在界面上吸附时，碳氢链（非极性基团）插入油相，极性基团插入水相。由于在一个体系中乳状液滴都带有相同性质的电荷，故当液滴相互靠近时就相互排斥，从而防止聚结，提高了乳状液的稳定性。

【乳化柴油钻井液】 是一种低密度钻井液体系，在欠平衡钻井技术中得到应用。其基本配方为 0 号柴油＋1.5%～2% 有机土＋1% 乳化剂＋5% 水＋性能调节剂。其密度可在 0.85～1.05g/cm³ 范围内调整。该钻井液可回收重复利用。

【乳化钻井液稳定性测定】 是对油包水乳化钻井液稳定性的测试，使用电稳定性测定仪测定钻井液破乳电压，破乳电压越大，表示钻井液乳化稳定性越好。

【乳状液分散介质黏度】 分散介质的黏度越大，则分散相液珠运动越慢，有利于乳状液的稳定。因此，许多能溶于分散介质中的高分子物质常用作增稠剂，以提高乳状液的稳定剂。

【软水】 与"硬水"相反，仅含少量或不含可溶性钙盐、镁盐的水。

【软化】 指对水的软化，即降低硬水的硬度的过程。主要有：①加热法，将硬水加热或蒸馏以除去钙盐、镁盐等。②石灰苏打法，用石灰降低碳酸盐硬度，用苏打（纯碱）降低非碳酸盐硬度。③离子交换法，用离子交换剂（如磺化煤等）除钙、镁等离子。

【软化水】 除去钙盐、镁盐的水称为"软化水"。

【软化点】 物质软化的温度。主要指无定形聚合物开始变软时的温度。它不仅与高聚物的结构有关，而且与其

R

相对分子质量的大小有关。测定方法不同，其结果往往不一致。较常用的有维卡法（Vi-cat）和环与球法等。测定沥青及沥青类产品一般用环与球法。

【软堵塞】 主要是指那些不含水泥的堵漏液，包括钻井液中所加的柴油、黏土等。配成堵漏液后与钻井液混合（一般是在井眼内混合），即具有相当高剪切强度的堵塞。

【软硬塞堵漏法】 是指所形成的堵塞不固化，它是靠形成不流动的黏稠物体堵塞漏层。这类堵漏法适用于大裂缝或洞穴漏失，特别是用于人为裂缝漏失，因为软（硬）塞切力大，流阻大，可限制人为裂缝的发展，且因软塞不固结，在人为裂缝稍增大的情况下，它也会变形而起堵漏作用。

【卵磷脂】 是一种润湿反转剂，主要用于防止水侵污油基钻井液或防止水润湿的固相侵污油基钻井液，其结构式为：

$$C_{17}H_{35}—COO—CH_2$$
$$C_{17}H_{35}—COO—CH \quad OH$$
$$CH_2O—P—OCH_2CH_2N(CH_3)_3$$
$$\quad\quad\quad | \quad\quad\quad\quad OH$$
$$\quad\quad\quad O$$

它是两性胶束胶体，磷酸离子带有负电，四价氨基带有正电，体系 pH 值为中性或碱性（5~6 以上）时，即以带负电性为主，体系 pH 值为酸性（5~6 以下）时，则以带正电为主。活性剂本身以亲油为主，吸附在带电黏土颗粒或其他固体颗粒表面，使其憎水化，变成亲油固体。

【润湿】 是指液体在固体表面铺开的一种现象，即固体表面上一种液体取代另一种与之不相混溶的流体的过程。如玻璃能被水润湿，而不能被水银所润湿。为了区别液体对固体表面的润湿程度，通常是用润湿角来衡量的。润湿过程实质上是体系总表面能自发减小的过程。总表面能减小得越多，液体对固体的润湿性能越好。

【润湿角】 一固体表面为一边，固、液、气三相交点为起点，沿液体表面作切线，所构成的角称为"润湿角"或称为"接触角"。

【润湿热】 指单位质量的干燥固体浸入某液体中，所放出的热量，称为该液体对该固体的"润湿热"。

【润湿法】 是一种鉴别乳状液类型的一种方法；其鉴定方法是，将乳状液滴在滤纸上，若纸上往外扩散成一水环，即为水包油型乳状液；若无水环，则为油包水型乳状液。

【润滑剂】 主要用来降低钻井液的流动阻力和滤饼摩阻系数，减少钻头扭矩并提高其水马力，以防黏卡的处理剂，称为"钻井液润滑剂"，简称润滑剂。钻井液润滑剂大多由动植物油类衍生物、合成化合物（如脂肪酚胺）和表面活性剂调配而成。它们大多具有极好的润滑性，此类为液体润滑剂；另一类为固体润滑剂，如石墨玻璃微珠、塑料微珠、碳珠等，专用于降低钻杆扭矩的场合。有些润滑剂有防钻头泥包的作用，又可称为防泥包剂。

【润滑王】 钻井液用液态润滑剂。用于改善定向钻进和水平钻进施工等非开挖作业中的摩阻状况，提高非开挖钻井液润滑能力，降低施工的操作难度，提高施工的安全性，减小压差卡钻的概率，并能提高钻进速度、减小钻盘扭矩和起下钻摩阻；对钻井液的黏度、切力、密度影响很小，有改善滤饼质量的作用；降低摩阻系数（极压）幅度大，达到 90% 以上。可直接将产品按需要量混入钻井液中。推荐用量（$1m^3$ 钻井液），直井钻进 5～10L；定向井和水平井钻进 5～20L。

【润湿剂】　又称渗透剂。能使固体更易被水浸湿的物质。主要由于降低表面张力或界面张力，使水能展在固体表面上或渗入其表面而将其润湿。一般是 HLB 值在 7～9 范围内具有两亲结构的表面活性剂。

【润湿反转】　由于表面活性剂的加入，使原来亲水性极性固体表面变成亲油性非极性表面，或者原来亲油性固体表面变成亲水性表面的现象。

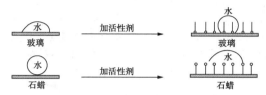

润湿反转

【润湿作用】　是指液体在固态表面上的行为。当把液体滴在固体表面上，它可以铺展开来或是取一定的形状而达到平衡。水能润湿干净的玻璃表面，但不能润湿石蜡表面，如果在水中加入适当的表面活性剂，具有两亲结构的表面活性剂分子自动浓集到固体表面并定向排列：极性基指向极性的玻璃表面，非极性基指向水，由于表面活性剂的吸附，使原来亲水性极性固体表面变成亲油性非极性表面，或者原来亲油性固体表面变成亲水性表面的现象，称为润湿反转。能使固体表面产生润湿反转的活性剂，特称润湿剂。润湿反转现象在钻井、采油中有各种应用。例如，钻井液中的活性剂能使钢铁表面亲油化时，则可大大减少或防止泥包钻头和黏附卡钻。发生黏卡后用油泡解卡时，加入能使钻杆和滤饼表面亲油化的活性剂，使油膜很快渗入钻杆与滤饼之间，则能大大提高解卡速度。

【润湿过程】　指沾湿、浸湿和铺开的过程。沾湿是指液体与固体从不接触到接触，改变液–气界面和固–气界面的过程。浸湿是指固体进入液体的过程。铺展是指固体表面形成均匀的膜。

【润湿现象】　润湿现象是日常生活中常见的表面现象。水滴滴在玻璃上，会很快铺开，表明水对玻璃表面润湿好；若将一滴水银滴在玻璃上，水银呈小球形，表明水银对玻璃表面润湿不好。这些现象都是润湿现象。

1. 润湿产生的原因

如果将一个固体颗粒投入液体中，固体表面就被液体所润湿。投入前，固体表面与空气接触，设它的表面张力（表面自动收缩的内作用力）为 $\sigma_{气-固}$。投入前后，固体表面积 A 没有发生变化，但表面能发生了改变，设表面能改变为 Δ_U，则：

$$\Delta_U = (\sigma_{液-固} \cdot A) - (\sigma_{气-固} \cdot A)$$
$$= (\sigma_{液-固} - \sigma_{气-固})A$$

通常，$\sigma_{气-固}$ 总大于 $\sigma_{液-固}$，故表面能变为负值，即表面能降低。表面能降低是润滑现象发生的根本原因。

润湿的定义：固体与液体接触时，引起表面能下降的过程称为润湿。

2. 润湿程度的衡量标准

常用的润湿程度的衡量标准为接触角和黏附力。

① 接触角。假如某平面上有一液滴，则接触角指的是通过气、液、固三相交点对液滴表面所做的切线与液-固界面所夹的角。通常以符号 θ 表示，如下图所示的是水和水银在玻璃表面上的接触角。

按接触角的定义可得：

$0° < \theta < 90°$，润湿好；

$90° \leqslant \theta \leqslant 180°$，润湿不好；

$\theta = 0°$，完全润湿。

② 黏附功。将单位面积的固-液界面在第三相中拉开所做的功，称为黏附功。在拉开的过程中，设表面能变化为 Δ_U，则根据表面张力的概念，Δ_U 必须大于零，即表面能增加。这个表面能的增加就等于黏附功，以符号 $W_{黏}$ 表示。接触角与黏附功有如下关系：

$$W_{黏} = \sigma_{气-固}(1 + \cos\theta)$$

由这个关系式可以看出，θ 越小，$W_{黏}$ 越大，液体对固体的润滑程度越好。

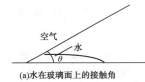
(a)水在玻璃面上的接触角

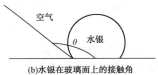
(b)水银在玻璃面上的接触角

水和水银在玻璃面上的接触角

3. 润湿程度的决定因素

液体和固体的性质是润湿程度的决定因素。根据液体的性能，可以把液体分成两类：一类是极性液体，以水为代表；另一类是非极性液体，以油为代表。与液体相对应的固体也可分为两类：一类是亲水性固体，这类固体主要是离子键晶体，例如硅酸盐、钽酸盐和硫酸盐。这类晶体对极性液体亲和力大，所以 $\sigma_{液-固}$ 小，因而对水的接触角小，润湿强；另一类是亲油性固体，这类固体主要是共价键晶体，例如有机物晶体和硫化物晶体，这些晶体对非极性液体亲和力大，所以 $\sigma_{液-固}$ 小，因而对油的接触角小，润湿也强。液体对固体的润湿能力有时会因第三种物质的加入而发生改变。

【**润滑消泡剂**】 在水基钻井液中能够改善滤饼性能、降低滤饼黏附系数，兼有消泡作用的处理剂(一般为表面活性剂)。

【**润湿角的测定**】 是将被测液滴放到固体表面上，再用强的集中光作光源，从侧面照射，将液滴投影到遮光板上，可借助于光镜使液滴投影的边缘轮廓清晰，再将影像用笔画出，或用照相机摄影。

【**弱酸**】 在水溶液中只能小部分电离的酸类。具有弱的酸性(反应)，例如碳酸(H_2CO_3)、氢硫酸(H_2S)、硼酸(H_3BO_3)等。

【**弱碱**】 在水溶液中只能小部分电离的碱类。具有弱的碱性(反应)，例如氨水($NH_3 \cdot H_2O$)等。

【**弱电解质**】 在水溶液或熔融状态下不完全电离出离子的电解质称为弱电解质。弱电解质包括弱酸、弱碱、水与少数盐。

S

【塞流】 又称柱流。当流体通过管子时，如果质点的流动像塞状物（像挤牙膏一样），所以这种流动称为塞流。钻井液在井内初流动时常出现这种现象，一般持续时间较短。

【三键】 在化合物分子中有两个原子间以三对共用电子构成的重键。常用三条短线表示。例如，在乙炔（HC≡CH）分子中，碳原子与碳原子（C≡C）以三键结合。

【三氯化铁】 别名氯化铁，分子式为$FeCl_3$，相对分子质量为162.2。无水氯化铁是棕黑色层状结晶，有的呈六角形薄片状。常温密度约为 $290g/cm^3$，

熔点 304℃，易潮解。六水氯化铁（$FeCl_3 \cdot 6H_2O$）为橙黄色晶体，很易潮解，常为湿而松的结晶物，熔点37℃。具强烈苦味。氯化铁易溶于水，也溶于乙醇、丙三醇、乙醚和丙酮等极性有机溶剂，但难溶于非极性溶剂（如苯、煤油等）。是铁胶钻井液的主要处理剂。$FeCl_3$重要反应有：

① 水解反应生成 $Fe(OH)_3$ 溶胶和盐酸（降低 pH 值）：
$$Fe(OH)_3 + 3H_2O \Longleftrightarrow Fe(OH)_3(溶液) + 3HCl$$

② 与碱反应生成 $Fe(OH)_3$ 溶胶或絮状沉淀：
$$FeCl_3 + NaOH \longrightarrow Fe(OH)_3 \downarrow + 3NaCl$$

不同温度下三氯化铁在水中溶解度

温度/℃	0	10	20	30	50	60	70	80	100
溶解度/（g/100mL 水）	74.4	81.9	91.8	106.8	315.2	372.0	502.5	525.0	536.9

【三磺钻井液】 即主要由磺化酚醛树脂、磺化褐煤和磺化栲胶组成的钻井液体系。其配方是：SMC∶SMK∶SMP∶NaOH∶Na_2CrO_7=1∶2∶1∶1∶（0.3～0.4）；该体系性能稳定，抗温达 180~200℃，滤失量低，滤饼质量好，具有较好的润滑性。一般 SMP 的加量要大于3%，SMC 和 SMK 的加量要大于2%，效果明显。而且以复配成混合剂为最佳。它们与 NaOH 的比例为（3～5）∶1，浓度以5%为宜。配合使用 Na_2CrO_7 和表面活性剂，可提高钻井液的热稳定性。

【三轴应力仪】 是一种防塌实验仪器。用该仪器做实验能比较真实地模拟井下条件。岩样可在三个方向上受到应力（径向应力、纵向应力和试液液柱压力）的条件下进行页岩稳定性实验。该仪器的主要部分的结构如下图

所示。实验时，将压好的岩样套入橡胶套装入模拟仪中，并由液压柱塞造成纵向应力，而橡胶套外注入油，造成径向应力。此二力可调整到各向均匀状态。加压后对岩样钻出一个轴向孔，试液即可在一定压力下（相当于钻井液液柱压力）进行循环，并通过岩样孔隙向周边释放滤液。试样的纵向变形可用千分表来测量。径向变形可用橡皮套外所注入的油来测量。

【三八面体结构层】 八面体晶格具有三水铝石 $Al_2(OH)_6$ 的结构式。如果是 2 价的镁和铁等进入八面体中心时，可以将三个八面体孔隙全部充填，称为三八面体结构层，类似水镁石的结构形式。

【伞状流】 旋流器工作正常时，底流出口处流体以伞状向四周喷出的现象。

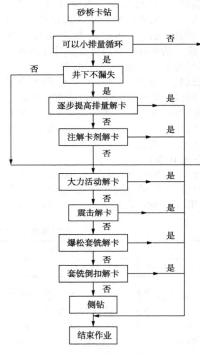

三轴应力仪

1-页岩样品；2-液体释放孔；
3-压力下试液；4-密封体；
5-提供径向应力的橡皮套的液压；
6-排油测量仪；7-油；8-千分表

【沙漠钻井】 利用适合沙漠地带作业的地面设备在沙漠地区进行的钻井。

【砂】 钻井液中较粗的固相颗粒，按API规定，尺寸大于 $74\mu m$ 的固相颗粒称为砂。

【砂侵】 又称砂污染，主要是由于黏土中原来含有的砂子及钻屑中的砂子侵入钻井液而在地面净化系统中未清除所致。含砂量大，使钻井液密度、黏度和切力增大，降低钻井液携带岩屑的能力，同时对钻井液泵及循环系统也有磨损，导致钻速减慢。

【砂污染】 即"砂侵"。

【砂桥卡钻】 也称沉砂卡钻，其性质与垮塌卡钻相似，大多发生在井下井眼大小不规则的位置，由于钻进过程中循环钻井液中的岩屑常常会在井眼不规则的地方聚集下来，一旦钻井液切力低、排量小或因暂时停泵，聚集在井眼不规则位置的钻屑与悬浮在钻井液里面的钻屑便会沉淀下降。聚集到接头或钻头位置的钻屑多了以后，钻柱就会被卡住而不能上提，造成卡钻。遇到这种卡钻，钻柱不可强提，要多

往下放，并采取大排量循环钻井液的方法解除。砂桥卡钻处理程序图如下：

砂桥卡钻处理程序图

【杀菌剂】 一类能降低钻井液中各种有害细菌数量，使其降低到安全的含量范围内，以免破坏某些处理剂的效能的钻井液添加剂。例如聚甲醛、烧碱、石灰等。

【筛孔】 是指振动筛布上编织丝之间的开孔。

【筛架】 指振动筛的支撑架。

【筛子】 一种带有筛网的机械设备，可根据尺寸将物料分组，如振动筛、实验用筛。

【筛布】 一种编织的筛网，具有正方形、矩形、长方形开孔。用于振动筛清除钻屑。

S

【筛布块】　一块完整的筛网，带有镶边或其他附件。

【筛管完井】　是在钻穿产层后，把带筛管的套管柱下入油层部位，然后封隔产层顶界以上环形空间的完井。这种完井法的使用条件是：①在低压低渗不产水的单一裂缝产层，或井壁较为破碎的灰岩产层中使用，能避免完井过程中水钻井液和射孔作业对产层的损害。②一般情况下，不提倡使用筛管完井法。此完井法的主要技术要求有：①技术套管串中的水泥接头和水泥伞（或管外封隔器）工作可靠。②水泥伞（或管外封隔器）置于井径规则及相对坚硬的井段。③水泥封固井段的长度不少于50m，固井质量合格。④注水泥后用小钻头通井至井底洗井，测声幅检查固井质量。⑤筛管完井一般不用于出砂井，因而采用圆形筛眼的筛管。筛眼直径在2~12mm之间，筛孔密度在60~120孔/米，作螺旋状分布。也有割缝筛管。

【山梨(糖)醇酐单油酸酯】　又名司盘-80，代号为SP-80、SPAN-80，是一种非离子型表面活性剂，其结构式为：

$$HOCH—CHOH$$
$$H_2C\quad CHCHCH_2OOC_{17}H_{33}$$
$$O\quad\quad OH$$

为油溶性活性剂（$HLB=4.3$），用于混油钻井液，可降低滤失量和增加滤饼润滑性，有防黏卡作用。它和十二烷基苯磺酸钠一起用于盐水钻井液混油（有混合乳化剂作用），能降低滤失量，提高钻井液稳定性。

质量标准

项　　目	指　标
皂化值(KOH)/（mg/g）	≤135
酸值(KOH)/（mg/g）	≤7
羟值(KOH)/（mg/g）	≤190

【山梨(糖)醇酐羧酸酯聚氧乙烯醚】　表面活性剂的一种，用作水包油钻井液的乳化剂，其结构式为：

$$R—C\ H+OH_2CH_2C+_{n_3}\ OHC—CHO+CH_2CH_2O+_{n_2}H$$
$$O—CH_2—CH_2\quad CH\quad CH_2$$
$$O$$
$$O+CH_2CH_2O+_{n_1}H$$

山梨(糖)醇酐羧酸酯聚氧乙烯醚

【山梨(糖)醇酐单油酸酯聚氧乙烯醚】　代号为Tween80，属非离子型表面活性剂，在钻井液中起乳化、润滑等作用，其结构式为：

$$C_{17}H_{33}—C\ H+OH_2CH_2C+_{n_3}\ OHC—CHO+CH_2CH_2O+_{n_2}H$$
$$O—CH_2—CH_2\quad CH\quad CH_2$$
$$O$$
$$O+CH_2CH_2O+_{n_1}H$$

$$n_1+n_2+n_3=21\sim26$$

山梨(糖)醇酐单油酸酯聚氧乙烯醚

【山梨(糖)醇酐三油酸酯聚氧乙烯醚】 代号为 Span，表面活性剂的一种，在油基钻井液和油包水体系中用作乳化剂，其结构式为：

山梨(糖)醇酐三油酸酯聚氧乙烯醚

【商业固体】 是指加入钻井液中的惰性固体，如重晶石粉、惰性堵漏材料等。

【商业黏土】 即用于配制钻井液用的黏土，多指膨润土、抗盐土。

【上返速度】 指钻井液在环形空间的上返速度，单位为 m/s。

$$钻井液上返速度 = \frac{单位时间内钻井液排量}{钻井液所通过的横断面积}$$

各种井眼钻井液上返速度表　　　　m/s

钻头直径/ mm	钻具外径/ in	排量/(L/s)						
		25	30	35	40	45	50	55
269	$6\frac{5}{8}$	0.72	0.87	1.01	1.15	1.30	1.44	1.59
	$5\frac{9}{16}$	0.61	0.73	0.85	0.97	1.09	1.21	1.33
	5	0.56	0.68	0.79	0.90	1.02	1.13	1.24
244	$5\frac{9}{16}$	0.80	0.96	1.12	1.28	1.44	1.60	1.76
	5	0.73	0.88	1.02	1.17	1.32	1.46	1.61
	$4\frac{1}{2}$	0.63	0.82	0.96	1.09	1.23	1.36	1.50
215	$5\frac{9}{16}$	1.21	1.45	1.69	1.93	2.17	2.41	2.65
	5	1.05	1.27	1.48	1.69	1.90	2.11	2.32
	$4\frac{1}{2}$	0.96	1.15	1.34	1.53	1.72	1.91	2.10
190	$4\frac{1}{2}$	1.37	1.65	1.92	2.20	2.47	2.75	3.02
	4	1.23	1.48	1.72	1.97	2.22	2.46	2.71
	$3\frac{1}{2}$	1.13	1.35	1.58	1.80	2.03	2.25	2.48

【上覆岩层压力】 又称地静压力，是指覆盖在该地层以上的岩石及其岩石的孔隙中流体的总重量造成的压力，以 P_0 表示上覆岩层压力。地下某一深度的上覆岩层压力就是指该点以上至地面岩石的重力和岩石孔隙内所含流体的重力之和施加于该点的压力。地下岩石平均密度约为 $2.16 \sim 2.64\text{g/cm}^3$。

平均上覆岩层压力梯度大约为 22.62kPa/m。

$$P_0 = 0.00981 [(1 - \phi) P_{ma} + \phi P] H$$

式中　P_0——上覆岩石压力，MPa；

　　　ϕ——岩石空隙度，%；

　　　P_{ma}——岩石基质密度，g/cm^3；

　　　P——岩石空隙中流体密度，g/cm^3；

　　　H——地层垂直深度，m。

【上覆岩层压力梯度】　是单位岩柱高的压力，单位为 MPa/m。

$$G_0 = \frac{P_0}{H}$$

式中　G_0——上覆层压力梯度，mPa/m；

　　　P_0——上覆层压力，MPa；

　　　H——岩柱的高，m。

【上击、下击解卡法】　在钻进中若遇上垮塌、黏性、膨胀性等易卡地层，可在钻杆与钻铤之间或在钻铤之间接上震击器，一旦遇卡，便立即下击或上击解卡。起钻中遇卡，如缩径、键槽等引起的卡钻经活动不能解除时，可以在卡点以倒开钻具，再接下震击器，对扣后，下击解卡。然后循环洗井，慢慢上提钻柱，如仍有卡的现象时，可以转动钻具倒划眼轻轻上提（9~10t）。下钻过程中遇阻，未能及时发现而导致卡钻，或较轻的泥饼黏附卡钻时，均可用上击器向上击震解卡。

【上提、下放和转动钻具解卡法】　在循环钻井液洗井的同时配合活动钻具，若卡得不严重时，可以得到解决，但活动钻具要针对不同的类型的卡钻来进行，如果是沉砂卡钻或井塌卡钻则不要上提钻具，以免卡得更死，可以下放和旋转钻具，并设法憋开循环，用倒划眼的方法慢慢上提解卡。起钻遇卡（键槽、缩径或泥包卡钻）时，可提到原悬重后猛放钻，切不可猛力上提，以免将钻头卡得更死。对于压差卡钻，可以采取猛提、猛放和转动钻具的方法使较轻的黏附卡钻得以解脱。

【烧碱】　见"氢氧化钠"。

【烧石膏】　硫酸钙的俗称，见"硫酸钙"。

【烧瓶】　是实验室中使用的有颈玻璃器皿，用来盛液体物质。因可以耐一定的热而被称为烧瓶。烧瓶通常有平底和圆底之分，通常具有圆肚细颈的外观。在化学实验中，试剂量较大而又有液体物质参加反应时使用的容器。圆底烧瓶是实验室中使用的一种烧瓶类玻璃器皿，用来盛液体物质，特别适于加热煮沸液体。一般用耐热的 Pyrex 等玻璃制造。底部为圆形，有些最底端被削平以便于直立。上有一个或多个颈，用来进出容物，以及和其他的实验器皿相连。颈口稍做喇叭状，内面上还经常有磨砂，以便和其他玻璃器皿紧密结合。平底烧瓶是实验室中使用的一种烧瓶类玻璃器皿，主要用来盛液体物质，可以轻度受热。加热时，可不使用石棉网。强烈加热则应使用圆底烧瓶。底部为半球形，上部有一个长颈以便容物入。在平面上立得比较稳。

【射孔液】　射孔时使用的一种流体。也就是用于套管内进行射孔作业的液体。对射孔液的要求是，固相含量少，固相颗粒小，与油层性质相适应，能防止射孔孔道堵塞。射孔液可根据密度的要求配制为水基（盐水）的或油基的。

【射流冲击力】　是指射流在其作用的面积上的总作用力。喷嘴出口处的射流冲击力表达式可以根据动量原理导出，其形式为：

$$F_j = \frac{\rho_d Q^2}{100 A_o}$$

式中　F_j——射流冲击力，kN；

　　　ρ_d——钻井液密度，g/cm³；

　　　A_o——喷嘴出口截面积，cm²；

　　　Q——通过钻头喷嘴的钻井液流量，L/s。

【射流水功率】　单位时间内射流所具有的做功能量称为射流水功率。其表达式为：

$$P_j = \frac{0.05 \rho_d Q^3}{A_o^2}$$

式中　P_j——射流水功率，kW；

　　　Q——通过钻头喷嘴的钻井液流量，L/s；

　　　ρ_d——钻井液密度，g/cm³；

　　　A_o——喷嘴出口截面积，cm²。

【射流冲蚀钻井】　用高速射流（喷速达305~915m/s）冲蚀破碎岩石的钻井方法。实验表明，高压射流能够直接冲蚀岩石，只需喷嘴处的压力大于岩石的临界压力即可实现，该临界压力大约等于岩石抗拉伸强度的 5 倍左右。用直径 5mm 的冲蚀钻头（只有喷嘴而无切削元件），在高达 93MPa 的压力下钻大理石的钻速为 55m/h，钻石灰岩的钻速为 85m/h，钻砂岩的钻速可达 96m/h。喷嘴常被侵蚀和需要高达 100MPa 以上的压力这两个难题限制了这种钻具的使用。这种钻具所耗的能量比旋转钻井法大 10~100 倍，因此一定要有较高的输出功率才能得到可观的钻井速度。如果射流中能加入磨粒，则钻井速度可大幅提高。

【射流喷射速度】　钻头喷嘴出口处的射流速度称为射流喷射速度，习惯上称为喷速。其计算式为：

$$v_j = \frac{10Q}{A_o}$$

其中　$A_o = \frac{\pi}{4} \sum_{i=1}^{Z} d_i^2$

式中　v_j——射流速度，m/s；

　　　d_i——喷嘴直径（$i = 1, 2, \cdots, Z$），cm；

　　　Z——喷嘴个数；

　　　Q——通过钻头喷嘴的钻井液流量，L/s；

　　　A_o——喷嘴出口截面积，cm²。

【深井】　我国于 1966 年钻成第一口深井——大庆松基 6 井（4718m），在 70 年代又钻成了几口 5000m 以上的深井，如东风 2 井（5006m）、新港 57 井（5127m）、王深 2 井（5163m）等。1976 年钻成 6011m 的深井——女基井，1977 年使用三磺钻井液成功地钻成我国陆上最深的超深井——关基井（7175m）。中国最深井已超过 8000m，陆上最深井——中 4 井为 7220m；国外苏联、美国钻井深度已超过 10000m。显然，井越深，技术难度越大。因此，国际上通常将钻探深井及深井钻速作为衡量钻井技术水平的重要标志。钻井实践表明，钻井液的性能对于确保深井和超深井的安全、快速钻进起着十分关键的作用。常用的深井钻井液有水基和油基两大类。

【深井水基钻井液】　由于井深增加，井底处于高温和高压条件下，井段长而且有大段裸眼，地层复杂，对钻井液要求更高。在高温条件下，钻井液中的各种组分会发生降解、增稠及失效等变化，使钻井液的性能发生剧变，并且不易调整和控制，严重时将导致钻井作业无法正常进行；而伴随着高的地层压力，钻井液必须具有很高的密度（常在 2.0g/cm³ 以上），从而造成钻井液中固相含量很高。这种情况下，发生压差卡钻及井漏、井喷等井下复杂情况的可能性会大大增加，欲保持钻井液良好的流变性和较低的滤失量亦会更加困难。此时，使用常规钻井液已无法满足钻井工程的要求，而必须使用具有以下特点的深井钻井液。①具有抗高温的能力。这就要求在进行配方设计时，必须优选出各种能够抗高温的处理剂。例如，褐煤类产品(抗温204℃)就比木质素类产品(抗温170℃)有更高的抗温能力。②在高温条件下对黏土的水化分散具有较强的抑制能力。在有机聚合物处理剂中，阳离子聚合物就比带有羧钠基的阴离子聚合物具有更强的抑制性。③具有良好的高温流变性。在高温下能否保证钻井液具有很好的流动性和携带、悬浮岩屑的能力至关重要。对于深井加重钻井液，尤其应加强固控，并控制膨润土含量，以避免高温增稠。当钻井液密度为 $2.0g/cm^3$ 以上时，膨润土含量更应严格控制。必要时可通过加入生物聚合物等改进流型，提高携屑能力；加入抗高温的降黏剂控制静切力。④具有良好的润滑性。当固相含量很高时，防止卡钻尤为重要。此时，可通过加入抗高温的液体或固体润滑剂，以及混油等措施来降低摩阻。

【**渗漏**】 即"渗透性漏失"。

【**渗透率**】 衡量多孔介质允许流体通过能力的一种量度。根据达西定律，黏度为 μ 的液体 ΔP 压差作用下通过截面积为 A、长度为 L 的多孔介质，其通过的流量 Q 与 A、ΔP 成正比，与 μ、L 成反比，即 $Q = KA\Delta P/\mu L$，K 为比例常数，称渗透率，K 值大，多孔介质允许流体通过的能力也大，反之则小。渗透率是多孔介质的自身性质，与所通过的流体性质无关。渗透率的单位采用 μm^2。

【**渗透剂**】 又称润湿剂。见"润湿剂"。

【**渗透水化**】 指黏土的渗透水化。黏土矿物在形成时由于晶格取代而吸附了一定量的阳离子以中和表面负电性。在沉积过程中，在上覆层压力的作用下吸附水被挤出，使层间离子浓度升高。在钻遇页岩地层时，若地层水中的离子浓度高于钻井液中的离子浓度，则钻井液中的水向地层中迁移渗透，引起页岩水化膨胀。这种由于离子浓度差所引起的水化作用称为渗透水化。例如，在晶层膨胀范围内，每克干黏土大约可吸收 0.5g 水，体积可增加 1 倍。但是，在渗透膨胀的范围内，每克黏土大约可吸收 10g 水，体积可增加 20~25 倍。黏土产生渗透水化见"杜南的平衡理论"。

【**渗透斥力**】 胶粒都带有相同的电荷，彼此接近时要发生静电排斥。从另一个角度看，胶粒都带有扩散双电层，当胶体颗粒彼此接近到扩散层发生重叠时(如下图)，重叠区 A 内离子浓度较大，原来离子氛的电荷分布平衡遭到破坏，从而引起离子氛中电荷的重新分配，离子从浓度大的 A 区向非重叠区扩散，产生了渗透压力，使胶粒间发生相互排斥作用，这就是双电层的渗透斥力。

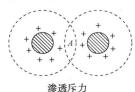

渗透斥力

【**渗透性漏失**】 简称"渗漏"，由高渗透的砂岩地层或砾岩地层引起钻井液的漏失称为渗透性漏失。这类漏失的特点是漏失速度不高(在0.5~10m³/h范围内)，表现为钻井液地面容器液面下降。井漏时，一般采用降低钻井液密度，连续循环或静止候堵，或加入随钻堵漏剂等做法解决问题。然而，若是漏失发生在井底，往往采用继续钻进而不加堵漏剂的做法也可解决问题。因为继续钻进中，井中的岩屑和钻井液中的固相颗粒也可能会堵住漏层。

【渗透性堵漏仪】 美国劳雷工业公司生产，该仪器用于精确模拟和测试井下的静滤失性能。它在预测钻井液如何形成渗透性滤饼以封堵裂缝或带压层段时非常有效。其工作压力2500psi，最高温度500℉，样品体积为450mL。

【渗透水化引起膨胀–颗粒间长程相互作用】 当黏土晶层表面吸满两层水分子后，体系中存在自由水，黏土表面吸附的补偿阳离子离开黏土表面进入水中形成扩散双电层。由于双电层的排斥作用使黏土体积进一步膨胀。由于它的作用距离较远，故又称为颗粒间的长程相互作用。渗透水化吸附的水与黏土表面的结合力较弱，故把这部分水称为弱结合水、渗透水。渗透水化引起的体积膨胀很大，可使黏土体积增大 8~20 倍，但渗透水化引起的膨胀压力较小，一般在 0.1 到几个标准大气压范围。因此，地层中的黏土一般是未渗透水化的，当钻开地层形成井眼时，泥页岩与钻井液中的水接触有发生渗透水化的趋势。

【升】 容量单位，即 1 升(L) = 1000 毫升(mL)。

【升华】 固态物质不经过转变成液态而直接变成气态的现象叫升华。

【声波测漏法】 在碳酸盐岩地层用声波测井法找漏层的效果较好，因为在漏失层段弹性波运行间隔时间急剧增大，而纵向波幅度相对参数 AP/AP_{max} 则大大衰减甚至完全衰减。漏层上下的非渗透性致密岩层的 Δt_s 为 155~250$\mu s/m$，AP/AP_{max} 参数分布为多模态形式，而在漏层则 Δt_s 为 250~750$\mu s/m$，AP/AP_{max} 为 0~0.1，这就是判断漏层的主要依据。

【生石灰粉】 即"石灰"。

【生物降解】 因生物作用(常指微生物或酶的作用)使聚合物分子链断裂，分解成一种或多种相对分子质量更低的物质，改变或丧失其原有功能的现象。

【生物聚合物】 是一种由黄原杆菌类作用于碳水化合物而生成的高分子链状多糖聚合物，是适用于淡水、海水和盐水钻井液的高效增黏剂(兼有降滤失作用)。加入少量此种聚合物(2.8~5.7g/L)即能产生较高的黏度。其主要特点是具有优良的剪切降黏能力。在钻头水眼高流速下，具有很低的黏度，有利于提高钻速；而在环形空间的低剪切速率下又具有较高的黏度，层流时环空流速剖面较平，有利于携砂(井眼净化)，生物聚合物能与 Cr^{3+} 交联，产生复杂的三维凝胶网，从而提高其增黏效率。生物聚合物在 93℃ 左右开始缓慢降解，达 140℃ 左右时仍不完全失效。它也可与一般钻井液处理剂配合使用。

【生物聚合物钻井液】 是一种无黏土钻井液，具有不分散低固相钻井液的各种优点。其主要成分是 XC 和 OCP。XC 是一种典型的高分子多聚糖，是黄原单胞杆菌对葡萄糖作用后的产物，是线型聚合物，有相当高的相对分子质量。使用时通过加入 Ca^{2+} 使交联，在体系中起增黏、控制滤失等作用，代替黏土。OCP 是一种多聚电解质，由木质素经聚合物取代，增加—OH、—NH₂、—COOH、—SO₃H等基团，对黏土有更强的吸附力，从而达到阻止水分渗入地层、稳定井壁的作用。在钻井液中起防塌和控制黏土分散作用。

【生物质合成基钻井液】 代号为BSDM，是一种环保型钻井液。它是以天然、绿色的生物质材料为基液（连续相），通过复配环保型处理剂材料，保留传统合成基液的润滑、强抑制性能，进一步提高环保性、可生物降解性。

【生物酶可解堵钻井液】 该钻井液利用生物酶能够对侵入地层和黏附在井壁上的暂堵材料进行生物降解的特殊性能，在钻开产层前几十米，通过选择加入特殊的复配生物酶制剂和相应的钻井液处理剂，使在近井壁形成一个渗透率几乎为零的屏蔽层，到达暂堵的效果。钻进结束后，该层中的暂堵材料在生物酶的催化作用下发生生物降解，由长链大分子变成短链小分子，黏度逐渐下降，先前形成的滤饼自动破除，产层孔隙中的阻塞物消除，从而使地下流体通道畅通，恢复油层渗透率。不仅能有效消除滤饼对油层的损害，还能消除滤液侵入地层造成的损害，降解滤液中聚合物高分子，降低储层污染和伤害，满足环保要求。

【绳式顿钻】 利用钢丝绳连接钻头的顿钻钻井方法。

【胜利型油基密闭液】 是胜利油田使用的一种密闭取心保护液。其配方是：蓖麻油50kg、单硬脂酸甘油酯0.5kg、过氯乙烯树脂5kg，用重晶石粉调整密度。其性能是：密度1.26~1.30g/cm³（常温）；黏度0.5~0.6Pa·s（温度90~100℃时）。

密闭等级标准

等　　级	1kg岩心中的N₄SCN含量/mg
密闭	0~0.6
微浸	0.7~2
全浸	>2

【失稳】 是指稳定性失效。①因钻井液密度低，液柱压力小于地层压力（围压、应力、孔隙压力）等，井壁坍塌是因密度小于围压或地层应力释放。②因钻井液压力高，在可渗透地层（砂岩）形成厚滤饼而产生缩径。③密度低引起地层流体上窜。④密度高引起井漏或地层破裂。

【湿筛仪】 是一种分析重晶石粉、石灰石粉等加重剂细度专用水筛，它主要由调压阀、旋流水枪和标准筛子（200目、325目）组成。其工作原理为：将钻井液放在滤网上，利用水冲刷钻井液过滤后，测定钻井液及重晶石的含砂量，并可得出筛余百分数。常用的型号为SSH-1，其结构图如下：

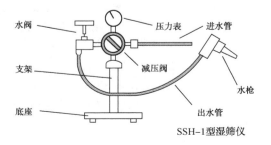

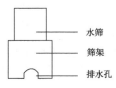

SSH-1型湿筛仪

主要技术参数（SSH-1）

名　　称	技术参数
有效滤失面积	45.8cm² （国际 API 标准 7.1in²）
工作压力	10psi （国际 API 标准 10lb/in²）
钻井液杯容量	400mL

【石膏】　即"硫酸钙"。

【石灰】　主要成分为氧化钙，又称白石灰、生石灰粉。为石灰石（$CaCO_3$）经高温煅烧而成。再经机械加工为细度适宜的粉末。纯品为白色，含有杂质的呈淡灰色或淡黄色。与水发生放热反应，成为熟石灰，水溶液呈强碱性。用作各种水基钻井液的碱度调节剂，在钙处理钻井液中用作活度调节剂。

质量指标

项　　目	指　　标
氧化钙（CaO）含量/%	≥92.0
酸不溶物（以 SiO₂ 计）/%	≤1.60
氧化镁（MgO）/%	≤1.60
氧化铁及氧化铝含量/%	≤1.60
细度（200 目筛余）/%	≤4.00

【石油】　一种天然生成的复杂液态烃类化合物的混合物，并含有少量氮氧及硫等杂质。是一种天然的可燃有机矿产，不能与水混合，但能溶于轻汽油、二硫化碳、醚及苯等有机溶剂中。蒸馏后可产出各种燃料油、润滑油及石油化学产品。

【石灰侵】　由于石灰或水泥中游离石灰导致钻井液钙污染的现象。石灰侵使钻井液 pH 值升高。

【石棉绒】　又称石棉纤维，堵漏或携岩材料，为柔韧细长纤维的硅酸盐矿物。在钻井液中用作携砂剂、堵漏剂等。

【石墨粉】　一种常用的固体润滑剂，学名为高碳鳞片石墨，为碳的结晶体，元素符号 C。黑色鳞片流动粉末，质软，有金属光泽，具有良好的稳定性、明显的层状六方晶体结构，是以碳结晶的变形体。在晶体结构中，同一平面层内，每个碳原子与相邻的三个碳原子以相互为 120° 角连接，碳原子之间是以牢固的共价键相连，层与层之间的碳原子是由较弱的分子引力相连。用作水基钻井液的润滑剂，可降低钻井液的摩阻，一般加量为 0.2%~1%。石墨粉能牢固地吸附（包括物理和化学吸附）在钻具和井壁岩石表面，起到降低摩阻的作用；同时当石墨粉吸附在井壁上，可以封闭井壁的微孔隙，因此兼有降低钻井液滤失量和保护储层的作用。

质量指标

项　目	指　　标
固定碳含量/%	≥95.0
粒度（80 目）/%	≥75 或 85
含水量/%	≤0.50

【石墨片】　作用同"石墨粉"。

【石墨烯】　是一种纳米尺度，由碳原子以 sp2 杂化轨道组成的六角形呈蜂巢的平面薄膜。由于石墨烯极薄且坚韧，具有能够阻止几乎任何气体（只有水蒸气可以透过）和液体渗透的能力，以纳米尺度分散在钻井液中，其巨大的比表面积使其在浓度很低的情况下大面积贴附于井壁表面，并通过类似于瓦片的连接方式形成薄而坚韧的一体化薄膜材料，起到封堵地层微米至纳米级空隙的作用，提高钻井液的封堵能力，由于膜的形成，钻具与井壁的接触面积大大减小，摩擦阻力下降。

【石膏侵】 钻遇石膏层时钻井液性能变坏的现象，发生石膏侵后钻井液发生絮凝，滤失量、黏度、切力增大，滤液中的钙离子与硫酸根离子增加，pH 值降低。引起钻井液性能变化的原因是地层中的石膏（$CaSO_4 \cdot 2H_2O$）或硬石膏（$CaSO_4$）解离出来的钙离子与黏土表面吸附的钠离子交换，黏土颗粒的 ζ 电势变小，水化膜变薄，颗粒间的斥力下降，使钻井液发生絮凝。处理石膏侵的有效办法是用改性钻井液或加入高碱化的混合剂，如褐煤、烧碱、单宁酸、纯碱、水，以及加抗 Ca^{2+} 能力强的处理剂，例如铁铬盐、CMC 等。

【石油组分】 石油是一种非常复杂的烃类、非烃类的化合物的混合物。由于分离鉴定技术的限制，至今对某些化合物结构特征尚不太清楚。目前，利用不同有机溶剂对石油成分的选择性溶解，将石油分成油质、胶质、沥青质等几种不同的组分。

【石油族分】 石油组成的成分类型。石油的组成成分十分复杂，根据石油中各种不同化合物的成分和结构特点，一般可将石油分为饱和烃（包括烷烃和环烷烃）、芳烃（不饱和烃）、非烃和沥青质（由碳、氢、氧、硫、氮多种元素组成的结构极为复杂的高分子化合物）四种族分。族分和组分大致的对应关系如下：

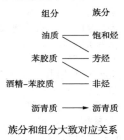

组分　　　族分

油质 ————— 饱和烃

苯胶质 ————— 芳烃

酒精-苯胶质 ————— 非烃

沥青质 ————— 沥青质

族分和组分大致对应关系

【石油黏度】 指石油在外力作用下，阻止其质点相对移动的动力。它反映了石油流动时分子之间的内摩擦力的大小。黏度的单位为 $Pa \cdot s$。当 $1dyn$ 的切力作用于液体，使相距 $1cm$，面积为 $1cm^2$ 的两液层相对恒速流动的速度差为 $1cm/s$，则该液体的黏度为 $0.1Pa \cdot s$。在实际中常用 $Pa \cdot s$ 的百分之一，即 $mPa \cdot s$。石油黏度的变化范围很大，它受温度、压力和石油化学成分所制约。石油黏度随温度升高而降低。

【石灰含量】 钻井液中游离石灰的含量，通过测定钻井液的酚酞碱度 P_m，钻井液滤液的酚酞碱度 P_f，以及钻井液中的体积百分率 F_w，来计算出钻井液中的石灰含量。其公式：石灰含量$(kg/m^3) = 0.742(P_m - P_w P_f)$。其中，$F_w =$ 水的体积百分数/100。

【石灰石粉】 加重剂、堵漏材料。别名为青石粉，分子式为 $CaCO_3$，相对分子质量 100.1，是以碳酸钙为主要成分的矿石，经机械加工成细度适宜的粉末。颜色有白色、浅灰色或灰黄色，硬度 3~4，不溶于水，可溶于含 CO_2 的水，与盐酸发生反应，放出二氧化碳气体。吸潮后易结块。①用于各类钻井液的加重剂，以减轻对油气层的损害。②用以封堵地层空隙，其加量范围 3%~5%。

质 量 指 标

项　目		指标
密度/(g/cm^3)		≥2.7
碳酸钙含量/%		≥90
酸不溶物含量/%		≤10
水不溶物含量/%		≤0.1
细度/%	200 目筛通过量	≥97
	325 目筛通过量	85~95

S

续表

项　目		指标
黏度效应/ mPa·s	加硫酸钙前	≤30
	加硫酸钙后	≤30

加重 1m³ 钻井液所需石灰石粉用量

kg

原浆 密度/ (g/cm³)	所需密度/(g/cm³)					
	1.05	1.10	1.15	1.20	1.25	1.30
1.00	82	168	261	360	466	579
1.05		84	174	270	372	482
1.10			87	180	279	385
1.15				90	186	289
1.20					93	192
1.25						96

注：石灰石粉密度按 2.7g/cm³ 计算。

【石油化学】　化学学科之一。研究石油的组成、分类和性质，以及石油与石油产品的加工、精制和合成过程中的化学问题。

【石油 API 度】　美国石油学会制定的一种表示石油相对密度的形式，其量度与通常相对密度关系如下：

$$API 度 = \frac{141.5}{15.5℃时的相对密度} - 131.5$$

由于 15.5℃ 相当于 60℉，故式中亦可用 60℉ 代之。

【石油荧光性】　石油及其大部分产品，除了轻质油和石蜡外，无论其本身或溶于有机溶剂中，在紫外线照射下均可发光，称为荧光。石油的发光现象取决于其化学结构。石油中的多环芳香烃和非烃引起发光，而饱和烃则完全不发光。轻质油的荧光为淡蓝色，含胶质较多的石油呈绿色和黄色荧光，含沥青质多的石油或沥青质则为褐色荧光。所以，发光颜色随石油或者沥青物质的性质而改变，不受溶剂性质的影响。而发光程度则与石油或沥青物质的浓度有关。由于石油的发光现象非常灵敏，只要溶剂中含有十万分之一石油或者沥青物质，即可发光。因此，在油气勘探工作中，常用荧光分析来鉴定岩样中是否含油，并粗略确定其组分和含量。这个方法简便快速、经济实用。

【石油磺酸盐】　代号为 PS，一种阴离子型表面活性剂，在钻井液中用作乳化剂。

　　Rar—SQ₃M　　M：Na、K、NH₄
　　石油磺酸盐

【石膏水钻井液】　胶质水泥堵漏液的一种，是由石膏（建筑石膏或高强度石膏）、油井水泥和缓凝剂配成，此类石膏水泥混合浆液用在 0~20℃ 条件下封堵漏层时各种性能优于其他混合浆液，它凝固快、硬化后塑性强度高。此浆液膨胀（0.2%~0.6%）可促使与岩石黏附力增大而更好地封堵漏层裂缝，耐水。配制方法主要有两种：①将石膏与水泥干料混合，然后以缓凝剂溶液配浆。缓凝剂可用三聚偏磷酸钠、六聚偏磷酸钠、磷酸钠，以及亚硫酸纸浆废液和工业硼砂等。石膏与水泥质量比 1:1；缓凝剂加量取决于其类型和活性及浆液凝固时间，平均为混合干料质量的 0.25%~1%。②以缓凝剂溶液配石膏浆（水灰比为 0.7~0.9），以清水配制水钻井液（水灰比为 0.5），然后两者按 1:1 混合。缓凝剂加量（以石膏干重计）一般在 0.2%~2% 范围内。

采用此浆液封堵井深小于 700m 的漏层，最好是空井注入；井深超过 700m 时，应通过带封隔器的钻杆注入。注入量按能够充满漏失层上方 30~40m 井眼进行计算。候凝时间不应超过 3~4h，实际上，挤堵结束 2h 后就可恢复钻进。

【石油波美度】　欧洲一些国家常用来量度石油相对密度的一种方法。它和通常石油相对密度关系如下：

$$波美度 = \frac{140}{15.5℃时的相对密度} - 130$$

【石炭系地层】　岩性组合特征。太原组：①厚度 160~180m。②深灰、灰黑色泥岩、炭质泥岩与深灰色细砂岩、粉山岩不等厚互层，夹 3~4 层煤层，韵律明显，上、中部含 3 层厚 2~3m 的深灰色灰岩，富含蜓科化石，为陆海交互相沉积，分布稳定，底部厚层灰色长石石英砂岩与下伏地层分界。本溪组：①厚度 40~60m。②上、中部深灰色泥岩、灰岩夹煤线；下部紫红色、黄褐色、灰色铁铝质黏土岩、砂质黏土岩；底部为灰色、灰白色铝土矿。上部有厚约 3m 的灰色南定灰岩；中部有褐黄色徐家庄灰岩，厚 3~6m，含蜓科化石、燧石结核条带；下部有厚 1~2m 浅灰色草阜沟灰岩，含海相化石及黄铁矿晶粒，距风化壳 8~10m，这三套灰岩为区域对比标志。风化壳为 G 层铝土矿、高岭土矿，厚约 2~4m。工程故障提示：①防憋跳钻，防煤层坍塌、扩径。②注意钻达风化壳的岩性及钻时，必要时停泵循环观察，防钻开古风化壳发生恶性井漏。钻井液工作提示：①控制钻井液 pH 值应低于 9。②钻井液应具有优良的高温稳定性。依据井深、井温降低高温高压滤失量与滤饼渗透性。③应加入沥青类与磺化酚醛树脂类产品，封堵泥岩层理、裂缝、降低 HTHP 滤失量，防止井壁垮塌；保持钻井液的流变性和润滑性，防止压差卡钻。④依据地层坍塌应力确定钻井液的密度，保持井壁

力学稳定；最好选用强抑制的钻井液，钻井液中加足封堵剂、降滤失剂封堵裂隙，巩固井壁。⑤对于纯盐膏层井段，可采用适当钻井液密度的饱和盐水钻井液，使盐溶解而引起井径扩大率与盐岩因塑性变形而引起缩径率相接近，控制盐岩因塑性变形而引起缩径，并使用盐抑制剂抑制盐重结晶。⑥防井漏、防坍塌、掉块卡钻、防井喷。⑦设计钻探下古界（或太古界）地层，钻入灰岩或片麻岩，必须下技术套管坐入灰岩或片麻岩 1~2m，防上部地层垮塌，可以用密度小于 1.05g/cm³ 的钻井液钻开下部地层，减少油层污染，及时发现油层。

【石油相对密度】　在 20℃ 和 1MPa 条件下，石油的密度与 4℃ 同体积纯水密度之比称为石油的相对密度。石油的相对密度一般介于 0.75~1.00 之间。它的大小反映其化学成分和工业价值。相对密度小，表明含轻质馏分多。

【石灰乳-钻井液堵漏法】　堵漏液的一种，是根据钙化钻井液的高温固化现象，以及其中固相物质、碱性物质和石灰含量的增加能促进其固化的原理，加之石灰乳的酸溶率较高，使用石灰乳-钻井液进行储层堵漏，有利于保护储层。这种体系可分为三类，即低比例石灰乳-钻井液堵漏体系、高比例石灰乳-钻井液堵漏体系、速凝石灰乳-钻井液堵漏体系。

【实验】　为了察看某事的结果或某物的性能而从事的某种活动。

【实验试剂】　见"化学试剂"。

【实验筛】　一种圆柱形或盆形容器，它的底是具有标准开孔的筛网。又称分样筛。

【食盐】　即"氯化钠"。

【十八烷酸】　见"硬脂酸"。

S

【十八酸锌】 见"硬脂酸锌"。

【十八酸铅】 见"硬脂酸铅"。

【十八酸铝】 见"硬脂酸铝"。

【十二烷基苯磺酸钠】 见"烷基苯磺酸钠"。其结构式为：

$$C_{12}H_{25} \text{—} \bigcirc \text{—} SO_3Na$$

【十二烷基氨基丙酸钠】 是一种两性型表面活性剂，可在油包水乳化钻井液中作为润湿反转剂，防止水污染。其结构式为：

$$C_{12}H_{25} \text{—} \underset{\underset{H}{|}}{\overset{\overset{H}{|}}{N}} \text{—} CH_2 \text{—} CH_2 \text{—} COONa^+$$

【十二烷基三甲基氯化铵】 是一种阳离子型表面活性剂，在钻井液中用作润湿剂。其结构式为：

$$[C_{12}H_{25} \text{—} \underset{\underset{CH_3}{|}}{\overset{\overset{CH_3}{|}}{N}} \text{—} CH_3]^+Cl^-$$

【十二烷基磺酰胺乙酸钠】 分子式为 $C_{12}H_{25}SO_2NHCH_2COONa$，是一种亲水乳化剂，同时也是润滑剂。

【十二烷基二甲基甜菜碱】 是一种两性型表面活性剂，该活性剂在酸性、碱性和中性时都能溶于水，即使在等电点也不沉淀。可在油包水乳化钻井液中作为润湿反转剂。其结构式为：

$$C_{12}H_{25} \text{—} \underset{\underset{CH_3}{|}}{\overset{\overset{CH_3}{|}}{N}} \text{—} CH_2 \text{—} COON^-Na^+$$

【十二烷基苯磺酸三乙醇胺】 代号为 ABSN。其主要成分为十二烷基苯磺酸、三乙醇胺、水等。为黄色透明液体，易溶于水，亲油性强。用作水包油及油包水乳化液或油基解卡液的乳化剂，可抗温180℃以上。

质量指标

项　目	指　标
活性体/%	>25.0
黏度/s	>180.0
HLB 值	8~10
pH 值	7~8

【十二烷基二甲基苄基氯化铵】 俗称1227，主要由十二烷基二甲基胺与氯化苄反应制得，常用作杀菌防霉剂、柔软剂、抗静电剂、乳化剂、调理剂等。为白色结晶粉状物（固体）或淡黄色透明黏稠溶液，略有苦杏仁芳香味，可溶于氯仿、丙酮、苯和混合二甲苯，易溶于水，1%水溶液为中性，摇振时产生大量泡沫，稳定性好，耐热、耐光和无挥发性，既可用作非氧化性杀菌剂，又可作黏土稳定剂。本品在水中能改变细胞膜的性质，起到杀伤细胞壁的原生质膜，并能与蛋白质反应使细胞死亡。一般投加剂量为 50~100mg/L。该产品不能与阴离子表面活性剂或助剂混用，可与一定量的非离子表面活性剂混用。

【视黏度】 即"表观黏度"。

【试药】 化学试剂的别称，见"化学试剂"。

【试剂】 化学试剂的简称，做化学实验用的化学试剂，也称为试药。见"化学试剂"。

【示性式】 化学式的一种。表示出化合物分子中所含官能团的简化结构式。例如醋酸的结构是：

$$H \text{—} \underset{\underset{H}{|}}{\overset{\overset{H}{|}}{C}} \text{—} C \overset{O}{\underset{OH}{\diagup}}$$

它的示性式是 CH_3COOH，表示醋酸分子中含有一个甲基和一个羧基

COOH。示性式对明确地表述同分异构体具有实际意义。

【手摇离心机】 现场试验用小型辅助设备。手摇离心机是使用机械原理使液体的离心力增加，加速液体中固体颗粒的沉淀速率。这个过程是依靠颗粒尺寸和比重的不同来将液体中的粗颗粒和细颗粒分离。该手摇离心机不依靠于电力运行，适合野外使用，选配 10mL/100mLkolmer 型离心管使之结构紧凑并保证了使用的可靠性。

手摇离心机技术参数

名　　称	技　术　参　数	
	SY-2 型	SY-5 型
外形尺寸	15cm×20cm×42cm	20cm×30cm×50cm
质量	3kg	4.5kg
转速	1800r/min（转速恒定时）	1800r/min（转速恒定时）

【熟石灰】 见"氢氧化钙"。

【熟石膏】 即"硫酸钙"。

【属性】 是指对于一个对象的抽象刻画。一个具体事物，总是有许许多多的性质与关系，我们把一个事物的性质与关系，都叫作事物的属性。事物与属性是不可分的，事物都是有属性的事物，属性也都是事物的属性。一个事物与另一个事物的相同或相异，也就是一个事物的属性与另一个事物的属性的相同或相异。由于事物属性的相同或相异，客观世界中就形成了许多不同的事物类。具有相同属性的事物就形成一类，具有不同属性的事物就分别地形成不同的类。

【数显高速搅拌机】 钻井液实验室专用辅助设备。其常用型号为 GJ-2S。

主要技术参数（GJ-2S）

名　　称	技　术　参　数
工作电源	220V（±5%）AC　50/60Hz
电机功率	180W
调整范围	4000~11000r/min（±15%）
定时范围	0~40min
搅拌体积	500mL
环境温度	0~40℃
环境湿度	10%~85%（相对湿度）
外形尺寸	280mm×220mm×430mm

【数显式液体密度计】 用于测量液体的密度，可测定精度在 $\pm 0.01\text{g/cm}^3$ 内的任何一种液体的密度值（腐蚀性液体除外）。仪器采用压力传感器通过微处理器控制程序换算，由液晶显示器直接面板上显示液体密度值。

该机避免了杠杆式液体密度计因尺杆、支撑刃和游码变形损伤而影响测量精度。该数显式密度计测定范围大、操作简单。其常用型号为 YMS（0.1-5.0）。

YMS（0.1-5.0）仪器的主要技术参数

名　　称	技　术　参　数
工作电压	220V 50/60Hz（或 1 号干电池 6 节）
测量范围	$0.1~5.0\text{g/cm}^3$
测量精度	0.01g/cm^3
环境温度	20℃±5℃
杯容量	200mL
外形尺寸	240mm×270mm×250mm

S

【树脂】 半固态或固态的无定形有机物质。树脂没有一定的熔点，也没有结晶的倾向。可用作钻井液处理剂，改善造壁性能。也可以用于配制堵漏液。

【树脂堵剂】 这类堵剂品种较多，使用方法也较多。比较简单的做法是把固体树脂作为填料加入钻井液或其他堵漏浆液中，以改善钻井液或其他堵漏浆液的堵漏性能。例如，钻井液中加入约15%用酚醛树脂或脲醛树脂制成，颗粒尺寸 30～400μm，密度 0.15～0.4g/cm³ 的微型塑料包，配成结构机械性能好和稳定性高的轻钻井液，在钻进过程中用来防止胶结性差的高渗透性地层漏失。此外，还使用能在地层流体或井温作用下改变自身物理状况（膨胀、熔化、与烃类接触溶解等）的树脂作为填料，将其加入钻井液或其他堵漏浆液中来封堵漏层。除了以上使用的方法外，亦可直接用树脂或树脂混合物堵漏，例如，可把乙烯－乙烯醋酸酯共聚物（粒径 0.05～300μm）与烷烃树脂（0.05～300μm），按质量比 1∶1 配成混合物，再分散在浓度 5%的盐酸溶液（含 0.4%乙醇和 0.2%活性剂）中使用。亦可把乙烯－乙烯醋酸酯共聚物与聚酰胺和长链脂族二酰胺之混合物熔融、混匀、冷却、固化、研磨成适当粒度级配的颗粒，用作硬堵材料使用。

【树脂钾盐钻井液】 是以聚合物、树脂、钾盐配制的一种防塌钻井液。它利用 K^+ 的低水化性能、聚合物的包被作用、树脂降低高温滤失量的特点，达到抗温、抗污染、防塌等综合效果。

树脂钾盐钻井液

材料与处理剂	功　用	用量/(kg/m³)
聚合物	包被和页岩抑制	1.0～3.0
树脂（SLSP 或 SMP-1 或复合树脂）	降低滤失量	20.0～40.0
NaOH	维持 pH 值	3.0～6.0
水解铵盐	降低滤失量	10.0～20.0
CMC	降低滤失量	3.0～5.0
润滑消泡剂	润滑、消泡	0.5～1.0
白油润滑剂	润滑	10.0～20.0
KCl	页岩抑制	30.0～70.0
加重剂	提高密度	按设计要求

【束缚水】 见"吸附水"。

【束缚液体】 是指物质吸附的液体。

【双键】 在化合物分子中两个原子间以二对共用电子构成的重键。常用二条短线表示。例如，乙烯分子中，碳原子与碳原子 C ＝C 以双键结合。含有双键的有机化合物具有不饱和性，能起加成反应和聚合反应。

乙烯

【双电层斥力】 由于黏土颗粒周围形成扩散双电层，黏土颗粒在运动中就因丢掉了扩散层的反离子而显示出一定的电动电势 ζ，电动电势 ζ 越高，颗粒间的静电斥力越大，越难聚集合并。

【双电层理论】 胶体表面带电时，因整个体系应是中性的，所以在液相中必有与表面电荷数量相等而符号相反的离子存在，这些离子称为反离子。反离子一方面受静电吸引作用有向胶粒表面靠近的趋势，另一方面受热扩散作用有在整个液体中均匀分布的趋势，两种作用的结果使反离子在胶粒表面区域的液相中形成一种平衡分布，越靠近界面浓度越高，越远离界面浓度越低，到某一距离时，反离子与同号离子浓度相等。胶粒表面的电荷与周围介质中的反离子电荷就构成双电层。胶粒表面与液体内部的电位差称为胶粒的表面电位。关于双电层的内部结构，即电荷和电位的分布提出了多种模型，如 Helmholtz 模型（1879 年）、Gouy - Chapman 模型（1910~1913 年）和 Stern 模型（1924年）等。

【双速旋转黏度计】　测量钻井液流变性的一种仪器，有两个测量速度，即600r/min 和 300r/min。见"直读旋转黏度计"和"旋转黏度计"。

【双子表面活性剂】　双子（Gemini）表面活性剂的定义是通过连接基团将两个两亲体在头基处或仅靠头基处连接（键合）起来的化合物，通过化学键将两个或两个以上的同一或几乎同一的表面活性剂单体，在亲水头基或靠近亲水头基附近连接基团将这两亲成分连接在一起，形成的一种表面活性剂称为双子表面活性剂。该类表面活性剂有阴离子型、非离子型、阳离子型、两性离子型及阴-非离子型、阳-非离子型等。结构：①双子表面活性剂都具有两个疏水链和亲水头基。②链接基团可以是短链基团；可以是刚性基团，也可以是柔性基团；可以是亲水集团，也可以是疏水基团。③亲水头基可以是阴离子的（磺酸盐、硫酸盐、羧酸盐），也可以是阳离子的（铵盐），还可以是非离子的（糖、聚醚）。双子表面活性剂 CMC 值较低，表明它比普通活性剂在更低浓度下就能溶解不溶于水的物质，因为仅当溶液浓度超过 CMC 时溶解才会发生并且使不溶于水的物质进入胶束中而被溶解。

【双聚水解聚丙烯腈铵盐】　代号为HMP21，由水解聚丙烯腈铵盐与丙烯酰胺共聚而成。在钻井液中具有抗污染能力强，降滤失效果好等特点。

【水】　是由两个氢原子和一个氧原子（H_2O）结合而成的，最简单的氢氧化合物，无色、无味的液体，在标准大气压下，0 摄氏度时凝结成冰，100摄氏度时沸腾，在 4 摄氏度时密度最大（$1.0g/cm^3$）。水是组成水基钻井液最主要的成分，是水基钻井液的分散介质，所以钻井液性能的好坏因水的质量影响极大。例如，钠膨润土在淡水中有较高的造浆率，滤失量低，而在含盐、含膏等浓度较高的水中即不易分散，造浆率较低，甚至配不成好浆。在自然界中，完全纯净的水是不存在的，都不同程度地含有各种物质，如各种盐类、细菌、气体等。从水的来源可分为地面水及地下水。按化学性质可分为酸性水、碱性水等。或根据其所含离子的情况，划分成硫酸钠型水、重碳酸钠型水、氯化镁型水和氯化钙型水等（见"油田水化学分类"）。在现场，通常根据水的物理性质（颜色、水味）可大致确定水中的某些物质。例如，含铁的水呈锈色；含腐殖物时呈黄色；含有锰的化合物呈黑色；硬水具有浅蓝色等。大多数地下水没有颜色。水中含有氯化钠（NaCl）具有咸味；含有机物质味甜而略有腥味；含有硫酸镁（$MgSO_4$）的水有苦味；水中含氧多略显甜味。而对钻井液来说，一般分为三类：一是淡水，即含可溶性盐类较少的水（总盐度小于 10000ppm）；二是含钙、镁盐较多的咸水，如海水或硬水；三是含钠盐较多的水，如盐水或饱和盐水。水的性质主要表现在其中所含的可溶性盐类。含哪些盐类为主者，就叫哪种盐的水。钻井液水中所含盐类，一是配浆水中原来含有的，另一种是在钻进中所遇到的，如盐水层、岩盐层、石膏层等会混入或溶解到钻井液中。这些盐类对钻井液的质量都会产生影响，使用时必须事先加以分析后再选用。配制 1m³ 钻井液所需水的用量见"黏土"。

降低 1m³钻井液密度所需的加水量　　　　　　　m³

原浆密度/	稀释后密度/（g/cm³）										
（g/cm³）	1.55	1.50	1.45	1.40	1.35	1.30	1.25	1.20	1.15	1.10	1.05
1.60	0.09	0.20	0.33	0.50	0.71	1.00	1.40	2.00	3.00	5.00	11.0
1.55		0.10	0.22	0.38	0.57	0.83	1.20	1.75	2.67	4.50	10.0
1.50			0.11	0.25	0.43	0.67	1.00	1.50	2.33	4.00	9.00
1.45				0.13	0.29	0.50	0.80	1.25	2.00	3.50	8.00
1.40					0.14	0.33	0.60	1.00	1.67	3.00	7.00
1.35						0.17	0.40	0.75	1.25	2.50	6.00
1.30							0.20	0.50	1.00	2.00	5.00
1.25								0.25	0.67	1.50	4.00
1.20									0.33	1.00	3.00
1.15										0.50	2.00

各种温度下水的黏度

温度/ ℃	0	12	20	30	40	60	80	100	130	180	230	300
黏度/ mPa·s	1.729	1.308	1.005	0.801	0.656	0.469	0.356	0.284	0.212	0.150	0.116	0.086

S

【水分】　是指物质内所含的水。

【水解】　指化合物跟水作用所引起的分解反应，是利用水将物质分解形成新的物质的过程。

【水化】　物质通过吸收或吸附的方式吸入水分，膨胀分散或分解成为胶体离子。

【水侵】　又称水污染。①钻遇水层时，由于水层压力大于液柱压力，致使地层水进入钻井液的现象称为水侵。水侵后，钻井液黏度、切力、密度下降，总体积增加，或有溢流现象等。②在钻过油层时，如果钻井液压力大于油层压力，则在这一压差作用下，钻井液中的水分和黏土颗粒沿油层孔隙和裂缝侵入油层一定深度，这种现象称为水侵和泥侵。黏土侵入深度为 20～30mm，水侵的深度一般为几十厘米，在一些裂缝发育的油、气层可达几米，甚至几十米。水侵对油层的危害是比较严重的，归纳起来有四点：①使油、气层的黏土膨胀，油流通道缩小，特别在一些黏土含量较高的油、气层更为严重。②以小水珠状和原油混合，形成乳状液，分布于孔隙及裂缝中，增加油流阻力。③产生水锁效应，增加油流阻力。④溶解地层可溶性盐类，产生沉淀物，堵塞油流通道。水侵和泥侵越深，油层渗透性下降越多，有些油、气层被侵后，渗透率只为原渗透率的20%左右或更低。减轻泥侵常采用优质低固相钻井液或无固相洗井液。减轻水侵常用的办法是：①减小钻井液的滤失量。②增加滤液中抑制性离子浓度，以抑制油层中黏土膨胀。③使用表面活性剂，减少对油层渗透性的影响。使用油基钻井液、油包水乳化钻井液以及气体洗井液等可更有效地解决水侵和泥侵对油层的影响。

【水泥】　水泥品种类较多(见"油井水泥")，在油田中得到广泛应用，油田常用的水泥是由石灰石、黏土在1450~1650℃下煅烧、冷却、磨细而成，它主要含下列硅酸盐和铝酸盐：

①硅酸三钙($3CaO \cdot SiO_2$)：硅酸三钙在水泥中含量最高，而且水化速率、强度增加速率和最后强度都高。

②硅酸二钙($2CaO \cdot SiO_2$)：在水泥中，硅酸二钙的含量小于硅酸三钙的含量，它的水化速率和强度增加速率虽低，但最后强度高。

③铝酸三钙($3CaO \cdot Al_2O_3$)：铝酸三钙在水泥中含量较少，虽然它水化速率高，但强度增加速率低，最后强度低。

④铁铝酸四钙($4CaO \cdot Al_2O_3 \cdot Fe_2O_3$)：在水泥中，铁铝酸四钙含量比铝酸三钙含量略高，但其水化速率、强度增加速率及最后强度均与铝酸三钙的情况类似。

此外，水泥中还含有石膏、碱金属硫酸盐、氧化镁和氧化钙等。这些组成，对水泥中的水化速率和水泥固化后的性能都有一定影响。

水泥中各化学组成的水化反应：

水钻井液稠化是由水泥水化引起的，在水中，水泥中各组成可发生下列水化反应：

$$3CaO \cdot SiO_2 + 2H_2O \longrightarrow 2CaO \cdot SiO_2 \cdot H_2O + Ca(OH)_2$$

（硅酸三钙）

$$2CaO \cdot SiO_2 + H_2O \longrightarrow 2CaO \cdot SiO_2 \cdot H_2O$$

（硅酸二钙）

$$3CaO \cdot Al_2O_3 + 6H_2O \longrightarrow 3CaO \cdot Al_2O_3 \cdot 6H_2O$$

（铝酸三钙）

$$4CaO \cdot Al_2O_3 \cdot Fe_2O_3 + 7H_2O \longrightarrow 3CaO \cdot AlO_3 \cdot 6H_2O + CaO \cdot Fe_2O_3 \cdot H_2O$$

（铁铝酸四钙）

水化产生的 $Ca(OH)_2$ 还可分别与 $3CaO \cdot Al_2O_3$ 和 $4CaO \cdot Al_2O_3 \cdot Fe_3O_3$ 发生水化反应：

$$3CaO \cdot Al_2O_3 + Ca(OH)_2 + (n-1)H_2O \longrightarrow 4CaO \cdot Al_2O_3 \cdot nH_2O$$

$$4CaO \cdot Al_2O_3 \cdot Fe_2O_3 + 4Ca(OH)_2 + 2(n-2)H_2O \longrightarrow 8CaO \cdot Al_2O_3 \cdot Fe_2O_3 \cdot 2nH_2O$$

复合型堵漏剂中含有一定量的水泥，水泥是一种特殊的矿物性材料，它在漏失地层形成滤饼后，即刻通过一系列的水化反应固结起来，对漏失地层产生高强度的堵漏。水泥可与其他矿物性堵漏材料混合使用，充当无机胶结剂，提高其他矿物性堵漏材料对漏失地层的封堵强度。

【水平井】　井斜角大于或等于86°，并保持这种角度钻完一定长度的水平段的定向井称为"水平井"。

【水溶液】　以水作为溶剂的溶液称为

S

水溶液。溶液是由至少两种物质组成的均一、稳定的混合物，被分散的物质（溶质）以分子或更小的质点分散于另一物质（溶剂）中。水可以作为溶剂用来溶解很多物质，用水作溶剂的溶液，即为水溶液。

【水合物】　指分子结合水形成的物质，如 $CaSO_4 \cdot 2H_2O$。为含有结晶水的晶体。

【水泥侵】　指钻水泥塞时，钻井液性能变坏的现象。特征是滤失量增大，滤饼厚而松，黏度、切力增大，pH 值升高。它引起钻井液性能变化的原因与石膏侵基本相同。不同点是水泥凝固后产生 $Ca(OH)_2$，故 pH 值升高。处理和预处理水泥侵的方法是加纯碱和低碱比的单宁酸钠和单宁酸粉。

【水污染】　即"水侵"。

【水解度】　是水解反应中某物质水解的量占该物质总量的百分数。水解反应中化合物的水解达到平衡时，已经水解的化合物分子数与溶液中该化合物的分子总数之比叫水解度。不同的化合物在相同温度、相同浓度下水解度不同，化合物的酸性越弱或碱性越弱或浓度越小，它的水解度就越大。

【水玻璃】　即"硅酸钠"。

【水敏性】　是指与储层不配伍的外来流体进入储层后引起黏土膨胀、分散、运移，使孔隙和喉道减小或堵塞，降低储层渗透率的现象。进行水敏性实验的目的是了解储层内流体盐度变化带来的储层渗透率下降的程度，并找出临界矿化度的大致范围，为盐敏实验找出较准确的临界矿化度做准备。

【水包油】　油滴分散在乳化液的水相中，水为连续相。

【水眼黏度】　即"极限高剪切黏度"。

【水解作用】　为了把某些含有可以水解的极性基（如酯基、腈基、酰胺基）的有机物变成水溶性的钻井液处理剂，常用无机处理剂作为催化剂或中和剂进行水解和中和反应，例如含有腈基（—CN）的聚丙烯腈，在水中不溶解，经过在烧碱水溶液中加热水解和中和后，变成水溶性的水解聚丙烯腈，就可作为抗温降滤失剂。在配制单宁碱液和栲胶碱液的过程中，单宁的酯基在烧碱作用下也发生水解和中和反应。

【水锁效应】　在钻井、完井、修井及开采作业过程中，在许多情况下都会出现外来相在多孔介质中滞留的现象。另外一种不相混溶相渗入储层，或者多孔介质中原有不相混溶相饱和度增大，都会损害储层相对渗透率，使储层渗透率及油气相对渗透率都明显降低。在不相混溶相为水相时，这种现象被称作水锁效应，为烃相时称作烃锁效应。水锁效应会产生水锁伤害，也就是指油井作业过程中水侵入油层造成的伤害。水侵入后会引起近井地带含水饱和度增加，岩石孔隙中油水界面的毛管阻力增加，以及贾敏效应，使原油在地层中比正常生产状态下产生一个附加的流动阻力，宏观上表现为油井原油产量的下降。水锁伤害处理剂是一种特殊结构的醚类化学剂，它进入油层后能消除或减轻水侵入地层后造成的流动阻力，使原油比较容易地流向井底。

【水化作用】　见"黏土水化作用"。

【水泥卡钻】　在挤、注水泥作业（如打水泥塞、堵漏等）中造成的卡钻。

【水力参数】　指钻井的水力参数，包括射流的喷射速度、冲击力和水功率。

【水力破岩】　采用井底射流的水力能量来破碎岩石。

【水化分散性】　蒙脱石黏土吸水膨胀后，晶层轴间距增大，晶层间的范德华引力显著减小，在有大量水存在时，晶片较易分散在水中，因而蒙脱石具有较强的水化分散性。尤其是钠蒙脱石，在水中甚至有相当大的一部分可以分散到单位层的厚度。

【水化膜斥力】　也称水化膜阻力，黏土颗粒在水中带负电，必然吸附水化正离子和极性水分子定向排列于黏土颗粒表面，形成黏土颗粒周围的吸附水化膜，并且双电层越厚，水化膜越厚，颗粒间越不易聚集。水化膜斥力包括静电斥力、黏性斥力和弹性斥力。

【水化膜阻力】　见"水化膜斥力"。

【水基钻井液】　指以水为连续相（可以是淡水、海水、硬水、软水等）的钻井液，其固相有黏土（包括所钻地层进入的能水化的黏土和页岩，这些固相受化学处理后可以控制洗井液的性能）和惰性固相颗粒（如惰性的钻屑、石灰岩、白云岩、砂岩、加重剂）。水基钻井液又常分为淡水钻井液、盐水钻井液、海水钻井液、咸水钻井液、饱和盐水钻井液、钙处理钻井液、聚合物钻井液、低固相钻井液和混油钻井液。清水有时是理想的洗井液，常用于钻进低压无复杂情况的地层。水基钻井液配制简单，性能稳定。

【水泥浆堵漏】　下光钻杆至漏层底部，开泵大排量（>25L/s）洗井 5~10min，起钻至堵漏要求的井深位置，以10L/s 的排量依次注前置隔离液、水泥浆、后置隔离液；当水泥浆出钻具时，则关井挤注并顶替钻井液，把水泥浆全部替出钻具；然后起钻至安全位置或起完钻，关井候凝 24h 以上。起钻过程中，应向井内灌注钻井液，灌注量应与钻具排量相等。该方法适用于所有井漏，承压能力和抗压强度高，堵漏效果好，缺点是凝固前易受地层水或井下流体的置换、稀释而导致堵漏失败。

【水基修井液】　许多水基钻井液如铁铬木质素磺酸盐、腐殖酸盐、单宁酸盐等常用的体系，饱和盐水体系，不分散体系等都可以用作修井液。

【水分散沥青】　指在水基钻井液中使用的沥青类产品。主要包括 SAS-1、FT-1、LFT-70、LFT-110 等。

【水力旋流器】　一种利用离心力进行沉降的液-固分离装置，液体以切线方向高速进入由静止的起限制作用的壁组成的主要环形截面处，由此获得流体的旋转而产生离心加速度。

【水泥浆体系】　是指一般地层和特殊地层固井用的各类水泥浆。见下图。

【水基解卡剂】　指不含油类的解卡剂。主要由磺酸盐型表面活性剂、低分子醇和无机盐组成。当该类水基解卡剂泵至黏附部位时，低分子醇和无机盐可使黏附部分的解卡剂中的表面活性剂在渗入的裂缝表面上吸附，从而起到降低摩擦系数和解除压差卡钻的作用。

【水敏性页岩】　与钻井液接触后易发生坍塌的泥页岩统称为水敏性岩石，世界上水敏性泥页岩的主要成分有两大类：一类是蒙脱石，它吸水多，吸水后引起膨胀缩径；另一类是水云母，吸水后引起剥落掉块，井径扩大，严重时可使油井报废。须使用防塌钻井液钻水敏性地层。

S

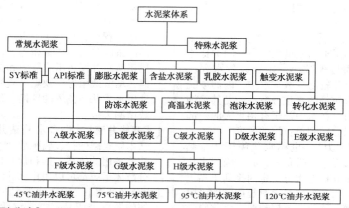

【水包油型乳液】 即"O/W型乳液"。将两种互不相溶的液体，如油和水在剧烈搅拌下混合，可以得到一种暂时的分散液。油以极细的颗粒分散在水中，形成乳状液。如果搅拌一停，便立即分层，这是由于重力和表面张力所致。溶解的物质能显著改变液体的表面张力。一般来说，无机盐类增加水的表面张力，而含有亲水基团，如羟基等的有机化合物能降低水的表面张力。溶质降低表面张力的值，就是界面上的位能，这种界面位能的改变，就是通常所指的吸附作用。想要得到一种比较稳定的乳液，就必须设法降低分散颗粒表面位能，或者说界面张力。凡是具有降低两种不相溶物质之间界面张力的物质，均叫表面活性剂。这类物质的结构特点是分子中兼有一个非极性的憎水基团和一个极性的亲水基团。能够使乳液稳定的表面活性物质叫乳化剂。乳化剂的乳化过程是乳化剂在界面上的吸附作用，因此，界面张力就有改变。界面张力的改变，可以引起两种可能的结果，如果乳化剂可溶于水，同时又能降低水的表面张力，由于吸附定向作用，乳化剂分子吸附膜将油滴分子完全包围，形成水包油（O/W）型乳液，如下图所示。

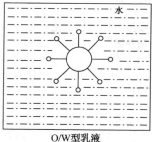

O/W型乳液

【水泥凝固卡钻】 在钻井过程中，为了纠正井眼轨迹、避开井底无法打捞的落物、在套管内开窗侧钻、封堵漏层，都需要打水泥塞。尾管固井时，送入尾管的钻柱也要接触水钻井液。另外，井下试油作业在上返换层时，也经常采取打水泥塞的办法。总之，凡是钻具或油管接触水钻井液，就有被水泥固死的可能。平常也有个形象的说法叫作"插旗杆"，如下图所示。

【水力脉冲解卡法】 向钻杆内注入比钻井液密度低得多的液体（水或油），然后用孔板阻断的方法降低压力（孔板要按钻杆的许可压力专门挑选）。

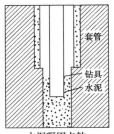

水泥凝固卡钻

由于突然卸去了施加在钻杆上的拉应力和钻柱内液体上的压应力而产生减载冲击波。冲击波对滤饼、岩屑及钻具本身产生强烈的水力冲击和振动作用，从而使钻具解卡。另一方面，向钻杆内注液体时钻杆产生拉伸应力，卸压时钻杆受到挤压，且钻井液以较大的速度从环空流到钻杆内，对滤饼有冲蚀作用；同时，环空液面下降，使卡钻井段的压力降低，于是钻杆解卡。水力脉冲法解卡作业的步骤如下：①测卡点，确定卡点上界。②调整被卡钻柱的方余，使钻杆本体在下压的情况下高出转盘面 40~50cm。③恢复循环，彻底洗井。④把管头（包括高压旋塞增加头、高压闸门、孔板室）接到钻柱上，管头装有按设计选出的孔板，而且各部件均以高于水力脉冲时最高压力 25% 的压力进行试压。⑤接好水罐、水泥车和增压头之间的管线。⑥上提钻柱，使大约 1000kN 的拉力作用在卡钻段上。⑦把水或其他低于钻井液密度的液体泵入钻柱，泵入量应按所需设计压差 ΔP 和以后孔板阻流时间进行计算。⑧孔板阻断以后，关闭管头中的高压阀，然后开始上下活动钻柱，以便解卡。如果第一次没有解卡，可进行第二次，但要装入新的孔板盒。为了加快解卡，需要补充液量 0.5~3m³，这是反向溢流时从钻杆内溢出的量，同时还须及时向环形空间灌入原密度的钻井液。作业时应避免失控现象和复杂情况的发生。

【水基纤钙密闭液】 钻井取心时用的一种岩心保护液，适用于 2000m 以内的井深。该密闭液的配方为水∶羟乙基纤维素∶石灰石粉∶重晶石粉 = 100∶1.8∶36∶24。外观：乳白色，固相含量均匀，液体无疙瘩或团块。抽丝长度大于 5cm。该密闭液的黏度应符合下表规定。

水基纤钙密闭液黏度（SY 5437—1992）

取心井段/m	岩心气体渗透率/μm^2	黏度/mPa·s
500~1000	<1.0	3000~6000
	>1.0	6000~10000
1000~2000	<1.0	10000~15000
	>1.0	15000~20000

【水基胺菁密闭液】 钻井取心时用的一种岩心保护液。适用于 3000m 以内的井深。其具体配方是水∶聚丙烯酰胺∶田菁粉∶硼酸∶乳化剂 = 100∶（2~3）∶3∶0.7∶（15~20）。外观乳白色或浅黄色，液体无疙瘩或团块。抽丝长度大于 50cm。该密闭液的黏度应符合下表规定。

水基胺菁密闭液黏度（SY 5437—1992）

取心井段/m	岩心气体渗透率/μm^2	黏度/mPa·s
1000~2000	<1.0	16000~18000
	>1.0	18000~20000
2000~3000	<1.0	20000~22000
	>1.0	22000~25000

S

【水包油型钻井液】 即在水基钻井液中加入油和水包油型乳化剂的钻井液。配制水包油型钻井液的油可用矿物油或合成油。前者主要用柴油、机械油（简称机油）或原油，其中影响测井的荧光物质（芳香烃物质）可用硫酸精制法除去；后者主要为不含荧光物质的有机化合物。配制水包油型钻井液的乳化剂都是水溶性表面活性剂，如烷基磺酸钠、烷基醇硫酸酯钠盐、聚氧乙烯烷基醇醚、山梨糖醇酐羧酸酯聚氧乙烯醚等。水包油型钻井液具有润滑性能好、滤失量低、对油气产层有保护作用等特点。该体系适用于易卡钻或易产生钻头泥包地层的钻井。

【水解聚丙烯腈钠盐】 代号为 HPAN或 Na-HPAN，是用制造腈纶（人造羊毛）的合成纤维材料，经碱水解后的产物，是一种灰白色粉末（液体的 HPAN 产品也可直接处理钻井液），密度在 $1.14 \sim 1.15 \mathrm{g/cm^3}$ 之间，它是由丙烯腈（$CH_2\!=\!CHCN$）合成的高分子聚合物。结构式可表示为：

$$\left[\begin{array}{c} -CH_2-CH- \\ | \\ CN \end{array} \right]_n$$

n 为平均聚合度，一般产品的平均相对分子质量为 $(12.5 \sim 20) \times 10^4$，$n$ 为 $2350 \sim 3760$。聚丙烯腈不溶于水，不能直接处理钻井液。处理钻井液用的是在烧碱水溶液中水解过，变成水溶性的水解聚丙烯腈（水解反应温度一般选 $95 \sim 100℃$）。这个水解总反应可表示如下：

$$\left[\begin{array}{c} -CH_2-CH- \\ | \\ CN \end{array} \right]_n + xNaOH + yH_2O$$

$$\rightarrow \left[\begin{array}{c} -CH_2-CH- \\ | \\ COONa \end{array} \right]_x \left[\begin{array}{c} -CH_2-CH- \\ | \\ CONH_2 \end{array} \right]_y \left[\begin{array}{c} -CH_2-CH- \\ | \\ CN \end{array} \right]_z + xNH_3 \uparrow$$

（丙烯酸单位）　　（丙烯酰胺单位）

$$(x+y+z=n)$$

水解聚丙烯腈实际上是丙烯酸钠、丙烯酰胺和丙烯腈的共聚物。水解反应后的产物中的丙烯酸单位和丙烯酰胺单位的总和与原料的总结构单位数之比 $\left[\dfrac{x+y}{n}\right]$，称为这个水解产物的水解度。该产物也可以有丙烯酸钠、丙烯酰胺和丙烯腈经共聚反应得到。实际上，上述三种结构单位不可能整齐分段，而是不规则分布。如果进行共聚合成，则有可能整齐分段。该产物水解反应实际上是分两步进行的，可以用一个丙烯腈单位表示如下：

$$-CH_2-CH- \underset{CN}{|} + H_2O \rightarrow -CH_2-CH- \underset{\underset{O}{\overset{\|}{C}-NH}}{|} \xrightarrow[\text{水解}]{NaOH} -CH_2-CH- \underset{COONa}{|} + NH_3$$

（丙烯腈单位）　　　　（丙烯酰胺单位）　　　　（丙烯酸钠单位）

可见，丙烯酰胺单位是丙烯腈单位水解的中间产物。实际水解时，第一步使聚丙烯腈悬浮体变成红色到橙红色的浑浊悬浮体，第二步由于产物的水溶性，使反应混合物变成半透明到透明的浅黄色溶液。腈基（—CN）和酰胺基（—CONH$_2$）的存在，有利于丙烯酸钠-丙烯酰胺-丙烯腈共聚物在黏土颗粒上的吸附，可与羧钠基（—COONa）的水化作用相配合。此外，腈基还有抗菌作用。因此，在配制水解聚丙烯腈时往往有意少加一点烧碱（一般选取聚丙烯腈与烧碱之比，可以从 1:1～2.5:1），以便保留一部分腈基和酰胺基。HPAN 处理的钻井液性能，主要取决于聚合度和分子的羧钠基与酰胺基之比（或水解程度）。聚合度较高的 HPAN，降滤失能力较强，但增加钻井液的黏度作用也较强。聚合度低的降滤失作用较弱，增加钻井液的黏度作用也较差。一般羧钠基与酰胺基之比选用 2:1～4:1。HPAN 的抗温能力可达 240～250℃。除降滤失外，还可引起稠化。对含盐钻井液（从含 NaCl 约 15000mg/L 以上直至饱和），在降滤失量的同时，会引起减稠。

水解聚丙烯腈钠盐质量指标

项　目		指　标
淡水浆 +0.2%	滤失量/mL	≤13.0
	表观黏度/mPa·s	≤10.0
盐水浆 +1.5%	滤失量/mL	≤13.0
	表观黏度/mPa·s	≤10.0
纯度/%		≥85.0
残留碱量/%		≤2.5
水分/%		≤7.0
细度（10目筛通过量）/%		≤100.0
外观		自由流动粉末或颗粒不结块

【水解聚丙烯腈铵盐】　代号为 NPAN 或 NH$_4$-HPAN，为聚丙烯腈在高温高压下水解而得的产品，其中它含有羧基、羧氨基、酰胺基和亚氨基等，胶体为棕黄色黏稠液体，固体为轻质灰黄色粉末或颗粒。主要用于低固相不分散聚合物钻井液的降滤失剂，兼有降黏作用。对黏土有一定的抑制作用，能抗温 260℃，抗盐 5% 以下。

水解聚丙烯腈铵盐质量指标

项　目		指　标
淡水浆 +0.3%	滤失量/mL	≤13.0
	表观黏度/mPa·s	≤8.0
盐水浆 +1.5%	滤失量/mL	≤15.0
	表观黏度/mPa·s	≤6.0
外观	胶体	棕色黏性，易流动，不沉淀
	固体	轻质、灰黄色粉末或颗粒
铵含量/%	胶体	≥1.8
	固体	≥7.0
固含量（液体）/%		≥16
细度（固体）/%		100
烘失量（固体）/%		≤10.0
灼烧残渣（固体）/%		≤2.0

【水解聚丙烯腈钙盐】　代号为 CPAN 或 Ca-HPAN，主要组分为腈基、酰胺基、羧钙基、羧钠基等，为浅黄色或灰白色粉末，水溶性好。此产品是以腈纶废丝以烧碱进行水解（水解度必须达 60% 以上）后再以钙盐（一般用 CaCl$_2$）加以交联沉淀而成。腈纶废丝的主要成分是丙烯腈（占总单体的 90% 以上），丙烯酸甲酯（占总单体的 5%）和甲叉丁二酸（或丙烯磺酸钠、甲基丙烯磺酸钠）的三元共聚

S

物。它的相对分子质量 $(0.8 \sim 1) \times 10^5$。在碱介质中，其反应可简单表示为：

$$\begin{array}{l} \left.+CH_2-CH\right.\xrightarrow{}_m\left.+CH_2-CH\right.\xrightarrow{}_n +yNaOH+H_2O \rightarrow \left.+CH_2-CH\right.\xrightarrow{}_x \\ \qquad\quad\ \ | \qquad\qquad\qquad\ | \qquad\qquad\qquad\qquad\qquad\qquad\qquad\qquad\ | \\ \qquad\quad\ \ C\equiv N \qquad\qquad\qquad\qquad\qquad\qquad\qquad\qquad\qquad\qquad\qquad\ \ CONH_2 \\ \left.+CH_2-CH\right.\xrightarrow{}_y +CH_2OH+NH_3\uparrow \\ \qquad\quad\ \ | \\ \qquad\quad\ \ COONa \end{array}$$

得到的水解产物被 Ca^{2+} 交联后生成一种不溶于水，但可吸水溶液的沉淀物。将此沉淀物烘干粉碎并掺入部分纯碱（一般为20%）即为该产品。主要用作不分散低固相聚合物钻井液的降滤失剂，并能改善滤饼质量，具有抗温、抗盐污染及改善流型等作用。与 CPA 及 PAC-141 使用效果更佳。

水解聚丙烯腈钙盐质量指标

项 目		指 标
淡水浆 +0.2%	滤失量/mL	≤13.0
	表观黏度/mPa·s	≤7.0
盐水浆 +1.5%	滤失量/mL	≤20.0
	表观黏度/mPa·s	≤10.0
纯度/%		≥68.0
钙含量/%		≤14.0
水分/%		≤7.0
细度(80目筛通过量)/%		≥95.0
pH 值		≤12.0
外观		自由流动粉末或颗粒不结块

【**水解聚丙烯腈钾盐**】 代号为 K-PAM 或 K-HPAN，是以腈纶废丝以 KOH 进行水解后而得的产物，它具有防塌的能力，除保留了 HPAN 的特性外，尚可以提供 K^+ 以控制黏土水化膨胀，故用于不稳定的泥页岩中钻进。K-PAM 分子中有腈基、酰胺基和羧甲基。外观特征为棕红色或淡黄色粉末，易溶于水，水溶液呈碱性。遇钙离子或铝离子产生白色胶状物沉淀。水解度为60%。本品为丙烯酸类页岩抑制剂，对泥页岩有抑制水化膨胀作用。并可降低钻井液的滤失量。在淡水钻井液中的加量超过3%时，塑性黏度和动切力有上升趋势。抗温能力可达 150~180℃。一般用量为 0.3%~0.5%。

$$\begin{array}{l} \left.+CH_2-CH\right.\xrightarrow{}_m\left.+CH_2-CH\right.\xrightarrow{}_n +yKOH+H_2O \rightarrow \left.+CH_2-CH\right.\xrightarrow{}_x \\ \qquad\quad\ \ | \qquad\qquad\qquad\ | \qquad\qquad\qquad\qquad\qquad\qquad\qquad\qquad\ | \\ \qquad\quad\ \ C\equiv N \qquad\qquad\qquad\qquad\qquad\qquad\qquad\qquad\qquad\qquad\qquad\ \ CONH_2 \\ \left.+CH_2-CH\right.\xrightarrow{}_y +CH_2OH+NH_3\uparrow \\ \qquad\quad\ \ | \\ \qquad\quad\ \ COOK \end{array}$$

水解聚丙烯腈钾盐质量指标

项 目	指 标
水分/%	≤7.0
粒度(通过20目筛)/%	≥80.0
黏度(1%水溶液)/mPa·s	7~16

续表

项 目	指 标
水解度/%	60.0
水不溶物/%	≤3.5

【水解聚丙烯酰胺】 代号为 PHP，又称丙烯酰胺-丙烯酸共聚物，为白色粒状粉末，溶于水，无毒，不腐蚀。其结构可表示如下：

$$\left[\begin{array}{c} -CH_2-CH- \\ | \\ CONH_2 \end{array}\right]_m \left[\begin{array}{c} -CH_2-CH- \\ | \\ COONa \end{array}\right]_n$$

由聚丙烯酰胺水解或是丙烯酰胺与丙烯酸单体共聚而得。水解方法是将聚丙烯酰胺在碱液作用下，使聚合物中的酰胺基（—$CONH_2$）水解形成羧基（—$COOH$），此法的水解度较低，理论水解度在 70% 以内；共聚聚合法是将丙烯酸和丙烯酰胺两种单体按所需配比在引发剂的作用下共聚而成。不同相对分子质量和羧酸含量的共聚物，其性质和用途也有差异。相对分子质量较低、羧酸含量较高的共聚物一般用作分散剂；而高相对分子质量、低羧酸含量的产品则用作絮凝剂。在聚合物不分散低固相水基钻井液中用作絮凝剂，并兼有改善钻井液流变性能，降低摩阻等功能。

水解聚丙烯酰胺质量指标

项　　目	指　　标	
	胶状	粉剂
相对分子质量	$(300\sim600)$ $\times10^4$	$(300\sim900)$ $\times10^4$
有效物含量/%	8.0	90.0
游离单体含量/%	0.5	0.5
水解度/%	5~30	5~30
水溶性	全溶	全溶

【水基型钻井完井液】 包括改性钻井液、无固相盐水清洁液或盐水-聚合物完井液、聚合物低固相完井液等。

【水泥水化过程】 指水泥的水化到停止水泥水化的全过程。主要分为五个阶段：①预诱导阶段。该阶段是在水与水泥混合后的几分钟时间内。在这个阶段，由于水泥干粉为水润湿并开始水化反应，所以放出大量的热（其中，包括润湿热和反应热）。水化反应生成水化物在水泥颗粒表面附近形成过饱和溶液并在表面析出，阻止了水泥颗粒进一步水化，使水化速率迅速下降，进入诱导阶段。②诱导阶段。在此阶段，水泥的水化速率很低。但由于水泥表面析出的水化物逐渐溶解（因它对水钻井液的水相并未达到饱和），所以在这个阶段后期，水化速率有所增加。③固化阶段。在此阶段，水化速率增加，水泥水化产生大量的水化物，它们首先溶于水中，随后饱和析出，在水泥颗粒间形成网络结构，使水泥固化。④硬化阶段。在此阶段，水泥颗粒间的网络结构变得越来越密，水泥石的强度越来越大，因此渗透率越来越低，影响未水化的水泥颗粒与水的接触，水化速率越来越低。⑤中止阶段。在此阶段，渗入水泥石的水越来越少，直至不能渗入，从而使水泥的水化停止，完成了水泥水化的全过程。

【水解聚丙烯腈钾铵盐】 钻井液用聚合物处理剂的一种，为灰褐色固体粉末，易溶于水，水溶液是弱碱性。在钻井液中用作页岩抑制剂。并有降黏、降滤失等作用，适用于各种阴离子型和两性离子型钻井液体系，其一般加量为 0.5%~1%。

水解聚丙烯腈钾铵盐质量指标

项　　目	指　　标
外观	灰褐色固体粉末
水分/%	≤7.0
水解度/%	≥50.0
pH 值(1%水溶液)	7~9

【水泥浆自动推进堵漏法】　下光钻杆到漏层顶部30m左右，向井内注入水泥。顶替后水泥柱在井眼中较高，和漏层压力达到平衡时，整个水泥柱下降，自动向下推进，覆盖可能产生的漏失段。该法要求水泥浆密度大于钻井液密度，且只能适用于失返井漏。

【水平井、大位移井钻井液技术】　水平井是指井斜角达到90°左右并延伸一定距离的井。可分为三类：长曲率半径水平井（曲率半径300~600m，造斜率小于6°/30m）；中曲率半径水平井（曲率半径100~150m，造斜率小于6°/30m~20°/30m）；短曲率半径水平井（曲率半径5~15m，造斜率小于6°/30m~10°/30m）。而大位移井一般是指钻井的位移与井的垂深之比等于或大于2的定向井，也有指测深与垂深之比的。与普通水平井相比，它的水平位移更大。钻井液技术难点：（1）井眼净化。随着井斜角的增大，井壁岩石受到的应力发生改变，地层裸露面积逐渐增大，与钻井液接触面积增大，更易引起井眼净化不良和井壁不稳定等其他井下复杂情况的发生。影响水平井、大位移井井眼净化的因素见下表。

影响水平井、大位移井井眼净化的因素

影响因素	影响作用
井斜角	环空岩屑浓度或临界流速随井斜角的增加而变大，而清洁率则随之下降。在倾角 $\theta=40°$ 及流速小于 $0.76m/s$ 时，$\theta=50°$ 及流速小于 $0.91m/s$ 时，就会形成岩屑床
环空流型	无论使用层流还是紊流，提高环空返速，环空岩屑浓度将下降，井眼净化效果好；当井斜角在 $30°~90°$ 时，环空返速的最佳范围为 $0.79~1.10m/s$ 环空倾角较低时（ $0°~45°$ ），层流比紊流携岩效果好；在大斜度和水平段（ $55°~90°$ ），紊流比层流携岩效果好；井斜角在中间范围（ $45°~55°$ ），两种流态的携岩效果基本相同
流变性能	层流状态下，提高动切力和动塑比，可降低环空钻屑浓度，从而获得较好的携岩效果；在大斜度井段和水平段，切力的作用变小甚至可以忽略，但动塑比对携岩的影响仍较大，必须尽可能使用高动塑比钻井液。紊流状态下，在整个环空倾角范围内，钻井液的携岩能力不受其流变性能的影响
密度	提高钻井液的密度，有利于钻屑的携带，改善井净化状况，降低岩屑床厚度

（2）井壁稳定影响水平井、大位移井井眼稳定的因素见下表。

影响水平井、大位移井井眼稳定的因素

影响因素	影响作用
井斜角和方位角的力学因素	坍塌压力提高，而破裂压力梯度降低，钻井液使用的密度范围变得更小
井斜角和方位角的物理化学因素	随着井斜角的增加，井眼倾斜通过坍塌地层，易塌地层裸露在钻井液中的面积增大，浸泡时间增长，由液流引起的附加压差增大，使侵入地层的钻井液增加，滤液数量增加，造成水平井比直井井壁不稳定

（3）水平井、大位移井的摩阻。钻井时，井斜角从 0° 增加，钻具在重力的作用下，总是靠着井壁，钻具与井壁间的接触面积比直井大幅增加，因此起下钻具的摩擦阻力和旋转钻具的扭矩与直井相比就会大幅增加，且其大小随着井斜角的增加而增大，随着方位角的变化而增大。因此，水平井、大位移井钻井过程中的卡钻概率比直井大得多。水平井、大位移井的摩阻大小主要取决于压差、钻柱与井壁(或套管)的接触面积、岩屑床厚度、井眼清洗状况、钻井液的润滑性、滤饼的摩擦系数及厚度和地层特性等。其中，压差、地层特性等因素对摩阻的影响与直井相同。影响水平井、大位移井井眼摩阻的因素见下表。

影响水平井、大位移井井眼摩阻的因素

影响因素	影 响 作 用
井身剖面	影响较大，随造斜率和狗腿度的增加而增大
钻柱结构	随着井斜角的增大，钻柱的阻力增加，当井斜角超过 60° 后，阻力增加很快，当井斜角在 70° 时，总支撑重量的 60% 是有效的，当井斜角增至 85° 时，仅有 0.1% 是有效的
润滑性能	主要因素之一，降低钻柱与套管的摩擦系数和钻柱与井壁上钻井液所形成的滤饼间的摩擦系数，就可以大大降低钻柱的摩擦力和扭矩
滤失量和滤饼质量	钻柱的摩阻力和扭矩与钻柱和井壁间的接触面积有关，如钻井液固相含量高，HTHPFL 滤失量大，滤饼厚，则钻柱在斜井段和水平段嵌入滤饼越深，接触面积越大，摩阻力就越大
固相	无用固相增多，一方面使密度增加，即作用在地层上的压差增大，另一方面增大了滤饼的摩擦系数，这一切均增加钻柱的摩阻力
井身结构	钻柱与套管和井壁的接触面积增大，因而影响水平井、大位移井的摩阻

（4）水平井、大位移井的油气层保护。在同一构造钻同一油气层的直井和水平井、大位移井，尽管油气层的特性相同，即油气层损害的内因相同，但引起油气层损害的外因，水平井、大位移井和直井有较大的区别，主要区别见下表。

S

影响水平井、大位移井油气层保护的因素

影响因素	影 响 作 用
钻穿油气层长度比直井长	钻井液与油气层接触面积比直井大得多
钻进油气层时间长	油气层浸泡时间较直井长得多
钻进油气层时的压差比直井高	对于同一油气层来说，其孔隙压力是相同的，但随着水平井段的延伸，钻井液的流动阻力不断增加，此压力直接作用在油气层上，因此压差随水平段长度的增加而增大，油气层的损害随压差的增大而增加

续表

影响因素	影响作用
水平井所钻油气层井段长	消除油气层所受的损害比直井要困难得多，而且所消耗的费用是很昂贵的
水平段各点油气层浸泡时间与所受压差不同	其受损害程度不同，距目标点越远，损害带半径越大，表皮系数增加

（5）水平井、大位移井防漏堵漏。水平井、大位移井发生井漏的原因除了与直井发生井漏的原因相同外，还同钻水平井作用于相同垂深地层的压差较直井大有关，造成水平井、大位移井更易发生井漏，其原因见下表。

影响水平井、大位移井防漏堵漏的因素

影响因素	影响作用
循环当量	循环当量密度高于相同垂深的直井，受到的压差较直井大，特别是钻水平段时，随着水平段的延伸，地层孔隙压力没有变化，而压耗越来越大，必然形成更大的压差，因此水平井的尾部井漏的危险性最大
钻屑浓度	钻屑浓度往往高于直井，增加了对地层的压差；严重时还会出现因堵水眼而造成开泵时憋漏地层
高黏度的钻井液	使用高黏度的钻井液，从而产生更大的液流阻力，下钻过程中，很容易因钻井液静切力过大而形成更大的激动压力，增大对地层的压差，压漏地层
井斜	水平井、大位移井的坍塌压力高于直井，而破裂压力却低于直井。为了保持井壁稳定必须使用更高密度的钻井液，增大了对地层的压差，增大了压裂地层的可能性
开发后期	常用来开发后期枯竭储层和裂缝性储层，地层压力低，因此发生井漏的可能性极大

（6）水平井、大位移井钻井液的要求。水平井、大位移井钻井对钻井液的要求见下表。

影响水平井、大位移井防漏堵漏的因素

项目因素	要求
密度	必须能满足控制地层压力、稳定井壁、保护油气层的需要，钻井液的密度必须大于裸眼井段地层的孔隙压力和坍塌压力，低于地层破裂压力
流变性能	提高低剪切速率下的钻井液黏度（Φ_6和Φ_3），钻井液的0s切力最好而大于3Pa。采用层流钻进时，塑性黏度一般大于15mPa·s，动塑比可控制在0.4~1.0，动切力最好大于10Pa，尽可能降低表观黏度，以减少循环压耗。水平段如采用紊流钻进时，应尽可能降低钻井液的表观黏度，动塑比最好仍控制在0.4以上

续表

项目因素	要　求
滤失量	降低滤失量和滤饼渗透率，特别是 HTHP 滤失量，水平井的 HTHP 滤失量均低于 15mL。滤饼应薄而韧，可压缩，渗透率低
抑制和封堵能力	采用抑制和封堵能力强的钻井液，有效地稳定井壁
润滑	滤饼摩擦系数应尽可能低于 0.06，此外还应降低钻井液的摩擦系数，以减少钻具与套管之间的摩擦
渗透率恢复值	钻进水平井段所用的钻井液必须与油气层的物性相匹配，渗透率恢复值必须高于 75%，完井液的渗透率恢复值应大于 95%
固相	严格控制含砂量低于 0.1%

（7）水平井、大位移井钻井液的优选。根据储层类型、油气层特性、完井方式优选。根据储层类型、油气层特性和所确定的完井方式，优选与储层特性相配伍的低损害或暂堵型钻井完井液类型见下表。水平井、大位移井可选用的钻井液体系：①MMH-聚合物钻井液。②泡沫钻井液。③聚合物-乳化钻井液。④聚合物-聚合醇钻井液。⑤油基钻井液。

【水溶性暂堵型无膨润土钻井完井液】　该种钻井完井液使用的暂堵剂是水溶性暂堵剂。常用的水溶性暂堵剂是细目或超细目的氯化钠和硼酸盐的粉末。这种暂堵剂在井壁形成的内、外滤饼在投产前可以用低矿化度的水溶解除出。这类钻井完井液体系仅适用于加有盐溶解抑制剂和缓蚀剂的盐水体系。水溶性暂堵型无膨润土钻井完井液的配方见下表。

水溶性暂堵型无膨润土钻井完井液

材料与处理剂	功　用	用　量
饱和盐水	基液	100m³
KCl	页岩抑制	2.0%~4.0%
LVCMC	降滤失	1.4%~1.8%
NTA+细粒盐粉	提高密度	按设计要求

【瞬时滤失】　在压差作用下，钻井液在井内环空流动时，经过可渗透性地层时没有及时形成有效封堵和滤饼，部分滤液在最初阶段发生滤失的现象。

【瞬时滤失量】　钻井液尚未形成滤饼之前的滤失量；通常指过滤作用开始后 1min 内的滤失量。

【斯氏黏度计】　一种旋转黏度计，用于测量钻井液黏度和胶凝强度，这种仪器被直读黏度计所代替。

【四面体】　指 Si^{4+} 在中心，O^{2-} 在四周紧密结合起来构成的立体几何形，正好是四个面故称四面体。因它是由 Si 和 O 组成，故又称"Si-O 四面体"。

氧

硅

单独Si-O四面体

【四面体片】　在一个平面上四面体以三个顶点相联结，此时第四个顶都向同一个方向，这样连续成一系列六边形网面，称为"四面体片"，简称"晶片"。四面体片中每个 Si—O 四面体有三个顶点是共用的，一个没有共用。四面体中的 Si^{4+} 的电价分配给每个顶点各 +1 价。位于共用顶点处的

S

O^{2-} 的负价被邻接的两个四面体中的 Si^{4+} 完全平衡，没有剩余的负价来结合其他阳离子，故叫"惰性氧"。位于没有共用的顶点处 O^{2-} 仅与一个 Si^{4+} 结合，剩余 1 价可用来与其他阳离子结合，故称"活性氧"。同一层硅氧四面体中活性氧一般均指向一方。在活性氧组成的六方环中心，总是有一个 $(OH)^-$ 和活性氧共同组成一个阴离子层。层状硅酸盐的络阴离子化学式为 $\{[Si_4O_{10}](OH)_2\}^{6-}$，其中 $(OH)_2$ 为络阴离子不可缺少的一部分。

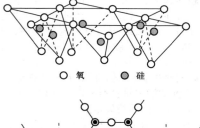

○ 氧　● 硅

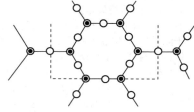

Si—O 四面体片构造示意图

【四磷酸钠】　在钻井液中可用作降黏剂。分子式为 $Na_6P_4O_{13}$，可以由正磷酸盐加热（$2Na_2HPO_4 + 2N_2H_2PO_4 \longrightarrow NaP_4O_{13} + H_2O$）而制得，或者用纯碱与磷酸以 $3NaO/2P_2O_5$ 之间比例反应，并且迅速冷却得到。四磷酸钠是比较适用的磷酸盐，其溶液的 pH 值约为 7.5。

【四级铵盐】　四级铵盐又称季铵盐。为铵离子中的四个氢原子都被烃基取代而生成的化合物，通式 R_4NX，其中四个烃基 R 可以相同，也可不同。X 多是卤素负离子（F、Cl、Br、I），也可是酸根（如 HSO_4、RCOO 等）。其结构式为：

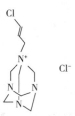

【四钾钻井液】　即由腐殖酸钾、氢氧化钾、丹宁酸钾和聚丙烯酸钾四种处理剂组成的钻井液，这种处理剂只存在单一的钾，减少了能促使黏土水化分散的钠。另外，聚合物有机链对黏土和岩屑起包被作用，减少其分散，达到防塌的目的。

【四氧化锰加重材料】　四氧化锰又称四氧化三锰，分子式为 Mn_3O_4，呈红色或黑褐色球状颗粒，粒径平均值小于 $0.5\mu m$，密度 $4.856g/cm^3$，熔点为 1564℃，不溶于水，可溶于盐酸。可在高温/高压井和小井眼中使用。

【松软地层划眼的原因和预防】　（1）导致划眼的井眼条件。松软地层钻井，极易发生划眼现象，这是因某些井眼条件造成的。①缩径段。易缩径段主要是活性的泥岩地层和渗透性强的砂岩地层和某些泥岩井段。缩径的原因是膨胀缩径和厚滤饼缩径。因局部井径缩小，在起下钻过程中，易使脱落滤饼、钻屑或掉块大量集中堆积，造成阻卡，致使划眼。②扩径段。松软地层造成扩径的主要原因有：定点循环，水力冲刷成大井径；各种原因产生的拔活塞致垮形成大井径；因地层或其他原因坍塌形成大井径。循环过程中在大井径段，易形成流动死区，滞留较多的钻屑，静止时易滑出，堆积于小井径处。下钻过程中，刮掉的滤饼推聚后造成遇阻划眼。③坍塌段。不管什么原因，造成井壁坍塌的井段，往往导致划眼。④致漏段。松软地层的漏失多因压力激动所致。如下钻速度快；黏切太高又开泵过猛；机械钻速很高而接单根时间太长，钻屑沉降堆集开泵憋漏。致漏井段，或因致垮或因钻屑堆集，均易导致划眼。⑤沉砂段。下钻过快插入沉砂，开泵不当，造成憋泵也易导致划眼。(2)减少划眼的预防措施。为了便于记忆，就目前常用钻井液类型而言，其预防措施可以概括为"八不"原则：不高不低；不大不小；不长不短；不快不慢。①不高不低。系指固相不能高了，返速不能低了。钻进中严格控制钻井液固相，具体地说，应严格控制钻井液自然密度小于 $1.15 g/cm^3$，相当于固含量小于 10%。环空返速应大于 $1.2 m/s$。当然，低返速还是高返速应以地层而异，也应以钻井液类型而异。②不大不小。系指黏切不能大了，滤失不能小了。黏切大，滤失小，减弱了钻井液的对井壁的冲刷净壁能力。一般，明化镇地层以前漏斗黏度小于 35s，滤失保持在 15mL 左右即可。③不长不短。系指松软地层裸眼段，机械清壁的间隔时间不能

长了。若钻进时间长就应及时短起下，而短起下的距离不能短。短起下间隔时间一般不应超过 48h，又必须起过所钻地层。④不快不慢。不快系指为了控制井眼内的钻屑总量，机械钻速不宜过快；不慢系指为减少局部井径扩大，应避免缓慢定点循环。

【松香酸钙】 分子式为 $(C_{19}H_{29}COO)_2Ca$。是一种油溶性活性剂，可由松香酸钠和石灰或 $CaCl_2$ 配成。曾用作油包水乳状液洗井液的乳化剂和增黏剂。

【松香酸钠】 其结构式为：

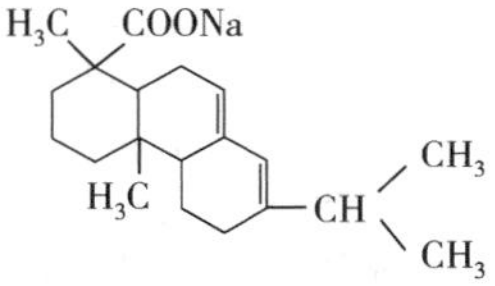

是一种水溶性活性剂，可用松香和 NaOH 溶液皂化制成，也可从纸浆浮油(也叫高油)中制取。可作水包油乳化剂、起泡剂。

【速溶 CMC】 钻井液处理剂的一种；是羧甲基纤维素与速溶剂在特定媒介中进行特殊处理；具有遇水能迅速分散溶解，在水中不漂浮，不抱团，不结块。用作钻井液的降滤失剂。

速溶 CMC 的质量指标

名　称	指　标	名　称	指　标
外观	微黄色粉末状	pH 值	7~9
代替度	0.7	黏度	1%水溶液约 20mPa·s
水分	7%	溶解速度	配 2%水溶液 20min
滤失量	6%白土浆，滤失量为 50mL±10mL 的海水浆中加入 12‰，滤失量降至 5mL		

【速凝堵漏法】 即"速凝水泥堵漏法"。

【速溶硅酸钠】 代号为 SF，又称速溶泡花碱，分子式 $Na_2O·nSiO_2·H_2O$，

n 视不同规格、不同用途而异。是一种粉状速溶硅酸钠，为白色粉状固体，能快速溶解于水，具有耐寒、均

匀等特点。在硅基钻井液和完井液中用作钻屑聚沉剂和泥页岩防膨剂。还可用作膨润土浆胶凝堵漏剂和胶质水泥堵漏剂。

FS 型粉状速溶硅酸钠质量指标

规　格	模　数	SiO_2/ %	Na_2O/ %	溶解速度/ s	表观黏度/ $mPa \cdot s$	细度（筛余） 0.154mm
FS–Ⅰ	2.00~2.20	49~53	24~27	<90	0.5~0.8	<5%
FS–Ⅱ	2.30~2.50	52~56	22~25	<90	0.5~0.8	<5%
FS–Ⅲ	2.80~3.00	57~61	20~23	<180	0.5~0.8	<5%
FS–Ⅳ	3.10~3.30	59~63	18~21	<240	0.5~0.8	<5%

【速凝水泥堵漏法】　在水钻井液中加入速凝剂，缩短凝固时间，其堵漏效果较好。速凝水泥堵漏具有流动性差、凝固时间短、风险大等特点，适用于浅层溶洞、大裂缝井漏的封堵。其施工工艺一般采用水钻井液和速凝剂在井口混合注入井内，然后挤入漏层速凝封堵。

【速溶性羧甲基纤维素】　即"速溶 CMC"。

【速凝石灰乳-钻井液堵漏体系】　堵漏体系的一种，这种体系在高比例石灰乳-钻井液体系的基础上加催凝剂而得。催凝剂以 1%~3%（体积分数）Na_2SiO_3 加入后，其固化性质与"高比例石灰乳-钻井液堵漏体系"基本相同，主要适用于较深井段井漏的处理。

【塑性流型】　又称宾汉流型，属非牛顿流型的一种，如高密度钻井液等。特点是加很小的力不流动，必须加一定的力才开始流动。在剪切应力达到一定数值之前，剪切应力与剪切速率不成正比。当剪切应力达到一定数值之后，剪切应力与剪切速率才成正比（图1）。直线段的斜率叫塑性黏度。延长直线段与剪切应力轴相交于 τ_0，τ_0 称为动切力（或屈服值）。其流变曲线的直线段，可用方程式 $\tau - \tau_0 = \eta \gamma$ 表示（τ-剪切应力，τ_0-动切应力，γ-剪切速率，η-塑性黏度）。形成塑性流体的原因是由于颗粒间存在引力，形成凝胶结构，必须加一最低限度的剪切应力，才能破坏这种结构，使流体流动。在较低的剪切速率范围内，结构的拆散速度大于其恢复速度，结构的拆散程度随切力增大而增大，所以黏度随应力增大而降低。（图中曲线段）在较高的剪切速率范围内，结构的拆散速度等于恢复速度，故黏度成为常数（图中曲线段）。

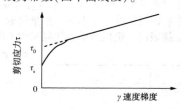

图 1　塑性流型

随剪切应力的增加，塑性流体流动可经过静止、塞流（或柱状流）、不完全层流（准层流或平板型层流）、层流、紊流等 5 种流态。如图 2 所示。

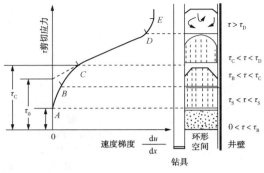

图 2　塑性流体的 5 种流态

【**塑性黏度**】　是塑性流体的重要流变参数之一。反映层流时流体中凝胶结构破坏与恢复呈动态平衡的状态下，钻井液中固相颗粒之间、固相颗粒与液体分子之间、液体分子之间内摩擦力的总和。用 $\eta_塑$ 或 PV 表示，单位是 $mPa \cdot s$。它与钻井液中的固相含量、固相颗粒形状和分散度、表面润滑性及液体本身的黏度等因素有关。塑性流体在层流条件下，剪切应力与剪切速率呈线性关系时的斜率值。用范氏黏度计测量时，600r/min 的读值与 300r/min 的读值之差即为塑性黏度。

【**塑料球润滑剂**】　固体润滑剂的一种，用作降低钻井液的摩阻系数。见"HZN-102""ZJX-1""ZNN"。

【**酸**】　酸是一类化合物的统称，电离时生成的阳离子全部是氢离子（H^+）的化合物叫作酸，25℃时，其稀溶液的 pH 值小于 7。根据离解理论，酸是不断溶解和离解的，并产生过量氢离子的化合物。酸液降低 pH 值。酸或者酸的物质有盐酸（HCl）、焦磷酸钠（SAPP）、硫酸（H_2SO_4）等。化合物的分子是由一个或几个能被金属原子置换的氢原子和一个酸根组成的，它们在水溶液中电离时，能生成氢离子和酸根离子，这类化合物叫酸。盐

酸、硝酸、硫酸等都属于酸类，都能电离成氢离子和相应的酸根。酸根全是负价，是负几价，就有几个氢离子，即酸根离子所带负电荷的数目等于酸分子电离时生成的氢离子的数目。酸的通性是：①酸溶液与酸碱指示剂起反应。紫色的试纸、试液遇酸变红色，无色的酚酞试液遇酸不变色。②酸能与多种活泼金属起反应，生成盐和氢气。例如：

$$Zn+H_2SO_4 =\!=\!= ZnSO_4+H_2 \uparrow$$
$$Fe+2HCl =\!=\!= FeCl_2+H_2 \uparrow$$

③ 酸能根据某些金属氧化物起反应，生成盐和水。例如：

$$CuO+H_2SO_4 =\!=\!= CuSO_4+H_2O$$

④ 酸能跟某些盐反应，生成另一种酸和另一种盐。例如：

$$Na_2CO_3+2HCl =\!=\!= 2NaCl+CO_2 \uparrow +H_2O$$

⑤ 酸能和碱反应，生成盐和水。例如：

$$NaOH+HCl = NaCl+H_2O$$

【**酸度**】　用 pH 值测定溶液酸性强度的值。酸的 pH 值低于 7。

【**酸败**】　钻井液中的淀粉或其他多糖物质因细菌作用产生酸臭气味的现象。

【**酸值**】　表示有机物质的酸度的一种指标。是 1g 有机物质中和酸性成分所需氢氧化物的毫克数。

S

【酸根】　酸或盐类存在于晶体或水溶液中的负离子。例如硫酸根（SO_4^{2-}）、硝酸根（NO_3^-）、磷酸根（PO_4^{3-}）、醋酸根（$CH_3CO_2^-$）、氯根（Cl^-）等。

【酸度计】　又称 pH 计，利用电位法测定液体 pH 值的一种精密仪器，常用于测定钻井液和钻井液滤液的 pH 值。

【酸式盐】　盐分子中除含有金属离子和酸根离子外，还含有能被金属置换的氢离子。如 $NaHCO_3$、$Ca(HSO_4)_2$ 等。

【酸碱值】　即"pH 值"。

【酸碱滴定法】　又称中和滴定法，是化学分析中定量分析的常用方法，这是利用溶液的酸碱性变化而指示反应终点的分析方法。所用的滴定成分根据所分析溶液的 pH 值状态而分别是酸或碱。选择适当 pH 值内变色的指示剂，即由酸性到中性变色或由碱性到中性变色的指示剂，当滴入的成分与待测液中的成分反应达到或接近中性时，即会显示出颜色变化，从而指示终点。所用的滴定液的浓度也是需要精确标定的，应精确到小数点后 4 位，以达到分析所需要的精度。用酸作滴定剂可以测定碱，用碱作滴定剂可以测定酸，这是一种用途极为广泛的分析方法。最常用的酸标准溶液是盐酸，有时也用硝酸和硫酸。标定它们的基准物质是碳酸钠。

【酸敏性】　是指酸化液进入储层与储层中的酸敏矿物发生反应，产生沉淀或释放出微粒，使储层渗透率下降的现象。酸敏实验的目的是要通过模拟酸液进入地层的过程和测定酸化前后储层渗透率的变化，从而了解酸液进入后是否存在酸敏性危害及程度，以便选择合适的酸液配方和较有效的酸化处理方法。

【酸浴解卡法】　把稀的酸溶液混入清水里，将其泵入井下被卡部位，进行浸泡解卡的方法，浸泡时间根据实验时间决定，坍塌地层不宜使用。用盐酸浸泡，使带灰质盐层分解而解除卡钻。通常采用 15%~20%（质量比）的盐酸溶液，再加入 1%~2% 的氢氟酸，并可加入 1% 左右的福尔马林，以减轻酸液对钻具的腐蚀作用。

【酸式碳酸钠】　见"碳酸氢钠"。

【酸式焦磷酸钠】　分子式为 $Na_2H_2P_2O_7$，代号为 SAPP，无色固体，由磷酸二氢钠加热制得。$10\% Na_2H_2P_2O_7$ 水溶液的 pH 值为 4.8。在钻井液中主要起分散作用，它不仅对高黏土含量引起的絮凝，而且对 Ca^{2+}、Mg^{2+} 引起的絮凝均有良好的分散作用。遇较少量 Ca^{2+}、Mg^{2+} 时，可生成水溶性络离子；遇大量 Ca^{2+}、Mg^{2+} 时，可生成钙盐沉淀。其缺点是抗温性差，超过 80℃ 时分散性能急剧下降。对消除水泥和石灰造成的污染有很好的效果，因为用它既能除去 Ca^{2+}，又能使钻井液的 pH 值适度降低。在高温下会转化为正磷酸盐，成为一种絮凝剂。因此，一般在深部井段，应改用抗温性较强的其他类型的分散剂。

【酸溶性暂堵型无膨润土钻井完井液】　这种钻井完井液使用的暂堵剂是酸溶性暂堵剂。常用的酸溶性暂堵剂有细目或超细目的碳酸钙、碳酸铁、碳化铁等的粉末。这种暂堵剂形成的内、外滤饼在投产前可以用酸溶的方法解除。酸溶性暂堵型无膨润土钻井完井液配方见下表。

酸溶性暂堵型无膨润土钻井完井液

材料与处理剂	功　用	用量/（kg/m^3）
PAC141（PAC143）	降滤失、提黏	12.0~17.0
PHP	包被和页岩抑制	1.0~3.0
SLSP	降黏、降滤失	25.0~35.0

续表

材料与处理剂	功　用	用量/（kg/m³）
水解铵盐	降黏、降滤失	10.0~20.0
SMC	降滤失	10.0~20.0
有机硅腐殖酸钾	页岩抑制剂	10.0~20.0
KOH	维持pH	3.0~5.0
碳酸钙	提高密度	按设计要求

【随钻堵漏法】　是在钻井过程中遇到井漏，在不起钻条件下进行直接堵漏的方法，其优点是既压住产层，又可堵漏。

【随钻801堵漏剂】　由多种野生植物、腐殖酸盐、羧甲基纤维素、海藻酸钠等多种高分子化合物复配而成。特征：外观为自由流动粉末，遇水可产生交联熟化反应，形成网状结构的液体。用途：适用于多种复杂的漏失岩层，可随钻堵漏，无须停钻堵漏。一般投料后30min可见效；同时具有防塌护壁的功效。用法用量：直接将本品加入钻井液中搅拌，使之充分溶化分散。用量：视漏失量的大小按1%~4%加入。

随钻801堵漏剂主要性能

项　目	指　标	项　目	指　标
物理外观	淡褐色粉状物	细度	≥40目
容量密度	352~513kg/m³	塑性黏度	≥12mPa·s
水分	≤12%	动切力	≥3Pa
pH值	9.0±0.5	黏附力	≥0.16mPa

主要优点：①能随钻堵漏，随堵随钻，无须停钻堵漏，不需候凝时间，一般投料后30min见效，节省钻探时间，降低钻探成本。②能一次性堵漏成功。见效快，保持持久。③适用于多种复杂的漏失岩层，改善大、小裂隙和溶洞的钻井液性能，而且能改善和代替钻井液冲洗液。④可直接掺入浆液循环堵漏，不但不破坏钻井液性能，而且能改善和代替钻井液冲洗液。⑤既能堵漏防塌护壁，还能增强滤饼表面光滑致密程度。⑥能用泵输入不憋泵，不堵钻管水眼。⑦抗盐、抗钙侵、抑制页岩水化膨胀。⑧使用方法简便，用量少，成本低。⑨无毒、无味、对人体无害，无环境污染。使用配方（按冲洗液体积加量比计）：①漏失量小于或等于2.4m³/h的渗漏1%~3%。②漏失量2.4~15m³/h的局部漏失2%~4%，必要时加少量惰性材料。③有进无出的严重漏失3%~5%，最好同时加入惰性材料，或用大于10%的加量做成泥球投放挤压堵漏。使用方法（以下静置、循环、加压堵漏一般为30min左右）：①按配方将堵漏剂干粉直接掺入钻进液中，稍加搅拌使之充分溶化分散，然后开泵送入钻孔中进行循环堵漏或静置堵漏。②按配方将堵漏剂与劣质黏土一起配成堵漏浆液，开泵送入孔内进行静置堵漏、循环堵漏、加压堵漏。③按配方将堵漏剂用清水单独溶化分散，开泵送入孔内进行循环、静置或加压堵漏。④也可在黏土中加入大于10%高效随钻堵漏剂或其他材料（加水泥或惰性物）做成泥球，投放漏失层，挤压堵漏。使用时注意事项：①弄清井内情况。特别有关漏失的参数，如漏失层位置，漏失通道大小、形状、漏失量、地下水活动情况和动、静水位等。②一般情况下用清水溶化堵漏剂，待其溶化分散后再与钻井液混合均匀使用，如加量少（一般为1%~2%）时，也可直接将堵漏剂干粉掺入钻井液中，但应充分搅拌均匀。③用泵输送堵漏液时最好用单管钻具，以免发生堵塞钻头现象。④绳索取心钻进堵漏时，堵漏浆液送入孔内后，先用普通钻井方法钻进一

段时间再换绳索取心钻进，或冲洗循环一段时间再投入内管。⑤严重漏失时，可采用分次堵漏方法，提高堵漏成功率，即第一次投放高效随钻堵漏剂浆液，使之取得部分效果，然后接着用提高高效随钻堵漏剂浓度的浆液或泥球进行堵漏。⑥根据漏失情况选择合适的加量和合适的堵漏方法。⑦如果某些原因造成第一次封闭不理想时可及时补灌。⑧遇大裂隙、溶洞可先充填，再进行堵漏。

【**羧酸**】 是烃基和羧基（O = C—OH）相连的有机化合物。根据羧基相连的种类不同，可分为脂肪族羧酸、脂环族羧酸和芳香族羧酸；根据分子中是否含不饱和键，也可分为饱和和不饱和羧酸；根据羧酸分子中所含羧基的数目，又可分为一元羧酸、二元羧酸或三元羧酸等多元羧酸。羧酸的命名一般采用系统命名法和衍生命名法，对许多从天然物中得到的也常根据来源命名。羧酸的性质是：①物理性质：脂肪族饱和一元羧酸中，$C_2 \sim C_3$ 的羧酸为有酸味的刺激性液体；$C_4 \sim C_9$ 的羧酸为有腐败气味的油状液体，C_{10} 以上的羧酸为石蜡状固体，没有气味。脂肪族二元羧酸和芳香族酸都是结晶形固体。低级脂肪酸易溶于水，随着相对分子质量的增加，在水中溶解度降低。高级脂肪酸都是不溶于水，而溶于有机溶剂，羧酸一般具有较高的沸点。②化学性质：羧酸为有机酸，具有一切酸的通性，羧酸分子中的羟基可以被卤素（X）、羧酸根（RCOO—）、烷氧基（RO—）及氨基（NH_2—）取代，分别生成酰卤

$$(R-\overset{\overset{\textstyle O}{\|}}{C}-X)$$

、酸酐

$$(R-\overset{\overset{\textstyle O}{\|}}{C}-O-\overset{\overset{\textstyle O}{\|}}{C}-R)$$

、脂

（$R-\overset{\overset{\textstyle O}{\|}}{C}-OR$）和酰胺（$R-\overset{\overset{\textstyle O}{\|}}{C}-NH_2$）。另外，还有羧酸推动羧酸基放出 CO_2 而发生脱羧反应，用强还原剂氢化锂铝还原，还能使 α 碳上的氢原子活化，被卤素原子所取代等。

【**羧基**】 它是羧酸的官能团—COOH，羧基是由 CHO 构成的化合物。确切地说是一个氢原子共享 2 个氧原子，因为 C 与 2 个氧原子之间形成大 π 键，故 2 个 O 对 H 的作用是等价的。由羰基和羟基组成的一价原子团，叫作羧基。羧基的性质并非羰基和羟基的简单加和。例如，羧基中的羰基在羟基的影响下变得很不活泼，不跟 HCN、$NaHSO_3$ 等亲核试剂发生加成反应，而它的羟基比醇羟基容易解离，显示弱酸性。在羧酸盐的阴离子中，由于电子的离域作用，发生键的平均化。因此，它的两个碳氧键实际上是完全相等的。另外，羧基不能被还原成醛基，要还原羧基必定是用很强的还原剂（$LiAlH_4$），生成的醛会立即被还原。此外，由于羧基的特殊结构，使它还具有一定醛基（—CHO）的性质。

【**羧甲基淀粉**】 代号为 CMS、Na-CMS，钻井液用降滤失剂的一种。其合成工艺与钠羧甲基纤维素基本相似。

$$CH_2OCH_2COONa \quad CH_2OCH_2COONa$$

$$+2nH_2O+2nNaCl$$

羧甲基淀粉

S

【羧甲基槐豆粉】　又叫龙胶粉。以槐豆胶为原料，进行碱化处理，再以氯乙酸为羧甲基化试剂，在适当的条件下进行羧甲基化反应，获得降解槐豆胶羧甲基化衍生物。在钻井液中，主要作增稠剂、乳化剂和稳定剂。适用于煤层气大斜度井和水平井的钻井。

【羧酸盐钻井液】　指含有甲酸钾、甲酸钠、甲酸铯、乙酸钾、乙酸钠、丙酸钾、丙酸钠、正戊酸钾、正戊酸钠、正己酸钾、正己酸钠、草酸钾、草酸钠及三元羧酸钾、三元羧酸钠的钻井完井液，羧酸盐为强电解质含有羧酸盐的钻井液对泥页岩水化膨胀、分散有很强的抑制作用，与储层岩石和流体的配伍性好，同时抗盐、抗钙、抗固相污染的能力强。该钻井液一般为无固相体系(密度一般 $1.6g/cm^3$)，它具有钻速高、储层保护好等特点。

【羧甲基纤维素】　代号为 CMC。纤维素(棉短绒或木纤维)用烧碱处理成碱纤维素，在空气中干燥陈化后与氯乙酸钠反应制得钠羧甲基纤维素，分子式为：

$$CH_2OCH_2COOH$$

CMC 是长短不一的链状水溶性高分子化合物，根据聚合度不同而引起的不同水溶液黏度，可分为高黏、中黏、低黏三种类型。CMC 是钻井液良好的降滤失剂和增黏剂，有抑制页岩水化膨胀，巩固井壁的作用，有良好的抗盐、抗钙性能，但温度高于130℃就开始减效，钻井液 pH 值保持在 8.5~9.5 之间使用效果最好。

【羧酸盐型表面活性剂】　通式为 RCOOM 的阴离子型表面活性剂。式中，R 为烃基，M 为金属离子。

【缩径】　井眼因井壁岩石膨胀等而使井径变小。

【缩径现象】　钻井过程中地层发生缩径时，由于井径小于钻头直径，会出现扭矩增大、憋钻等现象，严重时转盘无法转动，甚至被卡死；上提钻具或起钻遇卡，严重时发生卡钻；下放钻具或下钻遇阻，如地层缩径严重，可使井眼闭合或泵压升高，有时停泵后有泵压，如钻含盐软泥岩时，井温高，盐岩发生蠕动时均出现此过程。

【缩径卡钻】　又称小井径卡钻，由各种因素引起井径缩小造成的卡钻。

也就是钻头通过的井段，其直径小于钻头直径造成的卡钻称为缩径卡钻。这些小于钻头的井径，有些是缩径造成的，有些是原本就存在的。缩径卡钻也是钻井工程中常见的事故。缩径卡钻处理程序图如下(仅供参考)：缩径经常发生在盐膏层、含膏软泥岩、含膏泥岩、浅层高含水泥岩、浅层或中深井段的泥岩层和高渗透性砂砾岩等地层。造成缩径的原因有：①盐岩、含盐膏软泥岩是一种塑性体。当其被钻开后，如钻井液液柱压力不足以平衡上覆应力和地应力等所产生的侧向应力时，就会发生塑性变形，造成缩径。②浅层或中深井段成岩程度较低的含大量蒙脱石的泥岩，当其被钻开后，蒙脱石吸水膨胀造成井径缩小。此现象大多发生在 700~1200m 井段第三系或白垩系泥岩中。③在高压高含水的塑性泥岩中钻进时，如钻井液压力不能平衡此种高压，泥岩就会发生塑性变形，造成缩径。④在高渗透性砂岩或砾岩中钻进

S

时，如钻井液滤失量过大或环空返速过低，就会形成厚滤饼造成缩径。预防缩径措施：①当钻开盐岩、含盐膏软泥岩之前 50～100m，就要按照设计要求提高密度；在该种地层钻进时，加强划眼频率，采取"进一退二"的方式，每钻进 0.5～1m，划眼一次，同时要分析地层缩径严重程度，判断当前密度是否满足要求；如果偏低，则应该逐渐提高密度，直到确定某一合适密度值为止。②对在"浅层或中深井段成岩程度较低的含大量蒙脱石的泥岩吸水膨胀造成井径缩小"的情况，可以采取：第一，加足包被抑制剂，提高钻井液抑制性；第二，低黏切，

大排量，高返速，增强冲刷能力；第三，在此井段，加强划眼措施，打完一个单根，可以高转速上提下放多划两次；第四，短起下钻，钻过这一井段后，搞一次短程起下钻，及时消除缩径现象。③在高渗透性砂岩或砾岩中钻进时，提前在钻井液中加入封堵性材料，降低钻井液滤失，提高滤饼可压缩性；降低钻井液黏切，大排量，高返速，增强冲刷能力；钻过这一井段后，搞一次短程起下钻，及时消除虚厚滤饼，在"泥抹"效应作用下，可以大大降低滤饼渗透率。④提高钻井液密度，也是防止高压高含水的塑性泥岩地层缩径的有效措施。

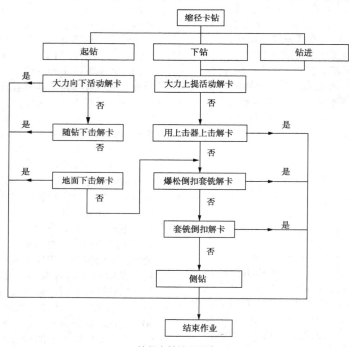

缩径卡钻处理程序

T

【泰山群地层】 群为岩性地层单位。泰山群系太古界地层，分布于鲁西地质区并构成整个地质区的结晶基底。出露在地表的部分，以四海山、泰山、沂山、徂徕山等地出露最好。泰山群是一套中深变质岩系，总厚度12000m以上，主要由黑云母片麻岩、斜长角闪岩、黑云母变粒岩、混合岩和混合花岗岩组成。泰山群地层区域变质时代，根据同位素年龄测定一般认为在25亿年左右，与太行山地区的阜平群时代大致相当。岩性组合特征：①厚度大于660m。②浅棕红色片麻岩(岩性破裂状混合岩化黑云二长片麻岩和黑云斜长变粒岩)，局部地区夹煌斑岩岩脉。顶部风化淋蚀带裂缝、溶洞、溶孔发育。由油源断层河不整合面与第三系生油层沟通形成新生古储油气田。工程故障提示：岩石坚硬，注意选好钻头类型，易掉牙轮及扭断钻具。注意井喷井漏。钻井液方面的提示：多储备钻井液，用青石粉加重。

【钛铁矿粉】 别名为钛酸铁，分子式为 $TiO_2 \cdot Fe_3O_4$，相对分子质量为151.75。钛铁矿经机械加工成为细度适宜的粉末，褐色，常温密度为 $4.6g/cm^3$，莫氏硬度 5~6。不溶于水和油，具有密度大、耐研磨、不溶于水等特点，部分能和盐酸发生反应。不易吸水，但受潮后易结块。用作钻井液的加重剂。

质量指标

项　目		指标
密度/(g/cm^3)		≥4.70
湿度/%		≤1
水溶性碱土金属(以钙计)/(mg/L)		≤100
二氧化钛含量/%		≥12
全铁含量/%		≥54
细度/%	200目筛筛余量	≤3.0
	325目筛筛余量	5.0~15.0
黏度效应/mPa·s	加硫酸钙前	≤125
	加硫酸钙后	≤125

加重1m³钻井液所需钛铁矿用量表　　　　　　kg

P原 \ P	1.10	1.15	1.20	1.25	1.30	1.35	1.40	1.45	1.50	1.55	1.60
1.10	0	67	136	208	281	357	435	516	600	686	776
1.15			68	138	211	286	363	443	525	610	698
1.20				69	141	214	290	369	450	534	621
1.25					70	143	218	295	375	458	543
1.30						71	145	221	300	381	466
1.35							73	148	225	305	388
1.40								73	150	229	310
1.45									75	153	233
1.50										76	155
1.55											78

P $P_原$	1.65	1.70	1.75	1.80	1.85	1.90	1.95	2.0	2.05	2.10	
1.10	886	964	1064	1167	1274	1385	1500	1620	1745	1875	
1.15	789	884	982	1083	1189	1298	1412	1530	1653	1781	
1.20	711	804	900	1000	1104	1212	1324	1440	1561	1688	
1.25	632	723	818	917	1019	1125	1235	1350	1469	1594	
1.30	553	643	736	833	934	1038	1147	1260	1378	1500	
1.35	474	563	655	750	849	952	1059	1170	1286	1406	
1.40	395	482	573	667	764	865	971	1080	1194	1313	
1.45	361	402	491	583	679	779	882	990	1102	1219	
1.50	237	321	409	500	594	692	794	900	1010	1125	
1.55	158	241	327	417	509	606	706	810	918	1031	
1.60	79	161	245	333	425	519	618	720	827	938	
1.65		80	164	250	340	433	529	630	735	844	
1.70			82	167	255	346	441	540	643	750	
1.75				83	170	260	353	450	551	656	
1.80					85	173	265	360	459	563	
1.85						87	176	270	367	496	
1.90							88	180	276	375	
1.95								90	184	281	
2.00									92	188	
2.05										94	

注：钛铁矿粉平均密度按 4.5g/cm³ 算。

【钛黄指示剂】 称取 0.08g 钛黄，溶于 100mL 的蒸馏水中。

【钛铁木质素磺酸盐】 又称无铬降黏剂，代号为 XD9201。该处理剂是木质素磺酸的钛铁络合物，属无铬的钻井液降黏剂，无毒。抗盐达饱和，抗温大于 150℃，适用于各种水基钻井液。

钛铁木质素磺酸盐质量指标

项　　目	指　　标
外观	黑色粉末
细度(0.3mm 筛孔通过量)/%	95
水分/%	≤10
水不溶物/%	≤5

【坍塌卡钻】 又称井塌卡钻、垮塌卡钻。见"垮塌卡钻"。

【弹性材料】 指橡胶或类橡胶物质，如聚氨基甲酸酯。

【碳酸钠】 别名为纯碱、苏打。分子式为 Na_2CO_3，相对分子质量为 106。无水 Na_2CO_3 为白色粉末或细粒，常温密度 2.5g/cm³ 左右，熔点 852℃，吸潮后会结成硬块。$Na_2CO_3 \cdot 10H_2O$ 为无色透明的针状(单斜)结晶，常温密度 1.5g/cm³ 左右，在空气中易风化，形成白色粉末状的 $Na_2CO_3 \cdot 5H_2O$，热至 35.37℃ 即溶于它本身放出的结晶水内(犹如熔化)。易溶于水，水溶液呈强碱性(pH≈11.6)，不溶于乙醇和乙醚等。在钻井液中主要用作 pH 值的调整剂。能提高膨润土的造浆率。Na_2CO_3 重要反应有：

① 调节 pH 值的水解反应（溶液 pH 可达 11.6 左右）：

$$Na_2CO_3+H_2O \Longleftrightarrow NaHCO_3+NaOH$$

② 降低钙离子浓度的沉淀反应（处理石膏及水泥侵）：

$$CaSO_4+Na_2CO_3 \longrightarrow CaCO_3\downarrow Na_2SO_4$$
$$Ca(OH)_2+Na_2CO_3 \longrightarrow CaCO_3\downarrow 2NaOH$$

不同温度下 Na_2CO_3 在水中的溶解度

温度/℃	0	10	20	30	35.8	36.5	70	80	90	101	131
溶解度/（g/100mL 水）	6.54	11.1	17.7	28.4	33.6	33.1	31.7	31.4	30.5	29.8	28.4

质 量 指 标

项　　目	指　　标		
	一级	二级	三级
总碱量（以 Na_2CO_3 计）/%	≥99.0	≥98.5	≥98.0
氯化物（以 NaCl 计）/%	≤0.8	≥1.0	≥1.2
铁（以 Fe_2O_3 计）/%	≤0.008	≥0.01	≥0.02
水不溶物/%	≤0.1	≥0.15	≥0.2
烧失量/%	≤0.5	≥0.5	≥0.7

【碳酸根】 碳酸根的化学式为 CO_3（离子 CO_3^{2-}），相对分子质量为 60。碳酸根是一种弱酸根，在水中很容易水解产生碳酸氢根离子和氢氧根离子，水偏碱性。

【碳酸锌】 见"碱性碳酸锌"。

【碳酸钾】 又称钾碱，分子式为 K_2CO_3，为白色结晶粉末，极易溶于水而成碱性反应。主要用作钾基钻井液 pH 值调节剂和除钙剂，对泥页岩有一定的抑制作用。

质 量 指 标

项　　目	项　　目			
	优级品	一级品	二级品	三级品
碳酸钾/%	≥99.0	≥98.5	≥96.0	≥93.0
氯化钾/%	≤0.01	≤0.20	≤0.50	≤1.50
氯酸钾/%	≤0.03			
含硫化物（以 K_2SO_4 计）/%	≤0.01	≤0.15	≤0.25	≤0.50
磷/%		≤0.05	≤0.10	
铁/%	≤0.001	≤0.004	≤0.02	≤0.05
镍/%	≤0.0002			
水不溶物/%	≤0.03	≤0.05	≤0.10	≤0.50
灼烧失量/%	≤1.00	≤1.00	≤1.00	≤1.00

注：1. 以上指标除灼烧量外，均以烘干试样为准。
2. 灼烧失量指标仅适用于产品出厂时检验用。

【碳酸氢钠】　别名为小苏打、重碳酸钠、酸式碳酸钠、重碱。分子式为 $NaHCO_3$，相对分子质量为 84.01。白色针状（单斜）晶体，常温密度约 $2.20g/cm^3$。在热空气中会慢慢失去部分 CO_2，270℃ 全部失去 CO_2。用作钻井液的 pH 值调整剂，缓冲剂和水泥及石灰污染后的除钙剂。

$NaHCO_3$ 重要反应有：

① 调节 pH 值的水解反应（溶液 pH 值可达 8.3 左右）：

$$NaHCO_3+H_2O \longrightarrow NaOH+H_2CO_3$$

② 沉淀反应（用于处理水泥侵，pH 值不易上升）：

$$Ca(OH)_2+NaHCO_3 \longrightarrow CaCO_3\downarrow + NaOH+H_2O$$

不同温度下 $NaHCO_3$ 在水中的溶解度

温度/℃	0	12	20	30	40	50	60	70
溶解度/（g/100mL 水）	6.9	8.15	9.6	11.1	12.7	14.45	16.4	分解

质量指标

项　　目	指　　标	
	一级品	二级品
碳酸氢钠（$NaHCO_3$）含量/%	≥98.5	≥98.0
总碱量（以 $NaHCO_3$ 计）/%	99.0～100.3	99～101.0
水分含量/%	≤0.2	≤0.4
碳酸盐含量（以 Na_2CO_3 计）/%	≤0.6	≤1.0
水不溶物含量/%	≤0.1	≤0.2
细度（60 目筛余量）/%	≤2.0	≤5.0

【碳酸钡粉】　分子式为 $BaCO_3$，相对分子质量为 197.35。为白色重质粉末，晶形为斜方晶体。常温密度 4.28～$4.35g/cm^3$，硬度 3～3.7，有毒。不溶于水和乙醇，微溶于含 CO_2 的水中，生成 $Ba(HCO_3)_2$。溶于酸（但硫酸中难溶），也溶于氯化铵或硝酸铵的水溶液（生成络合物）。由于其酸溶性，可用作钻开油层完井液及修井液的加重剂。

【碳酸盐污染】　"可溶性碳酸盐污染"。

【碳酸氢根】　碳酸氢根（HCO_3^-）为平面结构，碳位于中心，与三个氧原子键连。它是碳酸的共轭碱，也是碳酸根离子的共轭酸。水溶液中存在下列平衡，碳酸氢根既可发生电离生成水和氢离子，也会水解出氢氧根离子，水解程度大于电离，因此水溶液呈弱碱性。

【碳酸钙标准溶液】　准确称取 1.7848g 碳酸钙（优级纯），置于 100mL 烧杯中，滴加体积为 1：1 的盐酸使其溶解，加热煮沸片刻，冷却，移入 500mL 容量瓶中，用水稀至刻度，摇匀，此溶液每毫升含氧化钙（CaO）为 2mg。

【碳酸根（CO_3^{2-}）污染】　又称"碳酸盐污染"。见"可溶性碳酸盐污染"。

【碳酸氢根（HCO_3^-）污染】　见"可溶性碳酸盐污染"。

【羰基】　是由碳和氧两种原子通过双键连接而成的有机官能团（C＝O），

是醛、酮、羧酸、羧酸衍生物等官能团的组成部分。

【套管充填液】　是一种用于套管与地层环空之间稳定井眼、提供润滑效能、以便回收套管的作业液，多数为高触变性能的油基浆液。

【特殊工艺井钻井液技术】　包括水平井钻井液技术、大位移井钻井液技术、分支井钻井液技术、高温高压钻井液技术、高密度钻井液技术、连续管钻井液技术、小井眼钻井液技术、欠平衡井钻井液技术等。

【体系、环境】　人为地把研究的对象和周围的物质分开，研究的对象叫作体系，体系以外的其他有关部分称为环境。例如，在室内研究钻井液时，钻井液中各部分的全部组成成为钻井液体系。体系以外如容器、温度、搅拌速度、空气等为环境。研究某种体系时，必须要考虑体系所处的环境。

【体积百分数】　即测定体积占总体积的份数。体积百分数是测定钻井液中固相含量、油含量和水含量最常用的方法。

【体积法压井】　空井情况下发生溢流或井涌，不能再将钻具下入井内时应立即关井，测出井口压力，然后用体积法将井内溢流排出，其原理是在控制一定井口压力以保持压稳地层的前提下，让侵入井内的气体上升、膨胀、直至井口。其具体做法是：首先确定允许的套压升高值。当关井后，气体上移，套压增至某一允许值后，应打开节流阀泄压，放出一定量的钻井液，然后关井，但此时应保持一定的套压和液柱压力压稳地层。关井后，气体又继续上升，套压再次升高，再打开节流阀泄压。在关井套压不变的情况下，放出的钻井液量就是气体的膨胀量。但在泄压中，由于井内液体的排出，降低了液柱压力，为了弥补这一部分损失，必须相应地提高套管压力。重复上述操作，一直到气体上升到井口为止。气体上升到井口之后，通过小排量将钻井液泵入井内，使套压升高到某一预定值后，立即停泵，待钻井液沉落后再释放气体，使套压降低值等于注入钻井液所产生的液柱压力。重复上述操作，直到井内充满钻井液为止。用体积法压井时应注意：①因为在钻进中未发生溢流，所以可认为地层压力相当于钻进时的液柱压力。②控制井口套压略大于地层压力，但不能大于裸眼井段的最小地层破裂压力。③在油气向上运移的过程中，被污染的钻井液密度要降低，泵入的钻井液，不能维持原来的井浆密度，要用加重钻井液，密度差值大一些好。因为如把气体放完后，仍建立不起与地层压力相平衡的液柱压力来，下一步的工作很不好做。在这里不能强调压力平衡，而以制止溢流为主要目标，当加重钻井液泵入后，井口压力为零时，就可以下钻循环调整钻井液了，不会对地层造成伤害。④用体积法压井，等候气体滑脱上升的时间较长，气体到达井口后，以钻井液置换气体的工作进行到一定程度后，将变得十分缓慢，所以使用超重钻井液以缩短这个过程是十分必要的。

【体积恢复当量消泡法】　测定消泡剂消泡能力的一种方法。该法是先配制表观黏度为 20～28mPa·s，密度为 1.60g/cm³ 的加重钻井液 180mL，并置于 500mL 的具塞量筒中，依次加入铁铬木质素磺酸盐碱液 10mL[铁铬木质素磺酸盐量：水量：烧碱量(质量比)= 15：5：100]、十二烷基苯磺酸钠 10mL(10g/L)，沿量筒轴线方向振荡发泡，使泡沫面达到不低于量筒的 500mL 刻度处，然后逐渐加入适量消泡剂，并应充分振荡量筒，静置观察，同时记录消泡剂的加入体积及质量，直至该钻井液的体积恢复至 200mL 加上消泡剂体积时终止，按下式计算体积恢复当量。

$$体积恢复当量 = \frac{消泡剂消耗质量}{钻井液原体积}$$

式中，质量单位是 g，体积单位是 L。体积恢复当量可用来评价消泡剂的消耗程度和消泡的彻底程度。

【天然气】　广义地说，岩石中一切天然的气体均可称为天然气。但石油工业所称的天然气主要是指在地层中有机质热演化各个阶段（生物化学阶段、成油阶段及过成熟阶段）生成的气态烃和非烃气体（CO_2、N_2、H_2S 等）所组成的混合气。其特点是无色，可以燃烧，呈淡黄或蓝色火焰。天然气按成因可分为宇宙气、火山气、生物成因气、热裂解气；按产状可分为油田气、气田气、凝析气、伴生气、煤田气、煤系气、游离气、溶解气、水溶气；按化学成分可分为干气、湿气等。天然气可作为燃料、代替钻井液的充气流体等。

【天然裂缝】　见"裂缝性漏失"。

【添加剂】　即"钻井液处理剂"。

【填塞剂】　参见"桥接堵漏材料"。

【田菁胶】　代号为 TQ，在钻井液中用作增黏剂。

田菁胶

【调节密度作用】　随着钻井中所遇到的地层情况和深度不同，往往需要改变钻井液的密度，例如钻遇高压油、气、水层时，为了预防或控制井喷，需要加入加重剂增加密度，以增大钻井液液柱压力。

【调节 pH 值作用】　钻井液的 pH 值（氢离子浓度指数或酸碱度）对钻井液有多方面的影响，例如黏土颗粒的亲水性和分散性、无机处理剂和有机处理剂的溶解度和处理效果、井壁泥岩和泥岩钻屑的水化膨胀和分散、钻井液对钻具的腐蚀性等。因此，不论哪种钻井液，几乎都有它自己的最合适的 pH 值范围。但钻井液的 pH 值在使用过程中由于种种侵污会发生变化，因为能改变 pH 值的物质并不限于酸和碱，而是凡能改变 H^+ 或 OH^- 浓度的物质都能改变它。例如，钻井液受盐水侵或盐侵时 pH 值下降，受水泥侵时 pH 值上升等。用无机处理剂调节 pH 值，一般有见效快和操作简便的特点，例如，烧碱可以混在减稠剂中一起加入。另外，提高 pH 值除了加烧碱水外，也可以加盐类如纯碱和多磷酸钠等。另一方面，在某些钻井液中加 $FeCl_3$、$AlCl_3$ 和 $Al_2(SO_4)_3$ 等水解后能增加 H^+ 浓度的盐类时，也会引起 pH 值的下降。

【铁铬盐】　见"铁铬木质素磺酸盐"。

【铁铬木质素磺酸盐】　简称铁铬盐，代号为 FCLS。是钻井液的有效稀释剂。以钙基亚硫酸纸浆废液（木浆或苇浆），在 60～80℃ 温度下，与一定量的硫酸亚铁和重铬酸钠溶液反应，然后喷雾干燥而得，常为棕黑色粉末。它的化学结构还没有完全搞清楚，但可确定它的相对分子质量在 $2 \times (10^4 \sim 10^5)$ 之间。

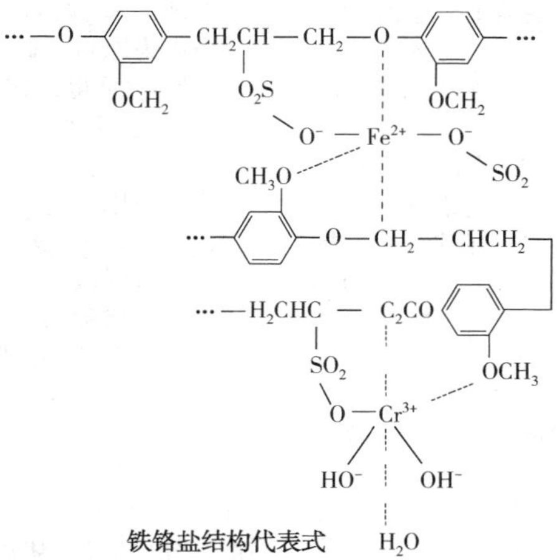

铁铬盐结构代表式

H_2O

　　铁离子和铬离子再与木质素磺酸形成稳定性较高的内络合物（螯合物），吸附于黏土颗粒的棱角处，改变带电和水化状态，起稀释作用。铁铬盐具有比单宁、栲胶强得多的抗盐、抗钙能力，可抗温 170～180℃，除起稀释作用外，还有降滤失作用。FCLS 的稀释机理包括两个方面：一是在黏土颗粒的断键边缘上形成吸附水化层，从而削弱黏土颗粒之间的端-面和端-端连接，削弱或拆散空间网架结构，使钻井液的黏度和切力显著降低；二是 FCLS 分子在泥页岩上的吸附，有抑制其水化分散的作用，这不仅有利于井壁稳定，还可以防止泥页岩造浆所引起的钻井液黏度和切力上升。

【铁铬盐-CMC 钻井液】　　以铁铬盐作稀释剂，CMC 控制滤失量。为提高抗温能力加入重铬酸盐及表面活性剂，必要时可以混油。其优点是抗盐、抗钙能力强，有一定的抗温能力（不超过 150℃）。如采用抗氧化剂来提高处理剂的抗温能力，则可提高钻井液体系的热稳定性。

【铁铬盐-腐钾钻井液】　　以铁铬盐、烧碱、CMC、磺化腐殖酸钾为主处理剂的一种防塌钻井液体系。该钻井液的 pH 值不低于 8，最佳范围为 9～11，为了达到最佳防塌效果，钻井液中磺化腐殖酸钾的含量不能小于 2%。该钻井液体系具有抗盐、抗钙能力强，适用于各种矿化度条件下的现场施工，稳定性好，抗污染能力强，黏土、固相容量大，防塌性能好。该体系适用于中深井的现场施工。它对环境污染较大，抑制地层黏土分散的能力较弱，且润滑性较差。

【铁铬盐分散性钻井液】　　该体系主要有铁铬盐（FCLS）、烧碱（NaOH）和羧甲基纤维素（CMC）组成，用 FCLS 调整黏度和切力，NaOH 调整 pH 值，CMC 控制滤失量。该钻井液具有抗盐、抗钙能力强，适用于淡水、盐水及饱和盐水等工业用水条件下的钻井液现场施工，其配制、维护工艺简便，一般是在一开钻井液的基础上加入适量纯碱（Na_2CO_3）和 CMC，钻进时用 FCLS、NaOH、CMC 控制钻井液性能。该钻井液黏土容量大，对地层条件适应能力强，抗污染能力强，抗

T

温性好。它抑制地层黏土分散的能力弱，废钻井液排放量大，对环境污染较为严重，钻井液中亚粒子浓度高，钻速较慢。

【铁铬盐-CMC盐水钻井液】 该体系由磺化褐煤、铁铬盐、重铬酸盐和表面活性剂组成。具有较好的抗盐、抗温能力。曾在从矿化度为 $13 \times 10^4 \sim 15 \times 10^4$ mg/L、黏土含量为 15% ~ 20%、温度180℃的条件下，顺利使用于超深井。

【铁锡栲胶-木质素磺酸盐】 钻井液处理剂的一种，代号为FSLS。以落叶松皮为原料，通过磺化、络合、氧化等反应而得，在钻井液中起降黏作用，在淡水钻井液中抗温不低于180℃、抗NaCl达8%，同时兼有降滤失作用，对环境无污染。

【烃】 又称碳氢化合物。凡是分子中只含有碳（C）和氢（H）两种元素的有机物，通称为烃。烃的种类繁多，有较广的来源。按照结构和性质可分类如下：

$$
烃类 \begin{cases} 开链烃（脂肪烃） \begin{cases} 饱和烃（烷烃） \\ 不饱和烃（烯烃、炔烃） \end{cases} \\ 闭链烃（环烃） \begin{cases} 脂环烃（环烷烃、环烯烃） \\ 芳香烃 \end{cases} \end{cases}
$$

【烃基】 被用来指只含碳、氢两种原子的官能团，可以看作相应的烃失去一个氢原子（H）后剩下的自由基。从不同的烃类可以得到不同类型的烃基。烃基通常用R表示。烃基可分为一价基、二价基和三价基。例如，一价基，CH_3CH_2—（乙基）（异丙基）、$CH \equiv C$—CH_2—（2-丙炔基）。二价基，$CH_3CH =$（亚乙基）、—$CH = CH$—（1，2-亚乙烯基）。三价基，$CH_3C \equiv$（次乙基）。

烷烃分子中去掉一个氢原子后剩下的一价烃基叫烷基，通式是C_nH_{2n+1}。

【烃类化合物】 凡是分子中只含有碳（C）和氢（H）两种元素的有机物，统称为烃。又可分为烷烃（如甲烷CH_4）、烯烃（如乙烯C_2H_4）和炔烃（如乙炔C_2H_2）和芳香烃（如苯C_6H_6）等。

【通井】 指疏通井眼。在进行某些井下作业（如测井、下套管等）时，为了保证作业成功，不阻不卡，常需要先通井。通井的方法是，将钻具下入井内，利用钻具穿过井眼，使井眼畅通，遇到阻力时，可循环钻井液或划眼。通井通常是使用钻进该井段时所用的钻具，钻头可用旧的，但需要与原钻进用的钻头同尺寸。

【通用试剂】 见"化学试剂"。

【同种离子互相交换】 即吸附在黏土表面上的阳离子与体系中的阳离子之间进行交换。

【桶当量】 指1g物质在350mL液体中，密度相当于1lb/1bbl流体。

【吐温-80】 见"聚氧乙烯（20）山梨醇酐单油酸酯"。

【托压】 托压产生在直井反扣或定向井多次反扣的定向过程中、开窗侧钻井开窗侧钻，定向井、水平井70°~90°的定向过程中；托压由于井眼轨迹以及各种阻力的原因使得钻具加压后，压力很难传递到钻头；从综合录井仪器及指重表看，就是在钻压不断增加的前提下，钻头的位置不变、没有进尺，泵压不升高、不憋泵，在钻压继续增加时钻头瞬间触及井底突然憋泵。定向井托压一方面影响正常的

定向施工，另一方面如果操作不当易
产生卡钻。

【脱水】　指从化合物中失去自由水或
结合水。

【脱气器】　能够清除钻井液夹带气体
的装置，清除钻井液中混入的气体产
生的气泡。

【妥尔油沥青磺酸钠】　代号为STOP，
由妥尔油、沥青、磺酸钠组成。为黑
色粉末，溶于水，部分溶于柴油。在
水基钻井液中具有良好的润滑和防卡
作用。对稳定泥页岩，巩固井壁，降
低高温高压滤失量和改进环空流型有

一定的效果。

STOP 质量指标

项　目	指　标
有效物/%	≥90.0
水分/%	≤4.0
硫酸钠/%	≤5.0
杂质/%	≤10.0
润滑系数	≤0.11
细度(通过60目筛)/%	≥95.0
pH 值	9~10

W

【瓦氏膨胀仪】 指 WZ-1 型瓦氏膨胀仪，是测量膨胀性的一种专用仪器。该仪器包括台座、支架、透水石、有孔活塞板、环刀、顶土块、水盆、百分表（0.01mm，量程 10mm）、样心成型压力机（由千斤顶、塞套、环刀、垫板、支架和压力表等组成）等。

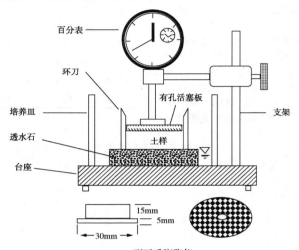

WZ-1型瓦氏膨胀仪

该仪器的操作步骤是：①将环刀内壁涂上一薄层凡士林，放在一薄铁板上。称取约 40~50g 通过 100 目分样筛的风干页岩样品，均匀地装入环刀中，将顶土块放入环刀中。将薄铁板、装好样品的环刀和顶土块一起放在压力机上，在 15MPa 的压力下挤压成型 5min，然后卸压，取出环刀、顶土块和薄铁板。②将环刀翻转，用顶土块将环刀中超过 1cm 的样品顶出，用修土刀修平，制成厚度恰为 1cm 的样心。盖上其直径与试样相同的滤纸。③将环刀放在透水石上，使有滤纸的面与水石接触。取出顶土块，将有孔活塞板盖于环刀中的试样上，将透水石连接环刀一起放入水盆中央。④安装百分表，使百分表的下端对准紧贴有孔活塞板的中心，将百

分表固定紧，此时百分表读数必须在 5~30 格内，读记百分表读数，此即膨胀开始前的读数（R_o）。⑤向试液盆内加入钻井液滤液或其他钻井液处理剂溶液，使盆内水面稍高于试样底面。从加水开始计时，分别记 2h 和 24h 的百分表读数。实验过程中应经常保持盆内液面稍高于试样的底面位置。其计算结果按下式计算 2h 和 24h 的膨胀百分数：

$$V_t = [(R_t - R_o)/10] \times 100\%$$

式中 V_t——时间 t 时的页岩的线膨胀百分数，%；

R_t——时间 t 时百分表的读数，mm；

R_o——膨胀开始前的百分表的读数，mm。

【瓦棱搅拌器】 是一种钻井液实验用

高速搅拌器（组织捣碎机）。其转速为 8000～12000r/min，容积有 500mL、1000～4000mL。

瓦棱搅拌器

【烷基】　饱和烃类少一个氢原子后生成的基团。

【烷基化】　化合物分子中引入烷基（例如甲基、乙基等）的反应。一般是将烷基联结到氮、氧、碳等原子上。

【烷基糖苷】　代号为 APG，一类新型非离子表面活性剂。由于其在表面活性、去污性、配伍性、溶解性及生物降解性等方面表现出的优良性能，被誉为"世界级"的表面活性剂。烷基糖苷在钻井液中用作防塌抑制剂。

【烷烃的性质】　由于其组成相似、结构相似，所以其性质有许多共同之处，经历由量变到质变的过程。一般来讲，在常温下，$C_1 \sim C_4$ 的烷烃是气体；$C_5 \sim C_{15}$ 的是液体；C_{16} 以上的是固体。烷烃的沸点、熔点都是随着 C 原子数目的增加而增高的。

【烷基磺酸钠】　代号为 AS，又名为石油皂；分子式为 $R-SO_3Na$（R 以 $C_{14} \sim C_{18}$ 的烃基为主），是一种阴离子亲水活性剂。对碱水和硬水都稳定，为白色或琥珀色无味粉末或膏状物，完全溶于水，储藏稳定。用作钻井液起泡剂、降密度剂和盐水钻井液乳化剂（在含盐钻井液中由于水化减弱起泡性变差）。

【烷基氯化吡啶】　是一种阳离子表面活性剂，在钻井液液中通过起活性作用部分的阳离子在页岩表面吸附，中和了页岩表面的负电性并使页岩表面反转为亲油表面而起稳定页岩的作用。烷基氯化吡啶的化学式为：

$$[R-N\bigcirc]Cl \qquad R:C_{12}\sim C_{18}$$

【烷基苯磺酸钠】　代号为 ABS；分子式为 $RC_6H_4SO_3-Na$（R 以 $C_{10} \sim C_{18}$ 的烃基为主），是一种阴离子亲水活性剂，为白色或淡黄色粉状或片状固体，溶于水而成半透明溶液，对碱、稀酸和硬水都比较稳定，抗钙、抗盐性能较强，在淡水中起泡性很强。用作泡沫剂、硬水中的洗涤剂，与司盘-80 等配合使用可用作盐水钻井液的乳化剂，起泡性很小。

【烷基苯磺酸钙】　以 $[(RC_6H_4)SO_3]_2Ca$ 为主要成分，为棕黄色黏稠状液体，亲油性强，主要用作油包水型钻井液的乳化剂，其耐温性、抗破乳性强。

烷基苯磺酸钙质量指标

项　目	指　标
烷基苯磺酸钙含量/%	60±2
润滑级	5～7
pH 值	6

【烷基糖苷钻井液】　烷基糖苷钻井液在润滑、清砂、降阻方面可以满足长水平井钻井的需要，在多个油田成功应用。通过分子结构改性的烷基糖苷衍生物，如阳离子烷基糖苷和聚醚氨基烷基糖苷，抑制能力大大提升，保持了优良的润滑和流型调节能力，配合使用与页岩地层孔缝匹配的纳米-微米封堵剂，满足页岩气长水平井的钻完井需求。

【烷基三甲基氯化铵】　是一种阳离子型表面活性剂，活性部分的阳离子通过在页岩表面吸附，中和页岩表面的负电性，使页岩表面反转为亲油表面而起稳定页岩的作用。配制纯油钻井液的有机土就是用"烷基三甲基氯化铵"处理膨润土制得的。

$$[R-\overset{\displaystyle CH_3}{\underset{\displaystyle CH_3}{N}}-CH_3]Cl \qquad R:C_{12}\sim C_{18}$$

烷基三甲基氯化铵

【烷基醇硫酸酯钠盐】　该产品的性质与矿物油的性质相近，即 25℃ 时密度在 $0.76\sim0.86g/cm^3$ 范围内，黏度在 $2\sim6mPa\cdot s$ 范围内；在水包油钻井液体系中用作乳化剂。

$$R-OSO_3Na$$

烷基醇硫酸酯钠盐

【烷基酚聚氧乙烯醚】　属非离子表面活性剂。通式为：

$$R-\bigcirc-O(CH_2CH_2O)_nH$$

（R 多为 $C_8\sim C_9$ 的烷基），在钻井液中，常用的有 OP-10、OP-4 等。

【烷基苄基二甲基氯化铵】　是一种季铵盐型表面活性剂，它在膨润土表面吸附，可将表面转变为亲油表面，从而使它在油中分散。配制纯油钻井液的有机土就是用"烷基三甲基氯化铵"处理膨润土制得的。

$$[R-\overset{\displaystyle CH_3}{\underset{\displaystyle CH_2}{N}}-CH_2-\bigcirc]Cl \qquad R:C_{12}\sim C_{18}$$

烷基苄基二甲基氯化铵

【完钻】　指全井钻进阶段的结束。

【完井】　指全井钻达设计井深或钻达目的层后，进行的各种完井作业工作，完井作业包括电测、井壁取心、通井、下套管、固井、装井口等。

【完井液】　①一口井完井工作是指从钻开产层开始到交付生产为止所进行的各种作业，这些作业包括钻井、下套管、射孔、防砂、装井口等，完井液可定义为有利于这些作业的液体。②从钻开油气层、射孔、试油、防砂以及各种增产措施中用于产层的流体均称为完井液。完井液按其用途可分为十类，即钻井液、水泥浆、射孔液、隔离液、封隔液、套管封隔液、填充液、修井液（压井液）、压裂液、酸化液。针对产层常使用完井液和修井液的分类如下：

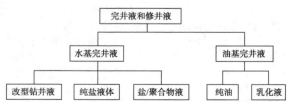

【完井工作】　一般指从钻开油气层开始，包括钻开油气层、下套管、射孔、下油管及井下装置、安装完井口、替喷投产或进行测试等。

【完井阶段】　指一口井钻完设计井深后，进行取全取准所需地质资料并达到固井质量要求，取决于完井工作能否顺利进行及完井工作的质量。本阶段的工作包括完钻、电层、井壁取心、通井、下套管、固井、测声幅、装井口等工作。

【完全絮凝】　是指高分子聚合物加入

钻井液时，能吸附在黏土颗粒的表面上，在黏土颗粒间架桥作用。许多黏土颗粒被聚合物大分子联结在一起，形成一个大颗粒，失去重力稳定性而沉淀，但是这种絮凝作用和高聚物的加量有关，加量不足时，高聚物只吸附在黏土颗粒上，架桥作用不充分、不完全，造成钻井液的黏度、切力升高，但不发生絮凝现象。当高聚物浓度达到一定数量后，形成了大的絮凝颗粒，这时才发生明显的絮凝现象。这时的高聚物浓度称为最佳絮凝浓度。当高聚物浓度超过最佳浓度继续增加时，则高聚物与黏土颗粒形成遍布整个体系的结构网，这时不但不会出现絮凝现象，相反却形成非常稳定的胶态体系。

【完全絮凝剂】 能使钻井液中所有固相(包括膨润土和无用固体钻屑、劣质黏土等)都发生絮凝沉淀，这种絮凝剂称为完全絮凝剂。使用完全絮凝剂只有通过调节其加入的浓度获得部分絮凝，即只有使用钻井液中部分黏土絮凝沉淀，而保存一部分黏土，降低了钻井液的固相含量。但只要加到一定浓度，完全絮凝剂就可使钻井液中全部固体絮凝沉淀，使钻井液变成清水。

【完井洗井液】 完井工作一般是指从钻开油气层开始，包括钻开油气层、下油层套管、射空、下油管和井下装置，到完井井口、替喷投产或进行测试。钻开油气层的洗井液和完井后长期存留在套管和油管之间的封闭液统称为完井洗井液。

【万能王】 钻井液用处理剂，代号为FKW800。是一种多功能的液体聚合物，为浅色乳状液体，可快速混合和提升钻井液黏度，能够有效抑制胶黏土地层的水化膨胀、胶结黏附、防止

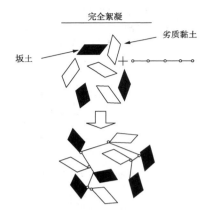

完全絮凝

坂土　　　　　　　劣质黏土

聚合物把全部颗粒联结在一起并絮凝

清水

完全絮凝剂对黏土的絮凝作用

糊钻；同时，它具有良好的润滑作用。井眼稳定；增强钻井液流变性；降低钻机回转扭矩及循环压力；可用于钻井液絮凝剂；减少滤饼和防止在黏土地层中发生钻头包泥现象。将配浆用水的 pH 值调整至 7.0 以上，以便充分发挥 FKW800 的效用。务必先混合膨润土，然后把 FKW800 以缓慢和稳定的速度加入钻井液中。推荐用量(每立方米)，直接在清水中使用0.4~0.8L；添加到膨润土钻井液中0.3~0.8L。

【微晶】 指矿物颗粒小于 0.2mm，但在偏光显微镜下可以明显地看出矿物的颗粒，称为"微晶"。具有微晶呈无秩序分布的结构称为"微晶结构"。

【微量分析】 被测组分含量为 0.001%~0.1%，分析称为"微量分析"。

【微晶结构】 见"微晶"。

【微波钻井】 微波破岩钻井的简称，见"微波破岩钻井"。

【微交联 CMC】 是在生产羧甲基纤维

素（CMC）的过程中加入适量的交联剂（四硼酸钠或 N-羟甲基丙烯酰胺），使分子间发生微交联。在钻井液中用作增黏降滤失剂，具有较好的抗温、抗盐能力。其交联反应表示如下：

$$[B_4O_5(OH)_4]^{2-}+5H_2O=2H_3BO_3+2B(OH)_4^-\ 2CMC-(OH)+H3BO_3^-\rightarrow$$

四硼酸钠为交联剂

$$CMC-OH+OH^- \rightarrow CMC-O^-+H_2O\ 2CMC-O^-+CH_2=CH-CO+H_2O\rightarrow$$
$$NH-CH_2-OH$$

$$+2OH^-$$

N-羧甲基丙烯酰胺为交联剂

【微型旋流器】 即小于 2in 的旋流分离设备；分离直径为 5～10μm 的固体，用于从钻井液中分离膨润土。

【微晶高岭土】 黏土矿物的一种。它的每一构造单位由两层硅-氧四面体和夹在它们中间的一层铝-氧八面体组成。每个四面体的顶部指向中央的八面体。通过公用氧连成晶层，若干晶层按一定距离在 c 轴方向上平行排列，构成了蒙脱石。蒙脱石晶体呈典型的片状，片体内晶层两侧都有氧层，晶层键不能形成氢键，晶层间靠较弱的分子键连接，层间一般含吸附水，所以晶层连接不紧密，c 轴间距离很大，且易扩大，层易分开。水和氧离子容易进入晶层之间。蒙脱石颗粒很小，晶格取代普遍。其补偿阳离子几乎都是交换性阳离子。

【微晶高岭石】 见"蒙脱石"。

【微泡钻井液】 微泡钻井液是针对枯竭地层开发的需要而研制的一种特殊的泡沫钻井液，除具有密度低、可循环使用、配制成本低，以及工艺简单等普通泡沫钻井液优点外，还具有微泡粒径小（直径 50～200μm）、稳定性及抗压缩能力强，钻井液具有很高的剪切稀释性，在低剪切速率下表现出非常高的黏度，可减少钻井液侵入渗透性地层或微裂缝性地层。现场微泡钻井液最低使用密度一般在 0.82g/cm³ 左右，适用于地层压力系数小于 1.0 的低压油气藏及易漏失地层的钻井。

【微波破岩钻井】 使用集聚的雷达波束（2450MHz）加热和剥落岩石的钻井方法。雷达波通过铜制的波导传送并被岩石所吸收。一台 10kW 的实验室微波钻机对加热和破碎大块岩石还有效，但在这些岩石中钻孔却显得无效。微波破岩钻具的输出功率和破岩速度都不会很高。

【微粒粒径测定仪】 利用测定超细颗粒及胶体分散液中微粒的粒度及分布状况。

【微细颗粒和纤维物质堵漏】 一些裂缝、孔隙的开口直径小于 150μm，较大的颗粒进不去，只有用微细物质，如云母片、石棉粉、超细目碳酸钙、氧化沥青粉等进行堵漏，在压差的作用下，随着漏失过程的进行，纤维物质在漏失点聚结，加之钻井液中各种粒子的充填，在裂缝中及井壁表面上形成非常致密的骨架结构，从而很快阻止了钻井液的漏失。

【未饱和价键】 由无数小晶胞组成的大晶体，常常有破开的断键，形成了带有一定电荷的未饱和键。例如，黏土矿物边缘上破开处常有未饱和键，使黏土带电。

【未处理膨润土】 只经粉碎磨细而未经化学处理的膨润土。API spec13A sec.5中规定"未处理膨润土"的7.14g/100mL淡水浆应具有如下性能：动塑比最大为1.5(SI单位为"0.75")；塑性黏度最小为10mPa·s；API滤失量最大为12.5mL。

【未加重钻井液】 指未加加重材料的钻井液。

【温度计】 也叫"温度表"，测量温度的一种仪器，一般的温度计是根据物体热胀冷缩的原理制成的，在细玻璃管中装有水银或酒精，玻璃管上有刻度。另外，在工业上和科学研究上应用的温度计种类较多，如光学温度计、电阻温度计等。

【温度稳定剂】 使钻井液在高温条件下保持性能稳定(主要是流变性及滤失性)的化学处理剂。

【温度单位关系】 指摄氏、列氏、华氏、开氏温度的换算关系。

温度单位换算

摄氏温标(摄氏)/℃	列氏温标(列氏)/°R	华氏温标(华氏)/°F	绝对温标(开氏)/°K
n	$\frac{4}{5}n$	$\frac{9}{5}n+32$	$n+273.15$
$\frac{5}{4}n$	n	$\frac{9}{4}n+32$	$\frac{5}{4}n+273.15$
$\frac{5}{9}(n+32)$	$\frac{4}{9}n(n-32)$	n	$\frac{5}{9}(n-32)+273.15$
$n-273.15$	$\frac{4}{5}(n-273.15)$	$\frac{9}{5}(n-273.15+32)$	n

【稳泡剂】 见"泡沫作用"。

【稳定流】 系指流动是连续的流体。包括层流、紊流和塞流。

【稳定剂】 能增强钻井液性能稳定以及延缓处理周期的添加剂称为"稳定剂"。

【稳定泡沫】 由泡沫剂和聚合物水溶液组成的稳定泡沫状钻井液。

【稳定井壁和平衡地层压力】 井壁稳定、井眼规则是实现安全、优质、快速钻井的基本条件。性能良好的钻井液应能借助于液相的滤失作用，在井壁上形成一层薄而韧的滤饼，以稳固已钻开的地层并阻止液相侵入地层，减弱泥页岩水化膨胀和分散的程度。

与此同时，在钻井过程中需要不断调节钻井液密度，使液柱压力能够平衡地层压力，从而防止井塌和井喷等井下复杂情况的发生。

【紊流】 在流动中，流体沿流道流动时连续产生漩涡。在某一特定方向上，有一个平均运动。

紊流

【涡轮钻具】 把钻井液的水力能经过叶轮转换成机械能的动力钻具，简称

W

涡轮钻。用涡轮钻在孔底可以进行钻探取心。它的回转不像螺杆钻那样靠液体的压力而是由液体的流速来驱动。钻探时钻杆不转动，钻杆工作条件可以得到明显改善，也没有旋转钻杆柱所需功率的消耗。涡轮钻可以配合牙轮钻头、金刚石钻头钻垂直孔、定向孔和多底钻孔，缺点是转速高、轴承寿命短、易损件多、钻头寿命较短。

【涡轮钻井】　采用涡轮钻具作为井底动力钻具。利用水力动能驱动涡轮的旋转钻井方法。常用的井下动力机为一水力驱动的多级涡轮钻具，装在钻杆柱的下面。钻井液由地面泥浆泵排出，经钻杆柱内部输入涡轮钻具，冲动涡轮轮叶，带动钻头在井底旋转，破碎岩石实现钻进。涡轮钻具可以产生多于 223.71kW（300ph）的动力，使钻头每分钟旋转达 200～800r，产生这样大的动能需要较大的排量和泵压，以及相应的大功率泥浆泵。

【污染物】　钻井液中任何破坏钻井液预期性能的物质。如石膏、盐岩、盐水、岩屑、各种气体等。

【无机物】　见"无机化合物"。

【无机化学】　研究元素、单质和无机化合物的来源、制备、结构、性质、变化和应用的一门化学。

【无用固相】　在钻井液中一般指钻屑。

【无水聚合醇】　是一种钻井液用强抑制性，集优良抗盐、润滑、抗温和保护油气层性能于一体的水性高分子聚合物。该剂由多种聚合醇、多元醇和表面活性剂复配而成。主要应用于海洋钻井、大位移井、分支井、水平井等高难度井及特殊要求的探井等。特点是，抑制性强，能有效地控制泥页岩与钻屑的水化、膨胀和分散，抑制地层造浆，稳定井壁；抗温达

200℃，可用于深井和超深井中，作为高温稳定剂和润滑剂；配伍性好，能与各种处理剂配合，并提高其他处理剂的抗温性，适用于各种水基钻井液。

无水聚合醇技术指标

项　　目	指　　标
外观	自由流动性液体流动性液体
浊点/℃	25.0～50.0
含水量/%	≤7.0
滤失量/mL	≤25.0
表观黏度/mPa·s	≤15.0
70℃/3.5mPa·s黏附系数降低率/%	≥50.0

【无机絮凝剂】　主要是一些无机盐，如氯化钠、氯化钙等。作用机理为，通过离子交换吸附压缩双电层，降低黏土颗粒表面电动电位，水化膜变薄，使黏土颗粒产生絮凝。

【无机缓蚀剂】　有缓蚀作用的无机化合物。

【无机杀菌剂】　有杀菌作用的无机化合物。

【无机化合物】　简称无机物。一般指除碳以外的各种元素的化合物。例如水、食盐、硫酸、石灰等。但也包括少数简单的含碳化合物，例如一氧化碳、二氧化碳。酸式碳酸盐和碳酸盐等。绝大多数的无机化合物可以归入氧化物、酸、碱和盐四大类。

【无固相钻井液】　该类钻井液几乎是不含任何固相物质的流体，靠采用各种高聚物（主要是阳离子型的）及盐类来控制性能，能最大限度地抑制黏土的水化、膨胀，很好地保持井壁稳定，来满足各种作业的要求。这种体

系能大大地简化钻井工程、套管程序，并降低成本。

【无黏土钻井液】 属无固相钻井液体系，此钻井液对地层和环境无害。该钻井液对盐和温度都比较稳定，尤其适用于含 Ca^{2+}、Mg^{2+} 的地层。为较好地控制其流型和碱度需要加入苏打和烧碱，用盐类控制密度，用纤维素控制滤失量，同时加入部分表面活性剂。

【无机胶凝堵剂】 即水泥、石膏、石灰等混合浆液，其中以水泥为主，是钻井工程中最常用的堵漏材料之一。其最大特点是封堵漏层后，具有较高的承压能力，这是其他类型的堵漏材料无法比拟的。常用的配方有：①水泥原浆－油井水泥：水按 100：(40~60)(质量比)，主要用于浅井－中深井；②快干水泥浆－油井水泥：

水：促凝剂按 100：(40~50)：(5~30)(质量比，促凝剂为水玻璃、氧化钙、NaCl、NaOH 等)，主要用于浅井－中深井压力极低的漏失井段；③缓凝水泥浆－油井水泥：水：缓凝剂按 100：(50~60)：(1~10)(质量比，缓凝剂为 FCSL、SMT 等)，主要用于中深井－深井段的堵漏。

【无芳烃基钻井液】 低毒油基钻井液的一种。基油中芳烃质量分数小于 0.01% 的油基钻井液为无芳烃基钻井液。毒性低，对环境影响小。

【无机硅酸盐钻井液】 主要依靠硅酸钠抑制页岩水化。典型配方如下：无水硅酸钠 74kg，黏土(高造浆率 6.8kg，食盐 17kg，水 132kg)。这种钻井液可以用重晶石加重到所需的范围，两种不同密度的钻井液性能如下：

无机硅酸盐体系的典型性能

密度/(g/cm³)	表观黏度/mPa·s	漏斗黏度/s	初切力/Pa	终切力/Pa	API滤失量/mL	滤饼厚度/mm	pH值
1.56	39	40~50	0	5~10	4~8	1.6	12.2
2.04	48	50~60	0~5	10~20	4~8	1.6	12.2

【无固相聚合物钻井液】 使用无固相聚合物钻井液(又称清水钻井液)可达到最高的钻速，但要实现无固相的清水钻进，必须注意解决以下三个方面的问题：一是必须使用高效絮凝剂，使钻屑始终保持不分散状态，在地面循环系统中发生絮凝而全部清除；二是要有一定的提黏措施，并能够按工程上的要求，实现平板型层流并能顺利地携带岩屑；三是有一定的防塌措施，以保证井壁的稳定。生物聚合物和聚丙烯酰胺及其衍生物是配制无固相钻井液较理想的处理剂。使用聚丙烯酰胺及其衍生物作无固相钻井液处理剂，要求其相对分子质量应

大于 100×10^4，最好超过 300×10^4，水解度应小于 40%。非水解聚丙烯酰胺的优点是，一旦絮凝就不容易再度分散；缺点是用量较大，提黏与防塌效果均较差。水解度在 30% 左右的 PHPA 则相反，用量较少，提黏与防塌效果均比非水解聚丙烯酰胺好；缺点是絮凝物的结构比较疏松，对浓度敏感，浓度过大絮凝效果变差。尤其是遇到含蒙脱土较多的水敏性地层时，絮凝效果就更差。为了克服水解产物的缺点，常在钻井液中加入适量无机离子，如可溶性钙盐、钾盐、铵盐和铝盐等。这些无机盐有助于絮凝分散好的黏土，同时可提高防塌能力。现场配制与维护的要点如下：

①配聚合物溶液。先用纯碱将水中的 Ca^{2+} 除去（每除掉 1mg/L 的 Ca^{2+}，需纯碱 $4.29g/m^2$），以增加聚合物的溶解度，然后加入聚合物絮凝剂，一般加量为 $6kg/m^2$。②处理清水钻井液。将配好的聚合物溶液喷入清水钻井液中，喷入位置可以在流管顶部或振动筛底部。喷入速度取决于井眼大小和钻速。③促进絮凝。加适量石灰或 $CaCl_2$，通过储存池循环，避免搅拌，让钻屑尽量沉淀。④适当清扫。在接单根或起下钻时，用增黏剂与清水配几立方米黏稠的清扫液打入循环，以便把环空中堆积的岩屑清扫出来。只要保证上水循环系统内的清水清洁，即可获得最大钻速。

【无机胶凝物质堵漏法】　无机胶凝堵漏物质主要以水钻井液及各种水泥混合稠浆为基础，此法一般用于较为严重的漏失。采用水钻井液堵漏要求漏层位置比较确定，大多用来封堵裂缝性和破碎性碳酸盐岩及砾石层的漏失。堵漏时必须搞清漏失层位置和漏失压力。使用"平衡"法原理进行准确计算，才能确保施工质量和安全。施工时，一般必须在井筒中留一段水泥塞，水泥塞的体积约等于水钻井液总体积的 1/3。这是为了避免有限量的水钻井液被顶得过远而不能堵住漏失通道，造成堵漏失败。为保证封固质量，施工前应先注入一段隔离液。配方见下表：

无机胶凝堵漏配方

水	1.2g/cm³膨润土浆	水泥/kg	石灰/kg	烧碱/kg	硅酸钠/kg
1m³	0.365	1820	455	91	270

【无固相盐水钻井完井液】　又称无固相清洁盐水钻井液。该类钻井液不含泥土及其任何固相，是以高分子聚合物为悬浮剂和流型调节剂，以可溶性盐类为密度调节剂的一种体系。常用的高分子聚合物有 PAM、PAC、XC 和改性淀粉等，盐类有 NaCl、$CaCl_2$、KCl、NaBr、KBr、$CaBr_2$ 和 $ZnBr_2$ 等。由于盐的种类较多，密度可在 $1.0 \sim 2.3g/cm^3$ 范围内调整。流变参数和滤失量通过添加对油气层无害的聚合物来进行控制。为了防止对钻具造成的腐蚀，应加入适量缓蚀剂。

各类盐水基液所能达到的最大密度

盐水基液	21℃时饱和溶液密度/ (g/cm^3)
NaCl	1.18
KCl	1.17

续表

盐水基液	21℃时饱和溶液密度/ (g/cm^3)
NaBr	1.39
$CaCl_2$	1.40
KBr	1.20
$NaCl/CaCl_2$	1.32
$CaBr_2$	1.81
$CaCl_2/CaBr_2$	1.80
$CaCl_2/CaBr_2/ZnBr_2$	2.30

【无渗透钻井液滤失仪】　钻井液实验设备的一种。常用型号为 FA 型。该仪器是在透明的钻井液杯中，用不加滤纸的滤网上的砂子作砂床，再加入钻井液，上紧杯盖，在气源压力下透过杯体观察钻井液渗透情况。

FA 型无渗透钻井液滤失仪

名　　称	技术参数	
	FA 型	FA-BX 型
外形尺寸	25cm×40cm× 125cm	21cm×30cm× 90cm
有效滤失面积	$18cm^2$	$18cm^2$
最高工作压力	0.69MPa	0.69MPa
滤砂注入量	$350cm^3$	$350cm^3$
钻井液注入量	$500cm^3$	$500cm^3$

【无膨润土聚合物暂堵型钻井完井液】
　　无膨润土聚合物钻井完井液中不含膨润土。这类钻井完井液主要由水相（一般为盐溶液）、低损害聚合物和暂堵剂固相颗粒组成，其密度采用加入不同种类的可溶性盐类和通过改变盐类的加量进行调节，这种盐溶液也可以起到防止水敏损害的作用。加入低损害聚合物的目的是控制和调节钻井液的流变性，以及与暂堵剂配合形成好的滤饼，以降低钻井液的滤失量。加入暂堵剂颗粒的目的是让其与加入的聚合物配合在井壁周围形成比较好的暂堵性滤饼，以阻止钻屑和钻井液滤液进入储层深部引起损害。暂堵剂颗粒的粒径一般要求要有适当的分布，最好要与油气层孔喉大小分布匹配，暂堵剂的加量以可以快速形成暂堵性滤饼为宜，且要求暂堵剂形成的滤饼可以通过适当的方式（如酸溶、水溶、油溶或压力反排等）加以解除。按使用的暂堵剂不同，这类钻井液又分为酸溶性暂堵型无膨润土钻井完井液、油溶性暂堵型无膨润土钻井完井液、水溶性暂堵型无膨润土钻井完井液、不溶性暂堵型无膨润土钻井完井液四种，分别见各条。
【五轴搅拌器】　　实验室用搅拌器的一种，主要用作钻井液处理剂的质量检验和钻井液实验。

五轴搅拌器

【五类界面】　　密切接触的两相间的过渡区，约 $10^{-9} \sim 10^{-8}$ m，有几个分子层厚。其五类界面为气（g）-液（l）、气（g）-固（s）、液（l）-固（s）、液（l_1）-液（l_2）、固（s_1）-固（s_2）。
【物理性质】　　不涉及物质分子（或晶体）化学组成改变的性质，是物质本身的属性。如状态、颜色、气味、密度、沸点、熔点、冰点、导电率、导热率等。
【物理吸附】　　物理吸附是靠吸附剂与吸附质分子之间的引力相互作用而产生的吸附，吸附是可逆的，吸附速度与脱附速度在一定条件下（温度、浓度等）呈动平衡。吸附是多层的，但没有规律性，一般温度升高，吸附下降。
【物理平衡】　　两个方向的物理变化最后所处的运动状态。同一物质的两种（或三种）状态，往往会在适当情况下共同存在，呈物理平衡。例如水和水蒸气。
【物理变化】　　没有新的物质形成的一种变化类型。在发生物理变化时，物质的组成和化学性质并不改变。例如盐的溶解。物质在发生物理变化后，可以通过物理方法使其回到开始状态。

W

【物理发泡】　　利用物理的方法使钻井液发泡,一般有三种方法:一是先将空气或者惰性气体在压力下注入钻井液中,经过搅拌或循环使气泡均匀地分散在钻井液中形成稳定的气-液分散体系;二是通过提高液相黏度,在搅拌状态下将空气包裹,形成稳定的、泡沫分布均匀的泡沫体系;三是通过加入某种物质(如发泡剂),使钻井液形成泡沫结构的方法。加入的物质只发生物理变化,不发生化学变化。物理发泡法所用的物理发泡剂成本相对较低,尤其是二氧化碳和氮气的成本低。

【物质的量】　　国际单位制中七个基本量之一。符号为 n,当给出某种基本单元时,将其符号以括号紧跟在 n 之后,例如:$n(H_2O)$ 表示水分子物质的量。它是一个独立于质量存在的物理量,与基本单元粒子数成正比,但绝不是一个数的量。使用这个量及其导出量时,必须明确基本单元。基本单元可以是原子、分子、离子、电子或其特定组合。它的 SI 单位是摩尔(mol)。例如:

$$n = \frac{1}{2}H_2SO_4 = 0.1mol$$

【物体带电方式】　　电荷亦称电,有实物的属性.不能离开电子和质子而存在。使物体带电的实质是获得或失去电子的过程。起电的本质都是将正、负电荷分开,使电荷发生转移,实质是电子的转移,并不是创造电荷。

【物理化学分析】　　确定物质的组成和物理化学性质间的关系的分析。一般将试样进行适当处理,由某些物理化学性质的测定,来确定物质的组成或常量。常需应用特殊仪器,因此与仪器分析并无严格的区别。试样用量少,分析时间短,结果较准确。

【物质的量浓度】　　简称浓度。符号为 C,当指明某基本单元时,以括号给出其符号紧接在 C 之后。也有另一种表示形式即在基本单元的符号之外加方括号,例如:$C(\frac{1}{2}H_2SO_4)$,也可表示为 $C\left[\frac{1}{2}H_2SO_4\right]$。

定义为:基本单元物质的量除以混合物的体积。SI 单位为 mol/m^3。化工中常用 mol/L。

【物理吸附现象】　　是由于表面分子具有表面能而引起的。黏土在钻井液中分散度较高,比表面可以达到几十至几百万平方米每克,吸附的现象就很明显。在配制钻井液时,为了改善钻井液性能常加入各种处理剂,在黏土表面上产生物理吸附作用,达到降低钻井液滤失量和黏度,改善钻井液的润湿性等目的。

【误差】　　表示测定结果与真实值的差异。如以 X 表示各次测定结果的平均值,用它与真实值 T 之差 $(X-T)$ 来表示测定结果的误差。误差可用绝对误差 $E(E=X-T)$ 和相对误差 $RE(RE=E/T×100\%)$ 两种表示方法,常用百分率或千分率表示相对误差。误差分为系统误差和偶然误差两类。系统误差是由某种固定的原因造成的,具有单向性,是可测误差。产生的原因主要有:方法误差、操作误差、仪器和试剂误差。系统误差是重复地以固定形式出现的,增加平衡测定次数,采取数字统计的方法并不能消除这类误差。偶然误差是由某些难以控制、无法避免的偶然因素造成的,是不可测误差。可以通过增加测定次予以减小,并采取统计方法对测定结果正确地表达。

【雾】　　少量水滴分散在气体中的分散

体系为雾，一般水的体积分数为 1%~2%。其化学成分与泡沫相似，含有气、水及发泡剂，是气-液两相流体。雾是一种过渡体系，含水量多即变成泡沫。

【雾体系】　由空气、发泡剂、防腐剂和少量水混合组成的循环流体。

【雾化钻井】　用水和泡沫剂的混合物作为钻井液进行的钻井。主要用在钻遇含水或含油砂岩中的流体而无法使井干燥的情况。

【雾化钻井流体】　雾化钻井是指在注入压缩空气的同时注入一定量的雾化液，使之在排出口以灰白色的雾状出现。雾化液的主要成分是发泡剂，可以吸附地层水而形成均匀的雾状泡沫，从而提高处理和携带一定量的水和油的目的。同时，雾状的流体具有更好的悬浮岩屑颗粒的能力，仍可保持较高的机械钻速。但是雾化钻井时需要比干空气钻井提供多出 30%~40% 的气体注入量，并且需要较高一些的注入压力，这主要是为了有效携带混水的岩屑以及所增加的水的重量。资料表明，空气雾化钻机械钻速至少比常规钻井液钻井高 4~10 倍。适用于气体钻井钻遇地层水（出水量低于 $50m^3/h$）后无法正常钻进的情况。

W

X

【吸附】　指物质在相界面上自动富集的过程。被吸附的物质称为吸附质，能吸附其他物质的物质称为吸附剂。按吸附剂和吸附质之间的作用力不同分为物理吸附和化学吸附。

【吸收】　指物质被接受并成为现存整体的一部分。

【吸水性】　指物质从空气或水(油)中吸收水分的性质。

【吸附性】　指黏土矿物表面浓集的性质。在研究黏土矿物表面吸附时，黏土矿物称为吸附剂，而浓集在其上的物质称为吸附质。吸附质在吸附剂表面的浓集称为吸附。

【吸附质】　见"吸附""吸附性"。

【吸附剂】　见"吸附""吸附性"。

【吸附量】　单位质量的吸附剂在一定条件下达到吸附动态平衡时，所能吸附的吸附质的量称为吸附量。用 Γ 表示，单位是 g/g 或 $mmol/g$。影响吸附量的因素有温度、吸附质质量浓度、固体比表面以及吸附剂与吸附质的本性。

【吸附层】　黏土颗粒表面吸附层的简称。见"扩散双电层"。

【吸附水】　亦称"束缚水"；由于分子间引力和静电引力，具有极性的水分子可以吸附到带电的黏土表面上，在黏土颗粒周围形成一层水化膜，这部分水随黏土颗粒一起运动。

【吸收作用】　指一种或者多种物质基的分子或离子渗透或者明显地消失在固体或液体的内部。如在水化膨润土中，束缚在云母层间的平面水就是吸收的结果。

【吸附卡钻】　见"滤饼黏附卡钻"。

【吸附作用】　物质在界面上自动浓集的现象(即界面浓度大于内部浓度)

称为吸附。被吸附的物质称为吸附质，吸附吸附质的物质称为吸附剂。例如黏土分散到水中后，因其表面带负电，在黏土颗粒表面可以吸附各种无机阳离子(如 Na^+、Ca^{2+} 等)，被吸附的阳离子称为吸附质，黏土为吸附剂。在吸附过程中，随着吸附作用的不断进行，吸附质在界面上和相内部的浓度差越来越大，吸附质在界面上扩散的速度随之增大，当吸附速度等于脱附(解吸)速度时，吸附达到了动态平衡，此时吸附量不再随时间的增长而增加。所谓吸附量，就是吸附达到平衡时，单位面积(或单位质量)吸附剂所吸附的吸附质的数量。吸附量的单位可用"克/克(g/g)""毫摩尔/平方厘米($mmol/cm^2$)"等表示。吸附平衡也受温度、吸附质浓度(或压力)等因素的影响。

吸附和吸收不同，吸附只限于吸附剂的表面，而吸收遍及吸收剂的表面和内部(例如无水氯化钙吸收水气)。有时，吸附和吸收同时发生，这种现象称为"吸着"。

按吸附时作用力的性质不同，可将吸附分为物理吸附和化学吸附两类。吸附仅由分子间力(范德华力)引起，吸附质与吸附剂之间没有化学反应，这类吸附称为物理吸附。物理吸附一般没有选择性，吸附热较小，脱附也较容易。如钻井液中的黏土颗粒吸附各种正离子、吸附 $Na-CMC$ 大分子等皆为物理吸附。若吸附质与吸附剂表面间的力是化学键力(化合物中原子间的结合力)，这种吸附叫化学吸附。化学吸附可看作是两相界面上发生的化学反应。这类吸附具有选择性，吸附热较大(近于反应热)，脱附也不那么容易。例如，钻井液中的SMC通过配价键吸附在黏土颗粒的端面上而起降黏作用，此类吸附属化学吸附。

固体自溶液中的吸附现象，对于钻井液来说是非常重要的。但是，由于固体和液体的结构比较复杂，还必须考虑溶质、溶剂、吸附剂三者之间的复杂关系。

【吸附动平衡】 吸附过程实际上包括吸附作用和脱附作用两个相互对应的方面。在一定条件下，当吸附速度等于脱附速度时，吸附就达到一种动态平衡状态。

【吸烃类聚合物堵剂】 见"吸水或吸烃类聚合物堵剂"。

【吸水类聚合物堵剂】 见"吸水或吸烃类聚合物堵剂"。

【吸水或吸烃类聚合物堵剂】 吸水吸烃聚合物能超量吸水或吸烃(每克聚合物可吸 375mL 的水)，使聚合物体积显著膨胀。通常，将聚合物堵剂直接加入一段不与聚合物起反应的携带液中，泵至漏层位置。为了不使聚合物堵剂污染钻井液或提前与之反应，采用胶膜或黏土作保护膜，以喷涂、凝封或溶涂等方式将聚合物加工成封包聚合物微粒。将其泵至漏层后，在井温作用下，其封包膜熔化(用黏土作封包膜的要靠钻头牙眼剪切力破坏它)而释放出聚合物，使其吸水或吸烃膨胀而封堵漏层。大量吸水的聚合物有碱金属聚丙烯酸酯，聚丙烯酸钠聚合物，聚丙烯酸和聚丙烯酰胺的淀粉接枝共聚物，聚丙烯酰胺和丙烯酸钠共聚物，聚乙烯醇、聚丙烯酸、异丁烯酸共聚物、乙烯酯和乙烯不饱和羧酸和乙烯不饱和羧酸衍生物的皂化共聚物等。吸烃聚合物有线性添加共聚物(它含有乙烯基苯甲醇的循环单元和至少一个不同于具有 0.5%～20%线型聚合物重量的乙烯基苯甲醇的另一个 α、β-乙

烯不饱和单基物，最好的共聚单体是苯乙烯、异丁烯酸甲酯、乙烯甲苯和乙烯氮苯)，苯乙烯和取代苯乙烯、氯乙烯的聚氯乙烯共聚物，异丁烯酸甲酯和乙烯丙烯酸盐的共聚物，苯乙烯和二乙烯基苯共聚物，烷基苯乙烯聚合物，处理的甘蔗渣(水饱和的甘蔗渣纤维经彻底蒸煮以提取出残留糖，干燥脱水，使其含水量为 2%～3%，制成憎水吸油纤维)等。

聚合物粒度最好为 0.1～500μm，应与漏层的裂缝和孔喉直径相匹配，以保证堵剂进入漏层后，能起到较好的封堵作用，最大粒径必须小于钻头喷嘴直径。聚合物加量一般在 3%～30%。

聚合物吸水膨胀后需要进行反向处理时，只需要将盐水泵入井内，盐水与膨胀聚合物接触，就会使聚合物破碎而释放出吸收的大部分水，就能将已膨胀的聚合物清洗出地层。

吸烃聚合物的携带液必须是与吸烃聚合物不起化学反应的水基液体，含盐量高的水基液体会影响聚合物吸烃效果。较好的携带液有原油、柴油、煤油、矿物油、汽油、石脑油和它们的混合物。

【析盐温度】 在使用水溶性盐提高钻井液密度时要加入缓蚀剂，防止盐对钻具的腐蚀，同时要注意盐从钻井液中的析出温度。下图为水溶液析出冰或析盐温度随盐水密度的变化曲线。从图可以看到，曲线(如 NaCl 曲线)分两部分：在低密度(曲线左侧)时，盐水温度降至一定程度所析出的是冰，该温度称为盐水的冰点，随着盐水密度增加，盐水的冰点降低；在高密度(曲线右侧)时，盐水温度降至一定程度所析出的固体不是冰而是盐，该温度称为析盐温度，随着盐水密度增加，盐水的析盐温度陡然上

升。因此，在使用水溶性盐作高密度材料时，应要求钻井液的使用温度高于钻井液密度下的析盐温度。为防止析盐对钻井液性能的影响，可在钻井液中加入盐结晶抑制剂（如 NTA、EDTA、DTPA）。

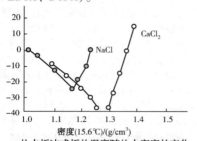

盐水析冰或析盐温度随盐水密度的变化

【稀释】　通过加入液相，相对降低钻井液的固相浓度，稀释流体可以是清洁钻井液或钻井液中的液相。

【稀释法】　添加液相及必要的处理剂量，降低钻井液固相含量的方法。

【稀释比】　即稀释后钻井液的体积与原钻井液体积的比值。

【稀释水】　指用于稀释水基钻井液的水。淡水钻井液用淡水，盐水钻井液用盐水。

【稀释油】　指用于稀释油基钻井液的油（柴油或者白油）。

【稀释因子】　需求的钻井流体实际体积比例，用清除固相的系统统一钻一段特殊长度的井段，与此比较，计算同样井段维持相同钻屑分数没有进行清除需要的钻井流体体积。两者相比即为稀释因子。

【稀硅酸盐钻井液】　见"硅酸盐钻井液"。

【细固相】　指直径 $44 \sim 74 \mu m$ 或能通过筛网为 $325 \sim 200$ 目的固相。

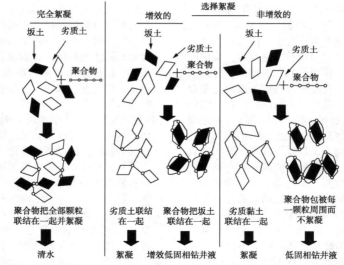

【细菌污染】　钻井液中含有细菌可降解物质如有机增黏剂和降滤失剂（淀粉类、纤维素类或类似物质）时，可能发生细菌污染，使钻井液产生恶臭，pH 值下降，产生 CO_2 或 H_2S 等有害气体，造成污染。已被细菌污染的钻井液只采用杀菌剂并不能完全消除污染。因杀菌剂往往只能杀死活菌而不能消除细菌分泌的酶的活力，酶仍可继续使生物降解物质继续分解，继续造成污染。对细菌污染应防重于治，采用维持高 pH 值，高盐度，预防性地使用杀菌剂等措施，可较好地防止细菌污染。

【细分散钻井液体系】 用淡水配制，并采用了较多的分散型减稠剂。膨润土在水中高度分散，这种钻井液易受污染，且抗温性能也较差。

【隙间水】 指储层层间或孔隙中的水。

【下钻遇阻】 见"遇阻和遇卡"。

【酰基】 指的是有机或无机含氧酸去掉羟基后剩下的一价原子团，通式为 R-M(O)$^-$。在有机化学中，酰基主要指具有结构的基团。醛、酮、羧酸、羧酸衍生物等几乎都有酰基。通常，酰基中的 M 原子都为碳，但硫、磷、氮等原子也可以形成类似的酰基化合物，如四氟一氧化氙、硫酰氯、氯化亚砜。此类酰卤一般称为卤氧化物。

【酰胺】 化学式为 C_3-H_7-N-O。羧酸中的羟基被氨基（或氨基）取代而生成的化合物，也可看成是氨（或胺）的氢被酰基取代的衍生物。

【先期堵漏】 部分裸眼井段存在多压力层系（多在调整井裸眼井段），下部地层孔隙压力高于上部地层漏失压力或破裂压力。为了安全钻穿下部高孔隙压力地层，必须采用高密度钻井液钻进，但会引起上部地层漏失。为了防漏，可在钻进高压层之前进行堵漏。

【先期屏蔽防漏】 是针对在同一裸眼井段中存在的不同压力层系，在漏失未发生之前，人为地提高其抗破能力，有意地向钻井液中加入一些屏蔽堵漏剂，使之在液柱压力的作用下在漏失层周围形成一个屏蔽环，以此来达到防漏的目的。

【先期裸眼完井】 是在油层顶部下入技术套管并固井，然后钻开产层试油投产。这种完井法的技术要求是：①进入产层前下入技术套管，套管鞋坐于硬地层上；②技术套管固井质量合格；③使用优质钻井液和平衡钻井技术，尽快钻完裸眼井段，减少钻井液对产层的损害。该法的使用条件是：①产层物性一致，无气顶、夹层水；②井壁坚固稳定、不坍塌；③能卡准地层，准确地在油气层顶界下入套管；④适用于裂缝性和稠油油层等产层。

【纤维素】 代号为 C，用作各种改性纤维素的原料。

纤维素

【纤维棒石】 坡缕缟石、凹凸棒石和海泡石等统称为纤维棒石。纤维棒石晶体纤细，常聚集成束。它很容易在水中分散，纤维之间相互缠绕形成横七竖八的"干稻草堆"似的结构。其增黏作用就是靠纤维之间的这种相互缠绕，而与其带电量无关，所以用纤维棒石配制成的钻井液不受电解质浓度的影响，具有良好的抗盐性。故常把纤维棒石称为抗盐土。

【纤维素类】 纤维素是由许多环式葡萄糖单元构成的长链状高分子化合物，以纤维素为原料可以制得一系列钻井液降滤失剂，其中使用最多的是钠羧甲基纤维素，简称 CMC 和羟乙基纤维素，简称 HEC。

【纤维水泥浆】 胶质水泥堵漏液的一种，是用石棉纤维、珍珠岩、油井水泥、氯化钙配制而成的。加入石棉纤维可减轻水泥石内部隐蔽微裂缝之端部应力集中的强度，从而提高了水泥石抗挠强度。由于石棉纤维表面积大，可促使低密度水泥浆沉降稳定性大大提高，并对渗透性地层有填充堵塞作用，促使堵漏效果提高。加入颗粒直径0.02～0.2mm的珍珠岩粉，可降低水泥浆密度和保持形成的水泥石传热率低。氯化钙、石棉和水泥的化学反应将使水泥石硬化后期强度提高。使用纤维水泥堵漏可提高堵漏效果。

【纤维性材料】　常用的堵漏材料，纤维性材料对裂缝性地层和溶洞性地层的堵漏效果较好。可用植物纤维（如短棉绒）或矿物纤维（如石棉纤维）封堵裂缝性和溶洞性地层。这些纤维材料可悬浮在携带介质（如水、稠化水或钠土）中注入漏失地层，它们可在裂缝的窄部的进口堆叠成滤饼，将漏失堵住。

【纤维状堵漏剂】　常用的纤维状堵漏剂有棉纤维、木质纤维、甘蔗渣和锯末等。由于这些材料的刚度较小，因而容易被挤入发生漏失的地层孔洞中。如果有足够多的这种材料进入孔洞，就会产生很大的摩擦阻力，从而起到封堵作用。但如果裂缝太小，纤维状堵漏剂无法进入，只能在井壁上形成假滤饼。一旦重新循环钻井液，就会被冲掉，起不到堵漏作用。因此，必须根据裂缝大小选择合适的纤维状堵漏剂的尺寸。

X

【相对】　①指性质上互相对立，如粗分散钻井液体系、细分散钻井液体系等。②依靠一定条件而存在，随着一定条件而变化的如钻井液处理剂中的水分就是随着温度的变化而变化。③比较的，如钻井液的性能比较稳定。

【相溶性】　见"配伍性"。

【相对湿度】　空气中实际所含水蒸气的压强和同温度下饱和水蒸气压强的百分比，叫作相对湿度。

【相对分子质量】　化学式中各个原子的相对原子质量（Ar）的总和，用符号Mr表示，单位是1。对于聚合物而言，其相对分子量可达几万甚至几十万；相对分子质量最小的氧化物的化学式为H_2O。

【相互聚沉现象】　这里指溶胶的相互聚沉，带相同电荷的两种溶胶混合后没有变化，但若将两种带相反电荷的溶胶相互混合，如带正电的$Fe(OH)_3$溶胶与带负电的As_2S_3溶胶混合时，则发生聚沉，叫互聚沉现象。聚沉的程度与两者的相对量有关。

【相】　标志着物质的存在形式和性质的差别，是指那些具有相同成分及相同的物理、化学性质的物质部分。体系中仅有一个这样的部分称为单相（均相）体系，有两个或两个以上这样的部分称为多相体系。在多相分散体系中被分散的物质叫作分散相，包围分散相的另一相叫作分散介质。例如，一杯纯水，每个部分均具有相同的物理和化学性质，因此，这杯纯水是一个"相"。但如水中有冰时，因水与冰有不同的物理性质，因此体系中水和冰就是两相。一般来说，除真溶液外，其他分散体系均为多相分散体系。

【相界面】　相与相之间的接触面称为相界面，相互接触的两相中有一相为气体的界面又称为表面。

【橡胶轮胎堵漏材料】　将废橡胶轮胎加工成一定粒径的颗粒，在钻井液中用作堵漏。

【橡胶粒复合堵漏剂】　复合型堵漏剂的一种。它比单一的堵漏剂效果好，可以充分发挥各种物质的合力作用，具有较好的弹性和挂阻特征。进入裂缝后能产生较高的桥塞强度，所以能达到快速、安全堵漏的目的。其堵塞机理是靠橡胶粒在裂缝内形成桥塞骨架，在充填剂作用下达到密封，通过静止形成内滤饼（泥饼）而达到堵漏的目的。其成分为：橡胶粒35%、核桃壳20%、贝壳粉15%、锯末10%、棉籽壳12%、花生壳5%和稻草3%。

【向壁效应】 指岩屑下沉时，由于岩屑与井壁相碰撞而使岩屑滑落速度降低的作用。

【硝酸根】 是指硝酸盐的阴离子，化学式为NO_3^-，硝酸根为−1价。

【硝酸盐】 硝酸与金属反应形成的盐类，由金属离子(铵离子)和硝酸根离子组成。常见的有硝酸钠、硝酸钾、硝酸铵、硝酸钙、硝酸铅、硝酸铈等。

【硝基化合物】 烃分子中一个或几个氢原子被硝基($-NO_2$)取代后的衍生物称为硝基化合物。通式为$-NO_2$或$Ar-NO_2$。根据烃基的不同，可分为脂肪族硝基化合物和芳香族硝基化合物；根据分子中硝基的数目可分为一硝基化合物和多硝基化合物；根据硝基氮原子所连的碳原子的类型又可分为伯、仲、叔硝基化合物。硝基化合物的命名与卤代烃相似，即把硝基看作取代基，烃基为母体命名。例如$CH_3-CH_2-NO_2$为硝基乙烷。硝基化合物的结构可表示为：

$$R-N^+\begin{matrix} O \\ O^- \end{matrix}$$

【硝基腐殖酸铁】 钻井液用处理剂的一种，其主要成分为硝基腐殖酸与高价金属离子的螯合物。主要用作淡水钻井液的高温降滤失剂，也兼有降黏作用。可与多种处理剂复配使用而提高其抗盐能力。

硝基腐殖酸铁质量指标

项 目	指 标
腐殖酸含量/%	≥50.0
水分/%	≤8.0
水不溶物/%	≤8.0
含铁量/%	≥4.0

【硝基腐殖酸钠】 代号为 Na−NHm，化学式为：

钻井液用处理剂的一种，用硝酸和褐煤反应而制得的褐煤改质产品。抗钙离子超过10000ppm。主要用作淡水钻井液的降滤失剂，并兼有降黏作用，有一定的抗温(200℃)能力。一般用量0.3%~3%。

硝基腐殖酸钠质量指标

项 目	指 标
水溶性腐殖酸/%	≥50.0
水分/%	≤12.0
细度(通过40目筛)/%	100
pH 值	9~10

【硝基腐殖酸钾】 褐煤用硝酸处理后，再用氢氧化钾中和提取而得。外观特征为黑褐色粉末，易溶于水，水溶液呈碱性，pH 值为 8～10。属腐殖酸类页岩抑制剂，能够抑制页岩的水化膨胀，兼有降黏、降滤失作用。抗温能力达 180℃。适用于淡水钻井液，一般加量为 1%～3%。

【硝基磺化腐殖酸钾】 钻井液用页岩抑制剂，代号为 NSK，硝基磺化腐殖酸钾（NSK）用作水基钻井液的页岩抑制剂，降低钻井液的滤失量，改善滤饼质量和稳定井壁。用途：①抑制页岩和钻屑分散。②改善钻井液的滤失量和滤饼质量。③降低钻井液的黏度。优点：①各种水基钻井液。②改善钻井液的流变性能。③无荧光、可用于探井。④抗温 180℃。物理性质：①外观：粉末。②易分散。推荐用量：10～50kg/m³。

NSK 技术指标

项　目	指　标
细度(0.9mm 筛余)	≤5.0
水不溶物/%	≤18.0
水分/%	≤15.0
pH 值	9.0±1.0
相对膨胀率(5%)/%	≤60.0
滤失量(3%)/mL	≤13.0
表观黏度(3%)/mPa·s	≤16.0

【硝基腐殖酸钾钻井液】 在钻井液中加入一种防塌剂 K_{zl}，它具有下列成分：硝基腐殖酸钾 55%、特种煤焦树脂 15%、三烃甲基粉 20%、磺化石蜡 10%，它既有 K^+ 的防塌作用，又有堵孔物质，并能抗高温，适于深井使用。但是，我们也注意到氯化钾的不足之处在于不能阻止钻井液滤液进入泥页岩，因为氯化钾溶液的黏度很低，接近水的黏度，不能堵塞孔隙喉道，也不改变泥页岩的渗透性，所以钾基钻井液很不适合于钻弱水敏性的泥页岩地层。这些泥页岩在成岩过程中，蒙脱石转化成伊利石，即使没有钾的存在，它的膨胀压也是很低的，但它们长期暴露在氯化钾钻井液滤液中，会因钻井液压力的渗透而失去稳定。所以，钾基钻井液不是对任何泥页岩地层都有效，而是有选择性的。

【硝酸银(0.1mol/L)标准溶液】 旧称 0.1N 硝酸银标准溶液。称取 85g 硝酸银溶于 5L 水中，混合均匀后，贮于棕色瓶中备用（如出现浑浊，虹吸上层清液过量）。标定方法：吸取 25.00mL 氯化钠标准溶液，置于 150mL 烧杯中，按测定氯离子程序进行滴定，硝酸银标准溶液对氯化钠的滴定度 $T(g/mL)$ 按下式计算：

$$T = \frac{m \times 25 \times 0.6066}{V \times 500}$$

式中 V——所用硝酸银标准溶液的体积，mL；

m——称取基准氯化钠的质量，g；

0.6066——氯化钠量换算为氯离子量的系数。

【消泡剂】 又称抗泡剂、防泡剂。是指能降低界面能的物质。主要用来消除钻井液中的气泡及降低气泡作用，尤其是对咸水处理和盐水钻井液更为重要。常用的有甘油聚醚、硬脂酸铝等。

【消泡作用】 能够使泡沫部分或全部破坏、消失的作用称为消泡作用。消泡剂的主要作用是破坏气泡液膜吸附层的强度。例如，加入表面活性剂较高（易顶替泡沫剂）但形成吸附膜强度很差的活性剂，即可削弱或破坏泡沫的稳定性。对消泡剂分

子结构的要求是：①消泡剂的活性
要大于泡沫剂活性，使它有能力顶
替掉泡沫剂而吸附于界面上。②活
性剂的烃链要短，并且带有支链，
使双吸附层强度显著降低。③亲水
基的极性要差，亲油性要强，使活
性剂水化差，液膜中自由水多，液
膜中水的黏度降低。

【小苏打】　见"碳酸氢钠"。

【小井眼】　90% 的井身直径小于
$\Phi177.8mm(7in)$ 或 70% 的井身直径
小于 $\Phi127mm(5in)$ 的井为小眼井。

【小井眼钻井】　井眼直径比常规井径
要小的钻井。

【小井眼卡钻】　当井眼直径小于钻头
直径时，在起下钻时钻头进入该井段
所造成的卡钻，称为小井眼卡钻。

【小眼井钻井液技术】　(1)小眼井钻井
水力学参数的要求。由于小眼井的井
径小，环空间隙小，钻柱转速高等特
点，水力参数对钻屑在环空中的输
送、井壁的稳定、钻头的清洗，以及
环空压降及钻柱与井壁间的水力润滑
至关重要。小井眼钻井对水力学参数
的要求是：①确保钻屑在环空中有效
输送，即确保环空钻井液流速剖面尽
可能均匀和环空钻井液平均流速大于
钻屑沉降速度。②确保井壁稳定，要
求：a. 环空钻井液小的速度梯度，
最大限度地减小靠近井壁的剪切应
力；b. 环空压力低于地层破裂压力；
c. 钻井液与地层之间无化学反应。
③确保钻头最佳使用效果，为此需要
确定冷却钻头和避免钻头泥包所需的
最小钻井液排量。④最大限度地减少
损失，需要选择适当的钻井液流变性
能和钻井液排量。⑤正确选择定向钻
井中井下马达的规格。小眼井定向钻
井中一般选用的井下马达需要
0.004~0.008m³/s 的流量和 1.03~

1.72MPa 的工作压力。(2)小眼井对
钻井液技术的要求。①钻井液设计依
据。从理论上讲，理想的小井眼钻井
液是由低黏度、无固相、高密度盐水
组成。加入尽可能少的热稳定聚合物
处理剂，但必须保证井下所要求的井
眼清洁和滤失控制性能。盐水与钻井
设备和钻井液其他成分配伍性良好，
不污染环境。②小眼井钻井对钻井液
的要求。小眼井钻井液具有高密度和
良好的热稳定性，能以最小压力损耗
传递水力能量，同时保持井壁稳定和
有效清除钻屑。小眼井钻井液应具备
的特点：a. 小眼井钻井液应为低固
相或无固相体系，在常规的井眼中，
约有69%的循环压耗发生在环空；而
在小井眼中这个值可达80%。过高的
固相含量必然会增加钻井液在环空的
流动阻力，不利于水力能量的有效利
用和发挥；而且，环空流动阻力过大
的直接结果是环空钻井液的当量密度
增大，容易引起井漏和井塌。b. 小
眼井钻井液必须具有很好的流变性，
以满足携带岩屑的要求。因为在小环
空间隙下，容易致使环空钻井液上返
速度高。在这种情况下，相对低的钻
井液黏度就能满足携带岩屑的要求，
控制好流变性能，可降低环空钻井液
当量密度，有利于井壁稳定。c. 小
眼井钻井液必须具有较好的页岩抑制
性。小环空间隙致使钻具容易发生卡
钻，因此钻井液能抑制地层造浆和维
护井壁稳定，以免发生井塌、卡钻。
d. 小眼井钻井液必须具有较低的滤
失量和优质的滤饼，以防止塑性泥页
岩地层吸水膨胀。e. 对环境污染少。
f. 能在不增加固相的前提下，将钻井
液密度提高至 1.50g/cm³ 以上。g. 小
眼井钻井液必须具有良好的润滑性。
具有最小旋转摩擦系数，以便在钻头

上产生的扭矩最大。③可选用的钻井液体系：a. 甲酸盐钻井液体系。b. 聚乙二醇 K_2CO_3 钻井液体系。c. 阳离子聚合物/盐水钻井液体系等。

【小球沉降速度测定装置】 是一种测定沉降速度的专用装置，见下图。将钻井液搅拌后放入深度为 194cm，直径为 61cm 的容器中。钻井液必须通过排量为 560m³/h 的离心泵泵送，这样便能剪切液体使之在进行测量之前最大限度地混合均匀。各种大小的球形颗粒直径范围从 0.318 ~ 1.59cm 不等，主要是聚四氟乙烯、

玻璃和钢制的小球，由一端插入液体的塑料管放入容器内。沿着颗粒下落的路径，有两个电导率传感器用来测定通过的颗粒。两个传感器之间相隔 125cm，球形颗粒距上面的传感器 20cm 处往下落，安装在下面的传感器至少离容器底部 20cm。在测量沉降速度期间，要定期循环实验液体，以免产生过高的静切力。在停泵后 2min 内不能进行测量，因为在测量沉降速度以前，需要对实验装置进行校正，然后才测量，约隔 1min 进行一次。

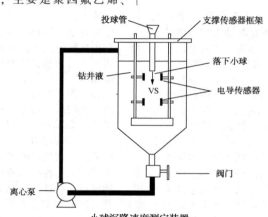

投球管　　　支撑传感器框架

钻井液　　　落下小球

VS　　　电导传感器

阀门

离心泵

小球沉降速度测定装置

【斜直井】 用倾斜钻机或倾斜式井架完成的，自井口开始井眼轨迹首先是一段斜直井段的定向井。

【携岩】 即"携带岩屑"。

【携带岩屑】 简称携岩，钻井液从环形空间返出时将岩屑携带到地面上的过程。钻井液在环形空间上返的平均速度称为钻井液返回速度。岩屑在钻井液中由于重力作用而以重力加速度下沉，但由于钻井液对岩屑有浮力，并对运动的岩屑表面产生压力和摩擦

阻力，从而使岩屑下沉速度变慢。当重力和阻力的作用互相平衡时，岩屑以匀速下沉。岩屑在钻井液中的匀速下沉速度，称为岩屑在钻井液中的滑落速度。岩屑在环形空间的实际上升速度，等于钻井液上返速度减去岩屑滑落速度，即 $V_r = V_b - V_s$。式中，V_r 为岩屑上升速度；V_b 为钻井液上返速度；V_s 为岩屑滑落速度。

【携带和悬浮岩屑】 钻井液首要和最基本的功能，就是通过其本身的循环，将井底被钻头破碎的岩屑携带至

地面，以保持井眼清洁，使起下钻畅通无阻，并保证钻头在井底始终接触和破碎新地层，不造成重复切削，保持安全快速钻井。在接单根、起下钻或因故停止循环时，钻井液中的固相颗粒不会很快下沉，防止沉砂卡钻等情况的发生。

【**辛醇-2**】　是一种亲油性极强，烃链极短的表面活性剂，在钻井液中作消泡剂。

$$CH_3(CH_2)_5—\underset{\underset{OH}{|}}{CH}—CH_3$$

辛醇-2

【**行星式钻井**】　在一般井下动力钻具下连接带双轴的减速器，下接两个钻头，因而使钻头产生行星式转动而破碎岩石的钻井方法。

【**形成溶胶作用**】　某些无机处理剂能在钻井液中起化学反应，生成溶胶（溶胶是颗粒大小为 $1 \sim 100\mu m$ 的高度分解体系）或黏稠性絮状沉淀。它们对钻井液中的钻屑和其他粗固体颗粒有促进沉淀作用（沉砂作用），它们参与滤饼的形成，可降低滤失量，增加滤饼的强度和润滑性能。亲水性的溶胶颗粒吸附于黏土颗粒表面，可以增加水化，提高絮凝稳定性。例如，$FeCl_3$ 和 $Fe_2(SO_4)_3$ 加在 pH 值约为 $4 \sim 13$ 的水基钻井液中，都可以反应生成亲水的 $Fe(OH)_3$ 溶胶或絮状沉淀；$AlCl_3$、$Al_2(SO_4)_3$ 和明矾在 pH 值约 $5 \sim 9$ 的水基钻井液中，就可以反应生成亲水性的 $Al(OH)_3$ 溶胶或絮状沉淀。在 pH 值不过高时，$Fe(OH)_3$ 溶胶和 $Al(OH)_3$ 溶胶的颗粒表面都带正电，易吸附于带负电的黏土颗粒表面，起上述各种作用。

【**形成可溶性盐作用**】　凡是通过吸附起作用的处理剂，必须先溶解才能吸附。单宁、栲胶、腐殖酸等，都是在水中溶解较小的有机酸类物质，黏土不易吸附。如果加适量烧碱和水先配成单宁碱液、栲胶碱液和煤碱液，使它们先变成水溶性的单宁酸钠和腐殖酸钠，加入钻井液后，就可以迅速吸附到黏土颗粒表面上起稀释和降滤失作用。

【**修井液**】　指用于修井作业的流体。从投产起用于维持或提高产能而进行的作业称为修井作业，修井作业所需的液体统称为修井液。修井液的类型主要有水基修井液、油基修井液、泡沫液等。

【**修井作业**】　见"修井液"。

【**修正幂律模式**】　见"赫谢尔-巴尔克来三参数流变模式"。

【**修井完井液体系**】　是一类专门为保护油气层配制的流体，具有抑制膨胀、减轻损害，与酸有较好的相容性，用作修井、完井等作业。

【**溴化锌**】　分子式：$ZnBr_2$，为粒状粉，吸湿性强，可作为无固相钻井液的加重剂。

【**溴酚蓝指示剂**】　30mL　$0.1mol/L$ 的 NaOH 溶液中加入 0.4g 溴酚蓝，即四溴酚磺酸酞。

【**溴化钙-溴化锌钻井液体系**】　是一种无固相清洁盐水体系，其密度可达 $2.30g/cm^3$，专门用于超深井和异常高压井。配制时应注意溶质组分之间的相互影响（如密度、互溶性、结晶点和腐蚀性等）。使用该体系钻开油气层可避免因颗粒堵塞造成的油气层损害；可在一定程度上增强钻井液对黏土矿物水化作用的抑制性，减轻水敏性的损害。

【**溴化十二烷基吡啶（十二烷基溴化吡啶）**】　代号为 DPB，是一种阳离子型表面活性剂，作用与"溴化十八烷基吡啶"相同。

$$[C_{12}H_{25}-\langle \bigcirc \rangle N]Br$$

溴化十二烷基吡啶

【溴化十八烷基吡啶(十八烷基溴化吡啶)】
代号为 OPB，是一种阳离子型表面活性剂，可用作缓蚀剂、润湿剂、杀菌剂、黏土稳定剂、页岩抑制剂、絮凝剂。

$$[C_{18}H_{37}-\langle \bigcirc \rangle N]Br$$

溴化十八烷基吡啶

【溴化十二烷基三甲基铵(十二烷基三甲基溴化铵)】 代号为 DTB，是一种阳离子型表面活性剂，可用作缓蚀剂、润湿剂、杀菌剂、破乳剂、黏土稳定剂、页岩抑制剂、絮凝剂。

$$[C_{12}H_{25}-\overset{\underset{|}{CH_3}}{\underset{|}{\underset{CH_3}{N}}}-CH_3]Br$$

溴化十二烷基三甲基铵

【溴化十八烷基三甲基铵(十八烷基三甲基溴化铵)】 代号为 OTB，是一种阳离子型表面活性剂，可用作缓蚀剂、润湿剂、杀菌剂、破乳剂、黏土稳定剂、页岩抑制剂、絮凝剂、天然气水合物抑制剂。

$$[C_{18}H_{37}-\overset{\underset{|}{CH_3}}{\underset{|}{\underset{CH_3}{N}}}-CH_3]Br$$

溴化十八烷基三甲基铵

【絮凝】 使水中悬浮微粒集聚变大，或形成絮团，从而加快粒子的聚沉，达到固-液分离的目的，这一现象称絮凝。通常，絮凝的实施靠添加适当的絮凝剂，其作用是吸附微粒，在微粒间"架桥"，从而促进集聚。

【絮凝物】 悬浮液中的粒子或聚集体结合成的松散团块；这种团块经一般的搅拌作用或摇动就可再分散，但静止时又会结合成团块。

【絮凝剂】 是指能使钻井液中的固体颗粒聚集变大的化学剂。钻井液絮凝剂主要是水溶性的无机絮凝剂和有机高分子聚合物絮凝剂两大类。有机絮凝剂，按官能团类型分为非离子型、阴离子型、阳离子型和两性离子型；按絮凝黏土颗粒种类分为完全絮凝剂和选择性絮凝剂。无机絮凝剂靠无机电解质离子中和分散相颗粒的电性。降低 ζ 电位和水化膜斥力，引起颗粒间吸力大于斥力，产生絮凝。有机高聚物絮凝剂是通过长链分子同时吸附多个分散相颗粒，在重力作用下而下沉，称高分子的桥接作用。高聚物絮凝剂又分为两种，既絮凝钻井液中的钻屑和劣土，又絮凝膨润土的称全絮凝剂，如 PAM；只絮凝钻屑和劣土，而不絮凝膨润土的称选择性絮凝剂，如相对分子质量 $(150\sim400)\times10^4$、水解度约 30% 的 PHP 和 VAMA，是选择性絮凝剂。絮凝剂主要用来絮凝钻井液中过多的黏土细微颗粒及清除钻屑，从而使钻井液保持低固相，它也是一种良好的包被剂，可使钻屑不分散，易于清除，并有防塌作用。

【絮凝状态】 如钻井液中黏土的电动电势较小，黏土颗粒的水化较差，则颗粒间的静电斥力和水化膜斥力都较弱，黏土颗粒的棱角、边缘处水化也较差，这时黏土颗粒间可能以边-边和边-面相连接，形成空间网架结构，黏土颗粒呈絮凝状态，这时钻井液有较高的黏度和切力，滤饼较厚且松散，滤失量较高，若静止一段时间，会形成冻胶状，失去流动性。

絮凝状态

【絮凝作用】　两个以上胶体粒子轻度结合成松散团块。絮凝作用使钻井液中黏土晶片以"边-面""边-边"的方式结合；高分子材料以氢键吸附黏土粒子也发生絮凝作用。见"黏土颗粒的连接方式"。

【旋流器】　是用于钻井液固相处理的离心分离装置，是除砂器和除泥器的总称。要处理的钻井液用砂泵泵入旋流器的进液管，钻井液在压力的作用下经过进液管以切线方向进入液腔。由于钻井液的切向速度而使旋流器内部获得离心区。液腔的顶部是密封的，具有切向分速度的钻井液又受到液腔顶部向下的推力，再加上重力的影响而使钻井液获得向下的轴向分速度。两个分速度合成的结果使钻井液向下做螺旋运动，形成向下的旋流。

在旋流截面上，中心的液体速度高，离心力大，压力小，因而外面的空气由底流口高速流入旋流器。所以，钻井液到达底流口附近时，液体部分夹带着部分细小颗粒，便改变方向，和空气一起向上做螺旋运动，形成向上的旋流，并经过溢流管从上溢流口溢出，而旋流液中较粗的固相颗粒在离心力的作用下被甩向旋流器内壁，边旋转、边下落，由底流口排出，这样，钻井液中的固相颗粒就被分离出来。

【旋转钻井】　利用地面设备或井下动力钻具使钻头做旋转运动，以破碎岩石形成井眼的方法。

【旋转黏度计】　又称直读旋转黏度计，是测量钻井液黏度及流变性能的一种专用仪器。常见的型号有电动 ZNN-D_6 型（同范氏 35A）六速旋转黏度计、ZNN-D_2 型两速旋转黏度计、286 型流变仪、范氏 50 型高温高压旋转黏度计或手摇（两速）旋转黏度计等。现场常用的有电动 ZNN-D_6 型六速旋转黏度计、ZNN-D_2 型两速旋转黏度计。其结构图如下。

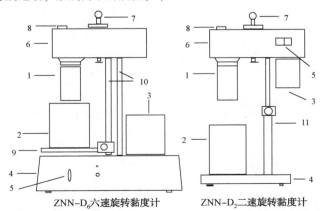

ZNN-D_6 六速旋转黏度计　　ZNN-D_2 二速旋转黏度计

1—外转筒；2—浆杯；3—电动机；4—底座；5—开关；6—变速箱；7—变速杆；8—读数观察孔；9—托盘；10—支架及传动杆套；11—活动支架

【旋流器分类及功能】 水力旋流器按其直径的不同，可分为除砂器、除泥器和微型旋流器三类。①除砂器：直径为150~300mm的旋流器称为除砂器。它处理钻井液的能力，在输入压力为0.2MPa时，一般不低于20~120m³/h。处于正常工作状态的除砂器可清除大约95%大于74μm的钻屑和50%大于30μm的钻屑。在选择除砂器时，其许可处理量应该是钻井时最大排量的1.25倍。②除泥器：直径为100~150mm的旋流器称为除泥器。在输入压力为0.2MPa时，其处理能力不低于10~15m³/h。正常工作状态的除砂器可清除大约95%大于40μm的钻屑和50%大于15μm的钻屑。除泥器的许可处理量，应为钻井时最大排量的1.25~1.5倍。③微型旋流器：直径为50mm的旋流器称为微型旋流器。在输入压力为0.2MPa时，其处理能力不低于5m³/h。分离粒子范围为7~25μm。主要用于非加重钻井液，以清除超细颗粒。

旋流器直径与可分离颗粒直径

旋流器直径/mm	50	75	100	150	200	300	1270
可分离颗粒直径/μm	4~10	7~30	10~40	15~52	32~64	46~80	300~400

【旋转黏度计量加热器】 旋转黏度计的一种加热辅助装置。控制钻井液样品的温度，与旋转黏度计配套使用。一般加热时间为30min，当达到设定温度时指示灯亮。钻井液的导热性低，所以为了能在合理的时间内达到统一的温度，必须搅拌。考虑到安全因素，液体加热不要超过93℃。旋转黏度计的外筒和内筒不要浸入液体内太长时间，因为蒸汽会侵入仪器内部而凝固，对部件造成腐蚀。常用的型号为JR型黏度计量加热器。

JR型黏度计量加热器技术参数

名　称	参　数
外形尺寸	22cm×22cm×10cm
质量	3kg
额定功率	300W
控制温度	室温至93℃
样品杯容量	350mL

【悬浊液】 直径为10^{-7}~10^{-5}m的分散相颗粒分散于不溶性的液体中所形成的分散体系称为悬浊液。悬浊液和溶胶的相同处是多相分散体系，在颗粒界面层结构和稳定原理等主要方面几乎都是相同的。不同之处主要是分散度不同，而使悬浊液的丁达尔现象很弱，没有布朗运动及与布朗运动有关的性质。制备方法也不同。悬浊液有胶凝、触变和脱水收缩等作用。

【悬浮液】 散布着固体小颗粒的液体叫悬浮液。

【悬浮体】 又称"悬浊液"。固体微粒在液体介质中的分散体系。悬浮体、胶体、真溶液这三种分散状态不同的

JR型黏度计量加热器

体系，其主要物理化学性能的区别详 | 见下表。

三种分散体系不同物理化学性能的区别

状　　态	颗粒大小	显微镜观察	滤纸过滤	存在状态	相体系
悬浮体	>1μm(100Å)	颗粒可见	可滤出	固体颗粒	多相体系
胶体	1μm(10~1000Å)	超显可见	部分	分子团	多相体系
真溶液	<1μm(10Å)	超显不见	不可过滤	分子或离子状态	单相体系

从上表中可以看出，仅仅是由于颗粒分散度的不同，其所表现出的特性也不一样。

【悬浮王】　钻井液用悬浮性能促进剂，是一种强制分散黄原胶聚合物。可快速提升钻井液的黏度和增强悬浮性能，增强钻井液悬浮固体的运载功能；在没有黏土的情况下，仍能产生很好的悬浮性能；减少对地层破坏的可能；快速分散在钻井液中；可直接加入钻井液中。推荐用量0.3~5.7kg/m³。

【悬胶液】　一种由胶体颗粒悬浮于液体中而形成的混合物。这些颗粒得不到下沉而是随着液体分子的运动而处于不断地运动中(即布朗运动)。

【悬浮作用】　钻井液具有一定强度的网架结构，对下沉粒子的阻碍作用称为切力悬浮作用，简称悬浮作用。这种悬浮作用能悬浮比胶体颗粒大的分散相颗粒。

【悬浮拉筋剂】　参见"桥接堵漏材料"。

【悬浮固体含量】　钻井液中悬浮的固体物质(包括砂、泥及未溶解的加重材料或其他悬浮物质)的含量，以体积百分数计算。

【选择性絮凝剂】　这种聚合物只絮凝无用固相(钻屑、劣质黏土和砂子)，对膨润土则无絮凝作用。这种选择性絮凝剂又可分为膨润土增效型和膨润土非增效型两种。非增效型絮凝剂只吸附包围在膨润土颗粒周围，而不使其联结和絮凝。增效型选择性絮凝剂使钻屑、劣质黏土絮凝沉淀，使膨润土颗粒相互联结，但并不絮凝。所以，增效型选择性絮凝剂一方面使钻屑、劣质黏土絮凝沉淀降低了钻井液固相含量，同时又使膨润土颗粒互相联结，使钻井液黏度、切力升高。钻井液絮凝过程及不同类型絮凝剂的作用见下图。

【循环】　钻井液在钻机或者修井机循环系统中运动。这个循环开始于钻井液罐，经过钻井泵、钻杆、钻头环空、架空槽、循环罐。整个过程所用的时间通常作为循环时间的参考值。

【循环周】　见"循环周期时间"。

【循环系数】　指循环到井眼的钻井液量。它由井眼中的钻井液体积加上通过钻井液地面循环罐循环的钻井液体积构成。

【循环速度】　钻井液循环的体积流速。

【循环解卡】　采用不同液体全井循环达到解卡目的。

【循环系统】　指全套钻井液循环系统设备，如钻井泵、地面管汇、循环罐槽、架空槽、净化设备等。

【循环压耗】　是指钻井泵送钻井液通过地面管汇、钻具内、环空等通道上返到地面循环系统，因摩擦所引起的压力损失，在数值上等于循环钻井液时的泵压。

X

对管内流：$\Delta P_{\mathrm{L}}=\dfrac{0.2f\!\rho_{\mathrm{d}}Lv^2}{d_{\mathrm{i}}}$

对环空流：$\Delta P_{\mathrm{L}}=\dfrac{0.2f\!\rho_{\mathrm{d}}Lv^2}{d_{\mathrm{h}}-d_{\mathrm{p}}}$

式中 ΔP_{L}——压力损耗，MPa；
　　　f——管路的水力摩擦系数，无因次；
　　　ρ_{d}——钻井液密度，g/cm³；
　　　L——管路长度，m；
　　　v——钻井液在管路中的平均流速，m/s；
　　　d_{i}——管路内径，cm；
　　　d_{h}——井眼直径，cm；
　　　d_{p}——管柱外径，cm。

【循环钻井液】 用钻井泵通过循环系统连续不断地把钻井液泵入井内，又返出来，循环系统包括地面管汇、水龙头、钻柱、钻头水眼、环形空间、地面净化设施等。钻井液自泥浆泵泵出以后，就按照这个顺序前进。循环钻井液在钻进过程中非常重要，它的作用是清洗井底，冷却钻头，携带岩屑，保护井壁，平衡地层压力，还可以给井底水力动力钻具传递功率。

【循环堵漏法】 在漏层刚钻开、还未完全暴露的井段，渗透性的或小裂缝的多漏失井段，漏层位置不清楚的漏失井段，井口无加压装置的漏失井，可在钻井液中加入一定级配的桥接堵漏材料，一般为 3%~8%，进行循环堵漏效果较好，这种堵漏法一般适用于漏失量<15m³/h。

【循环周期时间】 简称循环周，钻井液从吸入罐(池)泵入井内，再从井底返出井口，然后到吸入罐(池)，往返一次所需的时间称循环周期时间。其计算方法是：钻井液循环一周的时间(min)为泵入钻井液在钻柱内流动时间+钻井液在环形空间上返的时间+钻井液从出口处流到吸入处的时间。

$$T=\dfrac{V}{60Q}$$

式中 T——钻井液循环一周所需要的时间，min；
　　　V——参加循环的钻井液总体积，L；
　　　Q——泵排量，L/s。

【循环池液体增量】 钻入高压层时，如果地层流体进入井内将顶替环空中的钻井液，从而使循环池液面上升，这个体积增加部分称循环池液体增量。

【循环推进堵漏法】 将光钻杆(或带尖钻头)的钻具下在不漏的井段(套管鞋内或不漏的裸眼井段)，然后注入堵漏浆液，起钻到堵浆面以上，循环钻井液(泥浆)，靠循环压力逐渐把堵剂段推向漏层。随时观察漏速变化，并进行计量，掌握堵液推进的位置。堵液未到达漏层时，漏速不变，漏掉的是井筒中原有浆液。当漏速变小，说明堵液达到漏层，应继续推进堵液到漏层中；循环不漏时，可在井口控制回压 1~3MPa 循环。若钻具出口位于套管鞋内，则堵液刚出钻具就关井进行挤替，将堵液推向裸眼段，加快堵液的推进速度。挤替过程中，由于漏层吸收能力不一致，如果压力升高，说明堵液到达漏层并发挥作用，应控制挤替压力，以免压漏未漏地层。挤替完后，开泵循环，并进行观察和记录。该法最好在有返出的漏失情况下使用。

【循环池液面指示仪】 用来监测循环池内液面升降的指示仪器。

Y

【压差】　这里指钻井液液柱压力与该井深的地层压力之间的压力差值。可以是正数、零或负数。主要由钻井液液柱来决定。

【压裂】　改造地层渗透条件的一种方法，亦称"地层水力压裂"。是在井底附近油（气）层中造成裂缝，以提高该井生产能力的一种措施。把某种液体以大的排量泵入井内，在井底造成很高的压力。压力超过某一数值时，就可以撑开井底附近油（气）层中原有的裂缝或造成新裂缝。为防止压力降低后被撑开的裂缝闭合，压开裂缝后压入的液体中有一定大小的砂粒将裂缝支撑住。这样就能极大地改善井底附近油（气）层的渗透性，从而提高该井产量。

【压井】　是在溢流、井涌、井喷时并及时控制井口之后，要恢复正常的作业（如加重或向井内注入更高密度的液体）。这项工作称为"压井"。也就是把加重钻井液替入井内，并把侵入井内的地层流体循环出来。在钻井过程中，当出现溢流、井涌或井喷时，必须采取正确措施，立即关井，并记录关井立管压力和关井套管压力。如果关井立管压力 $P_d > 0$，说明地层压力已大于钻井液液柱静液压力，地层与井眼系统已失去平衡，这时必须立即压井来恢复和重建压力平衡关系。压井的原则应当是保证井下安全。

【压滤】　是指用压力强制法，使悬浮液通过过滤介质，而使液体与固体颗粒分离。

【压强】　垂直作用在物体单位面积上的力。压强的单位为巴（1 巴 = 10^6 达因/平方厘米），压强的国际制单位为帕（1 帕 = 1 牛顿/平方米）。其他常用单位还有托（即 1"毫米汞柱"，1 托 = 1.33×10^{-3} 巴），大气压（1 大气压 = 760 托 = 1.013 巴 = 1033.2 克/平方厘米）等。

【压力】　①在物理学中，指垂直作用于物体表面的力。例如，桌子对水平地面施加的力，大气对液体表面作用的力等。②在化学和多数工程科学中，压力的概念相当于压强。

【压力降】　即在管线和环形空间的压力损失。主要与流体在管线中的流速、流体的性质、管壁的状况和管线的连接情况有关。

【压力表】　亦称"压力计""压强计"。用来测定容器内流体压强的仪表。最常见的是膨胀弹簧管式压力表。压力表所量出的数值称为"表压力"。

【压力计】　见"压力表"。

【压强计】　见"压力表"。

【压井液】　当地层压力大于井眼内液柱压力时，地层流体（指油、气、水）流入井内易发生溢流和井喷，平衡地层压力的流体称为"压井液"。压井所需压井液的计算公式如下：

$$\rho_{ml} = \frac{102}{H}(P_p + P_e)$$

式中　ρ_{ml}——压井所需压井液的密度，g/cm^3；

　　　P_p——地层流体压力，kPa；

　　　P_e——安全附加压力，油井为 1500 ~ 3500kPa，气井为 3000~5000kPa；

　　　H——井深，m。

【压塞液】　在固井注水泥浆完毕时，利用一种特殊液体将胶塞送至井底；这种液体具有抗钙、抗镁、抗高温等特点，在 3 ~ 5 天内不稠化，能使声幅测井仪顺利到达阻流环。

【压滤器】　即"滤失仪"。

【压缩性】　是指流体在压强作用下体

积缩小的性质。压缩性的大小用体积压缩系数 B_p 表示，它代表压强增大时流体体积相对缩小的数值，可用公式表示成：

$$B_p = -\frac{\dfrac{dV}{V}}{dP} = -\frac{1}{V}\frac{dV}{dP}$$

式中　B_p——体积压缩系数，1/MPa；

　　　　V——流体体积，m^3；

　　　　P——压强，MPa。

因为 dV 与 dP 的变化方向相反，压强增加时体积减小，而 B_p 为正值，所以式中加负号。

【压持效应】 液柱压力（或井底液柱压力与地层内流体压力之差）除了能增强井底岩石的硬度以外，还会在岩石破碎面上产生正压力，从而沿破碎面形成摩擦阻力，这种摩擦阻力阻止了已与母体脱离的岩屑离开母体。这样，岩屑就等于被液柱压力压在破碎坑内出不来，称为岩屑的静压持效应。另外，钻头的牙轮在井底滚动时，有些即将离开井底的岩屑又被牙轮压下而不能马上离开井底，这称为岩屑的动态压持效应。为了克服岩屑的压持效应，一方面要增大射流冲击力，另一方面要改善井底流场，充分发挥漫流的作用，并减小动压持效应的可能。克服岩屑的压持效应，就可以避免岩屑的重复破碎，从而提高破碎效率，提高钻速。在石油钻井中，岩屑的压持效应分静压持效应和动压持效应。静压持效应由井底过大的正压差产生，使井底岩屑难以离开井底进入环形空间上返。动压持效应是指钻井液循环时，由钻井液液柱压力和流动阻力产生的井底回压联合作用，造成井底流场不好，有涡流、流动"死区"，使不少岩屑滞留在井底流场而不能进入环形空间。压持效应是造成重复破坏、影响机械钻速的主要原因。

【压差卡钻】 又称"黏附卡钻"，常在钻杆未活动时发生。指的是由于钻井液静液柱压力与地层压力间的压差，使钻具紧压在井壁滤饼上而导致的卡钻。卡钻时能充分循环或有限循环。滤失量大且固相含量高的钻井液、地层渗透率高的地层常出现此卡钻。如有可能，可降低钻井液的密度，在钻井液中加入表面活性剂、柴油或原油，可维持低的滤失量、低的摩擦系数和最低的安全密度。发生各种卡钻的诊断、原因、解卡措施见下图：

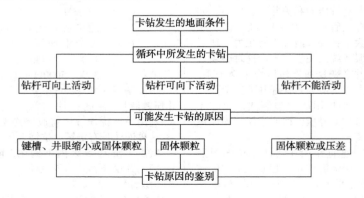

卡钻原因的鉴别

键槽	井眼缩小	固体颗粒	压差
1.有过井斜历史; 2.钻杆能旋转; 3.松扣时扭矩降低; 4.在钻柱中有大直径的工具; 5.在循环钻井液时泵压不变化。 　以上情况都证明有键槽存在	1.在起下钻后钻头或扶正器变小; 2.钻杆能旋转; 3.松扣时所有钻具掉落井底; 4.卡钻时泵压增加; 5.在钻柱中没有大直径工具,而在高扭矩下可旋转钻杆 　以上情况证明卡钻发生在缩径的井段	1.静液柱压力超过地层压力; 2.先前有页岩坍塌证据; 3.钻杆可以转动; 4.在卡钻时泵压可以从低到高的范围内增加; 5.必须采用高的扭矩才能转动钻杆 　以上情况说明发生了固体颗粒堵卡(即塌卡、水泥掉块等)	1.钻杆不能转动; 2.松扣时钻杆不下落; 3.已知渗透层的压力低于钻井液液柱的压力。 　以上的情况证明是发生了压差卡钻。时间拖得愈长愈难解卡

发生卡钻的原因

键槽	井眼缩小	固体颗粒	压差
在井斜井段形成狗腿子井眼,易在此处发生键槽卡钻	1.钻头直径磨小或滤饼厚; 2.页岩坍塌或页岩被挤入	1.页岩坍塌,水泥掉块或碎金属物; 2.卵石移动(仅在浅井段)	1.滤饼堆集; 2.钻杆躺在滤饼上不活动。钻杆紧贴滤饼

解卡措施

键槽	井眼缩小	固体颗粒	压差
1.计算卡点,浸泡解卡液(可浸泡两次以上); 2.爆炸、松扣及套铣。为了避免再次发生,应铣掉钻槽,在钻井液中加入防卡、润滑剂等	1.计算卡点,浸泡解卡液(可浸泡两次以上); 2.爆炸、松扣及套铣。为了避免再次发生,应先确定岩性,对砂岩地层应降低滤失量。若为页岩,应调整密度和加入防塌剂	计算卡点,浸泡解卡液(可浸泡两次以上)或爆炸。松扣及套铣再次发生应:①对金属碎片设法除掉或挤入井壁;②对卵石试用机械方法把它破碎;③对页岩坍塌,调整密度;④对水泥掉块可用土酸浸泡	1.计算卡点,浸泡解卡液(可浸泡两次以上); 2.尽可能降低钻井液密度; 3.倒扣套铣。 为避免再次发生应:①经常活动钻具;②尽可能降低钻井液密度;③加入防卡润滑剂;④下入小的钻铤或螺槽钻铤

Y

未循环中发生的各种卡钻见下图：

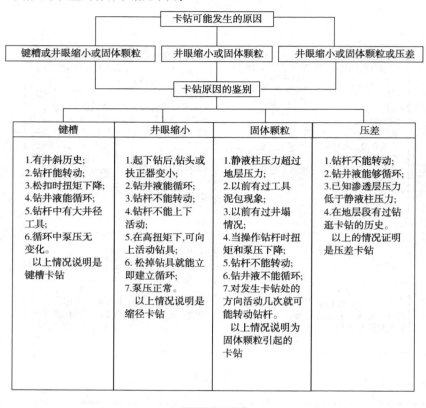

键槽	井眼缩小	固体颗粒	压差
1.有井斜历史； 2.钻杆能转动； 3.松扣时扭矩下降； 4.钻井液能循环； 5.钻杆中有大井径工具； 6.循环中泵压无变化。 　以上情况说明是键槽卡钻	1.起下钻后,钻头或扶正器变小； 2.钻井液能循环； 3.钻杆不能转动； 4.钻杆不能上下活动； 5.在高扭矩下,可向上活动钻具； 6.松掉钻具就能立即建立循环； 7.泵压正常。 　以上情况说明是缩径卡钻	1.静液柱压力超过地层压力； 2.以前有过工具泥包现象； 3.以前有过井塌情况； 4.当操作钻杆时扭矩和泵压下降； 5.钻杆不能转动； 6.钻井液不能循环； 7.对发生卡钻处的方向活动几次就可能转动钻杆。 　以上情况说明为固体颗粒引起的卡钻	1.钻杆不能转动； 2.钻井液能够循环； 3.已知渗透层压力低于静液柱压力； 4.在地层段有过钻逛卡钻的历史。 　以上的情况证明是压差卡钻

卡钻的原因

键槽	井眼缩小	固体颗粒	压差
井斜成狗腿子易形成钻槽	1.滤饼厚或钻头直径小； 2.页岩膨胀坍塌或剥落	1.洗井不适当或页岩坍塌或落碎块； 2.表层、技套以下受到冲蚀的钻屑引起事故	1.滤饼堆积,钻杆躺在滤饼中不活动； 2.大面积的钻杆躺在滤饼中愈紧愈易被卡

Y

	处理办法		
键槽	井眼缩小	固体颗粒	压差
1.算好卡点,浸泡解卡液(可进行多次); 2.倒扣套铣。 　为免再次发生键槽卡钻,应先铣掉键槽,并在钻井液中加入防卡润滑剂等	1.算好卡点,浸泡解卡液(可进行多次); 2.倒扣套铣。 　为免再次发生卡钻,应适当提高密度和降低钻井液的滤失量	1.算好卡点,浸泡解卡液(可进行多次); 2.倒扣套铣。 　为免再次发生卡钻,应先判断清楚(从岩屑大小)是钻出岩屑或坍塌物,其次,若为钻出大岩屑就调整流变性能,降低滑落速度。若坍塌物对密度及滤失量进行调整,并使钻井液在环空成层流	1.在钻杆上施加左扭矩,放松并使其停立较长时间; 2.算好卡点,浸泡解卡液(可进行多次); 3.尽可能降低密度; 4.倒扣套铣。 　为避免再次发生卡钻,应经常活动钻具,降低滤失量,并加入防卡润滑剂

【压差吸附】　当部分钻柱嵌入滤饼引起管柱周围压力分布状态不均匀时发生吸附。吸附的基本条件要求渗透性地层和钻柱嵌入滤饼中,并且钻柱周围存在正压差。

【压力梯度】　每米液体所产生的压力,压力梯度与钻井液的关系是:
$$\text{psi/ft} = MW_1(\text{密度}) \times 0.052,$$
密度单位是 lb/gal。

【压裂梯度】　在一特定深度,开始压裂地层所需的压力称压裂梯度,压裂梯度与岩石结构的完整性有关,当超过地层的压裂梯度时,会发生漏失。一般通过做地层破裂试验来确定地层的压裂梯度。

【压裂试验】　通常在套管鞋处对裸露的地层进行抗压试验直到压裂为止,来确定该处地层的破裂压力,可用破裂当量密度表示:
$$\rho_{fr} = \rho + 10P_L/H$$
式中　ρ_{fr}——破裂地层钻井液密度,
　　　　　　g/cm^3;
　　　ρ——井口使用的钻井液密度,g/cm^3;

　　　P_L——地层压裂试验中开始井漏的压力,kg/cm^2;
　　　H——垂直井深,m。

【压裂现象】　当钻井液的循环压力大于地层的破裂压力时,就会压裂地层,使地层出现裂缝,从而导致泵压下降,钻井液漏入地层,井筒中液柱压力下降。如液柱压力降至上部易塌地层的坍塌压力或孔隙压力之下,就可能发生井塌或井喷等井下复杂情况。

【压缩率测定器】　测定器主要由壳体和活塞构成,活塞外表装有三个 O 形密封圈,中间装有单流阀。将被测的钻井液装满测定器壳体,然后将活塞插入,同时用铁丝顶开单流阀,测量限位距离,使活塞底面跟壳体内腔上壁相平(见下图)。将测定器放在液压式压力机上,给活塞施加压力以压缩钻井液,并用千分表量出活塞在不同压力下的相对位移。压力机每增加 981N,壳体内增加 1.388MPa 的压力,活塞相对位移增加 $\Delta H_测$。根据每个位移 $\Delta H_测$,便可计算出被测钻

Y

井液的压缩率 β。钻井液在单位压力下的体积变化率就是钻井液的压缩率，计算公式为：

$$\beta = \frac{V_0 - V}{V_0(P - P_0)} = \frac{V_0 - V}{V_0 \Delta P}$$

测定器活塞直径为 0.03m，壳体内圆柱高为 0.1m，壳体侧壁厚 0.02m。如果考虑到壳体在压力下的膨胀变形，钻井液的实际压缩率为：

$$\beta = \frac{\Delta H_{测} - 2.78 \times 10^{-10} \Delta P / 9.807}{1.111 \Delta P}$$

式中　β——钻井液压缩率，Pa^{-1}；

　　　V_0——压力 P_0 时的初始体积，m^3；

　　　V——压力 P 时的体积，m^3；

　　　ΔP——压力增量，Pa。

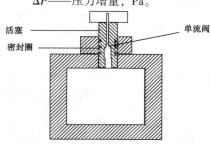

活塞　　密封圈　　单流阀

压缩率测定器

【压力骤变解卡法】　简称骤变解卡法。主要用于处理压差卡钻，用密度较低的钻井液替换出井内部分密度较高的钻井液，然后使顶替液突然从钻杆内排除，达到解卡的目的。

【压井速凝堵漏法】　此法主要用来应对上漏下喷的井，采用重晶石塞和速凝水泥再注顶替钻井液的压井堵漏方法，其目的是先以重晶石和适当密度的钻井液平衡高压层的压力，再以速凝水泥形成硬堵塞封住漏层，并将高、低压层隔开。

处理要点：①注重晶石前开双泵注一定量的高密度钻井液，以压住高压层。②严格控制水泥的稠化时间，使

水泥塞顶界刚推到设计深度时，水泥浆即达到稠化时间。③采用正、反注入措施，准确计量，确保水泥浆准确达到设计位置。④顶替钻井液密度适当偏低，使水泥浆部分进入漏层。

【压力液体密度计】　见"加压密度计"。

【压力换能器测漏法】　见"传感器测漏法"。

【压力敏感型裂缝堵漏技术】　压力敏感裂缝按其结构特点可分为漏斗型、宽窄型和应变型三种。应对该类漏失地层可采用以下方法：①堵漏材料可增加片状物质。在堵漏工艺上，可把桥浆的粗、细颗粒分开配制，并按粗细次序注入漏层，由于粗的加桥颗粒先进入裂缝，快速失水将大通道变成小通道，然后细颗粒再进入堵小裂缝或充填小间隙，从而达到堵漏、封固的目的。为防止粗颗粒在窄间隙处封门，在注入堵漏浆液时，应转动钻具搅拌浆液。②对于应变型裂缝，可采用复合堵漏。即先注入一段井浆，再注入粗颗粒桥浆来加桥，不使用填充粒子，然后注入快干水泥浆，以使水泥浆易进入粗颗粒所形成的滤饼中。注井浆时，应采用大排量，尽量扩大裂缝，待桥浆接近漏层时，再用小排量顶替。堵漏工艺宜采用间歇开、关(指封井器)挤，防止封门。③采用含有一定浓度桥接材料(不加充填粒子)的水泥浆进行堵漏，同样采用间歇开、关(指封井器)挤工艺。

【亚硫酸钠】　腐蚀抑制剂。分子式：Na_2SO_3。为白色结晶体，用作脱氧剂。可有效地去除水基钻井液中的溶解氧，从而防止氧对金属的腐蚀。还可去除有机聚合物高温降解的条件。其加量为 $0.1 \sim 0.3 kg/m^3$。

【亚甲基蓝染色法】　鉴定黏土类别的一种方法。亚甲基蓝是一种有机阳离子染料，其分子结构为：

黏土通常带负电荷，能够吸附有机阳离子。不同的黏土矿物由于其结构的不同吸附有机阳离子染色剂的能力也不同，因而呈现不同的颜色。根据颜色的不同变化，则可鉴定出黏土矿物的种类(见下表)。此种方法的做法是，将黏土用水浸泡(用蒸馏水或淡水)，配成密度为 $1.004 \sim 1.005 g/cm^3$ 的稳定的溶胶悬浮体(若黏土分散不好，可加干黏土重量的 2.6% 的焦磷酸钠作为分散剂)，取溶胶悬浮体 5mL，用等量的 0.001% 的亚甲基蓝水溶液进行染色，摇荡后放置 3~4h 后与标准卡片相比较。另取 5mL 溶胶悬浮体，加等量的 0.001% 亚甲基蓝水溶液后，再加 4~5 滴饱和 KCl 溶液，放置 3~4h，与不加饱和 KCl 的溶胶悬浮体的颜色相比较。

亚甲基蓝对标准黏土矿物的染色结果

黏土种类	试 剂			
	亚甲基蓝		亚甲基蓝+饱和 KCl 溶液	
	沉淀	溶液	沉淀	溶液
高岭土	致密	浅紫色	致密	浅紫色
蒙脱土	胶凝状	鲜紫色	胶凝状	浅天蓝色或绿天蓝色
水云母	致密	紫色或蓝色	致密	紫色或蓝色

【亚甲基蓝容量(MBT)】 每升钻井液用亚甲基蓝标准溶液滴定到终点时所耗标准液的毫升数。见"坂土含量的测定"。

【淹没射流】 是指钻井液由钻头水眼喷出以后，就处在井筒内的钻井液中，被井筒内的钻井液所淹没。由于钻井液的密度比空气大得多，所以射流在出口以后就受到淹没液体的巨大阻力。

【淹没自由射流】 射流不受固体边界限制的淹没射流。

【淹没非自由射流】 射流受固体边界限制的淹没射流。

【岩屑】 在钻井过程中，井底岩石在钻头作用下不断以块状或颗粒状从岩石母体上剥落下来，同时又在钻头的重复作用下进一步破碎，变成更小的颗粒，这些岩石颗粒叫"岩屑"。岩屑被井内循环的钻井液带到地面。通过对岩屑的分析可以了解岩石的性质、地层变化和油气情况。

【岩屑床】 井眼中的固体微粒受重力(地心力)、黏滞阻力、冲击力、浮力作用影响，岩屑浓度大于这些作用力的工作能力，岩屑就会沉降产生岩屑床；井斜、环空返速对岩屑床的产生有比较大的影响，返速低、井斜大，环空岩屑在重力作用下在井壁底边上沉积形成岩屑床，停泵时这种现象尤其明显，这就是为什么井斜角大时接完单根，钻柱不易下放到底的原因；井斜给岩屑床的形成提供了条件。环空岩屑浓度随井斜角增大而增大，井眼净化程度随井斜角增大而下降，即井斜角越大的井段越易形成岩屑床。岩屑床严重影响机械钻速，钻进时阻力增加，尤其是钻定向井、水平井时易形成井下的拖压现象，导致钻头处没有钻压，长时间没有进尺，工程进度缓慢，增加钻井成本；岩屑床导致钻柱扭矩增大，严重时其至扭断井内钻柱，产生严重的井下事故；岩屑床还是钻具黏卡产生的主要原因，岩屑床的存在使测试工具下放受阻。

【岩屑砂侵】　在硬脆的泥页岩或松散、胶结性差的砂岩中钻进时，若钻井液的黏度、切力过高，又未进行钻井液固相控制，大量的岩屑和砂子侵入钻井液中，造成岩屑、砂侵。钻井液砂侵后，其密度和含砂量很快上升，黏度、切力升高，滤饼厚且松，摩擦系数增大，滤失量升高，钻速下降，有时还能发生黏附卡钻，对机械设备磨损极大。

【岩屑输送比】　见"井眼净化能力"。

【岩屑运移比】　指岩屑上升速度与钻井液上返速度的比值。

【岩屑床搅拌器】　一种钻井工具，它是一个带有贯通孔的圆柱状体，其一端接头带公扣，另一端为母扣，该搅拌器内孔壁表面呈连续的圆弧、直线、抛物线状，外体带螺旋翼片，搅拌器外径与井壁内径之差为 10～35mm，该装置在大位移或大斜度的钻井中，可防止井内因岩屑沉积在井眼底部形成岩屑床，出现卡钻、停钻现象，并克服了因岩屑造成井眼缩小的弊端，因而使用该工具大大改善了钻井过程岩屑悬浮状态，防止因沉积而影响钻进，结构简单、使用方便，使用中只需要接于钻杆之间便可将钻井液中岩屑顺利排出地面。

【岩屑下沉速度】　见"井眼净化能力"。

【岩屑上返速度】　岩屑随钻井液上返的绝对速度。它等于环空钻井液返速与岩屑滑沉速度之差。

【岩屑压持效应】　当清水被泥岩所侵污后，钻速就会明显地降低。钻井液絮凝剂的加入主要目的就是清除清水所受的这种侵污。在很大程度上，钻井速度之所以降低是由于钻井液滤失现象所引起的，在清水钻井时，发生泥侵后，钻速常常大幅降低。这种由于滤失而引起的钻速降低的现象称为"岩屑压持效应"。

【岩屑回收试验】　即"页岩滚动试验"。

【岩盐层塑性流动缩径卡钻】　岩盐层在 100℃ 以上的高温下变成一个塑性体，因此在岩盐层一旦钻开以后，它就在上部覆盖压力作用下，如同一个塑性流体向井中流动，从而造成井下遇阻遇卡，严重时将会挤住钻具造成卡钻。另外，在完井固井时，如岩盐层水泥环不均匀，盐层可能会挤坏套管。由于这种塑性的岩盐向井内的流动是由于上部覆盖压力挤压作用造成的，必须增大钻井液的密度，使其接近或等于覆盖压力梯度。一旦发生了这种卡钻，应将一段钻井液替换成清水，反复洗井，使挤入井内的岩盐溶解，逐渐使卡钻解除。

【沿程阻力】　是指液流沿着全部流程上的直管段所产生的摩擦阻力。为了克服沿程阻力而引起的水头损失称为"沿程阻力"。也称为"沿程水头损失"。

【沿程水头损失】　见"沿程阻力"。

【盐】　是由金属阳离子(正电荷离子)与酸根阴离子(负电荷离子)所组成的中性(不带电荷)的离子化合物。①由金属离子(包括铵离子)或类似金属离子的基团同酸根离子所组成的化合物。在含有金属离子和酸根离子的同时，根据它是否含有氢离子或氢氧根离子，可分为正盐(如碳酸钠)、酸式盐(如酸式硫酸钠)及碱式盐(如碱式碳酸铜)。此外，还有复盐(如明矾）、络盐等。常温时，盐一般是晶体。熔融盐或盐的水溶液都能导电。盐类在水中的溶解度各不相同。许多盐在工农业及国防工业上有着广泛的用途，如氯化钠、氯化钾、碳酸钠、硝酸铵、硝酸钾等。②食盐。有海盐、井盐、池盐、岩盐等。

【盐类】 是由金属原子和酸根组成的化合物（酸碱中和，即生成盐类及水）。盐的种类很多，一般是固体，结晶很有规则，但无一共同味道，颜色也颇不一致，化学性质则更不相同。盐类的名称大多是以所含金属和酸根而定的。如盐类含有氧则命名时把金属放在酸根后面，中间加一酸字，如硫酸钠、碳酸钾等。如果盐内不含氧则命名时把金属放在非金属后面，中间加一个化字，如氯化钠、氰化钾等。在各类酸中，硫酸盐统称硫酸物，硝酸盐统称硝酸物；但盐酸或氢氰酸等生成的盐则各称为氯化物和氰化物。凡是由重金属生的盐（可溶的）类，大部分都有毒性，如硫酸铅、硝酸银、氯化钡等。有些非重金属生成的盐类，也是极毒的，如氰化钠、氰化钾等。此外，盐类中有许多具有极强氧化作用的化合物，如氯酸钾、漂白粉、高锰酸钾……在工商部门通常将其从盐类中划出，单列为一类，称为氧化剂。在钻井过程中，深部地层往往含有各种盐类。如盐层、石膏、芒硝、盐膏混层等盐类。这些盐类侵入钻井液，对性能破坏较为严重，其原因基本上有四个方面：第一，盐溶解后 Na^+ 浓度增大，挤压黏土胶团双电层，降低电动势，减弱钻井液稳定性；第二，盐溶解后，离子浓度增加，离子水化时，要和黏土吸附的离子及处理剂争夺水化水，使黏土表面及处理剂的水化减弱，降低

处理剂的效能，从而降低黏土颗粒的絮凝稳定性；第三，钠离子浓度增大以后，可与土及处理剂的氢离子发生离子交换，降低 pH 值，若含有镁离子，易生成难溶的氢氧化镁沉淀而消耗氢氧根，也会使 pH 值下降。第四，若 Ca^{2+}、Mg^{2+} 等高价离子浓度较高时，将使黏土表面吸附较多的 Ca^{2+}、Mg^{2+}，减弱黏土水化。

【盐岩】 一种蒸发矿物。在盐岩中除岩盐（$NaCl$、KCl）外，还有少量其他硫酸盐及氯化物矿物，也可混入一些黏土矿物和有机质。盐岩纯者无色，因混入物可呈现黑、灰、褐、蓝等颜色。一般为粗粒结构块体，与共生的石膏、硬石膏成互层。按沉积分异顺序，盐岩晚于石膏、硬石膏，因此盐岩层常出现在石膏和硬石膏岩的上部。在较低的温度和压力条件下，盐岩即可表现出一定的流动性，造成埋于较深地层中的盐岩穿刺，形成盐丘。盐岩层可作为良好的油气盖层。在钻井过程中常污染钻井液。

【盐析】 这里指高分子化合物的盐析作用。不仅憎液溶胶在电解质作用下会发生聚结以致聚沉作用，亲液溶胶（高分子化合物溶液）在大量电解质作用下也可能产生沉淀。但憎液溶胶对电解质很敏感。少量电解质都能使其聚沉。对高分子溶液来说，加入少量电解质并不影响它的稳定性，到了等电点也不会聚沉，直到加入多量的电解质，才能使它发生聚沉，高分子溶液的这种聚沉现象称为盐析。

【盐侵】 所谓盐侵，是指含盐地层（包括岩盐、钾盐、石膏、芒硝等）中的钾、钠、钙以及氯、硫酸根等离子侵入钻井液，破坏钻井液稳定性，或造成钻井液流动困难的现象。其污染源主要来自配浆水、地下盐水层、岩盐

Y

层，从化学上讲，可分为钠盐、钾盐、镁盐、钙盐、硫酸盐或是这些盐的混合物，最普遍的是氯化钠。盐会絮凝淡水钻井液造成黏度和滤失量出现问题，如果盐污染更加严重或受二价离子（Ca^{2+}、Mg^{2+}）污染严重时，黏土颗粒发生聚沉，钻井液就会失去空间稳定性。

【盐精】 见"氯化铵"。

【盐脑】 见"氯化铵"。

【盐酸】 又称"氢氯酸"。分子式：HCl；相对分子质量为36.36。一般含有杂质的呈微黄色发烟液体。浓盐酸含量37%，密度1.19g/cm³。有刺激性，腐蚀性强，有毒。有毒气体对动植物有害。是极强的无机酸，接触皮肤或纤维有腐蚀性，能与很多金属起化学反应而使其溶解，与金属氧化物、碱类大部分盐类起化学作用。易溶于水、酒精和醚中，化学性质活泼。在石油工业中得到广泛应用。可用浓度15%的盐酸解除掉块卡钻。

盐酸的质量标准（GB 320—1964）

指标名称	指标
氯化氢（HCl）含量/%	≥31.0
铁（Fe）含量/%	≤0.01
硫酸（换算为 SO_4^{2-}）含量/%	≤0.007
砷（As）含量/%	≤0.00002

【盐效应】 往弱电解质的溶液中加入与弱电解质没有相同离子的强电解质时，由于溶液中离子总浓度增大，离子间相互牵制作用增强，使得弱电解质解离的阴、阳离子结合形成分子的机会减小，从而使弱电解质分子浓度减小，离子浓度相应增大，解离度增大，这种效应称为盐效应。当溶解度降低时，为盐析效应；反之，为盐溶效应。

【盐敏性】 是指储层在不同浓度盐水溶液中，由于黏土矿物的水化、膨胀而导致渗透率下降的现象。盐敏实验的目的是了解储层岩石在盐水的矿化度不断变化的条件下，渗透率变化的过程和程度，找出盐度递减条件下渗透率明显下降的临界矿化度，为现场施工中的各种工作液确定合理矿化度提供依据。

【盐岩侵】 又称"盐污染"，在钻进地层的盐岩层中，因盐分混入钻井液，被钻井液的液相溶解部分进入钻井液，使黏度和切力增大，滤失量增大和氯离子增多的现象。在钻井液中有盐晶析出。遇到这种情况可采用化学处理方法和滤失量控制剂调整抗盐性能，或转换成饱和盐水钻井液。（1）盐侵的原因：所钻地层中存在盐层，而钻井液体系为淡水钻井液，抗盐污染能力差。（2）盐侵的现象：①盐侵入不多时（小于1%），黏度、切力和失水量变化不大。②滤液中Ca^{2+}、Mg^{2+}、Cl^-、SO_4^{2-}等离子含量增加，钻井液表面有泡沫。③含盐量大于1%时，黏度、切力和失水量随含盐量增大而迅速上升，滤饼增厚；当含盐量达到某个数值时，黏度、切力达到最大值，钻井液显著增稠。④当盐含量超过某个数值后，黏度、切力随含盐量增大而下降，失水量则继续增大。⑤pH值随含盐量增加逐渐降低，并且稳定性变差，烧碱消耗量明显增加。（3）盐侵的预防和处理：①如果所钻地层含盐段较长时，则应设计使用油基钻井液、油包水钻井液、饱和盐水或欠饱和盐水钻井液；如果所钻地层含盐段较短而又使用普通水基钻井液时，则应在钻入盐层前提前进行预处理，提高钻井液抗盐能力，使得钻井液在钻遇盐层时，性能不会发生大的变化。②一旦发生盐侵，钻井液的黏度、切力和失水量增大时，首要对钻井液滤液进行分析，确定盐层的性质，选择正确的处理剂，降低黏切，与此同时，加入护胶剂和抗盐抗钙降失水剂，提高钻井液的抗污染稳定性，调整维护钻井液性能；必要时，可考虑转化钻井液体系。

【盐水侵】　指钻遇高压盐水层时钻井液性能变坏的现象。特征是开始时黏度、切力突然增大，滤失量增大，滤饼增厚，滤液中氯根含量增加，pH值降低。当盐水大量侵入时，黏度下降，地面钻井液循环容器液面上升，井口外溢，甚至发生轻度井喷。钻井液性能变化的原因与盐侵相同。预防的方法是钻开高压盐水层前，根据盐水层的压力调整钻井液的密度，使钻井液液柱压力大于盐水层压力 $3 \sim 4MPa$。盐水侵后处理的方法是，钻井液变稠时加抗盐的降黏剂，变稀时加抗盐黏土、抗盐的提黏剂（如生物聚合物、Na-CMC 等）。（1）盐水侵的原因：地层中存在高压盐水层。当钻遇到高压盐水层时，由于钻井液液柱压力小于盐水层压力，或者在钻进时处于平衡，而起钻时由于抽吸的作用，使钻井液液柱压力减小导致欠平衡，盐水侵入钻井液中。（2）钻井液受盐水侵的现象：①盐水侵入不多时，黏度、切力突然增大，流动性变差；大量地侵入时，钻井液密度下降、黏度下降，钻井液体积显著增加，液面上涨。②滤液中 Ca^{2+}、Mg^{2+}、Cl^-、SO_4^{2-} 等离子含量增加，钻井液表面有泡沫。③滤失量增大，滤饼增厚。④pH 值降低。⑤当钻井液柱严重小于盐水层压力时，井口会出现外溢，甚至发生井涌。（3）钻井液受盐水侵的预防与处理：预防是最

好的处理方法。在钻开盐水层前，应根据盐水层的压力调整钻井液密度，使钻井液液柱压力大于盐水层流体压力 $3 \sim 4MPa$，同时要注意观察钻井液性能变化，加强性能测试，尤其是 Cl^- 含量的测量。在确保压住盐水层的情况下钻进。一旦发生盐水侵可采用如下方法处理：①钻井液发生盐水侵时，首要对钻井液滤液进行分析，确定盐水的性质，选择正确的处理剂。②钻井液变稠时，使用高碱比稀释剂处理，调整性能，降低黏度、切力，便于加重以压住盐水层；同时还要补充抗盐抗钙降失水剂，提高钻井液的抗污染稳定性，改善滤饼质量，防止井下复杂化。③钻井液变稀时，应立即加重，同时过量地补充抗盐抗钙降失水剂，提高钻井液的抗污染稳定性，提高黏度、降低失水（如加纯碱、CMC、膨润土浆、抗盐土或抗盐土浆等）以保护胶体；若盐水大量侵入对钻井液造成破坏，钻井液黏度低于 28s 时，应考虑换钻井液。④每次起钻坚持坐岗，校正钻井液的灌入量，防止由于抽吸作用，使钻井液液柱压力减小，导致盐水进一步侵入钻井液中。下钻到底循环时，注意观察盐水侵情况。必要时，可将污染严重部分放掉。

【盐的分类】　盐是由金属离子和酸根组成的化合物，可分为正盐、酸式盐和碱式盐等。

【盐的性质】　盐在常温下大多是晶体。不同种类的盐在水中的溶解度不同。一般来说，钾盐、钠盐和硝酸盐都溶于水，而碳酸盐、氢硫酸盐（硫化物）大多不溶于水。

【盐类水解】　强碱和弱酸或强酸和弱碱所形成的盐溶于水时，离解出的弱酸或弱碱离子能和水中 H^+ 或 OH^- 离

子结合形成难电离的弱碱，从而破坏了水中电离平衡，致使水溶液中 H^+ 浓度小于 OH^- 浓度或大于 OH^- 浓度，故使水溶液呈现碱性或酸性。这样的现象称盐类水解。

【盐水黏土】 在盐水中能分散并能提高黏度、降低滤失量的黏土。

【盐析作用】 即"盐析"。

【盐水钻井液】 这种钻井液以（氯化钠）为主要处理剂配成的水基钻井液。指氯离子浓度在 6000～189000mg/L 的钻井液。又称粗分散钻井液，属抑制性钻井液。是以黏土为分散相，以盐水为分散介质，铬盐为主要稀释剂，CMC 为降滤失剂的一种钻井液；含盐量 NaCl>1%。这种钻井液的主要特点是：①抗黏土侵，克服泥页岩水化膨胀、坍塌和剥蚀掉块的效果显著；②抗盐侵和抗石膏侵能力强；③钻井液性能稳定；④热稳定性好，多用于超深井。该体系适用于海上钻井或海滩及其他缺乏淡水地区的钻井。饱和盐水钻井液主要用于岩盐层、页岩层与石膏混合层的钻井。

【盐酸联苯胺法】 鉴定黏土类别的一种方法。盐酸联苯胺是一种有机阳离子染料，其分子结构式为：

$$H_2N \text{——}\langle\text{——}\rangle\text{——}\langle\text{——}\rangle\text{——} NH_2 \cdot HCl$$

它溶于水为无色溶液，可被蒙脱土（微晶高岭土）、水云母吸附而呈现蓝色，它不被高岭土吸附。溶液悬浮体的制备是，将黏土用水浸泡（用蒸馏水或淡水），配成密度为 1.004～1.005g/cm³ 的稳定的溶胶悬浮体（若黏土分散不好，可加干黏土重量的 2.6% 的焦磷酸钠作为分散剂），取溶胶悬浮体 5mL，加等量的 0.05% 盐酸联苯胺，加 1 滴 5% 的盐酸，1 滴浓氨水，摇荡后放置 3～4h，观察颜色的

变化，对比标准黏土矿物染色结构，指出所测土是哪种类型，见下表。

盐酸联苯胺对标准黏土的染色结果

黏土种类	盐酸联苯胺染色结果
高岭石	不染色
蒙脱石	深蓝色
水云母	蓝色或灰色

【盐水钻井液体系】 用盐水、咸水配制，或用淡水配制，然后添加适当盐分的水基钻井液。盐水钻井液可含有或不含有黏土类材料。

【盐粉悬浮钻井液】 是一种使用有一定粒径的特制盐粒在聚合物溶液中形成的悬浮液体系。该钻井液具有理想的流变参数和强的剪切稀释特性，能有效地悬浮和携带岩屑并使井筒清洁；具有低的滤失量，能在极短时间内形成易被清除的超低渗透率滤饼，对储层起到桥堵和封闭作用，防止钻井液固相和滤液侵入储层；此外，这种用聚合物和盐粒组成的流体可保持液柱传递所需要的静液柱压力，以保持井眼规则、稳定，并使冲刷造成的扩径降到理想的程度。

【盐水聚合物完井液】 以聚合物为增黏剂、降滤失剂、悬浮剂等，另外添加各种堵塞剂、加重剂（可酸溶或水溶）及 NaCl、KCl。这种完井液的优点是较好地控制各种性能满足钻井、完井的要求。

【盐酸溶液（0.1mol/L）】 旧称 0.1N 盐酸溶液，量取 8.2mL 密度为 1190kg/m³ 的分析纯盐酸，注入 1000mL 容量瓶中，用不含二氧化碳的水稀释至刻度，然后用分析纯无水碳酸钠进行标定。其方法是：取分析纯无水碳酸钠置于 180℃ 烘箱中烘 2h 后，放入干燥器内冷却。称取 0.1～

0.15g 碳酸钠三份，分别置于三角瓶中，以 100mL 经煮沸的热水溶液，加入 3 滴甲基橙指示剂，用配制的 0.1mol/L 盐酸滴定至溶液由黄色变为微红色为终点。

$$C_{HCl_2} = \frac{m \times 1000}{53 \times V}$$

式中　C_{HCl_2}——盐酸的浓度，mol/L；

53.00——碳酸钠摩尔质量的 1/2，g/mol；

m——称取碳酸钠的质量；

V——滴定时消耗盐酸溶液的体积，mL。

【盐岩层塑性流动缩径卡钻】　盐岩在 100℃ 以上的高温下会变成一种塑性体。因此，钻开盐岩层以后，它就在上覆岩层压力作用下，如同一个塑性流体向井内流动，从而造成钻进或起下钻时的遇阻、遇卡，严重时将会挤住钻具，造成卡钻。另外，在完井固井时，盐岩还可能会卡死套管或将水泥环和套管挤毁。由于这种盐岩层向井内的塑性流动是由于上覆岩层的挤压作用造成的，不能用饱和盐水钻井液控制其溶解的方法或类似防止泥页岩水化的途径来解决，可适当提高钻井液密度，使井内静液柱压力能平衡上覆岩层压力，但钻井液的当量循环密度不能超过地层压力系数，否则会将地层压裂，造成井漏和井塌。一旦发生了盐岩层塑性流动造成的卡钻，应将一段钻井液替换成清水，反复洗井，使挤入井内的盐岩溶解，逐渐使卡钻解除。

【盐水（包括海水、咸水）钻井液体系】　用盐水（海水及咸水）配制而成。其主要特点是：①抗盐离子、钙离子、镁离子的能力较强，但腐蚀性较大。②抑制能力强，造浆速度慢，可保持较低的固相含量。③对油气层有

一定的保护作用。④可用于海洋钻井和缺乏淡水地区的钻井。对该体系的要求有：①使用抗盐黏土或预水化膨润土。②使用抗盐离子、钙离子、镁离子能力较强的处理剂。③根据腐蚀源加入相应的防腐剂。

【衍生物】　一种简单化合物分子中的氢原子或原子团被其他原子或原子团取代而衍生的较复杂的产物，称为该化合物的衍生物。

【掩蔽】　在溶液中利用掩蔽剂将干扰离子浓度减小，使其不参与反应，或参加反应的量极低，以消除干扰的过程。常用的掩蔽剂有：①络合掩蔽剂。它能与干扰离子形成比预测离子更稳定的络合物。②沉淀掩蔽剂。它能与干扰离子形成沉淀。而过量沉淀掩蔽剂留于体系中不妨碍以后其他性能。如压塞液中加入络合掩蔽剂可避免钙离子参加反应，不导致水泥稠化，以利于声幅测井。

【焰色反应】　是根据试样在无色火焰中灼烧时，呈现出不同颜色的火焰，以鉴定试样中所含某种元素的方法。如呈现黄色火焰可能含钠元素，呈现紫色火焰可能含钾元素。

【阳离子】　又称正离子，是指失去最外层的电子以达到相对稳定结构的离子形式。一般说来，原子核最外层电子数小于 4 的通常形成阳离子（就是带正号的），大于 4 的通常形成阴离子（也就是带负号的），还有一个规律，原子核最外层电子数也就决定了该元素的化合价，就是正号或者负号前的数。常见的阳离子有 Na^+、K^+、NH_4^+、Mg^{2+}、Ca^{2+}、Ba^{2+}、Al^{3+}、Fe^{2+}、Fe^{3+}、Zn^{2+}、Cu^{2+}、Ag^{2+} 等。

【阳离子淀粉】　淀粉衍生物的一类，是在淀粉的羟基上引入阳离子而形成的淀粉产品（系列）。将淀粉浆液与

阳离子醚化剂在碱催化剂、促胶凝剂存在下，加热反应而得。醚化剂大多数是含氮化合物（如环氧氯丙烷－三甲胺加合物、3－氯－2羟丙基三甲基氯化铵），少数也有含磷或硫的有机化合物。阳离子淀粉有叔胺型、季胺型、氨乙基、氰氨基、双醛、络合型等。其中，主要的是叔胺和季胺型阳离子淀粉。由于能产生阳离子，与带负电性的纤维或离子强烈吸附，用作钻井液滤失量控制剂，适用于高钙及高盐浓度的钻井液。

阳离子淀粉

【阳离子褐煤】 代号为 PMC，为黑色自由流动粉末。是由褐煤碱化后与季铵盐反应而成的一种钻井液用处理剂。在钻井液中，它具有抑制泥页岩水化膨胀的能力，抗温（180℃）效果好。用于聚磺钻井液。一般加量为 2%～3%。

【阳离子乳化沥青】 为黑色胶状物，由液体沥青改性而成。可直接加入水基钻井液中，能有效地抑制页岩水化，封堵微裂缝，改善滤饼质量，其一般加量为 1%～2%。

阳离子乳化沥青质量指标

项　目	指　标
外观	棕黑色胶状物
水分散性	均匀分散，无漂浮固状物
相对抑制性	≤1

续表

项　目	指　标
胶体稳定性/%	≥95
电动电位/mV	≥+20
有效物含量/%	≥55
软化点/℃	$n\pm10$

注：软化点（n）有 100℃、120℃、140℃、160℃、180℃、200℃。

【阳离子交换树脂】 分子中含有酸性基团（如磺酸基）的离子交换树脂。

【阳离子烷基糖苷】 代号为 CAPG。外观为黑色或黑褐色液体，可与乙醇、甲醇、丙酮等有机溶剂或水任意比例互溶。由于 CAPG 为糖类衍生物，可自然降解，无生物毒性，由烷基糖苷与季铵盐等反应制得，在 CAPG 的分子链中烷基糖苷的多个亲水的羟基可以与黏土颗粒表面吸附，和阳离子基团一起提供抑制功能。钻井液中加量越大，抑制性和润滑性越强。适合于解决强水敏的泥页岩地层的井壁防塌，兼有一定润滑性和流型调节作用，CAPG 一次回收率 99.15%，二次回收率 98.60%，CAPG 相对抑制率达 100%，2% CAPG 极压润滑系数 0.088，CAPG 产品 EC_{50} 值为 483500 ppm，抗温可达 160℃。与常规水基钻井液体系配伍性良好，可与阴离子处理剂以任何比例复配。现场使用时，可直接加入井浆，作为抑制剂单独使用，也可配成阳离子烷基糖苷钻井液体系使用。作为抑制剂使用时，推荐加量为 2%～5%，作为主剂形成阳离子烷基糖苷钻井液使用时，其用量为 5%～10%。

【阳离子交换容量】 即亚甲基蓝容量；阳离子交换容量是钻井液中活性黏土数量的指标。有助于了解钻井液中黏土及被钻地层中页岩和黏土的类型和性质。其测定方法如下：

1. 需用药品及材料

①亚甲基蓝溶液，每升含 3.74g。②过氧化氢，3%溶液。③稀硫酸，约 5N。④注射器，2.5mL 或 3mL。⑤锥形瓶，250mL。⑥滴定管 25mL 或 50mL。10mL、0.5mL 微型移液管或 1mL 刻度移液管。⑦量筒，5mL。⑧搅拌棒。⑨电热板或电炉。⑩滤纸或亚甲蓝试纸。

2. 测定步骤

（1）①注射器容量应大于 2mL，一般为 2.5～3mL，采用较大的注射器，就不用排出注射器内的空气。②必须除去钻井液中的空气或天然气，搅拌破坏其中的结构，并迅速把钻井液吸入注射器，然后再缓慢推出，推出时针头仍浸在钻井液中。③再将钻井液抽入注射器直到柱塞末端，位于注射器最后的刻度线上。④推柱塞挤出 1mL，直到柱塞部位距最后刻度线为准确 1mL。（2）加 15mL，3%过氧化氢和 0.5mL 硫酸。一般煮沸 10min，但不要煮干，用水稀释到约 50mL。（3）以增量 0.5mL 的速度往锥形瓶滴入亚甲基蓝，若在以前实验中，已知达到终点的大致亚甲基蓝含量。在滴定之初可用较大的加量（1～2mL），每次加亚甲基蓝后，摇晃锥形瓶 30s。当固体仍处于悬浮状态时，用搅拌棒取一滴被测液放在滤纸上。当染色的固体周围出现蓝色环圈时即为终点。（4）当蓝色从斑点向周围扩散时，应再摇动锥形瓶 2min，取出一滴放在滤纸上，如果蓝色环圈又明显了，说明已达终点，如果蓝色环圈不明显，应继续进行上述操作，直到摇晃 2min 后取出一滴，放在滤纸上显示淡蓝色为止。

3. 计算方法

记录钻井液阳离子交换容量，它与亚甲基蓝容量相同，按下式计算：

$$亚甲基蓝容量 = \frac{亚甲基蓝溶液的毫升数}{钻井液的毫升数}$$

同样亚甲基蓝容量能够表示钻井液中的膨润土含量，用下式计算膨润土含量：

$$膨润土含量(g/L) = \frac{14.3 \times 所消耗亚甲基蓝溶液的毫升数}{钻井液的毫升数}$$

【阳离子表面活性剂】　具有带正电的极性基，主要有季铵盐（$RNR'^{+}_3 A^-$）、烷基吡啶盐（$RC_5 H_5 N^+ A^-$）、胺盐（$R_n NH^+_m A^-$，$m = 1 \sim 3$，几个 R 基可以不同）及杂环等。在水溶液中电离后以阳离子起表面活性作用的活性剂。在水基钻井液中易与带阴离子有机处理剂干扰，多用于黏土亲油化，保护油层的渗透率和防腐蚀。

【阳离子聚丙烯酰胺】　钻井液处理剂的一种，由聚丙烯酰胺与甲醛羟基化与多乙烯多胺反应而得。在钻井液中用作黏土稳定剂。

【阳离子聚合物钻井液】　以阳离子型聚合物为主要处理剂配成的水基钻井液。由于阳离子型聚合物有桥接作用和中和页岩表面负电性作用，所以它有较强的稳定页岩的能力。此外，还可以加入阳离子型表面活性剂，它可扩散至阳离子型聚合物不能扩散进去的黏土晶层间起稳定页岩的作用。高相对分子质量的阳离子聚合物作包被剂，以低相对分子质量的阳离子聚合物作黏土稳定剂，并配合使用其他种类的处理剂具有很强的抑制黏土水化膨胀和水化分散的能力和良好的流变性。具有良好的抗温、抗盐和抗钻屑污染的能力。阳离子型聚合物钻井液特别适用于页岩层的钻井。

【阳离子改性水解聚丙烯腈钾盐】　钻井液处理剂的一种，为淡黄色粉末，

Y

易溶于水。由于分子链上含有阳离子基团，其防塌和抑制能力较强。适用于两性离子型钻井液，也可用作淡水、盐水、海水和饱和盐水钻井液中的防塌降滤失剂。一般加量0.2%～1%。

阳离子改性水解聚丙烯腈钾盐质量指标

项　　目	指　　标
外观	淡黄色流动粉末
细度(0.42mm 筛孔标准筛通过量)/%	95
水分/%	≤10
水不溶物/%	≤10
纯度/%	≥80
pH 值	7～9

【阳离子和部分水解聚丙烯酰胺钻井液】
　　阳离子已经发展为 KCl 的替代物，可用能在黏土表面上发生多层吸附的带正电功能性基团的聚合物来代替 K^+，这样的多功能基团聚合物比单一的 K^+ 更难被交换下来。低相对分子质量的阳离子聚合物能渗透到泥页岩内部抑制黏土的水化膨胀，高相对分子质量的阳离子聚合物可以贴附在泥页岩的表面阻止泥页岩分散。但是，它们都无法阻止钻井液的压力渗透，就是能进入泥页岩内部的低相对分子质量阳离子聚合物的扩散速度也比孔隙压力的扩散速度低得多。

【氧化钙】　化学式：CaO。生石灰的主要成分。见"石灰"。

【氧化镁】　化学式：MgO。为白色粉末，可作为聚合物的稳定剂。

【氧化物】　其他元素和氧的化合物。同一元素可以形成价数不同的氧化物，例如一氧化碳（CO）和二氧化碳（CO_2）等。氧化物主要分为碱性氧化物、酸性氧化物和两性氧化物。

【氧化锌】　除硫剂。化学式：ZnO，氧化锌是锌的氧化物，难溶于水，可溶于酸和强碱。它是白色固体，故又称锌白。它能通过燃烧锌或焙烧闪锌矿（硫化锌）取得。在自然中，氧化锌是矿物红锌矿的主要成分。氧化锌具有极高的比表面积，从而可迅速地与硫化物反应，防止硫化物的伤害。

【氧化降解】　因氧化作用使物质相对分子质量降低或基团变化而丧失其原有功能的现象。

【氧气腐蚀】　钻具存放或使用中都会接触存在于空气、水和钻井液中的氧气，全产生腐蚀，氧气在很低的浓度（低于百万分之一）下，就能产生严重的腐蚀。如果水中含有二氧化碳或硫化氢时，其腐蚀性急剧增加。氧的腐蚀机理可写成：

　　阳极反应：$Fe \longrightarrow Fe^{2+} + 2Fe$
　　阴极反应：$O_2 + 2H_2O + 4Fe \longrightarrow 4OH^-$
　　$4Fe + 6H_2O + 3O_2 \longrightarrow 4Fe(OH)_3 \downarrow$

【氧化铁矿粉】　分子式：Fe_2O_3。是由赤铁矿经机械加工成细度适宜的暗褐色粉末。不溶于水，部分溶于盐酸。

氧化铁粉质量指标

项目名称		指　　标
密度/(g/cm³)		≥4.50
细度/%	200 目筛筛余量	≤3.0
	325 目筛筛余量	5.0～15.0
水溶物/%		<0.1
黏度效应	加硫酸钙前	≤125
	加硫酸钙后	≤125
三氧化二铁含量/%		≥85
磁性/T[特(斯拉)]		<0.02（相当200高斯）

【**氧化除硫剂**】　用二氧化氯（ClO_2）作除硫剂可以减轻或消除 H_2S 的危害，其原理是 ClO_2 能将 H_2S 氧化成元素硫或硫酸盐。ClO_2 性能不稳定易爆炸而且有毒，油田使用困难。

【**氧化沥青粉**】　是沥青和氧化钙的混合物；代号为 AL；它是沥青经过加热和通过空气氧化后的制品。沥青经过氧化后，沥青质含量提高，胶质含量降低，在物性上表现为软化点上升，针入度减小。为黑色均匀松散粉末，难溶于水，软化点为 150～160℃。氧化沥青粉是表面含有极性基的固态颗粒，用表面活性剂（如皂类）可使其分散悬浮在烃类分散介质中。属沥青类页岩抑制剂，兼有润滑作用。一般加量为 1%～2%。氧化沥青粉的防塌作用主要是一种物理作用。它能够在一定的温度和压力下软化变形，从而封堵裂隙，并在井壁上形成一层致密的保护膜。在软化点以内，随温度升高，氧化沥青的降滤失能力和封堵裂隙能力增加，稳定井壁的效果增加。但超过软化点后，在正压差作用下，会使软化后的沥青流入岩石裂隙深处，因而不能再起封堵作用，稳定井壁的效果变差。在油基钻井液中，用作分散体系的分散相，除了起降低滤失量作用外，还有巩固井壁和减阻、悬浮重物等效应。

氧化沥青粉的质量指标

项　目　名　称		指　标
沥青的软化点/℃		150~160
细度（通过 60 目筛）/%		>85
氧化钙含量/%		15-25
悬浮液	塑性黏度/mPa·s	≥15
	动切力/Pa	≥0.7
	滤失量/mL	≤5

【**氧化石墨烯**】　一种与石墨烯同样具有片层结构的纳米材料。由于其表面富含大量极性基团并具有良好的水分散性和稳定性，相比石墨烯而言更适合于在水基钻井液中应用。能够起到封堵纳米至微米级地层空隙的作用，从而形成了膜作用，降低了可渗透地层的渗透率，同时摩擦阻力下降，实现了安全钻井。

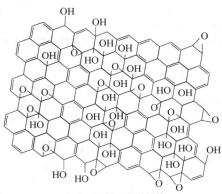

氧化石墨烯的化学结构

【**氧化还原滴定法**】　以氧化还原反应为基础的滴定分析方法，根据标准溶

液的不同，氧化还原滴定法还可分为高锰酸钾法、重铬酸钾法、碘量法、铈量法等。如

$$MnO_4^- + 8H^+ + 5e \Longrightarrow Mn^{2+} + 4H_2O$$

【摇溶性】 见"触变性"。

【野外切力计】 见"静切力计"。

【野外漏斗黏度计】 见"漏斗黏度计"。

【页岩】 通常是海相盆地的沉积岩，是由淤泥、软泥和黏土挤压成层所构成的，这种已经胶结在一起的沉积岩叫页岩。

【页岩抑制剂】 能抑制页岩膨胀和（或）分散（包括剥落）的化学剂称为页岩抑制剂。常用者有石膏、硅酸盐、羧酸盐、石灰以及各种钾盐、铵盐和各种沥青制品及高聚物的钾盐、铵盐、钙盐等。

【页岩含水率】 页岩原含水量及试液接触一定时间后的含水量，两者之差占原含水量的百分数，即该页岩的含水率。页岩水化强，吸水多，其含水率就高。

【页岩回收试验】 即"页岩滚动试验"。

【页岩稳定指数】 表征页岩在某种液体中稳定性的一种参数，美国 Baroid 公司介绍的衡量页岩稳定性的一种相对指标。其测定方法是用页岩稳定指数仪测定人造岩心经过各种待试液浸泡热滚前后的膨胀（或侵蚀）高度与针入度。然后按如下经验公式计算页岩稳定指数：

$$SSI = 100 - 2(H_f - H_i) - 4D$$

式中 H_i——开始的针入度，mm；
  H_f——最后的针入度，mm；
  D——膨胀或侵蚀高度，mm。

【页岩滚动试验】 又称"页岩回收试验""岩屑回收试验"。可用来评价页岩分散特性，研究抑制性钻井液，并能衡量其对页岩的保护能力或抑制分散的能力。此试验采用干燥的页岩样

品（如果没有岩心可用岩屑末代替），将其磨碎，使样品过筛（4～10 目），往加温罐中加入 350mL 试验液体和 50g（4～10 目）岩样，然后把加温罐放入滚子加热炉中滚动 16h（控制温度为 65℃），倒出试验液体与岩样，过 30 目筛，干燥并称量筛上岩样质量，计算质量回收率（以百分数表示）。取上述过 30 目筛干燥的岩样，计算回收的岩样占原样的百分数。

页岩回收率（%）=
$$\frac{\text{回收页岩质量（烘干）}}{\text{初始页岩质量} - \text{页岩中含水量}}$$

【页岩的膨胀系数】 指的是页岩与试液接触后的膨胀体积与原体积的比值。

【页岩球动态试验】 将页岩小球浸泡在钻井液中，在可变的物理和化学环境下（如温度和压力）进行试验，以获得评价页岩稳定性的数据。①在试验过程中，小球溶解、磨损和丧失质量的百分数。②在试验过程中，小球吸附钻井液产生膨胀而增加的质量。③页岩硬度，试验结束后用 Durometery 硬度计测定小球的硬度。该试验可以评价各种钻井液对页岩稳定性的影响。

【页岩稳定指数的测定】 先将页岩磨细，通过 100 目筛，与人造海水配浆液，其比例为 7∶3，放入干燥器内预水化 16h，再用压力机在 0.71MPa 的压力下压滤 2h，取出岩心放置不锈钢杯中，再于 0.92MPa 的压力下压 2min，刮平岩心表面，测定其针入度。然后，将岩心连同钢杯一起放入装有钻井液的老化罐中，于 65℃下加热滚动 16h，取出冷却，再测针入度，并测定杯中岩心膨胀或剥蚀的总量。用下式计算页岩稳定指数：

$$SSI = 100 - 2(H_y - H_i) - 4D$$

式中　SSI——页岩稳定指数；

　　　H_y——热滚后针入度；

　　　H_i——热滚前针入度；

　　　D——膨胀或剥蚀的总量。

【页岩分散质量测定仪】　测量页岩分散质量的一种专用仪器；这种仪器可以研究页岩在各种液体中分散的数量及分散速度，可以自动记录因分散而丧失的质量与时间的关系，并可估计出实验液体抑制页岩分散的能力。

【页岩水化后强度的测定】　页岩浸泡在钻井液中，吸水后强度必然发生变化，所以可用页岩强度变化来衡量钻井液抑制页岩坍塌的效果。页岩水化前后强度变化可用针入度仪（图略）来测定。实验方法为：取通过160目筛的页岩干样7g与淡水混合，放入直径为25.4mm的试模中，加压（6MPa）制成6mm试样，此岩样孔隙度为15%～20%。将其浸泡于钻井液中，24h后转入针入度仪中，开动仪器，圆锥体以0.5mm/min的恒速吃入放在天平盘里的页岩试样，吃入深度为0.3cm，记录由天平显示的力的大小，然后计算出岩样的硬度。

【液体】　有一定体积，形成随容器改变的物质。液体在外力作用下不易改变其体积（压缩性小），但容易发生流变。在一般容器中液体静止时，液面形成与重力方向的水平面。从微观结构来看，液体分子虽容易做相对移动，但在极小范围内有像晶体那样的有规则排列（准晶体结构）。由于液体分子间距离比较小，它们的相互作用力显著。液体在任何温度下都能蒸发，并在加热到沸点时迅速变为气体。如将液体冷却，则在凝固点凝结为固体（晶体）或逐渐失去流动性（非晶体）。

【液相】　是指钻井液中除固相之外的物质。在钻井液中液相是作为分散固体的连续相。

【液位计】　也叫"液面计"。用以显示容器（循环罐）液面的装置。在钻井现场常用的是浮球式液位计。

【液面计】　即"液位计"。

【液溶胶】　以液体作为分散介质的分散体系。其分散质可以是气态、液态或固态。如$Fe(OH)_3$胶体。

【液态水】　见"自由水"。

【液体流型】　液体实际上分为牛顿液体和非牛顿液体。非牛顿液体又分为塑性液体、假塑性液体和膨胀型液体三种类型。它们的流变曲线见下图。

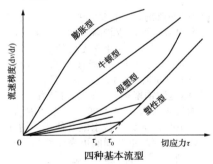

四种基本流型

大多数钻井液属于塑性流型，某些钻井液属于假塑性流型，用淀粉类处理剂配制的钻井液有时呈膨胀流型。

【液体润滑剂】　指以液体形式存在的钻井液润滑剂。主要是油，其中包括植物油（如豆油、棉籽油、蓖麻油等）、动物油（如猪油）和矿物油（如煤油、柴油、原油和机械润滑油及表面活性剂）。由于油的黏度高于水的黏度，所以它在钻柱与井壁摩擦中不易从摩擦表面上被挤出，因此，

Y

它可改善钻井液的润滑性。为使油在摩擦面上形成均匀的油膜，可在钻井液中加入表面活性剂。表面活性剂可在摩擦面上形成吸附层。由于钻柱表面的亲水性（因有氧化膜）和井壁表面的亲水性，所以按极性相近规则吸附的表面活性剂可使这些表面反转为亲油表面，从而使油能在钻柱和井壁表面形成均匀的油膜，强化了油的润滑作用。常用水溶性的表面活性剂有十二烷基磺酸钠、十二烷基苯磺酸钠、油酸钠、蓖麻酸钠、聚氧乙烯辛基苯酚醚、山梨糖醇酐单油酸酯聚氧乙烯醚、聚氧乙烯蓖麻油等。

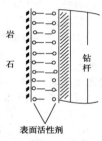

表面活性剂水溶液的润滑机理

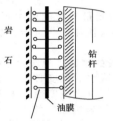

油包水乳化钻井液的润滑机理

【液体加重剂】 主要是指一些可以在水中溶解可形成较高密度的水溶液的无机盐类。不同化学无机盐其饱和水溶液具有不同的密度。常用者有 KCl、$CaCl_2$、$CaBr_2$、$ZnBr_2$ 等。

【液体硅酸钠堵剂】 通常将浓缩硅酸钠与淡水按 40%∶60% 的比例混合，与 10% 的氯化钙盐水配合使用。用此堵剂处理严重井漏的可靠做法是，在硅酸钠前后都注入一定量的由钻井液、桥堵材料及少量膨润土混配的堵漏浆液，有助于硅酸钠与钙盐接触而按要求反应。这类堵漏剂堵大漏十分有效。

【液体润滑剂润滑机理】 矿物油、植物油、表面活性剂等主要是通过在金属、岩石和黏土表面形成吸附膜，使钻柱与井壁岩石接触产生的固-固摩擦，改变为活性剂非极性端之间或油膜之间的摩擦，或者通过表面活性剂的非极性端还可再吸附一层油膜。从而使旋转钻柱与岩石之间的摩阻大大降低，减少钻具和其他金属部件的磨损，降低钻具回转阻力。极压（EP）润滑剂在高温高压条件下可在金属表面形成一层坚固的化学膜，以降低金属接触界面的摩阻，从而起到润滑作用。

【液相-固相含量测定器】 即"固相含量测定仪"。

【叶蜡石】 叶蜡石是 2∶1 型层状黏土矿物，单位晶胞见下图。叶蜡石是 2∶1 型层状黏土矿物的原状矿物，是电中性的。其中的八面体片为二八面体片，若换成三八面体片，则变为滑石的结构。叶蜡石晶层的上下两个晶面全是氧原子，晶层间联结力仅有范氏引力，晶层间联结力弱，水分子能进入晶层之间。

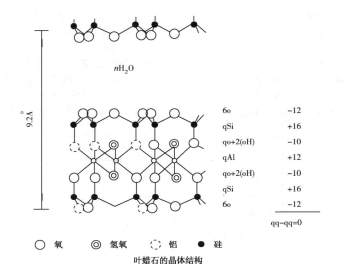

6o	-12
qSi	+16
qo+2(oH)	-10
qAl	+12
qo+2(oH)	-10
qSi	+16
6o	-12
	qq-qq=0

○ 氧　　◎ 氢氧　　⊙ 铝　　● 硅

叶蜡石的晶体结构

【伊利石】 伊利石的液晶构造和蒙脱石相似，也是2∶1型晶体结构，即伊利石也由两层硅氧四面体片加一层铝氧八面体片组成。但它们之间的区别是，伊利石的硅氧四面体中有较多的 Si^{4+} 被 Al^{3+} 取代，晶格出现的负电荷由吸附在伊利石晶层表面氧分子层中的 K^+ 所中和。钾离子（K^+）的直径为2.66Å，而晶层表面的氧原子六角环空穴直径为2.80Å，所以 K^+ 正好嵌入氧原子六角环中。由于嵌入氧层的吸附 K^+ 的作用，将伊利石的相邻二晶层拉得很紧，联结力很强，水分不易进入层间，因此不易膨胀。伊利石由于晶格取代显示的负电性由 K^+ 中和，K^+ 嵌入氧原子六角环中，接近于成为晶格的组成部分，不易解离，所以伊利石电性微弱，在它的晶层表面不再有很大可能吸附其他的正离子。

【伊蒙混层】 蒙脱石向伊利石过渡的矿物，呈蜂窝状、半蜂窝状、棉絮状等，随埋深加大和温压的升高而含量

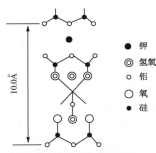

● 钾
◎ 氢氧
○ 铝
○ 氧
● 硅

伊利石(白云母)晶体构造特点

增多，有较强的水敏性。

【一氯醋酸】 见"氯乙酸"。

【一次分离】 是指钻井液固相处理系统中的任何固相分离设备都直接从循环的钻井液系统中，取得要处理的钻井液，经处理后再把要回收的部分（液相或固相）送回循环的钻井液系统中。

【一次固控】 非加重钻井液主要采用全流一次固控。是指利用固控设备将全部循环的钻井液中的部分液相和过小固体颗粒或过大固体颗粒从钻井液

循环系统中清除，并将另一部分回收到循环系统的过程。

【一般盐水钻井液】 以食盐为主要处理剂，以 CMC 为护胶剂，以铁铬盐为稀释剂的一种钻井液，其含 NaCl1~30mg/L，这类钻井液的性能稳定，可防止泥页岩地层的坍塌，含盐量低时以稀释剂为主，以护胶为辅；含盐量高时，以护胶为主，以稀释剂为辅，多用于泥页岩地层。

【一周循环压井法】 这种方法是在发现溢流之后，迅速关井，计算各种压井数据，配制压井液，在一个循环周内完成压井工作，如下图所示。

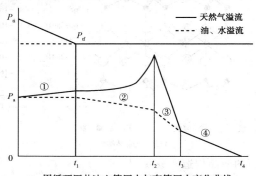

一周循环压井法立管压力与套管压力变化曲线

【仪器分析】 是以物质的物理化学性质为基础的分析方法，由于这类分析方法都需要特殊仪器，故一般称为"仪器分析"。仪器分析种类较多，如"光度分析法""电化分析法"等。

【仪器分析试剂】 见"化学试剂"。

【乙烯】 化学式：$CH_2{=}CH_2$。最简单的烯烃。无色、微甜、难溶于水的可燃性气体。实验室中由酒精制备；工业上大量得自石油热解气和焦炉煤气。化学性质活泼，易发生氧化、加成及聚合等反应。用作果实催熟剂及制取乙醛、乙醇、聚乙烯等的原料。

【乙烷】 化学式：$CH_3{-}CH_3$。一种低级烷烃。无色可燃气体，存在于天然气中。结构和性质与甲烷很类似。用作燃料及有机合成的原料。

【乙酸】 俗称"醋酸"。化学式：CH_3COOH。是醋的重要成分。一种典型的脂肪酸。有刺激性酸味的无色液体，沸点118℃。可溶于水中，其水溶液呈弱酸性。纯品在冻结时呈冰状晶体(熔点16.7℃)因此亦称"冰醋酸"。可由乙醇或乙醛氧化制得，或由甲醇与一氧化碳合成。用作溶剂及制造醋酸盐、醋酸酯(醋酸乙酯)等原料。

【乙醇】 俗称"酒精"，简称"醇"。化学式 C_3H_2OH。酒类的主要成分。一般以含淀粉或糖的原料经发酵法制备，也可用乙烯水化法合成。普通乙醇即指含95.5%(容量)乙醇和4.5%水分的恒沸点(78.15℃)混合物；经石灰或离子交换树脂等处理去水后则得"无水乙醇"(无水酒精)，含99.5%乙醇和0.5%水分；最后经苯或加钠蒸馏脱水可得纯净乙醇。纯净乙醇为无色易燃液体，具有特殊香气和辣味，沸点78.3℃，能按任何比例与水混合，能溶解香精油和树脂等。普通乙醇可用作溶剂和配制酒等。70% 乙醇用作消毒药。它是制造羧甲基纤维素（CMC）的原料之一，并在石油企业中得到广泛应用。

乙醇的国家标准（GB 394—1964）

指标名称	指　　标	
	普通	高纯度
乙醇含量（体积）/%	≥95.5	≥96.2
纯度实验	合格	合格
氧化性实验/min	≥25	≥30
醛含量（以无水乙醇体积）/%	≤0.0015	≤0.0005
杂醇油含量（以无水乙醇体积）/%	≤0.003	≤0.0005
无水乙醇中	≤45	≤30
甲醇实验	合格	合格
糠醛含量	不许有	不许有

【乙烯基】　可看作乙烯（$H_2C=CH_2$）分子中少一个氢原子而成的基团（H_2CCH^-）。例如丙烯腈（$H_2C=CH—CN$）分子结构中有这个基团。

【乙二胺四乙酸盐】　代号为 EDTA，化学式为：

$$MOOCH_2C \diagdown \quad \diagup CH_2COOM$$
$$\qquad N—CH_2—CH_2—N$$
$$MOOCH_2C \diagup \quad \diagdown CH_2COOM$$

①为防止析盐对钻井液性能的影响，可在钻井液中加入乙二胺四乙酸盐，作为盐结晶抑制剂。②在化学分析中用作络合剂，配成标准溶液，滴定钙镁离子。

【乙酸溶液（2mol/L）】　旧称 2N 乙酸溶液。量取 118mL 冰醋酸，用水稀至 1000mL。

【乙二胺四甲叉磷酸钠】　代号为 EDT-MPS；是一种有机磷酸盐。分子式：$(CH_2)_6N_2O_4P_4(ONa)_8$；相对分子质量为 612。其结构式为：

$$(NaO)_2—P—CH_2 \diagdown \qquad \diagup CH_2—P—(ONa)_2$$
$$\qquad\qquad\qquad N—CH_2—CH_2—N$$
$$(NaO)_2—P—CH_2 \diagup \qquad \diagdown CH_2—P—(ONa)_2$$

外观为白色粉末，易溶于水，可形成黏稠状的棕黄色清澈液体，能溶于水，呈微碱性。在钻井液中可发生电离，因此，它有足够的离子浓度去中和黏土颗粒断键边缘上的电荷，从而抑制黏土颗粒的水化膨胀和分散，但不能从聚合物的链节上取代已经被吸附的黏土颗粒。另外，乙二胺四甲叉磷酸钠在酸性和中性介质中可部分水解，变成有机磷酸，且有机磷酸能离解出氢离子。离解出的氢离子可进入黏土矿物的晶体构造中，取代一价或二价的阳离子，使黏土矿物晶层间距变小，结果使聚合物与黏土颗粒的聚集体由疏松变得紧密。这样，聚合物与黏土颗粒的聚集体可释放出部分水分，使钻井液中自由水增加，于是钻井液的黏度、切力降低。再者，这种聚合物与黏土颗粒的聚集体体积小，相当于减少了钻井液中的固相含量，使其流动摩擦阻力降低，也同样降低钻井液的黏度，改善其流动性。乙二胺四甲叉磷酸钠在降低黏度的同时，也可降低聚合物与黏土颗粒聚集体之间的吸引力，从而阻止和削弱结构的形成，使钻井液的切力降低。乙

Y

二胺四甲叉磷酸钠可与 Ca^{2+}、Mg^{2+} 等高价离子形成稳定的络合物，所以能消除 Ca^{2+}、Mg^{2+} 等高价离子对钻井液的影响。它不但抗钙能力强，而且抗盐、抗温能力也比较强，适用于深井或超深井易受化学污染的井段。在低固相不分散聚合物钻井液中用作降黏剂，具有抗水泥及石膏侵的能力，抗温可达 150℃，一般加量为 0.2%~0.3%。

乙二胺四甲叉磷酸钠质量指标

项 目	指 标
EDTMPS 含量/%	25~28
密度/(g/cm³)	1.30~1.40
乙二胺含量/%	50
pH 值	9~10

【乙烯基纤维素硫酸盐】 是一种阴离子型表面活性剂；由碱性纤维素与氯乙烷磺酸盐作用而成。为硫酸盐分散体系的有效稳定剂，具有一定矿化度的分散体系，加入 2.5%~3%，可稳定 1.5~2 个月，分散相及分散介质不产生沉淀；用作硫酸岩层无固相洗井液的稳定剂。

【乙酸十二烷基胺(十二烷基胺乙酸盐)】 一种阳离子型表面活性剂，分子式为 $[C_{12}H_{25}—NH_3]CH_3COO$ 或者 $C_{12}H_{25}—NH_2 \cdot CH_3COOH$。可用作缓蚀剂、杀菌剂、润湿剂、黏土稳定剂。

【乙酸十八烷基胺(十八烷基胺乙酸盐)】 阳离子型表面活性剂的一种，分子式为 $[C_{18}H_{37}—NH_3]CH_3COO$ 或者 $C_{18}H_{37}—NH_2 \cdot CH_3COOH$。可用作缓蚀剂、杀菌剂、黏土稳定剂。

【异常低压】 地层压力低于静液压力的地层压力。见"地层流体压力"。

【异常高压】 地层压力超过静液压力的地层压力。见"地层流体压力"。

【异常地层压力】 由于某些岩石的非渗透性，流体会被圈闭在地层内无法逃逸，这样它们就要承受部分上覆岩层的压力，因此随着井深的增加，上覆岩层重量的增加，地层压力也随着增加，这种情况下的地层压力称为异常地层压力。

【异抗坏血酸除氧剂】 用异抗坏血酸钠或钙盐(不能用酸)与钼酸盐复配，在溴化物重盐水中能快速除氧，从而使腐蚀速率显著降低。加量为 0.285~2.85kg/m³。

【溢流】 当井内液柱压力小于地层压力时，地层流体(原油、天然气或水)进入井内，致使地面钻井液液面升高，出口流量增加的现象，甚至停泵以后井口钻井液自动外溢。溢流是井喷的前奏，必须及早发现并采取控制措施。造成溢流的实质性原因有两种情况：其一是钻入异常高压层时，钻井液液柱压力略低于地层压力，地层流体(油、气、水)连续侵入井内，因而表现出返出量大于泵入量和停泵后井口自溢。另一种是由于起钻或接单根时上提钻柱产生的抽吸压力，使天然气抽入井内，或者由于换钻头、等电测等作业停钻停泵时间过长，井底扩散入井的气体量增多，当恢复循环后气体随钻液上返，其体积逐渐膨胀，使部分钻井液被排出井筒，造成循环池(罐)液面升高。在这种情况下，尽管环空液柱压力比地层压力要大，但当气体上升到一定高度时，即便停止循环，气柱顶部的钻井液也会自动外溢喷出。此外，根据国外的习惯，把进入井内的高压油、气、水也称为溢流。

【溢流量】 地层流体侵入井内，从井口溢出的程度，常以循环罐内钻井液体积的增加值来表示。

【抑制性钻井液】　是以页岩抑制剂为主要处理剂配成的水基钻井液。即液相中含有某种化学成分，能减慢或完全防止地层黏土、页岩水化分散作用的钻井液。这种钻井液的抑制作用可以是物理作用的，也可以是化学作用的，或者是两者的结合。由于页岩抑制剂可使黏土粒子保持在较粗的状态，因此这类钻井液又称为粗分散钻井液。它是为了克服非抑制性钻井液的缺点（亚微米黏土粒子含量高和耐温能力差）而发展起来的。这种钻井液可按页岩抑制剂的不同而进行再分类，如钾盐钻井液、盐水钻井液、硅酸盐钻井液、羧酸盐钻井液、阴粒子型钻井液、阳离子型钻井液、聚合物钻井液、两性离子钻井液、非离子型钻井液、正电胶钻井液等。

【抑制溶解作用】　在钻穿可溶性岩层时，例如岩盐、芒硝和石膏层井段，为了防止由于溶解造成"大肚子"，可选用饱和盐水钻井液、芒硝钻井液和石膏钻井液等，其原理就是可溶性盐对钻井液的预饱和，能抑制可溶性岩层在钻井液中溶解，而保持井径规则。

【抑制性分散型钻井液体系】　是指液相中含有抑制性无机盐类的钻井液体系，如盐水钻井液、海水钻井液、石灰处理钻井液、石膏钻井液及氯化钙钻井液等。

【阴电荷】　见"负电荷"。

【阴离子】　别名"负离子"。是指原子由于外界作用得到一个或几个电子，使其最外层电子数达到稳定结构。原子半径越小的原子其得电子能力越强，金属性也就越弱。阴离子是带负电荷的离子，核电荷数＝质子数<核外电子数，所带负电荷数等于原子得到的电子数。负离子可按其迁移率大小分为大、中、小离子。对人体有益的是小离子，也称为轻离子，其具有良好的生物活性。

【阴离子表面活性剂】　具有带负电的极性基，主要有羧酸盐（$RCOO^-M^+$）、磺酸盐（$RSO_3^-M^+$）以及磷酸盐（$ROPO_3^-M^+$）等。在水溶液中电离后以阴离子起表面活性作用的表面活性剂。

【阴离子型聚合物钻井液】　聚合物钻井液的一种，是以阴离子型聚合物为主要处理剂配成的水基钻井液。这种钻井液具有携岩能力强、黏土亚微米粒子少、水眼黏度（指钻头水眼处高速的黏度）低、对井壁有稳定作用和对油气层有保护作用等特点。为保证这种钻井液的性能，要求钻井液的固相含量不超过10%（最好小于4%）；固相中的岩屑与膨润土的质量比控制在2∶1~3∶1的范围；钻井液的动切力与塑性黏度之比控制在0.48左右。该钻井液适用于井深小于3500m，井温低于150℃地层的钻井。

【引力】　黏土层面上的分子间引力和棱角、边缘处的异性电荷的静电引力。通常黏土颗粒层面上由于电动电势的存在，以斥力为主，而在棱角、边缘处，因水化较差，显示出由异性电荷造成的吸引力。黏土颗粒因层面间相互排斥，而在棱角、边缘处互吸引而形成空间网架结构。

【引发剂】　在聚合反应中能引起单体分子活化而形成游离基的物质，称为引发剂。它广泛应用于乳液聚合、悬浮聚合和本体聚合。引发剂可分为过氧化物引发剂、氧化还原体系引发剂和偶氮化合物引发剂三类。其中，过氧化物和偶氮化合物是主

Y

要的游离基型引发剂。它可在光、热等辐射能的作用下或在较低温度下经氧化还原反应引发而产生游离基。引发剂的活性以半衰期 $t_{1/2}$ 来衡量。在给定温度下，引发剂的活性氧含量下降50%所需的时间就是过氧化物的半衰期。它表征引发剂分解速率的快慢和活性的高低。半衰期越短，分解速度越快，活性就越高；半衰期越长，分解速度越慢，活性就越低。因此，半衰期指标成为优选单一或复合引发剂的参考标准。以活性为基准，引发剂又可分为高活性、中活性和低活性三类。但都是不稳定的化合物，其分解速率不仅受温度、光和有催化作用的杂质的影响，还受贮存和运输条件的影响，防止引发剂发生猛烈分解而爆炸。

【荧光】 物质的分子或原子，经过荧光照射后，其中某些电子被激发至较高的能级，当它们从高能级迁至低能级时，如发射出比入射光波长的光（其发射光波长大于原来的吸收光波长），则这种光就称为荧光。

【荧光屏蔽剂】 能屏蔽钻井液中处理剂的荧光。为水溶性中性广谱荧光屏蔽剂，适用于吸收紫外线波长在290～390nm。具有吸收效率高、无毒、无致畸性副作用，对光、热稳定性好等优点。主要用于水基钻井液、油田水基润滑剂等各种有机水性体系。可有效防止紫外线带来的各种危害。可以吸收紫外线，还能有效地屏蔽荧光。

【荧光析油仪（FL-1000）】 是一种通用型双作用仪器，用于检测钻屑及其中的烃类。操作者先用白光检验钻屑，再用紫外光确定钻屑中是否存在烃类。完成这些工作不需要将岩石从仪器中取出。该仪器放在便携式钢箱中，既可在实验室内使用，也可在现场使用。

【影响黏土水化作用的因素】 ①黏土颗粒晶体的部位不同，水化膜也不相同。黏土颗粒所带的负电荷大部分都在层面上，于是层面上吸附的阳离子也多，其水化膜较厚；在黏土颗粒的端面上带电量较少，故水化膜薄。总之，黏土晶体表面的水化膜厚度是不均匀的，其层面上厚，端面处薄。②黏土矿物不同，其水化膨胀程度不同。蒙脱石的阳离子交换容量高，水化膨胀最严重，分散度也高；伊利石的膨胀性较小，水化膨胀较差；高岭石、绿泥石的膨胀性更小，水化膨胀更差。③水化膨胀程度与黏土本身的特性有关。一般认为，黏土水化的程度与黏土本身的比表面积、阳离子交换容量和交换性阳离子组成等因素有关，而不取决于其表面电荷密度。膨胀型黏土矿物的吸水量随颗粒的增大、比表面积的减小而增加，非膨胀型黏土矿物不遵循这一规律。这是由于蒙脱石是在晶层之间吸水，颗粒越小，比表面积越大，所以吸水越多；而伊利石为层理发育，水分沿毛细缝进入，颗粒越大，毛细缝越多，则吸水越多。④黏土水化与其阳离子的关系。黏土颗粒吸附的阳离子不同，形成的水化膜的厚度也不同。钠土的水化膜最厚，钾土与铵土水化膜最薄。这是因为钠离子的水化能高，而钾离子和铵离子的水化能低。⑤钻井液中可溶性盐及钻井液处理剂的影响。钻井液中可溶性盐的增加，一方面使黏土颗粒的电位降低，直接吸引水分子的能力降低，另一方面使进入黏土颗粒吸附层的阳离子增多，使这些阳离子的水化膜减薄。总之，钻井液中可溶性盐的增加，导致黏土颗粒的水化作用减弱。⑥钻井液的 pH 值的影响。黏土颗粒表面靠氢键吸附氢氧根，氢氧根又会通过氢键与静电作用发生水化。因此目前公认，提高钻井液的 pH 值，会加剧黏土矿物的水化膨胀，加速硬脆性页岩的裂解掉块。研究结果表明：当 pH 值在 9 以下时，对黏土矿物水化影响不大，而 pH 值达到 11 以上时，则会使黏土矿物的水化膨胀作用加剧，促进泥、页岩的掉块，造成井壁不稳定。⑦有机处理剂一般都有较多的亲水基团，被黏土颗粒吸附后，构成水化膜。⑧温度和压力对黏土矿物水化膨胀的影响。

【应力腐蚀】　是指应力存在而加速其他腐蚀的一种。亦即与应力和腐蚀作用有关的所有破裂现象，它是由于腐蚀与张力结合而产生的。其特点是没有明显的全面腐蚀。例如，应力腐蚀裂纹、氢脆或起泡、硫化破裂、腐蚀疲劳、压力熔合及脆裂都属此类。应力分为两种类型，即周期应力和静应力。当产生周期运动时，不会发生静应力损坏。静应力可以加速腐蚀，导致应力腐蚀破坏。具有应力的金属常为阳极而受到加速腐蚀，而不具有应力的金属常为阴极而得到保护。在深井及大井眼中，比较常见到静应力腐蚀。

【硬水】　同"软水"相反。含钙盐、镁盐较多的水。

【硬度】　①矿物物理性质之一。是矿物抵抗某种外来机械作用特别是刻划作用的能力。通常采用摩氏硬度计以测定矿物的相对硬度。②材料的机械性能之一。材料抵抗其他物体刻划或压入其表面的能力。③水质指标之一。反映水的含盐特性。是水中可溶性钙、镁、铁、锰、锶、铝等溶解盐类（天然水中以钙盐、镁盐为主）的总量，用毫克表示。水中碳酸氢钙、碳酸氢镁的含量称作碳酸盐硬度，煮沸时能变为碳酸盐而大部分析出，旧称暂时硬度。水中其他可溶性盐的含量称作非碳酸盐硬度，煮沸时不析出，旧称永久硬度。碳酸盐硬度与非碳酸盐硬度的总和，称作总硬度，总硬度大于暂时硬度时称为正硬度，小于暂时硬度称为负硬度。工业上，水的硬度有多种方法表示，较通用的为德国度，1 度相当于 1L 水中含 CaO 10mg。水中钙、镁碳酸盐的含量称"碳酸盐硬度"。

【硬碱】　见"硬软酸碱原则"。

【硬酸】　见"硬软酸碱原则"。

【硬堵塞】　主要是指堵漏液中含有可以固化的材料，故能形成一定的抗压强度，封堵得更牢固。如堵漏液中除堵漏剂外还含有一定的水泥。

【硬沥青】　是产于美国犹他州的一种天然沥青，在水基钻井液中用于堵漏，并有稳定井眼的作用。

【硬石膏】　矿物名，其化学成分为 $CaSO_4$，正交晶系，晶体呈厚板状，常呈粒状或致密块状集合体。色灰白。密度 $2.8 \sim 3.0 g/cm^3$。用途与石膏基本相同。

【硬脂酸】　组分以 $CH_3(CH_2)_{16}COOH$ 为主。学名"十八烷酸"。为白色或黄色块状、粒状或片状固体，不溶于水而溶于醚、醇等有机溶剂。主要用作油基钻井液乳化剂。

硬脂酸的质量指标（QB 523—1966）

项目名称	指标			
	一级品	二级品	三级品	四级品
碘值	≤2	≤4		≤16
皂化值	206~211	205~220	200~220	190~220
酸值	205~210	203~218	198~218	188~218
凝固点/℃	54~57	>54	>52	>52
水分/%	≤0.2	≤0.2	≤0.2	
灰分/%	≤0.3	≤0.3	≤0.3	≤0.4
无机酸/%	≤0.001	≤0.001	≤0.001	≤0.001

【硬脂酸钠】 属阴离子型表面活性剂，$CH_3(CH_2)_{16}COONa$ 或 $C_{17}H_{35}COONa$，在钻井液中用作乳化剂。

【硬脂酸镁】 钻井液用阳离子表面活性剂，$(C_{17}H_{35}COO)_2Mg$。常用于油包水型钻井液的乳化剂，其 HLB 值在 3~6 之间。

【硬脂酸铝】 结构式：$[CH_3(CH_2)_{16}COO]_3Al$。又名"十八酸铝"；为白色或黄白色粉末，密度 $1.323g/cm^3$。熔点 105℃。不溶于水、乙醇、乙醚。溶于碱溶液、煤油。遇强酸分解成硬脂酸和铝盐。主要用作各类水基钻井液的消泡剂。使用时，应先溶于少量柴油或煤油中。

硬脂酸铝的质量指标

项目名称	指标	
	一级品	二级品
外观	白色粉末	黄白色粉末
三氧化二铝含量/%	9.0~11.0	9.0~11.0
熔点/℃	≥150	≥150
游离酸(以硬脂酸计)/%	≤4.0	≤4.0
水分	≤2.0	≤3.0
细度(通过200目)/%	≥99.5	≥99.0

【硬脂酸锌】 学名：十八酸锌。分子式：$Zn(C_{17}H_{35}COO)_2$；相对分子质量：632.34。是一种金属皂。为白色、米色或微黄色粉末。有滑腻感，无毒。不溶于水及乙醇，溶于苯和松节油等有机溶剂。遇强酸则分解为硬脂酸和相应的锌盐。密度 $1.095g/cm^3$，熔点约 120℃，受热至熔点以上变为油状液体，冷后凝固成块状。在水基钻井液中用作消泡剂。

硬脂酸锌(轻质)的规格

项目名称	指标
水分/%	≥120
熔点/℃	≤1
游离脂肪酸/%	≤1
总灰分(ZnO)/%	13.6±0.5
细度(200目筛通过)/%	≥99

【硬脂酸铅】 结构式：$[CH_3(CH_2)_{16}COO]_2Pb$。为白色或微黄色粉末，密度 $1.145g/cm^3$，熔点 160℃。有毒，不溶于水、乙醇、乙醚。遇酸分解成硬脂酸和铅盐。易受硫化物污染。主要用于水基钻井液的消泡剂。使用时，应先溶于少量柴油或煤油。

Y

硬脂酸铅质量指标

名称项目	指标	
	一级品	二级品
水分/%	≤1.0	≤2.0
游离酸 (以硬脂酸计)/%	≤1.0	≤1.5
熔点/℃	103~110	98~110
铅含量/%	27.0~28.5	26.0~29.0
细度 (通过200目筛)/%	≥98.0	≥95.0
粒数(φ0.3~0.6mm)	≤2	≤4
粒数(φ0.1~0.3mm)	≤4	≤8

【硬脂酸钙】 阴离子型表面活性剂的一种，在钻井液中用作乳化剂。

$$C_{17}H_{35}-COO \diagdown$$
$$\qquad\qquad\qquad Ca$$
$$C_{17}H_{35}-COO \diagup$$

硬脂酸钙

【硬脂酸皂】 是指硬脂酸与碱反应生成的盐，例如：

$$C_{17}H_{35}-C\diagup^{O}_{\diagdown OH} +NaOH \longrightarrow C_{17}H_{35}-C\diagup^{O}_{\diagdown OH} +H_2O$$

【硬胶泡沫】 是在液相中加入多种增黏剂组成的一种泡沫。使用的增黏剂有优质膨润土、CMC、胍胶、HEC、PAC或XC等。此泡沫黏度较高，稳定性强。该体系井眼具有清洁效果好、泡沫稳定等优点。

【硬度指示剂】 1g/L钙镁指示剂或等效物，1-(1-羟基-4-甲基-2-苯基偶氮)-2-萘酚-4-磺酸的水溶液。

【硬软酸碱原则】 美国化学家皮尔逊（R. G. Pearson）于1963年根据络合物稳定常数，将路易斯酸碱分为"硬"和"软"两类。接受电子的原子体积小，带正电荷多，没有易变形和易失去的电子称为"硬酸"；给电子的原子电负性大，难变形，不易失去电子，称为"硬碱"。例如，硬酸：H^+、Na^+、Mg^{2+}、Ca^{2+}、$AlCl_3$等；硬碱：OH^-、F^-、Cl^-、CO_3^{2-}、SO_4^{2-}等。接受电子的原子体积大，带正电荷小或不带电荷，有若干易变形或易失去的价电子，称为"软酸"；给电子原子易失去价电子，易极化变形，电负性小，称为"软碱"。例如，软酸：Cu^+、Ag^+、Au^+、Hg^+、R^+等；软碱：I^-、S_2^-、SCN^-、RS^-、$C_6H_6^-$等。

硬软酸碱反应中，硬酸与硬碱、软酸与软碱反应均易形成较稳定的络合物。硬酸与软碱或软酸与硬碱形成的络合物稳定性较差，因此总结得出硬软酸碱（HSAB）原则。

【硬胶泡沫钻井液】 硬胶泡沫钻井液是含有土相、水相和气相的三相泡沫流体，具有密度小、可循环使用、配制成本低、工艺简单的优点。密度较低时，钻井液泵上水困难，现场最低使用密度一般在0.85g/cm³左右，此外由于气体可压缩性强，钻井液井底当量密度受井深影响大，对于垂深超过2500~3000m的井，密度降低幅度很小。适用于地层压力系数小于1.0的低压油气藏及易漏失地层钻井。

【永久硬度】 见"硬度"。

【永久负电荷】 它是由于黏土在自然界形成时发生晶格取代作用所产生的。例如，硅氧四面体中四价的硅被三价的铝所代替，或者铝氧八面体中三价的铝被二价的镁、铁等代替，就产生了过剩的负电荷。这种负电荷的数量决定于晶格中晶格取代的多少，而不受pH值的影响，因此称为永久负电荷。不同的黏土矿物晶格取代的情况不相同。蒙脱石的永久负电荷主要来源于铝氧八面体中的一部分铝离

Y

子被镁、铁等二价离子所代替，仅有少部分永久负电荷是由于硅氧四面体中硅被铝取代造成的，一般不超过15%。蒙脱石每个晶胞有 0.25~0.6 个永久负电荷。伊利石和蒙脱石不同，它的永久负电荷主要来源于硅氧四面体中的硅被铝取代，大约有 1/6 的硅被铝取代，单位晶胞中约有 0.5~1 个永久负电荷。高岭石的晶格取代现象微弱，由此产生的永久负电荷很难用化学分析方法来证明。黏土的永久负电荷大部分分布在黏土晶层的层面上。

【优选法】　亦称"试验最优化方法"。以数学原理为指导，用尽可能少的试验次数，迅速求得最优方案的方法。它的特点是不必事先知道所求目标的数学表达式，即可直接寻找有关因素的最优值。优选法不能代替人们对方法、方案的实践和比较，但它通过一定的数学方法可以大大减少实验、试验次数，并在取得成果后，可以定量地判断它是否为最优方案。进行优选的步骤是：①确定目标，即通过试验想要达到什么目的，如井眼稳定、钻速、药品消耗等，而且这些目标必须是可以比较优劣的。②分析影响目标的各种因素，即试验时试图改变的条件。优选所考虑的因素必须是可以控制并对目标有显著性影响的。③适当确定因素改变的范围，既包括含量合适的最优点（又称好点），又不增加不必要的试验次数。优选法可按因素的个数分为单因素优选法和多因素优选法。单因素优选的是进行优选试验时所改变的影响目标的因素只有一个。多因素优选法是进行优选试验时，所要改变的影响目标的因素在两个以上。

【优化设计】　英文 "Optium Design" 的意译。亦译为"最优化设计"。在采用数学规划论和电子计算机技术的基础上，在各种约束条件（工艺、性能）下，寻求工程（系统、工艺）设计的最优方案。其过程一般分为两个部分：①根据设计目标与要求建立数学模型，然后选择最优方法进行程序设计。②电子计算机的自动设计过程，即输入已知的要求，对方案进行分析、评价、贮存和输出设计方案。优化设计的整个过程是利用电子计算机的逻辑判断能力，循环反复自动进行计算，直至最后找出最佳的设计方案。采用这种设计方法可以使许多较为复杂的设计问题，能够在各种限制条件下求得最佳设计方案。

【优质白土】　见"坂土"。

【优级纯试剂】　见"化学试剂"。

【优化钻井技术】　在科学地总结大量钻井数据和资料的基础上，建立相应的数学模型，据此拟定一整套可使质量更好、钻速更快、成本更低的钻井方案。

【油】　油是组成油基钻井液最主要的成分。在油基钻井液中，油是分散介质而沥青为分散相。常采用柴油（也可用原油）配浆。柴油中主要含有芳香烃和石蜡烃两种成分，芳香烃具有完全溶解沥青的能力，而石蜡则不能溶解沥青，故选用含芳香烃少的柴油，才有利于沥青的分散，一般要求其含量不超过 20%，超过 50% 以后油基钻井液的滤失量明显上升。也可用白油代替柴油来配制油基钻井液，为了减少油基钻井液的生物毒性，符合在海上钻井时的排放要求，减少对环境的污染。同时，也提高了在使用油基钻井液时对油气的分辨能力。原油由于组分较复杂，不好控制，故基本上不用来配制油基钻井液，仅用作某些特定条件下的完井液(尤其是射孔液)以及解卡液。

【油基】 在油包水乳化钻井液中用作连续相的油称为油基。目前普遍使用的油基为柴油(我国常使用零号柴油)和各种低毒矿物油。

【油浆】 当一些不溶性固体分散到液相中,该液相以油为连续相时,通常还有一部分水乳化到油中成为分散相,这种钻井液称为"油浆"。

【油酸】 学名:顺式十八烯-9-酸,存在于动植物体内,纯油酸为无色油状液体,有动物油或植物油气味,久置空气中颜色逐渐变深。分子式:$C_{17}H_{33}COOH$;相对分子质量为282.47。在油包水钻井液中,用作乳化剂。

【油酸钠】 分子式:$CH_3(CH_2)_7$—CH ═ $CH(CH_2)_7COONa$ 又名"油酸钠皂";其化学成分是油酸,固体氢氧化物和水;为一种阴离子活性剂;系水溶性活性剂,可作起泡剂、乳化剂、润湿剂,但遇高价金属离子Ca^{2+}、Mg^{2+}、Fe^{3+}等易生成沉淀。

【油气侵】 又称油气污染。当钻入油、气层时,会造成钻井液的油、气侵。油、气侵入钻井液后,造成钻井液相对密度下降,黏度、切力上升,滤饼疏松,这一现象称为油气侵。因侵入油的种类、数量和乳化程度不同,性能变化程度也不同。处理油、气侵应调整好钻井液密度及流变性,及时捞油除气,防止井喷。(1)油、气侵的原因:钻遇含油、气层时,由于钻井液柱压力小于油、气层压力,油、气流体不断进入钻井液中。(2)油、气侵的现象:①密度下降。②黏度、切力上升。③槽面上可观察到油花,钻井液中有气泡。④当钻井液遭到严重油、气侵时,钻井液体积显著增加,液面上涨。井口会出现外溢,甚至发生井涌。⑤有综合录井仪时,气测值明显上升。(3)油、气侵的处理:①提高密度,平衡压力。②配制含稀释剂胶液,按循环周处理,降低黏度、切力,有利于排气。③侵入的油量少时,可提高pH值或加入适量乳化剂,将原油乳化。④加入消泡剂,使用除气器。⑤油、气侵严重造成溢流或井涌的处理:a. 根据井口控制压力和井眼容积正确确定压井钻井液密度及足够的数量;压井钻井液密度及数量是关键的一环,过小压不住,过大则压漏地层,一定要准确确定压井钻井液密度及数量,防止压井失败。b. 要求高密度压井钻井液密度均匀,胶体性好,滤失量小,适当低的黏度、切力,以减小流动阻力,防止加重剂沉淀,以巩固井壁。c. 循环压井开始,注入高密度压井钻井液,计算初始立管压力及终了立管压力。d. 压井过程中专人观察立管压力变化情况及井口钻井液的返出情况。加密测量钻井液性能,直至压井成功。

【油水比】 油在液相中的百分比与水在液相中的百分比之比值。在逆乳化体系中,这个比值是比较重要的基本参数,在一定程度上它将影响钻井液的其他所有参数与特性。

【油包水】 又称反乳化液。油为连续相,而以水滴作为分散相。水可达到总体积的50%。

【油田化学】 研究油田钻井、完井、采油、注水、提高采收率及集输等过程中化学问题的科学。

【油层损害】 在钻井、完井和修井过程中,由于破坏了生产层原有的环境状态,井筒内的固相、液相侵入生产层内,使生产层的有效渗透率受到不同程度的损害,这类情况称为油层损害。

【油层保护】 保护油层,是从钻开油

Y

层到固井、射孔、试油、修井以及进行增产措施等过程，其主要措施有：①确定合理的钻井液密度。②严格控制起下钻速度。③尽量减少钻井液浸泡油气层的时间。④优选与储层相匹配的钻井液和完井液。一般从保持低的固相含量、与储层有较好的配位性、严格控制滤失量、具有强的抑制性和防塌能力等。钻进过程中保护油层的一般做法主要有：①改善滤饼质量，保持低滤失量。调整钻井液滤液水型与油层原生水相配位，以减少化学沉淀的堵塞。②降低钻井液细颗粒含量，避免固相进入油层。③采用低密度，实现平衡钻井，减小压差。④采用与地层配位的钻井液体系，减少井下事故，提高钻井速度，缩短浸泡时间。钻开油层对水基钻井液的要求主要有：①低滤失量。以减少油层中黏土膨胀，一般 API 滤失量小于5mL。②合适的钻井液密度。较好地平衡地层压力，做到"压而不死，活而不喷"。③高矿化度。减少油层中黏土膨胀。④低的油（原油）水（钻井液滤液）界面张力，减少"贾敏效应"。⑤具有可酸溶或油溶的滤饼。

【油井水泥】 专门用于油气井固井的水泥。是以石灰质物质和黏土物质及其他物质，按一定比例配成生料。在高温下（1450℃）烧结成以硅酸钙为主要成分的熟料，再加上适量的石膏或其他外加剂进行磨细，成为一种用于固井的水硬性胶凝材料。油井水泥熟料矿物成分主要包括硅酸三钙（$3CaO \cdot SiO_2$）、硅酸二钙（$2CaO \cdot SiO_2$）、铝酸三钙（$3CaO \cdot Al_2O_3$）和铁铝酸四钙（$4CaO \cdot Al_2O_3 \cdot Fe_2O_3$）。国际上常用 API（美国石油学会）标准。1988 年，我国公布了油井水泥国家标准（GB 10238—1988）。标准中包括了九个级别的油井水泥，分别为普通型（O）、中抗硫酸盐型（MSR）和高抗硫酸盐型（HSR）。其中，G、H 级水泥为基础油井水泥，它在粉磨过程中除石膏外，不掺任何外加剂。九个级别油井水泥适于井深及主要物理性能见下表。

油井水泥物理性能标准

级别	井深范围/m	抗硫酸盐性			水灰比	细度/（m²/kg）	自由水	稠化时间/min	初始稠度/Bc	抗压强度/MPa		
		O	MSR	HSR						8h	12h	24h
A		△			0.46	270				1.7		12.4
B	0~1830		△	△	0.46	290		>90		1.4		10.3
C		△	△	△	0.56	400				2.1		13.8
D	1830~3050		△	△	0.38			>100		3.5		6.9
E	3050~4270		△	△	0.38			>154	<30	3.5		6.9
F	3050~4880		△	△	0.38			>190		3.5		6.9
G	0~2440		△	△	0.44		<3.5	90~120		2.1		
H			△	△	0.38		<3.5	90~120		2.1		
J	3660~4880	△						>180			3.5	6.9

【油气污染】 见"油气侵"。

【油酸钠皂】 见"油酸钠"。

Y

【油钻井液】　见"油基钻井液"。

【油井设计】　指在油田勘探开发中的前期准备、成本预算、目标和钻井、完井等工作方案、指导程序。钻井设计流程图如下。

【油基钻井液】　包括油包水［油：水＝（50~80）：（50~20）］和油基(含水小于7%)两种；指油为连续相，水为分散相的特种钻井液。破乳电压是衡量该体系好坏的关键参数，一般不低于400V。油基钻井液和反乳化钻井液的区别是含水量不同，控制黏度和触变性的方法不同，以及造壁物质和滤失量的不同。该体系的主要特点有：①外相为油，耐温性可达200℃，可钻超深井、大斜度定向井及水平井的钻井。②具有较好的保护油气层，减轻损害的效能。③由于无机盐及黏土不能溶解，所以有特高的抗盐侵、钙侵的能力。④成本较高，影响测井，对环境有污染。

【油气层损害】　油气层损害即任何阻碍油气从井眼周围流入井底的现象均称为储层损害(国际上通用"Formation Damage")或污染。在钻井、完井、井下作业及油气田开采全过程中，造成油气层渗透率下降的现象通称为油气层损害。油气层损害的实质包括绝对渗透率下降和相对渗透率下降。

【油基修井液】　一般的油基钻井液和油包水乳化钻井液都可以用作修井液。体系内的固相和乳化水的范围较宽，主要取决于密度。正确调节的油基钻井液，可以长时间稳定。如果不是严重污染，几乎不需要管理和维护。具有高温稳定性，并且由于滤液是油，所以不会损害水敏性地层，也不用控制滤失量。原始成本高是使用

该类修井液的不利因素。

【油田化学品】　见"油田化学剂"。

【油田化学剂】　也称油田化学品，解决油田勘探、开发、集输等作业问题时所使用的化学药剂。

【油浴解卡法】　也称泡油解卡，是处理卡钻的有效方法之一。对于滤饼黏附卡钻的处理尤其有效。它是将原油(也可混入部分柴油，加入适量表面活性剂)泵入井内，使其从钻杆内返出到卡钻部位。原油在井内一般浸泡12~24h，油液浸入钻具与井壁的接触面内，降低了滤饼摩擦系数，改变了界面性质，浸泡过程中应上下活动钻具，如果不能解卡，应再继续浸泡几个小时，并继续活动钻具，以期达到解除卡钻的目的。进行泡油时，由于石油密度小，井内液柱压力会降低，如果井内有高压油、气、水层，应注意防止井喷。因此，井口应装防喷器，先加重钻井液，然后再泡油。

【油基解卡剂】　见"油状解卡剂"。

【油状解卡剂】　又称油基解卡剂，为黑褐色胶状液体或粉刺。主要成分有柴油、沥青粉、表面活性剂、生石灰、有机土及水。用于解除压差卡钻。油基解卡剂多为油包水乳状液。配乳状液的油为用沥青稠化的柴油，水为淡水或盐水，其中溶有用于调整乳化剂*HLB*值的水溶性表面活性剂(如聚氧乙烯烷基醇醚等)。乳化剂为油酸钙和环烷酸钙。当将这类解卡剂泵至黏附部位时，油相的表面活性剂通过吸附，可使黏附部位中的孔隙表面反转为亲油表面，使解卡剂通过毛细作用，渗入钻具与滤饼之间，消除压差，解除卡钻。

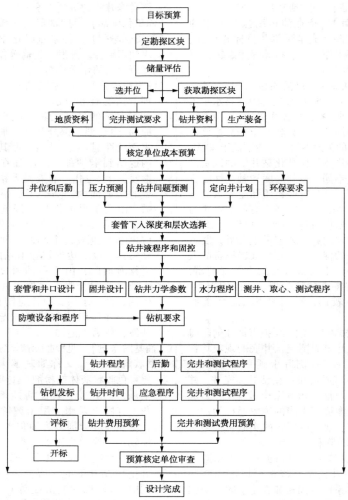

Y 【油–水界面膜】　在油–水体系中加入表面活性剂后，根据吉布斯吸附原理，表面活性剂在界面发生吸附，形成界面膜。界面膜有一定强度，对分散相液珠有保护作用，使液珠在相互碰撞时不易聚结。

【油气上窜速度】　在钻井过程中，当钻穿油、气层后，因某种原因起钻，而到下次下钻循环时，常有油气侵现象，这就是在压差作用下的油气上窜。单位时间内油气上窜的距离称油气上窜速度，以 m/h 表示。常用的计算方法有两种：

　1. 迟到时间法

$$\mu = H - \frac{h}{t}(T_1 - T_2)/T_0$$

2. 容积法

$$\mu = H - \frac{Q}{V_c}(T_1 - T_2)/T_0$$

式中　μ——油、气上窜速度，m/h；
　　　H——油、气层深度，m；
　　　h——循环钻井液时钻头所在井深，m；
　　　t——钻头所在井深的迟到时间，min；
　　　T_1——见到油气显示的时间，min；
　　　T_2——下钻至 hm 时的开泵时间，min；
　　　T_0——井内钻井液静止时间，min；
　　　V_c——单位长度井眼环空的理论容积，L/m；
　　　Q——钻井泵排量，L/s。

现场一般使用迟到时间法，比较接近实际情况。

【油层全取心井】　是指在油层井段进行全层取心的井。钻该类井的目的主要是取得原始状态的岩心，以便开发部门测算油层储量。此类井的特点是地层掌握较清楚，钻油层以上地层已有一套成熟的经验，而重点要求在油层取心时钻井液不污染岩心，保持岩心原有的各种物性。最好是采用少含水的油基钻井液，也可以使用密闭液取心。

【油基泡沫钻井液】　由共聚物、表面活性剂及柴油组成。适用于水敏性地层、易坍塌泥页岩地层、低压地层、衰竭储层和漏失地层钻井。油基泡沫钻井液抗高温、抗污染能力强，能提高钻头寿命和机械钻速，具有良好的防漏、堵漏及井眼净化能力，且可循环使用，降低了钻井成本。

【油包水乳型乳液】　即"（W/O）型乳液"。如果乳化剂可溶于油，同时又能降低油的表面张力，则与（O/W）型乳液情况恰好相反，形成油包水（W/O）型的乳液，见下图。无论哪种情况，如果加入的乳化剂的量恰好能包围住分散相而形成稳定乳液，这时的乳化剂浓度叫临界胶束浓度，用 CMC 表示。只有乳化剂浓度在 CMC 以上，乳液才具有一定的稳定性。乳化剂的 CMC 用 mol/L 表示，其数值随乳化剂的种类和乳化体系而变化。

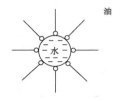

W/O型乳液

【油基钻井液体系】　是以油作分散介质的钻井液，由油、有机土和处理剂组成。油基钻井液中还含有水，并按含水量分为两种钻井液类型：①油包水乳化钻井液（含水量大于 10%）。它是以水为分散相，油为连续相。在液相中的水含量可高达 50%。用不同浓度的乳化剂（通常是脂肪酸和胺衍生物）、高相对分子质量皂和水来控制流动性和电稳定性。②油钻井液或称油基钻井液（含水量小于 10%，又称纯油相钻井液）。通常是用氧化沥青、有机酸、碱、各种处理剂的混合物及柴油组成。通过酸、碱皂和柴油浓度的调节而来维持黏度和凝胶性能。

【油基液体解卡剂】　由柴油、氧化沥青、有机膨润土、硬脂酸铝、生石灰、SP-80、油酸和快 T 等表面活性剂经充分搅拌后，升温至 50~60℃反应 1h，使反应混合物充分乳化、分散后得到。为黑灰色黏稠液体，润湿、润滑性能好，滤失量小，滤饼黏滞系数小，滤饼薄而韧，渗透能力强，能根据需要调节密度，具有较好的悬浮稳定性，流变性能好。可用于卡点以下有垮塌地层的井、不混油的井、深井、高压油气层等复杂井压差卡钻时解卡，对黏附卡钻有特效，还可以作为混油钻井液防卡使用。

【油田水化学分类】 我国各油田多采用苏林的油田水化学分类法。这种分类法是以下面三个成因系数作为分类的指标：

$$\frac{r_{Na}}{r_{Cl}}, \quad \frac{r_{Na} - r_{Cl}}{r_{SO_4}}, \quad \frac{r_{Cl} - r_{Na}}{r_{Mg}}$$

将油田水按其化学成分分为四种水型

水 性	系 数	水 型	成 因
$r_{Na} > r_{Cl}$	$\dfrac{r_{Na} - r_{Cl}}{r_{SO_4}} < 1$	硫酸钠型	形成于大陆环境
	$\dfrac{r_{Na} - r_{Cl}}{r_{SO_4}} > 1$	重碳酸钠型	形成于大陆环境
$r_{Na} - r_{Cl}$	$\dfrac{r_{Cl} - r_{Na}}{r_{Mg}} < 1$	氯化镁型	形成于海洋环境
	$\dfrac{r_{Cl} - r_{Na}}{r_{Mg}} > 1$	氯化钙型	形成于深层环境

注：1. 表中 r 为毫克当量百分数。
　　2. 根据水中占优势的阴离子，每个水型又可划分出三个水组，即重碳酸盐水组、硫酸盐水组和氯化物水组。根据各水组中占优势的阳离子又可进一步划分为三个水亚组，即钠水亚组、镁水亚组和钙水亚组。

【油水乳化型隔离液】 是在固井时用来分隔水基钻井液和水泥浆，防止二者混合及彼此污染而导致流变性变坏的特殊流体。钻井液及水泥浆均能混溶，密度可用重晶石加重到 $2.15\ g/cm^3$，可在钻井液密度高达 $2.15g/cm^3$ 时使用，而水泥密度只有在 $1.72g/cm^3$ 的情况下，隔离钻井液及水泥浆，较好地完成固井作业。其配方是：（1）基液：油：水 = 50：50（容积比）。（2）向基液中加约 7% 的乳化剂，乳化剂由下列物质组成：①粉状消石灰 68.1%，作为吸附性的表面活性剂载体。②4.9% 油酰胺，是用油酸与二乙醇胺合成的油湿性表面活性剂，其分子式为 $CH_3(CH_2)_7 \cdot CH : CH(CH_2)_7 \cdot CON(CH_2 CH_2OH)_2$。③5% 粗制油酸。④5% 红油。⑤10% 粗制二聚油酸。其余为水或杂质。（3）向基液中添加 1.14% 的分散剂，是用亚硫酸纸浆废液（含戊糖及木质素磺酸盐、无机盐等）和两性表面活性剂油酰胺牛磺酸钠等混合而成，这种油酰胺表面活性剂是用油酰胺与甲基牛磺酸反应而制得的。其反应示意如下：

$$CH_3(CH_2)_7 \cdot CH:CH(CH_2)_7CO \cdot \boxed{Cl+H}$$
$$N \cdot CH_3 \cdot CH_2CH_2SO_3Na \longrightarrow CH_3(CH_2)_7$$
$$CH:CH(CH_2)_7CON \underset{CH_2CH_2SO_3Na+HCl}{\overset{CH}{\diagup}}$$

（4）加入 12% 沥青树脂，作为降滤失剂。（5）加入重晶石调整密度。

【油基钻井液的组成】 油基钻井液是以原油或柴油为连续相（液相），以氧化沥青作为分散相（固相），再加入化学处理剂和加重剂配成的，含水量在 7% 以下。油包水乳化钻井液，以柴油作连续相，以水作为分散相，呈小液滴状分散在油中(水的体积分数可达 60%)，以有机膨润土(或称亲油膨润土)和氧化沥青作稳定剂，再加入其他处理剂、加重剂配制而成。

【油基型钻井完井液】 包括油基钻井液、油包水乳化钻井液、低胶质油包水乳化钻井液和低毒油包水乳化钻井液等。

【油包水乳化钻井液】 又称反乳化钻井液；是柴油(或原油)作连续相，以水及有机土作为分散相，加处理剂配制而成的一种具有抗温、对泥页岩及其坍塌地层有抑制水化、膨胀作用，抗盐类及地层水污染能力，同时具有防腐作用的一种钻井液。适用于超深井钻井。这类钻井液的分散介质是油类(柴油或煤油)；分散相为淡水或矿化水，一般都采用饱和盐水；乳化剂为脂肪酸类。①油相体积一般占 40%(60% 可以是植物油、动物油和矿物油，目前一般用 0 号或 10 号柴油。②水相可以是淡水、盐水及海水或饱和盐水，以饱和盐水为最好。③常用的乳化剂有脂肪酸皂类、纸浆浮油皂、松香皂、酰胺类、石油磺酸盐等。④油中的可分散胶体是，一般使用有机膨润土、氧化沥青、亲油褐煤及皂类等。配制使用该体系应注意季节，选择合适的配浆油品。所有油品要按规定进行严格的性能检验。按地层的实际情况，确定油包水乳化钻井液的水相活度。制定出细致的施工设计方案，对油水比例、添加剂的加量、加入程序、加湿幅度等，都要有明确的规定。

【油基钻井液前置液】 用油基钻井液(包括油包水钻井液)钻井、完井中，在井壁和套管壁上有一层油基钻井液和油基滤饼，它与固井的水泥浆往往不能胶结。油基钻井液前置液在顶替油基钻井液之后，应使井壁和套管壁油润湿变为水润湿，以利于水泥浆与其凝固胶结。为了使界面充分水润湿，在油基钻井液冲洗液之后，再配合使用水基钻井液隔离液。前者主要作用是稀释油基钻井液，洗净井壁和套管壁，后者除顶替作用外，再使套管壁和井壁充分水湿，以利于和水泥浆胶结。

【油溶胀聚合物堵漏剂】 将高度吸油膨油的聚合物密封在一层保护套中，在其未被泵送到漏层以前不会与油接触；在被泵送到漏层后，保护套被溶解或破坏，被密封的聚合物即与油接触而吸油膨胀，成为膏状物封堵漏失层。

【油页岩干馏胶质磺酸钠盐】 代号为 CHC；是一种水溶性较好的阳离子表面活性剂；它是具有一定黏度的液体，是干馏油页岩磺化产物；可以吸附在碳酸盐及硫酸盐表面，降低其表面张力，使碳酸盐及硫酸盐分散体系稳定，故对钻开碳酸盐及硫酸盐地层是有效的分散体系稳定剂。其水溶性具有防黏土层坍塌的作用，对低压油层亦有保护作用，对酸化增产措施有较好的效果。用作碳酸盐岩层无固相洗井液的稳定剂。用量约 1%～2%。

【油溶性暂堵型无膨润土钻井完井液】 这种钻井完井液使用的暂堵剂是油溶性暂堵剂。常用的油溶性暂堵剂是油溶性树脂粉末，其在油中的溶解率大于 85%。这种暂堵剂形成的内、外滤饼在投产前可以通过储层产出的原油流动加以溶解除出，也可以通过注入柴油或亲油的表面活性剂加以溶解而解堵。这类钻井完井液体系特别适用于有酸敏性的稀油油藏和凝析油藏，一般不用于气藏，若用于气藏，则需要增加油溶解堵工序，或使用油基射孔液。油溶性暂堵型钻井完井液配方见下表。

油溶性暂堵型钻井完井液

材料与处理剂	功　用	用　　量
饱和盐水	基液	$100m^3$
KCl	页岩抑制	$2.0\% \sim 4.0\%$
LVCMC	降失水	$1.4\% \sim 1.8\%$
NTA+细粒盐粉	提高密度	按设计要求

【游离基】　化合物分子中的共价键在光、热等外力影响下分裂而成的、含有不成对的价电子的原子或原子团。离子基的活性非常大，一般条件下能稳定存在，容易自行结合成稳定的分子或与其他物质反应而成新的游离基。游离基也称自由基。

【有机硅】　即有机硅化合物，是指含有 Si—C 键，且至少有一个有机基是直接与硅原子相连的化合物，习惯上也常常把那些通过氧、硫、氮等使有机基与硅原子相连接的化合物当作有机硅化合物。其中，以硅氧键（—Si—O—Si—）为骨架组成的聚硅氧烷，是有机硅化合物中为数最多，应用最广的一类。硅类页岩抑制剂 $[CH_3Si(OH)_2ONa]$，具有保护井壁的能力。

【有机酸】　是指一些具有酸性的有机化合物。最常见的有机酸是羧酸，其酸性源于羧基（—COOH）。磺酸（—SO_3H）等也属于有机酸。有机酸可与醇反应生成酯。羧酸（RCOOH）、磺酸（RSO_3H）、亚磺酸（RSO_2H）等的总称，但通常指羧酸。

【有机物】　见"有机化合物"。

【有机土】　有机膨润土的简称，又称"亲油膨润土""活性膨润土"。其型号有 801、812、821、4602、4606 等，为优质膨润土提纯后与不同型号阳离子表面活性剂反应制成。为白色、灰白色或淡黄色自由流动粉末，能在柴油中分散。常用各种季铵盐如三甲基十八烷基氯化铵：$\left[C_{13}H_{17}-\overset{\displaystyle CH_3}{\underset{\displaystyle CH_3}{N}-CH_3} \right]^+Cl^-$ 制备有机土。由于黏土表面带负电荷，氨基带正电荷，故它能与黏土表面吸附的阳离子发生交换吸附，而它又有长链的烃基，因而使黏土由亲水性变为亲油性。用作油基钻井液，油包水钻井液的配浆材料和油基解卡剂的基本组分。常用的有 821、4602、4606 等型号。用途：①增加黏度和切力，提高井眼净化能力。②形成低渗透的滤饼，降低滤失。③对于胶结不良的地层，可改善井眼的稳定性。④防止井漏。优点：①使用简单。②价格低。物理性质：①外观：粉末。②易分散。推荐用量：$2\% \sim 6\%$。

有机土的质量指标

项目名称	指标
胶体率/%	≥95
细度(200目筛余)/%	<5
常温稳定性	加重浆 24h 以上不发生沉淀
流变性能	加重浆 PV 为 25~50mPa·s，YP≥2.5Pa
含水量/%	≤3
破乳电压/V	>400
高温稳定(加重浆经 180~200℃、3447.5kPa 压力，老化 24h)	不沉淀

【有机化学】　研究有机化合物的来源、制备、结构、性质、用途和有关理论的一门科学。由于有机化合物都含有

碳，同时以碳氢化合物为其母体，因此这门科学又可称为"碳化合物的化学"或"碳氢化合物及其衍生物的化学"。随着这门科学的发展，派生出了高分子化学、元素有机化学等新学科。

【有机胶体】 见"胶体体系"。

【有效筛面】 指振动筛固-液分离的部分筛布面积。

【有效碰撞】 物质发生化学反应，必须有物质的分子(或离子)相互碰撞，碰撞的分子(或离子)具有一定能量才能进行反应。这种能够发生反应的分子碰撞叫有效碰撞。

【有效黏度】 是指环空剪切速率下的表观黏度。

【有机硅油】 主要由二甲基二氯硅烷加水水解制得初缩聚环体，然后经裂解、精馏制得低环体，再将环体、封头剂、催化剂放在一起调聚得到具有不同聚合度的产物，常用作高级润滑油、防震油、消泡剂、脱膜剂等。为无色(或淡黄色)、无味、不易挥发的液体，不溶于水、甲醇，可与苯、二甲醚、甲基乙基酮、四氯化碳或煤油互溶，稍溶于丙酮、二恶烷和乙醇。随着链段数 n 的不同，相对分子质量增大，黏度也增高。耐热性、电绝缘性、耐候性、疏水性较好，表面张力较小。一般钻井液常用消泡剂为 $3^{\#}$ 甲基硅油，使用时先将其配制成 $1:9$ 的肥皂液，再加水到 $100\sim200$ 份，在钻井液中只加入此溶液的 $0.1\%\sim0.5\%$。

【有用固相】 主要指钻井液中的黏土、加重材料、堵漏材料等。

【有害固相】 是指分散在钻井液中的岩屑、劣质土和砂粒等。

【有效浓度】 活度的另一种称谓。为了计算溶质在溶液中的活度，一般均以该溶质在溶液中的浓度与活度系数相乘而得，详见"活度"。

【有机硅醇钠】 代号为 MSO，化学分子式：$CH_3 Si(OH)_2 ONa$，是一种抗高温处理剂，抗温可达 240℃，具有防塌作用，与 SMC、SMP 配合使用具有良好的降低高温高压滤失量的效果，适用于 pH 值在 $9\sim11$ 之间，抗盐为 1500mg/L。

【有机杀菌剂】 有杀菌作用的有机化合物。

【有机缓蚀剂】 有缓蚀作用的有机化合物。

【有机絮凝剂】 主要为高分子聚合物(相对分子质量 $>300\times10^4$)。非离子型和阴离子型絮凝剂主要是通过吸附、桥接、蜷曲、下沉机理；阳离子絮凝剂除了搭桥机理以外，还具有电性中和，具有更快、更高的絮凝效率。

【有效孔隙度】 能够通过液体的孔隙体积的多少。

【有机化合物】 简称"有机物"。含碳化合物(一氧化碳、二氧化碳、碳酸盐等少数简单含碳化合物除外)或碳烃化合物及其衍生物的总称。部分有机化合物来自动物界，但绝大多数是以石油、天然气、煤等作为必要原料，通过人工合成的方法制得的。和无机物比较，有机物的数目多达几百万种，一般具有较大的挥发性，较低的熔点和沸点，溶于有机溶剂，能燃烧，反应缓慢。按结构式分为开链化合物、碳环化合物和杂环化合物。按所含功能团的不同，又可分成醇、醛、酮、醚、酸、脂等。

【有机硅化合物】 简称"有机硅"。结构中含碳—硅键的有机化合物。元素有机化合物的重要类型之一。有烃基卤化硅(例如 $CH_3 SiCl_3$)、硅醇[例如

Y

〔CH₃〕₃SiOH〕和硅醚〔例如（CH₃）₃Si—O—Si（CH₃）₃〕等类。习惯上把某些含有机硅元素的化合物如正硅酸乙酯〔（C₂H₅O）₄Si〕、甲硅烷（SiH₄）等也称为有机硅化合物。这类化合物具有其特殊性能。

【有机硅聚合物】 由含有机硅元素的有机单体制成的聚合物的统称。具有耐热、耐化学腐蚀及憎水等特点。

【有机盐盐水钻井液】 有机盐钻井液是一种新型无固相水基钻井液体系，是基于低碳原子碱金属有机酸盐（甲酸铯、乙酸钾、柠檬酸钾、酒石酸钾）、有机酸铵盐（乙酸铵、柠檬酸铵、酒石酸铵）、有机酸季铵盐的钻井完井液体系。有机盐盐水钻井液具有防塌抑制性能好、保护油气层、腐蚀性低、环保及可回收再利用的特点。加之具有低固相、高密度的特性，有利于提高机械钻速。

【有机硅腐殖酸钾盐】 钻井液处理剂的一种；代号为OSAM-K；具有一定的防塌作用，有较好的降滤失作用和高温温度性。

【有机硅腐殖酸钠盐】 钻井液处理剂的一种；代号为OSAM；在水基钻井液中起高温稳定作用和降滤失作用。

【有机硅酸盐钻井液】 ①甲基硅酸铝/硅油钻井液。苏联在西伯利亚广泛使用甲基硅酸铝（AMCP）和甲基、乙基硅油作抑制剂。它们具有耐温（200℃以上）、降滤失和防塌等作用。甲基硅酸铝加量为0.75%时，可使滤失量由18mL降到14mL（95℃）。硅油加量1%时，150℃温度下的滤失量由20℃的4mL只增加到6mL，乙基硅油加量为1.5%时，可使滤失量由12mL降到6mL。②甲基硅油钻井液。国内曾单独使用甲基硅油配浆，发现甲基硅油钻井液的主要特点是能有效抑制黏土水

化，护壁性能好，维护处理简单，井径扩大率小，抗温性突出。由于甲基硅油能在固体或液体表面上迅速展开，形成分子厚度的薄膜，把页岩的裸露表面包被起来，有效地防止黏土水化、膨胀和分散，因而抑制性很好。已用硅油体系钻了20多口井，对复杂易塌地层效果显著。

【有机阳离子聚合物】 是指分子结构中有许多带正电荷的原子或基团的有机聚合物。按分子结构中所含阳离子的不同可分为聚季铵盐、聚季磷盐和聚叔硫盐三类。其分子骨架上分别有季氮原子、季磷原子和叔硫原子。结构式可以用下式代表：

式中，R₁是含有2~40个碳原子的脂肪烃基、脂环烃基或芳香烃基，或是氢。R₂、R₃、R₄可以是按R₁规定确定的基团，也可以是含有0~6个碳原子和0~2个氢或氮原子的基团（当Z是硫时，R₄不存在）。Z是由氮、磷或硫原子衍生出来的阳离子。X⁻是卤根、硝酸根、硫酸根、硫酸酯基、氢氧根、硼酸根、磷酸根、重氮根等阴离子。n是聚合物相对分子质量的链节数。m是呈电中性所需的阴离子数。这类阳离子聚合物用于水基钻井液，稳定黏土、防止水化分散的能力较强。

【有效上覆岩层压力】 又叫"基岩应力"。指没有被孔隙内流体所承担的那部分上覆岩层压力。

【有机阳离子聚合物黏土稳定剂】 有机阳离子聚合物黏土稳定剂是近来发展的一种新型化学处理剂，它可用于完井液以稳定黏土，减少完井液对地

层的污染，也可用于水基钻井液，以提高钻井液的抑制效果。有机阳离子聚合物是指分子结构中有许多带正电荷的原子或基团的有机聚合物。阳离子聚合物中，绝大部分是含氮的化合物，是有机胺的衍生物，是简单的有机胺盐。钻井液与完井液中一般均使用季铵盐型的有机阳离子聚合物。其一般结构式如下：

$$+R_1 - \overset{\overset{\displaystyle R_2}{|}}{\underset{\underset{\displaystyle R_4}{|}}{Z^+}} - R_2 \overset{}{\underset{n}{\rfloor}}\ X_m^-$$

式中，R_1 是含 2~40 个碳原子的脂肪烃基、环烷烃或芳香烃基团；R_2、R_3、R_4 是含 0~6 个碳原子和 0~2 个氧原子或氢原子的基团；Z 是氮、磷或硫的阳离子，Z 为硫原子时，R_4 不存在；X 是阴离子，如卤素、硝酸根、硫酸根、碳酸根、氢氧根、硼酸根、磷酸根、重氮根等；n 是给出聚合物相对分子质量约为 $8 \times 10^2 \sim 3 \times 10^6$，$5 \times 10^5 \sim 15 \times 10^6$ 所需的链节数；m 是保持聚合物呈电中性所需的阴离子数。

（1）聚胺甲基丙烯酰胺（代号为 CPAM），相对分子质量 $(100 \sim 1000) \times 10^4$。其结构式为：

$$\overset{}{+}CH_2 - CH\overset{}{\underset{x}{]}}\ \overset{}{+}CH_2 - CH\overset{}{\underset{y}{]}}\ \overset{}{+}CH_2 - CH\overset{}{\underset{z}{]}}$$

$$\begin{array}{ccc} | & | & | \\ C=O & C=O & C=O \quad\quad CH_3 \\ | & | & | \qquad\quad | \\ NH_2 & NH-CH_2OH & NH-CH_2-N^+-CH_3Cl^- \\ & & | \\ & & CH_3 \end{array}$$

（2）环氧丙基三甲基氯化铵（代号为 CP-1），相对分子质量 152。其结构式为：

$$CH_2 - CH - CH_2 - \overset{\overset{\displaystyle CH_3}{|}}{\underset{\underset{\displaystyle CH_3}{|}}{N^+}} - CH3Cl^-$$
$$\ \ \backslash\ \ \diagup$$
$$\quad O$$

（3）阳离子淀粉（代号为 CP-ST）。其结构式为：

$$CH_2O - CH_2 - CH_2 - \overset{\overset{\displaystyle CH_3}{|}}{\underset{\underset{\displaystyle CH_3}{|}}{N^+}} - CH3Cl^-$$
$$\qquad\qquad\qquad\qquad |$$
$$\qquad\qquad\qquad\ \ OH$$

【诱导反应】 见"共轭氧化"。
【诱导裂缝】 是指那些由外力所诱发而使地层形成的裂缝。这些裂缝不是原生的，而是在钻井过程中，由于各种措施不当而引发的，如使用钻井液密度过大，操作不当引起的压力激动过大……而使地层承受过大的压力所引起的。亦有水平与垂直两种。其形成的条件与天然裂缝相同。此种裂缝可以发生在任何类型的岩石中，但在具有弱界面的地层中比较可能出现，例如页岩，其漏失常常发生，并随之完全漏失。一般当钻井液密度超过 1.26g/cm³ 是导致产生此种裂缝的条件。此种裂缝常在突然产生压力激动时发生。例如，开泵过猛，由于某种阻力泵压突然升高及阻卡的情况下活动钻具可能发生。其次在压实不佳的海床地层钻井，钻井液密度一升高也可能发生，若邻井并无漏失井史，而本井发生漏失，这就应考虑属于诱发性裂缝所引起的。裂缝一旦被压开，钻井液便迅速漏进裂缝并加以扩大。

这时，即使压力下降，裂缝亦不会完全闭合，漏失继续发生。

【遇阻和遇卡】　上提钻具时指重表指示的重量较多地超过钻具的悬重，称为起钻遇卡；下放钻具时指重表指示的重量较多地轻于钻具的悬重，称为下钻遇阻。遇卡和卡钻不完全一样，只有在钻机的起升能力和钻具的强度范围内仍不能使钻具上提，才称为卡钻。遇阻、遇卡，说明井眼不正常，要及时处理，不然会发生井下事故。

【预处理】　是指钻遇复杂地层之前，预先加入合适的处理剂，将钻井液性能调节至所需范围的处理称之为预处理。

【预水化】　提前配制过程，如膨润土浆水化经过一定的时间后才能达到较好的造浆能力。

【预堵漏】　在钻入漏层之前，将堵漏剂提前加入钻井液中的过程。

【预胶化淀粉】　是一种改性淀粉，在淡水、盐水钻井液中具有良好的降滤失作用。预胶化淀粉的化学式如下：

$$\left[\begin{array}{c}CH_2ONa \qquad CH_2ONa \\ \end{array}\right]_n$$

【预水化膨润土浆】　将膨润土分散在淡水中，经一定时间使其充分水化后才使用的膨润土浆。

【浴井解卡】　对于压差卡钻、泥包卡钻、缩径卡钻、沉砂卡钻等情况可采用浴井解卡。这种方法即向井内泡油、泡盐水、泡酸或采用清水循环等方式，泡松黏稠的滤饼，降低黏滞系数，减小与钻具的接触面积，减小压差，从而活动钻具解卡。在浴井之前，首先要弄清卡点的深度，这可以根据弹性材料受拉时的拉力与伸长量的关系实测出卡点的位置。

【原浆】　指试验、稀释之前或没有经过处理的浆液。

【原油】　"石油原油"的简称。直接从油井中开采出来的一种褐色或黑色黏稠的可燃性矿物油。是多种烃类(烷烃、环烷烃、芳香烃)的复杂混合物。其平均碳含量为 84%～87%，氢含量为 1%～14%，密度为 $0.75～1g/cm^3$，热量为 10400～11000kcal/kg。依所含烃类比例的不同，分为石蜡基原油、环烷基原油和中间基原油三大类；依含硫多少，又可分为低硫原油、含硫原油和高硫原油三大类。经直接蒸馏或裂化等加工过程，可得汽油、煤油、柴油、润滑油、固体石蜡及沥青等产品。在钻井液中得到广泛应用。主要用于配制油基钻井液、混油钻井液等。

【原子】　组成单质和化合物分子的最小微粒。由带正电荷的原子核和绕核运动着的、与核电荷数相等的电子所组成。各种元素的原子具有不同的平均质量和原子结构。原子的质量几乎全部集中于原子核，在一般化学反应中，原子不发生变化。原子的组成如下：

原子的组成 $\left\{\begin{array}{l}质量=1(约等于1个氢原子的质量) \\ 带一个单位正电荷 \\ 质子数=核电荷数=核外电子数=原子量-中子数 \\ 决定元素的种类(不同种元素的原子核内质子数不同)\end{array}\right.$

【原子量】　各种元素的相对质量，亦称相对原子质量。大多数的元素是由两种或两种以上的同位素组成。如氧的相对原子质量为 15.9994，碳的相对原子质量为 12.01115。

【原子团】　原子团又叫根或基团，如氢氧根（OH^-）、硝酸根（NO_3^-）、碳酸根（CO_3^{2-}）、硫酸根（SO_4^{2-}）、氯酸根（ClO_3^-）、磷酸根（PO_4^{3-}）、碳酸氢根（HCO_3^-）、铵根（NH_4^+）等。在许多化学反应里，作为一个整体参加反应，这样的原子集团叫原子团。原子团是分子中的一部分。在三种或三种以上元素组成的化合物中，其分子常含某种原子团，在许多化学反应中作为一个整体参加。例如，离子（NH_4^+、SO_4^{2-}）和游离基（CH_3）等。

【原子核】　简称"核"。原子的核心部分。类似球体，带正电，是质子和中子（总称核子）的紧密结合体。原子核占有原子质量的绝大部分，但其直径不及原子直径的万分之一，只有 $10^{-13} \sim 10^{-12}$cm。常用 A、Z、X 表示。Z 代表该原子核的质量数（即电荷数），也就是该元素的原子序数；A 代表核子的总数，称为质量数。

【原子价】　亦称"化合价"。用来表示一个原子（或原子团）能和其他原子相结合的数目。以氢原子价作一，其他原子价即为该原子能直接或间接与氢原子结合或替代氢原子的数目。例如，在水分子中，氧原子能与两个氢原子结合，氧的原子价就等于二。氯化氢分子中的一个氢原子可被一个钠原子替代，钠的原子价就等于一。原子价常有正、负的区分，一般金属元素产生正价，非金属元素则产生负价。例如，钠为 +1 价，氟为 −1 价。大多数元素可具有一种以上的原子价，例如，铁可有 +2 价和 +3 价，锡可有 +2 价和 +4 价等。原子价又可因化学键的性质而分类，在"离子键"中的电价，在"共价键"中的称共价。

【原子价数】　简称"价数"。通常指元素"原子量"与"当量"的比数（整数），其意义与"原子价"相同。

【原子序数】　元素周期表中元素按次序排列的号码。排列方法是以元素中所含原子的核电荷数或核外电子数为依据。例如，碳原子的核电荷是 +6，核外有六个电子，所以碳的原子序数为 6。

【原始记录】　企业、机关或事业等单位中最初登记业务发生时实际情况的各种记录。如钻井液性能原始记录、药品消耗记录等。

【原子半径】　金属原子晶体中单位格子内原子间距离的一半，就是金属的原子半径。金属原子半径随配位数的不同而略有改变。

【原始饱和度】　储层未开采前，油、气、水的饱和度称为原始饱和度。

【原油水泥浆】　是一种用烃基液体配制的无机胶凝堵剂。一般是在原油水泥浆中加入膨润土粉可缩短其稠化时间，膨润土粉加量可达 25%。

【原子能钻井】　使用原子反应堆（铀 235 的裂变）熔化岩石的钻井方法。可采用针状反应堆，其直径约为 1m，其容量能将岩石加热到 $1000 \sim 2000℃$ 的熔化温度。由于岩石的热传导率比较低，这种钻具将受到低输出功率的限制，从而使其凿岩速度低，使用价值小，结构上的复杂性也限制其使用。

【原始地层压力】　是指油田还没有投入生产开发前，在探井中所测得的油层中部压力。油、气层未打开之前，整个油、气层处于均衡受压状态，油、气层孔隙中流体所承受的压力，称为原始油、气层压力或油、气层原始静止压力。地层压力随着深度的增

Y

加而增加。

【原子质量单位】　计量原子质量的单位。相当于碳同位素原 $^{12}_{6}C$ 质量的十二分之一，其数值为 $1.6606×10^{-24}g$。各种元素的原子质量就是它的原子量和这一原子质量单位之一作为原子质量单位的乘积。过去，在物理学中曾长期以氧 16 原子质量的十六分之一作为原子质量单位。新单位比旧单位约大万分之三，因而相应地，原子量的数值比过去约减小了万分之三。

【原子荧光光谱分析】　一种仪器分析方法。试样所产生的原子蒸气，在被测元素特定的共振光激发下，放出荧光光辐射，根据荧光光辐射和原子浓度的线性关系，来测定试样中该元素的含量。广泛应用于石油、地质、化工等部门的痕量金属元素的测定。

【原油油基液体解卡剂】　指含原油的油基液体解卡剂。由柴油、原油、石灰、油酸、有机土和表面活性剂充分混合搅拌后升温至 $50～60℃$，然后加入水、搅拌、乳化、分散、加重后得到。为黑灰色黏稠液体，性能与油基液体解卡剂类似。可用于卡点以下有垮塌地层的井、不混油的井、深井、高压油气层等复杂井压差卡钻时解卡，对黏附卡钻有特效，还可以作为混油钻井液防卡使用。

【元素】　指化学元素。同一元素的原子具有相同的核电荷数。例如，碳、氧、硫、铁等都是元素，不论它们以单质或化合物形式存在，它们的核电荷数分别为 6、8、16、26 而不变。相同元素的原子组成单质，不同元素的原子相互化合而成化合物。至 20 世纪 70 年代已确认的元素有 107 种，其中一部分是人工制得的放射性元素。

【元明粉】　见"硫酸钠"。

【元素符号】　表示元素以及它的一个原子和相对原子质量的符号。

【元素周期律】　元素以及由它所形成的单质和化合物的性质，随着元素原子的核电荷数的递增呈现周期性的规律叫"元素周期律"。

【元素周期表】　是元素周期律的具体表现形式，它反映了各种化元素间的内在联系。目前已发现的化学元素共 107 种，其中天然的 93 种，人造的 14 种。元素符号都采用拉丁名缩写。1869 年，俄国化学家门捷列夫把当时发现的 60 多种元素，按相对原子质量由小到大的次序排列起来，并把性质相似的放在一起。这样就找到了元素的性质随元素相对原子质量的增加呈周期性变化的规律即元素周期律，并提出了他的元素周期表。到了 20 世纪，由于原子结构理论的发展和采用 X 射线研究物质结构，更加深入地揭示了周期表中各元素间的内在联系。事实证明，元素的性质不是随着相对原子质量的递增，而是随着原子序数即核电荷数的递增而呈周期性的变化。这就进一步阐明了元素周期律的本质。周期表常有两种格式：短式周期表和长式周期表，后者又称"维尔纳式长周期表"（1905 年）。门捷列夫短周期表的特点是分九个族（类），除 0 族及Ⅷ族外，每个族又分为主族（A）和副族（B）。这种表格式比较紧凑，便于主、副族比较。维尔纳式长周期表里每一横排元素叫一个周期，共七个周期。依次为第一周期，第二周期，…，第七周期。第一周期从氢到氦共有两个元素，为特短周期；第二周期从锂到氖共八个元素，为短周期；第三周期从钠到氩共八个元素，为短周期；第四周期从钾到氪共十八个元素，为长周期；第五周期从铷到氙共十八个元素，为长周期；第六周期从铯到氡共三十二个元素，为特长周期；第七周期为特长周期，但到目前为止，只发现二十一个元素，还未排满，故又叫未满周期。维尔纳式长周期表的特点是把每一周期安排在同一行（这样没有奇偶数列，各周期都有一行）。它又分简式与详式两种。详式有辐射类型、电子构型等内容；简式则没有这些。根据 Rang 和 Werner 等人意见，把所有元素分成九个族，所有族（除 0 族与第Ⅷ族外）再分成两个组，通常用 A 组（主族）和 B 组（副族）标明。分组又有两种方法。第一种法是长周期表中，将第Ⅷ族以后则称为 B 组；第二种方法是在长期周期表中，将铜组与锌组元素及每一周期过渡元素以前的元素（第Ⅰ、Ⅱ主族除外）称为 B 组，其他元素（0 族及Ⅷ族除外）则称为 A 组。在第六周期中，从元素镧（57号，La）到元素镥（71 号，Lu）共有十五个元素性质非常相似，应该同排在一个位置，但又放不下，因此把这十五个元素在表下另辟一个横行，叫镧系元素。同样，第七周期中，从元素锕（89 号，Ac）到元素铹（103 号，Lw），也有十五个元素性质相似，因此又在镧系下面再辟一行，称为锕系元素。元素周期表从纵向看，除第八、第九、第十这三个纵行算一族叫第Ⅷ族外，其他十五个纵行，每个纵行各为一族。最右边为多性气体，其原子结构是一种稳定结构，很难与其他物质化合，一般称为零族。周期表中间部分的副族元素又称过渡元素。在第Ⅷ族中共有九个元素，其中铁、钴、镍三个元素又叫铁系元素，钌、铑、钯、锇、铱、铂又叫铂系元素。在第ⅢB 族中从钪（Sc）、钇（Y）和镧

（La）到镥（Lu）的各类元素可以统称为稀土金属。有些元素族在习惯上还有特殊名称，如：ⅠA：Li、Na、K、Rb、Cs 属于碱金属元素。ⅡA：Be、Mg、Ca、Sr、Ba、Ra 属于碱土金属元素。ⅢA：B、Al、Ga、In、Tl 属于硼族或土族元素。ⅣA：C、Si、Ge、Sn、Pb 属于碳族元素。ⅤA：N、P、As、Sb、Bi 属于氮族元素。ⅥA：O、S、Se、Te、Po 属于氧族元素，而 S、Se、Te、Po、四个元素又叫硫属元素。ⅦA：F、Cl、Br、I、At 属于卤素元素，简称卤素。0：He、Ne、Ar、Kr、Xe、Rn 属于惰性元素。在化学元素中，除了惰性气体外，人们通常将它们又分为金属与非金属两大类，但两者之间并无明显界限。有的元素在一些情况下像金属，而在另外情况下又类似非金属。就物理性质而言，金属一般具有金属光泽，有良好的延性、展性、导电性与导热性等性质。就电化学性质而言，金属元素的最大特点是在化学反应中易失去电子，而且原子愈容易失去电子，则这个元素的金属性愈强；非金属元素在化学反应中易得到电子，若原子愈容易得到电子，则它的非金属性愈强。下列元素属于金属：Ac、Ag、Al、Am、Au、Ba、Be、Bi、Bk、Ca、Cd、Ce、Cf、Cm、Cu、Dy、Er、Es、Eu、Fe、Fm、Fr、Ga、Gd、Ge、Ha、Hf、Hg、Ho、In、Ir、K、Ku、La、Li、Lr、Md、Mg、Na、Nb、Nd、Pm、Sm、Sn、Sr、Ta、Tb、Tc、Th、Ti、Tl、Tu、U、W、Y、Yb、Zn、Zr。就物理性质而言，属于金属元素的有：As、Cr、Mn、Mo、V。下列元素属于非金属：At、B、Br、C、Cl、F、I、N、O、P、S、Se、Si、Te。在工业生产中，金属又被分成如下几

类。按颜色分：铁（及其合金）是黑色金属；余下的元素叫有色金属。而 Ag、Au、Rh、Os、Pd、Ru、Ir、Pt 等又可称为贵金属。按密度分：分为轻金属（密度<3.5g/cm³ 的金属，如 Al、Be、Ca、Cs、K、Li、Na、Rb、Se、Sr）与重金属。按熔点分：将熔点高于 800℃ 的金属叫难熔金属。

【圆底烧瓶】 见"烧瓶"。

【月桂酰二乙醇胺】 是一种亲水性表面活性剂；在水基钻井液中有较强的起泡作用和增黏作用，抗钙，遇酸而降低性能。

$$C_{11}H_{33}CON \begin{cases} CH_2CH_2OH \\ CH_2CH_2OH \end{cases}$$

【云母】 云母族矿物的总称；是复杂的硅酸盐类。属于惰性堵漏材料；适用于多孔隙、渗透性漏失地层的堵漏。若与蛭石、棉籽壳、果壳粒、皮屑等堵漏材料混合使用效果较好。

【云母片】 堵漏材料。分为细和粗二级，可用于水基或油基钻井液处理井漏。可有效地阻塞裂缝和渗透性漏失。

【运动黏度】 流体的运动黏度是黏度（cP）与浓度（g/mL）的比例系数。一般的黏度测定仪是通过测定固定体积流体流过标准毛细管或者孔隙的时间（s）来测量流体运动黏度。对层流而言，以平板或剖面的形式流动时，从流形剖面的最前端看，各处流速不同。管壁处的流速为零而中心流速最大。流体沿着与流动管道平行的流线运动。牛顿流体的初期层流，宾汉塑性流体的第二阶段也是层流。这种流型也叫平行型、流线型或黏流。

【运动黏滞系数】 在水力计算中，也常使用黏滞系数 μ 与液体密度 β 的比，称它为运动黏滞系数。用 v 表示，即：

$$v = \frac{\mu}{\beta}$$

Y

Z

【再带电现象】　当所加电解质中的反离子是高价金属离子或有机盐离子时，因其被强烈地吸附到吸附层内，常能使电势改变符号。此时，胶粒所带电荷发生了反号，电泳也随之反向，这个现象称为再带电现象。

【暂堵法】　堵漏方法的一种，是指应用暂堵材料对储层漏失进行处理，油气井投产后又能解堵的方法。这种方法有效地减小因井漏对油气层造成的损害。

【暂堵剂】　能暂时降低地层渗透性的物质。在石油天然气勘探开发中，如果在油、气层中发生漏失，大量的钻井液或堵漏浆液进入该地层，会造成对油气层的损害。水泥浆、桥接堵漏材料和一般的化学堵漏剂在一定条件下都具有较好的堵漏效果，但不易解堵，不适宜油气层堵漏。生石灰和钻井液按一定比例配成的石灰乳堵漏后可以酸化解堵，但施工时配制困难。因此，必须用暂堵材料（简称暂堵剂）来达到此目的。

【暂堵材料】　见"暂堵剂"。

【暂时硬度】　见"硬度"。

【皂化】　水解的一种。主要指酯类用碱溶水解成相应的盐和醇的反应。例如，油脂（高级脂肪酸的甘油酯）与氢氧化钠溶液共煮，生成肥皂（高级脂肪酸盐）及甘油。

【造浆能】　见"造浆率"。

【造斜点】　定向造斜起始的井深处。

【造浆率】　用于评定黏土质量和高黏度 CMC。定义为每吨黏土能配出表观黏度为 $15\text{mPa}\cdot\text{s}$ 的钻井液体积（m^3）。根据造浆率，黏土可分为高造浆率黏土（CMC）和低造浆率黏土。造浆率越高，黏土的水化分散性能越好，因此，黏土的造浆率大小也就是黏土分散为胶体的能力大小。钻井液中胶体含量越高，稳定性越好。造浆率的大小受黏土的带电性质、吸附阳离子的类型、水化能力，以及分散性等的影响。

【造壁性】　存在压差和裂隙或孔隙性岩石，在滤失过程中，随着钻井液中的自由水进入盐层，钻井液中的固相颗粒便附着在井壁上形成滤饼（细小颗粒也可渗入岩层至一定深度），这便是钻井液的造壁性。井壁上形成滤饼后，渗透性减小，阻止或减慢了钻井液继续渗入地层。

【造壁性能】　主要是指护壁能力，包括两个内容：一是滤失量，即其滤液进入地层的多少；二是在井壁形成滤饼质量的好坏（包括渗透性即致密程度、强度、摩阻及厚度）。

【造壁作用】　在压差作用下，钻井液向地层渗滤并在井壁形成滤饼（滤饼）的作用。

【增黏剂】　又称"增稠剂"。能使钻井液黏度、切力大大增加的有机或无机的产品称为增黏剂。常用的有膨润土、CMC、抗盐黏土、石棉纤维、正电胶、生物聚合物（$2.8\sim5.9\text{g/L}$ 即能在水溶液中产生较高的黏度）和羟乙基纤维素等均可用作钻井液的增黏剂，它们都兼有降滤失作用。

【增效剂】　黏土增效剂的简称，能提高黏土造浆率的化学品。

【增稠作用】　增稠剂一般多用于低固相和无固相水基钻井液，以提高由于缺乏固相而降低了悬浮力和携带力。添加高分子增稠剂，如高黏型羧甲基纤维素、高聚合度水解聚丙烯酰胺等高分子电解质，由于其分子链长，分子可变形，分子间相互作用大，又能在长分子链之间形成网状结构，可大

Z

大提高钻井液黏度。

【增效膨润土】 添加了增效剂的膨润土。

【增效型选择性絮凝剂】 只絮凝钻屑和劣土，不絮凝膨润土，还能增加钻井液的黏度和屈服值。

【憎水】 不能被水润湿的物质，通常以胶体状态或乳状液的形式存在，它们与水之间有斥力，或水不能吸附其上。

【憎水物】 不能被水润湿的物质，通常以胶体的形式存在。

【憎油固体】 不能为油所润湿的固体称为憎油固体。

【憎液溶胶】 分散相与分散介质之间没有或只有很弱的亲和力的溶胶。

【憎液性固体】 不能被液体所润湿的固体称为憎液性固体。

【炸药囊爆破钻井】 是用炸药囊撞击岩石爆破岩石的钻井方法。这些胶囊中装有 40~50g 炸药，以每分钟 6~12 次的速度进行起爆。对于 254~356mm(10~14in) 直径的井眼，每个炸药囊使井眼延深 2.54~20.32mm(0.1~0.8in)，钻井速度达 12.2m/h(40ft/h)，在硬岩（如硅质石灰岩）中，爆破钻具所能达到的总破岩速度高于旋转式钻井法。到 1960 年，这种钻具已经钻了深达 2200~2800m 以上的井眼。由于炸药囊费用高，从而限制了这种钻井法的应用。

【真溶液】 分散相微粒的平均直径小于 1nm(1nm = 10⁻⁷cm) 的分散体系叫"真溶液"。溶液、溶剂、真溶液这三个名词都是对真溶液而言的，即当一种物质以分子或更小的微粒分散在另一种物质中时，这时将组成一种均匀的、透明的、没有相界面的液体，这种液体即称为真溶液。其中，被分散的物质称为溶质，分散介质称为溶剂。溶质和溶剂组成溶液。

【真空除气器】 利用真空减压法清除钻井液内所含气体的设备。

【珍珠岩】 在钻井液中是一种粒状堵漏材料。

【震凝性流体】 随剪切时间而变化的非牛顿流体，其视黏度在剪切速率增加到新的常数后随时间而增加的流体。

【振动筛】 振动筛是一种过滤性的机械固-液分离设备，能够分离大于 100μm 的固相颗粒。它通过机械振动将粒径大于筛孔的固体和通过颗粒间的黏附作用将部分粒径小于筛孔的固体筛滤出来。从井口返出的钻井液流经振动筛的筛网表面时，固相从筛网尾部排出，含有粒径小于网孔固相的钻井液透过筛网流入循环系统，从而完成对较粗颗粒的分离作用。

直线振动筛结构图

【振动钻井】　用振动器产生振动力使钻头破碎岩石的钻井方法。

【振动筛处理量】　振动筛的处理量亦称透液能力，是指单位时间内振动筛处理的钻井液量。它主要取决于四个因素，即振动筛的设计、筛布的目数和类型、钻井液性能和固相载荷。除了筛网目数外，筛网的总面积也影响振动筛的处理量。在其他条件等同的情况下，振动筛的处理量与钻井液的密度和黏度成反比。从井内返出的岩屑在筛网上沉积的速度（固相载荷）也影响处理量，固相负载增加，振动筛的处理量减小。

【蒸馏】　指液体先经过气化然后冷凝成液体（蒸馏），然后只留下不挥发的固体物质的过程。钻井液的固-液相分析就是采用蒸馏法进行的，当钻井液通过蒸馏后，可将固、液分离，从而得到油、水和固相体积。再通过一些相应的数学计算，得到更多的有用数据。

【正盐】　化学中的盐分为单盐和合盐，单盐分为正盐、酸式盐、碱式盐，合盐分为复盐和络盐。在酸跟碱完全中和生成的盐中，不会有酸中的氢离子，也不会有碱中的氢氧根离子，只有金属阳离子和酸根离子，呈中性的盐称为正盐，既不含能电离的氢离子，又不含氢氧根离子的盐。如 $BaSO_4$、$NaCl$ 等。

【正电荷】　亦称"阳电荷"。如质子所带的电。

【正离子】　见"阳离子"。

【正硬度】　见"硬度"。

【正反应】　见"可逆反应"。

【正表皮效应】　见"表皮效应"。

【正电胶泥浆】　见"正电胶钻井液"。

【正常地层压力】　地层内的流体多数情况下为水，当有新的沉积物沉积在其上时，一般都能逃逸出来，这种情况下的地层压力是正常地层压力，海相盆地的正常压力梯度是 $0.465psi/ft$，密度为 $1.074g/cm^3$；陆相盆地的正常压力梯度是 $0.433psi/ft$，密度为 $1.0g/cm^3$。

【正电胶钻井液】　它是以正电胶为主要处理剂的水基钻井液。混合金属层状氢氧化物胶（正电胶）为主体的钻井液体系，该体系悬浮固相和携带钻屑能力强，并依靠高密度的电荷起到抑制黏土水化分散和稳定井壁的作用，适用于大斜度定向井和水平井的钻井施工。并有黑色正电胶（MMH）和白色正电胶（BPS）之分。

【正电胶钻井完井液】　正电胶钻井完井液体系又称为 MMH 钻井完井液，MMH 为一种混合金属层状氢氧化物。该钻井液体系的特征是配方中含有混合金属层状氢氧化物 MMH。这种体系主要由正电胶 MMH、滤失控制剂和桥堵剂组成。

这种钻井完井液的优点是应用范围广，具有抑制地层造浆的能力，防止井壁坍塌的效果好，提高机械钻速明显，携屑能力强可有效地清除水平井中的岩屑床，保护油气层的效果好。缺点是滤失量较大，在强造浆地层中使用时增稠严重。MMH 正电胶钻井完井液的使用范围很广。可以在浅、中、深的直井、定向井、水平井、丛式井、大位移井和超深井中使用；可以在淡水、盐水和海水体系中使用；可用于不同渗透性、不同岩性和不同孔隙类型的油气层，特别适用于具有水敏性、易坍塌和易漏失的地层。该钻井液体系结合暂堵技术使用，保护油气层的效果更好。

【正电胶防漏堵漏技术】　由于正电胶钻井液具有特殊的流变性，静止时具有固体特性，因而钻进轻微漏失地层

Z

时，可使用配方经适当调整的正电胶钻井液进行随钻防漏堵漏；而对于严重漏失地层，则可在高膨润土含量高浓度正电胶钻井液中加入各种桥堵剂进行堵漏。

【直接水化】 是指黏土的直接水化，极性水分子受黏土表面的静电引力而定向排列，浓集在黏土表面；黏土晶层两面的氧和氢氧根与水分子形成氢键来吸引水分子，这种水化方式称"直接水化"。

【直接滴定法】 用标准溶液直接滴定被测物质溶液的方法，叫直接滴定法。

【直接挤替堵漏法】 堵漏时，将光钻杆下至漏层顶部，当堵漏液出钻具时，关井小排量反复挤压。

【直读旋转黏度计】 直读旋转黏度计又称"范氏黏度–切力计"。分为电动和手摇两种。钻井液处在两个同心圆筒之间，外筒（或称转筒）以一恒定转速，带动内外筒之间的钻井液转动，在内筒（或称悬锤）上产生一个扭矩。扭力弹簧阻止内动，内筒上连接一刻度盘指示内筒转动的角度。仪器常数已经调整，可用读数计算流变参数。

【植物油类润滑剂】 棕褐色黏稠液体，易溶于水。与矿物油相比，植物油具有更高的添加性及杂质溶解能力；植物油润滑剂呈现出优良的润滑性，黏度变化受温度的影响小，高黏性指数和闪点等特点，其良好的生物降解性和低荧光、摩擦系数低的优点已经引起广泛关注。常用的该类润滑油包括橄榄油、菜籽油、大豆油、蓖麻油、玉米油和棕榈油等，其主要成分为由甘油和脂肪酸形成的甘油酯。通常，不饱和酸含量越高，其低温流动性越好，但抗氧化性越差。而植物油中含有大量的双键，在较低温度下使用时具有良好的流动性、耐磨性能，以及低挥发性。但在较高温度下使用可能发生聚合反应，从而降低润滑油的生物降解性能。此外，植物油中存在易氧化的烯基自由基，因此抗氧化能力和水解稳定性较差。植物油分子中的不饱和链可通过生物、化学改性来提高其化学稳定性和润滑性能。例如，经过化学改性后的蓖麻油衍生物具有比矿物油（如十六烷）更优良的润滑性能。植物油化学改性的方法主要有氢化、加成、环氧化、硫化和酯交换等，可通过减少植物油中的双键含量来增加植物润滑油的抗氧化性和热稳定性。水基钻井液，对钻井液的流变性无不良影响，高温条件下润滑效果减弱。

【植物油基钻井液】 生物柴油基钻井液，其基础油均采用从植物油处理中提取的脂肪酸单酯，具有安全环保、毒性小，含油钻屑可生物降解，基础油成分单一，抗水解、抗温性能较好等优点，大量应用于环境保护要求级别高的区域钻井中。植物油作为油基钻井液基础油具有无毒、无芳烃、价钱低廉，可完全生物降解，闪点、燃点高，可再生等优点，含油钻屑可直接排放。

【指示剂】 在酸碱滴定或其他滴定时指示氢离子浓度或反应终点的物质。在酸碱滴定时，当氢离子浓度达到某一定值时，指示剂即变色。变色时的氢离子浓度值随指示剂的不同而异，在其他如氯根、水的硬度等的滴定中，指示剂的颜色的改变表示了反应终点。见"化学试剂"。

【脂】 见"酯化反应"。

【脂肪族化合物】 见"链状化合物"。

【脂肪醇聚氧乙烯醚】 属非离子型表面活性剂。其通式为 $RO(CH_2CH_2O)_nH$。该类表面活性剂的种类较多，在钻井液中常用的有平平加（OS – 15、O – 20）等。

【酯化反应】　醇、酚与无机酸或有机酸作用的产物称为酯。命名方式为某酸、某酯。如乙醇与硫酸反应：

$$CH_3-CH_2-OH+H_2SO_4 \longrightarrow$$
$$CH_3-CH_2-OSO_3H+H_2O$$

生成的产物为磺酸乙酯。表面活性剂就是利用此类反应获得的。如用高级醇（C_{12}、C_{18}）与硫酸反应，再加碱中和即可。

【酯基钻井液】　是一种合成基钻井液，酯由植物油脂肪酸与醇反应制得，植物脂肪酸来源较广，如菜籽油、豆油、棕榈油等。酯（R_1COOR_2）分子中活泼的羧基易遭受碱性或酸性物质的破坏，结果生成相应的醇和羧酸，使得酯基钻井液具有迅速的生物降解速度。在钻井过程中，由于酸性气体的侵入，酯会水解，从而影响其稳定性。当然通过调整烷基支链 R_1 和 R_2 可提高热稳定性和抗酸或抗碱的性能。合成酯比天然酯（如植物油）更纯，稳定性更好，且不含任何有毒性的芳香烃物质。

【酯类润滑剂】　合成酯生物降解性好，毒性小，具有良好的低温性能，但由于酯中含有羧基，在较高温度和水相条件下易水解成有机酸和醇，因此酯类润滑剂在高温钻井条件下的使用受到很大限制。合成酯通常作为润滑剂的基础油，可分为单酯、双酯、复酯和多元醇酯等。酯类润滑油的热稳定性与酯的分子结构和环境因素有关。合成酯自身的热分解温度较高，例如双酯的热分解温度可达 280℃，多酯为 310℃ 以上，远高于相同黏度下的矿物油。

【蛭石】　一种铁、镁的含水硅铝酸盐的变质矿物。为惰性材料堵漏剂，用于孔隙性渗透性漏失地层。若与云母、棉籽壳等混合使用，效果更佳。

【质量】　①物体中所含物质的量，也就是物体惯性的大小。质量所用的单位是克（g）、千克（kg）等。一般用天平来称。质量通常是一个常量。②产品或工作的优劣程度，如钻井质量、产品质量等。

【质量比】　符号为（。物质 i 与物质 k 的质量比定义为物质 i 的质量 m_i 除以物质 k 的质量 m_k。质量比为无量纲量，它不同于质量分数。参见"含量和成分的表达"。

【质量数】　又称核子数。指原子核中的核子数目。符号为 A。质量数是无量纲量。$A=Z+N$，其中，Z 为原子序数；N 为原子核中的中子数。

【质量分数】　符号为 W。当指物质 B 的质量数时，采用 $W(B)$ 或 WB 作为符号。定义为：物质 B 的质量与混合物的质量之比。它是无量纲量，常用%、‰、ppm 等符号和缩写来表示。当用%表示时，也有时用%（重量）表达，以区别于质量。

【质量浓度】　符号 ρ、β。成分 B 的质量浓度定义为成分 B 的质量除以混合物的体积。在化工中多用于气体中的固体物质含量和液体中的溶质或固体物质含量。SI 单位为 kg/m^3，常用 g/m^3、g/L、mg/m^3；$\mu g/m^3$ 等。把质量浓度的单位 $mg/100cm^3$ 称之为"毫克百分"是不妥的。

【质量摩尔浓度】　符号为 b、m。当指明溶质基本单元时，其符号以括号紧跟在 b 或 m 之后。定义为：溶液中溶质物质的量除以溶剂的质量。SI 单位为 mol/kg。"溶质物质的量除以溶剂的质量"这样定义的量，在国际上尚未予以名称和符号，不得借用质量摩尔浓度。

【置换法】　这里指排放部分钻井液，然后添加液相及必要的处理剂以降低

Z

钻井液固相含量的方法。

【置换反应】 一种单质与一种化合物起反应，生成了另一种单质和另一种化合物，这类反应叫"置换反应"。一般表示为：A+BC＝AC+BA 可以是金属，也可以是非金属。置换反应都是氧化-还原反应。

【置换滴定法】 是将被测物和适当过量的试剂反应，生成的新物质，再用标准溶液来滴定生成的物质。此法适用于直接滴定法有副反应的物质，例如硫代硫酸钠不能直接滴定重铬酸钾和其他强氧化剂，因为这些氧化剂和 $S_2O_3^{2-}$ 作用时，不仅有 $S_4O_6^{2-}$ 生成，同时还有 SO_4^{2-} 生成，因此没有一定的当量关系。但是，若采用置换滴定法，即在酸性 K_2CrO 溶液中，加入过量的 KI 置换出一定量的 I_2，再用 $Na_2S_2O_3$ 标准溶液直接滴定生成的 I_2，则反应就能定量进行。反应为：

$$CrO_7+6I^-+I_4H^+ \xlongequal{\hspace{1cm}} 2Cr^{3+}+3I_2+7H_2O$$
$$I_2^++S_2O_3^{2-} \xlongequal{\hspace{1cm}} 2I^-+S_4O_6^{2-}$$

【终点】 某种操作或特定变化出现的显示。滴定中，通常是观察指示剂变色。

【终切力】 钻井液搅拌后静止 10min 由直读黏度计或浮筒切力计所测出的静切应力。用直读旋转黏度计测量是将钻井液注入浆杯，以 600r/min 的速度旋转 1min，再静止 10min，用 3r/min 的速度测出的最大读数值除以 2 为终切力。单位为 Pa。用浮筒切力计测量是测完初切力后，再静止 10min，将浮筒轻轻放入切力计，至浮筒不下沉为止，即为终切力，单位为 mg/cm^2。

【中和】 见"中和作用"。

【中和法】 中和滴定法的简称。见"酸碱滴定法"。

【中间体】 有机合成过程所得各种中间产物的泛称。

【中途循环】 是在钻井液性能不好及井眼不稳定的情况下，将钻具下至中途开泵进行循环，称为"中途循环"。

【中级固相】 指直径在 $74\sim250\mu m$ 之间的粒子。

【中和作用】 简称"中和"。通常指氢离子(H^+)与氢氧根离子(OH^-)结合成水的化学作用，产物是水和盐类。例如：$HCl+NaOH \rightarrow NaCl+H_2O$，也指广大的酸和碱混合时发生的化学反应。例如：

$$NH_4Cl+NaOH \xrightarrow{\hspace{1cm}} NaCl+NH_3\uparrow+H_2O$$
$$HCl+NaC_2H_3O_3 \xrightarrow{\hspace{1cm}} NaCl+HC_2H_3O_3$$

【中和滴定法】 简称"中和法"。见"酸碱滴定法"。

【中黏度羧甲基纤维素钠盐】 代号为 MV-CMC，由棉花纤维与氯乙酸钠反应而成。为白色或微黄色纤维状粉末，具有吸湿性、无臭、无味、无毒、不易发酵、不溶于酸、醇和有机溶剂。易分散于水中成胶体溶液。主要用作水基钻井液的降滤失剂，具有一定的抗盐作用。

MV-CMC 质量指标

项 目	指 标
外观	白色或微黄色粉末
2%水溶液黏度/mPa·s	300~600
代替度(D.S)	≥0.65
pH 值	6.0~8.5
氯化物/%	≤7.0
水分/%	≤10

【重碱】 见"碳酸氢钠"。

【重钻井液】 用加重材料使其密度提高的钻井液。

【重晶石粉】 分子式：$BaSO_4$，相对分子质量为 233.4；纯品为白色粉末，含杂质品带绿色或灰色，常温密度

$4.3\sim4.6g/cm^3$，不溶于水，是钻井液常用的加重剂。

重晶石粉质量指标

项　　目		指标
密度/（g/cm³）		≥4.2
细度/%	200目筛余量	≤3.0
	325目筛余量	≥5.0

续表

项　　目		指标
水溶性碱土金属（以钙计）/（mg/L）		≤250
黏度效应/mPa·s	加硫酸钙前	≤125
	加硫酸钙后	≤125

加重1m³钻井液所需重晶石粉用量表 kg

原浆密度/（g/cm³）	所需密度/（g/cm³）												
	1.25	1.30	1.35	1.40	1.45	1.50	1.55	1.60	1.65	1.70	1.75	1.80	1.85
1.20	72	148	226	307	392	480	571	666	765	869	977	1090	1209
1.25		74	150	230	313	400	489	583	680	782	888	1000	1116
1.30			75	153	235	320	408	500	595	695	800	909	1023
1.35				78	156	240	326	416	510	609	711	818	930
1.40					79	160	244	333	425	521	622	727	837
1.45						80	163	250	340	434	533	636	744
1.50							81	166	255	347	444	545	651
1.55								83	170	260	355	454	558
1.60									85	173	266	363	465
1.65										86	177	272	372
1.70											88	181	279
1.75												90	186
1.80													93

注：重晶石密度按4.2g/cm³。

【重铬酸钠】 又名"红矾钠"，分子式$Na_2Cr_2O_7\cdot2H_2O$，相对分子质量为298.03。为红至橘红色的针状单斜结晶，密度2.35g/cm³，易潮解，有强氧化性，100℃时，失去结晶水，易溶于水，水溶液呈酸性，有毒，有腐蚀性；遇酸或高热时放出氧，使有机物发热燃烧，是水基钻井液的辅助处理剂。也是一种络合剂，对长期使用的老化钻井液具有良好的抗温降黏切作用。重铬酸盐（重铬酸钠、重铬酸钾）的化学性质相似，其水溶液均可发生水解而呈酸性，其化学反应式为：

$$Cr_2O_7^{2-}+H_2O\Longleftrightarrow2CrO_4^{2-}+2H^+$$

加碱时平衡右移，故在碱溶液中主要以CrO_4^{2-}的形式存在。在钻井液中，CrO_4^{2-}能与有机处理剂起复杂的氧化还原反应，生成的Cr^{3+}极易吸附在黏土颗粒表面，又能与多种官能团的有机处理剂生成络合物（如木质素磺酸铬、铬腐殖酸等）。在抗高温深井钻井液中，常加入少量重铬酸盐以提高钻井液的热稳定性，有时也用作防腐剂。用途：深井高温钻井液的高温稳定剂。推荐用量：$1 \sim 5kg/m^3$。

重铬酸钠质量指标

项　　目	指　　标	
	一级品	二级品
重铬酸钠含量/%	≥98.0	≥98.0
硫酸盐含量 （以 SO_4^{2-} 计）/%	≤0.30	≤0.40
氯化物含量 （以 Cl^- 计）/%	≤0.10	≤0.20
水不溶物含量/%	≤0.01	≤0.02

【**重铬酸钾**】　分子式：K_2CrO_7，相对分子质量为 294.19，为红色三斜晶体或粉末，密度为 $2.676g/cm^3$，熔点为398℃，不潮解，有强氧化性、腐蚀性和毒性，溶于水，水溶液呈酸性，遇酸或高热时放出氧。在钻井液中能与有机处理剂发生复杂的氧化还原反应，生成的 Cr^{3+} 极易吸附在黏土颗粒表面，又能与多官能团的有机处理剂生成络合物。用途：深井高温钻井液的高温稳定剂。优点：使用方便。物理性质：①外观：红色晶状。②易溶于水。推荐用量：$1 \sim 5kg/m^3$。

重铬酸钾质量指标

项　　目	指　　标	
	一级品	二级品
重铬酸钾含量/%	≥99.5	≥99.0
氯化物含量 （以 Cl^- 计）/%	≤0.05	≤0.08
水不溶物含量/%	≤0.02	≤0.05
外观	橙红色 三斜晶系结晶	

【**重碳酸钠**】　见"碳酸氢钠"。

【**重量分析**】　定量分析法的一种。根据被测定物质与试剂生成一定组成的难溶化合物的重量，计算被测组分含量的分析方法。重量分析与容量分析相比，精确度高，常作标准法，但操作麻烦，时间较长。重量分析法主要包括取样、溶解、沉淀、过滤、洗涤、干燥、灼烧、称重等步骤。

【**重量组成**】　见"组成"。

【**重晶石堵剂**】　见"重晶石塞-桥接堵液-水泥浆段塞式复合堵漏法"。

【**重量百分数**】　指钻井液固-液相分析时的重量占总重量的百分比。

【**重力加速度**】　是一个物体受重力作用的情况下所具有的加速度。也叫自由落体加速度，用 g 表示。方向竖直向下，其大小由多种方法可测定。通常指地面附近物体受地球引力作用在真空中下落的加速度，记为 g。为了便于计算，其近似标准值通常取为 980cm/s 的二次方或 $9.8m/s^2$。在月球、其他行星或星体表面附近物体的下落加速度，则分别称月球重力加速度、某行星或星体重力加速度。

【**重晶石回收效率**】　指从钻井液固控设备回到钻井液中的重晶石质量流量与通过固控设备分离出的重晶石质量流量的比值。

【**重晶石塞堵漏法**】　此法主要应对喷漏同层的井，此法的目的在于以重晶石浆液压住高压层，继而挤入高压层形成重晶石塞，最终封住喷漏层。

　　处理要点：①按需要选定重晶石浆液密度，配制时应比需要的密度略高。②确定裸眼井段打入重晶石塞的长度，一般应高出需堵塞漏层顶界

50m 以上。③重晶石浆液的量应足够填满全部漏层。④配制重晶石浆液时，应加入适量分散剂和烧碱。⑤下钻至喷漏层顶部，用水泥车连续将重晶石浆液泵入钻杆内并顶替至漏层位置，直至使钻杆内留有约 0.5m³ 重晶石浆液。⑥立即起至重晶石塞顶界以上，并循环钻井液。

【重量克分子浓度】 质量摩尔浓度的旧称。现已不用。见"质量摩尔浓度"。

【重碳酸根（HCO₃⁻）污染】 见"可溶性碳酸盐污染"。

【重晶石塞-桥接堵液-水泥浆段塞式复合堵漏法】 针对浅层井段的低压水层的特性，采用重晶石堵剂+桥塞堵剂+触变性水泥综合堵漏剂，并采用合理的工艺技术堵漏治水效果明显。

（1）重晶石堵剂。它是在恢复循环、探测过渡带、控制井下活动层，在井下活动层与漏层之间安置一个隔离塞的有力手段。

（2）桥接堵漏材料。在漏层中架桥、搭接挤压封堵漏层。

（3）触变水泥。为坚实封堵漏层和低压水层，采用触变性水泥浆，因为触变性水泥浆在泵送过程中流动性较好，而一旦停止泵送即开始胶凝。处理井漏和应对活动层时，这种触变性有着非常有利的作用。触变性水泥处理纵向和横向漏失带的效果比普通水泥好，使用时要注意；它并非在任何条件下均可采用，还受井深限制、井温限制等，加入缓凝剂会破坏触变性。

配制触变水泥采用 G 级水泥加入 10% ~ 15% 的 CaCl₂ 即可，条件许可时，可加入微珠（干微珠密度为 0.7g/cm³），可配制成密度为 1.30 ~ 1.40g/cm³ 的水泥浆液。当漏层以下有水层时，由于水层出水会导致堵漏混合物稀释，使填塞能力下降。因此，采用重晶石塞住水层将水推远甚至进入水层，而后注入桥塞物进入裸眼的渗透层，再注入触变水泥封隔和封堵漏失层和水层。在双重作用下，浅井段的漏失层和低压水层效果较好。

【轴向流】 指先沿着机械搅拌器叶轮轴向（通常是朝着循环罐罐底）流动，然后远离叶轮的流动。

【骤变解卡法】 见"压力骤变解卡法"。

【侏罗系地层】 是指侏罗纪时期形成的地层，分为下、中、上三个统。海相侏罗系以西欧发育最好，在德国南部，一系三分极为明显，下统多为黑色页岩，称里阿斯统，中统多为棕色含铁砂岩，称道格统，上统多为白色泥灰岩，称麻姆统。国际上三叠系划分为下统包括赫塘阶、西涅缪尔阶、普林斯巴赫阶、图阿尔阶，中统包括阿伦阶、巴柔阶、巴通阶、卡洛维阶，上统包括牛津阶、基默里奇阶、提塘（或称波特兰）阶。三叠系末，由于印支运动的影响，中国大部隆起为陆，仅在中国边缘地带，如西藏、青海南部、滇西、两广沿海、喀喇昆仑山及黑龙江挠力河一带有海相沉积，其余地区均为陆相沉积。中国陆相侏罗系普遍含有煤层，一般分为两种类型：一种是东部火山活动带，由红色岩系、火山岩系和杂色岩系等组成，以含有火山岩为其特征；另一种是西部内陆盆地区，多为紫红色河湖相沉积，以红层和不含火山岩为其特征。2001 年，全国地层委员会对中国陆相侏罗系建立了下统八道湾阶和三工河阶，中统西山窑阶和头屯河阶，上统土城子阶、待建

Z

阶和大北沟阶。沉积矿产有煤、油页岩、石油、石膏及沉积铁、铜矿产。同时，在火山岩系本身及与有关侵入岩的接触带中，产有铁、铜、铅、锌、明矾石、叶蜡石、斑脱石、瓷土以及铝土矿等。钻井过程中工程提示：①防掉牙轮、扭断钻具。②防裂缝性井漏。钻井液方面提示：①选用钻井液类型。对于易膨胀、强分散泥岩，选用既能有效抑制泥岩水化分散，又能抑制膨胀，并能有效封堵的钻井液体系。②控制钻井液 pH 值应低于 9。③钻井液应具有优良的高温稳定性。④应加入沥青类与磺化酚醛树脂类产品，封堵泥岩层理、裂缝，防止井塌；保持钻井液的流变性和润滑性，防止压差卡钻。⑤依据地层坍塌应力确定钻井液的密度，保持井壁力学稳定；最好选用强抑制的钻井液，钻井液中加足封堵剂、降滤失剂封堵裂隙，巩固井壁。⑥对于纯盐膏层井段，可采用适当钻井液密度的饱和盐水钻井液，使盐溶解而引起井径扩大率与盐岩因塑性变形而引起缩径率相接近，控制盐岩因塑性变形而引起缩径，并使用盐抑制剂抑制盐重结晶。⑦防井漏，防煤层坍塌，防掉块卡钻，防井喷。

【柱流】　见"塞流"。

【柱塞式堵漏法】　水层堵漏的一种方法，这种堵漏法的主要特点是水泥浆与胶凝物分别注入井口，待混合后能迅速成为可塑性高、胶结力强的冻胶状物，凝固时间短，抗水干扰能力强，在井筒内固化（初凝）后在一定压力下以柱状（软塞）整体挤压入裂缝或溶洞，以达到切断水流、封堵漏层的目的。

【转盘钻井】　利用转盘和钻柱带动钻头的旋转钻井方法。

【转相乳化】　比如制备 O/W 型乳状液，可将加有乳化剂的油类加热，使之成为液体，然后一边搅拌，一边加热（或加入热水）。此时，加入的水形成细小的颗粒，形成 W/O 型乳液。继续加水，当水量加到 60% 时，即转相成 O/W 型乳状液，余下水可快速加入。

【转子流量测漏法】　测量漏层的一种方法。该法的原理是利用钻井液在漏层处的漏速使转子转速变快，流量变大（可记录在胶片上）而判断位置。其步骤是当发现漏失时，即下入井内一个安在单根电缆上的小型转子流量计，并从上到下测出各井深位置的流量变化。在转子突然变快，流量记录亦大之处就是漏失层位。

【准层流】　见"改型层流"。

【紫外光】　波长短于可见蓝光波长的光。一些物质如原油、残渣、某些钻井液添加剂和某些矿物质和化学药品，在紫外线的照射下会发出荧光。当这些物质存在于钻井液中时将引起钻井液发出荧光。

【自由基】　见"游离基"。

【自由水】　即"液态水"；水分不受黏土颗粒的束缚，在重力作用下，可以在黏土颗粒间自由移动，当加入有絮凝作用的电解质后，黏土颗粒形成局部网状结构，包住了一部分自由水，这种水不能自由流动，和网状结构一起运动，相当于增加了钻井液中的固相含量，从而减少了自由水，使钻井液变稠。

【自然泥浆】　见"自然钻井液"。

【自然乳化】　比如制备 O/W 型乳状液，可将乳化剂直接加到油相中，均匀后一起加到水中，油会自然乳化分散。

【自然造浆】　在钻井过程中，由于所钻地层所含黏土量较高，钻井液中的黏土含量自然上升的一种现象，一般发生在上部地层。

【**自然钻井液**】　在用清水快速钻进的过程中，由于地层所含的黏土较高，能够自然形成钻井液，这种钻井液称之为自然钻井液。

【**自动切力计**】　见"DF-70自动切力计"。

【**自适应堵漏**】　主要由胶束聚合物、可变形的弹性粒子和填充加固剂组成，各种成分具有不同的作用。随着聚合物浓度的增加，在井壁上形成不同尺寸的大量胶束，从而在岩石表面形成封堵层，封堵层中的胶束是可变形的，如果压力升高，胶束被压缩，并进一步降低封堵层的渗透率，阻止钻井液进入漏层；可变形的弹性粒子具有较好的弹性和一定的可变形性，能够适应不同形状和尺寸的孔隙和裂缝。进入漏层后有一定的扩张填充和内部压实的双重作用，同时具有架桥和充填的双重功能，从而对孔隙和裂缝产生较好的封堵作用；填充加固剂进入由弹性粒子和胶束聚合物形成的封堵层的微孔隙，进一步降低封堵层的渗透率，增强封堵层强度。

【**自动测漏装置**】　在钻进中测定漏层深度的自动化装置，其原理是用压力传感器测立管压力，用流量传感器测钻井液出口流量。井漏时，压力下降信号沿钻柱内钻井液液柱传递到压力传感器，流量减小信号沿环空钻井液液柱传递到流量传感器，因两者传输速度相同，按其传输时差即可确定漏层深度。该装置最大优点是在钻进中可随时测出漏层深度，特别是能测出不在井底的漏层深度。

【**自动剪切强度仪**】　是测定剪切强度的一种自动化程度较高的仪器，见下图。用带电机的传动装置将剪切管缓慢且均速地推入钻井液试样。剪切管与一个剪切力传感器相连，剪切力传感器测量与钻井液剪切强度成正比的阻力。由一个位置传感器检测垂直运动。尽管这两个传感器的输出信号（阻力和钻井液入深）可被直接送到纸带记录仪，但最好的办法还是使用一台能进行数据采集和控制的小型计算机。计算机自动控制剪切管的运动。当剪切管向下运动过程中，接触钻井液顶部时，阻力将快速增加。此后，剪切管每进入钻井液 2.54cm，采集20个数据集。当剪切管到达钻井液容器的底部时，电动机反转，将剪切管送回起始位置。试验完成时，计算机对数据进行分析，并在 $X-Y$ 绘图仪上绘出剪切强度曲线。

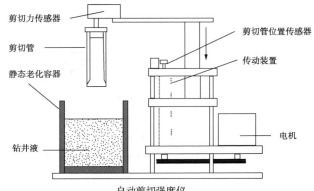

自动剪切强度仪

Z

【自吸循环式配浆机】 钻井液实验室辅助设备。常用型号为 ZXP-30L。

自吸循环式配浆机 ZXP-30L

名　　称	技术参数
额定电源	220V 50/60Hz
搅拌功率	0.37kW
泵功率	0.37kW
空载转速	1400r/min
搅拌容量	30L
最大流量	1.8m³/h
外形尺寸	830mm×430mm×1050mm

【综合录井仪】 在钻进中自动采集钻井参数，钻井液性能、气测录井和色谱分析，并通过计算机联机处理后，直接显示、记录、绘制打印各项录井参数的仪器。

【综合测漏分析法】 井漏之后，利用电测的四条曲线即微电极、自然电位、井径、声波时差进行综合分析，可以判断漏层位置。若某层漏入大量钻井液，则微梯度及微电位电极系的电阻率差值缩小，自然电位的幅度变小，井径变小，而声波时差变大。

【总硬度】 碳酸盐硬度与非碳酸盐硬度的总和，即暂时硬度与永久硬度的总和。参见"硬度"。

【组分】 指混合物（包括溶液）中的各个成分。

【组成】 指化合物或溶液（混合物）中各个成分的相对含量。用质量比表示的称为质量组成，用百分数表示的称为百分组成。例如，水的质量组成是氢：氧 = 1.00797：7.9997；它的百分组成是氢 11.19%、氧 88.81%。

【组合式 EP（极限压力）及润滑性测定仪】 钻井液用的一种仪器主要用于：①测量钻井液的润滑质量。②为评价可能需用的润滑剂的类型和使用数量提供数据。③观测机械部件在已知液体体系中的磨损速率。EP（极限压力）实验通过用扭力扳手将一测量力加到一具有扭力敏感性的旋转轴承杯上进行，这一操作表明了被测试液体的膜的强度。润滑性实验测量在两个运动着的金属表面加 100lb 的力在媒介液上测试液体阻力（润滑特性）。

【钻进】 使用一定的破岩工具，不断地破碎井底岩石，加深井眼的过程。

【钻具】 井下钻井工具的简称。一般来说，它是指方钻杆、钻杆、钻铤、接头、稳定器、井眼扩大器、减振器、钻头以及其他井下工具等。

【钻柱】 是指自水龙头以下钻头以上钻具管串的总称。由方钻杆、钻杆、钻铤、接头、稳定器、螺杆等钻具所组成。

钻柱外环形容积表

钻　　柱	钻柱尺寸/in(mm)	钻头直径/mm						
		346	311	259	269	244	215	190
		环形容积/(L/m)						
钻杆	6⅜(168.3)	71.87	53.72	46.10	34.59			
	5⅞(141.3)	78.34	60.28	52.67	41.15	31.08	20.61	
	5½(139.7)	78.70	60.64	53.01	41.50	31.43	20.98	
	5(127)	81.36	63.30	55.68	44.16	34.09	23.64	15.69

Z

钻　柱	钻柱尺寸/ in(mm)	钻头直径/mm						
		346	311	259	269	244	215	190
		环形容积/(L/m)						
钻杆	4½(114.3)					36.50	26.04	18.09
	4(101.6)							20.25
	3½(88.9)							22.15
API 钻铤	8(203.20)	60.60	43.54	35.92	24.40	14.33		
	7¾(196.85)	63.59	45.53	37.92	26.40	16.33		
	7¼(184.15)	67.39	49.33	41.72	30.20	20.13		
	7(177.85)		51.12	44.51	31.99	21.92	11.46	
	6¾(171.45)			45.26	33.75	23.67	13.22	5.27
	6½(165.10)			46.94	35.42	25.35	14.90	6.95
	6¼(158.75)			48.56	37.04	26.97	16.51	8.56
	6(152.43)				37.59	28.52	18.06	10.11
	5¾(146.05)					30.01	19.55	11.60

注：如用其他钻柱可参照此表查近似值。

【钻屑】　被钻头破碎的地层碎片，并由钻井流体携带到地面的物质，称为钻屑。油田钻井现场倾向于把由振动筛分离出的所有固相称为钻屑。

【钻时】　钻进单位进尺所用的时间，单位为 min/m。

【钻速】　即钻进速度，用单位时间的长度表示，单位为 m/min、ft/min 或 ft/h。

【钻井液】　见"钻井流体"。

【钻井泵】　是钻机循环系统设备之一，将地面钻井液泵入井内。常规钻进时，循环钻井液，清洗井底，辅助钻头更有效地破碎岩石；使用井下动力钻具时，通过泵入的钻井液，传递动力带动钻头转动；喷射钻井中，通过泵入的高压钻井液，经过喷嘴转换成水力能量，清洁井底并对岩石直接进行水力破碎，提高钻进速度。

【钻井粉】　原名雷公蒿叶粉、牛筋条。为樟科野生灌木的树叶经晒干、粉碎、过筛（90 目以上）等工序加工制成。其质量随生长地区、加工细度、贮存情况等而异。初步分析，含粗蛋白 7%～12%，多聚糖 3%～10%，单宁 0.3%～1%。易溶于水成胶液似蛋白状，能吸附大量水分子成束缚状态。胶液本身滤失量小，有较高的抗盐能力和一定的抗温能力。在钻井液中，降滤失剂能抗各种盐类的污染，热稳定性好。

【钻屑污染】　见"固相污染"。

【钻井方法】　用不同钻井设备、工具和工艺技术钻成一口井所用的方法，如转盘钻井、井底动力钻井等。

【钻井设计】 是钻井施工的依据，包括地质设计、工程设计、钻井液设计、进度设计及成本设计等。

【钻井流体】 在钻井过程中使用的循环流体，由于多数使用的是液体，少数使用的是气体或泡沫，因此也称为"钻井液"。从钻井液的工艺发展概况来看：（1）水基钻井液体系基本经历了五个发展阶段。①天然（或自然）钻井液体系：大约用于 1904～1921 年间，人们使用清水造浆。由于不加处理剂，钻井液未进行化学处理，也没有具体性能要求，使用时经常出现井下复杂情况。②细分散体系：用于 1921～1946 年间，人为地采用黏土配制钻井液，并加入一些化学处理剂，如 Na_2CO_3、$NaOH$、单宁、褐煤等具有分散作用的处理剂，使黏土颗粒变小，进入胶体颗粒范围，从而提高了浑水浆的稳定性，改善了钻井液的性能。在这个阶段，使用了一些测定仪器，性能初步得到了控制，由于井的加深及井温的升高，这种钻井液的不稳定性极为明显，尤其是黏度、切力变化较大。③粗分散钻井液体系：用于 1946～1966 年间，使用了多种无机盐类抑制剂（钙基钻井液体系）。在分散剂的基础上加入适量的无机絮凝剂，如石灰、石膏等，保持黏土颗粒"适度絮凝"来提高抗污染的能力。后期配合部分耐盐的降黏剂，如木质素磺酸盐。④不分散低固相钻井液体系：从 1966 年使用喷射钻井开始，钻井液中固相颗粒的状态、钻井液水力学及有机处理剂与钻井的关系极为密切。该体系使用了"有机选择性絮凝剂及高分子聚合物抑制剂"。例如，用聚丙烯酰胺及其衍生物和醋酸乙烯酯与顺丁烯二酸

酐的共聚物等来絮凝钻屑、产生沉淀和清除固相（前者把黏土颗粒变小、变细，利于胶态体系稳定；后者使黏土不水化分散），起到了包被作用，使岩屑在体系中不再分散，同时配备较完善的固控系统，可保持较低的固相含量（5% 左右），有效地提高了钻速。这类钻井液一般不加分散剂，故对钻井液的固相容量限较低，其胶凝强度、抗温能力稍低，适合正常压力地区的 3500m 左右的中深井使用。⑤无固相钻井液体系：在 1968 年以后发展起来的一种体系。即不含黏土的体系，主要成分是两性离子聚合物和全阳离子聚合物。有效地抑制了黏土水化膨胀，并兼有钻井液与完井液的功能，以便增加黏度、切力、悬浮岩屑、降低滤失量、改善造壁性能，逐步地以水溶性无机盐、油类和气体为基础并配合各种高聚物而形成一系列体系，从而满足保护油气产层、提高钻井速度的需要。（2）油基钻井液。是为了满足复杂地层（如岩盐、石膏、泥岩、页岩等），以及钻定向井、高温井、完井、修井的需要而发展起来的钻井液体系，基本经历了三个阶段。①原油阶段：由于水基钻井液会损害油层，而油对地层中的黏土和水溶性物质的影响较小，20 世纪 30 年代初期，人们尝试用原油作为钻井液、完井液。但原油没有切力、滤失量大，并含有易挥发成分，会引发火灾。并且，所含游离水会进入地层润湿黏土，因而影响使用效果。②油基钻井液阶段：在原油和柴油的基础上加入乳化剂和其他处理剂。③反乳化钻井液（油包水乳化钻井液）阶段：在 60 年代，将油中的水乳化后，其周围的乳化膜具有半渗透膜的性质，随水相盐的浓度改变而产

生渗透压力。利用平衡原理，在油基钻井液中加入 10%～50% 的高矿化度盐水配成反相乳化钻井液，由于它利于泥页岩的井壁稳定，所以，使用于钻复杂岩盐层及超深井。（3）气体钻井液：空气或天然气作为钻井循环流体，是为了钻低压油气层、严重漏失层或坚硬而不含水的地层而发展起来的钻井液。为了克服地层中的水将钻屑润湿黏合成团，造成排屑困难，在空气中注入泡沫剂，形成"泡沫流体"；或者将钻井液与空气同时泵入井中，形成"充气钻井液"。气体钻井可以有效地提高钻速，并有利于保护油气产层。但由于气体本身特性和地层含水的影响，限制了它的应用。

【钻井工序】　指钻井工艺过程的各个组成部分。一般包括钻前准备、钻进、取心、中途测试、测井、固井和完井等。

【钻井进度】　钻井施工各工序进行的先后次序和用时间表示的进展程度。

【钻井条件】　影响钻井工作决策、进行和发展的各种因素。如地质、交通、通信、气候、设备、井眼、器材供应、组织管理、井队人员素质及技术水平等。

【钻井事故】　在钻井过程中，由于钻井液的类型选择不当，性能不良，井身质量较差，或者由于检查不周，违章操作，处理井下复杂情况的措施不当及疏忽大意而造成钻具折断、顿钻、卡钻、井漏及井喷失火等恶果，通称为钻井事故。

【钻头泥包】　见"泥包"。

【钻水泥塞】　将注水泥或打水泥塞后留在套管或井眼内的凝固水泥钻掉的过程。

【钻时录井】　地质录井的一部分；地层的软硬直接影响钻进的速度，根据钻进的快慢也可以了解地层情况，钻时录井就是记录每钻 1m 所需的时间。把记录下来的数据按深度绘成曲线，与其他资料综合使用，作为判断地层的参考资料。

【钻进技术】　在钻进施工过程中涉及与钻进速度和井身质量有关的各种技术的总称。

【钻进参数】　是指钻进过程中可控制的参数，主要包括钻压、转速、钻井液性能、流量（排量）及其他水力参数。

【钻井固相】　指进入钻井液体系的地层固相，由钻头钻碎井底或者井眼井壁产生。

【钻井液滤液】　见"滤液"。

【钻井液设计】　根据钻井工程、地质设计而拟定的钻井液类型、性能及维护措施等的工艺方案。

【钻井液配方】　根据钻井液设计规定的钻井液类型，选择和计算出配制该种钻井液所需物料和添加剂的规格、数量及配制方法。

【钻井液匀化】　用化学或机械方法将游离的油乳化到钻井液中。

【钻井液老化】　又称"钻井液陈化"，钻井液由于长时间静止或长时间不处理，使性能变坏的一种现象。钻井液经过处理、受热或搅拌，并经历一定时间，使其性能趋于稳定。

【钻井液分析】　指为了确定钻井流体的物理和化学性能及功能对其所做的检验和测试。

【钻井液黏度】　又称"钻井液黏（滞）性"，指钻井液内部阻碍其相对流动的阻力。

【钻井液密度】　钻井液的密度是指每单位体积钻井液的质量，常用 g/cm^3（或 kg/m^3）表示。在钻井工程上，钻井液密度（Drilling Fluid Density）和

Z

钻井液比重（Mud Weight）是两个等同的术语。控制密度对于预防井喷是必不可少的，有时为了稳定井壁也必须控制密度。加入重晶石等加重材料是提高钻井液密度最常用的方法。在加重前，应调整好钻井液的各种性能，特别要严格控制低密度固相的含量。一般情况下，所需钻井液密度越高，则加重前钻井液的固相含量及黏度、切力应控制得越低。加入可溶性无机盐也是提高密度较常用的方法。如在保护油气层的清洁盐水钻井液中，通过加入NaCl，可将钻井液密度提高至1.20g/cm³左右。为实现平衡压力钻井或欠平衡压力钻井，有时需要适当降低钻井液的密度。通常，降低密度的方法有以下几种：①最主要的方法是用机械和化学絮凝的方法清除无用固相，降低钻井液的固相含量。②加水稀释。但往往会增加处理剂用量和钻井液费用。③混油。但有时会影响地质录井和测井解释。④钻低压油气层时，可选用充气钻井液等。

【钻井液污染】 由于地层或外来物质侵入钻井液中，使钻井液性能变差甚至失效的情况。可具体分为固相污染、盐污染、钙污染、可溶性碳酸盐污染、硫化氢污染、细菌污染等。

【钻柱排代量】 钻柱管体所排代的等量钻井液体积。

【钻开油气层】 钻开油气层的过程。

【钻井液流态】 即钻井液的流动状态。根据水力学原理，流态分为层流、紊流和过渡流。在层流流态下，液流质量的运动呈层状，互不掺混；在紊流流态下，液流质点的运动方向是混乱的，互相掺混交叉；过渡流则是处在层流和紊流之间的过渡状态。钻井液流态也有上述三种，不过在层流流态下，有的钻井液呈现一种平板层流，或者平缓层流，这是由钻井液的流变特性所决定的。在循环系统压力损耗的计算中，掌握流态是非常重要的，因为流态不同，计算的公式也不同。流态对于岩屑的举升和井壁的稳定都有重要影响。

【钻头压力降】 是指钻井液流过钻头喷嘴以后钻井液压力降低的值。

$$\Delta P_b = \frac{0.05\rho_d Q^2}{C^2 A_0^2}$$

式中 ΔP_b——钻头压力降，MPa；
ρ_d——钻井液密度，g/cm³；
Q——通过钻头喷嘴的钻井液流量，L/s；
C——喷嘴流量系数，无因次，与喷嘴的阻力系数有关，C的值总是小于1；
A_0——喷嘴出口截面积，cm²。

如果喷嘴出口面积用喷嘴当量直径表示，则钻头压力降计算式为：

$$\Delta P_b = \frac{0.081\rho_d Q^2}{C^2 d_{ne}}$$

$$d_{ne} = \sqrt{\sum_{i=1}^{z} d_i^2}$$

式中 ΔP_b——钻头压力降，MPa；
ρ_d——钻井液密度，g/cm³；
Q——通过钻头喷嘴的钻井液流量，L/s；
C——喷嘴流量系数，无因次；
d_{ne}——喷嘴当量直径，cm；
d_i——喷嘴直径（$i=1, 2, \cdots, z$），cm；
z——喷喷嘴数量。

【钻井液体系】 为满足钻井工艺要求及适应地层特性而设计的各类钻井液配方及维护工艺。钻井液体系常按分散介质分成三类，即水基钻井液、油基钻井液和气体钻井流体。这三类钻井液还可按其他标准再分类，如水基钻井液又可按其对页岩的抑制性分为抑制性钻井液和非抑制性钻井液，其中的抑制性钻井液又可按处理剂的不同分为钙处理钻井液、钾盐钻井液、盐水钻井液、硅酸盐钻井液、聚合物钻井液、正电胶钻井液等。以上钻井液体系均见各条。钻井液体系按上述原则进行的分类和再分类见下图。

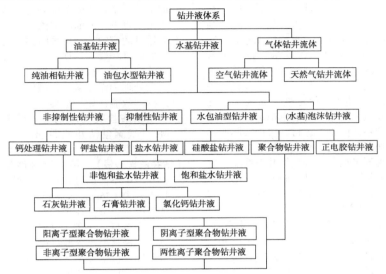

【钻井液分类】 根据钻井液连续相的相态而划分；有以水为连续相的水基钻井液（泡沫除外），以油为连续相的油基钻井液和以气体为基本介质（气体可为连续相或分散相）的三大类流体。见"钻井液体系"。

【钻头水功率】 指钻井液流过钻头时所消耗的水力功率。钻头水功率大部分变成射流水功率，少部分则用于克服喷嘴阻力而做功。即钻头水功率与射流水功率有一个转换系数，射流水功率是钻头水功率的一部分，要提高射流喷速，就必须提高钻头压降和喷嘴能量转换效率。

【钻井液碱度】 由于使钻井液维持碱性的无机离子除了 OH^- 外，还可能有 HCO_3^- 和 CO_3^{2-} 等离子，而 pH 值并不能完全反映钻井液中这些离子的种类和质量浓度。因此，在实际应用中，除使用 pH 值外，还常使用碱度（Alkalinity）来表示钻井液的酸碱性。引入碱度参数主要有两点好处：一是由碱度测定值可以较方便地确定钻井液滤液中 OH^-、HCO_3^- 和 CO_3^{2-} 三种离子的含量，从而可判断钻井液碱性的来源；二是可以确定钻井液体系中悬浮石灰的量（即储备碱度）。在实际应用中，也可用碱度代替 pH 值，表示钻井液的酸碱性。具体要求是：①一般钻井液的 P_f 最好保持在 1.3 ~ 1.5mL 之间。②饱和盐水钻井液的 P_f 保持在 1mL 以上即可，而海水钻井液的 P_f 应控制在 1.3 ~ 1.5mL 之间。③深井抗高温钻井液应严格控制

Z

CO_3^{2-} 的含量，一般应将 M_f/P_f 的值控制在 3 以内。

【钻井液性能】　用于评价钻井液质量的好坏。主要项目：密度、黏度（包括塑性黏度、表观黏度和漏斗黏度）、屈服值（动力力）、静切力（初切力和终切力）、滤失量（常温及高温高压滤失量）、滤饼（或造壁性）、滤饼黏附系数、含砂量、膨润土含量、固相含量、油气水含量、酸碱值（pH 值）、滤液中各种离子分析、高温高压（老化）稳定性、油包水乳化钻井液还要测乳状液电稳定性等。为保持钻井的正常进行，根据实际所钻进地层的变化，经常需要有机或无机处理剂来控制和调整钻井液性能。

【钻屑甩干机】　处理钻屑的一种专用机械设备。工作原理是一种立式刮刀卸料过滤式脱油离心机，通过 900r/min 的旋转速产生 400G 离心力，甩出含油钻屑中的液体，减少废弃钻屑的含油率，达到最大回收有用钻井液和最小污染环境的要求。

钻屑甩干机

【钻井液录井】　在钻井中钻井液性能的变化与所钻进的地层有关：钻到石膏层钻井液的黏度会升高，滤失量增大，硫酸根增加；钻到油气层，地面循环系统出现油花、气泡，黏度上升，密度下降。因此，记录钻井液性能的变化，也可作为研究地层的一项资料。

【钻井液 pH 值】　通常用钻井液滤液的 pH 值表示钻井液的酸碱性。由于酸碱性的强弱直接与钻井液中黏土颗粒的分散程度有关，因此会在很大程度上影响钻井液的黏度、切力和其他性能参数。在实际应用中，大多数钻井液的 pH 值要求控制在 8～11 之间，即维持一个较弱的碱性环境。这主要是由于以下几方面的原因：①可减轻对钻具的腐蚀。②可预防因氢脆而引起的钻具和套管的损坏。③可抑制钻井液中钙盐、镁盐的溶解。④有相当多的处理剂需在碱性介质中才能充分发挥其效能，如丹宁类、褐煤类和木质素磺酸盐类处理剂等。通常使用 pH 试纸测量钻井液的 pH 值。如要求的精度较高时，可使用 pH 计。

【钻井液含砂量】　钻井液含砂量是指钻井液中不能通过 200 目筛网，即粒径大于 0.076mm 的砂粒占钻井液总体积的百分数。在现场应用中，该数值越小越好，一般要求控制在 0.5%以下。这是由于含砂量过大会对钻井过程造成以下危害：①使钻井液密度增大，对提高钻速不利。②使形成的滤饼松软，导致滤失量增大，不利于井壁稳定，并影响固井质量。③滤饼中粗砂粒含量过高会使滤饼的摩擦系数增大，容易造成压差卡钻。④增加对钻头和钻具的磨损，缩短其使用寿命。降低钻井液含砂量最有效的方法是充分利用振动筛、除砂器、除泥器等设备，对钻井液的固相含量进行有效控制。钻井液含砂量通常是用一种专门设计的含砂量测定仪进行测定的。

【钻井井下事故】　钻井作业在井内发生的各种事故的总称。

【钻井液润滑性】　钻井液的润滑性能通常包括滤饼的润滑性能和钻井液自身的润滑性能两个方面，钻井液和滤饼的摩擦系数是评价钻井液润滑性能的两个主要技术指标。国内外研究者对钻井液的润滑性能进行了评价，得出的结论是：空气与油处于润滑性的两个极端位置，而水基钻井液的润滑性处于其间。用 Baroid 公司生产的钻井液极压润滑仪测定了三种基础流体的摩阻系数（钻井液摩阻系数相当于物理学中的摩擦系数），空气为 0.5，清水为 0.35，柴油为 0.07。在配制的三类钻井液中，大部分油基钻井液的摩阻系数在 0.08～0.09 之间；各种水基钻井液的摩阻系数在 0.20～0.35 之间，如加有油品或各类润滑剂，则可降到 0.10 以下。从提高钻井经济技术指标来讲，润滑性能良好的钻井液具有以下优点：①减小钻具的扭矩、磨损和疲劳，延长钻头轴承的寿命。②减小钻柱的摩擦阻力，缩短起下钻时间。③能用较小的动力来转动钻具。④能防黏卡，防止钻头泥包。对大多数水基钻井液来说，摩阻系数维持在 0.20 左右时可认为是合格的。但这个标准并不能满足水平井的要求，对水平井则要求钻井液的摩阻系数应尽可能保持在 0.08～0.10 范围内，以保持较好的摩阻控制。钻井液润滑性的影响因素，在钻井过程中，按摩擦副表面润滑情况，摩擦可分为以下三种情况：①边界摩擦：两接触面间有一层极薄的润滑膜，摩擦和磨损不取决于润滑剂的黏度，而是与两表面和润滑剂的特性有关，如润滑膜的厚度和强度、粗糙表面的相互作用以及液体中固相颗粒间的相互作用。在有钻井液的情况下，钻铤在井眼中的运动等属于边界摩擦。②干摩擦（无润滑摩擦）：又称为障碍摩擦，如空气钻井中钻具与岩石的摩擦，或在井壁极不规则情况下，钻具直接与部分井壁岩石接触时的摩擦。③流体摩擦：由两接触面间流体的黏滞性引起的摩擦。可以认为，钻进过程中的摩擦是混合摩擦，即部分接触面为边界摩擦，另一部分为流体摩擦。在高负荷边界面上，塑性表面的边界摩擦更为突出。在钻井作业中，摩擦系数是两个滑动或静止表面间的相互作用以及润滑剂所起作用的综合体现。钻井作业中的摩擦现象较为复杂，摩阻力的大小不仅与钻井液的润滑性能有关，其影响因素还涉及钻柱、套管、地层、井壁滤饼表面的粗糙度；接触表面的塑性；接触表面所承受的负荷；流体黏度与润滑性；流体内固相颗粒的含量和大小；井壁表面滤饼润滑性；井斜角；钻柱重量；静态与动态滤失效应等。在这些众多的影响因素中，钻井液的润滑性能是主要的可调节因素。影响钻井液润滑性的主要因素有：钻井液的黏度、密度、钻井液中的固相类型及含量、钻井液的滤失情况、岩石条件、地下水的矿化度以及溶液 pH 值、润滑剂和其他处理剂的使用情况等。

【钻井固相分数】 指钻井液中保持钻井液中的平均体积与钻井井段的比值。

【钻屑清除系统】 指钻井时，清除被钻井液携带出来的钻屑所用到的所有设备和过程，包括沉降、筛分、除砂、除泥、离心分离、排放等。

【钻井液示踪剂】 用来指示钻井液侵入岩层或岩心情况的化学剂。

【钻井液班报表】 记录钻井作业班钻井液性能及维护处理情况等的报表。

【钻井液添加剂】 调节钻井液性能的各种材料，即"钻井液处理剂"。

【钻井液润滑性】 是指钻井液降低钻具与井壁间摩擦阻力及减少钻头磨损的能力。

Z

【钻井液蒸馏器】 即"固相含量测定仪"。

【钻井工程质量】 是衡量钻井工程优劣的重要指标，主要包括井身质量、取心质量和固井质量等。

【钻头泥包卡钻】 见"泥包卡钻"。

【钻井可控参数】 在钻井技术中，建立钻井数学模型时，有一类可以调节控制的变量，如钻压、转速、水力参数和钻井液性能等，称为钻井可控参数。

【钻井液流变性】 钻井液的流变性是指钻井液流动和变形的特性。该特性通常是由不同的流变模式及其参数来表征的，最常用的流变模式为宾汉和幂律模式。其中，宾汉模式的参数为塑性黏度和动切力；幂律模式的参数为流性指数和稠度系数。此外，漏斗黏度、表观黏度和静切力等也是钻井液的重要流变参数。由于钻井液的流变性与携岩、井壁稳定、提高机械钻速和环空水力参数计算等一系列钻井工作密切相关，因此它是钻井液最重要的性能之一。流变性能的调整通常是通过钻井液处理剂来实现的。

【钻井液的功用】 主要有：①冷却和润滑钻具。②清洗井底，携带岩屑，并在地面清除岩屑和砂子。③在井壁形成坚固的非渗透性滤饼，以保护井壁。④抑制地层压力，在钻进过程中防止井喷、井漏、井塌、卡钻等。⑤停止循环时悬浮岩屑和加重剂。⑥帮助录井，提供所钻地层的资料。⑦将水力功率传递到钻头。⑧承受钻杆和套管的重量。⑨发现和保护油气产层。⑩保护和防止钻具受腐蚀。

【钻井液的组成】 钻井液是由黏土、水（或油），以及各种化学处理剂组成的一种溶胶悬浮体，属混合体系。

【钻井液处理剂】 见"泥浆处理剂"。

【钻井液流量计】 装在钻井液出口管线上用来测量和记录井口返出流量的指示仪表，并能发出溢流报警。

【钻井液抑制性】 是指其抑制地层造浆的能力。从本质上讲，抑制性是指钻井液对泥页岩地层中的黏土水化膨胀及水化分散的抑制能力。要起到抑制作用，钻井液必须具备抑制性的化学环境。抑制性化学环境可以来自两个方面：其一是钻井液中加入某些高分子聚合物，当其浓度达到一定值时就会具有抑制作用，如聚丙烯酰胺，两性离子聚合物 FA367、XY27，阳离子聚合物等，它们通过吸附在黏土表面，阻止了黏土与水的接触，或者正、负离子的中和作用，使黏土粒子颗粒的表面负电荷减少，从而起抑制作用的。其二是在钻井液中加入无机盐，如 $NaCl$、$CaCl_2$、KCl 和石灰。此外，某些有机盐如甲酸盐（钠盐、钾盐、铯盐）、乙酸盐对钻井液提供强的抑制性。它们是借助于盐中的阳离子压缩黏土表面的扩散双电层从而防止泥页岩的水化。钻井液抑制性的评价方法有很多。常用的方法有页岩滚动回收率实验、吸水膨胀实验、CST 实验和页岩稳定指数实验。在钻井过程中，钻井液的抑制性一方面是控制地层造浆，使钻井液的固相含量和流变性保持稳定，其次是稳定井壁，打出规则的井眼，减少井下复杂情况，有利于地质录井、电测及固井作业。

【钻井液排代量】 是指钻具的体积代换等量的钻井液体积。例如，往井内下入钻具时，由于钻具不断下入井内，等体积的钻井液就会被排代出来，因而出现下钻过程中井口连续不断返出钻井液的现象。与此相反，当起钻时，由于钻柱不断起出，如果停止灌入钻井液，则环空中钻井液液面会不断下降。在起下钻中，注意监视和核对钻井液的排代量是一项十分重要的安全措施，对于及早发现溢流，预防井喷事故的发生，具有非常重要的意义。例如，起出钻具的体积大，而灌入的钻井液体积小时，表明井内有地层流体侵入，应立即停止起钻，迅速分析判断井下情况，采取必要的措施；如果灌入钻井液的体积大于起出钻具的体积，表明井下有可能漏失，也应分析情况，采取措施。

【钻井液碱度 P_m】 钻井液碱度分析的一种方法，简称 P_m 碱度。其测定步骤是：①用注射器或移液管吸取1.0mL 钻井液注入滴定容器。用 25~50mL 蒸馏水稀释钻井液样品。加入 4~5 滴酚酞指示剂，搅拌下迅速滴入 0.01mol/L 的标准硫酸溶液直到粉红色消失。如果终点颜色变化不易察觉，可用 pH 测定仪，pH 值降到 8.3 时即为终点。（注：如果可能有水泥污染，滴定必须做得尽可能快，并且当第一次粉红色消失时，记录终点值。）②记录钻井液的酚酞碱度 P_m，即每毫升钻井液所需的 0.01mol/L 硫酸的毫升数。

【钻井液固相含量】 钻井液固相含量通常用钻井液中全部固相的体积占钻井液总体积的百分数来表示。固相含量的高低以及这些固相颗粒的类型、尺寸和性质均对井下安全、钻井速度及油气层损害程度等有直接的影响。因此，在钻井过程中必须对其进行有效控制。在钻井过程中，由于被破碎岩屑的不断积累，特别是其中的泥页岩等易水化分散岩屑的大量存在，在固控条件不具备的情况下，钻井液的固相含量会越来越高。过高的固相含量往往对井下安全造成很大的危害，其表现主要有以下几个方面：①使钻

井液流变性能不稳定，黏度、切力偏高，流动性和携岩效果变差。②使井壁上形成厚的滤饼，而且质地松散，摩擦系数大，从而导致起下钻遇阻，容易造成黏附卡钻。③滤饼质量不好，会使钻井液滤失量增大，常造成井壁泥页岩水化膨胀、井径缩小、井壁剥落或坍塌。④钻井液易发生盐、钙侵和黏土侵，抗温性能变差，维护其性能的难度明显增大。此外，在钻遇油气层时，由于钻井液固相含量高、滤失量大，还将导致钻井液侵入油气层的深度增加，降低近井地带油气层的渗透率，使油气层损害程度增大，产能下降。钻井液固相含量对钻速的影响主要是，固相含量增加是引起钻速下降的一个重要原因。此外，钻井液对钻速的影响还与固相的类型、固相颗粒尺寸和钻井液类型等因素有关。关于固相类型对钻速的影响，一般认为，重晶石、砂粒等惰性固相对钻速的影响较小，钻屑、低造浆率劣土的影响居中，高造浆率膨润土对钻速的影响最大。

【钻井液电稳定性】 简称"电稳定性"，又称"破乳电压"。见"破乳电压"。

【钻井液测试设备】 用于测试钻井液性能的仪器、仪表和设备。

【钻井液净化装置】 钻井现场普遍采用振动筛、除砂器、离心机等固控设备，清除大于 6μm 的钻屑，这些装置统称为钻井液净化装置。钻井液中的固相含量高时，会降低钻速、加剧钻具磨损、污染钻井液性能、污染气产层、影响固井质量等。钻井时要及时清除钻井液中的固相含量，钻井液中固相含量的清除常用机械清除法和化学清除法。机械清除法是利用重力沉淀、筛滤、旋流器（包括除砂器、除泥器和微型旋流器）、离心机等机

Z

械方法清除钻井液中的固相含量。化学清除法是利用选择性的聚沉剂，保留钻井液中的黏土颗粒，对普通黏土颗粒起聚沉作用而达到清除有害固相的目的，此法可清除小于 6μm 的固相颗粒，以弥补机械清除法的不足。

【钻井液黏(滞)性】 见"钻井液黏度"。

【钻井液磁化技术】 磁化对钻井液流变性能的调整和抑制黏土水化膨胀等方面会产生影响。使用磁化技术就可以简化钻井液的处理程序，通过磁化处理，能改善钻井液的流变性能，对提高钻速和降低成本起到一定的作用；通过磁化技术，抑制易塌地层及油气层中的泥页岩膨胀，对防止井塌及保护油气层也起到一定的作用。

【钻井液技术设计】 一口井在施工以前，根据所钻井的地质情况、钻井工艺和要求，做好钻井液技术设计是很重要的，它可以提高工作的主动性，避免盲目性，防患于未然。一口井钻井液技术设计的主要内容有：①钻井液设备和地面循环系统的安装。包括平面布置方案和安装的技术要求。②各井段钻井液类型、分层处理方案和钻井液性能要求。③水力学参数设计。④井下复杂情况和预防及处理措施。⑤各井段钻井液维护管理措施。⑥全井和分段钻井液处理剂和原材料计划。⑦分析实验工作的要求和安排。搞好钻井液技术设计应注意的问题是：(1)认真调查研究，掌握各种有关资料、数据。要使一口井的钻井液技术设计比较科学和正确，必须掌握与本井有关的各方面的情况，给设计提供充足的资料和可靠的依据。应了解和掌握的资料：①地质情况。包括本井所在构造、断块、地理位置；地层分层和分层厚度；地层岩性和物理化学性质，包括有无油气层。盐水

层、石膏层、芒硝层，以及有无漏失、易坍塌、膨胀、剥落等地层；地层构造特点，有无断层、破碎带，地层是否完整，是否有缺蚀、尖灭，有无火成岩侵入体、石灰岩溶洞；油层压力、深度、厚度等。②工程方面。包括设计井深、井身结构、套管程序；有无特殊工艺和作业，如井斜、取心、中途测试等；钻头、钻具类型、尺寸及配合；机械设备及安装情况。③邻近井事故的类型，采取的措施，处理的结果及经验教训。④邻近水源水型，钻井液用水的化学性质，供应是否充足。邻近井使用的钻井液类型、性能和维护处理措施。⑤处理剂、原材料的货源数量、质量和性能。(2)设计应注意的问题是：①设计时要实事求是、留有余地。②设计时钻井液专业人员和施工单位技术人员要充分讨论，在统一思想认识的基础上，制定出各项制度和技术措施。

【钻井液循环时间】 指在钻井泵没有停止的状态下，钻头离开井底(停止给钻头加压)这个过程称为循环，循环时间的长短称为循环时间。例如，遇快钻时循环钻井液，目的是观察该地层是否存在油气。起钻前循环钻井液，目的是将井眼中的钻屑携带至地面。

【钻井液黏附常数】 计算非牛顿流体的激动压力和抽吸压力的有效平均环空流速的一个常数 K。

$$V_{ae} = V - KV_P$$

式中 V_{ae}——起下钻时的有效平均环空流速；

　　V——起下钻时钻具顶替引起的平均环空流速；

　　V_P——钻柱的平均起下速度；

　　K——钻井液黏附常数，和钻柱直径与井眼之比有关。

【钻井液中固相类型】　钻井液中存在着各种不同组分、不同性质和不同颗粒尺寸的固相。根据其性质的不同，可将钻井液中的固相分为两种类型，即活性固相和惰性固相。凡是容易发生水化作用或易与液相中某些组分发生反应的称为活性固相，反之，则称为惰性固相。前者主要指膨润土，后者包括石英、长石、重晶石以及造浆率极低的黏土等。除重晶石外，其余的惰性固相均被认为是有害固相，是需要尽可能加以清除的物质。

【钻井液常规性处理】　不改变钻井液类型及体系，为维持原钻井液性能而补充处理剂的日常维护处理。

【钻井液样品脱气器】　是一种钻井液密度计的小型辅助设备（工具），它有助于提高钻井液密度的测定准确性。它是由不锈钢浆杯、搅拌浆叶及手动真空泵组成的，该工具在钻井液受到气侵的情况下非常适用。

【钻井液高温稳定性】　钻井液经过高温（150℃以上）养护以后的滤失量、流变性、pH值等性能和室温下相比变化大小的性质。变化不大，则称高温稳定性好，反之，则称为高温稳定性差。钻井液高温稳定性破坏的主要原因是黏土颗粒在高温下分散或聚结，以及有机处理剂失效等。一般采用减少黏土含量和加抗高温的有机处理剂等来提高钻井液的高温稳定性。

【钻井液转化水泥浆】　简称MTC固井。是利用矿渣（见"矿渣"）在碱性条件下固化特性配成的。在钻井液中先加入矿渣，使它在钻井过程中能在井壁表面形成含矿渣的滤饼，然后在固井时，加入能提高体系pH值的活化剂（如氢氧化钠、氢氧化钾、碳酸钠等）和其他外加剂，就可将钻井液转化为水泥浆用于固井。滤饼中的矿渣也可在活化剂的作用下固化，提高固井质量。这种钻井液转化水泥浆在固井中的使用可减少水泥浆外加剂的用量，并可减小废弃钻井液对环境的污染。

【钻井液流量指示器】　装在钻井液出口管线上的一种流量指示仪器。测量井口出口管中钻井液流量的变化，有助于及早发现溢流。它可连续记录从井中返出的钻井液，并将这个量与泵入的钻井液量做比较。如果这两个量不相同，可立即给出循环池（罐）增量的大小，并能发出报警信号。它的显示比循环池液面计敏感。

【钻井液pH值与碱度】　通常用钻井液滤液的pH值表示钻井液的酸碱性，由于酸碱性的强弱直接与钻井液中黏土颗粒的分散程度有关，因而在很大程度上影响着钻井液的黏度和其他性能参数。下图表示经预水化的膨润土/水悬浮体的表观黏度 η_p 随pH值的变化，其中膨润土含量为 $57.1 kg/m^3$。由图可知，当pH值大于9时，η_p 随pH值的升高而剧增。其原因是当pH值升高时，会有更多的 OH^- 被吸附在黏土晶层的表面，进一步增强表面所带的负电性，从而在剪切作用下使黏土更容易水化分散。在实际应用中，大多数钻井液的pH值要求在 $9.5 \sim 10.5$ 之间，即维持在一个较弱的碱性环境。这一方面是为了使体系中的黏土颗粒处于适度的分散状态，从而使钻井液的各种性能便于控制和调整，与此同时，还有以下几个原因：①可减轻对钻具的腐蚀。②可抑制体系中钙、镁盐的溶解。③许多有机处理剂在碱性介质中才能充分发挥其效能，如丹宁类、褐煤类和木质素磺酸盐类处理剂等。

Z

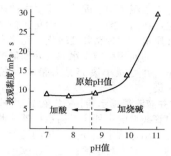

钻井液pH值对钻井液黏度的影响

烧碱(即工业用 NaOH)是调节钻井液 pH 值的主要添加剂,有时也使用纯碱(Na$_2$CO$_3$)和石灰[Ca(OH)$_2$]。通常用 pH 试纸测量钻井液的 pH 值,如要求精度较高时,可使用 pH 计。

对不同类型的钻井液,所要求的 pH 值范围也有所不同。例如,一般要求分散型钻井液的 pH 值超过 10,石灰处理钻井液的 pH 值多控制在 11~12,石膏处理钻井液的 pH 值多控制在 9.5~10.5,而在许多情况下,不分散聚合物钻井液的 pH 值只要求控制在 7.5~8.5。

由于使钻井液维持碱性的无机离子除了 OH$^-$ 外,还可能有 HCO$_3^-$ 和 CO$_3^{2-}$ 等离子,而 pH 值并不能反映钻井液中这些离子的种类和浓度,因此,在实际应用中,除使用 pH 值外,还常使用碱度来表示钻井液的酸碱性。引入碱度参数主要有两点好处:一是由碱度测定值可以较方便地确定钻井液滤液中 OH$^-$、CO$_3^{2-}$ 和 HCO$_3^-$ 三种离子的含量,从而可判断钻井液碱性的来源;二是可以确定钻井液体系中悬浮石灰的量(即储备碱度)。

碱度是指溶液或悬浮体对酸的中和能力,为了建立统一的标准,API 选用酚酞和甲基橙两种指示剂来评价钻井液及其滤液碱性的强弱。酚酞的滴定指数为 pH = 8.3。在用酸进行测定的过程中,当 pH 值降至该值时,酚酞即由红色变为无色。因此,能够使 pH 值降至 8.3 所需的酸量被称为酚酞碱度。钻井液及其滤液的酚酞碱度分别用 P_m 和 P_f 表示。甲基橙的滴定指数 pH = 4.3,当 pH 值降至该值时,甲基橙由黄色转变为橙红色。使 pH 值降至 4.3 所需的酸量则被称为甲基橙碱度,钻井液及其滤液甲基橙碱度分别用 M_m 和 M_f 表示。

P_f 和 M_f 值可用来表示滤液中 OH$^-$、CO$_3^{2-}$ 和 HCO$_3^-$ 的浓度。当 pH = 8.3 时,以下两个反应已基本进行完全:

$$OH^- + H^+ \Longrightarrow H_2O$$
$$CO_3^{2-} + H^+ \Longrightarrow HCO_3^-$$

而存在于溶液中的 HCO$_3^-$ 不参加反应,当继续用 H$_2$SO$_4$ 溶液滴定至 pH = 4.3 时,HCO$_3^-$ 与 H$^+$ 的反应也基本上进行完全,即

$$HCO_3^- + H^+ \Longrightarrow CO_2 + H_2O$$

显然,若测得结果是 $M_f = P_f$,表示滤液的碱性完全由 OH$^-$ 所引起,若测得 $P_f = 0$,表示碱性完全由 HCO$_3^-$ 引起;如果 $M_f = 2P_f$,则表示滤液中只含有 CO$_3^{2-}$。钻井液滤液中这三种离子的浓度可按下表中的有关公式进行计算,但需要注意,有时钻井液滤液中存在某些易与 H$^+$ 起反应的其他无机离子(如 SiO$_3^{2-}$、PO$_4^{3-}$ 等)和有机处理剂,这样会使 M_f 和 P_f 的测定结果产生一定误差。

M_f、P_f 值与离子浓度的关系

条　　件	离子浓度		
	OH$^-$/ (mg/L)	CO$_3^{2-}$/ (mg/L)	HCO$_3^-$/ (mg/L)
$P_f = 0$	0	0	$1220M_f$
$2P_f < M_f$	0	$1220P_f$	1220 $(M_f - 2P_f)$

续表

条　件	离子浓度		
	OH⁻/（mg/L）	CO₃²⁻/（mg/L）	HCO₃⁻/（mg/L）
$2P_f = M_f$	0	$1220P_f$	0
$2P_f > M_f$	340 $(2P_f - M_f)$	1200 $(M_f - 2P_f)$	0
$P_f = M_f$	$340M_f$	0	0

根据对 P_f 和 P_m 的测定结果，可以确定钻井液中悬浮固相的储备碱度。所谓储备碱度，主要指未溶石灰所构成的碱度。当 pH 值降低时，$Ca(OH)_2$ 会不断溶解进入溶液，一方面提供一定数量的 Ca^{2+}，另一方面有利于钻井液的 pH 值保持稳定。钻井液的储备碱度通常用体系中水溶 $Ca(OH)_2$ 的含量来表示，其计算式为：

$$储备碱度(mg/L) = 742(P_m - f_w P_f)$$

式中　f_w——钻井液中水的体积分数。

CO_3^{2-} 和 HCO_3^- 在钻井液中均为有害离子，它们会破坏钻井液的性能，因此应尽量予以清除。M_f 和 P_f 可表示它们的污染程度。当 $M_f/P_f = 3$ 时，表明 CO_3^{2-} 浓度较高，即已出现 CO_3^{2-} 污染，如果 $M_f/P_f \geq 5$，则为严重的 CO_3^{2-} 污染。根据 CO_3^{2-} 与 HCO_3^- 的污染浓度，可采取相应的处理措施。pH 值与这两种离子的关系是：当 pH > 11.3 时，HCO_3^- 几乎不会存在；当 pH < 8.3 时，则只存在 HCO_3^-。因此，在 pH = 8.3～11.3 范围内，这两种离子可以共存。

在实际应用中，也可用碱度代替 pH 值，表示钻井液的酸碱性。具体要求是：

（1）一般钻井液的 P_f 最好保持在 1.3～1.5mL 之间。

（2）饱和盐水钻井液的 P_f 保持在 1mL 以上即可，而海水钻井液的 P_f 应保持在 1.3～1.5mL 之间。

（3）深井耐高温钻井液应严格控制 CO_3^{2-} 的含量，一般应将 M_f/P_f 比值控制在 3 以内。

【钻井液中膨润土含量】　膨润土作为钻井液配浆材料，在提黏切、降滤失等方面起着重要作用，但其用量又不宜过大。因此，在钻井液中必须保持适宜的膨润土含量。其测定方法是，首先使用亚甲基蓝法测出钻井液的阳离子交换容量，再通过计算确定钻井液中膨润土的含量。亚甲基蓝是一种常见染料，在水溶液中电离出有机阳离子和氯离子，其中的有机阳离子很容易与膨润土发生离子交换。其分子式为 $C_{16}H_{18}N_3SCl \cdot 3H_2O$。

【钻井液滤失与造壁性】　在钻井过程中，当钻头钻过渗透性地层时，由于钻井液的液柱压力一般总是大于地层孔隙压力，在压差作用下，钻井液的液体便会渗入地层，这种特性常称为钻井液的滤失性。在液体发生渗滤的同时，钻井液中的固相颗粒会附着并沉积在井壁上形成一层滤饼。随着滤饼的逐渐加厚以及在压差作用下被压实，会对裸眼井壁起到有效的稳定和保护作用，这就是钻井液所谓的造壁性。由于滤饼的渗透率远远小于地层的渗透率，因而形成的滤饼还可有效地阻止钻井液中的固相和滤液继续侵入地层。在钻井液工艺中，通常用一个重要参数——滤失量来表征钻井液的渗滤速率。

【钻井液润滑性分析仪】　测量钻井液润滑性的实验装置。DLA-2 型钻井液润滑性分析仪最为常用，该仪器用于模拟钻井动态条件下评价钻井液、解卡液、润滑剂的性能和特征，

Z

其工作原理是以可调转速的钢轴模拟钻具，用一个环形天然岩心模拟井筒，钻井液在内外环形空间中形成滤饼，通过加压装置对两摩擦表面施加一恒定压力，测定不同外加载荷下钢轴的扭矩变化。仪器包括主机、控制柜、计算机和打印机四部分，主机配有岩心夹持器升降控制系统和数据的采集、控制、打印系统。升降系统由气缸作为动力，带动岩心夹持器起降，旋转系统由步进电机作动力，进行无级调速并可恒定在固定转速值（转速的精确控制是正确评价润滑剂性能所必需的）。

DLA-2型钻井液润滑性分析仪

DLA-2型钻井液润滑性分析仪参数表

名　　称	技术参数
外形尺寸	150cm×90cm×180cm
质量	450kg
钻井液流量	可调
钻具转速	0~300r/min
扭矩测量范围	0~5N·m
侧向载荷	30~200N
最大真空度	-0.1MPa
压差	0~0.69MPa

【钻井液当量循环密度】　钻井液密度与环空压耗当量密度之和。

【钻井液压缩率测定器】　见"压缩率测定器"。

【钻头/扶正器泥包卡钻】　钻头/扶正器泥包卡钻是指在上提钻具的过程中，因钻头或扶正器泥包遇阻而导致的卡钻。钻头或扶正器泥包是由于在易吸水膨胀的泥岩地层中钻进时，由于环空返速过低，钻井液黏度高、滤失量大，吸水膨胀的泥页岩屑黏附在钻头上，而没能及时被上返的钻井液清洗掉而造成的。防止钻头/扶正器泥包卡钻可采取以下措施：①选用合适的环空返速，及时携带钻屑。②依据地层的特性，选用抑制性强的钻井液。③在钻井液中加入防泥包剂，改善钻井液的润滑性能，降低岩屑在钻头/扶正器上的黏附力等。

【钻井液封堵性能评价仪】　一种专用钻井液堵漏性能评价的实验仪器。以QD-84钻井液封堵性能评价仪为代表，该仪器可在模拟井下高温、高压状态下，测试封堵材料的滤失量，对钻井液堵漏性能进行评价，还可用于预测钻井液是如何形成低渗透滤饼来封堵可渗受压地层，从而减少或杜绝了压差卡钻的发生。该仪器的特点主要有：①耐高温、高压。②反向安装的陶瓷岩心在实验过程中不受过滤介质上沉淀粒子影响。③陶瓷模拟岩心与地下岩层具有相似性。④可以定制各种不同裂隙的陶瓷岩心，真实模拟地下岩层。⑤反向安装的陶瓷岩心在实验过程中不受过滤介质上沉淀粒子影响。⑥可以在保温、保压状态下使堵漏材料在模拟岩心的缝隙里膨胀。⑦可以将模拟堵漏过的陶瓷岩心剖开观察堵漏剂的实际效果。⑧实验温度、压力实时控制、显示。

QD-84钻井液封堵性能评价仪

QD-84 钻井液封堵性能评价仪技术参数

名　称	技术参数
外形尺寸	35cm×37cm×76cm
质量	45kg
电源	AC 220V(±5%)；50/60Hz
功率	1kW
最高工作温度	260℃
最高工作压力	27MPa
釜体容量	500mL
有效滤失面积	$3.5in^2(22.6cm^2)$
气源	氮气、二氧化碳气体
油压	液压油

【**钻具内钻井液平均流速**】 指钻井液通过钻具下行时的平均流动速度。

$$V_1 = C \times Q/2.448 \times D^2$$

式中　V_1——钻具内钻井液的平均流速，m/s(或 ft/s)；

Q——排量，L/s(或 gal/min)；

D——钻具内径，mm(或 in)；

C——与单位有关的系数。当采用法定计量单位时，$C = 3117$；采用英制单位时，$C = 1$。

【**钻具内钻井液临界流速**】 流动形态转变时，水流的断面平均流速称为临界流速，把从层流转变为紊流时的流速叫上临界流速，而把紊流转变为层流时的流速叫下临界流速。

$$V_{1c} = [1.08 \times PV + 1.08(PV^2 + 12.34 \times D^2 \times YP \times MW \times C_3)^{0.5}]/MW \times D \times C_4$$

式中　V_{1c}——钻具内钻井液的临界流速，m/s(或 ft/s)；

PV——钻井液的塑性黏度，mPa·s(或 cps)；

YP——动切力，Pa；

D——钻具内径，mm(或 in)；

MW——钻井液密度，g/cm³(或 ppg)；

C_3、C_4——与单位有关的系数。采用法定计量单位时，$C_3 = 0.006193$、$C_4 = 1.078$；采用英制单位时，$C_3 = 1$、$C_4 = 1$。

【**钻井液中硫化氢的控制**】 在高 pH 值的钻井液中，硫化物不是以硫化气体存在的，但是允许易溶性的硫化物在高 pH 值的钻井液中积累将是一种潜在的危险。如果这种现象不被重视，一旦 pH 值下降，积累的硫化物便很快成为有毒的硫化氢气体。因而，控制钻井液中硫化氢气体是安全保护的关键措施。控制硫化氢有几种可行的方法，最好的措施是使钻井液有足够的静水压头(即液柱压力)，以防止任何气体侵入钻井液，减少处理量。水基钻井液正常用碱处理，为使其保持高 pH 值，最好达到 9.5～10.5 以上，可控制硫化氢的生成，但不能除掉反应生成物。油田一般用化学反应的方法使硫化物生成不溶解的无机硫化盐。目前，广泛应用的处理可溶性的硫化物的处理剂是锌基碳酸盐

[Zn(OH)$_2$·ZnCO$_3$]。这种化合物缓慢释放锌离子，Zn^{2+} 和 S^{2-} 反应，形成难溶的 ZnS，从而控制了硫化氢气体的生成。碱式碳酸铜也是一种沉淀硫化物的有效处理剂，同时对钻井液与钻杆的损害甚小。在钻井液出口管线处加 35%的过氧化氢，使溶解的硫化物被氧化，是一种为保证人员安全而处理硫化氢的应急办法。

【钻井液中固相物质分类】 就固相物质的来源划分，有配浆黏土、岩屑、加重物质和处理剂中的固相物质等。就固相物质的密度而言，有低密度固相，密度从 2.4~2.86g/cm^3；高密度固相，密度在 4.0/cm^3 以上。完全由低密度固相物质配成的钻井液，其密度可为 1.02~1.34g/cm^3。不同密度的钻井液含有不同比例的低密度和高密度固相物质。低密度固相又可进一步分成两类，它们是惰性固相和活性固相；所谓的惰性固相就是该固相对其周围环境变化没有任何反应。钻井液中的惰性固相包括砂子、石灰石、白云岩、某些页岩和许多矿物的混合物。这类固相在钻井液中是无用的，所以亦称无用固相。无用固相颗粒的尺寸大于 15μm 时对循环设备有磨蚀作用，所以又称为有害固相。钻井液中的活性固相是指黏土颗粒或胶体颗粒。这些颗粒在水中的作用是调节钻井液性能，所以亦称为有用固相。就固相颗粒而言，按 API 标准可分为黏土(或胶体颗粒)，尺寸小于 74μm。如果用筛网检查颗粒大小，那么凡是不能通过 200 目筛孔(200 目的筛孔为 API 砂子检验筛孔)的固相颗粒为砂子(即颗粒尺寸大于 74μm)。

【钻井液与水泥浆混合堵剂】 是以钙黏土粉配成钻井液，与低密度水泥浆按 2∶1 或 1∶1 的容积比进行混合，再加入各种絮凝剂(如聚氧乙烯、聚丙烯酰胺)以及"泥渣"类型的细散淤塞添加剂，具有高滤失性，可以封堵漏层。必要时也可以加入各种桥接剂，提高封堵效果。

【钻井液地层伤害岩心驱替测试分析系统(FDS-800)】 该系统主要用于在地层条件下动态测试钻井液(包括其他流体)对岩石的滤失速率及滤失量。系统中采用 TEMCO 动态滤失岩心夹持器，钻井液注入系统循环至岩心端面，系统自动测量滤失量。当滤饼在岩心端面累积起来时，系统的 Smart Series 智能仿真控制及采集软件即记录测量出地面的伤害情况。该系统的钻井液注入循环装置模拟了钻井液向井下注入循环过程的剪切速率效应。

【最低返速】 见"最低钻井液环空返速"。

【最大吸附量】 见"黏土吸附"。

【最佳絮凝浓度】 见"完全絮凝"。

【最优环空返速】 岩屑浓度所形成的井底压力与环空压耗之和最小时对应的环空返速。

【最优钻井排量】 即"最优钻井液排量"。

【最优泥浆流量】 即"最优钻井液排量"。

【最优钻井液排量】 指在一定的机泵条件、一定钻具结构条件下，能够实现设计的钻井工作方式的钻井液排量。显然，最优钻井液排量随着工作方式的不同而不同，也随着钻井泵工作状态的变化而变化。例如，对于最大钻头水功率工作方式，当钻井泵处于额定功率工作状态时，最优排量就等于所用缸套的额定排量；当钻井泵处于额定泵压工作状态时，最优排量应使循环系统的压力损耗达到额定泵压的 0.357 倍。对于最大射流冲击力工作方式，在额定功率工作状态下，最优排量等于缸套的额定排量；在额定泵压工作状态下，最优排量应使循环系统压力损耗达到额定泵压的0.526倍。最优钻井液排量是理论上推导计算出来的，在实际工作中应尽可能接近该值。

【最低钻井液环空返速】　简称最低返速，将岩屑携带至地面所需的环空钻井液的最小上返速度。

数字

【1227】　即"十二烷基二甲基苄基氯化铵"。

【17G-X】　是一种钻井液用抗污染降滤失剂，其抗钙能力极强，接近15%。

【126润滑剂】　钻井液润滑剂的一种。属非离子型表面活性剂。易溶于水，无味、无毒、润滑感强。为水基钻井液的润滑剂。

126润滑剂质量指标

项　　目	指　　标
烷基苯磺酸钠含量/%	≥17.0
表面张力/(N/cm)	$4.4×10^{-4}$
pH值	7.5～9.5

【1232堵漏剂】　速凝堵漏剂的一种，即膨润土:水泥:生石灰:氯化钙按1:2:3:(2～3)。它是利用生石灰遇水发热膨胀，使灰浆迅速稠化、胶凝，膨润土作为充填剂，水泥为增强剂，氯化钙为促凝剂，这几种成分相互作用、相互补充，从而达到快速凝固、封堵漏层的目的。由于使用该剂施工风险性较大，一般在浅井段漏层使用为宜。

【172-00滚子炉】　由美国Baroid公司生产；用于测定温度对钻井液通过井眼循环的影响。通过它可以了解循环温度下各种钻井液处理剂及热效应对黏度的影响。

【1:1型黏土矿物(TO)型】　这类矿物的晶层由一个四面体片和一个八面体片组成，其中四面体片中顶角位置的O为四面体片和八面体片共同占有。X射线分析也已证实，八面体片的六角型与四面体片中的六角环(指尖顶位置)恰好吻合。在这类结构中，八面体片与四面体片相重合的六角环位置全部是O，而未重合的六角环中心以及八面体片的另一面全部为OH所占据，因此，所构成的晶层一面为OH面，另一面为O面，OH与O面通过H键把晶层连接在一起。高岭石就是这种结构的代表。

【132-00型流变仪】　为美国Baroid公司生产的一种手动式流变仪；用于现场对钻井液流变特性的测量。该流变仪可在两个旋转剪切速率下操作，用获得的读数来确定所测钻井液的塑性黏度和屈服值。

【145-00-10膜滤器】　由美国Baroid公司生产；用于确定各种水质特性的定性和定量测试。可建立起相对失水速率，悬浮固定量及其组成。仪器能有效地用于下列水的问题：①相对堵塞倾向。②化学相容性。③悬浮原状固相如砂、黏土等。④悬浮腐蚀性附产品，如硫化铁。⑤悬浮碱性泥土，如硫酸钙的金属沉淀。⑥生物副产品污染。⑦夹带的碳氢化合物对滤液的影响。

【100-00钻井液脱气器】　是美国Baroid公司生产的一种钻井液密度秤辅助工具，有助于通过消除液体样品中的空气及其他气体，以得到钻井液密度的精确测量值。在用一手动式真空泵抽出过量空气及其他气体的同时用不锈钢叶搅拌(手动)样品，该工具对气侵情况非常适用。

【175-00系列老化罐】　美国Baroid公司生产的一种滚子炉用专用装置；这种老化罐无须经常监视压力，实验时只需要用手拧紧即可。

【1802胶固型堵漏剂】　该种堵漏剂有较强的吸水膨胀性，并且在加压下不易脱水。与其他物理堵漏剂配伍性好，主要用于大型漏失。

1802 胶固型堵漏剂质量指标

项　目	指　标
外观	白色或微黄色小颗粒
吸水倍率/%	300~500
吸水速度/s	30~60
含水率/%	≤7
粒度(3~8mm)含量/%	≥65
pH 值	6~8

【166-08 型切力计装置】　由美国 Baroid 公司生产的一种切力计。用于确定钻井液的胶凝强度，其结果直接从校准尺上读取，并以每 $100ft^2$ 面积切力磅为单位给出胶凝强度。

【131-10 型小型蒸馏器】　美国 Baroid 公司生产；同"固相含量测定仪"。

【167-00 型含砂量装置】　美国 Baroid 公司生产的一种钻井液专用仪器；该套件为一简单、精确的筛分析装置，用于确定钻井液的含砂量。

【130-20 型加热流变仪杯】　美国 Baroid 公司生产的一种流变仪加热装置；用于测定在高温下的黏度，该温度控制在 93℃ 以下。

【100-50 型钻井液密度秤】　美国 Baroid 公司生产，一种较为精确的钻井液密度秤。该秤的显著优点之一是钻井液的温度实质上并不影响其读数的精度。它的耐用性结构使之成为现场使用的理想仪表；该秤主要由底座和带有浆杯、盖、刀口(秤支点)、游码、内嵌式气泡酒精水准器，以及平衡锤和刻度杆组成。恒定容量的浆杯固定在刻度的一端而平衡锤在另一端。一塑料携带盒用于完整容纳秤架并处于工作状态。

【130-85 型电阻率测定计】　美国 Baroid 公司制造；是一种测定液体浆体或半固体具有 0.01~10Ω/m 的电阻率电表，能进行迅速、准确地测量。通过用电阻率测量值的倒数来得到所要测量介质的电导率。

【169-00 型湿筛分析装置】　美国 Baroid 公司生产的一种粒径分析套件；该套件具有简单、精确和实验方法可重复的特点，用于重晶石微粒的粒径分析。

【165-00-1 型油水干馏器】　美国 Baroid 公司生产；与"固相含量测定仪"相同。

【150-50 型压差卡钻实验仪】　美国 Baroid 公司生产的黏卡系数实验仪。该仪器用于确定给定钻井液的卡钻趋势以及解卡液的有效性。直接得出的实验结果读数为卡钻趋势综合系数。通过测量实验过程中的黏结面积，来获得一整套黏卡系数；而通过使用一轭状附件，可测量泥饼厚度，得到控制下的黏卡系数。对给定钻井液产生"黏卡"情况的程度这一问题以及给定处理的有效性能在现场得到并进行分析。与"滤饼黏附系数测定仪"或"摩擦系数测定仪"相同。

【14200 型袖珍式钻井液密度秤】　美国 Baroid 公司生产的一种便携式钻井液密度秤。该秤为塑料制品，具有体积小、携带方便等特点。

【170-50 型高温高压动态滤失仪】　美国 Baroid 公司生产的一种专用仪器；该仪器用来研究模拟井底条件下的滤失性能。

【110-10-9 型塑料马式漏斗黏度计】　美国 Baroid 公司生产的一种漏斗黏度计，由坚固耐磨防碎塑料制成，它可抵消温度变化产生的变形，用于钻井队的常规黏度测定。

【1-聚氢乙基-2-十一烷基咪唑啉盐酸盐】　属阳离子型表面活性剂，可用作缓蚀计、杀菌剂、黏土稳定剂。

数字

$$[C_{11}H_{23}-C \overset{\displaystyle N-CH_2}{\underset{\displaystyle N-CH_2}{\Big|}}]\cdot mHCl$$
$$\underset{\displaystyle +CH_2CH_2NH+_m H}{}$$

1-聚氨乙基 2-十一烷基咪唑啉盐酸盐

【1-聚氨乙基-2-十七烷基咪唑啉盐酸盐】 是一种阳离子型表面活性剂，作用同"1-聚氨乙基-2-十一烷基咪唑啉盐酸盐"。

$$[C_{11}H_{23}-C \overset{\displaystyle N-CH_2}{\underset{\displaystyle N-CH_2}{\Big|}}]\cdot mHCl$$
$$\underset{\displaystyle +CH_2CH_2NH+_m H}{}$$

1-聚氨乙基 2-十七烷基咪唑啉盐酸盐

【111-00 型组合式 EP（极限压力）及润滑性测试仪】 美国 Baroid 公司生产；该仪器用于：①测量钻井液的润滑质量。②为评价可能需用的润滑添加剂的类型和数量提供数据。③观测机械部件在已知液体体系中的磨损速率。EP（极限压力）实验通过用扭力扳手将一测量力加到一具有扭力敏感性的旋转轴承杯上进行，这一操作表现被测试液体的膜的强度。润滑性实验测量在两个运动着的金属表面加100lb 的力（转换成 5000～10000psi 在媒介液上）测试液体阻力（润滑特性）。

【2-乙基己醇-1】 是一种亲油性极强，烃链较短的表面活性剂，在钻井液中用作消泡剂。

$$CH_2-(CH_2)_3-CH-CH_2-OH$$
$$\underset{\displaystyle C_2H_5}{\Big|}$$

【23D 型电稳定性测试仪】 见"范氏23D 型电稳定性测试仪"。

【28600 型毛细管黏度计】 美国 Baroid 公司生产的一种实验室用优质挤塑毛细管黏度计，可测量大范围剪切速率下的剪切应力，多数钻井液受到的剪切速率为在（泥浆）池中的 $1\sim10s^{-1}$ 到钻头处的 $10000s^{-1}$ 以上，是一种适用于测试这两个极限间的剪切应力的较好的流变测试工具。这种毛细管黏度计借助加压泥浆釜来进行操作。该釜驱使泥浆通过毛细管黏度计的压力降。该仪器建立的最高压力差为 375psi。最大值及适当的管径选择可进行流型的确定，消除了由于紊流产生的误差。

【28200～28240 型毛细管黏度计】 是一种实验室用优质挤塑毛细管黏度计，可测量大范围剪切速率下的剪切应力，多数钻井液受到的剪切速率为在（泥浆）池中的 $1\sim10s^{-1}$ 到钻头处的 $10000s^{-1}$，是一种适用于测试这两个极限间的剪切应力的较好的流变测试工具。这种毛细管黏度计借助加压釜来进行操作。该釜驱使钻井液通过毛细管黏度计的压力降。该仪器建立的最高压力差为 375psi。最大值及适当的管径选择可进行流型的确定，消除了由于紊流产生的误差。28200 型与28240 型的差别是前者为 120V、350W 交流电；后者为 230V、350W 交流电。

【2：1 型黏土矿物（TOT 型）】 是由两个 Si—O 四面体晶片夹一片 Al（Fe、Mg）—O（OH）八面体片结合成一单元结构层，故称为"2：1 型或 TOT 型黏土矿物"。蒙脱石、叶蜡石、滑石、蛭石、云母和伊利石属于此种类型结构的黏土矿物。

【2：1+1 型黏土矿物（TOT·O 型）】 这类黏土矿物类似于伊利石结构即两个 Si—O 四面体片夹一个八面体片，不同之处是多出一片氢氧镁石（水镁石）八面体片，故称为"2：1+1 或 TOT·O 型黏土矿物"。绿泥石属于此类矿物。

【2-羟基-3-磺酸基丙基淀粉醚】 代号
为 HSPS，是一种含磺酸基团的淀粉
醚，可溶于水，水溶液呈弱碱性。该
产品抗温（130℃）、抗盐、抗钙、抗
镁能力强，在钻井液中用作降滤失
剂。适用于淡水、盐水和饱和盐水钻
井液。一般加量为 0.5%~1.5%。

HSPS 质量指标

项 目	指 标
外观	微黄色粉末
有效物/%	≥85
取代度	≥0.2
水分/%	≤7.0
2%水溶液的表观黏度（25℃）/mPa·s	≥200
水不溶物/%	≤2.0

【3#乳化剂】 俗称"泥浆3#"。用于油
包水钻井液的乳化剂，使钻井液乳
化，并有一定的耐温能力。

【391 漏失实验模】 见"391型桥堵材
料实验仪"。

【391 型桥堵材料实验仪】 又称"391
漏失实验模"，是由美国 Baroid 公司
生产的一种堵漏实验仪；通过使用一
系列割缝片滤网、硬粒或弹子床层，
桥堵材料实验仪能有效地模拟各种不
同地层。易于确定封堵形成的效率及
封堵前漏失的体积。实验结果表明，
为了重建循环封堵层段所需的桥堵材
料的粒径和分散性。

【3-氯-2-羟基丙基三甲基氯化铵】 是
一种有机阳离子化合物，为白色或浅
黄色结晶，易吸潮，可溶于水，水溶
液呈弱酸性，熔点 193~196℃。在钻
井液中用作泥页岩稳定剂。

【4602 有机土】 见"有机土"。

【4606 有机土】 见"有机土"。

【41200 残余油滤装置】 美国 Baroid 公
司生产；可快速、准确地用于确定水
中少量油分的现场测试。该装置能为
下列现场问题提供数据：①沉淀罐或
带或不带化学处理的撇油罐的有效
性。②破乳剂在处理系统中的有效
性。③与滤片和地面堵塞相关的产出
水中残余油量。④如国家管理机构所
观察的与民用水（溪、湖等）相关的
产出水中的残余油量。

【5S-TDL 型范氏稠度仪】 是用来测定
液体在高温、高压下黏度的一种实验
仪器。该仪器用手压泵加压，最高可
达 137.9MPa，温度最高可达 260℃。
在配合适当记录的情况下，可直接得
到黏度-温度的连续曲线。该仪器的
简单结构是一个空腔厚壁圆筒，里面
装上待测样品，其中有一个空心的软
铁锤。在电磁的吸动下，在样品腔中
通过待测样品上下运动，敲击样品腔
的顶部和底部，发出音频信号，由位
于样品腔底的微音器接收馈送到电子
线路中去。

根据泊肃叶公式：

$$\eta = \frac{1}{V} \cdot \frac{R^4 t}{8l}(P_1 - P_2)$$

式中　　η——黏度；

V——流体流过孔管的体积；

R——孔管之半径；

t——时间；

l——孔管的长度；

P_1-P_2——压强差，$\Delta P = P_1 - P_2$。

如果 V、R、l、ΔP 都为常数时，则
上式可写成：

$$\eta = kt$$
$$k = \pi R^4 \Delta P / (8lV)$$

【63642 型电蚀监测计】 是一种电（化
学）腐蚀监测计，可连续监测一种液
体的腐蚀特性。仪器由装在高压管塞
上的两个电极，其被连接在安装在防
雨套中的千分表上，千分表记录当悬
浮在液体中时在电极上产生的腐蚀电

流，通过观察产生的电蚀电流对腐蚀速率提供定性估计。

【65510 型乳化实验模】 是由美国 Baroid 公司生产的一种乳化实验装置；用于模拟液体以高压流过小孔时所经历的高剪切，是适于实验室和现场对油水混合物进行测试的理想装置。还可用于化学添加剂对混合物的乳化特性的作用进行快速评价。该乳化实验装置对泡沫、油、乳化液和水的体积提供了瞬时读数。

【60040 袖珍式 pH 测定计】 是美国 Baroid 公司生产的一种便携式酸度计。测量范围 0～14，具有 0.1pH 的分辨率和±0.2pH 精度。

【60006 型实验室数字式 pH 测定计】 是由美国 Baroid 公司生产的一种台式酸度计；用于测定全部 pH 值范围（1～14）。该测定计具有宽的毫伏范围（±1999mV）。

【7622】 见"腐殖酸酰胺"。

【7501 消泡剂】 钻井液消泡剂的一种。由甘露醇、脂肪酸、氢氧化钠合成。是油溶性较好的一种多元醇型非离子表面活性剂。在水基钻井液中用作消泡和乳化剂。

7501 消泡剂质量指标

项　目	指　标
色泽	浅棕色胶状体
酸值（以 KOH 计）/（mL/g）	≤8
皂值（以 KOH 计）/（mg/g）	145～185
灰分/%	≤0.3

【80A51】 钻井液处理剂的一种。是丙烯酰胺与丙烯酸钠共聚物，为无色或微黄色粉末，可溶于水，在空气中易吸收水分而结块。相对分子质量为 400×10⁴。在水基钻井液中用作絮凝剂，并兼有增黏、改善流变性能、抑制

地层造浆、防塌等功能。结构式如下：

$$\left[CH_2 - \overset{\displaystyle |}{\underset{\displaystyle \underset{O}{\overset{\displaystyle \|}{C}} - NH_2}{CH}} \right]_m \left[CH_2 - \overset{\displaystyle |}{\underset{\displaystyle \underset{O}{\overset{\displaystyle \|}{C}} - ONa}{CH}} \right]_n$$

80A51 质量标准（SY/ZQ 009—1989）

项　目	指标（基浆+0.3%80A51）	
	常温	120℃热滚 16h 后
表观黏度/mPa·s	≥30	20
塑性黏度/mPa·s	≥15	10
动切力/Pa	≥15	6.0
滤失量/mL	≤25	35
外观	白色或微黄色粉末	
相对分子质量	≥3.0×10⁶	
水分/%	≤8.0	
细度（20 目筛余）/%	≥5.0	

【80A44】 钻井液处理剂的一种。为丙烯酸钠的共聚物，呈白色或微黄色粉末，易溶于水。主要用作钻井液的降滤失剂。

80A44 质量指标

项　目	指　标
分子量/10⁴	20～60
固含量/%	≥95
细度（通过 20 目筛）/%	≥80

【80A46】 钻井液处理剂的一种。为丙烯酸钠的共聚物，呈白色或微黄色粉末，易溶于水。主要用作钻井液的降滤失剂。

80A46 质量指标

项　目	指　标
分子量/10⁴	60～150
固含量/%	≥95
细度（通过 20 目筛）/%	≥80

【801 有机土】 见"有机土"。
【812 有机土】 见"有机土"。
【821 有机土】 见"有机土"。
【801 堵漏剂】 钻井液用随钻堵漏剂的一种。是由刨花楠、腐殖酸盐、羧甲基纤维素等十多种高分子物复配处理而成的复合材料，遇水后能产生交联熟化等反应，使之具有一定的黏度，以及切力较强的黏附力，能形成网状结构，在瞬时形成堵漏体，具有良好的弹性、黏附性、韧性、耐水性和一定的湿强度，可实现对漏失通道快速、可靠地堵塞。

801 堵漏剂主要性能

	项　目	指　标
理化指标	水分/%	≥15
	pH 值	9±0.5
	细度（过 20 目标准筛）/%	100
	外观	灰色自由流动颗粒粉末
堵漏性能	塑性黏度/mPa·s	≥12
	动切力/Pa	≥3
	黏附力/mPa	≥0.16

【800 型黏度计】 是由美国 Baroid 公司生产的一种 8 速（3r/min、6r/min、30r/min、60r/min、100r/min、200r/min、300r/min 和 600r/min。同时，还提供一个搅拌速度。）流变仪。用于在常压下按剪切应力、剪速、时间和温度来测定油类和钻井液的流动特性。

【803 大裂隙堵漏剂】 是由刨花楠、海藻酸钠、腐殖酸盐、聚丙烯酸盐、膨胀粉、木胶粉等十多种高分子物复配处理而成的复合材料，它遇水后能产生交联熟化等反应，使之具有一定的黏度、切力和较强的黏附力，能形成网状结构，在瞬时形成堵漏体，具有良好的弹性、黏附性、韧性、耐水性和一定的湿强度，可实现对漏失通道快速、可靠地堵塞，是目前市场上较先进的钻井工程堵漏产品。使用方法是，静置—循环—加压堵漏一般为 15min 左右，对于一般漏失，具体操作方法是，在 1m³ 清水中加入 7% 803 大裂隙堵漏剂，搅拌 15min 左右，溶解后，泵入钻杆内进行随钻堵漏。在漏失比较大的情况下，可采用投加泥球的方法进行堵漏，具体操作如下，在 100kg 膨润土中加入 10kg 803 大裂隙堵漏剂，2kg 高黏度羧甲基纤维素钠盐充分混拌均匀后，加入适量的清水，视钻杆内径的大小，用手工制成小于钻杆内径的泥球待用，用水桶盛清水 10kg 加入（聚丙烯酰胺相对分子质量 800×10⁴）0.1kg，用木棒搅拌溶解后，将刷好的泥球在聚丙烯酰胺溶液中浸泡 5s 后投钻杆内，投入泥球的多少视漏失情况而定，然后用钻头对泥球进行挤压，即可达到成功的堵漏效果。主要优点：①803 大裂隙堵漏，随钻随堵，无须停钻堵漏，不需候凝时间，一般投料后 20min 见效，可节省钻探时间，降低钻探成本。②本产品能一次性堵漏成功，见效快，保持持久，适用于多种复杂的漏失岩层，大、小裂隙的封堵，可与其他惰性材料联合使用。③可直接掺入浆液循环堵漏，不但不破坏钻井液性能，而且能改善和代替钻井液冲洗液。④既能堵漏、防塌护壁，还能增强泥浆表面光滑致密程度。⑤能用泵输入不憋泵，不堵钻管水眼。⑥抗盐，抑制页岩水化膨胀。⑦使用方法简便，用量少，成本低。⑧无毒、无味，对人体无害，无环境污染。使用时注意事项：①弄清井内情况，特别

数字

是有关漏失的参数，如漏失通道大小、形状、漏失量、地下水活动情况及动、静水位等。②一般情况下，用清水溶化堵漏剂，待溶化分散后再与钻井液混合均匀才可使用，如加量少（一般为 1%~2%）时，也可直接将堵漏剂干粉掺入钻井液中，但应充分搅拌均匀。③用泵输送堵漏液时，最好使用单管钻具，以免发生堵塞钻头现象。④绳索取心钻井堵漏时，堵漏浆液送入孔内后，先用普通钻进方法钻进一段时间再换绳索，取心钻时，或用冲洗液循环一段时间再投放内管。

803 大裂隙堵漏剂性能指标

项　目	指　标
水分/%	≤15
pH 值	9±0.5
细度（过 20 目筛）/%	90
塑性黏度/mPa·s	≥12
动切力/Pa	≥3

【88C 型电阻率测定义】　由美国 FANN 生产。用于测量流体、浆料或半固体的电阻率。这种电阻率仪器具有固态电子学，并且被设计成满足现场和实验室人员根据 API 推荐操作 13B-1 的电阻率测定的需要。通过取电阻率测量的倒数获得被测介质的电导率。88C 型电阻率测定仪适用于钻井液滤液、钻井液、滤饼或浆料，并提供三种电阻率的直接数字读数。内置温度探头可直接测量透明池中的样品温度。该仪器精度高，并由内置的测试电路检查校准。它被包装在轻质高密度聚丙烯箱中，适用于现场测试。

【915】　复合桥接堵漏剂的一种。其主要成分为核桃壳 30%、棉籽壳与锯末 45%、蛭石与云母 25%。

【917】　复合桥接堵漏剂的一种。其主要成分为核桃壳 20%、橡胶粒 15%、棉籽壳 15%、锯末 20%、蛭石 15%、云母 15%。

英文

【AA】 即"丙烯酸"，英文名 Acrylic acid，别名 2-丙烯酸、聚合级丙烯酸、败脂酸、乙烯基甲酸，化学式 $C_3H_4O_2$，相对分子质量 72.06，密度 $1.05g/cm^3$。是重要的有机合成原料及合成树脂单体，是聚合速度非常快的乙烯类单体。是最简单的不饱和羧酸，由一个乙烯基和一个羧基组成。纯的丙烯酸是无色澄清液体，带有特征的刺激性气味。它可与水、醇、醚和氯仿互溶，是由从炼油厂得到的丙烯制备的。大多数用以制造丙烯酸甲酯、乙酯、丁酯、羟乙酯等丙烯酸酯类。丙烯酸及丙烯酸酯可以均聚及共聚，其聚合物用于合成树脂、合成纤维、高吸水性树脂等工业部门。丙烯酸的职业标准是 TLV-TWA $6mg/m^3$；TWA $30mg/m^3$。丙烯酸的毒害物质数据是 79-10-7。

丙烯酸

【AD】 粉状解卡剂，用于压差卡钻。为乳化剂和渗透剂混合而成的褐色粉状物。现场使用时，按 1∶2 加到柴油中搅拌 30min，再按 1∶5 加到水中冲 30min，再用钻井泵送到卡点段浸泡，一般 3~5h 即可解卡。

【AM】 即"丙烯酰胺"，英文名 Acrylamide；别名 2-丙烯酰胺、丙烯酰胺 050-01[6]、丙烯酰胺水合液、2-丙烯酰胺；化学式 C_3H_5NO；相对分子质量 71.08；密度 $1.322g/cm^3$。丙烯酰胺是一种白色晶体化学物质，是生产聚丙烯酰胺的原料，其单体为无色透明片状结晶，沸点 125℃（3325Pa），熔点 84~85℃，能溶于水、乙醇、乙醚、丙酮、氯仿，不溶于苯及庚烷中，在酸碱环境中可水解成丙烯酸。是有机合成材料的单体，生产医药、染料、涂料的中间体。丙烯酰胺单体在室温下很稳定，但当处于熔点或以上温度、氧化条件以及在紫外线的作用下很容易发生聚合反应。当加热使其溶解时，丙烯酰胺释放出强烈的腐蚀性气体和氮的氧化物类化合物。

丙烯酰胺

【AS】 即"烷基磺酸钠"。白色或淡黄色粉状，溶于水成半透明液体，对碱、酸、硬水较稳定。用途：①钻井液的发泡剂。②在油包水钻井液中起到乳化、降低表面张力、清洁的作用。优点：①抗温性好。②使用、存放方便。物理性质：①外观：白色或淡黄色粉状。②易分散于水推荐用量：1~20kg/m³。

AS 技术要求

项　　目	指　　标
活性物含量/%	≤25.0±1.0
氯化钠含量/%	≤8.0
游离碱含量/%	≤0.1
中性油含量/%	≤3.0

【AL】 见"氧化沥青粉"。

【ABS】 即"烷基苯磺酸钠"，发泡剂。白色或淡黄色粉状或片状固体，溶于水成半透明液体，对碱、酸、硬水较稳定。用途：①钻井液的发泡剂。②在钻井液油包水中起到乳化、降低表面张力、清洁的作用。优点：①抗温性好。②使用、存放方便。物理性质：①外观：白色或淡黄色粉状。②易分散于水。推荐用量：1~20kg/m³。

ABS 技术要求

项　目	指　标
活性物含量/%	≥35.0
无机盐含量/%	≤7.0
pH 值	7~8

【A-20】　见"聚氧乙烯烷基醇醚-22"。

【APR】　属两性聚合物钻井液降滤失剂，又称"两性离子磺化酚醛树脂"。是在阳离子型抗温抗盐降滤失剂磺化酚醛树脂（SMP）的分子骨架中的苯环上引入了一定比例的季铵盐有机阳离子而得到的两性离子聚合物钻井液处理剂。它不仅保留了原 SMP 的优异特性，而且弥补了 SMP 使用效率低、抑制性差，中、浅井使用效果不佳等不足，同时还增加了钻井液体系的抗温、抗盐性能。

【APH】　是一种钻井液用固体聚合醇，其作用与效果与 HMW-JLX 相同。

【AADM】　钻井液用抗温降滤失剂。由 AMPS、二甲基二烯丙基氯化铵（DM-DAAC）、顺丁烯二酸（MA）和 AM 共聚而成，为两性离子型四元共聚物降滤失剂。具有抗高温降滤失性能、抑制性能和高温稳定性能。其抗温能力可达 220℃；能满足高温深井对钻井液性能的要求。

【ABSN】　即"十二烷基苯磺酸三乙醇胺"。

【AMPS】　2-丙烯酰胺基-2-甲基丙磺酸，是一种阴离子型丙烯酰胺系单体，由于其分子中含有—SO₃⁻基团，在 Ca²⁺、Mg²⁺存在的环境中表现出较好的应用性能。其结构式为：

$$CH_2=CH-\overset{\overset{\textstyle O}{\|}}{C}-NH-\overset{\overset{\textstyle CH_3}{|}}{\underset{\underset{\textstyle CH_3}{|}}{C}}-CH_2-SO_3H$$

AMPS 系列共聚物具有较强的抗温能力，能较好地控制钻井液的 API 滤失量和 HTHP 滤失量；抑制能力强，在膨润土含量较高的情况下，能较好地控制黏土分散，钻井液的黏度和切力易控制，流变性好；配伍性好、加量少、使用简单。

【A-903】　为丙烯酸类聚合物钻井液降滤失剂，它对钻屑有较强的抑制、包被和絮凝作用，并能控制膨润土的含量，具有降滤失、抗盐、抗温、配伍性好等特点。

【AA-AM】　一种低相对分子质量钻井液共聚物降黏剂，是由丙烯酸、丙烯酰胺、氢氧化钠、亚硫酸钠、过硫酸铵等原材料聚合反应而成，相对分子质量在（1400~5000）×10⁴ 范围内。对聚合物钻井液、膨润土钻井液有明显的降黏作用，其抗温、抗盐能力较强。

【AF-35】　钻井液消泡剂的一种。由聚醚、硬脂酸铝及三乙醇胺复配而成。呈棕黄色黏稠液体。主要用作水基钻井液的消泡剂。

AF-35 质量指标

项　目	指　标
密度/(g/cm³)	0.85~0.90
酸值(KOH)/(mg/g)	10~15
有效物/%	75±2
pH 值	7.5~8

【A95-1】　是一种两性离子改性聚合物，在钻井液中用作降滤失剂。它是丙烯酰胺、环氧氯丙烷和三甲胺的反应产物与丙烯酰胺、丙烯酸共聚制得的一种多元共聚物钻井液降滤失剂。在淡水、盐水和人工海水钻井液中具有良好的降滤失作用，且处理的钻井

英文

液 η_∞ 低。配伍性好，抗温、抗盐污染的能力强，防塌效果明显。

A95-1 质量指标

项　　目	指　　标
外观	白色粉末
细度(0.59mm 标准筛通过量)/%	100
有效物/%	≥85
水分/%	≤7
1%水溶液表观黏度(25℃下)/mPa·s	≥15
水不溶物/%	≤2

【A96-1】　钻井液处理剂的一种，是由腈纶废料水解产物、丙烯酰胺、丙烯酸和丙烯酰胺与环氧氯丙烷、三甲胺的反应产物为原料而制备的一种两性离子型改性聚合物。在钻井液中用作降滤失剂，具有较强的抗温、抗盐、抗钙镁污染的能力和较好的防塌效果，能有效地控制地层造浆、抑制黏土分散。适用于各种阴离子和阳离子型钻井液。一般加量为 0.5%~1%。

A96-1 质量指标

项　　目	指　　标
外观	灰白色粉末
细度(0.42mm 标准筛通过量)/%	100
水分/%	≤7
水不溶物/%	≤10
2%水溶液表观黏度/mPa·s	≥20
pH 值	8~10

【AYA-150】　油基解卡剂的一种；为油膏状，适用于黏附卡钻的排除；其主要成分为有机土、柴油、沥青、表面活性剂、石灰等。

AYA-150 质量指标

项　　目	指　　标
塑性黏度/mPa·s	≥20
滤失量/mL	<4.0
破乳电压/V	>350
动切力/Pa	4.7~9.5

【API 标准】　是美国石油学会(API)标准的简称。该标准具有国际性，而且内容较全面，共计有 15 类，其中第 13 类是与钻井液有关的规范、公报、推荐办法等。

【API 砂子】　是指在钻井液中那些不能通过 200 目美国标准筛布的固体颗粒(相当于 $74\mu m$)。

【API 滤失量】　按美国石油学会(API)规定的仪器及方法测得的钻井液滤失量。

【Ai-O 八面体】　见"八面体"。

【AMPS-AA】　为丙烯酰胺基-2-甲基丙磺酸和丙烯酸的共聚物。相对分子质量较低，在钻井液中具有良好的降黏作用，抗温、抗盐及抗高价离子污染能力强。

【AMPS-AM】　是以丙烯酰胺、2-丙烯酰胺基-2-甲基丙磺酸为主要原料，共聚而成的降滤失剂。在淡水、盐水、人工海水和饱和盐水钻井液中均具有显著的降滤失作用，热稳定性好(抗温在 150~200℃之间)，抗钙能力强，在降滤失的同时还具有较强的提黏(η_a)切(τ_o)能力。一般加量为 0.1%。

【Asphal-S】　磺化沥青，为黑色粉末。用于水基钻井液的页岩抑制剂，可有效抑制页岩水化膨胀，并可形成坚实的滤饼，该产品有钠磺化沥青和钾磺化沥青两种，钾磺化沥青有更强的页岩抑制能力。兼有一定的润滑作用和

英文

降低滤失量的作用，通常加量为1.5%~3%。

【Asphal-O】 氧化沥青，为黑褐色粉末。其用途是封堵泥页岩地层的缝隙，形成坚实的滤饼，从而起到稳定井壁的作用，同时还可提高钻井液和滤饼的润滑性。通常加量为3%~5%。

【Asphal-OB】 配制油基钻井液用的氧化沥青。

【API 表观黏度】 在剪切速率为1022s⁻¹时测得的钻井液表观黏度。代号为"AV"；计量单位为"$mPa \cdot s$"。用范氏黏度计测定时，将600r/min的读数乘以0.5即得API表观黏度。

【AL 氧化沥青粉】 钻井液处理剂的一种；软化点在150~165℃之间，用于油基钻井液或解卡液的提黏降滤失剂。

【AM-AA-DMA】 是由丙烯酰胺（AM）、丙烯酸（AA）和甲基丙烯酸二甲氨乙酯（DMA）共聚而成的一种钻井液降滤失剂。在淡水、盐水、饱和盐水和人工海水钻井液中有明显的降滤失作用，且抗污染、抗温能力强。

【AMPS-AM-AN】 是由2-丙烯酰胺-2-甲基丙磺酸、丙烯酰胺、丙烯腈共聚而成的降滤失剂。具有热稳定性好（在饱和盐水钻井液中可抗温200℃，在含钙钻井液中可抗温180℃），抗盐、抗钙镁（$1.2×10^5 mg/L$）离子污染能力强等特点，在淡水、盐水、饱和盐水和含钙钻井液中均具有良好的降滤失作用。

【AMPS-AA-MA】 为2-丙烯酰胺基-2-甲基丙磺酸、丙烯酸和马来酐的共聚物，用作钻井液降黏剂，抗钙能力较强。

【APDAC-AM-AA】 是一种阳离子三元共聚物降滤失剂。降滤失效果较好，并具有较强的防塌能力，在页岩表面的吸附能力强，在淡水、盐水和人工海水钻井液中均具有显著的降滤失作用，热稳定性好、抗污染能力强。

【AODAC-AA-AS】 是以丙烯酰氧乙基二甲基氯化铵（其结构式为：CH_2＝$CHC(O)OCH_2CH_2[CH_3]_2N^+HCl$，英文缩写 AODAC），丙烯酸（AA），烯丙基磺酸钠（AS），氢氧化钾（KOH），石灰（CaO），过硫酸铵（APS）及亚硫酸氢钠（SBS）共聚而成，是一种两性离子型聚合物钻井液降黏剂。该处理剂具有抗温效果好，抗污染能力强，并具有抑制黏土分散的能力。

【API 中压滤失仪】 见"打气筒滤失仪"。

【API 泡沫模拟实验装置】 美国石油学会（API）1966年颁布的评价钻井液用泡沫剂的标准实验方法，已被国内外广泛采用，该实验装置见下图。实验时，按规定配制四种溶液。它们分别是：①淡水；②煤油淡水混合物，其中煤油150g/L；③100g/L盐水；④煤油盐水混合物，含盐100g/L，含煤油150g/L。每种溶液配制4000mL。向四种溶液加入泡沫剂。泡沫剂的质量浓度依次为1.59g/L、10g/L、7.5g/L和15g/L。先将1000mL溶液注入外管内，余下的3000mL倒入泡沫剂溶液罐，然后使空气以$3.4m^3/h$的流量通过管内，并在空气接通时计时。当泡沫到达排出口时，使计量泵以80mL/min的流量补充溶液。从计时起，共试验10min，以10min内泡沫携带出来的液体量（mL）来综合评价泡沫的性能。液体量越多，发泡能力越强，液量最大可接近1800mL。

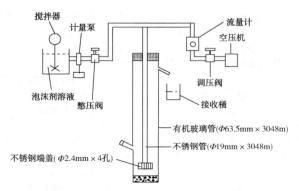

搅拌器
计量泵
流量计
空压机
泡沫剂溶液
憋压阀
调压阀
接收桶
有机玻璃管(Φ63.5mm×3048m)
不锈钢管(Φ19mm×3048m)
不锈钢端盖(Φ2.4mm×4孔)

【(AMPS-AM)-g-Starch】 为 2 丙烯酰胺基-2-甲基丙磺酸、丙烯酰胺、淀粉接枝共聚物。用作钻井液降滤失剂，在淡水钻井液中加量 0.3%，盐水钻井液中加量 1%，饱和盐水钻井液和高矿化度钻井液中加量 1.5%。抗温 150℃。

【AMPS/AM-淀粉接枝共聚物】 是一种阴离子型淀粉接枝共聚物，可溶于水，在钻井液中用作降滤失剂。适用于淡水、盐水和饱和盐水钻井液，其抗温能力可达 160℃。一般加量为 0.5%~1.5%。

【(AM-AMPS-DMDAAC)-g-Starch】 为丙烯酰胺、2 丙烯酰胺基-2-甲基丙磺酸、二甲基二烯丙基氯化铵与淀粉接枝共聚物。用作钻井液降滤失剂，在淡水钻井液中加量为 0.3%，盐水钻井液中加量 0.7%，饱和盐水钻井液中加量 0.9%，人工海水钻井液中加量 0.7%。抗温 180℃，同时具有较好的防塌效果。

【BK】 钻井液用液体润滑剂。无毒、不污染环境，不干扰地质录井，可生物降解。加入 0.05% 就能降低摩阻 25%，主要用于深井。

【BD】 钻井液用杀菌剂。主要成分为戊二醛溶液，能抑制钻井液中细菌的生长，防止聚合物发酵降解。加量视井深、井温而定，一般加量为 0.05%~0.1%。

【BPS】 是一种液体正电胶，人们把它称为黑色正电胶油层保护剂，它具有较强的正电性，能被水润湿，具有油溶性，并易于与其他钻井液处理剂配伍。因此，该剂也具有更强的页岩抑制性、井壁稳定性和保护油层的能力。用途：①抑制页岩和稳定井壁。②改善盐水和淡水钻井液的滤失量和滤饼质量。③可作为架桥和堵塞粒子保护油气层。④改善钻井液的流变性能。优点：①保护油气层。②稳定页岩。③抗温 180℃。物理性质：①外观：粉末。②易分散。推荐用量：10~50kg/m³。

BPS 技术要求

项 目	指 标
水分散性	均匀分散，无漂浮固状物
相对抑制性	≤1
胶体稳定性/%	≥95
油溶率/%	≥80.0
电动电位/mV	≥+60.0
表观黏度提高率/%	≥100.0
动切力黏度提高率/%	≥150
有效物含量/%	≥50.0

英文

【BNS】 见"丁基萘磺酸钠"。

【BLR-1】 非极性防卡润滑剂。主要用来提高钻井液体系的润滑性，降低摩阻系数，增加钻头的水马力以及防止黏卡。

【Bcide-1】 杀菌剂，透明液体，成分为戊二醛溶液，用于在水基钻井液中抑制细菌的生长，防止加入水基钻井液中如淀粉和生物聚合物等处理剂发酵。与处理剂配伍良好。加量视具体情况根据实验确定。

【Bcide-2】 一种胺甲基酸酯杀菌剂，用于在水基钻井液抑制细菌的增长，常用于含有聚合物的水基钻井液。加量视具体情况根据实验确定。

【C】 见"纤维素"。

【CBS】 钻井液用乳化剂，硬脂酸。白色或微黄色块状、粒状或片状。不溶于水，溶于醚、醇等有机溶剂。在钻井液油包水中起乳化作用。其主要优点是：①抗温性好。②抗破乳能力强。物理性质：①外观：白色或淡黄色粉状。②易分散于水。推荐用量：$5 \sim 40 \text{kg/m}^3$。

CBS 技术要求

项 目	指 标
凝固点/℃	≥52.0
碘化值	≤16.0
皂化值(KOH)/(mg/L)	≤206.0~220.0
酸值(KOH)/(mg/L)	≤205.0~218.0
无机酸/%	≤0.001

【CaO】 见"石灰"。

【CAP】 为磺化褐煤、水解聚丙烯腈、二乙基二烯丙基氯化铵、2-丙烯酰胺基-2-甲基丙磺酸、尿素和甲醛的反应产物。用作钻井液降滤失剂，能有效降低钻井液的滤失量，抗盐至饱和，抗钙至 7000ppm，抗温 200℃，

与阳离子钻井液配伍性好。

【CPD】 是丙烯酸钠和乙烯酸磺酸盐的共聚物，相对分子质量为 100~5000。抗温极限 260℃，用它处理的钻井液具有较好的流变性能；抗钙能力强，有较强的降黏效果，无分散作用，能较好地稳定井壁及高温稳定作用。

【CMC】 即"羧甲基纤维素"。

【CMP】 螯合金属聚合物（Complex Metal Polymer）。具有强的增黏和降滤失能力，抑制性好，抗盐钙能力强，抗温达 140℃，具有较大的容纳固相能力和抑制钻屑造浆能力，能较好地改进流型，提高钻井液动塑比，改善井眼净化能力。

【CPA】 见"聚丙烯酸钙"。

【CHC】 见"油页岩干馏胶质磺酸钠盐"。

【CXF】 是一种甲酸盐钻井液体系的专用处理剂，为白色自由流动粉末及颗粒。在甲酸盐体系中能有效地配合主处理剂调节流型，同时增强抑制页岩的水化程度。其一般加量为 0.5%~1%。

CXF 质量指标

项 目	指 标
外观	自由流动粉末及颗粒
水分/%	≤18
细度(0.6mm 筛孔)/%	≤10
1%蒸馏水溶液表观黏度/mPa·s	≤10
滤失量/mL	≤15

【CXG】 是一种甲酸盐钻井液体系的专用处理剂，为白色自由流动粉末及颗粒。在甲酸盐钻井液体系中用作降滤失剂，并能有效地调整流型，降滤失效果显著。一般加量为 1.5%~2.5%。

英文

CXG 质量指标

项　目	指　标
外观	白色自由流动粉末及颗粒
水分/%	≤5
细度(0.28mm 筛孔筛余)/%	≤6
滤失量/mL	≤25

【CEA】　钻井液用阳离子乳化沥青，油层保护剂。是一种带正电的油层保护剂，并可稳定井壁并兼有润滑、降低高温高压滤失量、改善滤饼质量和调整钻井液流型的作用。用途：①抑制页岩和稳定井壁。②改善盐水和淡水钻井液的滤失量和滤饼质量。③可作为架桥和堵塞粒子保护油气层。④改善润滑性。优点：①保护油气层。②稳定页岩。③抗温 180℃。物理性质：①外观：粉末。②易分散。推荐用量：10～30kg/m³。

CEA 技术要求

项　目	指　标
水分散性	均匀分散，无漂浮固状物
相对抑制性	≤1.0
胶体稳定性/%	≥95.0
电动电位/mV	≥+20.0
有效物含量/%	≥50.0

【CGR】　钻井液用高温润滑剂。以植物脂肪酸酯和活性高温极压润滑剂为主料，以表面活性剂和泥饼结构改进剂为辅料，进行改性处理而成。主要用于钻井施工中提高钻井液的润滑性，降低泥饼的摩擦系数。在浅井和深井中，均能降低钻具、钻头和地层之间的摩阻，减小黏附卡钻概率。特点是：①吸附性好，能迅速降低钻头、钻具与地层之间的摩擦，转盘的扭矩明显下降。②有良好的消泡作用。③对钻井液的黏切及其他性能影响小。适用于各种水基钻井液，在定向井、水平井等各类井的钻井施工中和电测、下套管作业时使用，效果都很明显。使用时直接混入钻井液中即可。推荐加量为 1.0%～2.5%。

CGR 技术指标

项　目	指　标
外观	棕褐色油状液体
淡水浆中润滑系数降低率/%	≥80
盐水浆中润滑系数降低率/%	≥80
150℃热滚 16h 后润滑系数降低率/%	≥80
消泡率/%	≥80

【CRS】　页岩封堵剂乳化石蜡。白色至暗白色液体，密度 0.85～0.95g/cm³，无臭、无味。适用于水基钻井液，提高钻井液包括混油钻井液的润滑能力，还能通过近井壁处形成石蜡封闭地层，有效提高井壁稳定性。该产品经过乳化工艺形成的一种纳米级乳液。在钻井液中具有良好的极压润滑效果、降滤失和防塌抑制能力。适用于各种地域和地层，抗温 200℃。推荐加量为 3%左右。

【CXV】　是一种甲酸盐钻井液体系的专用处理剂，为白色自由流动粉末及颗粒。在甲酸盐钻井液体系中用作页岩抑制剂，能有效地抑制泥页岩的水化作用和提高钻井液的黏度。水溶性好，一般加量为 1%～1.5%。

CXV 质量指标

项　目	指　标	
	CXV-1	CXV-2
1%蒸馏水溶液表观黏度/mPa·s	≥10	≥5
外观	自由流动粉末及颗粒	
水分/%	≤18	
细度(0.45mm 筛孔筛余)/%	≤10	
滤失量/mL	≤15	

英文

【CXY】 阳离子页岩抑制剂。其分子结构中含有氨基和羟基等多种功能基团，在钻井液中可起到良好的抑制黏土水化分散的作用。其特点是，抑制页岩水化分散膨胀能力强；抗温能力强；与其他钻井液处理剂配伍性好。推荐加量为 2.0%~5.0%。

CXY 技术指标

项　　目	指　　标
外观	深色均一液体
pH 值	6~8
密度/(g/cm³)	1.05~1.15
润滑系数	≤0.03
相对抑制率/%	≥70

【CN-1】 液体解卡剂，用于压差卡钻。现场应用时，按 1：25 加到清水中搅拌 1h，再用钻井泵送到卡点段浸泡，一般 2~6h 即可解卡。

【CPAN】 即"水解聚丙烯腈钙盐"。

【CXFT】 一种与水快速反应的高分子堵漏材料。这种聚合物形式的堵漏材料起到封堵裂隙的作用，甚至在全井漏失的地段，只要 30min 的水化封堵时间，就可以继续正常钻井。垂直井和水平井的堵漏材料；适合解决裂隙和破碎地层；砂砾层、卵石层的有效堵漏剂。作为添加剂，推荐用量为 5~10kg/m³；然后把混合物打到漏失地层里面去。若在段塞处，首先加入 20~40kg 的润滑剂到钻杆中去，提前覆盖在金属钻杆内壁上，加入 1~2 桶 CXFT 到钻杆中去，再倒入 20~40kg 润滑剂，等 30~60min 的水化反应，完成堵漏，直到钻井液返浆。

【CSW-1】 一种低相对分子质量阴离子聚合物降黏剂。可有效地降低钻井液的黏度，特别是在阴离子聚合物钻井液中，同时它还具有页岩抑制效

能，通常加量为 0.3%~0.8%。

【CFK-1】 钻井液用润滑防卡剂。为油酸酯、脂肪酸酯改性的产物。主要成分为 $R(OH)_nCOOR'$。为褐色油状液体，密度 0.92~1.0g/cm³，有轻度甘辛味，是一种水基钻井液润滑剂，可以用于改善钻井、定向钻进、造斜定向施工、完井电测、下套管等钻井施工作业中的井下摩阻状况，提高钻井液包括混油钻井液的润滑能力，降低钻井施工的操作难度，提高钻井施工的安全性，减小压差卡钻的概率，并能够帮助提高钻进速度。产品中含有有机脂肪成分，分子中含有吸附基团，在表面活性剂和吸附基团的作用下，能够紧密地吸附在金属（包括钻具、套管等）表面，同时也能够吸附在井壁的壁面上，形成一种由表面活性物质、油酸酯和其他油基物质组成的吸附膜，大幅降低了钻具与井壁间的摩擦阻力。推荐使用加量（体积比），直井钻进 1%~2%；定向井、水平井为 2%~3.5%；完井电测封闭液为 2%~4%；混油钻井液为 1%~2%。

CFK-1 技术指标

项　　目	指　　标
外观	棕褐色油状液体
荧光等级/级	≤5
起泡率/%	≤10.0
淡水浆中润滑系数降低率/%	≥82.0
盐水浆中润滑系数降低率/%	≥82.0

【CP233】 钻井液处理剂的一种。由十二烷基苯磺酸盐、二乙醇胺、油酸、三乙醇胺、聚氧乙烯醚等组成。呈黄红色胶体溶液。是一种亲水性表面活性剂，在钻井液中起润滑、降低摩阻、防止黏附卡钻等作用。耐温

英文

180℃，适用于各类水基钻井液。一般加量为 0.2%～1%；海水钻井液为 0.5%～1.5%；定向井用量酌增。

CP233 质量指标

项　目	指　标
不挥发物含量/%	≥65.0
凝固点/℃	-20
水分/%	≤0.3
pH 值	7～8

【CGW-1】　钻井液抗温降滤失剂。利用(2-丙烯酰氧)-异戊烯磺酸钠（AOIAS）与丙烯酰胺（AM）、丙烯酸（AA）等原料合成的抗高温不增黏降滤失剂。抗温可达 220℃。适用于淡水、盐水和饱和盐水超高密度钻井液。

【CGW-2】　钻井液用抗高温不增黏降滤失剂。抗温为 220℃，能有效地降低高温高压滤失量。适用于淡水、盐水和饱和盐水超高密度钻井液。

【CMJ-1】　钻井液用抗温不增黏降滤失剂。以乙烯、乙酸、甲醇和磺化剂为主要原料的抗高温降滤失剂。抗温可达 180℃。在井壁可形成致密隔离膜，有效降低钻井液的滤失量，在淡水钻井液中的最佳加剂量为 1.0%，在 1% 和 4% 的盐水钻井液中最佳加剂量为 2.0%。可用于正电胶、硅酸盐等各种水基钻井液，并与其他各种处理剂配伍性较好。

【CMJ-2】　水基钻井液用的一种隔离膜降滤失剂。以碳链为主，侧链上含有众多的氨基和羟基，氨基电荷密度高，水化性强，对外界离子不敏感，同时支链化的结构可以增大空间位置，使主链的刚性增强，有利于抗温能力的提高。侧链羟基、氨基与黏土矿物既有吸附作用，又能够与黏土颗粒形成氢键，且由于其分子链的非离子特性，容易在滤饼上形成一层保护膜，阻止滤液及钻井液渗入地层，从而稳定了井壁，保护了储层。

【CX-PL】　钻井液用液态聚合物。主要成分为丙烯酰胺或烷基丙烯酰胺与丙烯酸、磺酸及其衍生物的反相乳液。分子结构为：

$$[C_2H_3CONH_2]_m [C_2H_3COONa]_n$$
$$[C_7H_{13}NO_4S]_x$$

该产品为浅色乳状液体，有轻淡油味，用作水基钻井液的非分散型低黏降滤失剂。其基本作用机理是产品中含有多种官能团，在黏土颗粒表面含有多种吸附水化层，形成薄而致密的滤饼，保持聚合物钻井液的结构，从而大幅降低钻井液的滤失量。黏度效应小，降滤失能力强，并能保持聚合物钻井液的非分散性。抗盐、抗钙镁能力强，可用于淡水、盐水、饱和盐水钻井液体系。分散性好，溶解速度快，效用高。与固控设备的使用不相冲突。使用方便，便于随时补充和维护。使用方法是，可配制成水溶液使用，也可直接加入钻井液循环系统中。直接加入时要注意加料速度，采用匀速缓慢加入或间歇式加入法。推荐使用加量（体积比），淡水钻井液为 0.5%～0.8%。盐水、饱和盐水钻井液为 0.5%～1.0%。

CX-PL 技术指标

项　目	指　标
外观	乳状液体
pH 值	6～9
固相含量/%	≥30
1%水溶液表观黏度/mPa·s	≥20
常温 API 滤失量/mL	≤10
120℃热滚 16h 后 API 滤失量/mL	≤10

英文

【CST 仪】　即毛细管吸收时间实验仪，见下图。该仪器包括计时器、标准孔隙度滤纸、电极、控制器、圆柱试液容器、平板底座。见"CST（毛细管吸收时间）法"。

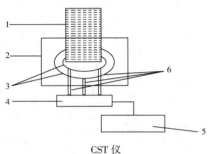

CST 仪
1—圆柱试液容器；2—特制滤纸；3—渗滤圈；
4—控制器；5—计时器；6—电极

【CAP-90】　是一种乳液型高分子聚合物包被絮凝剂，它具有良好的配伍性、润滑性、抑制性，且抗盐、抗钙能力强，适用于各种水基钻井液。

【CGS-2】　是一种阳离子型淀粉接枝改性产物，为丙烯酰胺、丙烯酸钾和2-羟基-3-甲基丙烯酰氧丙基三甲基氯化铵与淀粉接枝共聚而得。它具有淀粉类产品的抗盐、抗温及抗高价离子的能力，也有较强的抑制页岩水化膨胀的能力，在页岩表面有较强的吸附能力，可以达到长期稳定黏土水化膨胀的目的。

CGS-2 质量指标

项　目	指　标
外观	微黄色粉末
有效物/%	≥85
水分/%	≤7
2%水溶液的表观黏度（25℃下）/mPa·s	≥20
水不溶物/%	≤1.5

【CPA-3】　钻井液处理剂的一种。为丙烯酸钠、丙烯酰胺、丙烯酸钙的三元共聚物，属共聚型聚丙烯酸钙。呈白色流动粉末、易溶于水。在水基钻井液中用作降滤失剂，兼有增黏、防塌及调节钻井液流动性能的作用。也可用于海水及高盐地层钻井的钻井液中。

CPA-3 质量指标

项　目		指　标		
		表观黏度/mPa·s	塑性黏度/mPa·s	滤失量/mL
淡水浆	基浆（淡水+4%安丘土）	8~10	3~5	22~26
	基浆+CPA-3　0.2%后	25~30	20~25	12~15
咸水浆	基浆（咸水中+安丘土15%）	4~6	2~4	52~58
	基浆+CPA-31.5%后	14~16	13~15	≤10
理化性能	特性黏度/（dL/g）	3.0~4.5		
	水不溶物/%	≤5.0		
	水分/%	≤7.0		
	细度（通过60目筛）/%	>80.0		
	pH 值	7~8		

【CW-01】　是一种阳离子聚醚型反相破乳剂；有效成分为含季铵盐侧基的聚醚。当作钻井液中原油的"破乳剂"使用。

【CT10-1】 有机铵盐类杀菌剂。主要用于水基钻井液中加入的易发酵处理剂如淀粉类的防发酵剂，以免处理剂失效，亦可用于消灭钻井液中的细菌，减轻钻具腐蚀。

【CX-SEA】 钻井液用乳化剂。由阴离子、阳离子和非离子表面活性剂与载体吸附形成的产品。用作钻井液中矿物油和原油的高效乳化剂。基本作用机理是，以载体作为亲水端，以吸附体作为亲油端，使钻井液中的原油和其他矿物油乳至钻井液中。配伍性好，经处理的乳化液稳定性高，维护周期长。对盐污染和其他电解质污染耐受能力强，并具有抗温能力。乳化效率高，用量少。缓慢地加入钻井液体系中即可。推荐使用加量（体积比）为 0.2%~0.4%。

CX-SEA 技术指标

项　目	指　标
外观	淡黄色至灰色固体粉末
pH 值	≥6.0
水分/%	≤10.0
细度(0.45mm 筛余量)/%	≤8.0
乳化液稳定性/%	≥96
乳化液塑性黏度/mPa·s	≥5.0
乳化液动切力/Pa	≥5.0

【CX-CFK】 钻井液用液态润滑剂。为油酸酯、脂肪酸酯改性的产物。分子结构为：

$$R(OH)_nCOOR$$

为褐色油状液体，密度 0.92~1.0g/cm³，有轻度甘辛味，是一种水基钻井液润滑剂，可以用于改善钻井、定向钻进、造斜定向施工、完井电测、下套管等钻井施工作业中的井下摩阻状况，提高钻井液包括混油钻井液的润滑能力，降低钻井施工的操作难度，提高钻井施工的安全性，减小压差卡钻的概率，并能够帮助提高钻进速度。其基本作用机理是，产品中含有有机脂肪成分，分子中含有吸附基团，在表面活性剂和吸附基团的作用下，产品能够紧密地吸附在金属（包括钻具、套管等）表面，同时也能够吸附在井壁的壁面上，形成一种由表面活性物质、油酸酯和其他油基物质组成的吸附膜，大幅降低了钻具与井壁间的摩擦阻力。主要优点有：①降低摩阻系数（极压）幅度大，达到90%以上，在使用过程中，效果明显。②见效快，当加入的产品进入井眼中时，即刻有明显地降低钻盘扭矩和起下钻摩阻的作用。③对钻井液的黏度、切力、密度影响很小，有改善滤饼质量的作用。④具有优良的消泡能力。⑤适用于淡水、盐水、饱和盐水、复合盐水和混油钻井液。⑥在使用过程中，直接将产品按需要量混入钻井液中即可。推荐使用加量（体积比），直井钻进时的加量为 1%~2%；定向井、水平井的加量为 2%~3.5%；完井电测封闭液的加量为 2%~4%；混油钻井液的加量为 1%~2%。

CX-CFK 技术指标

项　目	指　标
外观	棕褐色油状液体
荧光等级/级	≤5
起泡率/%	≤10.0
淡水浆中润滑系数降低率/%	≥82.0
盐水浆中润滑系数降低率/%	≥82.0

【CHSP-1】 钻井液用阳离子降滤失剂。抗高温 200℃，抗低、中、高盐，兼有降黏作用和抑制作用，即可用于阳离子抗盐体系，又可用于阴离

英文

子体系，特别适用于深井超深井易垮塌地层钻进，可直接加入或配成稀胶液。

【COATER】　是一种钻井液用聚合物强力包被剂，该剂为乳液，溶解速度快，加入钻井液中 2min 可完全溶解，具有较大的相对分子质量，一般为（1000～1500）×10⁴。在钻井液中，通过多点吸附于岩屑表面，该剂含有正电基团，吸附能力强，能有效地将岩屑包被，有利于机械清除固相。

【CX-GCYZ】　钻井液用硅醇降黏剂。以有机硅类化合物为主要原料，并配以其他改性增效材料复配而成，作为水基钻井液的降黏剂，可有效降低钻井液黏度，维持钻井液流型。并有效抑制黏土颗粒水化分散及黏土层水化膨胀，起到稳定井壁的作用；显著改善钻井液的流变性及滤饼质量；无荧光；易生物降解；便于补充维护。适用于各种类型的水基钻井液，在高密度钻井液中也具有较好的降黏效果。可直接加入钻井液循环系统中。直接加入时要注意加料速度，采用匀速缓慢加入法或间歇式加入法。推荐加量为 1.5%～2.5%。

CX-GCYZ 技术指标

项　目	指　标
外观	浅色黏稠液体
固相含量/%	≥20
常温降黏率/%	≥50
120℃时 16h 热滚后降黏率/%	≥70
相对抑制率/%	≥70

【CX-DEFA】　钻井液用消泡剂。由硬脂酸盐和脂肪酸酯配制而成。分子结构为 R_3Al。该产品为棕褐色流动液体，有轻度甘辛气味，用作水基钻井液消泡剂。基本作用机理是，能够改变钻井液 HLB 值，改变泡沫表面的应力平衡，达到消泡的目的，因此具有广泛的消泡能力。消泡能力强，润滑性好。抗盐、抗钙镁、抗碱。直接加入钻井液中即可。推荐使用加量(体积比)为 0.1%～0.5%。

CX-DEFA 技术指标

项　目	指　标
外观	棕褐色流动液体
密度/(g/cm³)	0.9～1.0
淡水浆中钻井液密度恢复率/%	≥96.0
4%盐水浆中钻井液密度恢复率/%	≥96.0

【CPA-901】　为丙烯酸、丙烯酰胺、丙烯磺酸钠共聚物。属阴离子型多元共聚物，相对分子质量（50～80）×10⁴。该处理剂由于分子中含有一定的磺酸基团，在钻井液中有较强的抗温、抗盐和抗高价金属离子的能力，适用于各种水基钻井液。

CPA-901 质量指标

项　目	指　标
外观	白色粉末
细度(0.42mm 标准筛通过量)/%	100
纯度/%	≥85
表观黏度/mPa·s	≥20
水分/%	≤7
水不溶物/%	≤2
pH 值	8～10

【CX-HP600】　钻井液用液态高分子聚合物。主要成分为丙烯酰胺或烷基丙烯酰胺与丙烯酸、磺酸及其衍生物的反相乳液。分子结构为 $[C_2H_3CONH_2]_m[C_2H_3COONa]_n[C_7H_{13}NO_4S]_x$。该产品为浅色乳状液体，有轻淡油味，用作水基钻井

液的强包被抑制剂。能有效地包被钻屑,抑制黏土分散、造浆,控制钻井液的滤失量,提高钻井液黏度,防止钻头泥包,减轻拔卡程度,改善钻井液的润滑性,控制低密度固相含量的增长。为乳液状速溶性高分子多元共聚物,平均相对分子质量大于 $600×10^4$。长链的分子结构和多种水化、吸附基团,能强力吸附于黏土、钻屑表面,包被钻屑,堵塞钻屑上的微裂缝,阻止自由水进入钻屑内部,减缓钻屑的水化膨胀和散裂速度,从而有效地控制钻井液中低密度固相含量的增长。HP600 有强力稳定井壁、防止钻头泥包、减轻起钻过程中拔卡程度的作用。其产品特点是相对分子质量大,吸附基团和水化基团分布均匀、合理,相对分子质量分布集中,是一种强包被剂和抑制剂。分散性好,溶解速度快,效用高。与固控设备的使用不相冲突。在拥有强包被抑制性的同时,兼具降滤失能力、井壁稳定能力、润滑钻具能力。便于随时补充和维护。可直接加入钻井液中或者配制成胶液使用。推荐使用加量(体积比);抑制黏土分散,包被钻屑,控制滤失量时的加量为 0.3% ~ 1.0%。无固相钻井液的加量为 0.6% ~ 1.5%。隔离液的加量为 0.5% ~ 1.0%。矿山勘探的加量为 0.5% ~ 1.0%。对于石油工程钻井液,主要用于易水化分散地层的钻井预处理及维护,首次加量要达到 0.4% 以上,加入时应控制膨润土含量和加入速度。膨润土含量高,则提黏幅度大,加入速度太快,则易形成稠流。由于产品相对分子质量大,在固相含量高的体系中黏度效应大,建议不要在高密度、高固相的钻井液体系中使用,如需要加入,应在现场进行试验,具体加量根据现场试验结果而定。

CX-HP600 技术指标

项　　目	指　　标
外观	乳状液体
pH 值	6~9
固相含量/%	≥30
特性黏度/(dL/g)	≥12.5

【CAT-FL】　一种阳离子聚合物,为白色粉末。用作阳离子聚合物钻井液的降滤失剂,并具有较好的井壁稳定作用,提高机械钻速和减轻对油气层的伤害效应,通常加量为 0.2% ~ 0.5%。

【CAT-Th】　是一种阳离子聚合物,为白色至淡黄色水溶性粉末。用于阳离子钻井液的降黏剂,并具有较好的井壁稳定作用,提高机械钻速和减轻对油气层的伤害等特点。通常加量为 0.2%~0.5%。

【Ca-HPAN】　即"水解聚丙烯腈钙盐"。

【CAS-2000】　是一种阳离子型磺化沥青粉。在钻井液中用作页岩抑制剂。

【CPS-2000】　是一种钻井液用两性离子聚合物包被剂。

【CrFree-95】　无铬木质素磺酸盐。是一种无铬木质素磺酸盐和水解聚丙烯腈钙的共聚物,为深褐色粉末。在淡水、盐水和海水钻井液中用作降黏剂。其抗温能力可达 150℃,加入钻井液中会发泡,需用一定量的消泡剂。通常加量为 0.4%~0.6%。

【CH 型密闭液】　是大庆油田开发使用的一种密闭取心水基保护液。其配方见下表。

英文

CH 型密闭液配方

类　别	H_2O	$CaCl_2$或 $CaBr_2$	$CaCO_3$	HEC	$BaSO_4$
压力取心	100	56	40	1.4	33
密闭取心	100	0	30	1.3	24

配制工艺：①将一定量的清水加入搅拌罐中，在搅拌过程中加入无水氯化钙或溴化钙。待其溶解后，再慢慢加入碳酸钙，并搅拌均匀，直到碳酸钙颗粒完全悬浮起来为止。②将溶解好的 HEC 溶液加入分散有碳酸钙的溶液中，并搅拌均匀。③在搅拌过程中，根据密度大小的需要加入一定量的重晶石粉，搅拌均匀后，即得到所需配制的密闭液。该密闭液的配制要求是，水质为清洁的中性水；氯化钙（$CaCl_2$）或溴化钙（$CaBr_2$）含水 ≤ 2%，粒度 ≥ 100 目，呈白色无水粉末，碳酸钙（$CaCO_3$）含水 ≤ 3%，粒度在 25 ~ 30μm 之间；羟乙基纤维素（HEC）在配制前先用水溶解好，只有全部溶解后才能使用；重晶石粉（$BaSO_4$）粒度 ≥ 325 目，用于调整密闭液密度。

【COP-PPG 钻井液体系】　见"丙烯酰胺类共聚物-聚丙烯乙二醇钻井液体系"。

【COL-JA】　钻井液用抗温降滤失剂。在 OCL-JB 的基础上与腐殖酸衍生物复配制得，抗温性能更强，可达 200℃以上，与其他钻井液处理剂配伍性良好，适用于深井钻探。

【CST（毛细管吸收时间）法】　是一种通过滤失时间来测定页岩分散特性的方法；即在恒速混合器（高速搅拌器）中测定含量为 15% 的稠页岩岩浆（过 100 目筛）剪切不同时间后的滤失时间，用以表示页岩分散特性。也就是测定页岩岩浆滤液在 CST 仪器的特性，滤纸上运移 0.5cm 距离所需的时间，称为"CST 值"。根据实验结果绘制 CST 值与剪切时间的关系曲线，二者为线性关系，可以用下式表示页岩分散特性：

$$Y = mX + b$$

式中　　Y——CST 值；
　　　　m——页岩水化分散的速度；
　　　　X——剪切时间；
　　　　b——瞬时形成的胶体颗粒数目。

【CAS 型计算机辅助页岩膨胀仪】　该仪器由美国 Baroid 公司生产；用于测量页岩与钻井液接触后的自由膨胀，膨胀量的大小反映了页岩与液体的反应性。该仪器由泥浆池、页岩室、线性可调差变压器、A/D 转换器和计算机等组成。

【DF】　钻井液用单向压力暂堵剂、堵漏剂。是通过独特的机械方法，把经过化学处理的物质加工成不同颗粒和形状，用于封堵微裂缝和砂层的处理剂，它在裂缝和渗透地层表面迅速形成暂堵层，阻止钻井液或其他流体向地层漏失。用途：①封堵微裂缝和砂层。②降低滤饼的渗透性。③预防压差卡钻。④预防漏失。优点：①适用于水基和油基钻井液。②不影响钻井液的流变性。③抗温 180℃。④无毒、对环境无影响。物理性质：①外观：粉末。②易分散。推荐用量：10~50kg/m^3。

DF 技术要求

项　目	指标	
	基浆	基浆+4%试样
表观黏度/mPa·s	7.0~8.0	6.0~9.0
塑性黏度/mPa·s	5.0~6.0	4.0~7.0
滤失量/mL	18.0~21.0	≤16.0
暂堵滤失量/mL	全失（1min）	≤40.0

【DSR】　狄赛尔，高滤失（滤失）堵漏

剂的一种，与 DTR 基本相同。

【DTR】　是一种高滤失堵漏剂；它既可以与清水配成单一的堵漏浆液，也可与钻井液混合，并添加加重剂调整浆液密度，还可与惰性材料复配，适用于不同漏层的需要。对产层或非产层的需要，大漏或小漏均可适用。DTR-1 型（软塞）、DTR-2 型（硬塞）。

【DMP】　是一种天然有机聚合物（被人们称为黑色衍生物），抗温（>200℃）解絮凝剂，用于处理受二价阳离子污染的钻井液（如钙、镁污染等）。范氏稠度仪测试表明，基浆 121℃ 开始快速絮凝，177℃ 热胶凝。经 DMP 处理后，常温至 149℃ 稠度稍降，149~177℃ 稠度不变，232℃ 下泥浆稠度仅为原始稠度的 64%，冷却至室温稠度保持不变。

【DTB】　见"溴化十二烷基三甲基铵（十二烷基三甲基溴化铵）"。

【DTC】　见"氯化十二烷基三甲基铵（十二烷基三甲基氯化铵）"。

【DCM】　堵漏剂的一种。在单独使用时可适用于裂缝性的小漏失，增加中细支撑剂后，也常适用于较大的裂缝性漏失。

【DEFA】　水基钻井液用消泡剂。由硬脂酸盐和脂肪酸酯配制而成，主要成分分子结构为 R_3Al。为棕褐色流动液体，有轻度甘辛气味。能够改变钻井液 *HLB* 值，改变泡沫表面的应力平衡，达到消泡的目的，因此具有广泛的消泡能力。推荐使用加量（体积比）0.1%~0.5%。

DEFA 技术指标

项　　目	指　标
外观	棕褐色流动液体
密度/（g/cm³）	0.9~1.0
淡水钻井液密度恢复率/%	≥96.0
4%盐水浆中钻井液密度恢复率/%	≥96.0

【DSAA】　是一种钻井液用两性离子型低相对分子质量的聚电解质，易吸潮、可溶于水。在钻井液中用作降黏剂，抗温可达 120℃，适用于低固相聚合物不分散体系。

DSAA 质量指标

项　　目	指　　标
外观	白色粉末
水分/%	≤7
降黏率/%	≥80

【DDBC】　见"氯化十二烷基苄基二甲基铵（十二烷基苄基二甲基氯化铵）"。

【DCL-Ⅰ】　是一种"暂堵剂"；在钻井液中分散而不分解，可有效地封堵砂岩层及非胶结地层的井壁。该剂于 DF-12 相同。

【DJK-Ⅰ】　与"AYA-150"相同。

【DJK-Ⅱ】　是一种油基解卡剂；其作用与"SR-301"相同。

配制 1m³DJK-Ⅱ解卡液用料表

密度/（g/cm³）	0 号柴油/m³	DJK-Ⅱ/kg	水/L	重晶石粉/t	塑性黏度/mPa·s	动切力/Pa
0.89	0.79	197	39	0	15~25	1.5~5
1.00	0.76	190	38	0.14	20~30	2.5~7.5
1.10	0.74	185	37	0.27	20~30	5.5~7.5
1.20	0.72	180	36	0.39	20~30	2.5~7.5

英文

续表

密度/(g/cm³)	0号柴油/m³	DJK-Ⅱ/kg	水/L	重晶石粉/t	塑性黏度/mPa·s	动切力/Pa
1.30	0.69	172	35	0.52	20~40	2.5~7.5
1.40	0.66	165	33	0.65	20~40	2.5~7.5
1.50	0.64	160	32	0.77	30~50	5~10
1.60	0.62	155	31	0.90	30~50	5~10
1.70	0.59	148	30	1.03	40~60	5~10
1.80	0.57	143	29	1.15	40~60	5~12.5
1.90	0.55	137	28	1.28	50~85	7.5~15
2.00	0.52	130	26	1.41	60~90	7.5~15
2.10	0.50	125	25	1.54	60~100	10~17.5
2.20	0.48	120	24	1.66	80~120	12.5~20

【Drispac】 见"聚阴离子纤维素"。

【DS-848】 见"磺化油脚"。

【DSMA-6】 钻井液处理剂的一种；由硅油、脂肪酸、非离子表面活性剂等组成。在水基钻井液中用作消泡剂。

DSMA-6 质量指标

项 目	指 标
密度/(g/cm³)	0.85~0.90
酸值(KOH)/(mg/g)	25±2
非皂化物/%	75±2
pH 值	8~9

【DTR 堵漏】 DTR 堵漏剂是具有良好渗透性的物质、纤维状物质及聚凝剂等复合而成的粉状材料，可根据现场需要配制出 DTR-1 型（软塞）和 DTR-2 型（硬塞）高滤失堵剂。该剂既具有高滤失堵漏性能，又能部分酸溶解堵，有利于保护油气层。DTR 浆液可用清水配制（DTR 粉剂∶水 = 1∶6），也可以用钻井液配制，不过用钻井液配制时，应把钻井液加水稀释，以增大其滤失量。根据现场需要，可以在 DTR 浆液中加大桥接剂或加重剂。

【DFD-140】 是一种抗温淀粉产品，为白色或淡黄色的颗粒，分子链上同时含有阳离子基团和非离子基团，而不含阴离子基团。该剂抗温性能好，在 4% 盐水钻井液中可以稳定到 140℃，在饱和盐水钻井液中可以稳定到 130℃。可与各类水基钻井液体系和处理剂相配伍。

【DFD-888】 是一种钻井液用淀粉类低黏降滤失剂，适用于各种水基钻井液。

【Defoam-1】 消泡剂，褐色液体，闪点 57℃，密度 0.85~0.92g/cm³。是高相对分子质量醇类和改性脂肪酸的生物的混合物。可在油中溶解，在水中分散。为水基钻井液或水溶液的消泡剂。其在水基钻井液中使用的浓度较小(<0.05%)，加过量会有相反的效果。

【Defoam-2】 消泡剂，为硬脂酸铝，白色的、类似肥皂的或粉末状物。用于多种钻井液的除泡，可直接加入或用柴油配制使用。

【Defoam-3】 消泡剂，一种非离子型表面活性剂的混合物，为透明液体，密度 0.91g/cm³。可用于水基钻井液的除泡。其在水基钻井液中使用的浓

度较小（<0.05%），加过量会有相反
的效果。

【DMAPMA】 为聚二甲氨基丙烯酰
胺的衍生物，属阳离子共聚物，相对
分子质量在 100×10^4 以上，加量为
0.25%~2%。适用于 120℃ 以上的温
度，长期在 160℃ 下不降解，可用于
淡水、海水和饱和盐水体系，聚合物
中还可引入其他共聚体。

【D. L. V. O. 理论】 D. L. V. O. 理论是
研究带电粒子稳定性的理论。它是
1941 年由苏联学者 Darjaguin 和 Landan
以及 1948 年由荷兰学者 Vewey 和
Overbeek 分别独立地提出来的，故以
它们名字的第一个字母来命名。这一
理论的基本思想是带电粒子之间存在
两种相反的作用力，即双电层重叠时
的静电斥力和粒子间的长程范德华
力，它们的相互作用决定了胶体的稳
定性。当引力占优势时，胶体发生聚
沉；当斥力占优势时，胶体则处于稳
定状态。

【Diacel 堵漏剂】 是由细碎的纸屑、硅
藻土、石灰按一定比例配成的混合
物。纸屑为悬浮剂，最佳用量是
9%~11%。硅藻土是堵漏材料，最佳
用量是 80%~85%。石灰是助滤剂，
并可提高浆液的黏度和动切力，其最
佳用量是 8%~10%。

【DR-I 型润滑剂】 钻井液润滑剂的一
种。为阴离子和非离子复合表面活
性剂。呈棕褐色液体，水溶液呈碱
性，润滑感强。适用于水基钻井液
作润滑剂。并有一定的抗盐、抗钙
能力。

DR-I 型润滑剂质量指标

项　目	指　标
抗钙/（mg/L）	≥2000
抗盐/%	≥35

续表

项　目	指　标
摩阻降低率/%	60~70
pH 值(1%水溶液)	7~9
外观	棕褐色液体

【DAP 聚合物钻井液】 DAP 是磷酸氢
二铵[$(NH_4)_2HPO_2$]的英文缩写，它
可以提供铵离子，作为该体系中的页
岩稳定剂。DAP 是肥料中的普通组
分，在可能的情况下，该体系经处理
后可用作肥料。

【DF-70 自动切力计】 美国劳雷公司
生产，是一种测定钻井液切力和加重
材料悬浮特性的专用设备。实验过
程中，切力管每针入钻井液柱 1in
时，数据采集系统可采集 20 组数
据，当 7in 长的切力管到达罐底时，
计算机控制切力管复位。通过数据
采集、分析并将结果打印绘图，因
而可以全面分析钻井液的触变性和
沉降特性。

【DL-2 型滤饼质量测定仪】 测定滤饼
质量(厚度)的一种专用仪器。其主
要功能有：①能自动找出真假滤饼界
面，精确测定滤饼的真实厚度，尤其
是高温高压滤饼。②能自动绘制出滤
饼厚度与强度的关系曲线。③能自
动显示出滤饼任一厚度位置的强度
大小。④由曲线上可分析出滤饼的
压实程度(包括可压缩的厚度、引起
压缩的临界压力、最终压实压力
等)。⑤由曲线上可分析出滤饼的致
密程度(包括致密层的厚度、致密层
的均匀程度、致密层的强度等)。
⑥由曲线上可分析出滤饼的最终强
度大小。该仪器主要由测量系统、
动力系统和自动记录系统组成，其
结构图如下。

英文

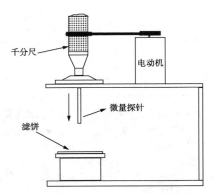

千分尺

电动机

微量探针

滤饼

【DFT 型高温高压动滤失仪】 是由美国 Baroid 公司生产的一种钻井液用专用仪器；用于测定（模拟）循环的钻井液冲刷滤饼时发生的动态滤失。该仪器有一个 500mL 的双端开口高温高压压力室；操作温度为 204℃，压力达 3447kPa，转速 600r/min。

【DMDAAC-AA-AM-AMPS】 为二甲基二烯丙基氯化铵、丙烯酸、丙烯酰胺、2-丙烯酰胺基-2-甲基丙磺酸多元共聚物。为阳离子型，用作钻井液降滤失剂，抗温 180℃、抗盐至饱和，抗高价金属离子污染能力强，还具有较好的防塌效果。在淡水钻井液中的加量为 0.3%，在高矿化度盐水钻井液中的加量为 0.7%。

【DELMAR 便携式气体硫化氢分析仪】 美国劳雷公司生产，该分析仪采用比色的方法，通过测量硫化氢与醋酸铅反应的速率，换算出 H_2S 的浓度。该法对 H_2S 有唯一的选择性，可直读结果，也可与计算机联用。技术参数：0~50PPMV（标准），也可根据要求另行设计量程。其精度为全量程的 1%；可连续工作 12h；重复性为全量程的 1%。

【ECD】 循环当量密度的简称；是指钻井液静液柱压力与钻井液循环时，由于流阻所增加的对地层压力之和，换成钻井液密度；是原钻井液密度与钻井液循环时引起的密度附加值之和。根据国内外的经验，附加值范围是：气层 3.5~5.0MPa；油层 1.5~3.5MPa。

【EL-40】 即"聚氧乙烯蓖麻油"。

【EO-PO】 是一种多元醇类共聚物（环氧乙烷-环氧丙烷）。EO-PO 共聚物是由环氧乙烷和环氧丙烷在碱性作用下，开环聚合而成，反应式如下：

$$CH_2 - CH_2 + CH_3CH - CH_2 \xrightarrow[RONa]{NaOH}$$

$$HO + CH_2CH_2O \,\frac{}{m} + CH_2CHO \,\frac{}{n} H$$
$$\qquad\qquad\qquad\qquad CH_3$$

EO-PO 共聚物相对分子质量一般为几百—几万，为浅黄色或棕色液体（据起始剂不同而稍有差别），低毒，它的水溶性除了与相对分子质量和温度有关外，还与 EO/PO 比例密切相关。一般来说，EO 所占比例越大，水溶性越好，当 EO 质量百分数<20% 时，即使相对分子质量很小，它也不溶于水。用在钻井液中的 EO-PO 共聚物，EO 所占比例不宜过大，原因有：①比例太大，易发泡。②比例太大，亲水性强，防塌、防卡、防泥包效果差。EO 控制在 15%~20%，相对分子质量在 2000~3000 之间较好。

【EDTMP】 羟乙基叉二磷酸氨基三叉磷酸乙基胺四叉磷酸盐。在水钻井液中用作降黏剂。

【EDTMPS】 即"乙二胺四甲叉硫酸盐"。

【Emul-1】 乳化剂，非离子水包油型表面活性剂，用于水基钻井液，可提高固体颗粒表面的亲水润湿性，改善水基钻井液的抗温和乳化稳定性，对流变参数和滤失性能有稳定作用。

【Emul-2】 乳化剂，阴离子油包水型表面活性剂，可提高固体颗粒表面的亲油润湿性，改善水基钻井液的抗温和乳化稳定性，对流变参数和滤失性能有稳定作用。

【Emul-3】 乳化剂，有机型表面活性剂，常用作油包水反相乳化钻井液的乳化剂和润湿剂，它的主要优点是可提高其电稳定性。

【EP 极限压力润滑仪】 美国劳雷公司生产，该仪器适用于：①测量钻井液的润滑质量。②评价钻井液用润滑剂。③观测机械部件在已知液体体系中的摩擦速率。

【EDTA（0.1mol/L）标准溶液】 称取37g 二级纯 EDTA 溶于水，并稀至1000mL，以优级纯碳酸钙进行标定。其标定方法是：准确吸取 30mL 碳酸钙标准溶液，置于 300mL 烧杯中，用水稀至 150mL 左右，滴加200g/L 氢氧化钠至 pH = 12，过量2mL，加入少许钙指示剂，至溶液呈酒红色，用 EDTA 标准溶液滴定至溶液变为纯蓝色。EDTA 标准溶液中 EDTA 的浓度 C_{EDTA}（mol/L）按下式计算：

$$C_{EDTA} = \frac{m}{56.08 \times V}$$

式中 m——氧化钙的质量，mg；
V——滴定时消耗的 EDTA 标准溶液的体积，mL；
56.08——氧化钙的摩尔质量，g/mol。

【FT1】 钻井液处理剂的一种。属磺化沥青类，在钻井液中用作泥页岩抑制剂。

FT1 质量指标（SY/ZQ 014—1989）

项 目	指 标
pH 值	8~9
水分/%	≤8.0
磺酸钠基/%	≥10
水溶物/%	≥70
油溶物/%	≥15
HPHT 滤失量/（mL/30min）	≤25

【F601】 是一种"包被剂"，有效地抑制页盐水化膨胀，控制地层造浆，有改善流型、降低摩阻等作用。可与各种聚合物配合使用，也可使用于饱和盐水钻井液。

【FGA】 见"多元醇树脂"。

【FLA】 烯类单体，用作钻井液降滤失剂，在淡水钻井液中加量为 1.5%，在饱和盐水钻井液中加量为 2%，在海水钻井液中加量为 1.5%，在含氯化钙 5% 的钻井液中加量为 2% 时可抗温 220℃。

【FLP】 黏土分散剂。淡黄色液体，有轻淡油味，含有多种官能团，在黏土颗粒表面含有多种吸附水化层，有效降低黏切，防止泥包卡钻，保持聚合物在钻井液中的结构，降低钻井液的滤失量。推荐用量 0.5%~1.5%。

【FSK】 是一种钻井液用高温降黏剂。属于降黏剂；其组分为橡碗栲胶、氢氧化钠、亚硫酸铁、甲醛等。外观特征为棕褐色粉末或颗粒，极易溶于水，水溶液呈酸性，无毒，吸潮性强。在淡水钻井液中用作降黏剂，抗温180℃，并能改善滤饼质量。一般加量为 0.5%~2%。

FSK 质量指标

项　目		指　标	
		经 20℃ 陈化 24h	经 180℃ 陈化 24h
安丘土基浆 （土：纯碱：蒸馏水 = 80：4：1000）	漏斗黏度/s	160~200	流不出
	动切力/Pa	≤16.7	≤28.7
	1min 切力/Pa	≤9.5	≤28.7
	10min 切力/Pa	≤23.9	≤38.3
经 2%FSK 处理后	漏斗黏度/s	≤30	≤60
	动切力/Pa	≤4.8	7.6
	1min 切力/Pa	9.6	7.2
	10min 切力/Pa	14.3	6.7
干基水不溶物/%		≤2.0	
水分/%		≤10.0	

【FPS】　微裂缝封堵用护壁材料，外观为白色或淡黄色胶乳，无毒；外相为水的乳液聚合物。是一种双亲胶乳封堵护壁材料，是在废聚苯乙烯泡沫形成的刚性球表面接枝上柔性长链而成。可以在水中分散，且能长链缠绕、刚性球架桥形成亲油膜，起到封堵作用。FPS 粒径在 0.1~10μm 之间，能有效封堵不同尺寸微裂缝，降低钻井液高温高压滤失量；以废聚苯乙烯泡沫为主要原料，节能环保，抗温能力强，可达 180℃；分子结构中含有强极性基团，分子间作用力强，成膜性能强，韧性好，膜效率高于磺化沥青；无荧光，可在探井中使用。适用于含微裂缝、层理发育的（硬脆性）泥页岩地层，可用于淡水、盐水、聚磺钾盐和一般钙处理钻井液，其加量一般为 2.0%~5.0%。

【FCLS】　见"铁铬木质素磺酸盐"。

【FXHR】　钻井液用聚合醇的一种。主要由烯醇类单体和乙二醇类单体在一定条件下聚合而成，基本结构中主要官能团是众多的羟基基团，并有少量的其他官能团。聚合醇高分子聚合物由于其特有的分子结构，众多的羟基基团具有较好的吸附特点，在兼顾防塌、润滑、环保及保护油气层方面均有较好的效果，聚合醇是一种非离子型表面活性剂，成黏稠状乳白色液体，溶于水，它的亲水特性受温度的影响很大，当温度升到一定程度时，聚合醇从水中析出，呈油类特性，这个温度临界点叫浊点。这个随着温度升高而在水中溶解度下降的效应叫聚合醇的浊点效应。

【FeHm】　见"腐殖酸铁"。

【FK-1】　防卡润滑剂的一种，该产品是 14~18 碳的饱和和非饱和脂肪酸甘油酯的混合物。其中，不饱和脂肪酸甘油酯约占 75%，饱和脂肪酸甘油酯约占 25%。为棕红色油状液体，凝点<5℃，无毒。加量一般为 0.5%，K_f 值下降率为 30%~80%。一般情况下滤失量可降低 5% 左右。在淡水、盐水、饱和盐水钻井液中，有较好的润滑性，能降低滤饼摩擦系数，有助于防止压差卡钻。无荧光，不产生明显的气泡，能与多种处理剂配伍使用。

英文

【F-501】 钻井液处理剂的一种。属聚丙烯酸钾复合产品，与 HZN101（Ⅱ）基本相同，在钻井液中主要起稳定井壁、抑制地层造浆等作用。

F-501 质量标准

项　目	指　标
固相含量/%	>90
挥发分含量/%	<10
分子量/10^4	≥300
羧钾含量/%	30±2
粒度(40目)/%	100
残留 AM/%	<0.7

【FA367】 是一种两性离子聚合物强包被型降滤失剂，它的吸附强度高，吸附速度快，可有效地抑制泥页岩水化膨胀及地层造浆，并兼有改善流型、降低摩阻等功能。可与各种聚合物配合使用，在淡水、饱和盐水中都能够发挥其作用。

FA367 质量指标

理化性能	
项　目	指　标
外观	白色或淡黄色粉末
水分/%	≤10
1%水溶液表观黏度/mPa·s	≥30
筛余物(40目筛)/%	≤10
pH 值	1~9

钻井液性能

项　目	表观黏度/mPa·s	塑性黏度/mPa·s	API滤失量/mL
淡水基浆	7~9	3~5	20
加 0.2%	≥20	≥15	≤15
盐水基浆	4~6	2~4	60
加 1%	≥20	≥15	≤1

【FDJ】 复合型堵漏剂的一种。以惰性硬堵材料为主要原料，以无机盐为增强剂，以聚合物为助效剂。FDJ-1 适用于漏速<$10m^3$/h 的堵漏；FDJ-2 适用于漏速 10~$30m^3$/h 的堵漏；FDJ-3 适应于漏速 30~$50m^3$/h 的堵漏。

【FD-1】 即"单向压力封闭剂"。

【FJ9301】 钻井液用降滤失剂的一种，主要用于聚合物淡水和盐水钻井液。

【FD-12】 单向封闭堵漏剂的一种；用于水基钻井液的渗透性漏失，也用于地层破裂的堵漏，这种堵漏剂的特点是，可在钻井液循环时进行堵漏，也可短时间静止，是一种良好的堵漏材料。

【FHY-I】 由有机磷酸盐、腐殖酸盐等有机物共聚缩合而成的一种降黏剂。并且有改善滤饼质量、降低滤失量等优点。

【FT-341】 为磺化沥青稠液状，在水基钻井液中起保护井壁、防止井塌、防卡润滑、降低滤失量等作用。

FT-431 标准（SY/ZQ 015—1989）

	项　目	指　标
理化指标	外观	黑色流动膏状体
	磺酸根含量/%	4~7
	挥发分/%	≤55
	pH 值	8~9
性能指标	表观黏度/mPa·s	≤13.0
	塑性黏度/mPa·s	≤7.0
	HTHP 滤失量/(mL/min)	≤110
	滤失量/(mL/30min)	≤16.0

【FT-342】 为"磺化沥青粉"；可与各种钻井液体系配伍，用于淡水及盐水钻井液体系。

英文

FT-432 标准（SY/ZQ 015—1989）

	项　目	指　标
理化指标	外观	黑色粉剂
	磺酸根/%	13~28
	挥发分/%	≤10
	pH 值	8~9
	细度（20目筛余量）/%	≤20
性能指标	表观黏度/mPa·s	≤12.0
	塑性黏度/mPa·s	≤8.0
	HTHP 滤失量/(mL/min)	≤90
	滤失量/(mL/30min)	≤14.0

【FeCrHm】　见"腐殖酸铬铁"。

【Foam-1】　发泡剂，是烷基磺酸钠溶液，白至浅黄色。是一种阴离子型表面活性剂，主要用作水基钻井液的发泡剂，也可用作乳化物稳定剂和水包油型乳化剂。

【Foam-2】　烷基苯磺酸钠，白至浅黄色溶液。为阴离子型表面活性剂，主要用作水基钻井液的发泡剂和高温含盐的乳化稳定剂，也是一种水包油型乳化剂。

【FP-8000 滤失仪】　是美国劳雷公司生产的一种钻井液用高温高压及常温常压动态滤失仪。该仪器测量钻井液在静态或动态条件下所发生的滤失量，它配有 175mL 或 500mL 的测试室，该室装配在绝热的不锈钢套箱内，加热均匀，仪器能同时测量测试室和钻井液温度，所测滤失量是当钻井液温度达到设置值时进行的，该仪器带有数字式温控仪，温度控制范围为 450℉，并用数字显示。

【FOP 型滤饼针入度仪】　是由美国 Baroid 公司生产的一种专用仪器；用来精密测量滤饼厚度及评价滤饼质量。

【FANN75 高温高压黏度计】　该仪器可在高温高压条件下测量流体的流变性。转速为 3~600r/min；最高温度为 260℃；最高压力 20000psi；样品体积 175mL。

【GP】　即"聚氧丙烯聚氧乙烯聚氧丙烯甘油醚"。

【GBH】　钻井液用抗高温保护剂，用于维持、保护降滤失剂在高温条件下的性能。可以大幅提高磺化聚合物的抗高温降滤失性能、高温稳定性能及钻井液体系的整体抗温性能。可抗 240℃，主要由抗高温保护剂、高温降滤失剂、封堵剂、增黏剂等组成。具有良好的流变性能、抑制性能和抗钻屑污染性能。

【GRA】　是一种井壁保护剂，为带有金属光泽的黑色粉末。能有效地抑制页岩膨胀，控制高温高压滤失量，有良好的井壁保护作用。

GRA 质量指标

GRA-1		GRA-2	
项　目	指　标	项　目	指　标
外观	黑色粉末	外观	黑色粉末
水分/%	≤15~28	挥发分/%	≤20
水溶液分散性/%	≥90	高温钙盐滤失量/mL	≤25
高温钙盐滤失量/mL	≤25	相对膨胀降低率/%	≥50
黏滞系数降低率/%	≥30		

【GCA】　钻井液用油层保护剂。其主要成分为超细碳酸钙（$CaCO_3$），在钻井中是一种可酸化的加重剂，主要用于提高水基钻井液和油基钻井液的密度。还可制成不同粒径用于架桥和堵塞。用途：①增加钻井液的密度。②控制地层压力。③降低滤失。④桥堵、油层保护。优点：①在 15% 的 HCl 溶液中 100% 溶解。②提供有效的架桥。物理性质：①外观：粉末。②密度：$2.7g/cm^3$。推荐用量：1.0%～5.0%。

SL-GCA 技术要求

项　　目		指　　标	
		Ⅰ 型	Ⅱ 型
密度/（g/cm^3）		2.7±00.1	2.50±0.1
$CaCO_3$ 含量/%		≥97.0	≥97.0
酸不溶物含量/%		≤1.0	≤1.0
粒度	大于 20μm/%	≤20.0	≤5.0
	小于 2μm/%	≤30.0	≤40.0
	X_{50}（中值直径）/μm	4.0～10.0	2.0～4.0

【GSP】　即"广谱护壁剂"。

【GUG】　钻井液用"胍胶"，增黏剂。胍胶是一种适用于淡水、盐水和饱和盐水钻井液的高效增黏剂，并兼有降滤失作用。抗温 120℃。用途：①水基钻井液的高效增黏剂。②改善钻井液的清洗能力。③配制低固相钻井液。优点：①在较低加量下效果明显。②作用效果快。物理性质：①外观：粉末。②易分散溶解。推荐用量：0.2%～1.0%。

CUG 技术要求

项　　目	指　　标
粒度（120 目）/%	≥99.5
黏度/mPa·s	≥50.0
水不溶物/%	≤4.5
水分/%	≤8.0

【GRH】　是一种钻井液用固体防塌润滑剂，在钻井液中具有润滑、防塌、防卡及降滤失量等作用，并且抗温、耐极压、耐研磨、抗污染、抗盐达饱和、易分散等特点。在钻井液中，随钻加入，一般用量为 1.5%～2%。

GRH 技术要求

项　　目	指　　标
外观	黑色或棕色褐色粉末
pH 值	7～9
水分/%	≤10
细度（0.250mm 筛筛余）/%	≤10
密度/（g/cm^3）	1.5～2.2
润滑系数降低率/%	≥50
LEM 扭矩降低率/%	≥40
相对膨胀率/%	≤75

【GN-1】　为低聚物降黏剂，同"XA-40"。用于水基钻井液。

【GD-1】　高强度静止堵漏剂的一种，它具有形成网状结构的能力，在井内高温高压下，能较快地聚凝，从而提高了漏层的堵漏效果和抗破强度。它与沥青类产品配伍使用，其效果更好。

GD-1 技术要求

项　　目	指　　标
外观	灰色或浅灰白色粉状及颗粒
水分/%	≤10
细度（20 目筛余）/%	≤10
水溶物/%	≤10
堵漏能力/%	≥70

【GD-2】　为井壁封固剂，属随钻堵漏剂的一种，可通过 40 目振动筛。在渗透性地层和微裂缝地层中具有防

英文

漏、堵漏的能力，并能形成网状结构，提高抗破能力。在油气产层能较快地形成屏蔽暂堵环，起到保护油气产层的作用。与沥青类产品配伍使用，其效果更佳。

GD-2 技术要求

项　目	指　标
外观	灰色或浅灰白色粉状及颗粒
水分/%	≤10
细度(40目筛余)/%	≤8
水溶物/%	≤10
承压强度提高值/MPa	≥2
堵漏能力/%	≥70

【GD-3】　随钻堵漏剂的一种，可通过60目振动筛，在渗透性漏失层它具有防漏、堵漏的功能，而且在渗透性漏失层能较快地形成屏蔽暂堵环。在油气产层也能较快地形成薄而韧的滤饼，起到保护油气产层的作用。与沥青类产品配伍使用，其效果更佳。

GD-3 技术要求

项　目	指　标
外观	灰色或浅灰白色粉状及颗粒
水分/%	≤10
细度(60目筛余)/%	≤8
水溶物/%	≤10
承压强度提高值/MPa	≥2
堵漏能力/%	≥70
密度/(g/cm³)	2.4~2.6
API 滤失量上升幅度/%	≤15

【GD-4】　是一种复合型高强度快速随钻堵漏剂，在随钻防漏堵漏工艺中，可广泛应用。GD-4 的密度为 2.3~2.5g/cm³，细度可通过 80 目振动筛。

它的特点是：①能黏结封固破碎性裂缝漏层，使微裂缝尺寸不再随井内压力而变化，从而真正提高地层的承压能力，适应各种类型的复杂漏层。②不影响固控，同时不影响摩阻、滤失量和流变性等性能，便于性能控制。③对一般漏层能做到边漏边钻，对恶性漏失静止24h后能迅速提高承压能力。④现场施工工艺简单，便于操作和维护。其使用要点是：①由于它是高强度快速随钻堵漏剂，通过桥堵、聚凝和固化的机理产生良好的防漏堵漏效果，因此，随钻防漏堵漏钻井液对各种类型的漏层有较强的适应能力，可用于各种复杂的漏失层的防漏堵漏。在漏失层位多、漏失井段长的调整井中应用具有明显的效果，可尽量减少常规的憋挤堵漏等大型施工。②配制 GD-4 随钻防漏堵漏钻井液的方法是，在预计钻入漏层前100m，调整好钻井液性能(特别是钻井液的滤饼质量，有助于提高防漏堵漏的效果，淡水钻井液需要适当加入部分 SMC 处理剂)，然后在全井加入3%GD-4，如预计有大裂缝或大孔隙漏层，应同时加入 GD-1 或 GD-2 堵漏剂。钻进漏层过程中，注意按相同比例补充堵漏剂。③对于漏速小于15m³/h 的漏层。通过补充 GD-4 和膨润土浆可边漏边钻，漏失量大于15m³/h 时视情况可起到安全井段，降低排量，循环补充钻井液量和堵漏材料，然后用正常排量观察钻井液返出量是否正常，如钻井液排量恢复正常即可分段循环下钻到底恢复钻进。对有进无出的恶性漏失，须起到套管内静止 24h 以上，补充堵漏剂和钻井液后，分段循环下钻到底恢复钻进；④对严重漏失的井固井下套管前通井时，必须大剂量再补充一次 GD-4，

英文

以保证固井施工顺利。⑤除较大裂缝漏失层需要复配 GD-1 外，GD-4 均能较好地通过振动筛，因此，钻井过程中应用好振动筛(60 目以上)和其他固控设备，保证钻井液质量。⑥GD-4 也用于高密度饱和盐水钻井液，使用方法同上。

GD-4 技术要求

项　目	指　标
外观	灰色或浅灰白色粉状或颗粒
水分/%	≤10
细度(60 目筛余)/%	≤8
水溶物/%	≤15
承压强度提高值/MPa	≥2
堵漏能力/%	≥70
密度/(g/cm³)	2.2~2.5
API 滤失量上升幅度/%	≤10

【GX-1】 是一种钻井液用有机硅降黏剂。

【GD-18】 复合离子多元共聚物。在水基钻井液中用作降黏剂。

【GK-97】 钻井液用聚合物降滤失剂的一种，为丙烯酸和丙烯酰胺的共聚物，它具有相对分子质量低、降滤失效果好而不提黏等优点，适用于淡水、盐水和饱和盐水等钻井液。

GK-97 质量指标

加　量		表观黏度/mPa·s	滤失量/mL
淡水浆	加 0.2%	≤30	≤15
复合盐水浆	加 1%	≤20	≤20
饱和盐水浆	加 1%	≤10	≤15

【GTY-1】 钻井液用固体润滑剂。是一种片状的润滑剂，在钻井液中起到类似滑动的润滑作用，在高压力下不

破碎，抗温 260℃。用途：①提高水基钻井液的润滑性。②减少扭矩和摩阻。③防止压差卡钻。④改善水平井的润滑性。优点：①化学惰性。②不溶于水。③抗温好。物理性质：①外观：黑色颗粒。②易分散于水。推荐用量：1.0%~3.0%。

GTY-1 技术要求

项　目	指　标
外观	黑色粉末
密度/(g/cm³)	1.90~2.22
筛余量/%	≤8.0
水分/%	≤10.0
润滑系数降低率(1%)/%	≥40.0

【Gel-OB】 一种油基钻井液用有机膨润土，是由普通膨润土经化学改性制成的亲油膨润土，主要用作油基钻井液的配制。

【GCYZ-1】 硅醇降黏剂。以有机硅类化合物为主要原料，并配以其他改性增效材料物质复配而成，作为钻井液降黏剂，可有效降低钻井液黏度，维持钻井液流型。特点是：①有效抑制黏土颗粒水化分解及土层水化膨胀，起到稳定井壁的作用。②能有效改善钻井液的流变性及滤饼质量。③无荧光，不干扰录井，可用于探井和评价井。推荐加量：1.5%~2.5%

GCYZ-1 技术指标

项　目	指　标
外观	浅色黏稠液体
固相含量/%	≥20
常温降黏率/%	≥50
120℃16h 热滚后降黏率/%	≥70
相对抑制率/%	≥70

【GB-300】 见"甘油聚醚"。

英文

【GRJ-Ⅱ】 钻井液润滑剂的一种；属固体润滑剂，为钢化玻璃小球，在钻井液中改善润滑性能，可在井壁上形成一种多层微轴承，使钻杆和井壁之间产生的滑动摩擦转变为滚动摩擦，使钻杆和井壁之间的面接触变为点接触，从而降低黏附系数、摩擦阻力和扭矩。防止黏附卡钻。广泛用于水基或油基钻井液的润滑方面。

【GHT-95】 钻井液用除硫剂，锌基类。

【HD】 是一种桥接复合堵漏剂。可堵住 9mm 以下的裂缝。与单向压力封闭剂复配效果较好。该堵漏剂由核桃壳、云母、橡胶、棕丝、蛭石、棉籽壳、锯末复配而成，其配比为 3 : 2 : 3 : 0.1 : 2 : 1 : 1。

【HP】 钻井液用高黏乳液聚合物。主要成分为丙烯酰胺或烷基丙烯酰胺与丙烯酸、磺酸及其衍生物的反相乳液聚合物。主要成分分子结构为 $[C_2H_3CONH_2]_m[C_2H_3COONa]_n[C_7H_{13}NO_4S]_x$。为浅色乳状液体，有轻淡油味，用作水基钻井液的包被抑制剂和提黏降滤失剂。能包被钻屑抑制黏土分散，控制钻井液滤失量，提高钻井液黏度，改进钻井液的润滑性能。HP 为乳液状速溶性高分子多元共聚物，分子链上有多种水化、吸附基团，使它能吸附于黏土、钻屑表面，包被钻屑，堵塞钻屑上的微裂缝，阻止自由水进入钻屑内部，减缓钻屑的水化膨胀和散裂速度，从而有效地控制钻井液中低密度固相含量的增长，降低钻井液滤失量。同样的机理，HP 有稳定井壁、防止钻头泥包、减轻起钻过程中拔卡程度的作用。产品特点：①吸附基团和水化基团分布均匀合理，相对分子质量分布集中，是一种包被剂、抑制剂和降滤失剂。②与固体聚合物相比较，分散性好，溶解速度快，效用高。与固控设备的使用不相冲突。推荐使用加量(体积比)：抑制黏土分散，包被钻屑，控制滤失量为 0.3% ~ 1.0%；无固相钻井液为 0.6%~1.5%。

HP 技术指标

项 目	指 标
外观	均一乳状液体
pH 值	6~9
固相含量/%	≥30
1%水溶液表观黏度/mPa·s	≥60
常温 API 滤失量/mL	≤10
120℃热滚 16h 后 API 滤失量/mL	≤10

【HL】 钻井液用抗温降滤失剂。采用溶液聚合方法使 AM 和 AMPS 共聚，然后进行一定程度的 Hofmann 降解，形成两性离子共聚物降滤失剂。具有良好的降滤失性能和耐温性能，含量 1.5%的人工海水钻井液经 180℃老化后，API 滤失量仅为 5.6mL，可满足饱和盐水、人工海水、含钙盐水不同环境的要求。

【HEC】 钻井液用增黏剂。中文名称"羟乙基纤维素"。是一种适应于淡水、盐水和饱和盐水钻井液的高效增黏剂，加入很少的量(0.2% ~ 0.3%)，即可产生较高的黏度，并兼有降滤失作用。它的一个显著特点是在增黏的同时不增加切力，抗温 120℃。用途：①水基钻井液的高效增黏剂。②改善钻井液的流变性。③水基钻井液的降滤失剂。优点：①在较低加量下效果明显。②抗盐性好。物理性质：①外观：粉末。②易分散溶解。推荐用量：0.1% ~ 0.5%。

HEC 技术要求

项　目	性　能		
	C-1000	C-700	C-500
灰分/%	≤3.0	≤3.0	≤3.0
pH 值	6.0～7.0	6.0～7.0	6.0～7.0
纯度/%	≥93.0	≥93.0	≥93.0
取代度/MS	1.20～1.80	1.20～1.80	1.20～1.80
水不溶物/%	≤2.0	≤2.0	≤2.0
黏度(2.0%水溶液)/mPa·s	≥1000	700～1000	500～700

【HPS】　见"羟乙基纤维素"。

【HDZ】　钻井液处理剂的一种；为磺化苯乙烯-马来酸酐共聚物，载有高密度负电荷，大大增强了在黏土颗粒上的吸附作用，链上载有高密度水化基团，使颗粒周围的水化层加强，苯磺酸基不仅加强了水化作用，而且有较强的共轭作用，加强了链的热稳定性和刚性，用它处理的钻井液能形成稳定的、强刚性的网状结构，有效地防止高温絮凝，以及其他危害钻井液性能的高温作用。

【HMF】　是"SMC、SMP-I"等缩合共聚物，用作三磺钻井液体系及抗温钻井液体系的高温高压降滤失剂。

【HLR】　是一种钻井液用润滑防塌降滤失剂，在钻井液体系中不增黏，具有抗盐、抗钙、抗镁的能力，抗温可达150℃。适用于硬脆性地层、煤层、易坍塌破碎地层。在淡水钻井液中的一般加量为1%～3%，在盐水钻井液中的一般加量为1%～5%。

【HICO】　是一种钻井液用抗高温和高矿化度处理剂，以2-丙烯酰胺基-2-甲基丙烯酸(AMPS)为主体，并引入乙烯基单体进行自由反应。适用于淡水、盐水、饱和盐水及高钙钻井液体系。

【HN-1】　见"改性石棉"。

【HT-2】　为黑褐色自由流动颗粒或粉末，由腐殖酸通过碱化改性后而得。产品中含有—COOK、—CONH₂、—COONa、—CN 等基团。由于钾离子的存在，有良好的防塌效果，并有一定的降滤作用，易溶于水。

HT-2 技术指标

项　目	指　标
外观	黑褐色自由流动颗粒或粉末
水分/%	≤18.0
湿筛通过率(80目)/%	≥90.0
腐殖酸含量/%	45.0
钾离子含量/%	≥10.0
氯离子含量/%	≤3.0
滤失量/mL	≤15
相对膨胀降低率/%	≥50.0

【HMPa】　是一种充分水解的聚丙烯腈和聚丙烯酰胺的共聚物，白至淡黄色粉末。在温度160℃左右、含盐量1000000mg/L时可有效降低失量，同时还具有较好的降黏效果。通常其加量为0.3%～0.6%。

【HJ-I】　是特种油脂经化学处理而制成的钻井液消泡润滑剂。适用于水基钻井液，具有消泡能力强、抗温性能好、润滑性能优异等特点，对化学处理剂产生的发泡以及物理机械造成的钻井液气泡均有较强的消泡作用。并且有防泡、消泡作用。

【HSHY】　又称黄河2号降黏剂。它是一种改性磺化单宁，在钻井液中用作抗温稀释剂；在水泥浆中用作缓凝剂，在压塞液、顶替液中用作螯合剂，其螯合钙、镁的能力为2000mg/L。见"黄河2号降黏剂"。

【HCHO】　见"甲醛"。

【HPAN】　见"水解聚丙烯腈钠盐"。

【HBF-1】　钻井液用可降解分散剂，木质素腐殖酸缩合物。由木质纤维素和腐殖酸提纯缩合后而成，在钻井液中可改善其流动性，降低钻井液的黏度；同时，由于其相对分子质量相对偏大，可对带有电性的黏土矿物进行吸附和包闭，改变钻井液中黏土的颗粒级配，起到稳定膨润土的作用；由于采用天然材质改造而成，可在自然环境中分解。在钻井液中加入时，应配成5%~15%液体按钻井液的循环周慢慢加入；由于该产品为酸性，但最佳使用pH值为9.5~10，故在加入时应根据具体情况补充NaOH。

【HMP21】　见"双聚水解聚丙烯腈铵盐"。

【HP600】　钻井液用高分子乳液包被抑制剂。丙烯酰胺或烷基丙烯酰胺与丙烯酸、磺酸及其衍生物的反相乳液聚合物。主要成分分子结构为 $[C_2H_3CONH_2]_m[C_2H_3COONa]_n[C_7H_{13}NO_4S]_x$。为浅色乳状液体，有轻淡油味，用作水基钻井液的强包被抑制剂。能有效地包被钻屑，抑制黏土分散、造浆，控制钻井液的滤失量，提高钻井液黏度，防止钻头泥包，减轻拔卡程度，改善钻井液的润滑性，控制低密度固相含量的增长。HP600是乳液状速溶性高分子多元共聚物，平均相对分子质量大于 $600×10^4$。长链的分子结构和多种水化、吸附基团，能强力吸附于黏土、钻屑表面，包被钻屑，堵塞钻屑上的微裂缝，阻止自由水进入钻屑内部，减缓钻屑的水化膨胀和散裂速度，从而有效地控制钻井液中低密度固相含量的增长。同样的机理，HP600有强力稳定井壁、防止钻头泥包、减轻起钻过程中拔卡程度的作用。推荐使用加量（体积比）：抑制黏土分散，包被钻屑，控制滤失量0.3%~1.0%；无固相钻井液0.6%~1.5%；隔离液0.5%~1.0%。

HP600 技术指标

项　目	指　标
外观	乳状液体
pH 值	6~9
固相含量/%	≥30
特性黏度/(dL/g)	≥12.5

【HLB 值】　即表面活性剂的亲水亲油平衡值（HLB 值），是活性剂分子的亲水性和亲油性的相对强度的数值标度，也是活性剂的重要性能参数之一。见"亲水亲油平衡值"。HLB 值的测定一般采用比较测定法，也称乳化法，对每种油料而言，要使它与水发生乳化，生成水包油型（O/W）或油包水型（W/O）乳状液，就要求表面活性剂有一个合适的 HLB 值（称为该油料乳化的 HLB 值）。例如：煤油形成水包油型（O/W）乳状液要求活性剂的 HLB 值是 12.5。活性剂油酸钠的 HLB 值为 18，设另一个活性剂的 HLB 值为未知数 HLB_x，可以把未知活性剂按不同比例与油酸钠混合形成若干种不同组成的混合活性剂，通过实验看哪种混合活性剂能使煤油与水形成水包油型（O/W）乳状液，此种混合活性剂的 HLB 值为 12.5。若在该实验中油酸钠同未知活性剂的比例是 2∶8，则有如下关系：

$$\frac{8}{8+2}HLB_x+\frac{2}{8+2}×18=12.5$$

则未知活性剂的 HLB 值为：

$$HLB_x=\frac{12.5-3.6}{0.8}=11.12$$

本实验选择煤油为标准油，油酸钠作为标准活性剂。当然可以选用其他油料作为标准油，也可以选择其他 HLB 值为已知数的活性剂作为标准活性剂。

实验步骤如下：

（1）5 支有磨口、带塞并有刻度的试管（洗净），分别注入 5mL 煤油。

（2）好的 10g/L 油酸钠溶液及 10g/L 未知 HLB 值的活性剂溶液，分别按下列比例进行混合。

油酸钠/mL	1	2	3	4	2.5
未知活性剂/mL	4	3	2	1	2.5

每份混合活性剂都是 5mL，分别注入 5 支盛有煤油的试管中，用磨口塞紧，充分摇动约 1min，然后静置 10min。观察并对比 5 支试管中的乳化情况，量出每只试管中的乳化液的长度，找出乳化最稳定的比例。

（3）为了比较精确地测定未知活性剂的 HLB 值，可对乳化较好的比例再精细对比，重复上述实验。

（4）按上述公式进行计算。

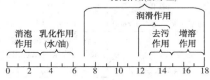

表面活性剂的 HLB 值
与其作用领域的对应关系

【HL-Z1】　见"海泡石土"。

【HL-Z2】　见"海泡石土"。

【HFE-20】　见"聚氧乙烯高碳羧酸酯-20"。

【HY-202】　是一种钻井液用固体润滑剂，具有突出的润滑性和回弹作用，有明显的封堵效果，并能有效地改善滤饼质量，降低滤失量，稳定井壁。

【HY-203】　是一种钻井液用低荧光油基润滑剂，该剂能有效地吸附在金属表面和滤饼的表面，从而达到降低扭矩、防止黏附卡钻的目的。

【HY-205】　是一种钻井液用井壁稳定剂，无荧光、无毒、无磨蚀作用，耐温大于 180℃。该产品可以针对不同的岩石缝隙，通过参与封堵孔隙，使井壁具有柔韧性和可伸缩性，可明显地降低滤饼润滑系数。其推荐加量，一般情况下为 1%～3%，封堵作用时为 3%～5%。

【HY-206】　是一种钻井液用超细目碳酸钙。

【HY-208】　是一种钻井液用屏蔽暂堵剂。

【HFX-101】　钻井液用消泡剂，为均质自由流动液体，有较强的消泡和抑泡能力。一般加量为 0.1%～0.5%。

HFX-101 质量指标

项　　目	指　　标
外观	均质自由流动液体
pH 值	7.5～8.5
密度/(g/cm³)	≥1.03
消泡时间/s	≤120

【HFP-101】　是一种固体消泡剂，为白色自由流动粉末。用于消除钻井液中各种类型的泡沫，并能改善钻井液的流变性能，易溶于水，一般加量为 1%～2%。

HFP-101 质量指标

项　　目	指　　标
外观	白色固体粉末
消泡时间/s	≤120

【HRH-101】　是一种低荧光水基润滑剂，为自由流动液体。水溶性好、润滑性好、荧光级别低，适用于各种水基钻井液。一般加量为 1%～2%。

英文

HRH-101 质量指标

项　目	指　标
外观	自由流动液体
荧光级别/级	≤4
pH 值	7~9
黏附系数降低率/%	≥30

【HML-1】　钻井液用润滑剂的一种，

$$H_3C-NH+CH_2=CH-\overset{\overset{\displaystyle O}{\|}}{C}-NH_2 \rightarrow N-CH_2CH_2-\overset{\overset{\displaystyle O}{\|}}{C}-NH_2$$

$$H_2N-\overset{\overset{\displaystyle O}{\|}}{C}-CH_2CH_2-N-\overset{\overset{\displaystyle CH_3}{}}{}+Cl-CH_2-CH \rightarrow H_2C-\overset{\overset{\displaystyle O}{\|}}{C}-CH_2CH_2-\overset{\overset{\displaystyle CH_3}{}}{N^+}-CH_2-CH_2\cdot Cl^-$$

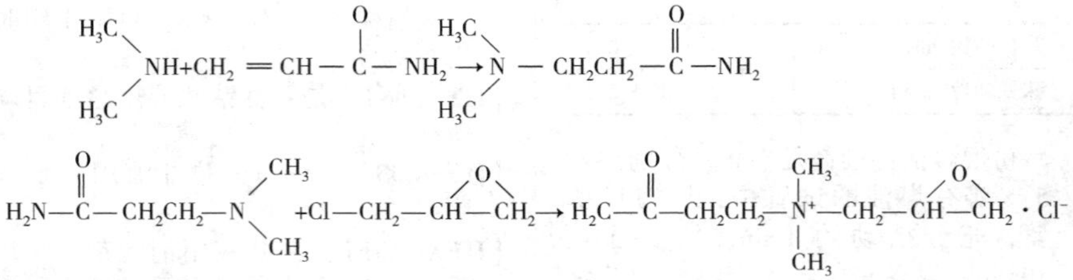

在钻井液中，抑制黏土和页岩水化分散的能力较强。它与阳离子、阴离子型处理剂均具有良好的配伍性。

【HZN-01】　是一种钻井液用聚丙烯酸钾。

【HR-SO1】　钻井液处理剂的一种；在水基钻井液中用作防卡润滑剂，具有低荧光；主要在定向井及复杂井中使用。

【HFR-101】　是一种钻井液用液体乳化剂，为棕红色油状液体。属 O/W 两性离子类表面活性剂，在混油钻井液中能使原油充分分散于体系中。抗温可达 180℃，一般加量为 0.1%~0.5%。

HFR-101 质量指标

项　目	指　标
外观	棕红色油状液体
密度/(g/cm³)	≥1.03
pH 值	≥6
体系中加入6%原油和0.2%HFR-101	静止3h无油析出

【HFR-201】　是一种钻井液用液体乳

对环境影响小。能有效地降低钻柱扭矩和起下钻阻力，与钻井液配伍性好，适用于淡水和海水钻井液，其加量为 0.5%~1%。

【HT-201】　是一种有机阳离子化合物，由丙烯酰胺、二甲胺、环氧氯丙烷反应合成的一种泥页岩稳定剂。其合成反应机理如下：

化剂，为黄色油状透明液体，在水包油和混油体系中用作乳化剂，可使油均匀分散，一般加量为 0.1%~0.5%。

HFR-201 质量指标

项　目	指　标
外观	黄色油状黏稠透明液体
pH 值	7~9
淡水基浆密度/(g/cm³)	1.04±0.01
基浆加入 210mL 0 号柴油和 17.5mL 样品	将少许乳状液滴入水中，若无油花析出即为水包油型
	放置于 500mL 量筒中静止 24h 后观察，无油析出

【HLS-101】　是一种钻井液用降滤失剂，并有增黏作用，属中等相对分子质量聚合物，可用于淡水、海水钻井液体系。

【HLS-301】　是一种钻井液用低荧光降滤失剂。为乳白色膏状物，具有良好的降滤失作用，并能有效地保护油气产层。一般加量为 1%~3%。

HLS-301 质量指标

项目	指标
外观	乳白色膏状物
有效物含量/%	≥40
密度/(g/cm³)	≥0.85
荧光级别/级	≤4
水中分散性	自动分散
滤失量降低率/%	≥35

【HFT-101】 是一种固体磺化沥青，为沥青的改性产物，它含有—COOH、—CONH₂、—SO₃Na 等多种官能团。在钻井液中具有润滑、防塌、乳化、降滤失等作用。

HFT-101 质量指标

项目	指标
磺酸基含量/%	≥10
pH 值	8~9
水分/%	≤8
水溶物/%	≥90
油溶物/%	≥15
高温高压滤失量/mL	≤25

【HFT-102】 沥青的改性产物，为黑色粉末。在水基钻井液中用作防塌和抗温降滤失剂。适合于在深探井中使用，其一般加量为 1%~2%。

HFT-102 质量指标

项目	指标
外观	黑色粉末
水分/%	≤14
pH 值	8~10
水溶物含量/%	≥50
油溶物含量/%	≥10
荧光级别/级	≤4
高温高压滤失量/mL	≤25

【HFT-201】 腐殖酸钾的一种，产品中含有—COOK、—CONH₂、—CN、—COONa、等官能团，在水基钻井液体系中，防止泥页岩水化膨胀、改善滤饼质量，调整钻井液流型。其一般加量为 1%~3%。

【HFT-202】 见"硅铝腐殖酸钾"。

【HFT-301】 是一种低荧光防塌剂，为黑色自由流动粉末。在钻井液中具有良好的防塌、润滑效果，同时具有抗温、降滤失作用。

HFT-301 质量指标

项目	指标
外观	黑色自由流动粉末或颗粒
水分/%	≤15
湿筛通过量/%	≥90
pH 值	8~10
钾离子含量/%	≥10
相对膨胀降低率/%	≥55
荧光级别/级	≤4

【HFT-401】 是一种硅稳定剂，为黏稠状自由流动的均质液体。在水基钻井液体系中，有较好的水溶性，抗温能力强，防塌效果好。适用于矿化度在 40000ppm 以下的钻井液体系，对稳定流体的流型有良好的效果。

HFT-401 质量指标

项目	指标
外观	黏稠状自由流动液体
有效物/%	≥7
硅含量/%	≥3
盐含量/%	≤3
游离碱含量/%	≤9
表观黏度降低率/%	≥60
页岩膨胀降低率/%	≥40

【HFZ-103】 是一种钻井液用酸溶性

英文

暂堵剂，为灰白色或浅灰色纤维状物质。用作油气层的屏蔽暂堵剂。使用该剂在油气层恢复产能时，能酸化解堵，渗透率恢复值高。其一般加量为 1% ~ 2%。

HFZ-103 质量指标

项　目	指　标
外观	灰白色或浅灰色粉末
酸溶率/%	≥30
水分%	≤10
10 目筛余量/%	≤2
60 目筛余量/%	≤50

【HZD-203】 是一种钻井液用油层保护剂，为灰色自由流动粉末。能有效地保护油气层，其一般加量为 2% ~ 3%。

HZD-203 质量指标

项　目	指　标	
	HZD-203-1	HZD-203-2
油溶率/%	≥28	≥31
外观	灰色自由流动粉末	
细度(20 目筛余)/%	≤5	

【HRT-101】 是一种润滑防塌剂，为黑色或黑褐色粉末及颗粒。能有效地改善滤饼质量，具有明显的防塌作用，并可降低摩擦系数，有一定的润滑效果。

HRT-101 质量指标

项　目	指　标
外观	黑色或黑褐色粉末及颗粒
挥发物含量/%	≤20
pH 值	7~9
细度(0.9 筛余)/%	≤10
黏附系数降低率/%	≥25
相对膨胀降低率/%	≥50

【HJN-111】 是一种钻井液液体降黏剂。为自由流动液体，主要成分为有机硅改性树脂，与黏土颗粒有较好的结合力。适用于聚合物体系，对高黏土含量的水基钻井液其降黏效果较好，抗盐、抗钙、抗镁能力差。

HJN-111 质量指标

项　目	指　标
外观	自由流动液体
游离碱/%	≤5
硅含量/%	≥4
有效成分/%	≥9.5
降黏率/%	≥80

【HJN-301】 硅降黏剂。用于水基钻井液。

【HFB-101】 是一种钻井液用强力包被剂，为白色或淡黄色粉末。能有效地抑制泥页岩的水化作用和提高钻井液的黏度，水溶性好。一般加量为 0.2% ~ 0.4%。

HFB-101 质量指标

项　目	指　标
外观	白色或淡黄色粉末
水分/%	≤10
筛余物(30 目筛)/%	≤10
钾离子含量/%	≥11~15
水解度/%	≥27~35
纯度/%	≥75
岩心线性膨胀降低率/%	≥40
特性黏度/(dL/g)	≥6

【HFB-401】 是一种钻井液用页岩抑制剂，为自由流动的黏稠状白色或淡黄色液体。分子中含有铵离子、钾离子和吸附性阴离子基团，相对分子质量分布范围窄。具有包被、防塌性能，可抑制泥页岩的水化膨胀，并具

英文

有抗盐、抗钙的能力，一般加量为 0.1%~0.3%。

HFB-401 质量指标

项　目	指　标
外观	白色或淡黄色液体
水解度/%	≤35
分子量/10^4	≥450
相对膨胀降低率/%	≥50

【HF-JFC】　钻井液用水基润滑剂的一种，为黏稠状液体，具有低温下的浊点行为，抗温和抗盐能力强，与盐水钻井液体系配合使用效果好。一般加量为 0.2%~0.5%。

HF-JFC 质量指标

项　目	指　标
外观	棕红色黏稠状液体
黏附系数降低率/%	≥70

【H-B 流体】　Herschel-Bulkley 流体的简称。H-B 流体也称为带屈服值的幂律流体，其本构方程为：

$$\tau = \tau_0 + k(du/dn)^n$$

式中　τ——剪切应力；
　　　τ_0——屈服应力；
　　　k——稠度系数；
　　　du/dn——剪切速率；
　　　n——流性指数。

H-B 流体的表观黏度 η 的计算公式为：

$$\eta = \tau / \frac{du}{dn} = \tau_0 / \frac{du}{dn} + k(du/dn)^n$$

利用 Herschel-Bulkley 的本构方程，可推导出 H-B 流体在小井眼同心环空中轴向流的运动规律。

【HP-MBA】　是一种钻井液用复合型屏蔽暂堵剂，由高强度刚性架桥粒子和柔性填充粒子组成，其粒度分布范围在 5~200μm，适用于各种孔喉的地层。

HP-MBA 质量指标

项　目	指　标
外观	黄色粉末
pH 值	8~10
粒径分布/μm	5~200
酸溶率/%	≥65
油溶率/%	≥25
渗透率恢复值/%	≥80

【HP-BPA】　为钻井液用油溶性暂堵剂，适用于浅井、中深井或深井孔隙性储层，能有效地屏蔽暂堵，防止钻井液和完井液中外来流体和固相颗粒侵入储层，提高钻井液对储层的保护性能。其加量一般为 2%。

HP-BPA 的质量指标

项　目	HP-BPA-1	HP-BPA-2	HP-BPA-3	HP-BPA-4
外观	淡黄色粉末	淡黄色粉末	淡黄色粉末	淡黄色粉末
灰分/%	≤2.0	≤2.0	≤2.0	≤2.0
油溶率/%	≥95	≥95	≥95	≥95
软化点/℃	≥90	≥90	≥120	≥120
粒径分布/μm	15~20	15~40	5~20	15~40
适用地层	浅、中探井	浅、中探井	深井	深井

英文

【HP-QWY】　是一种酸溶性暂堵剂，该剂与储层具有较好的孔喉匹配性和较强的架桥暂堵效果。其加量为 3%~5%。

HP-QWY 的质量指标

项　目	指　标
外观	白色粉末状固体
密度/（g/cm³）	2.60~2.80
酸溶率/%	≥98
粒径分布/μm	视具体储层孔喉特征而定

【HV-CMC】　即"高黏度羧甲基纤维素钠盐"。

【HV-PAC】　钻井液用增黏剂。中文名称"聚阴离子纤维素"。是一种适用于淡水、盐水和饱和盐水钻井液的高效增黏剂，加入很少的量，即可产生较高的黏度，并兼有降滤失作用。抗温 150℃。用途：①水基钻井液的高效增黏剂。②改善钻井液的流变性。③水基钻井液的降滤失。优点：①在较低加量下效果明显。②抗盐性好。物理性质：①外观：粉末。②易分散溶解。推荐用量：0.1%~0.5%。

HV-PAC 技术要求

项　目		指　标		
		蒸馏水（3.3g/L）	4%盐水（5.0g/L）	饱和盐水（5.0g/L）
基浆	滤失量/mL		90.0±10.0	100.0±10.0
	表观黏度/mPa·s		≤6.0	≤10.0
	pH 值		9.0±1.0	7.5±1.0
表观黏度/mPa·s		≥15.0	≥15.0	≥15.0
外观		白色或黄色流动粉末		
水分/%		≤10.0		
纯度/%		≥95.0		

【HZN-102】　固体润滑剂的一种，又称塑料小球。为苯乙烯-二乙烯苯共聚物。无毒、无臭、无荧光显示，耐酸、耐碱、抗温、抗压的透明球体，在钻井液中呈惰性。适用于各类钻井液，用作润滑剂。一般用量为 2.5%~3.0%。

HZN-102 质量指标

项　目	指　标
含水/%	≤7.0
软化点/℃	200±5

续表

项　目		指　标
杂质含量/%		≤5.0
密度/（g/cm³）		1.03~1.05
交联度/%		≥7.0
粒度/%	10~20 目	40~50
	30~120 目	50~60

【HRH-9602】　钻井液用润滑剂，为黏稠状能流动的褐色液体。在水基钻井液中用作润滑剂，能有效地降低滤饼黏附系数，改善滤饼质量。

英文

HRH-9602 质量指标

项　目	指　标
外观	黏稠状流动液体
pH 值	6~8
密度/(g/cm³)	0.85~1
黏附系数降低率/%	≥30
密度降低值/(g/cm³)	0.01

【HLQF-101】　一种氧化沥青粉，为黑色自由流动粉末，可直接加入各种水基钻井液中，用于抑制页岩膨胀，在油基钻井液中用作悬浮剂。与各种处理剂有良好的相容性。一般加量为 1%~2%。

HLQF-101 质量指标

项　目	指　标	
	1 型	2 型
软化点/℃	100~140	140~180
细度(40 目筛通过量)/%	≥60	≥65
细度(20 目筛通过量)/%	≥85	≥90

【HZN-101(Ⅱ)】　钻井液处理剂的一种，属聚丙烯酸钾；在钻井液中具有抑制泥页岩及钻屑分散作用，并兼有降滤失、改善流型及增加润滑等性能，可与各种聚丙烯酰胺类处理剂复配，在不同密度的聚合物不分散钻井液体系中使用，也可在分散性钻井液体系中使用。其加量为 0.1%~0.4%(质量/体积)。

HZN-101(Ⅱ)质量指标

项　目	指　标
相对分子质量/10⁴	>300
水分/%	>10
固相含量/%	>90
粒度	40 目(100%通过)
pH 值	0.5%的水溶液，pH=7~8
溶解性	在室温电磁搅拌下配成 0.5%的水溶液的溶解时间，小于 30min
页岩稳定	1%的 HZN101(Ⅱ)水溶液，人工岩心，滚动后大于 95%
回收率	0.3%HZN101(Ⅱ)水溶液，泥页岩回收率大于 90%

【HMW-JLX】　是一种钻井液用聚合醇，其分子具有两亲结构(R-O-R)，在低温条件下亲水，在一定温度以上亲油，其转变温度称为浊点(CPT)。聚合醇浊点效应使水基钻井液所钻的井眼上的滤饼类似油基钻井液的滤饼。还能改变钻屑的表面性质，从亲水性转变为亲油性。见"聚合醇""聚醚多元醇""聚合醇钻井液"。

HMW-JLX 质量指标

项　目	HMW-JLX-A	HMW-JLX-B	HMW-JLX-C
浊点/℃	30~60	50~80	>80
外观	浅黄色黏性液体	浅黄色黏性液体	浅黄色黏性液体
密度/(g/cm³)	1.00~1.14	1.00~1.14	1.00~1.14
倾倒点/℃	≤-15	≤-15	≤-15
荧光/级	≤3	≤3	≤3
润滑系数降低率/%	≥50	≥50	≥50
表观黏度上升率/%	≤25	≤25	≤25

英文

【HMW-VIS】 是一种钻井液用流型调节剂，适用于大斜度井、水平井，在钻开油气层之前使用该处理剂进行处理，可提高钻井液的携带能力，降低滤失量，抑制黏土膨胀，能有效地保护油气层。其推荐加量为 1% ~ 2%。

HMW-VIS 质量指标

项　　目	指　　标
外观	浅褐色粉末
密度/(g/cm^3)	0.78 ~ 0.88
溶解性	易溶于水
Φ_3 提高率(100℃×16h)/%	≥50
滤失量降低率/%	≥30
滚动回收率/%	≥70

【HMW-WLD】 是一种含有 Si 元素和有机复合离子的抗高温防塌剂，在高温深井及易垮塌的泥页岩井段配合聚合物使用，可显著改善钻井液的稳定性，利用该处理剂分子中的特种基团与钻屑和井壁表面发生物理-化学作用，使钻屑和井壁表面活性点钝化，以提高钻井液的抑制防塌能力，推荐加量为 2%。

HMW-WLD 质量指标

项　　目	指　　标
细度(0.85mm 标准筛剩余量)/%	≤10
水不溶物/%	≤5
水分/%	≤8
表观黏度上升率/%	≤30
基浆与钻井液表观黏度差值/mPa·s	±10
基浆与钻井液滤失量差值/mL	±5

【HMW-JFC】 是一种钻井液用有机小阳离子聚合物，可有效地改变钻井液在近井壁地带的流变性能，降低井壁冲刷，保证井眼稳定。其推荐加量为 0.3% ~ 0.5%。

HMW-JFC 质量指标

项　　目		指　　标
外观		微黄色黏性液体
密度/(g/cm^3)		1.07 ~ 1.17
0.5%水溶液 pH 值		5.0 ~ 7.5
海水基浆	表观黏度/mPa·s	5~8
	塑性黏度/mPa·s	2~5
	动力力/Pa	2~4
海水基浆 +0.5% HMW-JFC	表观黏度/mPa·s	7~17
	塑性黏度/mPa·s	3~6
	动力力/Pa	4~14

【HMW-M317】 是一种抑制型流变性调节剂，为黏稠液体，它以硅稠类原料为主要组分。能显著改善钻井液的携砂性能，并能显著提高钻井液的悬浮能力。该产品无毒。其加量为 1.5%。

HMW-M317 质量指标

项　　目	指　　标
外观	黏稠液体
密度/(g/cm^3)	1.25 ~ 1.45
表观黏度提高率/%	≥30
ϕ_3 提高率/%	≥60
动塑比提高率/%	≥30

【HL-2A 型微控旋转流变仪】 是一种集微型计算机、精密光电检测和数字自动控制为一体的光电机械一体化的钻井液流变性能专用测试仪器。它在 3 ~ 625r/min 范围内进行任意步长的无级调速。也可进行单速和常规的六速运行；能直接检测、显示和打印转筒的转速，流体的剪切应力、表观黏度、塑性黏度和动切力。

【HMOPTA-AM-AA】　是以 2-羟基-3-甲基丙烯酰氧丙基三甲基氯化铵（HMOPTA）、丙烯酰胺（AM）、丙烯酸（AA）、氢氧化钾（KOH）、氧化钙（CaO）等共聚而成的一种具阳离子型降滤失剂。具有配伍性好，热稳定性强，防塌效果好等特点。适用于具阳离子型钻井液、盐水钻井液和高矿化度及人工海水钻井液，其降滤失效果显著。

【Herschel-Bulkley 模式】　赫谢尔-巴尔克来三参数流变模式，简称赫-巴模式，又称"带动切力的幂律模式或经修正的幂律模式"。

【JFC】　见"平平加"。

【JFD】　是一种钻井液用聚腐-复合粉，可用于淡水、咸水和海水钻井液。该处理剂能有效地抑制泥页岩的水化分散，控制地层造浆。

【JHW】　以 AMPS 等单体为原料，合成的抗高温多元聚合物降滤失剂。其抗温能力达到 210℃，具有优异的抗盐能力和良好的抗钙、抗镁性能，在淡水、盐水、饱和盐水、海水及含钙钻井液体系中的抗温降滤失性能良好。

【JYPC】　是一种钻井液用抗高温防塌降滤失剂。

JYPC 质量指标

项　目	指　标
外观	褐色粉末
水分/%	≤10
筛余物（过 0.9mm 孔径的标准筛）/%	≤10
API 滤失量/（mL/30min）	≤16
150℃/16h，滤失量/mL	≤20
页岩膨胀降低率（24h）/%	≥25
荧光强度	0~0.5

【JLS-1】　钻井液用抗温降滤失剂。以 AM、AMPS、复合阳离子单体 H-DMDAAC 为原料，采用水溶液聚合法合成，为三元共聚物。其抗温能力为 220℃，适用于淡水钻井液和复合盐水钻井液。

【JT146】　钻井液处理剂的一种。为多种丙烯衍生物与木质素的接枝共聚物。呈微黄色流动粉末。在水基钻井液中用作降滤失剂，并兼有降黏作用，有较好的抗盐、抗钙能力。

JT146 质量指标

项　目		表观黏度/mPa·s	塑性黏度/mPa·s	滤失量/mL
淡水浆	基浆（淡水+4%安丘土）	8~10	3~5	22~26
	基浆+JT1460 2%后	13~16	11~13	12~15
咸水浆	基浆（咸水+安丘土 15%）	4~6	2~4	52~58
	基浆+JT146 2%后	15~20	14~18	10~13
理化指标	表观黏度（1%水溶液 20~25℃测定）/mPa·s	6~8		
	水分/%	≤7.0		
	细度（通过 40 目筛）/%	>80.0		
	pH 值	8~9		

【JT147】　钻井液处理剂的一种。为多种乙烯基单体与木质素的钾基接枝共聚物。呈微黄色流动粉末。在水基钻井液中用作降滤失剂，并兼有防塌效果和抗盐、抗钙等作用。可与多种聚合物钻井液复配使用。适用于淡水、海水和饱和盐水钻井液。

英文

JT147 质量指标

项　目		指　标		
		表观黏度/mPa·s	塑性黏度/mPa·s	滤失量/mL
淡水浆	基浆(淡水+4%安丘土)	8~10	3~5	22~26
	基浆+JT146 0.2%后	13~16	11~13	12~15
咸水浆	基浆(咸水+安丘土15%)	4~6	2~4	52~58
	基浆+JT146 2%后	15~20	14~18	≤10
理化指标	表观黏度(1%水溶液20~25℃测定)/mPa·s	6~8		
	水分/%	≤7.0		
	细度(通过40目筛)/%	>80.0		
	pH 值	8~9		

注：咸水中含复盐含量：$MgCl_2 \cdot 6H_2O$ 为 13g/L，$CaCl_2$ 为 4.5g/L。

【JN-1】 是一种以植物栲胶为基础材料并化学接枝改性而得的一种钻井液降滤失剂。在各种水基钻井液体系中均有较好的降黏效果，对于土相含量高和高造浆地层钻井具有较好的降黏能力。

质量指标

项　目	指　标	
	24℃±3℃测定	120℃±3℃/16h测定
降黏率/%	≥75	≥65
1min 静切力/Pa	≤2	≤6
动切力/Pa	≤2	5
水分/%	≤10	
干基水不溶物/%	≤10	
pH 值	8~10	

【JCFP-1】 钻井液用聚合醇防塌屏蔽剂，油层保护剂。主要用于钻井液的防塌，由于主要成分聚乙二醇在水溶液中具有浊点效应，形成的颗粒对地层形成软堵，具有良好的架桥和封堵能力，又用于油层保护。用途：①油层保护。②降低滤失。③抑制页岩。优点：①适用于各种水基钻井液。

②适用于各种温度。物理性质：①外观：无色黏稠状液体。②易溶于水。推荐用量 2.0%~4.0%。

JCFP-1 技术要求

项　目	指　标
外观	黏性液体
pH 值	6.0~9.0
表观黏度/mPa·s	≤12.0
室温中压滤失量/mL	≤18.0
岩屑稳定性提高率/%	≥150.0

【JT-888】 是一种复合离子型聚合物处理剂，其抗盐、抗钙、降滤失等效果较好。具有抑制黏土分散的能力，特别是在盐水中的抑制性比较突出。高温稳定性好，能有效地防止高温分散和高温增稠，适于在深井高温、高压地区使用。

【JT-900】 复合离子多元共聚物，在水基钻井液中用作降黏剂。

【JK 型解卡液分析仪】 钻井液分析仪的一种；用于检验、试验解卡液作用及质量或黏附卡钻后解卡液的效果的试验。该分析仪是在滤饼黏附系数测定仪的基础上改进而成的。其工作原

英文

理是：有一个减压装置，减压后的压力作用于泥浆（钻井液试样）之上，在滤失产生的同时也产生滤饼，与扭矩仪配合，测定其滤饼黏附系数，再将泥浆杯内的余浆放出，注入解卡液，以达到降低滤饼黏附系数和解除滤饼对黏附盘的吸附。

【JHNC 滤饼强度冲刷仪】　测定滤饼抗冲刷强度的一种专用仪器。该仪器由主体部分和控制部分组成。主体部分包括水池、滤饼安放台、水流循环系统等；控制部分包括自控阀、自动计时系统等，见下图。试验时，先将仪器安装好，固定水流冲击滤饼的作用距离（即冲刷距），将滤饼小心地放在滤饼托盘上，注意不要使滤饼折皱、破裂，开启水龙头开关，保证出水口处的水位恒定，然后按控制器的计时按钮，启动电磁阀，则水流沿着管嘴垂直下落冲击滤饼。由于水池的水位不变，因而流经管嘴处的水流速度恒定。随着水流对滤饼的冲击作用，滤饼逐渐变薄直至破裂，记下冲破滤饼约 5mm 左右凹坑所需的时间，用单位厚度滤饼所需的冲破时间来评价滤饼的质量，冲刷时间越长，则滤饼强度越高。

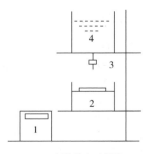

JHNC 滤饼强度冲刷仪
1—控制系统；2—滤饼安放台；
3—自控阀；4—水流循环系统

【K21】　是硝基腐殖酸钾、特种树脂、三羟乙基酚和磺化石蜡等的复配产品。为黑色粉末，易溶于水，水溶液呈碱性。是一种页岩抑制剂，具有较强的抑制页岩水化的作用，并能降黏和降低滤失量，抗温可达 180℃；一般用于深井钻井液；其加量在 2% ~ 3% 之间。

K21 质量标准

项　目	指　标
硝基腐殖酸含量/%	≥30.0
钾含量/%	≥8.0
水分/%	≤10.0
水不溶物/%	≤20.0
pH 值	8~9

【K31】　由硝基腐殖酸钾、特种煤焦树脂、三烃甲基酚与磺化石蜡等复配而成。外观为黑色粉末，易溶于水，水溶液呈碱性。属腐殖酸类页岩抑制剂，具有抑制页岩水化膨胀作用，兼有降黏和降滤失的功效，适用于淡水钻井液，抗温可达 180℃。可直接加入钻井液中，推荐加量 1% ~ 3%。

K31 质量指标

项　目	指　标
硝基腐殖酸含量/%	≥30.0
水分/%	≤15.0
pH 值	8~9
钾含量（干基）/%	≥8.0
水不溶物/%	≤20.0

【KWY】　钻井液用抗温降滤失剂。以腈纶工业下脚料为原料，经水解、2-丙烯酰胺基-2-甲基丙磺酸化，与甲醛和聚醚多元醇接枝、交联，制得的降滤失剂。在淡水钻井液中的加量

英文

范围为 0.4%~0.5%，在盐水和海水钻井液中的加量范围为 1.0%~1.5%。在淡水钻井液中的耐温性为 180℃，1.5% KWY 在 4%、15%、35%盐水钻井液和海水钻井液中的耐温性为 160℃。是一种具有抑制性和抗温耐盐性的钻井液降滤失剂。

【KCl】 即"氯化钾"。

【KPC】 钻井液处理剂的一种，别名"K-PAC₂"，属页岩抑制剂类。是磺化沥青-磺甲基酚醛树脂缩合物，以阳离子组分为主。对黏土和页岩具有较强的抑制能力及降摩阻和降滤失性能。它容易吸附于井壁上封堵微裂缝，形成可压缩性滤饼，降低滤失量。

KPC 技术指标

指标名称	指标	指标名称	指标
外观	黑色流动膏状体	API 滤失量/mL	≤16.0
磺酸根含量/%	≥5	pH 值	8.0~9.0
挥发分/%	≤65	抑制造浆率/%	≥60

【KHm】 即"腐殖酸钾"。

【KOH】 即"氢氧化钾"。

【K-PAN】 即"水解聚丙烯腈钾盐"。

【K-CMS】 是一种钻井液用改性(含羧甲基)淀粉，并含有钾离子。该处理剂水溶性较好，具有较强的降滤失作用和较强的防塌作用。

【KT-100】 是一种钻井液用屏蔽暂堵剂。

KT-100 粒度分布

粒径/μm	<1.0	1.0~6.0	6.0~10	10~20	20~40	40~100	100~200	200~250	250~300	300~350	>350
体积分数/%	2.72	15.27	7.45	9.18	7.6	19.88	32.65	2.20	1.45	0.50	0.06

【K-HPAN】 即"水解聚丙烯腈钾盐"。

【K-PCA2】 即"KPC"。

【K-AHM】 钻井液处理剂的一种，俗称高改性沥青粉。是由沥青及多种有机高分子化合物经化合制成，含有较多能与黏土吸附的官能团，特别是众多的邻位双酚羟基和水化作用较强的羧钠基等基团。在钻井液中既能降低滤失量，又起稀释作用，具有较好的热稳定性和良好的防塌作用。适用于淡水钻井液。加量一般为 3%。

K-AHM 质量指标

理化指标		钻井液性能指标		
项目	指标	项目	加前	加后
外观	黑色粉末	密度/(g/cm³)	1.046	1.055
水溶型	速溶	黏度/mPa·s	37	32
细度	60 目(筛余 5%)	滤失量/mL	30	15
固相含量/%	≥90	pH 值	9	9.5
水不溶物/%	≤5	表观黏度/mPa·s	18	11.5
水分/%	≤10	塑性黏度/mPa·s	4	8
		动切力/Pa	14	3.5
		页岩回收率/%		78

英文

基浆配制：水∶安丘土∶碳酸钠 = 100∶6∶0.5。搅拌水化 24h 后，加入 3%K-AHM 搅拌 1h，测性能。

【KV 钠坂土】 钻井液用黏土(商业黏土)的一种，用于配制钻井液，提供黏度及携带固相的能力，具有良好的水化分散性能。

【KOH 钻井液】 是抑制用氢氧化钾(KOH)控制碱度的钻井液，适用于钻黏土敏感地层，尽管分散性很高，其抑制能力也较强，KOH 能控制 pH 值在 9~10 之间，同时可与 KCl 在滤液中保持最低的钾含量。钾的含量不低于 2~3g/L，否则 pH 值很快升到 11~11.5。用碳酸钾或碳酸钠使钙的浓度保持在 0.4g/L 以下。

【KV 钠沥青粉】 钻井液处理剂的一种，在钻井液中用作防塌剂。

【KL-护壁防塌剂】 是由苯酚、甲醛、磺化物、腐殖酸、三氧化硫、氢氧化钠与添加剂经特殊工艺精制而成。外观为黑灰褐色粉末，水溶液呈碱性。KL-护壁防塌剂能有效稳定井壁，防止页岩水化膨胀坍塌、抗高温、抗盐、降摩阻、控制滤失，形成的滤饼薄而韧、强度高、润滑性好、防止渗漏、防止黏附卡钻。直接将本品加入清水或钻井液中搅拌溶解，用量为 1%~3%。

KL-护壁防塌剂质量指标

项　　目	指　　标
外观	黑灰褐色粉
水分/%	<12.0
pH 值	9~11
水溶物含量/%	≥60
HTHP 滤失量/(mL/30min)	≤25
相对膨胀降低率/%	≥35

【KPAM-NPAN 聚合物钻井液】 该体系以大分子聚合物 KPAM 作为包被剂，以中分子聚合物 NPAN 作为降滤失剂和流型调节剂，配合少量的小分子聚合物作为稀释剂。该体系在抑制地层黏土造浆、防塌方面较强，特别适合上部黏土高含水、成岩性差、蒙脱石含量高的地层。但抗钙、抗镁污染能力差，黏土容量小，固相容量限低。

【LPC】 是褐煤和聚合物的络合物，它能有效地降低高温高压滤失量，用它处理的钻井液(低石灰钻井液)200℃流变性能良好，高温高压滤失量低于 30mL。

【LVP】 是一种钙质膨润土分散剂。用于提高钙质膨润土的造浆率，降低滤失量。

【LPS】 是一种钻井液用多元硅界面增强剂，主要由硅醇、低相对分子质量聚合物、有机成膜剂组成。在钻井液中具有稳定井壁的作用。

【LYS】 是一种钻井液用改性淀粉类产品，其抗温可达 140℃。在淡水、盐水钻井液中用作降滤失剂。

【LC50】 见"半致死浓度"和"标准毒物试验"。

【LD50】 见"半致死剂量"。

【LS-2】 改性淀粉类降滤失剂，用于水基钻井液。

【LYGR】 钻井液用固体润滑剂。是一种圆球形的润滑剂，在钻井液中起到类似滚珠的润滑作用，在高压力下不破碎，抗温 260℃。用途：①提高水基钻井液的润滑性。②减小扭矩和摩阻。③防止压差卡钻。④改善水平井的润滑性。优点：①化学惰性。②不溶于水。③抗温好。物理性质：①外观：黑色粉末。②易分散于水中。

LYGR 技术要求

项　目	指　标
外观	黑色粉末
荧光/级	≤5.0
表观黏度/mPa·s	≤20.0
润滑系数降低率(1%)/%	≥50.0

【LYDF】　是一种钻井液用低荧光防塌降滤失剂，为改性褐煤类产品，具有防塌、降滤失和降黏等作用。

【LYFF】　是一种钻井液用多软化点封堵防塌剂，为改性沥青类产品，低荧光，并能降低高温高压滤失量。

【LYGN】　是一种钻井液用降黏剂，为褐煤与烯类单体接枝改性产品，抗温，无毒。

【LY-1】　是一种钻井液用烯类单体聚合物，抗温达 180℃、抗盐达饱和。在钻井液中用作抗盐抗温降滤失剂。

【LS-2】　是一种灰褐色的中相对分子质量阳离子型聚合物降滤失剂。该产品具有改善滤饼质量和降滤失量的功能；还具有较强的抗温、抗盐、抗钙能力，并对钻井液的其他性能无不良影响；适用于各种类型的钻井液体系。

【LCM-8】　水基钻井液用成膜剂。主要由苯乙烯单体、亲水性丙烯酸丁酯单体、乳化剂 2-甲基-2-丙烯酰胺丙磺酸钠合成。在钻井过程中，胶粒状聚合物可通过变形实现对井壁的初步封堵，同时胶粒表面带有长链结构的亲水基团在动力作用下，通过卷曲缠绕形成立体网络结构，并通过钻井液中的颗粒填充修补形成更致密的网络结构，在温度和压差的作用下可迅速形成韧性较强的隔离膜。适用于泥页岩、砂岩及微裂缝地层的封堵。

【Lub-1】　由烷烃化合物和表面活性剂配成的淡黄色油类液体，在水基钻井液中用作润滑剂。推荐加量为 1%~3%。

【Lub-2】　是一种醇胺类化合物，琥珀色清亮液体，可生物降解，无环境污染，为无荧光润滑剂。推荐加量为 1%~3%。

【Lub-3】　一种矿物油和金属盐类的化合物。推荐加量为 1%~3%。

【Lub-G】　一种改性石墨粉。用于改善钻井液和滤饼的润滑性。推荐加量为 2%~3%。

【Lub-LF】　烷烃化合物和表面活性剂的化合物，为白至浅黄色的油类产品。用作水基钻井液的极压润滑剂。推荐加量为 2%~3%。

【Lub-PB】　苯乙烯-二乙烯苯微珠，微白至微黄色。用作水基钻井液的固体润滑剂。产品分为粗、中、细三种。这种塑料小球具有较高的抗压和抗撞击强度，具有化学惰性，与任何化学剂无反应。推荐加量为 5%~8%。

【Lub-GB】　玻璃微珠。在钻井液中为固体润滑剂。推荐加量为 3%~5%。

【LS-AOF】　钻井液用页岩包被抑制剂。乳液高分子聚丙烯酰胺 PAM 絮凝剂，用作水基钻井液的页岩包被抑制剂，控制低固相水基钻井液的流型。用途：①包被、抑制分散。②改变钻井液的流变参数。优点：①在较低加量下效果明显。②抗盐、抗钙、抗温。物理性质：①外观：粉末。②易分散溶解。推荐用量：淡水钻井液 0.2%~0.4%。饱和盐水钻井液 1.0%~1.5%。

LS-AOF 技术要求

项　目	指　标
外观	稠状乳液
相对分子质量	7.00×10^6~1.50×10^7

续表

项　目	指　标
水解度/%	≥5.0
固含量/%	≥30.0
pH 值	7~9
絮凝时间/min	≤20.0
分散速度/min	≤3.0
淡水钻井液表观黏度/mPa·s	≥25.0
合盐水钻井液表观黏度/mPa·s	≥10.0

【LFT-70】　见"低软化点沥青粉"。

【LFT-110】　见"低软化点沥青粉"。

【LG80-80】　见"石墨粉"。

【LV-CMC】　即"低黏度羧甲基纤维素钠盐"。

【LR 无荧光润滑防塌剂】　是一种钻井液用液体润滑剂，水溶性强，可与各种水基钻井液配伍，润滑效果明显适应于中深井的钻井。

LR 无荧光润滑防塌剂质量指标

项　目	指　标
外观	自由流动的白色或淡黄色黏稠液体
密度/(g/cm³)	0.85~1.00
页岩膨胀降低率/%	≥40
滤饼黏附系数降低率/%	≥50

【LEM 型润滑评价监视仪】　是美国 Baroid 公司生产的一种台式仪器，它可精确地测量钻井过程中遇到的各种阻力，如金属-金属（钻柱对套管）、矿物-矿物（钻屑对裸眼）及金属-矿物（钻柱对井壁）等。在试验中，载荷、接触面积、剪切和温度以及影响扭矩和阻力的其他因素，都可改变。单机即可完整地评价钻井液的润滑性能。

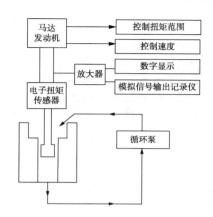

LEM 润滑仪的结构示意图

【MC】　见"甲基纤维素"。

【MSO】　见"有机硅醇钠"。

【MPA】　见"球状凝胶"。

【MMH】　钻井液用正电胶溶胶的一种，用于配制 MMH 正电钻井液。是由二价金属离子和三价金属离子组成的具有类水滑石层状结构的氢氧化合物，化学组成通式为：

$$\left[M_{1-x}^{2+} M_x^{3+} (OH)_2 \right]^{x+} A_{x/n}^{n-} \cdot H_2O$$

式中，M^{2+} 是指二价金属离子，如 Mg^{2+}、Mn^{2+}、Fe^{2+}、Co^{2+}、Ni^{2+}、Cu^{2+}、Ca^{2+} 等；M^{3+} 是指三价金属阳离子，如 Al^{3+}、Cr^{3+}、Mn^{3+}、Fe^{3+}、Co^{3+}、Ni^{3+}、La^{3+} 等。在这种钻井液中具有特殊的流变性能，其表观黏度低，动切力高，携带性好，静止呈固态，一旦流动，瞬间能转化为流体。可有效地抑制黏土膨胀，防止井壁垮塌，保护井眼安全。同时，MMH 具有显著地调整钻井液流变性能的作用，有利于提高机械钻速。此外，由于 MMH 正电钻井液具有固/液相间的流变性质，钻井液在环空流动呈典型的平板层流，靠近井壁的钻井液处于静止状态，形成一层"固体"膜，保证了井壁的稳定性。

英文

【M-9】 扩散剂的一种，属木质素磺酸钠类；密度 1.5g/cm³，相对分子质量 1000～20000，在水基钻井液中使用，当通过破碎带岩层需要添加堵漏物质如磺化沥青、氧化沥青或磺化妥尔油沥青时，加入这类分散剂能使沥青成悬浮的胶体颗粒，添加量为 1%～2%。

M-9 质量标准

项　目	指　标
水分/%	<5
挥发/%	40
20%溶液水不溶物/%	<1
20%溶液 pH 值	8.5～9.0
还原物/%	<3

【MHP】 是一种无荧光水基钻井液防塌剂；具有一定的防塌作用，荧光级别（一级）低，耐温能力强（180℃），水溶性好（淡水、咸水及海水）等特点。并对含伊蒙混层的易剥落、掉块性泥页岩地层，有显著的防塌能力。

【M941】 是一种凝胶状无机金属氢氧化物，可分散于水中，在钻井液中用作防塌增黏剂，可用于各种水基钻井液，其一般加量为 0.05%～0.2%。

M941 质量指标

项　目	指　标
外观	白色或黄褐色胶体
有效物含量/%	≥20
表观黏度提高率/%	≥200
动切力提高率/%	≥150

【M_r碱度】 钻井液中甲基橙碱度，以每毫升钻井液滤液到达甲基橙终点所需 0.02N 标准酸溶液的毫升数来表示。它表示钻井液滤液中碳酸根离子、碳酸氢根离子、氢氧根离子的含量及其相互联系。

【MJ-358】 是一种具阳离子多元共聚物降滤失剂。其结构简式如下：
在淡水、盐水和饱和盐水钻井液以及海水钻井液中，均具有较强的降滤失能力，能够专门用作钻井液的降滤失剂。并具有较强的抑制钻屑分散的能力。

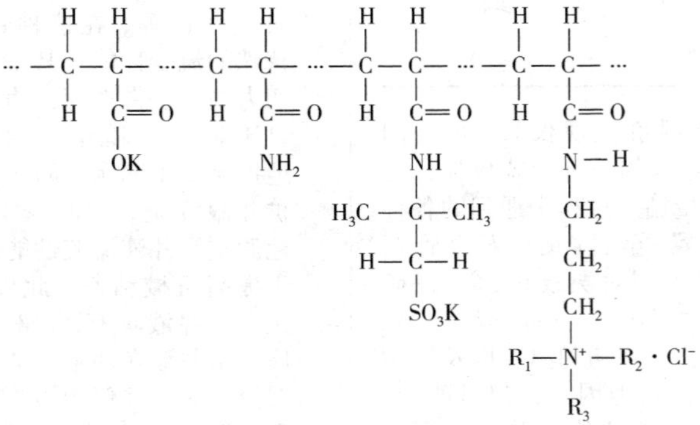

MJ-358 质量指标

项　目	指　标
外观	白色粉末
细度(0.59mm 孔径标准筛通过量)/%	100(通过)
有效物/%	≥90
水分/%	≤7
1%水溶液的表观黏度(25℃下)/mPa·s	≥10
水不溶物/%	≤2
滤失量(复合盐水钻井液中加量 7g/L)/mL	≤10
相对抑制率/%	≥60

【MSF-2】　是一种钻井液用正电胶，其作用与 MMH 相同，见"MMH"。

【MY-Ⅰ】　是一种可用于各类钻井液的防卡润滑剂。并有效地降低滤饼摩擦系数，提升钻具能力，预防滤饼黏附卡钻，能降低钻井液滤失量，改善钻井液的热稳定性。

MY-Ⅰ质量指标

项　目		指　标
理化指标	碘值/g	40~60
	酸值/g	60
	凝固点/℃	6
	闪点/℃	280
	灰分/%	0.4
	密度/(g/cm³)	0.89~0.91
特性指标	按体积比1%加入原浆中主要性能	1. 滤饼黏附系数比原浆降低 35%~80%，在一般情况下＜18%；2. 经高速搅拌3min 密度降低 0.05g/cm³，现场比重降低 0.035g/cm³；3. 比原浆滤失量降低 5%~15%；4. 无荧光，不起泡；5. 对黏度、切力无显著影响

【MCMC】　见"甲基羧甲基纤维素"。

【MOA-3】　见"聚氧乙烯烷基醇醚-3"。

【MP-Ⅱ】　钻井液用有机阳离子处理剂的一种，它的相对分子质量较大，主要起抑制黏土分散作用。

MP-Ⅱ质量指标

项　目	指　标
外观	无色或黄色溶液
相对分子质量/10⁴	250~300
固相含量/%	≥10
pH 值	7~8

【M-SMT】　一种改性磺化单宁，具有抗温、抗盐、抗钙能力强，降黏效果好等特点。也可用作油井水泥的缓凝剂和用于配制固井隔离液、固井压塞液和固井顶替液。

M-SMT 质量指标

项　目	指　标
外观	棕褐色粉末
细度(0.42mm 筛孔标准筛通过量)/%	100
水分/%	≤10
水不溶物/%	≤2
pH 值(25℃，1%水溶液)	7~9
有效成分/%	≥80

【MTC 固井】　见"钻井液转化水泥浆"。

【MTC 技术】　见"钻井液转化水泥浆"。

【MSF-Ⅰ】　是一种混合金属层状氧化物，其颗粒直径约 0.05μm，厚度 0.0008μm，晶格呈六方形，带高价正电荷，能与钠膨润土通过离子交换生成膨胀土 MSF-Ⅰ复合物，其结构类似网状体形。这种复合物具有结构强、水眼黏度低、悬浮稳定性好等特点。它能在泥页岩颗粒表面吸附，形成一层致密的膜，抑制黏土分散。有良好的防塌性能，但滤失量大。

【MMLHC】　是一种混合金属层状氢氧化合物，与膨润土相比，具有良好的抗盐能力，可用于淡水、盐水和饱和盐水钻井液：具有良好的抗泥页岩污染和耐温能力；在流变性上具有特异的性能。并易酸化，它所形成的凝胶结构，不论破坏或恢复，速度均很快；表面上很稠，但一搅即稀，它能悬浮大块砾岩，经久不沉。

【MPA-99】　是一种丙烯酸与丙烯酰胺共聚而成的高分子聚合物，适用于淡水、盐水、饱和盐水等水基钻井液体系，它具有抗温、抗盐、抗污染、降低滤失量和抑制防塌等效果，用它处理的钻井液胶体稳定，同时，可改善钻井液的流变性能，具有较好的稀释特性。在钻井液中的一般加量为0.2%~1%。

理化指标

项　　目	指　　标
外观	白色或浅黄色 自由流动粉末
水分/%	≤10
特性黏度/(dL/g)	≥5
细度(40目筛余)/%	≤4

【MAN-101】　是一种乙烯基聚合物降滤失剂，适用于淡水、盐水、饱和盐水等水基钻井液体系，它具有抗温、抗盐、抗污染、降低滤失量和抑制防塌等效果，用它处理的钻井液胶体稳定，同时，可改善钻井液的流变性能，具有较好的稀释特性。在钻井液中的一般加量为0.2%~1%。

【MAN-104】　具有抗高温增黏降滤失、携带岩屑等特点，有较好的剪切稀释性能和抗剪切安定性，改善钻井液的流型，并具有抗盐(达饱和)和一定的抗钙、抗镁能力。可用于淡水、海水、咸水和饱和盐水钻井液体系，可与其他处理剂复配使用。

【MV-CMC】　见"羧甲基纤维素"。

【MEC合成基钻井液】　见"甲基葡萄糖甙钻井液"。

【MOTAC-AA-AM】　是由甲基丙烯酰氧乙基三甲基氯化铵(MOTAC)、丙烯酸(AA)和丙烯酰胺(AM)、氢氧化钾、过硫酸铵和亚硫酸氢钠共聚而成的一种钻井液降滤失剂。在淡水、盐水及人工海水钻井液中具有良好的降滤失作用，用它处理的钻井液抗温、抗污染能力强，并具有一定的抑制能力。

【MPTMA-AA-AM】　是以3-甲基丙烯酰胺基丙基三甲基氯化铵(MPTMA)、丙烯酸(AA)和丙烯酰胺(AM)合成的一种具阳离子型的三元共聚物防塌降滤失剂。具有较好的抗温、抗盐、抗钙及抗镁能力，在降滤失的同时，还具有较强的防塌和抑制黏土分散的作用。在淡水、盐水和人工海水钻井液中具有显著的降滤失作用。

【MPTMA-AMPS-AM】　为甲基丙烯酰胺基、丙烯酰胺和2-丙烯酰胺基-2-甲基磺酸共聚物，是一种两性离子三元共聚物。其结构式如下：

$$
\begin{array}{ccc}
\quad CH_3 & & \\
\mid & & \\
+CH_2-C+_m+CH_2-CH+_n+CH_2-CH+_o & & \\
\mid & \mid & \mid \\
C=O & C=O & C=O \\
\mid & \mid & \mid \\
NH & NH_2 & NH \\
\mid & & \mid \\
CH_2 & & H_3C-C-CH_3 \\
\mid & & \mid \\
CH_2 & & CH_2 \\
\mid & & \mid \\
H_3C-N-CH_3 & & SO_3^- \\
\mid & & \\
CH_3 & &
\end{array}
$$

它为综合性两性离子钻井液降滤失、防塌、降滤失剂，其抗钙能力较强。

【MMH正电胶钻井液】　见"MMH"。

【NFT】　钻井液用无荧光磺化白沥青，

英文

为页岩抑制剂，用作水基钻井液的页岩抑制剂，润滑剂，并可降低钻井液的高温高压滤失量，改善滤饼质量和稳定井壁。软化点为 90~150℃，抗温 200℃。推荐用量为 10~50kg/m³。

NFT 技术要求

项　　目	指　　标
外观	白色或浅黄色颗粒或粉末
pH	7.0~10.0
水溶物含量/%	≥20.0
油溶物含量/%	≥40.0
HTHP(2.0%)/mL	≤25.0
荧光	无
EC_{50}/(g/L)	>30000

【NTA】 钻井液处理剂的一种；在钻井液中用作盐重结晶抑制，主要用于配制过饱和盐水钻井液。

NTA 质量指标(SY/ZQ 001—1987)

化学环境及项目		指　　标
抑制性	基浆加 2g/L NTA/(g/L)	≥18
	基浆 pH 为 12 时，加 4g/L NTA/(g/L)	≥18
	基液含 $\begin{cases} Ca^{2+}\ 5000mg/L \\ Mg^{2+}\ 500mg/L \end{cases}$ 时，加 4g/L NTA/(g/L)	≥18
理化性能	外观	白色或浅棕色黏稠液体
	水溶性/min	5
	pH 值	4~6
	氮川基与酰胺基中氮含量比	1:(2.7~3.5)
	计算有效物/%	70.0

【NTF】 是一种多元有机磷酸，在钻井液中用作降黏剂；在加重钻井液、低固相聚合物钻井液中使用。NTF 分子结构中，除氮上的 2P 未共用电子对提高吸附基因外，由于磷酰基的特殊稳定及亲核性，致使多元磷酸具有极强的氢键，能在多种表面上吸附，既可拆散黏土颗粒间的网状结构，释放出束缚水，亦可重晶石间表面的固相摩擦为液相摩擦，大大降低高固相钻井液的摩擦阻力；由于 NTF 大量水化基团以氢键吸附在网架结构的聚合物上，致使其拆网呈线性结构，从而起到降黏和降滤失作用。NTF 中，直接以共价 C—P 键结合，键的解离能大于 C—C 键。由于 P＝O 的(d-p)π 轨道所形成的反馈键，大大提高了钻井液的热稳定性和抗氧化能力，且不易被酸碱所破坏。NTF 在水溶液中能解离出 6 个 H^+，离解后的负酸离子与氧原子上的未共用电子对，可与多种金属离子生成稳定的五元螯合物。对于 Ca^{2+}、Mg^{2+} 络合物的稳定常数(lgK)分别为 6.68 和 6.49。实际上，NTF 可与两个或多个金属螯合，从而构成螯合增溶，大大降低了钻井液中 Ca^{2+}、Mg^{2+} 浓度，从而使高矿化度钻井液保持良好的性能。有机多元磷酸的共同特点是，有突出的容限效应和协同作用，其化学反应并不按当量进行。一当量 NTF，可以阻止多当量的 Ca^{2+}、Mg^{2+} 在黏土表面的吸附。同时，当加量达到一限量后，反而会使效果变差。NTF 对各种使用环境的适应性强，与处理剂配伍性好，无论是加重钻井液、低固相钻井液及高矿化度钻井液，降黏效果都明显。一般加量为 0.2%~0.4%，在高钙、镁钻井液中，加量可为 0.1%，超过 0.6%反而会丧失降黏效果。抗温可达 200℃。无毒，不污染环境。

【NaT】 即"单宁酸钠"。

【NaC】 即"单宁酸钠"。

英文

【NFJ】 为磺酸盐凝胶聚合物。是一种合成吸水树脂，由丙烯酰胺、丙烯酸、2-丙烯酰胺基-2-甲基丙磺酸等单体与无机材料聚合而成。外观为不规则灰色或灰黄色固体颗粒，不溶于水、乙醇、甲醇等，在水中可吸水溶胀，吸水倍数多在 3～10 倍，韧性好。磺酸盐凝胶聚合物具有吸水膨胀可变形性，可在压差作用下变形挤入漏层，提高对不同漏层的适应性及封堵层密实程度。膨胀后的韧性和强度主要取决于交联网络的密度和亲水基团的比例。与桥塞材料配合使用，可有效封堵裂缝及孔隙性漏层；可根据现场需要制成不同尺寸的粒径；耐温达 150℃。主要用于水基钻井液堵漏，可用于钻井堵漏、承压堵漏，也可用于采油堵漏和调剖堵水。一般与桥塞材料配合使用，加量为 3%～8% 左右。

【NaCl】 即"氯化钠"。

【NPAN】 即"水解聚丙烯腈铵盐"。

【NJ-1】 钻井液用抗温降滤失剂。以 AMPS、AM 和 N-乙烯-2-吡咯烷酮（NVP）为主要原料合成的三元共聚物。在淡水、复合盐水、海水钻井液中具有良好的降滤失效果，与常规处理剂配伍性良好，并且易于维护。有良好的耐温性，抗温可达 220℃，而且具有良好的抗钙、抗镁性能，在质量分数为 12% 的氯化钙钻井液中仍能有效控制失水量。

【NP-3】 即"聚氧乙烯（30）壬基苯酚醚"。

【NaHm】 即"腐殖酸钠"。

【NaCS】 即"钠纤维素硫酸酯"。

【NW-Ⅱ】 钻井液用有机处理剂的一种，它是一种阳离子黏土稳定剂，该处理剂相对分子质量较小，一般用于地层较简单的井段。

NW-Ⅱ产品指标

	项　目	指　标
液体	外观	橙红色溶液
	含水量/%	≤60
	阳离子浓度/N	≥2.6
	pH 值	7～8
	固相含量/%	≥40
	无机盐含量/%	≥1.0
	膨润土沉降时间/min	≤350
粉剂	外观	橙黄色晶体
	无机盐/%	≤1
	有效物/%	≥90
	阳离子度/%	≤5
	膨润土沉降时间/min	≤350

【NW-1】 是一种相对分子质量较低的阳离子泥页岩水化膨胀和分散抑制剂，俗称小阳离子，为环氧丙基三甲基氯化铵，有液体和干粉两个剂型，相对分子质量为 152。利于井壁稳定和井径规则，防止钻头及扶正器泥包及提高净化设备使用效率等特点，基本上不影响钻井液本身的流变性和滤失量，不干扰测井，对环境无污染。

$$\text{CH}_2\!-\!\text{CH}\!-\!\text{CH}_2\!-\!\overset{\displaystyle \text{CH}_3}{\underset{\displaystyle \text{CH}_3}{\text{N}^+}}\!-\!\text{CH}_3 \cdot \text{Cl}^-$$

（环氧丙基 O）

【ND-Ⅰ】 是一种脲醛树脂黏结剂，以粒径不同的惰性填充剂为桥塞剂的堵漏剂，可用于各种类型井漏的堵漏工作液，堵漏效果较好，并且对钻井液的性能影响较小。

【NCJ-1】 即"纳米复合乳液成膜剂"。

【Na-Alg】 即"褐藻酸钠"。

【NPAN-2】 是一种钻井液用复合铵盐。具有抗温、抗盐、抗钙等特点，在钻井液中用作降低钻井液的动切力。

英文

【NDL-Ⅰ】　钻井液消泡剂的一种；为灰黄色油状液体，呈中性，在水中或钻井液中为乳化液，长期存放有分层现象，但充分摇匀后即可使用，是一种较好的无荧光润滑消泡剂。

DNL-Ⅰ的质量指标

指标名称	指　　标
pH 值	6~7
外观	灰黄色油状液体
密度/(g/cm³)	0.9±0.05
水分/%	≤0.5
乳化性	1%水溶液无浮油

【Na-CMC】　即"钠羧甲基纤维素"。

【Na-CMS】　即"羧甲基淀粉"。

【NH₄-PAN】　即"水解聚丙烯腈铵盐"。

【N-33025】　即"甘油聚醚"。

【NFD-801】　钻井液用堵漏剂。为 N 型脲醛树脂，又称尿素甲醛树脂，是由尿素和甲醛缩聚而成的氨基树脂，调配不同比例可获得不同稠度和凝固时间的堵漏液，若加入固体效果更好。

【Na-CMHEC】　即"钠羧甲基羟乙基纤维素"。

【Na-CMHPC】　即"钠羧甲基羟丙基纤维素"。

【NIG 型密闭液】　是一种美国密闭取心用的一类密闭取心保护液，其配方见下表。

NIG 型密闭液配方

类　别	H₂O	CaCl₂或 CaBr₂	CaCO₃	HEC
PCBBL/kg	49	25	22.7	1

其配制方法是：①将49kg清洁的淡水倒入装有搅拌器的混合容器中。经4000~6000r/min 的速度搅拌的同时，加入溴化钙或氯化钙，直至全部溶解为止。②搅拌中缓慢加入碳酸钙，直到全部悬浮为止。③将 3.79L 清水倒入小混合器中，用手电钻搅拌机搅拌。加入 HEC 经搅拌使其溶解于水中。当 HEC 完全溶解后，停止搅拌，盖好盖。在小混合容器的出口处接上管线，用压缩空气将其注入混合容器（相同的两容器）中。混合搅拌均匀后，其密度在 2.4~2.5g/cm³ 之间，黏度为 50~200Pa·s 为合格。卸搅拌器，装上混合容器盖，拧紧螺栓。将软管接在混合容器的入口接头上，用压缩空气把 NIG 密闭液注入取心工具内筒。④清洗混合容器和搅拌器，并防腐。

【N 型脲醛树脂】　又称尿素甲醛树脂，有 N-1、N-2 两种型号，由尿素与甲醛缩合而成的一种氨基树脂。为白色粉末。无味，耐光性好。属化学堵漏剂，调节配比即可获得不同稠度和凝固时间的胶体，进行井下堵漏，如在其中添加固体堵漏剂，其效果较好。

N 型脲醛树脂质量指标

项　　目	指　标		备　注
	N-2	N-1	
细度（100 目筛余量）/%	0	0	
水分/%	<5.0	<5.0	
密度/(g/cm³)	1.33	1.33	
水不溶物/%	<1.0	<1.0	
溶解时间/min	<5	<5	50%浓度，水温 25℃
溶液黏度/mPa·s	<100	<100	50%浓度，水温 25℃
游离醛/%	<5	<4	
凝固体抗压强度/kPa	>39200	>24500	凝固时间 20s±3s
凝固体抗冲击强度/kPa	>637	>539	凝固时间 20s±3s
外观	白色粉末		

英文

【N9202 粒径板组件】 用于现场测试固控设备的效率；这种试验简单，重复性好并易于进行。钻井液样品经过该板，这一检查步骤用于确定在钻井液样品中的最大粒径。

整套单元：

N9202：粒径板套件配有粒径板，在携带盒备有示范液及说明。

N9200：仅有粒径板。

N9210：示范液，10mm、100mm。

N9235：示范液，35mm、100mm。

N9290：示范液，90mm、100mm。

65305：携带盒。

【NSD 型无沉降滤失仪】 美国 Baroid 公司生产；这种滤失仪为平衡流动式，采取 API 测试步骤；滤液以水平方向流出，与 API 静态滤失结果相关。

【OA】 钻井液用乳化剂，油酸。白色或微黄色块状、粒状或片状。不溶于水，溶于醚、醇等有机溶剂。用途：在钻井液油包水中起到乳化作用。优点：①抗温性好。②抗破乳能力强。物理性质：①外观：淡黄色或黄棕色液体。②易分散于水。推荐用量：$5 \sim 40 \text{kg/m}^3$。

OA 技术要求

项 目	指 标
凝固点/℃	≤8.0
碘化值/(mg/L)	80.0～100.0
皂化值(KOH)/(mg/L)	≤187.0～205.0
酸值(KOH)/(mg/L)	≤185.0～202.0
HLB	1.0
HLB(油酸钠)	18.0
HLB(油酸钾)	20.0
水分/%	≤5.0

【OK】 是苏联研制成功的一种抗温250℃的解絮凝剂，其降黏效果较好。

【OPC】 是一种有机钾络合物，是腐殖酸与氢氧化钾反应的产物。腐殖酸和黄腐殖酸可以通过离子交换、氢键、范德华引力、与配位金属形成配价键(配位交换)等方式从溶液中吸附有机分子，当 K^+ 浓度很高时，可以争夺络合位置而形成含 K^+ 量为16%的络合物，为"OPC"。这种处理剂可用作淡水钻井液、含 KCl 的钻井液，以及聚合物钻井液的反絮凝剂；提供 K^+ 抑制泥页岩水化膨胀；可用 pH 值范围较宽(pH 值为 8～11)；抗温能力达 350℃。

【OCP】 是一种多聚电解质，由木质素经聚合物取代，增加—OH、—NH₂、—COOH、—SO₃H 等基团，对黏土有更强的吸引力，从而达到阻止水分渗入地层，稳定井壁的作用。在钻井液中起防塌和控制黏土分散的作用。

【OTB】 见"溴化十八烷基三甲基铵(十八烷基三甲基溴化铵)"。

【OPB】 见"溴化十八烷基吡啶(十八烷基溴化吡啶)"。

【OSG】 钻井液用页岩抑制剂。有机硅醇井壁稳定剂用作水基钻井液的页岩抑制剂，降低钻井液的滤失量，改善滤饼质量和稳定井壁。用途：①抑制页岩和钻屑分散。②改善钻井液的滤失量和滤饼质量。③改善钻井液的流变性能。优点：①各种水基钻井液。②改善钻井液的流变性能。③无荧光、可用于探井。④抗温180℃。物理性质：①外观：粉末。②易分散。推荐用量：$10 \sim 50 \text{kg/m}^3$。

OSG 技术要求

项 目	指 标
外观	淡黄色黏稠液体
干基硅含量/%	≥30.0
表观黏度/mPa·s	≤20.0
滤失量/mL	≤20.0
页岩稳定性提高率/%	≥125.0

英文

【OP-1】 ①属沥青类防漏堵漏剂。软化点为160℃，颗粒为不规则体，粒度60~200目的颗粒占90%，不溶于水，能较好地分散于水中。适用于渗透性、裂缝性漏失层的防漏堵漏。②非离子表面活性剂，见"单氧乙烯辛基苯酚醚"。

【O-20】 即"聚氧乙烯烷基醇醚-20"。

【OP-2】 即"单氧乙烯壬基苯酚醚"。

【OP-4】 即"聚氧乙烯烷基苯酚醚（OP系列）"。

【OP-7】 即"聚氧乙烯烷基苯酚醚（OP系列）"。

【OP-10】 即"聚氧乙烯（10）辛基苯酚醚"。在钻井液中作为配伍助剂，起到润滑防卡、提高钻井液的热稳定性的作用。用途：①钻井液的乳化剂。②在深井加重钻井液中起到乳化、润滑防卡及提高稳定性作用。优点：①抗温性好。②使用、存放方便。物理性质：①外观：流动的黏稠状液体。②易分散于柴油中。推荐用量：2~10kg/m³。

OP-10 技术要求

项　目	指　标
外观	流动的黏稠状液体
HLB 值	13.3
溶解性	溶于水
pH 值	5.0~7.0

【OP-15】 见"聚氧乙烯烷基苯酚醚（OP系列）"。

【OB-FL】 一种油基钻井液用的降滤失剂。

【OCL-JB】 钻井液用抗温降滤失剂。以AMPS、AM、AA和NVP四种单体为原料，合成的四元线性共聚物。这种降滤失剂在降低钻井液滤失量的同时，兼具调节钻井液流型的功能，抗温在180℃以上，适用于深井钻探。

【OB-Emul-Pr】 油包水钻井液乳化剂，成分为氧乙烯基烷基苯酚醚。它的表面活性可降低油基钻井液和反相乳化钻井液中胶体颗粒间的凝聚力，可更好地控制流变参数和滤失量，是油包水反相乳化钻井液的主乳化剂。

【OB-Emul-Sc】 乳化剂，是油基钻井液的辅助乳化剂，成分是苯磺酸钙盐，用于油包水钻井液的辅助乳化剂。

【OF型荧光析油仪】 由美国Baroid公司生产；是一种通用型双作用仪器，用于测试钻屑和烃类。借助于荧光析油仪，操作者可用白光来检验钻屑，然后转换至紫外光，以确定是否有烃类存在。该仪器的波长为3650Å。

【OMR钻井液流变性遥测装置】 是一种现场专用钻井液流变性遥测装置（简称OMR装置）。该装置配有微机控制、计算结构处理、打印、流变曲线绘图及各参数值显示的人工智能型钻井液流变性测量仪器。它具有自动化程度高、性能可靠、操作简单等优点。使用OMR装置，用户仅开机后执行启动命令以后就只需要按五大功能键之一，便可由UCCS（微机控制系统）自动完成钻井液槽中（或实验室中）力矩电机-转筒-光电传感器执行-检测机构的各种动作；自动完成数据采集及与钻井液参数有关的各种运算处理，并以最直观的形式显示；打印各种结果；绘制出流变曲线，以便永久保存。该装置如下图所示，当微机通过已编程序，经数模转换板（D/A板）和驱动器使用电机在控制电压下运转时，由于被测液体黏滞力的作用，电机转速将低于额定转

英文

速(额定转速是力矩电机在该控制电压下带动转筒在空气中的转速)。此时，与力矩电机同轴的光电传感器，发出相应的脉冲，经过整形电路，送到微机进行采集处理。钻井液黏度愈大，力矩电机转速下降愈多，光电传感器输出的脉冲数愈少，此时转速差愈大，即被测液体黏度与力矩电机转速差成正比，根据有关数学推导，力矩电机转速差与被测液体的黏度具有一线性关系。将此关系按要求编程，存入微机，微机便可随着转筒的转动随时采集处理和显示被测流体的各流变参数，并打印出结果。

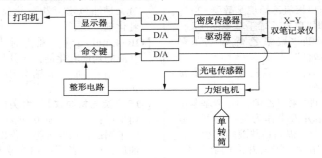

OMR 装置原理图

【PA】 见"活化重晶石粉"。

【PS】 见"石油磺酸盐"。

【PL】 低黏乳液聚合物 PL。丙烯酰胺或烷基丙烯酰胺与丙烯酸、磺酸及其衍生物的反相乳液聚合物。主要成分分子结构 $[C_2H_3CONH_2]_m[C_2H_3COONa]_n[C_7H_{13}NO_4S]_x$。为浅色乳状液体，有轻淡油味，用作水基钻井液的非分散型低黏降滤失剂。产品中含有多种官能团，在黏土颗粒表面含有多种吸附水化层，形成薄而致密的滤饼，保持聚合物钻井液的结构，从而大幅降低钻井液的滤失量。产品特点是：①黏度效应小，降滤失能力强，并能保持聚合物钻井液的非分散性。②抗盐、抗钙、抗镁能力强，可用于淡水、盐水、饱和盐水钻井液体系。③与固体聚合物相比较，分散性好，溶解速度快，效用高。与固控设备的使用不相冲突，性价比高，成本低。使用方法是：PL 可配制成水溶液使用，也可直接加入钻井液循环系统中。直接加入时，要注意加料速度，采用匀速、缓慢加入或间歇式加入法。推荐使用加量(体积比)：淡水钻井液为 0.5%～0.8%；盐水、饱和盐水钻井液为 0.5%～1.0%。

PL 技术指标

项　　目	指　　标
外观	乳状液体
pH 值	6～9
固相含量/%	≥30
1%水溶液表观黏度/mPa·s	≥20
常温 API 滤失量/mL	≤10
120℃热滚 16h 后 API 滤失量/mL	≤10

【PAA】 丙烯酸盐聚合物。在淡水钻井液中用作降黏剂。

【PMC】 是阳离子单体和褐煤在一定条件与催化剂的作用下进行接枝再经碱化阳离子化而成。有较好的抑制性和良好的防塌性能，抗高温、抗老

英文

化，主要用于中深井钻井液。

【PAX】 采用氧化还原体系，以 AMPS、AM 等乙烯基单体为原料，合成的抗高温二元共聚物降滤失剂。该降滤失剂具有良好的抗盐效果，在 220℃ 的高温下具有良好的降滤失作用，但高温老化后该降滤失剂黏度下降度较大。

【PPL】 是一种高聚物和表面活性剂的螯合物。抗温 ≥150℃，外观为均质黑色稠油状液体，它具有配伍性好、抗盐膏能力强、使用方便、集润滑防卡和造壁防塌于一体的钻井液处理剂。

【PGL】 钻井液用聚合醇润滑剂，能够有效地提高钻井液的润滑性，降低钻井中的扭矩和摩阻，清洗钻头，并有一定的页岩抑制性，抗温 180℃。用途：①提高水基钻井液的润滑性。②减小扭矩和摩阻。③防止压差卡钻。④改善水平井的润滑性。优点：①对环境和录井无影响。②溶于水。③抗温性好。物理性质：①外观：液体。②易分散于水。推荐用量：2.0%～5.0%。

PGL 技术要求

项　目	指　标
外观	黏稠液体
水溶性	不分层
密度/(g/cm³)	0.95+0.10
闪点/℃	≥150.0
荧光/级	≤5.0
黏附系数降低率(2%)/%	≥40.0
润滑系数降低率(2%)/%	≥70.0

【PbS】 即"方铅矿粉"。

【PLG】 是一种钻井液用防塌类聚合醇。

PLG 性能指标

项　目	指　标	
	PLG-1	PLG-2
外观	黏性液体	黏性液体
pH 值	7～9	7～9
荧光		无荧光显示
页岩相对回收率/%	≥150	≥150
滤失量/mL	≤20	≤20
表观黏度/mPa·s	≤18	≤18

【PAS】 是一种丙烯酸、丙烯酰胺与淀粉的接枝共聚物，可广泛应用于淡水、盐水和饱和盐水钻井液体系，其抗温可达 150℃。在钻井液中的加量一般为 0.5%～1%。

PAS 理化指标

项　目	指　标
外观	白色或浅黄色粉末
特性黏度/(dL/g)	≥5
水分/%	≤12
取代度/D.S	≥0.2

【PAM】 见"聚丙烯酰胺"。

【PAT】 是一种聚氨酯泡沫膨体颗粒堵漏剂，其主要特点是吸水后自身体积可迅速膨胀。由于它是弹性的、多孔的膨体，在受压情况下体积变小，易钻入裂缝或岩石孔隙，进入裂缝或孔隙后，吸水膨胀，产生堵塞作用。该膨体的使用范围较广，在小于 0.74mm 的孔隙中，封堵孔喉，使其承压达 11MPa。在较大孔隙中，亦可承压 8～10MPa。

【PYL】 钻井液用聚合醚润滑剂。能够有效地提高钻井液的润滑性，降低钻井中的扭矩和摩阻，清洗钻头，并有一定的页岩抑制性，抗温 180℃。用途：①提高水基钻井液的润滑性。

英文

②减小扭矩和摩阻。③防止压差卡钻。④改善水平井的润滑性。优点：①对环境和录井无影响。②溶于水。③抗温好。物理性质：①外观：液体。②易分散于水。推荐用量：1.0%~3.0%。

PYL 技术要求

项　目	指　标
外观	红黄色黏稠液体
密度/(g/cm³)	0.92~0.98
荧光/级	≤4
表观黏度上升率/%	≤25.0
润滑系数降低率/%	≥60.0
钻井液起泡率/%	≤5.0

【PHP】　即"水解聚丙烯酰胺"。

【PMN】　是一种化学凝胶堵漏剂，它利用高分子材料和交联剂发生化学反应，形成具有一定弹性、与岩石有较强黏附作用的胶凝体而达到封堵漏层的目的。在堵漏剂中，交联剂可控制堵漏浆液的黏度、初凝时间和凝胶状态，保证堵漏剂能顺利进入设计的漏层深度，又不致因黏度与状态不适而漏失或窜混，同时可提高堵剂终凝强度，增强承压能力，确保堵漏成功率。胶凝时间可通过调整 pH 值加以控制，以满足不同井深、井漏的要求。这类堵剂与水泥等加强材料复合使用，可以增强堵塞隔墙的承压能力。该堵剂终凝和所形成的凝胶体不溶于水，主要应对含水层的漏失。

【PFC】　见"聚磺腐殖酸"。

【PCC】　是一种可酸溶暂堵剂。其作用机理是将其按一定比例和清水配成浆液后，用钻具泵入井内，在漏层和井筒的压差作用下，产生快速滤失，在漏失通道中形成坚韧、致密的滤饼而堵塞通道。该剂中含有 90% 左右的酸溶材料，生产的滤饼酸溶率达 80% 以上。易于酸化解堵，适合产层堵漏，具有保护油气层的功能。

【PSC】　见"磺化酚腐殖酸铬"。

【PSP】　是一种钻井液用两性离子磺化酚醛树脂。是在磺化酚醛树脂(SMP)的分子骨架中的苯环上引入了一定比例的季铵盐有机阳离子而得到的两性离子。它不仅保留了原 SMP 的优异特性，而且弥补了 SMP 使用效率低、抑制性差、中浅井使用效果不佳等不足，同时还增加了钻井液体系的抗温、抗盐性能。

PSP 质量指标

项　目	指　标
外观	自由流动粉末，10%的水溶液颜色呈棕黄色
干基含量/%	≥90.0
水不溶物/%	≤10.0
表观黏度/mPa·s	≤25.0
API 滤失量/mL	≤10.0
高温高于滤失量/mL	≤25.0
页岩膨胀降低率/%	≥25.0

【PA-1】　钻井液用防塌降滤失剂。为腐殖酸钾和阳离子烯类单体接枝共聚物，K^+ 和阳离子协同作用，提高了防塌效果，阳离子加入提高了吸附和水化能力，适用于加重或非加重淡水钻井液，和抗盐处理剂复配可用于盐水钻井液，适宜的 pH 值为 7.5~11，抗温 180℃，在浅井段中具有较好的降黏效果。推荐加量 1.5%~3%。

【PA-2】　是一种钻井液用聚合醇水基防塌润滑剂。适用于海水、湖泊及陆上深井、复杂井、水平井的钻井。

PA-2 质量指标

项　　目	指　　标
浊点/℃	40~100℃可调
外观	浅黄色黏性液体
密度/(g/cm³)	0.94~1.14
倾倒点/℃	≤-15
荧光/级	≤5
润滑系数降低率/%	≥50
钻井液表观黏度上升率/%	≤25

【PMHC】 增黏降滤失剂。复合金属两性离子聚合物，由多种阳离子、阴离子、非离子等单体和复合金属离子共聚而成的水溶性高分子聚合物，具有两性离子增黏剂的强抑制性、包被性、增黏性，还具有 MMH 的良好流变性能的特点。用作增黏剂、包被剂和流型改进剂，提高黏度和动塑比，剪切稀释能力强，抑制泥页岩和钻屑的水化膨胀和分散，抗温、抗钙能力强，适用于淡水、海水、饱和盐水钻井液。推荐加量，淡水钻井液 0.2%~0.4%；咸水钻井液 0.5%~1%。

【PLUG】 一种多颗粒聚合物堵漏剂。能够在水或钻井液中迅速吸收大量的水并膨胀上百倍，从而堵住地层的漏隙。加入钻井液中不溶解，随着钻井液的循环，可快速进入地层孔隙，并充分溶胀，在保持较高强度的情况下，封堵地层裂缝。

【PEMUL】 油基钻井液用粉状乳化剂。是一种适用于柴油基、矿物油基或合成基油基钻井液体系的高性能乳化剂。该乳化剂含有多个亲水和亲油基团，能在油水界面上形成致密的界面膜，且随着温度的逐渐升高，乳化性能降低幅度较小，在高温条件下具有良好的乳化率和电稳定性。少量加入就能有效地增强体系的乳化稳定性和结构力，使钻井液具有良好的抗温性能和切力高的突出流变特征，尤其适用于页岩、泥岩等复杂地层和大位移定向井、水平井等钻井施工。产品性能特点是，外观为黄色或浅黄色流动性粉末，不溶于水，溶于柴油、矿物油等有机溶剂，常温下为固体，熔点 120℃，乳化率大于 90%。应用中代替主、辅乳化剂，在乳化的同时兼有提黏切的作用。可用于柴油、矿物油或合成油品的全油基和油包水钻井液体系。一般加量为 3.0%。

【PYRO-VIS】 化学改性甜菜淀粉，在水基钻井液中用作增黏降滤失剂。

【PMHA-Ⅱ】 一种钻井液用复合金属两性离子聚合物增黏剂。是由阴离子、非离子、有机阳离子等和复合金属离子经特殊工艺共聚而成的水溶性高相对分子质量聚合物，集两性离子聚合物增黏剂的强抑性、包被性、增黏性，以及优良的配浆性与正电胶的良好流变性能于一体。在钻井液中用作增黏剂、包被剂和流型改进剂。

PMHA-Ⅱ质量指标

	项　　目	指　　标		
理化指标	水分/%	≤10.0		
	细度(0.9mm 标准筛筛余)/%	≤10.0		
	(1%水溶液)表观黏度/mPa·s	≥40.0		
	pH 值	8~11		
钻井液性能指标	项　　目	表观黏度/mPa·s	塑性黏度/mPa·s	滤失量/mL
	4%淡水基浆	8~10	3~5	22~26
	淡水基浆中加入0.3%样品	≥35.0	≥2	≤13
	15%咸水基浆	4~6	2~4	52~58
	咸水基浆中加入0.7%样品	≥23.5	≥6	≤13

英文

【PAMS-601】 是一种钻井液用磺酸基的阴离子型聚合物，易溶于水，在钻井液中有良好的降滤失、抗温、抗盐和抗钙、抗镁污染的能力，同时具有较好的抑制、絮凝和包被作用，可有效地控制地层造浆、抑制黏土和钻屑分散，有利于固相控制。与其他处理剂有良好的配伍性，适用于各种类型的水基钻井液。

PAMS-601 质量指标

项　目	指　标
外观	白色粉末
有效物/%	≥85
水分/%	≤7
25℃下，1%水溶液的表观黏度/mPa·s	≥35
水不溶物/%	≤1
滤失量（复合盐水钻井液中加量5g/L）/mL	≤10

【P-30】 即"聚氧乙烯（30）苯酚醚"。

【PAAS】 即"聚丙烯酸钠"。

【pH 计】 见"酸度计"。

【pH 值】 表示液体中氢离子浓度的一种方法。此数值是氢浓度的函数，可以用下式表示：

$$\frac{[H]^+[OH]^-}{[H_2O]} = K_{H_2O} = 1 \times 10^{-14}$$

为了表示方便，用氢离子的负对数来计算，则 pH 值的范围是 0~14。分别表示酸性（低于 7）、中性（7）和碱性（高于 7）。

【PT-1】 聚丙烯酸衍生物，在淡水钻井液中用作降滤失剂。适用于无钙低固相不分散体系。

【P$_f$碱度】 表示钻井液滤液的酚酞碱度；以每毫升滤液到达酚酞终点所消耗 0.02N 标准溶液的毫升数来表示。它表示的意义与钻井液的 pH 值相同。由于有时钻井液滤液颜色较深或其他因素，对测定 pH 值有干扰，故采用 P$_f$表示。不同的钻井液类型，要求有不同的 P$_f$。如石灰处理钻井液要求有较高的 P$_f$，低固相聚合物钻井液要求有较低的 P$_f$。

【P$_m$ 碱度】 钻井液的酚酞碱度。以每毫升钻井液达到酚酞终点所消耗 0.02N 标准酸的毫升数表示。在钻井液中的意义与 P$_f$相同，P$_m$ 数值包括钻井液滤液中的酚酞度，以及钻井液中黏土颗粒所产生的碱度，因此，对同一种钻井液来说，P$_m$ 总大于 P$_f$。

【pH 控制剂】 指调整钻井液酸碱度的处理剂。

【PVT 测量仪】 是一种高温高压密度测试装置，见下图。使用该装置实验时，首先将盛有约 90mL 钻井液样品的铅筒置于仪器的压力室中，并将筒的四周充满液压用矿物油。旋紧密封钢盖后，在 26.7℃ 恒温下，用高压油泵将压力加至 103.4MPa。当油泵活塞向前推进或后退时，体系的体积变化可以直接读取。当记下活塞初始位置后，再将压力以 10.34MPa 的递减量依次减小。每减小一次，记录所对应的体积增加量 ΔV。于是，分别对应于 0MPa，10.34MPa，20.68MPa，…，103.4MPa 共 11 种压力下的钻井液密度，由下式依次求得：

$$\beta_{i+1} = \frac{\beta_i}{1 + (\Delta V + V_i)}$$

式中　β_i——第 i 种压力下钻井液密度，kg/m^3；

β_{i+1}——第 $i+1$ 种压力下钻井液密度，kg/m^3；

V_i——第 i 种压力下钻井液体积，m^3；

ΔV——从第 i 种压力转变为第 $i+1$ 种压力时体积变化，m^3。

英文

然后，分别将温度升至 93.3℃ 和 176.7℃，重复以上操作，测定高温下密度随压力变化的数值。密度随温度变化的数值可根据恒温条件下各种温度间的体积增量求得。

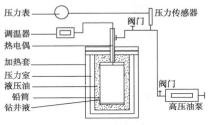

PVT 实验装置

【PAC-141】　钻井液用高分子聚合物的一种，为复合离子型聚丙烯酸盐，是丙烯酸、丙烯酰胺、丙烯酸钙和丙烯酸钠的四元共聚物，相对分子质量为 $(120 \sim 300) \times 10^4$。在淡水钻井液中的加量为 0.2% ~ 0.5%，在咸水钻井液中的加量为 0.5% ~ 0.8%。

PAC-141 技术标准（SY/ZQ 008—1989）

项　目		指　标
理化指标	特性黏度/s	4.0 ~ 5.0
	水分/%	≤7.0
	细度（40 目筛余量）/%	≤20
	水不溶物/%	≤5.0
	pH 值	7 ~ 8
淡水浆	表观黏度/mPa·s	≥30
	塑性黏度/mPa·s	≥18
	滤失量/mL	≤15
咸水浆	表观黏度/mPa·s	≥15
	塑性黏度/mPa·s	≥10
	滤失量/mL	≤10

【PSC-Ⅱ】　钻井液处理剂的一种，为磺化酚腐殖酸铬，由褐煤中腐殖酸与磺甲基苯酚接枝，再经红矾钠氧化络合而成，具有多种官能团的聚合物固体粉末；在钻井液中用作抗温、抗盐、降滤失、降黏等作用。

PSC-Ⅱ产品理化性能指标

项　　目	指　　标
外观	黑色粉末
有效成分/%	≥70
干基 Cr^{3+}/%	≥1.5
抗盐能力（Cl^-）/（mg/L）	≥60000
细度	20 目筛通过

【PAC-142】　钻井液处理剂的一种。为丙烯衍生物多元共聚物，由丙烯酸、丙烯酰胺、丙烯腈、丙烯磺酸钠等多元单体共聚而成。分子链中有羧基、羧钠基、羧钙基、酰胺基等官能团。呈白色或微黄色流动粉末。用于低固相不分散水基钻井液，有改善流变参数、提高剪切稀释能力、降低滤失量、包被钻屑、抑制分散等作用。并有抗盐、抗钙、抗温等能力。其加量为：淡水钻井液 0.1% ~ 0.3%；海水钻井液 0.5% ~ 1.2%；饱和盐水钻井液 0.7% ~ 1.5%。

PAC-142 技术标准（SY/ZQ 016—1989）

项　目		指　标
理化指标	特性黏度/s	0.7 ~ 1.4
	水分/%	≤7.0
	细度（40 目筛余量）/%	≤20
	水不溶物/%	≤5.0
	pH 值	7 ~ 8
淡水浆	表观黏度/mPa·s	≤30
	塑性黏度/mPa·s	≤20
	滤失量/mL	≤15
咸水浆	表观黏度/mPa·s	≤18
	塑性黏度/mPa·s	≤17
	滤失量/mL	≤10

英文

【PAC-143】　为乙烯基单体多元共聚物，是由多种乙烯基单体及其盐类共聚而成的水溶性高分子聚合物。相对分子质量为 $(150 \sim 200) \times 10^4$。分子链中有羧基（—COOH）、羧钠基（—COONa）、羧钙基 $[—(COO)_2Ca]$、腈基（—CN）、酰胺基（—CONH$_2$）和磺酸基（—SO$_3$）等多种官能团。外观为白色或微黄色自由流动粉末。在水基钻井液中用作增黏剂、降滤失剂。有较好的胶体稳定性和耐温性能，并且有抑制泥页岩分散的能力和较好的剪切稀释特性。适用于淡水、海水和饱和盐水钻井液体系。在淡水钻井液中的推荐加量为 0.2%～0.5%；在海水及饱和盐水钻井液中的推荐加量为 0.5%～2%。

PAC-143 技术标准（SY/ZQ 017—1989）

项	目	指标
理化指标	特性黏度/s	3.0～4.5
	水分/%	≤7.0
	细度（40目筛余量）/%	≤20
	水不溶物/%	≤5.0
	pH 值	7～8
淡水浆	表观黏度/mPa·s	≥25
	塑性黏度/mPa·s	≥15
	滤失量/mL	≤15
咸水浆	表观黏度/mPa·s	≥13
	塑性黏度/mPa·s	≥10
	滤失量/mL	≤10

【PAC-144】　钻井液处理剂的一种。为多种丙烯衍生物与腐殖酸的接枝共聚物。呈黑色粉末状。抗盐、抗钙污染能力强，抗温能力可达 180℃。主要用作水基钻井液的降滤失剂，并具有一定的防塌作用，适用于淡水和咸水钻井液。

PAC-144 质量指标

项	目	表观黏度/mPa·s	塑性黏度/mPa·s	滤失量/mL
淡水浆	基浆（淡水+4%安丘土）	8～10	3～5	22～26
	基浆+PAC-144 0.2%后	20～23	14～17	12～15
咸水浆	基浆（咸水中+安丘土15%）	4～6	2～4	52～58
	基浆+PAC-144 2%后	14～16	13～15	≤10
表观黏度（1%水溶液 20～25℃测定）/mPa·s		10～14		
水分/%		≤7.0		
细度（通过40目筛）/%		>80.0		
pH 值		8～9		

【PAC-145】　钻井液处理剂的一种。为多种乙烯基单体与聚磺腐殖酸的接枝共聚物。呈黑色粉末状。在水基钻井液及完井液中用作降黏剂、降滤失剂，并兼有一定的抗盐、抗钙能力。在淡水钻井液中的加量一般在 0.8%～0.5% 之间。

PAC-145 质量指标

项	目	指标
纯度/%		≥90
表观黏度（1%水溶液 20～25℃）/mPa·s		4～6
水分/%		≤7.0
细度（通过40目筛）/%		≥80
pH 值		7～9
淡水基浆中加入 PAC-1450 2%后	密度/(g/cm³)	1.025
	表观黏度/mPa·s	8～11
	塑性黏度/mPa·s	7～9
	滤失量/mL	12～14

英文

续表

项 目		指 标
咸水基浆中加入PAC-145 3%后	密度/(g/cm³)	1.10
	表观黏度/mPa·s	11～13
	塑性黏度/mPa·s	11～12
	滤失量/mL	≤10

续表

项 目	指 标
分解温度/℃	280～300
溶解性	速溶于水
离子性	阳离子性
电性	聚合物在任何pH值下都带正电

【PACS-LV(1)】 是一种非离子降滤失剂；可用于淡水、海水、饱和盐水钻井液体系。在淡水、4%盐水钻井液中的抗温能力可达140℃，在饱和盐水钻井液中的抗温能力可达130℃，在降低滤失量的同时，也可利于流变性的控制。

【PRD钻井液】 是一种无固相(黏土)聚合物弱凝胶体系。该体系具有较强的动塑比，有利于动态携砂清洁井眼，特别是在井壁附近低剪切状态下形成的高黏弹性区域，其黏度高达50000～100000mPa·s。在停泵状态下，PRD体系的静切力恢复迅速，防止钻屑在井壁的底边形成岩屑床，降低钻具的扭矩，防止发生井下复杂事故，同时，该体系在井壁附近低剪切状态下的高黏弹性特性，减少了钻井液中固相和液相对储层的损害，有利于保护储层。

【PDMDAAC】 是一种钻井液用阳离子处理剂，主要起防塌作用，在钻井液中的加量一般为0.05%～0.5%。

PDMDAAC质量指标

项 目	指 标
形式	季铵盐型高分子聚合物
外观	无色或微黄色稠稠液，无毒、无害略带氨味
pH值	1.5～7.0
固含量/%	≥30和≥40
相对分子质量/10⁴	≤5

【PIPE-LAX-W】 粉状解卡剂、成型的桶装液体解卡剂(麦可巴PIPE-LAX-W或类似产品)，在现场按要求进行配制，经检测性能符合要求后，按照前面叙述的有关注解卡剂的步骤进行施工。非加重解卡剂配方为：1m³"0号"或"10号"柴油、寒冷季节根据情况用"-10号"或"-20号"柴油加100kg+PIPE-LAX-W。

PIPE-LAX-W加重型

解卡剂密度/(g/cm³)	柴油/L	PIPE-LAX-W/L	水/L	重晶石/kg
1.08	537	86.3	314	256
1.20	537	86.3	277	413
1.32	536	86.3	241	570
1.44	533	86.3	208	727
1.56	528	86.3	176	884
1.68	520	86.3	146	1038
1.80	510	86.3	120	1192
1.92	498	86.3	95	1343
2.04	484	86.3	73	1497
2.16	468	86.3	53	1651

【PipeFree-1】 解卡剂。是由氧化沥青、乳化剂、增稠剂和渗透剂混合而成的褐色粉末状混合物，适用于水基钻井液造成的压差卡钻。将其解卡剂加入柴油中搅混一段时间后加入一定量的水，再搅拌以形成油包水乳状液，然后可将其泵入井内卡点。可以使用重晶石或者赤铁矿粉加重，解卡

英文

液的密度要高于井内钻井液密度 0.02g/cm³，以防发生置换影响解卡效果。

【PRT 钻井液】　该钻井液其核心处理剂为 PPL、RST、TX、FA367、LS-2，用于简单井、复杂井、水平井，可抗温 230℃，具有防塌、防卡、抗污染、携带能力强等优点。

【PA 型活化重晶石粉】　见"活性重晶石粉"。

【PT 型渗透率测定仪】　该仪器由美国 Baroid 公司生产；用来测定岩心样品，以确定渗透率的大小或是否有地层损害。该仪器有自动和手动两种类型。

【PAC 保护油层钻井液】　水基钻井液的一种；主要由 PAC-141、PAC-143、PAC-145 等处理剂组成。由于 PAC 系列处理剂是以酰胺基（—CONH₂）为主要的吸附基团和水化基团，而不是单一的羧基（—COO⁻）。因此，不会和地层中的高价金属离子形成羧酸盐沉淀而损害油层的渗透率，从而起到保护油层的目的。

【PDMDAAC-PA/D42】　是一种钻井液用阳离子聚合物，在钻井中能有效地阻止黏土膨胀和微粒运移，并消除或降低地层渗透性损害。

PDMDACC-PA/42 质量指标

项　目	指　标
形式	季铵盐型高分子多元聚合物
外观	无色-深黄色黏稠液体，略带氨味
pH 值	7~12.0
固相含量/%	≥15（水溶液）
相对分子质量/10⁵	2~6
分解温度/℃	150
溶解性	速溶于水

【PDMDAAC-P100】　是一种钻井液用阳离子黏土防膨剂，除防止黏土膨胀外还兼有杀菌之效能。

PDMDAAC-P100 质量指标

项　目	指　标
外观	无色-淡黄色
固相含量/%	≥40
相对分子质量/10⁵	≤2
使用浓度/%	0.2~0.5
pH 值	2.5~7.5
溶解性	速溶于水、无不溶物
分解温度/℃	280~300
离子性	阳离子性

【PDMDAAC-P216】　是一种钻井液用阳离子聚合物，在钻井液中用作黏土稳定剂。

PDMDAAC-P216 质量指标

项　目	指　标
外观	无色-淡黄色
固相含量/%	≥20
相对分子质量/10⁵	≤2~6
使用浓度/%	≤0.5
pH 值	6~8.5
溶解性	速溶于水、无不溶物
分解温度/℃	<130
离子性	阳离子性、非离子性

【PDMDAAC-P-106】　一种钻井液用阳离子聚合物，在钻井液中起黏土稳定作用。

PDMDAAC-P-106 质量指标

项　目	指　标
形式	季铵盐型高分子聚合物
外观	无色或微黄色黏稠液，无毒、无害略带氨味
pH 值	2.5~7.0
固相含量/%	≥40

续表

项　目	指　标
相对分子质量/10^4	≤7~15
分解温度/℃	280~300
溶解性	速溶于水
离子性	阳离子性
电性	聚合物在任何 pH 值下都带正电

【P-1000 滤饼针入度仪】　该仪器用于测量在低压或高压、静态或动态滤失实验中所形成的滤饼的质量和厚度，以加深对滤失过程的了解。可以手动或电动操作，用纸带记录仪或计算机记录数据。

【QS-2】　为超细目碳酸钙，是一种暂堵剂。其粒度分布主要在 3~10μm 之间，其峰值为 8μm 左右，它对于中低渗透地层可直接起架桥粒子的作用，对于高渗透地层又可充当次级架桥或填充粒子的作用。为防漏堵漏剂，与单向压力封闭剂和沥青类产品配合使用，能形成稳定而牢固的桥堵，在 4MPa 的压差下不会被破坏。

【QS-4】　同"QS-2"。

【QPL-Y】　是一种复合型高强度井壁封固剂，在随钻防漏堵漏工艺中得到广泛应用。QPL-Y 的密度为 2.4~2.6g/cm^3，细度可通过 80 目振动筛。其使用要点是：①由于它是高强度井壁封固剂通过桥堵、聚凝和固化的机理产生良好的防漏堵漏效果，因此随钻防漏堵漏钻井液对各种类型的漏层有较强的适应能力，可用于各种复杂的漏失层的防漏堵漏。在漏失层位多、漏失井段长的调整井中应用效果明显，可尽量减少常规的憋挤堵漏等大型施工。②配制 QPL-Y 随钻防漏堵漏钻井液的方法是：在预计钻入漏层前 100m，调整好钻井液性能（特别是钻井液的滤饼质量，有助于提高防漏堵漏的效果，在淡水钻井液中需要适当加入部分腐殖酸钾等处理剂），然后在全井加入 3% QPL-Y，以及 2%低软化点沥青粉或其他沥青类产品，如预计有大裂缝或大孔隙漏层，应同时加入粗纤维桥堵剂。钻进漏层过程中，注意按相同比例补充堵漏剂。③对于漏速小于 15m^3/h 的漏层，通过补充 QPL-Y 和膨润土浆可边漏边钻，漏失量大于 15m^3/h 时视情况可起到安全井段，降低排量，循环补充钻井液量和堵漏材料，然后用正常排量观察钻井液返出量是否正常，如钻井液排量恢复正常即可分段循环下钻到底恢复钻进。对有进无出的恶性漏失，须起到套管内静止 24h 以上，补充堵漏剂和钻井液后，分段循环下钻到底恢复钻进。④对严重漏失的井固井下套管前通井时，必须大剂量再补充一次 QPL-Y 和沥青类产品，以保证固井施工顺利。⑤除较大裂缝漏失层需要复配粗纤维堵漏材料外，由于 QPL-Y 均能较好地通过振动筛，因此钻井过程中应用好振动筛（60 目以上）和其他固控设备，保证钻井液质量。⑥QPL-Y 也用于高密度饱和盐水钻井液，使用方法同上。

【QCX-1】　是一种钻井液用屏蔽暂堵剂。

QCX-1 力度分布

粒径/μm	<0.2	0.2~0.4	0.4~0.6	0.6~0.8	0.8~1
体积分数/%	3.36	4.76	3.51	2.28	2.78

粒径/μm	1~2	2~4	4~6	6~8	8~10	>10
体积分数/%	13.28	35.03	19.06	10.68	5.04	0.24

英文

【QH-COC】　复合纤维素降滤失剂，用于水基钻井液。

【QFA 三维荧光光谱仪】　测定岩石及钻井液中物质的荧光仪器。由光源氙灯发射出的光束照射 Ex（激发）分光器，Ex 分光器每转动一个角度允许一种波长的光通过，连续转动使不同波长的光连续通过并照射到样品池，样品池中的荧光物质吸收激发光后发射荧光，荧光光谱通过光纤传至列阵光谱数据处理模块，最后物质的荧光以数字显示或图谱打印。该仪器在油气层定量荧光录井过程中广泛应用，为现场初期判断储层流体性质提供了充分的依据。

【RH】　钻井液用防泥包剂脂肪酸类衍生物，又名清洁剂，是一种表面活性剂液体；该产品能有效地改善金属表面张力，使钻头及钻具等金属物不易附着地层的黏土矿物，避免钻头的二次切削和泥包现象；同时能大大地改善钻具在钻进过程中产生的黏附；减少事故和复杂的发生。在钻井液中加量为 0.1% ~ 0.5%，产品为表面活性剂类，加入量大或过快会起泡，故加入时应刺破包装桶缓慢滴加。用于定向井、复杂井的降摩阻。

【RSA】　是一种钻井液用页岩稳定剂，为黑褐色粉末，能有效地抑制页岩水化膨胀，控制高温高压滤失量。其一般加量 1% ~ 2%。

RSA 质量指标

项　目	指　标
pH 值	7 ~ 9
挥发成分/%	≤16
水溶物含量/%	≥70
油溶物含量/%	≥25
高温高压滤失量/mL	≤25

【RH-1】　钻井液处理剂的一种；属滑剂类；系阴离子、非离子表面活性剂的复合剂。是一种具有能改善钻井液润滑性；降低对钻柱的摩阻、扭矩；以及防止钻具黏卡等特性的润滑剂。一般加量为 0.3% ~ 1%，在加重钻井液中可适当增加。

RH-1 产品规格

外　观	润滑系数		密度/（g/cm³）	pH 值	LEM 润滑仪扭矩降低率/%
	膨润土浆	+0.3%			
深褐色液体	0.5 ~ 0.6	0.9±0.03	0.85 ~ 0.9	7	>50
备注	1. 膨润土浆：5%安丘土（加纯碱）配制的淡水浆。 2. LEM 润滑仪扭矩降低率测试条件：8kg，膨润土浆				

【RH-2】　钻井液处理剂的一种，属润滑剂；系多种非离子型表面活性剂复配产物；具有降低滤饼摩擦系数的功能。在钻井液中的加量一般为 0.3% ~ 1%，在加重钻井液中可适当增加。也可用作乳化剂。

RH-2 产品规格

外　观	润滑系数		密度/（g/cm³）	LEM 润滑仪扭矩降低率/%
	膨润土浆	+0.3%		
棕色液体	0.622	0.357	0.85 ~ 0.87	>50
备注	1. 膨润土浆：5%安丘土（加纯碱）配制的淡水浆。 2. LEM 润滑仪扭矩降低率测试条件：8kg，膨润土浆			

英文

【RH-3】 由多种表面活性剂优选组配而成(其中个别组分是根据需要而研制的),主要用作探井及定向井的防卡剂,具有较大的极压膜强度,降低扭矩和摩阻系数效果明显。荧光较低,对地质录井无干扰。在钻井液中的加量一般为 0.3% ~ 1%。在加重钻井液中可适当增加。

RH-3 产品规格

外　观	润滑系数		密度/(g/cm³)	LEM 润滑仪扭矩降低率/%
	膨润土浆	+0.3%		
棕色液体	0.5~0.6	0.09±0.03	0.85~0.90	>50
备注	1. 膨润土浆:5%安丘土(加纯碱)配制的淡水浆。 2. LEM 润滑仪扭矩降低率测试条件:8kg,膨润土浆。			

【RH-4】 钻井处理剂的一种,属防泥包剂;以脂肪酸脂为主要原料。具有降低表面张力,改善润滑性、渗透性的作用;对钻柱的润湿性强,可防止钻具泥包。无毒、无荧光、无污染。溶于水。在钻井液中的一般加量为 0.5% ~ 1%。加重钻井液可适当增加。可与多种润滑剂配合使用。

RH-4 产品规格

外　观	密度/(g/cm³)	润湿角/(°)	表面张力/(dyn/cm²)
淡黄色液体	0.9~1.0	<10	32(20)以下

【RSTF】 是一种抗高温和抗盐膏污染能力强的降滤失剂。其抗温可达 220~240℃,抗盐可达 20% 以上,抗石膏可达饱和,适用于各种水基钻井液。通常其加量为 1.5% ~ 2.5%。

【RH-202】 一种钻井液抗温极压润滑剂。是通过植物油硫化并与多种表面活性剂复配而成的,能够有效地提高钻井液的润滑性,特别是降低钻井中高温高压下的扭矩和摩阻,清洗钻头,抗温 140℃。用途:①提高水基钻井液的润滑性。②减小扭矩和摩阻。③防止压差卡钻。④改善水平井的润滑性。优点:①对环境和录井无影响。②溶于水。③抗温好。物理性质:①外观:黑色粉末。②易分散于水。推荐用量:1.0% ~ 3.0%。

RH-202 技术要求

项　目	指　标
外观	银灰色或棕黑色粉末
密度/(g/cm³)	≥1.5
pH 值	7~9
润滑系数	≤0.45

【RH-203】 钻井液用固体润滑剂。是一种圆球形的润滑剂,在钻井液中起到类似滚珠的润滑作用,在高压力下不破碎,抗温 260℃。用途:①提高水基钻井液的润滑性。②减小扭矩和摩阻。③防止压差卡钻。④改善水平井的润滑性。优点:①化学惰性。②不溶于水。③抗温性好。物理性质:①外观:白色圆球。②密度:2.4 ~ 2.6g/cm³。推荐用量:1.0% ~ 5.0%。

RH-203 技术要求

项　目	指　标
外观	银灰色或棕黑色粉粒
水分/%	≤15
密度/(mg/mL)	≥1.5
摩擦系数降低率/%	≥40
净含量偏差/%	±2

【RJT-1】 是一类钻井液用低固相钻

英文

井液增黏剂。是一种改性天然的水基钻井液的配浆材料。主要用于低固相水基钻井液的增黏剂。用途：①增加黏度和切力，提高井眼净化能力。②形成低渗透的滤饼，降低滤失。③对于胶结不良的地层，可改善井眼的稳定性。④防止井漏。优点：①使用简单。②价格低。物理性质：①外观：粉末。②易分散。推荐用量：2%~6%。

RJT-1 技术要求

项目（150℃热滚 16h）		指　标
淡水浆	API 滤失量/mL	≤20.0
	表观黏度提高率/%	≥150.0
4%盐水浆	API 滤失量/mL	≤20.0
	表观黏度提高率/%	≥100.0

【RH-525】 钻井液用无荧光润滑剂的一种，在深井中应用，具有良好的润滑作用。降低滤饼摩擦系数，并能提高钻井液的耐温能力。

【RH8501】 是一种低荧光防卡剂。它以白油为基础，并与多种表面活性剂复配而成。呈浅黄色油状液体，荧光小于三级，对地质录井无干扰。主要用作探井及定向井的防塌剂。有降低滤饼摩阻系数及扭矩的作用。

RH8501 质量指标

项　目	指　标	性能指标
外观	淡黄色或棕黄色液体	1. 加入钻井液中不起泡能均匀分散。2. 用同一配方在同样条件下配制的土粉钻井液（在 1000mL 水中加入 5% 土粉，并加入土量 5% 的纯碱，在 30~35℃ 搅拌下水化 24h）加入 RH8501 1%
水分/%	<1	
有效物/%	>98	
油不溶物/%	<1	
酸碱度	近中性	
表观黏度/mPa·s	>15（40℃）	
胶体率/%	>95（静置 24h）	

【RT-001】 是以白油为基础，再加入经筛选的表面活性剂组配而成。荧光低，对地质录井无干扰，抗温可达 150℃，不起泡，主要用作探井及定向井的防卡剂，并可降低扭矩，对钻井液性能无较大的影响。

【RT-441】 钻井液用润滑剂的一种，由多种植物油加工而成，阴离子表面活性剂和非离子表面活性剂的复合物。为棕红色黏稠液体，无毒，有润滑感，荧光级别低。在水基钻井液中用作润滑剂。可降低摩阻系数，防止钻头泥包和压差卡钻，并有较好的高温稳定性，可抗温 200℃。

RT-441 质量指标

项　目	指　标
磺化物/%	≥5.0
硫酸盐（以硫酸钙计）/%	<1.0
水分/%	<1.0
黏度/mPa·s	≥32.0
pH 值	7~8

注：黏度用 Brook field HA 黏度计测定。

【RT-443】 是一种润滑剂；是一特种矿物油和植物油为基础，配合多种表面活性剂。主要用作探井及定向井的润滑剂，有减小扭矩的良好作用。为液体，直照荧光为 5 级，对地质录井无干扰。在钻井液中有良好的分散性，降低摩擦系数，对防止压差卡钻有较好的作用。

RT-443 质量指标

项　目	指　标
磺化物/%	≥5.0
硫酸盐（以硫酸钙计）/%	<1.0
水分/%	<1.0
荧光级别/%	<5.0
黏度/mPa·s	≥20.0
pH 值	7~8

注：黏度用 Brook field HA 黏度计测定。

英文

【RT-881】 钻井液用润滑剂。为多种脂肪烃类，用于各类水基钻井液大斜度及深井中作防卡润滑剂，抗温200℃以上。推荐加量为0.3%~0.5%。

【RT-9051】 钻井液用防塌润滑剂的一种，具有降低滤饼摩擦系数、润滑防卡、防水敏性泥页岩坍塌、防止泥包钻头等作用。用于深井、探井、定向井及复杂井。

【Resin-YR】 油溶性树脂，用于预防井漏和作为桥堵剂加入钻井液以防油层伤害。加入钻井液后，可随钻井液或其滤液进入地层，以防止井漏和地层的伤害，而当油井投产时，可被原油溶解，从而解堵。其加量范围为3%~5%。

【RFT测漏法】 先测一个微电极曲线，在曲线上找到地层压力最低的井段，即漏失井段。

【ST】 见"磺化妥尔油"。

【SP】 见"磺化酚醛树脂"。

【SF】 ①"速溶硅酸钠"的代号为SF，如SF-Ⅰ、SF-Ⅱ、SF-Ⅲ、SF-Ⅳ。②"硅氟防塌降滤失剂"的代号也为SF-1、SF-2。③"硅氟高温稳定剂"的代号也是SF，如SF-200、SF-260等。

【SES】 见"磺乙基淀粉"。

【STP】 见"四磷酸钠"。

【SDL】 是一类钻井液用水分散沥青。

【SDX】 属阴离子型缩聚物，是由腐殖酸钾、酚醛树脂、水解聚丙烯腈经缩聚磺化而成的一种抗盐、抗高温的降滤失剂。它的分子链上含有丰富的极性吸附基和水化基团，在钻井液中具有较强的护胶作用。

【SMC】 见"磺甲基褐煤"。

【SFT】 钻井液用封闭反解堵防塌剂沥青粉，以石油沥青作为原料，采用高温定型、磺酸化等工艺技术，在钻井液中沥青微颗粒化；并具有良好的弹性，可嵌入地层的孔隙和微裂缝中，达到井壁支撑作用。同时，由于它保持着沥青的原结构性质，有着良好的油溶性，在油层中能解堵，不会对油层有伤害作用。在钻井液中加量为0.5%~5%。

【SPA】 见"聚丙烯酸钠"。

【SPS】 钻井液用塑料润滑小球，润滑剂。是一种圆球形的润滑剂，在钻井液中起到类似滚珠的润滑作用，在高压力下不破碎，抗温260℃。用途：①提高水基钻井液的润滑性。②减小扭矩和摩阻。③防止压差卡钻。④改善水平井的润滑性。优点：①化学惰性。②不溶于水。③抗温好。物理性质：①外观：白色圆球。②密度：2.4~2.6g/cm³。推荐用量：0.2%~1.0%。

SPS技术要求

项　　目	指　　标		
	一级	二级	三级
外观	白色半透明自由流动的圆球体		
水分/%	≤0.5		
耐温性/℃	≥200.0	≥180.0	≥160.0
密度/(g/cm³)	1.03~1.05		
圆球率/%	≥95.0	≥85.0	≥75.0

英文

续表

项　目			指　标	
			一级	二级	三级
粒级分配	粗球	0.66~2.0mm/%	≥45.0	
		0.125~0.66mm/%	≥55.0	
	细球	0.66~2.0mm/%	≥10.0	
		0~0.125mm/%	≥85.0	
		0.125mm 通过率/%	≥5.0	

【SYP】 是一类钻井液用聚醚多元醇产品，用作水基钻井液的页岩抑制剂、改善钻井液的滤失、滤饼质量和稳定井壁，抗温 180℃。其作用见下表。用途：①抑制页岩和稳定井壁。②改善钻井液的滤失量和滤饼质量。③提高钻井液的润滑性，降低扭矩。④减少泥包。优点：①适合于大多数水基钻井液。②抗污染。③无荧光、可用于探井。物理性质：①外观：粉末。②易分散。推荐用量：20~50kg/m³。

SYP 技术指标

代号	名　称	性能	用　途
SYP-1	聚醚多元醇防塌剂	防塌、润滑、抑制	适用于深井、复杂井、易垮塌及水平井段
SYP-2	聚醚多元醇润滑剂	润滑、防卡、防泥包	适用于深井、复杂井和水平井段
SYP-3	聚醚多元醇防塌屏蔽剂	防塌、屏蔽、保护油气层	可作为防塌剂或油气层屏蔽保护剂
SYP-4	聚醚多元醇水基润滑剂	润滑、防卡、防泥包	适合于各种水基钻井液的润滑剂

【SMT】 见"磺甲基五倍子单宁"。
【SMK】 见"磺甲基橡碗单宁酸钠"。
【SMP】 见"磺化酚醛树脂"。
【SCH】 聚磺腐殖酸降黏剂。由低相对分子质量羧基比例高的磺腐酸聚合而成，抗高温达 220℃，抗盐达饱和的分散剂，低温下对盐水浆具有降黏作用，高温下促进黏土分散而引起增稠，和 SMP 复配可较好地调整高、低温下黏度，以及降低 HTHP 滤失量。

【SGS】 钻井液用玻璃润滑小球，润滑剂。在钻井液中起到类似滚珠的润滑作用，在高压力下不破碎，抗温 260℃。用途：①提高所有类型的钻井液的润滑性。②减小扭矩和摩阻。③防止压差卡钻。④改善水平井的润滑性。优点：①化学惰性。②不溶于水和油。③抗温好。物理性质：①外观：白色圆球。②密度：2.4~2.6g/cm³。推荐用量：0.2%~1.0%。

SGS 技术要求

项　目	指　标
外　观	自由流动的圆球体
耐温性/℃	≥500.0
密度/(g/cm³)	2.30~2.50
圆球率/%	≥95.0
细度(粒径 0.9~0.2mm)/%	≥97.0
破碎力/N	≥120.0

【SF-1】 见"SF-260"。
【SG-1】 抗高温抗盐降滤失剂。低相对分子质量烯类单体三元共聚物，在

英文

C链上引进了酰胺基、腈基、羟基、羧钠基和磺酸钠基等吸附基团和水化基团，在结构上保证了较好的抗温、抗无机盐能力。通过基团的协同作用，给黏土颗粒带来厚的水化膜，提高了电位能，形成致密的压缩性好的泥饼，达到降滤失作用，适于淡水、盐水、饱和盐水和海水钻井液，适宜pH值7.5～10，耐温150℃，在咸水中效果优于淡水，高温深井效果优于低温浅井，在固相含量高时尤其是超细固相含量高时易引起黏切升高。推荐加量：淡水0.5%～1%；盐水1%～2%；饱和盐水或海水中2%～2.5%。

【SM-1】　改性石棉纤维。作用为提高低固相钻井液的动切力。

【SN-1】　钻井液用固体乳化剂。是由固体载体、阳离子表面活性剂、阴离子表面活性剂等在一定条件下反应生成的固体乳化剂。由于两性基团的存在，它在油水两相体系中起到良好的乳化作用。可用作水包油乳化钻井液、油包水逆乳化钻井液、油包水逆乳化解卡剂的乳化剂。用途：①与水不溶的油水乳化剂。②提高钻井液的润滑性。优点：①抗温性好。②使用、存放方便。物理性质：①外观：流动的粉末。②易分散于柴油中。推荐用量：5～30kg/m³。

SN-1 技术要求

项　目	指　标
外观	灰白色自由流动的粉末
胶体率/%	≥90.0
塑性黏度/mPa·s	≥10.0
动切力/Pa	≥1.0
API滤失量/mL	≤100.0
稳定性	室温静止24h无柴油析出

【SCSP】　为磺化褐煤磺化酚醛树脂的共聚物，其主要组分有磺甲基酚醛树脂、磺化褐煤、聚腐殖酸钾等，为黑褐色粒状，易吸潮，溶于水。主要用作水基钻井液抗温降滤失剂，且有一定的抗盐、抗钙、防塌等作用。

SCSP 质量指标

项　目	指　标
外观	黑褐色均匀粉粒状
水不溶物/%	≤12
有效物含量/%	≤80
滤失量/mL	≤15
热稳定后滤失量/mL	≤20
高温高压滤失量/mL	≤25

【STOP】　见"妥尔油沥青磺酸钠"。

【SPSS】　见"聚苯乙烯磺酸钠"。

【SPPS】　见"聚丙烯磺酸钠"。

【SPAM】　见"磺化聚丙烯酰胺"。

【SPBS】　见"聚苄乙烯磺酸钠"。

【SJ-1】　钻井液处理剂的一种，黄色或浅褐色粉末，为低相对分子质量的烯类单体三元共聚物。由于在碳链上引进了酰胺基、腈基、羟基、羧基和磺酸基等吸附基团和水化基团，有较好的抗温和抗无机盐能力。在钻井液中用作降滤失剂，适用于淡水、盐水和饱和盐水等钻井液体系。可应用于钙、镁离子浓度1500ppm的复合钻井液体系，抗温达150℃。在淡水钻井液中的首次推荐加量为循环钻井液量0.2%～0.5%；盐水钻井液中的首次加量为可循环钻井液量的1%～1.5%；饱和盐水或海水钻井液中的首次加量为可循环钻井液量的2%～2.5%。钻井液中的固相含量较高时，尤其是超细固相含量较高时，易引起黏切升高。

【SA-20】　见"聚氧乙烯烷基醇醚-20"。

【SBI-2】　是一种钻井液用防塌降滤失剂。属沥青类，在钻井液中具有良好的防塌、防卡、降低滤失量等作用。

英文

【SEG-2】 碱式氯化铝，为无机絮凝剂。

【SP-Ⅱ】 一种长链阳离子聚合物，作为增黏剂/包被剂配制阳离子聚合物水基钻井液体系。能提高井壁的稳定性，提高机械钻速和减轻对产层的伤害。为白色水溶性聚合物，其通常加量为 0.4%～0.6%。

【SD-X】 钻井液用堵漏剂。SD-系列堵漏剂是通过独特的机械方法加工成不同颗粒和形状，用于封堵漏失处理剂，它在裂缝和渗透地层表面迅速形成暂堵层，阻止钻井液或其他流体向地层漏失。用途：①封堵裂缝性漏失。②降低滤饼的渗透性。③预防漏失。优点：①适用水基和油基钻井液。②不影响钻井液的流变性。③抗温 180℃。④无毒、对环境无影响。物理性质：①外观：粉末。②易分散。推荐用量：10～50kg/m³。

SD-X 技术条件

项　目	指　标
外　观	棕褐色粉末或不定性
水分/%	≤12.0
pH 值	7.0～8.0
密度/(g/cm³)	≤0.90
细度	按需求

【SZP-1】 钻井液用正电聚合物提黏剂，是一种天然改性的高分子提黏剂，主要用于控制正电钻井液体系的黏度。用途：①用于提高正电钻钻井液的黏度。②不影响正电钻钻井液的电性。③维持正电钻钻井液的胶体稳定④对环境无污染，属环保产品。优点：①在较低加量下效果明显。②在盐水钻井液中效果明显。物理性质：①外观：粉末。②易分散溶解。

SZP-1 技术要求

项　目	指　标
外观	白色粉末
表观黏度(2.0%水溶液)/mPa·s	≤10.0
阳离子度/%	≥15.0
表观黏度提高率/%	≥100.0

【SFJ-1】 是一种钻井液用防塌降滤失剂，抗温能力强，具有优异的降滤失性能和抗污染能力。

【SFJ-3】 是一种钻井液用页岩抑制剂，硅氟防塌降滤失剂。SFJ-3 用作水基钻井液的页岩抑制剂，降低钻井液的滤失量，改善滤饼质量和稳定井壁。用途：①抑制页岩和钻屑分散。②改善钻井液的滤失量和滤饼质量。③改善钻井液的流变性能。优点：①各种水基钻井液。②改善钻井液的流变性能。③无荧光、可用于探井。④抗温 180℃。物理性质：①外观：粉末。②易分散。推荐用量：10～50kg/m³。

SFJ-3 技术指标

项　目		指　标
外观		自由流动的粉末
水分/%		≤15.0
基浆	滤失量/mL	25.0±2.0
	表观黏度/mPa·s	6～8
加样1%钻井液	滤失量/mL	≤12.0
	表观黏度/mPa·s	≤8.0
	页岩膨胀降低率/%	≥25.0

【SLD-2】 钻井液用可酸化凝固型堵漏剂。是通过独特的物理和化学方法用于封堵漏失严重的地层和油层。用途：①封堵严重裂缝性漏失。②降低滤饼的渗透性。③保护油气层。优点：①高效、低密度。②可酸化。物

理性质：①外观：粉末。②易分散。
推荐用量：8～50kg/m³。

SLD-2 技术要求

项　　目	指　　标
酸溶率/%	85.0～95.0
抗温/℃	≥250.0
凝固强度/mm	0.1～0.3
封堵率/%	≥95.0
悬浮稳定性/h	12.0～20.0
凝固时间/h	8.0～16.0

【SJK-Ⅰ】　油基解卡剂。是由原油或柴油与多种表面活性剂（渗透剂和润滑剂）配制而成的，它对水基钻井液所形成滤饼的毛细管压力较大，使滤饼压缩并降低接触，油可沿着滤饼凹凸不平之处渗入，降低滤饼摩擦，从而达到解卡的目的。用途：①解除压差黏附卡钻。②降低滤饼摩擦。优点：①抗温性好。②可适用于各种密度。物理性质：①外观：黑色可流动的液体。②密度：0.9～2.0g/cm³。

SJK-Ⅰ技术要求

项　　目	指　　标	
	基液	基液加重后
密度/(g/cm³)	0.90	1.10～1.45
API 滤失量(失油)/mL	≤10.0	≤10.0
动切力/Pa	≥7.0	≥10.0
静切力/Pa	≥5.0/10.0	≥8.0/16.0
电稳定性/V	≥430.0	≥430.0
提拉力降低率/%	≥25.0	≥25.0
扭矩降低率/%	≥45.0	≥45.0

【SJK-Ⅱ】　水基解卡剂。是由饱和盐水或卤水与多种表面活性剂（渗透剂和润滑剂）配制而成的，它对水基钻井液所形成滤饼的渗透压较大，使滤饼压缩并减少接触，从而使滤饼收缩破裂，从而达到解卡的目的。用途：①解除压差黏附卡钻。②提高滤饼的渗透压。优点：①抗温性好。②可适用于各种密度。③无荧光，可用于探井及环境敏感地区。物理性质：①外观：白色可流动的液体。②密度：1.0～2.0g/cm³。

【SJK-Ⅲ】　油基解卡剂。是由原油或柴油与多种表面活性剂（渗透剂和润滑剂）配制而成的，它对水基钻井液所形成滤饼的毛细管压力较大，使滤饼压缩并减少接触，油可沿着滤饼凹凸不平之处渗入，降低滤饼摩擦，从而达到解卡的目的。用途：①解除压差黏附卡钻。②降低滤饼摩擦。优点：①抗温性好。②可适用于各种密度。③现场易配制。物理性质：①外观：黑色可流动的固体。②易分散于柴油。

技术要求

项　　目	指　　标	
	基液	基液加重后
密度/(g/cm³)	0.90	1.10～1.45
API 滤失量(失油)/mL	≤10.0	≤10.0
动切力/Pa	≥7.0	≥10.0
静切力/Pa	≥5.0/10.0	≥8.0/16.0
电稳定性/V	≥430.0	≥430.0
提拉力降低率/%	≥25.0	≥25.0
扭矩降低率/%	≥45.0	≥45.0

【ST-598】　是一种钻井液用聚合物降滤失剂，并有一定的增黏作用。适用于淡水、盐水及 MMH 钻井液体系，该剂有 1、2 两种型号。

【SF-260】　是一种硅氟降黏剂，抗温能力为 260℃，抗盐、抗钙性能优

英文

异，对钻井液体系有降切、润滑、消泡等作用，并能有效地抑制泥页岩水化，改善钻井液的造壁功能；该产品无毒、无污染。在淡水、高固相含量钻井液中效果较好，适用于淡水、盐水、饱和盐水和深井钻井液体系。

【SCAV-1】 水基钻井液用除氧剂，也用于气雾、泡沫和空气钻井。它可以减缓硫化物和二氧化碳造成的腐蚀。

【SD-17W】 乙烯基共聚物的一种相对分子质量为 $(150 \sim 200) \times 10^4$ ，丙烯酸、丙烯酰胺的共聚物，在钻井液中用作降滤失剂，具有抗盐、抗钙能力强等特点。

SD-17W 质量指标

项　目	指　标
外观	白色或浅灰色流动粉末
水分/%	<7.0
细度(60 目筛通过率)/%	>80.0
1%水溶物表观黏度/mPa·s	>15.0
淡水基浆加 3g/L，表观黏度/mPa·s	>20
滤失量/mL	<10
盐水基浆加 10g/L，表观黏度/mPa·s	>15
滤失量/mL	<10

【SD-SMCS】 即"磺甲基腐殖酸"。

【Stanton 图】 表示圆管中紊流的范宁摩阻系数的曲线图。它在双对数坐标纸上画出(范宁)摩阻系数与雷诺数的关系曲线。

【SMC 钻井液】 属分散型钻井液体系，主要是利用 SMC 抗温稀释和抗温降滤失的特点，提高其热稳定性。有时加入一定量的表面活性剂以进一步提高其热稳定性。该体系可抗温 180～220℃，但抗盐、抗钙的能力较

弱，仅使用于深井淡水钻井液。其典型的配方为：4%～7%膨润土＋3%～7%SMC＋0.3%～1%表面活性剂(可从 AS、ABS、SP-80 和 OP-10 中进行筛选)，并加入烧碱将 pH 值控制在 9～10 之间。必要时，混入 5%～10%原油以增加其润滑性。

【SAMPS-AM-SAA】 为 2-丙烯酰胺基-2-甲基丙磺酸钠、丙烯酰胺、丙烯酸钠三元共聚物。在钻井液中降滤失效果好，热稳定性高(抗温可达 180℃)，抗盐(可达饱和)和抗钙($3 \times 10^4 mg/L$)能力强，适用于淡水、盐水和人工海水钻井液。

【SMC-FCLS 混油钻井液】 是一种分散型钻井液体系，抗温可达 180℃，最高矿化度可达 $15 \times 10^4 mg/L$，并能将钻井液密度提高至 $2.0g/cm^3$ 左右。为了提高磺化钻井液抗盐、抗钙污染的能力，可将 SMC 与 SMP 复配使用，利用它们的相互增效作用，可有效地控制盐水钻井液的流变性和滤造壁性。并常用红矾($Na_2Cr_2O_7$)提高 FCLS 的抗温能力。这种钻井液通常用井浆转化。其典型配方为：3%～4%膨润土＋2%～7%SMC＋1%～5%FCLS。同时，加入 0.1%～0.3% NaOH 调节 pH 值至 9～10，加入 0.1%～0.2%红矾以提高抗温性。通常混入 5%～10%原油以降低滤饼摩擦系数。加入 0.2%的 SP-80 或 0.3% AS 起乳化和稳定 pH 值的作用。

【SMC-SMP 型盐水钻井液】 见"磺化褐煤-磺化酚醛树脂型盐水钻井液"。

【SEA】 固体乳化剂。由阴离子、阳离子和非离子表面活性剂与载体吸附形成的产品。以载体作为亲水端，以吸附体作为亲油端，使钻井液中的原油和其他矿物油乳化至钻井液中。推荐使用加量(体积比)0.2%～0.4%。

英文

SEA 技术指标

项　　目	指　　标
外　　观	淡黄色至灰色固体粉末
pH 值	≥6.0
水分/%	≤10.0
细度（0.45mm 筛余量）/%	≤8.0
乳化液稳定性/%	≥96
乳化液塑性黏度/mPa·s	≥5.0
乳化液屈服值/Pa	≥5.0

【SHR】 是一种特种树脂，属多元共聚型钻井液抗盐高温稳定降滤失剂。系以腐殖酸为主体，经接枝、缩聚等综合化学改性而成。它具有抗温、抗盐、抗钙、降滤失等作用。钻井液流变性能稳定，造壁性好。适用于陆上、海上、深井和超深井钻井液体系。

【SIV】 是一种合成无机聚合物，由钠、锂、镁、氧和硅组成的多层硅酸盐复合物，其结构类似于微晶高岭石。由于 SIV 的阳离子交换容量高（1.2～1.3mmol/g），比面积大，因此与其他黏土相比，具有更高的提黏、提切能力。

【SYZ】 属膨胀性堵漏材料。是一种合成高分子聚合物，具有较强的吸水膨胀性。在裂缝、渗透性漏层使用该剂效果较好。

【SPU】 即"脲素改性磺甲基酚醛树脂"。

【Si-Th】 硅降黏剂。一种有机硅衍生物，用作有机硅钻井液的降黏剂。通常加量为 1.0%～2.0%。

【SP-80】 即"山梨（糖）醇酐单油酸酯"。司盘-80（SP-80）在油水两相体系中起到良好的乳化作用。可用作油包水逆乳化钻井液、油包水逆乳化解卡剂的乳化剂。用途：①油包水逆乳化钻井液、油包水逆乳化解卡剂的乳化剂。②在深井加重钻井液中起到

润滑防卡及提高稳定性等作用。优点：①抗温性好。②使用、存放方便。物理性质：①外观：流动的黏稠状液体。②易分散于柴油中。推荐用量：2～20kg/m³

SP-80 技术要求

项　　目	指　　标
外观	流动的黏稠状液体
HLB 值	4.3
皂化值（KOH）/（mg/L）	≤135.0
酸值（KOH）/（mg/L）	≤7.0
羟值（KOH）/（mg/L）	≤190.0

【SPC】 是一种抗盐、抗温（200℃）、降滤失剂，具有溶解性好、稳定周期长等特点。

SPC 质量指标

项　　目	淡水	4%盐污染	15%盐污染	36%盐污染
SPC 加量/%	3	3	5	5
API 滤失/（mL/30min）	≤10	≤11.5	≤13.5	≤20
HTHP 滤失/（mL/30min）	≤28	≤30	≤35	≤45
表观黏度降低率/%	≥80	≥60	≥30	≥20

【SLSP】 见"磺化木质素磺甲基酚醛树脂"。

【SAPP】 见"酸式焦磷酸钠"，在低钙钻井液中用作分散剂；可用作处理水泥污染。

【SKTN】 见"磺化单宁酸钾"。

【SNR-1】 钻井液用无荧光润滑剂，是植物油经过改性并与多种表面活性剂复合而制得的，能够有效地提高钻井液的润滑性，降低钻井中的扭矩和摩阻，清洗钻头，抗温 140℃。用途：①提高水基钻井液的润滑性。

英文

②降低扭矩和摩阻。③防止压差卡钻。④改善水平井的润滑性。优点：①对环境和录井无影响。②溶于水。③抗温好。物理性质：①外观：液体。②易分散于水。推荐用量：2.0%~5.0%。

SNR-1 技术要求

项　目	指　　标
外观	油状液体
密度/(g/cm³)	0.90±0.05
荧光/级	3.0~5.0
黏附系数降低率(1%)/%	≥30.0
润滑系数降低率(1%)/%	≥60.0

【SNR-2】　钻井液用无荧光白油润滑剂，是由白油通过与多种表面活性剂复合而成的，能够有效地提高钻井液的润滑性，降低钻井中的扭矩和摩阻，清洗钻头，抗温140℃。用途：①提高水基钻井液的润滑性。②降低扭矩和摩阻。③防止压差卡钻。④改善水平井的润滑性。优点：①对环境和录井无影响。②溶于水。③抗温好。物理性质：①外观：液体。②易于分散在水中。推荐用量为：0.2%~1.0%。

SNR-2 技术要求

项　目	指　　标
外观	白色油状液体
密度/(g/cm³)	0.90±0.05
荧光/级	无
运动黏度(40℃)/(mm²/s)	≥6.0
闪点/℃	≥130.0
黏滞系数降低率/%	≥50.0

英文

【SK-Ⅰ】　见"SK-1104"。

【SK-Ⅱ】　见"SK-1104"。

【SK-Ⅲ】　见"SK-1104"。

【SAS-1】　即"磺化沥青"。

【SAK-1】　是一种钻井液用硅钾基防塌剂。

【SPNH】　是一种高温降滤失剂，抗温180~200℃，可用于淡水、海水和15%的盐水钻井液，并有一定的抗钙能力及降黏能力。

【SSMA】　为磺化苯乙烯-丁烯二酸酐共聚物，是一种抗温稀释剂。它是磺化苯乙烯(单体 A)和丁烯二酸酐(单体 B)的一种间规共聚物的钠盐。其结构式如下：

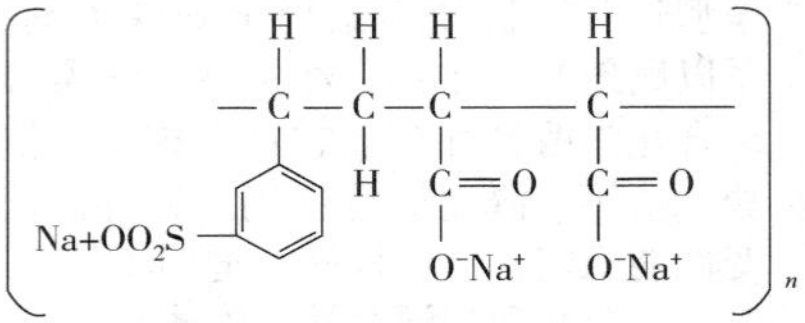

式中，n 为聚合度，平均相对分子质量一般为 $(1~5)×10^5$。这种聚合物分子有三个特点：①分子链在水溶液中高度带电，每个链节有三个电荷。因此，水溶性好，抗电解质性能好。②分子中强电离和弱电离的单体呈 ABABAB……型间规聚合，易使分子链展开；表面活性弱，不易起泡；弱电离基易和黏土表面形成氢键吸附，与强电离基水化有配合作用。③分子链整个为 C—C 骨架，热稳定性好，抗温可达260℃以上(差热分析的分解温度达400℃)。SSMA 一般为棕褐色粉末，密度约 0.61g/cm³。SSMA 的减稠或分散机理，一是可以在黏土表面造成双电层起稳定作用；二是吸附后在黏土表面形成长分子吸附凝聚层，有空间稳定效应。这两种作用都能使聚结成的颗粒间网状结构拆散，达到减稠的目的。用 SSMA 处理剂不污染环境，用它处理的钻井液流变性较好。

SSMA 质量指标

项　　目	指　　标
外观	黄褐色粉末
总固含量/%	≥80
pH 值(30%水溶液)	6.5~7.5
离子性质	阴离子
溶解性	溶于水

【SH-1】 是一种中相对分子质量线性聚合物产品，在钻井液中使用可降低其常温和高温高压滤失量，保证钻井液性能稳定。该产品由几十万相对分子质量聚合物和有机季铵盐接枝而成，所以它在降低钻井液滤失量的同时具有很好的抗盐、抗钙能力；并且由于其线性官能团上的阳离子基的作用，使该产品也具有一定的黏土矿物的抑制能力。故可在不同类型的钻井液中使用均不影响其效果。如果在钻井液中使用了小阳离子有机盐，由于 SH-1 也同样具有此官能团，所以，SH-1 具有很好的配伍性。通常使用加量为 0.5%~1.0%，在钻井过程中配成 10% 左右浓度的胶液并逐渐加入。

技术指标

项　　目			表观黏度/mPa·s	滤失量/mL
性能指标	淡水浆	基浆	5±2	22±5
		+0.3%	≤20	≤15
	盐水浆	基浆	8±2	52~58
		+1.2%	≤20	≤15
	盐、钙污染浆	基浆	8±2	52~58
		+1.5%	≤20	≤20
理化指标	外观		浅黄色或灰色粉末	
	含水量/%		≤8.	
	筛余量(2mm 筛筛余)/%		≤10	
	阳离子度/(mmol/g)		≥0.35	
	pH 值		8.0±1.0	

【SH-2】 是一种中相对分子质量线性聚合物产品，它具有在 180℃ 以上的温度条件下及高矿化度下的降低钻井液滤失量的效果，并且降低高温高压滤失量的效果非常明显。该产品可保证钻井液的高温热稳定性。是一种中相对分子质量聚合物和有机季铵盐、磺化腐殖酸有机接枝共聚物，对于破碎性地层的防塌效果明显。在降低钻井液高温高压滤失量的同时，还具有很好的抗盐、抗钙能力，其线性官能团上的阳离子基的作用，具有一定的黏土矿物的抑制能力。通常加入量为 3%，在钻井过程中配成 10% 以上浓度的胶液并逐渐加入。

英文

性能指标

项　目		指　标	
		表观黏度/mPa·S	滤失量/mL
基浆		8~12	20±5
常温	淡水浆	≤40.0	≤10.0
	15%氯化钠污染浆	≤40.0	≤15.0
高温高压180℃	淡水浆	≤40.0	≤30.0
	15%氯化钠污染浆	≤40.0	≤35.0

【SW8510】　钻井液处理剂的一种，在钻井液中用作消泡剂。

【Si-Inh】　硅稳定剂，为水溶性淡褐色黏稠液体，在水基钻井液中用作页岩稳定剂，并兼有一定的润滑作用。通常加量为3%~5%。

【Seal-YT】　堵漏剂，由锯末或短棉绒经酸化中和后干燥制成，外观为白至淡黄色绒絮状物。用于预防和控制带有裂缝和裂隙的高渗透率的砂岩和砂泥互层的漏失。

【SI-DEFA】　乳液型改性有机硅消泡剂。耐酸碱性、化学性和稳定性较好，具有消泡快和抑泡功能，在水中分散性好。

技术指标

型　号	SI-DEFAA	SI-DEFAB	SI-DEFAC
外观	白色乳液	白色乳液	白色乳液
固相含量/%	30±2	20±1	10±1
黏度(25℃)/mPa·s	2000~5000	2000~5000	2000~5000
pH 值	6~8	6~8	6~8
离子类型	非离子	非离子	非离子

【SPAN-80】　即"山梨(糖)醇酐单油酸酯"。

【SR-301】　是一种油基解卡剂，为黑色粉末，与柴油、水及加重剂搅拌配成各种密度的油基解卡液。主要适用于解除各类钻井液造成的压差卡钻。

解卡液性能指标

密度/(g/cm³)	塑性黏度/mPa·s	动切力/Pa	API滤失量/mL	高温高压滤失量/mL	破乳电压/V
0.89~0.90	15~25	2~5	0~4		800
1.00~1.20	20~30	3~8	0~3		1000
1.30~1.40	20~40	3~8	0~3	3.0	1400
1.50~1.60	30~50	5~10	0~2	7.0	2000
1.70~1.78	40~60	5~13	0~1.5	5.6	2000
1.90	50~85	7~15	0~1.0	2.5	2000
2.00	50~90	10~20	0~1.0	2.5	2000

配制 1m³ SR-301 解卡液用料表

密度/(g/cm³)	SR-301/t	柴油/m³	重晶石/t	水/L
0.95	0.270	0.650		0.160
1.10	0.258	0.623	0.19	0.155
1.20	0.250	0.600	0.32	0.150
1.30	0.242	0.580	0.45	0.145
1.40	0.234	0.562	0.58	0.140
1.50	0.226	0.542	0.71	0.135
1.60	0.218	0.520	0.85	0.131
1.70	0.209	0.506	0.97	0.126
1.80	0.201	0.484	1.10	0.121
1.90	0.194	0.465	1.18	0.116
2.00	0.186	0.445	1.36	0.114

【SR-401】　见"水分散沥青"。

【SK-1104】　属丙烯酸盐的多元共聚物；为白色粉末，易溶于水，水溶液呈碱性。主要用于水基钻井液作降滤失剂。但不同型号的 SK 作用也不同；SK-I 具有较高的相对分子质量（表观相对分子质量 150×10^4），其比黏为 120～170；可用于 $CaCl_2$、NaCl 等无固相钻井液的降滤失剂，并有增黏作用。SK-II 为中等相对分子质量的产品（表观相对分子质量 20×10^4），其比黏 60～80，它在分子链中含有较多的磺酸基团，具有较高的抗盐（达 30%）、抗钙（达 10%）能力，是不增黏的降滤失剂；SK-III 为小相对分子质量聚合物（相对分子质量不大于 1×10^4），比黏 10～20。为聚合物钻井液受无机盐污染后的降黏剂，改善钻井液高温分散的稳定性，降低高温高压滤失量。一般用量为 0.1%～0.5%。

SK 理化指标

项　目	SK-I	SK-II	SK-III
外观	白色粉末		
细度	100%通过20目筛		
有效物/%	95	95	90
比黏	120～170	60～80	10～20
游离单体/%	<3		
水不溶物/%	<1		
pH 值	7～10		
溶解速度	<2h		

【SHP-I】　钻井液用有机处理剂的一种，是由烯类单体和磺化腐殖酸接枝而成。其主要作用为降滤失、防塌、抗温、抗盐等。

SHP-I 的性能指标

	项　目	指　标
理化性能	外观	黑色粉末
	细度（20目筛）/%	≤20
	水分/%	≤10
	水不溶物/%	≤18
	pH 值	8～11

续表

	项　目	指标
钻井液性能	相对膨胀率/%	≤30
	API 滤失量/mL	≤12
	表观黏度/mPa·s	≤12
	150℃/16h 滤失量/mL	≤15
	荧光级别/级	≤1

【SMP-501】　钻井液处理剂的一种，属磺甲基磺化酚醛树脂类；可用于深井钻井中，耐高温（高温 180～220℃）、高压，抗盐、抗钙能力较强。

SMP-501 技术指标

项　目	指标
外观	微肉红白色
固体含量/%	99.5
水分/%	<4
黏度/mPa·s	≥40(37%)
矿化度/%	>85
pH 值	8～9

【SLSP-21】　钻井液处理剂的一种，属磺化木质素磺化酚醛树脂类；抗温（180～220℃）、抗盐、抗钙能力较强。

SLSP-21 技术指标

项　目	指标
外观	棕红色固体
固体含量/%	99.5
水分/%	<5
黏度/mPa·s	≥40(40%)
抗温/℃	180～220

【SMT-88】　改性磺化单宁的一种，是由栲胶、亚硫酸氢钠、甲醛、氢氧化钠、铬盐经络合反应而得的产物。它具有抗温、抗盐、抗钙的能力，其降

英文

黏效果较好。适用于各种钻井液。可用于油井水泥缓凝剂。

SMT-88 质量指标

项　目	指　标
外观	黑色粉末
细度（0.3mm 筛孔通过量）/%	95% 通过
水分/%	≤10
水不溶物/%	≤5

【SMC-膨润土低固相钻井液】 属抗高温钻井液体系；它以膨润土为分散相，含量为 4%～5%，最大不超过 7%。用 SMC 来控制膨润土的分散度，保证钻井液具有良好的高温流变性、造壁性和热稳定性。此钻井液体系性能良好，抗温达 250℃。若用表面活性剂复合处理，将进一步提高钻井液的热稳定性。但此体系抗盐、抗钙能力较弱。

【TX】 为阴离子聚合物与磺酸盐的共聚物，人们把它称为特效降黏剂，黑褐色粉末。它具有传统降黏剂的特点，适用于"三高"（高温、高矿化度、高固相含量）条件下，同时又具有抑制黏土分散的特点，抗温可达 180℃，适用于淡水和盐水钻井液。通常加量为 1.0%～2.0%。

【TQ】 即"田菁胶"。

【TSF】 是一种抗电解质能力较强的合成聚合物降滤失剂，抗温极限 230℃。用它处理的石膏钻井液在 175℃下降高压滤失量有效。

【TSD】 即"TSPD"。

【TJG】 钻井液是羟乙基田菁粉，增黏剂。是一种适应于淡水、盐水和饱和盐水钻井液的高效增黏剂，并兼有一降滤失作用。抗温 120℃。用途：①水基钻井液的高效增黏剂。②改善钻井液的清洗能力。③配制低固相钻井液。优点：①在较低加量下效果明显。②作用效果快。物理性质：①外观：粉末。②易分散溶解。推荐用量：0.2%～1.0%。

TJG 技术要求

项　目	指　标
粒度（120 目）/%	≥99.5
黏度/mPa·s	≥50.0
水不溶物/%	≤4.5
水分/%	≤8.0

【TSPD】 是一种抗温达 230℃的聚合物反絮凝剂，用它处理严重水泥侵的钻井液，性能良好。

TSPD 加量与水泥侵泥浆性能的关系

钻井液组成						钻井液性能			
基浆[1]/L	LPG/kg	褐煤/kg	TSPD/kg	DMS[2]/kg	水泥/kg	塑性黏度/mPa·s	屈服值/Pa	静切力/Pa	高温高压滤失量（204℃）/mL
0.1509		6.8		1.81	1.36	42	40.2	16.76/45.96	68
0.1509	6.8				1.36	34	25.8	143.6/143.6	
0.1509	6.8		0.68		1.36	26	10.53	3.35/9.57	28
0.159	6.8		1.36		1.36	20	10.53	7.47/11.49	28

注：1. 基浆为 28.5/m³膨润土，11.4kg/m³海泡石，pH 值为 11.0～11.5；
　　2. DMS 为一种配浆用表面活性剂。

英文

【T106A】 即"烷基苯磺酸钙",乳化剂。棕红色黏稠状液体,亲油性强,能与低碳醇、芳香类混溶。溶于水成半透明液体,对碱、酸、硬水较稳定。用途:在钻井液油包水中起到乳化、降低表面张力、清洁的作用。优点:①抗温性好。②抗破乳能力强。物理性质:①外观:白色或淡黄色粉状。②易分散于水。推荐用量:1~20kg/m³。

T106A 技术要求

项　目	指　标
碱值	≤8.0
钙含量/%	1.0~1.5
闪点(开口)/℃	>160.0

【TW-80】 即"聚氧乙烯(20)山梨醇酐单油酸酯"。

【TRH-3】 钻井液用润滑剂。为肪烃类衍生物复配,棕褐色液体。推荐加量为0.3%~1%。

【TX-10】 即"聚氧乙烯辛基苯酚醚-10"。

【TP-9010】 是一种无机金属盐与聚丙烯酰胺反应而成的堵漏剂。该堵漏剂为固体颗粒状物,在常温下,40min开始吸水膨胀,6h后可膨胀达50倍。当该堵漏剂颗粒进入漏层孔隙或裂缝后,吸水膨胀,堵住地层孔隙从而达到堵漏的目的。该剂用来封堵浅层胶结差的、孔隙发育的砾石层所发生的漏层。

【T-CPAN】 钻井液处理剂的一种。为特制水解聚丙烯腈钙盐。该处理剂具有聚丙烯腈钙盐的特性和功能,并有良好的降滤失、降切力和一定的降黏稀释作用,有较好的抑制泥页岩分散造浆和抗温、抗盐膏污染及调节流型的功能。可用于淡水、海水及咸水钻井液体系。

T-CPAN 质量指标

	项　目	指　标
理化性能	外观	自由流动粉末
	水分/%	≤7.0
	纯度/%	≥72.0
	表观黏度/mPa·s	≤6.0
	pH值	≤11
	氯离子/%	≤1.0
	细度(80目筛)/%	≥9.50
	全钙量/%	≤13.0
	水解度/%	≥65.0
钻井液性能	蒸馏水基浆 API滤失量/mL	25~30
	+T-CPAN≤0.25% API滤失量/mL	≤10
	表观黏度/mPa·s	≤8
	4%盐水基浆 API滤失量/mL	50~55
	+T-CPAN≤1.0% API滤失量/mL	≤10
	表观黏度/mPa·s	≤20
	饱和盐水基浆 API滤失量/mL	120±10
	+T-CPAN≤2% API滤失量/mL	≤20
	表观黏度/mPa·s	≤20

【TO型黏土矿物】 见"1:1型黏土矿物(TO型)"。

【TOT型黏土矿物】 见"2:1型黏土矿物(TOT型)"。

【TOT·O型黏土矿物】 见"2:1+1型黏土矿物(TOT·O型)"。

【TEMCO旋转流变仪(RHEO 5070)】 美国劳雷公司生产,是一种由计算机控制的自动化高温高压流变仪,它可测定在油藏温度、油藏压力条件下钻井液、水泥浆、泡沫水泥的流变性。其工作压力可分1000psi、10000psi、15000psi、25000psi四种;工作温度分400℉、500℉两种。剪切速率为0.01~1022s⁻¹,黏度范围为0.8~

105mPa·s，转子速度为 0.001～600r/min。

【U-Seal】 是由粒状、片状和纤维状的多种材料复配而成的复合堵漏剂。呈褐色、白色或灰色的颗粒和片状及纤维状混合物，可用于大多数的堵漏，分细、中、粗三级。

【UZMVL-P】 是一种钻井液用固体两性离子乳化剂，适用于油基钻井液、混油钻井液。

UZMVL-P 质量指标

项　目		指　标
外观		白色可流动粉末
细度(40 目筛余)/%		≥95
pH 值		7.5～9.5
乳状液性能	破乳电压/V	≥500
	表观黏度/mPa·s	20～30
	室温静置 8h 析水量/%	0
	室温静置 8h 析油量/%	≤10

【UZMVL-S】 是一种钻井液用固体非离子型表面活性剂，抗温可达 160℃，在水包油或油包水钻井液中用作乳化剂。

UZMVL-S 质量指标

项　目	指　标
外观	白色可流动粉末
水分/%	≤6
细度(200 目筛余)/%	≥95
熔点/℃	≥135
阳离子含量/%	≥6

【"U"形管解卡法】 即"压力骤变解卡法"。

【VES-1】 一种适用于微泡钻井液的阴离子型黏弹性表面活性剂。胶束之间可形成空间网状结构，对内部气核紧密包裹，与常用表面活性剂(OP-10)相比，泡沫半衰期提高 2 倍以上。

【VAMA】 见"醋酸乙烯酯-顺丁烯二酸酐"。

【VSVA】 乙烯磺酸盐和乙烯酰胺共聚物。是一种抗高温抗电解质的降滤失剂，相对分子质量 100×10^4，用于水基钻井液，形成薄而坚韧的滤饼，抗温极限 200℃ 以上。磺酸基电荷密度高，能抗二价阳离子污染并稳定流变性能。聚合物中的酰胺基团，高温皂化形成仲氨基团并脱羧，碱性基团与泥浆中黏土牢固吸附，而磺酸基团提高聚合物的溶解能力，因而此剂抗 Ca^{2+} 可达饱和。它与酸接触不沉淀，提高钻井液钻屑容量，且抗水泥污染能力强。此剂无毒并很快分散于水中，对环境无污染或污染很少。它与地层原生水中的离子不反应，减轻对油层的损害。抑制页岩水化分散好于水解聚丙烯酰胺。

【WC-1】 是一种钻井液用屏蔽暂堵剂。

WC-1 粒度分布

粒径/μm	63～30	30～10	10～3.9	<3.9
体积分数/%	2.7	23.3	34.7	39.3

【WZD-2】 是一种钻井液用低荧光微软油溶性暂堵剂，为具有一定流动性的乳白色或淡黄色膏状物。能有效地降低钻井液的滤失量。一般加量为 2%～3%。

WZD-2 质量指标

项　目	指　标
外观	有一定流动性的乳白色或淡黄色膏状物
有效物含量/%	≥40
水中分散性	能自动分散

英文

续表

项　目	指　标
密度/(g/cm³)	0.8～1
荧光级别/级	≤4
油溶率/%	占有效物含量89%以上
滤失量降低率/%	≥35

【WZ-1型瓦氏膨胀仪】　见"瓦氏膨胀仪"。

【Waring Blender 泡沫剂评价法】　评价泡沫剂的一种方法，又称搅拌法。美国、日本等国使用最多，这种方法极为方便。该法所用仪器是高速搅拌器，见下图。做实验时，在量杯中加入100mL质量浓度为10g/L的泡沫剂溶液（溶剂可自定），高速（＞10000r/min）搅拌60s，关闭开关，马上读取泡沫体积，表示泡沫的发泡能力。然后记录泡沫中析出50mL液体时所需时间，称为泡沫的半衰期，反映其稳定性。

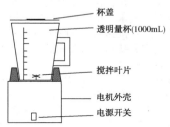

　　杯盖
　　透明量杯(1000mL)
　　搅拌叶片
　　电机外壳
　　电源开关

【XC】　钻井液用增黏剂。XC生物聚合物又称黄原胶，是一种适应于淡水、盐水和饱和盐水钻井液的高效增黏剂，加入很少的量（0.2%～0.3%）即可产生较高的黏度，并兼有降滤失作用。它的另一个显著特点是具有优良的剪切稀释性能，能够有效地改进钻井液的流型（即增大动塑比，降低n值），抗温120℃。用途：①水基钻井液的高效增黏剂。②改善钻井液的流变性。③水基钻井液的降滤失剂。

优点：①在较低加量下效果明显。②抗盐性好。物理性质：①外观：粉末。②易分散溶解。推荐用量：0.1%～0.5%。

XC 技术要求

项　目			指　标
外观			不结块，呈类白色粉末
干燥失重/%			≤13
细度(筛孔0.28mm筛布)/%			100
pH 值			6.5～7.5
1%水溶液表观黏度/mPa·s			1200～1800
纯度/%			≥95
淡水	基浆	表观黏度/mPa·s	≥23.0
		动切力/Pa	≥14.0
		滤失量/mL	≤16.0
	120℃/老化16h	表观黏度/mPa·s	≥21.0
		动切力/Pa	≥10.0
		滤失量/mL	≤18.0
4%盐水	基浆	表观黏度/mPa·s	≥22.0
		动切力/Pa	≥9.0
		滤失量/mL	≤14.0
	120℃/老化16h	表观黏度/mPa·s	≥18.0
		动切力/Pa	≥8.0
		滤失量/mL	≤16.0

【XCP】　生物聚合物的一种。是一种典型的高分子多聚糖，是黄原单胞杆菌对葡萄糖作用后的产物，是线型聚合物，有相当高的相对分子质量。使用时通过加入 Ca²⁺使其交联，在体系中起增黏、控制滤失等作用，代替黏土。

【XYF】　是一种用于处理废弃钻井液的高效絮凝剂，属有机-无机复混型絮凝剂。由阳离子淀粉与聚铝复配而成。

英文

【XPY】 钻井液用有机硅消泡剂。不仅对普通钻井液具有较好的消泡、抑泡效果，而且对黄原胶增黏的难消泡钻井液也具有良好的消泡效果。

【XRH】 是一种钻井液用无荧光极压润滑剂，为无色黏稠液体，黏附系数降低率 $P_f \geqslant 80\%$、极压扭矩降低率 $\geqslant 70\%$，荧光级别 < 2 级，对钻井液流变性无影响。

【XR-1】 是一种钻井液用液体润滑剂，它具有润滑性能好、荧光级别低等特点。并有改善滤饼质量的能力。

【XA-1】 是一种钻井液用黏土稳定剂，由混合胺（一甲基胺、二甲基胺、三甲基胺、二乙醇胺、三乙醇胺及二乙基胺、三乙基胺等）与表卤醇在特定催化剂存在下缩聚而成的低相对分子质量有机阳离子聚合物。它具有稳定钻井液性能，以及抑制膨润土造浆的能力。其一般加量为 $0.05\% \sim 0.10\%$。

【XJ-1】 是一种钻井液用低荧光油溶性暂堵屏蔽剂，为白色自由流动粉末。它能有效地保护油气产层，并有一定的润滑作用，其一般加量为 $2\% \sim 3\%$。

XJ-1 质量指标

项　目	指　标
外观	白色流动粉末
油溶性/%	$\geqslant 40$
细度（20 目筛余）/%	$\leqslant 10$
荧光级别/级	$\leqslant 4$

【XH-1】 钻井液用润滑消泡剂的一种，主要为直链油脂。为灰黄色油状液体。用于各种水基钻井液中，可改善润滑性能，降低滤饼摩擦系数，并兼有消泡和改善滤饼质量的作用。荧光干扰低，对地质录井无影响。

XH-1 质量指标

项　目	指　标
外观	灰黄色油状液体
密度/（g/cm^3）	0.9 ± 0.5
pH 值	$6 \sim 7$
荧光显示	低
乳化能力（0.5%XH-1 水溶液高速搅拌 3min）	无浮油
消泡能力	无泡沫产生
润滑效能（滤饼摩擦系数下降率）/%	30

注：1. 消泡能力系指 1% 的铁铬盐水溶液加 0.1%XH-1 高速搅拌 5min 时。
　　2. 润滑效能指在实验室基浆中加入 0.5% 的 XH-1，滤饼摩擦系数下降率。

【XC131】 钻井液用生物聚合物。是一种阴离子杂多糖，由黄单胞杆菌经生物合成，并经化学处理制成淡黄色粉末。主要作用是提高钻井液黏度和切力；配制无固相钻井液，能有效地防止油层损害；在深井中使用可控制高温高压失水；稳定页岩地层，具有防漏作用；抗钙离子 2000ppm 以上，并能抗饱和盐水；润滑减阻性好，加量为 $0.1\% \sim 0.2\%$。

【XD101】 无污染钻井液降黏剂的一种，是以天然栲胶为原料，采用接枝共聚及磺化的方法制得的一种含有羟基、腈基、羧基、羰基和磺酸基等官能团的钻井液处理剂。由于其分子的主链是以—C—C—键联结且含有芳环结构，热稳定性好，并通过引入高价离子不敏感的磺酸基团，提高了产品的抗盐及抗高价离子污染的能力。对环境无污染。

【XD9201】 是一种钻井液用降黏剂，见"钛铁木质素磺酸盐"。

【XA-40】 适用于不同密度的聚合物不分散钻井液体系。它属低聚合度的丙烯酸盐，加量 0.3% 可使黏度降低

英文

50%左右。并兼有一定的抗污染、降
滤失及改善流型等作用；可与各种聚
合物处理剂配合使用，以增强聚合物
钻井液的防塌、防卡性能。

XA-40 质量标准 (SY/ZQ 010—1989)

项　目	指　标
水分/%	≤5.0
水不溶物/%	≤2.0
聚合度	50～150
降黏率/%	≥70

【XL-Ⅱ】　为"无铬木质素"；是磺酸
盐接枝改性的一种稀释剂，具有无
毒、无污染等优点。

【XP-20】　褐煤衍生物，在水基钻井
液中用作高温降黏及降滤失剂。

【XW-74】　钻井液处理剂的一种；属
于聚合物类，在淡水、盐水聚合物钻
井液体系中起稀释作用，用于中深井。

【XY-27】　由多种离子共聚而成的复
合离子型低分子共聚物，相对分子质
量约为 2000 的两性离子聚合物降黏
剂，在其分子链中同时含有阳离子基
团、阴离子基团和非离子基团，属于
乙烯基单体多元共聚物。由于它存在
阳离子和非离子基团，使其黏土离子
表面产生静电吸附，提高了吸附强
度，其中的阴离子基团形成的水化膜
和溶剂化层，拆散钻井液中的网状结
构，降低结构黏度，并有抑制页岩膨
胀的能力。它可用于分散、不分散体
系及盐水钻井液中，是抑制型钻井液
较理想的降黏剂。其一般加量为
0.1%～0.3%。

XY-27 质量指标

项　目	指　标
外观	白色或淡黄色颗粒及粉末
水分/%	≤10

续表

项　目	指　标
水不溶物/%	≤5
筛余量 (0.9mm)/%	≤10
表观黏度 (10%水溶液)/mPa·s	≤15
pH 值	5.5～8
降黏率/%	≥70
160℃热滚后表观黏度/mPa·s	≤27.5

【XB-40】　钻井液处理剂的一种。属
低聚物降黏剂，为聚丙烯酸和丙烯磺
酸的钠盐。主要用于不分散聚合物钻
井液的降黏剂。兼有降低滤失量、改
善滤饼质量和抗钙的能力。

XB-40 质量标准 (SY/ZQ 011—1989)

项　目		指　标
水分/%		≤4.0
水不溶物/%		≤2.0
聚合度		40～120
降黏实验	常温基浆黏度/mPa·s	50～60
	常温降黏率/%	≥70
	高温老化基浆黏度/mPa·s	30～50
	高温老化降黏率/%	≥50

【XT-501】　是一种聚合物稀释剂，在
淡水、盐水钻井液中起稀释作用，用
于中深井。

【XT-851】　钻井液处理剂的一种。属
无铬木质素磺酸盐；在钻井液中起稀
释作用。对环境没污染。

【XYH-Ⅰ】　钻井液处理剂的一种，属
磺化沥青钠盐类；它是由特定的炼渣
油经化学处理得到的一种其内部含有
多种不同结构分子、官能团的物质。
由于其选料以及内部分子所具有的特
定结构，而使其应用于钻井液中可堵
漏防卡，稳定页岩地层，润滑减阻，
降低钻具的提升能力和扭矩延长钻头
使用期，预防和解除黏附卡钻，能形

成薄而坚韧的滤饼强化井壁，控制钻井液的高温剪切强度，并可与多种钻井液处理剂复配使用。

XYH-Ⅰ质量指标

项　目	指　标
外观	具有一定流动性的黑色膏状物
密度/(g/cm³)	1.0
水分/%	<18
pH 值	7~10
磺酸基含量/%	10~20
硫酸钠含量/%	<1.5

【XBS-300】　见"甘油聚醚"。

【XY-1 流变仪】　测定钻井液的一种专用仪器。它采用了现场通用的 FANN 氏黏度计的机械结构。所用内筒和外筒及扭矩弹簧完全与 FANN-35A 型相同，即外筒内径 36.83mm，长度 87.00mm，测量线下长度 58.4mm。转筒测量线下有两排相距120°、直径为 3.18mm 的孔。内筒直径 34.49mm，长度 38.00mm，底面为平面，上部为圆锥形，弹簧系数是 3.86×10⁻⁵Nm/°。机械转动系统、力矩测量系统和电机驱动系统间相互联结。该仪器采用 MCS-51 系列的 8031 为主处理器；输出设备采用 UPC-16A 微型打印机；力矩系统采用9位光循环编码盘；电机驱动系统采用步进电机。该仪器的程控测定功能：①两速功能。相当于两速流变仪，转速为 300r/min 和 600r/min。②六速功能。相当于六速流变仪，转速为 3r/min、6r/min、100r/min、200r/min、300r/min 和 600r/min。③连续功能。在 1~600r/min 间以每次变化 10 转连续测量。④定速功能。在 1~600r/min 间任意设定转速测量。⑤切力功能。直接进行初切力和终切力测量。XY-1 流变仪组成框图如下所示。

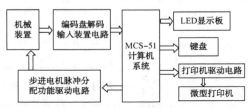

XY-1 流变仪组成

【YTZ】　属单向压力封闭剂。细纤维占 23%~72%，且纤维状不规则，易形成致密而坚实的骨架，堵漏效果好。YTZ 单向压力封闭剂分 YTZ-中（1）、YTZ-中（5）、YTZ-中（6）等系列产品。

【YFP】　钻井液用油溶树脂复合屏蔽剂，油层保护剂。是由不同粒径的能溶于油的碳氢树脂组成，主要易用于易酸敏和水敏的油层保护，具有良好的架桥和封堵能力。用途：①可代替黏土为滤饼的填充粒子。②降低滤失。③对裂缝进行封堵。④桥堵、油层保护。优点：①在油中 100%溶解。②提供有效的架桥。③化学惰性。物理性质：①外观：粉末。②密度：1.1~2.3g/cm³。③软化点：推荐用量 2.0%~4.0%。

YFP 技术要求

项　目	指　标
外观	流动性粉末
软化点/℃	60~80
碳酸钙含量/%	70~75

续表

项　　目	指　　标
盐酸不溶物/%	≤4
油溶性/%	25~30
8~40μm/%	≥60

【YMD】　油基钻井液用堵漏剂。由刚性惰性堵漏材料、吸油膨胀性材料、吸水膨胀性材料、复合纤维材料、油溶性堵漏材料、表面活性剂等组成。经过高温混合、冷却、粉碎处理，得到一种粒径小于 0.9mm 的颗粒或粉末材料，即油基钻井液用复合堵漏剂。刚性堵漏材料通过大颗粒架桥、小颗粒充填模式，封堵大孔道或微裂缝，封堵强度高；吸油膨胀性材料通过吸油形成具有一定弹性与粒径分布的材料，充填刚性堵漏材料架桥形成的空隙，降低油基钻井液的漏失，且与油基钻井液配伍性能好；复合纤维材料可增强摩擦、提高架桥能力及封堵强度作用；吸水膨胀性材料通过吸收部分油基钻井液中的水分，提高油基钻井液的电稳定性；表面活性剂可提高堵漏剂在油基钻井液的分散性、润滑性和配伍性。

【YT-1】　是一种单向压力封闭剂。在它的纤维分布中，<5μm 的占 15.1%，10~50μm 的纤维较多，占 49.4%。遇到漏失就能较快地形成致密的骨架，使用该剂钻井液滤失量较小。

【YT-2】　是一种单向压力封闭剂。该剂的纤维成细长条状，形状规则，短于 5μm 的纤维占 7.7%，一般纤维长度均在 10μm 以上，100~500μm 长纤维占 46.2%。由于纤维中颗粒较少，形成的滤饼不致密，不足以阻挡钻井液中小黏土颗粒，一旦液柱压力增大，会立即产生漏失。随着液柱压力的增大，纤维状物质在漏失通道中聚结，骨架结构逐渐形成，因而总滤失量较大。

【YX-S】　钻井液用有机硅消泡剂。白色乳状液体，用于消泡和防泡，在淡水和盐水钻井液中抗温 120℃。

【YH-568】　是一种钻井液用防塌型聚合醇。

【YH-902】　是以短棉绒为主体的堵漏材料，对渗透性地层的微裂缝有良好的堵漏作用，能有效地防止钻井液的渗透性漏失，被人们称为"液体套管堵漏剂"。

【YI-9501】　钻井液用润滑剂的一种，为乳白色乳状液，其主要组分为白油、水和表面活性剂。

【YPM-02 型页岩膨胀模拟实验装置】该装置可以模拟井下地层温度、压力状态下检测泥页岩样品的水化膨胀规律，评价钻井液处理剂的抑制性能，优选钻井、完井液用抑制性处理剂的种类和配比。该装置的工作温度为常温~180℃，工作压力 0~10MPa，测量范围 0~10mm、0~20mm，制样压力 0~100MPa。

YPM-02 型页岩膨胀模拟实验装置

【ZBI】　钻井液用黄原胶的一种，属高纯度、高分子生物聚合物，外观呈类白色易流动粉末。其作用与黄胞胶相同，见"黄胞胶"。

【Z值】 又称 Z 准数，是判别钻井液流态的准数之一，主要用于环形空间流态的判别。液流在管路截面上的流速分布是不均匀的，速度梯度的分布也是不均匀的，因而钻井液的有效黏度(视黏度)也是沿管径方向变化的。可是，雷诺数的计算公式中所用的流速是过流截面上的平均流速，所用的黏度也是不变的值，雷诺数只能反映出流动的宏观状态，不能反映出流动断面上各点的微观状态。事实上，沿着管路的径向，由于流速和视黏度的变化，反映惯性力与黏滞力的比值的雷诺数也在变化。整个过流断面在总体上可能还处在层流流态下，可是在沿着径向的每个点上已经出现了紊流。计算出最早出现紊流的那个点处的雷诺数值，就是 Z 值。Z 值的计算公式如下：

$$Z = \frac{15160 \, \rho \, (D-D_p)^n \cdot U^{(2-n)}}{500^n \cdot n^{0.378}} \cdot \frac{1}{k}$$

式中　ρ——液体密度，g/cm³；

　　D、D_p——井径和钻柱外径，cm；

　　U——断面上的平均流速，m/s；

　　k——钻井液的稠度系数，Pa·s^n；

　　n——钻井液的流性指数。

Z 值的临界值为 800，即当 Z<800 时为层流，Z≥800 时为紊流。

【ZNN】 是一种聚苯乙烯球；属固体润滑剂，在钻井液中起润滑作用。

【ZX-1】 钻井液用页岩抑制剂。ZX-1 阳离子沥青防塌乳胶是一种带正电的水基钻井液页岩抑制剂，可稳定井壁并兼有润滑、降低高温高压滤失量、改善滤饼质量和调整钻井液流型的作用。用途：①抑制页岩和稳定井壁。②改善盐水和淡水钻井液的滤失量和滤饼质量。③可作为架桥和堵塞粒子保护油气层。④改善润滑性。优点：①保护油气层。②稳定页岩。③抗温180℃。物理性质：①外观：粉末。②易分散。推荐用量：10~50kg/m³。

ZX-1 质量指标

项　目	指　标
水分散性	均匀分散，无漂浮固状物
相对抑制性	≤1.0
胶体稳定性/%	≥95.0
电动电位/mV	≥+20.0
有效物含量/%	≥40.0
表观黏度提高率/%	≤50.0
塑性黏度提高率/%	≤40.0

【ZX-2】 钻井液用页岩抑制剂。低荧光封堵防塌剂 ZX-2 用作水基钻井液的页岩抑制剂、润滑剂，并可降低钻井液的高温高压滤失量，改善滤饼质量和稳定井壁。用途：①改善盐水和淡水钻井液的滤失量和滤饼质量。②促进井眼稳定。③可作为架桥和堵塞粒子。④改善润滑性。优点：①防塌、保护油层。②较宽的软化点。③抗温 200℃。④无荧光，可用于探井。物理性质：①外观：粉末。②软化点：90~150℃。推荐用量：10~50kg/m³。

ZX-2 技术要求

项　目	指　标
外观	黑色粉末及颗粒
pH 值	7.0~9.0
水分/%	≤12.0
筛余量(筛孔孔径 0.9mm)/%	≤5.0
荧光/级	≤3.0
滤饼渗透率/μm²	≤5×10⁻⁶
HTHP 滤失量(120℃/35MPa)/mL	≤30

英文

【ZX-4】 钻井液用改性沥青粉，用作水基钻井液的页岩抑制剂、润滑剂，并可降低钻井液的高温高压滤失量，改善滤饼质量和稳定井壁。用途：①改善盐水和淡水钻井液的滤失量和滤饼质量。②稳定页岩和钻屑分散。③可作为架桥和堵塞粒子。④改善钻井液的流变性能。优点：①防塌、保护油层。②稳定页岩。③抗温180℃。物理性质：①外观：粉末。②易分散。推荐用量：10~50kg/m³。

ZX-4 技术要求

项　　目	指　　标
外观	黑色粉末及颗粒
pH 值	7.0~9.0
水分/%	≤12.0
油溶物/%	≥20.0
相对抑制性	≤1.0
HTHP 滤失量（150℃/3.5MPa）/mL	≤30.0

【ZJT-1】 为"羧甲基纤维钠盐"。

【Z 准数】 即"Z 值"。

【ZJX-1】 是一种塑料小球固体润滑剂。与"HZN-102"相同。

【Z-DTR】 高滤失堵漏剂的一种。是由硅藻土、软质悬浮纤维和助滤剂按一定细度和比例均匀混合而成的混合物。该堵漏剂的特点及适用范围是：①堵漏浆液的 1minAPI 滤失量大于280mL，具有堵塞作用快，无须候凝的特点，特别适合边打边漏的连续多漏井段的堵漏。②用清水配制堵漏浆液直接用于堵漏，也可按需要加重至所需密度。与桥堵材料复合使用，可应对较严重的漏失。③堵漏浆液在渗漏层才会滤失聚结产生堵塞作用，在非渗透层无凝结作用，因此对漏层位置不清的井的堵漏施工特别方便。④该堵漏剂主要适用于非产层常规井漏及漏层位置不清的长段裸眼井漏。

【ZCO-1】 见"聚二甲基二丙烯基氯化铵"。

【ZXW-Ⅱ】 阴离子聚丙烯酰胺，在水基钻井液中用作絮凝包被剂。

【ZR-110】 钻井液润滑剂的一种。为改性植物油类，是通过化学反应改性获得的，具有一定的抗温、防腐性能，在水基钻井液中用作润滑剂。由于含有较多属于胶体范围粒级的油脚，对形成坚韧、润滑的滤饼有较好的作用，并兼有一定的降滤失性能。

【ZND-I】 钻井液处理剂的一种；在盐水钻井液中用作消泡剂。

【ZY-APD】 以烷基糖苷衍生物为核心的水基钻井液，具有井壁稳定、润滑、防卡和携岩带砂效果好的特点，稳定周期大于 50 天，极压润滑系数为 0.04~0.09。

【ZSC-201】 是一种大相对分子质量聚合物，在钻井液中用作固相化学清洁剂。该剂具有较强的抗电解质污染的能力，也有较强的抑制能力。该产品的优点是：①在多种水基钻井液中均可使用，在有效的加量范围内对原浆性能影响较小。②有效地抑制钻屑分散，絮凝钻屑，有利于清除固相，配合使用振动筛、除砂器、除泥器等可保证钻井液清洁。③有利于稳定井壁，降低井径扩大率。④对环境污染小。⑤用量少，维护处理方便。⑥与阴离子、阳离子和两性离子型处理剂均可配伍使用。⑦对阴离子型防塌剂和聚合物类处理剂有增效作用。适用于水基钻井液，其推荐加量为0.05%~0.3%。

英文

ZSC-201 质量指标

项　目	指　标
外观	白色或微黄色液体
固相含量/%	≥40
相对抑制率/%	≥70
pH 值	6~7

【ZCW-302】　一种钻井液用阳离子处理剂, 在钻井液中主要起黏土稳定作用。

ZCW-302 质量指标

项　目	指　标
外观	白色或微黄色固体粉剂
含量/%	≥95
溶解度	全溶于水(清水或卤水)
粒径/目	10~150
pH 值	1%水溶液为 5~7
黏度(25℃)/mPa·s	10%水溶液 绝对黏度 1.0~5.0

【ZETA 电位】　即"ζ电位"。

【ζ电位】　即 ZETA 电位, 又叫电动电位或电动电势(ζ-电位或 ζ-电势), 是指剪切面的电位, 是表征胶体分散系稳定性的重要指标。由于分散粒子表面带有电荷而吸引周围的反号离子, 这些反号离子在两相界面呈扩散状态分布而形成扩散双电层。根据 Stern 双电层理论可将双电层分为两个部分, 即 Stern 层和扩散层。Stern 层定义为吸附在电极表面的一层离子(IHP 或 OHP)电荷中心组成的一个平面层, 此平面层相对远离界面的流体中的某点的电位称为 Stern 电位。稳定层(包括 Stern 层和滑动面以内的部分扩散层)与扩散层内分散介质发生相对移动时的界面是滑动面, 该处对远离界面的流体中的某点的电位称为 Zeta 电位或电动电位(ζ-电位), 即 Zeta 电位是连续相与附着在分散粒子上的流体稳定层之间的电势差。它可以通过电动现象直接测定。ZETA 电位的主要用途之一就是研究胶体与电解质的相互作用。由于许多胶质, 特别是那些通过离子表面活性剂达到稳定的胶质是带电的, 它们以复杂的方式与电解质产生作用。与它表面电荷极性相反的电荷离子(抗衡离子)会与之吸附, 而同样电荷的离子(共离子)会被排斥。因此, 表面附近的离子浓度与溶液中与表面有一定距离的主体浓度是不同的。靠近表面的抗衡离子的积聚屏蔽了表面电荷, 因而降低了 ZETA 电位。

【ζ电势】　即"ζ电位"。

附　录

一、希腊字母表

大　写	小　写	名　称	大　写	小　写	名　称
A	α	阿耳法	N	ν	纽
B	β	倍塔	Ξ	ζ	克西
Γ	γ	伽马	O	o	奥米克戎
Δ	δ	选耳塔	Π	π	派
E	ε	厄普西隆	P	ρ	柔
Z	ζ	捷塔	Σ	σ	西格马
H	η	厄塔	T	τ	陶
Θ	θ	太塔	Υ	υ	宇普西龙
I	ι	伊奥塔	Φ	φ	斐
K	κ	卡帕	X	χ	克黑
Λ	λ	拉姆达	Ψ	ψ	普西
M	μ	谬	Ω	ω	欧米伽

希腊文的字母，在数学、物理、化学等科学中常用作符号。

二、有机官能团的汉语名称

符　号	词　头	词　尾	词　中	词　解
1. 卤素(卤素为氟、氯、麻、碘四者的总名，X 为 F、Cl、Br、I 的总符号)				
X	卤	卤	—	C_6H_5Cl　氯代苯
—I=	—	—	碘	$C_6H_5Cl_2$　二氯碘基苯
—I≡	—	—	碘	$C_6H_5I_2$　碘酰苯，二氯碘基苯
2. 含氧基(包括卤素)				
—O—	氧(基)，环氧	醚	氧(基)	OCH₃ ⬡CH=CHCOOH (邻)甲氧苯基丙烯酸
—O—O—	过氧	过氧	过氧	$(CH_3CH_2)_2O_2$　二乙基化过氧
—OH	羟	醇、酚	醇、酚	C_2H_5ONa　乙醇钠
=CO	羰	酮	酰、羰	CH_3COCH_2COOH　乙酰醋酸、甲羰醋酸、间丁酮酸

续表

符号	词头	词尾	词中	词解
—CHO	(甲)醛(基)	醛	醛	CH_3CH_2CH ⟨OC_2H_5 / OC_2H_5⟩ **丙醛缩二乙醇**
—COOH	羧	(羧)酸	—	—CH_2COOH 羧甲(基)
R—COO—	(羧)酸 (基)(羧)酸	—	—	⟨COOH / OOCCH₃⟩ **醋酸基苯(阿司匹林)**
ROOC—	酯基	酯	—	CH_3COONa 醋酸钠
—COOOH	过羧	过酸	—	$CH_3OOCCH_2SO_2Na$ 甲酯基乙磺酸钠
C_6H_4COCH—	酞	酞	—	structure
C_6H_4COCH=	酞	(二代)酞	(代酞)(基)	二酚基(代)酞(酚酞)
HO—⟨⟩	酚基	—	—	HO—⟨⟩CH_2COOH **酚基乙酸**

3. 含硫基(包括上述之元素)

符号	词头	词尾	词中	词解
S=	硫	硫(醚)	硫基	$CH_3SCH_2CH_2CH(NH_2)COOH$ 甲硫基丁氨酸
S≡	—	锍	锍	$(CH_3)_3SI$ 三甲锍、碘化三甲锍
—S—S—	过硫过硫(化)	过硫	过硫	$C_6H_5S\text{-}SC_6H_5$ 苯过硫苯-过硫化二苯
—SH	巯	硫醇	—	$HSCH_2CH_2OH$ 巯基乙醇
—S—(‖O)	氧硫(基)	亚砜硫基	亚磺酰	C_2H_5—S—C_6H_5 (‖O) **乙亚硫酰苯**
—S—(O‖‖O)	二氧硫基	砜	磺酰	$HOCH_2CH_2$—S—C_6H_5 **羧基乙磺酰苯**
—SO₂H	亚磺(基)	亚磺酸	亚磺酸	$C_6H_5SO_2Na$ 苯亚磺酸钠
—SO₃H	磺(基)	磺酸	磺酸	$C_6H_5SO_3Na$ 苯磺酸钠
—OSO₃H	硫酸	硫酸	硫酸	structure OSO_3K **间氮杂茚酸钾**
—CS	硫羰	硫酮	硫羰基	$CH_3CHCSCH_3$ 丁硫酮
—CHS	甲硫醛基	硫醛	—	CH_3CHS 乙硫酮
—CSSH	荒(基)	荒(羧)酸 硫羟羰酸	荒(羧)酸 硫羟羰酸	CH_3CSSNa 乙荒酸钠、乙硫羟羰酸

附录

续表

符　号	词　头	词　尾	词　中	词　解
4. 含氧基(包括以上元素)				
N≡	氮川	腈	氮、氨	CH₃CH₂CH₂CN　丁腈
—N≡	—	铵	铵(基)	(CH₃)₄NCl　氯化四甲胺 (CH₃)₃N(OH)C₂H₅OH　羟替三甲氨基 乙醇，胆碱
=N—N=	—	连氮	过氮	(CH₂)₅NN(C₂H₅)₂　四乙基连氮
—N:N—	(偶氮)	偶氮	偶氮	C₆H₅N:NC₆H₄SO₃H　苯偶氮苯磺酸
	重氮	—	—	N₂CH₂　重氮甲烷
	叠氮	叠氮	—	N₃CH₂COOH　叠氮乙酸
—NH₂	氨(基)	氨	氨基	(CH₃)₂NC₆H₅　二甲氨基苯
=NH	亚氨(基)	亚氨	亚氨基	酞酰亚氨基钾
NH₂NH—	联氨(基)肼基	肼	肼	C₂H₅NHNHC₆H₅　乙肼基苯
—NO	亚硝(基)	亚硝	—	(邻)氨基萘亚硝
—ONO₂	硝酸(基)	—	—	C₂H₅NO₃　硝酸乙酯
—NO₂	硝(基)	硝	—	硝基苯 　亚硝氨基苯硝
—NHNO₂	硝氨(基)	硝氨基	—	C₆H₅NHNO₂　苯氨基硝、硝氨基苯
—CN	氰(基)	腈	—	C₆H₅CN　苯腈、氰基苯
—NC	异氰(基)	肼，异腈	—	C₆H₅NC　乙肼
=NOH	肟(基)	(醛、酮叉)肟	—	(CH₃)₂C=NOH　丙酮肟
—NHOH	胲(基)	胲	氨氧(基)	C₂H₅NHOC₆H₅　乙氨氧基苯
—ONH₂	亚硝酸氨(基)	氨基亚硝	—	R′替R氨基亚硝
NC·NH—	氰氨(基)	氨腈	—	C₆H₅NHCN　苯氨腈、氰氨基苯
	脒(基)	脒	脒	R脒(基)
	胍(基)	胍	—	乙胍

续表

符 号	词 头	词 尾	词 中	词 解
$-N\diagup^{NH_2①}_{\diagdown NH_2}$	异脒(基)	异脒	—	$C_2H_5N=C\diagup^{NH_2}_{\diagdown NH_2}$ 苯异脒
$\begin{matrix}-C=N-NHC_6H_5\\ \|\\ -C=N-NHC_6H_5\end{matrix}$	—	脎	—	$\begin{matrix}-C=N-NHC_6H_5\\ \|\\ -C=N-NHC_6H_5\end{matrix}$ 丁二酮脎
$-OCN$	氰酸	—	—	C_2H_5OCN 氰酸乙酯
$-N=CO$	异氰酸	—	—	$KNCO$ 异氰酸钾
$-CONH_2$	氨羰(基)	酰胺	酰胺基	$CH_3CONHC_6H_5$ 乙酰胺基苯
$NH_2\cdot CONH-$	脲(基)	脲	脲	$RNHCONHR$ 二 R 基脲
$-SCN$	硫代氰酸氰硫(基)	硫氰	—	$RSCN$ 硫代氰酸 R 酯
$-N:CS$	硫代异氰酸	—	—	$RNCS$ 硫代异氰酸 R 酯

5. 含磷砷基(包括以上元素)

符 号	词 头	词 尾	词 中	词 解
$-P\equiv$	—	膦	膦	$(CH_3)_4POH$ 氢氧化四甲磷
$-PH_2$	膦(基)	膦	膦	$(CH_3)_3P$ 三甲膦
$-PO(OH_2)$	膦酸	膦酸	膦酸	$C_2H_5PO(CH)_2$ 乙膦酸
$-HPOOH$	次膦酸	次膦酸	次膦酸	$(CH_3)_2POOH$ 二甲次膦酸
$-As\equiv$	—	钾	钾	$(CH_3)_4AsI$ 碘化四钾
H_2As-	胂(基)	胂	胂基	$CH_3AsHC_2H_5$ 甲胂基乙烷
$-AsO(OH)_2$	胂酸(基)	胂酸	胂酸	$RasO_3H_2$ R 胂酸
$-HasO(OH)$	次胂酸(基)	次胂酸	次胂酸	$RasO(OH)$ R 次胂酸

注：①脒的命名，以往规定不严格，如此亦嫌不够。对于多取代脒必须规定位次形容词来命名。例如：

$$HN=C\diagup^{N(CH_3)_2}_{\diagdown NH}\qquad 应叫作二甲基脒。$$

$$CH_3N=C\diagup^{NHCH_3}_{\diagdown NH_2}\qquad 应叫作偏二甲基脒。$$

$$C_6H_5N=C\diagup^{NHCH_3}_{\diagdown NH_2}\qquad 可叫作偏甲脒基苯或苯异脒基代甲烷。$$

$$CH_3N=C\diagup^{NHC_6H_5}_{\diagdown NHC_6H_5}\qquad 可叫作甲异脒基平二苯。$$

$$NH=C\diagup^{NHCH_3}_{\diagdown NHCH_3}\qquad 应叫作平二甲基脒。$$

三、研究钻井液性能的部分数学公式

序号	研究内容	数学公式	备注
1	表观黏度 AV	$AV = \dfrac{1}{2}\Phi_{600}$	AV——$mPa \cdot s$
2	剪切率 γ	$\gamma = \dfrac{dv}{dx}$	γ——s^{-1}
3	塑性黏度 PV	$PV = \Phi_{600} - \Phi_{300}$	PV——$mPa \cdot s$
4	动切力 YP	$YP = (\Phi_{300} - PV) \times 0.5$	YP——Pa
5	流性指数 n 值	$n = 3.322 \lg \dfrac{\Phi_{600}}{\Phi_{300}}$	n——无因次
6	稠度系数 K 值	$K = 0.5 \dfrac{\Phi_{300}}{500^{n}}$	K——$Pa \cdot s^{n}$
7	宾汉模式	$\tau = \tau_0 + PV \cdot \gamma$	
8	指数定律模式	$\tau = K \cdot \gamma^{n}$	
9	流态指数 Z（或 MTZ）	$Z = \dfrac{(Dh - H_p)^{n} AV^{2-n} W}{102 K n^{0.387}}$	
10	当量循环密度 $E.C.D.$	$E.C.D. = \dfrac{\Delta P}{0.052 H} + W$	ΔP——环空压力降； H——井深； W——原钻井液密度
11	雷诺数 Re	$Re = \dfrac{PV(D_1 - D_2)}{\left[1 + \dfrac{20(D_1 - D_2)}{8\eta_{塑} V} \right]}$	P——钻井液密度； V——平均流速； $\eta_{塑}$——塑性黏度； D_1——井径； D_2——钻具外径
12	剪切稀释指数 Im	$Im = \left[1 + \left(\dfrac{\tau_c}{\eta_\infty} \times 100 \right)^{\frac{1}{2}} \right]^2$	τ_C——卡森动切力； η_∞——水眼黏度
13	卡森动切力 τ_c	$\tau_c^{1/2} = 15.1(\Phi_{600}^{1/2} - \Phi_{100}^{1/2})$	$\tau_c^{1/2}$——Pa
14	水眼黏度 η_∞	$\eta_\infty^{1/2} = 1.2(\Phi_{600}^{1/2} - \Phi_{100}^{1/2})$	$\eta_\infty^{1/2}$——$mPa \cdot s$

四、常用钻井泥浆泵排量表

1. NB-470(Y8-3)双缸双作用泵排量表

柴油机转速/ (r/min)	冲数/ (冲/分)	输入功率/ hp	缸套内径/mm				
			130	150	170	180	200
1500	60	470	20.88	28.81	37.86	45.38	53.55
1400	56	439	19.49	26.89	35.34	42.34	50.00
1300	52	407	18.09	24.97	32.81	39.31	46.44
1200	48	376	16.70	23.05	30.29	36.29	42.86
1100	44	345	15.30	21.12	27.76	33.28	39.27
1000	40	313	13.92	19.20	25.24	30.25	35.70
最高工作压力/MPa			15.2	11.0	8.4	7.0	5.9

容积效率 100%；机械效率 85%

2. NB8-600 双缸双作用泵排量表

柴油机转速/ (r/min)	冲数/ (冲/分)	输入功率/ hp	缸套内径/mm				
			130	150	170	185	200
1500	65	600	19.18	26.81	35.51	42.77	50.62
1400	60	554	17.70	24.72	32.82	39.48	46.74
1300	56	517	16.52	23.07	30.63	36.85	43.62
1200	52	480	15.50	21.42	28.44	34.22	40.51
1100	47.7	440	14.07	19.65	26.09	31.39	37.16
1000	43	397	12.56	17.72	23.52	28.29	33.50
最高工作压力/MPa			21.1	15.1	11.4	9.4	8.0

容积效率 100%；机械效率 85%

3. 上海大隆 3NB-800 泵排量表

柴油机转速/ (r/min)	冲数/ (冲/分)	活塞最大瞬时加速度/ (m/s^2)	输入功率/ hp	缸套内径/mm					
				110	120	130	140	150	160
1400	160	39.32	800	16.42	19.56	22.93	26.59	30.53	34.73
1300	149	26.29	745	15.29	18.22	21.35	24.77	28.43	32.34
1200	137	22.23	685	14.06	16.75	19.63	22.77	26.15	29.74
1100	126	18.80	630	12.93	15.40	18.06	20.94	24.05	27.35
1000	114	15.39	570	11.70	13.94	16.34	18.95	21.76	24.75
900	102	12.32	510	1047	12.47	14.62	16.95	19.47	22.14
最高工作压力/MPa				32.9	27.6	23.6	20.3	17.7	15.6

容积效率 100%；机械效率 90%

4. 益都 3NB-900 泵排量表

柴油机转速/ (r/min)	冲数/ (冲/分)	活塞最大 加速度/ (m/s²)	输入功率/ hp	缸套内径/mm					
				110	120	130	140	150	160
1400	105	19.31	900	15.96	19.00	22.30	25.87	29.70	33.79
1300	97.5	16.68	836	14.82	17.64	20.70	24.00	27.60	31.38
1200	90	14.21	771	13.68	16.30	19.10	22.20	25.50	28.96
1100	82.5	11.94	707	12.51	14.92	17.52	20.30	23.34	26.54
1000	75	9.86	613	11.40	13.60	15.92	18.48	21.21	24.13
900	67.5	7.99	579	10.26	12.21	14.31	16.63	19.09	21.72
最高工作压力/MPa				38.0	32.0	27.0	23.5	20.5	18.8
容积效率 100%；机械效率 90%									

5. 兰石 3NB-800 泵排量表

柴油机转速/ (r/min)	冲数/ (冲/分)	活塞最大 加速度/ (m/s²)	输入功率/ hp	缸套内径/mm					
				110	120	130	140	150	160
1400	160	39.32	800	16.42	19.56	22.93	26.59	30.53	34.73
1300	149	26.29	745	15.29	18.22	21.35	24.77	28.43	32.34
1200	137	22.23	685	14.06	16.75	19.63	22.77	26.15	29.74
1100	126	18.80	630	12.93	15.40	18.06	20.94	24.05	27.35
1000	114	15.39	570	11.70	13.94	16.34	18.95	21.76	24.75
900	102	12.32	510	1047	12.47	14.62	16.95	19.47	22.14
最高工作压力/MPa				32.9	27.6	23.6	20.3	17.7	15.6
容积效率 100%；机械效率 90%									

6. 兰石 3NB-900 泵排量表

柴油机转速/ (r/min)	冲数/ (冲/分)	活塞最大 加速度/ (m/s²)	输入功率/ hp	缸套内径/mm					
				110	120	130	140	150	160
1500	155	28.98	900	18.52	19.30	22.63	26.24	30.13	34.27
1450	150	27.14	871	17.93	18.68	21.89	25.39	29.16	33.17
1350	140	23.64	812	16.73	17.43	20.44	23.30	27.21	30.95
1250	130	20.39	755	15.54	16.19	18.98	22.00	25.27	28.74
1150	120	17.37	697	14.34	14.94	17.52	20.32	23.32	26.53
1050	110	14.59	639	13.15	13.70	16.06	18.62	21.38	24.32
最高工作压力/MPa				32.8	31.5	26.8	23.2	20.1	17.7
容积效率 100%；机械效率 90%									

7. 益都 3NB-1000 泵排量表

柴油机转速/ (r/min)	冲数/ (冲/分)	活塞最大 加速度/ (m/s²)	输入功率/ hp	缸套内径/mm						
				110	120	130	140	150	160	170
1500	120	24.08	1000	17.39	20.72	24.28	28.10	32.32	36.78	41.52
1400	112	20.98	933	16.23	19.32	22.66	26.28	30.17	34.32	38.75
1300	104	18.09	867	15.07	17.95	21.04	24.20	28.01	31.87	36.00
1200	96	15.41	800	13.91	16.57	19.62	22.53	25.86	29.42	33.21
1100	88	12.95	733	12.75	15.19	17.80	20.56	23.70	26.97	30.41
1000	80	10.70	667	11.59	13.81	16.19	18.77	21.55	24.52	27.68
最高工作压力/MPa				38.8	32.5	27.1	24.0	21.0	18.5	16.0
容积效率100%；机械效率90%										

8. 益都 3NB-1300 泵排量表

柴油机转速/ (r/min)	冲数/ (冲/分)	活塞最大 加速度/ (m/s²)	输入功率/ hp	缸套内径/mm						
				110	120	130	140	150	160	170
1500	120	24.08	1300	17.39	20.72	24.28	28.10	32.32	36.78	41.52
1400	112	20.98	1213	16.23	19.32	22.66	26.28	30.17	34.32	38.75
1300	104	18.09	1127	15.07	17.95	21.04	24.20	28.01	31.87	36.00
1200	96	15.41	1040	13.91	16.57	19.62	22.53	25.86	29.42	33.21
1100	88	12.95	953	12.75	15.19	17.80	20.56	23.70	26.97	30.41
1000	80	10.70	867	11.59	13.81	16.19	18.77	21.55	24.52	27.68
最高工作压力/MPa				50.4	42.3	36.0	31.0	27.0	24.0	21.0
容积效率100%；机械效率90%										

9. 兰石 3NB-1000 泵排量表

柴油机转速/ (r/min)	冲数/ (冲/分)	活塞最大 加速度/ (m/s²)	输入功率/ hp	缸套内径/mm						
				110	120	130	140	150	160	170
1500	150	28.99	1000	16.74	19.95	23.39	27.10	31.10	35.40	44.00
1400	140	25.26	933	15.63	18.62	21.84	25.30	29.00	33.00	37.30
1300	130	21.78	867	15.11	17.29	20.28	23.50	26.90	30.70	34.70
1200	120	18.55	800	13.95	15.96	18.72	21.70	24.91	28.70	32.00
1100	110	15.59	733	12.79	14.63	17.16	19.90	22.80	26.00	29.30
1000	100	12.38	667	11.63	13.30	15.59	18.07	20.70	23.60	26.70
最高工作压力/MPa				40.3	33.8	28.9	24.9	22.7	19.1	16.9
容积效率100%；机械效率90%										

10. 兰石 3NB-1300 泵排量表

柴油机转速/ (r/min)	冲数/ (冲/分)	活塞最大 加速度/ (m/s²)	输入功率/ hp	缸套内径/mm						
				110	120	130	140	150	160	170
1500	140	27.30	1300	16.89	20.13	23.59	27.36	31.42	35.73	40.36
1400	130.7	23.79	1213	15.77	18.79	22.02	25.55	29.33	33.36	37.67
1300	121.3	20.49	1126	14.63	17.44	20.44	23.71	27.22	30.96	34.97
1200	112	17.47	1040	13.51	16.10	18.87	21.89	25.13	28.57	32.29
1100	102.1	14.69	954	12.39	14.76	17.31	20.07	23.05	26.22	29.60
1000	93	12.45	866	11.26	13.41	15.72	18.23	20.94	23.82	26.89
最高工作压力/MPa				51.9	43.6	37.1	32.0	27.9	24.6	21.7

容积效率100%；机械效率90%

11. 益都 3NB-1600 泵排量表

柴油机转速/ (r/min)	冲数/ (冲/分)	活塞最大 加速度/ (m/s²)	输入功率/ hp	缸套内径/mm					
				140	150	160	170	180	190
1500	120		1600	28.17	32.33	36.79	41.53	46.56	51.88
1400	112		1493	26.26	30.18	34.34	38.76	43.46	48.42
1300	104		1386	24.41	28.02	31.88	35.99	40.35	44.96
1200	96		1280	22.53	25.87	29.43	33.22	37.25	41.50
1100	88		1173	20.65	23.71	26.98	30.46	34.14	38.04
1000	80		1067	18.78	21.55	24.52	27.69	31.04	34.59
	1			0.23	0.27	0.30	0.34	0.39	0.43
最高工作压力/MPa				38.3	33.4	29.3	26.0	23.2	20.8

五、钻井液常用计算公式

1. 井内钻井液(泥浆)量的计算
① 计算公式：

$$V = \frac{\pi}{4}D^2H$$

式中　V——井筒容积，m^3
　　　　D——井径，m；
　　　　H——井深，m。

② 简便计算公式：

$$V = \frac{D^2 H}{2}$$

式中　V——井筒容积，m^3；
　　　D——井径，in；
　　　H——井深，m。

2. 配钻井液(泥浆)所需黏土和水量的计算

① 黏土量的计算：

$$W_{\pm} = V_{泥} \frac{\gamma_{\pm}\, V_{泥}(\gamma_{泥} - \gamma_{水})}{\gamma_{\pm} - \gamma_{水}}$$

② 水量的计算：

$$Q_{水} = V_{泥} - \frac{W_{\pm}}{\gamma_{\pm}}$$

式中　$W_{\pm}$——所需黏土的质量，t；
　　　$V_{泥}$——所需浆量，m^3；
　　　$\gamma_{水}$——水的密度(淡水为 1.0g/cm³)，g/cm^3；
　　　$\gamma_{\pm}$——黏土的密度，g/cm^3；
　　　$\gamma_{泥}$——配浆密度，g/cm^3；
　　　$Q_{水}$——所需水量，m^3。

3. 加重剂用来计算

计算公式：

$$W_{加} = \frac{\gamma_{加}\, V_{原}(\gamma_{重} - \gamma_{原})}{\gamma_{加} - \gamma_{重}}$$

式中　$W_{加}$——所需加重剂的质量，t；
　　　$\gamma_{原}$——加重前的钻井液密度，g/cm^3；
　　　$\gamma_{重}$——加重后的钻井液密度，g/cm^3；
　　　$\gamma_{加}$——加重料的密度，g/cm^3；
　　　$V_{原}$——加重前的钻井液体积，m^3。

4. 降低钻井液密度时加水量的计算

$$q = \frac{V_{原}(\gamma_{原} - \gamma_{稀})\gamma_{水}}{\gamma_{稀} - \gamma_{水}}$$

式中　q——所需水量，m^3；
　　　$V_{原}$——原钻井液体积，m^3；
　　　$\gamma_{原}$——原钻井液密度，g/cm^3；
　　　$\gamma_{稀}$——稀释后钻井液密度，g/cm^3；
　　　$\gamma_{水}$——水的密度，g/cm^3。

5. 循环周时间计算公式

$$T = \frac{V_{井} - V_{柱}}{60 Q_{泵}}$$

式中　T——钻井液循环一周的时间，min；

$V_井$——井眼容积，L；

$V_柱$——钻柱体积，L；

$Q_泵$——排量，L/s。

6. 钻井液上返速度计算

$$v_返 = \frac{12.7 Q_泵}{D_井^2 - D_柱^2}$$

式中　$v_返$——钻井液上返速度，m/s；

$Q_泵$——排量，L/s；

$D_井$——井径，cm；

$D_柱$——钻柱外径，cm。

7. 油气上窜速度（迟到时间法）的计算

$$V = \frac{H_油 - \dfrac{H_{钻头}}{t_迟} t}{t_静}$$

式中　V——油气上窜速度，m/s；

$H_油$——油气层深度，m；

$H_{钻头}$——循环钻井液时钻头所在深度，m；

$t_迟$——井深 $H_{钻头}$ 米时的迟到时间，min；

t——从开泵循环至见油气显示的时间，min；

$t_静$——静止时间，即上次起钻停泵至本次开泵的时间。

六、计量单位表

Ⅰ. 国际单位制（SI）单位表

表1　国际制（SI）基本单位

量	名　称	代　号	
		中　文	国　际
长度	米	米	m
质量	千克（公斤）	千克（公斤）	kg
时间	秒	秒	s
电流	安培	安	A
热力学温度	开尔文	开	K
物质的量	摩尔	摩	mol
光强度	坎德拉	坎	cd

附录

表 2　用基本单位表示的国际制（SI）导出单位示例

量	名　称	代　号	
		中　文	国　际
面积	平方米	米²	m²
体积	立方米	米³	m³
速度	米每秒	米/秒	m/s
加速度	米每秒平方	米/秒²	m/s²
波数	每米	米⁻¹	m⁻¹
密度	千克每立方米	千克/米³	kg/m³
电流密度	安培每立方米	安/米²	A/m²
磁场强度	安培每米	安/米	A/m
（物质的量）浓度	摩尔每立方米	摩/米³	mol/m³
比体积	立方米每千克	米³千克	m³/kg
光亮度	坎德拉每平方米	坎/米²	cd/m²

表 3　具有专门名称的国际制（SI）导出单位

量	名　称	代　号		用其他国际制单位表示的关系式	用国际制基本单位表示的关系式
		中文	国际		
频率	赫兹	赫	Hz		s^{-1}
力	牛顿	牛	N		$m \cdot kg \cdot s^{-2}$
压力（压强）、应力	帕斯卡	帕	Pa	N/m^2	$m^{-1} \cdot kg \cdot s^{-2}$
能、功、热量	焦耳	焦	J	$N \cdot m$	$m^2 \cdot kg \cdot s^{-2}$
功率、辐（射）通量	瓦特	瓦	W	J/s	$m^2 \cdot kg \cdot s^{-3}$
电量、电荷	库仑	库	C		$s \cdot A$
电位、电压、电动势	伏特	伏	V	W/A	$m^2 \cdot kg \cdot s^{-3} \cdot A^{-1}$
电容	法拉	法	F	C/V	$m^{-2} \cdot kg^{-1} \cdot s^4 A^2$
电阻	欧姆	欧	Ω	V/A	$m^2 \cdot kg \cdot s^{-3} A^{-2}$
电导	西门子	西	S	A/V	$m^{-2} \cdot kg^{-1} \cdot s^3 A^2$
磁通（量）	韦伯	韦	Wb	$V \cdot S$	$m^2 \cdot kg \cdot s^{-2} A^{-1}$
磁感应（强度）	特斯拉	特	T	Wb/m^2	$kg \cdot s^{-2} A^{-1}$
电感	亨利	亨	H	Wb/A	$m^2 \cdot kg^{-2} \cdot A^{-1}$
光通（量）	流明	流	Lm		$cd \cdot sr$
光照度	勒克斯	勒	Lx	Lm/m^2	$m^2 \cdot cd \cdot sr$
（放射性）活度	贝可勒尔	贝可	Bq		s^{-1}
吸收剂量	戈瑞	戈	Gy	J/kg	$m^2 \cdot s^{-2}$

表4　用专门名称表示的国际制(SI)导出单位示例

量	名　称	代号		用国际制基本单位表示的关系式
		中文	国际	
(动力)黏度	帕斯卡秒	帕·秒	$Pa \cdot s$	$m^{-1} \cdot kg \cdot s^{-1}$
力矩	牛顿米	牛·米	$N \cdot m$	$m^2 \cdot kg \cdot s^{-2}$
表面张力	牛顿每米	牛/米	N/m	$kg \cdot s^{-2}$
热流动密度、(辐射)照度	瓦特每平方米	瓦/米²	W/m^2	$kg \cdot s^{-3}$
热容、熵	焦耳每开尔文	焦/开	J/k	$m^2 \cdot kg \cdot s^{-2} \cdot K^{-1}$
比热容、比熵	焦耳每千克开尔文	焦/(千克·开)	$J/(kg \cdot K)$	$m^2 \cdot s^{-2} \cdot K^{-1}$
比能	焦耳每千克	焦/千克	J/kg	$m^2 \cdot s^{-2}$
热导率(导热系数)	瓦特每米开尔文	瓦/(米·开)	$W/(m \cdot K)$	$m \cdot kg \cdot s^{-3} \cdot K^{-1}$
能(量)密度	焦耳每立方米	焦/米³	J/m^3	$m^{-1} \cdot kg \cdot s^{-2}$
电场强度	伏特每米	伏/米	V/m	$m^{-1} \cdot kg \cdot s^{-3} \cdot A^{-1}$
电荷体密度	库仑每立方米	库/米³	C/m^3	$m^{-3} \cdot s \cdot A$
电位移	库仑每平方米	库/米²	C/m^2	$m^{-2} \cdot s \cdot A$
电容率(介电常数)	法拉每米	法/米	F/m	$m^{-3} \cdot kg^{-1} \cdot s^4 \cdot A^2$
磁导率	亨利每米	亨/米	H/m	$m \cdot kg \cdot s^{-2} \cdot A^{-2}$
摩尔能(量)	焦耳每摩尔	焦/摩	J/mol	$m^2 \cdot kg \cdot s^{-2} \cdot mol^{-1}$
摩尔熵、摩尔热容	焦耳每摩尔开尔文	焦/(摩·开)	$J/(mol \cdot K)$	$m^2 \cdot kg \cdot s^{-2} \cdot K^{-1} \cdot mol^{-1}$

表5　国际制(SI)辅助单位

量	名　称	代号	
		中　文	国　际
平面角	弧　度	弧　度	rad
立体角	球面度	球面度	sr

表6　用辅助单位表示的国际制(SI)导出单位示例

量	名　称	代号	
		中　文	国　际
角速度	弧度每秒	弧度/秒	rad/s
角加速度	弧度每秒平方	弧度/秒²	rad/s^2
辐(射)强度	瓦特每球面度	瓦/球面度	W/sr
辐(射)亮度	瓦特每平方米球面度	瓦/(米²·球面度)	$W/(m^2 \cdot sr)$

表 7 国际制(SI)词冠

因　数	词　冠	代　号	
		中　文	国　际
10^{18}	艾可萨(exa)	艾	E
10^{15}	拍它(peta)	拍	P
10^{12}	太拉(tera)	太	T
10^{9}	吉咖(giga)	吉	G
10^{6}	兆(mega)	兆	M
10^{3}	千(kilo)	千	K
10^{2}	百(hecto)	百	h
10^{1}	十(deca)	十	da
10^{-1}	分(deci)	分	d
10^{-2}	厘(centi)	厘	c
10^{-3}	毫(milli)	毫	m
10^{-6}	微(micro)	微	μ
10^{-9}	纳诺(nano)	纳	n
10^{-12}	皮可(pico)	皮	p
10^{-15}	飞母托(femto)	飞	f
10^{-18}	阿托(atto)	阿	a

表 8 于国际单位制(SI)并用的单位

名　称	代　号		相当于国际制(SI)单位的值
	中文	国际	
分	分	min	1 分 = 60 秒
小时	时	h	1 时 = 60 分 = 3600 秒
日	日	d	1 日 = 24 小时 = 86400 秒
度	度	°	$1° = (\pi/180)$ 弧度
分	分	′	$1′ = (1/60)° = (\pi/10800)$ 弧度
秒	秒	″	$1″ = (1/60)′ = (\pi/648000)$ 弧度
升	升	l	1 升 = 1 分米^3 = 10^{-3} 米^3
吨	吨	t	1 吨 = 10^3 千克

表9　国际制(SI)单位表示的数值由实验得出的国际制单位(SI)并用的单位

名　称	代　号		相当于国际制单位(SI)单位的值
	中文	国际	
电子伏特	电子伏	eV	1 电子伏特是一个电子在真空中通过 1 伏特电位差所获得的动能。
(统一的)原子质量单位天文单位	原子单位 天文单位	u	1 电子伏≈1.6021892×10⁻¹⁹焦(统一的)原子质量单位等于一个碳-12 核素原子质量的 1/12。 1 原子单位≈1.6605655×10⁻²⁷千克天文单位是一个质量无限小的物体围绕太阳运动的无摄动圆周轨道半径的长度，其恒星角速度为 0.017202098950 弧度/日，其中，1 日为 86400 历书时秒。国际天文学常数系统中采用的值是 1 天文单位=149600×10⁵米。
秒差距	秒差距	pc	1 秒差距是 1 天文单位所张的角度为 1 角秒的距离。 1 秒差距≈206265 天文单位≈30857×10¹²米

表10　具有专门名称的厘米克秒制单位

名　称	国际代号	相当于国际制(SI)单位的值
尔格	erg	1 尔格=10⁻⁷焦
达因	dyn	1 达因=10⁻⁵牛
泊	p	1 泊=1 达因·秒/厘米²=0.1 帕·秒
斯托克斯	St	1 斯托克斯=1 厘米²/秒=10⁻⁴米²/秒
高斯	Gs，G	1 高斯相当于10⁻⁴特
奥斯特	Oe	1 奥斯特相当于(1000/4π)安/米
麦克斯韦	Mx	麦克斯韦相当于10⁻³韦
熙提	Sb	1 熙提=1 坎/厘米²=10⁴坎/米²
辅透	ph	1 辅透=10⁴勒

Ⅱ．国际单位制(SI)折合市制表

名　称	国际制(SI)	市　制
长度	1 米 1 千米(公里)	3 市尺 2 市里
面积	1 平方米 1 平方千米 1 公亩	9 平方市尺 4 平方市里 0.15 市亩
体积及容量	1 立方米 1 升	27 立方市尺 1 市升
质量	1 克 1 千克	0.02 市两 2 市斤

Ⅲ. 英美度量衡表

表1　长度

英文名	mile	fathom	yard	foot	inch
译名	英里	英寻	码	英尺	英寸
等数	1	880	1760	5280	63360

注：水程之长度用海里、链、海寻度量：

　　1 海里 = 10 链 = 1000 海寻；

　　1 英海里 = 6080 英尺；

　　1 美海里 = 6086 英尺；

　　1 英海寻 = 6.08 英尺；

　　1 美海寻 = 6.086 英尺；

　　1 国际海里 = 6076.115 英尺。

表2　面积

英文名	square mile	acre	square yard	square foot
译名	平方英里	英亩	平方码	平方英尺
等数	1	640	3097600	27878400

表3　容量（干量）

英文名	bushel	peck	quart	pint
译名	蒲式耳	配克	夸脱	品脱
等数	1	4	32	64

注：1 英蒲式耳 = 2219.36 立方英寸；

　　1 美蒲式耳 = 2150.42 立方英寸。

表4　容量（液量）

英文名	gallon	quart	pint	gill
译名	加仑	夸脱	品脱	及耳
等数	1	4	8	32

注：1 英加仑 = 277.420 立方英寸；

　　1 美加仑 = 231 立方英寸。

表5　质量（常衡）

英文名	long ton	long hundred weight	pound	ounce	grain
译名	英吨（长吨）	英担（长担）	磅	盎司	格令
等数	1	20	2240	35840	15680000
英文名	Short ton	long hundred weight	pound	ounce	grain
译名	美吨（短吨）	美担（短担）	磅	盎司	格令
等数	1	20	2000	32000	14000000

表 6 质量(金衡和药衡)

英文名	pound	Ounce	grain
译 名	磅	盎司	格令
等 数	1	12	5760

注：金药衡 1 磅＝常衡 0.82285714 磅；

　　金药衡 1 盎司＝常衡 1.0971428 盎司；

　　常衡 1 磅＝金药衡 1.2152777 磅；

　　常衡 1 盎司＝金药衡 0.91145833 盎司。

Ⅳ. 国际制(SI)、市制折合英美表

项 别	制 别	国际制(SI)或市制单位	英 制
长度	国际制(SI)	1 厘米 1 米 1 千米	0.3937 英寸 3.2808 英尺 0.6214 英里
	市 制	1 市寸 1 市尺 1 市里	1.312 英尺 1.0936 英尺 0.3107 英里
面积	国际制(SI)	1 平方米 1 平方千米 1 公亩	10.7636 平方英尺 0.3861 平方英里 0.0247 英亩
	市 制	1 平方市尺 1 平方市里 1 市亩	1.1960 平方英尺 0.0965 平方英里 0.1647 英亩
体积及容积	国际制(SI)	1 立方米 1 升	35.3147 立方英尺 0.2200 英加仑
	市 制	1 立方市尺 1 市升	1.3080 立方英尺 0.2200 英加仑
质量	国际制(SI)	1 克 1 千克 1 吨	15.4324 格令 2.2046 磅(常衡) 0.9842 英担
	市 制	1 市斤 1 市担	1.1023 磅(常衡) 0.9842 英担

Ⅴ. 英制折合国际制(SI)、市制表

项 别	英 制	国际制(SI)	市 制
长度	1 英寸 1 英尺 1 码 1 英里 1 国际海里 1 海里(英)	25.4 毫米 0.3048 米 0.9144 米 1.6093 千米 1.852 千米 1.853 千米	0.762 市寸 0.9144 市尺 2.7432 市尺 3.2187 市里 3.704 市里 3.706 市里

续表

项　别	英　制	国际制(SI)	市　制
面积	1 平方英寸 1 平方英里 1 英亩	6.4514 平方厘米 2.5900 平方千米 40.468 公亩	0.5806 平方市寸 10.3600 平方市里 6.0702 市亩
体积及容量	1 立方英尺 1 英品脱 1 英加仑 1 英蒲式耳	0.0283 立方米 5.6825 分升 4.5460 升 3.6368 十升	0.7645 立方市尺 5.6802 市合 4.5460 市升 3.6368 市斗
质量	1 格令 1 盎司 1 磅 1 英担 1 英吨	64.8 毫克 28.3495 克 0.4536 千克 50.8023 千克 1.0160 吨	0.001296 0.567 市里 0.9072 市斤 101.6047 市斤 20.320 市担

七、钻柱外环形容积表

钻　柱	钻柱尺寸/in(mm)	钻头直径/mm						
		346	311	259	269	244	215	190
		环形容积/(L/s)						
钻杆	6⅝(1683)	7187	5372	4610	3459			
	5⅞₆(1413)	7834	6028	5267	4115	3108	2061	
	5½(1397)	7870	6064	5301	4150	3143	2098	
	5(127)	8136	6330	5568	4416	3409	2364	1569
	4½(1143)					3650	2604	1809
	4(1016)							2025
	3½(889)							2215
API 钻铤	8(203.20)	60.60	43.54	35.92	24.40	14.33		
	7¾(196.85)	63.59	45.53	37.92	26.40	16.33		
	7¼(184.15)	67.39	49.33	41.72	30.20	20.13		
	7(177.85)		51.12	44.51	31.99	21.92	11.46	
	6¾(171.45)			45.26	33.75	23.67	13.22	5.27
	6½(165.10)			46.94	35.42	25.35	14.90	6.95
	6¼(158.75)			48.56	37.04	26.97	16.51	8.56
	6(152.43)				37.59	28.52	18.06	10.11
	5¾(146.05)					30.01	19.55	11.60

注：如用其他钻柱可参照此表查近似值。

八、钻铤内容积及体积表(国产)

通称尺寸/mm	外径/mm	内径/mm	内容积/(L/m)	体积/(L/m)
105	105	50	1.964	6.695
121	121	55	2.375	9.124
133	133	60	2.827	11.066
146	146	70	3.848	12.894
159	159	75	4.418	15.438
165	165	75	4.418	16.835
178	178	75	4.418	20.467
203	203	75	4.418	27.984

九、API 钻铤内容积及体积表

通称尺寸/in	外径/mm	内径/mm	内容积/(L/m)	体积/(L/m)
$3\frac{1}{2}$	88.9	44.45	1.552	4.655
$4\frac{1}{8}$	104.78	50.80	2.027	6.596
$4\frac{3}{8}$	120.65	50.80	2.027	9.406
$5\frac{3}{4}$	146.05	57.15	2.565	14.188
6	152.40	57.15	2.565	15.677
6	152.40	71.44	4.008	14.234
$6\frac{1}{4}$	158.75	57.15	2.565	17.228
$6\frac{1}{4}$	158.75	71.44	4.008	15.785
$6\frac{1}{2}$	165.10	57.15	2.565	18.843
$6\frac{1}{2}$	165.10	71.44	4.008	17.400
$6\frac{3}{4}$	171.45	57.15	2.565	20.522
$6\frac{3}{4}$	171.45	71.44	4.008	19.079
7	177.85	71.44	4.008	20.835
$7\frac{1}{4}$	184.15	71.44	4.008	22.626
$7\frac{3}{4}$	196.85	71.44	4.008	26.426
8	203.20	71.44	4.008	28.421
8	203.20	76.20	4.560	27.874

十、法国钻铤内容积及体积表

通称尺寸/in	外径/mm	内径/mm	内容积/(L/m)	体积/(L/m)
4¾	120.05	57.15	2.565	8.754
5¾	146.05	57.15	2.565	14.188
6	152.40	57.15	2.565	15.677
6¼	158.75	57.15	2.565	17.288
6¾	171.45	71.44	4.008	19.079
7	177.80	71.44	4.008	20.821
7¾	196.85	71.44	4.008	26.482
8	203.20	71.44	4.008	28.421
8¾	222.28	71.44	4.008	34.797
10	254.00	88.90	6.207	14.464

十一、苏联钻铤内容积及体积表

通称尺寸/in	外径/mm	内径/mm	内容积/(L/m)	体积/(L/m)
2⅞	95±1	32	0.804	6.284
3½	108±1	38	1.134	8.027
4½	146±3	75	4.418	12.324
5 9/16	178±3	80	5.027	19.858
6⅝	197-6	90	6.362	24.119
6⅝	203±3	100	7.854	24.512

十二、罗马尼亚钻铤内容积及体积表

通称尺寸/in	外径/mm	内径/mm	内容积/(L/m)	体积/(L/m)
4½	146.1	57.2	2.570	14.195
5½	177.8	69.9	3.837	20.992
6⅝	203.1	88.9	6.207	26.190

十三、井眼内钻井液容量表

钻头直径/mm	钻井液容量/（L/m）
97	7.39
118	10.94
142	15.84
152	18.15
161	20.34
165	21.38
190	28.35
215	36.31
244	46.76
269	56.83
295	68.35
311	75.96
346	94.03